CHEMISCHE TECHNOLOGIE
IN EINZELDARSTELLUNGEN

HERAUSGEBER: PROF. DR. A. BINZ, BERLIN

SPEZIELLE CHEMISCHE TECHNOLOGIE

CHEMISCHE TECHNOLOGIE DER LEGIERUNGEN

MIT AUSNAHME DER EISEN-KOHLENSTOFF-LEGIERUNGEN

VON

DR. P. REINGLASS

ZWEITE AUFLAGE

MIT ZAHLREICHEN TABELLEN UND 212 FIGUREN IM TEXT UND AUF 24 TAFELN

SPRINGER-VERLAG BERLIN HEIDELBERG GMBH 1926

Aus dem Vorwort zur ersten Auflage.

Als vor etwa 25 Jahren die Gesetze der physikalischen Chemie immer weitere Anerkennung fanden, da übertrug man allmählich ihre Lehren und Untersuchungsverfahren auch auf das Studium der Metalle und Legierungen. Die Metallographie, d. i. die Wissenschaft von dem Aufbau der Metalle und Legierungen, von dem Zusammenhang zwischen Aufbau und Eigenschaften und von dem Einfluß einer Kaltbearbeitung oder Wärmebehandlung, beschränkte sich indessen in Deutschland immer mehr und mehr auf das Studium der Eisen-Kohlenstofflegierungen. Die ungeahnten, für die wissenschaftliche Erkenntnis und die industrielle Technik gleich wertvollen Erfolge, die hier erzielt wurden, führten zu einer gewissen Geringschätzung der übrigen Legierungsreihen. Während die größeren Eisen- und Stahlwerke sich metallographische Laboratorien einrichteten, deren Arbeiten für die Betriebsüberwachung unentbehrlich wurden, verhielten sich die anderen Legierungsindustrien der neuen Wissenschaft gegenüber ablehnend. Zwar wurden in einzelnen Hochschullaboratorien Konstitutionsbestimmungen der verschiedensten Legierungen in sehr großer Zahl mit außerordentlicher wissenschaftlicher Genauigkeit ausgeführt, aber die Technik verstand es nicht, aus den Ergebnissen für sich die praktische Nutzanwendung abzuleiten. Nur die wissenschaftlichen Veröffentlichungen ganz weniger Forscher sind direkt auf die technischen Verhältnisse übertragbar; es ist wohl kein Zufall, daß diese Vertreter der Wissenschaft aus der Praxis hervorgegangen sind.

Vorliegendes Werk möchte hier gewissermaßen vermittelnd eintreten, indem es den Techniker auf die Errungenschaften der wissenschaftlichen Metallographie hinweist und den Wissenschaftler auf die vielfach noch unbehobenen Schwierigkeiten der Legierungstechnik aufmerksam macht.

Eine weitere, für die Technologie der Legierungen noch viel zu wenig verwertete Quelle ist die Patentliteratur. Außerordentlich viele Patente sind auf Verfahren zur Herstellung und Weiterverarbeitung der Legierungen erteilt worden, naturgemäß ist eine sehr große Zahl derselben zu der erhofften praktischen Verwertung nicht gelangt, andererseits ist gerade bei den technisch wichtigsten aus naheliegenden Gründen das Wissenswerteste nicht veröffentlicht; dennoch zeigen die Patente, wo eine Lücke oder Schwierigkeit sich auf den einzelnen Gebieten bemerkbar machte, und auf welche Weise man einen technischen Erfolg zu erzielen suchte. Außerdem finden sich vielfach wichtige Angaben auch wissenschaftlicher Natur, die bisher ziemlich unbemerkt in

ISBN 978-3-662-27766-9 ISBN 978-3-662-29261-7 (eBook)
DOI 10.1007/978-3-662-29261-7

Ursprünglich erschienen bei Otto Spamer, Leipzig 1926
Softcover reprint of the hardcover 2nd edition 1926

den Patentregistern schlummerten. Es wurde deshalb versucht, eine vollständige Zusammenstellung aller Deutschen Reichs-Patente, soweit sie sich auf Legierungen beziehen, und zwar der Patentklassen 18b (Eisenlegierungen), 40a, b, c (Hüttenwesen, Legierungen, Herstellung), 31c (Gießerei), 48 (chemische Metallbearbeitung), 49 (mechanische Bearbeitung) und 78 (pyrophore Legierungen) zu geben. Der Patentanspruch wurde im Wortlaut, aus der Patentbeschreibung das Wichtigste angeführt. Auch eine Anzahl Auslandspatente, die etwas Erfolgversprechendes boten, mußte aufgenommen werden.

Auch die Auslandsliteratur konnte vielfach nutzbar gemacht werden. Während in Deutschland gerade auf dem Gebiete der Legierungstechnik eine gewisse Geheimniskrämerei herrscht, finden sich in den ausländischen Zeitschriften zahlreiche Veröffentlichungen über systematische Versuche in Laboratorium und Praxis zur Erforschung der Herstellungsverfahren und Eigenschaften der wichtigsten Legierungen. Freilich befindet sich hier das Ausland in der glücklichen Lage, daß es über mit staatlicher Unterstützung ausgestattete Institute verfügt, die sich lediglich derartigen Aufgaben widmen und die Ergebnisse ihrer Arbeiten der Allgemeinheit nutzbar machen.

Spandau, Januar 1919. **Dr. Reinglass.**

Vorwort zur zweiten Auflage.

Auch in Deutschland hat die Metallographie (im weitesten Sinne des Wortes) der Nicht-Eisenlegierungen in den letzten Jahren außerordentliche Fortschritte gemacht und Erfolge zu verzeichnen. Ein äußeres Zeichen dafür ist, daß für diese Legierungen ihre Herstellungs- und Verbesserungsverfahren seit dem Erscheinen der 1. Auflage dieses Werkes (1919) bis Ende 1925 150 Deutsche Reichs-Patente neu erteilt wurden und in das Werk aufgenommen werden mußten.

Ein besonders günstiger Umstand war die Begründung der Deutschen Gesellschaft für Metallkunde, die durch ihre Zeitschrift, Sitzungsverhandlungen und Sonderausschüsse wesentlich für das wachsende Verständnis der Legierungskunde beigetragen hat.

Zu den größten Hoffnungen berechtigte die Errichtung des Kaiser-Wilhelm-Institutes für Metallforschung in Neubabelsberg unter *E. Heyns* bewährter Leitung. Der allzu frühe Tod dieses Forschers und der Mangel an staatlichen Mitteln vernichtete zunächst alle Pläne; doch war es ein außerordentlich glücklicher Gedanke, das Institut im Jahre 1923 dem Staatlichen Materialprüfungsamt in Berlin-Dahlem anzugliedern und es auch in Personalunion mit diesem zu verbinden Der Präsident des Amtes, Herr *v. Möllendorff*, ist gleichzeitig erster Direktor des Institutes und Professor *O. Bauer* der stellvertretende Direktor. Zahlreiche Veröffentlichungen legen bereits Zeugnis von dem regen Eifer ab, der an dem Institut für Metallforschung herrscht.

Ein erfreuliches Zeichen für die wachsende Erkenntnis des Wertes der Gemeinschaftsarbeit sind auch die zahlreichen Veröffentlichungen aus den Laboratorien der großen Industriewerke, gerade in der Legierungstechnik herrschte früher eine bedauerliche Geheimniskrämerei. Die Verwertung dieser Arbeiten machte eine Vergrößerung des Umfanges der vorliegenden Auflage notwendig.

Erhebliche Schwierigkeiten bot das Studium der Auslandsliteratur aus der Kriegs- und Nachkriegszeit; wenn auch mancherlei berücksichtigt werden konnte, so mußten leider naturgemäß doch noch viele Lücken übrig bleiben.

Spandau 1926. **Dr. Reinglass.**

Inhaltsverzeichnis.

Abkürzungen in den Literaturangaben.

Alliages mét.	= Guillet: Étude industrielle des alliages métalliques.
C. r.	= Comptes rendus de l'Académie des sciences.
Eng.	= The Engineer.
Materialienkunde . .	= Heyn: Materialienkunde für den Maschinenbau 1912.
Metallurgische Studien	= Weidig: Metallurgische und technologische Studien auf dem Gebiete der Legierungsindustrie 1912.
Rev. de Mét.	= Revue de Métallurgie.
St. u. E.	= Stahl und Eisen.
D. R. P.	= Deutsches Reichs-Patent.
Zus. P.	= Zusatz-Patent.
E. P.	= Englisches Patent.
F. P.	= Französisches Patent.
U. S. P.	= Amerikanisches Patent.
Zft. f. Met.	= Zeitschrift für Metallkunde.

Einleitung.

Unter „Legierungen“ (vom lat. ligare = verbinden, ital. lega = Bündnis, Vereinigung) versteht man eine Vereinigung von zwei oder mehr Metallen oder von Metallen mit Metalloiden, sofern durch die Vereinigung der metallische Charakter, also Metallfarbe, -glanz, Undurchsichtigkeit, Polierfähigkeit, Leitungsvermögen für Wärme und Elektrizität usw., erhaltengeblieben sind. Da auch die reinsten Metalle des Handels stets noch andere Metalle als Verunreinigungen, wenn auch nur in sehr geringen Mengen, enthalten, so gibt es genau genommen in der Technik nur Legierungen und keine Metalle. Es ist jedoch Sprachgebrauch, nur dann von Legierungen zu sprechen, wenn das beigemengte Metall in solcher Menge vorhanden ist, daß dadurch die Eigenschaften des Hauptmetalles in wesentlicher Weise beeinflußt werden. Die Kenntnis der Legierungen läßt sich so weit zurückverfolgen, solange es überhaupt eine Kultur der Menschheit gibt; zunächst wird wohl durch zufälliges Erschmelzen zweier verschiedener Erze die erste Legierung entstanden sein, aber bald erkannte man, daß die Härte und damit die Gebrauchsfähigkeit eines Metalles durch Hinzumischen eines zweiten in außerordentlicher Weise gesteigert werden kann. Bis in die achtiger Jahre des vorigen Jahrhunderts war die Anzahl der wirklich grundsätzlich voneinander verschiedenen Legierungen nur gering, die Erfinder aller Kulturstaaten glaubten aber durch an sich unwesentliche Zusätze oder Änderungen der Mengenverhältnisse neue technische Effekte erzielen zu können, so daß scheinbar die Zahl der praktisch benutzten Legierungen stark anwuchs. Erst als die Maschinenindustrie begann, an ihre Baustoffe ganz neue Anforderungen zu stellen, als der Schiffsbau, besonders die Kriegsmarinen, dann die Automobilindustrie und zuletzt die Luftschiffahrt von ihren Konstruktionsmaterialien außerordentliche Eigenschaften verlangten, begann der ungeahnte Aufschwung der Legierungstechnik. Aber trotz ihrer großen praktischen Erfolge versucht sie immer noch, sich mit dem Mantel des Geheimnisvollen zu umgeben, der ihr noch aus den Zeiten der alten Goldmacherkunst anhaftet; in keinem Gewerbe gibt es so viel als Fabrikgeheimnis ängstlich gehütete kleine Kunstgriffe, wie in dem Gießereiwesen. Ein Ausfluß dieser Geheimnistuerei ist auch die Unsitte, durch eine phantasievolle Namengebung den Käufer über die Bestandteile der Legierung täuschen zu wollen. Eine große Zahl Kupferlegierungen werden als „Bronzen“, womöglich als Reichsbronze, Herkulesbronze, Hohenzollernbronze und ähnliches, in den Handel gebracht, ohne daß sie wesentliche Mengen des teuren und für die echten Bronzen charakteristischen Zinns enthalten; sie stellen meist lediglich Spezialmessingsorten dar. Allerdings würden sich häufig die richtigen Namen, z. B. „Mangan-Nickel-Messing nach Rübel" an Stelle des falschen „Rübel-Bronze", wegen ihrer Länge nicht so leicht einbürgern, aber auch in solchen Fällen könnte man nach Art des „Magnaliums" oder „Duralumins" Bezeichnungen finden, die charakteristisch sind und wenigstens nicht den Versuch der Täuschung in sich schließen. Die Gefahr, durch eine richtige Namengebung die Zusammensetzung der Legierung zu verraten, ist jedenfalls nur gering; denn einmal wird sich die Konkurrenz von einem neuen, bewährten Material doch alsbald eine Analyse verschaffen, andererseits braucht man sich nur beizeiten für die neue Kombination den Patentschutz zu sichern (siehe S. 111), und drittens kann man auf Grund eines bloßen Rezeptes keine gleichwertigen Legierungen nachmachen.

Die Konstitution der Legierungen.

Bis gegen Ende des vorigen Jahrhunderts nahm man vielfach an, daß die Legierungen chemische Verbindungen im einfachen oder mehrfachen Verhältnis der Atomgewichtszahlen ihrer Komponenten darstellten, und kam so häufig zu außerordentlich abenteuerlichen Zahlen. Die Gegner dieser Theorie wollten aber gerade diese chemischen Verbindungen aus der Reihe der eigentlichen Legierungen streichen und sahen letztere als mechanische Gemenge an. Als aber die physikalische Chemie ihren ungeahnten Siegeslauf begann und uns die Konstitution der wässerigen Lösungen verstehen lehrte, da erkannte man alsbald, daß die Gesetze, die für die wässerigen Salzlösungen gelten, ungeändert auch auf die Legierungen angewendet werden müssen, mögen diese in flüssiger (geschmolzener) Form oder im festen (bereits erstarrten) Zustande vorliegen. Seitdem faßt man sie als festgewordene Lösungen ihrer Komponenten auf, ohne Rücksicht darauf, ob in einzelnen Fällen hierbei chemische Verbindungen in einfachen Zahlenverhältnissen der Atomgewichte entstehen oder nicht.

Die analytische Chemie steht schon seit länger als 50 Jahren auf einer außerordentlich hohen Stufe, sie zeigt uns in der qualitativen Analyse, aus welchen verschiedenen Bestandteilen eine Legierung besteht, in der quantitativen Analyse, wieviel von jedem dieser Bestandteile vorhanden ist, aber sie sagt uns nur sehr selten etwas davon, wie wir uns nun den inneren Aufbau der Legierung aus diesen Komponenten denken müssen. Nur in wenigen Fällen ist es bisher gelungen, aus dem feingepulverten Material unter dem Mikroskop durch Farbe oder Krystallform besonders kenntlich gemachte Anteile auszusondern, oder durch Schlämmen oder Anwendung von Flüssigkeiten mit besonders hohem spezifischen Gewicht einzelne Bestandteile von verschiedenem Eigengewicht abzutrennen. Zuweilen hat man auch versucht, aus den erst teilweise erstarrten Legierungen die schon festen Krystalle von höherem Schmelzpunkt abzufiltrieren oder durch allmähliches Auflösen in sehr verdünnten Lösungsmitteln die leichter lösliche Hauptmasse von dem schwerer angreifbaren Rückstand abzuteilen. In allen diesen Fällen besteht jedoch die Gefahr, daß es trotz aller Vorsicht nicht gelingt, den abgesonderten Anteil wirklich quantitativ von der anhaftenden Mutterlauge zu befreien, derartige sog. „Rückstandsanalysen“ sind deshalb stets mit einem gewissen Mißtrauen aufzunehmen.

Hier setzt die physikalische Chemie als „Metallographie“ ein. Ihre Hilfsmittel sind dreierlei Art. Erstens gelingt es mit Hilfe des Mikroskopes, auf der abgeschliffenen Metallfläche die einzelnen Konstitutionsbildner zu unterscheiden, indem man durch Polieren die weicheren Anteile hinwegschafft, so daß die härteren im Relief stehenbleiben, oder indem man sie auf dem polierten Schliff durch schwaches Anätzen oder Erzeugen von verschiedenen Anlauffarben kenntlich macht. Dieser Art der Analyse, der „Metallmikroskopie", verdankte die Metallographie ihre ersten großen Erfolge, und da es mit einiger Übung nicht schwer ist, gute Schliffe herzustellen, fand sie bald eine außerordentlich weitgehende Anwendung. Die Erklärung der im Mikroskop erscheinenden Struktureinzelheiten, namentlich auch ihrer photographischen Wiedergabe, läßt aber häufig dem rein subjektiven Erkennen des Beobachters einen weiten Spielraum. Ohne ausreichendes Vergleichsmaterial, ohne genaue Kenntnis der vorhergegangenen Wärme- und mechanischen Behandlung des Probestückes ist es meistens nicht leicht, eine sichere Deutung des Strukturbildes abzugeben, es gehört hierzu eine große Erfahrung und ausreichende Kenntnis der metallurgischen Vorgänge. Namentlich der noch ungeübte Metallograph ist leicht geneigt, in das mikroskopische Bild hineinzudeuten, was er zu sehen wünscht.

Ein Beispiel möge den Unterschied zwischen der chemischen und mikroskopischen Analyse erläutern: Eine Bronze von der Zusammensetzung 15 Proz. Zinn und 85 Proz. Kupfer hat bei wiederholtem Umschmelzen so viel Sauerstoff aufgenommen, daß 2 Proz. Zinn in Zinnsäure übergeführt sind (*Heyn* und *Bauer* siehe S. 250). Die gebildete Zinnsäure hat nicht das Bestreben, aus der Legierung auszutreten, sie bleibt in dieser eingeschlossen und macht sie immer dickflüssiger, der Guß wird spröde und zeigt poröse Stellen. Da aber bei der Analyse der Zinngehalt der Zinnsäure als Zinn mitbestimmt wird und man sich auf die Bestimmung des Kupfers und Zinns beschränkt, erhält man trotz tiefgehender Umänderungen keine wesentliche Verschiedenheit der Analysenzahlen. Es ergeben nämlich:

13	Tl. Zinn	} = 14,92	Proz.	Zinn
2,54	„ Zinnsäure			
85	„ Kupfer	= 84,54	„	Kupfer
100,54 Tl.				

Man findet also 14,92 Proz. Zinn statt der berechneten 15,0 Proz. und 84,54 Proz. Kupfer statt 85 Proz. und wird in der Mehrzahl der Fälle mit diesem Ergebnis zufrieden sein.

Wenn man aber ein Stück derartiger Bronze[1] abschleift und auf der Polierscheibe poliert, so sieht man im Mikroskop (Fig. 1, Taf. 1) bei 365facher Vergrößerung die Zinnsäure in Form dünner Häute eingelagert. Diese unterbrechen den Zusammenhang der kleinsten Metallteilchen und schwächen so das Material, sie rufen die mangelhaften mechanischen Eigenschaften derartiger Bronze hervor.

Fig. 2 und 3[2] (Taf. 1) geben ein Beispiel dafür, wie auf Grund von Rückstandsanalysen vollständig falsche Schlüsse auf die Konstitution gezogen

[1] *Heyn* u. *Bauer:* Mitt. d. K. M. A. 1904, 137.
[2] *Portevin:* Rev. de Mét. 1912, 884.

werden können. Die Abbildungen stellen Krystalle dar, die sich aus der feingepulverten Legierung leicht abtrennen lassen würden und einen einheitlichen Eindruck machen. Fig. 2 ein Krystall der Verbindung Cu_3Sn in einer „Lagerbronze"; Fig. 3 ein Antimonkrystall aus einer Kupfer-Antimonlegierung. Im Innern schließen sie größere Mengen der Mutterlauge ein und würden deshalb bei der Analyse ganz falsche Zahlenwerte liefern.

Der zweite Weg zur Erforschung der Konstitution ist die namentlich von *Tammann* ausgebildete „thermische" Analyse. Sie gestattet, die Zusammensetzung der aus der geschmolzenen Legierung beim Abkühlen sich ausscheidenden Krystalle sowie diejenige der zurückbleibenden Mutterlauge festzustellen, ohne daß man die einzelnen Bestandteile voneinander zu trennen

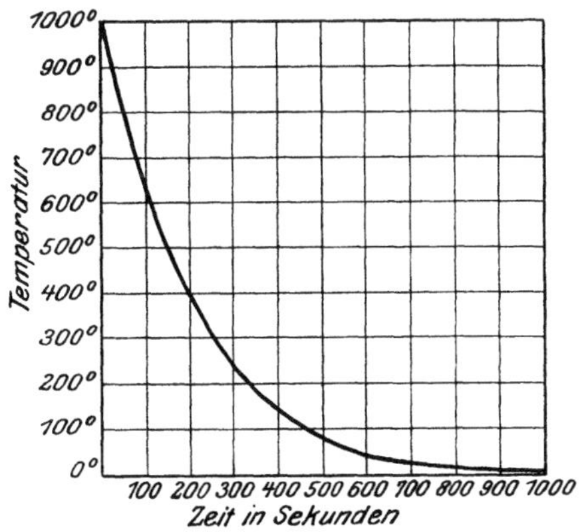

Fig. 4.

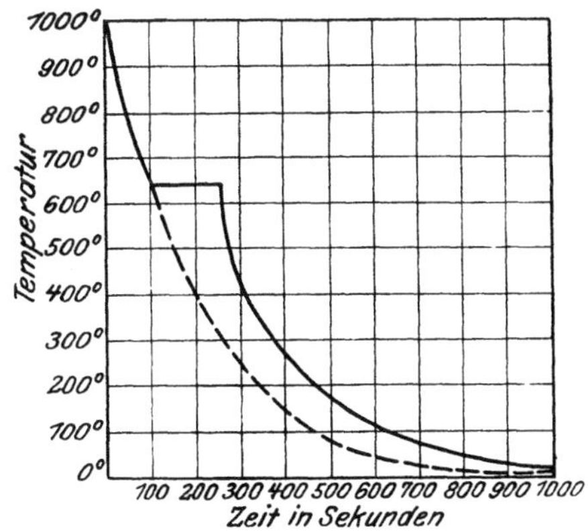

Fig. 5.

braucht. Sie benutzt hierzu die mit der Änderung des Aggregatzustandes verknüpfte Änderung des Wärmeinhaltes. Der Gang einer derartigen Analyse soll in folgendem wenigstens angedeutet werden.

Wird ein hochschmelzendes Metall, z. B. ein Stück Platin, auf 1000° erhitzt und dann der Abkühlung überlassen, so fällt seine Temperatur zunächst sehr rasch, dann immer langsamer, um sich schließlich nur ganz allmählich der Außentemperatur zu nähern. Mißt man alle 100 Sekunden die Temperatur und stellt das Ergebnis, um es anschaulicher zu machen, graphisch dar, indem man in einem Koordinatennetz auf der Abszissenachse die Zeit und auf der Ordinatenachse die Temperatur in bekannter Weise einträgt, so erhält man die in Fig. 4 wiedergegebene Kurve. Da der Schmelzpunkt des Platins erst weit über 1000° liegt, ist bei dem Versuche keine Änderung seines Aggregatzustandes eingetreten.

Erhitzt man statt dessen Magnesium (um eine Entzündung zu verhüten, im Wasserstoffstrom) auf die gleiche Temperatur und beobachtet die Abkühlung mit Hilfe eines in die Schmelze eingeführten Pyrometers, so erhält man die in Fig. 5 wiedergegebene Kurve. Zunächst fällt die Temperatur in gleicher Weise wie in Fig. 4, bei 651° jedoch bleibt sie eine Zeitlang konstant, die Schmelze erstarrt, und die hierbei frei werdende Krystallisationswärme deckt während 150 Sekunden den Wärmeverlust des Metalles an seine Umgebung. Man beobachtet bei 651° einen „Haltepunkt".

Wiederholt man den Versuch, indem man ein geschmolzenes Gemenge von 40 Proz. Magnesium und 60 Proz. Blei unter gleichen Versuchsbedingungen abkühlen läßt, so beobachtet man (Fig. 6) bei 651° keinen Haltepunkt, der Schmelzpunkt des Magnesiums wird durch den Bleizusatz wesentlich herabgesetzt. Bei 490° beginnt ein Teil des Magnesiums auszukrystallisieren, die Schmelze reichert sich an Blei an, es tritt kein Haltepunkt, sondern eine Verzögerung in der Abkühlung ein. Auf der Kurve macht sich dieser Punkt durch eine Richtungsänderung, einen Knick, bemerkbar. Unter ständiger Magnesiumabscheidung kühlt sich die Legierung bis auf 460° ab, hier erstarrt sie vollständig wie ein einheitlicher Körper. Man beobachtet also einen „Knickpunkt" bei 490° und einen Haltepunkt bei 460°.

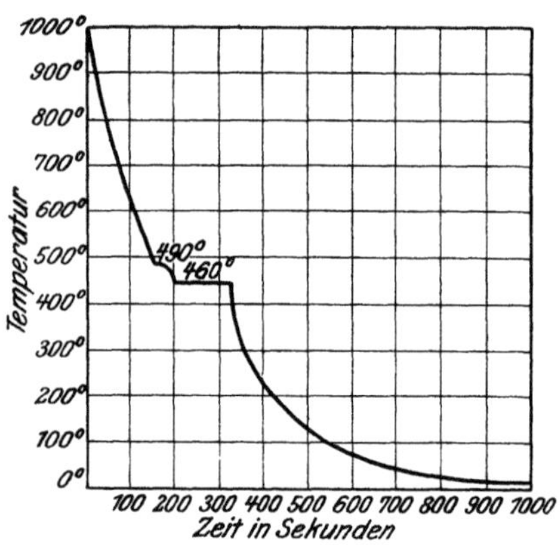

Fig. 6.

Grube[1] nahm die ganze Reihe der Abkühlungskurven der Magnesium-Bleilegierungen auf, indem er von 0 bis 100 Proz. Blei immer 20 g der Metallmischung einschmolz. In der Tab. 1 sind die Zusammensetzungen, die Knick- und Haltepunkte und die Krystallisationszeiten zusammengestellt. Trägt man die in Tab. 1 verzeichneten Knicke und Haltepunkte in ein Koordinatensystem ein, dessen Abszissen den Konzentrationen und dessen Ordinaten den Temperaturen proportional sind, so erhält man ein vollständiges „Schmelzdiagramm" der Magnesium-Bleilegierungen (siehe Fig. 7). Auf den Horizontalen *a b* und *c d*, welche durch die Haltepunkte bei 459° und 247° festgelegt sind, wurden Senkrechte proportional den betreffenden Krystallisationszeiten nach unten abgetragen. Die Tabelle sowohl wie das Diagramm zeigen, daß die Legierungen aus zwei verschiedenen Reihen bestehen, aus solchen von 0 bis 80,94 Proz. Blei und von 80,94 bis 100 Proz. Blei. Der Gehalt von 80,94 Proz. Blei entspricht einer Verbindung $PbMg_2$, die Legierung erstarrt wie das reine Blei und das reine Magnesium bei einem Haltepunkt, sie zeigt kein „Schmelzintervall" wie die übrigen Legierungen zwischen Knick und Haltepunkt. Die Erfahrung lehrt, daß sich Verbindungen der Metalle in der Regel durch ein Maximum auf der Schmelzkurve, wie hier bei C, bemerkbar machen. Die Magnesium-Bleilegierungen bestehen also aus den Komponenten Magnesium und Verbindung $PbMg_2$ einerseits und Verbindung $PbMg_2$ und Blei andererseits. Noch zwei Legierungen sind, wie die Schmelzkurve lehrt, dadurch ausgezeichnet, daß sie wie die reinen Metalle nur einen Haltepunkt besitzen, die Legierung bei B mit 67 Proz. Blei und die Legierung bei *D* mit 97 Proz.

[1] Zft. f. anorg. Chem. 1905, **44**, 117.

Tabelle 1.

Gewichtsprozente		Temperatur der Knicke	Temperatur der Haltepunkte	Zeitdauer der Krystallisation beim Haltepunkt in Sekunden
Blei	Magnesium			
0	100	650,9°	(Schmelzp. d. Mg)	Krystallisationszeit 125″
10	90	631,6°	—	—
20	80	617,4°	459,7°	10
25	75	615,3°	458,7°	15
35	65	608,2°	455,7°	20
40	60	591,9°	457,7°	20
45	55	583,8°	460,7°	48
50	50	541,1°	460,7°	65
55	45	522,8°	459,7°	75
60	40	490,2°	459,7°	110
65	35	467,9°	457,7°	136
70	30	499,4°	460,7°	105
75	25	537,0°	459,7°	28
77,5	22,5	545,2°	458,7°	15
80,94	19,06	551,3°	(Haltep.)	Krystallisationszeit 130″
82,5	17,5	548,2°	244,1°	25
85	15	535,0°	242,1°	40
90	10	447,5°	246,1°	70
92,5	7,5	350,9°	247,2°	80
95	5	254,3°	247,2°	130
97,5	2,5	256,3°	250,2°	165
99	1	295,0°	251,2°	55
100	0	326,9°	(Schmelzp. d. Pb)	Krystallisationszeit 107″

Blei. Eine solche Legierung, welche durch den niedrigstgelegenen Schmelzpunkt der ganzen Reihe ausgezeichnet ist, wird die „eutektische Legierung“ oder das „Eutektikum“ genannt. Es besteht, wie man im Mikroskop bei starker Vergrößerung erkennen kann, aus einem sehr feinen, lamellenartigen, mechanischen Gemenge seiner Komponenten (siehe Fig. 2 und 3 und 107 auf S. 160).

Die Erstarrung der Blei-Magnesiumlegierungen muß folgendermaßen verlaufen:

Auf dem Ast *AB* (also zwischen 0 und 67 Proz. Blei) krystallisiert zunächst Magnesium aus, bis die Konzentration der Schmelze 67 Proz. Blei erreicht ist, alsdann erstarrt das Eutektikum ($Mg + PbMg_2$); zwischen 67 Proz. und 80,94 Proz. Blei, Ast *BC*, krystallisiert die Verbindung $PbMg_2$ aus, bis wiederum die Konzentration von 67 Proz. Blei erreicht; alsdann erstarrt das Eutektikum ($Mg + PbMg_2$).

Auf dem Ast *C D* (80,94 Proz. bis 97 Proz. Blei) krystallisiert zunächst die Verbindung $PbMg_2$ aus, bis die Konzentration der übrigbleibenden Schmelze einen Gehalt von 97 Proz. Blei erreicht hat, alsdann erstarrt das zweite Eutektikum ($Pb + PbMg_2$).

Schließlich auf dem Ast *DE* (97 bis 100 Proz. Blei) krystallisiert zunächst das überschüssige Blei aus, bis die Schmelze die Konzentration von 97 Proz. Blei erreicht hat, worauf der Rest, das Eutektikum $Pb + PbMg_2$, erstarrt.

Die Konstitution der erstarrten Legierungen ist demnach folgende:

zwischen 0	und 67	Proz. Blei	Magnesiumkrystalle und 1. Eutektikum
	bei 67	„ „	1. Eutektikum ($Mg + PbMg_2$)
„ 67	und 80,94	„ „	Verbindung $PbMg_2$ und 1. Eutektikum
	bei 80,94	„ „	„ $PbMg_2$
„ 80,94	und 97	„ „	„ $PbMg_2$ und 2. Eutektikum
	bei 97	„ „	2. Eutektikum ($Pb + PbMg_2$)
„ 97	und 100	„ „	Bleikrystalle und 2. Eutektikum.

Um die aus der Abkühlungskurve gezogenen Schlüsse auf ihre Richtigkeit zu prüfen, wurde eine Anzahl der Legierungen verschiedener Konzentration von *Grube* angeschliffen und durch Stehenlassen an feuchter Luft geätzt. Fig. 8 (Taf. 1) gibt das Photogramm eines Schliffes von 90 Proz. Magnesium, 10 Proz. Blei in 120facher Vergrößerung. Man erkennt zwischen den weißen Magnesiumkrystallen sekundär ausgeschiedenes Eutektikum, welches sich durch Oxydation an feuchter Luft mit einer schwarzen Schicht bedeckt hat. Die Menge des Eutektikums nimmt bis zur Konzentration des Punktes *B* im Diagramm zu.

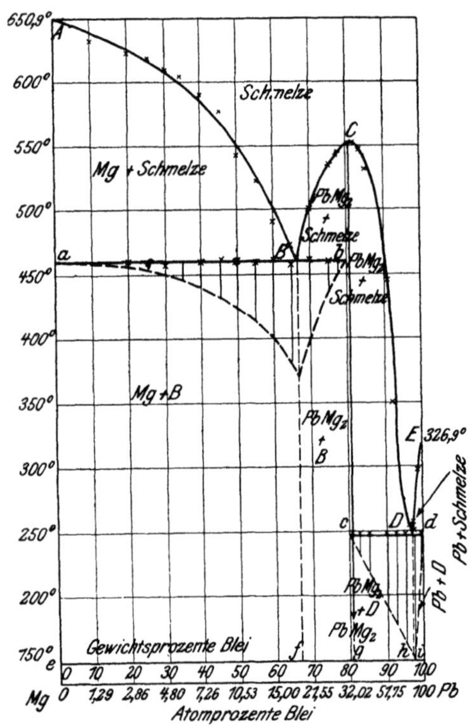

Fig. 7. System: Magnesium-Blei.

Fig. 9 (Taf. 1) mit 55 Proz. Blei läßt die primär ausgeschiedenen weißen Magnesiumkrystalle erkennen, umgeben von einer ziemlich großen Menge des Eutektikums ($Mg + PbMg_2$). Es zeigt an einzelnen Stellen die oben erwähnte lamellenartige Struktur. Von 67 Proz. Blei an erscheint die primär ausgeschiedene Verbindung $PbMg_2$, sie ist so leicht oxydierbar, daß die Schliffflächen fast augenblicklich tiefschwarz anlaufen, die Schliffe konnten deshalb nicht poliert werden.

Fig. 10 (Taf. 1) gibt einen derartigen Schliff mit 90 Proz. Blei wieder, graue Krystalle der Verbindung und stark geschwärztes Eutektikum ($PbMg_2 + Pb$).

Fig. 11 (Taf. 2) mit 99 Proz. Blei zeigt primär ausgeschiedene grauweiße Bleikrystalle, umgeben von dem geschwärzten Eutektikum.

Von der Konstitution der Legierung sind ihre allgemeinen Eigenschaften abhängig, sie werden im vorliegenden Fall bedingt durch das Auftreten der Verbindung $PbMg_2$. Die bleiärmeren Legierungen, welche die Verbindung sekundär ausgeschieden enthalten, sind an der Luft relativ beständig, sie besitzen eine grauweiße Farbe und sind spröder als das reine Magnesium.

Diejenigen Legierungen, welche die primär ausgeschiedene Verbindung enthalten, besitzen, frisch dargestellt, eine stahlblaue Farbe, sind außerordentlich spröde und sehr unbeständig. Sie zerfallen an feuchter Luft zu einem schwarzen Pulver und werden durch Wasser schon in der Kälte zersetzt.

Der dritte Weg zur Erforschung der Konstitution besteht darin, gewisse chemische und physikalische Eigenschaften bei dem reinen Metall ihrer Größe nach zahlenmäßig festzulegen und alsdann zu beobachten, wie sich diese Werte durch systematisch gesteigerten Zusatz eines zweiten Metalles ändern. Stellt man die gefundenen Verhältnisse graphisch dar, indem man als Abszisse die prozentuale Zusammensetzung der Legierung, als Ordinate die beobachteten Werte wählt, so erhält man Kurven, die durch ihren gradlinigen Verlauf oder durch das Auftreten von Knicken oder durch ein deutlich ausgesprochenes Maximum oder Minimum auf die mehr oder weniger vollständige Löslichkeit der Komponenten ineinander auf das Auftreten oder Wiederverschwinden von Verbindungen usw. schließen lassen.

Eigenschaften, deren Beobachtung zur Konstitutionsbestimmung herangezogen wurden, sind z. B. spezifisches Gewicht, spezifisches Volumen, Wärmeausdehnung, elektrische Leitfähigkeit, Thermokraft, Magnetismus, Härte, elektrolytische Lösungstension, Bildungswärme. Häufig stellt man eine erfreuliche Übereinstimmung mit den Angaben der mikroskopischen und thermischen Analyse fest oder erhält eine Ergänzung derselben, zuweilen treten jedoch noch unerklärliche Abweichungen und Widersprüche auf, die vermutlich in einer für die äußerst feinen Messungen noch unzureichenden Apparatur begründet sind. Jedenfalls verdient die mit verhältnismäßig einfachen Mitteln ausführbare, durch das Mikroskop zu kontrollierende thermische Analyse den Vorzug.

Als Beispiel für eine Konstitutionsbestimmung wurde oben das ziemlich verwickelte Diagramm der Blei-Magnesiumlegierungen gewählt, weil dieses in einem Bilde zu gleicher Zeit eine ganze Reihe verschiedener Legierungsbestandteile erkennen läßt.

In nachstehendem sollen die wichtigsten Konstitutionsmöglichkeiten in einigen Beispielen erläutert werden, und zwar sollen zunächst nur die aus zwei Metallen bestehenden, die binären Legierungen besprochen werden.

Im flüssigen Zustande vermischen sich die meisten Metalle wie Wasser und Alkohol, die Schmelzen lösen sich gegenseitig in allen Verhältnissen, es besteht unbegrenzte Löslichkeit.

In selteneren Fällen findet sich eine begrenzte Löslichkeit, wie beim Vermischen von Wasser mit Äther. Überläßt man die durchgeschüttelten Flüssigkeiten der Ruhe, so scheiden sie sich in eine untere, spezifisch schwerere Schicht von Wasser, die etwas Äther gelöst enthält, und in eine obere Ätherschicht, die einen bestimmten Betrag Wasser enthält.

So mischen sich im geschmolzenen Zustand Blei und Mangan nur bis zu einem Mangangehalt von 0 bis 12 Proz. und von 90 bis 100 Proz., zwischen 12 und 90 Proz. besteht eine „Mischungslücke“, es bilden sich bei dieser

Konzentration zwei Schichten. Bei der Abkühlung (siehe das Diagramm Fig. 12 von *Williams*[1]) scheiden sich von 100 bis 90 Proz. Mn auf der Linie *ED* vom Schmelzpunkt des Mangans 1228° ab zunächst Mangankrystalle ab, dann tritt die Bildung einer manganreichen Schicht ein, welche bei 1197° erstarrt und 10,1 Proz. Blei enthält, bei 326° erstarrt der Rest, eine bleireiche Schicht mit 12 Proz. Mangan. Legierungen zwischen 90 Proz. und 12 Proz. Mangan bestehen aus zwei Schichten, Legierungen mit weniger als 12 Proz. Mangan aus einer Flüssigkeit.

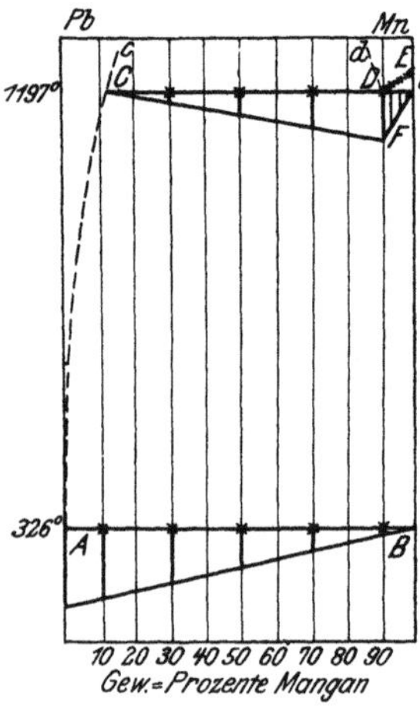

Fig. 12. System: Mangan-Blei.

Noch seltener kommt der Fall vor, daß die beiden geschmolzenen Metalle sich gar nicht lösen, wie Wasser und Schwefel-Kohlenstoff. Schmilzt man z. B. Wismut und Chrom zusammen (*Williams*[2]), und läßt die gut durchgerührte Schmelze sich abkühlen, so findet man zweimal ein Halten der Temperatur (siehe Fig. 13 bei 1553° (Schmelzpunkt des Chroms) und bei 268° (Schmelzpunkt des Wismuts). Es bilden sich zwei Schichten, weder mikroskopisch noch chemisch-analytisch weist man in der Chromschicht Wismut oder in der Wismutschicht Chrom nach.

Zuweilen scheiden sich geschmolzene Metalle nach dem Umrühren, trotzdem keinerlei Löslichkeit vorliegt und ihre spezifischen Gewichte verschieden sind, doch nicht in Schichten, bilden vielmehr Emulsionen; man könnte dann im Zweifel sein, ob diese erstarrte Emulsion nicht eine regelrechte Legierung darstellt, die mikroskopische Untersuchung indessen und die Leitfähigkeitsbestimmung zeigen, daß in diesem Fall nur ein Gemenge erstarrter Metalltröpfchen vorliegt.

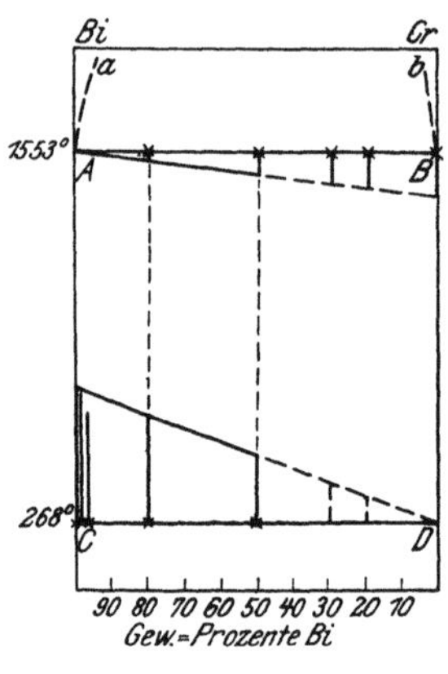

Fig. 13. System: Wismut-Chrom.

Auch die Konstitutionsverhältnisse der erstarrten Legierungen kann man auf Grund ihrer gegenseitigen Lösung im festen Zustand in Gruppen einteilen.

I. Die Lösung der geschmolzenen Metalle ineinander bleibt auch im festen Aggregatzustand erhalten, die Metalle bilden „Mischkrystalle“ (nach *Roozeboom*), „feste Lösungen“ (nach *van'tHoff*).

Die Abkühlungskurve des Systems Nickel-Kobalt von *Ruer* und *Kaneko*[3] ist in Fig. 14 wiedergegeben (die beobachteten Krystallisationstemperaturen sind durch Kreuze gekennzeichnet). Die Erstarrungspunkte liegen auf einer

[1] Zft. f. anorg. Chem. 1907, **55**, 32.
[2] Zft. f. anorg. Chem. 1907, **55**, 24.
[3] Metallurgie 1912, 419.

fast geraden Linie zwischen dem Erstarrungspunkt des Nickels 1451° und dem des Kobalts 1491°.

Die reinen Metalle sind nach dem Erstarren aus Krystallkörnern aufgebaut, eine Schlifffläche zeigt nach dem Anätzen den Durchschnitt dieser Körner als unregelmäßige Polygone (siehe Fig. 15 [Taf. 2], reines Nickel nach *Ruer* und *Kaneko* mit 10 proz. Eisenchloridlösung geätzt in 55facher Vergrößerung), die einzelnen Körner erscheinen im Mikroskop bald heller, bald dunkler gefärbt, je nachdem sie, infolge ihrer Lage zur optischen Achse, das Licht mehr oder weniger reflektieren. Fig. 16 und 17 (Taf. 2) gibt die Legierungen mit 20 und 40 Proz. Kobalt wieder, die ganze Legierungsreihe zeigt die gleichen polygonalen Flächen wie das reine Nickel, auch bei der stärksten Vergrößerung kann man im Mikroskop die beiden Metalle nicht voneinander unterscheiden; die im geschmolzenen Zustand eingetretene homogene Lösung ist auch beim Erstarren völlig unverändert bestehen geblieben, die beiden Metalle bilden jetzt eine „feste Lösung".

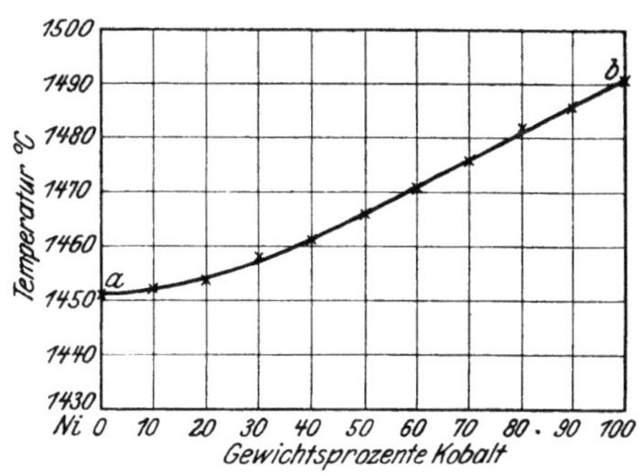

Fig. 14. System: Nickel-Kobalt.

Die reinen Metalle krystallisieren in Form der Krystallkörner, wenn die Abkühlung so langsam verläuft, daß das einzelne Korn die nötige Zeit zu seiner Ausbildung findet — je langsamer die Abkühlung vor sich geht, desto größer wird das einzelne Korn, desto gröber erscheint der Bruch —. Das gleiche Verhalten zeigen die Mischkrystalle der Legierungen.

Wird die Abkühlung sehr beschleunigt, so treten in dem reinen Metall die bekannten Tannenbaumkrystalle, die „Dendriten", auf; sie bilden nach *Campbell*[1] als der zuerst erstarrende Teil des Metallkornes das Skelett und bleiben infolge der mit der weiteren Abkühlung und Erstarrung verbundenen Kontraktion der anfangs noch flüssigen Bestandteile als Relief stehen. Ähnliche Dendriten treten auch in den Mischkrystallen auf (siehe unten).

Nicht immer liegen die Erstarrungspunkte einer Legierungsreihe zwischen den Erstarrungspunkten ihrer beiden Komponenten, die Erstarrungskurve nähert sich nicht immer, wie in dem oben wiedergegebenen Beispiel des Systems Nickel-Kobalt, der geraden Verbindungslinie der beiden Endpunkte. Bei den Mangan-Kupferlegierungen zum Beispiel (siehe Fig. 18), aufgestellt von *Sahmen*[2], fällt der Erstarrungspunkt von 1214° (reines Mangan) bis zu 866° für eine Legierung von 65 Proz. Kupfer und steigt dann wieder bis zum Erstarrungspunkt des reinen Kupfers. Außer bei dem Minimum *B* erstarren die Legierungen nicht in einem Erstarrungspunkt, sondern auf der Kurve *ABC* beginnt die Erstarrung, erst auf Kurve *AabC* ist sie beendet — diese Legie-

[1] Metallurgie 1907, 801.

[2] Zft. f. anorg. Chem. 1908, **57**, 23.

rungen besitzen ein Krystallisationsintervall. Die Form der Kurve für die beendete Erstarrung *AabC* ist abhängig von der Abkühlungsgeschwindigkeit, mit abnehmender Geschwindigkeit wird das Krystallisationsintervall kleiner und schließlich konstant (siehe das Diagramm der gleichen Legierungsreihe S. 231).

Wenn die Erstarrung einer Legierung nicht in einem Krystallisationspunkt, sondern in einem Krystallisationsintervall eintritt, so liegt die Möglichkeit vor, daß das zuerst erstarrende Skelett eines jeden Krystallkornes eine andere Zusammensetzung hat, reicher an der einen Komponente ist, als die äußere Schicht des Kornes. Bei langsamer Abkühlung wird sich diese Verschiedenheit durch Diffusion ausgleichen, bei rascher Erstarrung ist für den Ausgleich keine Zeit mehr, der Unterschied in der Zusammensetzung muß bestehen bleiben.

Fig. 19 (Taf. 3) gibt in 60facher Vergrößerung die Struktur einer Nickelkupferlegierung mit 30,35 Proz. Ni bei langsamer Abkühlung wieder (nach *Kurnakow* und *Zemczuzny*[1]), es zeigen sich bei 60facher Vergrößerung die gleichen polygonalen Körner wie in der Nickel-Kobaltlegierung (Fig. 17 [Taf. 2]), in Fig. 20 (Taf. 3) dagegen tritt nach dem Ätzen mit Salpetersäure in der rasch abgekühlten Probe der Unterschied in der Konzentration des zentralen und des peripherischen Teiles eines jeden Kornes deutlich hervor. Das innere, nickelreichere Skelett ist nicht angeätzt, die äußeren, kupferreicheren Randschichten sind dunkel gefärbt; jedoch stellen die dunkeln peripherischen Teile kein selbständiges Strukturelement dar, darauf weisen die deutlichen Linien der Konturen hin, welche die einzelnen Krystallkörner im Schliff abgrenzen. Durch nachträgliche Wärmezufuhr verschwindet infolge von Diffusion der Unterschied im äußeren und inneren Teil des Kornes vollständig, z. B. durch Ausglühen bei 800° bis 900°.

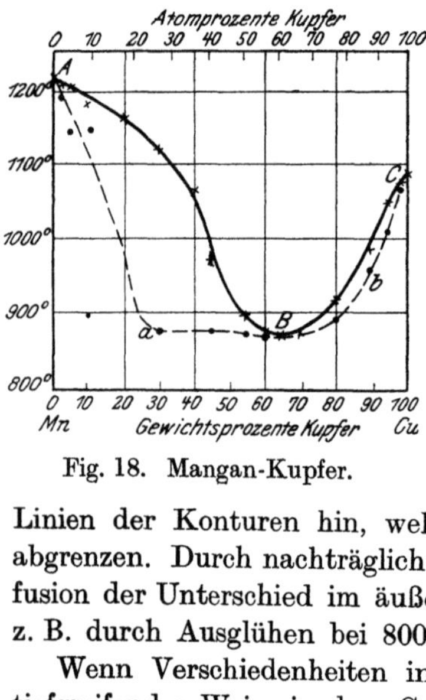

Fig. 18. Mangan-Kupfer.

Wenn Verschiedenheiten in der Abkühlungsgeschwindigkeit sich in so tiefgreifender Weise in dem Gefüge einer Legierung bemerkbar machen, so ist es leicht verständlich, daß die Abkühlungsgeschwindigkeit auch von wesentlichem Einfluß auf die mechanischen Eigenschaften der Legierung ist.

Wenn andererseits durch nachträgliches Glühen oder Anlassen die Wirkung einer zu raschen Abkühlung auf das Gefüge wieder aufgehoben werden kann, so muß man auch durch nachträgliche Wärmebehandlung den Einfluß einer zu raschen Abkühlung auf die mechanischen Eigenschaften wieder aufheben können.

Auf beide Punkte wird in dem speziellen Teil wiederholt ausführlich zurückzukommen sein.

[1] Zft. f. anorg. Chem. 1907, **54**, 153.

II. Die Lösung der geschmolzenen Metalle ineinander bleibt im festen Aggregatzustand nicht erhalten, die erstarrten Metalle sind ineinander unlöslich.

Genauer müßte man sich ausdrücken: die erstarrten Metalle sind ineinander so schwer löslich, daß wir mit unseren Untersuchungsverfahren eine deutliche Mischkrystallbildung nicht feststellen können. Mit Recht betont *Guertler*[1]: Fast von Tag zu Tag schrumpft die Zahl der zu dieser Gruppe gehörenden Systeme mehr und mehr zusammen. Dies führt notwendig zu der Überzeugung, daß es nur eine Frage der Zeit und der noch weitern Verfeinerung unserer wissenschaftlichen Methoden ist, um in allen bekannten Legierungen die Existenz von Mischkrystallreihen bis zu deutlich erkennbaren Grenzen festzustellen.

Das Erstarrungsbild der Legierungsreihe Blei-Antimon nach *Gontermann*[2] ist in Fig. 21 wiedergegeben, die Kreuze bezeichnen dessen Beobachtungen, die kleinen Kreise die einer früheren Untersuchung von *Gautier*. Eine Legierung zum Beispiel mit 10 Proz. Blei beginnt bei 608° zu erstarren, es scheidet sich reines Antimon aus, dessen Krystallmenge mit fallender Temperatur immer mehr zunimmt, bis bei 247° eine Legierung von 13 Proz. Antimon, 87 Proz. Blei übrigbleibt, welche bei 247° wie ein einheitlicher Körper erstarrt. Eine Legierung mit 50 Proz. Blei beginnt bei 490° zu erstarren, auch hier scheiden sich reine Antimonkrystalle ab, die Schmelze wird bei weiterer Abkühlung immer antimonärmer, bis wieder die Legierung mit 13 Proz. Antimon erreicht ist, welche bei 247° krystallisiert usw. Liegt von vornherein eine Legierung mit 13 Proz. Antimon (Hartblei) vor, so erstarrt diese bei 247°. Andererseits scheiden sich aus einer antimonärmeren Legierung, z. B. mit 5 Proz. Antimon, 95 Proz. Blei, von 291° ab reine Bleikrystalle aus, mit sinkender Temperatur wird die Schmelze dadurch immer antimonreicher, bis eine Legierung von 13 Proz. Antimon erreicht ist, welche wieder bei 247° erstarrt. Diese Legierung, die also in allen Zusammensetzungen des Systems Blei-Antimon auftritt, ist die „eutektische" oder das Eutektikum (siehe S. 7), sie besteht aus lamellenartig aneinandergelagerten Blei- und Antimonkryställchen, wie im Mikroskop bei starker Vergrößerung festzustellen ist.

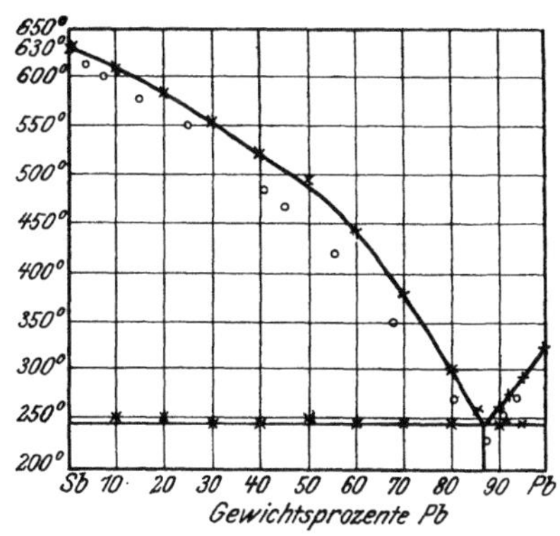

Fig. 21. System: Blei-Antimon.

Der eutektische Haltepunkt 247° und das Auftreten des Eutektikums im mikroskopischen Bilde läßt sich bis dicht an die Grenzkonzentration von 0 und 100 Proz. Blei verfolgen, man sieht daraus, daß weder das Antimon meßbare Mengen Blei, noch das Blei meßbare Mengen Antimon in fester Lösung aufzunehmen vermag.

---

[1] Zft. f. physik. Chem. 1910, **68**, 188.

[2] Zft. f. anorg. Chem. 1907, **55**, 421.

Das Erstarrungsbild des Systems Blei-Antimon besteht demnach aus zwei Ästen, die, vom Erstarrungspunkt der reinen Metalle ausgehend, sich bei 247° schneiden, und einer durch diesen Punkt gehenden Wagerechten. Die Zusammensetzung des Eutektikums findet man, indem man von dem Schnittpunkt die Senkrechte auf die Konzentrationsabszisse fällt, diese wird bei 87 Proz. Blei getroffen.

Die erstarrten Legierungen bestehen (siehe Fig. 22 bis 24 [Taf. 3][1]):

bei einem Gehalt von weniger als 13 Proz. Antimon aus primär ausgeschiedenen Bleikrystallen, umgeben vom Eutektikum (87 Proz. Pb + 13 Proz. Sb) (Fig. 22);
bei einem Gehalt von 13 Proz. Antimon lediglich aus dem Eutektikum (Fig. 23);
bei einem Gehalt von mehr als 13 Proz. Antimon aus primär ausgeschiedenen Antimonkrystallen, umgeben von Eutektikum.

Durch Ätzung mit verdünnter Salpetersäure ist auf dem Schliff das Blei schwarz gefärbt, das Antimon blieb weiß und glänzend.

Bei der eutektischen Legierung fällt Beginn und Ende der Erstarrung zusammen, sie ist die einzige der ganzen Reihe, die einen Erstarrungspunkt (bzw. bei der Erwärmung einen Schmelzpunkt) zeigt, wie die reinen Metalle; alle anderen Legierungen besitzen ein Erstarrungs- und Schmelzintervall. Es ist deshalb auch nicht korrekt, wenn man aus alter Gewohnheit bei den nichteutektischen Legierungen von einem Erstarrungs- und Schmelzpunkt spricht, in der Regel ist mit dem angegebenen Wärmegrad lediglich der Beginn des Erstarrens und Schmelzens gemeint.

Wegen der Sonderstellung, die die eutektischen Legierungen durch ihren niedrigen und einheitlichen Schmelzpunkt einnehmen, — auch in bezug auf ihre Härte- und Festigkeitseigenschaften zeichnen sie sich häufig besonders aus —, hielt sie *Guthrie*, der 1884 den Begriff des „Eutektikums" auffand, für chemische Verbindungen. *Charpy* erkannte jedoch 1897, daß sie ein mikroskopisch feines Gemenge ihrer Komponenten darstellen und deshalb keine einheitliche Verbindung sein können. *Gorbow*[2] weist indessen darauf hin, daß die Zusammensetzung der etwa 170 Eutektika, die in den verschiedenen Legierungen und Salzen nachgewiesen worden sind, durch einfache chemische Formeln ausdrückbar ist, und daß sie sowohl durch das Gesetz der Konstanten, wie auch der vielfachen rationalen Verhältnisse geregelt wird, und *Lossew*[3] zeigt, daß in den Systemen Antimon-Kobalt und Antimon-Nickel, die eine Ausnahme von dieser Regel darstellen, tatsächlich ein richtiger eutektischer Punkt nicht auftritt; auch die Mikrostruktur dieser Legierungen liefert keine Anhaltspunkte für die Annahme der Bildung eutektischer Gemenge. Es ist indessen zu bedenken, daß die Zusammensetzung der Eutektika meist auf indirektem Wege, nur angenähert, bestimmt wird und deshalb auch die meisten Angaben *Gorbows* mit Beobachtungsfehlern behaftet sind. Die größere Mehrzahl der Fälle dürfte nicht in das Gesetz passen.

---

[1] Kröhnke: Kurze Einführung in den inneren Gefügeaufbau der Eisenkohlenstofflegierungen. Berlin 1911.

[2] Journ. Russ. Phys.-Chem. Ges. 1909, **41**, 1241.

[3] Journ. Russ. Phys.-Chem. Ges. 1911, **43**, 375.

III. Die Lösung der geschmolzenen Metalle ineinander bleibt im festen Aggregatzustand nur teilweise erhalten, es besteht eine Mischungslücke.

Zwischen den beiden vorgenannten Gruppen von Legierungen, bei denen entweder beide Metalle in allen Verhältnissen ineinander löslich oder (praktisch) vollständig unlöslich sind, steht die dritte Gruppe, bei welcher eine Löslichkeit nur in bestimmten Konzentrationen nachzuweisen ist. Entweder vermag das Metall A das Metall B bis zu einem gewissen Prozentsatz in fester Lösung aufzunehmen, während Metall A in Metall B praktisch unlöslich ist, oder A nimmt eine bestimmte Menge B und B eine bestimmte Menge A auf.

In Fig. 25 ist das Erstarrungsdiagramm der Silber-Kupferlegierungen nach *Friedrich*[1] und *Leroux* wiedergegeben. Aus den kupferreichen Legierungen scheiden sich auf AD vom Erstarrungspunkt des Kupfers (1084°) ab Kupferkrystalle aus, die noch flüssige Schmelze reichert sich an Silber an, bei einem Gehalt von 72 Proz. Ag erstarrt sie (778°). (Die Kupferkrystalle sind allerdings kein reines Kupfer, sondern Mischkrystalle mit bis 6 Proz. Silber, die Mischkrystallbildung läßt sich jedoch nicht thermisch verfolgen, siehe Silber-Kupferlegierungen S. 408.) Aus den silberreichen Legierungen bis zu 6 Proz. Kupfer beginnen auf BD Mischkrystalle zu erstarren, auf Bb liegt das Ende der Erstarrung; in den Legierungen von 6 bis 28 Proz. Kupfer krystallisieren zunächst diese Mischkrystalle aus, die Schmelze wird immer silberärmer und erstarrt bei der Zusammensetzung 72 Proz. Ag 28 Proz. Cu bei 778° auf bD.

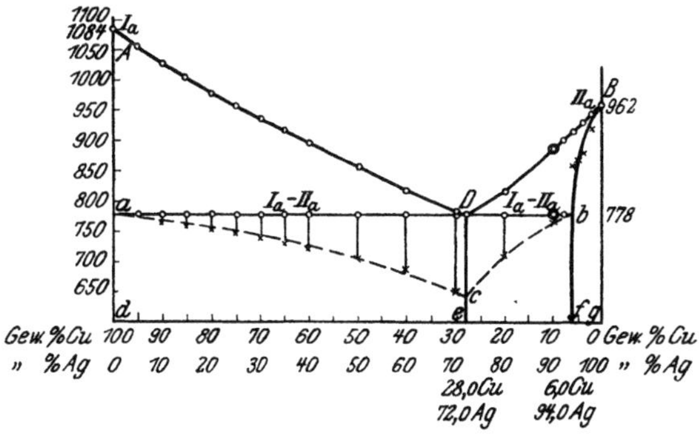

Fig. 25. System: Silber-Kupfer.

Die Legierungen bestehen demnach im festen Aggregatzustand:

1. bei einem Kupfergehalt von 100 bis 28 Proz. aus einem heterogenen Gemenge von Kupferkrystallen (siehe oben) und dem Eutektikum (Kupferkrystalle + Mischkrystalle);
2. bei einem Kupfergehalt von 28 Proz. aus dem Eutektikum;
3. bei einem Kupfergehalt von 28 bis 6 Proz. aus einem heterogenen Gemenge von an Kupfer gesättigten, silberreichen Mischkrystallen und dem Eutektikum;
4. bei einem Kupfergehalt von 6 bis 0 Proz. aus homogenen ungesättigten Mischkrystallen.

Fig. 26, eine schematische Darstellung des Konstitutionsdiagrammes der Aluminium-Zinklegierungen nach *Bornemann*[2], ist ein Beispiel für das Auftreten zweier fester Lösungen. Das Aluminium vermag etwa 50 Gew.-Proz.

[1] Metallurgie 1907, 298.
[2] Die binären Metallegierungen.

Zink in fester Lösung aufzunehmen, das Zink seinerseits etwa 4 Proz. Aluminium. (Nach neueren Untersuchungen von *Eger*[1] nur etwa 1 Proz.) Die beiden festen Lösungen bilden ein bei 378° schmelzendes Eutektikum mit 5 Proz. Al + 95 Proz. Zn. Im festen Aggregatzustand bestehen die Legierungen also (nach den Zahlenwerten des Schemas):

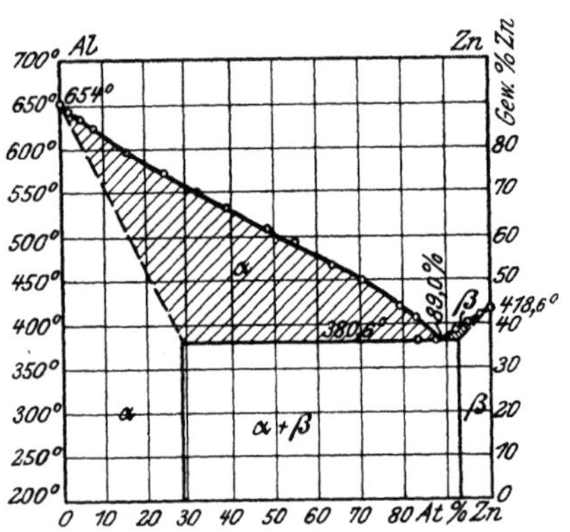

Fig. 26. System: Aluminium-Zink.

1. bei einem Aluminiumgehalt von 100 bis 70 Vol.-Proz. (= 50 Gew.-Proz.) aus aluminiumreichen Mischkrystallen, 2. bei einem Aluminiumgehalt von 70 bis 11 Vol.-Proz. (= 5 Gew.-Proz.) aus primär ausgeschiedenen aluminiumreichen Mischkrystallen, umgeben vom Eutektikum (aluminiumreicher Misch krystall + zinkreicher Mischkrystall), 3. bei 11 Proz. aus dem Eutektikum, 4. bei 11 bis 6 Vol.-Proz. (= 4 Gew.-Proz.) aus primär ausgeschiedenen zinkreichen Mischkrystallen umgeben vom Eutektikum, bei 6 bis 0 Proz. aus zinkreichen Mischkrystallen. (Neuere Untersuchungen, siehe S. 160, weisen allerdings auf erheblich verwickeltere Verhältnisse hin.)

IV. Aus der flüssigen Lösung der beiden Metalle scheiden sich die Komponenten beim Erstarren in Form einer chemischen Verbindung aus.

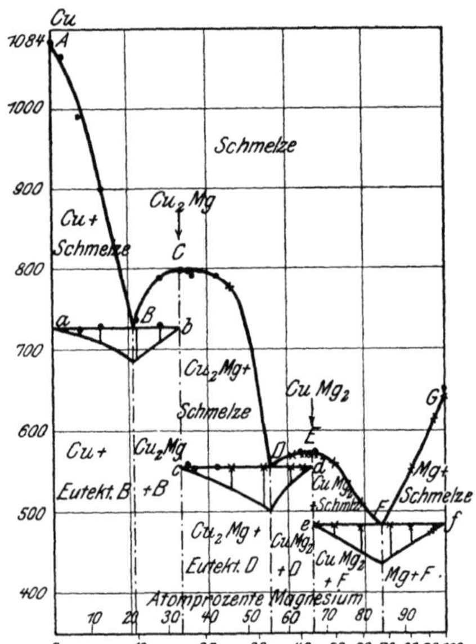

Fig. 27. System: Kupfer-Magnesium.

In den bisher betrachteten Beispielen schieden sich die Komponenten der Legierung beim Erstarren entweder in reiner Form oder als Mischkrystalle aus, es kommt jedoch auch der Fall vor, daß beide Metalle eine chemische Verbindung in einfachen Verhältnissen ihrer Atomgewichte bilden. Diese Verbindungen können mit den beiden Metallen wieder Mischkrystalle oder eutektische Gemenge liefern, so daß die verschiedensten Variationen möglich sind.

Das System Blei-Magnesium wurde bereits ausführlich besprochen (siehe S. 8).

[1] Intern. Zft. f. Metallographie 1913, 4, 29.

Zuweilen tritt auch der Fall ein, daß zwei Metalle beim Erstarren zwei oder mehr verschiedene Verbindungen bilden. Als Beispiel diene das Diagramm Fig. 27 des Systems Kupfer-Magnesium von *Sahmen*[1]. Es treten zwei Verbindungen, durch Maxima auf der Erstarrungskurve gekennzeichnet, auf: Cu_2Mg mit dem Schmelzpunkt = 797° und $CuMg_2$ mit dem Schmelzpunkt = 570°. Dementsprechend finden sich drei Eutektika: *ab* ($Cu + Cu_2Mg$), *cd* ($Cu_2Mg + CuMg_2$) und *ef* ($CuMg_2 + Mg$).

In Fig. 28 (Taf. 3) ist eine Legierung mit 28,3 Atom-Proz. Mg, also aus dem Konzentrationsgebiet *BC*, wiedergegeben, man sieht helle Polygone der primär ausgeschiedenen Verbindung Cu_2Mg, umgeben von dem dunklen Eutektikum *B*; Fig. 29 (Taf. 3) mit 61,6 Atom-Proz. Mg zeigt eine Legierung aus dem Konzentrationsgebiet *DE*, es finden sich lange dunkle Stäbe der primär krystallisierten Verbindung $CuMg_2$, umgeben von dem Eutektikum *D*, in welchem große Krystalle der Verbindung Cu_2Mg liegen. (Es kommt hier der seltene Fall vor, daß ein Bestandteil des Eutektikums teilweise primär krystallisiert.)

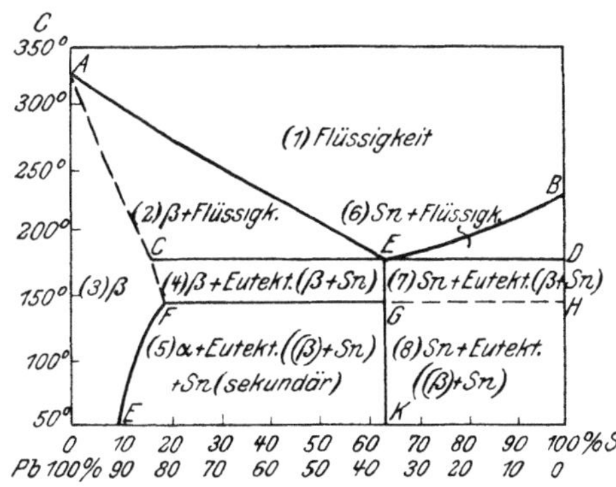

Fig. 30. System: Blei-Zinn.

V. Umwandlungen innerhalb der erstarrten oder teilweise erstarrten Legierung.

Mehrere chemische Elemente besitzen verschiedene, allotrope, Formen des festen Aggregatzustandes, sie können aus der einen in die andere übergehen; die Umwandlung aus einem bei höherer Temperatur bestehenden festen Aggregatzustand in einen bei niederer Temperatur beständigen ist mit einem Freiwerden von Wärme verbunden, die sich auch bei der Aufnahme der Erstarrungskurve bemerkbar macht. Derartige Umwandlungen finden sich auch in den Legierungen, sie treten sowohl in den Verbindungen als auch in den Mischkrystallen und den eutektischen Gemengen auf, dazu kommen noch zuweilen Reaktionen, die zwischen dem bereits gebildeten Primärkrystall und der Schmelze nachträglich eintreten.

In Fig. 30 ist das Diagramm der Blei-Zinnlegierungen nach *Rosenhain* und *Tucker*[2] wiedergegeben. Aus dieser Untersuchung sowie einer solchen von *Degens*[3] geht hervor, daß das Blei etwa 16 Proz. Zinn in fester Lösung aufnimmt; das Zinn löst praktisch kein Blei (die Sättigung liegt bei 0,37 Proz. Pb). Die Legierungen mit einem Zinngehalt von 16 bis 62,9 Proz. scheiden beim Erstarren zunächst bleireiche Mischkrystalle aus, bei 181° erstarrt alsdann das Eutektikum, bei 146° macht sich bei weiterer Abkühlung jedoch

[1] Zft. f. anorg. Chem. 1908, **57**, 26.
[2] Phil. Trans. A 1908, **209**, 89.
[3] Zft. f. anorg. Chem. 1903, **63**, 207.

in der festen Legierung eine Wärmeentwicklung bemerkbar, so daß ein Haltepunkt eintritt, Linie FG des Diagramms.

In Fig. 31 (Taf. 4) sieht man (nach *Degens*) das Gefüge einer Legierung mit 44,2 Proz. Zinn, welche bei 170° abgeschreckt worden ist; durch diese rasche Abkühlung wird die Umwandlung verhindert, die sonst bei 146° eingetreten wäre; die Struktur besteht aus schwarzen, bleireichen Mischkrystallen, umgeben vom Eutektikum. Fig. 32 (Taf. 4) gibt dieselbe Legierung wieder nach langsamer Abkühlung, hier ist die Umwandlung eingetreten, in den schwarzen Mischkrystallen haben sich weiße Pünktchen ausgeschieden. In Fig. 33 (Taf. 4) ist nochmals die abgeschreckte Legierung dargestellt, nachdem sie aber vier Tage lang auf 130° erhitzt worden ist; hier ist durch das lange „Anlassen" nachträglich die Umwandlung hervorgerufen worden, die dunklen Mischkrystalle sind völlig von weißen Strukturelementen durchsetzt.

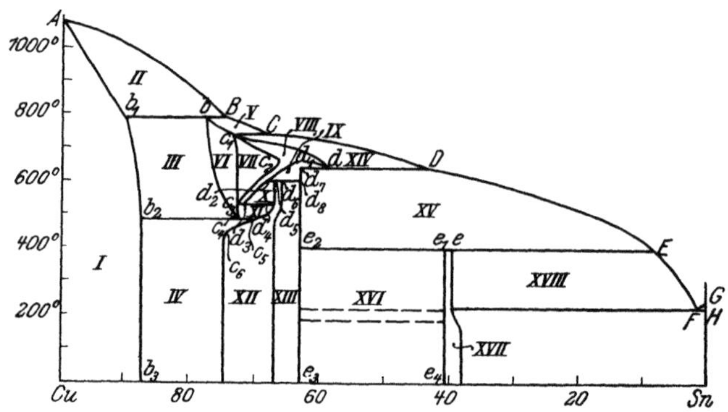

Fig. 34. Zinn-Kupfer.

$I = \alpha$	$VII = \beta + \gamma$	$XIII = \delta + Cu_3Sn$
$II = \alpha + Schm$	$VIII = \gamma$	$XIV = \gamma + Schw$
$III = \alpha + \beta$	$IX = \gamma + Cu_3Sn$	$XV = Cu_3Sn + Schm$
$IV = \alpha + \delta$	$X = \gamma + \delta$	$XVI = Cu_3Sn + \varepsilon$
$V = \beta + Schm$	$XI = \beta + \delta$	$XVII = \varepsilon$
$VI = \beta$	$XII = \delta$	$XVIII = \varepsilon + Schm$

Da man vom elementaren Zinn mehrere allotrope Modifikationen kennt, so ist anzunehmen, daß sich bei 146° das γ-Zinn in β-Zinn umwandelt; dieses ist vermutlich im Blei wesentlich weniger löslich, so daß es sich bei seiner Entstehung sofort aus der festen Lösung ausscheidet. Durch das Abschrecken wird die Umwandlung in β-Zinn verhindert, durch das lange Anlassen auf 146° wird sie begünstigt.

Eine andere Art der Umwandlung beobachtet man in gewissen Zinnbronzen.

In Fig. 34 ist das Konstitutionsdiagramm der Zinn-Kupferlegierungen von *Shepherd* und *Blough* dargestellt. Es wird auf S. 238 eingehend besprochen, hier interessieren nur die Bronzen von 0 bis 23 Proz. Zinn.

Bei der Abkühlung der flüssigen Schmelze scheiden sich auf *AB* bei der Konzentration 0 bis 13 Proz. Sn α-Krystalle (kupferreiche Mischkrystalle) aus, deren Erstarrung auf AB_1 beendet ist. Bei einem Gehalt von 13 bis 23 Proz. erstarren zunächst α-Krystalle, bei 800° wird die übrige Schmelze fest (β-Krystalle), so daß unter 800° ein heterogenes Gemenge von α- + β-Krystallen vorliegt. Diese β-Krystalle sind jedoch nur zwischen 800° und 500° beständig (Gebiet *III* des Diagramms), unterhalb 500° zerfallen sie in α-Krystalle und eine neue Krystallart (δ-Krystalle), die sich durch ihre Farbe und Aufbau deutlich von den β-Krystallen unterscheiden. (Siehe Fig. 128, S. 239.) Bei gewöhnlichen Wärmegraden bestehen also die genannten Bronzen aus α- + δ-Krystallen, schreckt man sie jedoch oberhalb 500° ab, bevor der Zerfall eingetreten ist, aus α- + β-Krystallen.

Es ist leicht einzusehen, daß, wenn sich die genannten Umwandlungen in der Struktur der Legierung bemerkbar machen, zugleich auch die mechanischen Eigenschaften des Materials beeinflußt werden müssen.

Die Wirkung des Abschreckens bzw. des nachträglichen Wiederanlassens auf die Eigenschaften einer Legierung ist auf die Unterdrückung bzw. Auslösung einer Umwandlung im festen Zustande zurückzuführen.

Für die Legierungstechnik wichtig sind in erster Linie die Systeme, die Mischkrystalle bilden; diese zeichnen sich durch Festigkeit und Zähigkeit aus. Eine lückenlose Reihe von Mischkrystallen bilden: Kupfer-Gold, -Mangan, -Nickel, -Palladium und -Platin; Silber-Gold, -Palladium; Gold-Platin, -Palladium; Mangan-Eisen, -Nickel; Eisen-Nickel, -Kobalt; Nickel-Kobalt.

Auch in den Systemen, welche nur eine teilweise Mischbarkeit besitzen, sind gerade die Konzentrationen der Mischkrystalle von Bedeutung für die Technik, z. B. in den Kupfer-Zinn-, -Zink-, -Aluminiumlegierungen.

Die intermetallischen Verbindungen besitzen stets eine außerordentliche Härte und Sprödigkeit; meist sind sie wenig luftbeständig, so daß die Legierungen, in welchen Verbindungen auftreten (namentlich, wenn sich diese als Primärkrystalle bei der Abkühlung ausscheiden), für die Technik ohne Wert sind.

Verbindungen treten häufig auf in den Systemen des Aluminiums, Magnesiums, Antimons, Zinns. *Tammann*[1] stellt folgende allgemeinen Regeln auf:

1. Die Elemente einer natürlichen Gruppe (des periodischen Systems) besitzen die Fähigkeit, miteinander Mischkrystalle zu bilden.

2. Bestimmender als die chemische Analogie auf die Fähigkeit der Elemente, Mischkrystalle zu bilden, ist die Temperatur der Krystallisation. Während aus den binären Schmelzen die Metalle mit hohem Schmelzpunkt in der Regel nicht als reine Metalle, sondern als Mischkrystalle krystallisieren, scheiden sich die Metalle mit niedrigen Schmelzpunkten in der Regel als praktisch reine Krystalle aus. Wenn die Schmelzpunkte beider Metalle hoch liegen, so tritt häufig lückenlose Mischbarkeit auf.

3. Bei der Krystallisation aus binären Schmelzen löst sich in den Krystallen des Elementes mit dem höheren mehr von dem Element mit dem

[1] Zft. f. Elektrochem. 1908, 789.

tieferen Schmelzpunkt, als umgekehrt vom Element mit höherem Schmelzpunkt sich in den Krystallen des Elementes mit dem tieferen Schmelzpunkt löst. Dabei ist es gleichgültig, ob die Konzentration der Mischkrystalle in Atom- oder Gewichtsprozenten gemessen wird.

Guertler[1] fügt als fast allgemeines Gesetz hinzu, daß jedesmal die bei tieferer Temperatur beständigen Modifikationen desselben Metalles weit geringeres Lösungsvermögen für andere Elemente verschiedenster Art haben als die bei höherer Temperatur beständigen.

Für das Auftreten von intermetallischen Verbindungen gilt nach *Tamman*[2] die Regel:

1. Die Elemente einer natürlichen Gruppe (des periodischen Systems) im engeren Sinne bilden untereinander keine Verbindungen.

2. Ein beliebiges Element bildet entweder mit allen Elementen einer natürlichen Gruppe im engeren Sinne Verbindungen, oder es geht mit keinem der Gruppenglieder eine Verbindung ein.

Die ternären Legierungen.

Um die Zusammensetzung einer Legierung aus drei Komponenten graphisch darzustellen, benutzt man nach *Gibbs* das gleichseitige Dreieck, dessen Ecken den reinen Stoffen und dessen Seiten den aus diesen gebildeten binären Legierungen entsprechen. Ein jeder Punkt der Dreiecksfläche bezeichnet alsdann eine ternäre Legierung, deren Gehalt an jedem der einzelnen Bestandteile dem Abstand dieses Punktes von der entsprechenden Dreiecksseite proportional ist.

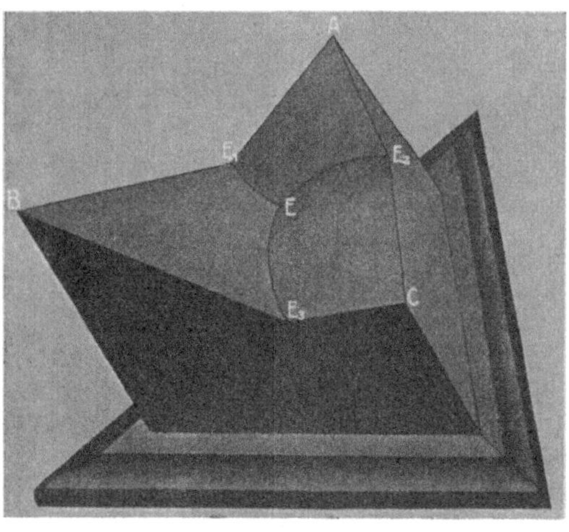

Fig. 35.

Als Beispiel für die Darstellung des Schmelzdiagramms einer ternären Legierung diene die klassische Untersuchung der Blei-Wismut-Zinnlegierungen durch *Charpy*[3].

In dem Dreieck ABC (Fig. 36) bedeutet A = Wismut, B = Blei, C = Zinn; eine Legierung von der Konzentration des Punktes H hat die Zusammensetzung: HI Proz. Wismut, HK Proz. Blei, HL Proz. Zinn. *Charpy* bestimmte für eine größere Reihe der Legierungen die Temperatur der beginnenden Erstarrung, in ein hölzernes Dreieck wurden alsdann an den betreffenden

[1] Metallographie **1**, 62.

[2] Zft. f. Elektrochem. 1908, 789.

[3] Contribution à l'étude des alliages 1901, 203.

Punkten Drahtstifte eingeschlagen, deren Länge den zugehörigen Wärmegraden entsprach; durch Ausfüllen des Ganzen mit Gips bis zur Höhe der Drahtenden entstand das räumliche Modell Fig. 35. Die Ecken *A*, *B*, *C* entsprechen in bezug auf ihre Höhe den Schmelzpunkten der reinen Metalle, die Seitenwände stellen die binären Systeme dar, die Punkte E_1, E_2, E_3 geben Konzentration und Erstarrungspunkt der drei binären Eutektika an. Die drei von diesen ausgehenden Kurven laufen unter ständiger Temperaturabnahme im Punkte *E* des ternären Eutektikums zusammen.

Denkt man sich das Modell durch horizontale Ebenen, die einer bestimmten Temperatur entsprechen, geschnitten und projiziert die Schnittlinien und die eutektischen Kurven auf die Konzentrationsebene, so erhält man das Schmelzdiagramm Fig. 36. Die gestrichelten Linien sind die Schnittlinien der horizontalen Ebenen mit der Oberfläche der Schnittfigur, sie verbinden also die Konzentrationen gleicher Erstarrungstemperatur miteinander und heißen deshalb Isothermen, die angeschriebenen Zahlen geben die Wärmegrade an, für die sie gelten. Die Punkte *E*, *F* und *G* geben die drei binären Eutektika an, Punkt *D* zeigt das ternäre Eutektikum an: Erstarrungspunkt = 96°, die Konzentration entspricht 32 Proz. Blei, 15,5 Proz. Zinn, 52,5 Proz. Wismut. (Das sog. *Rose*sche Metall.) *Bauer* und *Schack*[1] fanden das Eutektikum (Erstarrungspunkt 96,4°) zu: 15,5 Proz. Zinn, 35,0 Proz. Plei, 49,5 Proz. Wismut. Im Bereich *AEDG* krystallisiert bei der Abkühlung der Schmelze zuerst Wismut aus, im Bereich *GDFC* reines Zinn, im Gebiet *DEBF* reines Blei, alsdann erstarrt eines der drei binären Eutektika Wismut-Zinn oder Zinn-Blei oder Blei-Wismut und endlich der dann noch flüssig bleibende Rest als ternäres Eutektikum. Die Legierung von der Konzentration des Punktes *H* (siehe oben), etwa 57 Proz. Zinn, 29 Proz. Wismut, 14 Proz. Blei, beginnt bei 175° zu erstarren, es scheidet sich zunächst reines Zinn aus, die Erstarrung schreitet auf der verlängerten Verbindungslinie der Ecke *C* mit *H* (in Fig. 36 nicht gezeichnet) fort, welche die eutektische Kurve *DG* bei der Isothermen 100° trifft. Bei 100° erstarrt nunmehr das binäre Eutektikum Zinn-Wismut, die Erstarrung schreitet auf der Kurve *GD* bis zum Punkte *D* (96°) fort, hier wird die Zusammensetzung des ternären Eutektikums erreicht, und dieses letztere erstarrt nun vollständig. Die mikroskopische Untersuchung bestätigt vollkommen die Aussagen der thermischen Analyse.

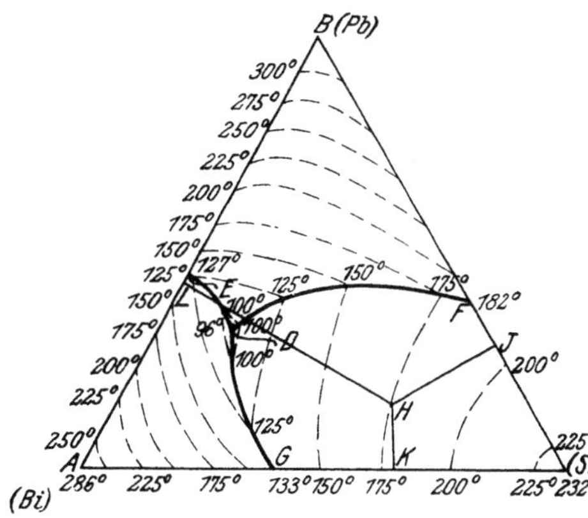

Fig. 36. System: Blei-Wismut-Zinn.

Vgl. auch „Lagermetalle“ S. 450.

[1] Mitt. d. Mat.-Prüf.-Amtes 1924.

In dem gewählten Beispiel liegt der einfachste Fall vor, daß die einzelnen Komponenten sich in reiner Form und als heterogene Gemenge ausscheiden. Ebenso wie in den binären Legierungen treten aber auch in den ternären Mischkrystalle und Verbindungen auf, das Schmelzdiagramm zeigt in diesem Fall wesentlich verwickeltere Verhältnisse; derartige Systeme wurden studiert von *Jänecke*[1], *v. Vegesack*[2] und *von Sahmen* und *v. Vegesack*[3] in theoretischer Beziehung, zahlreiche praktische Untersuchungen ternärer Legierungen liegen ebenfalls bereits vor, von denen die technisch wichtigen später Erwähnung finden. Von quaternären Systemen wurden bisher untersucht: SnPb—Bi—Cd und Fe—Ni—Mn—Cu von *Parravano*[4].

Die thermische Analyse kann hier nicht ausführlicher dargestellt werden, es sei deshalb auf folgende Werke hingewiesen:

Rüer: Metallographie in elementarer Darstellung. 1907,
Goerens: Einführung in die Metallographie. 1922,

von denen das erstere die theoretische Seite, das letztere die praktische behandelt.

Der Zusammenhang der Konstitution mit den Eigenschaften der Metalle und Legierungen wird dargestellt in

Tammann: Lehrbuch der Metallographie. 1923

und in besonders ausführlicher Weise in

Martens-Heyn: Materialienkunde für den Maschinenbau. 2. Aufl. 1912.

---

[1] Zft. f. physik. Chem. 1907, **59**, 697.
[2] Zft. f. anorg. Chem. 1907, **54**, 367.
[3] Zft. f. physik. Chem. 1907, **59**, 257.
[4] Gazz. Chim. Ital. 1911, **42**, I, 630, und daselbst 1912, **42**, II, 589.

Die Eigenschaften der Legierungen.

Die Eigenschaften einer Legierung sind abhängig

1. von der chemischen Zusammensetzung.

Um nun aus einer beschränkten Anzahl von Versuchsergebnissen auf die betreffende Eigenschaft (falls sie sich zahlenmäßig ausdrücken läßt) bei allen Gliedern der ganzen Legierungsreihe schließen zu können, und um den Zusammenhang von Zusammensetzung und Eigenschaft übersichtlich darzustellen, trägt man die erhaltenen Zahlenwerte in ein Koordinatensystem als die Ordinate und die prozentige Zusammensetzung (die Konzentration) in Gewichts-, Volum-, Atomprozenten als Abszisse ein. (Siehe die folgenden Abbildungen.)

Wenn die erhaltene Linie eine zwischen den Endwerten für die beiden reinen Metalle verlaufende Gerade ist, wie in den Fig. 40 *I*, 49 *B*, so kann man nach der Mischungsregel den Zahlenwert der betreffenden Eigenschaft für jede beliebige Legierung aus den Werten der beiden Komponenten berechnen. Die Eigenschaft ist alsdann eine „additive".

Die Eigenschaften einer Legierung sind abhängig

2. von der Konstitution.

Es ist leicht verständlich, daß z B. ein Zinngehalt die Festigkeit des Kupfers in ganz verschiedener Weise beeinflußt, wenn er in der Legierung als zinnhaltiger kupferreicher Mischkrystall vorliegt oder als Zinnsäureeinschluß. Es wird häufig auch ein wesentlicher Unterschied sein, ob die Legierung aus homogenen Mischkrystallen oder aus einem heterogenen Gemenge aufgebaut ist, oder ob spröde, intermetallische Verbindungen auftreten. Wenn aus dem Konstitutionsdiagramm zu ersehen ist, daß an einem bestimmten Punkte der Legierungsreihe ein derartiger Wechsel in den Gefügebestandteilen eintritt, so kann man sicher sein, daß auch in den Eigenschaften der Legierungsreihe bei derselben Konzentration eine Änderung bemerkbar wird (falls das Untersuchungsverfahren scharf genug ist). Die Linie im Schaubild wird hier einen Knick erhalten (siehe Fig. 37).

Die Eigenschaften einer Legierung sind abhängig

3. von der vorausgehenden Wärmebehandlung.

Wie oben gezeigt wurde, ist die Konstitution und die Struktur einer Legierung häufig bedingt durch die Wärmebehandlung; eine rasche oder langsame Abkühlung, ein Abschrecken, Anlassen oder Ausglühen macht sich in diesem Falle deutlich bemerkbar, die gleichen Faktoren werden deshalb auch die Eigenschaften in entsprechendem Sinne beeinflussen. Wenn man die Eigenschaftswerte zweier Legierungen miteinander vergleichen will, so ist das nur angängig, wenn man auch sicher ist, daß beide Proben der gleichen Wärmebehandlung unterzogen worden sind.

Schließlich sind die Eigenschaften einer Legierung abhängig

4. von der vorausgehenden mechanischen Kaltbearbeitung. Eine wirksame Kaltbearbeitung (Kaltwalzen, -ziehen, -pressen) ruft in den Metallen häufig innere Spannungen oder sogar Streckung und schließlich Zertrümmerung der Gefügebildner hervor, womit in der Regel auch charakteristische Änderungen in den Eigenschaften verknüpft sind.

Da der Einfluß der vorgenannten vier Faktoren auf die Eigenschaften der Legierungen ein ganz gesetzmäßiger, nach allgemeingültigen Regeln verlaufender ist, so kann man vielfach aus der Kenntnis der Zusammensetzung und Konstitution sowie der Vorbehandlung einer beliebigen Legierung ihre Eigenschaften mit großer Annäherung vorhersagen, und umgekehrt aus den Eigenschaften auf die Vorbehandlung oder auf die Konstitution schließen. Es ist so vielfach möglich gewesen, wenn die thermische und mikroskopische Analyse zur Konstitutionsbestimmung einzelner Legierungen nicht ausreichte, zur Ergänzung die Analyse ihrer Eigenschaften heranzuziehen.

Das spezifische Gewicht der Legierungen.

Man kann nicht ohne weiteres nach der Mischungsregel das spezifische Gewicht einer Legierung aus den einzelnen spezifischen Gewichten ihrer Komponenten berechnen. Einzelne Legierungen zeigen gegenüber der Berechnung eine Abnahme, sie haben eine Volumvergrößerung erfahren, andere eine Erhöhung, sie haben während des Zusammenschmelzens oder bei der Abkühlung ihren Rauminhalt merklich verringert.

Ledebur[1] teilt die Legierungen in folgende drei Gruppen ein:

Tabelle 2.

I. Legierungen, welche deutliche Verdichtung zeigen	II. Legierungen, welche deutliche Ausdehnung zeigen	III. Legierungen, welche weder Verdichtung noch Ausdehnung zeigen
Kupfer-Zinn, Silber-Zinn, Kupfer-Zink mit 35 bis 80 Proz. Zn, Silber-Gold, Blei-Gold, Blei-Silber mit mehr als 30 Proz. Ag, Zinn-Wismut, Zinn-Gold mit mehr als 75 Proz. Au, Cadmium-Wismut mit mehr als 10 Proz. Cd, Wismut-Silber mit mehr als 10 Proz. Ag, Wismut-Blei, Wismut-Gold, Zinn-Quecksilber, Blei-Quecksilber mit mehr als 40 Proz. Hg.	Kupfer-Silber, Blei-Silber mit mehr als 70 Proz. Pb, Antimon-Zinn, Antimon-Blei, Zinn-Cadmium mit mehr als 75 Proz. Sn, Zinn-Blei, Zinn-Gold mit mehr als 25 Proz. Sn, Cadmium-Blei.	Kupfer-Gold, Antimon-Wismut, Zinn-Cadmium mit weniger als 75 Proz. Sn.

[1] Die Metallverarbeitung 31.

Die einwandfreie Bestimmung und der Vergleich der spezifischen Gewichte bietet erhebliche Schwierigkeiten, weil die Gußtemperatur, Seigerungserscheinungen, Porenbildung, Bearbeitung von Einfluß sein können.

Ostwald[1] empfahl statt des spezifischen Gewichts das spezifische Volumen, d. h. das Volumen von 1 g der Legierung zu bestimmen. *Maey*[2] führte eine große Zahl von Neubestimmungen aus und konnte folgendes Gesetz aufstellen:

Das spezifische Volumen eines Gemisches zweier Stoffe (1) und (2) ist mit gewisser Annäherung eine lineare Funktion des Prozentgehaltes p des Gemisches an einem der beiden Stoffe, z. B. p_2.

$$v = v_1 + (v_2 - v_1)\frac{p_2}{100}\,.$$

Dabei ist als Gemisch sowohl ein mechanisches Gemenge der beiden Komponenten als auch die Reihe der gesättigten Mischkrystalle zu verstehen. Bilden beide Metalle jedoch eine bei gewöhnlicher Temperatur beständige Verbindung, so macht sich in der Regel bei der zugehörigen Konzentration eine Unstetigkeit bemerkbar. Eine solche, allerdings von wesentlich geringerer Größe, tritt meist auch an der Stelle der Legierungsreihe auf, wo eine Krystallart endet und eine neue beginnt. In Fig. 37 ist nach *Maey* das spezifische Volumen der Zinn-Kupferlegierungen wiedergegeben, die Linie der Volumina besteht aus zwei Ästen für die Konzentration von 0 bis 39 Proz. Zinn und von 39 bis 100 Proz. Zinn. Der Sprung bei 39 Proz. läßt mit Sicherheit auf das Vorhandensein einer Verbindung Cu_3Sn schließen. Man darf jedoch nicht umgekehrt aus dem Fehlen einer Unstetigkeit oder Volumänderung auf das Nichtbestehen einer Verbindung schließen, da eine solche immerhin auftreten kann, ohne sich durch eine Volumänderung auszuzeichnen.

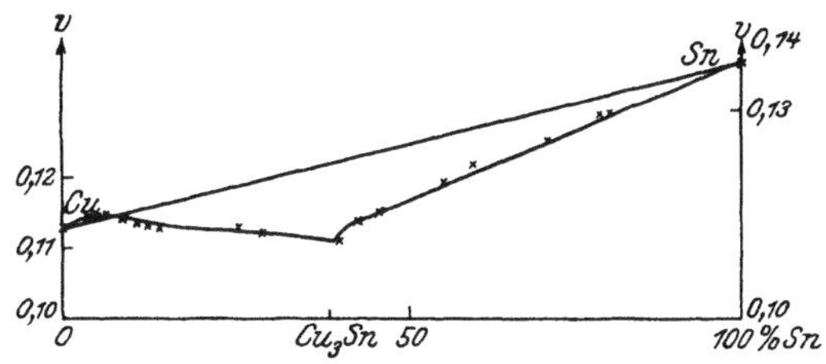

Fig. 37. Spez. Volumen der Zinn-Kupferlegierungen.

Masing[3] macht auf die Fehlerquellen bei Dichtebestimmungen von Legierungen aufmerksam; infolge der Möglichkeit von Fehlern sind die Literaturangaben von spezifischen Gewichten nur mit Vorsicht zu Konstitutionsbestimmungen zu verwenden.

Eine Wärmebehandlung ist ohne Einfluß auf das spezifische Gewicht, wenn die Konstituenten der Legierung lediglich Gemenge darstellen, Mischkrystalle werden durch eine solche homogenisiert. Im allgemeinen haben

[1] Lehrbuch d. allgem. Chem. **1**, 782.
[2] Zft. f. physik. Chem. 1899, **29**, 119; 1901, **38**, 302.
[3] Intern. Zft. f. Metallographie 1917, **9**, 90.

die homogenen Krystalle das geringste spezifische Gewicht (siehe *Goebel*[1]). Noch schwieriger werden die Verhältnisse, wenn durch die Wärmebehandlung Umwandlungen beeinflußt werden, für deren Vollständigkeit man keinen Anhalt hat. Änderungen des spezifischen Gewichtes können auch noch nachträglich bei der Lagerung durch Änderung des Volumens besonders bei abgeschreckten Legierungen auftreten (siehe *Reinglass*[2]).

Durch Kaltrecken (Ziehen, Pressen, Walzen, Schmieden, Tordieren) wird das spezifische Gewicht der meisten metallischen Stoffe verringert, vorausgesetzt, daß das Material vor der Behandlung frei von Hohlräumen (Lunker, Poren) war. Durch ein nachfolgendes Ausglühen oberhalb einer bestimmten Temperatur wird das Volumen wieder vermindert, das spezifische Gewicht also wieder erhöht. *Kahlbaum* und *Sturm*[3] stellten z. B. nachfolgende Zahlenwerte fest; sie nehmen an, daß diese Veränderlichkeit der spezifischen Gewichte die Folge einer durch die äußere mechanische Einwirkung veranlaßten Änderung des molekularen Aufbaues der Stoffe ist, der allem Anschein nach zu allotropen Modifikationen führt.

Tabelle 3.

Legierung	Spezifisches Gewicht
Platin-Iridiumdraht (90 Proz. Pt, 10 Proz. Ir)	Kalt gezogen ungeglüht = 21,4766 ausgeglüht = 21,4939
„ „ (90 Proz. Pt, 10 Proz. Ir). tordiert	„ „ ungeglüht = 21,3150 ausgeglüht = 21,3309
Aluminiumbronze (95 Proz. Cu, 5 Proz. Al)	„ „ ungeglüht = 8,2237 ausgeglüht = 8,2377
*Wood*sche Legierung (50 Proz. Bi, 25 Proz. Pb, 12,5 Proz. Cd, 12,5 Proz. Sn) zu Draht gepreßt. Schmelzp. = 65°	ungeglüht = 9,6661 erwärmt = 9,6735
Desgl. (47,75 Proz. Bi, 18,39 Proz. Pb, 13,31 Proz. Cd, 20,55 Proz. Sn) zu Draht gepreßt. Schmelzpunkt = 71°	ungeglüht = 9,2837 erwärmt = 9,2940
Legierung Schmelzp. = 96° (52 Proz. Bi, 32 Proz. Pb, 16 Proz. Sn)	ungeglüht = 9,7711 erwärmt = 9,8223

Bei einer kaltbearbeiteten Bronze (6 Proz. Zinn) fanden *Chappell* und *Levin*[4] das spezifische Gewicht um 0,3 Proz. niedriger als bei der ausgeglühten Probe.

Versuche von *Heyn* und *Bauer*[5] zeigen, daß sich die Zunahme des spez. Gewichts beim Ausglühen darauf zurückführen läßt, daß in dem kaltgereckten

[1] Zft. f. Metallkunde 1922, **14**, 451.
[2] Zft. f. Metallkunde 1922, **14**, 15.
[3] Zft. f. anorg. Chem. 1905, **46**, 217.
[4] Ferrum 1913, 273.
[5] Intern. Zft. f. Metallographie 1911.

Material „elastisch gedehnte“ Teilchen vorhanden sind; durch die Kaltbearbeitung nimmt das Volumen zu und damit das spez. Gewicht ab. Durch ein nachfolgendes Ausglühen werden die elastischen Spannungen aufgehoben, das spez. Gewicht steigt wieder. Wenn man durch Abdrehen der äußeren Schichten in einer kaltgereckten Probe die Spannungen allmählich zurückgehen läßt, so ändert sich das spez. Gewicht, wenn in den verschiedenen Schichten auch verschiedene Grade der Kaltreckung stattgefunden hatten, je nachdem Zug- oder Druckspannungen bestehen. So fanden *Heyn* und *Bauer* in einer Stange aus Aluminiumbronze (88,2 Proz. Cu, 7,63 Proz. Al) bei allmählichem Abdrehen das spez. Gewicht von 7,7355 bis 7,7106 fallend, während es nach halbstündigem Ausglühen der Bronze bei 580° auf 7,7462 stieg und jetzt beim Abdrehen naturgemäß unverändert blieb (siehe unten).

Wenn dagegen Gußstücke, die in der Regel Hohlräume (auch nur in mikroskopisch kleiner Form) enthalten, mit abwechselndem Ausglühen bearbeitet werden, so steigt das spez. Gewicht. *Pannain*[1] untersuchte einige Münzlegierungen: eine Bronze mit 4 Proz. Zinn hatte im gegossenen Zustand ein spez. Gewicht von 8,76965, während dieses nach der Prägung 8,94623 betrug, den weitaus größten Einfluß hatte das erste Walzen. Bei Münzsilber (83,5 Ag, 16,5 Cu) stieg die Dichte von 9,9993 auf 10,2164, auch hier hatte das erste Walzen die stärkste Wirkung.

Nach Versuchen von *Riche*[2] wird in Bronzen mit 18 bis 23 Proz. Zinn durch wiederholtes Ablöschen das spez. Gewicht fortschreitend gesteigert, während ein Ausglühen einen entgegengesetzten Erfolg hervorbringt, anders verhalten sich die zinnärmeren Legierungen. *Ledebur*[3] nimmt an, daß diese Erscheinung mit der durch rasche Abkühlung verringerten, durch langsame Abkühlung beförderten Seigerung in Beziehung steht, da die zinnärmeren Legierungen weniger zur Seigerung neigen. Es sei indessen an den auf S. 19 besprochenen Zerfall der β-Krystalle in den zinnreichen Bronzen bei 500° erinnert, der durch Ablöschen verhindert wird; dieser Zerfall ist vermutlich mit einer Vergrößerung des Volumens verknüpft.

Arpi[4] bestimmte das spez. Gewicht von Blei-Zinn- und Blei-Wismutlegierungen bei hohen Wärmegraden (200° bis 534°) und fand es etwas, wenn auch kaum merklich, geringer als das nach der Mischungsregel berechnete.

Spring[5] sowie *Johnston* und *Adams*[6] suchen die obenerwähnten Verminderung des spez. Gewichts durch Kaltrecken in folgender Weise zu erklären. Ein sehr hoher, allseitig wirkender hydrostatischer Druck bringt keinerlei Nachwirkung auf die Dichte durchaus homogener Körper hervor; wenn der Druck jedoch nicht gleichmäßig ist, so wird die Dichte eines Metalles, das

[1] Atti R. Accad. dei Linzei [5] 1909, **18**, 700.
[2] Ann. chim. phys. [4], **30**, 351 bis 419.
[3] Metallverarbeitung.
[4] Intern. Zft. f. Metallographie 1914, V, 142.
[5] Journ. Chim. Phys. 1903, **1**, 503.
[6] Zft. f. anorg. Chem. 1912, **76**, 274.

einer solchen Pressung unterworfen oder das in irgendeiner Weise deformiert worden ist, gewöhnlich zuerst zunehmen (wahrscheinlich durch Ausfüllen von Poren und Sprüngen) und dann abnehmen, bisweilen sogar so stark, daß die schließlich erreichte Dichte geringer ist als der ursprüngliche Wert. Die Abnahme ist darauf zurückzuführen, daß durch ungleichförmige Beanspruchung ein „Fließen“ (ein Schmelzen der Krystalle an ihrer Oberfläche in dünnster Schicht) eintritt. Wenn die Deformation aufhört, kann der Stoff nicht vollständig in den ursprünglichen, krystallinischen Zustand zurückkehren, sondern bleibt in dem Zustand, der dem der unterkühlten Flüssigkeiten analog ist (siehe S. 68). Da die Dichte der amorphen Form geringer ist als die der entsprechenden krystallisierten, so würde der Endeffekt eine Verminderung der beobachteten Dichte sein.

Das spez. Gewicht der durch Pressen aus dünnen Blättchen oder Pulvern verschiedener Metalle hergestellten Kompositionen ist nach *Brooks* (siehe S. 36 und S. 87) eine lineare Funktion der Zusammensetzung.

Drewitz[1] stellte durch Pressen die Legierungen von „Lipowitz“, „Wood“, „Rose“ und „Darcet“ her und verglich sie mit den geschmolzenen Legierungen der gleichen Zusammensetzung. Sie besitzen ein erheblich geringeres spez. Gewicht als letztere, sie sind spröder, besitzen eine größere Härte und haben im Bruch ein feineres Korn (siehe S. 92).

Der Schmelzpunkt der Legierungen.

Löst man ein Molekül eines Körpers in 100 Molekülen eines Lösungsmittels, so läßt sich bekanntlich die Erniedrigung des Gefrierpunktes des Lösungsmittels nach der Formel $\frac{0{,}02 \cdot T^2}{Q \cdot M}$ berechnen, worin T die absolute Schmelztemperatur, Q die Schmelzwärme und M das Molekulargewicht ist. Nach der Formel läßt sich zuweilen die Erniedrigung berechnen, die der Erstarrungspunkt eines geschmolzenen Metalles durch Zusatz eines zweiten Metalles erleidet. Löst man z. B. (vgl. *Meyer*, Chem.-Ztg. 1907, S. 57) 1 Atom eines beliebigen Metalles in 100 Atomen Zinn, so berechnet sich die atomare Erniedrigung ($T = 273^\circ + 232^\circ = 505^\circ$, $Q = 14{,}25$) zu 3°; eine Silber-Zinnlegierung, welche aus 96,2 Atom-Proz. Zinn und 13,8 Atom-Proz. Silber besteht, muß demnach einen Schmelzpunkt von $232^\circ - 3 \cdot 3{,}8^\circ = 220{,}6^\circ$ zeigen, während experimentell 221° gefunden wurde.

Das Gesetz der molekularen Gefrierpunktserniedrigung ist indessen nur gültig für sehr verdünnte Lösungen, bereits bei der Auflösung von 5 Atom-Proz. zeigen sich erhebliche Abweichungen.

Wie schon bemerkt wurde, besitzen nur die eutektischen Legierungen und diejenigen, welche intermetallische Verbindungen darstellen, einen wirklichen Schmelz- oder Erstarrungspunkt, alle anderen Legierungen mit wenigen Ausnahmen ein Erstarrungs- bzw. Schmelzintervall. In den Literaturangaben

---

[1] Verh. d. Vereins z. Förd. d. Gewerbfleißes 1902, 325.

findet man häufig den Beginn des Schmelzens, in anderen Fällen wieder den Wärmegrad der vollständigen Schmelzung als Schmelzpunkt angegeben.

In der großen Mehrzahl der Fälle wird der Schmelzpunkt eines Metalles durch das Hinzulegieren eines zweiten herabgesetzt; fügt man dieser Legierung ein drittes oder viertes Metall hinzu, so sinkt die Schmelztemperatur immer weiter; man macht von dieser Erscheinung praktischen Gebrauch, wenn es sich darum handelt, leicht schmelzbare Legierungen herzustellen (siehe „leichtflüssige" Legierungen S. 459).

Seltener wird der Schmelzpunkt eines Metalles durch Zusatz eines solchen mit einem höheren Schmelzpunkt heraufgesetzt; dieser Fall tritt ein, wenn beide Komponenten Mischkrystalle bilden, oder wenn eine intermetallische Verbindung entsteht. Der Schmelzpunkt von Verbindungen mit großer Verbindungswärme liegt nach *Tammann*[1] weit über dem mittleren Schmelzpunkt der Komponenten, bei kleinen Verbindungswärmen unterscheiden sich die Schmelzpunkte der Verbindungen nicht wesentlich von den Schmelzpunkten ihrer Komponenten. Durch die Bildung einer Verbindung mit außergewöhnlich hohem Schmelzpunkt kann der sehr seltene Fall eintreten, daß eine Legierung einen wesentlich höheren Schmelzpunkt besitzt als das am höchsten schmelzende der Legierungsmetalle. In Fig. 38 ist das Konstitutionsdiagramm der Cer-Zinnlegierungen nach *Vogel*[2] wiedergegeben: durch Zusatz von 30 Tln. Zinn (Schmelzp. 232°) zu 70 Tln. Cer (Schmelzp. 830°) entsteht eine Legierung mit dem Schmelzp. 1400° (Verbindung Ce_2Sn).

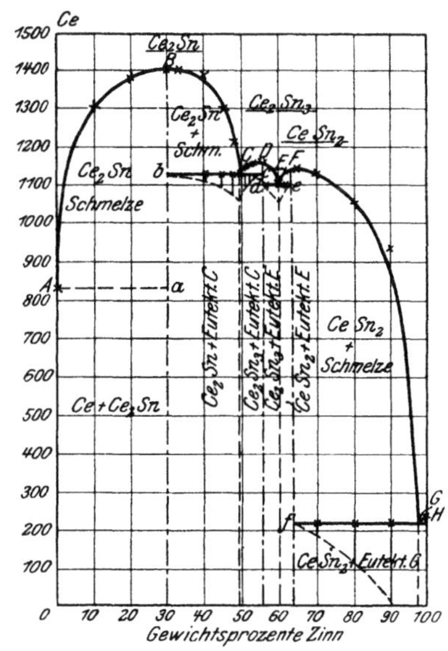

Fig. 38. System: Cer-Zinn.

In dem speziellen Teil ist bei den technisch wichtigen Legierungen das Konstitutionsdiagramm wiedergegeben, aus diesem kann man für jede beliebige Konzentration den Schmelzpunkt, bzw. die Wärmegrade für die beginnende und beendete Erstarrung, entnehmen oder für einen gewünschten Schmelzpunkt das entsprechende Legierungsverhältnis ableiten. Als praktisches Beispiel dafür, wie man in einem solchen Fall zu verfahren hat, diene Fig. 39 das Schmelzpunktsdiagramm der Zinn-Bleilegierungen (siehe das Konstitutionsdiagramm S. 17) nach *Wüst*: Legier- und Lötkunst 1908. Linie *AE* gibt diejenigen Temperaturen an, bei welchen aus der flüssigen Legierung reines Blei auskrystallisiert oder umgekehrt bei der Erhitzung die ganze Masse vollständig geschmolzen ist. Wenn es sich nun z. B. darum handelt, ein Schnelllot, das bei 225° schmilzt, aufzufinden, so geht man von der Ordinate vom

[1] Lehrbuch d. Metallographie 143.
[2] Zft. f. anorg. Chem. 1911, 72, 325.

Punkt $F = 225°$ aus, führt die Horizontale bis zum Schnittpunkt G und fällt von hier die Senkrechte GI, welche die Abszisse im Punkte $I = 47$ Proz. schneidet. Die Zusammensetzung des gesuchten Lotes ist demnach 47 Proz. Zinn und 53 Proz. Blei. Wie aus der Figur hervorgeht, trifft die verlängerte Gerade FG den Ast EB des Diagrammes im Punkte H. Es gibt also noch ein zweites, zinnreicheres Lot, welches denselben Schmelzpunkt besitzt und neben 5 Proz. Blei 95 Proz. Zinn enthält.

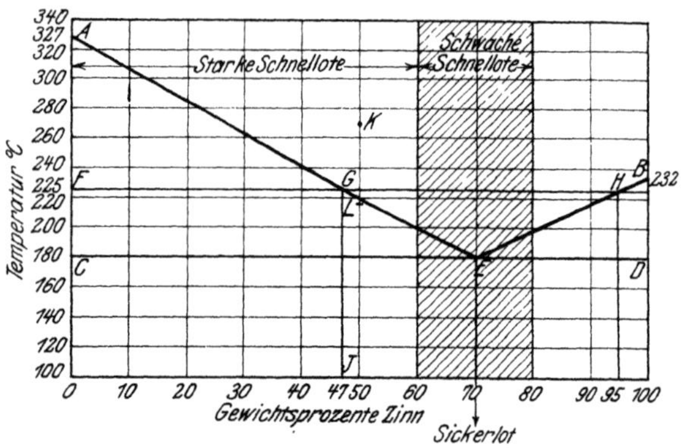

Fig. 39. Schmelzpunkte des Systems: Zinn-Blei.

Wollte man umgekehrt den Schmelzpunkt einer Legierung 47 Proz. Zinn, 53 Proz. Blei feststellen, so braucht man nur in $47 = I$ die Senkrechte zu errichten, welche den Ast EA in G schneidet, die durch G gelegte Parallele zur Ordinate trifft die Abszisse in $F = 225°$.

Die spezifische Wärme der Legierungen.

Die spez. Wärme ist eine additive Eigenschaft; *Regnault*[1] erklärte, daß die spez. Wärme aller Legierungen, die weit über 100° schmelzen in genügender Entfernung von ihren Schmelzpunkten genau gleich dem arithmetischen Mittel aus den spez. Wärmen ihrer reinen Bestandteile ist. Bei solchen Legierungen, die unter oder nur wenig über 100° schmelzen, fand *Regnault* die spez. Wärme durchgehends etwas höher, als die Berechnung ergab.

Ssapozhnikow[2] prüfte das Gesetz an vier Paaren von Metallegierungen, die verschiedene Typen von Erstarrungsdiagrammen aufweisen, nämlich an den Systemen Wismut-Cadmium (die weder feste Lösungen noch chemische Verbindungen eingehen), Blei-Zinn (die feste Lösungen in beschränkten Konzentrationsintervallen bilden), Wismut-Antimon (eine ununterbrochene Reihe fester Lösungen) und Zink-Antimon (zwei intermetallische Verbindungen SbZn und Sb_2Zn). Das *Regnault*sche Gesetz gilt in allen vier Reihen streng in dem untersuchten Temperaturintervall von 15 bis 100°.

Nach der Theorie von *Richarz*[3] besitzt ein Element in demjenigen Zustande die größere spez. Wärme, in welchem es die geringere Dichte hat. *Richter*[4] prüfte diese Regel an Wismut-, Zinn- und Bleilegierungen. Er fand sie jedoch nur bei dem ersten Paare bestätigt, bei den letzteren dagegen

[1] Ann. chim. phys. (3) **1**, 129.
[2] Journ. Russ. Phys.-Chem. Ges. 1910, **41**, 1708.
[3] Zft. f. anorg. Chem. 1908, **58**, 356.
[4] Ann. Phys. 1913 (4) **42**, 779.

entspricht die größere spez. Wärme auch der größeren Dichte. Es ergab sich hier auch eine Abhängigkeit der spez. Wärme von der Geschwindigkeit der Erstarrung, vermutlich ließe sich auf diese Weise eine Änderung der Molekularstruktur nachweisen. Ebenso stellte *Dippel*[1] fest, daß bei Wismut-Bleilegierungen und bei den „Heusler-Bronzen" die langsam abgekühlten Proben eine kleinere spez. Wärme zeigten.

Bei kaltbearbeiteten Proben ist wiederholt eine höhere spez. Wärme gefunden worden (siehe *Levin* und *Chappell*[2]) als bei derselben Probe im angelassenen Zustand, indessen schließen *Kahlbaum*, *Roth* und *Siedler*[3] aus zahlreichen Bestimmungen, „daß im allgemeinen die Regel gilt: Für den gleichen Stoff nehmen bei wachsendem spez. Gewicht" (dieses wächst beim Ausglühen des kaltbearbeiteten Materials) „die spez. Wärmen ab; aber der Wert dieser Größe liegt so hart an der Fehlergrenze, daß er sich mehr empfinden als mit Zahlen belegen läßt".

Levin und *Chappell*[2] stellten an zwei Phosphorbronzen mit 6,10 bzw. 5,12 Proz. Sn fest, daß innerhalb der Versuchsfehler die Proben bei verschiedenen Graden der Kaltbearbeitung die gleichen spez. Wärmen besitzen, und daß diese durch nachträgliches Ausglühen der Proben nicht geändert werden. Die ermittelten Werte waren im Mittel 0,09165 und 0,09225 (kaltbearbeitete Proben) und 0,09158 bzw. 0,09192 (nach dem Ausglühen).

Schimpff[4] fand, daß bei den intermetallischen Verbindungen die spez. Wärme innerhalb der Fehlergrenzen mit der nach der Mischungsregel berechneten übereinstimmt.

Die elektrische Leitfähigkeit der Legierungen.

Matthiessen[5] versuchte bereits auf Grund seiner in den Jahren 1858 bis 1867 ausgeführten Untersuchungen, einen Zusammenhang zwischen elektrischer Leitfähigkeit und Konstitution der Legierungen zu finden. Er teilte die Metalle in zwei Gruppen ein, in solche, deren Leitfähigkeit durch Zusatz eines anderen Metalles (A) wenig, und in solche (B), deren Leitfähigkeit sehr stark beeinflußt wird. Wenn auch die Erklärung für die beobachteten Unterschiede bei der damaligen Unkenntnis in Konstitutionsfragen falsch sein mußte, so sind doch die von *Matthiessen* aufgestellten Typen (siehe Fig. 40) auch heute noch gültig. Die Leitfähigkeitskurve, gegeben in Volumprozenten, ist im Falle der Metalle $A-A$ (Gruppe I) eine gerade Linie, die Leitfähigkeit ist hier (Blei, Zinn, Cadmium, Zink) eine additive Eigenschaft. In allen anderen Fällen $A-B$ (Gruppe II), $B-B$ (Gruppe III) und, falls Verbindungen vorliegen (Gruppe IV), ist die Leitfähigkeit der Legierungen wesentlich niedriger, niemals größer als diejenige der reinen Metalle.

---

[1] Ann. Phys. 1913, (4) **42**, 889.
[2] Ferrum 1913, **10**, 271.
[3] Zft. f. anorg. Chem. 1902, **29**, 266.
[4] Zft. f. physik. Chem. 1910, **71**, 257.
[5] Pogg. Ann. **103**, 428; **110**, 190, 222; **112**, 353; **122**, 19.

Le Chatelier[1] sprach die Vermutung aus, daß im Falle $A-A$ I Gemenge der beiden Metalle, in den anderen Typen Mischkrystalle vorliegen.

Guertler[2] stellte auf Grund des Tatsachenmaterials folgende Gesetze auf: 1. Diejenigen Legierungen, deren elektrische Leitfähigkeit eine lineare Funktion der Volumkonzentration der beiden Legierungsbildner ist, besitzen keine merkliche (0,05 Proz.) Mischbarkeit im festen Zustande, und umgekehrt. 2. Die elektrische Leitfähigkeitskurve derjenigen Legierungen, die eine ununterbrochene Reihe von Mischkrystallen bilden, verläuft zwar auch kontinuierlich von der einen reinen Komponente zur anderen, hat jedoch ein tiefes Minimum und erreicht die elektrischen Leitfähigkeitswerte der reinen Komponenten in sehr steilem Aufstieg, so daß bei geringer Konzentration einer Komponente im Mischkrystall ein weiterer Zusatz eine ungleich stärkere Erniedrigung hervorruft als derselbe bei höherer Konzentration, und umgekehrt. 3. Bei begrenzter Mischbarkeit der Komponenten im krystallisierten Zustande gilt zwischen den Konzentrationen der gesättigten Mischkrystalle das Gesetz 1 wie zwischen reinen Komponenten; zwischen den reinen Metallen und den gesättigten Mischkrystallen gilt das Gesetz 2. 4. Aus dem Vorhandensein einer Spitze kann mit Sicherheit auf die Existenz einer Verbindung an der betreffenden Stelle geschlossen werden. (Aus dem Fehlen einer Spitze darf jedoch nicht auf die Abwesenheit von Verbindungen geschlossen werden; wenn die Verbindung nach beiden Seiten hin Gemenge bildet, wird die Spitze abgeflacht.)

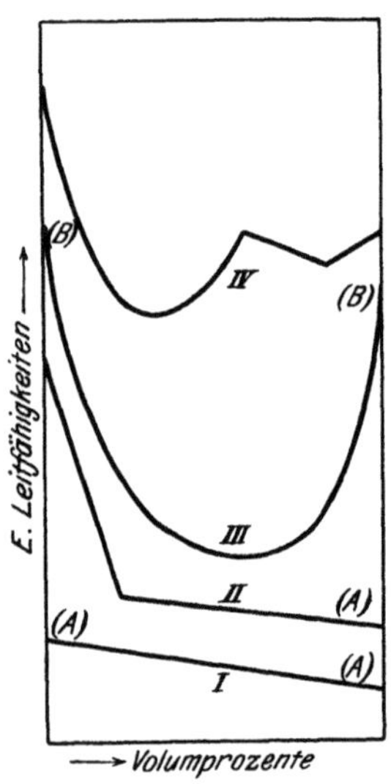

Fig 40. Typen der elektrischen Leitfähigkeit nach Matthiesen

Zu dem gleichen Ergebnis kamen *Kurnakow* und *Zemczuzny*[3] auf Grund eigener Versuche.

Als praktische Beispiele sind in Fig. 41 die Leitfähigkeitskurve der Zink-Zinnlegierungen und in Fig. 42 diejenige der Gold-Silberlegierungen wiedergegeben. (Ein heterogenes Gemenge und eine lückenlose Reihe von Mischkrystallen; siehe auch Fig. 191, S. 417.)

Der elektrischen Leitfähigkeit entgegengesetzt ist der Widerstand, dieser wächst proportional der Temperatur, der Temperaturkoeffizient der reinen Metalle schwankt im allgemeinen von 27 bis 31.

Guertler[4] berechnete nun aus den zerstreuten Literaturangaben alle Temperaturkoeffizienten der einzelnen Legierungsreihen, brachte seine Ergebnisse in Kurvenform und konnte folgende Gesetze über den Zusammenhang zwischen Konstitution und Temperaturkoeffizienten aufstellen:

[1] Contribution à l'étude des alliages 1901, 446.
[2] Zft. f. anorg. Chem. 1906, **51**, 397.
[3] Zft. f. anorg. Chem. 1907, **54**, 149.
[4] Zft. f. anorg. Chem. 1907, **54**, 58.

1. Der Temperaturkoeffizient der mischkrystallfreien Legierungen ist dem der reinen Metalle gleich. Findet man umgekehrt den Temperaturkoeffizienten P einer Legierung gleich 27 oder größer, so enthält dieselbe keine Mischkrystalle (magnetische Legierungen ausgenommen).

2. Die Kurven des Temperaturkoeffizienten der Leitfähigkeit binärer Legierungen, die eine ununterbrochene Reihe von Mischkrystallen bilden, fallen von den Werten der reinen Komponenten zuerst sehr steil ab und haben gegen die Mitte zu ein sehr flaches Minimum, derart, daß Zusatz einer gewissen Menge eines zweiten Metalls zum ersten zuerst eine ungleich stärkere Erniedrigung der Leitfähigkeit hervorruft als der gleiche Zusatz bei schon erreichtem höheren Gehalt.

3. Bei begrenzter Mischbarkeit im krystallisierten Zustande entsprechenden Sättigungskonzentrationen zwei Knicke in der Kurve der Temperaturkoeffizienten. Zwischen den Knicken verläuft die Kurve geradlinig wie bei Gemengen reiner Krystalle.

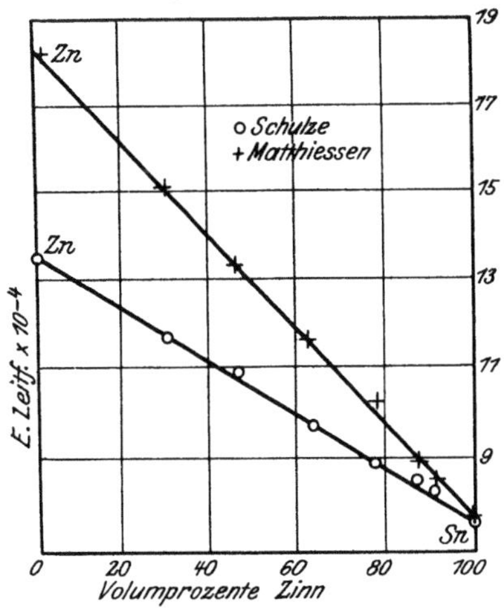

Fig. 41. Kurve der elektr. Leitfähigkeit des Systems: Zink-Zinn.

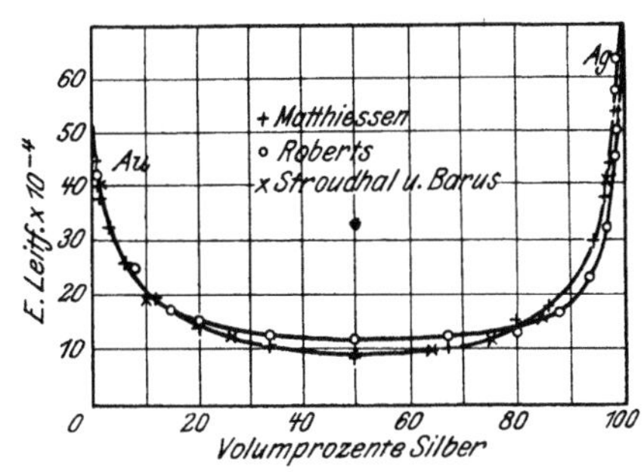

Fig. 42. Kurve der elektr. Leitfähigkeit des Systems: Gold-Silber.

4. Verbindungen zeigen einen etwas niedrigeren Temperaturkoeffizienten als die reinen Metalle. In Fig. 43 sind einige Kurven wiedergegeben, wie man sieht, entspricht ihre Gestalt genau derjenigen der Leitfähigkeitskurven.

Stepanow[1] fand experimentell bei den Verbindungen fast den gleichen Temperaturkoeffizienten wie bei den reinen Metallen. In Fig. 44 ist die prozentige Abnahme der Leitfähigkeit mit der Temperatur, die Leitfähigkeit und ihr reziproker Wert, der Widerstand, der Magnesium-Kupferlegierungen in Verbindung mit der Schmelzkurve (S. 16) eingezeichnet. Die Schmelzkurve ist durch zwei Maxima, die den Verbindungen Mg_2Cu und $MgCu_2$ entsprechen, und drei eutektische Punkte charakterisiert. Die Legierungsreihe läßt sich also in drei Kategorien einteilen: die erste stellt das Gemenge der Kupfer- und $MgCu_2$-Krystalle, die zweite das der beiden Cupride $MgCu_2$ und Mg_2Cu, die dritte das des Cuprids Mg_2Cu und Magnesium dar.

---

[1] Zft. f. anorg. Chem. 1908, **60**, 209; 1912, **78**, 1.

Die Kurve der elektrischen Leitfähigkeit muß aus drei geradlinigen Ästen bestehen, welche die Punkte der Cupride miteinander und mit den Komponenten verbinden. Für die zwei letzten Gebiete trifft dies in der Tat zu. Von der Kupferseite aber tritt eine erhebliche Leitfähigkeitsabnahme auf, und die Kurve besteht in diesem Gebiet aus zwei Ästen, die sich unter einem Winkel schneiden. Dies deutet auf eine Löslichkeit des Magnesiums in Kupfer im festen Zustand bis zu etwa 10 Atom-Proz. (= 4 Gew.-Proz.) hin, obwohl die thermische Analyse keinen Anhalt für die Annahme von Mischkrystallen liefert; es kann dieser Umstand auf eine zu langsame Diffusion der Metalle beim Erstarren zurückgeführt werden, durch anhaltendes Glühen müßten sich dann homogene Legierungen erzielen lassen. Der Temperaturkoeffizient

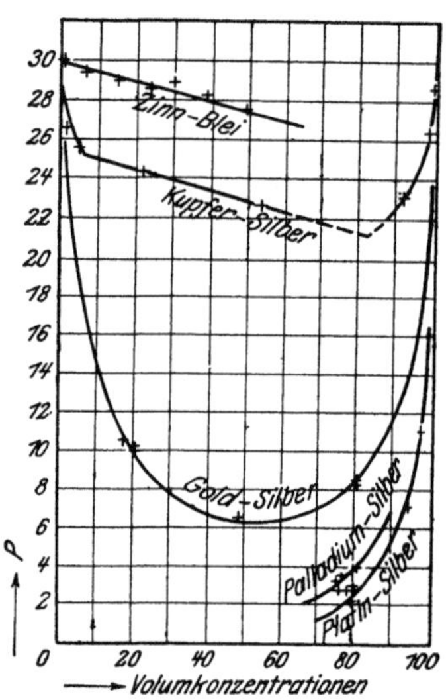

Fig. 43.

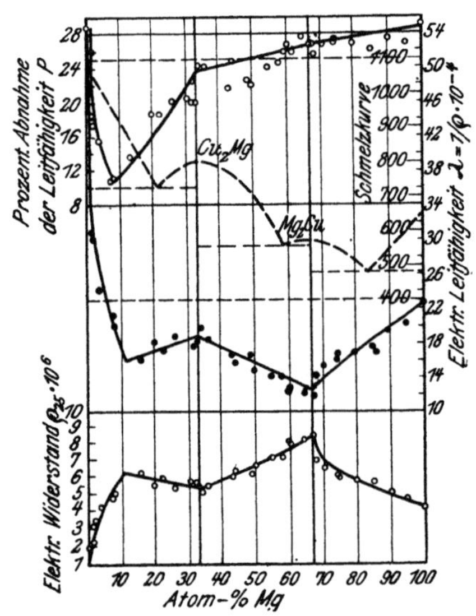

Fig. 44.

der Verbindungen unterscheidet sich von dem der reinen Metalle wenig, auf der Kupferseite fällt er beträchtlich, gleichfalls auf das Vorliegen fester Lösungen hindeutend.

Kurnakow, *Puschin* und *Senkowsky*[1] vergleichen Leitfähigkeits- und Härtekurven (siehe S. 54).

Kurnakow und *Zemczusny*[2] Leitfähigkeits-, Härtekurven und Fließdruck (siehe S. 54).

Konstantinow und *Smirnow*[3] benutzen die Leitfähigkeitskurve zur Konstitutionsbestimmung.

Vgl. auch *Benedicks*[4] und *Lichtenecker*[5]. [Weitere Arbeiten auf diesem

[1] Zft. f. anorg. Chem. 1910, **68**, 123.

[2] Zft. f. anorg. Chem. 1909, **64**, 149.

[3] Chem. Zentralbl. 1912, I, 118.

[4] Jahrb. Radioaktivität u. Elektronik 1916, **13**, 351.

[5] Jahrb. Radioaktivität u. Elektronik 1917, **14**, 466.

Gebiet finden im praktischen Teil bei den einzelnen technischen Legierungen Berückischtigung.]

Wie *Williams*[1] beweist, nimmt der Leitungswiderstand angenähert proportional dem auf das Metall ausgeübten Druck ab, während er nach *Kahlbaum*[2] durch Hartziehen zunimmt; dagegen wird durch Ausglühen des harten Materiales (Aluminiumbronze, Platiniridium) die Leitfähigkeit wieder gesteigert. Diese Wirkung der Kalt- und darauffolgenden Warmbehandlung wies auch *Goerens*[3] nach.

Bornemann[4] untersuchte in Gemeinschaft mit *Müller*, *Rauschenplat* und *Wagemann* die Leitfähigkeit flüssiger Metallegierungen. Nach den Versuchsergebnissen scheinen in bezug auf die Leitfähigkeit und den Temperaturkoeffizienten keine prinzipiellen Unterschiede zwischen krystallisierten und flüssigen Legierungen zu bestehen. Es ist möglich, durch Messung der elektrischen Leitfähigkeit die Entmischungstemperaturen flüssiger Legierungen mit großer Schärfe zu bestimmen. Auch die mit steigenden Wärmegraden fortschreitende Dissoziation einer Verbindung läßt sich qualitativ genau verfolgen.

Für die Legierungstechnik ist, wie *Guertler*[5] betont, das Suchen nach einem neuen metallischen Elektrizitätsleiter, dessen Leitfähigkeit annähernd der unserer guten Leiter (Kupfer, Silber, Gold) nahe kommt, sei es unter den intermetallischen Verbindungen, sei es sonst unter den Legierungen, fruchtlos, da eine Legierung stets eine geringere Leitfähigkeit zeigt als ihre reinen Komponenten; es kann sich höchstens darum handeln, durch gewisse Zusätze, welche eine möglichst geringe Verminderung der Leitfähigkeit mit sich bringen, eine Verbesserung der chemischen und mechanischen Eigenschaften des Ausgangsmetalles herbeizuführen. Anders liegt dagegen die Sachlage, wenn es darauf ankommt, Legierungen zu finden, welche wegen ihres hohen Widerstandes zur Verwendung in Rheostaten oder dgl. zumal bei Präzisionsinstrumenten geeignet sein sollen, bei denen der Einfluß der Temperatur nach Möglichkeit ausgeschieden werden muß. Die reinen Metalle und auch die intermetallischen Verbindungen haben den hohen Temperaturkoeffizienten von etwa 0,004; in den Legierungen, welche keine Mischkrystalle bilden, sind die Temperaturkoeffizienten nicht wesentlich kleiner, als sie nach der Mischungsregel berechnet werden. Es bleiben also nur die mischkrystallbildenden Gruppen des Eisens, Nickels und Kupfers als Ausgangsmaterialien übrig — für spezielle Zwecke kommen noch Silber, Gold und Platin in Frage —, als Zusatzmetall können jedoch die meisten Metalle und viele Metalloide Verwendung finden.

Die elektrische Leitfähigkeit der Legierungen wird nach (*E. P.* 192415) der Metallurgischen Ges. u. Metallbank verbessert durch Erhitzen auf eine von der Zusammensetzung abhängigen Temperatur, Abkühlen und

[1] Philos. Magazine 1907, (6) **13**, 635.
[2] Zft. f. anorg. Chem. 1905, **46**, 290.
[3] Ferrum 1913, 118, 232.
[4] Metallurgie 1910, 396, 730; 1912, 473; Ferrum 1914, 276.
[5] Metallurgie 1908, 292.

Wiedererhitzen während längerer Zeit auf eine niedere Temperatur, z. B. erhitzt man eine Aluminiumlegierung mit 4 Proz. Kupfer und 10 Proz. Zink auf 480°, kühlt ab und erhitzt wieder einige Zeit auf 150°.

Niccolai[1] untersuchte den elektrischen Widerstand der Mischkrystall bildenden Legierungen, Neusilber, Konstantan, Manganin, Nickelin, Rheotan, und von 18karätigem Gold bei hoher und sehr tiefer Temperatur (— 190° und + 400°). Die Legierungen zeigten mit dem Wachsen der Temperatur keine großen Unterschiede, einzelne Stücke, die anfangs einen verschiedenen spezifischen Widerstand besaßen, ergaben nach mehrmaligem Erwärmen auf etwa 400° identische Werte; es empfiehlt sich deshalb, diese Legierungen, bevor sie zu Widerständen verarbeitet werden, durch längeres Ausglühen homogen zu machen.

Brooks[2] preßte aus kleinen dünnen Blättchen verschiedener Metalle Säulen und bestimmte deren spezifischen Widerstand bei Zimmertemperatur und bei 100°, der Widerstand war kleiner, der Temperaturkoeffizient erheblich größer als bei den erschmolzenen Legierungen der betreffenden Metalle. Das gleiche gilt, wenn das Gemisch der Metalle in Pulverform zu Stäbchen gepreßt wird, es ist dies ein wichtiger Unterschied der wahren Legierungen und der sog. Preßmetalle (siehe S. 87).

Schenk[3] erklärt die geringere elektrische Leitfähigkeit und die Abweichungen vom „*Wiedemann-Franz*schen Gesetz" (siehe unten) bei den Mischkrystallen durch eine scheinbare Vergrößerung der Elektronenreibung im Metall. Er nimmt an, daß die in fester Lösung vorhandenen Molekeln des zugesetzten Metalles ihre kinetische Energie durch Stoß auf die Elektronen übertragen, deshalb ist das Verhältnis der Wärmeleitung zur elektrischen bei den Mischkrystallen um so größer, je höher die Konzentration der festen Lösung ist. Versuche von *Hardbeck*[4] bestätigen diese Theorie, ebenso Untersuchungen von *Bernoulli*[5], welche die Thermokraft (siehe unten) der Mischkrystallreihen in Vergleich zur Wärmeleitung stellen.

Die Wärmeleitfähigkeit der Legierungen.

Wiedemann und *Franz*[6] fanden das Gesetz auf, daß bei allen Metallen die Leitfähigkeiten für den elektrischen Strom und für die Wärme bei derselben Temperatur nahezu im gleichen Zahlenverhältnis stehen; *Lorenz*[7] erweiterte das Gesetz dahin, daß bei allen Metallen das Verhältnis beider Leitfähigkeiten nahezu in gleicher Weise durch die Temperatur beeinflußt wird, daß es nämlich proportional der absoluten Temperatur zunimmt. Da die genaue Bestimmung der Wärmeleitfähigkeit erhebliche Schwierigkeiten bietet,

---

[1] Atti R. Accad. dei Lincei 1907, (5) **16**, 185.
[2] Physik. Z. 1910, **11**, 471.
[3] Ann. Phys. 1910, (4) **32**, 261.
[4] Ann. Phys. 1910, (4) **32**, 261.
[5] Ann. Phys. 1910, **33**, 690.
[6] Pogg. Ann. 1853, **89**, 497.
[7] Wiedem. Ann. 1882, **13**, 422.

die Leitfähigkeit für den elektrischen Strom aber leicht zahlenmäßig festgestellt werden kann, so könnte man die erstere aus der letzteren berechnen.

Allerdings gilt das genannte Gesetz häufig nur angenähert; *Schulze*[1] fand, daß bei den Wismut-Blei- und Wismut-Zinnlegierungen (Metallen, die Gemenge miteinander bilden) die Wärmeleitfähigkeit nach der Mischungsregel zu berechnen ist und genau proportional der elektrischen Leitfähigkeit verläuft. Bei den Palladium-Silber-, Palladium-Gold-, Palladium-Platin-, Platin-Gold- und Platin-Silberlegierungen jedoch, also in Systemen, die Mischkrystalle bilden, verlaufen die beiden Leitfähigkeitskurven nur nahezu proportional; die Abweichung erfolgt stets in demselben Sinn, die Wärmeleitfähigkeit wird durch den Zusatz des zweiten Metalles nicht in demselben Grade verringert wie die elektrische, so daß der Quotient $\frac{\text{Wärmeleitfähigkeit}}{\text{elektrische Leitfähigkeit}}$ von dem für das reine Metall gültigen Wert mit steigendem Gehalt des anderen Metalles bis zu einem Maximum wächst. Besonders stark ist diese Zunahme bei den Palladium-Silberlegierungen.

Ebenso fanden *Jäger* und *Diesselhorst*[2] und *Grüneisen*[3] das Verhältnis der beiden Leitfähigkeiten bei den Nickel-Kupferlegierungen etwas größer als bei den reinen Metallen, nämlich:

Metall	Verhältnis
Kupfer (rein)	665
Nickel (rein)	699
Konstantan (60 Proz. Cu, 40 Proz. Ni)	1106
Manganin (84 Proz. Cu, 4 Proz. Ni, 12 Proz. Mn)	914
Legierung aus 54 Proz. Cu, 46 Proz. Ni	991

Lees[4] prüfte den Einfluß tiefer Temperaturen auf die Wärmeleitfähigkeit der reinen Metalle und ihrer Legierungen, bei den Metallen nimmt das Leitvermögen zwischen 18° und — 100° mit steigender Temperatur ab, während bei den Legierungen der umgekehrte Gang beobachtet wurde.

Da die reinen Metalle stets eine größere Leitfähigkeit als ihre Legierungen aufweisen, wird man für Gegenstände, bei denen eine große Wärmeleitfähigkeit erwünscht ist, die reinen Metalle anwenden, dagegen die Legierungen vorziehen, wenn die Wärmeleitung erschwert werden soll. Wichtig ist die Frage z. B. für die Sicherungen aus leichtschmelzbaren Legierungen oder die Kolben der Verbrennungsmaschinen, welche die Wärme leicht ableiten und doch eine genügende Festigkeit haben müssen. Andererseits ist es für gewisse Teile an Wärmekraftanlagen praktischer, einen die Wärme schlecht ableitenden Baustoff zu verwenden (siehe *Jacob*[5]). Dieser[6] hat die zerstreuten

[1] Ann. Phys. 1902, (4) **9**, 555; Physik. Z. 1911, **12**, 1028.
[2] Wiss. Abt. d. Phys.-Techn. Reichsanstalt 1900, **3**, 269.
[3] Ann. Phys. 1900, (3) 71.
[4] Proc. R. Soc. London 1908, 142.
[5] Zft. d. Ver. deutsch. Ing. 1922, **66**, 688.
[6] Zft. f. Metallkunde 1924, **16**, 353.

Literaturangaben über die Wärmeleitfähigkeit der wichtigsten Metalle und Legierungen kritisch gesichtet, nach seinen Angaben ist die Tab. 4 aufgestellt.

Tabelle 4.

Bezeichnung	Zusammensetzung	Temperatur ° C	λ
Reinaluminium . . .	99 Proz. Al	— 180	0,48 ± 5 Proz.
		0	0,48 ± 5 „
		+ 100	0,49 ± 5 „
		200	0,52 ± 10 „
		300	0,55 ± 20 „
		400	0,49 ± 30 „
		500	0,64 ± 40 „
		600	0,68 ± 50 „
Amerikanische Leg. .	92 Proz. Al, 8 Proz. Cu	30	0,31
		70	0,32
Deutsche Legierung .	88 Proz. Al, 10 Proz. Zn, 2 Proz. Cu	30	0,35
		70	0,36
Silumin	Al + 12 Proz. Si	30	0,39
		70	0,40
Skleron	Al + 4 Proz. Li	30	0,245
		70	0,27
Konstantan	60 Proz. Cu, 40 Proz. Ni	18	0,054
		100	0,064
	54 Proz. Cu, 46 Proz. Ni	18	0,048
Manganin	84 Proz. Cu, 12 Proz. Mn, 4 Proz. Ni	— 160	0,035
		+ 20	0,052
		100	0,063
Messing	70 Proz. Cu	— 160	0,18 ± 10 Proz.
		+ 20	0,26 ± 5 „
		100	0,28 ± 5 „
Tombak	87 Proz. Cu	18	0,29 ± 10 „
Neusilber	62 Proz. Cu, 15 Proz. Ni, 22 Proz. Zn	20	0,06
Rotguß	85,7 Proz. Cu, 6,4 Proz. Zn, 0,6 Proz. Ni	20	0,14
		100	0,17
Lipowitz Metall . .		18	0,044
Roses „ . . .		18	0,04
Wood „ . . .		18	0,03

Die magnetischen Eigenschaften der Legierungen.

Die ferromagnetischen Metalle: Eisen, Nickel, Kobalt nehmen den Magnetismus besonders leicht auf, lange Zeit kannte man keine Materialien, die mit ihnen in bezug auf die Größenordnung der Magnetisierbarkeit verglichen werden konnten.

Für die Magnetisierbarkeit der Legierungen ferromagnetischer Metalle stellt *Tammann*[1] folgende Gesetze auf:

1. Mischkrystalle eines ferromagnetischen Lösungsmittels sind magnetisierbar, die eines nicht ferromagnetischen Lösungsmittels aber, auch wenn in ihnen ferromagnetische Metalle gelöst werden, sind unmagnetisch.

[1] Zft. f. physik. Chem. 1909, **65**, 73.

2. Durch Bildung einer intermetallischen Verbindung wird die Magnetisierbarkeit der ferromagnetischen Metalle sehr erheblich verkleinert, in der Regel praktisch vernichtet.

Wenn das Zustandsdiagramm eines Systems bekannt ist, kann man also die Magnetisierbarkeit der ganzen Legierungsreihe angeben, indem man berücksichtigt, daß die Magnetisierbarkeit vom ferromagnetischen Metall an bis zur nächsten Verbindung oder ihrem gesättigten Mischkrystall reicht, oder daß alle Legierungen von der am ferromagnetischen Metall reichsten Verbindung oder ihrem gesättigten Mischkrystall mit dem ferromagnetischen Metall bis zum nicht ferromagnetischen Metall unmagnetisierbar sind. Bildet das ferromagnetische Metall mit dem betreffenden Metall keine Verbindung, so sind alle Legierungen bis zum unmagnetisierbaren Metall oder bis zu dem bei der Versuchstemperatur gesättigten Mischkrystall des nicht magnetisierbaren Metalles magnetisierbar.

Honda[1] prüfte diese Gesetze nach und faßt die Ergebnisse seiner Versuche in folgenden allgemeineren Regeln zusammen:

Der Ferromagnetismus der Legierungen ist in bezug auf seine Abhängigkeit von der Konzentration dadurch bestimmt, daß er an besondere Krystallarten gebunden ist. In einer Reihe von Mischkrystallen kann er durch Zusatz der nicht ferromagnetischen Komponente anwachsen oder auch abnehmen; im allgemeinen ändert sich die Magnetisierbarkeit in einer solchen Reihe von Mischkrystallen längs irgendeiner Kurve. Die Magnetisierbarkeit in einer Legierungsreihe, die zwei Krystallarten enthält, entweder zwei magnetisierbare oder nur eine magnetisierbare, hängt im allgemeinen linear von der Gesamtzusammensetzung der Legierungen ab, soweit nicht gegenseitige Wirkungen der Krystalle aufeinander diese Geradlinigkeit stören. Für den Paramagnetismus ergeben sich ähnliche Regeln. In einem Falle (Mangan-Zinnlegierungen, siehe unten) ist auch der remanente Magnetismus an eine bestimmte Krystallart (Mn_4Sn) gebunden.

Die drei ferromagnetischen Metalle verlieren ihre Magnetisierbarkeit beim Überschreiten bestimmter Wärmegrade, bei welchen sie sich in eine allotrope Krystallart umwandeln (Eisen etwa 780°, Nickel 350°, Kobalt etwa 1100°). Durch Lösung eines zweiten Metalles in dem Krystall des ferromagnetischen Metalles wird die Umwandlungstemperatur in der Regel erniedrigt (*Tammann*[2]) in zwei Fällen tritt eine Erhöhung ein. Etwa 4 Proz. Blei erhöhen die Umwandlungstemperatur des Nickels um 5°, und 10 Atom-Proz. Silicium um etwa 600°.

Tammann stellt folgende Regel auf:

In den Mischkrystallen der ferromagnetischen Metalle werden die Umwandlungspunkte der reinen Metalle durch den Zusatz eines zweiten Metalles in der Regel beeinflüßt, die Temperatur, bei welcher die magnetisierbare α-Form vollständig verschwindet, sinkt oder steigt bis zum Endglied der Mischungsreihe, dem gesättigten Mischkrystall, und ändert sich bei weiterem

[1] Ann. Phys. 1910, (4) **32**, 1005.

[2] Zft. f. physik. Chem. 1909, **65**, 82.

Anwachsen des Zusatzes nicht, weil dann neben dem gesättigten Mischkrystall eine zweite, nicht magnetisierbare Phase auftritt, daher haben alle Legierungen von dem gesättigten Mischkrystall im ferromagnetischen Lösungsmittel bis zur Konzentration der nächsten Legierung homogener Struktur (Verbindung, gesättigter Mischkrystall) eine und dieselbe Temperatur des Verschwindens der magnetisierbaren Form, nur bei den Systemen Nickel-Magnesium und Eisen-Antimon treten Ausnahmen auf.

Im Jahre 1898 entdeckte *Heusler*[1], daß das Mangan starkmagnetische Legierungen zu bilden vermag, wenn dem Metall oder dem Mangankupfer noch ein weiteres Element: Aluminium, Zinn, Arsen, Antimon, Wismut, Bor zugesetzt wird.

Nach der Hypothese von *Guillaume*[2] soll die Magnetisierbarkeit der *Heusler*schen Legierungen darauf zurückzuführen sein, daß das Manganmetall selbst schon magnetische Eigenschaften besitzt, der Umwandlungspunkt jedoch so tief liegt, daß das Metall bei gewöhnlichen Wärmegraden bereits in die unmagnetische Form übergegangen ist. Durch den Zusatz von Aluminium usw. würde der Umwandlungspunkt aber derartig erhöht werden, daß der Magnetismus noch beträchtlich über Zimmertemperatur erhalten bleibt. *Heusler* fand, daß die Magnetisierbarkeit seiner aus Mangankupfer und Aluminium hergestellten Legierungen ein Maximum zeigt, wenn die Zusammensetzung der Formel $MnAlCu_2$ entspricht. In den sog. „Aluminiumbronzen" tritt die Verbindung $AlCu_3$ auf, in den „*Heusler*-Bronzen" ist ein Teil des Kupfers isomorph durch Mangan ersetzt, und diese Verbindung, ein Spezialfall des allgemeinen Systems der Verbindung Al_xM_{3x}, ist der Träger des Magnetismus im Gegensatz zu den unmagnetischen Verbindungen der ferromagnetischen Metalle.

Unmittelbar nach dem Guß befinden sich diese Legierungen in einem Zustand labilen Gleichgewichtes, aus dem sie durch ein künstliches „Altern" (Erhitzen in Xylol auf 110°) in die stabile Form mit dem stärksten Magnetismus übergeführt werden können. Bei hohen Wärmegraden verschwindet der Magnetismus genau wie bei den ferromagnetischen Metallen. Wenn die „*Heusler*-Bronzen" bei Rotglut in kaltem Wasser abgeschreckt werden, verschwindet der Magnetismus, durch Erwärmen auf 110° wird jedoch wieder der gleiche hohe Grad der Magnetisierbarkeit ohne deutliche Hysteresis hervorgerufen. Nach langsamer Abkühlung zeigen die Legierungen sogleich Magnetismus; die auf 110° erwärmten Proben besitzen aber eine Hysteresis, die um so größer ist, je langsamer die Abkühlung erfolgt war.

Heusler hat seine magnetisierbaren Mangan-Aluminiumbronzen durch das D. R. P. 144 584 (siehe S. 526) geschützt. *Wedekind*[3] schließt aus dem magnetischen Verhalten der Verbindungen MnB, MnAs und MnSb, daß das Mangan im dreiwertigen Zustande das Maximum seiner latenten Magnetisierbarkeit entfaltet. Die von *Wedekind* und *Veit*[4] untersuchten Verbindungen

[1] Zft. f. angew. Chem. 1904, 260; 1912, 2253, 2265; Zft. f. anorg. Chem. **61**, 265.
[2] Ind. Electr. 1905, **14**, 533.
[3] Chem.-Ztg. 1912, 795.
[4] Ber. d. d. Chem. Ges. 1911, **44**, 203.

mit zweiwertigen, nichtmetallischen Elementen (Sulfid, Selenid, Tellurid usw.) sind wesentlich schwächer magnetisierbar als die erwähnten Verbindungen mit dreiwertigen Elementen, ebenso diejenigen mit vierwertigen Elementen wie das Manganzinn Mn_4Sn und das kaum magnetisierbare Silicid Mn_2Si.

Weitere Einzelheiten über das magnetische Verhalten der Legierungen siehe in *Wedekind*: Magnetochemie, Berlin 1911.

Die Thermokraft der Legierungen.

Berühren sich zwei Metalle oder Legierungen und hat die Berührungsstelle (Lötstelle) eine andere Temperatur als der übrige Teil, so zeigt sich eine elektrometrisch oder galvanometrisch meßbare Potentialdifferenz zwischen den freien Enden der beiden metallischen Leiter, die thermoelektromotorische Kraft (oder kürzer Thermokraft).

Rudolfi[1] untersuchte systematisch den Zusammenhang von der Thermokraft einer Anzahl Legierungsreihen mit ihrer Konstitution und fand eine außerordentliche Ähnlichkeit der Kurven für die Thermokraft mit denjenigen der elektrischen Leitfähigkeit der betreffenden Legierungen auf. Er unterscheidet follgende typische Fälle:

1. Mischen sich die beiden Komponenten einer binären Legierung im krystallisierten Zustaud nicht, so erhält man für die thermoelektrische Kraft in Abhängigkeit von der Konzentration eine gerade Linie. Die Thermokraft eines mechanischen Gemenges läßt sich also nach der Mischungsregel aus denen der Bestandteile berechnen.

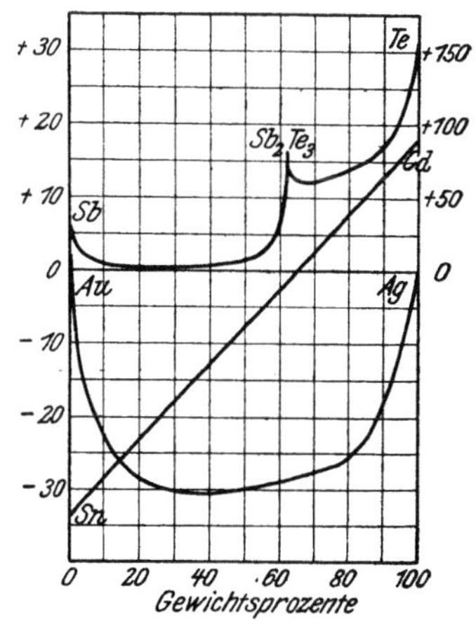

Fig. 45. Kurven der Thermokraft.

2. Bilden die beiden Komponenten eine ununterbrochene Reihe von Mischkrystallen, so erhält man für die Thermokraft eine U-förmig gebogene Kurve.

3. Bilden die beiden Komponenten eine Verbindung, so zeigt sich auf der Kurve bei der der Verbindung entsprechenden Konzentration eine deutlich ausgeprägte Spitze.

Bei nur teilweiser Mischbarkeit treten Kombinationen der drei vorgenannten Fälle auf. Zu gleicher Zeit führte *Haken*[2] eine ähnliche, umfangreiche Untersuchung namentlich solcher Systeme aus, die Verbindungen bilden, und kam zu ähnlichen Ergebnissen.

In Fig. 45 sind die drei typischen Fälle illustriert: Zinn-Cadmium bilden ein heterogenes Gemenge, Gold-Silber eine lückenlose Reihe von Mischkrystallen, Antimon-Tellur die Verbindung Sb_2Te_3 (siehe S. 528).

[1] Zft. f. anorg. Chem. 1910, **67**, 65.
[2] Ann. Phys. 1910, (4) **32**, 291.

In einer gleichzeitig mit den beiden vorgenannten Arbeiten ausgeführten Untersuchung stellt *Broniewski*[1] eine wesentlich größere Anzahl von Typenformen auf, er gelangt dabei zu folgenden Gesetzen: Die Thermokraft ändert sich innerhalb des Gebietes homogener fester Lösungen (von den reinen Metallen ausgehend) sehr stark, sei es ansteigend oder abfallend, je nachdem, gegen welches Vergleichsmetall die Thermokraft gemessen wird. Mit Veränderung der Temperatur gehen oft die Kurvenformen ineinander über, so daß bei gewissen Temperaturen die Veränderung der Thermokraft mit Zusatz eines zweiten Metalles zum ersten gering oder gleich Null wird. In heterogenen Gemischen zweier gesättigter Krystallarten verläuft die Kurve der Thermokraft in Abhängigkeit von der Konzentration in Volumprozenten nicht linear, sondern mit mehr oder weniger deutlicher Krümmung. *Broniewski* leitet allein für die Legierungen, welche keine intermediäre Krystallarten enthalten, 13 verschiedene Kurventypen ab, doch fand *Guertler*[2] außerdem noch zahlreiche Fälle in der Literatur, die sich in diese große Zahl von Typen nicht einordnen lassen.

Über die praktische Anwendung der Legierungen zur Konstruktion von Thermoelementen und Thermosäulen bemerkt *Rudolfi* (a. a. O.) folgendes:

Für große Potentialdifferenzen kommen hauptsächlich Legierungen, die Verbindungen enthalten, in Betracht. Da diese Legierungen jedoch sehr brüchig sind, werden sie für Thermoelemente kaum anzuwenden sein; dagegen sind sie für Thermosäulen zu empfehlen. Will man für Thermoelemente Legierungen verwenden, die, mit Metallen bzw. Legierungen kombiniert, große Potentialdifferenzen zeigen, so sind Legierungen mit Mischkrystallen zu verwenden. Diese sind in der Regel haltbar und nicht brüchig. Zeigen jedoch die die Legierungen bildenden Komponenten an und für sich schon eine große Sprödigkeit, wie dies bei Antimon und Wismut der Fall ist, so eignen sich Legierungen, die diese Komponenten enthalten, auch nicht zu Thermoelementen.

Für die Verwendung der Thermoelemente kommen zwei Zwecke in Frage (*Baedeker*[3]): Die Messung sehr kleiner Temperaturdifferenzen oder die sehr hoher und sehr niedriger Temperaturen. Während man im ersten Falle ein möglichst empfindliches Paar, also mit großer Thermokraft, wählt, wird im zweiten ein möglichst linearer Verlauf derselben erwünscht sein. Außerdem müssen die Materialien temperaturbeständig sein und einen kleinen oder von der Temperatur unabhängigen Widerstand haben. Von den bisher untersuchten Elementen werden diese Bedingungen am besten erfüllt für die Messung von Temperaturdifferenzen durch das Paar Konstantan-Kupfer oder Silber, für die hohen Temperaturen durch das Element Platin-Platinrhodium (bis 1600°), für die niedrigen auch Kupfer-Konstantan.

Die Firma *Heraeus* fertigt für wissenschaftliche Zwecke auch ein Thermoelement Iridium-Iridiumruthenium, das bis 2000° Verwendung finden kann.

---

[1] Rev. de Mét. 1910, **7**, 341.

[2] Fortschritte d. chem. Phys. und phys. Chem. 1910, **3**, 62.

[3] Elektrische Erscheinungen in met. Leitern 1911.

Nach Untersuchungen von *Geibel*[1] können auch Palladium-Goldlegierungen in Frage kommen, da z. B. diejenige mit 60 Proz. Gold gegen Platin eine viermal, gegen Gold eine sechsmal so große Thermokraft als das übliche Platin-Platiniridiumelement besitzt.

Bei den Platin-Goldlegierungen fand *Geibel*[2], daß die Thermokraft nach wiederholtem Erhitzen immer stärker wird, die Differenz betrug nach zweistündigem Erhitzen auf 900° bis zu zwei Millivolt.

Das elektrische Potential der Legierungen.

Taucht man ein Stäbchen aus einer Legierung und ein zweites aus einer der reinen Komponenten in eine Salzlösung des unedleren der beiden Metalle, so tritt an den aus der Lösung herausragenden Enden der Stäbchen eine meßbare Spannungsdifferenz auf. Wenn man diese für die ganze Legierungsreihe bestimmt, so kann die erhaltene Potentialkurve Aufschluß über die Konstitution der Legierungen geben.

So schlossen *Laurie*[3] und *Herschkowitsch*[4] aus dem zwischen 65 und 68 Atom-Proz. Kupfer auftretenden plötzlichen Potentialabfall bei den Zinn-Kupferlegierungen auf das Auftreten der Verbindung Cu_2Sn.

Ähnliche Versuche wurden mit größerer Genauigkeit von *Puschin*[5] an einer großen Zahl von Legierungen ausgeführt, als Beispiel diene Fig. 46, die Kurve der Zink-Kupferlegierungen. *Puschin* schließt irrtümlicherweise aus den deutlich ausgeprägten Knicken jedesmal auf das Vorhandensein einer intermetallischen Verbindung, während der plötzliche Kurvenabfall lediglich das Auftreten einer neuen Krystallart beweist.

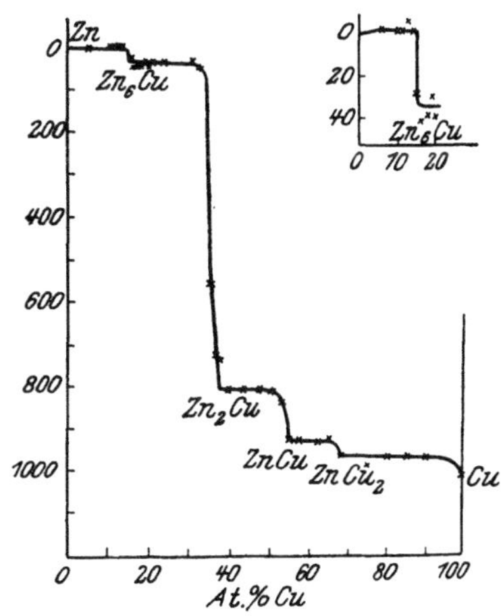

Fig. 46. Kurve des elektr. Potentials im System: Zink-Kupfer.

Heyn[6] stellt folgende Gesetze auf: Erstarren die Legierungen zweier Metalle zu einer ununterbrochenen Reihe von Mischkrystallen, und wird diese vollkommene Löslichkeit im festen Zustande auch bis zu Zimmerwärme unverändert beibehalten, so ist anzunehmen, daß die Potentiallinie geradlinig verläuft oder eine gekrümmte stetige Kurve bildet. Ein plötzlicher, nahezu senkrechter Abfall findet bei denjenigen Konzentrationen statt, bei denen die Legierungen aus einem Zweiphasenbereich in ein einphasiges Gebiet mit höherem Gehalt an dem edleren Stoff eintreten, so daß also eine Phase ver-

---

[1] Zft. f. anorg. Chem. 1911, **69**, 46.
[2] Zft. f. anorg. Chem. 1911, **70**, 240.
[3] Journ. Chem. Soc. 1888, **53**, 104; 1889, **55**, 677; 1894, **65**, 1031.
[4] Zft. f. physik. Chem. 1898, **27**, 123.
[5] Zft. f. anorg. Chem. 1908, **56**, 1.
[6] Materialienkunde II. Aufl. S. 164.

schwindet. Hierbei ist es gleichgültig, ob in dem Zweiphasengemisch eine chemische Verbindung auftritt oder nicht. Ein irgendwie berechtigter Schluß auf das Vorhandensein von chemischen Verbindungen aus der Potentialkurve allein ist nicht möglich.

Nahe verwandt den Untersuchungen *Puschins* sind Bestimmungen der Lösungstension, die *Sackur*[1] an Blei-Zinn- und Kupfer-Zinklegierungen ausführte. Blei und Zinn stehen einander in der Spannungsreihe so nahe, daß sie sich gegenseitig aus ihren Salzlösungen nur bis zu einem Gleichgewichtszustand ausfällen. Aus der Veränderung dieses Gleichgewichts bei Anwendung der Legierungen an Stelle der reinen Metalle konnte unmittelbar die Lösungstension des Bleis und Zinks in der Legierung bestimmt werden. Aus dem geradlinigen Verlauf der erhaltenen Kurve ergab sich, daß diese Metalle in den Legierungen keine chemischen Verbindungen, wohl aber feste Lösungen mit beschränkter Löslichkeit bilden. In Übereinstimmung hiermit war die Angreifbarkeit der Legierungen durch verdünnte Säuren eine stetige Funktion ihrer Zusammensetzung; im Falle einer chemischen Verbindung hätte ihre Kurve eine starke Richtungsänderung erleiden müssen.

Bei den Zink-Kupferlegierungen wies die Kurve der Lösungstension sowie diejenige der Angreifbarkeit durch Säuren deutliche Knicke bei etwa 43 Proz. und 62 Proz. Kupfer auf; *Sackur* schloß daraus auf das Vorhandensein zweier Verbindungen, während in Wirklichkeit bei diesen Konzentrationen nur neue Krystallarten auftreten (siehe S. 338).

Die Ergebnisse der elektrolytischen Korrosion in Salzlösungen wurden in Übereinstimmung mit dem Konstitutionsdiagramm gefunden bei den Zink-Kupferlegierungen von *Howe*, *Klein* und *Lincoln*[2], bei den Zinn-Kupferlegierungen von *Curry*[3], *Rowland* und *Lincoln*[4], bei den Aluminium-Kupferlegierungen von *Rowland*[5].

Stansbie[6] untersuchte die Reaktionsprodukte, die bei der Einwirkung von Salpetersäure auf reines Kupfer und auf Kupfer mit geringen Beimengungen anderer Metalle entstehen. Es soll auf diese Weise festzustellen sein, welche Maximalmengen der einzelnen Metalle in fester Lösung aufgenommen werden können. Allerdings sind die Versuchsergebnisse sehr abhängig von der Konzentration der Säure, der Temperatur, der Form und der Vorbehandlung des Metalles.

Die Widerstandsfähigkeit gegen chemische Angriffe (Korrosion) folgt bei Legierungen aus zwei Komponenten nach *Wagenmann*[7]) folgenden Gesetzen: sie zeigt ein Maximum 1. bei den Konzentrationen chemischer Verbindungen der Komponenten, 2. bei der Sättigungskonzentration fester Lösungen; zum

---

[1] Zft. f. Elektrochem. 1904, **10**, 522; Ber. dt. Chem. Ges. 1905, 2186.
[2] Journ. Phys. Chem. 1907, **11**, 501; **12**, 550.
[3] Journ. Phys. Chem. 1906, **10**, 474.
[4] Elektrochem. and Metallurg. Ind. 1908, **6**, 240.
[5] Journ. Phys. Chem. 1908, **12**, 180.
[6] Journ. Chem. Soc. Ind. 1906, **25**, 45.
[7] Metall u. Erz 1920, **17**, 406.

wenigsten tritt innerhalb des Konzentrationsintervalles einer festen Lösung von der reinen Komponente aus häufig eine Steigerung der Widerstandsfähigkeit auf. Dagegen findet sich ein Minimum bei heterogenen Gefügestrukturen, wie vor allen Dingen bei einem Eutektikum.

Die Korrosionsfähigkeit der Legierungen wird durch Kaltbearbeitung erhöht (siehe S. 139).

Die Wärmeausdehnung der Legierungen.

Wenn man die Änderungen des Volumens, die ein Körper bei der Abkühlung oder Erwärmung erleidet, in ein Ordinatennetz als Ordinate und die dazu gehörige Temperatur als Abszisse einträgt, so wird die erhaltene Linie eine Gerade darstellen, sofern der Körper bei den fraglichen Wärmegraden keine Zustandsänderung erleidet. Beim Übergang aus dem flüssigen in den festen Zustand jedoch (oder umgekehrt), sowie beim Zerfall einer bestehenden oder beim Auftreten einer neuen Krystallart werden sich auf der Schaulinie Unstetigkeiten bemerkbar machen, wenn die Volumina mit der nötigen Genauigkeit gemessen werden können. Ein praktischer „Dilatometer" ist in Fig. 47 wiedergegeben, er wurde von *Degens*[1] zum Nachweis der Umwandlung von γ-Zinn in β-Zinn (siehe S. 18) benutzt. Die Legierung wird in das Gefäß A (Inhalt 25 bis 30 ccm) eingeschlossen und dieses alsdann an die doppelt umgebogene Capillare bcf angeschmolzen. Die Kugel B wird nach dem Trocknen ganz mit Quecksilber gefüllt und dann das Rohr e zugeschmolzen. Wenn der Apparat in einem Paraffinbad erhitzt wird, steigt das Quecksilber in dem kalibrierten Rohr fg empor und gibt die Summe der Volumänderung von Legierung, Quecksilber, Luft, Glas an. Um das Luftvolumen zu verkleinern, wird der Teil ab mit Glaskugeln angefüllt. Bei der dilatometrischen Untersuchung der S. 18 besprochenen Blei-Zinnlegierungen machten sich die Anfangsschmelzpunkte, das Eutektikum und die Umwandlung bei 146° durch einen Knick in den Kurven bei ungefähr den nämlichen Wärmegraden bemerkbar, wie sie sich aus der thermischen Untersuchung hatten feststellen lassen. Fig. 48 zeigt die Volumenänderung des reinen Zinns bei etwa 161° (Umwandlung rhombisches $\leftrightarrows$ tetragonales Zinn).

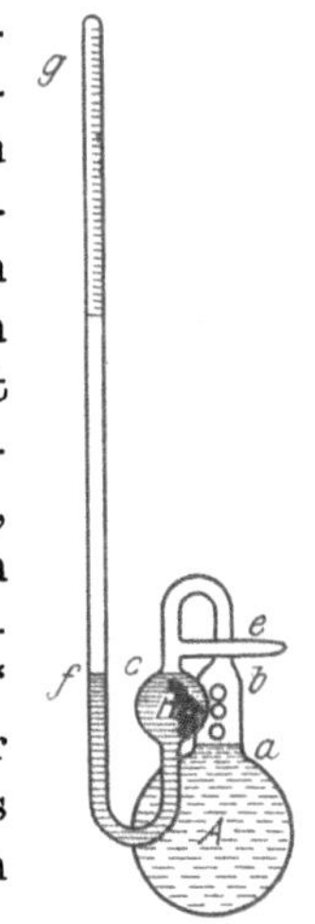

Fig. 47. Dilatometer.

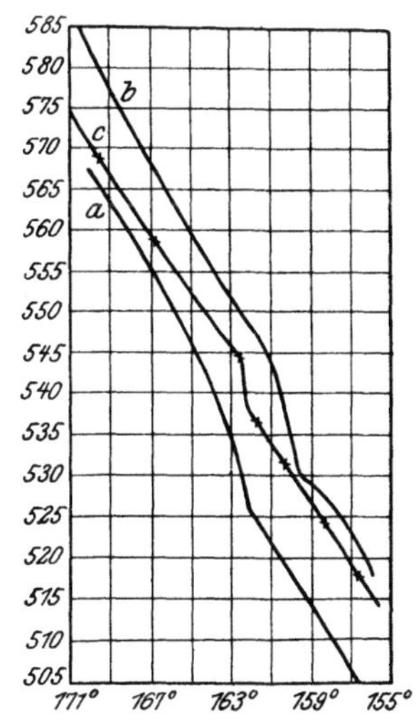

Fig. 48. Wärmeausdehnung des Zinns.

---

[1] Zft. f. anorg. Chem. 1909, **63**, 219.

Das Dilatometer ist naturgemäß nur zu Versuchen bei niederen Wärmegraden verwendbar; *Le Chatelier*[1] und *Charpy*[2] bestimmten Längenausdehnungen bei hohen Temperaturen (bis 1000°), indem sie die Legierungen in Stäbchenform benutzten. Die Stäbchen waren an dem einen Ende auf einer Schneide unverrückbar gelagert, während das andere Ende während der Erhitzung einen Spiegel drehte, die Ablenkung eines auffallenden Lichtstrahles ermöglichte eine sehr genaue Feststellung der Verlängerung.

Crace-Calvert[3] schloß aus dem Maximum der Ausdehnungskoeffizienten der Zinn-Kupferlegierungen auf das Vorhandensein der Verbindung Cu_3Sn.

Smirnow[4] fand bei den Aluminium-Zinklegierungen ein Minimum für die Konzentration einer Verbindung Al_2Zn_3.

In vielen Fällen stimmt der Ausdehnungskoeffizient der Legierung mit dem aus den Koeffizienten der Komponenten berechneten gut überein, es finden sich jedoch auch erhebliche Abweichungen, die vermutlich (abgesehen von den Fällen, in welchen eine Zustandsänderung vorliegt) auf geringe Verunreinigungen der verwendeten Metalle zurückzuführen sind (siehe unten).

Nach *Sieglerschmidt*[5] ist unter Umständen die Vorbehandlung des Versuchsstückes von Einfluß auf die Wärmeausdehnung. Vom Kaltrecken etwa zurückgebliebene Spannungen müssen durch gelindes Anlassen entfernt werden.

Der Ausdehnungskoeffizient hat je nach der Versuchstemperatur eine verschiedene Größe. In der Literatur finden sich folgende Angaben:

Ein Stab von 1 m Länge zeigt bei der Erwärmung um 1° nachstehende Ausdehnung in Mikron = 0,001 mm (Tab. 5).

Von besonderer Wichtigkeit für die Legierungstechnik sind Mischkrystallreihen, in denen durch wachsenden Zusatz des einen Metalls die Wärmeausdehnung zurückgeht; solche Legierungen, die bei Zimmerwärme eine möglichst geringe Ausdehnung zeigen, finden als Konstruktionsmaterial für Präzisionsmeßinstrumente Verwendung.

Tabelle 5.

Legierung	Temperatur	Ausdehnung	Autor
Aluminiumlegierungen:			
91 Proz. Cu, 1 Proz. Al	63°	16,3	*Le Chatelier:* C. r. 1899, **128**, 1444.
75 „ „ 25 „ „	63°	16,5	
60 „ „ 40 „ „	63°	15,7	
50 „ „ 50 „ „	63°	15,8	
38 „ „ 62 „ „	63°	16,2	
30 „ „ 70 „ „	63°	20,0	
18 „ „ 82 „ „	63°	21,9	
90 „ „ 10 „ „	900°	23,0	*Le Chatelier:* C. R. 1889,

[1] Contribution à l'étude des alliages 398.
[2] C. r. 1902, **134**, 540, 598.
[3] Contribution à l'étude des alliages 451.
[4] C. r. 1912, **155**, 351.
[5] Mitt. d. Mat.-Prüf.-Amt 1922, **40**, 215.

Tabelle 5 (Fortsetzung).

Legierung	Temperatur	Ausdehnung	Autor
Aluminiumlegierungen:			
99 „ „ 1 „ „	20 bis 90°	14,9	**108**, 1096.
95 „ „ 5 „ „	20 „ 90°	14,2	*Fontana:* Atti d. Linrei 1894, (5) **8**, II, 129.
90 „ „ 10 „ „	20 „ 90°	15,7	
85 „ „ 15 „ „	20 „ 90°	16,2	
7,2 „ „ 88,8 „ „ 2,9 „ Zn	26°	22,7	*Block:* Wiss. Mitt. d. N. Eich.-Komm. 1912, 71.
4,9 „ Cu, 94,0 „ „	26°	23,1	
4,4 „ „ 93,3 „ „ 0,7 „ Mn, 0,6 „ Mg	26°	22,5	
85,9 „ Al, 12,7 „ „ (Magnalium)	12 bis 39°	23,8	*Stadthagen:* Dt. Mech.-Zg. 1901, 21.
Bronzen:			
84 Proz. Cu, 6 Proz. Sn 9 „ Zn, 1 „ Pb	— 191 bis + 16°	15,06	*Henning:* Ann. Phys. 1907, (4) **22**, 631.
84 „ Cu, 6 „ Sn 9 „ Zn, 1 „ Pb	16 „ 250°	18,20	
84 „ Cu, 6 „ Sn 9 „ Zn, 1 „ Pb	16 „ 175°	18,75	
84 „ Cu, 6 „ Sn 9 „ Zn, 1 „ Pb	16 „ 500°	19,29	
90 „ Cu, 10 „ Sn	900°	22,0	*Le Chatelier:* C. r. 1889, **108**, 1096.
90 „ „ 10 „ „	800°	27,0	
90 „ „ 10 „ „	700°	29,5	
86,3 „ „ 9,7 „ „ 4 „ Zn	40°	17,8	*Fizeau:* Comptes Rendus 1869, **68**, 1125.
86,3 „ Cu, 9,7 „ „ 4 „ Zn	0 bis 100°	18,02	
93,5 „ Cu, 6,5 „ „	15°	17,2	*Bein:* Wiss. Mitt. d. N. Eich.-Komm. 1912, 50.
81,0 „ „ 10,0 „ Sn 8,5 „ Zn	15°	17,91	
96 „ Cu, 2,6 „ „ 0,45 „ Zn, 0,6 „ Mn	15°	16,8	
Messing:			
62 Proz. Cu, 38 Proz. Zn	— 191 bis + 16°	16,44	*Henning:* Siehe oben.
62 „ „ 38 „ „	16 „ 250°	19,82	
62 „ „ 38 „ „	16 „ 375°	20,91	
71,5 „ Cu, 27,5 „ „ 0,3 „ Sn, 0,5 „ Pb	40°	18,59	*Fizeau:* Siehe oben.
71,5 „ Cu, 27,5 „ Zn 0,3 „ Sn, 0,5 „ Pb	0 bis 100°	18,79	
71,0 Proz. Cu, 29,2 Proz. Zn	0 bis 100°	19,06	*Matthiessen:* Proc. R. Soc. 1876, **15**, 220.
56,4 „ „ 43,37 „ „	15°	19,2	*Bein:* Siehe oben.
Neusilber:	0 bis 100°	18,36	*Pfaff:* D. Mikrogoniometer 1872.

(Fortsetzung Seite 48.)

Tabelle 5 (Fortsetzung).

Legierung	Temperatur	Ausdehnung	Autor
Platinlegierungen:			
90 Proz. Pt, 10 Proz. Ir	40°	8,84	*Fizeau:* Siehe oben.
90 „ „ 10 „ „	0 bis 100°	8,92	
90 „ „ 10 „ „	1000°	10,5	*Le Chatelier:* Siehe oben.
80 „ „ 20 „ „	— 191 bis + 16°	—7,50	*Henning:* Siehe oben.
80 „ „ 20 „ „	16 „ 250°	8,57	
80 „ „ 20 „ „	16 „ 500°	8,93	
80 „ „ 20 „ „	16 „ 750°	9,28	
80 „ „ 20 „ „	16 „ 1000°	9,64	
Verschiedene Legierungen:			
60,5 Proz. Sn, 30,5 Proz. Pb	0 bis 100°	23,96	*Matthiessen:* Siehe oben.
12,5 „ „ 87,5 „ „	0 „ 100°	28,06	
35,1 „ Cd, 64,9 „ „	0 „ 100°	30,46	
87,9 „ Sn, 12,1 „ Zn	0 „ 100°	23,95	
91,6 „ „ 8,4 „ „	0 „ 100°	23,53	
99,3 „ Bi, 0,64 „ Sn:	0 „ 100°	13,55	
63,8 „ „ 36,2 „ „	0 „ 100°	16,99	
98 „ „ 2 „ Pq	0 „ 100°	13,62	
50,1 „ „ 49,9 „ „	0 „ 100°	28,74	
62,4 „ Au, 37,6 „ Sn	0 „ 100°	14,11	
48,7 „ „ 51,3 „ „	0 „ 100°	14,76	
68,8 „ Ag, 31,2 „ Au	0 „ 100°	17,22	
35,5 „ „ 64,5 „ „	0 „ 100°	16,38	
12,1 „ „ 87,9 „ „	0 „ 100°	14,33	
66,6 „ „ 33,4 „ Pt	0 „ 100°	15,23	
66,6 „ Au, 33,4 „ Cu	0 „ 100°	15,52	
36,1 „ Ag, 63,9 „ „	0 „ 100°	18,12	
71,6 „ „ 28,4 „ „	0 „ 100°	19,04	
77 „ „ 23 „ „	800°	18,0	*Le Chatelier:* Siehe oben.
60 „ Cu, 40 „ Ni	— 191 bis + 16°	12,02	*Henning:* Siehe oben.
60 „ „ 40 „ „	16 bis 250°	15,89	
60 „ „ 40 „ „	16 „ 375°	16,39	
60 „ „ 40 „ „	16 „ 500°	16,89	
Konstantan:	4 „ 29°	15,23	Mitt. d. Norm. Eich.-Komm. 1900, Nr. 10, S. 119.

Das Schwinden der Legierungen.

Von erheblich größerer Wichtigkeit für das Gießereiwesen als die Wärmeausdehnung der Metalle ist deren Volumverringerung während der Abkühlung, ihr Schwinden oder die Schwindung. Diese setzt sich zusammen aus der Volumenabnahme des flüssigen Metalles im Verlauf der Abkühlung bis zum Beginn des Erstarrens, aus der Volumenänderung (meist Ausdehnung) beim Übergang aus dem flüssigen in den festen Zustand und schließlich aus der Verringerung des Rauminhalts während der Abkühlung im festen Zustande. Man kann deshalb nicht etwa die Schwindung aus dem mittleren Ausdehnungskoeffizienten berechnen, zumal die Zunahme während der Erwärmung nicht immer gleich der Abnahme während der Abkühlung in dem gleichen Temperaturintervall ist.

Die Zahl, welche angibt, den wievielten Teil vom ursprünglichen Rauminhalt des flüssigen Metalles die Schwindung beträgt, heißt das Schwindmaß. In der Regel mißt man nicht das räumliche Schwindmaß sondern nur das der Länge (das räumliche Schwindmaß ist fast genau gleich dem dreifachen Längenschwindmaß); statt es auf die Einheit der Länge zu beziehen, kann man auch 100 Einheiten der Länge zugrundelegen, man erhält so das Schwindmaß in Prozenten.

Bei der Herstellung von Gebrauchsgegenständen durch Gießen müssen die Abmessungen der Gußformen um das Schwindmaß größer genommen werden, damit die Gußstücke die richtigen Maße erhalten. Ebenso muß man bei der Wahl des Fertigkalibers für heiß zu walzende Metalle in den Größenverhältnissen des Querschnitts so viel zugeben, als der Schwindung bei den fraglichen Wärmegraden entspricht.

Die Schwindung ist um so größer, je höher die Legierung im Augenblick des Gusses über ihren Erstarrungspunkt hinaus erhitzt war, und je langsamer die Abkühlung in der Form erfolgt; Zusätze und unbeabsichtigte Beimengungen sind teils von günstigem, teils von ungünstigem Einfluß.

Bei der Herstellung von Gußstücken, welche an einzelnen Stellen verschieden starke Querschnitte besitzen, erstarren die schwächeren Teile zuerst, dann folgen die stärker gehaltenen, bei denen das Schwinden einsetzt, wenn die bereits erkalteten Teile nicht mehr nachgeben können. Ein starkes Schwinden kann in diesem Fall Spannungen hervorrufen, die zu Rißbildungen Veranlassung geben, zuweilen tritt ein Bruch erst bei der späteren praktischen Benutzung des Gußstückes infolge einer plötzlichen Erschütterung auf.

Eine weitere unangenehme Folge des Schwindens ist die Entstehung eines Hohlraumes — „Lunkers“ —, undichter, häufig schwammiger Stellen, oder von Poren im Innern des Gußstückes. Außer von der Stärke des Schwindens ist die Lunkerbildung auch von der Gußform und der Art des Gießens abhängig: enge, hohe Formen rufen einen sehr tiefen Lunker hervor, je weiter die Form ist, desto geringer ist die Lunkerbildung; bei langsamen Güssen und niederen Gießtemperaturen ist der entstehende Hohlraum verhältnismäßig kurz, bei schnellem Guß und höheren Wärmegraden wesentlich länger. Wenn die Form nach oben weit ist, bleibt der Lunker kurz. Er tritt in der Regel da auf, wo das geschmolzene Metall in der Form am längsten flüssig bleibt, wo also die größte Metallanhäufung sich befindet oder die Gestalt der Form die Abkühlung verzögert. Man sucht nach Möglichkeit den Lunker in den obersten Teil der Gußform, in den „verlorenen Kopf“, zu verlegen, indem man hier die Abkühlung verzögert; man erreicht dies dadurch, daß man diesen Teil mit einem schlechten Wärmeleiter (Sand) umgibt oder ihn durch Wärmezufuhr von außen heizt.

Eine Lunkerbildung wird durch das Gießverfahren von *Harmet* vermieden, bei dem das flüssige Metall unter starkem Druck in der Form erstarrt, ein entstehender Hohlraum wird alsbald zugepreßt, oder bei dem Gießen unter Druck, wobei das geschmolzene Metall in Stahlmatrizen hineingepreßt wird.

Um nicht nur das Gesamtschwindmaß festzustellen, sondern auch die Schwindung in ihrer Abhängigkeit von den einzelnen Wärmegraden (die Schwindungskurve) kennenzulernen, sind einige Verfahren beschrieben worden.

Keep[1] gießt die Legierung in Stabform, nachdem er an beiden Enden der Form zwei Eisenstäbe eingesetzt hat. Diese werden durch das schwindende Metall mitgenommen und übertragen ihre Bewegung durch Hebel auf einen Schreibapparat.

Turner[2] gießt einen Stab, dessen Ende in der Form durch einen Stahlbolzen festgehalten wird, während das andere Ende beim Schwinden einen eingelegten Stift mitnimmt, der einen doppelarmigen Zeigerhebel betätigt.

Bei der Vorrichtung von *Wüst*[3] sind in die Enden der Gußform zwei Eisenstäbe eingelegt, die bei ihrer, durch das schwindende Metall hervorgerufenen Bewegung mittels zweier Kolben eine capillare Wassersäule aus zwei Zylindern herausdrängen oder zurücksaugen. Der Flüssigkeitsspiegel, der sich vor einer Skala bewegt, gibt die einzelnen Momente der Schwindung sehr deutlich wieder. Alle drei Apparate können mittels eingesetzter Thermoelemente jederzeit die Abkühlungstemperatur feststellen, sie leiden an dem grundsätzlichen Fehler, daß sie die Schwindung erst von dem Augenblick an aufzeichnen können, wenn die äußere Kruste des erstarrenden Metalles stark genug geworden ist, um die Übertragungsvorrichtung mitnehmen zu können.

Haugthon und *Turner*[4] stellten die Schwindungskurven für die ganze Legierungsreihe des Systems Kupfer-Zinn und *Turner* und *Murrag*[5] ebenso für das System Kupfer-Zink fest. Die Diagramme aus Konzentration und Schwindung stimmen in einzelnen Abschnitten sehr gut mit dem Konstitutionsdiagramm überein, in einigen Ästen zeigen sie jedoch erhebliche Abweichungen.

Eine Apparatur, die gleichzeitig Schwindungs- und Temperaturkurven selbsttätig aufzeichnet, beschreibt *Wüst*[6].

Wüst[7] kommt auf Grund zahlreicher Versuche zu folgenden Schlußfolgerungen:

Diejenigen Legierungen, deren Komponenten im festen Zustand vollständig unlöslich ineinander sind, besitzen eine geringere Schwindung als jede ihrer Komponenten. Die eutektische Legierung hat den geringsten Schwindungskoeffizienten.

Diejenigen Legierungen, welche nach der Erstarrung aus einer oder mehreren festen Lösungen bestehen, schwinden stärker als jede ihrer Komponenten.

[1] Cast iron 1909.
[2] Journ. of the Iron and Steel Inst. 1906, I, 48.
[3] Metallurgie 1909, 769.
[4] Metallurgie 1912, 303.
[5] Metallurgie 1911, 275.
[6] St. u. E. 1923, **43**, 713.
[7] Metallurgie, 1909, 769.

Eine Gesetzmäßigkeit zwischen Schmelzpunkt und Schwindung läßt sich weder bei den Metallen noch den Legierungen erkennen.

Da die Kenntnis des Gesamtschwindmaßes der zu vergießenden Legierung für den Gießer von großer Bedeutung ist, die vorbeschriebenen Apparate aber für einen technischen Betrieb nicht einfach genug sind, empfiehlt *Heyn*[1] folgende Verfahren.

a) Man befestigt in der Form zwei Stifte in bekanntem Abstand und gießt sie in den zu gießenden Stab ein. Die Befestigung der Stifte muß so sein, daß sie die Schwindung des Gußstückes nicht verhindern. Nach der Erkaltung des gegossenen Stabes wird dann der Abstand der Stifte zurückgemessen.

b) Man gießt nach *Keep* einen Stab in einer Sandform zwischen den Enden eines zweimal rechtwinklig gebogenen metallischen Joches. Nach dem Erkalten wird der Stab dicht an das eine Jochende angelegt, und man mißt den Abstand der freien Endfläche von dem anderen Jochende mittels eines Keilmaßstabes.

c) Man gießt einen Stab in Sand mit den Enden gegen zwei Metallflächen, deren Abstand vorher genau festgelegt ist. Die Länge des erkalteten Stabes wird sodann mit einer Lehre mittels einer Mikrometerschraube genau gemessen (vgl. *Treuheit*[2]).

Bauer und *Beck* geben in *Ledebur*, „Die Legierungen", Berlin 1924 folgende, sehr genau bestimmte Schwindmaße an:

Tabelle 6.

Legierung	Chemische Zusammensetzung	Gieß-tempe-ratur °C	Schwindmaß in Proz. Sand-guß	Schwindmaß in Proz. Ko-killen-guß
Duralumin Leg. 681a	94,8 Proz. Al; 3,5 Proz. Cu; 0,5 Proz. Mn; 0,5 Proz. Mg; (0,4 Proz. Fe; 0,3 Proz. Si als Verunreinigung)	650	1,335	1,516
Aluminiumleg. für Formguß	91,6 Proz. Al; 7,2 Proz. Zn; 0,6 Proz. Cu (0,3 Proz. Fe; 0,2 Si als Verunreinigung)	650	1,500	1,650
Aluminiumleg. für Formguß	90,1 Proz. Al; 4,5 Proz. Zn; 4,5 Proz. Cu; 0,3 Proz. Mn; 0,1 Proz. Mg; (0,3 Proz. Fe; 0,15 Proz. Si als Verunreinigung)	650	1,350	1,433
Tombak 90/10	90,0 Proz. Cu; 9,9 Proz. Zn; 0,01 Proz P (0,04 Proz. Pb; 0,02 Proz. Fe als Verunreinigung)	1060	2,016	2,075
Messing 72 Proz.	72,0 Proz. Cu; 27,8 Proz. Zn; 0,01 Proz. P; (0,1 Proz. Pb; 0,02 Proz. Fe als Verunreinigung)	1050	1,763	1,866
Messing 62 Proz.	62,0 Proz. Cu; 37,8 Proz. Zn; 0,01 Proz. P (0,1 Proz. Pb; 0,05 Proz. Fe als Verunreinigung)	1050	1,466	1,776

(Fortsetzung S. 52.)

[1] Materialienkunde 457.
[2] St. u. E. 1908, 1319.

Tabelle 6 (Fortsetzung).

Legierung	Chemische Zusammensetzung	Gieß-tempe-ratur ° C	Schwindmaß in Proz.	
			Sand-guß	Ko-killen-guß
Messing 58 Proz.	58,0 Proz. Cu; 4,8 Proz. Zn; 0,01 Proz. P (0,1 Proz. Pb; 0,05 Proz. Fe als Verunreinigung)	1010	1,408	1,938
Messing, 58 Proz. Bohr- und Drehqualität	58,0 Proz. Cu; 39,2 Proz. Zn; 2,5 Proz. Pb (0,2 Proz. Fe; Spur Al als Verunreinigung	1010	1,675	2,225
Duranametall Leg. M.L.	59,0 Proz. Cu; 40,4 Proz. Zn; 0,4 Proz. Fe; 0,01 Proz. P; (0,2 Proz. Pb als Verunreinigung)	1050	1,641	2,00
Kupfer-Nickel 18/20	79,7 Proz. Cu; 20,0 Proz. Ni; 0,25 Proz. Mn; 0,25 Proz. Mg	1250	2,083	2,292
Neusilber Alpakka	62,0 Proz. Cu; 12,0 Proz. Ni; 25,6 Proz. Zn; 0,25 Proz. Mn; 0,03 Proz. P	1120	1,825	2,00
Aluminiumbronze	90,0 Proz. Cu; 9,9 Proz. Al; (0,04 Proz. Fe; 0,03 Proz. Si als Verunreinigung)	1070	1,400	2,208
Phosphorbronze 92/8	92,0 Proz. Cu; 7,7 Proz. Sn; 0,25 Proz. P (Spur Sb; Pb als Verunreinigung)	1150	1,350	1,450
Phosphorbronze 90/10	90,0 Proz. Cu; 9,7 Proz. Sn; 0,25 Proz. P (Spur Sb; Pb als Verunreinigung)	1150	1,392	1,442
Maschinenbronze Rotguß	87,0 Proz. Cu; 8,6 Proz. Sn; 4,3 Proz. Zn; (Spur Sb; Fe; Pb als Verunreinigung)	1120	1,400	1,530
Lagerbronze für schnellaufende Motore	80,2 Proz. Cu; 14,0 Proz. Sn; 4,5 Proz. Zn; 1,2 Proz.Pb; (Spur Fe; Sb als Verunreinigung)	1120	1,425	1,541
Lagerbronze für Walzenlager	75,0 Proz. Cu; 11,0 Proz. Sn; 13,0 Proz. Pb; 1,0 Proz. Zn; (Spur Fe; Sb als Verunreinigung	1120	1,375	1,416

Die Härte der Legierungen.

Unter der „Härte“ eines Körpers versteht man die Größe des Widerstandes, den er einer bleibenden Formänderung durch äußere Kräfte, insbesonders dem Eindringen eines spitzen oder schneidenden Werkzeuges entgegensetzt.

Über den Zusammenhang der chemischen Zusammensetzung mit der Härte erklärte *Benedicks*[1]: „Die Härte der festen Lösungen (Legierungen) wächst mit der Zunahme des osmotischen Druckes“, und *Kurnakow* und *Zemczuzny*[2]: „Die Bildung fester Metallösungen ist von einer Härtezunahme begleitet, die Härteänderungen einer ununterbrochenen Reihe fester Metalllösungen lassen sich durch eine kontinuierliche Kurve, die ein Maximum besitzt, ausdrücken.“ Auf Grund eigener systematischer Versuche und unter

[1] Zft. f. physik. Chem. 1901, **36**, 536.
[2] Zft. f. anorg. Chem. 1908, **60**, 1; 1910, **68**, 136.

Benutzung der in der Literatur zerstreuten Angaben stellten *Kurnakow* und *Zemczuzny* vier Typen von Härtediagrammen auf (siehe Fig. 49).

Diagramm I entspricht der ununterbrochenen Reihe fester Lösungen zweier Metalle A und B, dasselbe ist durch die kontinuierliche Kurve A_1CB_1 charakterisiert, die ein Maximum C besitzt.

Auf Diagramm II ist derjenige einfachste Fall dargestellt, wo die Schmelze ein mechanisches Gemisch der Komponenten A und B darstellt, die miteinander weder feste Lösungen noch bestimmte Verbindungen bilden. Die Härtekurve, die eine gerade Linie A_1B_1 darstellt, läßt sich nach der Mischungsregel aus den entsprechenden Werten der Härte beider Komponenten berechnen. Diagramm III gibt die Härte eines binären Systems wieder, das eine Diskontinuität in den festen Lösungen der beiden Komponenten A und B aufweist; es ist eine Kombination der beiden vorhergenannten Fälle. Die ansteigenden Zweige A_1C_1 und B_1D_1 weisen auf die ununterbrochene Härtezunahme bis zu den Grenzkonzentrationen der beiden festen Lösungen in den Punkten C und D hin; das geradlinige Stück C_1D_1 gehört den Legierungen an, die ein mechanisches Gemenge der an den Grenzen liegenden festen Lösungen darstellen. Diagramm IV charakterisiert das Vorhandensein einer bestimmten chemischen Verbindung AB. Diese kann weicher sein als ihre Bestandteile (der Durchschnittspunkt M_1 liegt unterhalb A_1 und B_1), oder aber, was in der großen Mehrzahl der Fälle eintrifft, noch wesentlich härter sein als der härtere Bestandteil des Systems (Punkt M des Diagramms). Als praktisches Beispiel diene die Fig. 50, auf welcher die Schmelzpunktskurve und darunter die Härtekurve der Silber-Kupferlegierungen von *Kurnakow* und *Zemczuzny* in Brinellzahlen (siehe unten) eingetragen ist. Die Härtekurve besteht aus drei einzelnen Zweigen AB, BC und CD; auf AB wird durch Zugabe des weicheren Silbers (Härtezahl = 24,8 kg) zu Kupfer (Härtezahl = 40 kg) die Härte der gebildeten festen Lösung bis auf 58 kg im Punkte B (4 Atom-Proz. = 6,6 Gew.-Proz.) gesteigert. Andererseits wächst die Härte des Silbers durch Zugabe von Kupfer auf dem Zweige DC bis 50 kg bei 9,5 Atom-Proz. Kupfer = 5,7 Gew.-Proz.; in dem Gebiete BC, welches der Bildung eines mechanischen Gemenges zweier fester Lösungen von der Grenzkonzentration entspricht, sind die Härtezahlen auf einer geraden Linie, die die Punkte B und C verbindet, angeordnet.

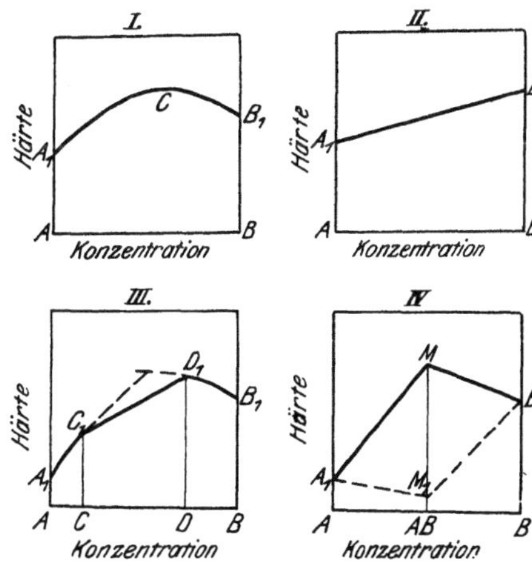

Fig. 49. Typen der Härte binärer Systeme.

Nach *Heyn*[1] gibt sich die eutektische Legierung in der Mehrzahl der Fälle auf der Härtekurve durch eine Besonderheit zu erkennen.

[1] Materialienkunde II A, S. 328.

Kurnakow und *Zemczuzny*[1] vergleichen die Härte mit dem Fließdruck[2] (das ist der Druck, der nötig ist, um einen festen Körper durch eine feine Öffnung von bestimmten Dimensionen hindurchzupressen) und der elektrischen Leitfähigkeit; sie gelangen zu folgenden Gesetzen:

1. Der Fließdruck, gemessen unter bestimmten Bedingungen, stellt eine der wichtigsten Größen zur Charakteristik der plastischen Substanzen dar. Derselbe ist ein sehr empfindliches Reagens für die Zustandsänderungen des Körpers.

2. Zwischen den Fließdrucken und den *Brinell*schen Härtezahlen läßt sich ein vollständiger Parallelismus beobachten, mit Hilfe der Härtezahlen läßt sich der Fließdruck ziemlich annähernd bestimmen und umgekehrt.

3. Das Diagramm der Fließdrucke oder der Härte erweist sich als die Umkehrung des Leitfähigkeitsdiagrammes, die Maxima des ersteren entsprechen den Minima des zweiten (vgl. Fig. 44 u. 182).

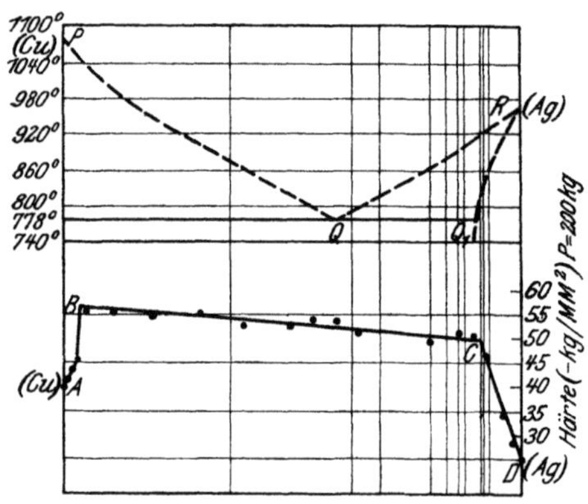

Fig. 50. Konstitutions- und Härtekurve des Systems: Silber-Kupfer.

Smirnow und *Kurnakow*[3] führten vergleichende Untersuchungen aus bezüglich der Leitfähigkeit und Härte von Verbindungen mit veränderlicher Zusammensetzung der festen Zustandsform.

Man nimmt in der Regel an, daß durch ein plötzliches Abschrecken bei hohen Wärmegraden stets eine Härtesteigerung des Materials hervorgerufen wird; dies ist aber nur der Fall, wenn durch die rasche Abkühlung der Zerfall einer festen Lösung in ihre Komponenten verhindert wird, da, wie oben gezeigt wurde, die feste Lösung stets eine größere Härte als die reinen Metalle besitzt. Andererseits kann durch Abschrecken die Legierung weicher werden, wenn (siehe Bronze S. 18) bei langsamer Abkühlung eine neue Krystallart entstehen würde, die an und für sich härter als die zuerst auftretende Zustandsform ist; durch die schnelle Abkühlung oberhalb des Umwandlungspunktes wird die weichere Krystallart festgehalten. In Legierungen ohne Umwandlungspunkt im festen Zustande ist ein Abschrecken ohne Wirkung auf die Härte.

Durch eine Bearbeitung im kalten Zustande (Kaltrecken) wird die Härte stets gesteigert. Ein auf das Abschrecken oder Kaltrecken folgendes Ausglühen läßt die Härtesteigerung allmählich wieder zurückgehen.

---

[1] Zft. f. anorg. Chem. 1909, **64**, 149.

[2] *Tresca:* C. r. 1864, **59**, 754; *Spring:* Zft. f. physik. Chem. 1894, **15**, 65; *Tamman:* Ann. d. Phys. 1903, **10**, 649.

[3] Zft. f. anorg. Chem. 1911, **72**, 31.

In Tab. 7 sind Härtezahlen von Aluminium-Kupferlegierungen nach *Andrew*[1] wiedergegeben. Diese sog. Aluminiumbronzen bestehen oberhalb 566° aus dem $\alpha + \beta$-, β-, oder $\beta + \gamma$-Bestandteil, bei 566° findet eine Umwandlung von β in γ statt, die durch Abschrecken bei 570° mehr oder weniger unterdrückt werden kann.

Tabelle 7.

Aluminiumgehalt Proz.	Härte (in Brinellzahlen)		
	langsam abgekühlt	abgeschreckt	wieder auf 500° erhitzt
10,0	180	246	196
10,5	225	365	
11,0	284	350	246
12,0	416	275	299
12,5	416	275	gebrochen
13,0	416	299	

Durch Beschleunigung der Erstarrung nach dem Guß (Kokillen = statt Sandguß) kann man zuweilen eine vorteilhafte Härtesteigerung erzielen (siehe S. 137, 252, 464).

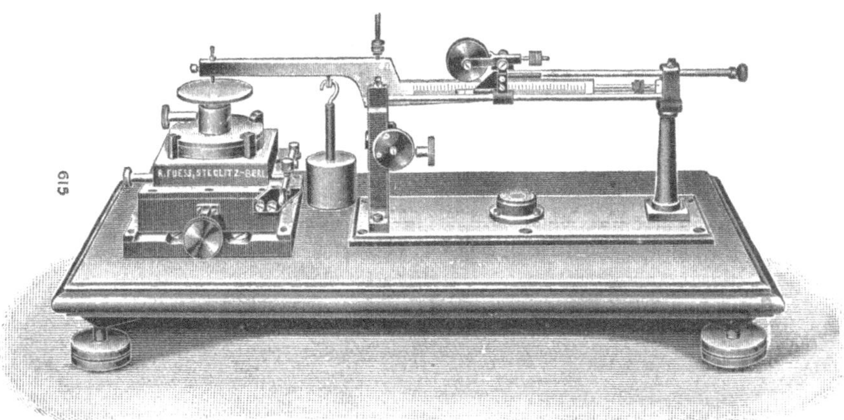

Fig. 51. Ritzhärteprüfer von Martens (*R. Fueß*, Steglitz-Berlin).

Von den zahlreichen Apparaten zur Bestimmung der Härte sollen nachfolgend nur diejenigen genannt werden, die eine ausgedehnte praktische Verwendung finden, eine Zusammenstellung neuerer Apparate geben *Kühnel* und *Schulz*[2].

Bei dem „Ritzhärteprüfer" von *Martens* (siehe Fig. 51[3]) wird der auf dem links befindlichen Tischchen liegende Probekörper unter einer am linken Hebelarm angebrachten Diamantspitze vorbeigeführt. Durch Auflegen von Gewichten wird diese zwischen 0 und 50 g belastet, die Breite

[1] Intern. Zft. f. Metallogr. 1914, **6**, 30.
[2] Gießerei-Ztg. 1914, 1.
[3] Gebaut von *R. Fueß*-Steglitz.

des entstandenen Ritzes wird mit Hilfe eines Mikroskops gemessen und gibt einen Maßstab für die Härte. Zur Untersuchung können nur sehr kleine Proben kommen, deren Oberfläche sorgfältig plangeschliffen, poliert und horizontal ausgerichtet sein muß. Der Apparat ist deshalb weniger für technische als für wissenschaftliche Versuche geeignet; sein besonderer Vorzug ist, daß, wenn die Legierung aus zwei oder mehreren Gefügebestandteilen aufgebaut ist, der verschieden breit verlaufende Ritz es gestattet, die verschiedene Härte der einzelnen Bestandteile zu beobachten und zu messen. Als Härtemaß gilt diejenige Belastung des Diamanten in g, unter der in dem zu prüfenden Material eine Strichbreite von 0,01 mm erzielt wird.

Für Härtebestimmungen in der Legierungstechnik außerordentlich geeignet ist die 1900 von *Brinell* ausgebildete Kugeldruckprobe. Sie besteht darin, daß eine Kugel aus gehärtetem Stahl mit einem bestimmten Druck in die Oberfläche des zu prüfenden Materiales eingepreßt wird. Die Größe des auf diese Weise erhaltenen Eindruckes wird dann der Bestimmung der Härte zugrunde gelegt, indem man die Kilogramm-Anzahl der Belastung durch die Quadratmeter-Anzahl des sphärischen Flächeninhaltes des Kugeleindruckes dividiert. Die erhaltene Zahl, die den ausgeübten Druck für den Quadratmillimeter Kugeleindruck angibt, ist die *Brinell*sche Härtezahl. Um vergleichbare Zahlen zu erhalten, schreibt der Normenausschuß der Deutschen Industrie[1] vor:

Dicke der Probe α mm	Kugel-durchmesser D mm	Belastung P in Kg		
		$30 \cdot D^2$ für Gußeisen und Stahl	$10 \cdot D^2$ für hartes Kupfer, Messing, Bronze	$2,5 \cdot D^2$ für weichere Metalle
über 6	10	3000	1000	250
von 6—3	5	750	250	62,5
unter 3	2,5	187,5	62,5	15,6

Man braucht dann nur mit dem Mikroskop den Durchmesser des Kugeleindruckes zu messen und kann alsdann aus einer Tabelle die entsprechende Härtezahl entnehmen.

Die Originalmaschine[2] (Fig. 52) ist eine hydraulische Presse, in deren nach unten wirkendem Preßkolben die Stahlkugel befestigt ist. Der zu prüfende Gegenstand liegt auf der verstellbaren Preßplatte, der Druck wird durch eine kleine Handpumpe erzeugt und kann am Manometer, dessen Gradierung die Belastung in Kilogramm angibt, abgelesen werden. Das Verfahren ist besonders zur laufenden Betriebskontrolle geeignet, bei der die gleichen Materialien nach gleicher Vorbehandlung geprüft werden.

Wenn die zu untersuchenden Legierungen aus verschiedenen harten Gefügebestandteilen aufgebaut sind, kann es geschehen, daß man an derselben Probe

[1] DIN. 1605.
[2] Lieferanten *Dujardin & Co.*-Düsseldorf. *Mohr & Federhaff*-Mannheim. *Losenhausen*-Düsseldorf.

ganz verschiedene Eindruckdurchmesser und dementsprechend ganz verschiedene Härtezahlen erhält, je nachdem man die einzelnen Komponenten trifft. In Fig. 53 (Taf. 4) ist eine Zinn-Antimon-Kupferlegierung wiedergegeben, sie besteht aus den sehr harten Würfeln der Verbindung SbSn und den ebenfalls sehr harten Nadeln der Verbindung Cu_3Sn, eingebettet in dem weichen zinnreichen Eutektikum. Wie man hier bei 60facher Vergrößerung sieht, sind die einzelnen Gefügebestandteile größer als die Kugeleindrücke, in der Regel wird jedoch das umgekehrte Verhältnis bestehen, so daß man bei dem Eindruck alle Gefügebestandteile trifft und so die durchschnittliche Härte der ganzen Legierung erhält, während die Ritzprobe die Einzelhärten erkennen läßt.

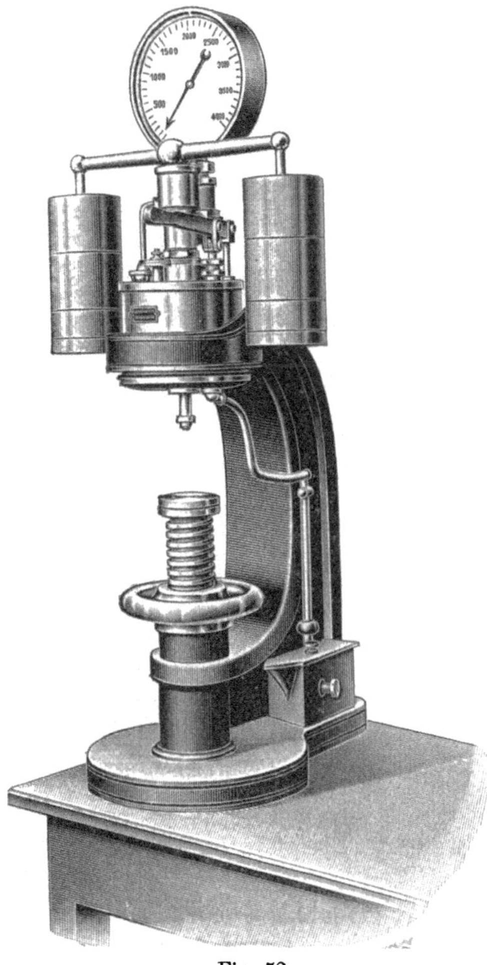

Fig. 52.

In Fig. 54 ist der Kugeldruck-Härteprüfer von *Martens* und *Heyn*[1] wiedergegeben. Hier wird der Probekörper durch hydraulischen Druck (erzeugt durch Anschluß des Apparates an die Wasserleitung) gegen die im Oberteil befindliche Stahlkugel gepreßt; das Manometer zeigt den angewandten Druck an, während durch einen sinnreichen Meßapparat die Eindrucktiefe der Kugel durch die Verschiebung eines Quecksilberfadens kenntlich gemacht wird. Die Härte eines Materiales wird dadurch bestimmt, daß man die Kraft ermittelt, die zur Erzeugung eines Eindrucks von bestimmter Tiefe nötig ist, oder die Tiefe ermittelt, die einer bestimmten Kraft entspricht. Da die Eindrucktiefe der Belastung proportional ist, so läßt sich die Härte eines Körpers durch das Verhältnis von Belastung (P) zu der zugehörigen Tiefenänderung (h), also $\frac{P}{h}$, mit einer bestimmten Zahl ausdrücken. Der Härteprüfer wird bis zu 3000 kg Druck geliefert.

[1] Zft. d. Ver. deutsch. Ing. 1908, 1719; Erbauer des Apparates *Louis Schopper*-Leipzig.

Lieber[1] fand, daß für vergleichende Härtebestimmungen verschiedenartiger Materialien die Messung der Eindruckstiefe zweckmäßiger ist als die des Eindruckdurchmessers. Bei Vergleichsuntersuchungen weicher Metalle (Lagermetalle) soll die Belastungsdauer mindestens 3 Minuten anhalten.

Bei dem 1907 von *Shore* gebauten Härteprüfer, dem „Skleroskop"[2] wird die Höhe des Rücksprunges eines auf die Metallprobe fallenden Hämmerchens als Maßstab für die Härte benutzt. Der 2,6 g schwere mit Diamantspitze versehene Hammer (siehe Fig. 55) fällt innerhalb einer Glasröhre, hinter der sich eine Gradeinteilung befindet, eine verstellbare Lupe ermöglicht ein deutliches Ablesen der Sprunghöhe. Der Fallhammer wird durch eine Haltevorrichtung

Fig. 54. Kugeldruck-Härteprüfer von *Martens* und *Heyn* (*Louis Schopper*, Leipzig).

im oberen Ende der Glasröhre arretiert, sie ist so gebaut, daß der Hammer frei fallend und, ohne seine senkrechte Lage zu beeinflussen, losgelassen wird. Die Auslösung wird durch eine Druckvorrichtung betätigt, zur Vermeidung einer Luftverdünnung beim Fall des Hammers öffnet die Auslösevorrichtung gleichzeitig eine Luftklappe; ein weiterer Druck bewirkt, daß der Hammer wieder hochgezogen wird und sich in den Haken fängt. Ein auf der Werkbank aufschraubbarer Ständer mit Gelenkarm (siehe Fig. 55 u. 56) dient zum Halten der Fallvorrichtung, wenn größere Stücke oder solche Gegenstände, die in einen Schraubstock gespannt werden müssen, geprüft werden sollen. Die Skala wurde in der Weise festgestellt, daß die Rücksprunghöhe des Hammers

[1] Zft. f. Metallkunde 1924, **16**, S. 128.

[2] Gebaut von *Schuchardt & Schütte*-Berlin.

beim Auftreffen auf eine Probe gehärteten Werkzeugstahles gleich 100 gesetzt und in 100 gleiche Teile geteilt wurde. Die Angaben des Skleroskopes decken sich häufig nicht mit gleichlaufenden Härtebestimmungen der Kugeldruckapparate, deren Zahlenwerte jederzeit reproduzierbar sind und wissenschaftliche Genauigkeit besitzen. Das Skleroskop dagegen findet sein Verwendungsgebiet in der technischen Materialprüfung, es gestattet an beliebig vielen Stücken (z. B. einer Lieferung) einen Härtevergleich rasch und ohne Vorbereitungen anzustellen oder am fertigen Stück, ohne es zu beschädigen, die einzelnen Teile auf ihre gleichmäßige Härte zu prüfen (siehe Fig. 56).

Nach *Berndt*[1] verlaufen Skleroskop- und Brinellhärte bei Stücken aus demselben Stahl, die verschiedener Wärmebehandlung unterzogen sind,

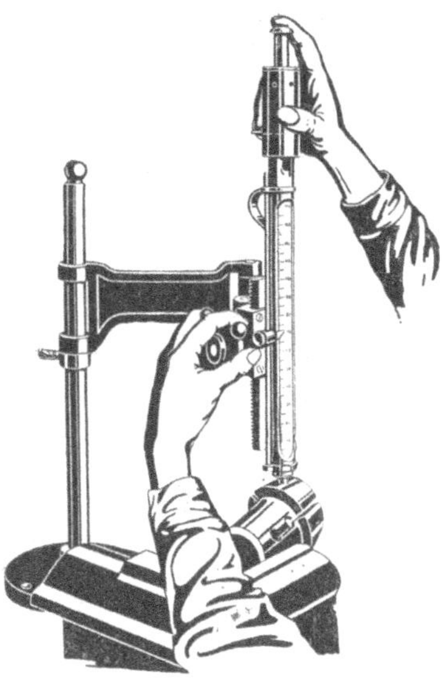

Fig. 55. „Skleroskop" von *Shore*.

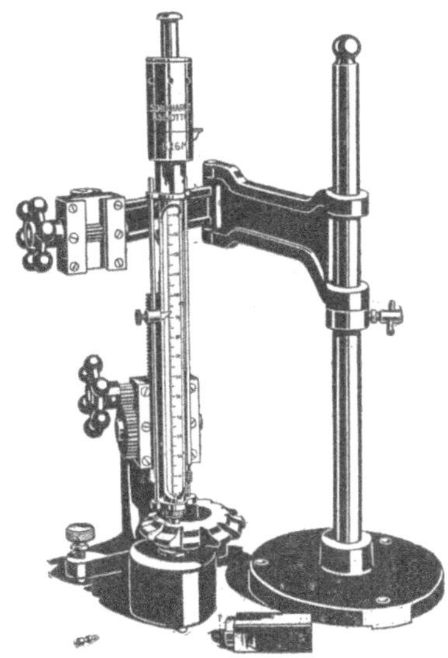

Fig. 56.

parallel zueinander; bei verschiedenartigem Material dagegen treten in dem Verhältnis der beiden Härtezahlen zueinander größere Schwankungen auf.

Eine Anzahl einfacher und billiger Apparate sind konstruiert worden, um in der Werkstattpraxis rasch durch eine Härtebestimmung den Betrieb der Härteöfen oder die Wirkung des Ausglühens überwachen zu können.

So bringt die *Poldihütte*[2] ein Gerät in den Handel, das eine vereinfachte *Brinell*sche Kugeldruckprobe ermöglicht (siehe Fig. 57). Eine gehärtete Stahlkugel, die in einer Kluppe beweglich gelagert ist, wird durch einen Schlag mit dem Hammer oder besser durch ruhigen Druck im Schraubstock gleichzeitig in den zu prüfenden Gegenstand und in eine geeichte Stahlplatte von bestimmter Härte eingedrückt. Aus dem Verhältnis der Durchmesser

[1] Werkstattstechnik 1920, **14**, S. 204.

[2] Poldihütte, Berlin SO 16 (DRP. 304732) vom 31. 12. 1916 ab.

der beiden erzielten Eindrücke, die durch eine einfache, im Handgriff der vorerwähnten Kluppe enthaltene Meßvorrichtung abgemessen werden, ergibt sich

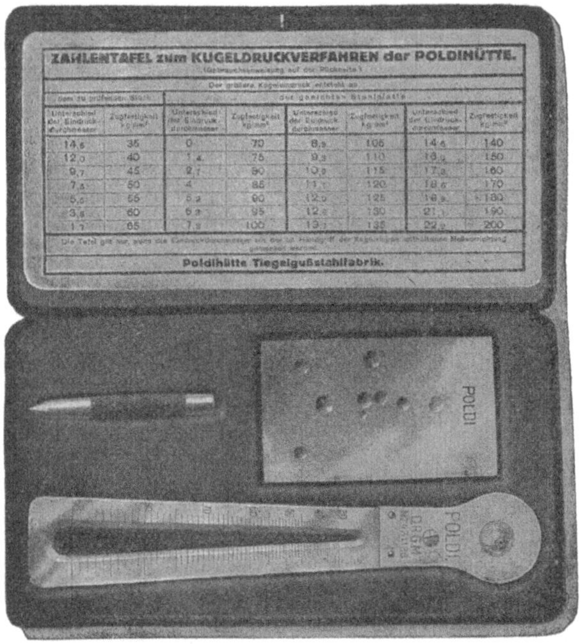

Fig. 57.

durch Ablesung aus einer Tabelle mit für den Zweck genügender Genauigkeit die Härte bzw. die Zugfestigkeit (siehe S. 64) des geprüften Stückes (siehe unten).

Einen Härteprüfer, besonders geeignet zur Untersuchung von Drähten, gibt *Weidig*[1] an (siehe Fig. 58).

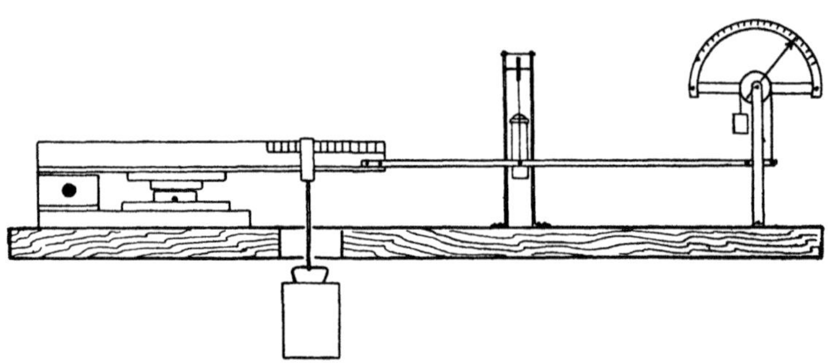

Fig. 58. Härteprüfer nach *Weidig*.

Ein Eindringungskörper, ein auswechselbares, in Öl gehärtetes Stahlstück von 5,7 cm Länge mit einem Schneidenwinkel von 69° wird durch eine ver-

[1] Metallurgische Studien 1912.

schiebbare Belastungsvorrichtung in die Probe eingedrückt, worauf an einer Skala die Tiefe der Schneideneindringung kontrolliert wird.

Als Härtemaß wählt man die für eine bestimmte, nicht zu geringe Eindringungstiefe erforderliche Druckbelastung.

Nach *Brinell* besteht die Beziehung: $\frac{\text{Festigkeit}}{\text{Härte}} = K$; K ist ein Koeffizient, der sich z. B. bei den Kohlenstoffstahlen sehr wenig ändert, man kann hier also die Festigkeit berechnen, indem man die Härtezahl mit dem Koeffizienten multipliziert. $K = 0{,}344$ (bei $H > 175$); $K = 0{,}362$ (bei $H < 175$).

Der Normenausschuß der deutschen Industrie empfiehlt für Kohlenstoffstahl (30 bis 100 kg/qcm) Festigkeit $= 0{,}36\,H$, für Chromnickelstahl (65 bis 100 kg/qmm) Festigkeit $= 0{,}34\,H$. Über die Beziehung der Brinellhärte zur Streckgrenze und zur Festigkeit zäher Metalle siehe Mitteilungen über Forschungsarbeiten Heft 66, Berlin 1909.

Tabelle 8.

Art der Legierung	Art des Gusses	Härte bei 500 kg	Härte bei 3000 kg
Phosphorbronze mit 10 Proz. Sn	in Schale	86	107
„ „ 20 „ „	„ Sand	158	196
„ „ 10 „ „ 10 Proz. Pb.	„ „	50	69
„ „ 10 „ „ 10 „ „	„ Schale	80	103
Kanonenbronze „ 10 „ „ 2 „ Zn	„ Sand	70	82
„ „ 10 „ „ 2 „ „	„ Schale	86	107
sog. Manganbronze	„ Sand	109	137
„ „	„ Schale	119	143

Tabelle 9.

Art der Legierung	Härte bei 500 kg Druck: Sandguß	Härte bei 500 kg Druck: Schalenguß
Phosphorbronze mit 10 Proz. Sn	67 bis 70	93 bis 100
„ „ 20 „ „	143 „ 158	—
„ „ 10 „ „ 10 Proz. Pb	65 „ 70	80 „ 89
Kanonenbronze „ 10 „ „ 2 „ Zn	65 „ 74	86 „ 93
Bronze „ 5 „ Sn 5 „ Pb 5 Proz. Zn	48 „ 59	63 „ 67
Messing „ 69 „ Cu 30 „ Zn 1 „ Sn	54 „ 59	59 „ 65
Weißmetall „ 66,5 „ Sn 29 „ Zn 4,5 „ Cu	19 „ 20	22 „ 23
Babbittmetall „ 84 „ Sn 9 „ Sb 7 „ Cu	—	26 „ 30
sog. Manganbronze	109 „ 119	124 „ 130

Wie *Skillmann*[1] zeigt, liefern (siehe Tab. 8) verschieden hohe Druckgewichte auch verschiedene Härtezahlen.

[1] Metal Industry 1914, S. 423.

In vielen Fällen machen sich Verschiedenheiten bemerkbar, je nachdem sich der Guß schneller oder langsamer abgekühlt hat (siehe Tab. 9); bei Angabe von Härtezahlen sollte deshalb nie die Angabe fehlen, wie die betreffende Probe erhalten worden ist. Von der Härtesteigerung durch schnelle Abkühlung war schon die Rede (siehe S. 54).

Ludwik[1] zieht der Kugeldruckprobe die Kegeldruckprobe vor, weil sie im Gegensatz zu der ersteren von der Größe der Belastung und Eindrucktiefe unabhängige Härtezahlen ergibt. Er betont[2], daß die Härte gewisser Legierungen sich mit der Zeit zuweilen ändert Eine drei- bis viermonatige Lagerung an der Luft erhöhte z. B. die Härte der geglühten Aluminium-Kupferlegierungen um etwa 15 Proz., während geglühte binäre Zinklegierungen mit Cadmium, Aluminium oder Magnesium und ternäre Zinklegierungen mit Zinn und Aluminium um 10 bis 25 Proz. weicher wurden. Derartige Legierungen sind noch nicht im vollständigen Gleichgewicht (vgl. S. 156, 422 u. 442; siehe auch *Reinglass*[3]).

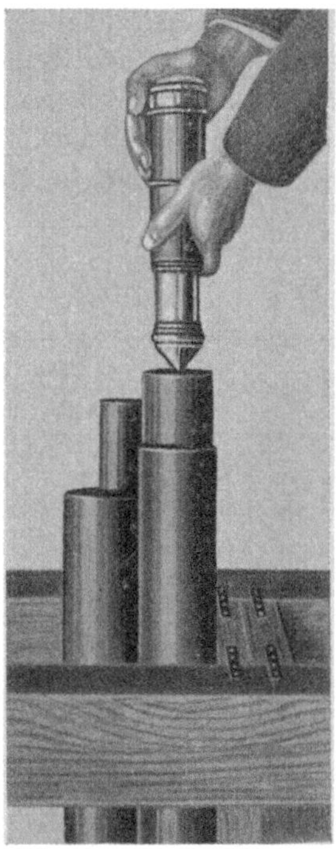

Fig. 59. Kugelschlaghammer.

Fig. 60. Kugelfallhammer.

Guillet und *Cournot*[4] untersuchten die Brinellhärte zahlreicher Legierungen bei sehr tiefen Kältegraden.

Der statischen Kugeldruckprobe nahe verwandt ist die dynamische Kugelschlaghammerprüfung; bei dieser wird durch Andrücken des Apparates an

[1] Die Kegelprobe. Berlin 1908.
[2] Zft. f. anorg. Chem. 1916, **94**, 171.
[3] Zft. f. Met. 1922, **14**, 15.
[4] C. r. 1922, 384.

den Werkstoff ein Stahlhammer unter Federspannung gesetzt, der nach Erreichung einer ganz bestimmten Spannung selbsttätig ausgelöst wird, wobei er vorschnellt und eine Stahlkugel in das zu prüfende Material eindrückt[1] (siehe Fig. 59).

Nach Versuchen von *v. Schwarz*[2] sind die dynamisch gewonnenen Kugeleindrücke nicht ohne weiteres mit den statischen nach *Brinell* gleichzusetzen. Es werden nur dann dieselben Ergebnisse erreicht, wenn der zu prüfende Werkstoff nahezu dieselben Festigkeitseigenschaften hat wie der Vergleichswerkstoff, auf den der Kugelschlaghammer eingestellt wurde.

Das Verhältnis der Härtezahl mit dem Kugelschlaghammer *Graven* zur Skleroskophärte fand *v. Schwarz* = 5,3.

Gleichfalls auf dem dynamischen Prinzip beruht die Kugelfallprobe von *Wüst* und *Bardenheuer*[3]. Sie ist der Brinellprobe gleichwertig; es verhielt sich Fallhärte zu Brinellhärte wie 1,79 : 1 und Festigkeit zu Fallhärte wie 0,193 : 1. In Fig. 60 ist der Kugelfallhammer[4] wiedergegeben, der Fallbär liegt auf dem Probestück auf.

Die mechanischen Eigenschaften der Legierungen.

Unter den „mechanischen" Eigenschaften einer Legierung versteht man eine Angabe darüber, wie sich das Material einer mechanischen Beanspruchung gegenüber, z. B. gegen Zug, Druck, Stoß, Biegen verhält. Um einen zahlenmäßigen Ausdruck für die Größe dieser Eigenschaften zu gewinnen, unterwirft man einen Probekörper von genau bestimmten Abmessungen einem ruhig wachsenden Zug, einem plötzlichen Stoß usw. und mißt die Kraft, welche dabei angewendet werden muß, um eine Trennung der Materialteile oder eine meßbare Formänderung herbeizuführen.

Die am häufigsten vorgenommene Prüfung ist der Zerreißversuch:

Ein stabförmiger Probekörper wird mit seinen beiden Enden in die Einspannvorrichtung der Zerreißmaschine eingesetzt und an dem einen Ende durch die von dem Krafterzeuger der Prüfungsmaschine hervorgerufene Kraft auf Zug beansprucht. Hierdurch wird der Probestab in seiner Längsrichtung gedehnt, während der Querschnitt sich verringert. Die Formänderung ist zunächst keine bleibende; sobald die Zugbeanspruchung aufhört, nimmt der Probekörper seine ursprüngliche Gestalt wieder an, — er besitzt Elastizität. Oberhalb einer bestimmten Belastungsgrenze jedoch tritt neben der elastischen Formänderung auch eine bleibende auf, diese Grenze ist die Elastizitätsgrenze. Man nimmt in der Regel (nach dem Vorgang des Königl. Materialprüfungsamtes in Groß-Lichterfelde) als Elastizitätsgrenze diejenige Belastung, bezogen auf die Querschnittseinheit, an, bei der sich nach der Entlastung eine bleibende Längenänderung von mindestens 0,03 Proz. der Meßlänge ergibt.

[1] Bauart *Graven*, Fa. *Fritz Werner A.-G.*, Berlin-Marienfelde; Bauart *R. Baumann*, Fa. *Hahn & Kolb*, Stuttgart.

[2] Zft. f. Met. 1921, **13**, 429.

[3] St. u. E. 1922, **42**, 16.

[4] Fa. *Losenhausenwerk*, Düsseldorf-Grafenberg.

Diejenige Belastungsstufe, bis zu der Formänderungszunahme und Belastungssteigerung proportional sind, bis zu der also für die gleiche Steigerung der Belastung eine gleiche Zunahme der Stablänge zu beobachten ist, heißt die Proportionalitätsgrenze. Erfahrungsgemäß fallen Elastizitäts- und Proportionalitätsgrenze nahezu zusammen. Bei weiterer Belastungssteigerung werden die bleibenden Formänderungen ständig größer, bei den Metallen und Legierungen ist alsdann bei einer für die einzelnen Materialien verschiedenen Belastungsstufe eine plötzlich eintretende sehr erhebliche Formänderung zu beobachten, das Material „fließt". Diese Stufe wird mit Fließgrenze bezeichnet.

Unter „Streckgrenze" versteht man diejenige Belastung der Querschnittseinheit, bei welcher die bleibende Längenänderung des Probestabes mindestens 0,2 Proz. der Meßlänge beträgt. Wird bei dem Versuch die Zugbeanspruchung noch weiter gesteigert, so zerreißt der Probestab schließlich; der Kraftaufwand, der hierzu nötig ist, gemessen nach Kilogrammen und bezogen auf die Querschnittseinheit (meist in Quadratmillimeter), ist die Zugfestigkeit, Bruchfestigkeit, absolute Festigkeit oder auch lediglich die Festigkeit des Materiales.

Wenn man beide Teile der zerrissenen Probe wieder aneinander gelegt hat, kann man durch Nachmessen feststellen, um wieviel sie sich verlängert hat. Die Längenzunahme im Verhältnis zur ursprünglichen Länge (in Prozent ausgedrückt) ist die Dehnung des Stabes.

Der „*Internationale Verband für Materialprüfung*" setzte für die Elastizitätsgrenze als Maß die bleibende Dehnung von 0,001 Proz., für die Streckgrenze die bleibende Dehnung von 0,2 bis 0,5 Proz. fest. Als Proportionalitätsgrenze wurde die Spannung angenommen, bei der bei einer Spannungszunahme von 100 kg/qcm die Dehnungszunahme um mehr als 0,0005 Proz. vom Mittel der voraufgehenden Dehnungszunahmen für 100 kg/qcm abweicht.

Neben der Längenzunahme hat der Probestab bei dem oben besprochenen Zerreißversuch eine Zusammenziehung des Querschnitts erlitten, diese, in Prozent des ursprünglichen Querschnitts ausgedrückt, ist die Querschnittsverminderung oder die Kontraktion.

Die Festigkeitseigenschaften der Legierungen sind abhängig von ihrer Zusammensetzung, von der vorausgegangenen Kaltbearbeitung (siehe S. 78) und von der Wärmebehandlung (siehe S. 81). Die reinen Metalle besitzen eine geringe Bruchfestigkeit und niedrige Streckgrenze, durch das Legieren zweier oder mehrerer Metalle werden diese Eigenschaften meist erheblich gesteigert. Da jedoch in der Regel die Dehnung in gleichem Maße zurückgeht, so ist man meist gezwungen, sich mit den Legierungszusätzen in bestimmten Grenzen zu halten, damit bei möglichst hoher Festigkeit die Dehnung noch eine genügende bleibt. Aus dem Konstitutionsdiagramm läßt sich nicht ohne weiteres der Verlauf der Festigkeitskurve bei den einzelnen Konzentrationen voraussagen; bei den Legierungen, welche aus einer Reihe von Mischkrystallen oder einem heterogenen Gemenge zweier Metalle bestehen, findet man häufig eine

Kurve, wie sie in Fig. 61 für die Platin-Palladiumlegierungen nach *Geibel*[1] wiedergegeben ist. Eine eutektische Mischung zeichnet sich in der Regel durch eine Besonderheit, Höchst- oder Minderwert oder Knickpunkt aus (*Heyn*[2]). Die Kurve der Dehnung fällt meist bei den Konzentrationen, bei welchen die Festigkeitskurve steigt, so daß sie das Spiegelbild von dieser darstellt, es finden sich jedoch auch Ausnahmen wie bei den Zink-Kupferlegierungen.

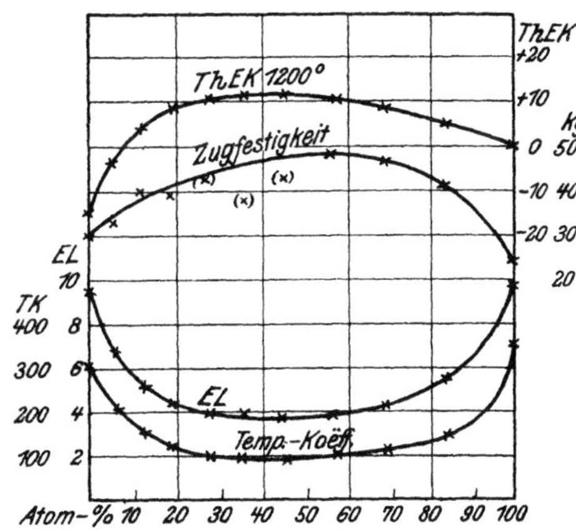

Fig. 61. Festigkeitswerte des Systems: Platin-Palladium.

Komplizierter wird der Kurvenverlauf, wenn in der Legierungsreihe Krystallarten nacheinander auftreten, die in ihren Eigenschaften voneinander wesentlich verschieden sind, oder wenn die Komponenten intermetallische Verbindungen bilden, die sich stets durch eine außerordentlich hohe Festigkeit bei äußerst geringer Dehnung auszeichnen.

In Fig. 62 ist die Festigkeit und in Fig. 63 die Dehnung der Zink-Kupferlegierungen mit einem Kupfergehalt von 100 bis 50 Proz. in Abhängigkeit von der Konzentration nach *Lohr*[3] eingezeichnet; zugleich sind die Grenzen der einzelnen Zustandsfelder angegeben (siehe S. 310). In den α-Krystallen nimmt die Festigkeit mit wachsendem Kupfergehalt nur wenig zu, sie wächst dannmit dem Auftreten der β-Krystalle sehr rasch, um beim Erscheinen der γ-Krystalle außerordentlich zu fallen. *Curry* und *Woods*[4] untersuchten die Festigkeit der Aluminium-Kupferlegierungen und fanden die Festigkeitskurve in Übereinstimmung mit den einzelnen Gebieten des Konstitutionsdiagramms.

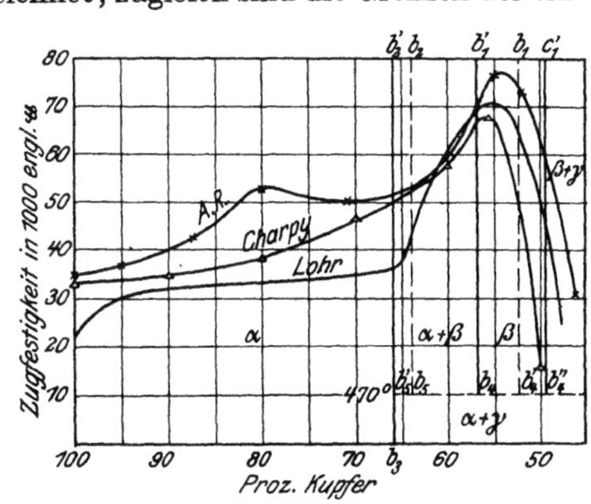

Fig. 62. Festigkeitswerte des Systems: Zink-Kupfer.

In den Fig. 62 und 63 sind außer den Ergebnissen von *Lohr* noch solche von *Charpy*, *Thurston* und der „Legierungskommission“ (A. R.) wiedergegeben. Wie man sieht, kommen

[1] Zft. f. anorg. Chem. 1911, **70**, 244.
[2] Materialienkunde II A.
[3] Intern. Kongreß f. angew. Chem. 1912.
[4] Journ. of Phys. Chem. 1907, **11**, 461.

in den einzelnen Angaben erhebliche Abweichungen vor, es beruht dies darauf, daß sich die Angaben des ersteren auf gegossene Legierungen von großer Reinheit, *Charpys* Zahlen auf ausgeglühtes, diejenigen der Kommission

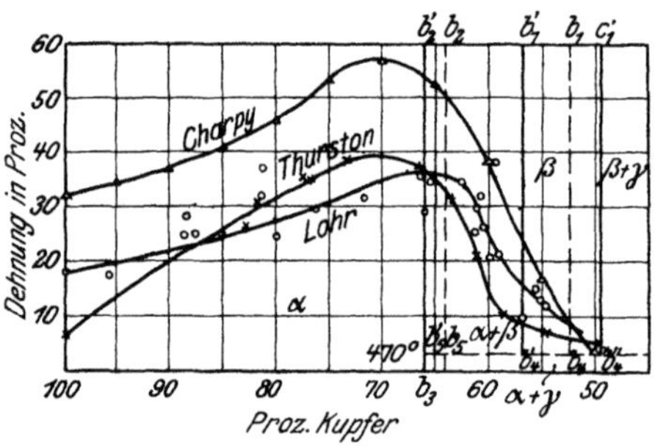

Fig. 63. Dehnungswerte des Systems: Zink-Kupfer.

auf kaltbearbeitetes Material beziehen, während *Thurston* Handelslegierungen mit den üblichen Verunreinigungen benutzte. Es ist deshalb bei der Mitteilung von Festigkeitswerten stets erforderlich, genaue Angaben über die Zusammensetzung der Legierung und die Art der Vorbehandlung zu machen.

In den Gußstücken ist die Festigkeit in der Regel nach einer raschen Abkühlung höher als nach einer langsamen; es empfiehlt sich deshalb meist, die Legierung vor dem Guß nicht unnötig hoch zu erhitzen und, wo es möglich ist, Kokillenguß statt Sandguß anzuwenden. Auch bei gewalztem Material ist die Festigkeit

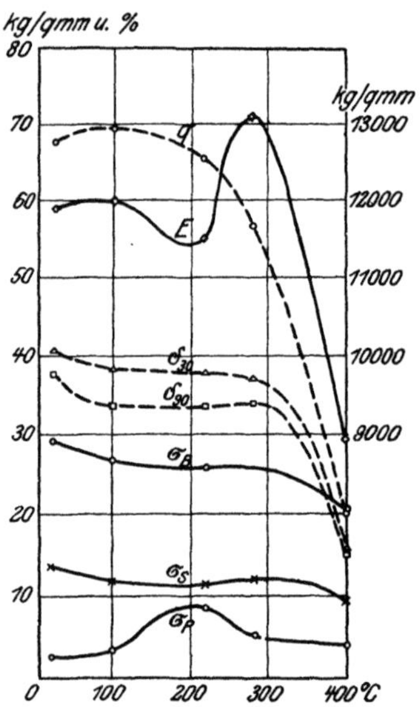

Fig. 64. Festigkeitswerte des Systems: Mangan-Kupfer.

um so höher, je niedriger die Walztemperatur ist.

Bei den Legierungen, welche zur Konstruktion von Maschinenteilen oder Rohrleitungen Verwendung finden, die unter Umständen höheren Wärme-graden ausgesetzt sind (z. B. der Einwirkung überhitzten Dampfes), ist es von größter Wichtigkeit, daß in der Mehrzahl der Fälle Elastizität und Festigkeit bereits oberhalb 100° merklich zurückgehen. Nur eine Anzahl Mangan-Kupferlegierungen und Sondermessinge (siehe S. 142, 370) bilden unter diesen Umständen eine Ausnahme.

Rudeloff[1] fand z. B. bei Mangan-Kupfer mit 4 Proz. Mn die in Fig. 64 graphisch wiedergegebenen Verhältnisse: Die Bruchfestigkeit σB nimmtbis 300° sehr wenig ab, die Dehnung eines Probestabes von 30 und 90 cm Länge, δ_{30} und σ_{90}, bleibt bis zu 300° wenig verändert, fällt dann aber sehr rasch, die Querschnittsverminderung q nimmt schon von 200° an rasch ab, die Streckgrenze σS erleidet eine nennenswerte Herabminderung nur durch Erwärmen auf 400°, die Proportionalitätsgrenze σP hat ihren höchsten Wert bei 200°, selbst bei 300° liegt sie noch höher als bei Zimmertemperatur, der Elastizitätsmodul (die Spannung, welche

[1] Mitt. a. d. Kgl. techn. Vers.-Anst. 1893, 320.

nötig ist, um den Probestab auf die doppelte Länge auszudehnen) E fällt zwischen 100 und 200°, erreicht bei 300° alsdann ein Maximum und geht dann ganz plötzlich erheblich zurück. Das Zusammentreffen des höchsten Moduls mit der Abnahme der Festigkeit und Dehnung bei 300° scheint darauf hinzudeuten, daß bei diesem Wärmegrad ein plötzliches Brüchigwerden des Materiales eintritt.

Guillet und *Bernard*[1] bestimmten die Festigkeit zahlreicher Kupferlegierungen bei hohen Wärmegraden: Außer dem Nickel-Kupfer (77,9 Proz. Cn, 20,2 Proz. Ni, 1,7 Proz. Zn) zeigten alle Legierungen ein Maximum der Zerbrechlichkeit zwischen 300 und 400°, das sich je nach der Zusammensetzung bis gegen 700° oder bis zum Schmelzpunkt erstreckt. Einzelne Legierungen, so Messing (90,6 Proz. Cu, 9,3 Proz. Zn und 80,9 Proz. Cu, 18,3 Proz. Zn), das Kupfer-Nickel und Aluminiumbronze besaßen eine große Zerbrechlichkeit bereits bei 100°; ein Bleigehalt von 1,3 Proz. drückte die Festigkeit so herab, daß das Messing bei Walztemperatur nur noch eine Festigkeit von 2 bis 3 kg/qcm aufwies. Ebenso verminderte ein Bleigehalt die Widerstandsfähigkeit des Messings mit 57 und 61 Proz. Cu. *Bengough*[2] konnte zeigen, daß die Festigkeitseigenschaften der verschiedensten Metalle und Legierungen ein prinzipiell gleichartiges Verhalten zeigen, wenn man sie bei sehr hohen Wärmegraden untersucht; bei einer kritischen Temperatur, die mehr oder weniger weit vom Schmelzpunkt entfernt liegt, werden die Metalle und Legierungen auffallend spröde und reißen intergranular. In der Kälte haben die Grenzflächen der Krystalle, in der Hitze die Krystalle selbst die größere Festigkeit. Diese Versuche dienen als Stütze der besonders von englischen Metallographen angenommenen Theorie von *Beilby*[3] der „amorphen Zwischensubstanz"; bei tieferen Temperaturen besitzt diese wie andere amorphe Körper eine große Härte, wird aber in der Hitze weich.

Der „amorphe" Zustand soll entstehen 1. auf der polierten Oberfläche eines Metallstückes bei der mechanischen Bearbeitung durch Feilen, Schleifen, Polieren usw., 2. auf den Gleitflächen der Krystalle bei der inneren Reibung durch Kaltreckung, 3. als dünne Zwischenschicht an den Orten, wo zwei verschieden orientierte Krystalle aufeinanderstoßen.

Die experimentell ermittelten Tatsachen, welche zur Stütze dieser Theorie angeführt werden, lassen sich jedoch auch aus einem krystallisierten Zustand der Metalle und Legierungen erklären. Vgl. auch *Heyn*[4], *Tammann*[5], *Guertler*[6], *v. Moellendorf*[7].

Es liegt deshalb zur Zeit kein zwingender Grund zur Annahme der genannten Theorie vor (siehe auch S. 85).

[1] C. r. 1913, **156**, 1899; 1913, **157**, 548.
[2] Inst. of Metals 1912, 123.
[3] Zusammenfassend dargestellt von *Rosenhain:* Intern. Zft. f. Metallographie 1912, **3**, 276; 1913, **5**, 65.
[4] Intern. Zft. f. Metallogr. 1913, **4**, 167.
[5] Zft. f. Elektrochem. 1912, **18**, 584.
[6] Intern. Zft. f. Metallogr. 1913, **5**, 213.
[7] Intern. Zft. f. Metallogr. 1914, **6**, 44.

Die technologischen Eigenschaften der Legierungen.

Die durch einen Zerreißversuch ermittelten Festigkeitswerte eines Materiales genügen häufig nicht, um über seine Güte und Brauchbarkeit für einen bestimmten Zweck erschöpfende Auskunft zu geben oder die Ursache eines mangelhaften Verhaltens klarzustellen. Eine Legierung kann z. B. eine sehr hohe Festigkeit besitzen und dabei so spröde sein, daß sie bei einer geringen Erschütterung durch Stoß oder durch eine andere plötzliche Beanspruchung zerspringt.

Fig. 65. Pendelhammer nach *Charpy.*

Um den Widerstand gegen eine solche Beanspruchung messen und zahlenmäßig festlegen zu können, bestimmt man die „Schlagfestigkeit", d. i. diejenige Arbeitsmenge, ausgedrückt in kg/qcm, welche erforderlich ist, um durch einen plötzlichen Schlag den Probestab abzubrechen. Damit der Stab auch wirklich bricht und sich nicht nur mehr oder weniger umbiegt, nimmt man die Probe an einem eingekerbten Stabe vor. „Kerbschlagprobe."

Weite Verbreitung hat der von *Charpy* konstruierte Pendelhammer[1] gefunden. Er besteht (Fig. 65 u. 66) aus dem Gerüst, dem Pendelhammer, welcher sich mit möglichst geringer Reibung in Kugellagern bewegt, der Skala, welche angibt, wieviel lebendige Kraft zum Durchschlagen des Probestabes nötig war, und der Bremse, mit welcher

[1] Der Apparat wird von der Firma *Louis Schopper*-Leipzig gebaut.

das Hin- und Herschwingen des Hammers nach dem Schlage verhindert werden kann.

Aus dem an der Skala abgelesenen Schwingungswinkel wird die zum Durchschlagen der Probe verbrauchte Schlagarbeit bestimmt. Die spezifische Schlagarbeit in mkg/qcm wird auf die Einheit des Bruchquerschnitts bezogen.

Fig. 66. Pendelhammer nach *Charpy*.

Der abgebildete Pendelhammer hat ein Schlagmoment von 10 mkg, er wird auch für 75 und 250 mkg gebaut.

Bei dem Apparat von *Frémont* wird die Schlagfestigkeit oder „Kerbzähigkeit“ dadurch bestimmt, daß ein Bär auf die eingekerbte Probe fällt und nach deren Durchschlagen eine Feder zusammendrückt; aus dem Maß des Zusammendrückens kann man den Überschuß der Kraft und daraus die gesuchte Schlagarbeit berechnen. In außerordentlich einfacher Weise und ohne kostspielige Apparate kann man ein Bild von der Zähigkeit eines Materiales nach dem von *Heyn*[1] empfohlenen Verfahren gewinnen. Ein eingekerbter Stab oder Blechstreifen wird zwischen die Backen eines Schraubstockes eingespannt und mit einem Hammer umgeschlagen. Als erste Biegung gilt das Umschlagen der Probe um einen Winkel von 90°, als zweite Biegung das Zurückbiegen zwischen den Schraubstockbacken in die gerade Lage, als dritte Biegung wieder das Umschlagen usw. Die Zahl der Biegungen bis zum Bruch wird „Biegezahl" genannt. Die Bestimmung der Biegezahl als Maß für die Zähigkeit eines Materials kann nicht warm genug empfohlen werden.

Bauer[2] nimmt Biegeversuche bei höheren Wärmegraden vor, indem er die Proben zwischen die Backen von zwei kleinen Feilkloben festspannt und zusammen mit den Feilkloben in ein Wärmebad (Wasser, Glycerin, Öl) eintaucht. Die Feilkloben werden alsdann bis zum Bruch der Proben hin und zurück gebogen.

Sankey[3] beschreibt einen Apparat zur Bestimmung der Biegezahl, bei welchem der an einem Ende eingespannte Stab an seinem freien Ende umgebogen wird und die zur Biegung erforderliche Kraft durch Zusammendrücken einer Feder gemessen wird. Gleichzeitig zeichnet ein Stift, der bei jeder einzelnen Biegung durch ein Zahnrad verschoben wird, die Anzahl der Biegungen auf.

Gesetzmäßige Beziehungen zwischen den Ergebnissen des Zugversuches und der spez. Schlagarbeit bestehen nur, wenn die Proben die gleiche Vorbehandlung, namentlich die gleiche Wärmebehandlung, erfahren haben. Es empfiehlt sich, Zähigkeitsprüfungen stets bei den gleichen Wärmegraden auszuführen, da sich schon verhältnismäßig geringe Temperaturschwankungen in den Ergebnissen deutlich bemerkbar machen. Bei Kältegraden werden die meisten Legierungen spröde. Die Kerbzähigkeit bei sehr tiefen Kältegraden wurde von *Guillet* und *Cournot*[4] untersucht.

Biegeproben werden bei Zimmertemperatur (Kaltbiegeprobe) und mit dem auf etwa 300° (Blaubruchprobe) und auf 500 bis 600° (Rotbruchprobe) erhitzten Material ausgeführt. Ein Vergleich der mit der angelieferten, geglühten und abgeschreckten Probe ausgeführten Versuche lehrt, ob das Material von der Bearbeitung herrührende Spannungen besaß, die durch Ausglühen beseitigt werden können, und ob die Legierung Härtefähigkeit zeigt.

Zähigkeit besitzt ein Material, bei dem Bruchgrenze und Fließgrenze oder Elastizitätsgrenze weit auseinander liegen, so daß innerhalb dieses Zwischenraumes erhebliche Formänderungen vorgenommen werden können.

Mit der Zähigkeit nahe verwandt ist die Geschmeidigkeit, erstere ist die Widerstandsfähigkeit gegenüber einer plötzlichen Beanspruchung durch Stoß oder Schlag, letztere die Fähigkeit, bei der Beanspruchung eine möglichst

---

[1] Zft. d. Ver. deutsch. Ing. 1902, **46**, 1120.
[2] Mitt. d. kgl. Mat.-Prüf.-Amt 1913, 359.
[3] Metallurgie 1908, 268.
[4] C. r. 1922, 384.

weitgehende bleibende Formveränderung zu ertragen. Diese Fähigkeit ist von ausschlaggebender Bedeutung für die mechanische Bearbeitungsfähigkeit der Materialien, für ihr Verhalten beim Schmieden, Pressen, Walzen, Ziehen.

Durch das Hinzulegieren eines Metalles zu einem zweiten wird dessen Festigkeit erhöht, in der Regel in noch höherem Grade seine Elastizitätsgrenze; da hierdurch der Abstand beider Werte immer kleiner wird, verlieren die Legierungen mit steigender Konzentration den reinen Metallen gegenüber an Geschmeidigkeit und damit an Bearbeitungsfähigkeit. Durch Zusatz geringer Mengen eines dritten Metalles gelingt es zuweilen, die Festigkeit in erheblicherem Maße zu steigern oder die Elastizitätsgrenze zu vermindern; hierdurch wächst wieder deren Abstand, die Bearbeitungsfähigkeit der neuen Legierung nimmt zu, auf dieser Erscheinung beruht der Wert mancher Sonderlegierungen.

Zur Prüfung von Blechen und Bändern auf Druck-, Zieh- und Stanzfähigkeit dient der Apparat von *Erichsen*[1], bei dem ein Dorn von bestimmter Abmessung in das ausgespannte Blech bis zur beginnenden Rißbildung eingedrückt wird. Die gemessene Eindrucktiefe gibt den Wert für die Geschmeidigkeit an. Vergleichende Prüfungen führte *v. Schwarz*[2] aus (siehe auch *Ludwik*[3], „Über ein neues Verfahren zur Bestimmung der Schmeidigkeit von Metallen und Legierungen".)

Die Hämmerbarkeit (bei gewöhnlicher Temperatur) und die Schmiedbarkeit (bei höheren Wärmegraden) stellt man durch die Ausbreiteprobe fest. Ein Flachstab der Legierung wird durch Hämmern so weit ausgebreitet, daß er Risse bekommt, das Verhältnis der Probebreite nach dem Hämmern bis zur Rißbildung zur ursprünglichen Probebreite gibt den Grad der Bearbeitungsfähigkeit des Materiales an und damit einen Gütemaßstab für seine Beurteilung.

In betreff des Zusammenhanges zwischen dem Zustandsdiagramm binärer Legierungen und ihrer Hämmerbarkeit stellt *Guillet*[4] folgende allgemeinen Gesetze auf:

I. Die beiden Komponenten sind im festen Zustand ineinander unlöslich.
   A. Wenn beide Metalle hämmerbar sind, so sind auch sämtliche Legierungen hämmerbar (Blei-Cadmium).
   B. Sind beide Metalle nicht hämmerbar, so ist dies auch bei keiner ihrer Legierungen der Fall (Wismut-Zink bei gewöhnlichen Wärmegraden).
   C. Ist eines der Metalle hämmerbar und das andere nicht, so hängt die Hämmerbarkeit der Legierungen in erster Linie von derjenigen des Eutektikums ab. Liegt der eutektische Punkt in dem Diagramm zwischen der Mitte und dem Konzentrationsmaximum des

[1] Berlin-Friedenau 2.
[2] Zft. f. Metallkunde 1924, **16**, 326.
[3] St. u. E. 1920, 1547.
[4] C. r. 1907, **144**, 1273.

nicht hämmerbaren Metalles, so ist das Eutektikum wenig oder nicht hämmerbar (Blei-Wismut). Befindet sich der eutektische Punkt dagegen in der andern Hälfte des Diagrammes, so wird das Eutektikum hämmerbar sein (Blei-Zinn). Besteht eine Legierung aus einem hämmerbaren Eutektikum und einem ebensolchen Metall, so ist die Legierung naturgemäß gleichfalls hämmerbar, dagegen ist eine Legierung aus einem hämmerbaren Eutektikum und einem nicht hämmerbaren Metall selber nur dann hämmerbar, wenn die Menge des Metalles nur gering ist.

II. Die beiden Komponenten sind im festen Zustande nur teilweise ineinander löslich, sie bilden keine Verbindungen.

Wenn eines der Metalle hämmerbar ist, so ist es die an diesem Metall reiche Legierung ebenfalls (Kupfer-Silber, Nickel-Gold).

III. Die beiden Komponenten bilden im festen Zustande intermetallische Verbindungen oder solche feste Lösungen, welche bei konstanter Temperatur erstarren.

Alle solche Legierungen sind nicht hämmerbar (Kupfer-Aluminium, Nickel-Antimon, Nickel-Zinn, Magnesium-Aluminium, Gold-Zinn usw.).

Wenn man durch die verschiedenen Maxima auf der Kurve der beginnenden Erstarrung Vertikalen zieht und auf diese Weise das Diagramm in einzelne Teile zerlegt, so kann man die Eigenschaften der den verschiedenen Teilen des Diagramms entsprechenden Legierungen aus den Eigenschaften der Komponenten herleiten nach den vorstehend gegebenen Regeln. In der Mehrzahl der Fälle sind nur die in der Nähe der reinen Metalle gelegenen Konzentrationen hämmerbar.

IV. Die beiden Komponenten bilden im festen Zustande eine lückenlose Reihe von Mischkrystallen. Da nur eine Art von festen Lösungen auftritt, und da eine feste Lösung hämmerbar ist, wenn man von einem hämmerbaren Metall ausgeht, so müssen isomorphe Metallpaare in bezug auf Hämmerbarkeit dieselben Eigenschaften besitzen. (Kupfer-Nickel, Nickel-Kobalt, Kupfer Palladium, Silber-Gold sind hämmerbar, Wismut-Antimon dagegen nicht.)

V. Die beiden Komponenten bilden Verbindungen oder solche feste Lösungen miteinander, welche sich bei langsamer Abkühlung der Schmelze zersetzen.

Es kann der Fall eintreten, daß eine feste Lösung bei gewöhnlicher Temperatur nicht, wohl aber bei hohen Wärmegraden (oberhalb des Umwandlungspunktes) hämmerbar ist (β-Lösung der Aluminium-Bronzen und des Aluminium-Messings). Der Grad der Hämmerbarkeit einer solchen Legierung im kalten oder warmen Zustande richtet sich nach dem Gehalt und den Eigenschaften der hauptsächlich vorhandenen festen Lösung (z. B. ist Messing mit 60 bis 62 Proz. Cu im kalten Zustand hämmerbar, Messing mit 57 bis 60 Proz. Cu dagegen im erhitzten).

VI. Die Legierungen erleiden im festen Zustande Umwandlungen.

Es gelten die gleichen Regeln wie unter III.

Indirekt ist die chemische Zusammensetzung von Einfluß auf die Schmiedbarkeit einer Legierung, wenn man durch Zugabe von Desoxydationsmitteln die Bildung von oxydischen Einschlüssen und durch gewisse Zusätze die Gasabsorption und damit das Entstehen von Hohlräumen verhindert. Durch diese Mittel wird die Festigkeit und damit auch die Geschmeidigkeit des Materials verbessert.

Bei höheren Wärmegraden gehen die Festigkeitseigenschaften, wie früher erwähnt wurde, rasch zurück; die Herabsetzung der Elastizitätsgrenze hierbei hat den wichtigen Erfolg, daß ein genügend hoch erhitztes Metall mit einem wesentlich geringeren Kraft- und Arbeitsaufwand geschmiedet werden kann als das kalte Metall. Noch günstiger ist der Einfluß der Wärmeerhöhung, wenn die Elastizitätsgrenze rascher als die Bruchfestigkeit fällt, weil hierdurch wieder der Abstand beider größer wird und damit ebenso die Geschmeidigkeit. Allerdings kommt auch die entgegengesetzte Erscheinung vor, daß die Festigkeit besonders rasch sinkt, alsdann nähern sich Elastizitätsgrenze und Bruchfestigkeit immer mehr, bis sie schließlich zusammenfallen, die Legierung verträgt alsdann keine Formänderung mehr, ohne daß ein Bruch eintritt, sie ist so spröde geworden, daß man sie nicht mehr schmieden kann.

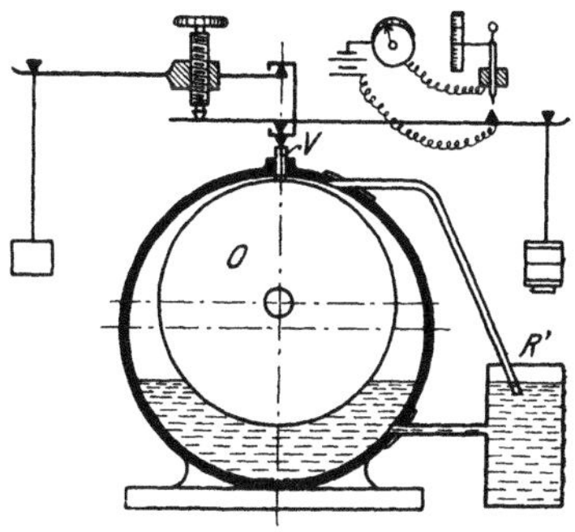

Fig. 67. Abnutzungsmaschine nach *Derihon*.

Wenn bei einem bestimmten Wärmegrad in einer Legierung eine Zustandsänderung eintritt, so besitzt die neue Krystallform häufig auch einen andern Wert der Schmiedbarkeit als ihr Ausgangskörper; hieraus erklärt sich die Erscheinung, daß einzelne Legierungen innerhalb bestimmter, oft ziemlich eng begrenzter Wärmeintervalle sich durch große Geschmeidigkeit oder auch durch eine auffallende Sprödigkeit auszeichnen.

Durch die mechanische Kaltbearbeitung wird die Elastizitätsgrenze in stärkerem Maße erhöht als die Bruchfestigkeit, infolgedessen wird bei fortgesetzter Bearbeitung die Legierung, besonders wenn sie schon im gegossenen Zustand eine hohe Elastizitätsgrenze besitzt, ihre Geschmeidigkeit immer mehr verlieren, bis sie schließlich vollständig spröde wird.

Durch Ausglühen bei geeigneten Wärmegraden kann man in der bei der Bearbeitung spröde gewordenen Legierung beide Festigkeitswerte auf ihr ursprüngliches Maß zurückführen und so die frühere Geschmeidigkeit des unbearbeiteten Materiales wiedergewinnen.

Für Verschleißversuche verwendet man eine Abnutzungsmaschine nach *Derihon*[1]. Diese besteht (siehe Fig. 67) aus einer Scheibe O aus gehärtetem Stahl (Brinellhärte = 444), welche sich in einem Gehäuse dreht und in beständiger Verbindung mit einem Ölbehälter R_2 steht. Diese Scheibe ist 10 mm dick und hat einen Umfang von 1 m. Sie kann mit einer Geschwindig-

[1] Ferrum 1912, 28.

keit von 500 bis 3200 Touren in der Minute bewegt werden. Die zu untersuchende Probe *V*, die mit einem bekannten Gewicht belastet ist, drückt auf die Außenfläche dieser Scheibe. Die Probe ist zu diesem Zweck in eine Form eingeklemmt, welche ihrerseits in einem rechtwinkligen Prisma angebracht ist. Das in das Innere des Gehäuses geschleuderte Öl schmiert beständig die Reibstelle und verhindert, daß die Probe sich durch Fressen abnutzt. Hat das Öl die Reibstelle bespült, so entweicht es durch eine passend angebrachte Verbindung und fließt zu dem Reservoir zurück. Den Druck, mit dem die Probe belastet wird, erhält man durch ein Wägebalkensystem. Jeder Versuch dauert eine bestimmte Tourenzahl, alsdann wird die Abnutzung der Probe in Millimeter der Höhenverminderung oder der Schleifverlust nach Gewicht festgestellt.

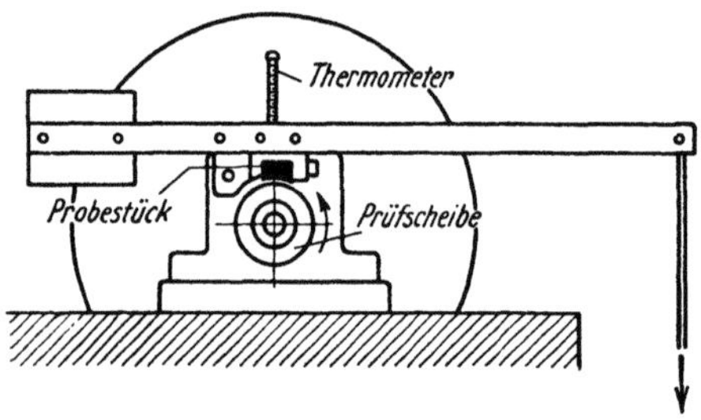

Fig. 68.

Es scheint keine Beziehung zwischen Härte und Abnutzung zu bestehen, weil diese, abgesehen von der eintretenden Erwärmung usw., außer von der Härte auch von der Zähigkeit abhängen muß; deshalb zeigen nicht besonders harte, aber zähe Legierungen die geringste Abnutzung (*Saniter*[1]).

Eine praktische Prüfvorrichtung, besonders für Lagermetalle (siehe Fig. 68) gibt *v. Hanffstengel* an. S. a. S. 486.

Die Scherfestigkeit ist der Widerstand, den ein Körper dem Ver-schieben zweier ebener Querschnitte gegeneinander entgegensetzt.

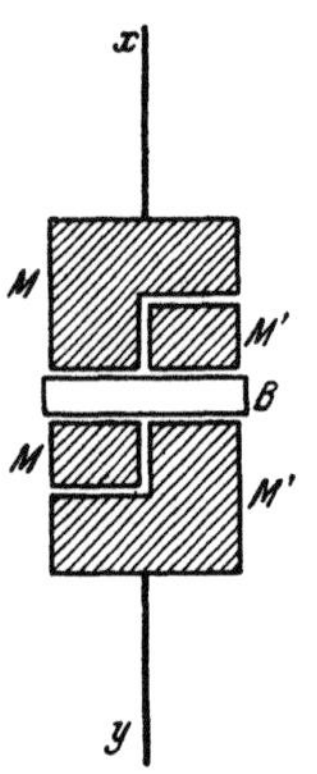

Fig. 69. Scherfestigkeitsprüfer nach *Frémont*.

In der Prüfungsmaschine von *Frémont*[2] wird die Probe *B* (siehe Fig. 69) durch die zentrale Bohrung zweier Scherbacken *M* und M^1 gesteckt, diese werden in einer Zerreißmaschine in der Richtung *x* und *y* auf Zug beansprucht.

Bei dem Apparat von *Martens*[3] befindet sich der Probestab in der zentralen Bohrung dreier nebeneinander liegender Scherbacken, von denen die beiden äußeren feststehen, während die mittlere durch eine meßbare Kraft herausgedrückt wird. Die Kraft, die zur Erzeugung des Bruches angewandt werden muß, in Kilogramm, dividiert durch den Querschnitt der Probe in Quadratmillimeter, gibt die Scherfestigkeit an.

Die Zahlenwerte für die Scherfestigkeit und die Zugfestigkeit stehen bei den einzelnen Legierungsreihen häufig in einem einfachen Verhältnis zueinander, doch gibt es bisher keine allgemeine Formel, nach der man aus dem einen

[1] VI. Kongreß d. Intern. Ver. f. d. Materialprüfung d. Technik 1912.
[2] Revue de Métallurgie 1906, 289.
[3] Materialienkunde I, 154.

Wert den anderen berechnen könnte. *Guillet* und *Révillon*[1] nehmen auf Grund ihrer Versuche (siehe Tab. 10) an, daß für kaltgereckte Kupferlegierungen die Festigkeit sich aus der Scherfestigkeit berechnen läßt nach der Formel:

$$\text{Festigkeit} = \frac{2,3}{0,3} \cdot \text{Scherfestigkeit}$$

und für die ausgeglühten Legierungen nach der Formel:

$$\text{Festigkeit} = 5\ (\text{Scherfestigkeit} - 6).$$

In gleicher Weise berechnen sie die Festigkeit aus der Brinellhärte nach der Formel:

$$\text{Festigkeit} = 0,55 \cdot \text{Härte}$$

bei den ausgeglühten Legierungen und

$$\text{Festigkeit} = 0,405 \cdot \text{Härte}$$

in den kaltgezogenen Materialien.

In der Tat stimmen die berechneten Werte um $\pm$ 2 kg mit den gefundenen überein.

Tabelle 10.

Zusammensetzung			Kalt gereckt						Kalt gereckt und ausgeglüht					
Proz. Cu	Proz. Zn	Proz. Pb	Festigkeit kg/qmm	Dehnung Proz.	Härte (Brinell)	Festigkeit = 0.405 . Härte	Scher-festigkeit kg/qmm	Festigkeit 2,3/0,3 . Scherfest.	Festigkeit kg/qmm	Dehnung Proz.	Härte (Brinell)	Festigkeit = 0,55 . Härte	Scher-festigkeit kg/qmm	Festigkeit = 5 (Scherf. — 6)
99,5	—	1,27	32,2	9	76	30,8	11,35	30,2	21,5	29	39,5	21,1	10,2	21
59,25	37,9	1,57	44,5	25	98	39,6	15,6	44,5	41,3	40	71	39	13,6	38
60,05	37,0	2,20	45,5	36	98	39,6	14,8	41,6	41,4	42	79	43,4	13,9	39,5
62,62	35,3	0,92	49,7	16	117	47,3	16,8	48,3	39,5	40	78	42,8	14,2	41
70	30	—	37,5	40,1	90	36,5			28	72	43	23,6		
60,64	8,37	0,35	30,4	16,3	83	33,7			23,6	48,8	43,5	23,9		
90,92	37,9	1,1Sn	42,6	25,8	109	44,1			33,3	37,3	60,5	33,3		
98,22	1,47Sn	—	33,2	19,3	88	35,6			26,2	51	48	26,4		
91,85	7,8	—	44,8	39	120	48,5			35,1	73	64	35,2		
90	8 ,,	2 Zn	47,4	37	120	48,5			35,6	71	64	35,4		
97,70	1,98Al	—	32,1	19,2	90	36,5			24,5	53,3	43,5	23,9		
95,94	3,87,,	—	40,8	31,5	105	42,6			30	75	47,5	26,1		
94,47	5,33,,	—	51,4	21,4	130	52,7			36	52,4	52	28,6		

Von großer Wichtigkeit für die spätere Formgebung eines Gußstückes ist seine Bearbeitungsfähigkeit besonders mittels schneidender Werkzeuge. Das Material darf dem Eindringen des Werkzeuges keinen zu großen Widerstand entgegensetzen und andererseits nicht durch „Schmieren", durch das Kleben der Späne am Werkzeug, die Bearbeitung erschweren. *Heyn*[2] stellt das Gesetz auf: Die Bearbeitbarkeit der Stoffe durch schneidende Werkzeuge ist sowohl von der Härte als auch von der Geschmeidigkeit abhängig.

[1] Revue de Métallurgie 1909, 1254.

[2] Materialienkunde II A, 414.

Sowohl große Härte als auch große Geschmeidigkeit erschweren die Bearbeitung. Man kann die Bearbeitungsfähigkeit eines Materiales zahlenmäßig festlegen, indem man durch einen Bohrversuch mit einem Bohrer von bestimmter Härte und Umdrehungsgeschwindigkeit die nach einer bestimmten Zeit oder nach einer bestimmten Anzahl von Umdrehungen erreichte Lochtiefe feststellt. Eine entsprechende Vorrichtung gibt *Keßner*[1] an.

Um eine Legierung leichter bearbeitungsfähig zu machen, ist man häufig genötigt, ihre Geschmeidigkeit herabzusetzen; man erreicht dies in der Regel durch Hinzulegieren geringer Bleimengen. Ein gutes Beispiel für den Nutzen eines Bleizusatzes zu Messing und für die Beziehung der Kugeldruckhärte zur Bearbeitungsfähigkeit gibt *Heyn* (a. a. O.) an (siehe Fig. 70). Als Bearbeitbarkeit ist die nach 100 Umdrehungen des Bohrers erreichte Lochtiefe angenommen. Man sieht, daß diese durch den Bleizusatz außerordentlich rasch gesteigert wird. Bereits $^1/_2$ Proz. Blei erhöht die Bearbeitungsfähigkeit auf den dreifachen Betrag gegenüber der bleifreien Legierung. Die Kugeldruckhärte wird durch geringen Bleizusatz zunächst gesteigert und strebt dann wieder abwärts einem Grenzwerte zu (siehe S. 358). Trotz der Steigerung der Härte bis etwa 3 Proz. Blei werden die Legierungen leichter bearbeitbar.

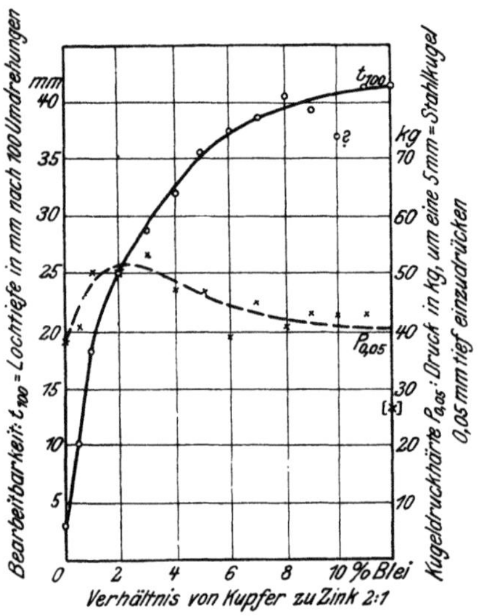

Fig. 70. Kurven der Härte und Bearbeitungsfähigkeit bleihaltigen Messings.

Die Legierungsbrüchigkeit.

Diegel[2] beobachtete an einigen Metallen die Eigenschaft, im festen, erhitzten Zustande leicht zu brechen, wenn ihre Oberfläche mit bestimmten anderen Metallen benetzt wird, die sich im flüssigen Zustand befinden. Diese Erscheinung, die man auch „Lötbrüchigkeit" nennen kann, tritt immer dann ein, wenn das zu lötende Metall mit dem flüssigen Lot eine sehr spröde Legierung bildet, wie z. B. Eisen mit Kupfer oder Zink. Die Brüchigkeit verschwindet wieder mit dem Erstarren des Lotes. Bronze und Messing brechen leicht beim Biegen, wenn ihre Oberfläche mit Quecksilber benetzt ist, deshalb können unter Umständen Zinnoberanstriche gefährlich sein.

Das Seigern der Legierungen.

Wenn bei langsamer Abkühlung einer geschmolzenen Legierung die zuerst erstarrenden Krystalle eine andere Zusammensetzung haben als die noch

[1] Werkstattstechnik 1911, 5, 39.

[2] Verhandl. d. Ver. z. Bef. d. Gewerbefleißes 1912, 263.

flüssige Schmelze, so kann, falls beide Komponenten verschiedene spez. Gewichte haben, eine erhebliche Entmischung eintreten. Aus einer flüssigen Hartbleilegierung mit 20 Proz. Antimon (siehe die Erstarrungskurve S. 13) krystallisiert zunächst Antimon aus, so lange, bis die Zusammensetzung des Eutektikums (13 Proz. Antimon) erreicht ist, dann erstarrt erst die bis dahin flüssige Schmelze. Die Antimonkrystalle steigen in der Gußform nach oben, während die bleireiche Schmelze nach unten sinkt und am Boden der Form erstarrt. Auf eine solche teilweise Entmischung ist bei der Probenahme zum Zweck der Analyse Rücksicht zu nehmen. *Heyn*[1] fand in dem langsam erkalteten Block einer Hartbleilegierung unten 13 Proz. Antimon, oben annähernd 40 Proz.

Eine Seigerung kann auch eintreten, wenn die Primärkrystalle und die Schmelze sich im spez. Gewicht nicht wesentlich voneinander unterscheiden; erstere setzen sich an den Wandungen der Gußform fest und drängen die Schmelze nach dem Innern zu; in dem zuletzt erstarrten Anteil sammeln sich in der Regel die Verunreinigungen an. Man muß deshalb der Gußform eine solche Gestalt geben oder die Erstarrung so leiten, daß die Verunreinigungen sich an einer ungefährlichen Stelle des Gußstückes, womöglich im „verlorenen Kopf", anreichern.

Die eutektischen Legierung krystallisiert wie ein einheitlicher Körper, ohne zu seigern, allerdings kann sie, nach Angabe von *Friedrich*[2], unter Umständen im flüssigen Zustand einen teilweisen Zerfall in ihre Komponenten erleiden.

Bock[3] ist der Ansicht, daß die Seigerungserscheinungen in den Münzlegierungen vorwiegend sich beim Guß in Eisenformen bemerkbar machen und deshalb auf eine verschieden starke thermische Spannung des Eisens zu den einzelnen Metallen zurückzuführen sind.

Man verringert das Seigern durch möglichste Beschleunigung der Erstarrung oder durch wiederholtes Umschmelzen der Legierung bei niederen Wärmegraden.

Anders liegen die Verhältnisse bei Legierungen, die unter Mischkrystallbildung erstarren, hier ist bei beschleunigter Abkühlung keine Zeit zum Gefügeausgleich durch Diffusion gegeben, die Mischkrystalle sind stets reicher am Bestandteil mit der höchsten Schmelztemperatur als die Schmelze, mit der sie im Gleichgewicht stehen. Eingehende Versuche über die interkrystalline Seigerung wurden von *Bauer* und *Arndt*[4] angestellt. Auch die vorstehend genannte Beobachtung von *Bock* an Münzlegierungen ist hierauf zurückzuführen.

Wenn man eine stark geseigerte Legierung bis zum beginnenden Schmelzen wiedererhitzt, so kann es geschehen, daß die zuerst flüssig gewordene eutektische Legierung in Tropfen ausfließt, aussickert; von dieser Erscheinung leitet sich der Name „Seigerung" her.

[1] Die Metallographie im Dienst der Hüttenkunde.
[2] Metallurgie 1906, 13.
[3] Chem.-Ztg. 1905, 1199.
[4] Zft. f. Met. 1921, **13**, 497, 559.

Praktisch ausgeübt wird ein Seigerungsverfahren seit langem im sog. „Pattinsonprozeß“ bei der Entsilberung des Werkbleis. Während der Erstarrung des silberarmen Bleis scheiden sich zunächst reine Bleikrystalle aus, welche infolge ihrer Schwere auf den Boden des Schmelzgefäßes sinken und ausgeschöpft werden. Die zurückbleibende noch flüssige Legierung reichert sich so immer mehr an Silber an.

Die gleiche Arbeitsweise liegt vor im

(**D. R. P. 255 748.**) **Bergsöe, Kopenhagen: Verfahren zur Reinigung von Zinn von Unreinigkeiten, die in so kleinen Mengen vorkommen, daß dieselben innerhalb der eutektischen Grenzen liegen,** gekennzeichnet durch eine systematische fraktionierte Krystallisation des Metalles, indem aus der erstarrenden Lösung Krystalle ausgeschöpft werden, welche aus reinem Zinn bestehen, während diejenigen Metalle, die mit Zinn Mischkrystalle bilden, zurückbleiben. (Vom 3. 10.1911 ab.)

(**D. R. P. 317 511.**) **Nestmann, Cöln-Kalk: Verfahren zum Raffinieren von Zink** und andern Metallen durch langsames Umschmelzen und längeres Stehenlassen im geschmolzenen Zustande, in der Weise, daß bei demselben eine Sonderung der spezifisch schwereren Fremdmetalle während der Überführung von flüssigem Zink in den starren Zustand stattfindet, das Entfernen der übrigen Fremdelemente hingegen erst nach rechtzeitiger Beseitigung der ausgeschiedenen, spezifisch schwereren Fremdmetalle und nach wiederholt erfolgtem Einschmelzen des Metalles bewirkt wird. (Vom 1. 4. 1919 ab.)

(**D. R. P. 326 160.**) **Physikalisch-Technische Reichsanstalt, Charlottenburg: Verfahren und Apparatur zum Reinigen von Aluminium, dessen Verunreinigungen unter 1 Proz. betragen,** dadurch gekennzeichnet, daß das feste Metall langsam bis zur Schmelztemperatur erhitzt und die niedrig schmelzenden Legierungen der Verunreinigungen von dem im Schmelzfluß zurückbleibenden reineren Aluminiumkrystallen abfiltriert werden. Z. B. konnte ein Aluminiummetall vom Feingehalt 99,6 Proz. (0,18 Proz. Fe und 0,22 Proz. Si) durch wiederholte Krystallisation während der Abkühlung bis auf 0,05 Proz. Fremdstoffe gereinigt werden. (Vom 23. 1. 1919 ab.

Vgl. auch die Herstellung der „Porenmetalle“ S. 92.

Der Einfluß der Kaltbearbeitung auf die Eigenschaften der Legierungen.

Ein metallischer Körper und deshalb auch eine jede Legierung wird durch die Kaltbearbeitung, durch Walzen, Pressen, Ziehen, Hämmern usw. bei gewöhnlicher Temperatur, immer mehr in einen Zustand übergeführt, in welchem er einer weiteren Formveränderung einen immer stärkeren Widerstand entgegensetzt, bis eine abermalige Bearbeitung zur Zerstörung des Probestückes führt. Der ursprünglich weiche Körper ist durch die kalte Formgebung hart geworden; man spricht deshalb in diesem Fall auch von einer „Kalthärtung“ im Gegensatz zu der „Warmhärtung“, die manche Legierungen bei einer plötzlichen Abschreckung von hohen Wärmegraden erleiden. Mit dieser Kalthärtung ist eine Änderung der meisten Eigenschaften des Körpers verbunden, durch ein nachfolgendes Ausglühen wird die Kalthärtung wieder aufgehoben, die einzelnen Eigenschaften nehmen ihren ursprünglichen Wert wieder an.

Durch die Kaltbearbeitung werden besonders die Zugfestigkeit und die Streckgrenze erhöht, und zwar die Streckgrenze in stärkerem Maße, so daß ihre Zahlenwerte sich immer mehr nähern. In Fig. 70 ist die Abhängigkeit der Festigkeitseigenschaften vom Walzgrad bei einem Monel-Metall (Nickelkupfer siehe S. 222) nach *Webster*[1] wiedergegeben.

Gleichzeitig gehen Dehnung und Querschnittsverminderung zurück, schon geringe Grade der Bearbeitung bewirken eine sehr kräftige Änderung der genannten Eigenschaften, eine weiter fortgesetzte Kalthärtung ist alsdann von einer immer geringer werdenden Wirkung.

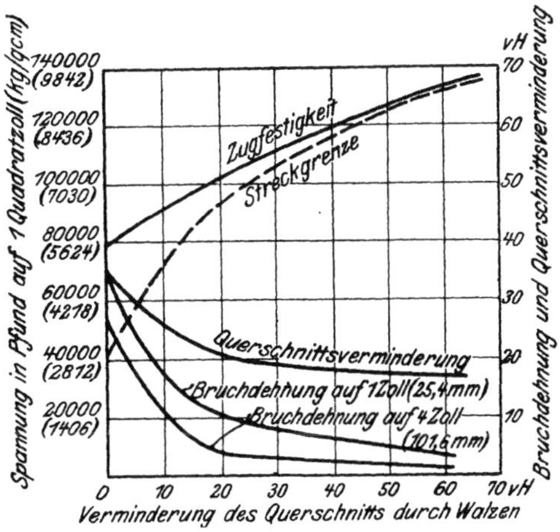

Fig. 71. Wirkung des Walzens auf die Festigkeitseigenschaften des Monel-Metalls.

Fig. 71 zeigt den Einfluß des Walzens auf Patronenmessing (67 Proz. Kupfer, 33 Proz. Zink) nach *Grard* (siehe S. 329), die Dehnung nähert sich schließlich dem Nullwert.

In gleicher Weise wie die Zugfestigkeit wird die Härte erhöht, sowohl Ritz- wie Kugeldruckhärte, die Stoßfestigkeit dagegen wird erheblich verringert. In Tab. 10 ist eine Übersicht von *Guillet*[2] über den Einfluß des Kaltziehens auf die wichtigsten Kupferlegierungen wiedergegeben. Das geringere spez. Gewicht und die verminderte Leitfähigkeit für den elektrischen Strom bei kaltgehärtetem Material gegenüber dem ausgeglühten wurde bereits früher erwähnt (siehe S. 26 u. 35).

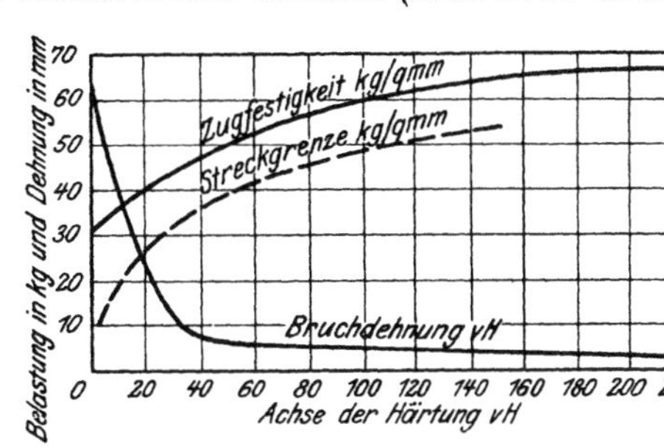

Fig. 72. Wirkung des Walzens auf die Festigkeitseigenschaften des Messings.

Solange die Kaltbearbeitung innerhalb der Elastizitätsgrenze liegt, sind im Gefüge der Legierung keine Veränderungen bemerkbar; sobald die Elastizitätsgrenze jedoch überschritten ist, erkennt man im Mikroskop innerhalb einzelner Krystallkörner parallele Linien, deren Zahl ständig zunimmt, es entstehen ganze Bänder, die Struktur wird derjenigen mehrfacher Zwillingskrystalle ähnlich. Bei sehr starker Beanspruchung, z. B. beim Auswalzen oder Drahtziehen, werden die einzelnen Körner gestreckt und in der Walz- oder Zugrichtung verlängert, schließlich, sobald ein bestimmter Grad der Bearbeitung überschritten ist, zu feinen Splittern zerteilt, so daß sich bei der stärksten Bearbeitung das Gefüge als eine sehr feine Masse darstellt (siehe die Struktur des gewalzten Messings S. 330).

[1] VI. Kongreß d. Intern. Verb. f. Materialprüfungen 1912.

[2] Rev. de Mét. 1913, 769.

Tabelle 11.

Legierungen		Ausgeglüht: Bruchfestigkeit kg/qmm	Ausgeglüht: Elastizitätsgrenze kg/qmm	Ausgeglüht: Dehnung Proz.	Ausgeglüht: Querschnittsvermind. Proz.	Ausgeglüht: Stoßfestigkeit	Kalt gezogen: Bruchfestigkeit kg/qmm	Kalt gezogen: Elastizitätsgrenze kg/qmm	Kalt gezogen: Dehnung Proz.	Kalt gezogen: Querschnittsvermind. Proz.	Kalt gezogen: Stoßfestigkeit
	Cu=99,98 Proz.	22,3	5 (?)	55	57	20	33	25	25	57	15
Messing α	Cu=90,6; Zn= 8,3;	24	5	49	61	14	30	27	16	51	8
	Cu=85,3; Zn=12,7; Pb=1,2	26	7	48	66	15	34	30	15	48	7
	Cu=66,8; Zn=32,8; Pb=0,3	28	6	72	62	18	37	27	42	62	12
	Cu=64,5; Zn=34,8; Pb=0,4	27	6	62	53	15	36	27	42	62	12
Messing $\alpha + \beta$	Cu=61,6; Zn=37,6; Pb=0,4	32	10	59	54	7	40	31	35	57	5
	Cu=60,0; Zn=39,6; Pb=0,2	35	10	42	49	7	42	33	32	45	5
	Cu=60,2; Zn=37,6; Pb=1,5	36,7	13,3	40	39	—	44,1	42,1 (?)	21,5	10	—
	Cu=58,4; Zn=39,5; Pb=1,3	43,4	14,3	35	37,5	—	47,5	35,3	27	30,7	—
Bronze α	Cu=98,3; Sn= 1,7	26	6	51	70	22	33	31	29	64	12
	Cu=96,8; Sn= 3,2	30	10	50	51	19	37	35	25	50	8
	Cu=91,9; Sn= 8,1	35	15	73	73	21	45	37	39	57	10
	Cu=88,3; Sn= 9,5; Zn=2,2	40	15	73	65	17	52	43	30	44	7
Alumin.-Bronze α	Cu=97,7; Al= 2,3	25	5	53	75	31	32	31	29	59	14
	Cu=95,5; Al= 4,5	30	7	75	70	24	41	37	32	57	13
	Cu=94,4; Al= 5,6	36	8	52	47	26	51	47	21	31	7
Alumin.-Bronze $\alpha + \beta$	Cu=90,9; Al= 9,1	39,3	13,3	45	65	—	53,3	40,0	39,5	52	—
Nickel-Kupfer	Cu=94,9; Ni= 5,1	16,5	3,3	44	49,8	32	19,8	16,5	27	51,8	22
	Cu=90,7; Ni= 9,3	16,3	2,7	40	57,1	34	19,1	16,3	14	46,8	20
	Cu=85,6; Ni=14,4	15,1	2,1	19	25,2	10	31,0	30,8	2	11,0	7
	Cu=80,6; Ni=19,4	23,7	19,7 (?)	15	16,4	8	32,3	32,2	3	10,2	6

Die Legierung zweier Metalle von fast gleicher Druckfestigkeit erlangt durch die Bearbeitung nach *Tammann*[1] eine bedeutend höhere Druckfestigkeit als ihre einzelnen Bestandteile, weil die Legierungen aus viel kleineren Krystalliten aufgebaut sind. Die elastischen Eigenschaften wachsen durch Kornverkleinerung erheblich.

Wie *Heyn* und *Bauer*[2] zeigten, können bei der Kaltbearbeitung infolge verschieden starker Reckung in den einzelnen Schichten eines Drahtes, Stabes oder Rohres sehr erhebliche „Reckspannungen“ auftreten, die sich sogar zahlenmäßig bestimmen lassen.

In geschmeidigen Legierungen, wie Messing, Aluminium-Bronze, bleiben solche, durch zu weit getriebene Kaltbearbeitung hervorgerufene Reckspannungen häufig latent und führen erst nach längerer Lager- oder Gebrauchszeit zum Aufreißen des Gegenstandes. Das nachträgliche Reißen tritt ein, wenn plötzlich noch zusätzliche Beanspruchungen durch die Belastung oder Stoß oder durch ungleichmäßiges Erwärmen oder Abkühlen hinzutreten.

[1] Zft. f. phys. Chem. 1912, 687.

[2] Intern. Zft. f. Metallogr. 1911, **1**, 16.

Auch Verletzungen der Oberfläche durch mechanische Einwirkungen oder durch chemisch angreifende Stoffe, selbst eine unbeabsichtigte Ätzung durch einen Farbanstrich, kann in diesem Fall verhängnisvoll werden. Durch Glühen bei niedrigen Wärmegraden können die Reckspannungen unschädlich gemacht werden.

Die Korrosionsfähigkeit der Legierungen wird durch die Kaltbearbeitung erhöht (siehe S. 160).

Die Wirkung des Ausglühens auf die Eigenschaften der Legierungen.

Ein Ausglühen (Erhitzen auf höhere Wärmegrade mit darauffolgender langsamer Abkühlung) hat eine sehr verschiedene Wirkung je nach der Vorbehandlung, die das zu glühende Material erfahren hat.

Man kann deshalb unterscheiden:

1. die Wirkung des Ausglühens auf kaltbearbeitete Legierungen; 2. auf Gußlegierungen.

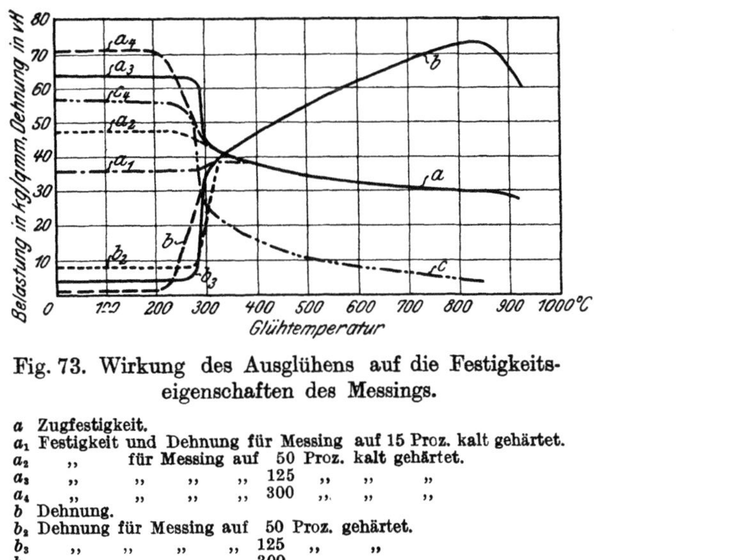

Fig. 73. Wirkung des Ausglühens auf die Festigkeitseigenschaften des Messings.

a Zugfestigkeit.
a_1 Festigkeit und Dehnung für Messing auf 15 Proz. kalt gehärtet.
a_2 ,, für Messing auf 50 Proz. kalt gehärtet.
a_3 ,, ,, ,, ,, 125 ,, ,, ,,
a_4 ,, ,, ,, ,, 300 ,, ,, ,,
b Dehnung.
b_2 Dehnung für Messing auf 50 Proz. gehärtet.
b_3 ,, ,, ,, ,, 125 ,, ,,
b_4 ,, ,, ,, ,, 300 ,, ,,
c_4 Elastizitätsgrenze für Messing auf 300 Prozent erhärtet.

Die durch eine Kalthärtung hervorgerufenen Wirkungen werden durch Glühen wieder rückgängig gemacht; die unterste Grenztemperatur, die eben noch von Einfluß ist, hängt von der chemischen Zusammensetzung und von dem Maß der Kalthärtung ab; je größer diese war, bei um so niedrigeren Wärmegraden setzt die Glühwirkung ein. Sobald jedoch ein Wärmegrad von kräftiger Einwirkung erreicht ist, spielt die Stärke der Kaltbearbeitung keine Rolle mehr, auch die kräftigste Kalthärtung wird alsbald aufgehoben. In Fig. 73 ist die Veränderung der Zugfestigkeit, Dehnung und Elastizitätsgrenze eines Messings (67 Proz. Cu, 33 Proz. Zn) von verschiedenem Kalthärtungsgrad nach *Grard* (siehe S. 334) wiedergegeben.

Zugfestigkeit und Elastizitätsgrenze fallen, die Dehnung steigt zwischen 200° und 300° zunächst schwach, alsdann sehr erheblich, so daß bei etwa 350° die gleichen Werte erreicht werden, ohne Rücksicht auf die Höhe der vorausgegangenen Kaltbearbeitung. Von großer Wichtigkeit für die Technik ist die Erscheinung, daß die Elastizitäts- (bzw. Streckgrenze) stärker fällt als die Zugfestigkeit. Bei der Kalthärtung nimmt sie rascher zu als die Festigkeit und nähert sich dieser immer mehr; wie schon früher erwähnt wurde, kann aber ein Material, bei dem Festigkeit und Streckgrenze zusammenfallen, keiner weiteren Formveränderung unterzogen werden, ohne daß es zu Bruch geht. Deshalb erreicht man bei sehr kräftigen Kaltbearbeitungen alsbald eine Grenze, bei welcher eine weitere Formgebung unmöglich wird, durch ein eingeschaltetes Glühen wird der Unterschied von Streckgrenze und Festigkeit wieder vergrößert, das Material ist einer weiteren Bearbeitung fähig. Aus diesem Grunde ist man genötigt, beim Walzen, Drahtziehen, Prägen usw. zwischen die einzelnen Stadien ein jedesmaliges Ausglühen einzuschieben.

Die Glühdauer ist nur in den untersten Wärmegraden von Einfluß; sobald eine kräftige Glühwirkung erzielt ist, bleibt die Dauer der Erhitzung praktisch ohne Wirkung (siehe Fig. 74) nach den Versuchen von *Grard.* Bei 600° ist hier in wenigen Minuten der gewünschte Erfolg erzielt, durch längeres Glühen

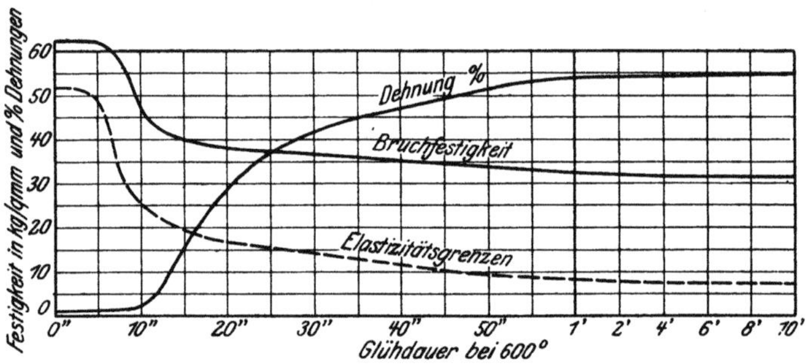

Fig. 74. Wirkung der Glühdauer auf die Festigkeitseigenschaften des Messings.

tritt keine Änderung der Dehnung, Festigkeit und Elastizitätsgrenze mehr ein. Man soll deshalb stets ein unnötig langes Glühen der Legierungen vermeiden.

Je länger das Ausglühen fortgesetzt wird, desto mehr nimmt der Abbrand, die durch nachträgliches Beizen zu entfernende Oxydschicht, zu, und desto grobkrystallinischer wird das Gefüge (siehe unten), mit dieser Strukturänderung ist jedoch in der Regel ein Abnehmen der Festigkeit und der Dehnung verbunden.

Die durch Kaltbearbeitung erzeugte Härte geht durch Ausglühen wieder zurück, man bezeichnet deshalb häufig geglühte Materialien als „weich". Die Glühwirkung setzt bereits bei sehr niedrigen Wärmegraden ein, so fanden *Hanriot* und *Lahure*[1] bei sehr stark gehärtetem Silber schon nach vierstündigem Erhitzen auf 100° eine Veränderung, die Anfangstemperatur der Enthärtung wechselt beträchtlich mit dem ursprünglichen Grad der Kalthärtung. Das am stärksten gehärtete Material wird nicht nur bei den niedrigsten Wärmegraden enthärtet, sondern die Enthärtung durch Glühen verläuft bei ihm so schnell, daß bei gleicher Temperatur seine Härte geringer wird als diejenige

[1] C. r. 1914, **158**, 262, 405.

einer solchen Probe, welche vorher weniger stark kaltgehärtet war. *Hanriot* und *Lahure* unterscheiden eine ansteigende Härtung (ein vollständig ausgeglühtes Material wird durch aufeinanderfolgendes Walzen mehr und mehr gehärtet) und eine absteigende Härtung (ein kalt völlig gehärtetes Material wird durch steigende Temperatur allmählich enthärtet). Wenn nun bei einer Probe bei an- und absteigender Härtung durch die Kugeldruckprobe die gleiche Härtezahl festgestellt wird, so sollte man annehmen, daß das Material sich in beiden Fällen in einem gleichen Zustand befindet. Es zeigt sich jedoch, daß in diesem Fall die Zugfestigkeit der einer ansteigenden Härtung unterworfenen Bleche stets geringer, die Dehnung höher als diejenige der durch absteigende Härtung gehärteten Bleche ist. In Tab. 12 sind die entsprechenden Werte eines Messingbleches wiedergegeben.

Tabelle 12.

Härte	Festigkeit		Dehnung	
	ansteigend kg/qmm	absteigend kg/qmm	ansteigend Proz.	absteigend Proz.
120	36	50,6	9,1	6,1
100	32,4	48,4	21,8	14,4
77	29	36	44,8	35
70	28,9	39	41	34,1
64	28,9	35,4	50,2	42,2
53	28,4	31	39,4	39,6

Durch das Glühen oberhalb einer bestimmten Temperatur wird das Volumen des kalt gezogenen Körpers wieder verringert, das spez. Gewicht also erhöht (siehe S. 26).

Taucht man einen kalt gehärteten Körper und eine ausgeglühte Probe desselben in einen Elektrolyten und schließt die Kette durch einen äußeren Schließungskreis, so ergibt sich ein elektrisches Spannungsgefälle, wie zuerst *Spring*[1] nachgewiesen hat. Der kalt gehärtete Stoff befindet sich in einem Zustand höherer Energie und ist deshalb elektrolytisch der unedlere. Aus diesem Grunde löst sich auch die ausgeglühte Probe beim Eintauchen in ein Lösungsmittel, z. B. Säuren, weniger schnell auf als die kalt gehärtete, was im Hinblick auf Korrosionserscheinungen von Wichtigkeit ist. Dieses Gesetz trifft jedoch, wie *Heyn*[2] zeigt, nicht immer zu, „weil die Lösungsgeschwindigkeit eines Stoffes zwar von der Stellung desselben in der Spannungsreihe abhängt, aber auch noch durch eine ganze Reihe anderer Umstände beeinflußt wird, die bei sehr geringen Spannungsunterschieden die Sachlage umdrehen können". Durch Ausglühen wird der durch Drahtziehen erhöhte elektrische Leitungswiderstand wieder vermindert; Reckspannungen (siehe S. 80), die ein nachträgliches Aufreißen des kaltbearbeiteten Materiales

[1] Bull. Belg. 1902, 1066.
[2] Materialienkunde II A. 1912, 297.

herbeiführen können, werden schon durch gelindes Glühen unschädlich gemacht.

Sehr charakteristisch äußert sich die Wirkung des Ausglühens in dem Gefüge der kalt gehärteten Legierungen (vgl. Fig. 173, S. 369). Die Streckung der einzelnen Körner wird aufgehoben, das einzelne Krystallkorn wächst entsprechend der Dauer und Höhe des Glühens, so daß man häufig aus der Größe der Körner auf die vorausgegangene Wärmebehandlung schließen kann. Wie *Robin*[1] angibt, nimmt die Größe der einzelnen Krystalle bei gleicher Erhitzungsdauer nicht gleichmäßig mit der Temperatur zu, die größten Körner werden nicht immer bei der höchsten Temperatur erzielt und umgekehrt, da die Verunreinigungen der Legierungen hierbei eine wesentliche Rolle spielen. Das Grobkrystallinischwerden beim Ausglühen tritt nur nach einer bleibenden Deformierung auf; während bei einer nur örtlichen Deformierung (Durchlöchern, Einschneiden, Biegen) in den jenseits dieser Grenze liegenden kalt gehärteten Stellen die dort entwickelten Körner sich gegenseitig begrenzen und keinen größeren Umfang annehmen können, entwickeln sie sich an den Rändern dieser Stellen ganz beträchtlich, wobei sie sich in die unverändert gebliebenen Teile hinein ausdehnen.

Nach Untersuchungen von *Sauveur*[2] befördert die vorausgegangene Kalthärtung das Anwachsen der Korngröße nur, wenn sie nicht zu stark gewesen ist, eine zu intensive Beanspruchung übt die umgekehrte Wirkung aus. *Guertler*[3] erklärt diese Erscheinung damit, daß die geringere Beanspruchung, die zur Ausbildung von Gleitflächen und Zwillingsflächen führt, die nachherige Einformung zu größeren Krystallindividuen in der Glühhitze beschleunigt, während stärkere Beanspruchung, die bis zur Zertrümmerung der einzelnen Krystallkörner geht, die schließliche Korngröße verringert.

Zwillingskrystalle im Gefügebild zeigen sich nach *Schrader* und *Wiess*[4] nur nach vorausgegangener Reckspannung. Auch bei den sehr selten in Gußstücken beobachteten Zwillingskrystalliten ist ihr Entstehen auf Reckwirkung infolge von Gußspannungen zurückzuführen.

Sehr schön stellen sich die Verhältnisse in den nachfolgenden Fig. 75—78 (Taf. 5) dar, nach Versuchen mit Aluminiumbronze von *v. Moellendorf* und *Czochralski*[5]. Fig. 75 zeigt das nadelige uneingeformte Gußgefüge im krystallinischen Gleichgewicht; Fig. 76 gibt die gleiche Probe nach dem Kaltrecken wieder, die einzelnen Gußkrystalle werden geknetet, verbogen und in den Zustand einer starken elastischen inneren Verspannung versetzt, bleiben jedoch, jeder für sich betrachtet, ein ganzes Individuum; erst beim Glühen — Fig. 77 — tritt ein Zerfall und Neuordnung der Krystalle ein, nachdem die Moleküle durch die Wärmesteigerung die erforderliche Beweglichkeit erlangt haben. In der schwach gewalzten und danach geglühten Probe, Fig. 78, hat

[1] C. r. 1912, **155**, 585, 716.
[2] VI. Intern. Kongreß f. d. Materialprüfung 1912.
[3] Fortschr. d. Chem. Phys. u. phys. Chem. 1913, **8**, 110.
[4] Zft. f. Met. 1923, **15**, 284.
[5] Zft. d. Ver. deutsch. Ing. 1913, 931.

der Druck von beiden Seiten her nur je bis zu einem Viertel der Dicke des Arbeitsgutes kräftig gewirkt, beim nachfolgenden Glühen sind nur die stark gereckten Körner am Rande zerfallen, die gar nicht oder schwach gereckten im Innern angeschwollen.

Wesentlich anderer Art ist die Wirkung des Ausglühens auf die Gußlegierungen, hier handelt es sich darum, die Folgen einer zu raschen Abkühlung aufzuheben oder wenigstens zu mildern. In einem Gußstück von komplizierter Form können infolge ungleichmäßiger Abkühlung Gußspannungen auftreten, die ein geeignetes Glühen entfernt; wenn die Legierung bei der Abkühlung einen Umwandlungspunkt überschreitet, so bleibt bei rascher Abkühlung (Abschreckung) die instabile Form mehr oder weniger erhalten, während ein allmähliches Erwärmen (Anlassen) die stabile Form mit meist anderen Eigenschaften hervorruft. Schließlich kann man noch durch Glühen eine Änderung der Krystallart erzeugen, eine Vergrößerung des Kornes oder eine Homogenisierung der Mischkrystalle. Mit derartigen Gefügeänderungen ist naturgemäß in der Mehrzahl der Fälle auch ein Wechsel der mechanischen Eigenschaften verknüpft, bei den einzelnen Legierungen wird später hierauf zurückzukommen sein.

Eine ausführliche theoretische Erörterung der Kalt- und Warmbearbeitung siehe

v. Moellendorff und *Czochralski:* Technologische Schlüsse aus der Krystallographie der Metalle. Zft. d. Ver. deutsch. Ing. 1913, 931.
s. auch *Czochralski:* Zft. f. Metallkunde 1923, **15**, 7.

und besonders

Martens-Heyn: Materialienkunde für den Maschinenbau. 2. A. 1912.
Weidig: Metallurgische und technologische Studien auf dem Gebiete der Legierungs-Industrie. 1912.
Fraenkel: Die Verfestigung der Metalle durch mechanische Beanspruchung. Berlin 1920.
Schiebold[1]*:* behandelt die Verfestigungsfrage vom Standpunkt der Röntgenforschung und gibt eine Kritik der aufgestellten Theorien.

Rückblick.

Welchen Nutzen hat die Kenntnis des Zustandsdiagrammes einer Legierung für den Techniker?

Ein Blick auf das Zustandsdiagramm einer Legierung zeigt sofort, ob und in welchen Verhältnissen die geschmolzenen Metalle miteinander mischbar sind, wie die Erstarrung verläuft. Die genaue Angabe des Schmelzpunktes bzw. des Schmelzintervalles für jede beliebige Konzentration ermöglicht es, die Zusammensetzung der Legierung für einen verlangten Schmelzpunkt zu bestimmen (siehe S. 30); der Gießereitechniker ersieht, bis zu welchem Wärmegrad er die Metalle wenigstens erhitzen muß, damit sie auch vollständig geschmolzen sind, und bis zu welchen Graden er die Schmelze vor dem Guß abkühlen lassen kann, ohne daß ein Erstarren eintritt. Die Breite des Intervalles

[1] Zft. f. Metallkunde 1924, **16**, S. 417, 462.

weist auf die mögliche Steigerungsgefahr hin. Das Auftreten einer intermetallischen Verbindung macht die betreffende Konzentration für eine praktische Verwendung in der Regel unbrauchbar, während die Gebiete der Mischkrystalle sich durch günstige mechanische Werte auszeichnen, die Endkonzentrationen, bis zu welchen sich die wertvolle Mischkrystallbildung erstreckt, sind ohne weiteres abzulesen. Das Erscheinen eines Umwandlungspunktes lehrt, daß eine rasche oder langsame Abkühlung einen großen Einfluß auf die Eigenschaften der Legierung ausüben kann, daß ein Abschrecken oberhalb eines bestimmten Wärmegrades von geradezu einschneidender Bedeutung sein wird.

Die Herstellung der Legierungen.

„Ihrem Wesen nach sind die Legierungen im geschmolzenen Zustande Lösungen zweier oder mehrerer Metalle (bzw. Metalloide) ineinander", definiert *Ledebur* das Wesen der Legierungen; in der Regel werden sie auch hergestellt durch Zusammenschmelzen ihrer Bestandteile, indem man entweder diese schmilzt und im geschmolzenen Zustande mischt oder indem man wenigstens einen Bestandteil schmilzt und die anderen in der Schmelze löst. Es ist jedoch auch versucht worden, Legierungen im festen Zustande herzustellen, ohne daß es dabei zu einem Schmelzen kam. Man kann in diesem Fall im Zweifel sein, ob man es mit echten Legierungen oder nur mit legierungsähnlichen Metallkompositionen zu tun hat; da diese aber in technischer Beziehung vollkommen den Legierungen gleichen, so können sie, wenn sie bisher auch noch nicht in größerem Maße hergestellt wurden, doch unter Umständen eine praktische Bedeutung erlangen.

Spring[1] unterwarf ein grobes Pulver aus Feilspänen von Wismut, Cadmium und Zinn im Verhältnis der *Wood*schen Legierung einem Druck von 7500 Atm, pulverte den erhaltenen Block durch Feilen und unterwarf das Pulver nochmals demselben Druck. Es entsteht so ein Metallblock, dessen physikalische Eigenschaften denen der bekannten *Wood*schen Legierung vollkommen entsprachen, z. B. was Dichte, Farbe, Härte, Sprödigkeit und Bruch anbelangt. In auf 70° erwärmtes Wasser geworfen, schmolz das Metall sofort. (Die *Wood*sche Legierung schmilzt bei 65°.) So verblüffend der niedrige Schmelzpunkt des *Spring*schen Metalles ist, so beweist er doch noch nichts für die Legierungsnatur, denn schon *Hallock*[2] zeigte, daß, wenn man eine entsprechende Mischung von 1 Tl. Cadmium, 1 Tl. Zinn, 2 Tln. Blei und 4 Tln. Wismut unter schwachem Druck auf 100° erhitzt, sie allmählich schmilzt. Er stellte den Satz auf: „Eine Legierung kann aus ihren Bestandteilen ohne (bedeutenden) Druck gebildet werden, wenn die Temperatur oberhalb des Schmelzpunktes der Legierung liegt, sie kann dabei weit unterhalb des Schmelzpunktes des am leichtesten schmelzenden Bestandteiles liegen" (siehe S. 29).

Durch Pressen von Blei, Wismut und Zinn erhielt *Spring* eine dem „Rosemetall" entsprechende Legierung.

Alsdann wurde ein Gemenge von Zink- und Kupferfeilspänen dem Druck unterworfen. Nach der ersten Pressung zeigte sich nur eine Art Konglomerat der beiden Metalle; als dieses aber gefeilt, wieder gepreßt, und diese Operation

---

[1] Bull. Acad. Belg. von 1878 an; Ber. d. deutsch. Chem. Ges. 1882, **15**, 1.

[2] Zft. f. phys. Chem. 1888, 378.

5 bis 6mal wiederholt wurde, entstand ein Block, der dem gewöhnlichen Messing ganz ähnlich, nur in der Farbe etwas dunkler war.

Auf ähnliche Weise stellte *Guertler*[1] „Lagermetalle" her, die — auch im Schmelzfluß erhalten — aus härteren Krystallen bestehen, die in eine weiche, plastische Grundmasse eingebettet liegen (siehe S. 482). Er wählte als weiche Grundmasse Blei, als harten Bestandteil Eisen. Ein gepulvertes Gemisch beider Metalle wurde auf 250° bis 300° erhitzt, um die Plastizität des Bleies zu erhöhen, und heiß in Formen eingestampft; man kann diesen je nach dem Modell des gewünschten Metallstückes eine beliebige, auch komplizierte Gestalt geben. Es werden so feste, kompakte Gemenge der beiden Komponenten erhalten, die nach ihren äußeren Eigenschaften regelrechten Legierungen sehr ähnlich sind. *Guertler* benennt sie „Stampflegierungen".

Eine Legierung nach Art der „Stampflegierungen" ist geschützt im

(D. R. P. 280 752.) Guertler, Berlin: 1. Durch Spritzen erhaltenes Lagermetall, enthaltend eine weiche Grundmasse mit Blei als Hauptbestandteil nebst wechselnden Zusätzen anderer Elemente und mit Eisen als eingelagerten harten Einsprenglingen, ebenfalls mit anderen Elementen in variablen, aber relativ geringen Zusätzen. **2.** Verfahren zur Erzeugung eines Lagermetalles gemäß Anspruch 1, nach dem an sich bekannten Spritzverfahren durch Aufschleudern der fein zerteilten Komponenten in flüssigem oder staubförmigem Zustand mit oder ohne Anwendung eines indifferenten oder günstig wirkenden Gases, gegebenenfalls unter gleichzeitiger oder nachheriger ergänzender thermischer oder mechanischer Behandlung des Produktes. (Vom 18. 6. 1913 ab.)

Der besondere Wert des Verfahrens liegt darin, daß es auf diese Weise gelingt, Metalle zu vereinigen, die wegen mangelnder gegenseitiger Löslichkeit sich nicht im Schmelzfluß miteinander legieren lassen. Der gleiche Gedankn liegt bereits zugrunde dem

(D. R. P. 149 440.) Polte, Sudenburg-Magdeburg: Verfahren zur Herstellung von massiven Körpern aus Wolfram und Blei. Zur Herstellung massiver Körper aus durch Kochen, Waschen, Schlämmen gereinigtem Wolfram und Blei werden diese Metalle in zerkleinertem, gekörntem oder pulverförmigem Zustande durch Stampfen, Walzen, in Kollergängen, Kugelmühlen oder sonstigen Einrichtungen Teil für Teil ineinander getrieben, d. h. vereinigt und nachher kalt oder warm durch Pressen in die gewünschte Form gebracht. (Vom 30. 9. 1902 ab.)

In ähnlicher Weise stellt *Rodriguez* nach (D. R. P. 399 774) Blei-Wolfram-Kompositionen her, indem die Metalle in sehr fein verteilten Zustand übergeführt werden, wobei die Teilchen des weicheren Metalles größer bleiben. Bei dem nachfolgenden Kneten oder Pressen werden die härteren Teilchen in die größeren weichen eingeführt und die übrigbleibenden härteren Anteile abgesiebt.

Der praktische Erfolg derartiger Versuche wird um so besser sein, je inniger das Gemenge der einzelnen Bestandteile hergestellt wird. Ein originelles Beispiel bietet das folgende

[1] Metallurgie 1910, 264.

(**D. R. P. 170 119.**) **Zentralstelle für wissenschaftlich-technische Untersuchungen G. m. b. H. Neubabelsberg: 1. Verfahren zur Herstellung wolframhaltiger Legierungen durch mechanische Fließvorgänge,** dadurch gekennzeichnet, daß eine oder mehrere Legierungskomponenten in Form von Zwischenlegierungen eines Hilfsmetalles (Quecksilber od. dgl.) mit Wolframpulver gemengt durch Abtreiben des Hilfsmetalles mit dem Wolfram zur molekularen Mischung gebracht werden.

2. Eine Ausführungsform des Verfahrens nach Anspruch 1, dadurch gekennzeichnet, daß Bleiquecksilberamalgam mit pulverförmigem Wolfram gemischt, nach Abtreibung des Quecksilbers zur Herstellung metallischer Wolfram-Bleikörper mittels hohen Druckes od. dgl. benutzt wird.

3. Eine Anwendungsform des Verfahrens nach Anspruch 1 und 2 zur Herstellung von Geschossen hohen spezifischen Gewichtes, dadurch gekennzeichnet, daß ein Amalgam von der Zusammensetzung Pb_2Hg mit fein verteiltem Wolfram gemischt, nach Abtreibung des Quecksilbers durch Destillation zur Herstellung von Geschossen unter Anwendung mechanischer Fließvorgänge (Pressen, Drücken, Walzen, Ziehen od. dgl.) benutzt wird.

Um die beiden Komponenten der Legierung einer innigen molekularen Anlagerung fähig zu machen, ist es nötig, sie in einen Zustand feinster Verteilung überzuführen. Wolfram wird durch Reduktion mit Wasserstoff aus Wolframsäure in feinster Verteilung erhalten. Blei läßt sich jedoch z. B. an sich nicht in ein ausreichend feines Pulver verwandeln. Es wird also durch Zusatz eines anderen Bestandteiles, z. B. Quecksilber, Kalium, Natrium, der später durch Destillation wieder entfernt werden kann, in eine spröde Legierung übergeführt, die leicht gepulvert werden kann.

(Vom 30. 1. 1904 ab.)

(**D. R. P. 299 052.**) **Falkenberg-Weetzen: Verfahren zur Gewinnung von Blei-Wolframlegierungen,** dadurch gekennzeichnet, daß man die Vereinigung beider Metalle durch einen Zusatz von Eisen bewirkt. Das Eisen wird in geringer Menge in fein verteilter Form den gemischten Metallen vor der Erhitzung im Tiegel zugesetzt.

(Vom 23. 5. 1914 ab.)

(**D. R. P. 374 615.**) **Guertler und Pirani, Berlin: Herstellung von metallischen Stampf- und Preßmischungen,** bestehend aus mechanisch gut bearbeitbarer, metallischer Grundmasse mit ebenfalls metallischen Körpern, die entweder infolge ihrer Sprödigkeit mechanisch unbearbeitbar oder aber doch wesentlich schlechter verarbeitbar sind als die Grundmasse, dadurch gekennzeichnet, daß die innig gemischten Stoffe während der Pressung auf eine Temperatur erhitzt werden, die über 500°, jedoch nicht höher liegt als daß die Masse plastische Erweichung zeigt, ohne flüssig zu werden. (Vom 4. 6. 1919 ab.)

(**D. R. P. 366 865.**) **Intern. Gen. Elektric Co.-Inc., Schenektady: Lagermetall,** bestehend aus einem Gemisch von fein verteiltem, hartem, widerstandsfähigem Metall, wie Wolfram oder Molybdän, mit einem weicheren, mit dem ersteren nicht nennenswert legierbaren Metall, 1. dadurch gekennzeichnet, daß das Bindemittel aus Kupfer besteht, 2. dadurch gekennzeichnet, daß das Verhältnis 90 Tl. W oder Mo zu 10 Tl. Cu ist, 3. dadurch gekennzeichnet, daß das Gemisch in einer Wasserstoffatmosphäre auf eine Temperatur zwischen den Schmelzp. der beiden Metalle erhitzt wird. Das Lagermetall soll sich durch eine große Widerstandsfähigkeit gegen hohen Druck und Wärmegrade und durch Polierfähigkeit auszeichnen. (Vom 14. 5. 1921 ab.)

Auf eine zweite, ganz andere Weise wird es vermutlich gelingen, Legierungen herzustellen, die in ihrer Struktur den „Preßmetallen" ähnlich sein werden, nämlich nach dem von *Schoop* ausgebildeten Metallspritzverfahren[1].

[1] *Lach:* Verhandl. d. Ver. z. Förd. d. Gewerbefleißes 1912, 325; D. R. P. 256 925, 258 505.

Ein Versuch ist bereits gemacht in dem

(D. R. P. 251 262.) Leiber, Duisburg: Verfahren zur Herstellung von Legierungen aus Blei und Wolfram, dadurch gekennzeichnet, daß die Metalle mittels des Metallzerstäubungsverfahrens in fein zerteiltem Zustande vereinigt werden.
(Vom 9. 1. 1912 ab.)

Eine innige Vermischung der Metalle sucht *Kuzel* auf andere Weise zu erzielen.

Nach

(D. R. P. 194 348 und **(Zus. P. 194 890/91/92/93)**

werden die hochschmelzenden Metalle wie Chrom, Mangan, Molybdän, Uran, Wolfram, Vanadin, Tantal, Titan, Thorium usw. für sich oder in beliebigen Kombinationen zu Legierungen verbunden, wenn man sie nach der Methode von *Wright* oder *Wedekind* oder *Billitzer* in kolloidale Form oder nach der *Bredig*schen Methode der elektrischen Zerstäubung in Staubform bringt und dann unter Luftabschluß auf Weißglut erhitzt.

Den *Guertler*schen Stampflegierungen ähnlich, aber vielseitiger in den Anwendungsmöglichkeiten sind die von *Friedrich*[1] hergestellten Metallkompositionen. Er geht nicht von einer festen Grundmasse aus, sondern von einer noch nicht ganz erstarrten, halbflüssigen Legierung, in welche er andere Metalle oder Oxyde, Silicate, Korund, Glas usw. einrührt, also von Legierungen, die ein möglichst großes Schmelzintervall besitzen, und die er bis in die Nähe des eutektischen Punktes abkühlen läßt, wo sie noch weich und plastisch sind.

Er schmilzt z. B. 90 Tle. Zinn und 10 Tle. Kupfer zusammen, läßt auf etwa 220° erkalten und setzt ein lichtblaues Smalteglas zu. Bei konstant gehaltener Temperatur wird alles gut durchgearbeitet, alsdann gepreßt, womit die Formgebung verknüpft sein kann, und erkalten gelassen. Nach dem Abschleifen und Polieren erhält er ein Material, das in weißem metallischen Untergrund blaue Einsprenglinge in ziemlich gleichmäßiger Verteilung zeigt.

Eine Art Hartblei unter Antimonersparnis kann dargestellt werden, indem man eine Legierung von 98 Proz. Blei und 2 Proz. Antimon erschmilzt, auf den eutektischen Punkt — 247° — abkühlen läßt und in die teigige Masse 10 Proz. Eisenfeilspäne einknetet, mischt und preßt.

Das Verfahren wird sich besonders eignen zur Herstellung terrazzoähnlicher Mischungen mit metallischer Grundlage, sowie zur Fertigung von Zier- und Schmuckgegenständen. Als Grundmasse kann hierzu außer der erwähnten Zinn-Kupferlegierung auch eine solche von 90 Proz. Silber und 10 Proz. Kupfer benutzt werden, deren Erstarrungsintervall sich von 778° bis 890° erstreckt. Als Zusatzstoffe kommen in Frage: Edelmetalle, künstliche und natürliche Mineralien, insbesondere Edelsteine, ferner Emaillen und Gläser. Ein Mangel des Verfahrens ist, daß dem Material die Gießbarkeit vollständig fehlt, es kann also nur da verwandt werden, wo mit dem Pressen zugleich die Formgebung verbunden ist; ein Vorzug mag unter Umständen in der Möglich-

[1] Metallurgie 1910, 97.

keit liegen, metallähnliche Stoffe herzustellen von einer besonders geringen Leitfähigkeit für Wärme und Elektrizität. Das Verfahren ist zum Patent angemeldet unter

(**D. R. P. A. F. 36 132.) Friedrich, Breslau: Verfahren zur Herstellung von Gemischen von Metallen bzw. Metallegierungen mit solchen Stoffen, welche sich in dem Metalle bzw. der Metallegierung nicht oder nur in beschränktem Maße lösen,** dadurch gekennzeichnet, daß von den in dem Metall bzw. der Metallegierung nicht oder unvollständig löslichen Stoffen entweder für sich oder aber bei Gegenwart des Metalles bzw. der Metallegierung ein Gerippe hergestellt wird, dessen Zwischenräume von dem Metall bzw. der Metallegierung ausgefüllt werden.

Das Verfahren gestattet, auch nicht metallische Stoffe, wie Oxyde, Silicate, aber auch Metalle und Metalloide in weiterem Umfang als bisher zur Darstellung legierungsähnlicher Gebilde heranzuziehen. Bedingung ist hierbei, daß die neuen Zusatzstoffe einen höheren Schmelzpunkt als das mit ihnen zu verbindende Metall oder die Metalllegierung besitzen. Ferner müssen sie durch geeignete Mittel, wie durch Pressen oder Glühen mit oder ohne Anwendung besonderer Zusätze, porige, aber dabei doch einigermaßen feste Massen liefern, die das mit ihnen zu vereinigende geschmolzene Metall oder die Metallegierung ansaugen können. Es lassen sich so z. B. Kupfer-Eisenmischungen herstellen. Um Nichtmetalle, z. B. Silicate, als Fremdstoffe anzuwenden, kann man diese zunächst mit einem Hilfsmetall brikettieren oder zusammenfritten, welches alsdann das die Füllung bildende eigentliche Metall aufnimmt. (Vom 12. 3. 1913 ab.)

Ising und *Borofski* stellen nach (D. R. P. 351 022, 357 447, 384 266) Metallgemische für Lager her, indem Graphit und ähnliche Stoffe mit Metallen, die sich im schmelzflüssigen bis breiigen Zustand befinden, eingerührt werden.

Ähnliche Gemische erzielt *Wichmann* nach (D. R. P. 332 914 und 346 973), indem Metallkörner mit Graphit überzogen werden.

Einen Sonderfall beschreibt:

(**D. R. P. 335 031.) Ising und Borofski, Braunschweig: Verfahren zur Herstellung vergießbarer Mischungen von Metallen oder Legierungen mit eingebetteten Zusatzstoffen,** dadurch gekennzeichnet, daß der eine Teil der Mischung, sei es das Metall oder die Legierung, sei es der Zusatzstoff, durch Zusatz eines anderen Metalles auf die Dichte oder auf den Schmelzpunkt (oder auf beides) des zweiten Teiles gebracht und dann mit diesem zweiten Teile in flüssigem Zustand vereinigt wird. Es wird z. B. Graphit, Dichte = 2,0, in eine Legierung, Dichte = 2,0 aus 2 Raumteilen Magnesium und 1 Raumteil Aluminium eingetragen. (Vom 3. 4. 1919 ab.)

Den Einfluß des Glühens auf die Preßmetalle erörtert *Sauerwald*[1].

Das umgekehrte Verfahren wie *Friedrich* wendet *Hannover*[2] an, indem er aus einer noch nicht völlig erstarrten Legierung durch Zentrifugieren oder Herauspressen des noch oder schon flüssigen Eutektikums ein „Porenmetall" herstellt. Wird z. B. eine geschmolzene Legierung von 96 Proz. Blei und 4 Proz. Antimon abgekühlt, so erstarren zuerst kleine wachsende Bleikrystalle und erst bei 247° auch der Inhalt der zwischen ihnen entstandenen Kanäle. Umgekehrt schmilzt bei Wiedererhitzung der Legierung zuerst der Inhalt dieser Kanäle, das Eutektikum, und es gelang, mittels Zentrifugierens in einem erwärmten Ofen dieses herauszuschleudern, so daß eine poröse Bleiplatte zurückblieb. Es bildeten sich infolge des Druckes anfangs Risse in der Platte,

---

[1] Zft. f. Metallkunde 1924, **16**, 41.

[2] Rev. de Mét. 1912, **9**, 641.

doch wurde dies verhindert durch Einschließen in eine Eisentasche, deren eine Seitenwand aus Messingdrahtnetz besteht, durch das das flüssige Metall heraustreten kann. Fig. 79 (Taf. 6) zeigt in 50facher Vergrößerung die Struktur; das Metall ist mit mikroskopischen Poren durchsetzt, so wurden auf 1 mm 20 Poren gezählt. Derartige Bleiplatten sind für den Akkumulatorenbau von großer Wichtigkeit; ihre Oberfläche wird durch das Porösmachen ungefähr 50mal so groß, wie sie ursprünglich war, wodurch die Kapazität des Akkumulators auf das 4 bis 5fache erhöht wird. Das Verfahren läßt sich auch zur Herstellung anderer Porenmetalle, z. B. poröser Zink-, Antimon- oder Silberplatten anwenden. Fig. 80 (Taf. 6) stellt in 50facher Vergrößerung eine Hartbleiprobe dar, in einzelnen Partien des Bildes sind die Kanäle, die die Antimonkrystalle umgeben, noch mit der eutektischen Legierung angefüllt. Weitere praktische Verwendungsmöglichkeiten des Porenmetalls dürften sein: als Filtermaterial, als Lagermetall mit Ölzuführung durch die Poren; zum Löten mit harzgefüllten porösen Zinnstangen, da aus Zinnröhren das Harz oft zu schnell herausschmilzt; zu Pfropfen in Leitungen für explosive Gase. um ein Zurückschlagen der Explosion zu verhindern.

Das Verfahren wurde geschützt in dem

(D. R. P. 257 490.) Hannover, Kopenhagen: Verfahren zur Herstellung sog. Porenmetalls zur Anwendung als Akkumulatorenplatten, Lagermetalle usw. auf mechanischem Wege, dadurch gekennzeichnet, daß aus einem aus einer Legierung bestehenden Körper durch Erhitzen auf eine Temperatur, bei welcher leichter schmelzende Teile der Legierung, namentlich eutektische Legierungen, über deren Schmelzpunkt erhitzt werden, die verflüssigten Teile auf mechanischem Wege, z. B. durch Ausblasen, Aussaugen, Ausdrücken mittels einer Flüssigkeit, Schleudern, Stoß oder Vibration, aus dem festgebliebenen Rest entfernt wird.

(Vom 24. 12. 1910 ab.)

(Zus. P. 259 092.) Verfahren zur Herstellung von Porenmetallen aus schwer schmelzbaren Metallen oder Legierungen. Die Poren eines Porenmetalles (z. B. Blei) von niedrigerem Schmelzpunkt als demjenigen des herzustellenden Porenmetalles (z. B. Nickel) werden mit letzterem ganz oder teilweise ausgefüllt, worauf das ursprüngliche Porenmetall nach Erhitzen über seinen Schmelzpunkt auf mechanischem Wege entfernt wird. (Vom 1. 8. 1912 ab.)

Bildung von Legierungen durch Diffusion.

Nach den Versuchen von *Masing*[1] entstehen durch den Druck allein, wie die mikroskopische Untersuchung und die Bestimmung der elektrischen Leitfähigkeit beweisen, beim Zusammenpressen des Feilichts zweier Metalle weder Verbindungen noch Mischkrystalle. Das Preßstück besteht ausschließlich aus den Körnern der beiden Metalle. Wenn diese beim Zusammenschmelzen sich weder vereinigen noch in erheblichem Maße Mischkrystalle bilden, so besteht allerdings kein prinzipieller Unterschied zwischen „Preß-“ und „Schmelzlegierungen“, wohl aber läßt sich aus der Struktur sofort ersehen, welches Metall durch Zusammenpressen und welches durch Zusammenschmelzen entstanden ist. Erstere bestehen aus unregelmäßig geformten und unregel-

[1] Zft. f. anorg. Chem. 1909, **62**, 265.

mäßig verteilten Bruchstücken der Komponenten siehe Fig. 81 (Taf. 6), während letztere ein lamellares Eutektikum enthalten (Fig. 82) [Taf. 6] das auf Krystallisation aus der Schmelze hinweist (siehe S. 13).

Wird mit der Pressung zugleich eine Erwärmung vorgenommen, so tritt, wenn die Metalle Mischkrystalle bilden, im festen Zustande weit unter dem Schmelzpunkte stets Diffusion ein. Bei Wismut-Thallium und Blei-Thallium ist sie schon bei Zimmertemperatur nachweisbar.

Auch wenn die Metalle Verbindungen miteinander eingehen, kann durch Diffusion meistens die Bildung der Verbindung in merklichen Mengen schon im festen Zustande nachgewiesen werden. Fig. 83 (Taf. 7) zeigt die Struktur eines Preßstückes mit 50 Proz. Kupfer und 50 Proz. Zink. Außer dem hellen Kupfer und dem dunkel geätzten Zink ist auf dem Schliffe kein Strukturelement zu sehen. Fig. 84 (Taf. 7) stellt die Struktur desselben Stückes nach einer 20stündigen Erhitzung auf 400° dar. Der größte Teil der dargestellten Fläche besteht aus dem dunkelrot geätzten Kupfer, dies ist von einem helleren, scharf abgegrenzten gelben Bande umgeben, an dieses grenzt erst das dunkel geätzte Zink (siehe auch S. 311).

Sauerwald[1] stellte in systematischen Versuchen synthetische Metallkörper durch Druck und Sinterung her.

Durch das Pulvern der Metalle in den genannten Versuchen *Springs* wurde ihre Oberfläche vergrößert, durch den hohen Druck wurde die Berührung der Komponenten eine innigere; eine Diffusion, das Eindringen oder Durchdringen des einen Metalls durch das andere, wodurch erst eine wahre Legierung entsteht, tritt erst bei einer gewissen Wärmezufuhr ein. (Bei gewöhnlicher Temperatur ist die Diffusion in der Regel eine solch langsame, daß sie sich nicht nachweisen läßt.)

Roberts Austen lötete auf Bleistäbe kleine Scheiben von Gold und erhitzte dieses System 31 Tage lang auf verschiedene Temperaturen, nach dieser Zeit ließ sich folgende Diffusion nachweisen:

Temperatur	251°	200°	165°	100°
Diffusionskonstante von Gold in Blei pro Tag	0,02 bis 0,03	0,007 bis 0,008	0,005 bis 0,006	0,00002

Selbst bei 100° ließ sich in dem entfernten Teil des Bleistabes ein deutlicher Goldgehalt feststellen, ja nach vierjähriger Dauer bei Zimmerwärme fand sich Gold noch in 1 cm Entfernung von der Lötstelle.

Bruni und *Meneghini*[2] überzogen Drähte aus Nickel elektrolytisch mit Kupfer, Drähte aus Gold mit Kupfer und Silber, erhitzten sie dann stark, ohne jedoch den Schmelzpunkt zu erreichen, und stellten die allmähliche Bildung fester Lösungen durch Beobachtung der elektrischen Leitfähigkeit fest. Es wurden schließlich die von anderen Forschern bei den genannten Legierungen ermittelten Grenzwerte erhalten. Bei einem durch elektrolytisches Verfahren aus zahlreichen, sehr feinen abwechselnden Schichten

[1] Zft. f. Metallkunde 1924, **16**, 41.
[2] Intern. Zft. f. Metallogr. 1911, **2**, 26.

von Nickel und Kupfer aufgebauten Drahte war wegen der außerordentlich vergrößerten Reaktionsfläche schon nach zwei Stunden eine vollständige feste Lösung eingetreten.

Nach *Geiss* und *v. Liempt*[1] ist die Diffusion in Metallen mit ausgebildeten Krystallflächen außerordentlich gering, dagegen in Metallpulvern sehr groß.

In der Legierungstechnik werden Diffusionsprozesse vielfach zur Bildung von Legierungen angewandt. Wenn man Eisen in einer kohlenstoffhaltigen Atmosphäre oder Packung erhitzt, so diffundiert Kohlenstoff in das Eisen hinein und bildet je nach der Temperatur und Versuchsdauer eine dünnere oder tiefere Schicht von kohlenstoffreichem Stahl um den Kern von weichem Eisen. Beim „Plattieren" wird das eine Metall mit einem zweiten belegt, worauf beide bei Rotglut gehämmert oder gewalzt werden, die an der Berührungsstelle entstehende Legierung befördert das Festhalten der Schichten.

Guertler[2] konnte zeigen, daß bei den Verzinkungsprozessen: der Feuerverzinkung, dem Sherardieren und der galvanischen Verzinkung zwischen der Zinkhaut und dem Eisenkern sich eine zwischenliegende Haut von der Zusammensetzung $FeZn_3$ bildet.

Folgende Patente verdienen Erwähnung:

(D. R. P. 149 720.) Deutsche Wachwitzmetall A. G., Nürnberg: Verfahren zur Herstellung von mit Aluminiumbronze überzogenen Kupferblechen oder -Körpern, dadurch gekennzeichnet, daß ein Kupferblech oder -körper mit Aluminium überzogen, sodann die so verbundenen Bleche die gewünschten Formen und Dimensionen erhalten und schließlich das Ganze geglüht wird, so daß an der Oberfläche des Grundmetalles eine Kupferaluminiumlegierung entsteht.

Das Verfahren besitzt den Vorzug, daß man es in der Hand hat, mehr oder minder aluminiumreiche Legierungen zu erzeugen, also Bronzen in allen Farben und Härten herzustellen. Außerdem kann man aluminiumreiche Legierungen herstellen, die sonst infolge ihrer Sprödigkeit nur schwierig zu gewinnen sind. Dies wird dadurch erreicht, daß die beiden Metalle schon vor der Legierung, also noch in ihrer ursprünglichen Weichheit, die gewünschten Formen erhalten, und das Glühen und Härten den letzten Prozeß bildet. (Vom 24. 5. 1902 ab.)

(D. R. P. 185 780.) Hille & Müller, Porschdorf: Verfahren zum galvanischen Überziehen von Metallen mit Nickel-Kupferlegierungen, dadurch gekennzeichnet, daß die beiden Metalle einzeln in der dem Legierungsverhältnis entsprechenden Dicke übereinander niedergeschlagen werden, worauf der überzogene Gegenstand bis zur Dunkelrotglut erhitzt wird. Dabei findet eine vollständige Legierung der Metalle des Überzuges statt, und man erhält einen homogenen Überzug der Legierung aus den aufgebrachten Metallen im Verhältnis der aufgebrachten Einzelmengen. (Vom 8. 6. 1906 ab.)

(D. R. P. 249 778.) Spengel, Johannesburg: 1. Verfahren zur Erzeugung von Metalllegierungen auf elektrolytischem Wege, dadurch gekennzeichnet, daß einzelne Metallbestandteile rein elektrolytisch in allerdünnsten Schichten abwechselnd aufeinander folgend derart niedergeschlagen werden, daß ein Metallkörper in der gewünschten Legierung erhalten wird. **2.** Verfahren nach 1., dadurch gekennzeichnet, daß die durch elektrolytischen Niederschlag gebildeten Metallmassen auf gewisse, für sie geeignete Temperaturen erhitzt werden, um eine noch innigere Legierung bzw. ein Eindringen des Legierungsvorganges in größere Tiefen zu gewährleisten. **3—5.** Vorrichtungen zur praktischen Ausführung des Verfahrens.

[1] Zft. f. Metallkunde 1924, **16**, 317.
[2] Intern. Zft. f. Metallogr. 1911, **1**, 352.

Es soll auf diesem Wege auch die Herstellung von Legierungen aus solchen Metallen möglich sein, die sich durch Zusammenschmelzen bzw. Lösen im flüssigen Metall nicht erzeugen lassen. (Vom 12. 11. 1911 ab.)

(D. R. P. 201 664.) Baum, Hanau: Verfahren zur Herstellung von Platinüberzügen auf schwer schmelzbaren Unedelmetallen, wie Eisen, Nickel, Kobalt oder deren Legierungen, dadurch gekennzeichnet, daß man eine Legierung von Platin mit einem der Grundmetalle elektrolytisch niederschlägt, den Niederschlag bei hoher Temperatur in reduzierendem Gase glüht und darauf mehrmalige elektrolytische Niederschläge von reinem Platin unter jedesmaligem Glühen bei hoher Temperatur im Reduktionsmittel aufbringt.

Man glüht am besten im Wasserstoffstrom bei etwa 1000.

(Vom 20. 8. 1907 ab.)

(Zus. P. 201 665.) Das Verfahren läßt sich auch in der Weise ausführen, daß man auf dem Grundmetall zuerst elektrolytisch Nickel oder Kobalt und hierauf Platin niederschlägt, den Gegenstand sodann in einer reduzierenden Gasatmosphäre, z. B. in Wasserstoff, erhitzt und dann weitere elektrolytische Platinüberzüge unter jedesmaligem nachfolgenden Erhitzen in reduzierendem Gase aufbringt.

(Vom 2. 10. 1907 ab.)

(Zus. P. 201 666.) Das Verfahren läßt sich auch in der Weise ausführen, daß man statt des einmaligen Niederschlagens einer Legierung des Platins mit einem der Grundmetalle solche Legierungen mit stufenweise steigendem Gehalt an Platinmetall und abnehmendem Gehalt an Grundmetall und alsdann erst mehrfache Niederschläge von reinem Platinmetall elektrolytisch aufbringt unter jedesmaligem Glühen in einer reduzierenden Atmosphäre von Wasserstoff.

(Vom 18. 10. 1907 ab.)

(E. P. 6823/1904.) Stockert & Co.: Zur besseren **Vereinigung von Gold- und Silberplatten** oder anderen Silberkörpern, welche mit einem Goldüberzuge versehen werden sollen, wird die Gold- und die Silberplatte um ungefähr ein Karat höher gewählt, als ihr Gehalt nach Fertigstellung betragen muß. Zwischen die beiden Platten wird eine Platte aus Tombak eingelegt (sie braucht nur eine sehr geringe Stärke zu haben); die drei Körper werden fest miteinander in Berührung gebracht und soweit erhitzt, daß eine Legierung zwischen der Tombakschicht und den beiden Edelmetallkörpern stattfindet. Diese Legierung bildet sich leichter und inniger als eine Legierung zwischen der Gold- und Silberschicht.

Damit durch den Tombakzusatz keine Wertverminderung des Gesamtkörpers entsteht, wählt man die Einzelgehalte der beiden Edelmetalle so hoch, daß der fertige Körper den gewährleisteten Gold- und Silbergehalt besitzt.

(D. R. P. 336 219.) Großpeter & Schuen, Großkönigsdorf: Verfahren zur Verbindung mehrerer Metalle durch Legierung oder Verschweißung an der Berührungsfläche, dadurch gekennzeichnet, daß man das Grundmetall mit geschmolzenem Alkali- oder Erdkalimetall behandelt und so eine Haut aus einer Legierung des Grundmetalls mit dem Alkali- oder Erdalkalimetall herstellt, worauf das geschmolzene Deckmetall aufgegossen wird. — Die Auswahl des Metalls richtet sich nach seiner Fähigkeit, mit den beiden zu vereinigenden Metallen Legierungen zu bilden, die nicht ein sprödes, sondern ein zähes Gefüge haben. In manchen Fällen bildet z. B. Na mit dem in Frage kommenden Metall eine spröde Legierung, und man muß alsdann, je nach dem Einzelfall, K, Li, Ca, Ba oder Sr wählen.

(Vom 29. 1. 1915 ab.)

Das besonders feste Haften mancher elektrolytischen Metallniederschläge auf dem Grundmetall scheint auf eine bei Zimmer- oder Badtemperatur eingetretene Diffusion und dadurch eingeleitete Legierungsbildung hinzudeuten. Andererseits wurde zuweilen das allmähliche Verschwinden eines galvanischen Niederschlages beobachtet, indem dieser zuletzt vollständig in das Unterlagsmetall hineindiffundierte. *Schlötter*[1] stellte fest, daß bei einem stark verzinnten Blei nach einigen Monaten von der äußeren Verzinnung keine Spur mehr wahrzunehmen war; derselbe beobachtete bei der Verkupferung von Zinkblechen, daß das Blech zunächst Messingfarbe zeigte, erst bei stärkerer Auflage trat die Kupferfarbe hervor. Der Überzug besteht zuerst aus einer zinkreichen Kupferlegierung, bis sich mit der Menge des abgeschiedenen Kupfers dieses anreichert und schließlich der Überzug aus reinem Kupfer besteht.

Eine Zink-Kupferlegierung entsteht auch, wenn man Kupfer in Zinkdampf erhitzt.

Einige Legierungen, besonders Eisenlegierungen, welche in der Stahlindustrie Verwendung finden, werden durch Reduktion der Oxyde durch Kohle gewonnen. Ebenso wie man die Metalle aus ihren Oxyden (durch Röstung der Erze erhalten) durch Reduktion darstellt, kann man aus der Mischung zweier Oxyde eine entsprechende Legierung erschmelzen.

Weniger bekannte Reduktionsverfahren sind in folgenden Patenten beschrieben.

(D. R. P. 246 182.) Johson, Avalon: 1. Verfahren und Vorrichtung zum Reduzieren von Metalloxyden der Wolfram-, Vanadium-, Molybdän- und Chromgruppe . . ., bei dem die Oxyde und ein Kohlenstoffträger in getrennten Massen in einer Retorte auf Reduktionstemperatur gebracht werden, dadurch gekennzeichnet, daß die Einleitung und Durchführung der Reduktion ausschließlich durch das in dem getrennt gelagerten Reduktionsmittel gebildete **Kohlenoxydgas** erfolgt, dem Metalloxyd aber überhaupt kein Reduktionsmittel beigemengt ist. **2—4.** Ausführungsformen. (Vom 22. 3. 1910 ab.)

(D. R. P. 159 632.) Malovich & Cie., Wien: Verfahren zur Darstellung von Alkali-, Erdalkali, Erd- und Schwermetallen oder Legierungen dieser Metalle aus ihren Oxyden oder Salzen, die mit dem Sulfat oder Sulfit eines anderen Metalles und einem Reduktionsmittel vermengt sind, dadurch gekennzeichnet, daß man das Gemenge der Metallverbindungen mit **Schwefel** vermischt und auf eine über dem Schmelzpunkt, aber unter dem Verflüchtigungspunkt des zu reduzierenden Metalles gelegene Temperatur erhitzt. (Vom 14. 8. 1902 ab.)

(D. R. P. 237 285.) Ampere-Ges. m. b. H., Berlin, und Müller, Stuttgart: Verfahren zur Herstellung von Ferrowolfram aus Scheelit im elektrischen Ofen, dadurch gekennzeichnet, daß Schwefeleisen als eisenhaltiger und gleichzeitig den Kalk bindender Zuschlag verwendet wird.

Es findet ein Zusatz von Kohle und Kalk statt. (Vom 26. 9. 1907 ab.)

(Zus. P. 240 989.) Verfahren zur Darstellung von Metallen und Legierungen nach dem im Hauptpatent geschützten Reaktionsprinzip, gekennzeichnet durch Verschmelzen von Metallsulfiden mit metallsauren oder metalloidsauren Verbindungen der alkalischen Erden, des Magnesiums, der Alkalien mit Kohle im elektrischen Ofen.

Die Herstellung des Ferrowolframs erfolgt nach der Gleichung:

$$CaWO_4 + FeS + 4\,C = FeW + CaS + 4\,CO.$$

(Vom 10. 5. 1910 ab.)

Eine besonders vielseitige Anwendung als Reduktionsmittel hat das Aluminium gefunden. Es war zwar längst bekannt, daß sich viele Metalloxyde durch Aluminium reduzieren lassen, man war jedoch nicht über das Stadium

[1] Chem.-Ztg. 1914, 290.

der Laboratoriumsversuche herausgekommen, da man stets die Umsetzung dadurch bewirkte, daß man die Masse in einem kleinen Tiegel von außen erhitzte, wodurch meist mehr oder minder heftige Reaktionen eintraten, während sich Metallabscheidungen nur in geringem Maße bildeten. *Goldschmidt*[1] fand, daß es gar nicht nötig war, das Gemenge von Aluminium mit den zu reduzierenden Oxyden im ganzen zu erhitzen, sondern daß es genügte, die nötige Entzündungstemperatur an einem Punkte der Mischung hervorzurufen, von wo sie sich dann mehr oder minder rasch über die ganze Menge des Reaktionsgemisches fortpflanzt. Man verwendet mit Magnesia ausgekleidete Tiegel, die an den inneren Gefäßwänden erstarrende geschmolzene Tonerde schützt das Tiegelmaterial vor der Einwirkung der außerordentlich hohen Reaktionswärme. Das Aluminium muß in zerkleinertem Zustande, am besten in Form von sog. Aluminiumgrieß, angewandt werden. Zur Entzündung des Gemisches dient eine Zündkirsche, eine durch irgendeinen Klebstoff zusammengehaltene Kugel aus Aluminiumpulver und Baryumsuperoxyd, in dieser Kugel steckt ein Stück Magnesiumband, das zunächst entzündet wird.

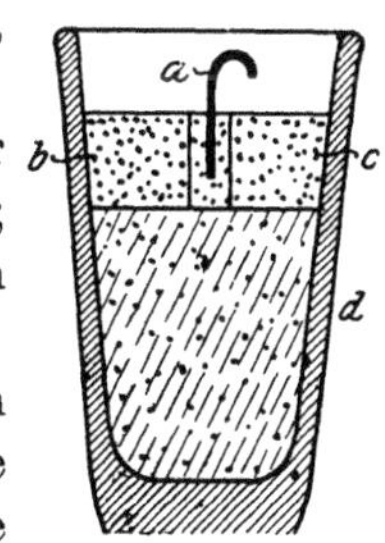

Fig. 85.

Außer den Oxyden kann man auch Sauerstoffsalze oder die Metallsulfide oder die Halogenverbindungen reduzieren; von letzteren eignen sich meist besonders die Fluoride, man erhält dann eine sehr leichtflüssige Schlacke.

Zuweilen wird die Ausbeute erheblich vergrößert, wenn man unter Luftabschluß arbeitet; *Moldenhauer*[2] erreichte dies dadurch, daß er das in dem Reaktionstiegel (siehe Fig. 85) möglichst festgestampfte Gemisch mit einer Schutzdecke aus Flußspat versah. Durch diesen hindurch führt ein dünnes Glasrohr mit dem Zündungsgemisch und dem Magnesiumband in die Reaktionsmasse hinein, vor Ingangsetzung des Versuches kann das Glasrohr schadlos herausgezogen werden.

Wendet man die berechneten Mengen Metalloxyd und Aluminium an, so erhält man z. B. nach der Formel: $M_2O_3 + 2\,Al = 2\,M + Al_2O_3$ aluminiumfreie Metalle; wendet man einen Überschuß von Aluminium an, so erzielt man Aluminiumlegierungen (siehe unten) und bei Reduktion von Oxydmischungen die Legierungen der betreffenden Metalle in beliebigen Verhältnissen. Das Verfahren[3] hat unter dem Namen aluminothermische oder Thermitreaktionen eine große praktische Bedeutung gewonnen, besonders weil die erzeugten Metalle und Legierungen völlig kohlenstofffrei sind.

Von erheblichem Einfluß auf die Schmelzergebnisse ist die angewandte Korngröße des Aluminiums. Die Schmelzprodukte nähern sich in ihrer Zusammensetzung um so mehr der dem Einsatz rechnerisch entsprechenden Legierung, je kleiner die Korngröße des verwendeten Aluminiums ist, voraus-

[1] Ztt. f. angew. Chem. 1898, 827.
[2] Chem.-Zg. 1914, 147.
[3] D. R. P. 96 317.

gesetzt, daß nicht mit flüchtigen Metalloxyden gearbeitet wird. Andererseits steigert sich jedoch auch in demselben Maße die Heftigkeit der Verbrennungsreaktion. Von Einfluß auf die Reinheit der erzielten Metallkönige ist die Gewichtsmenge des Schmelzeinsatzes, sie steigt mit der Zunahme des letzteren.

Eine große Zahl von Versuchen zur Herstellung von Aluminiumverbindungen der verschiedensten Metalle wurde von *Guillet*[1] angestellt. Die Reaktionsformeln für die eintretenden chemischen Vorgänge sind folgende:

1. Für Oxyde der Form M_2O_3:
   $$m\,M_2O_3 + 2\,(n + m)\,Al = 2\,M_mAl_n + m\,Al_2O_3.$$
2. Für Oxyde der Form MO_2:
   $$3\,m\,MO_2 + 3\,(n + 2\,m)\,Al = 3\,M_mAl_n + 2\,m\,Al_2O_3.$$
3. Für Oxyde der Form MO:
   $$3\,m\,MO + (3\,n + 2\,m)\,Al = 3\,M_mAl_n + m\,Al_2O_3.$$
4. Für Oxyde der Form MO_3:
   $$m\,MO_3 + (n + 2\,m)\,Al = M_mAl_n + m\,Al_2O_3.$$
5. Für Oxyde der Form M_2O_5 und M_2O:
   $$3\,m\,M_2O_5 + (10\,m + 6\,n)\,Al = 6\,M_mAl_n + 5\,Al_2O_3$$
   $$3\,m\,M_2O + (6\,n + 2\,m)\,Al = 6\,M_mAl_n + m\,Al_2O_3.$$

Verwertbare Ergebnisse wurden erhalten, solange nicht bei zu hohem Gehalt an Metalloxyd Massen von Aluminiumoxyd als Schmelzprodukt entstanden, welche mit den Legierungen so verschmolzen waren, daß eine Trennung unmöglich wurde, oder wenn der Aluminiumgehalt des Einsatzes so gesteigert wurde, daß die Gemenge nicht mehr zur Entzündung gebracht werden konnten. Durch Rückstandsanalysen wurden die Aluminiumverbindungen isoliert, es bildeten sich nur ganz bestimmte Legierungsstufen, auch wenn der Einsatz in solchem Gewichtsverhältnis gemischt war, daß theoretisch auch andere Legierungsstufen hätten erfolgen müssen. Chemisch verwandte Metalle bilden die gleichen Verbindungen.

Guillet glaubt folgende Legierungsstufen isoliert zu haben:

Durch Reduktion von	Wolframsäureanhydrit (WO_3)	AlW_2, Al_4W, Al_3W;
,, ,, ,,	Molybdänsäureanhydrit (MoO_3)	$AlMo_4$, AlMo; Al_3Mo; Al_7Mo;
,, ,, ,,	Kupferoxyd (CuO)	$AlCu_3$, Al_2Cu,
,, ,, ,,	Zinnoxyd (SnO_2)	AlSn, Al_4Sn;
,, ,, ,,	Titanoxyd (TiO_2)	Al_3Ti, Al_2Ti, Al_4Ti;
,, ,, ,,	Uranoxyd (UO_3)	Al_3U_2, Al_3U;
,, ,, ,,	Eisenoxyd (Fe_2O_3)	Al_3Fe_2, Al_3Fe;
,, ,, ,,	Manganoxyd (Mn_2O_3)	Al_3Mn_2; Al_3Mn, Al_4Mn;

[1] La Génie Civil 1902, 363.

Durch Reduktion von Chromoxyd (Cr_2O_3)		$AlCr_4$, $AlCr$;
„ „ „ Antimonsäure (Sb_2O_5)		Al_3Sb, Al_4Sb;
„ „ „ Nickeloxydul (NiO)		Al_2Ni, $AlNi_2$, $AlNi_4$, $AlNi_8$;
„ „ „ Cobaltoxydul (CoO)		Al_2Co, $AlCo$, $AlCo_4$, $AlCo_8$;
„ „ „ Silberoxyd (Ag_2O)		Al_3Ag_4.

Es ist jedoch zu bedenken, daß nur durch Rückstandsanalysen erzielte Untersuchungsergebnisse immer unsicher sind.

Versuche mit Blei, Wismut, Cadmium und Zink hatten keinen Erfolg. Bei den beiden ersteren Metallen waren die Verbrennungsreaktionen so heftig, daß keine Legierungen gewinnbar waren, während beim Zink eine Entflammung des Schmelzeinsatzes, selbst bei Vorwärmung desselben, nicht möglich war.

(D. R. P. 179 390.) Goldschmidt, Essen: 1. Verfahren zur Herstellung einer widerstandsfähigen Tiegelauskleidung für die aluminothermischen Verfahren, dadurch gekennzeichnet, daß man Magnesia oder Korund oder eine Mischung beider mit Wasserglas bindet. 2. Verfahren, abgenutzte Magnesiatiegel dadurch wieder für die Durchführung von Thermitreaktionen gebrauchsfähig zu machen, daß man die anhaftende Schlacke herausschlägt und neues Material, wie in Anspruch 1 gekennzeichnet, aufträgt.

Für das Arbeiten mit Thermit ist es von Wichtigkeit, Tiegel zu benutzen, welche ein Herauswerfen der Masse infolge von Gasentwicklung vermeiden und leicht durch Nachfüllen, Verstreichen usw. wieder repariert werden können. Die genannten Mischungen, die mit nur wenigen Prozenten einer mäßig konzentrierten Wasserglaslösung hergestellt sind, liefern eine vorzügliche Tiegelauskleidung, die wahrscheinlich infolge ihrer Porosität ein Entweichen der Gase nach außen gestattet, ohne daß der feuerflüssige Inhalt zum Teil herausgeschleudert wird. (Vom 30. 4. 1905 ab.)

Als die Aluminothermie eine immer wachsende praktische Bedeutung gewann, suchte man nach anderen Reduktionsmitteln, die das immerhin noch teure Aluminium ersetzen sollten, besonders kamen das Calcium- und das Siliciumcarbid in Frage. Nach Ansicht von *Neumann*[1] läßt sich der Reaktionsverlauf ausdrücken durch die Formel:

$$3\,M_2O + CaC_2 = CaO + 3\,M_2 + CO,$$

worin M ein beliebiges einwertiges Metall ist.

Wegen der Schwerschmelzbarkeit des gebildeten Kalkes empfiehlt *Neumann* den Zusatz des entsprechenden Metallchlorids, damit sich nach der Formel:

$$2\,M_2O + 2\,MCl + CaC_2 = 3\,M_2 + CaCl_2 + 2\,CO$$

das leicht schmelzende Chlorcalcium bildet.

In gleicher Weise lassen sich auch die Metallsulfate und -carbonate reduzieren. Da bei der Reaktion neben Kohlenoxyd auch Kohlensäure entsteht, nimmt *v. Kügelgen*[2] einen Reaktionsverlauf an nach den Formeln:

---

[1] Chem.-Ztg. 1900, 1013; 1902, 716; 1903, 1026.
[2] Zft. Elektrochem. 1901, 541; Chem.-Zg. 1903, 743.

$$5\,M_2O + CaC_2 = 5\,M_2 + CaO + 2\,CO_2$$

und
$$4\,M_2O + 2\,MCl + CaC_2 = 5\,M_2 + CaCl_2 + 2\,CO_2.$$

Fröhlich[1] empfiehlt die Anwendung des Calciumcarbids besonders für die Behandlung von Erzlagern, deren Verwertung wegen des Mangels an Brennmaterialien und hoher Transportkosten bisher nicht möglich war. Im Gegensatz hierzu glaubt jedoch *Neumann* (a. a. O.) auf Grund genauer Kalkulation, daß auch bei niedrigen Carbidpreisen das Verfahren kaum jemals eine praktische Verwendung im großen Maßstabe finden dürfte. Für einen Großbetrieb kommen nur die Oxyde und Chloride in Frage, bei letzteren verursacht die notwendige vollständige Entwässerung erhebliche Kosten; als Oxyde können zwar die gerösteten Erze benutzt werden, da aber die das Ausgangsmaterial verunreinigenden fremden Metalloxyde mitreduziert werden, gelingt es hier nie, reine Metalle oder Legierungen zu erzielen.

Für die gewöhnliche Metallgewinnung ist die Reduktion mit Kohle zweifellos wesentlich billiger, für wertvollere Metalle aber, die höhere Herstellungskosten vertragen können, wird die saubere und raschverlaufende Aluminiumreduktionsmethode vorzuziehen sein, welche außerdem keine Wärmezufuhr von außen nötig hat.

Auch durch Anwendung anderer Reduktionsmittel, wie von Magnesium oder Silicium oder deren Mischungen oder von Cermetallen (siehe unten), wurden bisher praktische Erfolge nicht erzielt.

Dagegen stellte *Baraduc-Müller*[2] unter Benutzung des Siliciumcarbids Metallsilicide her nach der Formel:

$$MO + SiC = SiM + CO.$$

Das Verfahren ist geschützt durch

(D. R. P. 210 216.) **1. Verfahren zur Gewinnung von Verbindungen von Silicium mit Metallen (Metallsiliciden oder Metallcarbolisiciden),** darin bestehend, daß man Metalloxyde oder metalloxydische Erze mit Siliciumoxycarbid (Siloxicon) oder mit amorphem oder krystallinischem Siliciumcarbid (Carborundum) vorteilhaft unter Zusatz von Flußmitteln (Aluminiumverbindungen, Bariumsulfat, Borax, Kalk, Magnesia, Natriumcarbonat, Natriumsulfat, Kryolith, Kochsalz usw.) mehr oder minder hohen Temperaturen aussetzt, wobei die Erhitzung auch mittels elektrischer Energie (Lichtbogen oder Widerstandsmasse) erfolgen kann.

2. Ausführungsform, dadurch gekennzeichnet, daß man bei Verwendung sauerstoffreicher Metalloxyde der Mischung kohlenstoffhaltige Substanzen zufügt.

(Vom 29. 11. 1906 ab.)

Die Hirsch, Kupfer- u. Messingwerke A.-G., Berlin ließen sich im D. R. P. 405 444 vom 30. 9. 1921 eine aluminothermische Heizpatrone aus dünnem Aluminiumblech schützen, deren Hülse an der Reaktion teilnimmt.

Nachstehend sind die Deutschen Reichs-Patente zusammengestellt, welche auf das aluminothermische Verfahren oder dessen Abarten Bezug

---

[1] Acetylen 1899, 312; Chem.-Ztg. 1910, 418.

[2] Rev. de Mét. 1910, 657.

haben, soweit nach ihnen Legierungen hergestellt werden oder durch entsprechende Abänderung hergestellt werden können.

Die Grundlage bildet das schon oben besprochene

(D. R. P. 96 317.) Goldschmidt, Essen: Verfahren zur Herstellung von Metallen oder Metalloiden oder Legierungen derselben. (Vom 13. 3. 1895.)

Will man nach diesem Verfahren Legierungen herstellen, so mischt man die Verbindungen der verschiedenen zu legierenden Metalle bzw. Metalloide miteinander und mit dem fein verteilten Aluminium und bringt die zu legierenden Metalle oder Metalloide gleichzeitig zur Abscheidung, oder man setzt einen Teil der in die Legierung einzuführenden Metalle oder Metalloide der Reaktionsmischung in metallischer Form zu, wobei sie sich dann mit dem abgeschiedenen Metall bei der Reaktionstemperatur mit Leichtigkeit legieren.

(D. R. P. 112 586.) Goldschmidt, Essen: Herstellung von geschmolzenem regulinischen Chrom, dadurch gekennzeichnet, daß die Mischung aus Aluminium mit Chromoxyd durch Erwärmung der gesamten Masse in einem Tiegel oder Ofen von außen her bis zum Eintritt der Reaktion erhitzt wird, wobei sich ein Regulus von geschmolzenem Chrom und darüber eine Schicht von geschmolzener, auch noch chromhaltiger Tonerde bildet.

Durch Mischung von Chromoxyd mit den reduzierbaren Oxyden anderer Metalle können die verschiedensten Chromlegierungen gewonnen werden.

(D. R. P. 175 885.) Goldschmidt, Essen: Verfahren zur Vergrößerung der Ausbeute sowie zur Beschleunigung und Belebung der Reaktion bei der aluminogenetischen Darstellung von kohlenstofffreiem Chrom oder Mangan, dadurch gekennzeichnet, daß der in bekannter Weise als Hauptmasse verwendeten niederen Oxydationsstufe des Chroms oder Mangans ein geringer Teil einer höheren Oxydationsstufe dieser Metalle (auch in Form ihrer Salze) oder anderer Metalle zugemischt wird.

Dadurch, daß die Reaktionsgeschwindigkeit erhöht und eine vorzeitige Abkühlung verhindert wird, kann man die Ausbeute auf 90 Proz. und darüber vermehren. (Nach dem vorstehenden Verfahren beträgt die Ausbeute nur 50 bis 60 Proz.) Man mischt z. B. 100 kg reinem Chromoxyd möglichst innig 3 bis 4 kg Chromsäure bei (die unterste Grenze liegt bei etwa 1 kg) und gibt zu dieser Mischung weiter 34 bis 35 kg Aluminium in feinster Verteilung. Meist wird man es vorziehen, dem Chromoxyd durch eine vorbereitende Behandlung, z. B. durch Glühen mit einem Alkali oder Erdalkali, die nötige Zumischung von Chromsäure zu geben, da man auf diese Weise die denkbar feinste Verteilung der Chromsäure im Chromoxyd erreicht. Beim Mangan wählt man als Zusatz die höhere Oxydationsstufe MnO_2 bzw. Mn_2O_7 oder deren Salze.

An Stelle der Metalle kann man durch geeignete Mischungen auch Legierungen darstellen und kann sogar, da die Reaktion gut fortschreitet, metallische Körper zusetzen, die dann als Legierung aufgenommen werden, wobei man diese zugesetzten Metalle, ebenso wie gegebenenfalls die Mischung, vorwärmen wird. (Vom 26. 7. 1905 ab.)

(D. R. P. 363 273.) Th. Goldschmidt A. G., Essen: Verfahren zur wirtschaftlichen Gewinnung von kohlefreiem Ferrochrom aus Chromeisenstein auf aluminothermischem Wege. Ein Gemisch von Chromeisenerz, Aluminium und Eisenoxyden (Hammerschlag u. dgl.) wird der aluminothermischen Reaktion unterworfen. Dem Gemisch können Oxyde anderer Metalle, z. B. die des Kobalt, Nickel, Wolfram, Molybdän und Vanadium beigemengt werden, wodurch die entsprechenden Legierungen erhalten werden. (Vom 15. 10. 1919 ab.)

(D. R. P. 179 403.) Kühne, Dresden: Verfahren zur Darstellung von Metallen, Metalloiden oder Legierungen derselben miteinander und mit Aluminium aus Gemengen von

Aluminium mit den sauerstoffhaltigen Verbindungen derjenigen Elemente, welche nach dem Aluminiumthermitverfahren von Goldschmidt in einheitlicher regulinischer Form nicht darstellbar sind, dadurch gekennzeichnet, daß dem Reduktionsgemisch Chlorate oder Perchlorate zugesetzt werden.

Auf die genannte Weise können z. B. Beryllium, Bor, Cer, Silicium, Titan, Thorium (oder deren Legierungen) gewonnen werden. Um z. B. Bor darzustellen, entzündet man ein Gemisch von 9 Tln. fein zerkleinertem Aluminium, 5 Tln. Kaliumchlorat, 3 Tln. einer Borverbindung. Die Mischung fängt an zu brennen und schmilzt unter Weißglut zu einer dünnflüssigen, kochenden Masse zusammen, welche nach dem Erkalten aus zwei leicht zu trennenden Schichten besteht; oben findet sich geschmolzene Tonerde, unten ein Regulus, welcher krystallisiertes Bor enthält. Dieses isoliert man durch Auflösen des Aluminiums in verdünnten Säuren. (Vom 21. 5. 1904 ab.)

(D. R. P. 192 015.) Goldschmidt, Essen: Verfahren zur Gewinnung von Metallen in hocherhitztem, flüssigem Zustande unter Bildung leichtflüssiger Schlacke aus Metallsauerstoff-, Metallschwefel- oder Metallhalogenverbindungen oder Gemengen dieser Stoffe mit Reduktionsstoff nach Art des Aluminiumthermits, dadurch gekennzeichnet, daß als Reduktionsstoff Calcium und Aluminium entweder als getrennte Körper oder als Legierungen verwendet werden, zum Zwecke der Erhöhung der Reaktionsgeschwindigkeit.

Bei der Anwendung der Mischung oder Legierung von Calcium und Aluminium tritt eine weitaus höhere nutzbare Wärmewirkung ein, als bei der Benutzung von reinem Aluminium obwohl Calcium für sich allein eine wesentlich niedrigere Wärmewirkung ergibt. Gute Ergebnisse erhält man z. B., wenn man 40 Tle. einer äquivalenten Mischung von Calcium mit Chromoxyd einerseits und 60 Tle. einer äquivalenten Mischung von Aluminium und Chromoxyd andererseits anwendet. (Vom 10. 8. 1905 ab.)

(D. R. P. 219 778.) Büchel, Dortmund: 1. Verfahren zur Gewinnung von Metallen auf aluminothermischem Wege, dadurch gekennzeichnet, daß die gebildete Schlacke in ein eine Alkali- oder Erdalkaliverbindung oder -verbindungen oder deren Gemische enthaltendes Gefäß abgestochen wird, um so eine leicht lösbare Schlacke zu erhalten.

2. Ausführungsart nach 1. unter Verwendung von Alkalimetall enthaltendem Reduktionsstoff, dadurch gekennzeichnet, daß behufs Erzielung einer leicht löslichen Schlacke das als Reduktionsmittel dienende Gemenge der Hauptsache nach aus Alkalimetallen oder deren Legierungen oder Verbindungen besteht.

Bei den oben genannten aluminogenetischen Verfahren geht meist ein Teil der reduzierten Metalle in Form kleiner Körner in der Schlacke verloren. Diese ist schwer löslich oder unlöslich und enthält das gesamte bei dem Verfahren zur Verwendung gekommene Aluminium, das ebenso wie die Metallkörner verloren geht. Durch Überführung der Schlacke in eine leicht lösliche Verbindung soll die Tonerde sowohl als die in ihr enthaltenen Metallteile wieder gewonnen werden. (Vom 5. 5. 1907 ab.)

(D. R. P. 401 172.) Continuous Reaction Co.-London: Verfahren zur Herstellung von Ferrochromlegierungen aus Eisenoxyd unter Benutzung von Silicium oder Ferrosilicium als Reduktionsmittel, dadurch gekennzeichnet, daß einem an sich bekannten Gemisch von Eisenoxyd mit Silicium oder Ferrosilicium ein Oxydationsmittel in geringer Menge zugesetzt wird, das die Reaktion unterstützt, wenn das Gemisch nach Art der Aluminothermie entzündet worden ist, während der Zusatz des Chroms zu dem gebildeten Eisen in einem beliebigen Stadium des Verfahrens erfolgen kann.

2. Als Oxydationsmittel wird ein Alkalinitrat verwendet. (Vom 30. 5. 1922 ab.)

(D. R. P. 187 457.) Goldschmidt, Essen: 1. Verfahren zur Gewinnung von Metallen in hocherhitztem flüssigen Zustande unter Bildung leichtflüssiger Schlacke aus Metallsauerstoff-, Metallschwefel- oder Metallhalogenverbindungen oder Gemengen dieser Stoffe mit Reduktionsstoff nach Art des Aluminiumthermits, dadurch gekennzeichnet, daß als Reduktionsstoff Calcium und Silicium entweder als getrennte Körper oder als Legierungen verwendet werden, wobei das Silicium infolge der dabei eintretenden hohen Wärmewirkung des Calciums, insbesondere seiner hohen Reaktionsgeschwindigkeit, selbst als aktiver Reduktionsstoff wirkt.

Das metallische Calcium allein reduziert zwar auch Metalloxyde, die Reaktion verläuft jedoch meist so heftig, daß sie technisch nicht zu verwerten ist, andererseits ist die entstehende Calciumschlacke so strengflüssig, daß eine Abscheidung des reduzierten Metalles als Regulus nicht stattfindet. Wendet man jedoch auf 2 Tle. Calcium 1 Tl. Silicium an, so findet eine sehr ruhige Reaktion statt, ein guter Fluß der Masse; die Ausbeute an Metall ist verhältnismäßig hoch, die dünnflüssige Schlacke besteht im wesentlichen aus Calciumsilicat. (Vom 23. 7. 1905 ab.)

Zus. P. (D. R. P. 224 334.) Goldschmidt, Essen: 1. Verfahren zur Gewinnung von Metallen usw., dadurch gekennzeichnet, daß als Reduktionsstoff Magnesium und Silicium als getrennte Körper oder als Legierungen verwendet werden, wobei das Silicium infolge des höheren thermischen Effektes des Magnesiums selbst als aktiver Stoff wirkt. **2.** Zur Ausführung des unter 1. geschützten Verfahrens: ein Gemisch, bei welchem das Verhältnis der aktiven Reduktionsmittel derart ist, daß Silicium $^1/_4$ bis $^2/_3$ des aktiven Reduktionsstoffes oder der Legierung bildet.

Mischungen von Metalloxyden mit Magnesium oder Silicium werden genau wie das Aluminiumthermit ohne jede äußere Erhitzung durch Entzündung an einer Stelle zur Reaktion, die sehr regelmäßig und schnell vonstatten geht, gebracht.
(Vom 27. 1. 1906 ab.)

(D. R. P. 361 408.) Pacz, Ohio: Verfahren zur Herstellung von Aluminiumpulver, dadurch gekennzeichnet, daß Aluminium durch Legierung mit Silicium oder Ferrosilicium spröde gemacht, darauf die in Formen gegossene Legierung auf mechanischem Wege in Spanform gebracht wird und die Späne schließlich in Zerkleinerungsvorrichtungen gepulvert werden. Dieses Pulver soll zur Erzeugung hoher Temperaturen oder bei Reduktionen leichter und schneller als das übliche Aluminiumpulver reagieren.
(Vom 25. 3. 1924 ab.)

(D. R. P. 113 037.) Döllner, Rixdorf: Darstellung von Metallen oder Legierungen aus einem Gemisch von sauerstoff- oder schwefelhaltigen Verbindungen dieser Metalle bez. Metalloide mit zerkleinerten Erd- oder Erdalkalicarbiden mit oder ohne Zumischung von Aluminium oder Magnesium, derart, daß die Mischung von einer Stelle aus entzündet und dadurch die der Erzeugung jener Metalle oder Legierungen zugrunde liegende Reaktion eingeleitet wird. Zur Gewinnung von Legierungen brauchen durch die Reaktion nicht die beiden (bez. mehrere) Komponenten gleichzeitig aus ihren sauerstoff- oder schwefelhaltigen Verbindungen ausgeschieden zu werden, sie können auch zum Teil in Metallform der Reaktionsmischung beigefügt werden.

Bei genügendem Überschuß des Oxyds bez. Sulfids sollen die abgeschiedenen Metalle mehr oder weniger kohlefrei, vor allem aber frei von der Metallkomponente des Carbids sein.

(D. R. P. 118 177.) Bullier und La Société des Carbures métalliques, Paris: Verfahren zur Darstellung von Schwermetallen bez. deren Carbide im Schmelzfluß, dadurch gekennzeichnet, daß man Calciumcarbid auf die Halogensalze dieser Metalle einwirken läßt, welche entweder die einfachen Salze des zu gewinnenden Metalles oder die Doppelsalze desselben oder auch gemischte Salze sein und auch vorher hergestellt oder direkt aus den Oxyden im elektrischen Ofen erzeugt werden können.

Das Calciumcarbid zersetzt die geschmolzenen Halogensalze in der Weise, daß sich entweder ein Metallcarbid (falls sich das freiwerdende Metall mit Kohlenstoff verbindet) oder unter Kohlenstoffabscheidung das freie Metall abscheidet. Die während der Reaktion erzeugte Wärmemenge ist so groß, daß man in einem gewissen Zeitpunkt des Vorganges die Außenheizung entbehren kann.

(D. R. P. 121 324.) Siemens & Halske A. G., Berlin: Verfahren zur Gewinnung von Metallen aus Schwefelerzen oder Hüttenprodukten oder zur Reinigung von Rohmetallen oder zur Herstellung von Metallegierungen, dadurch gekennzeichnet, daß das Gemisch einer Metallchlorverbindung und eines Metalloxydes oder eines Metallsauerstoffsalzes gleichzeitig mit Calciumcarbid in der Wärme behandelt werden, wobei die Mengen der Chlorverbindung und der Sauerstoffverbindung derart zu wählen sind, daß das Chlor dem Calcium und der Sauerstoff dem Kohlenstoff des Carbids annähernd entspricht.

Die Reaktion ist eine viel kräftigere, wenn man das Calciumcarbid auf eine Mischung von Oxyd und Chlorür oder Chlorid wirken läßt, als wenn man lediglich Oxyde anwendet. Man hat es in der Hand, durch verschiedene Bemessung der Chlorverbindung entweder eine Legierung aus dem Metall (M) der Chlorverbindung und demjenigen (R) des Oxyd oder aber nur das erstere Metall (M) darzustellen. Für den ersten Fall gilt z. B. die Formel:

$$MCl_2 + 2\,RO + CaC_2 = M + 2\,R + CaCl_2 + 2\,CO$$

und für den letzteren:

$$3\,MCl_2 + 2\,RO + CaC_2 = 3\,M + 2\,RCl_2 + CaCl_2 + 2\,CO\,.$$

(D. R. P. 330 679.) Schun, Großpeter und Kemper, Olpe: Verfahren zur Reduktion von Metalloxyden mit Hilfe von Natriumlegierungen, 1. dadurch gekennzeichnet, daß man auf die Oxyde in der Hitze Legierungen des Na mit Fe, Mn, Si oder mit mehreren dieser Stoffe einwirken läßt. **2.** Verfahren zur Desoxydation von Metallflüssen, dadurch gekennzeichnet, daß man ihnen die in 1. genannten Legierungen zusetzt. **3.** Verfahren nach 1. zur Gewinnung von Mn, Cr und ähnlichen Metallen, dadurch gekennzeichnet, daß man die Oxyde dieser Metalle mit der zerkleinerten Legierung, z. B. NaSi, vermischt und die Mischung auf dem Herde eines Siemens-Martin-Ofens oder in einem Tiegel oder einem sonstigen geeigneten Raum zur Reaktion bringt. (Vom 20. 2. 1917 ab.)

(D. R. P. 146 668.) Blakmore Mount Vernon: Verfahren zur Reduktion von Metalloxyden durch Metallcarbide in Gegenwart eines Flußmittels, dadurch gekennzeichnet, daß die Oxyde der Einwirkung der Carbide in einem schmelzflüssigen Bade des Flußmittels unterworfen werden, zu dem Zwecke, die Reaktion bei einer unterhalb der Schmelztemperatur des betreffenden Oxydes liegenden Temperatur zu ermöglichen und das Verfahren kontinuierlich zu gestalten.

Ein Zusatz z. B. von Kaliumfluorid erleichtert das Schmelzen der Materialien, ein Zusatz von Lithiumfluorid befördert die Abscheidung des reduzierten Metalles und seine Vereinigung zu einer Masse. Um Legierungen herzustellen, wendet man eine Mischung von Fluoriden und Oxyden verschiedener Metalle an. (Vom 29. 5. 1901 ab.)

(D. R. P. 145 820.) Eskales, München: Verfahren zur Herstellung von Metallen oder Metalloiden oder Legierungen derselben miteinander durch endothermische Reduktion ihrer Sauerstoff-, Schwefel- und Halogenverbindungen, dadurch gekennzeichnet, daß die Metalle der seltenen Erden, insbesondere Lanthan, Didym, Cer, Titan, Thorium, Zirkonium bez. Gemische oder Legierungen derselben untereinander oder mit Magnesium und mit Aluminium bez. die Carbide und Gemenge der Carbide und Phosphide der Metalle der seltenen Erden als Reduktionsmittel zur Anwendung kommen.

Die genannten Metalle besitzen selbst ein noch größeres Reduktionsvermögen als das Aluminium, gut verwendbar sind auch ihre Legierungen mit Magnesium und besonders mit Aluminium; sie sollen durch Schmelzelektrolyse des fast wertlosen Nebenproduktes erhalten werden, das nach Abscheidung des Thoroxydes aus dem Monazitsand für die Glühstoffabrikation zurückbleibt. (Vom 19. 4. 1902 ab.)

(D. R. P. 181 409.) Goldschmidt, Brüssel: 1. Verfahren zur Darstellung von solchen Metallen, deren Oxyde schwer reduzierbar sind, durch Erhitzen von geeigneten Verbindungen dieser mit Zuschlägen in einer Stickstoffatmosphäre, dadurch gekennzeichnet, daß als Zuschläge solche Metalle verwendet werden, welche mit den an das darzustellende Metall gebundenen Elementen, z. B. einem Halogen, flüchtige Verbindungen bilden, worauf das entstandene Nitrid des rein zu gewinnenden zum Zwecke der Überführung in Reinmetall unter gleichzeitiger Gewinnung von Ammoniak in bekannter Weise in einer Wasserstoffatmosphäre erhitzt wird.

2. Ausführungsform nach 1., dadurch gekennzeichnet, daß eine Verbindung des rein darzustellenden Metalles mit einem geeigneten Zuschlag in einer Stickstoff-Wasserstoffatmosphäre erhitzt wird.

Verwendet man als Hilfsmetall Aluminium, so ist der Reaktionsverlauf:

$$3\,MCl_2 + 2\,Al + 2\,N = M_3N_2 + 2\,AlCl_3 \quad \text{und}$$
$$M_3N_2 + 3\,H_2 = 3\,M + 2\,NH_3\,.$$

(Vom 8. 12. 1905 ab.)

Eine den aluminogenetischen Verfahren verwandte Herstellungsweise von Metallen und Legierungen, jedoch unter gleichzeitiger Anwendung des elektrischen Ofens, ist geschützt in

(D. R. P. 175 886.) Gin, Paris: Verfahren zur elektrometallurgischen Darstellung kohlenstofffreier Metalle oder Metallegierungen durch Einwirkung von Siliciden auf Oxyd oder basisches Silicat der darzustellenden oder der zu legierenden Metalle, dadurch gekennzeichnet, daß die Reaktion in einem elektrischen Ofen vorgenommen wird, dessen Elektroden aus dem Silicid bestehen, während als Elektrolyt geschmolzenes Oxyd oder basisches Silicat der darzustellenden oder der zu legierenden Metalle dient. (Vom 30. 3. 1905 ab.)

(D. R. P. 256 083.) v. Zelewski, Engis: Verfahren zur Gewinnung von Metallen, wie Zink, Blei usw., aus ihren Schwefel- oder Sauerstoffverbindungen durch Erhitzen mit Carbiden, dadurch gekennzeichnet, daß eine Chlorverbindung der Alkali- oder Erdmetalle zugefügt wird, um die Reaktion zu fördern.

(Vom 19. 5. 1912 ab.)

In der großen Mehrzahl der Fälle erfolgt die Herstellung der Legierungen nach dem einfachsten, schon im Altertum ausgeübten Verfahren, durch Zusammenschmelzen der Bestandteile in den entsprechenden Gewichtsverhältnissen. So überaus einfach diese Darstellungsweise in der Theorie aussieht, so wichtig ist dennoch die Anwendung gewisser Kunstgriffe in der Praxis, wenn man sicher sein will, eine Legierung von gleichmäßiger Zusammensetzung zu erzielen, oder wenn man sich vor einer Verschwendung an Feuerungsmaterial oder vor größeren Metallverlusten durch Verdampfen, Abbrand, Verschlacken usw. schützen will.

Schwierigkeiten können entstehen dadurch, daß die Metalle sich im geschmolzenen Zustand nicht ineinander lösen, sie zeigen bei bestimmten Konzentrationen eine Mischungslücke.

Hier hilft häufig der Zusatz eines dritten Metalles, z. B. von Aluminium, Kupfer, Nickel oder namentlich Mangan in so geringen Mengen, daß die Eigenschaften der Fertiglegierung noch nicht beeinflußt werden, während die Legierungsfähigkeit der Bestandteile außerordentlich erhöht wird.

(D. R. P. 192 735.) Dannert, Berlin: Verfahren zur Herstellung von Legierungen von Kupfer und Eisen. Man hat bereits versucht, die sich nur in geringen Prozentsätzen legierenden Metalle Kupfer und Eisen durch Beigabe eines dritten Metalles (Nickel, Blei), eines sog. Mittlers, in geringen Mengen zu legieren; um dies in sicherer Weise zu erreichen, soll dem heruntergeschmolzenen Fluß von Kupfer und Eisen (40 bis 60 : 60 bis 40) Aluminium (8 bis 20 Proz.) zugegeben werden, wodurch eine homogene Legierung von hoher Feinkörnigkeit und hoher Druck- und Zugfestigkeit erzielt wird. (Vom 16. 9. 1906 ab.)

Siehe a. **(D. R. P. 304 551)** S. 425.

(D. R. P. 336 219) S. 95.

(D. R. P. 336 519.) Großpeter und Schuen, Großkönigsdorf: Verfahren zur Herstellung von Legierungen, aus Metallen, die ein starkes Bestreben haben, aus diesen Legierungen auszuseigern, 1. dadurch gekennzeichnet, daß beim Zusammenschmelzen Natrium zugesetzt wird. — **2.** dadurch gekennzeichnet, daß man in an sich bekannter Weise einen Teil des Hauptmetalles einschmilzt, diesem dann Natrium zusetzt, dann die anderen für die gewünschte Metallegierung nötigen Metalle hinzusetzt und schließlich die Legierung mit dem Rest des Hauptmetalles verdünnt. — **3.** dadurch gekennzeichnet, daß das Natrium während der Legierungs- und Reduktionsvorgänge in an sich bekannter Weise durch Elektrolyse abgeschieden wird.

(Vom 10. 6. 1915 ab.)

Die geringe Legierungsfähigkeit ist zuweilen eine nur scheinbare; dieser Fall tritt ein, wenn man nicht reine Metalle anwendet, sondern solche, die schwerlösliche Verunreinigungen enthalten. Besonders schädlich ist ein geringer Gehalt an Siliciden und Carbiden, deshalb macht sich meist die Verwendung der teuren kohlenstoffreien Metalle durch eine erhebliche Verringerung des Abbrandes reichlich bezahlt. In ähnlicher Weise wird die Legierungsfähigkeit beeinträchtigt, wenn die Zusatzmetalle von einer feinen Oxydhaut umhüllt sind, welche die innige Berührung mit der Schmelze verhindert, es empfiehlt sich deshalb meistens, das Einschmelzen in Gegenwart reduzierender oder oxydlösender Zuschläge vorzunehmen.

Siehe a. **(D. R. P. 314 346)** S. 441.

Beim Legieren von Metallen, die sich durch eine große Verschiedenheit ihrer spez. Gewichte voneinander unterscheiden, ist es häufig schwierig, eine gleichmäßig zusammengesetzte Legierung zu erzielen, in diesem Fall hilft ein mehrfaches Umschmelzen oder längeres Flüssighalten unter häufigem Umrühren mit darauffolgender Abkühlung. Um die Gefahr des Seigerns zu vermindern, wird man ein Mengenverhältnis in der Nähe der eutektischen Zusammensetzung wählen.

(D. R. P. 163 411.) Mahlke, Dresden-Plauen: Verfahren zum Legieren verschieden schwerer Metalle, dadurch gekennzeichnet, daß Bruchstücke des leichteren Metalles auf dem Boden des Schmelztiegels, ohne daß sie die Wände des Tiegels berühren, aufgeschichtet und dann allseitig mit Bruchstücken des schwereren Metalles bedeckt werden, worauf die Zwischenräume zwischen den Bruchstücken durch Übergießen mit dem vorher verflüssigten Teil des schwereren Metalles ausgefüllt werden, behufs Erzielung eines Abschlusses des leichteren Metalles von der äußeren Luft. worauf nach Hinzufügung des Restes des schwereren Metalles die ganze Masse eingeschmolzen wird.

Durch das vorliegende Verfahren wird der Auftrieb der leichteren Komponente in dem Metallgemisch unwirksam gemacht, das leichtere Metall kann nicht an die Oberfläche gelangen, so daß die erheblichen Metallverluste durch Oxydation vermieden werden. Es können so z. B. Legierungen mit verhältnismäßig hohem Magnesiumgehalt oder Hartbleilegierungen mit hohem Antimongehalt erzielt werden. (Vom 22. 11. 1904 ab.)

Besonders häufig tritt die Schwierigkeit auf, daß es sich darum handelt, Metalle mit sehr großen Unterschieden in den Schmelzpunkten miteinander zu legieren Früher huldigte man dem Grundsatz, daß man zunächst den Bestandteil mit dem höchsten Schmelzpunkt einschmolz und dann bei allmählicher Abkühlung die anderen Bestandteile zusetzte. Man ist dann zwar sicher, eine gutflüssige Legierung zu erzielen, hat aber mit großen Verlusten des niedrigschmelzenden Metalles durch Verdampfen oder Verbrennen zu rechnen, dazu kommt noch die erhebliche Vergeudung an Feuerungsmaterial. Da man heute die Schmelzpunkte der meisten Legierungen aus den Erstarrungskurven entnehmen kann, wird man lieber das innige Gemenge der Bestandteile nach Zusatz geeigneter Zuschläge unter einer Holzkohlen- oder Koksdecke zur Vermeidung der Oxydation nur bis kurz über den Schmelzpunkt der Endlegierung erhitzen. Häufig empfiehlt sich die Anwendung von im Handel erhältlichen Vorlegierungen, die meist einen erheblich niedrigeren Schmelzpunkt als ihre Komponenten besitzen, oder man stellt sich, wenn mehrere Metalle miteinander legiert werden sollen, durch geeignete Kombination erst Zwischenlegierungen her, die man dann erst mit dem Hauptmetall vereinigt. Diese Zwischenlegierungen wird man namentlich dann anwenden, wenn es sich darum handelt, große Mengen eines billigen Metalles mit geringen Mengen eines teureren zu legieren, da man durch die Zwischenlegierungen meist die Reaktionsfähigkeit, das Verdampfen oder Verbrennen des teueren Zusatzes mildern und die einzelnen Schmelzpunkte einander näherbringen kann.

(D. R. P. 82 624.) Moissan, Paris: Darstellung von Legierungen. Um in Eisen, Gußeisen, Stahl, Bronze usw. die schwer schmelzbaren Metalle Molybdän, Wolfram, Uran, Zirkon, Vanadin, Kobalt, Nickel, Mangan, Chrom, Titan, Silicium, Bor einzuführen, wendet man die niedrig schmelzenden Legierungen dieser Metalle mit Aluminium oder Magnesium an. Diese Legierungen werden in das geschmolzene Bad eingetragen, das Bad wird gut umgerührt und dann das Aluminium oder Magnesium durch Einblasen eines Luftstromes oder Zugabe eines Oxydes des hinzulegierten Metalles verbrannt und in die Schlacke übergeführt.

Siehe auch S. 217.

Ein eigenartiges Verfahren ist beschrieben in folgenden Patenten:

(D. R. P. 274 137.) Mauser, Köln-Ehrenfeld: Verfahren zur Herstellung von Metallegierungen insbesondere aus Metallen mit hohen Schmelzgradabständen, wobei das oder die Metalle mit höherem Schmelzpunkte in staubförmigem Zustande zur Anwendung gelangen, dadurch gekennzeichnet, daß man unter die Oberfläche des oder der am leichtesten schmelzenden, in flüssigen Zustand übergeführten Metalle die staubförmigen Metalle hohen Schmelzgrades ohne Anwendung einer sie beeinflussenden Wärmequelle mit starkem Druck einbringt.

Das Einführen des staubförmigen Metalles geschieht mittels Injektors, Gebläses, mechanischer Schleudervorrichtungen oder anderer Mittel. Das Eindrücken des Metallpulvers erfolgt vorteilhafter unter die Oberfläche des flüssigen Metalles, als wenn es erst diese Oberfläche durchdringen müßte, weil so die Unreinlichkeiten der Oberfläche nicht mit in das Metall gerissen werden. Man kann so z. B. Blei mit bis zu 30 proz. Wolfram legieren und auch zahlreiche andere, bisher nicht erreichbare Blei-, Zinn-, Zinklegierungen herstellen. (Vom 15. 1. 1913 ab.)

(D. R. P. 272 727.) Fochtenberner, Mannheim: Verfahren zum Mischen von Metallen mit weit voneinander liegenden Schmelzpunkten unter Einführung eines Metalles von geringerem Schmelzpunkt in besonderer Verpackung, dadurch gekennzeichnet, daß das Zusatzmetall in Hohlkörpern aus Sorelzement eingeschlossen und alsdann der anderen Masse zugesetzt wird. (Vom 13. 3. 1910 ab.)

(**D. R. P. 309114.**) **Fernholz, Berlin: Verfahren zur Herstellung von Legierungen aus niedrig siedenden Metallen mit solchen von hohem Schmelzpunkt** in beliebigem Mischungsverhältnis, dadurch gekennzeichnet, daß das Zusammenschmelzen derselben durch Erhitzen unter starkem Druck erfolgt.

Das Gießen und Abkühlen bis zum Schmelzpunkt des niedrigsiedenden Metalles muß ebenfalls unter Druck erfolgen, um ein nachträgliches Entweichen des flüchtigen Bestandteiles der Legierung in Dampfform zu verhindern. Man kann so Quecksilber, Kalium, Natrium, Cadmium, Zink mit Eisen, Nickel, Mangan legieren.
(Vom 23. 3. 1918 ab.)

(**D. R. P. 219 832.**) **Ganz'sche Elektrizitätsgesellschaft, Budapest: Verfahren und Tiegel zum Schmelzen von oxydierbaren Schwermetallen.** Die zu schmelzenden Metallstücke werden z. B. bei der Herstellung von Legierungen in ein sie nicht angreifendes Bad, insbesonders geschmolzenes Salz gebracht, welches vorher auf eine die Schmelztemperatur des betreffenden Metalles übersteigende Temperatur erhitzt worden ist. Um die Diffusion von Gasen durch die Tiegelwandung zu verhindern, wird der Tiegel zweckmäßig in einem Bade von geschmolzenem Salz erhitzt. (Vom 27. 3. 1909 ab.)

Siehe auch S. 202.

Nach (**D. R. P. 286 556**) vom 15. 4. 1913 setzt *Goldmerstein* der Schmelze Fluorverbindungen der zu legierenden Metalle zu. Verunreinigungen, namentlich Phosphor, Schwefel und Arsen, sollen sich alsdann als Fluoride verflüchtigen.

(**D. R. P. 351 656.**) **Metallbank und Metallurgische Gesellschaft Akt.-Ges., Frankfurt a. M.: Verfahren zum Schmelzen von leicht oxydierbaren Metallen,** dadurch gekennzeichnet, daß man die Oberfläche mit einem Schwimmer versieht, der diese möglichst vollständig bedeckt hält. — Beispielsweise legt man beim Schmelzen von Pb-Ca-Legierungen auf das geschmolzene Metall einen eisernen, die Oberfläche bedeckenden Körper, oder bei Sn-Legierungen einen solchen aus Ton. Die zwischen der Tiegelwand und dem Schwimmer befindlichen Metallteile kann man mittels Holzkohle vor der Einwirkung der Luft schützen. (Vom 19. 9. 1919 ab.)

(**D. R. P. 381 527.**) **Metallurgische Gesellschaft und Metallbank, Frankfurt a. M.: Verfahren zur Herstellung einer Legierung des Bleis mit einem oder mehreren der leicht zerfallenden Metalle** (Calcium, Natrium, Barium, Strontium) gekennzeichnet durch einen geringen Zusatz von Aluminium. Dieses legiert sich nicht mit dem Blei, sondern steigt an die Oberfläche, bildet eine dünne Haut und schützt vor Oxydation. Es genügt schon 0,05 Proz. Al. (Vom 19. 9. 1916 ab.)

Herstellung von Legierungen durch Elektrolyse.

Mit Hilfe des elektrischen Stromes werden Legierungen hergestellt (abgesehen von den Fällen, in welchen die Elektrizität lediglich als Wärmequelle dient) durch Elektrolyse des Schmelzflusses oder der wässerigen Salzlösung. Nach ersterem Verfahren werden hauptsächlich Eisenlegierungen, seltener Aluminium- und Magnesiumlegierungen gewonnen, nach letzterem Verfahren dünne Niederschläge von Platin-, Nickel-, Gold-, Silber-, Messing-, Bronze- und Neusilberlegierungen auf anderen Metallen.

(Die Einzelheiten werden in dem „praktischen Teil“ besprochen werden.)

Trotz aller dahinzielenden Versuche gelingt es nicht, durch Elektrolyse der Metallsalzlösungen Legierungen in kompakten Massen herzustellen; die Schwierigkeit liegt darin, einzelne Metalle von verschiedenem Potential zu gleicher Zeit niederzuschlagen. Es kommt hierbei darauf an, daß 1. durch Wahl geeigneter komplexionenbildender Zusätze die Einzelpotentiale der

Komponenten einander genähert werden, daß 2. die Metalle in Form der Legierung eine geringere Lösungstension als im reinen Zustand haben, d. h. edler erscheinen, also nicht wieder aufgelöst werden, und daß 3. bei ungenügender Durchmischung des Elektrolyten keine periodischen Erscheinungen auftreten (vgl. *Kremann*, *Suehy* und *Maas*[1]). Um die erste Bedingung zu erfüllen, wendet man meist die Cyandoppelsalze an oder nach

(D. R. P. 134 736.). Langbein & Co., Leipzig

die Ätherschwefelsäuren in freiem oder gebundenem Zustand. Hierbei ist häufig die Konzentration der Cyansalzlösung von Wichtigkeit, da bei einer Erhöhung derselben entweder die Zusammensetzung der Legierung ungleichmäßig oder die Ausbeute verschlechtert wird (siehe *Field*[2]).

Um die anderen genannten Schwierigkeiten zu beheben, sind verschiedene Vorschläge gemacht worden:

Bennet und *Davison*[3] scheiden Messing an einer rotierenden Elektrode aus der Cyanidlösung ab, die Zusammensetzung der Legierung variiert dabei mit der Zusammensetzung der Cyanidlösung und der Umdrehungsgeschwindigkeit der Elektroden.

Jacobs[4] elektrolysierte neutrale Sulfatlösungen, die zur Regulierung des inneren Widerstandes mit wechselnden Mengen Ammoniumsulfat und -chlorid versetzt wurden, unter Anwendung zweier verschiedener Anoden aus den betreffenden Metallen. Damit die Menge der beiden Metalle, die gleichzeitig auf der Kathode niedergeschlagen werden sollen, genau reguliert werden kann, muß zwischen jeder der beiden Anoden und der Kathode die dem elektropositiven Charakter des betreffenden Metalles entsprechende Spannungsdifferenz genau eingehalten werden. Dies wird dadurch ermöglicht, daß jede Anode mit einer anderen Stromquelle verbunden wird, die entsprechend gespannten Strom liefert; dadurch, daß die Kathode durch eine gemeinsame dritte Leitung mit beiden Stromquellen in Verbindung steht, wird der Stromkreis geschlossen.

Proctor[5] empfiehlt als gutes Bad: 4,4 l Wasser; 212 g NaCN (96%); 56,6 g $NaHSO_3$; 14 g NH_3 (26°); 0,089 g AS_2O_3; 295 g KOH; 113 g $Cu(CH)_2$; 42,5 g $Zn(CN)_2$; gewalzte oder gegossene Messinganoden.

Cowper-Cowles will Messing in Blech- oder Röhrenform nach (U. S. P. 898 189) abscheiden, indem er neben Anoden aus Messing noch solche aus Kupfer oder Zink anwendet, denen abwechselnd, nach Bedürfnis, beliebig Strom zugeführt werden kann. Der Elektrolyt besteht aus den Doppelcyaniden von Kupfer und Zink.

(E. P. 154 108/1920.) Cowper, Coles: Verfahren zur Erzeugung einer Kupfer-Zinklegierung in Form von Niederschlägen durch Elektrolyse einer Lösung, welche ein Salz oder

---

[1] Monatshefte f. Chem. 1913, **34**, 1757.
[2] Elektrochem. Zft. 1910, **17**, 61.
[3] Journ. of Phys. Chem. 1914, **18**, 488.
[4] Journ. Amer. Chem. Soc. 1905, **27**, 972.
[5] Met. Ind. 1925, **26**, 364.

eine Verbindung des einen Metalles enthält und der unter heftigem Rühren beständig eine Verbindung des anderen Metalles zugesetzt wird.

Die Beschaffenheit des Elektrolyten kann dabei mittels eines durch das Bad hindurchgeführten Metallbandes bzw. des auf diesem erzeugten Niederschlages festgestellt werden. Um Eisen mit einem Schutzüberzug aus einer Kupfer-Zinklegierung zu versehen, welche 50 Proz. Zn enthält, verwendet man einen Elektrolyten, der ein Doppelcyanid von Kupfer-Kalium enthält und setzt demselben Zinkverbindungen in kurzen Zwischenräumen zu, oder man verwendet eine kleine Zinkelektrode.

(D. R. P. 406 350.) Govaerts und Wenmaekers, Cureghem: Niederschlagen von Kupfer-, Silber- und Bleilegierungen durch Elektrolyse, namentlich auf Eisen oder Aluminium. Zur Elektrolyse werden die Thiosulfate der Metalle in Wasser oder einem Überschuß eines löslichen Thiosulfates verwendet. (Vom 22. 11. 1922 ab.)

Die theoretischen Grundlagen der elektrolytischen Abscheidung von Legierungen und die bisherigen praktischen Erfolge siehe

Kremann: Die elektrolytische Darstellung von Legierungen aus wässerigen Lösungen. Braunschweig 1914.

Steinach und *Buchner*: Die galvanischen Metallniederschläge und deren Ausführung. Berlin 1924.

Die patentrechtliche Stellung der Legierungen.

Nach § 1 des Patentgesetzes sind vom Patentschutz ausgenommen: „Erfindungen von Stoffen, welche auf chemischem Wege hergestellt wurden, soweit die Erfindungen nicht ein bestimmtes Verfahren zur Herstellung der Gegenstände betreffen."

Es fragt sich nun: Ist das Herstellungsverfahren der Legierungen ein chemisches? In einzelnen Fällen, z. B. Reduktion der Oxyde durch Aluminium, trifft dies zweifellos zu, hier ist nicht die Legierung, das Endprodukt als solches, sondern nur das Herstellungsverfahren der betreffenden Legierung patentschutzfähig. Das Zusammenschmelzen von Metallen scheint dagegen nach Ansicht des Reichsgerichtes (siehe die Entscheidung[1] im *Auer*-Prozeß vom 11. 7. 1896) ein mechanisches Verfahren darzustellen, daher können, wie zahlreiche Beispiele zeigen, die durch Zusammenschmelzen entstandenen Legierungen als solche geschützt werden. Wenn nun nachträglich die metallographische Untersuchung lehrt, daß in der Legierung eine intermetallische Verbindung, also ein chemischer Körper vorliegt, so wird eine Nichtigkeitsklage das Patent zu Fall bringen.

Es wird sich deshalb, solange der § 1 des Patentgesetzes, der ursprünglich nur die rein chemischen Stoffpatente ausschließen wollte, nicht abgeändert ist, empfehlen, als Patentanspruch nicht lediglich die Zusammensetzung zu wählen, wie:

(D. R. P. 230 095.) Aluminiumlegierung, bestehend aus 80 bis 90 Proz. Aluminium, 5 bis 10 Proz. Silber oder anderen Edelmetallen und 5 bis 15 Proz. eines Metalles aus der Eisengruppe.

sondern entweder das Darstellungsverfahren zu schützen:

(D. R. P. 66 937.) Darstellung von Legierungen des Aluminiums mit Nickel oder Kobalt, Zinn, Cadmium, in der Weise, daß man Aluminium mit einer aus Nickel oder Kobalt und Zinn (50 Proz. Ni + 50 Proz. Sn) zusammengesetzten Legierung von annähernd gleichem Schmelzpunkt unter Zugabe von Cadmium (rein oder in Gestalt von Cadmiumzinn oder Cadmiumaluminium) zusammenschmilzt.

oder den durch das Legieren erzielten neuen technischen Effekt:

(D. R. P. 132 612.) Verfahren zum Zähemachen von Aluminium-Silberlegierungen, dadurch gekennzeichnet, daß man der Legierung 0,1 bis 1 Proz. Magnesium zufügt.

[1] Glasers Annalen 1896, **35,** 63.

Schließlich wird es auch in manchen Fällen genügen, den Gebrauchszweck der neuen Legierung unter Schutz zu stellen:

(**D. R. P. 190 234.**) **Metallegierung zum Ausgießen von mit Säuren in Berührung kommenden Hohlgegenständen,** bestehend in einer Mischung von $49^1/_2$ Proz. Nickel, $49^1/_2$ Proz. Aluminium und 1 Proz. Phosphor.

Vgl. zu dieser Frage auch *Samter*[1] und *Guertler*[2], *Benedicks*, *Müller*, *Wobsa*, *Sieverts*[3], *Ferchland*[4] und besonders *Lach*[5].

---

[1] Chem.-Zg. 1910, 626.

[2] Zft. f. angew. Chem. 1913, 465; Intern. Zft. f. Metallogr. 1913, **4**, 1.

[3] Intern. Zft. f. Metallogr. 1913, **4**, 323.

[4] Gewerbl. Rechtsschutz u. Urheberrecht 1913, **18**, 73.

[5] Zft. f. Metallkunde 1921, **13**, S. 245.

Die Aluminiumlegierungen.

Die Versuche, Aluminiumlegierungen technisch herzustellen, bewegen sich in zwei ganz verschiedenen Richtungen. Entweder sucht man die für die Industrie wichtigsten Eigenschaften des Reinaluminiums — sein außerordentlich geringes spez. Gewicht und seine große Widerstandsfähigkeit gegen chemische Einflüsse (verdünnte Säuren, Meerwasser, Atmosphärilien) — zu erhalten, aber die verhältnismäßig geringe Festigkeit und die schwierige Bearbeitungsfähigkeit wegen des lästigen Anhaftens am Werkzeug und „Schmierens" hauptsächlich beim Feilen und Bohren durch geringe Zusätze anderer Metalle zu beheben, oder man strebt danach, anderen Metallen durch Zuschmelzen geringer Mengen Aluminium eine größere Härte und bessere Widerstandsfähigkeit gegenüber chemischen Einflüssen zu verleihen. Von besonderer Wichtigkeit für die Industrie ist es, daß man es bei den meisten Aluminiumlegierungen in der Hand hat, das gegossene Material durch verschieden starke thermische oder mechanische Bearbeitung in bezug auf seine technischen Eigenschaften innerhalb ziemlich weiter Grenzen zu variieren und so den verschiedensten Verwendungszwecken anzupassen. Als im Jahre 1891 der Preis des Aluminiums außerordentlich herabging, begann man alsbald Legierungen desselben in größerem Maßstabe herzustellen, aber die Hoffnungen, die man an die neuen Metalle knüpfte, erfüllten sich nicht ganz: man verstand es noch nicht, das gegossene Material nachträglich zu veredeln, paßte auch häufig nicht das richtige Mischungsverhältnis dem Verwendungszwecke an. Außerdem bietet gerade der Guß der Aluminiumlegierungen infolge der leichten Oxydation des geschmolzenen Aluminiums durch den Luftsauerstoff und das starke Schwinden gewisse Schwierigkeiten; auch die Luftbeständigkeit scheint in manchen Fällen durch Verwendung unreiner Ausgangsmaterialien nicht besonders groß gewesen zu sein. Das Interesse namentlich für die spezifisch leichten, aluminiumreichen Legierungen schwand allmählich, bis in neuester Zeit plötzlich die Automobilindustrie und die Luftschiffahrt einen großen Bedarf an leichten und doch festen Materialien und damit einen neuen Ansporn für die Gießereitechnik brachte.

Die Herstellung der Aluminiumlegierungen kann in der Weise erfolgen, daß man entweder das Aluminium aus Kryolith, Bauxit oder anderen Aluminiumverbindungen in Gegenwart eines anderen Metalles abscheidet, mit dem es sich im Augenblick des Entstehens legiert, oder indem man bei der Darstellung von Metallen nach dem „aluminothermischen" Verfahren (siehe S. 96) einen Überschuß von Aluminium anwendet, der sich mit dem reduzierten Metall verbindet, oder in der Mehrzahl der Fälle durch Zusammenschmelzen der Komponenten.

Schon von 1891 datiert das

(U. S. P. 451 404.) Langley: Herstellung von Aluminiumlegierungen. Um Aluminium mit elektronegativen Metallen, deren Oxyde oder Salze nur schwer der Reduktion unterliegen, zu legieren, werden in einem kieselsäurefreien Gefäß solche Oxyde oder Salze mit geschmolzenem Aluminium in einem geschmolzenen Fluoridbad behandelt, wodurch die Metallbase des Oxydes oder Salzes reduziert und mit dem Aluminium legiert wird.

Moissan[1] stellte Legierungen des Aluminiums mit Nickel, Molybdän, Wolfram, Uran und Titan dar, indem er eine Mischung des Metalloxydes mit Aluminiumspänen auf geschmolzenes Aluminium warf. Das aus dem Oxyd reduzierte Metall ging sofort in das Aluminiumbad über. Das entstehende Aluminiumoxyd trennt sich jedoch nur schwierig von dem Metall; *Combes*[2] schlägt deshalb vor, statt der Metalloxyde deren Sulfide anzuwenden. Das Aluminiumsulfid steigt schnell an die Oberfläche der Schmelze und kann leicht entfernt werden. Bei der Verwendung der Metallchloride entsteht Aluminiumchlorid, welches sich verflüchtigt, aber aufgefangen werden kann.

Den Wert des Magnesiums als Desoxydationsmittel für Aluminiumlegierungen untersuchte *Lane*[3]. Bei achtmaligem Umschmelzen von Aluminium betrug der Schmelzverlust jedesmal 1 Proz.; um diesem entgegenzuarbeiten, wurde jedesmal $^1/_2$ Proz. Magnesium bei 8 weiteren Umschmelzungen hinzugegeben. Bei der Schlußanalyse zeigte sich, daß von den eingeführten 4 Proz. nur 0,3 Proz. oxydiert waren, da sich noch 3,7 Proz. Magnesium im Aluminium vorfanden, dessen Festigkeit dadurch bis auf das Doppelte gesteigert war, während die Dehnung abnahm.

Ein praktisches Verfahren zum Auskleiden der Schmelztiegel ist geschützt im

(D. R. P. 335 596.) Baer & Co. und Bruchsaler, Hornberg: Verfahren zum Schmelzen von Aluminium und Aluminiumlegierungen in Tiegeln, dadurch gekennzeichnet, daß die Schmelztiegel im Innern vor dem jedesmaligen Schmelzen mit einem Aluminiumlackbronzeüberzug versehen werden, aus welchem der Lack durch langsames Erhitzen bis auf etwa 400° in bekannter Weise ausgebrannt wird. — Das Schmelzgut wird vor der Berührung mit dem Tiegelmaterial geschützt, und es kann daher keine die Eigenschaften des Al schädlich beeinflussenden Verunreinigungen, wie C, Si und Fe, aufnehmen. Eine Verunreinigung des Metallbades durch den Überzug ist ausgeschlossen. (Vom 17. 12. 1918 ab.)

Das Aluminium und seine Legierungen bieten beim Guß gewisse Schwierigkeiten, einmal durch die Fähigkeit, ein grobkrystallinisches Gefüge leicht anzunehmen, wodurch mangelhafte mechanische Werte bedingt werden, und zweitens durch ihre Neigung, stark zu seigern. So wurden z. B. an kleinen Blöcken folgende Werte festgestellt. Tab. 13.

Tabelle 13.

	1. Hälfte	2. Hälfte	1. Hälfte	2. Hälfte
Kupfer	= 87,64 Proz.	86,80 Proz.	86,56 Proz.	85,08 Proz.
Aluminium	= 10,5 „	11,80 „	12,20 „	13,70 „
Eisen	= 1,35 „	0,94 „	0,81 „	0,65 „

[1] C. r. 1906, **122**, 1302.
[2] C. r. 1906, **122**, 1482.
[3] Chem. Engin. 1911, **13**, 75.

Meist wird es sich deshalb empfehlen, eine rasche Abkühlung des Gusses herbeizuführen (Kokillenguß).

Diesen Zweck verfolgen auch die beiden Patente:

(D. R. P. 125 334.) Deutsche Magnalium-Gesellschaft: Herstellung von dichten Gußstücken aus Legierungen von Aluminium und Magnesium durch schnelle Wärmeentziehung, darin bestehend, daß die Legierungen in Formsand gegossen werden, welcher durch Zusatz z. B. von Kupferoxyd, Eisenhammerschlag, Aluminiumfeilspänen gut wärmeleitungsfähig gemacht worden ist, zum Zweck, außer der Krystallisation und Entmischung die Verbrennung des Magnesiums zu verhindern. Oder die Gußstücke werden in einer Formmasse gegossen, welche aus Metallpulver, z. B. Messinglot, und einem Bindemittel, z. B. Ton, und einem Salze bestehen. Die Formen können auch durch eingebettete Metallstäbe, -platten od. dgl. wärmeleitend gemacht werden, welche während des Gusses in der Formmasse dadurch erzeugt werden, daß in derselben nach Art der Windpfeifen Kanäle gemacht werden, in welchen das eingegossene Metall schnell erstarrt und auf den Gußkörper wärmeentziehend wirkt.

(D. R. P. 197 447.) Mc. Adams: Formmasse zum Guß von dichten Gußstücken aus Aluminiumlegierungen, mittels Entziehung der Wärme aus dem Gußmetall durch in ihrer Stärke dem Gußstück entsprechend bemessene Formwand, bestehend aus einem zu einem knetbaren Brei mit Wasser angerührten Gemisch von Carborundum mit Zucker.

Um dichten, blasenfreien Guß zu erzielen, setzt *Coehn* (D. R. P. 54 660) den geschmolzenen Aluminiumlegierungen Alkalienmetalle in so geringer Menge zu, daß die Legierung nach dem Guß frei von Alkalimetall ist.

Wenn man genötigt ist, Aluminiumlegierungen in Sandform zu gießen, so empfiehlt sich die Verwendung von „grünem“ Sand; er darf jedoch nicht zu feucht sein, die Formen sollen nicht fest eingestampft sein, da sonst die Gefahr vorliegt, daß das Gußstück wegen des ungleichmäßigen Schwindens reißt.

Wie *Gillet* auf dem Intern. Kongreß 1912 berichtete, ist die Zugfestigkeit der heiß gegossenen Aluminiumlegierungen allgemein um etwa 20 Proz. niedriger als diejenige der kalt gegossenen (siehe Tab. 14).

Tabelle 14.

Zusammensetzung	Kalt gegossen		Warm gegossen	
	Gußtemperatur °C	Festigkeit kg/qmm	Gußtemperatur °C	Festigkeit kg/qmm
Reinaluminium	760	7,35	873	5,6
2 Proz. Cu	665	9,66	873	8,05
4 „ „	665	10,85	873	9,1
6 „ „	665	12,32	873	10,15
8 „ „	665	14,0	873	10,85
10 „ „	665	14,7	873	11,2
12 „ „	665	15,75	873	12,25
4 „ Zn	665	9,1	842	7
8 „ „	665	11,9	842	8,9
12 „ „	665	14,7	842	9,8
16 „ „	665	16,8	842	11,9

(Fortsetzung der Tabelle Seite 116.)

Tabelle 14 (Fortsetzung).

Zusammensetzung	Kalt gegossen		Warm gegossen	
	Gußtemperatur °C	Festigkeit kg/qmm	Gußtemperatur °C	Festigkeit kg/qmm
20 Proz. Zn	665	18,9	842	14,0
24 „ „	665	21,0	842	17,15
28 „ „	665	23,1	842	19,25
32 „ „	665	24,5	842	21,0
36 „ „	665	25,9	842	23,1
3 „ Cu, 3 Proz. Zn. . .	665	11,9	842	9,1
7,5 „ „ 1 „ „ . .	665	12,6	842	9,8
8 „ „ 1/4 „ „ . .	665	14,0	842	11,9
8 „ „ 1/2 „ „ . .	665	14,35	842	11,9
3 „ „ 6 „ „ . .	665	13,3	842	9,45
7 „ „ 3 „ „ . .	665	13,65	842	10,85
6 „ „ 5 „ „ . .	665	14,0	842	10,5
2 „ „ 10 „ „ . .	665	16,1	842	10,85
4 „ „ 8 „ „ . .	665	16,45	842	11,9
5 „ „ 10 „ „ . .	665	16,8	842	12,95
7 „ „ 9 „ „ . .	665	17,5	842	12,6
3 „ „ 12 „ „ . .	665	18,2	842	12,95
3 „ „ 15 „ „ . .	665	19,95	842	13,65
3 „ „ 15 „ „ . .				
1/2 „ Mn . .	665	21,0	842	14,0
2 „ „ 19 „ Zn . .	665	23,1	842	17,5
4 1/2 „ „ 15 „ „ . .	665	22,4	842	16,1
2 „ „ 22 „ „ . .	665	25,2	842	19,6
2 „ „ 25 „ „ . .	665	25,9	842	23,1
1 3/4 „ „ 30 „ „ . .	665	29,4	842	23,8
3 „ „ 25 „ „ . .	665	26,25	842	20,65
2 „ Mn	648	13,3	815	12,95
8 „ Cu, 1/4 Proz. Mn . .	648	14,0	815	12,25
7 „ „ 1/2 Proz. Mn . .	648	13,3	815	11,2
6 „ „ 1/2 „ „ . .	677	12,95	815	11,55
4 „ „ 1 „ „ . .	677	11,2	815	10,5
8 „ „ 2 „ Sn . .	654	12,6	800	11,0
5 „ „ 3 „ „ . .	654	11,76	815	10,5
6 „ „ 1 „ Ni . . .	705	12,74	873	10,15
8 „ „ 1/4 „ Ti . . .	677	13,3	815	12,9
8 „ „ 1/4 „ Cr . . .	648	13,65	815	11,13
8 „ „ 1/4 „ Sb . .	677	14,0	815	12,2
8 „ „ 1/4 „ Vd . .	677	14,0	815	12,95
8 „ „ 1/4 „ Cd . .	677	13,02	815	11,06
8 „ „ 1/4 „ Bi . . .	677	12,6	815	9,8
4 „ „ 4 „ Hg . .	705	13,8	842	10,8
8 „ „ 1/2 „ Fe, .				
3/4 „ Si . .	677	14,7	815	12,6
5 „ Mg	677	14,35	766	14,0

Es empfiehlt sich, während des Einschmelzens die oben angegebenen Gußtemperaturen nicht wesentlich zu überschreiten, da die Schmelze sonst

Stickstoff und Kohlenwasserstoffe aufnimmt[1], wodurch das Gußstück porös und blasig ausfällt. Auch greift das Aluminium bei höheren Wärmegraden die Tiegelwandungen sehr erheblich an und nimmt daraus Silicium auf.

Eine Reihe von Versuchsschmelzen[2] des United States Bureau of Mines mit der sehr verbreiteten Legierung 92 Proz. Al 8 Proz. Cu lieferte als Endergebnis: 1. Die Menge der Oberflächenporen, Blasen und schwammigen Stellen hängt von der Gießwärme ab, je höher diese ist, desto zahlreicher und umfangreicher die Fehlstellen. 2. Den gleichen Einfluß hat die Schmelzwärme, je heißer der Schmelzofen geht, desto mehr mangelhafte Stellen treten auf. 3. Porosität, Blasen und Schwammigkeit sind von der Schmelzzeit abhängig, je länger eine Schmelze im Ofen gehalten wird, desto mangelhafter fallen die Abgüsse aus. Die Schmelze muß also so rasch wie möglich bewirkt werden, jede Überhitzung muß vermieden und das Metall unmittelbar nach dem Schmelzen vergossen werden. Tab. 15 zeigt den Einfluß der Schmelzwärme, -dauer und Gießwärme.

Tabelle 15.

Behandlung der Schmelze	Gießwärme	Beschaffenheit der Probeabgüsse
Heizen bis 650°, sofortiger Guß nach erfolgter Schmelzung . .	650°	Weiße, gleichmäßige Farbe, saubere, glatte Oberfläche
Rasche Wärmesteigerung auf 860°, sofortiger Abguß	850°	Oxydflecken, rauhes Äußere, zahlreiche grobe Oberflächen u. Poren
Rasche Wärmesteigerung auf 880°, außerhalb des Ofens auf 630° abgekühlt	630°	Weißes, sauberes Aussehen, Kaltschweißstellen
Schmelzen bei 650° und 1 Stunde bei 650 bis 720° belassen . . .	640°	Weißes, sauberes Aussehen, geringere Kaltschweißstellen
Rasche Wärmesteigerung auf 900°. Einstündiges Belassen im 950° warmen Ofen	950°	Oxydflecken, schlechtes, rauhes Aussehen, viele grobe Oberflächenporen
Rasche Erhitzung auf 900°, Belassung während 1 Stunde bei 950°, außerhalb des Ofens Abkühlung auf 700°	700°	Weiße, sehr gute Oberfläche

Als Fluß- und Reinigungsmittel verwendet man mit Vorliebe Zinkchlorid, doch greift auch dieses die Tiegel an und vermehrt die Siliciumaufnahme; es wird deshalb als Ersatz Kalisalpeter empfohlen, von dem man etwa 10 g auf 50 kg Schmelze in Filtrierpapier gewickelt der Legierung zusetzt.

Auch Phosphor wird als Reinigungsmittel benutzt, man setzt ihn am besten in Form von Phosphorkupfer (etwa 25 g auf 50 kg Schmelze) zu; man hält das in Papier gewickelte Phosphorkupfer mit einer Zange auf dem Grund des Tiegels bis zur vollständigen Auflösung fest.

[1] Stahl u. Eisen 1913, S. 1984.

[2] Foundry 1919, S. 579 (Stahl u. Eisen 1920, S. 1304).

(D. R. P. 266 423.) Northcott Naylor, London, und Page Hutton, Beekenham: 1. Verfahren, um Aluminium gegen Verwitterung, sowie gegen Einflüsse von Seewasser, sauren Lösungen u. dgl. widerstandsfähig zu machen, dadurch gekennzeichnet, daß zwecks gleichzeitiger Erzielung einer tunlichst vollkommenen Reinigung des Aluminiums von den die Widerstandsfähigkeit sonst beeinträchtigenden Verunreinigungen Magnesium in Schichtung mit Phosphorzinn am Boden des Aluminiumbades in dieses eingeführt werden. **2.** Eine Ausführungsform des Verfahrens nach Anspruch 1, dadurch gekennzeichnet, daß zu dem Zwecke, das Aluminium für zahntechnische Arbeiten geeignet zu machen, dem Bade unter tunlichster Verringerung des Zusatzes von Phosphorzinn eine geringe Menge Natrium zugesetzt wird.

Das schwere Phosphorzinn hält die zwischengeschalteten leichten Magnesiumstücke am Boden des Bades fest und verlangsamt das Aufsteigen des Magnesiums durch das Aluminiumbad. Auf diese Weise wird die reinigende Wirkung des Magnesiums wesentlich gesteigert. Dieses sammelt sich mit den Verunreinigungen des Bades als Schaum auf der Oberfläche der Schmelze und wird abgeschöpft. Die so erreichte weitgehende Reinigung hat gleichzeitig noch die vorteilhafte Nebenwirkung, daß die den Aluminiumlegierungen sonst häufig anhaftende Porosität vermieden und ein gut zu verarbeitendes dichtes Material gewonnen wird. (Vom 5. 12. 1912 ab.)

(D. R P. 321 288.) Geiger, Ravensburg: Gießverfahren zur Herstellung von Kolben für Explosionsmotoren aus Aluminiumlegierungen in Dauerformen, die von unten her gefüllt werden.

Das Metall wird dem Kolbenmantel strahlenförmig zugeführt. Es kommt daher am ganzen Kolbenmantel mit gleicher Temperatur an, und die Füllung der Form erfolgt am ganzen Umfang gleichmäßig. Luftwirbelungen und Luftblasen sollen nicht auftreten. (Vom 22. 2. 1918 ab.)

Für die Weiterverarbeitung der Aluminiumlegierungen im allgemeinen sind folgende Patente von Wichtigkeit.

(D. R. P. 103 560.) Basse & Selve, Altena: Verfahren zur Plattierung von Aluminium oder aluminiumreichen Legierungen mit anderen Metallen. Das Aluminium wird vor der Vereinigung der zu verbindenden Metallflächen weich gemacht, letztere werden hierauf im kalten Zustande aufeinandergepreßt.

(D. R. P. 125 674.) Betts, Lansingburgh: Verfahren zur Herstellung von Metallüberzügen auf Aluminium und -legierungen. Die zu überziehende Fläche wird mit einem geschmolzenen Salz des Überzugsmetalles, z. B. Kupferchlorid, bei genügend hoher Temperatur so lange in Berührung gebracht, bis durch Zersetzung des geschmolzenen Salzes der Überzug bewirkt ist. Die Zersetzung kann auch dadurch bewirkt werden, daß man den zu überziehenden Körper in ein Bad des geschmolzenen Metallsalzes eintaucht und evtl. in dasselbe ein Stück des Überzugmetalles als Anode und den zu überziehenden Gegenstand als Kathode einer Elektrizitätsquelle einhängt. (Vom 13. 11. 1900 ab.)

(D. R. P. 251 057.) The Harvey Electro Chemical Comp., L., London: Verfahren zum Vorbehandeln von Aluminium oder seinen Legierungen zwecks Erzeugung von Metallniederschlägen. Der Gegenstand wird, nachdem er an seiner Oberfläche gereinigt worden ist, in die Lösung einer geeigneten Metallfluorverbindung, z. B. Zinnfluorid, Nickelfluorid, Silberfluorid, Zinkfluorid, Cadmiumfluorid, die gleichzeitig weinsaures Kali oder ein anderes Tartrat enthält, gebracht. (Vom 22. 2. 1912 ab.)

(D. R. P. 222 960.) A. G. für autogene Aluminiumschweißung, Zürich: Verfahren zum Schweißen bzw. Verschmelzen von Aluminium oder aluminiumreichen Legierungen. Die Verbindungsstellen der zu schweißenden Teile werden mit einem Gemisch von Alkalichloriden in flüssigem, teig- oder pulverförmigem Zustande behandelt.

Hierdurch werden die dünnen Aluminiumoxydhäutchen durch das geschmolzene Flußmittel gelöst und die Metallflächen vor der Einwirkung der Luft geschützt. (Vom 13. 11. 1906 ab.)

(**Zus. P. D. R. P. 224 284.**) Es wird dem Gemisch von Alkalichloriden noch eine Fluorverbindung beigemengt, zum Zweck, ein vollkommen homogenes Verschmelzen zu erzielen. (Vom 6. 10. 1907 ab.)

(**D. R. P. 231 149.**) **Steinweg, Lüdenscheid: Flußmittel zum Löten von Aluminium und aluminiumreichen Legierungen,** bestehend aus einem Salzgemisch, welches Chlor und Fluor als Anionen, Aluminium und Alkalimetalle als Kationen enthält, und wobei die Alkalimetalle ausschließlich oder zum größten Teil Lithium sind. (Vom 27. 1. 1909 ab.)

Das Löten der aluminiumarmen Legierungen bietet keine besonderen Schwierigkeiten, um so mehr jedoch das der aluminiumreichen. Für diese wie für Reinaluminium sind eine Unzahl Metallkombinationen als Lote erfunden und patentiert worden, bisher hat sich jedoch in der Praxis noch keines voll bewährt. An der Berührungsstelle des Aluminiums mit dem Metall des Lotes setzt bei Zutritt der Luftfeuchtigkeit oder des Seewassers infolge lokaler galvanischer Wirkung eine sehr rasch fortschreitende Zerstörung ein. Die autogene Schweißung, besonders in der von *Schoop* für Reinaluminium empfohlenen Weise, dürfte auch hier am Platze sein. Das Metall wird an der Lötstelle durch eine stark reduzierende Flamme (Azetylen, Leuchtgas, Wassergas) zum Schmelzen gebracht, damit die Bildung dünner Oxydhäutchen, die ein Zusammenfließen der geschmolzenen Partien verhindern, möglichst vermieden wird. Zugleich wird ein Flußmittel in Anwendung gebracht, welches die Schweißung unter Luftabschluß gestattet und gleichzeitig reduzierend und oxydlösend wirkt, am besten eine wässerige Lösung von Alkalichloriden (Chlorkalium und -lithium), deren Zusammensetzung je nach der zur Verwendung kommenden Flamme etwas geändert wird (siehe die beiden vorstehenden Patente).

Folgende Lötverfahren sollen besondere Vorteile bieten:

(**D. R. P. 197 510.**) **Gruber, Berlin: Lot zum Löten von Aluminium und aluminiumreichen Megiorungen,** bestehend aus 10 Proz. Al, 25 Proz. Zn, 60 Proz. Sn, 3 Proz. Cd.

Der Schmelzpunkt der Legierung liegt so niedrig, daß selbst dünne Bleche gelötet werden können. Beim Löten mit den bisher üblichen Loten wird infolge ihres hohen Schmelzpunktes die Lötstelle so hoch erhitzt, daß ihre Festigkeit nachläßt. (Vom 29. 5. 1906 ab.)

(**D. R. P. 151 241.**) **Tomelli: Lot für Aluminium und aluminiumreiche Legierungen.** Man verwendet beim Löten ein Kupferwerkzeug, das im Augenblick des Verlötens etwas Kupfer abgibt und so eine Legierung bildet, durch welche die Haltbarkeit und Widerstandsfähigkeit der Lötverbindung bedingt ist. (Vom 2. 8. 1902 ab.)

(**D. R. P. 365 124.**) **Ayala, Madrid: Aluminiumlötmittel,** bestehend aus Zinn, Blei und Zink, dadurch gekennzeichnet, daß der Zinkgehalt der Mischung die übrigen Bestandteile bei weitem übertrifft und höchstens auf den Gehalt des Zinns sinken darf, während der Bleigehalt am niedrigsten gehalten ist, so daß die Lötung ohne Anwendung von Säure oder sonstiger Beizmittel erfolgen kann und das Lot selbst die Zugfestigkeit von 8,5 kg/qmm besitzt. (Vom 7. 3. 1919 ab.)

(**D. R. P. 386 177.**) **Metallbank u. Metallurgische Ges. A. G., Frankfurt a. M.: Aluminiumlot.** Dem bekannten, aus Zink, Aluminium, Blei bestehenden Aluminiumlot mit oder ohne Zusätzen von Cadmium oder Zinn oder von beiden Metallen werden Cer oder Lithium einzeln oder zusammen bis zu 30 Proz. hinzugefügt. Diese Zusätze führen während des Lötvorganges eine Reduktion der Oxydhaut des zu lötenden Aluminiums herbei derart, daß das Lot sich ohne Schwierigkeit mit dem Aluminium fest verbindet. (Vom 12. 4. 1922 ab.)

Ein Preisausschreiben der Deutschen Gesellschaft für Metallkunde (siehe *Bauer*[1]) zeigte, daß es beim Löten von Aluminium in erster Linie auf die Verwendung eines geeigneten Flußmittels ankommt, das befähigt ist, die dünne, äußerlich kaum erkennbare Oxydhaut auf dem Aluminium zu lösen und dadurch erst dem Lot die Möglichkeit zu geben, mit dem Aluminium in Wechselwirkung zu treten. Maßgebend für die Beständigkeit der Lötung in Dampf, Wasser und wäßrigen Salzlösungen ist ein möglichst geringer Spannungsunterschied zwischen Lot und Aluminium. In erster Linie kommen aluminiumreiche Lote in Frage. Die besten Ergebnisse bei dem Preisausschreiben wurden mit einem Flußmittel der A. G. für Anilinfabrikation, Wolfener Farbenfabrik (Gemisch von Chlorcalcium, Lithiumchlorid, Natriumfluorid und Chlorzink) und einem Lot Dr. *Ackermann*, Seehof bei Teltow (75 Proz. Zink 25 Proz. Kadmium mit Flußmittel: Chlorzink und Chlornatrium) erzielt.

(D. R. P. 203 441.) Witte und Deutsche Kugellagerfabrik, Leipzig: Verfahren, die Festigkeit von Gußstücken aus Aluminium oder seinen Legierungen zu vergrößern. Es werden Verstärkungen, wie Rippen, Stege usw. aus einem festeren Metall, z. B. Stahl, beim Guß ein- oder angegossen. (Vom 13. 1. 1907 ab.)

(D. R. P. 246 682.) Burkert, Berlin: Verfahren zum Dekapieren von mit einem galvanischen Überzug zu versehendem Aluminium und Legierungen mit vorwiegendem Aluminiumgehalt durch Behandlung in einer Lösung von Chloriden der strengflüssigen Schwermetalle, dadurch gekennzeichnet, daß zur Schwermetallchloridlösung ein Zusatz von Königswasser gegeben wird, worauf die eigentliche Niederschlagsarbeit in einem gewöhnlichen Galvanisierungsbade vorgenommen wird. (Vom 21. 2. 1911 ab.)

(D. R. P. 237 529.) A.-G. Mix & Genest, Berlin: Verfahren zum Galvanisieren von Aluminium und seinen Legierungen mit vorwiegendem Aluminiumgehalt mittels eines erhitzten Bades von schwach alkalisch wirkenden Reagenzien, dadurch gekennzeichnet, daß dem Bade zur Abschwächung seiner angreifenden Wirkung die Reaktion hemmende Mittel, beispielsweise Alkohole, wie Glycerin, hydroxydhaltige Säuren oder auch Gelatine, zugesetzt werden. (Vom 10. 4. 1910 ab.)

Die bis jetzt bekannt gewordenen Verfahren, Aluminium oder hochprozentige Aluminiumlegierungen mit einem galvanischen Überzug zu versehen, sind mangelhaft und daher ohne weitgehende Verwendung: entweder das Aluminium wird dabei geätzt oder muß nachträglich erhitzt werden. Beides wird hier vermieden. Das gereinigte und entfettete Metall wird in ein erhitztes Bad von schwach alkalisch wirkenden Reagenzien, z. B. Borax, phosphorsaures Natron, Wasserglas od. dgl., eingetaucht, dem die genannten hemmenden Mittel zugesetzt sind. Nach kurzer Zeit wird es aus dem Bade herausgenommen und wie üblich in den bekannten Bädern galvanisiert.

(D. R. P. 222 939.) Küppers Metallwerke G. m. b. H., Bonn: Verfahren zur Herstellung von metallischen Verbindungen zwischen Aluminium oder Aluminiumlegierungen

[1] Zft. f. Metallkunde 1923. **15**, 321.

und anderen Metallen oder Metallegierungen, dadurch gekennzeichnet, daß man das Metall mit höherem Schmelzpunkt in geschmolzenem Zustande anwendet, während das festbleibende Metall mit niedrigerem Schmelzpunkt unter geeigneter Kühlwirkung behufs Wahrung seiner Form gehalten wird, wobei die Wärme des geschmolzenen Metalles für die Vereinigung ausgenutzt wird. Eine Ausführungsform dieses Verfahrens besteht darin, daß man z. B. einen ringförmigen Gegenstand aus einer Legierung von beispielsweise 90 Tln. Zinn und 10 Tln. Kupfer durch Auf- oder Angießen mit z. B. Aluminium mit einem Kern oder Körper aus Aluminium versieht. (Vom 6. 2. 1907 ab.)

Für das Umschmelzen von Blechschnitzeln und andern Abfällen aus Aluminium und aluminiumreichen Legierungen gibt die Aluminium-Industrie-A.-G. Neuhausen folgende Ratschläge. Man benutzt, wenn kein kleiner Flammofen zur Verfügung steht, Tiegel, die nicht zu klein sein dürfen und wenigstens 50 kg Aluminium fassen. Die Abfälle müssen zuerst klein geschnitten werden, und zwar dickere über 3 mm starke Bleche in tiegelgerechte Stücke, dünnere aber in höchstens handgroße Schnitzel. Der Tiegel steht in Koksfeuer, dessen Wind reguliert werden kann. Zunächst wird aus Masseln oder dicken Blechabfällen ein Metallbad erschmolzen, das gut $^1/_3$ des Tiegels füllt; in dieses Bad, das beim späteren Ausschöpfen stets erhalten bleiben muß, und das ziemlich stark bis zur deutlichen Rotglut erwärmt wird, werden die Schnitzel eingetragen und unter die Metalloberfläche gedrückt. Es ist dies durchaus notwendig, um den Abbrand auf ein Minimum zu reduzieren. Durch das Eintragen der Metallschnitzel — jeweils eine tüchtige Schaufel voll auf einmal — wird das Bad naturgemäß abgekühlt, man gibt nun wieder stärkeres Feuer und fährt, sobald das Metall wieder warm genug ist, mit dem Zusatz von Schnitzeln fort, dieselben immer sorgfältig mit der Schaumkelle unter der Oberfläche haltend. Abgeschäumt wird erst dann, wenn die Schaumschicht an der Oberfläche wenigstens 5 cm dick ist. Als Flußmittel kann man eine Mischung von Alkalichloriden verwenden. Der ganze Tiegelinhalt wird gut durchgerührt, um dieses tüchtig mit dem Metall in Berührung zu bringen. Man läßt die Schmelze nochmals rotwarm werden und nebst den aufschwimmenden Schlacken $^1/_4$ Stunde abstehen, schäumt dann ab und gießt in die Formen. Der Abrand beträgt bei Blech 8 Proz., bei Spänen bis 20 Proz.

(D. R. P. 242 347.) Weber, Südende-Berlin: Verfahren zum Zusammenschmelzen von Abfällen aus Aluminium oder aluminiumreichen Legierungen, gekennzeichnet durch den Zusatz von Fluoriden der Schwermetalle oder von Gemischen aus Fluoriden der Leichtmetalle und Verbindungen der Schwermetalle.

Besonders haben sich die Fluoride des Zinks, Kupfers, Nickels und deren Doppelsalze oder Gemische mit Fluoralkalien bewährt. Beim Zusammenschmelzen dieser Salze mit den Aluminiumabfällen wird das Schwermetall reduziert und legiert sich mit dem Aluminium, während das Fluor Aluminiumfluorid bildet, welches allein oder in Verbindung mit dem zugesetzten Natriumfluorid als Kryolith das in den Abfällen enthaltene Aluminiumoxyd auflöst und als Schlacke an die Oberfläche steigt. (Vom 30. 12. 1910 ab.)

Eine Färbung der Aluminiumlegierungen ist geschützt im

(D. R. P. 230 982.) Allgemeine Elektrizitäts-Ges., Berlin: Verfahren zum Brünieren und Schwarzfärben von Aluminium, Zink und Magnesium oder deren Legierungen,

dadurch gekennzeichnet, daß die genannten Metalle oder deren Legierungen warm oder kalt an der Oberfläche mit einer alkalischen oder neutralen Lösung eines Kobaltsalzes versehen und darauf je nach der gewünschten Nuance mehr oder weniger stark geglüht werden.

Durch Abänderung der Glühtemperatur und des Kobaltsalzüberschusses kann man braune, stahlgraue und schwarze Färbungen hervorrufen. Durch wiederholte Behandlung entsteht eine schöne schwarze Farbe, die dem Metall fest anhaftet und es vor äußeren Angriffen schützt. (Vom 19. 5. 1908 ab.)

Um Aluminiumlegierungen gegen Korrosion zu schützen, empfehlen *Bauer* und *Vogel*[1], die Gegenstände während 2 bis 4 Stunden in eine auf 90° erwärmte Lösung von: 20 g Kaliumcarbonat, 25 g Natriumbicarbonat, 10 g Kaliumbichromat in 1000 ccm destilliertem Wasser unterzutauchen. Sie überziehen sich dabei mit einem hauchförmigen Belag (wahrscheinlich ein Häutchen von Chromoxyd und Aluminiumoxyd).

Ein anderes Verfahren wird im (E. P. 169 884) beschrieben. Zur Verhütung der Korrosion der Oberfläche von Al-Legierungen, in denen das Al vorherrscht, werden die Legierungen, insbesondere die mit Cu, Mn und Mg, zunächst in einer $^1/_2$ proz. NaOH-Lösung gekocht, bis sich ein schwarzer Oxydüberzug gebildet hat. Hierauf trocknet man die Gegenstände schnell, behandelt sie einige Minuten im Dampfbade, bis der Überzug eine grünlichgelbe Farbe angenommen hat, und taucht sie schließlich, etwa für 10 bis 15 Minuten, in eine Lösung von Zinkphosphat, in welcher Eisenphosphat suspendiert ist, wobei die Temperatur der Lösung nach und nach gesteigert wird. Hierbei nimmt der Überzug zunächst eine graue und schließlich eine rosa Färbung an, wodurch das Ende des Prozesses angezeigt wird. Zum Schluß wird der Gegenstand noch mit heißem Wasser gewaschen.

Die Kupfer-Aluminiumlegierungen.

Die Konstitution der Aluminium-Kupferlegierungen wurde erforscht zuerst von *Guillet*[2] durch Rückstandsanalyse, durch Aufstellung des Schmelzdiagrammes und mikroskopische Untersuchung von *Le Chatelier*[3], *Guillet*[4], *Dejean*[5], *Campbell* und *Mathews*[6], *Carpenter* und *Edwards*[7], *Curry*[8], *Gwyer*[9] und *Stockdale*[10]. Es bestehen zwar noch einige Abweichungen in der Deutung der verschiedenen Beobachtungen, doch kann man als sicher folgendes annehmen unter Zugrundelegung des Schmelzdiagrammes von *Curry* (Fig. 86):

Die Schmelzkurve zerfällt in 7 Tle. und enthält 2 Minima (bei 90,5 Proz. Cu und 1038° und bei 32 Proz. Cu und 544°) und ein Maximum (bei 87,5 Proz. Cu

[1] Mitt. a. d. Mat. Prüf.-Amt 1915, 195.
[2] Bull. Soc. d'Encour. 1902, **2**, 236.
[3] Contribution à l'étude des Alliages 394.
[4] Rev. de Mét. 1905, **2**, 567; 1908, **5**, 413.
[5] Rev. de Mét. 1906, **3**, 240.
[6] Journ. Amer. Chem. Soc. 1902, **24**, 253.
[7] Bericht des Komitee für die Untersuchung der Legierungen.
[8] Journ. of Phys. Chem. 1907, 425.
[9] Zft. f. anorg. Chem. 1908, **57**, 115.
[10] Journ. Inst. Mét. 1922, **28**, 273.

und 1050°). Diesen Teilen entsprechen 6 Reihen fester Lösungen und eine Verbindung $CuAl_2$. Das Vorhandensein anderer Verbindungen ist nicht genügend sichergestellt.

α-Reihe: (Kupferrot bis goldgelb; weich, dehnbar, biegsam); Zusammensetzung variiert von 100 bis 92 Proz. Cu bei 1000°, von 100 bis 91 Proz. Cu bei 700°.

β-Reihe: (gelb; feine, lange Nadeln; härter, spröder und von sehr hoher Zugfestigkeit); 90 bis 85 Proz. Cu bei 1000°, 88,5 bis 87 Proz. Cu bei 700°; zerfällt bei 566° in α- und γ-Krystalle (unter Änderung der Farbe).

γ-Reihe: (fast weiß; große, blättrige Krystalle; sehr hart; Bruch glasartig), 84 bis 83 Proz. Cu bei 1000°, 84 bis 80 Proz. bei 700°, 84 bis 79 Proz. bei 500°; setzen sich bei 845° mit noch vorhandener Schmelze zu δ-Krystallen um.

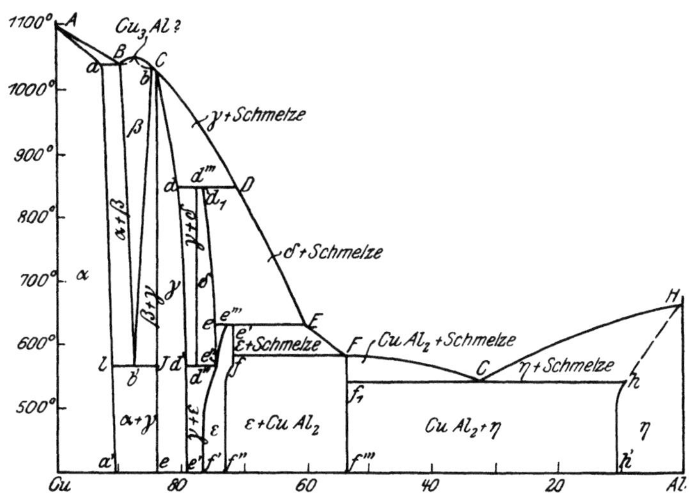

Fig. 86. System: Aluminium-Kupfer.

δ-Reihe: (weiß; blättrige Struktur), 77 bis 75 Proz. Cu bei 700°; zerfallen beim Erhitzen über 850° in γ-Krystalle und Schmelze und beim Abkühlen über 570° in γ- und ε-Krystalle; setzen sich bei 630° mit vorhandener Schmelze zu δ-Krystallen um.

δ-Reihe: (weiß, blättrige Struktur) 77 bis 75 Proz. Cu bei 700°; zerfallen beim Erhitzen über 845° in γ-Krystalle und Schmelze und beim Abkühlen über 570° in γ- und ε-Krystalle; setzen sich bei 630° mit vorhandener Schmelze zu ε-Krystallen um.

ε-Reihe: (große, weiße Krystalle) 73,5 bis 76 Proz. Cu bei 500°, 72 bis 73 Proz. bei 600°.

Verbindung Al_2Cu (weiß, lange Pyramiden) 53,7 Proz. Cu. Schmelzp. 585°.

η-Reihe: (große, weiße Tafeln) 10 bis 0 Proz. Cu bei 500°.

Die eutektische Horizontale bei etwa 540° reicht bis etwa 4 Proz. Cu auf der Aluminiumseite. Außer der Verbindung Al_2Cu sind noch andere

Verbindungen möglich (Cu_3Al sogar wahrscheinlich), aber nicht sichergestellt.

Die kupferreichen Mischkrystalle der α-Reihe bedingen eine große Festigkeit und Härte, welche noch diejenige der Zinn-Kupferlegierungen übertrifft; mit wachsendem Aluminiumgehalt, namentlich mit dem Auftreten der Verbindung Al_2Cu, werden die Legierungen immer spröder (die Legierung mit 20 Proz. Al läßt sich bereits im Mörser zerstoßen), erst mit dem Verschwinden der Verbindung auf der Aluminiumseite bei etwa 11 Proz. Cu werden die Legierungen wieder technisch verwendbar. Für die Gußtechnik kommen also nur in Frage: α-Reihe, die ersten Glieder der β-Reihe und die η-Reihe oder Kupferlegierungen mit Maximal 13 Proz. Al und Aluminiumlegierungen mit maximal 11 Proz. Cu.

Aus der mikrophotographischen Gefügeuntersuchung seien folgende Beispiele von langsam erkalteten Legierungen wiedergegeben:

Fig. 87 (Taf. 7) zeigt α-Mischkrystalle, die den reinen Kupferkrystallen außerordentlich ähnlich sind. Die scheinbar hellen und dunklen Stellen (im Bilde) entstehen durch die verschiedene Lage der Krystallflächen und dadurch bedingte verschiedene Reflexion des Lichtes.

Fig. 88 (Taf. 7) zeigt helle α- und dunkle β-Krystalle (dem Gefüge des Messings sehr ähnlich).

Fig. 89 (Taf. 7) zeigt das Eutektikum aus der Verbindung $CuAl_2$ (hell) und η-Mischkrystalle (von Aluminium mit maximal 4 Proz. Kupfer) dunkel.

Fig. 90 (Taf. 7), η-Mischkrystalle mit geringen Mengen der hellen Verbindung.

(Fig. 87 und 88 nach *Le Chatellier*, Fig. 89 und 90 nach *Gwyer*.)

Der Einfluß der Wärmebehandlung auf das Gefüge der Aluminiumbronze geht aus nachstehenden Abbildungen hervor. (Fig. 91 bis 95 [Taf. 8] und 97 [Taf. 8] nach *Guillet*; Fig. 96 [Taf. 8] nach *Carpenter* und *Edwards*.) Der α- und β-Bestandteil geht allmählich in einen nadelförmigen, dem Martensit des gehärteten Stahles außerordentlich ähnlichen Konstituenten über, wenn die Legierung kurze Zeit auf hohe Wärmegrade erhitzt und alsdann in kaltem Wasser abgeschreckt wird.

Dagegen wird durch längerdauerndes Ausglühen und darauffolgendes langsames Abkühlen ein starkes Wachsen der α-Krystalle erzeugt.

Edwards[1] nimmt an, daß die Nadelstruktur, die sich bei den Legierungen mit etwa 9,0 bis 16,0 Proz. Aluminium durch das Abschrecken hervorrufen läßt, keiner wirklichen Verschiedenheit der Konstitution zuzuschreiben ist, sondern einer optischen Erscheinung. Diese tritt ein durch Zwillingsbildung der einzelnen Krystallkörner, ein Vorgang, der sich auch bei anderen Metallen zeigt, wenn durch den Abschreckvorgang ein starker mechanischer Druck erzeugt wird.

Die Aluminiumbronzen mit 8 bis 15,5 Proz. Aluminium sowie die aluminiumreichen Legierungen zeigen verschiedene Umwandlungspunkte im festen Zustande, die sich durch eine Änderung im Gefügebild, durch Wärme-

[1] Intern. Zft. f. Metallogr. 1912, 192.

tönung oder Änderung des elektrischen Widerstandes bemerkbar machen. Ihre genauere Kenntnis ist von Wichtigkeit, weil durch Ausglühen oder Abschrecken bei den betreffenden Wärmegraden teilweise einschneidende Änderungen in den mechanischen Eigenschaften der Legierungen eintreten. Unsere Kenntnisse auf diesem Gebiet sind jedoch noch sehr lückenhaft, weitere Untersuchungen wären dankbar zu begrüßen.

Guillet[1] fand folgende Wärmegrade:

Tabelle 16.

Zusammensetzung		Umwandlungsprodukte	
Cu Proz.	Al Proz.	Bei der Erwärmung	Bei der Abkühlung
90	10	490°	525°
89,5	10,5	1. Punkt sehr deutlich bei . 400° bis 475°	500°
		2. „ wenig deutlich bei . 750°	750°
88	12	1. „ sehr deutlich bei . 390° bis 450°	500° bis 425°
		2. „ wenig deutlich bei . 750°	
86	14	1. „ sehr deutlich bei . 390° bis 450°	450°
		2. „ wenig deutlich bei . 750°	

Auffallend ist, daß die Umwandlungspunkte bei der Abkühlung höher liegen als bei der Erwärmung, aufeinanderfolgende Erwärmungen sind ohne merklichen Einfluß auf die Lage der Punkte.

Carpenter und *Edwards* (a. a. O.) bestätigen das Vorhandensein der Umwandlungen, geben jedoch namentlich für den 2. Punkt wesentlich andere Wärmegrade an, bei Legierungen mit 9,6 bis 12 Proz. Aluminium fanden sie noch eine, ohne Strukturänderung vor sich gehende thermische Umwandlung zwischen 300° und 400°. Bei der Abkühlung liegen die Punkte niedriger als bei der Erhitzung.

Barree[2] versuchte die Umwandlungen durch Bestimmung der Veränderung des elektrischen Widerstandes der Legierungen mit der Temperatur festzulegen. Die Methode und Apparatur rührt von *Boudouard*[3] her, der sie zur Untersuchung der allotropen Umwandlungen des Stahles benutzte. Das Ergebnis ist folgendes (siehe Tab. 17): Die aufgenommenen Kurven zeigen bei 200° einen bisher noch nicht beobachteten Punkt. Der 2. Umwandlungspunkt bei 500° ist sehr ausgeprägt, der 3. bei 750° ist der am wenigsten deutliche. Die Umwandlungstemperaturen des 2. und 3. Punktes nähern sich den von *Guillet* angegebenen, doch liegen sie bei der Erkaltung niedriger als bei der Erwärmung. Aufeinanderfolgende Erwärmungen zeigen keinen merklichen Einfluß auf die Lage, aber die Kurven werden deutlicher, was wahrscheinlich damit zusammenhängt, daß die Legierung homogener wird.

Herstellung. Die kupferreichen Aluminiumlegierungen sind in ihren Eigenschaften den Kupfer-Zinnbronzen sehr ähnlich und ersetzen diese in

[1] C. r. 1905, **141**, 464.
[2] Rev. de Mét. 1910, **7**, 16.
[3] Journ. of the Iron and Steel Inst. 1903.

Tabelle 17.

Zusammensetzung			Umwandlungspunkte	
Cu Proz.	Al Proz.	Fe Proz.	Erwärmung	Abkühlung
89,58	8,7	0,65	1. Punkt = 200°	Keine Untersuchung
			2. „ = 480°	480°
			3. „ = 720° bis 730°	720° bis 730°
89,63	9,25	0,25	1. „ = gegen 200°	gegen 200°
			2. „ = 625°	555°
			3. „ = gegen 820°	gegen 820°
87,22	11,15	1,15	1. „ = 310°	235°
			2. „ = 610°	550°
			3. „ —	—
85,82	12,95	0,73	1. „ = 160°	gegen 160°
			2. „ = 610°	550°
			3. „ = 800°	760°

vielen Fällen, sie werden deshalb in der Regel „Aluminiumbronzen" genannt, während die aluminiumreichen Legierungen als „Hartaluminium" im Handel vorkommen.

Die Herstellung erfolgt durch Zusammenschmelzen in Graphittiegeln, und zwar stellt man zunächst eine Vorlegierung aus gleichen Teilen Aluminium und Kupfer her und setzt diese in berechneter Menge dem geschmolzenen Hauptmetall zu. Die Schmelze wird vor dem Guß tüchtig umgerührt (die Rührstange ist bei Rotglut zu wechseln), mit einem Löffel gut abgeschäumt und der Schaum sorgfältig zurückgehalten. Man muß das Metall, nachdem es rotwarm und dünnflüssig geworden ist, wieder abkühlen lassen; die tadellosesten Güsse erhält man erfahrungsgemäß, wenn es so kalt ist, daß es in der Form eben noch ausläuft. Um die Bildung von Aluminiumoxyd an der Oberfläche möglichst zurückzuhalten, empfiehlt es sich, beim Guß die Schmelze möglichst wenig zu bewegen — (manche Gießereien schmelzen unter einer Kochsalzschicht) —, durch mitgerissene Oxydhäutchen wird das Metall am Zusammenfließen verhindert, wodurch leicht undichte Stellen entstehen. Der Schmelzverlust beträgt ungefähr 5 Proz., gleichmäßig auf beide Metalle verteilt. Lineares Schwindmaß 1,8 bis 2 Proz. Starke Stellen der Formen erhalten entsprechende Angüsse mit breitem Anschnitt. Bei langen Stücken und solchen von sehr verschiedenen Querschnitten, welche infolgedessen leicht reißen, empfiehlt es sich, an den Stellen, wo gewöhnlich der Bruch erfolgt, Stücke von Aluminiumdraht einzulegen. Die Aluminiumbronzen zeigen große Neigung, beim Erstarren zu krystallisieren, weshalb sie, wenn in Sand gegossen, wie überhaupt, wenn sie langsam erstarren, einen mehr oder weniger grobkrystallinischen Bruch und damit keine günstigen Eigenschaften besitzen. Vorzügliche mechanische Werte ergeben sie dagegen im gewalzten oder geschmiedeten Zustande, namentlich wenn man nicht von in Sand gegossenen Platten oder Stäben, sondern von in Kokillen gegossenen konischen Blöcken ausgeht. Bei deren Herstellung ist folgendes zu beobachten: Damit die Oxydhäute ungehindert in die Höhe steigen können, muß das Metall dünnflüssig sein, die Metallmenge sei nicht zu gering (nicht unter 100 kg), damit das Metall längere Zeit flüssig bleibt. Aus demselben Grunde muß auch die Kokille gut angewärmt sein. Während des Erkaltens tritt starkes Saugen ein, weshalb aus einem eigenen Tiegel besonders heiß gehaltenes Metall fortwährend nachzugießen ist, um das Entstehen von Hohlräumen im unteren Teil des Blockes zu vermeiden. Das obere Viertel desselben enthält die Oxydhäute und hohlen Stellen und muß daher vor der weiteren Verarbeitung entfernt werden.

Die Schmiedbarkeit der Aluminiumbronzen ist im allgemeinen eine ausgezeichnete. Die dabei einzuhaltende Temperatur liegt zwischen dunkler und heller Kirschrotglut. Je niedriger im allgemeinen die Temperatur liegt, desto mehr steigert das Schmieden und Walzen die Festigkeit; allerdings auf Kosten der Dehnung. Gut warmes Schmieden dagegen erhöht die Festigkeit, ohne die Dehnung zu sehr zu vermindern. Je höher im allgemeinen der Gehalt der Bronzen an Aluminium ist, desto weicher sind sie bei Rotglut. Sie dürfen nicht zu kalt und mit zu leichten Hämmern geschmiedet werden; es gelingt nur bei Anwendung schwerer Hämmer und starken Druckes beim Walzen, das grobkrystallinische Gefüge in feinkörniges, stahlähnliches überzuführen. Bei Kirschrotglut ist die 10proz. Bronze so weich, daß die feinsten Formen daraus geschmiedet oder unter dem Fallhammer gepreßt werden können. Besonders für Massenfabrikationsartikel, bei denen sich die Anfertigung von besonderen Gesenken lohnt (Schraubenschlüssel, Beschläge usw.), kommt diese Darstellungsweise mit Erfolg zur Anwendung. Die Bequemlichkeit der Herstellung, deren Billigkeit, sowie die größere Festigkeit, Elastizität und Härte solcher Artikel geben dieser Methode entschieden den Vorzug vor dem Sand- und Kokillenguß. Ebenso sollten alle Gegenstände mit rundem Querschnitt, wie Wellen, Bolzen, Lagerbüchsen, Schrauben aus gewalzten oder geschmiedeten Rundstäben oder aus Drähten herausgearbeitet werden. Das Walzen erfolgt bei Rotwärme, kalt lassen sich die höherprozentigen Bronzen überhaupt nicht walzen, nur die 5proz., sie müssen dann aber sehr oft ausgeglüht und abgeschreckt werden. Durch Abschrecken werden die mechanischen Eigenschaften wesentlich verbessert (siehe unten).

Das beim Ausglühen gebildete Oxyd wird leicht in das Blech hineingewalzt und verursacht dann beim Polieren Streifen und Schiefer. Um es deshalb vorher zu entfernen, wird das heiße Blech mit Schwefelsäure ($^2/_3$ Wasser, $^1/_3$ konz. Säure) abgeschreckt; sollte es hierdurch nicht sogleich abgehen, so läßt man die Bleche 12 bis 24 Stunden in der Säure liegen. Vor endgültiger Fertigstellung des Bleches ist nach Anwendung der Schwefelsäure ein ganz kurzes Beizen in einer Säure mit $^2/_3$ konz. Salpetersäure und $^1/_3$ Schwefelsäure zu empfehlen.

Beim Zusammenfügen einzelner Teile ist bei Gegenständen, die den Witterungs- oder sonstigen chemischen Einflüssen ausgesetzt sind, darauf zu achten, daß die Aluminiumlegierungen nicht mit einem anderen Metall in direkte Berührung kommen, da sie sonst infolge galvanischer Wirkung einer allmählichen Zerstörung unterliegen. Falls die einzelnen Stücke mit einem anderen Metall verbunden oder mit Hilfe von Nägeln oder Schrauben auf Holz od. dgl. befestigt werden müssen, ist daher das Loch für den Nagel oder die Schraube größer als deren Schaft zu machen und durch Unterlegen eines Plättchens aus Isolierstoff (Gummi, Vulkanfiber, Holz, Pappe) dafür zu sorgen, daß eine Berührung der verschiedenen Metalle vermieden wird. Zum Vernieten sind aus dem gleichen Grunde nur Nieten der gleichen Legierung anwendbar.

Von den zahlreich „erfundenen" Loten für Aluminiumlegierungen besitzt für die Bronzen keines besondere Vorzüge. Diejenigen bis und mit 5 Proz. Aluminium kann man gut mit Zinnlot löten, nicht aber solche mi einem höheren Gehalt. Für diese verwendet man ein Lot, bestehend aus 20 Tln. Zink und 15 Tln. Cadmium in der Weise, daß man die Flächen erst blank schabt, das Blech erwärmt, das Lot durch Aufreiben des Lötstängelchens aufträgt und dann den Überschuß mit einer Messingkratzbürste wegkratzt, hierauf verbindet man die Teile mit Hilfe des Lotes wie gewöhnlich mit dem Kolben. Das Hartlöten bietet keine Schwierigkeiten, als passendes Lot dient eine Legierung von 52 Tln. Kupfer, 46 Tln. Zink und 2 Tln. Zinn oder ein anderes nicht zu strengflüssiges Schlaglot.

Verschönerungsarbeiten. Die Aluminiumbronzen erhalten eine rein metallische Oberfläche und dabei eine schöne goldähnliche Farbe durch Eintauchen in Schwefelsäure von 30° Bé., Abspülen mit Wasser, hierauf Eintauchen in konz. Salpetersäure von 36 Bé. und Einlegen in fließendes Wasser. Als Ätzflüssigkeit dient ebenfalls Salpetersäure, zum Polieren Schmirgel und Polierscheibe.

Um den aluminiumreichen Legierungen ein schönes silberweißes Aussehen zu geben, taucht man sie ungefähr 5 Minuten lang in eine 10proz. Natronlauge, die auf annähernd 30° erwärmt ist, und spült sie dann gut mit Wasser ab. Treten hierbei unansehnliche schwarze Flecken auf, so taucht man die Stücke nochmals kurze Zeit in ein Säurebad (3 Tle. Salpetersäure, 1 Tl. Schwefelsäure, 12 Tle. Wasser) und wäscht sie noch mit Wasser.

Aluminiumbronzen überziehen sich beim Glühen bei 400° und langsamer Abkühlung an der Luft mit einer dünnen, mattglänzenden, ebenmäßig schwarzen Glühhaut, die außerordentlich fest am Metall haftet, wenn die Oberfläche vorher peinlich gereinigt worden ist.

Die mechanischen und technischen Eigenschaften der Aluminiumbronzen wurden eingehend von *Tetmajer*[1] untersucht (siehe Tab. 18).

Mit der Erhöhung des Aluminiumgehaltes von 5 auf 10 Proz. wächst die Festigkeit, während die Dehnung abnimmt. In gleicher Weise wirken die Verunreinigungen des Rohaluminiums Eisen und Silicium. Die 10proz. Bronze wird bei einem Eisen- und Siliciumgehalt von zusammen 1,5 Proz. für praktische Verwendungszwecke schon zu spröde, wie aus den geringen

---

[1] Mitt. a. d. Materialprüf.-Anstalt in Zürich, Heft 9.

Tabelle 18.

	Analysen					Zerreißprüfungen					Scherfestigkeit	Druck- u. Stauchprüfungen			Biegeprüfungen		
							Spannung an der									Spannung an der	
	Al	Cu	Fe	S	Si	Elastizitätsmodul	Proportionalitätsgrenze	Streckgrenze	Bruchgrenze	Bruchdehnung		Elastizitätsmodul	Proportionalitätsgrenze	Stauchgrenze	Elastizitätsmodul	Proportionalitätsgrenze	Grenze des Tragvermögens
	Proz.	Proz.	Proz.	Proz.	Proz.	kg/qcm	kg/qcm	kg/qcm	kg/qcm	Proz.	kg/qcm	kg/qcm	kg/qcm	kg/qcm	kg/qcm	kg/qcm	kg/qcm
Zerreiß-, Scher-, Druck-, Biege- und Torsionsprüfungen: gegossenes Material.																	
Aluminium	98,45	—	0,56	0,12	0,87	659	130	300	930	6,7	840	640	76	420	598	280	1230
Aluminium	94,03	2,25	0,25	0,08	0,82 + 2,57 Cd	702	250	520	1270	0,6	1470	726	92	720	671	530	2080
Aluminiumbronze	10,42	87,56	0,43	0,05	1,13	1367	2340	—	5540	0,0	—	1350	2000	3400?	1348	2270	7480
Aluminiumbronze	10,32	86,79	0,60	0,09	2,17	1241	2030	2890	6020	0,0	4520	1220	1960	3200?	1179	2590	9360
Aluminiumbronze	10,23	86,54	0,85	0,14	2,04	1320	1540	—	5700	0,5	3640	1387	600?	1920?	1293	2250	6320
Aluminiumbronze	10,05	86,07	0,98	0,14	2,48	1352	1870	—	6290	0,15	3960	1295	1480	2880	1280	2090	7930
Aluminiumbronze	9,41	89,54	0,19	0,05	0,67	1180	770	1200	4220	26,2	2690	1205	520	1360	1205	970	4230
Aluminiumbronze	8,73	89,13	0,74	0,16	1,22	1225	860	1570	3890	8,3	2770	1200	760	1680	1231	1270	5180
Aluminiumbronze	8,12	88,70	1,48	0,15	1,52	1265	860	1430	4860	29,2	2860	—	—	—	1192	1490	5020
Aluminiumbronze	8,05	89,26	0,51	0,11	1,83	1234	980	1910	4990	11,0	3080	1096	840	1680?	1162	1770	6290
Aluminiumbronze	7,92	89,60	0,73	0,21	1,47	1171	880	1470	4600	24,2	2840	1204	990	1600?	1128	1570	4890
Aluminiumbronze	7,72	89,53	0,94	0,08	1,93	1193	1000	1670	4860	14,3	3190	1196	1000	1510	1153	1670	6200
Aluminiumbronze	7,50	90,43	0,54	0,05	1,56	1190	830	1420	4860	31,3	2820	1190	840	1460	1158	1560	4770
Aluminiumbronze	7,08	89,67	0,72	0,12	2,72	1163	970	2220	5310	7,4	3430	1152	1060	2000	1090	1970	8140
Aluminiumbronze	5,92	91,17	0,78	0,04	2,12	1209	860	1570	4960	28,1	3010	1195	800	1500	1171	1440	5170
Aluminiumbronze	4,62	93,35	0,89	0,04	0,98	1079	370	970	3740	46,6	2930	987	340	960	1111	640	2890
Kupfer	—	99,46	—	—	—	1261	250	700	2150	34,5	1570	1333	72	800?	1221	590	2610
Kupfer	—	99,74	—	—	—	1286	470	910	2160	26,7	1590	1300	136	960?	1204	590	2660
Zerreiß-, Scher-, Druck-, Biege-, und Torsionsprüfungen: gewalztes Material.																	
Aluminiumbronze	7,96	90,99	—	—	1,36	1149	940	2160	4990	18,4	3120	1186	950	2070	1194	1190	6480
Aluminiumbronze	8,29	90,38	—	0,04	1,41	1149	1400	2510	5390	15,3	3380	1159	1320	2160	1222	1380	7960
Aluminiumbronze	7,43	89,77	0,54	—	2,58	1130	1490	2520	5790	16,5	3520	1164	1050	2390	1186	1170	8770
Aluminiumbronze	6,69	91,66	—	0,05	1,83	1166	1290	2330	5250	33,5	3070	1159	1160	2000	1238	1190	6650
Aluminiumbronze	7,62	90,38	0,73	—	1,44	1165	1260	2110	5200	25,3	3070	1219	1190	2150	1242	1150	6420
Aluminiumbronze	7,19	88,83	2,27	—	1,32	1185	1270	1980	5220	35,4	3060	1290	1320	2040	1280	1220	6480
Aluminiumbronze	4,99	93,59	0,91	—	0,91	1199	860	1730	4370	41,6	3000	1288	1000	1630	1259	1290	5400
Aluminiumbronze	7,98	89,99	0,89	—	1,23	1237	1010	2180	5090	12,5	3080	1207	1360	2080	1232	1300	7010
Aluminiumbronze	9,80	86,71	0,78	—	2,38	1321	1400	3130	6960	0,4	4590	1244	1960	—	1295	1920	10300
Aluminiumbronze	7,37	89,88	1,02	—	1,95	1189	1070	2060	5540	18,3	3420	1207	1320	2280	1268	1310	7210
Aluminiumbronze	11,01	88,16	0,34	—	0,80	1125	950	3110	5110	0,2	4130	991	780	3040	1111	1200	7960
Aluminiumbronze	8,81	90,50	0,56	—	0,61	1247	1220	2230	5070	20,7	3070	1258	1010	2010	1362	1340	6320

Bruchdehnungen der Zerreißproben hervorgeht. (Man ersieht hieraus, wie wichtig es ist, von reinen Materialien auszugehen; die ursprünglichen Enttäuschungen, die man mit den Aluminiumbronzen erlebte, sind darauf zurückzuführen, daß man nicht reinstes Aluminium und reinstes — womöglich — Elektrolytkupfer benutzte. Es dürfte sich sogar empfehlen, den Siliciumgehalt etwa nach D. R. P. 246 484, siehe S. 178 herabzusetzen.) Die technischen Rotbruchproben ließen eine vorzügliche Zähigkeit fast aller untersuchten, auf etwa 600° angewärmten Bronzen erkennen. Bei den Schmiedeproben mit gegossenem Material ließ sich Reinaluminium kalt schmieden; bei den Aluminiumbronzen nimmt die Kaltschmiedbarkeit mit wachsendem Aluminiumgehalt ab und wird bei etwa 10 Proz. Aluminium gleich Null. Ein Siliciumgehalt von 2 bis 3 Proz. macht die Bronze im kalten Zustande spröde und unbildsam, sobald der Gesamtgehalt an Aluminium und Silicium 8,5 Proz. überschreitet. Bei der Abnutzungserprobung durch Schleifen auf einer gut und dauernd geölten gußeisernen Scheibe zeigten die härteren Bronzen mit weniger als 89,6 Proz. Kupfer geringeren Gewichtsverlust als zwei gleichzeitig geprüfte Lagermetalle, bei den weicheren Bronzen war es umgekehrt.

Tabelle 19.

Zusammensetzung					Mechanische Eigenschaften			
Cu Proz.	Al Proz.	Fe Proz.	Si Proz.	Ni Proz.	Bruchfestigkeit kg/qcm	Elastizitätsgrenze kg/qcm	Dehnung Proz.	
91,00	8,95	—	0,07	—	6200	4700	27	hartgewalzt
					5500	2000	42	geschmiedet
					4900	1800	48	gewalzt
89,94	9,98	—	0,10	—	6000	2000	18,5	geschmiedet
89,81	9,99	0,04	0,12	—	6100	2100	19	„
88,23	10,50	0,24	0,12	0,88	7100	1800	10	„
89,30	8,89	1,33	—	0,12	5900	2800	31	gewalzt
88,38	8,44	2,98	—	0,17	6450	2650	33	geschmiedet
87,93	5,96	4,09	1,37	0,20	6330	4260	21	gewalzt

Tab. 19 gibt eine Zusammenstellung der Prüfungsergebnisse von Material verschiedener Zusammensetzung: Der Eisengehalt scheint von geringer Einwirkung zu sein, Nickel wirkt günstig auf Bruchfestigkeit und Elastizitätsgrenze (siehe D. R. P. 127 414, S. 141).

Tab. 20 gibt Festigkeitsversuche wieder, die neuerdings von der Aluminium-Industrie-A.-G., Neuhausen mit geschmiedeter und gewalzter Aluminiumbronze erzielt wurden.

Nicht zu verwenden ist die Aluminiumbronze für Konstruktionsteile, welche höheren Wärmegraden ausgesetzt sind, da die Bruchfestigkeit in diesem Fall rasch zurückgeht; so ergab eine Bronze mit 9 Proz. Aluminium zwar bei 15° = 40 kg/qmm, aber bei 117° nur noch = 32 kg und bei 180° nur = 17 kg.

Tabelle 20.

Material	Spez. Gewicht	Streckgrenze kg/qmm	Zugfestigkeit kg/qmm	Bruchdehnung Proz.
Bronze mit 5 Proz. Al geschmiedet . . .	8,320	13,0	38,0	50,0
„ „ 5 „ „ gewalzt	8,320	14,5	45,5	74,5
„ „ 7 „ „ geschmiedet . . .	7,917	15,5	42,5	53,0
„ „ 8 „ „ „ . . .	7,749	20,0	47,7	43,0
„ „ 9 „ „ „ . . .	7,651	30,0	53,7	17,5
„ „ 10 „ „ „ . . .	7,522	32,5	57,8	15,7
„ „ 10 „ „ Blech, Längsfaser .	7,522	34,3	56,4	27,7
„ „ 10 „ „ „ Querfaser .	7,522	42,2	66,0	21,0
Alum.-Bronze Nr. 657, geschmiedet	—	35,0	55,0	5,0
„ „ 717, ...	7,292	40,0	60,0	3,5
„ „ 743, „	7,244	45,0	65,0	2,5

Guillet[1] führt folgende Werte: Tab. 21 für gegossenes, Tab. 22 für gewalztes Material an.

Tabelle 21.

Gegossenes Material	Zugfestigkeit kg/qmm	Elastizitätsgrenze kg/qmm	Dehnung Proz.	Querschnittverminderung Proz.
1. Aluminiumreiche Legierungen				
Handelsaluminium	9,4	3,0	7	10,1
Aluminium + 1 Proz. Cu	10,3	3,5	5	3,2
„ + 2 „ „	10,9	4,0	4,5	3,7
„ + 3 „ „	12,0	4,9	5	3,2
„ + 4 „ „	12,9	5,2	6	3,0
„ + 5 „ „	13,2	5,0	3	0
„ + 6 „ „	13,6	5,2	2	0
2. Kupferreiche Legierungen				
Kupfer + 3 Proz. Al.	20,9	7,9	36	
„ + 5 „ „	23,9	8,4	53	
„ + 7 „ „	25,4	9,1	66	
„ + 10 „ „	30,5	16,9	6	

Tabelle 22.

Gewalztes Material	Zugfestigkeit kg/qmm	Elastizitätsgrenze kg/qmm	Dehnung Proz.	Querschnittverminderung Proz.
Handelsaluminium				
gewalzt und geglüht	9,6	6,2	29	70,6
„ „ kalt geschmiedet	11,2	5,1	11	65,5
Aluminium + 2,5 Proz. Cu, gewalzt u. geglüht	19,8	6,3	11,5	41,5
„ + 3,6 „ Cu, gewalzt	21,4	6,6	20	41,5
Bronze mit 8 Proz. Al geglüht	46,2	42,9	43	40,4
„ „ 7,7 „ „ gewalzt	43,2	34,7	54	44,8

[1] Étude Ind. 742.

Nach Untersuchungen von *Schirmeister*[1] lassen sich die Kupfer-Aluminiumlegierungen bis zu etwa 12 Proz. Cu noch warm walzen, wobei jedoch mit großer Vorsicht gearbeitet werden muß. Festigkeit und Härte steigen anfangs ziemlich schnell mit dem Kupfergehalt, von 3 bis 7 Proz. bleiben sie konstant, um dann nochmals anzusteigen. Das bei 450° langsam gewalzte Material ergab folgende Werte:

Tabelle 23.

Kupfergehalt Proz.	Zugfestigkeit kg/qmm	Dehnung Proz.	Härte (Brinell)
0,0	10,5	34	29
0,5	13,5	30	—
1,0	15,4	26	41
2,1	17,1	23	46
3,5	18,0	22	48
5,1	17,8	21	49
7,1	18,0	21	49
8,9	18,7	19	52
11,0	19,5	16	—

Die Aluminium-Industrie-A.-G., Neuhausen gibt für Aluminium und aluminiumreiche Legierungen nachstehende Werte (Tab. 24) an.

Tabelle 24.

Material	Streckgrenze kg/qmm	Zugfestigkeit kg/qmm	Bruchdehnung Proz.
Rein-Aluminium, Kokillenguß	4,5	10,7	24,5
„ geschmiedet		12,0	22,4
„ 8-mm-Blech, hart		11,1	11,9
„ 5- „ „	13,4	13,8	3,5
„ 2- „ „	15,9	16,5	2,5
Aluminium mit 2 Proz. Kupfer, 8-mm-Blech hart	23,0	24,5	3,5
„ „ 3 „ „ 8- „	26,1	27,6	2,5
„ „ 4 „ „ 8- „ „	27,5	29,5	2,5

Französische Lieferanten garantieren für gewalztes Material folgende Werte (Tab. 25).

Tabelle 25.

Material	Festigkeit kg/qmm	Dehnung Proz.
Rein-Aluminium, geglüht	12	31
„ kalt geschmiedet	16	4
Aluminium + 3 Proz. Kupfer geglüht	19	9,5
„ + 3 „ „ geschmiedet	22	4,5
„ + 6 „ „ geglüht	20	11
„ + 6 „ „ geschmiedet	25	4
Bronze mit 7 Proz. Al geglüht	40	45
„ „ 7 „ „ geschmiedet	80	3

[1] Stahl u. Eisen 1915, 652.

(D. R. P. 335 888.) Uhlmann, Berlin-Steglitz: Verfahren zur Herstellung einer Kupfer-Aluminiumverbindung, dadurch gekennzeichnet, daß man Kupfer und Aluminium zuerst im Atomgewichtsverhältnis der Formel CuAl zusammenschmilzt, zu der so erhaltenen Verbindung noch 3 Atomgewichtsteile Al zugibt, so daß die Formel $CuAl_4$ erreicht wird. Die Legierung besteht aus 36,4 Proz. Cu und 63,6 Proz. Al. Während die unmittelbare Herstellung der Legierung $CuAl_4$ ein weißes und weiches, mechanisch wenig leistungsfähiges Produkt ergibt, soll nach diesem Verfahren ein außerordentlich hartes, zähes, gegen mechanische Bearbeitung widerstandsfähiges Metall von gelbbräunlicher Farbe entstehen (?). (Vom 1. 2. 1918 ab.)

Wirkung des Ausglühens und Abschreckens.

Richards (Aluminium 1896) hatte bereits beobachtet, daß Aluminiumbronzen mit hohem Kupfergehalt weicher werden, wenn man sie auf helle Rotglut erhitzt, bis auf Rotglut langsam erkalten läßt und sodann in Wasser abschreckt. *Sperry*[1] stellte fest, daß bei heiß gewalzten Bronzen (mit 90 Proz. Cu und 10 Proz. Al), wenn man sie bei etwa 730° glüht und dann in Wasser abschreckt, die Zugfestigkeit um 1054 bis 1406 kg/qcm höher liegt, als wenn sie langsam abgekühlt werden. Dehnung und Querschnittsverminderung werden hierbei jedoch wenig geändert. Wie sich bei diesen Bronzen durch Abschrecken das Gefüge ändert, wurde S. 124 gezeigt; es entsteht ein dem Martensit im Stahl außerordentlich ähnlicher nadelförmiger Gefügebestandteil. Auch die Bronzen, welche reicher an Kupfer sind, und die aluminiumreichen Legierungen erleiden durch Abschrecken Änderungen in ihren mechanischen Werten, ohne daß jedoch gleichzeitig eine Umwandlung im Gefüge zu beobachten ist. Durch gelindes Wiederanwärmen der abgeschreckten Bronzen kann man abermals eine Änderung der Eigenschaften herbeiführen und sie dem jeweiligen Gebrauchszweck anpassen.

Guillet[2] fand bei gegossenem Material (Tab. 26) und bei gewalztem und sodann ausgeglühtem Material (Tab. 27) nebenstehende Werte. Wichtig ist

Tabelle 26. Gegossenes Material.

Härtungstemperatur	97 Proz. Cu + 3,0 Proz. Al				94,88 Proz. Cu + 5,04 Proz. Al				93,13 Proz. Cu + 6,76 Proz. Al			
	Bruch-festigkeit	Dehnung	Stoß-festigkeit	Härte	Bruch-festigkeit	Dehnung	Stoß-festigkeit	Härte	Bruch-festigkeit	Dehnung	Stoß-festigkeit	Härte
	kg/qmm	Proz.	Frémont	Brinell	kg/qmm	Proz.	Frémont	Brinell	kg/qmm	Proz.	Frémont	Brinell
nicht abgeschreckt	20,9	36	48	58	22,6	41	46	61	24,7	49	34	61
bei 300° „	19,1	37	49	58	23,7	46	46	58	24,1	52	35	61
„ 400° „	19,1	37,5	48	54	25	66	44	61	20,7	70	35	58
„ 500° „	19,7	53,5	53	54	25	68	50	58	28,2	62	36	61
„ 600° „	26,4	61,5	52	54	25	58,5?	52	54	27,2	63	34	61
„ 700° „	19,3	43	48	54	25	64	53	54	27,8	66	35	61
„ 800° „	18,4	44	47	54	25,6	79	56	50	26,1	63	36	61
„ 900° „	16,2	38	40	50	22,4	54	48	50	25,4	54	32	61

[1] The Brass World and Platers Guide 1909, **5**, 3.

[2] Les Alliages Métalliques S. 743.

Tabelle 27. Gewalztes und geglühtes Material.

Härtungstemperatur	91,95 Proz. Cu + 8,03 Proz. Al				92,23 Cu + 8,45 Proz. Al			
	Bruchfestigkeit kg/qmm	Dehnung Proz.	Stoßfestigkeit Frémont	Härte Brinell	Bruchfestigkeit kg/qmm	Dehnung Proz.	Stoßfestigkeit Frémont	Härte Brinell
nicht abgeschreckt . . .	46,2	43,5	30	95	43,2	54	32	61
bei 300° „	51,15	42,5	32	91	42,2	54	42	61
„ 400° „	44,8	34,5	34	88	41,6	68	50	61
„ 500° „	47,8	38	36	83	42,2	63	44	58
„ 600° „	47,8	43	36	75	44,8	49	36	58
„ 700° „	49,5	45,5	34	61	42,2	62,5	34	58
„ 800° „	46,2	46	36	61	46,7	61	33	58
„ 900° „	44,2	55	33	63	40,2	64	34	58

die starke Steigerung in der Dehnung in ersterem Falle und das Herabgehen der Härte bei den gewalzten Bronzen.

Weidig[1] untersuchte einen 3 mm starken Draht aus: 94,75 Proz. Cu, 4,81 Proz. Al (Blei und Eisen in Spuren), siehe Tab. 28.

Tabelle 28.

Material	Bruchfestigkeit kg/qmm	Dehnung Proz.	Biegezahl	Elektrischer Leitungswiderstand
harter Probedraht	58,00	4,2	16,5	0,01728
weicher „	42,08	43,0	19,0	0,01552
bei 400° 1 Stunde geglüht und				
a) in der Luft abgekühlt	56,3	13,0	19,0	0,01521
b) in Wasser abgeschreckt	55,6	10,9	20,0	0,01451
600° a) in der Luft abgekühlt	41,87	45,0	20,0	0,01503
b) in Wasser abgeschreckt	41,87	43,8	19,5	0,01541
800° a) in der Luft abgekühlt	37,41	48,75	18,0	0,01633
b) in Wasser abgeschreckt	37,06	48,8	19,0	0,01653

Auch hier ist die wesentliche Steigerung der Dehnung von 600° an zu beobachten, während die Bruchfestigkeit sinkt. Der „harte“ Probedraht war nach Angabe des Fabrikanten nach dem letzten Zug nicht mehr ausgeglüht worden, zeigt also die Wirkung der kalten Bearbeitung, der „weiche“ Draht war nochmals geglüht worden; aus den Versuchszahlen kann man schließen, daß dies bei etwa 600° erfolgt sein muß, — ein Beispiel dafür, wie man sich noch nachträglich über die Vorbehandlung eines gegebenen Materiales Klarheit verschaffen kann.

Bei den aluminiumreichen Legierungen wird durch geeignetes Abschrecken nicht nur die Festigkeit, sondern auch die Dehnung gesteigert; das Verfahren ist geschützt durch:

[1] Metallurgische und technische Studien 1912.

(D. R. P. 170 085.) Zentralstelle für wissenschaftlich-technische Untersuchungen G. m. b. H., Neubabelsberg: Verfahren zum Veredeln von Aluminiumlegierungen durch Glühen und Abschrecken von einer höheren auf eine tiefere Temperatur, dadurch gekennzeichnet, daß das Glühen im Bereiche eines Temperaturintervalles erfolgt, das durch den Erstarrungspunkt einerseits und durch eine tiefer gelegene, charakteristische Temperaturgrenze (β-Temperatur) andererseits begrenzt ist, welch letztere durch die Diskontinuität (Knickpunkt) der Erstarrungskurve oder anderer Temperaturkurven bestimmt wird, worauf die Legierungen innerhalb eines Temperaturintervalles abgeschreckt werden, das etwa zwischen 30° oberhalb und 30° unterhalb der β-Temperatur liegt.

Durch rasches Abkühlen der Legierungen von einer charakteristischen, physikalisch wohl definierten Temperatur auf eine tiefere soll eine Erhöhung der Festigkeit und Dehnbarkeit der Legierung erzielt werden. Wenn durch die Kaltbearbeitung schon die höchst erreichbare Festigkeit erzielt worden ist, so wird durch dieses Abschrecken eine Erhöhung der Dehnbarkeit erreicht, ohne daß die Festigkeit verringert würde. Für eine Aluminiumlegierung mit 5 Proz. Kupfergehalt ist eine Glüh- bzw. Veredelungstemperatur von 525° $\pm$ 25° anzuwenden. Als Temperatur der Kühlflüssigkeit hat sich am günstigsten — 5 bis 10° erwiesen. Bei dieser Legierung wird für Schalenguß die Festigkeit von 15,5 kg/qmm auf 22,9 kg/qmm, die Dehnung von rund 5 Proz. auf 7 Proz. erhöht.

Tabelle 29.

Kupfergehalt	β-Temp.	Kupfergehalt	β-Temp.
1 Proz.	= 485°	6 Proz.	= 530°
2 „	= 501°	10 „	= 535°
3 „	= 512°	15 „	= 538°
4 „	= 524°	33 „	= 540°

(Zus. P. D. R. P. 181 737.) Das Verfahren des Hauptpatentes wird dahin weiter ausgebildet, daß das Glühen und Abschrecken im Bereich eines Temperaturintervalles erfolgt, das durch eine 10° unter dem Erstarrungspunkt gelegene Temperatur einerseits und durch eine 30° unterhalb des für die betreffende Legierung gefundenen kritischen (β) (Rekalescenz)punktes gelegene Temperaturgrenze andererseits bestimmt ist. (Vom 20. 10. 1903 ab.)

(F. P. 520 727.) Hitzebehandlung von Legierungen. Legierungen zeigen beim Erhitzen einen oder mehrere kritische (Knick-) Punkte, AlCu-Legierungen, z. B. bei 510 bis 520°, wenn sich die Verbindung Al_2Cu bildet. Man erhält Legierungen von besonders günstigen Eigenschaften, z. B. großer Zähigkeit, wenn man die Metallmischungen etwa $^1/_2$ Stunde auf eine 10 bis 15° über der kritischen liegende Temperatur erhitzt, sie dann 5 bis 10 Minuten in Öl und dann $^1/_2$ Stunde in Wasser abkühlen läßt.

Den Einfluß des Wiedererwärmens auf die Härte der abgeschreckten Aluminiumbronzen untersuchten *Portevin* und *Arnon*[1]. Die Zeit und die Temperaturhöhe dieses „Anlassens" sind von Einfluß auf die Menge des nadelförmigen, martensitischen Bestandteiles und damit auch von Einfluß auf die Eigenschaften der Bronze. Zwei Proben, die bei 800° und 900° gehärtet waren, werden 10 Minuten lang in einem Salzbad auf Temperaturen zwischen 400° und 700° wieder erwärmt, bei 400° tritt eine Erhöhung der Härte, bei 500° wieder eine Abnahme ein; die Erhöhung ist mit einer Ver-

[1] C. r. 1912, **154**, 511.

minderung der Dehnbarkeit und Vermehrung der Brüchigkeit verknüpft (siehe Tab. 30). Bronze A hatte die Zusammensetzung: 89,84 Proz. Cu, 9,95 Proz. Al.

Bronze B: 88,8 Proz. Cu, 10,02 Proz. Al, 1,11 Proz. Mg.

Die Härte wurde nach *Brinell* und *Shore* bestimmt.

Tabelle 30.

	Bronze A gehärtet bei 800°		Bronze B gehärtet bei 800°		Bronze A gehärtet bei 900°	
	Brinell	Shore	Brinell	Shore	Brinell	Shore
Nach dem Härten	184	49	222	58	203	54
Angelassen auf 400°	205	55	231	69	228	84
„ „ 500°	162	42,5	162	41	167	43

Über die bei der „Kalthärtung" eintretenden Verhältnisse geben die Versuche von *Matweieff*[1] Auskunft. Aluminiumbronzen mit einem Aluminiumgehalt von 7,5 Proz. bis 9,75 Proz. wurden bei 850° ausgeglüht und dann durch Hämmern kalt gehärtet, Härtebestimmungen nach *Brinell* ergaben alsdann folgende Werte (Tab. 31). Die kaltgehärteten Bronzen verlieren einen Teil ihrer Härtung je nach dem Aluminiumgehalt bereits bei etwa 350° bis 475°; vollständige Enthärtung tritt in einem engbegrenzten Temperaturintervall ganz plötzlich ein.

Tabelle 31.

Behandlung	Härte der Bronzen mit Proz. Al			
	7,5 Proz.	8 Proz.	8,5 Proz.	9,75 Proz.
Ausgeglüht bei 850°	56	76	76	115
Kalt gehärtet	199	199	199	199
Angelassen auf 400°	127	127	127	199
„ „ 450°	104	115	95	199
„ „ 500°	87	115	95	127
„ „ 550°	80	115	95	104

Außerordentlich wichtig sind die auf breitester Basis angelegten Untersuchungen, die von *Carpenter* und *Edwards*[2] (8. Rapport des Komitees für die Untersuchung der Legierungen) ausgeführt wurden. Aus den reichen Zahlenmaterial seien folgende Ergebnisse angeführt:

Tabelle 32.

In Kokille gegossen				In Sand gegossen			
	Kupfergehalt Proz.	Festigkeit kg/qmm	Dehnung Proz.		Kupfergehalt Proz.	Festigkeit kg/qmm	Dehnung Proz.
1. Schmelzung	90,0	58,8	31,5	1. Schmelzung	90,0	47,6	17,2
2. „	90,09	58,2	30,0	2. „	90,09	44,1	15,0
3. „	89,92	58,3	31,5	3. „	89,92	52,5	24,8

[1] Rev. de Mét. 1911, 708.

[2] Inst. of Mechanical Engineers, Jan. 1907.

Tab. 32 zeigt die Überlegenheit des Kokillengusses dem Sandguß gegenüber in bezug auf Festigkeit und Dehnung, und daß durch wiederholtes Umschmelzen, wenigstens bei ersterem, keine Änderung der Eigenschaften erzielt wird. Man nahm früher an, daß durch wiederholtes Umschmelzen der Bronzen ein besseres Durchmischen und damit günstigere Werte zu erzielen seien. Tab. 33 zeigt ähnliche Ergebnisse für „Hartaluminium".

Tabelle 33,

In Kokille gegossen				In Sand gegossen			
	Kupfergehalt Proz.	Festigkeit kg/qmm	Dehnung Proz.		Kupfergehalt Proz.	Festigkeit kg/qmm	Dehnung Proz.
1. Schmelzung	3,94	15,7	10,5	1. Schmelzung	3,94	8,4	4,0
2. „	3,96	15,4	11,0	2. „	3,96	9,8	4,6
3. „	3,95	16,7	13,2	3. „	3,95	11,0	5,3

Tab. 34 zeigt, wie wichtig für die mechanischen Eigenschaften der Gußstücke das Innehalten einer möglichst niedrigen Gußtemperatur ist.

Tabelle 34.

Gußtemperatur	Kupfergehalt Proz.	Elastizitätsgrenze kg/qmm	Bruchfestigkeit kg/qmm	Dehnung Proz.
650°	4,63	8,8	15,2	8,5
724°	4,62	7,8	11,1	5,5
770°	4,63	7,1	7,7	3,0

Über die Größe des „Schwindens" gibt Tab. 35 Auskunft (siehe auch S. 51).

Tabelle 35.

Aluminiumgehalt	0,10	4,05	6,73	8,12	8,67	9,90	12,4 Proz.
Schwindung in Proz. . . .	2,00	2,08	2,00	2,33	2,34	1,83	1,83

Korrosionsversuche.

Aluminiumbronzen mit 3 bis 10 Proz. Aluminium wurden der Einwirkung des See- und Trinkwassers im Vergleich mit Muntzmetall und „Schiffsmessing" (Messing mit 2 Proz. Zinn) ausgesetzt, wobei sie sich diesen um ein geringes überlegen zeigten. Im Kontakt mit Stahl zeigten sie nach viermonatlicher Einwirkung des Wassers noch keinerlei Veränderung. Die aluminiumreichen Legierungen wurden von Seewasser stark korrodiert. Um einen Anhalt für ihre Geeignetheit als Material für Kochgeschirre zu gewinnen, wurden Platten sechs Stunden lang in Wasser, 1 proz. Oxalsäure, 1 proz. Essigsäure und 2 proz. Citronensäure gekocht.

Der Gewichtsverlust in Milligrammen für den Quadratzentimeter für 1 Stunde beträgt:

Tabelle 36.

Kupfergehalt Proz.	Wasser	1 proz. Oxalsäure	1 proz. Essigsäure	2 proz. Citronensäure
0	0	0,5	0,1	0,05
1,57	0	0,9	0,1	0,1
2,36	0	1,0	0,05	0,1
3,74	0	1,0	0,1	0,1
4,74	0	1,1	0,1	0,1
5,34	0	1,2	0,15	0,15

Boes und *Weyland*[1] verlangen auf Grund praktischer Versuche, daß zur Herstellung von Feldflaschen und Kochgeschirren nur Reinaluminium (mindestens 98 Proz. Al) verwendet wird, da jeder Legierungsbestandteil, besonders Kupfer und Nickel, die Korrosionsgefahr erhöhen.

Rowland[2] untersuchte die Korrosion von Aluminiumbronzen (als Anode) in wässerigen Lösungen der bekannteren Natriumsalze und in Natronlauge durch den elektrischen Strom (35 Milliampère in 7 bis 9 Stunden), die Niederschläge auf der Platinkathode wurden elektrolytisch analysiert. Die Salze organischer Säuren, ausgenommen das Tartrat, lösen die α-Legierungen am leichtesten (in Tartratlösungen ist die γ-Phase beträchtlich löslicher); die Verbindung $CuAl_2$ und die aluminiumreichen Legierungen sind praktisch unlöslich. In Natronlauge sind dagegen α-, γ- und ε-Legierungen praktisch unlöslich, dagegen $CuAl_2$ und die η-Legierungen sehr leicht löslich. In Carbonatlösungen werden die Legierungen praktisch nicht korrodiert. Außer in Chlorid- und Nitratlösungen besteht für die aluminiumreichen Legierungen, besonders in den Lösungen der Salze organischer Säuren, eine allgemeine Neigung, passiv zu werden durch die Bildung einer Aluminiumoxydhaut.

Die Fabrik zu Neuhausen führte z. B. Vergleichsversuche aus zwischen Aluminiumbronze mit 10 Proz. Aluminium und „Deltametall" bzw. Phosphorbronze, indem Bleche von gleicher Oberfläche 14 Stunden lang in einer Lösung von 3 Proz. Kochsalz und 4 Proz. Essigsäure oder in künstlichem Meerwasser bei 80° erwärmt wurden oder in kaltem Meerwasser in Kontakt mit Eisenblech gebracht wurden. Die Zahlenwerte (siehe Tab. 37) zeigten die Überlegenheit der Aluminiumbronze und dabei die Schädlichkeit eines Siliciumgehaltes.

Tabelle 37.

Material	Abnützungsgrad		
	Kochsalzlösung	Meerwasser 80°	Meerwasser kalt (Kontakt mit Eisen)
Aluminiumbronze 10 Proz. Si-frei	1	1	1
„ 10 „ mit 2,8 Proz. Si	2,1	39	2
Aluminiummessing 3,5 Proz. Al	4,4	101	50
Deltametall	6,3	450	40
Phosphorbronze	32	116	9

[1] Zft. f. Unters. d. Nahrungs- u. Genußmittel 1915, 300.
[2] Journ. of Phys. Chem. 1908, 12, 180.

Guillet[1] untersuchte die Korrodierbarkeit aluminiumreicher Legierungen in verschiedenen Lösungsmitteln, und zwar der kaltgehärteten im Vergleich zu den ausgeglühten. Die Kalthärtung vergrößert in der Regel die Korrosionsfähigkeit. *Guillet* stellte nach achtwöchentlicher Einwirkung folgende Gewichtsverluste fest. (Die Proben wogen 4 bis 5 g.)

Tabelle 38.

Material	Behandlung	Destilliertes Wasser	Wasserleitungswasser	1 proz. Sodalösung	1 proz. Kochsalzlösung	1 proz. Salzsäure	1 proz. Chlormagnesiumlösung
Reinaluminium	ausgeglüht	0,002	0,002	3,086	0,014	0,217	0,008
	gehärtet	0,001	0,003	3,366	0,015	0,180	0,009
+ 5 Proz. Kupfer . .	ausgeglüht	0,025	0,045	1,730	0,067	0,813	0,041
	gehärtet	0,033	0,066	1,323	0,049	0,913	0,159
+ 1 „ Nickel . . .	ausgeglüht	0,004	0,006	2,295	0,037	1,634	0,013
	gehärtet	0,004	0,027	3,244	0,056	2,015	0,019
+ 3 „ Nickel . .	ausgeglüht	0,001	0,004	1,954	0,055	2,008	0,012
	gehärtet	0,002	0,013	2,596	0,056	2,956	0,013
+ 3,6 „ Kupfer, 0,5 „ Mangan, 0,4 „ Silber	ausgeglüht	0,017	0,027	1,524	0,043	1,262	0,031
	gehärtet	0,028	0,043	1,696	0,053	1,298	0,065

Verwendung.

Da die Eigenschaften der Aluminiumbronzen sowohl durch wechselnde Zusammensetzung schon innerhalb weniger Prozente als auch durch verschiedenartige Wärme- oder mechanische Behandlung in außerordentlich weiten Grenzen variiert werden können, so finden diese Legierungen auch ein sehr weites Verwendungsgebiet. Sie ersetzen Schmiedeeisen oder Stahl in allen jenen Fällen, wo diese wegen ihrer Eigenschaft zu rosten, nicht anwendbar sind, die übrigen nicht rostenden Legierungen aber in ihren mechanischen Werten nicht genügen, z. B. für die verschiedensten Zwecke des Schiffsbaues. In der Maschinenindustrie liefern sie vielfach das Material für Teile, welche stark beansprucht und dabei der Einwirkung chemischer Agenzien ausgesetzt sind, wie Maschinen des Berg- und Hüttenwesens, der Papierfabrikation, in Brauereien, Brennereien und anderen chemischen Gewerben. Unter Umständen kann es jedoch Schwierigkeiten bieten, die für den einzelnen Zweck günstigste Legierung herauszufinden. So beschreibt *Sperry*[2] die Herstellung von Zündnadeln für Gewehre aus Aluminiumbronze, die sich für diesen Zweck besser als Stahl bewährt hat, bei der Springfield Armory. Nach längerem Experimentieren wurde eine Legierung aus 89,5 Proz. Kupfer und 10,5 Proz. Aluminium als die einzige gefunden, welche den Anforderungen entsprach, und die auch ausschließlich verwendet wird. Eine Bronze mit 11 Proz. Aluminium ist zu spröde und eine solche von 10 Proz. zu weich.

[1] Rev. de Mét. 1913, 771.
[2] The Brass World 1905, 125.

Auch als Material für Kunstguß- und Kunstschmiedestücke aller Art, wie Bauartikel, Haushaltungsgegenstände, Dekorationen, Ornamente usw. finden die Bronzen Verwendung.

Die aluminiumreichen Legierungen werden vorwiegend als Ersatz des Reinaluminiums benutzt, wo dessen mechanische Eigenschaften nicht ausreichen, also besonders für Konstruktionsteile in der Automobilindustrie und im Luftschiffbau.

Die mit großer Reklame in den Handel gebrachte Legierung „Cupror" besteht aus 94,2 Proz. Kupfer und 5,8 Proz. Aluminium; „Goldbronze" 95 bis 97 Proz. Kupfer und 3 bis 5 Proz. Aluminium; Dizigold 90 Proz. Kupfer und 10 Proz. Aluminium.

Die Society of Automobile Engineers in den Vereinigten Staaten schreibt folgende Werte vor:

Aluminium nicht weniger als 90 Proz.; Kupfer 7 bis 8,5 Proz.; Eisen bis 1 Proz.; Silicium bis 0,5 Proz.

(D. R. P. 265 903.) Engel, Hamburg: Elektrisch leitende Verbindung von Kupfer oder Messing mit Aluminium, gekennzeichnet durch ein aus einer Legierung von Aluminium und Kupfer bestehendes Zwischenglied zwischen den zu verbindenden Metallen in Gestalt von Muffen, Bolzen, Schrauben, Nieten, Schienen od. dgl. (Vom 26. 3. 1911 ab.)

Sonderaluminiumbronzen.

Whitaker[1] empfiehlt für Gußstücke für Automobilteile eine Legierung aus 89 Proz. Kupfer, 7,5 Proz. Aluminium, 3,5 Proz. Eisen, letzteres muß in Form einer Vorlegierung von 60 Proz. Cu, 29 Proz. Al, 20 Proz. Fe zugesetzt werden. Folgende Werte wurden erreicht: 52,2 kg/qmm Festigkeit, 23,2 kg/qmm Streckgrenze, 24 Proz. Dehnung (50 mm Meßlänge) 21,8 Proz. Querschnittsverminderung.

Cowles Spezial A = 89 Proz. Kupfer, 11 Proz. Aluminium
French = 81,5 Proz. Kupfer, 7 Proz. Aluminium, 4 Proz. Eisen, 5,5 Proz. Nickel, 2 Proz. Mangan
Emperor Brass = 60 Proz. Kupfer, 20 Proz. Aluminium, 20 Proz. Zink
Navy = 85—87 Proz. Kupfer, 7—9 Proz. Aluminium, 2,5—4,5 Proz. Eisen
Oranium-Bronze = 88,5—97 Proz. Kupfer, 11,5—3 Proz. Aluminium
Rakel's Metal = 87,5 Kupfer, 10,5 Aluminium, 1 Proz. Zink, 1 Proz. Mangan
Secretan = 91—95 Proz. Kupfer, 9—5 Proz. Aluminium, 1,5 Proz. Magnesium.

(D. R. P. 11 577.) Webster, Edgrabstein: Verfahren zur Darstellung von Aluminiumbronze, bestehend aus Kupfer und Aluminium im Verhältnis von 90 : 10 bis 99 : 1, gemischt je nach dem Zweck mit 1 bis 6 Proz. einer Legierung von 20 Proz. Nickel, 20 Proz. Kupfer, 53 Proz. Zinn, 7 Proz. Aluminium. (Um eine innige Mischung des Aluminiums und Kupfers zu erzielen, wird zunächst das Aluminium auf dem Kupfer galvanisch niedergeschlagen.)

(D. R. P. 28 117.) Webster, Solihull: Verfahren zur Herstellung von Aluminiumbronze, darin bestehend, daß man zunächst eine Legierung aus 15 Proz. Aluminium und 85 Proz. Zinn und eine zweite aus 17 Proz. Nickel, 17 Proz. Kupfer, 66 Proz. Zinn herstellt und dann je 8 Gewichtsteile beider Legierungen mit 84 Tln. Kupfer zusammenschmilzt.

---

[1] Stahl u. Eisen 1918, 1016.

(D. R. P. 40 316.) Webster: Metallegierung von $4^1/_2$ Tln. einer Grundlegierung, welche aus 200 Tln. Kupfer, 80 Tln. Zinn und je 10 Tln. Aluminium und Wismut besteht, mit 164 Tln. Kupfer, 70 Tln. Nickel und $61^1/_2$ Tln. Zink.

(D. R. P. 45 021.) Hofmann und Linke, Leipzig: Metallegierung zur Herstellung von Formerwerkzeugen in der Eisengießerei, bestehend aus 100 Tln. 10 proz. Aluminiumbronze, 2 Tln. Zink, 0,5 Tln. Mangan, 1,5 Tln. Blei, 2 Tln. Zinn und 0,25 Tln. Phosphor, welche Stoffe bei 800° zusammen- und mehrmals umgeschmolzen werden.

(D. R. P. 47 380.) Lazard und David, Paris: Legierung aus Kupfer, Aluminium und Gold. Auf 1000 Tle. schmilzt man 978 Tle. reines Kupfer und 2 Tle. reines Gold zusammen, denen man etwa 20 Tle. Aluminium und ein geeignetes Flußmittel hinzufügt. Das Ganze wird ungefähr $^1/_2$ Stunde lang geschmolzen gehalten und dann in Barren gegossen. Die Legierung dient zur Fabrikation von Schmuck- und Juwelierarbeiten.

(D. R. P. 146 985.) Vogt & Cie., Niederbruck: Aluminiumbronze zur Herstellung von Rakeln, gekennzeichnet durch einen Gehalt von 86 bis 89 Proz. Kupfer, 12,5 bis 7,5 Proz. Aluminium, 1 bis 2 Proz. Blei und 0,5 bis 1,5 Proz. Mangan. Durch den Zusatz von Blei und Mangan wird eine Bronze von besonderer Härte, Bruchfestigkeit und Säurebeständigkeit erhalten, die das übliche Rakelmetall vorteilhaft ersetzt, da sie bei gleicher Härte und Elastizität viel säurebeständiger ist. (Vom 3. 2. 1903 ab.)

(D. R. P. 127 414.) Secrétan, Paris: Aluminiumnickelbronze, bestehend aus 89 bis 98 Proz. Kupfer, 9 bis 1 Proz. Aluminium und 1 bis 1,5 Proz. Nickel. Bei Herstellung der Legierung setzt man als Desoxydationsmittel zu: Phosphor bis 0,5 Proz., Magnesium bis 1,5 Proz. Der Phosphor muß immer in Form von Phosphorkupfer oder Phosphoraluminium von genau bestimmtem Gehalt zugesetzt werden; man setzt ihn erst dem Kupfer zu und fügt dann das Aluminium und das Nickel und endlich das Magnesium im Augenblick des Flüssigwerdens zu. (Vom 1. 3. 1902 ab.)

(D. R. P. 144 340.) Isabellen-Hütte G. m. b. H.: Manganaluminiumbronze, 1. dadurch gekennzeichnet, daß der Aluminiumgehalt die Hälfte des Mangangehaltes beträgt. 2. Ausführungsform der Manganaluminiumbronze nach Anspruch 1, gekennzeichnet durch den Zusatz weiterer Metalle, welche die Gießfähigkeit der Bronze erhöhen oder ihre mechanischen Eigenschaften verbessern. (Vom 2. 7. 1902 ab.)

Durch den Eintritt des Aluminiums werden die Eigenschaften des Mangankupfers tiefgreifend geändert. Die magnetischen Eigenschaften (siehe S. 40), die aluminiumhaltiges Mangankupfer bei höherem Mangangehalt erlangen kann, erreichen ihr Maximum, wenn der Aluminiumgehalt die Hälfte des Mangangehaltes beträgt. Es hat sich aber herausgestellt, daß auch bei Herstellung von manganarmem Mangankupfer (von 10 Proz. Mangan und weniger) ein neuer und eigenartiger Effekt erzielt wird, wenn man den Aluminiumgehalt so weit steigert, daß er die Hälfte des Mangangehaltes beträgt.

Die Wirkung eines Manganzusatzes auf die Aluminiumbronzen und Kupferaluminiumlegierungen geht aus dem „9. Bericht des Aloys Research Comitee" von *Rosenhain* und *Lantsberry*[1] hervor. Gute mechanische Werte ergeben die Legierungen mit weniger als 11 Proz. Aluminium und 10 Proz. Mangan und andererseits die aluminiumreichen Legierungen mit 4 Proz. (Kupfer + Mangan). Bei ersteren wird die Konstitution durch den Hinzutritt des Mangans wenig beeinflußt, da sowohl der α- wie der β-Bestandteil das Mangan in fester Lösung enthält, so daß kein neuer Konstituent auftritt, Ausglühen und Abschrecken hat auf die Struktur den gleichen Einfluß wie

[1] Metallurgie 1910, 7, 216.

bei den binären Legierungen. Auf der Aluminiumseite tritt eine Verbindung Al_3Mn auf, die sehr hart und spröde ist, wodurch die Möglichkeit eines Manganzusatzes auf die angegebene geringe Menge beschränkt wird.

Auch bei den Aluminiumbronzen machen größere Mengen Mangan die Legierung spröde und erniedrigen die Festigkeit, während geringe Mengen die Fließgrenze und Festigkeit erhöhen, ohne daß die Zähigkeit abnimmt. So ergab eine Bronze mit:

89 Proz. Kupfer, 10 Proz. Aluminium und 1 Proz. Mangan

	57,22 kg/qmm	Bruchbelastung,	22,5 Proz.	Dehnung,	22,4 kg/qmm	Fließgrenze
gegen:	50,7 „	„	21,7 „	„	18,08 „	„

ohne Manganzusatz.

Eine Bronze mit 9 Proz. Aluminium und 2 Proz. Mangan ergab dieselbe Bruchbelastung und Fließgrenze wie die 10proz. Bronze ohne Mangan, hatte aber eine Dehnung von 46 Proz. gegen 36 Proz. bei letzterer.

Härtemessungen zeigten auffallenderweise keinen Unterschied zugunsten der ternären Legierungen. Schlag-, Schlagbiege- und Verschleißversuche bewiesen, daß die Manganbronzen den manganfreien wesentlich überlegen sind, hierdurch gewinnen sie bei ihrer leichten Bearbeitungsfähigkeit einen erheblichen Wert als Konstruktionsmaterial für Maschinenteile.

Die aluminiumreichen Legierungen sind sehr empfindlich gegenüber hohen Gußtemperaturen; so ergab eine bei 680° in der Kokille gegossene Probe eine Festigkeit von 18,6 kg/qmm bei 8 Proz. Dehnung, dagegen bei 750° gegossen weniger als 9,6 kg Festigkeit bei nur 2 Proz. Dehnung. Unter Verwendung von Ferromangan hergestellte Legierungen, die deshalb einen Eisengehalt bis zu 0,52 Proz. besaßen, zeigten wesentlich bessere Werte, so daß sich vielleicht ein absichtlicher Eisengehalt empfiehlt.

Die nach dem oben angeführten (D. R. P. 144 340) hergestellten, von *Heussler* erfundenen Mangan-Aluminiumbronzen, bei denen der Aluminiumgehalt die Hälfte des Mangangehaltes beträgt, lassen sich selbst bei einem Mangangehalt von 16 Proz. noch gut bearbeiten, wenn sie auch bereits sehr hart sind. Mit abnehmendem Mangan werden sie allmählich weicher und dehnbarer, sie lassen sich gut gießen und haben einen homogenen dichten Bruch. Von großem Wert ist die Beobachtung, daß sie bei Wärmegraden bis 300° ihre Festigkeit behalten. So fand *Heussler*[1]:

bei	15°	26	kg/qmm	Festigkeit	bei	9 Proz. Dehnung
„	300°	25,7	„	„	„	14 „ „

Dadurch eignen sie sich besonders für den Guß von Stopfbüchsen und ähnlichen Teilen von Heißdampfmaschinen, da die üblichen Gußbronzen bei 300° nur noch Bruchteile der Zerreißfestigkeit besitzen, welche sie bei Zimmerwärme haben. Die Mangan-Aluminiumbronzen werden nach *Heussler*[2] bei langsamer Abkühlung außerordentlich hart, beim Abschrecken aus Rotwärme dagegen weich, beim Anlassen auf etwa 200° wird dieses wieder hart. Die

[1] Verhandl. d. Ver. z. Förd. d. Gewerbefl. 1903, 277.
[2] Zft. f. Physik 1922, **10**, 403.

weiche Bronze hat eine Festigkeit von 66 kg/qmm bei 21,5 Proz. Dehnung, nach dem Erhitzen auf 195° während 20 Stunden = 75 kg bei 9 Proz., nach dem Erhitzen auf 220° während 10 Stunden = 96 kg bei 0,5 Proz. Dehnung. In gleicher Weise ändern sich Kugeldruckhärte und spez. Widerstand.

Read[1] untersuchte den Einfluß von wechselnden Mengen Phosphor auf die Aluminiumbronzen. Durch einen geringen Gehalt (bis 0,2 Proz.) wird die 5proz. Aluminiumlegierung in der Warmwalzbarkeit ungünstig beeinflußt, während die Kaltziehbarkeit verbessert wird. Die Elastizitätsgrenze und die Zugfestigkeit des ausgeglühten Materials werden etwas erhöht, ebenso der Widerstand gegen wechselnde Beanspruchungen. In dem Gußmetall übt ein Phosphorgehalt mit über 0,25 Proz. eine härtende Wirkung aus, die Zerreißfestigkeit erreicht bei 0,52 Proz. ein Maximum, während Dehnung und Querschnittsverminderung bedeutend sinken, die Elastizitätsgrenze steigt erheblich bis zu einem Gehalt von 1 Proz.

Die 10proz. Aluminiumbronze wird in ihren mechanischen Eigenschaften durch einen Phos phorzusatz nicht verbessert, bei Mengen über 0,2 Proz. bildet sich Aluminiumphosphid, das in Berührung mit feuchter Luft Phosphor abgibt.

(E. P. 19 251/04.) Travagline: Legierung für elektrische Konduktoren, bestehend aus 90 bis 95 Proz. Cu, 4,8 bis 9,9 Proz. Al, 0,2 bis 0,3 Proz. Ag, 0,6 bis 1,5 Proz. Ferromangan, 0,005 bis 0,015 Proz. P.

Das Kupfer wird zuerst geschmolzen, das erhitzte Mangan hinzugegeben, darauf der mit Kupfer legierte Phosphor und schließlich das Aluminium und Silber.

Nach Angabe von *Corse*[2] soll ein geringer Zusatz von Titan die Festigkeit und die Widerstandsfähigkeit der Aluminiumbronze gegen Seewasser sehr erheblich steigern.

Besonders günstig soll (nach folgenden 2 Patenten) ein Zusatz von Zink und Silicium wirken.

(D. R. P. 155 908.) Jacobsen, Hamburg: Verfahren zur Herstellung einer Kupferlegierung im Verhältnis der Atomgewichte ihrer einzelnen Bestandteile, dadurch gekennzeichnet, daß Kupfer, Zink, Aluminium und Silicium im Verhältnis ihrer Atomgewichte zusammengeschmolzen werden, zum Zwecke, mittels dieser Legierung die Erzeugung von Bronzen mit hoher Zugfestigkeit und Zähigkeit zu ermöglichen.

(Zus. P. 169 301.) Verfahren zur Herstellung von Bronzen von sehr hoher Zugfestigkeit, Härte und Widerstandsfähigkeit gegen chemische Einflüsse, dadurch gekennzeichnet, daß die nach dem Hauptpatent erhaltene Atomgewichtsverbindung mit Kupfer und Aluminium zusammengeschmolzen wird.

Es wurde gefunden, daß bei Anwendung von 8 kg Kupfer, 769,2 g Aluminium und 238 g der Legierung eine Bronze entsteht, welche bei einer Zugfestigkeit von 99,2 kg stahlhart ist und trotzdem leicht geschmiedet und gewalzt werden kann.

(Vom 11. 10. 1903 ab.)

(Zus. P. 184 717.) Verfahren zur Herstellung einer Kupferlegierung nach Maßgabe der Atomgewichte der zu legierenden Metalle, dadurch gekennzeichnet, daß auf je zwei Atomgewichte Kupfer und Eisen und ein Atomgewicht Aluminium bis zu drei Atomgewichten Nickel angewandt werden. (Vom 7. 3. 1905 ab.)

---

[1] Inst. of Metals 1913.

[2] Metallurg. Chem. Eng. 1915, **13**, 511.

Tabelle 39.

Zusammensetzung			Spez. Widerstand in Ohm × 10^{-6}		
Proz. Cu	Proz. Ni	Proz. Al	langsam gekühlt	luftgekühlt	bei 900° abgeschreckt
89,94	—	10,1	—	10,27	—
89,1	1,0	9,8	—	11,74	—
87,7	2,5	9,9	—	14,40	—
94,9	—	5,0	—	9,85	—
93,9	0,9	5,1.	—	10,88	—
92,7	2,4	4,9	—	12,56	—
89,8	4,8	5,3	15,49	15,47	15,54
87,5	7,3	5,2	18,01	18,45	18,43

Tabelle 40.

Chemische Analyse			Streckgrenze	Zugfestigkeit	Dehnung	Querschnittsvermind.	Kugeldruckshärte	Behandlung der Probestäbe
Proz. Cu	Proz. Al	Proz. Ni	kg/qmm	kg/qmm	Proz.	Proz.	kg/qmm	
90,0	10,0	—	18,3	47,8	19,4	27,2	135	Es wurden Stäbe von 25 mm ∅ in Kokillen gegossen u. dann auf 14,5 mm ∅ abgedreht.
89,5	9,6	1,0	20,2	56,0	20,2	21,5	150	
85,3	9,6	5,2	31,4	62,7	7,2	10,1	172	
79,9	9,9	10,1	41,0	60,6	2,8	4,6	182	
75,3	10,0	14,6	26,0	46,0	3,2	5,5	182	
80,4	9,6	10,0	30,4	58,6	15,0	17,8	—	
94,9	5,1	—	7,9	29,5	68,0	58,2	58	
93,9	5,1	1,0	8,7	30,3	92,1	69,1	59	
90,0	4,9	5,1	8,8	29,4	86,5	73,4	60	
85,0	5,6	9,4	23,6	44,6	39,7	39,0	115	
79,9	5,2	14,9	55,3	65,5	4,7	10,0	173	
89,9	10,1	—	22,7	40,5	9,0	10,4	127	Gewalzte u. ausgeglühte Stäbe (15 Min. bei 900° geglüht und im Ofen langsam abgekühlt).
87,7	9,9	2,4	28,5	50,3	12,3	13,0	158	
85,1	9,9	5,0	28,4	54,5	16,2	17,4	151	
82,8	9,7	7,5	29,6	61,3	13,1	15,1	162	
94,9	5,0	—	8,2	34,9	82,5	78,9	61	
94,0	5,1	0,9	8,4	35,9	94,6	76,1	64	
92,7	4,9	2,4	8,7	36,0	90,2	71,0	66	
89,8	5,3	4,8	14,8	40,3	70,0	60,2	80	
87,5	5,2	7,3	37,8	61,5	25,6	26,8	167	
89,9	10,1	—	66,1	69,8	9,0	12,4	186	Kalt gewalzte Stäbe.
87,7	9,9	2,5	58,1	80,9	13,0	11,0	207	
85,1	9,9	5,0	63,3	81,1	12,1	8,4	216	
82,8	9,7	7,5	77,5	82,0	12,3	16,3	231	
95,0	5,0	—	27,4	42,8	64,0	75,1	114	
94,0	5,1	0,9	28,5	44,5	63,1	78,1	113	
92,7	4,9	2,4	35,4	47,4	55,0	66,7	124	
89,8	5,3	4,8	37,0	49,0	50,0	72,3	136	
87,5	5,2	7,3	49,0	57,2	28,8	41,0	156	
89,9	10,1	—	55,1	84,5	2,3	3,9	257	Abgeschreckte Stäbe (15 Min. bei 900° geglüht und in kaltem Wasser abgeschreckt).
87,7	9,9	2,4	—	71,5	5,4	5,4	206	
85,1	9,9	5,0	28,4	73,5	4,2	5,5	251	
82,8	9,7	7,5	31,5	78,2	6,3	5,5	209	
95,0	5,0	—	10,1	35,9	78,6	73,3	52	
94,0	5,1	0,9	10,4	36,0	85,6	73,8	56	
92,7	4,9	2,4	11,3	39,2	77,8	71,4	62	
89,8	5,3	4,9	12,0	38,1	86,8	72,4	61	
87,5	5,2	7,3	18,0	46,8	52,1	65,1	92	

Das Verfahren bewirkt die Verfeinerung des Kornes in der Struktur der erhaltenen Legierung, eine Erhöhung der Dichtigkeit des Gusses so weit, daß ein durchaus dichter Guß entsteht, Erhöhung der Zugfestigkeit und der Elastizitätsgrenze.

(D. R. P. 44242.) Lehmann, Berlin: Herstellung von Bronzepulvern aus Wismutaluminiumbronze direkt aus dem Metallblock unter Vermeidung der Metallfolienschlägerei.

Das Verfahren verfolgt den Zweck, Legierungen herzustellen, welche mit einer gewissen Sprödigkeit zugleich die für den eigenen Glanz der Bronzeflitter in feinster Verreibung erforderliche Dehnbarkeit besitzen. Geeignet sind Legierungen von Kupfer, Aluminium und Wismut. Der Aluminiumgehalt kann je nach dem gewünschten Farbton zwischen 5 und 10 Proz. wechseln; der Wismutgehalt soll 0,05 bis 0,1 Proz. betragen, da bei einem höheren Gehalt die Legierung zu hart wird, sie läßt sich dann nicht mehr in eine Metallfarbe verwandeln. Die Legierungen zeichnen sich durch große Beständigkeit oxydierenden Einflüssen gegenüber aus.

Die mechanische Bearbeitung des Metalles geschieht in folgender Weise: Die Metallstangen werden in Fräsmaschinen gefräst, die Späne geglüht und unter Pochhämmern fein gepocht, nochmals geglüht, auf der Reibmaschine gemahlen, gewaschen, getrocknet, gesiebt und zwischen Walzen poliert.

Nickel-Aluminiumbronze.

Read und *Greaves*[1] untersuchten sehr eingehend den Einfluß eines Nickelzusatzes auf die Aluminiumbronzen mit 5 und 10 Proz. Aluminium.

Sowohl die α- wie die β-Krystalle nehmen Nickel in fester Lösung auf, daneben erscheinen zwei neue Strukturelemente, und zwar in der Serie mit 10 Proz. Aluminium ein blauer Bestandteil, der bei 10 Proz. Ni primär auftritt und bei geringeren Nickelgehalten durch Abschrecken unterdrückt werden kann, in der Serie mit 5 Proz. Al ein blau bis braun ätzbarer Bestandteil, welcher wieder durch Abschrecken unterdrückt werden kann, aber von 15 Proz. Ni an primär auftritt; es handelt sich wahrscheinlich um eine Nickel-Aluminiumverbindung. In den gegossenen Proben verringert das Auftreten der blauen Krystalle die Härte und alle mechanischen Werte, in den angelassenen zeigt die Legierung mit 5 Proz. Ni, in welcher fast alles Nickel in fester Lösung sich befindet, die größte Kontraktion, Widerstand gegen alternierende Beanspruchung und Dichte. Mit dem Auftreten des blau-braunen Bestandteiles wächst die Härte und Festigkeit, die Dehnung geht zurück. Das Ergebnis der mechanischen Prüfung siehe Tab. 40.

Walzversuche zeigten bei einer Serie mit 1 Proz. Al und bis zu 15 Proz. Ni gutes Verhalten, bei den Proben mit 5 Proz. Al beginnen bei etwa 5 Proz. Ni Schwierigkeiten durch Aufrauhen der Kanten, in der Serie mit 10 Proz. Al sind diese Schwierigkeiten noch größer. Schmiedeproben in der Hitze zeigten ein ähnliches Verhalten, mit steigendem Aluminium- und Nickelgehalt nimmt auch die Schmiedbarkeit allmählich ab; immerhin besteht Heiß-Walzbarkeit, solange der Nickelgehalt unter 10 Proz. bleibt, während für Kalt-Walzbarkeit der Nickelgehalt unter 6 Proz. gehalten werden muß. Die Legierungen mit 5 Proz. Al ließen sich sehr gut zu Draht ziehen, das Nickel übt hier einen günstigen Einfluß aus.

Die Bestimmung der elektrischen Leitfähigkeit an gezogenen und bei Rotglut ausgeglühten Drähten ergab nebenstehende Werte: (Tab. 39.)

[1] Journ. Inst. Met. 1914, **11**, 169; Intern. Zft. f. Metallogr. 1914, **6**, 263, 276.

Die Erniedrigung durch den Nickelzusatz deutet auf die Bildung fester Lösungen hin; auffallend ist, daß bei der Legierung mit 4,8 Proz. Ni die Wärmebehandlung keinen Einfluß auf den Widerstand hat.

Bei Korrosionsversuchen in Seewasser wirkte schon der geringste Nickelzusatz sehr deutlich schützend, und dieser Schutz verstärkte sich, bis der Zusatz 10 Proz. erreichte.

Aluminiumreiche Sonderlegierungen.

Mit dem außerordentlichen Aufschwung, den die Luftschiffahrt in neuester Zeit genommen hat, machte sich alsbald das Bedürfnis nach spezifisch leichten Legierungen mit möglichst hoher Festigkeit geltend. Wenn das „Hartaluminium" auch in manchen Fällen ein allen Anforderungen genügendes Material darstellt, so wurden doch zahlreiche Versuche angestellt, seine mechanischen Eigenschaften zu verbessern. Eine Reihe von Patenten geben von diesen Bestrebungen Kenntnis. Als Vorläufer ist anzusehen:

(D. R. P. 82 819.) Roman, London: Wolfram und Kupfer enthaltende Aluminiumlegierung.

Eine gegebene Menge von Wolframsäure wird unter Verwendung von Kryolith als Flußmittel reduziert und dem Bade, sobald es ganz dünnflüssig geworden ist, so viel Aluminium zugefügt, daß eine 10 proz. Aluminiumverbindung entsteht. Gleichzeitig legiert man eine gegebene Menge Aluminium mit dem entsprechenden Quantum Elektrolytkupfer und schmilzt die erhaltenen beiden Legierungen in solchem Verhältnis mit reinem Aluminium zusammen, daß die Schmelze nicht weniger als 94 bis 95 Proz. reines Aluminium enthält. Das Verhältnis von Kupfer zu Wolfram ist entsprechend den gewünschten mechanischen Eigenschaften der Legierung zu variieren.

Die Firma Carl Berg A. G., Eveking, welche die Legierung unter dem Namen „Wolframinium" in den Handel bringt, macht folgende Angaben:

Spez. Gew. = 3; Elektrischer Widerstand von ca. 50 Proz. des reinen Kupfers.

Wolframiniumguß	= 12 bis 14 kg/qmm	bei	2 bis 3 Proz. Dehnung		
Wolframinium gewalzt, weich . .	= 23 „ 26 „	„	10 „ 20 „ „		
„ gewalzt, geschmiedet und gezogen, hart je nach Art der Verarbeitung	= 36 „ 38 „	„	1 „ 2 „ „		

(Zus. P. D. R. P. 123 820.) Carl Berg, Eveking: Wolfram und Kupfer enthaltende Aluminiumlegierung, gekennzeichnet durch den Zusatz von Zink in Form von Kupferzink zu der Legierung gemäß Patent 82819.

Es ist festgestellt worden, daß sich die guten Eigenschaften des „Wolframiniums" noch wesentlich verbessern lassen, wenn dieser Legierung etwas Zink zugesetzt wird. Zu diesem Zweck wendet man statt des oben angegebenen Kupfers ein solches an, dem bereits ein gewisser Prozentsatz Zink beigefügt worden ist, und schmilzt diese beiden Legierungen in einem solchen Verhältnis zusammen, daß die Schmelze nicht weniger als 91 bis 92 Proz. reines Aluminium enthält. Der anzuwendende Zinkgehalt schwankt zwischen 2 bis 7 Proz. und wird entsprechend dem Verwendungszweck gewählt.

(Vom 16. 3. 1900 ab.)

Spez. Gew. = 3,0 bis 3,2; Festigkeit im Guß . . . . . . = 12 bis 14 kg/qmm
geschmiedet, gewalzt, gezogen . = 36 „ 40 „

Durch den Zinkzusatz wird die Bearbeitungsfähigkeit gehoben, das schärfste Gewinde läßt sich anschneiden, die Legierung läßt sich auch stanzen, punzen, prägen. S. auch Aluminium-Zinklegierungen S. 162.

(D. R. P. 218 970.) Fried. Krupp A.-G., Essen: Aluminiumlegierung, bestehend aus etwa 87 Proz. Aluminium, 8 Proz. Kupfer und 5 Proz. Zinn.

Der Kupfergehalt der Legierung kann zwischen 7 und 8,5 Proz. und ihr Gehalt an Zinn zwischen 4,5 und 5,5 Proz. variiert werden. Eine derartige Legierung läßt sich leicht gießen. Die gewonnenen Gußstücke sind vollständig homogen und besitzen eine relativ hohe Festigkeit, sie lassen sich leicht bearbeiten, und die fertigen Stücke haben ein schönes, glänzendes Aussehen. (Vom 29. 11. 1906 ab.)

(D. R. P. 231 060.) La Société Anonyme „Le Ferro-Nickel", Paris: 1. Leichte Aluminiumlegierung, dadurch gekennzeichnet, daß dem Aluminium Kupfer, Mangan und Silber zugesetzt ist. 2. Legierung nach Anspruch 1, gekennzeichnet durch folgende Mengenverhältnisse: Aluminium 94 bis 98 Proz., Kupfer 1,50 bis 4 Proz., Mangan 0,25 bis 1,25 Proz., Silber 0,25 bis 1,25 Proz., wobei die Gesamtsumme des Kupfers, Mangans und Silbers nicht unter 2 Proz. und nicht über 6 Proz. steigt.

(Vom 31. 7. 1909 ab.)

Unabhängig von ihren bemerkenswerten mechanischen Eigenschaften sind die verschiedenen Legierungen dieser Art dauerhafter als das reine Aluminium. Ihre Farbe ist heller und glänzender, sie sind dehnbar, hämmerbar und können kalt und warm geschmiedet und gewalzt werden. Sie lassen sich treiben, prägen, ziselieren, zu Draht ausstrecken.

(D. R. P. 393 698.) Aluminium-Industrie A. G., Neuhausen: 1. Aluminiumlegierung von höherer Festigkeit, dadurch gekennzeichnet, daß sie neben 2 bis 6 Proz. Kupfer noch 1 bis 4 Proz. Eisen enthält. **2.** Aluminiumlegierung nach 1., dadurch gekennzeichnet, daß sie 1,75 bis 2,75 Proz. Eisen und 3,5 bis 4,5 Proz. Kupfer enthält.

Sandgußstücke mit 2 Proz. Fe und 3,7 Proz. Cu sollen eine Festigkeit von 19 kg/qmm bei 5 Proz. Dehnung erreichen. Die Legierung läßt sich auch ziehen und walzen, wobei Festigkeiten von 38 kg/qmm und mehr erreicht werden. (Vom 7. 8. 1921 ab.)

(D. R. P. 204 543.) Zentralstelle für wissenschaftlich-technische Untersuchungen G. m. b. H., Neubabelsberg: 1. Aluminiumlegierung mit einem Gehalt an Magnesium unter 2 Proz., gekennzeichnet durch einen Kupfergehalt bis zu 5 Proz. **2.** Aluminiumlegierung nach Anspruch 1, gekennzeichnet durch einen Kupfergehalt von etwa 4 Proz. und einen Magnesiumgehalt von 0,25 bis 0,5 Proz. (Vom 11. 1. 1907 ab.)

Die vorstehenden Aluminiumlegierungen sollen weit günstigere Festigkeitseigenschaften besitzen als Magnalium. Besonders gut hat sich die im Anspruch 2 erwähnte Legierung bewährt (siehe auch „Duralumin" S. 156).

Die Konstitution der Aluminium-Magnesium-Kupferlegierungen wurde von *Vogel*[1] und *Gayler*[2], diejenige der Aluminium-Magnesium-Kupfer-Siliciumlegierungen von *Gayler*[3] untersucht.

(D. R. P. 244 550.) Jacquier, Belgravia: Gegen die Wirkung von Schwefelsäure, Cyanidlösung u. dgl. widerstandsfähige Legierung aus Aluminium, Wismut und Kupfer mit einem Zusatz von Silicium, gekennzeichnet durch einen Gehalt von 92 Proz. Aluminium, 5 Proz. Kupfer, 2 Proz. Wismut, 1 Proz. Silicium.

(Vom 7. 9. 1910 ab.)

Bei der Herstellung der Legierung werden Wismut, Kupfer und Silicium in einem Tiegel miteinander verschmolzen. Zu der sich ergebenden Legierung wird, während sie sich noch in geschmolzenem Zustande befindet, geschmolzenes Aluminium hinzugesetzt.

(D. R. P. 152 784.) Manhardt, Wien: Verfahren zur Herstellung einer Legierung aus Aluminium, Zinn, Antimon, Kupfer und Magnesium, dadurch gekennzeichnet,

[1] Zft. f. anorg. Chem. 1919, **107**, 265.
[2] Metal Ind. 1922, **22**, 281.
[3] Journ. Inst. Metals 1922, **28**, 213.

daß ungefähr 83,333 Gewichtsteile Aluminium nach und nach in ein geschmolzenes, aus ungefähr 10,03 Gewichtsteilen Zinn, 0,167 Gewichtsteilen Antimon, 0,075 Gewichtsteilen Phosphor, 6,25 Gewichtsteilen Kupfer und 0,05 Gewichtsteilen Magnesium bestehendes Metallgemisch eingetragen, und daß nach vollständigem Schmelzen noch etwa 0,05 Gewichtsteile doppeltkohlensaures Natrium und 0,033 Gewichtsteile Schwefel in die Metallmasse eingerührt werden.

(Vom 1. 1. 1902 ab.)

Die neue Legierung ist gießbar, sehr zähe, sehr wenig spröde und besitzt silberweißes Aussehen, das sich an der Luft hält. Sie läßt sich leicht bearbeiten und polieren, wobei sie einen silberhellen Hochglanz annimmt. Der geringe Zusatz von Phosphor, Schwefel und doppeltkohlensaurem Natrium dient zur Reinigung der Legierung.

(D. R. P. 101 020.) Roebelen: Aluminiumlegierung als Letternmetall, bestehend aus 75 bis 90 Proz. Aluminium, 2 bis 10 Proz. Kupfer und 2 bis 23 Proz. Zinn.

(D. R. P. 203 557.) Fletscher, Helpston: Metallegierung für Hufbeschläge, bestehend aus ungefähr 30 Gewichtsteilen Aluminium, 1 Tl. Kanonenbronze und 0,25 Tln. eines Weißmetalls aus 6 Tln. Zinn mit 1 Tl. Kupfer, vereinigt mit einer Mischung von 6 Tln. Zinn und 1 Tl. Antimon. (Vom 14. 7. 1906 ab.)

(E. P. 9227/10: 14 940/10.) Smart: Aluminiumlegierung mit einem Gehalt von Kupfer und Zink, der zusammen etwa 10 bis 20 Proz. beträgt, und zwar Kupfer weniger als 5 Proz. mit oder ohne einen geringen Magnesiumzusatz.

(F. P. 395 331.) Boutes: Aluminiumlegierung, bestehend aus: 94 Proz. Aluminium, 3 Proz. Kupfer, 1 Proz. Silber oder 95 Proz. Aluminium, 2,5 Proz. Kupfer, 2 Proz. Zink, 0,5 Proz. Nickel.

(F. P. 414 591.) Belin: Aluminiumlegierung, bestehend aus: 94,3 Proz. Aluminium, 4,6 Proz. Kupfer, 1. Proz. Nickel (Kobalt, Mangan), 0,1 Proz. Magnesium. Die Legierung besitzt 25 kg Festigkeit, 18 kg Elastizitätsgrenze, 7 Proz. Dehnung.

Rosenhain[1] empfiehlt für die Zwecke der Luftschiffahrt Legierungen aus: 96 Proz. Aluminium, 2 Proz. Kupfer, 2 Proz. Mangan oder 96 Proz. Aluminium, 3 Proz. Kupfer, 1 Proz. Mangan.

Nach *Chochlowsky* benutzte bereits seit dem Jahre 1897 das russische Militär Kochgeschirre aus 96 bis 99 Proz. Aluminium und 0,3 bis 3,0 Proz. Kupfer (aus einer französischen Fabrik).

(D. R. P. 31 918.) Shaw, Newark: Legierung von Aluminium-Kupfer-Phosphor, welche etwa 0,33 bis 5 Proz. Aluminium und 0,05 bis 1 Proz. Phosphor enthält. Dem geschmolzenen Kupfer wird unter stetem Umrühren zuerst das Aluminium in kleinen Portionen jedesmal mit etwas Palm- oder anderem Öl (?) und darauf der Phosphor zugesetzt.

(D. R. P. 90 723.) Berg, Eveking: Aluminiumlegierung. Durch Zusatz von Kupfer und Ferrochrom wird eine Legierung des Aluminiums erzielt, welche die bekannten Aluminiumlegierungen an Härte, Festigkeit und Schmiedbarkeit übertrifft. Zu ihrer Herstellung wird Kupfer mit Aluminium zusammengeschmolzen und dann Ferrochrom von solcher Zusammensetzung und in solcher Menge hinzugesetzt, als zur Erzielung des gewünschten Härte- und Festigkeitsgrades benötigt ist.

Spez. Gew. = 2,76
Festigkeit im Guß . . . . = 15 bis 16 kg/qmm
im gezogenen Draht . = 40 „ 44 kg
in Blechform . . . . = 37 „ 40 „

Das nach (E. P. 21 575/95) aus Aluminium, Kupfer, Zinn, Antimon, Wolfram hergestellte „Partinium“ soll zur Fertigung von Automobilgehäusen, Luftschiffgestellen dienen.

[1] Mechan. Engin. 1910, 360.

Eine Legierung „Argilit“ scheint nach dem (D. R. P. 244 550) hergestellt zu sein, da sie die Zusammensetzung: 90 Proz. Aluminium, 6 Proz. Kupfer, 2 Proz. Silicium, 2 Proz. Wismut aufweist. Sie soll gegen Druck und Korrosion sehr widerstandsfähig sein.

„Stahlbronze“ enthält 8,5 Proz. Aluminium und 1 Proz. Silicium; „Säurebronze“ = 10 Proz. Aluminium.

„Diamantbronze“ = 10 Proz. Aluminium und 2 Proz. Silicium; „Herkulesmetall“ = 50 Tle. Aluminiumbronze (2,5 Proz. Al), 30 Tle. Zink.

„Aluman“ ist ein aluminiumhaltiges Messing; „Argentan“ = 70 Proz. Kupfer, 7 Proz. Aluminium, 23 Proz. Nickel.

„Laschenmetall“ = 88 bis 92,5 Proz. Aluminiumbronze (5,5 Proz. Al), 7,5 bis 10 Proz. Zinn, 6,5 Proz. Zink.

Die Magnesium-Aluminiumlegierungen.

Die Konstitution der Magnesium-Aluminiumlegierungen wurde von *Grube*[1] festgestellt. Das Schmelzdiagramm ist in Abb. 97a wiedergegeben. Die Schmelzkurve setzt sich aus den 4 Ästen *AB*, *BC*, *CD* und *DE* zusammen. Im flüssigen Zustande herrscht vollkommene Löslichkeit, bei 55 Proz. Mg findet sich ein deutlich ausgesprochenes Maximum, entsprechend der Verbindung Al_3Mg_4. Es sind zwei eutektische Horizontalen vorhanden, auf der Aluminiumseite bei 451°, auf der Magnesiumseite bei 440°.

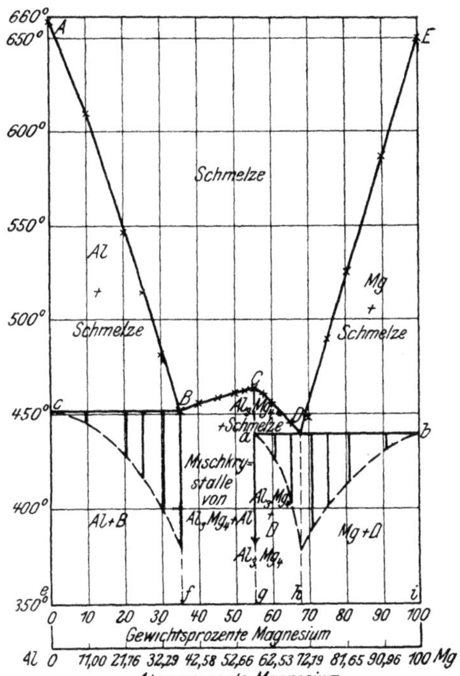

Fig. 97a. System: Magnesium-Aluminium.

Im festen Zustande bestehen die Legierungen von 0 bis 35 Proz. Mg (Feld *CBfe*) aus primär ausgeschiedenem Aluminium und Mischkrystallen der Verbindung Al_3Mg_4 + Aluminium; aus den gleichen Mischkrystallen bestehen die Legierungen von 35 bis 55 Proz. Mg (Feld *BCgf*); bei 55 bis 68 Proz. Mg (Feld *aDhg*) finden sich primär ausgeschiedene Krystalle der Verbindung Al_3Mg_4 und das Eutektikum, bestehend aus Magnesium + Al_3Mg_4; und schließlich bei 68 bis 100 Proz. Mg (Feld *Dbih*) primär ausgeschiedenes Magnesium und Eutektikum, bestehend aus Magnesium + Al_3Mg_4.

Die mikroskopische Untersuchung bestätigt die Angaben des Diagramms. Fig. 98 (Taf. 9) zeigt in 40facher Vergrößerung den mit 10 Proz. Salz-

[1] Zft. f. anorg. Chem. 1905, **45**, 225.

säure geätzten Schliff einer Legierung mit 20 Proz. Mg — helle, teilweise dendritisch geformte Aluminiumkrystalle, umgeben von dem durch das Ätzmittel gleichmäßig geschwärzten Eutektikum.

In Fig. 99 (Taf. 9) mit 30 Proz. Magnesium hat das Eutektikum sehr zugenommen, das primär. ausgeschiedene Aluminium ist bei dieser kleineren Konzentration in Form sehr schöner Dendriten auskrystallisiert.

Schliffe aus Legierungen zwischen 35 und 55 Proz. Mg ergaben auch nach dem Ätzen keine sichtbare krystalline Struktur, sie hatten ein vollkommen gleichmäßiges Aussehen, was für ein Konglomerat aus homogenen Mischkrystallen charakteristisch ist.

Fig. 100 (Taf. 9) bei 53 Proz. Mg, mit 10 Proz. Ammonchloridlösung geätzt, zeigt weiße primär ausgeschiedene Krystalle der Verbindung Al_3Mg_4, umgeben von sehr wenig (geschwärztem) Eutektikum.

Fig. 101 (Taf. 9) mit 60 Proz. Mg liefert das gleiche Bild, nur hat die Menge des dunklen Eutektikums zugenommen.

In Fig. 102 (Taf. 9) mit 70 Proz. Mg, ebenfalls mit Ammonchloridlösung geätzt, tritt das primär ausgeschiedene Magnesium in Form schwarzer Krystalle von verzweigter Struktur auf, umgeben von einem grauen Eutektikum.

Fig. 103 (Taf. 9) gibt einen Schliff mit 80 Proz. Mg wieder, die geschwärzten Magnesiumkrystalle haben sehr zugenommen, sie sind noch von geringen Mengen Eutektikum umgeben. *Boudouard*[1] hielt in einer früheren Untersuchung die weißen Aluminiumkrystalle und die vom Ätzmittel geschwärzten Magnesiumkrystalle für Verbindungen der Formel Al_4Mg bzw. $AlMg_2$, in der systematischen Untersuchung *Grubes* finden sich jedoch keine Anzeichen, die für die Existenz weiterer Verbindungen sprächen.

Die technischen Eigenschaften der Legierungen und damit ihre Verwertbarkeit werden durch das Vorhandensein der Verbindung Al_3Mg_4 bedingt. Sie besitzt eine silberweiße Farbe und ist außerordentlich brüchig, größere Stücke derselben lassen sich leicht zwischen den Fingern zerbrechen. Die Sprödigkeit der Legierungen nimmt von der Konzentration der reinen Verbindung (55 Proz. Mg) nach beiden Seiten hin ab. Für die Gußtechnik kommen nur die Legierungen in Frage, welche keine Verbindung enthalten, also diejenigen mit einem Maximalgehalt von 35 Proz. Mg, ihre Härte wächst mit steigendem Magnesiumgehalt, deshalb fanden eine allgemeinere Anwendung nur die magnesiumarmen. Sie sind unter dem Namen „Magnalium“ bekannt (siehe unten). Von 35 bis 55 Proz. Mg bestehen die Legierungen aus homogenen Konglomeraten von Mischkrystallen ($Al_3Mg_4 + Al$), welche hart und spröde sind, sich aber durch außerordentliche Polierfähigkeit auszeichnen; da sie nur aus einer Krystallart bestehen, geben sie nach dem Anschleifen tadellos spiegelnde Flächen. Diese Eigenschaft ist ausgenutzt in:

(D. R. P. 110 178.) Zeiss, Jena: Spiegel aus einer Aluminium-Magnesiumlegierung. Die zur Herstellung von Spiegeln verwandte Legierung, welche poliert auch für die ultravioletten Strahlen ein starkes Reflexionsvermögen besitzt, besteht aus 100 Tln. Aluminium und 60 bis 200 Tln. Magnesium.

---

[1] C. R. 1901, **132**, 1325; 1901, **133**, 1003.

Das angegebene Zahlenverhältnis würde einem Prozentgehalt von 37,5 bis 66,6 Proz. Magnesium entsprechen; es ist zu hoch gegriffen, da die Legierungen mit 55 bis 68 Proz. Magnesium aus Krystallen der harten Verbindung Al_3Mg_4 und des weicheren Eutektikums (Al_3Mg_4 + Mg) bestehen. Sie liefern deshalb auch nach dem Schleifen keine vollkommen ebenen Flächen. Für die Darstellung des Spiegelmetalles ist die Beobachtung *Grubes* wichtig, daß die Legierungen von 50 bis 55 Proz. Magnesium häufig Blasen enthalten, es dürften sich für die Praxis also nur Legierungen von 35 bis 50 Proz. Magnesium als geeignet erweisen. Die magnesiumreichen Legierungen von 68 bis 100 Proz. Magnesium bestehen aus primär ausgeschiedenem Magnesium und Eutektikum (Al_3Mg_4 + Mg), sie scheinen bisher keine Anwendung gefunden zu haben; je aluminiumärmer sie sind, desto geringer ist der Gehalt an der schädlichen Verbindung und desto größer die Aussicht auf praktische Verwendungsmöglichkeit. Das außerordentlich niedrige spez. Gewicht hat für den Praktiker etwas Bestechendes, Voraussetzung wäre allerdings ein niedriger Preis des Magnesiums und eine solche Reinheit desselben, daß die Legierungen Luftbeständigkeit besitzen.

Die aluminiumreichen Legierungen, bestehend aus primär ausgeschiedenem Aluminium und Eutektikum (Mischkrystalle mit max. 35 Proz. Mg), wurden von *Mach* unter dem Namen „Magnalium" in die Technik eingeführt und fanden vielseitige Verwendung[1] (*Miethe*).

Die Grundlage für ihre Darstellung und Verarbeitung liefern folgende Patente:

(D. R. P. 105 502.) Mach, Jena: Aluminium-Magnesiumlegierung. Durch Versuche ist festgestellt, daß zur Erzielung einer größeren Bearbeitungsfähigkeit und höheren Festigkeit bei Herabsetzung des spezifischen Gewichtes des Reinaluminiums nicht weniger als 10 und nicht mehr als 30 Gewichtsteile Magnesium auf 100 Gewichtsteile Aluminium hinzugesetzt werden dürfen. Am günstigsten wirkt ein Verhältnis von 10 bis 25 Tln. Magnesium auf 100 Tle. Aluminium. Man kann dieser Aluminium-Magnesiumlegierung Schwermetalle und Legierungen von solchen, wie Kupfer, Nickel, Wolfram, Neusilber hinzufügen. Es hat sich aber gezeigt, daß man bei derartigen Zusätzen noch die besten Resultate erzielt, wenn nur so viel von dem Schwermetall der jeweiligen Aluminium-Magnesiumlegierung zugesetzt wird, daß das spezifische Gewicht des reinen Aluminiums nicht überschritten wird.

Die Herstellung des Magnaliums erfolgt, indem man die Bestandteile unter Luftabschluß schmilzt und dann rasch abkühlt; siehe (D. R. P. 125 334) S. 115.

Legiert man 100 Tle. Al mit 10 Tln. Mg, so besitzt die Legierung dieselben mechanischen Eigenschaften wie gewalztes Zink. Eine Legierung von 100 Tln. Al mit 15 Tln. Mg entspricht einem guten Messingguß. Kommen auf 100 Tle. Al 20 Tle. Mg, so besitzt das Metall die Eigenschaften eines weichen Rotgusses oder hartgezogenen Messingdrahtes, während bei 25 Tln. Mg auf 100 Tle. Al die Legierung bezüglich ihrer mechanischen Eigenschaften dem gewöhnlichen Rotguß entspricht. Die Legierungen haben naturgemäß ein geringeres spezifisches Gewicht als Aluminium, lassen sich im Gegensatz zu diesem sehr gut bearbeiten und auf Hochglanz polieren. Die Festigkeit von Magnaliumguß (10 bis 20 Proz. Mg) liegt zwischen 30 bis 40 kg/qmm, die Dehnung bei 10 Proz. Die weiteren Legierungen sind sehr duktil, sie lassen sich kalt schmieden, zu Blech walzen, zu Röhren und Draht ausziehen.

---

[1] Verhandl. d. Ver. z. Förd. d. Gewerbefl. 1900, 93.

(Zus. P. D. R. P. 107 868.) Deutsche Magnalium-Gesellschaft: Aluminium-Magnesiumlegierung. Die Aluminium-Magnesiumlegierung nach (D. R. P. 105 502) erhält einen Zusatz von Antimon in Mengen bis 30 Proz. zum Zweck, den Schmelzpunkt derselben zu erhöhen.

Der Schmelzpunkt des Magnaliums liegt bei etwa 700°, für manche Zwecke ist es jedoch erforderlich, den Schmelzpunkt zu erhöhen, ohne daß die mechanischen Eigenschaften der bearbeitungsfähigen Legierung beeinflußt werden. Dies gelingt nur unvollkommen durch größere Kupfer-, Wolfram-, Chrom- und Nickelzusätze, denn die Legierung wird, wenn diese Metalle in wirksamen Mengen zugesetzt werden, zwar strengflüssiger, aber zugleich auch spezifisch schwerer und viel spröder. Sehr wirksam ist dagegen schon ein geringer Antimonzusatz. Man löst in dem unter einer Schutzdecke geschmolzenen Aluminium das Antimon auf und bringt dann das Magnesium stückenweise in die Schmelze; es dürfen nur Rührer aus Ton oder Porzellan verwandt werden, da sich solche von Eisen in der Schmelze rasch lösen.

(D. R. P. 113 935.) Deutsche Magnalium-G. m. b. H., Berlin: Erhöhung der Bearbeitungsfähigkeit des Aluminiums, dadurch gekennzeichnet, daß Aluminium, welchem auf 100 Tle. 2 bis 3 Tle. Magnesium zugesetzt worden sind, einem Verdichtungsprozeß unterworfen wird.

Während in dem Hauptpatent gezeigt wird, wie durch einen verhältnismäßig hohen Magnesiumzusatz die Bearbeitungsfähigkeit des Aluminiums verbessert wird und ihm neue technisch wertvolle Eigenschaften verliehen werden, ohne sein spezifisches Gewicht zu erhöhen, gibt die vorliegende Erfindung Mittel an, denselben Effekt zu erzielen, selbst wenn man unter den in der genannten Patentschrift angegebenen niedrigsten Magnesiumgehalt noch heruntergeht. Die Komponenten der Legierung werden in solchem Verhältnis zueinander zusammengeschmolzen, daß auf 100 Tle. Aluminium 2 bis 10 Tle. Magnesium entfallen. Auf diese Weise entsteht eine Legierung, welche sich in gegossenem Zustande kaum merklich von dem reinen Aluminium unterscheidet, sie läßt sich zwar leicht walzen und ziehen, aber mit schneidenden Werkzeugen schlecht bearbeiten und schmiert beim Feilen. Wenn das Material aber einem Verdichtungsprozeß durch Walzen, Ziehen, Pressen usw. unterworfen wird, so gewinnt es dieselben Eigenschaften, welche die Legierungen mit wesentlich höherem Magnesiumgehalt zeigen. Das Metall wird zunächst ein oder mehrere Male kalt gewalzt, dann auf etwa 400 bis 500° erhitzt, wiederum kalt gewalzt und diese abwechselnde Behandlung durch Erhitzen und Walzen so oft wiederholt, bis die gewünschte Materialstärke erreicht ist. Legierungen mit 3 bis 5 Tln. Magnesium auf 100 Tle. Aluminium ergeben bei dieser Behandlung die günstigsten Werte hinsichtlich ihrer Festigkeit und Bearbeitungsfähigkeit, während sie bei einem Gehalt von weniger als 2 Proz. Magnesium durch Walzen nicht mehr härtbar sind. Steigt der Gehalt andererseits über 9 Proz., so wird das Material schon verhältnismäßig spröde und ist für den Walzprozeß weniger gut geeignet.

(Zus. P. D. R. P. 119 643.) Verfahren zur Erhöhung der Bearbeitungsfähigkeit des Aluminiums gemäß (D. R. P. 113 935), dadurch gekennzeichnet, daß die aus 90 bis 98 Proz. Aluminium und 2 bis 10 Proz. Magnesium bestehende flüssige Legierung durch plötzliches Abkühlen zum Erstarren gebracht wird. (Vom 10. 1. 1900 ab.)

Der gleiche Effekt wie durch die vorstehend beschriebene mechanische Behandlung wird auch erzielt, wenn die Legierung in Blechformen von der den Gußstücken entsprechenden Form gegossen wird, die bei freibleibender Eingußöffnung zwecks schnellster Abschreckung in fließendem Wasser bewegt werden.

(D. R. P. 121 802.) Deutsche Magnalium-G. m. b. H., Berlin: 1. Verfahren zur Herstellung von Aluminium-Magnesiumlegierungen mit überwiegendem Aluminiumgehalt durch Elektrolyse geschmolzener Magnesiumhalogenverbindungen (wie Carnallit und Tachhydrit) unter Anwendung einer schmelzflüssigen Kathode, dadurch gekennzeichnet, daß an Stelle eines Aluminiumbades eine Aluminium-Magnesiumlegierung als Kathode zur Verwendung kommt, zum Zweck, die Reduktion bei niederer Temperatur ausführen zu können. **2.** Verfahren nach Anspruch 1, dadurch gekennzeichnet, daß während oder nach Beendigung des Reduktionsprozesses Aluminium zugesetzt wird.

Die mechanischen Eigenschaften der verschiedenen Magnaliumsorten wurden sehr eingehend von *Diegel*[1] untersucht, er fand bei gegossenem (Tab. 41) und gewalztem (Tab. 42) Material folgende Werte:

Tabelle 41. Gegossenes Magnalium.

Magnesiumgehalt Proz.	Elastizitätsmodul t/qcm	Fließgrenze kg/qmm	Bruchgrenze kg/qmm	Dehnung Proz.	Querschnittsverminderung Proz.
0	659	3,0	9,3	6,7	—[2]
2	683	5,3	14,1	3,0	4,5
3	710	6,3	21,1	6,5	8
4	730	5,5	16,6	2,5	5
4	716	6,4	24,3	7,3	8
6	592	4,5	10,4	1,7	3
10	692	11,3	24,5	2,0	4,5
14	622	11,8	18,1	0,3	0
22	637	14,0	16,6	0	0
30	578	—	5,7	0	0

Für Gußstücke zu industriellen Zwecken scheint die Legierung mit 3 bis 4 Proz. Magnesium die beste zu sein, da hier Bruchfestigkeit und Dehnung am größten sind.

Tabelle 42. Gewalztes Magnalium.

Mg-Gehalt Proz.	Lage des Stabes	Elastizitätsmodul t/qcm	Fließgrenze kg/qmm	Bruchgrenze kg/qmm	Dehnung Proz.	Querschnittsverminderung Proz.
0	—	—	—	23,5	4,3	—[3]
3	längs	677	23,6	32,9	6,0	38
3	quer	691	14,4	20,4	5,3	36,5
4	längs	676	4,2	14,5	17,6	35
4	quer	685	4,2	14,3	17,6	27
6	längs	672	7,9	25,5	13,3	22
6	quer	617	9,6	21,1	8,1	11
100	längs	—	19,2	23,2	11,1	14,2[4]

Für Bleche zum Stanzen, Pressen, Ziehen und ähnlichen Bearbeitungsverfahren, bei denen eine größere Zähigkeit Hauptbedingung ist, eignet sich am besten die Legierung mit 4 Proz. Magnesium, da sie die beste Dehnung (17,6 Proz.) besitzt.

Schirmeister[5] fand für die bei 450° langsam gewalzte Legierung folgende Werte:

[1] Verhandl. d. Ver. z. Förd. d. Gewerbefl. 1901, 277.
[2] Reinaluminium nach *Tetmajer*.
[3] Reinaluminium.
[4] Reinmagnesium.
[5] Stahl u. Eisen 1915, 651.

Tabelle 43.

Proz. Mg	Bruchgrenze kg/qmm	Dehnung Proz.	Brinelhärte
0,0	10,5	34	29
0,3	10,9	34	33
0,6	11,4	33	33
1,2	11,2	33	33
1,6	11,4	33	34
2,6	15,3	25	42
4,0	21,1	22	54
6,0	29,4	21	69

Bei Gehalten über 6 bis 7 Proz. Magnesium ist ein Warmwalzen nicht mehr möglich, es findet ein Aufblättern, schließlich völliges Zerbrechen der Platten statt.

Über den Einfluß der Kaltverdichtung und des Ausglühens auf die mechanischen Eigenschaften des Magnaliums macht *Diegel*[1] folgende Mitteilungen:

Tabelle 44.

Gegossenes Magnalium Mg-Gehalt	Anlieferung			Kalt verdichtet			Kalt verdichtet und bei 400° geglüht		
	Streckgrenze	Festigkeit	Dehnung	Streckgrenze	Festigkeit	Dehnung	Streckgrenze	Festigkeit	Dehnung
Proz.	kg/qmm	kg/qmm	Proz.	kg/qmm	kg/qmm	Proz.	kg/qmm	kg/qmm	Proz.
4	6,4	24,3	7,3	22,8	35,5	1,0	15,3	26,1	6,3
6	4,5	10,4	1,7	22,2	29,4	0,2	12,7	19,4	4,5
10	11,3	24,5	2,0	—	25,2	0	14,8	22,2	1,5
14	11,8	18,1	0,3	—	16,9	0	10,0	13,2	0

Durch Glühen bei 400° werden die Proben mit niedrigem Magnesiumgehalt wieder dehnbar, auch die Festigkeit ist eine gute, sie ist sogar noch höher als bei der Anlieferung.

Trotz seiner wertvollen technischen Eigenschaften scheint neuerdings die Herstellung des „Magnaliums" aufgegeben worden zu sein. Es mag dies daran liegen, daß die Legierung auf die Dauer doch nicht luftbeständig war; woran die Verunreinigungen des Magnesiums bzw. Aluminiums schuld sind. Hierauf deuten die vielfachen Versuche zur Reinigung dieser Metalle hin (siehe S. 187)

Die Westinghouse-Company in Amerika verwendet das Magnalium in großem Umfang zu Automobilen und elektrischen Apparaten. Die Legierung wird aus den Spänen in folgender Weise wiedergewonnen[2]. Die mit Benzin entfetteten Späne werden in einer 4proz. Kochsalzlösung gekocht, nach Abgießen der Salzlösung in einen auf 900° vorgewärmten Tiegel gebracht, indem die Späne allmählich in das bereits verflüssigte Metall untergetaucht

[1] Verhandl. d. Ver. z. Förd. d. Gewerbefl. 1901, 277.
[2] Stahl u. Eisen 1916, **36**, 635.

werden. Ein Zusatz von Kryolith verhindert die Verflüchtigung. Der Tiegel wird durch eine Bodenöffnung entleert, der zurückbleibende breiige Rest durch Beigabe von etwas Kochsalz wieder verflüssigt.

Im Handel fanden sich vorwiegend folgende Sorten:

1. 1,60 Proz. Magnesium, 1,76 Proz. Kupfer, 1,16 Proz. Nickel, Rest Aluminium bei 330 schmiedbar°;
2. 1,58 Proz. Magnesium, 0,21 Proz. Kupfer, 3,15 Proz. Zinn, 0,7 Proz. Blei, Rest Aluminium, bei 300° bis 350° walz- und ziehbar (unter häufigem Anlassen).
3. 1,6 Proz. Magnesium, 1,7 Proz. Kupfer, 3 Proz. Zinn, 0,7 Proz. Blei, das gewöhnliche Gußmetall.

Eine gepulverte Magnesium-Aluminiumlegierung wird nach

(D. R. P. 103 162.) Aluminium- und Magnesiumfabrik Hemelingen als Blitzlichtpulver verwandt. Sie wird durch Zusammenschmelzen der Metalle mit Chlorkalium als Flußmittel gewonnen; sie ist silberweiß, äußerst spröde und kann in den gewöhnlichen Zerkleinerungsapparaten zu einem feinen Metallstaub verarbeitet werden.

Dieselbe Legierung wird nach D. R. P. 112 989 (siehe S. 189) benutzt, um Magnesium gefahrlos in geschmolzene Metalle einzuführen.

Die Verwendung als Spiegelmaterial ist in neuester Zeit wieder geschützt worden im

(F. P. 454 028.) Barbien, Bénard, Turenne: Aluminium-Magnesiumlegierung für Reflektorspiegel. Bei Reflektoren, die starken Erschütterungen ausgesetzt sind, wird als Glasersatz für die Metallfläche eine Legierung von 83,3 Proz. Al und 16,7 Proz. Mg verwandt, die unzerbrechlich und stark reflektierend ist und einen geringen Ausdehnungskoeffizienten aufweist.

Das veredlungsfähige Aluminium „Aludur“ hat einen geringen Magnesiumgehalt, es ist dem „Duralumin“ ähnlich (siehe S. 159).

Sonderlegierungen.

(D. R. P. 141 190.) Murmann, Wien: Aluminium-Zink-Magnesiumlegierung, dadurch gekennzeichnet, daß in derselben zwecks Erzielung eines porenfreien, gut verarbeitbaren Produktes auf 100 Tle. Aluminium und 1 bis 10 Tle. Magnesium 1 bis 20 Tle. Zink entfallen. (Vom 27. 9. 1900 ab.)

In diesen Legierungen, die den Namen „Zimalium“ führen, soll durch den Hinzutritt des Zinks derselbe Effekt erzielt werden wie bei dem zinkfreien Magnalium durch Abschrecken oder Pressen. Das spez. Gewicht der Legierungen ist 2,65 bis 2,75, die Festigkeit liegt bei 25 bis 35 kg/qmm, die Dehnbarkeit steigt bis 10 Proz.; bei einem Gehalt von 1 bis 3 Tln. Magnesium und 5 bis 1 Tln. Zink lassen sie sich walzen und ziehen, bei einem Gehalt von 1 bis 10 Tln. Magnesium und 20 bis 1 Tl. Zink gestatten sie eine vorzügliche Bearbeitung. Es werden besonders folgende Verhältnisse empfohlen:

	1.	2.	3.	4.	5.	6.
Aluminium	100	100	100	100	100	100
Magnesium	4	4	3	2	8	15
Zink	5	3	4	5	5	20

1 hat die größte Festigkeit und entspricht dem gewöhnlichen Gußmessing; 2, 3 und 4 sind etwas weicher und gleichzeitig zäher; 5 entspricht dem Rotguß; 6 ist sehr hart aber sehr spröde. Gegen chemische Einflüsse sind die Legierungen weniger widerstandsfähig als Reinaluminium.

Eine Aluminium-Kupfer-Magnesiumlegierung schützt das (D. R. P. 204 543) (siehe S. 147).

(D. R. P. 314 999.) Manhart, Wien: Verfahren zur Herstellung von Aluminiumlegierungen mit Kupfer, Zinn, Antimon und Magnesium als Legierungsbestandteile, dadurch gekennzeichnet, daß ein Teil (etwa $^1/_3$) des Kupfergehaltes durch Mangankupfer ersetzt wird.

Als Reinigungsmittel wird Pottasche verwendet. Die Legierung soll hart ohne spröde zu sein und sich durch Guß wie als Blech verarbeiten lassen. (Vom 23. 5. 1918 ab.)

(Zus. P. D. R. P. 351 739.) Siegmund Heinlein, München und Ernst Molkentin, Berlin: Verfahren zur Herstellung von Aluminiumlegierungen nach Patent 314 999, dadurch gekennzeichnet, daß der Sn-Gehalt 2 bis höchstens 4 Proz. beträgt. — Diese Legierung kann im Gegensatz zu der nach dem Hauptpatent erhaltenen nicht nur kalt, sondern auch warm verarbeitet, insbesondere auch gezogen und gewalzt werden. (Vom 30. 3. 1921 ab.)

(Zus. P. D. R. P. 361 982.) Die Legierung nach **(D. R. P. 314 999)** wird Reinaluminium in geeignetem prozentualem Verhältnis zugeführt. (Vom 24. 8. 1921 ab.)

Besonderes Interesse beanspruchen die von den Dürener Metallwerken-A.-G. in Düren unter dem Namen

„Duralumin"

in den Handel gebrachten Legierungen. Sie weisen eine je nach dem Verwendungszweck schwankende Zusammensetzung von ungefähr:

	0 5	Proz.	Magnesium	
3,5	bis 5,5	„	Kupfer	
0,5	„ 0,8	„	Mangan	(Rest Aluminium.)

auf. Diese Legierungen können, wie *Wilm*[1] fand, durch Abschrecken bei 500° gehärtet werden; aber merkwürdigerweise sind sie sogleich nach dem Abschrecken noch weich, bei ruhiger Lagerung beginnt nach ungefähr einer Stunde eine meßbare Steigerung von Härte und Festigkeit, die dann beschleunigt eine weitere halbe Stunde zunimmt. Die Zunahme verlangsamt sich alsdann bis zum Ablauf der sechsten Stunde nach der Härtung etwas, ist bis zur 22. noch ziemlich bedeutend, um sich noch bis zur ungefähr 48. langsam abnehmend fortzusetzen. Fig. 104 zeigt den Verlauf in Härtebestimmungen nach *Brinell* mit einer $2^1/_2$ mm-Kugel bei $62^1/_2$ kg Belastung. Dieses sonderbare Verhalten des Duralumins ist für die Weiterverarbeitung von Wichtigkeit, da

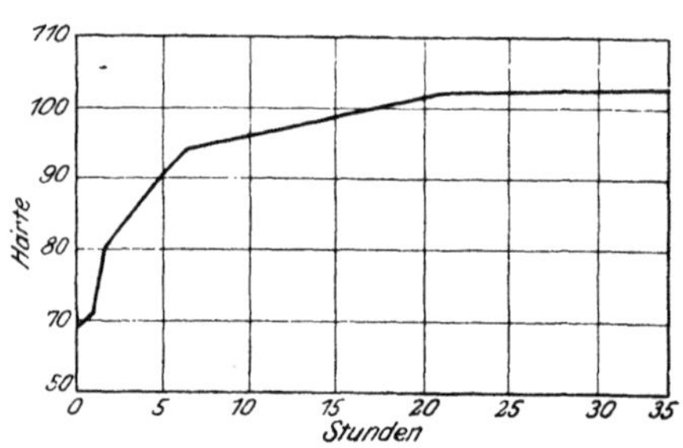

Fig. 104. Selbsthärtung des Duralumins.

[1] Metallurgie 1911, **8**, 225; siehe auch *Cohn* in „Elektrotechnik u. Maschinenbau" 1912, 809; 1913, Heft 20 und besonders *Beck*, Zft. f. Metallkunde 1924, **16**, 122.

man ja, falls beim Härten ein Verziehen oder Werfen eingetreten ist, für das Richten eine volle Stunde Zeit hat. Während dieser Zeit behält das Material die Eigenschaften, die es vor der Härtung besessen hat, also die des ausge-

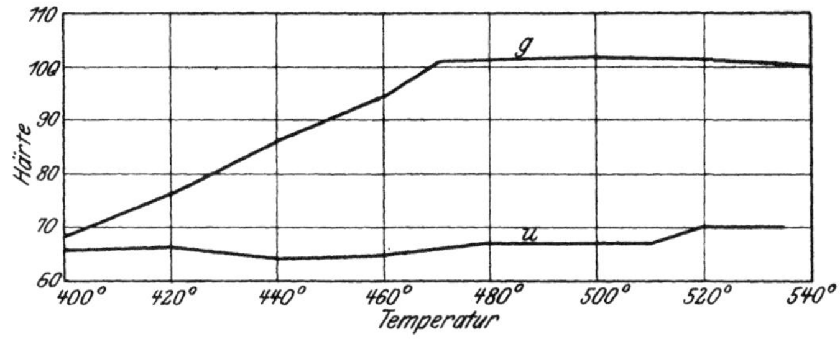

Fig. 105. Härtekurve des Duralumins.

glühten Zustandes, wenn man die Legierung vor der Härtung kurze Zeit geglüht hat. Fig. 105 stellt das Verhalten bei Härtung unter verschiedenen Wärmegraden dar. Kurve u zeigt die Härte sofort nach der Härtung, Kurve g nach ungefähr viertägiger Lagerung. Der Gipfelpunkt liegt bei etwa 500°, ein Abschrecken bei einer höheren Temperatur erzeugt keine größere Härte, sondern im Gegenteil eine geringere, und birgt die Gefahr in sich, daß Härterisse entstehen können. Betrachtet man das mikrographische Bild einer Duraluminlegierung sogleich nach dem Guß, so gewahrt man darin verschiedentliche dunkle Aderungen, glüht man sodann die Legierung bei 500° aus und schreckt sie in Wasser ab, so zeigt das Bild ein homogeneres Gefüge; dieses bleibt indessen gleich nach dem Härten scheinbar dasselbe wie nach mehrtägiger Lagerung, obwohl sich die mechanischen Eigenschaften in der genannten Weise ändern. Durch die Kaltverdichtung (in Fig. 106 durch Kaltwalzen des Materiales von 7 auf 2 bzw. 1 mm) steigt die Festigkeit und Härte — Linie *A* — allerdings auf Kosten der Dehnung, die von 17 Proz. bereits bei 3 mm auf 2 Proz. heruntergegangen ist. Ebenso erhöhen sich durch das Härten bei 500° — Linie *B* — die Festigkeit auf 41 kg, die Härte auf 100 (*Brinell*), auffallenderweise aber auch die Dehnung von 17 Proz. (bei dem ausgeglühten Material) auf 23 Proz., während sonst in der Regel mit Wachsen der Festigkeit durch Abschreckung ein starkes Sinken der Dehnung verknüpft ist. Infolge der hohen Dehnung ist es möglich,

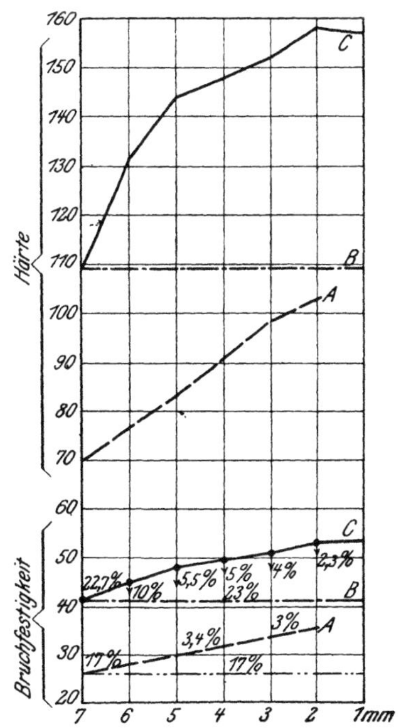

Fig. 106. Einfluß des Kaltwalzens auf die Eigenschaften des Duralumins.

das gehärtete oder „veredelte“ Material nochmals einer Kaltverdichtung durch weiteres Bearbeiten zu unterziehen, wodurch die Festigkeit bis 53 kg, die Härte auf 158 kg steigt — Linie *C* —.

Das spez. Gewicht des Duralumins beträgt je nach der Zusammensetzung 2,750 bis 2,833. Das Schwindmaß siehe S. 51.

Das 7 mm dicke Blech (weich) lieferte folgende Werte:

Streckgrenze	19,0 bis 28,6 kg/qmm
Bruchgrenze	36,0 „ 45,9 „
Dehnung	17,5 „ 25,0 Proz.
Kontraktion	21,0 „ 34,0 „

Schulz[1] prüfte durch systematische Versuche die Wirkung der Kaltreckung (Kaltwalzen eines 7 mm-Blechs auf 2,3 mm herab) zweier Duraluminproben D und E im Vergleich zu Reinaluminium A. Die Metalle hatten folgende Zusammensetzung:

Reinaluminium A = 0,63 Proz. Si; 0,48 Proz. Fe.
Duralumin D = 0,48 Proz. Si; 0,54 Proz. Fe; 2,33 Proz. Cu; 0,18 Proz. Mg; 0,10 Proz. Mn.
Duralumin E = 0,55 Proz. Si; 0,45 Proz. Fe; 3,64 Proz. Cu; 0,67 Proz. Mg; 0,53 Proz. Mn.

Tabelle 45.

Probe	Reckungsgrad Proz.	Brinell-Härte	Festigkeit kg/qmm	Dehnung Proz.	Korrosion (in 1/2 proz. Kalilange) Gewichtsabnahme in Proz.
A	0	27	11,0	31,9	0,75
D	0	82	30,2	12,2	1,11
E	0	97	43,0	12,8	1,26
A	18,0	38	11,5	13,5	0,88
D	15,5	100	35,0	8,1	1,33
E	8,5	110	45,4	13,8	1,32
A	29,1	43	13,2	7,8	0,96
D	25,4	100	35,5	6,8	1,51
E	25,5	122	50,0	6,8	1,68
A	40,2	45	14,6	8,9	1,04
D	42,2	108	37,6	5,5	1,82
E	39,4	134	51,2	6,1	1,95
A	54,6	48	15,2	6,1	1,29
D	53,5	114	39,1	5,3	2,23
E	50,7	138	50,7	6,1	2,37
A	67,4	58	16,3	6,6	1,77
D	71,8	114	42,1	6,0	3,21
E	67,6	151	52,0	5,0	3,30

Die Veredelung des Duralumins ist geschützt durch:

(D. R. P. 244 554.) Wilm, Schlachtensee b. Berlin: Verfahren zum Veredeln von magnesiumhaltigen Aluminiumlegierungen, dadurch gekennzeichnet, daß die Legierungen nach der letzten im Laufe der Verarbeitung vorgenommenen Erhitzung Tempera-

[1] Metall u. Erz 1919, **16**, 94.

turen von über 420° ausgesetzt und nach etwaigen leichteren Formgebungen einige Zeitlang selbsttätiger Veredlung überlassen werden.

(Vom 20. 3. 1909 ab.)

Es wird die Veredlung von magnesiumhaltigem Aluminium und dessen Legierungen mit anderen Metallen, wie Kupfer, Mangan, Nickel, bezweckt. Magnesium muß stets vorhanden sein. Der geeignete Zeitpunkt für das Glühen und Lagern richtet sich nach der Art der Verarbeitung. Das Verfahren darf nicht vor Beendigung der Warmverarbeitung angewendet werden, weil eine nachträgliche nennenswerte Erwärmung den erzielten Erfolg zunichte machen würde. Ist mit der Warmbearbeitung die endgültige Formgebung abgeschlossen, so findet die Veredlung am fertigen Stück statt.

Auffallenderweise ist in dem Patent nur vom Glühen die Rede, nicht aber von der Härtung durch Abschrecken, vielleicht mußte eine Kollision mit (D. R. P. 170 085), siehe S. 135, vermieden werden.

In vielen Fällen, namentlich wenn es sich um getriebene oder gedrückte Bleche handelt, die beim Abschrecken ein Verziehen befürchten lassen, genügt ein Abkühlen an der Luft. *Beck*[1] gibt für ein Duralumin mit 4,2 Proz. Cu; 0,6 Proz. Mn; 0,5 Proz. Mg; Rest Al folgende Werte an:

A. 20 Minuten im Salzbad auf 520° erhitzt und in Wasser abgeschreckt: 43,5 kg/qmm Bruchgrenze; 30,6 kg/qmm Elastizitätsgrenze, 21,2 Proz. Dehnung; 107 Brinellhärte.

B. 20 Minuten im Salzbad auf 520° erhitzt und an der Luft abgekühlt: 40,6 kg/qmm Bruchgrenze; 25,1 kg/qmm Elastizitätsgrenze; 17,9 Proz. Dehnung; 106 Brinellhärte.

Ein Schweißen von Duralumin ist nicht zu empfehlen, da die Festigkeit und Dehnung der Schweißnaht mangelhaft bleibt.

Die in den Handel gebrachte Legierung „Aludur“ oder Spezial-Hartaluminium ist ebenfalls ein Aluminium mit 0,5 Proz. Magnesium (siehe *Heyn* und *Wetzel*[2] und *Gürtler*[3]).

Unklar ist der Zweck des

(D. R. P. 362 911) Luftschiffbau Zeppelin G. m. b. H., Friedrichshafen: Aluminiumlegierung für Gußzwecke, bestehend aus einer nach (D. R. P. 244 544) veredelten, Magnesium enthaltenden Legierung, die zwei- bis dreimal umgeschmolzen wurde.

(Vom 22. 1. 1919 ab.)

Die Veredlungsmöglichkeit des gegossenen Duralumins bleibt nach *Guillet*[4] erheblich hinter der des bearbeiteten Werkstoffs zurück. Die Veredlung beruht vermutlich auf einer außerordentlich fein verteilten Ausscheidung der Verbindungen Mg_2Si und $CuAl_2$ (siehe hierzu *Meissner*[5]).

Das Ausland hat versucht, in zahlreichen Patenten teils durch geringe Zusätze anderer Metalle, teils durch unwesentliche Änderung des Veredlungsverfahrens Verbesserungen gegenüber dem Duraluminpatent zu erzielen z. B. „Alferium“. Diese Versuche haben nach *Meissner*[6] bisher zu einem Fortschritt nicht geführt.

---

[1] Zft. f. Metallkunde 1923, **15**, 287.
[2] Zft. f. Metallkunde 1922, **14**, 465.
[3] Zft. f. Metallkunde 1923, **15**, 288.
[4] Zft. f. Metallkunde 1925, **17**, 101.
[5] Zft. f. Metallkunde 1925, **17**, 77.
[6] Zft. f. Metallkunde 1925, **17**, 64.

Um das Warmwalzen zu erleichtern, setzt die **Aluminium Co. of America** nach **(D. R. P. 416 487)** Legierungen, welche neben Aluminium als Hauptbestandteil 4 bis 6 Proz. Kupfer, etwa 0,5 Proz. Magnasium und gegebenenfalls 1 Proz. Magan enthalten, bis zu 2 Proz. eines Erdalkalimetalles, vorzugsweise Kalzium hinzu. (Vom 16. 6. 1925 ab.)

(E. P. 22 753/01.) Meteorit-Gesellschaft, Berlin: Verfahren, die Eigenschaften des Aluminiums zu verbessern. Dem Aluminium wird Magnesium und Phosphor zugesetzt.

„Duralum“, eine von Mellen erfundene Legierung, wird für den Luftschiffbau empfohlen, sie besteht aus: 79 Proz. Aluminium, 11 Proz. Magnesium und 10 Proz. Phosphorbronze (mit 0,5 Proz. Phosphor). Das Metall wird bei dem hohen Magnesium- und Kupfergehalt zweifellos zu hart und spröde sein.

Das **(F. P. 450 805)** von **Naylor** und **Hulton** schützt eine **Aluminiumlegierung** und **Apparat** zu deren Verschmelzen bei etwa 600°. Die Legierung, aus der für Salzwasser unangreifbare Gefäße hergestellt werden sollen, besteht aus: 560 g Aluminium, 46 g Magnesium, 3 g Phosphorzinn, 2 g Phosphor. Eine Legierung für Zahnplomben aus: 1500 g Aluminium, 15 g Magnesium, 1 g Phosphorzinn, 2 g Natrium.

(D. R. P. 288 701.) Wagenmann, Aachen und Welter, Düdelingen: Eine als Desoxydationsmittel wirkende Legierung, bestehend aus Aluminium, Magnesium und Mangan.

Die drei Bestandteile besitzen auf Grund ihrer verschieden starken Affinität zu Sauerstoff eine desoxydierende Wirkung, welche etwa so verläuft, daß in erster Linie das Magnesium die größten Mengen Sauerstoff, auch Stickstoff, entfernen wird, gleichzeitig aber und vor allen Dingen nachhaltiger Aluminium und Mangan die desoxydierende Wirkung ausüben werden. Da das Aluminium sich sehr leicht mit Magnesium legiert, andererseits aber auch eine beträchtliche Lösungstension gegenüber Mangan besitzt, soll eine vollständig homogene ternäre Legierung entstehen. (Vom 27. 7. 1913 ab.)

Die Zink-Aluminiumlegierungen.

Die Konstitution der Zink-Aluminiumlegierungen ist vielfach untersucht worden, die ausführlichsten Arbeiten wurden von *Rosenhain* und *Archbutt*[1], von *Bauer* und *Vogel*[2], und *Bauer* und *Heidenhain*[3] ausgeführt. Aus dem Zustandsdiagramm (Fig. 107) ist folgendes zu entnehmen. Aluminium vermag im festen Zustande bei 443° etwa 40 Proz. Zink in fester Lösung aufzunehmen (γ-Mischkrystalle), mit sinkender Temperatur vermindert sich die Löslichkeit (Kurve *HL*), von 256° an beträgt sie nur noch etwa 25 Proz. (Punkt *L*1). Zink nimmt bis etwa 0,75 Proz. Aluminium in fester Lösung auf (α-Mischkrystalle). Bei der Abkühlung der Schmelze scheiden sich auf *DC* γ-Mischkrystalle aus,

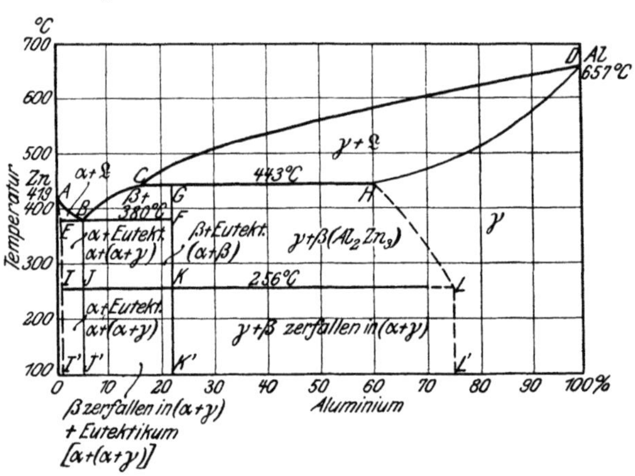

Fig. 107. System: Zink-Aluminium.

[1] Inst. of Metals 1911; Metallurgie 1912, 245.
[2] Mitt. Mat.-Prüf.-Amt 1915, 146.
[3] Zft. f. Metallkunde 1924, **16**, 221.

bei 443° setzen sich die Krystalle von der Konzentration *H* mit der noch flüssigen Restschmelze zu einer neuen Krystallart β der Verbindung Al_2Zn_3 (mit 21,65 Proz. Al) um. Bei weiterer Abkühlung zerfällt diese wieder (bei 256°) in ein Gemenge der beiden Mischkrystalle. Im erkalteten Zustand bestehen daher die Legierungen von 0 bis 0,75 Proz. Al aus α-Mischkrystallen, von 0,75 bis 5 Proz. Al aus α + Eutektikum ($\alpha + [\alpha + \gamma]$), bei 5 Proz. nur aus dem Eutektikum, von 5 bis 21,65 Proz. Al aus $[\alpha + \gamma]$ + Eutektikum, von 21,65 bis 75 Proz. Al aus $\gamma + [\alpha + \gamma]$, über 75 Proz. Al aus γ-Krystallen.

Das Gefüge und die Eigenschaften der Legierungen werden verschieden sein, je nachdem, ob bei langsamer Abkühlung die Umwandlung bei 256° eingetreten ist, oder ob durch Abschrecken der Zerfall der Verbindung Al_2Zn_3 unterdrückt wurde. Die nachstehend wiedergegebenen Festigkeitswerte lassen vielfach Angaben über die Art der Behandlung vermissen. Die Gußlegierungen mit 0,75 bis 83 Proz. Al befinden sich noch nicht in einem endgültigen Gleichgewichtszustand, es tritt eine allmähliche, mit Volumverminderung (siehe *Bauer* und *Heidenhain*) vor sich gehende, Aufspaltung der Verbindung Al_2Zn_3 in die beiden Mischkrystalle α und γ ein. Die Gußstücke, besonders der rasch abgekühlte Spritzguß, verziehen und verkrümmen sich mit der Zeit, lediglich die Konzentrationen über 83 Proz. Al sind beständig. Durch Erwärmen auf 230° wird der Zerfall der Verbindung erheblich beschleunigt (siehe S. 165).

Tabelle 46.

Chemische Zusammensetzung		Zugversuche			Kerbzähigkeit nach *Mesnager*	Härteversuche		Thermoelektrische Kraft Al—Zn/Cu	Scherfestigkeit nach Frémont
Al	Zn	Festigkeit	Elastizitätsgrenze	Dehnung		Brinell	Shore		
Proz.	Proz.	kg/qmm	kg/qmm	Proz.	kg/m			mm	
100	0	6,1	3,7	9	3,25	18,5	3,5	0,355	3,6
90,0	10,0	11,7	4,6	7,5	2,75	40	10,25	0,30	6,4
80,0	20,0	15	5,4	2	1,25	81	32	0,30	9,5
68,4	31,6	18,8	—	1	1,25	85	30,50	0,275	10,7
59,4	40,6	22,6	13,6	1	1	85	34,75	0,245	11
49,3	50,7	20,7	14,5	0,5	1,5	78	36,75	0,205	10,5
40,0	60,0	21,7	17,2	1	1	63	42,5	0,180	11,1
26,5	73,5	23,1	8,6	1	1	76	44	0,140	11,2
16	84	23,7	6,6	1	1	69	27,5	0,100	11,7
7,5	92,5	15,9	6,3	1,5	1,5	71	28	0,070	10,2

Das Gefüge der Legierungen ist aus Fig. 108 und 109 (Taf. 10) von *Rosenhain* und *Archbutt* zu ersehen, das lamellare Eutektikum ist dem des perlitischen Stahles sehr ähnlich.

Die Herstellung der Legierungen erfolgt durch Zusammenschmelzen in Graphittiegeln, wobei Wärmegrade über 700° zu vermeiden sind, da da Metall sonst Kohlenstoff aufnimmt.

In Tab. 46 sind die von *Portevin*[1] mit gegossenem Material erzielten Festigkeitswerte aufgeführt, die Zugfestigkeit steigt, bis sie bei 84 Proz. Zink ihr Maximum erreicht, die Dehnung ist jedoch schon bei 20 Proz. Zink sehr gering geworden, bei dieser Zusammensetzung ist auch die Kerbzähigkeit (auf dem *Guillery*schen Fallwerk gemessen) sehr zurückgegangen.

Die in Tab. 47 wiedergegebenen Werte zeigen den Einfluß des Schmiedens auf die aluminiumreichen Legierungen mit einem Zinkgehalt bis zu 20 Proz. Das Glühen fand bei 300° während einer Stunde statt. Durch das Schmieden wird die Festigkeit und zugleich die Dehnung erhöht, letztere im Verhältnis 1 : 10. Das Ausglühen nach dem Schmieden verringert etwas die Festigkeit, während die Dehnung noch zunimmt, die Elastizitätsgrenze dagegen wird vermindert. Auch die Härte nimmt zu, aber nicht im gleichen Verhältnis wie die Festigkeit. Da die Legierungen neuerdings eine weitgehende Verwendung beim Bau von Luftfahrzeugen und in der Automobilindustrie finden, sind diese Feststellungen von Wichtigkeit.

Tabelle 47.

Zusammensetzung der Leg. Al Proz.	Zusammensetzung der Leg. Zn Proz.	Behandlung	Ergebnisse der Zugversuche: Zugfestigkeit kg/qmm	Elastizitätsgrenze kg/qmm	Dehnung Proz.	Kontraktion Proz.
94,7	5,3	unbehandelt	7,9	4,2	8,5	23,8
		geschmiedet	13,6	11,5	19	63,7
		geschmiedet und geglüht	9,6	2,5	30	74
89,8	10,2	unbehandelt	9,3	6,5	2,5	11
		geschmiedet	18,2	10,7	33,5	55,4
		geschmiedet und geglüht	14,8	4,5	38	64,5
84,0	16,0	unbehandelt	17,1	10,4	2	4,2
		geschmiedet	25,4	18,1	23	47,4
		geschmiedet und geglüht	23,2	7,5	28	41
79,0	21,0	unbehandelt	18,36	17,1	1	3,9
		geschmiedet	31,3	22,4	14	27
		geschmiedet und geglüht	31,5	21,4	14,5	36,5

Ssaposhnikow[2] bestimmte für die ganze Legierungsreihe Härtegrade und Elastizität (siehe Tab. 48).

Tabelle 48.

Proz. Zink	0	10	15	20	30	40	60	70	80	90	94	95	96	98	100
Härte	25,4	47,8	66,0	89,0	107,0	85,0	67,0	64,3	57,0	73,3	74,0	77,9	73,0	72	37,7
Elastizität	402	985	—	1840	2530	1900	2140	2230	1670	1670	1425	1290	1185	1210	570

Aus diesen Zahlenwerten folgt, daß die Kurve der Härtegrade ein relatives Maximum entsprechend der eutektischen Legierung (5 Proz. Al) und ein

[1] Rev. de Mét. 1911, 721.

[2] Journ. Russ. Phys. Chem. Ges. 1908, 95.

absolutes Maximum entsprechend der Legierung mit 77 Proz. Al aufweist. Das Zustandekommen dieses 2. Härtemaximums schreibt Verfasser der Mischkrystallbildung zu. Die Elastizitätskurve weist ebenfalls ein absolutes Maximum bei der Legierung mit 70 Proz. Al auf; außer diesem aber noch zwei relative Maxima, die in keinem direkten Zusammenhang mit dem Erstarrungsdiagramm stehen.

Aus dem sehr ausführlichen Bericht von *Rosenhain* und *Archbutt*[1] seien folgende Werte wiedergegeben von den Legierungen, welche industrielle Verwendung finden können.

Tabelle 49. Spezifisches Gewicht.

Zinkgehalt Proz.	Sandguß	Kokillenguß	Heiß gewalzt	Kalt gezogen
5	2,787	2,783	2,800	2,800
9	2,810	2,848	2,867	2,868
13	2,914	2,910	2,944	2,940
15	2,956	2,956	2,987	2,985
17	2,973	3,017	3,029	3,035
20	3,061	3,082	3,093	3,088

Mit gewalztem bzw. gezogenem Material wurden im ausgeglühten Zustand folgende Werte erreicht.

Tabelle 50. Festigkeitswerte von Zink-Aluminiumblechen.

Zinkgehalt	Behandlung	Elastizitätsgrenze in kg/qmm		Bruchfestigkeit in kg/qmm		Dehnung in Proz.	
Proz.		quer	längs	quer	längs	quer	längs
15	auf 3,30 mm	18,91	20,67	24,36	28,12	5	12,75
20	herabgewalzt	13,94	18,60	19,48	34,66	0	0,5
15	desgl.	6,68	4,72	20,78	22,19	10	33,25
20	und bei 400° geglüht	20,91	23,97	23,39	32,19	15,5	18,5
15	auf 1,77 mm	22,30	22,57	32,98	34,16	6,5	1,5
20	herabgewalzt	4,60	20,03	37,05	35,62	1,5	0,5
15	desgl.	10,64	11,58	22,62	23,28	15	24,75
20	und bei 400° geglüht	18,63	7,44	27,08	28,79	6,25	10,5

Mit steigenden Wärmegraden fallen Festigkeit und Elastizitätsgrenze außerordentlich rasch. Schon bei 50° wird dies bemerkbar und bei 100° sehr deutlich. Bei 100° verlieren die Legierungen mit 9,11 und 13 Proz. Zink bereits 36 Proz., die Legierung mit 15 Proz. bzw. 17 Proz. sogar schon 44 Proz. bzw. 52 Proz. ihrer Festigkeit.

Korrosion: Der Gewichtsverlust in Meerwasser wächst rasch mit der Erhöhung des Zinkgehaltes, und zwar zeigen die Sandgüsse eine bedeutend höhere Korrodierbarkeit als die entsprechenden Kokillengüsse.

[1] 10. Bericht der Legierungs-Komm. 1912.

Wie *Schirmeister*[1] fand, lassen sich die Zink-Aluminiumlegierungen warm gut walzen, wobei die Höhe des Zinkgehaltes fast gleichgültig zu sein scheint.

Tabelle 51.

Zinkgehalt Proz.	Behandlung	Elastizitätsgrenze kg/qmm	Bruchfestigkeit kg/qmm
5	warm gewalzt auf 12,7 mm	4,86	9,81
	„ „ „ 22,2 „	4,09	9,95
	kalt gezogen auf 20,6 „	3,84	10,21
13	warm gewalzt auf 12,7 „	5,96	20,80
	„ „ „ 22,2 „	5,54	17,74
	kalt gezogen auf 20,6 „	5,30	17,99
	„ „ zu Draht	10,99	23,55
15	warm gewalzt auf 12,7 „	11,58	23,95
	„ „ „ 22,2 „	6,67	20,94
	kalt gezogen auf 20,6 „	7,50	21,35
	„ „ zu Draht	14,52	28,57
	„ gewalzt auf 2,1 „	11,58	23,28
20	warm gewalzt auf 12,7 „	23,39	32,07
	„ „ „ 22,2 „	18,54	26,21
	kalt gezogen auf 20,6 „	17,92	29,45
	„ „ zu Draht	21,66	33,12
	zu Blech gewalzt	18,63	28,69

In Tab 52 sind die erzielten Werte für ein bei 350 bis 400° langsam, in Tab. 53 für ein bei 450° schnell gewalztes Material wiedergegeben.

Tabelle 52.

Zinkgehalt Proz.	Zugfestigkeit kg/qmm	Dehnung Proz.	Härte (Brinell)
0,0	10,5	34	29
0,6	11,5	32	—
1,3	12,6	24	—
3,0	12,5	27	34
4,0	12,5	27	—
5,7	13,2	26	37
7,8	14,2	28	—
10,3	17,0	32	42
12,7	20,4	33	—
16,0	25,0	26	60
18,5	28,8	20	—
23,0	35,2	17	—
25,3	37,6	15	124

Tabelle 53.

Zinkgehalt Proz.	Zugfestigkeit kg/qmm	Dehnung Proz.
0,0	9,5	41
0,9	9,6	36
2,0	9,8	40
2,9	10,4	35
5,6	11,4	33
9,0	13,7	33
13,2	19,3	37
20,8	31,5	21
27,4	36,4	13
31,3	34,3	14

Bauer und *Vogel*[2] bestimmten die Kugeldruckhärte der Zink-Aluminiumlegierungen, sowohl des angelassenen Materials (72 Stunden bei 350° erhitzt,

[1] Stahl u. Eisen 1915, 650.
[2] Mitt. a. d. Mat.-Prüf.-Amt 1915, 168.

darauf langsam bis 230° abgekühlt und noch 48 Stunden lang auf 230° gehalten) als auch des abgeschreckten (bei 350° in Wasser von 13°). Sie erhielten folgende Werte:

Al-Gehalt . . . . . Proz.	0,5	0,5	2	3	4	5	10	20
Härtezahl, angel.	31,4	53,5	60,2	62,3	64,5	75,6	71,2	86,5
„ abgesch. . . .	38,7	61,4	71,5	76,4	80,2	87,2	73,4	67,6
Al-Gehalt . . . . . Proz.	30	40	50	60	70	80	90	100
Härtezahl, angel.	87,3	92,8	100	117,8	128,5	89,2	40,3	31,0
„ abgesch. . . .	104	193,7	204	158	134	91	62,7	29,2

Mit steigendem Zinkgehalt wächst die Härte der γ-Mischkrystalle bis zu ihrem Höchstwert bei 30 Proz. Zink, mit dem Auftreten von $(\alpha + \gamma)$, dem Zerfallprodukt der β-Krystalle (siehe S. 161), sinkt die Härte allmählich bis etwa 20 Proz. Al und fällt dann schneller, da jetzt der harte γ-Mischkrystall nur noch in kleinen Mengen vorkommt und der erheblich weichere α-Mischkrystall überwiegt.

Bemerkenswert ist die kräftige Härtesteigerung, die das reine Zink schon durch den Zusatz von nur 0,5 Proz. Aluminium erleidet.

Im abgeschreckten Zustand wächst die Härte gleichfalls mit steigendem Zinkgehalt bis zu 30 Proz. Zn, nimmt dann aber noch weiter zu wegen der erheblich größeren Löslichkeit bei Wärmegraden über 256°. Von 50 Proz. Zink an fällt die Härtezahl schnell ab; die hier auftretende chemische Verbindung β muß deutlich weicher als die γ-Mischkrystalle sein. Die Legierung mit 20 Proz. Al ist nach dem Abschrecken sogar erheblich weicher als nach dem Anlassen.

Bauer und *Vogel* untersuchten weiter den Einfluß des Anlassens auf ein Aluminiumblech mit 8,73 Proz. Zink (siehe Tab. 54).

Tabelle 54.

Zustand der Legierung	Streckgrenze kg/qmm	Bruchgrenze kg/qmm
Lieferungsprobe	24,1	34,9
Angelassen bei 100°	20,9	30,0
„ „ 200°	16,2	25,0
„ „ 300°	18,0	34,1
„ „ 400°	16,6	32,2
„ „ 500°	15,0	31,4

Die Anlaßtemperatur von 200° wirkt am ungünstigsten, während man bei 300° die besten Festigkeitswerte erzielt. Auch bei Korrosionsversuchen verhielt sich das bei 200° angelassene Material am ungünstigsten, während durch Glühen bei 400 und 500° die Korrosionsfestigkeit erheblich gesteigert wurde.

(D. R. P. 318 346.) Heddernheimer Kupferwerk und Süddeutsche Kabelwerke A. G., Frankfurt: Verfahren zur Verbesserung der mechanischen Eigenschaften, insbesondere der Kärbzähigkeit von Zink-Aluminiumlegierungen mit einem Gehalt von 10 bis 60 Proz. Aluminium. 1. dadurch gekennzeichnet, daß diese Legierungen einer mechanischen Bearbeitung (Pressen, Walzen, Schmieden u. dgl.) bei zweckmäßig oberhalb der geeignetsten Zinkwalztemperatur (120 bis 150°) liegenden

Temperatur unterzogen werden, worauf die so gewonnenen Erzeugnisse durch Erhitzen auf Temperaturen, welche zwischen 150° und der Temperatur der Umwandlung der Verbindung Al_2Zn_3 in ein Gemisch von α- und β-Mischkrystallen (für das binäre System Aluminium-Zink beispielsweise 256°) liegen, nachbehandelt werden. 2. Ausführungsform des Verfahrens nach 1, dadurch gekennzeichnet, daß für die thermische Nachbehandlung Temperaturen oberhalb des Umwandlungspunktes der Verbindung Al_2Zn_3 verwendet werden, hierbei jedoch Sorge getragen wird, daß die Wiederabkühlung sehr langsam erfolgt.

Bei einer schnellen Abkühlung (Abschrecken) wird zwar die Härte und Festigkeit erhöht, die Kerbzähigkeit und Dehnung unter Umständen aber auf sehr kleine Werte herabgedrückt. (Vom 18. 1. 1917 ab.)

Die Konstitution der Zink-Aluminium-Kupferlegierungen wurde von *Schulz* und *Waehlert*[1] untersucht: Bis zu einem Gehalt von 2 Proz. Cu und 0,75 Proz. Al treten homogene Mischkrystalle auf, bei 255° zerfällt die Verbindung Al_2Zn_3, bei 2 bis 10 Proz. Cu und bis 0,8 Proz. Al finden sich zwei Arten Mischkrystalle in fester Lösung, bei höherem Kupfergehalt die gleichen Verhältnisse wie in dem System Zink-Kupfer. Folgende mechanischen Werte wurden festgestellt:

Tabelle 55.

Proz. Al	Proz. Cu	Proz. Zn	Härte Brinell	Festigkeit kg/qmm	Quetschgrenze kg/qmm
2,5	1,0	Rest	73	6,6	29,5
1,2	2,1		78	8,0	25,5
10,8	2,0		84	11,5	34
4,1	2,2		85	12,7	35
5,2	2,8		87	15,3	36,8
10,6	4,0		98	29,6	43,7

Der von *Leddel* angewandten Legierung (siehe S. 167) nahe verwandt ist die von *Schulz*[2] empfohlene:

91 Proz. Zink, 6 Proz. Kupfer, 3 Proz. Aluminium.

Sie besitzt neben großer Festigkeit eine gewisse Zähigkeit und schwindet beim Erstarren nur wenig, so daß man einen lunkerfreien Guß erhält.

Außer dem Zimalium (siehe S. 155) haben folgende Legierungen praktische Verwendung gefunden:

„Ziskon" aus 75 Proz. Aluminium und 25 Proz. Zink bestehend. Spez. Gew. 3,35.

„Zisium" enthält außer Aluminium und Zink noch Zinn und Kupfer. Spez. Gewicht 2,95.

„Alzine-" und „Sibley Gußmetal" aus 80 Proz. Aluminium und 20 Proz. Zink bestehend.

„Alzenmetall" 66,6 Proz. Aluminium und 33,3 Proz. Zink (auch Aluminiumlegierung nach Durand).

[1] Metall u. Erz 1919, **16**, 171.
[2] Chem.-Ztg. 1915, 547.

Eine Legierung aus 95 Proz. Zink und 5 Proz. Aluminium wird von der American Grammophone Co. für gewisse Teile ihrer Apparate verwandt.

„Macadamit“ ist ein Messingersatz von geringerem spez. Gewicht, bestehend aus: 72 Proz. Aluminium, 24 Proz. Zink und 4 Proz. Kupfer.

Folgende Patente sind von Wichtigkeit:

Nach **(D. R. P. 357 446)** verwendet die **Fritz Neumeyer A. G.**, Nürnberg eine Legierung aus etwa 90 Tln. Zink, 3 Tln. Aluminium, 2 Tln. Kupfer und 5 Tln. Eisen, Antimon, Blei und Zinn in gleichen Anteilen zum Angießen eines neuen Schaftes an abgebrochenen Spiralbohrern. (Vom 31. 12. 1920 ab.)

(D. R. P. 112 546.) Basse und Selve, Altena: Verfahren zur Herstellung einer stark zinkhaltigen, schmied-, walz und preßbaren Aluminiumlegierung, gekennzeichnet durch die Hinzufügung metallischen Eisens, vorzugsweise als Zinkeisen oder Eisen-Aluminium oder beides zum Aluminium bzw. Aluminium-Zink.

Das Aluminium wird desto leichter auf der Drehbank und mit der Bohrmaschine bearbeitungsfähig, je höher der Gehalt an Zink ist. Steigt dieser jedoch über 12 Proz., so kann die Legierung nicht mehr zu Stangen verarbeitet werden, weil sie eine Warmbehandlung durch Schmieden, Walzen, Pressen nicht mehr gut aushält. Der Zinkgehalt kann aber auf 25 bis 30 Proz. hinaufgetrieben werden, wenn man gleichzeitig etwas Eisen hinzu legiert. Die entstehende Aluminium-Zink-Eisenlegierung ist geschmeidig und plastisch.

(U. S. P. 778 398.) Bierbaum: Antifriktionsmetall.

Die Legierung besteht aus: 86 Proz. Zink, 9,9 Proz. Kupfer, 4 Proz. Aluminium, 0,1 Proz. Magnesium.

(U. S. P. 901 014.) Leddel: Zink-Aluminium-Kupferlegierung.

Die Legierung ist zusammengesetzt aus: 90 Proz. Zink, 5 Proz. Aluminium, 5 Proz. Kupfer.

Sie besitzt eine verhältnismäßig niedrige Dehnung, dagegen eine hohe Zug- und Druckfestigkeit, sie zeigt eine dichte, homogene Struktur ohne eingelagerte Zinkkrystalle; sie läßt sich mit Messingguß vergleichen; während man diesen aber vorteilhaft nur in Sandformen gießen kann, kann man für die neue Legierung Metallformen anwenden. Bei der geringen Schwindung erzielt man sehr saubere Güsse. Wenn eine größere Härte erforderlich ist, wird der Kupfer- und Aluminiumgehalt auf je 6,25 Proz. erhöht; sollen sehr dünnwandige Gußkörper hergestellt werden, so empfiehlt sich der Zusatz von etwa 0,5 Proz. Cadmium.

(D. R. P. 312 761.) Stock & Co., Berlin: Legierung aus Zink, Kupfer und Aluminium, dadurch gekennzeichnet, daß dieselbe 100 Tle. Zink, etwa 3 Tle. Kupfer und etwa 5 Tle. Aluminium enthält, so daß der Gesamtgehalt der Legierung an Kupfer und Aluminium mehr als 6 Proz. und höchstens 8,5 Proz. beträgt. Die Legierung besitzt eine hohe Zerreiß- und Schlagfestigkeit, so daß sie zur Herstellung hochbeanspruchter Gegenstände, wie Buchsen, Lager u. dgl., verwendbar ist. (Vom 1. 6. 1915 ab.)

Die Legierung ist unter dem Namen „Tenax-Mitell“ bekannt geworden. Ihre Herstellung ist in (F. P. 22 377) beschrieben: Es wird zunächst das Kupfer geschmolzen und die erforderliche Menge Aluminium zugefügt. Dann läßt man auf 700 bis 800° erkalten, gibt die Hälfte der Zinkmenge hinzu, welche das Endergebnis enthalten soll, läßt auf 500° erkalten und fügt den Rest des Zinks hinzu (s. S. 471).

(D. R. P. 301 785.) Goldschmidt A. G., Essen: Zinklegierung, die frei von Zinn ist, dadurch gekennzeichnet, daß sie neben etwa 90 Proz. Zink, Kupfer, Aluminium und Mangan enthält, wobei der Gehalt an letzterem Metall nicht mehr als 4 Proz. und nicht weniger als 0,25 Proz. beträgt. Es werden so gut vergießbare und verarbeitbare Legierungen mit günstigen mechanischen Eigenschaften erhalten. (Vom 29. 7. 1916 ab.)

(D. R. P. 301 786.) Goldschmidt A. G., Essen: Zinklegierung, welche bis zu etwa 6 Proz. Aluminium und bis zu etwa 2 Proz. Mangan enthält. Durch Zusatz geringer Mengen Mangan wird die Neigung reiner Zink-Aluminiumlegierungen zur Lunkerbildung und Seigerung aufgehoben, das Schwindmaß verringert, die mechanischen Eigenschaften und die Bearbeitungsfähigkeit werden verbessert. Der Aluminiumzusatz ist nach oben durch die Bildung des Eutektikums begrenzt, der Mangangehalt kann in gewissen Grenzen schwanken. Die Legierung kann als Lagermetall, als Armaturenguß und gewalzt Verwendung finden. (Vom 15. 7. 1916 ab.)

Aluminiummessinglegierungen siehe S. 354.

Die Verwendbarkeit der Zink-Aluminiumlegierungen in der Automobilindustrie wurde von *Souther*[1] untersucht, er erhielt folgende Werte:

Tabelle 56.

Nummer	Aluminium Proz.	Zink Proz.	Kupfer Proz.	Spez. Gewicht	Zugfestigkeit kg/qcm
1	92	—	8	2,85	1265,5
2	82	15	3	3,10	1546,7
3	65	35	—	3,30	2460,7

Nr. 3 eignet sich besonders für Fußtritte, Bodenbeläge und ähnliche Zwecke, sie zeigt eine gute Farbe und läßt sich leicht reinhalten. Die Behauptung, daß die zinkhaltigen Legierungen unter Erschütterungen und Stößen früher leiden als die nicht zinkhaltigen, hat sich bei einer Prüfung auf der White-Souther endurance testing machine nicht bestätigt. Die Probestücke machten in der Minute 1300 Umdrehungen (siehe Tab. 57). Ungeeignet sind die Legierungen für solche Teile, die Erhitzungen ausgesetzt sind, da schon bei einer Erwärmung auf 260° ein wesentliches Herabgehen der Zugfestigkeit eintritt. Die Legierung von 65 Proz. Aluminium und 35 Proz. Zink ergab folgende Zugfestigkeitswerte (siehe Tab. 58).

Tabelle 57.

Chemische Zusammensetzung				Spez. Gewicht	Zahl der Umdrehungen, bis Bruch erfolgte
Al Proz.	Zn Proz.	Cu Proz.	Mn Proz.		
92,05	—	7,84	0,11	2,84	816 500
83,42	16,24	0,34	—	2,97	1 618 300
91,12	—	8,86	0,02	2,88	507 200
81,20	15,20	3,06	0,54	3,08	327 100
83,75	16,24	—	0,01	2,94	9 980 800

Tabelle 58.

Bei Zimmertemperatur 21° kg/qcm	Nach der Erhitzung auf 204° kg/qcm	Nach der Erhitzung auf 260° kg/qcm
2510	1624,1	1188,2
2566,2	1736,6	—
2460,7	1603	1075,7
2200,6	—	991,3

Weitere Untersuchungen betrafen die Zugfestigkeit von Güssen verschiedener Dicke. Die dafür benutzte Legierung bestand aus:

81,42 Proz. Aluminium, 16,10 Proz. Zink, 2,48 Proz. Kupfer,

das spez. Gewicht war 3,01. Es wurden 8 Probestücke von je 2,5 cm Breite aus einem Gießlöffel gegossen. Das Ergebnis siehe Tab. 59. Für Kon-

[1] Cycle and Automobile Trade Journ.

struktionsteile schreibt die Society of Automobile Engineers in den Vereinigten Staaten folgende Werte vor:

I. Aluminium wenigstens 80 Proz., Zink höchstens 15 Proz., Kupfer 2 bis 3 Proz., Mangan höchstens 0,4 Proz. Verunreinigungen nicht über 1,65 Proz.

II. Aluminium 65 Proz., Zink 35 Proz. (oben Leg. Nr. 3).

Tabelle 59.

Dicke der Probe	Zugfestigkeit
0,3125 cm	1898,3 kg/qcm
0,625 „	1860,9 „
0,9375 „	1560,8 „
1,25 „	1603 „
1,5625 „	1574,9 „
1,875 „	1490,5 „
2,1875 „	1525,7 „
2,5 „	1321,8 „

Rieger[1] gibt folgende in der Automobilindustrie verwendeten Legierungen an:

Tabelle 60.

Al Proz. .	80,0	82,0	83,5	86,6	86,8	89,1
Cu „ .	8,0	6,0	3,5	2,4	2,2	1,9
Zn „ .	12,0	10,0	7,5	—	11,0	9,0
Ni „ .	—	—	0,5	1,0		
Sn „ .	—	—	5,0	10,0		
Festigkeit .	21,0 kg/qmm	15,8 kg/qmm	16,0 kg/qmm	14,6 kg/qmm	15,7 kg/qmm	12,6 kg/qmm
Dehnung .	0 Proz.	1,4 Proz.	2,0 Proz.	3,5 Proz.		
Biegewinkel	15°	30°	50°	90°		
Legierung geeignet	für untergeordnete Teile, z. B. Deckel, Stopfen, Flanschen	für Vergaser, Ansaugrohre, wenig beanspruchte Teile	für Gehäuse und höher beanspruchte Teile		von den englischen Daimlerwerken verwendet	

Über das Schwindmaß siehe S. 51.

Beim Verzinken wird häufig ein Aluminiumzusatz angewandt, weil das Zink dadurch dünnflüssiger wird; das Metall bleibt dann weniger am Blech hängen, die Bleche fallen glatter und schöner aus.

Richards (U. S. P. 456 204) wendet eine Legierung von 96 Proz. Zink und 4 Proz. Aluminium an und setzt 2 kg davon auf ein Bad von 10 t Zink zu. Bei weiterer Zugabe von frischem Zink fügt man $^1/_4$ kg der Legierung auf 1 t Zink hinzu.

Eine andere Legierung empfiehlt *Wilder* (U. S. P. 942 803) zur Herstellung von aluminiumüberzogenem Stahlblech. Die in gewöhnlicher Weise zu-

[1] Gieß.-Zg. 1919, **16**, 129.

bereiteten Stahlbleche werden in eine Schmelze von 78 Proz. Zink, $13^1/_2$ Proz. Zinn, 7 Proz. Aluminium, $1^1/_2$ Proz. Kupfer eingetaucht. Der Überzug schützt gegen Korrosion, blättert beim Biegen des Bleches nicht ab und ist stärker als derjenige von Zink allein. Er hat ein silberweißes, glänzendes Aussehen. Das Bad wird auf einer Temperatur von 426 bis 455° gehalten, die Schaumbildung soll geringer als bei Verwendung von reinem Zink sein.

(D. R. P. 165 977.) Gührs Wwe., Berlin: 1. Verfahren zur Herstellung eines schmelzflüssigen, aluminiumhaltigen Zinkbades zur Erzeugung hochglänzender Zinküberzüge, dadurch gekennzeichnet, daß mit dem Zink gleichzeitig ungefähr 0,5 Proz. Aluminium und 0,2 Proz. Wismut eingeschmolzen werden. **2.** Ausführungsform, dadurch gekennzeichnet, daß das Aluminium und Wismut in Form einer Zink-Aluminium-Wismutlegierung zur Anwendung kommt.

Durch den Zusatz der genannten Metalle soll eine Hartzinkbildung vollständig und die rasche Oxydation des flüssigen metallischen Zinks beinahe ganz vermieden werden; man erhält so ein zum Verzinken besonders geeignetes Bad. Dieses soll bei 99 Proz. Zink ungefähr $^1/_2$ Proz. Aluminium enthalten, von Wismut genügt 0,1 bis 0,2 Proz., um eine Leichtflüssigkeit des Bades zu erzielen. (Vom 19. 5. 1903 ab.)

(Zus. P. 166 671.) Desgl. Eine Ausführungsform, dadurch gekennzeichnet, daß das Aluminium oder die Aluminium-Wismut- oder Aluminium-Zink-Wismutlegierung zuerst eingeschmolzen und dann erst das Zink hinzugefügt wird. (Vom 23. 7. 1903 ab.)

(Zus. P. 168 202.) Desgl. An Stelle des Wismuts findet ein anderes, die Leichtflüssigkeit hervorrufendes Metall, z. B. Zinn, Verwendung. (Vom 2. 8. 1903 ab.)

(Zus. P. 223 190.) Desgl. Den aluminiumhaltigen Zinkbädern werden ungefähr 0,25 Proz. Kupfer zugesetzt, welches das Ausseigern des Aluminiums aus den überhitzten Bädern verhindern soll. (Vom 22. 9. 1909 ab.)

Um Aluminium-Zinklegierungen herzustellen, bedeckt *Cowper-Cowles* (E. P. 27 172/1903) Aluminium oder Aluminiumlegierungen mit Zinkstaub und erhitzt in einem verschlossenen Gefäß bis zum Schmelzpunkt des Zinks. Die Gegenstände sind dann mit einer Zinkschicht überzogen, die bis zu einer gewissen Tiefe eindringt und einen sehr festen Überzug abgibt.

(D. R. P. 271 548.) Kohler, Brüssel: Aus einer Aluminiumlegierung bestehende Platte zum Reinigen von Metallgegenständen. Die Platte wird zusammen mit dem zu reinigenden Metallgegenstand in ein alkalisches Bad gebracht und bewirkt dadurch ein Blankwerden der Oberfläche des Metallgegenstandes. Die für die Platte verwendete Legierung besteht aus: 98 Proz. Aluminium und etwa 2 Proz. Zink und Silber.

Die Platte soll auch nach langem Gebrauch ihre weiße Oberfläche und ihre volle Wirksamkeit behalten. (Vom 21. 4. 1912 ab.)

(D. R. P. 272 492.) Bayliss, Warwick und Clark, London: Aluminiumlegierungen, bestehend aus mindestens 80 Proz. Aluminium, 0,001 bis 19,999 Proz. Zink und 0,001 bis 10 Proz. Cadmium.

Legierungen z. B. nachstehender Zusammensetzungen: 1. Aluminium 91 Proz. Zink 8 Proz., Cadmium 1 Proz.; 2. Aluminium 88 Proz., Zink 10 Proz., Cadmium 2 Proz. sind widerstandsfähig und gut schmiedbar, wenn sie für Walzzwecke im Schalenguß gegossen werden; wenn sie in Sandformen gegossen sind, haben die Gußstücke eine schöne glatte Oberfläche und können leicht bearbeitet, gedreht oder zu Schrauben geschnitten werden. (Vom 19. 8. 1913 ab.)

Die Silber-Aluminiumlegierungen.

Wie *Petrenko*[1] feststellte, besteht zwischen Silber und Aluminium im flüssigen Zustande vollständige Mischbarkeit, im festen Zustande tritt Mischkrystallbildung bei 88,6 bis 92 Proz. und von 96 bis 100 Proz. Silber auf. Zwei Verbindungen konnten nachgewiesen werden: Ag_2Al, die bei 718° eine polymorphe Umwandlung erfährt, und Ag_3Al mit einem Umwandlungspunkt bei 610°.

Broniewski[2] schließt aus den elektrischen Eigenschaften auf das Vorhandensein zweier Verbindungen Al_2Ag_3 und $AlAg_3$.

Ein Silbergehalt erhöht die Härte und die Bruchfestigkeit des Aluminiums.

Moissonnier führt in „L'Aluminium" von gewalztem, nicht geglühtem Material folgende Werte an:

Tabelle 61.

Zusammensetzung		Spez. Gewicht		Festigkeit	Dehnung
Proz. Al	Proz. Ag	Gefunden	Berechnet	kg/qmm	Proz.
100	0	2,67	—	18	3
95	5	2,79	2,76	24	3
90	10	2,90	2,89	31	2

Eine Legierung: 97 Proz. Aluminium und 3 Proz. Silber ist sehr luftbeständig und wird zur Anfertigung wissenschaftlicher Apparate, besonders für Wagebalken, benutzt, wegen ihrer großen Elastizität eignet sie sich auch als Material zur Anfertigung von Federn für feine Uhren.

Die Legierung: 95 Proz. Aluminium und 5 Proz. Silber besitzt eine schöne weiße Farbe und große Härte, sie läßt sich infolgedessen gut polieren. Es wurde versucht, sie an Stelle der Silber-Kupferlegierung als Münzenmetall zu verwenden, sie scheint sich aber trotz großer Luftbeständigkeit nicht bewährt zu haben.

„Drittel-Silber" oder „Tiers-Argent" ist eine namentlich in Frankreich häufig benutzte Legierung von: 66,6 Proz. Aluminium und 33,3 Proz. Silber, die sich leicht stanzen und gravieren läßt.

Die Meinecke A.-G. verwendet nach (D. R. P. 302 811) vom 20./12. 1916 eine Aluminium-Silberlegierung mit bis 15 Proz. Silber zur Herstellung der beweglichen Teile an Wassermessern, da diese Legierung den chemischen Einflüssen der sauren und alkalischen Gebrauchswässer widersteht und auch bei hoher Umlaufszahl nur einem geringen Verschleiß unterliegt.

Sonderlegierungen.

(D. R. P. 132 612.) Berg, Eveking: Verfahren zum Zähemachen von Aluminium-Silberlegierungen, dadurch gekennzeichnet, daß man der Legierung 0,1 bis 1 Proz. Magnesium zufügt.

[1] Zft. f. anorg. Chem. 1905, **46**, 49.
[2] C. r. **150**, 1754.

Nachdem das aus Aluminium und Silber bereitete Bad so lange und so stark erhitzt worden ist, bis beide Metalle eine vollkommene Legierung eingegangen sind, wird das Bad auf 500° bis 600° abgekühlt und nunmehr je nach dem Verwendungszweck ein von 0,1 bis 1 Proz. steigender Magnesiumzusatz in das Bad eingeführt. Damit hierbei das Magnesium nicht verbrennt, geschieht die Einführung zweckmäßig in der Weise, daß das Metall in ein dünnes Aluminiumblech fest eingehüllt und dieses Paket in das Bad untergetaucht wird. Die Legierung führt den Namen „Argentalium", das spez. Gewicht beträgt 2,8 bis 3, die schöne weiße Farbe und Politurfähigkeit haben das Metall zur Anfertigung feiner Kochgeschirre, optischer Apparate und Instrumente beliebt gemacht. (Vom 5. 4. 1901 ab.)

(D. R. P. 230 095.) Esnault-Pelterie, Billancourt: Aluminiumlegierung, bestehend aus 80 bis 90 Proz. Aluminium, 5 bis 10 Proz. Silber oder anderen Edelmetallen und 5 bis 15 Proz. eines Metalles aus der Eisengruppe, z. B. Kobalt, Chrom, Nickel, Mangan.

Die Legierung ist sehr zähe und sehr hart, sie wird mit Vorteil verwertet, wenn ein Material von großer Festigkeit bei niedrigem spezifischen Gewicht verlangt wird; wegen ihres sehr kleinen Reibungskoeffizienten kann sie auch als Lagermetall verwendet werden.

Durch die Gegenwart des Silbers wird die Abscheidung des Metalles aus der Eisengruppe verhindert, wodurch die Dehnbarkeit und Widerstandsfähigkeit der Endlegierung erhöht wird. Zu ihrer Herstellung schmilzt man getrennt das Silber und das gewählte Metall der Eisengruppe, dann mischt man die beiden Materialien in dem gewünschten Verhältnis und setzt diese Mischung dem geschmolzenen Aluminium zu. Die Legierung ist sehr zähe und sehr hart, sie wird mit Vorteil verwertet, wenn erhebliche Festigkeit bei großer Leichtigkeit gefordert wird, dies tritt z. B. ein, wenn es sich um Kolben, Zylinderköpfe, Rahmen und Lager für Automobil- und Luftschiffahrtsmotoren handelt. (Vom 21. 7. 1909 ab.)

Die Zinn-Aluminiumlegierungen.

Die Konstitution der Zinn-Aluminiumlegierungen wurde von *Shepherd*[1] und *Gwyer*[2] untersucht: Der Schmelzpunkt des Aluminiums wird durch einen Zinnzusatz zuerst sehr rasch, alsdann langsamer kontinuierlich herabgesetzt. Die Bildung von Mischkrystallen erscheint fraglich, Verbindungen konnten, im Gegensatz zur Annahme *Guillets* (siehe S. 98) nicht nachgewiesen werden.

Zinn-Aluminiumlegierungen finden zuweilen an Stelle der entsprechenden Zinklegierungen Verwendung zu Ornamentalgüssen und zu Gehäusen für Meßapparate, weil sie nicht wie diese Legierungen durch wiederholte Stöße krystallinisch und brüchig werden.

Im Handel kommt eine Legierung von der Zusammensetzung:

50 Proz. Zinn, 50 Proz. Aluminium

vor. Sie führt den Namen „Bourbonmetall".

Versuche von *Schirmeister*[3] ergeben, daß die Bearbeitbarkeit des Aluminiums durch Zinn beträchtlich herabgesetzt wird; die Legierungen sind nur kalt walzbar, beim Warmwalzen blättern sie auf und zerbrechen. Die Zugfestigkeit bleibt bis etwa 5 Proz. Sn fast konstant, mit höheren Gehalten beginnt sie langsam zu steigen, die Härte bleibt ziemlich unverändert, die Dehnung geht dauernd zurück.

---

[1] Journ. of Phys. Chem. 1904, **8**, 233.
[2] Zft. f. anorg. Chem. 1906, **49**, 311.
[3] Stahl u. Eisen 1915, S. 876.

Heyn und *Wetzel*[1] fanden, daß aluminiumhaltige Zinnfolie durch elektrolytische Zersetzung außerordentlich rasch brüchig wird und zerfällt, ein gleichzeitiger Kupfergehalt von 2 Proz. und mehr wirkt der Korrosion entgegen. Auch Aluminium mit geringen Zinngehalten ist in stromleitenden Elektrolyten unbeständig. Deshalb ist besonders in den dünnwandigen Spritzgußerzeugnissen ein gleichzeitiger Aluminium- und Zinngehalt zu vermeiden (siehe *Müller*[2].

Die Nickel-Aluminiumlegierungen.

Die Konstitution der Nickel-Aluminiumlegierungen wurde von *Guillet*[3] und *Gwyer*[4] untersucht. Ersterer gibt an, daß zwischen 0 und 27 Proz. Nickel die Legierungen aus der primär ausgeschiedenen Verbindung $NiAl_6$, umgeben von sekundär ausgeschiedenem Aluminium, bestehen, während zwischen 27 und 50 Proz. die Legierungen sich in zwei Schichten trennen, da bei dieser Zusammensetzung zwei im flüssigen Zustande ineinander unlösliche Verbindungen $NiAl_6$ und $NiAl_2$ vorliegen. Bei noch höherem Nickelgehalt treten zwei weitere Verbindungen Ni_2Al und Ni_8Al auf. Beim Zusammenschmelzen der beiden Metalle zwischen den Konzentrationen 40 bis 90 Proz. tritt bei etwa 1300° eine außerordentlich große Wärmeentwicklung infolge Bildung der Verbindungen ein.

Gwyer fand dagegen, daß sich durch gutes Umrühren die Schichtenbildung vermeiden läßt und im flüssigen Zustand vollständige Mischbarkeit herrscht. Beim Abkühlen scheiden sich aus den nickelreichen Legierungen eine Reihe aluminiumhaltiger Mischkrystalle aus, bei 68 Proz. Nickel bildet sich die Verbindung NiAl, bei 52 Proz. Nickel die Verbindung $NiAl_2$ und bei 42 Proz. die Verbindung $NiAl_3$. Die aluminiumreichen Legierungen bestehen aus primär ausgeschiedenem Aluminium und dem Eutektikum ($Al + NiAl_3$).

Durch den Nickelzusatz wird das Aluminium härter und bearbeitungsfähiger, bei wachsendem Nickelgehalt jedoch infolge Auftretens der Verbindung $NiAl_3$ sehr spröde. Unter dem Namen „Nickelium“ bringt die Firma Carl Berg in Eveking eine Legierung in Blechform in den Handel, die sich besonders zum Ziehen, Prägen, Stanzen eignet. Spez. Gewicht

in gewalzten Stangen	2,72
in gewalzten Blechen	2,76
in gegossenen Blöcken	2,70

Festigkeit gewalzter Bleche, gezogener Drähte und Stangen

in ausgeglühtem Zustande	15 kg/qmm bei	20 Proz. Dehnung
in hartem Zustande	25 bis 35 „ „	2 bis 10 „ „

Guillet fand bei einer Legierung mit 2 Proz. Nickel die Festigkeit

im ungeglühten Zustand	zu 32 kg/qmm bei	12 Proz. Dehnung
bei 450° geglüht	zu 19 „ „	20 „ „

[1] Zft. f. Metallkunde 1922, **14**, 335.
[2] Zft. f. Metallkunde 1922, **14**, 16.
[3] Génie civil 1902, **41**, 170, 394.
[4] Zft. f. anorg. Chem. 1908, **57**, 133.

Nach Versuchen von *Schirmeister*[1] sind die Nickel-Aluminiumlegierungen bis zu etwa 12 Proz. Ni in der Wärme walzbar, Schwindung und Lunkerung gehen mit zunehmendem Nickelgehalt zurück. Für Walzmaterial kommen hauptsächlich die Legierungen mit etwa 4 Proz. Ni in Frage, da hier ohne großen Dehnungsverlust bereits der Höchstwert der Festigkeit nahezu erreicht ist; die reicheren Legierungen mit etwa 10 bis 12 Proz. Ni würden wegen ihrer geringen Schwindung ein brauchbares Gußmaterial abgeben. *Schirmeister* erhielt für langsam bei 450 bis 500° gewalztes Blech nachstehende Werte:

Tabelle 62.

Nickelgehalt Proz.	Zugfestigkeit kg/qmm	Dehnung Proz.	Härte (Brinell)
0,0	10,5	34	29
0,6	11,2	33	—
1,0	11,5	32	34
1,9	12,7	29	—
3,1	14,7	27	44
4,5	15,2	25	—
6,2	15,0	22	45
8,1	14,9	16	47
10,3	16,5	8	53

Sonderlegierungen.

(D. R. P. 154 485.) Zentralstelle für wissenschaftlich-technische Untersuchungen G. m. b. H., Neubabelsberg: Aluminium-Nickel-Titanlegierung, gekennzeichnet durch einen Nickelgehalt bis zu 3,5 Proz. und einen Titangehalt bis zu 2 Proz.

Die Legierung besitzt gegenüber solchen, die kein Titan enthalten, den Vorzug, daß die beim Guß keine Poren bildet, was anscheinend auf die Bildung einer Verbindung $TiAl_4$ zurückzuführen ist, die sich in der noch flüssigen Nickelaluminiumgrundmasse abscheidet und, indem sie den Anstoß für deren Erstarrung gibt, eine gleichmäßige Schwindung der Masse bewirkt. (Vom 4. 3. 1903 ab.)

(D. R. P. 66 937.) Solbisky, Witten: Darstellung von Legierungen des Aluminiums mit Nickel oder Kobalt, Zinn, Cadmium, in der Weise, daß man Aluminium mit einer aus Nickel oder Kobalt und Zinn (50 Proz. Ni + 50 Proz. Sn) zusammengesetzten Legierung von annähernd gleichem Schmelzpunkt unter Zugabe von Cadmium (rein oder in Gestalt von Cadmiumzinn oder Cadmiumaluminium) zusammenschmilzt; z. B.

Aluminium	Nickel	Zinn	Cadmium	Härte (Eisen = 1000)
90 Proz.	1 Proz.	5 Proz.	4 Proz.	580
95 „	1 „	1 „	3 „	442
96,5 „	1 „	0,5 „	2,5 „	380

(D. R. P. 190 234.) Schumacher, Stuttgart: Metallegierung zum Ausgießen von mit Säuren in Berührung kommenden Hohlgegenständen, bestehend in einer Mischung von $49^1/_2$ Proz. Nickel, $49^1/_2$ Proz. Aluminium und 1 Proz. Phosphor. (Vom 28. 11. 1905 ab.)

(E. P. 15 384/09.) Brooke und Mackintosh: Aluminium-Nickel-Magnesiumlegierung.

Man reduziert Nickeloxyd in einem Tiegel unter einer Schicht Kohlenstoff durch geschmolzenes Aluminium, setzt nach Entfernung des Kohlenstoffs eine kleine Menge Zink und Zinkchlorid zu und rührt um, erhöht die Temperatur auf 1000° und setzt

[1] Stahl u. Eisen 1915, 873.

Magnesiumspäne hinzu. Oder man gießt die Nickel-Aluminium-Zinklegierung in Blöcke und schmilzt sie nochmals unter Magnesiumzusatz unter einer Schicht Holzkohlenpulver, Fluorcalcium und Kochsalz. Die Tiegel schmiert man mit einer Magnesiumoxydpaste und gepulverter Holzkohle aus.

Als „Nickelaluminium" war in den Vereinigten Staaten eine Legierung im Handel von der Zusammensetzung: 74,4 Proz. Aluminium, 19,9 Proz. Zink, 3,5 Proz. Kupfer, 1,4 Proz. Mangan (ohne Nickel).

Das „Minckinmetall" stellt eine Aluminium-Kupfer-Nickellegierung dar, mit 25,8 kg Festigkeit bei 2,8 Proz. Dehnung. Sie scheint gegen Stoß sehr empfindlich zu sein.

(Verhandlungen des Vereins zur Beförderung des Gewerbefleißes 1901, S.15.)

Für Juwelierarbeiten wird eine Legierung empfohlen: 30 Proz. Aluminium, 40 Proz. Nickel, 10 Proz. Silber, 20 Proz. Zinn.

Die *Pennsylvania Nickel Works* benutzten eine „Aluni" genannte Aluminium-Nickellegierung als Anode, um Eisen, Kupfer und Messing galvanisch mit einem silberweißen, polierfähigen, gegen atmosphärische Einflüsse widerstandsfähigen Überzug von Aluminium und Nickel zu versehen.

Aluminium-Kobaltlegierungen.

Das von *Gwyer*[1] aufgestellte Zustandsdiagramm des Systems Aluminium-Kobalt zeigt vollständige Mischbarkeit der beiden Metalle im geschmolzenen Zustande. Der Schmelzpunkt der aluminiumreichen Legierungen steigt schnell mit zunehmendem Kobaltgehalt. Es bestehen drei Verbindungen: CoAl, Co_2Al_5 und Co_3Al_{13}.

Zwischen dieser Verbindung und reinem Aluminium besteht ein Eutektikum, das nur einige Zehntelprozent Kobalt enthält und ganz wenig niedriger als Aluminium schmilzt. Bei 20 Proz. Kobalt (Schmelzp. 940°) findet sich ein Knick.

Schirmeister[2] stellte aluminiumreiche Legierungen mit einem Kobaltgehalt bis zu 11 Proz. her durch Einschmelzen von Aluminium in Graphittiegeln mit der berechneten Menge Kobaltoxyd, wobei die Reduktion mit ziemlicher Heftigkeit vor sich geht. Die erschmolzenen Legierungen werden nach Entfernung der Aluminiumoxydschlacke in gut getrocknete, vorgewärmte Sandformen gegossen. Ihr Gefüge ist grobkrystallinisch, sie haben ungefähr die gleiche Zerreißfestigkeit wie das reine Aluminium, liefern jedoch dichtere Güsse, sind nicht unwesentlich härter und daher weit besser zu bearbeiten, auch zu polieren, sie sind sehr luftbeständig, so daß sie ihren Glanz monatelang behalten. Die Farbe ist gelblich weiß. Um die Festigkeitseigenschaften zu verbessern, wurde versucht, den Legierungen noch einen geringen Zusatz von Wolfram oder Molybdän zu geben. Durch einen Wolframgehalt von 0,8 bis 1,2 Proz. wird das Gefüge verfeinert und die Festigkeit erhöht, während durch mehr Wolfram wieder das Umgekehrte eintritt. Die Legierungen haben ein spez. Gewicht von 2,8 bis 2,9, sie sind vorzüglich zu bearbeiten, auch zu polieren und sehr luftbeständig. Der Ersatz des Wolframs

[1] Zft. f. anorg. Chem. 1908, **57**, 140.

[2] Metallurgie 1911, 650.

durch Molybdän bietet keine erheblichen Vorteile. Die Herstellung der Legierungen geschieht am besten mit nicht zu reichen Zwischenlegierungen von bekanntem Gehalt, die man entweder durch Eintragen der Oxyde in geschmolzenes Aluminium oder noch besser nach dem *Goldschmidt*schen aluminothermischen Verfahren erhält. Die einzelnen Metalle als solche ineinander zu lösen, ist nicht zu empfehlen. Unbedingt erforderlich ist die Verwendung nur möglichst reiner, vor allem kohlenstoff- und schwefelfreier Metalle und von Tontiegeln, da das Wolfram sonst Kohlenstoff aufnimmt und unter Bildung von Karbiden die Legierung spröde macht.

(D. R. P. 242 313.) Borchers und Schirmeister, Aachen: Verfahren zur Verbesserung mechanischer und chemischer Eigenschaften des Aluminiums, gekennzeichnet durch Legieren des Aluminiums mit Kobalt und Wolfram oder mit Kobalt und Molybdän in folgenden Verhältnissen:

a) 91 bis 88,8 Proz. Aluminium, 8 bis 10 Proz. Kobalt, 0,8 bis 1,2 Proz. Wolfram;

b) 90 bis 89 Proz. Aluminium, 9 bis 10 Proz. Kobalt, 0,6 bis 1 Proz. Molybdän.

Je mehr in diesen Legierungen bei den angegebenen Wolframgehalten sich die Kobaltgehalte der oberen Grenze nähern, desto mehr verringert sich die Walzbarkeit, aber unter Erhöhung der Zugfestigkeit. Die an Kobalt reicheren Legierungen eignen sich besser für Gießereizwecke, während die ärmeren besser zur Herstellung von schmiedbarem und walzbarem Material verwendbar scheinen. Für die Molybdänlegierungen gilt dasselbe bis auf die Härte, welche etwas geringer zu sein scheint als bei den entsprechenden Wolfram-Kobalt-Aluminiumlegierungen. (Vom 18. 5. 1911 ab.)

In dem (Russ. Priv. 1058/1898) empfiehlt *Pearson* Legierungen von Aluminium mit 0,1 bis 5 Proz. Kobalt (je nach der gewünschten Härte). Aluminium wird unter Zusatz von etwas Sublimat in einem Nickeltiegel geschmolzen und dann durch eine Öffnung im Boden des Tiegels in einen zweiten Tiegel abgelassen, in welchem sich bereits die erforderliche Menge geschmolzenes Kobalt befindet.

Nach Versuchen von *Schirmeister*[1] lassen sich die Legierungen bis zu einem Gehalt von etwa 12 Proz. Co gut walzen, die Lunkerung wird mit zunehmendem Kobaltgehalt kleiner und hört bei 7 bis 8 Proz. fast ganz auf, während darüber ein Treiben eintritt. Die Wetterbeständigkeit scheint recht gut zu sein. Das bei 450° langsam gewalzte Material ergab folgende Werte:

Tabelle 57.

Kobaltgehalt Proz.	Zugfestigkeit kg/qmm	Dehnung Proz.	Härte (Brinell)
0,0	10,5	34	29
0,6	10,9	35	32
1,6	12,0	28	—
2,3	12,3	25	—
3,5	12,9	21	47
5,5	15,5	18	—
7,5	16,6	14	50
9,4	16,5	11	51
10,5	17,0	11	—
12,0	18,5	6	61

[1] Stahl u. Eisen 1915, 873.

Die Cer-Aluminiumlegierungen.

Vogel[1] stellte durch Zusammenschmelzen von Cer und Aluminium die ganze Reihe der Legierungen her, er fand 5 Verbindungen auf: Ce_3Al, $CeAl_2$, $CeAl_4$, Ce_2Al und CeAl. Die Legierungen von 0 bis 25 Proz. Aluminium werden von Wasser langsam unter Wasserstoffentwicklung, die Verbindung $CeAl_2$ auch durch konzentrierte Säuren nicht merklich, die übrigen Legierungen durch Säuren deutlich angegriffen. Die Verbindung Ce_3Al scheint pyrophor zu sein. Bei $CeAl_2$ zeigen die Legierungen ein Maximum an Härte und an Sprödigkeit.

Barth[2] untersuchte den Einfluß geringer Cermengen auf die mechanischen und chemischen Eigenschaften des Aluminiums. Wegen des hohen Preises des metallischen Cers empfiehlt es sich, nicht von diesem auszugehen, sondern entweder ein Gemisch von Aluminiumoxyd und Cerfluorid in geschmolzenem Kryolith zu elektrolysieren, oder Cerfluorid durch schmelzendes Aluminium zu zersetzen. Man erhält eine Cer-Aluminiumlegierung, die man alsdann mit reinem Aluminium zusammenschmelzen kann. Nachstehende Tabelle zeigt den Einfluß des Cergehaltes auf die mechanischen Eigenschaften des Aluminiums:

Tabelle 64.

Proz. Ce	Proz. Si	Festigkeit kg/qcm	Dehnung Proz.	Kontraktion Proz.
0,0	0,106	286	1,33	3,34
0,046	0,019	400	3,65	3,34
0,100	0,017	487	6,68	6,67
0,198	0,032	552	8,93	10,65
0,353	0,01	386	1,33	2,00
0,634	0,026	371	0,30	2,67
0,889	0,047	267	0,22	2,01
1,163	0,029	329	0,20	3,33
8,72	0,060	700	0,23	1,33

Durch einen geringen Zusatz von Cer steigen Festigkeit, Dehnung und Kontraktion erheblich, um bei 0,2 Proz. Cer ein Maximum zu erreichen, bei diesem Gehalt ist die Dehnung fast siebenmal so hoch wie bei dem reinen Aluminium. Der grobkrystallinische Bruch desselben geht bei dem cerhaltigen (bis 0,2 Proz.) in einen feinkörnigen über, um bei höherem Gehalt wieder dem des reinen Metalles ähnlich zu werden. Die Legierungen lassen sich gut gießen und füllen die Form scharf aus, die Neigung zum Schwinden läßt nach. Die Wirkung des Cers scheint weniger auf der Bildung einer Legierung als auf einer Reinigung des Aluminiums zu beruhen; wie die chemische Zusammensetzung der Proben in Tab. 64 zeigt, geht der Siliciumgehalt auffallend zurück, zugleich werden im Aluminium gelöste Gase ausgetrieben.

[1] Zft. f. anorg. Chem. 1912, **75**, 41.
[2] Metallurgie 1912, 261.

Die Legierungen werden von Kalilauge und Salzsäure ebenso wie Reinaluminium angegriffen, in verdünnter Salpetersäure sind sie erheblich löslicher.

Nach Versuchen von *Schulte*[1] verbessern geringe Cerzusätze in Aluminium und Aluminiumlegierungen lediglich die Dehnung, während sie auf die Festigkeit ohne Einfluß sind.

(D. R. P. 246 484.) Borchers, Aachen, und Barth, Oker: 1. Verfahren zur Veredlung von Aluminium durch Legieren mit Ceritmetallen in Mengen bis zu etwa 0,2 Proz., dadurch gekennzeichnet, daß man geringe Mengen von wasserfreien Ceritmetallfluoriden während der elektrolytischen Herstellung des Aluminiums in den geschmolzenen Elektrolyten einträgt. **2.** Abänderung des Verfahrens, gekennzeichnet durch Verschmelzen von Rohaluminium mit wasserfreien Ceritmetallfluoriden bei Temperaturen zwischen dem Schmelzpunkt des Aluminiums und 1000°.
(Vom 21. 10. 1911 ab.)

Die Titan-Aluminiumlegierungen.

Guillet[2] stellte durch Reduktion von Titansäure durch Aluminium eine Reihe von Legierungen her, in welchen er durch Rückstandsanalysen mehrere Verbindungen auffand. Mikroskopisch sind nur große glänzende Krystalle der Verbindung $TiAl_4$, umgeben vom Eutektikum ($TiAl_4$, — Al), nachzuweisen.

Wie *Moissonnier* in „L'Aluminium" angibt, soll im Handel eine Legierung von:

69,63 Proz. Aluminium, 30,37 Proz. Titan

vorkommen.

(D. R. P. 62 460.) Langley, Edgewoodeville: Verfahren zur Herstellung von Aluminium-Titan, 1. darin bestehend, daß man in ein Bad geschmolzener Fluorverbindungen von Natrium und Aluminium und bzw. von Calcium zuerst ein Salz oder Oxyd des Titans zugibt, tüchtig mischt und hierauf, sobald die Masse möglichst in flüssigem Zustand ist, Aluminium einführt. 2. Man gibt noch Chromoxyd hinzu, ehe das Aluminium eingeführt wird, so daß eine Legierung von Aluminium-Titan-Chrom entsteht.

$^1/_2$ bis 10 Proz. Titan ergeben eine Legierung, welche härter ist als Aluminium und durch Hämmern oder Walzen einen hohen Grad von Elastizität und Härte erhält. Besonders wertvoll soll die Legierung sein, welche neben Titan noch Chrom enthält.

Die Versuche, Stahl und Gußeisen Titan in metallischer Form zuzusetzen, haben infolge der geringen Legierfähigkeit dieses Metalles sowie wegen seines hohen Schmelzpunktes und geringen spez. Gewichtes nur mangelhafte Ergebnisse gezeitigt. Man ist deshalb dazu übergegangen, statt des reinen Metalles eine Eisen-Titanlegierung zu verwenden, welche aber höchstens 10 bis 15 Proz. Titan enthalten darf, weil sich sonst die genannten Mängel wieder zeigen. Es wurde aber gefunden, daß man eine an Titan wesentlich höherprozentige Legierung mit gutem Erfolg zur Reinigung von Stahl- und Gußeisenbädern benutzen kann, wenn man als dritten Bestandteil Aluminium zusetzt. Die Legierung ist geschützt durch:

[1] Metall u. Erz 1921, Heft vom 22. Mai.
[2] Stahl u. Eisen 1915, 999.

(D. R. P. 235 461.) Goldschmidt: Chemische Fabrik, Essen: Verfahren zur Erhöhung der Legierfähigkeit des Titans bei seiner Verwendung in Form von Ferrotitanlegierungen zum Reinigen von Stahl- und Gußeisenbädern, dadurch gekennzeichnet, daß das Titan in Form einer Eisen-Titan-Aluminiumlegierung benutzt wird.

Solche Legierungen lassen sich leicht auf aluminothermischem Wege erzielen, sie haben den Vorzug, daß sie kohlenstofffrei sind. Als besonders brauchbar hat sich eine 24- bis 25-proz. Titan-Eisenlegierung erwiesen, die 3 Proz. Aluminium enthält.

(Vom 28. 10. 1909 ab.)

Rossi stellt nach U. S. P. 1 020 517 die Legierung her, indem er in geschmolzenes Aluminium ein Gemisch von Titansäure und Aluminiumspänen einrührt, worauf die Reaktion ohne Aufkochen oder Störungen vor sich geht.

Versuche von *Schirmeister*[1] zeigen, daß das Aluminium noch bei einem Titangehalt von 6 Proz. in der Wärme gut walzbar ist, Festigkeit und Härte steigen an, die Dehnung geht jedoch entsprechend zurück. Eine technische Bedeutung als Walzgut oder als Gußmaterial werden die Legierungen deshalb nicht erlangen.

Die Mangan-Aluminiumlegierungen.

Mangan und Aluminium bilden nach *Hindrichs*[2] zwei Verbindungen, denen wahrscheinlich die Formeln $MnAl_3$ und Mn_3Al zukommen. Die aluminiumreichen Legierungen stellen Mischkrystalle von Aluminium mit den Verbindungen dar, die manganreichen ebenso Mischkrystalle der Verbindungen mit Mangan. Die Legierungen zwischen 30 und 80 Proz. Aluminium zerfallen beim Liegen an der Luft allmählich in ein graues krystallinisches Pulver.

Durch einen geringen Manganzusatz (am besten in Form des eisen- oder kohlenstofffreien aluminothermische nManganmetalles) wird die Festigkeit des Aluminiums auf 15 bis 18 kg bei 7 bis 8 Proz. Dehnung erhöht. Die Legierungen lassen sich sehr gut bearbeiten und sind gegen die Einflüsse von Luft und Wasser sehr widerstandsfähig, sie kommen hauptsächlich für die Automobilindustrie in Betracht. *Guillet* (Alliages Mét.) gibt für Sandgüsse folgende Werte an:

Tabelle 65.

Proz. Al	Proz. Mn	Festigkeit kg/qmm	Dehnung Proz.
99,92	0	10,2	7
99,51	0,42	11,5	6
99,03	0,84	13,2	6
98,21	1,65	14,6	6
97,07	2,73	15,3	5

Nach Versuchen von *Schirmeister*[3] lassen sich die Legierungen bis zu 5 Proz. Mn ohne allzu starkes Einreißen warm walzen; die Festigkeit erreicht

[1] Stahl u. Eisen 1915, 999.
[2] Zft. f. anorg. Chem. 1908, **59**, 44.
[3] Stahl u. Eisen 1915, 997.

bei etwa 2,5 Proz. Mn bereits ihren Höchstwert, die Dehnung geht rasch zurück. *Schirmeister* stellte bei Blechen, die bei 500° schnell heruntergewalzt waren, folgende Werte fest:

Tabelle 66.

Mangangehalt Proz.	Festigkeit kg/qmm	Dehnung Proz.	Härte (Brinell)
0 0	9,5	41	26
0,4	10,4	36	—
0,6	10,8	33	31
0,8	11,4	34	—
1,3	12,0	28	35
2,4	13,2	22	39
3,2	13,4	19	—
4,8	13,7	18	46

Die Blei-Aluminiumlegierungen.

Pecheux[1] brachte in einem Tiegel aus feuerfestem Ton zunächst Aluminium zum Schmelzen und setzte dann Blei zu, indem er Legierungen mit 5, 10, 40, 60 Proz. Aluminium herzustellen versuchte. Durch sorgfältiges Rühren gelang es trotz des großen Unterschiedes in den spez. Gewichten, eine Mischung beider Metalle zu erzielen, die alsdann in Sandformen gegossen wurde. Es zeigte sich, daß der Guß drei übereinander gelagerte und nach dem spez. Gewichte scharf voneinander getrennte Blöcke lieferte: zu unterst war reines Blei, darüber eine Legierung (?) von Blei und Aluminium und zu oberst reines Aluminium. Der mittlere Block besaß einen Gehalt von 90 bis 97 Proz. Aluminium, das spez. Gewicht betrug 2,745 bis 2,60, die Farbe war derjenigen des Aluminiums sehr ähnlich, besaß aber weniger Glanz. Das Metall ließ sich unter dem Hammer plattschlagen, mit dem Stichel bearbeiten, leicht biegen, auf der Bruchfläche zeigte es ein grobkrystallinisches Gefüge. Es lagen aber keine wirklichen Legierungen vor, denn beim Umschmelzen änderte sich die Zusammensetzung. Der Gehalt von

93 Proz. ging in einen solchen von 92 Proz. über
95 „ „ „ „ „ „ 94 „ „
98 „ „ „ „ „ „ 96 „ „

Gwyer[2] fand, daß im flüssigen und festen Zustand beide Metalle völlig unlöslich ineinander sind, daß es also unmöglich ist, eine wirkliche Legierung herzustellen.

Nach dem D. R. P. 67 297 wollen *Renschaw* und *Bates* Eisen oder andere Metalle mit einer Legierung von Blei und Aluminium überziehen. Das Blei wird zuerst geschmolzen und mit Holzkohlenpulver bedeckt, sodann werden nacheinander Aluminium, Salmiak, Arsenik, Borax oder Alaun oder ein anderes Flußmittel wie Kryolith dem flüssigen Blei zugesetzt. Die Bleche oder Platten werden gereinigt und in gewöhnlicher Weise durch das Bad gezogen.

[1] L'Echo des Mines et de la Mét. 1904, 712.
[2] Zft. f. anorg. Chem. 1908, 57, 151.

In England und den Vereinigten Staaten sollen Motorstaubschützer neuerdings aus 85 Proz. Aluminium und 15 Proz. Blei gefertigt werden.

(E. P. 1339/09.) de St. Laurent: Aluminiumlegierung mit einem Bleigehalt von 5 Proz. bis 50 Proz. Man schmilzt Aluminium mit Bleioxyd in Gegenwart eines Reduktionsmittels mit oder ohne Zusatz von metallischem Blei.

(D. R. P. 265 924.) de l'Or, Berlin: Harte Aluminiumlegierung, bestehend aus etwa 84 Proz. Aluminium, etwa 11 Proz. Blei und etwa 5 Proz. Glas.

Man erzielt ein der Hauptsache nach aus Aluminium bestehendes Metall von günstigen Härteeigenschaften, trotzdem man annehmen mußte, daß das Glas entweder überhaupt keine Wirkung ausüben oder aber die Beschaffenheit des bleihaltigen Aluminiums verschlechtern würde, indem es durch seine Gegenwart die Struktur desselben in schädlicher Weise beeinflussen müßte. Die Legierung zeigt günstige Festigkeitseigenschaften bezüglich der Kugeldruckhärte. (Vom 19. 12. 1911 ab.)

(Zus. P. D. R. P. 268 515.) Es wurde gefunden, daß die technischen Eigenschaften der Legierung des Hauptpatentes noch erheblich verbessert werden durch einen etwa 2 Proz. betragenden weiteren Zusatz von Blei. (Vom 8. 3. 1913 ab.)

(Zus. P. D. R. P. 277 121.) 1. Die Legierung erhält einen bis zur Hälfte verringerten Zusatz von Blei. 2. Die Legierung erhält einen weiteren Zusatz von Zinn. 3. Das Verhältnis der Gesamtmenge von Blei und Zinn zusammen ist um ein Geringes höher als der Bleizusatz nach D. R. P. 265 924. (Vom 28. 5. 1913 ab.)

Die Silicium-Aluminiumlegierungen.

Silicium und Aluminium bilden nach den Untersuchungen von *Fraenkel*[1] lediglich eutektische Gemenge, Verbindungen sind nicht nachzuweisen, Mischkrystalle höchstens in ganz geringen Konzentrationen. Der eutektische Punkt liegt bei 10,5 Proz. Silicium oder nach *Guillet*[2] bei 13,8 Proz. Die Versuche von *Schirmeister*[3] zeigen, daß durch einen wachsenden Siliciumgehalt die Festigkeit des Aluminiums von 10 kg/qmm auf 16 kg/qmm, die Brinellhärte von 26 auf 47 gesteigert werden kann, die Dehnung geht von 34 Proz. bis auf 11 Proz. zurück. Für Walzmaterial sind die Legierungen mit 5 bis 7 Proz. Si, für Gußstücke diejenigen mit 10 bis 12 Proz. Si am geeignetsten. Von größter Bedeutung ist die 1920 von *Pacz* gemachte Entdeckung, daß die Aluminium-Siliciumgußlegierungen durch ein Veredlungsverfahren (vermutlich Aufnahme von sehr geringen Mengen Alkalimetall durch Aluminium in fester Lösung) unter starker Kornverfeinerung eine erhebliche Steigerung der mechanischen Werte erreichen. *Czochralski*[4] erzielte im Gußstück 18 bis 23 kg/qmm Festigkeit bei 5 bis 10 Proz. Dehnung, 60 Brinellhärte, im kaltverarbeiteten Werkstoff = 16 bis 30 kg/qmm Festigkeit bei 30 bis 5 Proz. Dehnung, 60 Brinellhärte. Die veredelte Legierung führt die Bezeichnung „Silumin“[5], im Ausland auch „Alpax“.

Die wichtigsten Patente sind folgende:

(E. P. 158 827.) Prior. 13. 2. 1920. **A. Pacz, Ohio: Verfahren zur Herstellung von Legierungen,** welche für Gußzwecke Verwendung finden sollen und im wesentlichen aus

[1] Zft. f. anorg. Chem. 1908, **58**, 154.
[2] Rev. de Mét. 1922, **22**, 303.
[3] Stahl u. Eisen 1915, **35**, 875.
[4] Zft. f. Metallkunde 1922, **14**, 3; 1923, **15**, 3, 78.
[5] Metallbank u. Metallurgische Ges. A. G., Frankfurt a. M.

Al und 5—25 Proz., vorzugsweise 12,5 Proz. Si bestehen. Man schmilzt zunächst 1 Tl. Si mit 4 Tln. Al zusammen und setzt dann der geschmolzenen Masse den Rest des Al zu. Das Produkt wird durch Behandlung mit einem Alkalifluorid mit oder ohne Zusatz eines Erdalkalifluorids oder einer Mischung von Fluornatrium und NaCl raffiniert. Kleine Mengen anderer Metalle, wie z. B. Fe, können in der Legierung enthalten sein, doch darf die Menge derselben 0,5 Proz. nicht überschreiten.

(E. P. 171 996.) Aluminium Co. of America: Aluminiumlegierungen, insbesondere solche mit verhältnismäßig hohen Siliciumgehalt, werden mit Natrium oder Kalium versetzt. Zu einer 5—15 Proz. Silicium enthaltenden Legierung gibt man 0,1 Proz. Natrium oder Kalium oder je 0,05 Proz. von beiden Metallen, und zwar zweckmäßig in Form einer Legierung der Alkalimetalle mit einem anderen Metall, wie z. B. Zink. Der Eisengehalt soll nicht mehr als 0,6 Proz. betragen. Kupfer und Zink können der Legierung noch zugesetzt werden, an Stelle der Alkalimetalle können auch Kadmium und Wismut verwendet werden. Die Legierungen müssen sofort nach Erreichung der Gießtemperatur vergossen werden.

(E. P. 171 997.) Dieselbe: Um die Festigkeit und Dehnbarkeit der Aluminiumlegierung mit 3—15 Proz. Silicium zu verbessern, werden sie unter solchen Bedingungen vergossen, daß eine möglichst schnelle Abkühlung der Gußstücke gewährleistet ist, z. B. in Hartgußformen.

(D. R. P. 413 436) Metallbank u. Metallurg. Ges. A. G., Frankfurt: Herstellung von Aluminiumlegierungen mit erheblichem Gehalt an Silizium, vorzugsweise zwischen 8 und 13 Proz., dadurch gekennzeichnet, daß der geschmolzenen Legierung Antimon oder Wismut einverleibt wird; 2. dadurch gekennzeichnet, daß die das Antimon oder Wismut enthaltende geschmolzene Legierung rasch in einer Form zum Erstarren gebracht wird; 3. dadurch gekennzeichnet, daß nicht mehr als etwa 1,5 Proz. Sb oder Bi in die geschmolzene Legierung einverleibt wird. Die Zusätze sollen eine Erhöhung der Zugfestigkeit und Dehnung bewirken.

(Vom 31. 1. 1923 ab.)

Eine Aluminium-Silicium-Kupferlegierung wird unter dem Namen „Lautal" von den Vereinigten Aluminium-Werken A.-G. Lautawerk hergestellt. Die höchsten mechanischen Werte erhält sie nach *Fuss* und *Bohner*[1] durch Abschrecken von 480 bis 500° in Wasser und folgendes Anlassen auf 120°. Die Festigkeit beträgt dann 40 bis 45 kg, Streckgrenze = 33 bis 40 kg, Dehnung 18 bis 14 Proz., Brinellhärte = 92 bis 114, spez. Gewicht = 2,74, sie läßt sich gut schweißen, die Korrosionsfestigkeit ist höher als Reinaluminium. Den Einfluß der Anlaßtemperatur auf die chemischen und physikalischen Eigenschaften des Lautals untersuchte *Meissner*[2].

Verschiedene Legierungen.

(D. R. P. 131 517.) Rübel, Berlin: Verfahren zur Erhöhung der Zähigkeit, Dichte und Festigkeit des Aluminiums, dadurch gekennzeichnet, daß dem Aluminium ein Phosphorzusatz von 4 bis 7 Proz. gegeben wird.

Durch den Phosphorzusatz soll besonders stark die Zähigkeit verbessert werden, die Legierung kann einen vorzüglichen Ersatz für Rotguß und alle ähnlichen Metalllegierungen liefern, sie hat eine Schwindung von höchstens 1 bis 1,5 Proz. und gibt einen sehr scharfen Guß. Die Farbe ist silberartig. Das phosphorhaltige Aluminium oxydiert sich nicht leicht und ist lötbar. (Vom 12. 1. 1901 ab.)

[1] Zft. f. Metallkunde 1925, **17**, 22.

[2] Zft. f. Metallkunde 1925, **17**, 369.

(Zus. P. 137 003.) Der Phosphorzusatz kann weniger als 4 Proz. oder mehr als 7 Proz. bis zu 15 Proz. betragen.

Die Legierung mit 3 Proz. Phosphor ist für Hufbeschläge sehr geeignet, weil sie mit der erforderlichen Zähigkeit eine genügende Härte verbindet. Bei 2 Proz. ist das Aluminium gut walzbar, es eignet sich daher für die Herstellung harter Bleche und Drähte. Mit 1 Proz. und noch weniger gibt das Aluminium noch ein vorzügliches Walzmaterial zu Blechen für Stanz-, Druck- und Prägeartikel. Das phosphorhaltige Metall ist lötbar, sehr säurebeständig, es nimmt einen silberweißen Hochglanz an. (Vom 1. 11. 1901 ab.)

(D. R. P. 134 582.) Rübel, Berlin: Gießen von Phosphor-Aluminiumlegierungen. Man erhitzt die Formen, mögen sie aus Eisen, Stahl oder Sand bestehen, bis auf die Rotgluthitze des Eisens und befreit das Gußstück sofort nach dem Abgießen von der Eisen- oder Sandform. (Vom 24. 4. 1901 ab.)

(D. R. P. 132 794.) Pruszkowski-Schodnika: Herstellung von Legierungen der Metalle der Eisengruppe (Eisen, Mangan, Kobalt, Nickel) mit Aluminium, dadurch gekennzeichnet, daß in diesen Legierungen zwecks Erzielung einer großen, selbst bei Rotgluttemperatur sich nicht vermindernden Härte und Widerstandsfähigkeit auf je 1 Atomgewicht Aluminium das doppelte Atomgewicht der Metalle der Eisengruppe kommt. (Vom 9. 5. 1901 ab.)

(D. R. P. 133 910.) Chassereau und Mourlon, Paris: Aluminiumlegierung mit überwiegendem Gehalt an Aluminium, gekennzeichnet durch einen Gehalt von 900 Tln. Aluminium mit 50 Tln. Wismut, 25 Tln. Eisen und 25 Tln. Nickel.

Die Legierung soll ein außerordentlich widerstandsfähiges, schwer oxydierbares, gut elektrisch leitendes Metall liefern, welches leicht lötbar ist, und zwar am besten mittels eines Lotes, welches die Legierung selbst zur Grundlage hat. (Vom 17. 9. 1901 ab.)

(D. R. P. 144 777.) Les Etablissements Poulence Frères, Paris: Verfahren zur Herstellung von Calcium-Aluminiumlegierungen mit hohem Calciumgehalt, dadurch gekennzeichnet, daß Calciumchlorid in Gegenwart einer schmelzflüssigen Kathode aus Aluminium der Elektrolyse unterworfen wird.

Die Elektrolyse geht sehr leicht vor sich, und das abgeschiedene Calcium verbindet sich unmittelbar mit dem Aluminium. Man regelt den Calciumgehalt der Legierung nach Belieben, indem man die Elektrolyse kürzere oder längere Zeit durchführt. Die so erhaltene Legierung schwimmt auf der Oberfläche des Elektrolyten und kann dort ohne großen Verlust entfernt werden; sie kann bis zu 97 Proz. Calcium enthalten und besitzt die wesentlichen Eigenschaften des reinen Calciums; in Wasserstoff oder Stickstoff erhitzt, absorbiert sie die Gase mit großer Energie. (Vom 18. 1. 1902 ab.)

(D. R. P. 257 868.) Allgemeine Elektrizitäts-Ges., Berlin: Leichtes Lagermetall, bestehend aus einer Grundmasse von 40 bis 90 Proz. Aluminium, 5 bis 50 Proz. Zinn und 0 bis 20 Proz. eines in Zinn löslichen Metalles, z. B. Blei, und aus 5 bis 30 Proz. eines solchen Metalles, z. B. Antimon oder Nickel, welches mit der Grundmasse keine feste Lösung bildet, sondern sich als chemische Verbindung mit Aluminium in Krystallkörnern ausscheidet, die härter als die Grundmassen sind.

Das neue Lagermetall, das Aluminium als Hauptanteil der Grundmasse enthält, besitzt gegenüber älteren Lagermetallarten die Vorzüge des geringen spezifischen Gewichtes, der hohen spezifischen Wärme, der guten Wärmeleitfähigkeit und der Billigkeit. (Vom 24. 3. 1911 ab.)

(D. R. P. 259 530.) Sadamasa Uyeno, Tokio: 1. Zur Erzeugung von Wasserstoff aus Wasser dienende Legierung, bestehend aus Aluminium, Zink und Quecksilber. **2.** Legierung nach Anspruch 1, gekennzeichnet durch die weitere Hinzufügung von Zinn. **3.** Legierung nach Anspruch 1, gekennzeichnet dadurch, daß an Stelle des Zinks Zinn tritt.

Es kann rasch eine große Menge Wasserstoff aus gewöhnlichem Wasser hergestellt werden. (Vom 25. 4. 1913 ab.)

Folgende Legierungen werden als besonders geeignet für Juwelierarbeiten empfohlen:

„Sonnenbronze" 40 bis 60 Tle. Kobalt, 10 Tle. Aluminium, 30 bis 40 Tle. Kupfer.
„Metalline" 35 Proz. Kobalt, 25 Proz. Aluminium, 30 Proz. Kupfer, 10 Proz. Eisen.
„Rosein" 40 Proz. Nickel, 30 Proz. Aluminium, 20 Proz. Zinn, 10 Proz. Gold.
„Gold-Aluminiumbronze" von Hunt 22 Proz. Aluminium, 78 Proz. Gold.
„Nürnberger Gold" 90 Proz. Kupfer, 7,5 Proz. Aluminium, 2,5 Proz. Gold.

Czako[1] stellte Aluminium-Vanadinlegierungen auf aluminothermischem Wege dar, die Legierungen mit einem Vanadingehalt bis zu 10 Proz. sind noch hämmerbar, die Härte nimmt mit steigendem Vanadingehalt zu. Wahrscheinlich treten die Verbindungen: Al_3V, AlV und AlV_2 auf.

Das Lunkern des Aluminiums läßt, wie Versuche von *Schirmeister*[2] zeigen, mit steigendem Vanadingehalt nach und hört schon bei etwa 3 Proz. V ganz auf; die Walzbarkeit in der Wärme ist eine sehr gute, Zugfestigkeit und Härte steigen mit dem Vanadingehalt bis zu 2 Proz. V, während die Dehnung zugleich einen geringen Abfall zeigt. Für Walzgut ist deshalb ein Gehalt von 1 bis 2 Proz. V von einigem Vorteil, für Gußzwecke kann man bis auf 3 bis 4 Proz. V gehen. *Schirmeister* erhielt für schnell bei 500° gewalztes Blech nachstehende Werte (Tab. 67).

Eine Legierung mit 2 Proz. Beryllium[3] zeigt eine Festigkeit von 18,4 kg/qmm bei 10 Proz. Dehnung, sie hat eine schöne Silberfarbe, läßt sich kalt zu dünnen Blättchen hämmern und widersteht dem Seewasser ausgezeichnet. Das Beryllium wird als Fluorberyllium dem Aluminium zugesetzt. Aluminium mit 3 Proz. Nickel und 0,75 Proz. Zirkon[3] hat eine Festigkeit von 19 kg/qmm bei 9 Proz. Dehnung, durch zweistündiges Erhitzen in kochendem Wasser soll die Festigkeit auf 25,3 kg steigen. Die Legierung ohne Nickelzusatz hat nur eine Festigkeit von 14,5 kg, sie wird durch Erhitzen in kochendem Wasser nicht beeinflußt (siehe unten)

(D. R. P. 386 301) Metallbank u. Metallurg. Ges. A. G., Frankfurt a. M.: Aluminium-Berylliumlegierung, gekennzeichnet durch einen Gehalt von einem oder mehreren Metallen, die mit dem Aluminium feste Lösungen bilden, wie z. B. Kupfer, Zink, Magnesium. (Vom 12. 7. 1918 ab.)

Zur Darstellung von Chrom-Aluminiumlegierungen[4] wird Chromoxyd in einem mit Magnesit ausgefütterten Tiegel in Kryolith unter Zusatz von Chlorkalium gelöst und dann das für sich geschmolzene Aluminium zugesetzt. Die Legierung ist sehr hart und zeigt eine gute Festigkeit.

Versuche von *Schirmeister*[4] ergaben, daß Schwindung und Lunkern des Aluminiums mit steigendem Chromgehalt kleiner werden, so daß für Gußzwecke ein Zusatz von etwa 3 Proz. Cr vorteilhaft ist. Bei 500° sind die Legierungen bis zu einem Gehalt von 4 bis höchstens 5 Proz. Cr gut walzbar, die Festigkeit erreicht bei etwa 1 Proz. Cr einen Höchstwert, ebenso die Härte, vgl. Tab. 68.

[1] C. r. 1913, **156**, 140.
[2] Stahl u. Eisen 1915, 998.
[3] Stahl u. Eisen 1913, 1985.
[4] Stahl u. Eisen 1915, 998.

Tabelle 67.

Vanadingehalt Proz.	Zugfestigkeit kg/qmm	Dehnung Proz.	Härte (Brinell)
0,0	9,5	41	26
0,4	10,9	38	—
0,8	11,3	36	33
1,2	11,8	34	34
2,0	12,5	28	38
2,8	12,5	27	—
3,7	12,3	29	39

Tabelle 68.

Chromgehalt Proz.	Zugfestigkeit kg/qmm	Dehnung Proz.	Härte (Brinell)
0,0	9,5	41	26
0,3	12,4	26	37
0,9	15,5	17	47
1,4	13,8	21	—
2,6	12,4	21	—
3,7	12,9	19	42
4,5	13,3	11	—

(D. R. P. 272 996.) Ormiston, Rockdale: 1. Verfahren zur Herstellung von Aluminiumlegierungen, darin bestehend, daß man metallisches Nickel, Kupfer, Zinn, Blei und Aluminium in eine geschmolzene Mischung von Borax und den Sulfaten von Kupfer (evtl. auch Nitrat), Quecksilber, Cadmium, Nickel und evtl. Magnesium einbringt, wobei eine Grundlegierung entsteht, aus welcher man durch weiteres Legieren mit Aluminium und Zusetzen von Zinn, Blei, Kupfer oder Nickel das Endprodukt herstellt. **2.** Bei dem Verfahren nach Anspruch 1 das Einbringen von etwa 3 Tln. Nickel, 3 Tln. Kupfer, 3 Tln. Zinn, 1 Tl. Blei, 90 Tln. Aluminium in eine Schmelze von ungefähr 60 Tln. Borax, 17 Tln. Kupfersulfat (das ganz oder zum Teil durch Nitrat ersetzt werden kann), 1 Tl. Quecksilbersulfat, 2 Tln. Cadmiumsulfat, 15 Tln. Nickelsulfat und evtl. 15 Tln. Magnesiumsulfat zur Herstellung der Grundlegierung. **3.** Aluminiumlegierungen von ungefähr folgender Zusammensetzung: 20 Tle. Grundlegierung (Anspruch 1 und 2), 9 Tle. Zinn, 2 Tle. Blei, 169 Tle. Aluminium. **4.** Aluminiumlegierung von ungefähr folgender Zusammensetzung: 30 Tle. Grundlegierung, 20 Tle. Kupfer, 50 Tle. Aluminium.

Die Legierung ist von heller und weißer Farbe und soll wertvolle Eigenschaften besitzen, welche sie zum Teil von dem Hauptbestandteil, dem Aluminium, unterscheiden; z. B. kann man die Legierung hartlöten, abdrehen, walzen, ziehen, schmieden oder mittels des Acetylensauerstoffgebläses schweißen; man kann ihre Härte und Zugfestigkeit ändern, sie läßt sich polieren und soll außerordentlich widerstandsfähig gegen Oxydation durch atmosphärische Einflüsse sein. (Vom 20. 3. 1913 ab.)

Versuche von *Schirmeister*[1] zeigen, daß ein Cadmium- oder ein Antimonzusatz die Eigenschaften des Aluminiums ungünstig beeinflussen, die Legierungen haben keine technische Bedeutung, ebensowenig die Legierungen mit Wismut, Zirkon oder Tantal[2], auch die Legierungen des Aluminiums, mit Molybdän und mit Wolfram[3] zeigen keine besonderen Vorzüge. Aluminium und Eisen siehe S. 497.

(D. R. P. 399 026.) Guertler, Charlottenburg: Aluminiumlegierungen mit wertvollen mechanisch-technischen Eigenschaften, gekennzeichnet durch Zusätze, welche Boride, Carbide oder Silicide innerhalb der Legierungen zu bilden vermögen, und zwar: 1. entweder Bor, Kohlenstoff oder Silicium zu zweien oder zu dritt nebeneinander bis zu einem Gesamtgehalt von 10 Proz., 2. oder Bor oder Kohlenstoff oder beide gleichzeitig bis zu einem Gesamtgehalt von 5 Proz. gleichzeitig mit Zusätzen von Mangan, Eisen, Kobalt, Nickel oder Kupfer bis zu einem Gesamtgehalt von 10 Proz. Die Erzeugnisse zeichnen sich durch außerordentliche Härte, günstiges Korngefüge, Seigerungs- und Schwindungsverhältnisse aus. (Vom 29. 9. 1922 ab.)

---

[1] Stahl u. Eisen 1915, 876.
[2] Stahl u. Eisen 1915, 996.
[3] Stahl u. Eisen 1915, 998.

(D. R. P. 367 597.) Metallbank u. Metallurgische Ges., Frankfurt a. M.: Verfahren zur Herstellung und Verbesserung von Aluminiumlegierungen. Zwecks Härtung wird Aluminium mit nicht mehr als 6 Proz. Lithium vermischt. Die Eigenschaften der so erhaltenen Legierungen, welche auch noch andere Metalle enthalten können, werden weiter verbessert durch Erhitzen auf Temperaturen von mehr als 100° und langsames Abkühlen oder Abschrecken. (Vom 16. 2. 1919 ab.)

(D. R. P. 354 977.) Metallbank u. Metallurg. Ges. A. G., Frankfurt: Verfahren zur Einführung von Metallen, besonders den Erdalkalimetallen (einschließlich Magnesium, Beryllium, Lithium) in andere, mit diesen legierungsfähigen Metallen durch Einwirkenlassen einer Zwischenlegierung auf das zu legierende Grundmetall, dadurch gekennzeichnet, daß das Grundmetall der Zwischenlegierung in dem Grundmetall der herzustellenden Legierung nicht oder nur unwesentlich löslich ist, sich also nach Abgabe des anderen Metalles an das zu legierende Metall von diesem wieder abscheidet. 2. Das Verfahren nach 1 wird ein- oder mehrmals wiederholt. 3. Anwendung zur Herstellung von Legierungen des Aluminiums mit den Erdalkalimetallen (einschließlich Magnesium, Beryllium, Lithium) in der Weise, daß als Zusatzlegierung die Legierung des Bleis mit den Erdalkalimetallen benutzt wird. (Vom 23. 12. 1919 ab.)

Die Aluminium-Lithiumlegierungen führen den Namen „Skleron" bzw. „Aeron"; sie werden wie das Duralumin veredelt. Nach *Reuleaux*[1] ist das spez. Gewicht = 2,8 bis 3,0, Festigkeit 36 bis 40 kg, Dehnung 20 bis 10 Proz., Brinellhärte = 90 bis 120, Tiefung nach der Erichsenprobe = 5 bis 7 mm.

[1] Zft. f. Metallkunde 1924, **16**, 436.

Die Magnesiumlegierungen.

Das außerordentlich niedrige spez. Gewicht des Magnesiums mit 1,75 gab namentlich in der Neuzeit, als der Bedarf an spezifisch leichten Legierungen ein großer wurde, den Anlaß zu zahlreichen Versuchen, Magnesiumlegierungen herzustellen. Es zeigte sich jedoch, daß diese nach kürzerer oder längerer Zeit unter dem Einfluß des Luftsauerstoffes und der Luftfeuchtigkeit brüchig wurden; der Grund hierfür liegt einmal in der Neigung des Magnesiums, mit anderen Metallen chemische Verbindungen einzugehen, die sich durch große Sprödigkeit und Unbeständigkeit auszeichnen, und zweitens in den Verunreinigungen, die in dem Magnesium enthalten sind, bzw. in dem zulegierten Zink, Kupfer, Nickel, Aluminium. Für diese vier Metalle kommen namentlich geringe Mengen Eisen, Blei, Silicium und Arsen in Frage. Eine Anzahl Reinigungsverfahren ist ausgearbeitet worden.

(D. R. P. 253 520.) Aluminium- und Magnesium-Fabrik, Hemelingen: Verfahren zum Reinigen von Metallen, die mit Magnesium legiert werden sollen, dadurch gekennzeichnet, daß sie mit reinem Magnesium in etwa gleichen Gewichtsmengen zu einer Vorlegierung verschmolzen werden, welche im geschmolzenen Zustande eine Zeitlang der Ruhe überlassen wird, worauf die oben befindliche reine Schicht von der unreinen Bodenschicht getrennt wird.

Die reine Vorlegierung zeichnet sich durch große Dünnflüssigkeit und einen sehr niedrigen Schmelzpunkt aus, nach dem Erkalten kann sie infolge ihrer Sprödigkeit leicht in kleine Stücke zerschlagen werden, wodurch die Dosierung für das Verschmelzen der Hauptlegierung sehr erleichtert wird. Soll beispielsweise eine aus 90 Tln. Magnesium und 10 Tln. Aluminium bestehende Legierung hergestellt werden, so trägt man 20 Tle. der 50proz. Aluminium-Magnesiumlegierung in 80 Tle. reinen, geschmolzenen Magnesiums ein. Es gelingt auch leicht, das Handelszink von dem Rest seiner Verunreinigungen zu befreien und eine sehr brauchbare Zink-Magnesiumlegierung zu erschmelzen.

(Vom 6. 2. 1910 ab.)

(D. R. P. 237 774.) Chemische Fabrik Griesheim-Elektron, Frankfurt a. M.: Verfahren zum Reinigen von Magnesium und Magnesiumlegierungen von eingeschlossenen Chloriden, dadurch gekennzeichnet, daß man durch oder über das geschmolzene Metall Wasserstoff oder ein anderes indifferentes Gas leitet, und zwar bei solchen Temperaturen, bei denen die Verunreinigungen flüchtig sind.

Zunächst wird das zu verwendende Gas gereinigt: am besten durch Überleiten über glühende Magnesiumspäne oder Durchleiten durch geschmolzenes Magnesium oder geschmolzene Magnesiumlegierungen; es werden so die letzten Spuren Stickstoff, Sauerstoff und Wasser fortgenommen. Alsdann wird ein Tiegel mit 8 kg des zu reinigenden Gutes, das aus Magnesium, einer fertigen Magnesiumlegierung oder aus Komponenten einer gewünschten Legierung bestehen kann, beschickt. Nachdem der Tiegel mit einem Deckel, der das bis nahe zum Boden führende Wasserstoffeinleitungsrohr trägt und einen Ausschnitt oder ein Gasableitungsrohr besitzt, verschlossen worden ist, wird 5 bis 6 Stunden lang bei 800 bis 900° Wasserstoff in mäßig schnellen Strom durch das flüssige

Metall geleitet. Der aus dem Tiegel austretende Wasserstoff führt die Chloride mit sich fort. (Vom 2. 10. 1909 ab.)

(Zus. P. 241 007.) Dieselbe: Ausführungsart nach (D. R. P. 237 774), dadurch gekennzeichnet, daß man an Stelle des dort benutzten trockenen Gases feuchtes Gas anwendet.

Die Dauer des Reinigungsprozesses und die erforderliche Temperatur können erheblich herabgesetzt werden, indem zu der Wirkung des trockenen Gases, die in einem Verdampfen oder Sublimieren des dem Metall anhaftenden Chlorids besteht, noch der chemische Einfluß des mitgeführten Wasserdampfes hinzukommt. Es entsteht Magnesiumoxychlorid, das auf dem Metall schwimmt und leicht von ihm getrennt werden kann. Man erreicht bereits in 1 bis 2 Stunden und bei nur 700 bis 800° den gleichen Reinigungseffekt wie im Hauptpatent. Es ist zu beachten, daß keine größeren Wassertropfen in das flüssige Metall geraten, weil sich sonst die Reaktion

$$Mg + H_2O = MgO + H_2$$

mit großer Heftigkeit abspielt und Metallverlust bedeutet. (Vom 23. 7. 1910 ab.)

(D. R. P. 237 791.) Dieselbe: Verfahren zur Darstellung von reinem Magnesium oder Magnesiumlegierungen unter Anwendung von Chloriden als Reinigungsmittel, dadurch gekennzeichnet, daß man das Metall mit solchen Alkalichloriden, deren Schmelzpunkt wesentlich über dem des Metalls liegt, zusammenschmilzt, das Ganze auf eine Temperatur, die unterhalb der Erstarrungstemperatur des Chlorids liegt, abkühlt und das flüssige oder feste Metall von dem erstarrten Chlorid trennt und dann zum Zwecke der Ausscheidung der letzten zu Ausblühungen noch Veranlassung gebenden Chloridspuren unter Luftabschluß einige Zeit bei der angegebenen Temperatur flüssig erhält.

10 kg des zu reinigenden Magnesiums werden mit 2 kg Chloralkali etwas oberhalb des Schmelzpunktes des letzteren durch Rühren in innige Berührung miteinander gebracht und alsdann so lange abkühlen gelassen bis das Alkalichlorid völlig erstarrt, das Metall aber noch flüssig ist. Das erstarrte Salz bildet eine das Metall einschließende Kruste, welche die Verunreinigungen, wie Magnesiumchlorid, Magnesia, Magnesiumnitrid, Kohle, Carbid usw. enthält. Das Metall wird in einen mit Deckel verschlossenen Tiegel übergeführt und langsam bis auf etwa 700° erhitzt und einige Zeit bei dieser Temperatur gehalten, während über seine Oberfläche ein langsamer Strom von Wasserstoff oder einem anderen inerten Gas streicht. Es genügt auch, wenn der Tiegel, in dem diese Nachreinigung vorgenommen wird, evakuiert wird, die Chloride sammeln sich auf der Oberfläche des Metalles an. (Vom 2. 10. 1909 ab.)

(D. R. P. 232 581.) Dieselbe: Verfahren zur Reinigung von Magnesium und Magnesiumlegierungen, dadurch gekennzeichnet, daß man das Metall im geschmolzenen Zustand mit Stoffen, die, wie z. B. Gußeisen, künstliche Kohlen, Koks, Magnesia, Magnesiakohlen usw., befähigt sind, geschmolzene Chloride aufzunehmen, ohne mit dem Metall zu reagieren, auf irgendeine Weise in innige Berührung bringt.

Je nachdem das Reinigungsmittel als Pulver oder in fester Form vorliegt, kann man es in der verschiedensten Weise anwenden. Es wird mit dem flüssigen Metall verrührt und dann das gereinigte Metall abgegossen, oder man hängt das Reinigungsmaterial in das flüssige Metall ein, bewegt es darin bis zur beendigten Reinigung und nimmt es dann wieder heraus. Man kann auch das flüssige Metall durch einen mit dem Reinigungsmittel beschickten Rieselturm oder eine daraus bestehende Filterschicht hindurchgehen lassen, oder man schmilzt es in einem mit dem Reinigungsmittel ausgekleideten Tiegel oder Drehofen. Schließlich kann man auch das geschmolzene Metall unter einer Decke eines Reinigungsmittels, welches, wie z. B. Magnesia usta, auf dem flüssigen Metall schwimmt, durch ein Rührwerk, einen eingeleiteten Gasstrom oder durch Rütteln in Bewegung halten, damit immer neues Metall an die Oberfläche und mit dem Reinigungsmittel in Berührung kommt. (Vom 7. 6. 1910 ab.)

(D. R. P. 350 064.) Dieselbe: Verfahren zum Reinigen von Magnesium und Magnesiumlegierungen durch Behandlung der Schmelzen mit feuchtem Wasserstoff u. dgl., 1. dadurch gekennzeichnet, daß man zur Entfernung der Nitride chloridfreie Schmelzen durch Wasserdampf oder durch Inertgase verdünnten Wasserdampf oder chloridhaltige Schmelzen mit Wasserdampf allein oder mit Mischungen von Wasserdampf mit Inertgasen behandelt, mit der Maßgabe, daß mehr Wasserdampf angewendet wird, als zur Entfernung der Chloride erforderlich ist. — 2. dadurch gekennzeichnet, daß man die mit Nitriden verunreinigte Schmelze erstarren läßt und alsdann die auf der Oberfläche abgeschiedenen Nitridverbindungen nach Maßgabe des Patentanspruchs 1 beseitigt. — Der Wasserdampf zerstört in der Hauptsache zuerst das als Verunreinigung vorhandene Magnesiumnitrid, bevor er das geschmolzene Magnesium, welches bekanntlich ebenfalls vom Wasserdampf angegriffen wird, angreift. Hierdurch wird der Vorteil erzielt, daß bei dem vorliegenden Reinigungsverfahren kein oder doch nur sehr wenig Magnesium verloren geht. (Vom 17. 8. 1915 ab.)

Das Magnesiummetall bietet beim Legieren erhebliche Schwierigkeiten, weil es sich wegen seiner leichten Oxydierbarkeit rasch mit einer Oxydhaut bedeckt oder bei höheren Wärmegraden sogar in Brand gerät. Zur Behebung dieser Schwierigkeiten sind folgende Vorschläge gemacht worden:

(U. S. P. 906 820.) Rakowicz, Griesheim: Behandlung des Magnesiums und der Magnesiumlegierungen zu Gußzwecken.

Um den großen Abbrand beim Vergießen von Magnesium oder bei der Herstellung von Legierungen zu vermeiden, darf man den Schmelzpunkt des Metalls nur wenig überschreiten. Man schmilzt zunächst nur wenig Magnesium im Tiegel ein und setzt immer nur so viel neues Metall nach, daß noch eine kleine Menge ungeschmolzen bleibt. Die Masse behält eine teigige Konsistenz, wodurch die Aufnahme von Sauerstoff oder Stickstoff vermieden wird. Vor dem Guß entfernt man den Tiegel vom Feuer, rührt um und vergießt, sobald das Metall durch die Wärme der Tiegelwände flüssig geworden ist. Auch zur Herstellung von Legierungen schmilzt man ebenso zunächst etwas Magnesium und setzt dann das vorgewärmte, schwer schmelzbare Metall hinzu, bei leichter schmelzbaren Metallen schmilzt man diese zuerst.

(D. R. P. 122 312.) Aluminium- und Magnesiumfabrik, Hemelingen: Verfahren zum Legieren von Magnesium in beliebigen Mengenverhältnissen mit Metallen und Metallegierungen, insbesondere solchen mit einem höheren Schmelzpunkt als dem des Magnesiums, dadurch gekennzeichnet, daß das Magnesium mit einem Flußmittel geschmolzen und in das so erhaltene Magnesiumbad die zu legierenden Metalle oder Metallegierungen eingetaucht werden.

Man schmilzt in einem Tiegel zunächst das Magnesium ein, indem man als Flußmittel eine Schmelze von Chlormagnesium, Chlorkalium, Chlornatrium und etwas Fluorcalcium anwendet. Das Magnesium schwimmt als blanker Metallkuchen auf der Schmelze und ist durch ein dünnes Häutchen des Flußmittels von der Luft abgeschlossen, so daß es nicht in Brand geraten kann. In diesen geschmolzenen Metallkuchen werden die angewärmten Metalle oder Legierungen eingetaucht und alsbald von dem Magnesium aufgelöst, ohne daß ein Metallverlust oder eine Explosion eintritt. Sehr schwer schmelzende Metalle trägt man am besten in fein zerteilter Form ein. (Vom 16. 12. 1900 ab.)

(D. R. P. 112 989.) Aluminium- und Magnesiumfabrik, Hemelingen: Verfahren zum Legieren von Metallen und Metallegierungen mit Magnesium unter Verwendung einer Magnesiumlegierung, dadurch gekennzeichnet, daß das Magnesium in Form einer Aluminium-Magnesiumlegierung zugesetzt wird.

Die nach D. R. P. 103 162 (siehe S. 155) hergestellten Aluminium-Magnesiumlegierungen lassen sich im Gegensatz zum Reinmagnesium ohne Schmelzverlust und Explosionsgefahr in geschmolzene Metalle, wie Kupfer, Eisen, Nickel oder deren Legierungen einführen. Man erhält so Legierungen von besonders dichtem, zähem Gefüge.

Um schmied- und walzbare Legierungen herzustellen, genügt ein Zusatz bis zu 3 Proz. der Aluminium-Magnesiumlegierung; mit einem höheren Zusatz hergestellte Legierungen eignen sich mehr zum Gusse. Zur Ausführung des Verfahrens schmilzt man das zu legierende Metall und fügt die gut vorgewärmte Magnesiumlegierung mittels einer Zange unter Umrühren hinzu. Die so erhaltene Legierung wird tüchtig gemischt, von den Schlacken befreit und in Formen gegossen.

(D. R. P. 250 388.) Chemische Fabrik Griesheim-Elektron, Frankfurt a. M.: Verfahren zum Schmelzen und Gießen von Magnesium und seinen Legierungen, dadurch gekennzeichnet, daß man dem Metall einen geringen Gehalt an Calcium verleiht.

Das Legieren des Magnesiums macht dadurch Schwierigkeiten, daß das Metall sich mit einer schwarzen Haut überzieht oder brennt. Diesem Übelstand hilft ein geringer Zusatz von Calciummetall ab ($^1/_{10}$ bis $^1/_2$ Proz.); es entstehen silberweiße, dichte, die Formen ausfüllende Güsse. Man kann anstatt Calciummetall auch Calciumoxyd (auf 10 kg 70 g) nehmen, auf 700° erhitzen und umrühren, wobei das Calciumoxyd reduziert wird. (Vom 20. 11. 1909 ab.)

(D. R. P. 28 460.) Fleitmann, Iserlohn: Verfahren zur Herstellung blasenfreier, sehr dehnbarer Gußstücke unter Anwendung einer Magnesiumlegierung statt Magnesium.

Man verwendet eine Legierung von Nickel mit bis 2 Proz. und mehr Magnesium. Ein unnötiger Verbrauch an Magnseium wird vermieden, wenn die Schmelze eine Vorreduktion durch Einleiten reduzierender Gase oder durch Anwendung von Mangan oder Mangannickel erhält. Es genügt dann schon 0,05 Proz. der Magnesium-Nickellegierung.

(D. R. P. 228 962.) Chemische Fabrik Griesheim-Elektron, Frankfurt a. M.: Verfahren zur Erzeugung dichter Güsse aus Magnesium oder Magnesiumlegierungen, dadurch gekennzeichnet, daß man das Metall eine Zeitlang vor oder nach dem Vergießen auf die Entbindungstemperatur des Wasserstoffs bringt oder es auf ihr hält und so dem die Blasen verursachenden Wasserstoff Gelegenheit gibt, aus dem Metall zu entweichen.

Die Temperatur, bei welcher das Magnesium den beim Schmelzen absorbierten Wasserstoff wieder abgibt, liegt dem Erstarrungspunkt so nahe, daß die Erstarrung bereits eingetreten ist, bevor aller Wasserstoff entweichen kann. Hierdurch wird eine unerwünschte Porosität des Gußstückes bedingt. Das Metall wird auf 640° erhitzt, bis aller Wasserstoff entwichen ist. (Vom 1. 10. 1909 ab.)

Nach **(U. S. P. 1 533 892)** sollen die Gußformen für Magnesiumguß aus getrocknetem Formsand bestehen, der mit wasserfreiem Glyzerin gemischt ist.

Das Magnesium bildet, wie schon erwähnt wurde, mit den technisch wichtigen Metallen keine festen Lösungen (nur das Gold macht eine Ausnahme, welches bis zu 18 Atom-Proz. Magnesium aufzunehmen vermag), sondern chemische Verbindungen, die sich durch große Härte und Sprödigkeit auszeichnen und meist sehr wenig luftbeständig sind. Wenn man deshalb einem anderen Metall einen Magnesiumzusatz gibt, um ihm eine größere Härte und Festigkeit zu verleihen (siehe Magnalium, Duralumin), oder wenn man dem Magnesium ein anderes Metall hinzufügt, um eine Legierung mit niedrigem spez. Gewicht und größerer Festigkeit oder Dehnbarkeit zu erzielen, so macht sich stets das Auftreten der betreffenden Verbindung unliebsam bemerkbar.

Das Magnesium ist ein außerordentlich starkes Reduktionsmittel, es findet deshalb Verwendung, um in Metallgüssen die unter dem Einfluß des Luftsauerstoffs entstandenen Oxydeinschlüsse zu reduzieren (siehe S. 199); wegen der leichten Entzündlichkeit des Reinmagnesiums verwendet man besser dessen Legierungen, da in diesem Fall die erwähnte Sprödigkeit ohne

Belang ist. Als leichtes Konstruktionsmaterial können jedoch nur Legierungen Verwendung finden, in welchen die Magnesium-Metallverbindungen eine größere Luftbeständigkeit zeigen, und auch nur in den Grenzkonzentrationsbereichen, in welchen sich primär das reine Metall und erst sekundär die Verbindung (im Eutektikum) ausscheidet. Umstehende Zusammenstellung zeigt die Legierungsverhältnisse.

Die Schmelzdiagramme der Bleimagnesium- und Aluminiummagnesiumlegierungen sind bereits S. 6 und S. 149 ausführlich besprochen worden, diejenigen der in der Zusammenstellung aufgeführten Legierungen geben ein ganz ähnliches Bild.

Tabelle 69.

Metall	Verbindung	Eigenschaft der Verbindung	Eigenschaften der Legierungen	Autor
Blei	$PbMg_2$	Geht an feuchter Luft unter Selbsterhitzung in ein schwarzes Pulver über	Die bleiarmen Legierungen sind von grauweißer Farbe und spröder als reines Magnesium	*Grube*[1]
Zinn	$SnMg_2$	Sehr wenig beständig	Die zinnarmen Legierungen sind spröder und unbeständiger als reines Magnesium	*Grube*[2]
Cadmium	CdMg	An feuchter Luft unbeständig	Die Legierungen werden mit zunehmendem Cadmiumgehalt immer weicher	*Grube*[3]
Zink	Zn_2Mg	Sehr hart und luftbeständig	Legierungen mit bis 10 Proz. Zn unterscheiden sich nicht wesentlich von Reinmagnesium, sie lassen sich gut bearbeiten; mit zunehmendem Zinkgehalt werden sie brüchig	*Grube*[4] *Bruni*[5] *Eger*[6]
Nickel	$NiMg_2$ Ni_2Mg	Läuft an der Luft an	Die Legierungen von 100 bis 55 Proz. Ni sind magnetisch	*Voss*[7]
Kupfer	Cu_2Mg $CuMg_2$	Sehr spröde, weiß	Die ganz kupferreichen Legierungen sind rötlich, alle anderen weiß	*Sahmen*[8] *Urasow*[9]
Silber	AgMg $AgMg_3$	Silber wird durch Magnesiumzusatz immer härter und brüchiger, die Farbe geht von Weiß in Gelblich über		*Zemczuznyj*[10]

[1] Zft. f. anorg. Chem. 1905, **44**, 117.
[2] Zft. f. anorg. Chem. 1905, **46**, 76.
[3] Zft. f. anorg. Chem. 1906, **49**, 73.
[4] Zft. f. anorg. Chem. 1906, **49**, 77.
[5] Zft. f. anorg. Chem. 1910, **68**, 78.
[6] Intern. Zft. f. Metallogr. 1913, **4**, 46.
[7] Zft. f. anorg. Chem. 1908, **57**, 61.
[8] Zft. f. anorg. Chem. 1908, **57**, 26.
[9] Journ. Russ. phys. Ges. 1907, **39**, 1500.
[10] Zft. f. anorg. Chem. 1906, **49**, 400.

Nach (U. S P. 137 4 968) sollen Legierungen, die Magnesium als vorherrschenden Bestandteil enthalten, auf 260° bis 370° erhitzt und dann geschmiedet oder in ähnlicher Weise bearbeitet werden.

Praktische Verwendung besonders für Konstruktionsteile im Luftschiffbau findet die „Elektron" genannte Legierung der Chemischen Fabrik Griesheim-Elektron. Sie hat bei einem Magnesiumgehalt von über 90 Proz. (Rest Aluminium und geringe Mengen Zink, Kupfer, Mangan je nach dem Verwendungszweck) das außerordentlich niedrige spez. Gewicht von 1,8; sie ist silberweiß; in trockener Luft gut beständig, überzieht sie sich in Feuchtigkeit mit einer Oxydhaut. Seine Eigenschaften nach *Thomas*[1] siehe Tab. 70, das Pressen soll bei 220 bis 250° geschehen.

Tabelle 70.

		Z_1 Legierung für Preßstangen, Gesenkteile, Bleche, Drähte		A_2 Gußlegierung	V_1 besonders harte und feste Legierung, für Verwendung wie Z_1 gepreßt
		gepreßt	hartgewalzt		
Zerreißfestigkeit	kg/qmm	26—28	29—32	12—15	34—36
Dehnung	Proz.	18—22	2— 3	2— 4	10—12
Brinellhärte	kg/qmm	46—50	56—65	44,5	69—79
Shorehärte	Grad	14—20	22—23	10—15	0,55—0,7
Kerbzähigkeit	kg/qcm	0,9—1,1		0,48	16
Scherfestigkeit	kg/qmm	14—16		9,61	
Elektrische Leitfähigkeit		16—18		15—16	
Wärmeleitfähigkeit		0,32		0,32	
Spez. Wärme		0,24		0,24	
Wärmeausdehnungszahl		0,000026			
Schwindmaß	Proz.			1,10	
Schmelzpunkt	Grad	635		630	
Spez. Gewicht		1,81		1,80	1,83

Vorschriften über das Vergießen des Elektronmetalles s. *Thomas*[2].

Das Elektronmetall wird von *Meyer* nach (D. R. P. 335 030) durch Pressen verdichtet, wodurch die Festigkeit von 20 bis 24 auf 43 kg/qmm steigt, während die Dehnung von 16 bis 20 Proz. auf 1 bis 3 Proz. zurückgeht.

Nach dem (U. S. P. 965 485) enthält die Legierung bis 8 Proz. Aluminium.

(D. R. P. 387 278.) Chemische Fabrik Griesheim-Elektron, Frankfurt a. M.: Magnesiumlegierung nach Art des Elektronmetalles, dadurch gekennzeichnet, daß zwecks Erzielung einer regelbar erhöhten Zähigkeit, Härte und Festigkeit der Ausgangslegierung ein Zusatz von Calciummetall in Mengen von 0,08 bis 0,5 Proz. beigefügt wird.

Das Calcium kann als Metall oder in Form von Verbindungen verwendet werden, die durch das Magnesium oder andere Bestandteile der Legierung zu Metall reduziert werden. (Vom 15. 2. 1921 ab.)

Zinklegierungen sind in den folgenden Patenten genannt.

---

[1] Zft. f. Metallkunde 1923, **15**, 20.

[2] Stahl u. Eisen 1920, 290.

(U. S. P. 982 022.) Rübel: Magnesium-Zinklegierung. Zur Erzeugung eines brauchbaren Leichtmetalles vom spez. Gew. 1,8 werden 96 Proz. Magnesium mit 4 Proz. Zink legiert. Die Legierung soll gegossen 15 bis 25 kg, gewalzt 25 bis 35 kg/qmm Festigkeit bei 8 bis 12 Proz. Dehnung haben. Das Mischungsverhältnis kann bis 99 Proz. Mg und 1 Proz. Zn gehen.

(Fr. P. 407 814.) Rübel: Leichtmetall. Eine Legierung aus 90 bis 96 Proz. Magnesium und 10 bis 14 Proz. Zink.

Das Zink kann teilweise durch Kupfer oder ganz durch Aluminiumkupfer ersetzt werden, z. B.

	I	II
Magnesium	90 Proz.	90 Proz.
Kupfer	6 „	9 „
Zink	4 „	—
Aluminium	—	1 „

Das Magnesium wird in einem geschlossenen eisernen Tiegel geschmolzen, und dann werden die übrigen Metalle hinzugefügt. Die Legierung soll leicht gieß- und schmelzbar und besonders widerstandsfähig gegen Luft und Wasser sein.

An Stelle des Zinks bzw. Kupfers oder Aluminiumkupfers können auch 0,5 bis 10 Proz. der Metalle der Eisengruppe in Magnesium eingeführt werden. Legierungen bis 3 Proz. sind gieß- und walzbar, die Chrom-Magnesiumlegierung ist besonders widerstandsfähig gegen chemische Einflüsse.

(D. R. P. 385 413.) Chemische Fabrik Griesheim-Elektron, Frankfurt a. M.: Magnesiumlegierung für Kolben von Verbrennungskraftmaschinen, dadurch gekennzeichnet, daß dem Magnesium Legierungsmetalle, wie Kupfer, Aluminium, Zinn, zur Bildung solcher Eutektika bzw. Mischkrystalle zugesetzt werden, die oberhalb 400° schmelzen, und daß die Legierung gleichzeitig Härtungsmittel, wie Silicium und Calcium in so geringen Mengen (bis 2 Proz.) enthält, daß der Schmelzpunkt der Legierung und deren Wärmeleitfähigkeit nicht wesentlich beeinflußt werden, z. B. Magnesium mit einem Gehalt von bis 1 Proz. Silicium und bis 1 Proz. Calcium bei bis 25 Proz. Kupfer oder bis 20 Proz. Aluminium oder mit einem Gehalt bis 2 Proz. Silicium und bis 2 Proz. Calcium bei bis 20 Proz. Zinn, oder Magnesium mit bis 2 Proz. Silicium und 0,8 Proz. Calcium. (Vom 21. 11. 1921 ab.)

(Zus. P. 392 022.) Dieselbe: Magnesiumlegierung nach D. R. P. 385 413, bestehend aus Magnesium-Siliciumlegierungen mit 0,2 bis 8 Proz. Silicium. Die Legierungen bestehen ganz oder vorwiegend aus Eutektikum.

(D. R. P. 397 346.) Chemische Fabrik Griesheim-Elektron, Frankfurt a. M.: Herstellung von Magnesium-Siliciumlegierungen mit bis zu 15 Proz. Silicium, 1. dadurch gekennzeichnet, daß das Silicium in Form von Ferrosilicium mit dem metallischen Magnesium in Reaktion gebracht wird, und daß auf dem Wege über die Bildung einer an Silicium hochprozentigen Vor- und Zwischenlegierung von Ferrosiliciummagnesium durch Verwendung entsprechender Mengen Magnesium unter Abscheidung des Eisens die Silicium-Magnesiumlegierung von gewünschtem Gehalt an Silicium gewonnen werden, 2. dadurch gekennzeichnet, daß zur Verschlackung des abgeschiedenen Eisens die Legierungsbildung in Gegenwart geeigneter Salze vorgenommen wird. (Vom 18. 11. 1922 ab.)

(D. R. P. 45 220.) Schaag, Berlin: Herstellung eines magnesiumhaltigen elektrolytischen Zinküberzuges auf Eisen oder Stahl. Es kommt zur Anwendung ein Bad, bestehend aus einer Lösung von Zink- und Magnesiumsulfat und Quecksilberchlorid oder von Zinkammonium- und Magnesiumammoniumsulfat in Verbindung mit Citronen- oder Weinsäure.

(Zus. P. 49 826.) Zeitweiser Zusatz von Citronen- oder Wein- oder Essigsäure und Ersatz der Sulfate durch Chloride.

Eine Legierung mit 5 bis 20 Proz. Zink soll als Pulverfüllung für Raketensätze in der Feuerwerkerei Anwendung finden.

Willot[1] beschreibt eine unter dem Namen „Korkmetall" im Handel befindliche Legierung vom spez. Gewicht 1,762. Sie soll das Aluminiummetall durch bessere Eigenschaften übertreffen, die Analyse ergab: 99,5 Proz. Magnesium, 0,5 Proz. Zink.

Durch Elektrolyse von Lösungen aus Magnesium- und Nickelsalzen erhielt *Coehn*[2] Magnesiumnickellegierungen, die bis zu 10 Proz. Magnesium enthielten. Der Magnesiumgehalt ist um so höher, je niedriger die Temperatur bei der Elektrolyse ist und je größer das Verhältnis Mg : Ni in der Lösung ist. Während elektrolytisches Nickel leicht von der Unterlage abblättert, haften die Magnesiumnickellegierungen fest.

Aus der Legierung 89 Proz. Magnesium, 11 Proz. Kupfer werden in England Motorkolben gefertigt, sie wiegen nur 507 g, während der gleiche Kolben aus Aluminiumlegierung 878 g wiegt.

Als Desoxydationsmittel für Metallgüsse (siehe S. 202) sind folgende Legierungen im Handel:

Cupromagnesium	mit	10 Proz.,	20 Proz.,	50 Proz.	Magnesium
Zinkmagnesium	„	50	„		„
Zinnmagnesium	„	50	„		„
Nickelmagnesium	„	50	„		„
Ferromagnesium	„	12	„		„

Als „Ferromagnesium" wird auch besonders im Tiegelstahlprozeß zum Stahlraffinieren eine Legierung von Magnesium mit Ferrosilicium angewandt. Gußeisen wird durch Zusatz des Ferromagnesiums verdünnflüssigt und geeigneter zum Ausfüllen großer dünnwandiger Formen, seine Festigkeitswerte werden gesteigert.

(D. R. P. 209 914.) Chemische Fabrik Griesheim-Elektron, Frankfurt a. M.: Verfahren zur Herstellung einer zum Desoxydieren von Eisen- oder Stahlguß dienenden, aus Magnesium und Eisen oder aus einer magnesiumhaltigen Legierung und Eisen bestehenden Legierung, dadurch gekennzeichnet, daß das Eisen oder der Stahl bei Zusatz des Magnesiums oder der magnesiumhaltigen Legierung in dickflüssigem Zustande gehalten wird.

Zur vollständigen Desoxydation von 100 kg Eisen- oder Stahlguß genügen je nach der Qualität des angewandten Materials 15 bis 50 g Magnesium. Diese kann man aber gefahrlos erst in die Schmelze eintragen, wenn diese aus dem flüssigen Zustand bereits in den dickflüssig breiartigen übergegangen ist. Da es nun nicht angängig ist, vor dem Guß die ganze Schmelze so weit abkühlen zu lassen, daß eine gefahrlose Einführung des Magnesiums erfolgen kann, so stellt man auf dem beschriebenen Wege zunächst eine Vorlegierung her. Will man dem Eisen- oder Stahlguß noch weitere Zuschläge anderer Metalle, z. B. Nickel, Aluminium, geben, so führt man diese derart in die Vorlegierung ein, daß man die Zuschläge zuerst mit Magnesium legiert und diese Legierung dann in Eisen- oder Stahlguß zur Herstellung der Vorlegierung in der beschriebenen Weise einführt. (Vom 26. 2. 1908 ab.)

Da das Magnesium in der Wärme Stickstoff unter Nitridbildung absorbiert, könnte es zur Nutzbarmachung des Luftstickstoffes Verwendung finden, wenn sein Herstellungspreis ein niedriger wäre. In der Regel lassen sich nun

[1] Chem. News 1909, **100**, 162.
[2] Zft. f. Elektrochem. 1902, **8**, 591.

Legierungen leichter und billiger gewinnen als die Reinmetalle, deshalb untersuchte *Beck*[1] die Nitridbildung einiger Magnesiumlegierungen. Er erhielt folgende Ergebnisse, als er Stickstoff durch die in einem verschlossenen Eisentiegel geschmolzenen Legierungen hindurchleitete:

Tabelle 64.

Legierung	Magnesium-gehalt Proz.	In Nitrid übergegangenes Metall g Mg	Verbrauchter Stickstoff l	Aus-gebrachtes Nitrid g	Stickstoff-ausbeute Proz.
Zinn-Magnesium . .	49,55	361,2	300	400	40
Blei-Magnesium . .	46,33	95	300	400	11
Kupfer-Magnesium	49,84	318,8	200	—	43
Zinn-Magnesium . .	49,55	141,3	150	—	30

Das Zinn-Magnesium erwies sich für den vorliegenden Zweck als die vorteilhafteste Legierung, weil sie einerseits die günstigste Stickstoffausbeute und andererseits den niedrigsten Schmelzpunkt hat. Aluminium-Magnesium war unbrauchbar. Leider gelingt es zur Zeit nicht, das Zinn-Magnesium billig genug herzustellen.

Cer-Magnesiumlegierungen bilden äußerst kräftige Desoxydationsmittel und ausgezeichnete Blitzlichtpulver. Für technische Zwecke eignet sich an Stelle des reinen Cers das „Mischmetall" der Glühstrumpfindustrie (*Hirsch*[2]) als Ausgangsmaterial.

(D. R. P. 361 086.) Chemische Fabrik Griesheim-Elektron: Legierungen des Magnesiums, welche aus einer Grundlegierung mit einem Gehalt bis zu 40 Proz. Cadmium oder bis zu 20 Proz. Tallium oder bis zu 10 Proz. Lithium oder Beryllium, oder mit mehreren dieser Metalle bestehen, wobei der Magnesiumgehalt mindestens 60 Proz. beträgt, und aus einem Zusatzmetall, als welches bis zu 5 Proz. Aluminium oder bis zu 5 Proz. Kupfer oder bis zu 3 Proz. Zink oder bis zu 2 Proz. eines Metalls der Eisengruppe oder mehrere dieser Metalle je bis zu der angegebenen Höchstmenge verwendet werden.

Die Legierungen sollen bei guten Festigkeitswerten wetterbeständig sein und sich leicht bearbeiten lassen. (Vom 5. 8. 1919 ab.)

[1] Metallurgie 1908, 504.
[2] Am. Inst. of Metals 1912.

Die Kupferlegierungen.

Schon die ältesten Kulturvölker kannten das Kupfer und seine Legierungen, sie fertigten daraus Hausgeräte, Waffen, Schmucksachen, Münzen usw. Die Kupfer-Zinnlegierungen, die Bronzen (der Name ,,bronzo", jedoch ohne Erklärung des Wortes, kommt zuerst 1550 als Bezeichnung der Legierung in der ,,Pirotechnia" des italienischen Schriftstellers *Biringuccio* vor, er ist nach *v. Lippmann*[1] abzuleiten von *βροντήτιον* = ,,donnerschallend", anknüpfend an den seit etwa 300 n. Chr. ausgebildeten Glockenguß) konnten sich wegen ihrer großen Widerstandsfähigkeit gegenüber den Einflüssen des Seewassers, der Luft und der Humussäuren in großer Zahl aus den ältesten Zeiten bis auf unsere Tage erhalten, während Eisengeräte infolge des Verrostens längst zerfallen und verschwunden waren. So konnte es kommen, daß die Altertumsforscher auf die Steinzeit zunächst das Bronzezeitalter und dann erst die Eisenzeit folgen ließen, obwohl die Abscheidung des Kupfers aus seinen Erzen schwieriger ist und größere Kenntnisse voraussetzt als die Gewinnung des Eisens; erst *Beck* widerlegte in seiner ,,Geschichte des Eisens" diese Ansicht. Die Erfindung der Bronzedarstellung muß in Indien oder Westasien gemacht worden sein[2] (vgl. *Neumann*: Die Metalle 1904), denn nur hier fanden sich die dazu nötigen Zinnerze; die Phönizier, die die Kunst des Bronzegusses weiter ausbildeten, brachten die Erze und ihre Erzeugnisse nach Süd- und Westeuropa, ja bis in das nördliche Dänemark; so kommt es, daß uns aus prähistorischer Zeit an den verschiedensten Stellen Bronzestücke von ähnlicher Zusammensetzung erhalten geblieben sind, obwohl in den betreffenden Ländern niemals Zinnerze vorkamen (siehe Kunstbronzen S. 279).

Die Bezeichnung ,,Messing" für die technischen Kupfer-Zinklegierungen leitet sich vom lateinischen massa = Metallklumpen[3] ab. Von den anderen, unrichtigen Erklärungen des Namens ist folgende, von *Vogel*[4] wiedergegebene, jedenfalls die originellste: *Johann Gabriel Doppelmayr* sagt in seinem zu Nürnberg 1730 erschienenen Buche: ,,Historische Nachricht von den Nürnbergischen Mathematicis und Künstlern" in einer Fußnote zu dem Worte Messing: ,,Die Erfindung dieses durch die Kunst, nämlich aus Kupfer und Galmey zubereiteten Metalls . . . wollen viele den Deutschen zuerkennen und das Wort Messing von Missling derivieren, weil dem ersten Erfinder, einem

---

[1] Chem.-Ztg. 1917, **41**, 44.

[2] Zft. f. angew. Chem. 1902, 511, 1217; 1907, 2019.

[3] Zft. f. angew. Chem. 1902, 511, 1217; 1907, 2019.

[4] Chem.-Ztg. 1908, 1107.

Chymico, da er aus der Farb des mit Galmey präparierten und durch das starke Feuer in Fluß gebrachten Kupffers hat schließen wollen, wie solches in Gold wär verwandelt worden, die Kunst hierinnen mißlungen."

Die Herstellung des Messings (unzweifelhaft jüngeren Alters als die der Bronze) stammt vermutlich von der Insel Cypern (vgl. *Neumann*[1] und *Diergart*[2]), wo entweder natürlich vorkommende Zink-Kupfererze wie Aurichalcit oder Messingblüte oder eine zufällige Mischung von Kupfer- und Zinkerzen bei Gegenwart von Reduktionsmitteln verschmolzen wurden. Noch bis zur Mitte des 19. Jahrhunderts blieb dieses Herstellungsverfahren im Gebrauch, obwohl schon 1742 *van Schwab* und unabhängig von diesem 1746 *Marggraf* gezeigt hatten, daß man durch Zusammenschmelzen von metallischem Zink mit Kupfer im Tiegel Messing mit größerer Sicherheit gewinnen könnte, und obwohl *Emmerson* seit 1781 das Verfahren betriebsmäßig ausführte.

Ein goldfarbiges Messing mit niedrigem Zinkgehalt (von höchstens 18 Proz.) ist das Tombak, der Name rührt von dem malaiischen Wort „tambaga" = Kupfer her. Unter dieser Bezeichnung kamen zuerst im 17. Jahrhundert kunstgewerbliche Gegenstände und Schmucksachen aus Siam und China nach Europa. Tombakähnliche Legierungen kamen zahlreich unter Phantasienamen im Handel vor und erfreuten sich eine Zeitlang großer Beliebtheit, wie z. B. Chrysorin, Talmi, Cuivrepoli, Pinchbeak (siehe S. 342).

Vielfache Anwendung im Schiffsbau, namentlich in England, fand und findet noch das 1832 von *Muntz* eingeführte schmiedbare Muntzmetall (60 Proz. Cu, 40 Proz. Zn) sowie die eisen-, mangan-, nickelhaltigen Messinge wie das Aich-, Delta-, Duranametall, Parsons Manganbronze, Rübelbronze usw. (siehe Sondermessinge).

Über die Geschichte der Messingindustrie vgl. *Jutzi*: Fünfzig Jahre Verbandsbestrebungen in der Messingindustrie und *Peltzer*: Messingindustrie.

Im 18. Jahrhundert fanden aus China unter dem Namen „Pakfong" = Weißkupfer in Europa eingeführte Metallwaren wegen ihrer silberhellen Farbe, Politurfähigkeit, Härte, Klang und Widerstandsfähigkeit berechtigte Aufmerksamkeit. *Engström* zeigte bereits 1776 und *Rinman* 1782, daß es sich um eine Kupfer-Zink-Nickellegierung handelte (vgl. *Neumann*[3]: Argentan-Industrie), aber erst durch eine Veröffentlichung von *Fyfe* im Jahre 1822 wurde die Zusammensetzung des Pakfong allgemein bekannt. Der Verein zu Beförderung des Gewerbfleißes erließ 1823 ein Preisausschreiben für die Errichtung einer Fabrik im preußischen Staate, worin eine zu erfindende Metallkomposition verarbeitet wird, welche in der Farbe dem 12lötigen Silber gleichkommt, gleich diesem zu Löffeln usw. verarbeitet werden kann und höchstens ein Sechstel des Silberwertes kostet. Wie *Neumann*[3] zeigt, stellte 1823 Geitner zu Schneeberg (Sachsen) eine dem Pakfong gleiche Legierung unter dem Namen „Argentan" her, die Gebr. Henniger in Berlin bezogen zunächst von Geitner die Legierung, nannten sie „Neusilber" und fertigten

[1] Zft. f. angew. Chem. 1902, 511, 1217; 1907, 2019.
[2] Zft. f. angew. Chem. 1901, 1297; 1902, 761; 1903, 85.
[3] Zft. f. angew. Chem. 1903, 225.

daraus Gebrauchsgegenstände der mannigfachsten Art. In Wien gründete v. Gersdorf 1825 eine Fabrik, die die gleiche Legierung, in der Folgezeit unter dem Namen „Alpakka", fertigte, in Frankreich nannten die ersten Hersteller des Neusilbers Maillet und Chorier das Metall „Maillechort", die Engländer bezeichneten es als „german silver"; großer Beliebtheit erfreute sich auch die versilberte Legierung, nach dem ersten Hersteller Alphen — „Alfénide" — genannt. Als weitere Namen für das versilberte Neusilber kamen in Gebrauch: Christofle, Plated metal, Elektroplate, Perusilber, Arguroide.

Kupfer-Nickellegierungen fanden in vorchristlicher Zeit gelegentlich Verwendung (*Neumann*[1]); so bestand ein Teil der Münzen von Euthydemus, König von Baktrien, 235 v. Chr., aus einer Nickellegierung von der Zusammensetzung: 77,68 Proz. Kupfer, 20,94 Proz. Nickel, 1,05 Proz. Eisen, den Reichsnickelmünzen im Gehalt sehr ähnlich.

Kupfer-Silberlegierungen finden sich in altindischen und -persischen Silbermünzen, ebenso in einem in Peru gefundenen Schmuck aus der Inkazeit.

Die Herstellung der Kupferlegierungen wird, soweit es sich um Sonderfälle handelt, bei den einzelnen Legierungen besprochen werden, zunächst sollen nur einige Punkte Erwähnung finden, die ein allgemeineres Interesse beanspruchen.

Nachfolgende Regeln sind etwas drastisch ausgedrückt, aber doch sehr beachtenswert.

Sieben amerikanische Regeln zur Herstellung von Kupferlegierungen. (Nach Stahl u. Eisen 1913, S. 522.)

1. Wärme das Metall vor, ehe du es in den Tiegel bringst. Das Vorwärmen kann auf dem Ofendeckel geschehen. Solange das Metall fest bleibt, ist die Gefahr einer Gasaufnahme belanglos.

2. Laß keinen Teil des Einsatzes über den Tiegelrand vorstehen. Vorstehendes Metall erleidet einen wesentlich höheren Abbrand und nimmt mehr Gase auf als das durchaus von den Tiegelwänden umschlossene.

3. Schmelze erst das Kupfer, führe aber die Zusatzmetalle im Augenblick des Flüssigwerdens zu. Verspätete Zugabe der Legierungsmetalle veranlaßt die meisten Mißerfolge. Rechtzeitiger Zusatz verhütet die Aufnahme von Gasen.

4. Bedecke das Metall beim beginnenden Schmelzen mit einer etwa 25 mm hohen Schicht von Holzkohle und ergänze beim weiteren Schmelzen diese Schicht, noch ehe Lücken in ihr bemerkbar werden.

5. Laß das Metallbad nur allmählich auf die benötigte Temperatur gelangen und rühre währenddem fleißig um.

6. Hüte dich davor, die Legierung wesentlich über die notwendige Temperatur heiß werden zu lassen. Mit der Temperatur wächst die Neigung zur Aufnahme von Gasen infolge Oxydation und Lösung sowie zur Abscheidung einzelner Bestandteile. Der Brauch, die Legierung zu überhitzen, um sie

---

[1] Zft. f. angew. Chem. 1903, 225.

schließlich durch Zusatz von Trichtern und Abfällen auf die richtige Gießtemperatur abzukühlen, ist unbedingt schädlich.

7. Vergieße das Metall nach Erreichung der richtigen Temperatur rasch möglichst und laß es nicht im Ofen abstehen. Sorge, daß die Formen spätestens zur selben Zeit wie das Metall gußbereit werden. Es ergibt sich ein besseres Metall, wenn die Gießer kurze Zeit auf das Metall warten müssen, als wenn das Umgekehrte der Fall ist.

Über den Einfluß der Gießtemperatur auf die Festigkeitseigenschaften macht *Longmuir*[1] folgende Angaben:

Tabelle 72.

	Gieß-temperatur	Festigkeit kg/qmm	Elastizitätsgrenze kg/qmm	Dehnung Proz.	Querschnittsvermind. Proz.	Brinell (Härte)
Bronze, 88—10—2	1173°	13,2	10,1	5,5	4,2	
	1069°	23,4	13,4	14,5	16,7	
	965°	17,4	14,1	5,0	6,4	
Messing, 64—36	1181°	18,1	7,1	37,8	31,4	
	1020°	20,0	6,3	43,0	35,5	
	850°	11,7	6,6	15,0	15,3	
Neusilber, 55,6 Cu, 15,9 Ni, 28,5 Zn	1260°	22,7	13,6	23,5	27,6	73
	1180°	29,1	15,5	39,0	42,0	73
	1120°	14,6	12,6	6,0	11,6	72
	1080°	14,0	11,5	8,5	13,6	67
55,3 Cu, 15,6 Ni, 28,1 Zn, 1,0 Mn	1170°	20,2	15,8	16,5	27,6	62

(D. R. P. 179 817.) Gautsch G. m. b. H., München: Verfahren zur Erzeugung dichter und gleichmäßiger Güsse aus Kupfer und Kupferlegierungen unter Verwendung eines Zusatzes von Alkalicarbonat, dadurch gekennzeichnet, daß man nach dem bekannten Schmelzzusatz von Kupfer oder Kupfer- und Metallmischungen einen Zusatz von Natriumbicarbonat ohne besondere Sauerstoffzufuhr gibt.

Die Menge des Carbonates kann $^1/_5$ bis $^2/_5$ Proz. betragen; das Natriumbicarbonat schmilzt unter Aufschäumen, die entweichende Kohlensäure führt eine gute Durchmischung herbei, das Carbonat löst das Kupferoxydul. Das Bicarbonat schmilzt erst sehr hoch, so daß die Wirkung beginnt, wenn auch das Kupfer zu schmelzen anfängt.

(D. R. P. 55 322.) Demelius, Schöneberg: Verfahren und Einrichtung zum Garmachen des Kupfers und seiner Legierungen, darin bestehend, daß man das geschmolzene Metall hoch erhitzt und unter möglichstem Luftabschluß den Verbrennungsprodukten aus flüssigen Kohlenwasserstoffen aussetzt.

Als Desoxydationsmittel für Kupferlegierungen empfiehlt die Chemische Fabrik Griesheim - Elektron das metallische Magnesium. Es genügt ein Zusatz von 50 g Magnesium auf 100 kg Einsatz, wobei sich die Raffinationskosten auf 40 bis 50 Pfg. stellen würden. Man kann auch eine Magnesium-Kupferlegierung anwenden, am besten eignet sich jedoch das reine Metall in Würfel- oder Stangenform. Etwa 0,05 Proz. des Schmelzeinsatzes werden

[1] Met. Ind. 1923, **23**, 165.

an Magnesium abgewogen und an der glatten Außenseite mechanisch aufgerauht. Das Metallstückchen wird alsdann durch Kupferdraht von etwa 1,5 bis 2 mm Stärke an einem 15 bis 20 mm dicken Eisenstab befestigt und beides mit einer Lehmschicht, der ein wenig Holzkohlenpulver beigemengt ist, umgeben. Um ein etwaiges Abschmelzen oder Verbrennen des Eisenstabes und eine sich hieraus ergebende Verunreinigung des Schmelzgutes zu verhüten, erhält dieser noch einen zweiten starken Anstrich mit in Wasser aufgeschlämmtem Graphit. Kurz vor Beendigung des Schmelzprozesses wird der Eisenstab mit dem daran befestigten Magnesiumwürfelgut vorgewärmt; jedoch darf diese Vorwärmung nicht bis zur Rotglut getrieben werden, da sonst das Magnesium verbrennen könnte. Die Zuführung geschieht, nachdem die Schmelzmasse gar ist und alle ihre sonstigen Zuschläge erhalten hat, in der Weise, daß der Eisenstab, während der Tiegel im Ofen belassen wird, schnell unter die Metalldecke möglichst bis auf den Tiegelboden geführt und hiermit die Schmelzmasse gründlich durchgerührt wird. Das Magnesium ist in kurzer Zeit abgeschmolzen, man setzt noch etwa 5 Minuten lang, je nach der Temperatur des Bades, den Tiegel wieder der vollen Ofenglut aus, bei Windöfen unter Benutzung des Gebläses, bei Zugöfen unter Beschickung mit einigen Holzkohlen.

Als Merkmal, daß die Desoxydation beendet ist, zeigt das abgeschäumte Metall einen weißrötlichen Spiegel von reinem Aussehen. Die Gußstücke zeigen auf der Bruchfläche ein dichtkörniges homogenes Gefüge von gleichmäßig reiner Farbe, ihre mechanischen Eigenschaften werden verbessert, die Festigkeit nimmt in der Regel um 6 bis 8 kg auf den Quadratmillimeter bei einer Dehnungssteigerung von etwa 6 Proz. zu (siehe Tab. 73, S. 202).

Wie die chemische Untersuchung zeigt, ist das Magnesium als Bestandteil in der Legierung nicht mehr verblieben, sondern nach erfolgter Desoxydation als Magnesiumoxyd im Abbrand abgeschäumt worden. Es empfiehlt sich stets eine Nachbehandlung mit Borax oder geschmolzener Schlacke.

Auch das Calciummetall wurde als Desoxydationsmittel versucht. Wenn man es auf das Metallbad wirft oder in die Schmelze eintaucht, verflüchtigt sich der größte Teil des Calciums oder verbrennt an der Oberfläche. *Stocken*[1] empfiehlt deshalb die Anwendung einer Kupfer-Calciumlegierung, *Brandenberg* und *Weins*[2] benutzen Briketts, die sie durch Pressen von Calciumdrehspänen und Spänen des zu desoxydierenden Metalles erhalten.

Weitere Desoxydationsmittel sind in den folgenden Patenten geschützt:

(D. R. P. 231 002.) Lesmüller, München: Verfahren zur Herstellung von gesunden Metallgüssen durch Zusatz von Metallen zu dem zu vergießenden geschmolzenen Metall, dadurch gekennzeichnet, daß als Zusatz Zirkonmetall verwendet wird.

Als stark desoxydierendes Element wird vielfach Titanmetall empfohlen. Es macht nun Schwierigkeiten, dieses in Metallbädern in Lösung zu bringen, und es entstehen dabei große Abbrandverluste. Ferner besitzt Titan verhältnismäßig geringe Verbrennungswärme, so daß es den in den Schmelzen gelösten Sauerstoff nicht kräftig genug entzieht. Sein spezifisches Gewicht ist so niedrig, daß die Legierungsfähigkeit darunter leidet.

[1] Metallurgie 1906, 427.
[2] Metallurgie 1907, 26.

Endlich sind Titanlegierungen mit mehr als 2 bis 3 Proz. Titan insbesondere im warmen Zustand nicht mehr zu bearbeiten. Diese Nachteile werden bei Anwendung von Zirkonmetall vermieden. Güsse mit Zirkon besitzen gegenüber Güssen mit Titan größere Festigkeit und eine bedeutendere Säurebeständigkeit. (Vom 18. 4. 1909 ab.)

(D. R. P. 245 197.) Allgemeine Elektrizitäts-Gesellschaft, Berlin: Verfahren zur Herstellung von blasenfreiem Metallguß, besonders Kupferguß, durch Zusatz einer Borverbindung, dadurch gekennzeichnet, daß eine sauerstoffarme Borverbindung, z. B. Borsuboxyd, dem Gußmaterial zugesetzt wird, die entweder schon vorher oder im Bade selbst aus sauerstoffreichen Borverbindungen, z. B. Borsäureanhydrid, und Reduktionsmitteln, z. B. Magnesium, gewonnen wird.

Bei der Reaktion von Magnesium mit Borsäureanhydrid entsteht ein Körper mit hohem Borgehalt, der außerdem je nach den Reaktionsverhältnissen Magnesium oder Sauerstoff enthält; bei einem Überschuß von Borsäureanhydrid und bei Anwendung von Wärmegraden von 1300° oder mehr entsteht ein Produkt, das frei von Magnesium ist. Der Stoff hat eine etwas schwankende Zusammensetzung, die sich der Formel B^7O nähert, er kann als Borsuboxyd bezeichnet werden. Infolge seiner niedrigen Oxydationsstufe ist er ein kräftiges Reduktionsmittel und geht dabei ebenso wie reines Bor in das Borsäureanhydrid B^2O^3 über. Wenn die obengenannte Reaktion ohne überschüssiges Borsäureanhydrid oder bei niedrigerer Temperatur ausgeführt wird, so enthält das Bor Magnesium; da die zur Desoxydation erforderliche Menge nur gering ist, so bleibt der hierbei in das Kupfer eingeführte Magnesiumgehalt äußerst niedrig und kann vernachlässigt werden. Auch das zuweilen entstehende Magnesiumborat sowie überschüssiges Borsäureanhydrid sind für den Kupferguß unschädlich. Die Behandlung mit dem neuen Desoxydationsmittel ist für alle geschmolzenen Metalle vorteilhaft, die Gase wie Sauerstoff, Stickstoff u. dgl. in Verbindung oder in freiem Zustand enthalten, jedoch in solcher Verbindung, daß das Bor sich nicht mit dem geschmolzenen Metall zu einem Borid verbindet. (Vom 18. 10. 1910 ab.)

Die **Compagnie francaise pour l'exploit. des proc. Thomson-Houston** wendet als Raffinationsmittel 2 Proz. Borsäureanhydrid im Gemisch mit Holzkohle an (Fr. P. 422 441 Zus. 17 375).

(D. R. P. 302 962.) Goldstein-Hannover: Verfahren zur Veredlung von Kupferlegierungen durch Zusatz von hochschmelzenden Metallen, wie Titan, Vanadium, Uran, Zirkon, Wolfram, Chrom, Molybdän u. a., unter Anwendung poröser Reduktionskörper, dadurch gekennzeichnet, daß diese Metalle entweder allein oder zugleich mit Kohlenstoff, Silicium oder Bor oder als Silicide, Carbide, Boride den porösen Reduktionskörpern einverleibt und dann der Schmelze zugesetzt werden. (Vom 24. 12. 1912 ab.)

Dutoit und *Boever* wollen nach D. R. P. 345 857 zur Reinigung von Messing und anderen Kupferlegierungen die Grundstoffe oder Abfälle in einem geschmolzenen Salzbade, am besten Chlorbarium zusammenschmelzen.

(F. P. 523 220.) Metallbank und Metallurgische Gesellschaft, A.-G., Verfahren zur Abscheidung und Wiedergewinnung von in Legierungen enthaltenen Metallen. Um in Metallegierungen enthaltene unerwünschte bzw. im Überschuß vorhandene Metalle abzuscheiden, vermischt man die geschmolzenen Legierungen mit geeigneten Alkali- oder Erdalkalimetallen oder Metallen der Cergruppe bzw. Legierungen dieser Metalle, welche sich mit den zu entfernenden Metallen zu Legierungen vereinigen, die andere Schmelzpunkte besitzen als die zu reinigenden Stoffe, und trennt in bekannter Weise. (Deutsche Priorität vom 16. 7. 1920 ab.)

Als Desoxydationsmittel geschmolzener Metalle wird nach (Schwed. P. 33 164, 1911) von *Brinell* und *Tingberg* Magnesiumcalcium od. dgl. mit Kalk, Sand od. dgl. vermischt und dem geschmolzenen Metall zugegeben.

Zur Verdünnung des Desoxydationsmittels eignen sich besonders solche Verbindungen, die mit den Oxyden eine Schlacke bilden, welche sich oberhalb des Schmelzgutes lagert.

Die Chemische Fabrik Griesheim - Elektron erzielte durch Behandlung von Kupferlegierungen mit Magnesium folgende Materialwerte:

Tabelle 73.

Legierung	Zusammensetzung	Bruchfestigkeit kg/qmm	Dehnung Proz.	Bemerkungen
Messing . .	90 Proz. Altmessing 10 „ Zink	11,35 15,6	3,0 4,0	ohne Magnesium mit 0,05 Proz. „
Messing . .	100 „ Altmaterial Dreh-, Bohrspäne, Krätze	11,9 19,3	1,5 7,0	ohne „ mit 0,05 Proz. „
Rotguß . .	95 Proz. Altrotguß 5 „ Zink	13,65 20,1	4,0 7,5	ohne „ mit 0,05 Proz. „
Bronze . .	90 „ Kupfer 10 „ Zinn	17,75 22,3	9,0 12,5	ohne „ mit 0,05 Proz. „
sog. Nickelbronze .	60 „ Altkupfer 14 „ Nickelblech 26 „ Zink	21,35 24,85	2,5 8,5	ohne „ mit 0,1 Proz. „
Neusilber .	52 „ Altkupfer 22 „ Nickelblech 26 „ Zink	19,55 20,5	3,5 10,75	ohne „ mit 0,1 Proz. „
Neusilber .	Wie vor: Umschmelzung aus Gußüberresten	17,95 21,95	1,75 12,75	ohne „ mit 0,1 Proz. „
Packfong .	55 Proz. Altkupfer 25 Nickelblech 18 „ Zink 2 „ Eisen	17,55 23,75	7,25 12,25	ohne „ mit 0,1 Proz. „
Walzbares Neusilber .	55 „ Altkupfer 26 „ Nickelblech 19 „ Zink	21,15 22,35	7,0 11,0	ohne „ mit 0,1 Proz. „

Umgekehrt kann auch der Fall eintreten, daß man genötigt ist, mit Oxydationsmitteln dem Einfluß reduzierender Gase entgegenzuarbeiten. So beobachtete *Portevin*[1] bei einem Bronzeguß (88 Proz. Cu, 6 Proz. Sn, 3 Proz. Zn, 3 Proz. Pb), der in einem mit Ölfeuerung versehenen Ofen erschmolzen wurde, daß das Gußstück mit einer Unzahl kleiner Löcher durchsetzt war; diese waren von runder Form mit glänzenden, nicht oxydierten Wandungen und hielten keinen Fremdkörper eingeschlossen. Dies beweist, daß die Löcher von im flüssigen Metall gelösten Reduktionsgasen herrührten, die während des Erkaltens entwichen. *Portevin* versuchte dieser Erscheinung durch Zusatz eines Oxydationsmittels entgegenzuwirken, es wurden etwa 300 kg Bronze eingeschmolzen und nach dem Abschäumen des Bades auf die Oberfläche 0,05 Proz. rote Mennige ausgebreitet und gut durchgerührt. Der Guß lieferte in der Tat einwandfreie Bronzestücke. Bei dieser Gelegenheit macht *Portevin* darauf aufmerksam, daß vor einer Reihe von Jahren in Amerika

[1] Rev. de Mét. 1913, 944.

ein Pulver zur Verbesserung von Bronze und Messing, „Homogen“ genannt, mit großer Reklame angepriesen wurde. Durch die Zugabe des Mittels während des Schmelzens wurden die mechanischen Eigenschaften der Legierungen verbessert, so nahm eine Bronze (90 Proz. Cu, 10 Proz. Sn) an Bruchfestigkeit um $^1/_3$, ein Messing um 30 Proz. zu.

Das Pulver bestand aus einer Mischung von Braunstein mit Sand, ersterer oxydiert die im Bade gelösten reduzierenden Gase, letzterer dient als Flußmittel.

Es wurde gefunden bei einer Bronze: 89,6 Proz. Kupfer und 9,8 Proz. Zinn

ohne Homogen = 18,7 kg/qmm Festigkeit, 16 Proz. Dehnung
mit „ = 24,3 „ „ 29 „ „

und bei einer Bronze: 88,6 Proz. Kupfer, 6,2 Proz. Zinn, 2,7 Proz. Zink, 2,4 Proz. Blei

ohne Homogen = 14,3 kg/qmm Festigkeit, 12,5 Proz. Dehnung
mit „ = 21,0 „ „ 26 „ „

An Stelle des Braunsteins kann auch pulvriges Kupferoxyd in kleinen Mengen zugesetzt werden.

Die Löslichkeit von Wasserstoff in Kupferlegierungen wurde von *Sieverts* und *Krumbhaar*[1] untersucht. Es lassen sich drei Fälle unterscheiden:

1. Die Löslichkeit von Wasserstoff in Kupfer wird durch Zusatz eines zweiten Metalles nicht merkbar beeinflußt, z. B. Silber.
2. Die Löslichkeit wird durch ein zweites Metall herabgesetzt, z. B. Gold, Zinn, Aluminium.
3. Die Löslichkeit ist höher als dem Gehalt der Legierungen an Kupfer entspricht, z. B. Nickel und Platin.

Die folgenden Zahlen sind die von den Verfassern aus den Temperatur-Konzentrationskurven für 1225° berechneten Mittelwerte; in der ersten Horizontalreihe sind die zu 100 g Kupfer zugesetzten Metallmengen in Gramm angegeben, die folgenden Reihen enthalten die Menge Wasserstoff (in mg), die von 100 g Kupfer nach Zusatz des in der ersten Spalte angegebenen Metalles bei 1225° gelöst werden.

Tabelle 74.

g	0,0	11,1	25,0	42,8	66,7	100,0	150,0
Silber	0,788	0,777	0,783	0,767	—	0,762	—
Gold		0,783	—	0,710	—	0,602	—
Zinn		0,705	0,593	0,480	0,363	0,338	0,311
Aluminium .		0,372	0,282	—	—	—	—
Platin		0,957	0,958	—	—	—	—
Nickel . . .		1,311	1,943	—	—	—	—

Die Erhöhung der Löslichkeit durch Nickel und Platin ist auf die Eigenlöslichkeit dieser Metalle für Wasserstoff zurückzuführen, während die übrigen

[1] Ber. d. deutsch. Chem. Ges. 1910, 899.

angeführten Metalle keinen Wasserstoff absorbieren. Die Menge des von den flüssigen Kupferlegierungen aufgenommenen Wasserstoffs ist proportional der Quadratwurzel aus dem Druck.

Für die Löslichkeit von schwefliger Säure fanden *Sieverts* und *Bergner*[1] folgende Verhältnisse (siehe Tab. 75):

Tabelle 75.

Legierung	Temperatur	g SO_2 absorbiert von 100 g Legierung
100 Proz. Cu	1220°	0,563
50 „ „ 50 Proz. Ag	1220°	0,158
90 „ „ 10 „ Au	1220°	0,404
70 „ „ 30 „ „	1220°	0,178
100 „ „	1330°	0,705
70 „ „ 30 Proz. Pt	1330°	0,127

Durch Zusatz eines Edelmetalles wird das Absorptionsvermögen des Kupfers für schweflige Säure herabgedrückt, ein Sauerstoff- oder Schwefelgehalt des Kupfers vermindert die Lösungsfähigkeit in noch weit höherem Grade.

(D. R. P. 59 232.) Gummias, Vienna: Verfahren zum Ausglühen von Kupfer und Kupferlegierungen, darin bestehend, daß man diese Metalle in einer geschlossenen Retorte, welche mit weder oxydierend noch reduzierend auf das erhitzte Metall wirkenden Gasen (Stickstoff, Kohlensäure) angefüllt ist, bis auf die erforderliche Temperatur (annähernd 700°) erhitzt und dann abkühlen läßt, wodurch nicht nur auf der Oberfläche des Metalles jede Oxydation vermieden, sondern dasselbe auch einer Desoxydation und dadurch bedingten nachteiligen Einwirkung entzogen wird.

(Unter der nachteiligen Desoxydation ist vermutlich die Auflösung reduzierender Gase gemeint.)

Gillet und *Norton*[2] geben für einige häufig benutzte Kupferlegierungen folgende sehr genau bestimmte Schmelzpunkte an.

Tabelle 76.

Legierung	Zusammensetzung				Schmelzpunkt °C
	Proz. Cu	Proz. Zn	Proz. Sn	Proz. Pb	
Kanonenmetall	88	2	10	—	995
Bleihaltiges Kanonenmetall .	85,4	1,9	9,7	3,0	980
Rotguß	85	5	5	—	970
Geringwertiger Rotguß . . .	81,5	10,4	3,1	5,0	980
Bleihaltige Bronze	80	—	10	10	945
Zinkhaltige Bronze	84,6	5,0	10,4	—	980
Halb Rot- halb Gelbguß . .	75,0	20,0	2,0	3,0	920
Gelbguß	66,9	30,8	—	2,3	895
Schiffsmessing	61,7	30,9	1,4	—	855
(sog.) Manganbronze	56	41	1,6 Fe 0,5 Al	0,2 Mn 0,70 Sn	870

[1] Zft. f. physik. Chem. 1913, 82, 257.

[2] The Foundry 1914, Febr., 69.

Die Schmelzpunkte (d. h. der Augenblick, in dem infolge fortschreitender Abkühlung das Erstarren einsetzt und infolge fortschreitender Erhitzung das Schmelzen beendet ist) sind mit einem Spielraum von höchstens $\pm 5°$ zuverlässig.

Kupfer und Sauerstoff.

Während das Kupfer bei gewöhnlicher Temperatur dem Luftsauerstoff gegenüber sehr widerstandsfähig ist, nimmt es bei höheren Wärmegraden, besonders beim Schmelzen, erhebliche Mengen desselben auf. Dieser ist naturgemäß stets in Form des Kupferoxyduls vorhanden, so daß es richtiger ist, nicht von Kupfer-Sauerstofflegierungen, sondern von Kupferoxydul-Kupferlegierungen zu sprechen. Ihre Konstitution wurde von *Heyn*[1] aufgeklärt. In Fig. 110 ist die Schmelzpunktskurve wiedergegeben. Danach besteht bei einem Gehalt von etwa 3,5 Proz. Cu_2O entsprechend 0,39 Proz. O ein Eutektikum (Kupfer + Kupferoxydul) mit dem Schmelzpunkt 1084°. Früher hielt man diesen Wärmegrad für den Schmelzpunkt des Kupfers (da die Bestimmungen stets bei Gegenwart von Luft ausgeführt wurden, nahm das Metall soviel Sauerstoff auf, bis die eutektische Legierung erreicht war]; das oxydulfreie Kupfer schmilzt nach *Heyn* bei etwa 1102°. Bei einem Gehalt unter 3,5 Proz. Cu_2O besteht die Legierung aus primär ausgeschiedenem Kupfer und Eutektikum, über 3,5 Proz. aus primär ausgeschiedenem Kupferoxydul und Eutektikum. Im Mikroskop erscheint im auffallenden Lichte das an und für sich cochenillerote Oxydul auf dem dunkelroten Hintergrund des Kupfers mit hellblauer Farbe (infolge eigenartiger Brechungserscheinungen). Durch diesen sehr charakteristischen Farbenunterschied lassen sich auch die geringsten Spuren Oxydul deutlich nachweisen. In den Abbildungen von *Heyn* Fig. 111 bis 114 (Taf. 11) ist das Oxydul dunkel gefärbt. In 123facher Vergrößerung zeigt Fig. 111 einen Gehalt von 0,08 Proz. Cu_2O = 0,009 Proz. O noch deutlich in Form feiner Adern erkennbar. In Fig. 112 kann man durch Schätzung oder planimetrische Ausmessung die von dem Eutektikum eingenommene Fläche zu etwa 32 Proz. be-

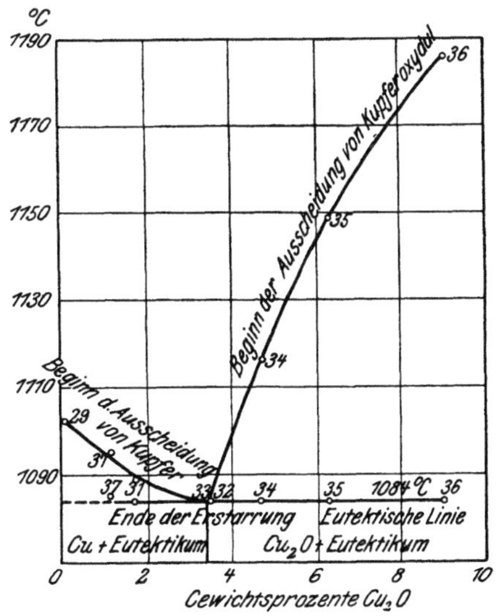

Fig. 110. System: Kupfer-Sauerstoff.

[1] Mitt. a. d. Mat.-Prüf.-Amt 1900, 315.

stimmen; da das Eutektikum zu etwa 3,5 Proz. aus Cu_2O besteht, würde der Schliff

$$32 \cdot 0{,}034 = 1{,}1 \text{ Proz.}$$

Kupferoxydul enthalten. Man kann so durch Beobachtung des Gefügebildes in außerordentlich rascher Weise an Stelle der umständlichen analytischen Sauerstoffbestimmung nach *Hampe* (durch Reduktion im Wasserstoffstrom) den Sauerstoffgehalt schätzen und gewinnt zugleich einen Anhalt dafür, ob das Oxydul im Material gleichmäßig verteilt und somit von geringem Einfluß auf die Festigkeitseigenschaften ist, oder ob es infolge örtlicher Anreicherung an dieser Stelle eine erhebliche Schwächung bedingt. In Fig. 113 mit 3,4 Proz. Kupferoxydul besteht nahezu das ganze Gesichtsfeld aus dem Eutektikum; steigt der Sauerstoffgehalt noch weiter (Fig. 114), so verschwinden die roten Kupferkrystalle und es treten blaue Inseln des primär ausgeschiedenen Oxyduls auf.

Über den Einfluß des Kupferoxydulgehaltes auf die Festigkeitseigenschaften des Kupfers stellte *Hampe*[1] fest: „Bei Gehalten von etwa 0,45 Proz. Oxydul = 0,05 Proz. Sauerstoff besitzt das Metall nur eine geringere Zähigkeit, aber keine wesentlich geringere Dehnung als das reine Kupfer. Bei 0,9 Proz. Oxydul = 0,1 Proz. Sauerstoff machte sich ein geringer Einfluß auf die Dehnbarkeit in der Kälte geltend, bei Rotglut aber nicht. Steigt der Gehalt auf etwa 2,25 Proz. Oxydul = 0,25 Proz. Sauerstoff, so hat die Dehnbarkeit sehr merklich abgenommen, ist aber immer noch etwa gleich der von gewöhnlichem Gußraffinad, also das Kupfer durchaus brauchbar. Rotbruch war nicht zu beobachten. In ausgeprägter Weise war derselbe aber, nach Beobachtungen an übergaren Kupfern, bei Gehalten von etwa 6,7 Proz. Oxydul = 0,75 Proz. Sauerstoff vorhanden. Es macht das Kupferoxydul also weit stärker kalt- als rotbrüchig."

Das schon an und für sich in der Kälte nur geringe Formveränderungsvermögen der Kupferkrystalle wird durch die Zwischenlagerung der Oxyduladern noch weiter herabgesetzt.

Wird das oxydulhaltige Kupfer durch reduzierende Gase (Wasserstoff oder Leuchtgas) auf Rotglut erhitzt, so springt das Metall infolge der Reduktion des Kupferoxyduls und des heftigen Austritts des gebildeten Wassers dergestalt auf, daß feine und weitverzweigte Risse zum Vorschein kommen. Andererseits werden zuweilen Korrosionserscheinungen an Kupferröhren, die namentlich der Einwirkung des Seewassers ausgesetzt waren, auf einen Oxydulgehalt des Materials zurückgeführt, während in diesem Falle meist mit größerer Wahrscheinlichkeit die elektrolytische Wirkung galvanischer Lokalströme anzunehmen ist.

Über das Verhalten des Kupfers bei der Kerbschlagbiegeprobe die einen Anhalt für die Schätzung der Sprödigkeit gibt, nennt *Baucke*[2] folgende Zahlen (Tab. 77):

---

[1] Zft. f. Berg-, Hütten-, Sal.-Wes. 1874, 94.
[2] Intern. Zft. f. Metallogr. 1912, **3**, 201.

Tabelle 77.

O-Gehalt Proz.	Cu-Gehalt Proz.	Anzahl der Versuchsr.	Spezifische Schlagarbeit S. B. in kg
0 bis 0,007	97,5 bis 99,9	15	26,0 bis 34,0
0,06	99,4 „ 99,7	4	11,0 „ 15,0
0,08	99,7 „ 99,9	2	10,5 „ 10,9
0,09	99,8 „ 99,9	2	14,3 „ 19,0
0,10	99,5 „ 99,6	2	10,8 „ 12,2
0,11	99,5 „ 99,9	5	9,2 „ 15,4
0,12	99,5	1	8,3
0,18	99,7	1	6,0
0,51	99,3	1	9,0

Man erkennt, daß schon 0,06 Proz. Sauerstoff imstande sind, den Wert für S. B. auf die Hälfte herunterzudrücken, und daß eine weitere Steigerung des O-Gehaltes nicht mehr von solchen großem Einfluß ist. Der Cu-Gehalt selber steht in keiner Beziehung zur Größe der S. B.

Besonders schädlich ist ein O-Gehalt bei gleichzeitiger Anwesenheit von Arsen, Antimon, Zinn (siehe unten).

Das im Kupfer oder in Kupferlegierungen auftretende Kupferoxydul kann reduziert werden durch Phosphor, Magnesium, Aluminium,-Bor, Zinn, Zink, Blei, jedoch nicht, wie *Jolibois* und *Thomas*[1] fanden, durch Arsen oder Antimon. Es bildet sich vielmehr eine feste Lösung Arsenkupfer-Kupferoxydul.

Kupfer und Phosphor.

Die Konstitution der Phosphor-Kupferlegierungen wurde von *Guillet*[2] und *Heyn* und *Bauer*[3] festgestellt (siehe Fig. 115). Bis zu etwa 0,2 Proz. Phosphor liegen feste Lösungen von Phosphor in Kupfer vor. Von 0,2 bis 8,2 Proz. P finden sich primär ausgeschiedene Kupferkrystalle und das bei 707° erstarrende Eutektikum ($Cu + Cu_3P$). Von 8,2 bis 14,1 Proz. P krytallisiert primär das Phosphid Cu_3P, bei 707° das Eutektikum. Über 14,1 Proz. bilden sich Mischkrystalle der Verbindung Cu_3P mit einer zweiten Verbindung (vermutlich Cu_5P_2). Das Auftreten der Verbindung Cu_3P wurde auch durch die Messungen der Dichte und der elektrischen Spannungsunterschiede bewiesen.

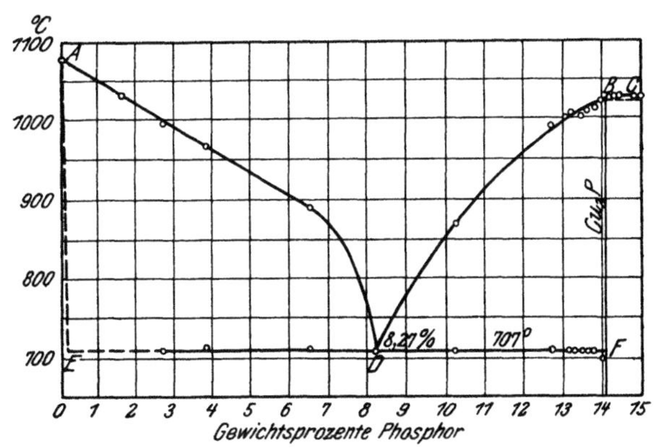

Fig. 115. System: Kupfer-Phosphor.

[1] Rev. de Mét. 1913, 1264.
[2] Étude ind. des alliages mét. 757.
[3] Zft. f. anorg. Chem. 1907, 52, 129.

Über die Wirkung eines geringen Phosphorgehaltes auf die **mechanischen Eigenschaften** des Kupfers findet man in der Literatur vielfach sich widersprechende Angaben. Durch den Eintritt des Phosphors werden zunächst die im Kupfer enthaltenen Sauerstoffverbindungen reduziert und hierdurch Zähigkeit und Festigkeit des Metalles verbessert, seine Dichte erhöht. Diese günstige Wirkung glaubte man auf den Phosphorgehalt zurückführen zu müssen; in der Regel wird nur die bei dem Versuch angewandte Phosphormenge angegeben, nicht aber bestimmt, wieviel davon schließlich im Kupfer vorhanden war. Es erklärt sich daraus leicht, daß auch bei Verwendung gleicher Phosphormengen doch verschiedene Ergebnisse erzielt werden können, je nachdem das Kupfer mehr oder weniger sauerstoffhaltig war oder beim Schmelzen größere oder kleinere Mengen Sauerstoff — den Versuchsbedingungen entsprechend — aufnimmt. Systematische Versuche wurden von *Münker*[1] angestellt (siehe Tab. 78):

Tabelle 78.

Material	Ungeglüht (kalt gewalzt)			Geglüht bei 500°					
				In Wasser abgeschreckt			Langsam abgekühlt		
	Festigkeit kg/qmm	Dehnung Proz.	Härte Brinell	Festigkeit kg/qmm	Dehnung Proz.	Härte Brinell	Festigkeit kg/qmm	Dehnung Proz.	Härte Brinell
Reines Kupfer	36,78	4,24	94	23,96	46,07	74	22,83	46,64	63
0,014 Proz. P	37,15	4,04	96	24,68	45,08	74	22,96	46,54	63
0,042 „ „	38,70	3,89	101	25,16	44,10	74	23,04	45,84	65
0,092 „ „	40,04	3,43	112	25,23	42,98	74	23,62	44,80	68
0,173 „ „	40,61	3,33	118	25,77	41,44	74	24,33	41,70	70
0,399 „ „	42,54	3,27	130	26,32	39,81	77	25,52	40,74	74
0,563 „ „	46,58	2,46	145	28,91	39,74	84	27,07	40,02	77
1,062 „ „	53,35	2,28	160	32,90	38,14	96	28,84	39,87	84

Die Festigkeit steigt mit dem Phosphorgehalt, schon bei den geringen Gehalten von 0,01 bis 0,04 Proz. ist die Zunahme deutlich bemerkbar, die Dehnung sinkt mit zunehmendem Phosphorgehalt, zunächst sehr rasch bis etwa 0,2 Proz. P, von hier ab wesentlich langsamer. Besonders energisch ist die Wirkung auf die Härte namentlich bei dem ungeglühten Material; die Zunahme mit wachsendem Phosphorgehalt ist noch stärker als bei der Härtung durch Zinnzusatz. Wie *Heyn* und *Bauer* fanden, hat das Phosphorkupfer mit 8,25 Proz. P bereits eine Härte, die zwischen der des Flußeisens und der des geglühten Werkzeugstahles liegt, das Phosphid Cu_3P (14,1 Proz.) hat die Ritzhärte eines gehärteten und angelassenen Werkzeugstahles.

Die elektrische Leitfähigkeit des reinen Kupfers wird schon durch geringe Zusätze stark vermindert, in einer fast regelmäßig verlaufenden Kurve, die in raschem Abfall einem Minimum zustrebt; durch Ausglühen der Legierungen wird sie noch weiter vermindert.

Das spez. Gew. geht von 9,008 (reines Kupfer) auf 8,758 (1,062 Proz. P) zurück.

[1] Metallurgie 1912, **9**, 185.

Zur Darstellung des Phosphorkupfers sind eine ganze Reihe Verfahren vorgeschlagen worden:

Mellmann (D. R. P. 45 175) schmilzt phosphorsaure Alkalien mit Kieselsäure, Kohle und Phosphor zusammen.

Guétat (D. R. P. 21 902) mischt Kupferchlorid mit Calciumphosphat, wäscht aus und glüht das zurückbleibende Kupferphosphat.

Reduktion des Kupferphosphates durch Glühen mit Holzkohle, oder der Phosphorsäure durch Kohle in Gegenwart von Kupfer.

Glühen von Kupfer in Phosphordampf bei 600 bis 800°.

Für die Auflösung von Phosphor in Kupfer ist eine praktische Apparatur von *Hiorns* angegeben worden (siehe Fig. 116). Im Tiegel *A* befindet sich der Phosphor, ein mit Bodenöffnung *C* versehener zweiter Tiegel *B* wird durch die Zwingen *D* luftdicht darauf befestigt; wird nun das geschmolzene Kupfer in den Tiegel *B* gegossen, so fließt es in den Tiegel *A*, der entstehende Phosphordampf kann nur durch die Öffnung *C* entweichen und wird durch das geschmolzene Kupfer absorbiert.

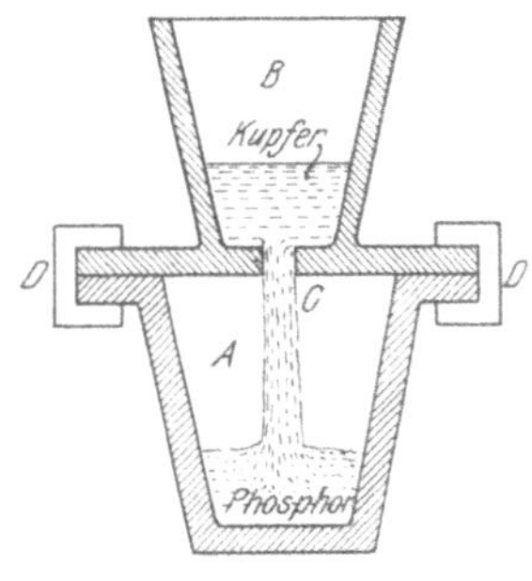

Fig. 116.

Durch Schmelzprozesse können nur Legierungen bis zu etwa 15 Proz. P erhalten werden, da die phosphorreicheren beim Erhitzen über 1000° Phosphor abspalten. *Heyn* und *Bauer* (a. a. O.) schlagen ein einfaches Verfahren vor zur Herstellung gesinterter hochphosphorhaltiger Legierungen mit über 20 Proz. P. Kupferspäne, die bei der Bearbeitung des Metalles, z. B. bei der Erzeugug von Stehbolzen, fallen, werden mit rotem Phosphor gemengt und mit Holzkohle bedeckt in mehreren Tiegeln (siehe Fig. 117) aufgeschichtet. Die Tiegel sind durch Deckel verschlossen und durch Tonrohre verbunden, die alle mit Lehm abgedichtet sind. Zur Heizung wird irgendwelche Abhitze des übrigen Betriebes benutzt. Tiegel *1* erhält die höchste Hitze, aber nicht über 700°; es genügen schon 300 bis 400°. Der dabei entweichende Phosphor gelangt in die schwächer erwärmten Tiegel *2* und *3*. Wenn die Beschickung in Tiegel *1* keinen Phosphor mehr abgibt, wird der Tiegel entfernt, Tiegel *2* und *3* rücken nach links, und ein neuer Tiegel mit Beschickung wird angeschlossen usw. Die erhaltenen Phosphorkupfer sind bröckelige Massen, die man entweder unmittelbar oder in Papierhüllen als Desoxydationsmittel anwenden kann. Der Vorzug des Verfahrens beruht in dem höheren Phosphorgehalt der Legierung und der geringen erforderlichen Hitze.

Fig. 117.

(D. R. P. 281 293.) Schulte, Friedrichsthal: Verfahren zur Herstellung von Phosphorkupfer durch Einbringen geschmolzenen Phosphors in ein Kupferbad, dadurch gekennzeichnet, daß geschmolzener Phosphor unter Luftabschluß durch hydraulischen Druck in genau bestimmbaren Mengen in geschmolzenes Kupfer eingepreßt wird. (Vom 11. 3. 1913 ab.)

Zur elektrolytischen Gewinnung von Phosphormetallen will **Dill (D. R. P. 99 128)** in ein Bad mit Phosphorsäure bzw. mit konzentrierten Lösungen saurer phosphorsaurer Salze eine Kohlen- und eine der Legierung entsprechende Metallelektrode oder zwei Metallelektroden, von denen die Kathode die kleinere ist, eintauchen lassen, wobei sich Phosphor abscheiden soll, der sich mit der sich erhitzenden Metallelektrode zu einer Phosphorlegierung verbindet, welche abschmilzt.

Meyer (D. R. P. 105 834) elektrolysiert phosphorsauren Kalk und eine Sauerstoffverbindung des zu legierenden Metalles unter Verwendung von Elektroden aus Carborundum, Calciumcarbid, Magneteisen oder Ferrosilicium. Das abgeschiedene Metall umhüllt die Kathode, der freigewordene Phosphor soll nicht verbrennen, sondern sich sofort mit dem Metall verbinden, wodurch Phosphide von einem bisher nicht erreichten Phosphorgehalt erzielt werden können.

(D. R. P. 93 189.) Seyboth: Darstellung von Phosphorkupfer auf nassem Wege. Fein geriebener Kupferhammerschlag wird mit Gummi oder einem anderen Bindemittel, amorphem Phosphor und Wasser zu einem Brei angerührt, in Formen gegossen und nach dem Erhärten gepreßt.

(D. R. P. 284 840.) Canzler und Samesreuter, Düren: Verfahren zum Schweißen von Kupfer unter Verwendung eines phosphorhaltigen Kupferdrahtes als Zusatzmaterial Dem Zusatzmaterial wird noch Silber zugesetzt. (Vom 1. 10. 1912 ab.)

(D. R. P. 355 906.) Canzler, Düren: Verfahren zum autogenen Schweißen von Kupfer unter Verwendung eines phosphorhaltigen Kupferdrahtes, dem ein Edelmetall zugesetzt ist, dadurch gekennzeichnet, daß der Edelmetallzusatz aus Gold oder einem Gold-Silbergemisch besteht. An Stelle des Phosphor kann der Kupferdraht auch Mangan, Silicium oder Bor enthalten. (Vom 7. 10. 1920 ab.)

Parker nahm bereits im Jahre 1858 ein englisches Patent auf die Verwendug von Verbindungen des Kupfers, Zinks oder anderer Metalle mit Phosphor. Seine Versuche lieferten für Kupfer günstige Ergebnisse in bezug auf Festigkeit, Härte und Gleichartigkeit der Legierung, seine Kupfer mit $^1/_8$ bis $^1/_2$ Proz. Phosphor ließen sich heiß und kalt gut schmieden und walzen, sie fanden für die Walzen in der Kattundruckerei ausgedehnte Anwendung.

In der Gießereitechnik werden Phosphorkupfer mit 10 Proz. Phosphor als Desoxydationsmittel, namentlich in der Bronzegießerei, verwendet (siehe S. 288). In der Regel zieht man die 10 proz. Legierung vor, da sie weniger spröde ist und geringeren Abbrand liefert.

Zuweilen erhalten die Phosphorkupfer einen Zinngehalt, um durch die hierdurch erzielte hellere Farbe und größere Härte dem Käufer einen höheren Phosphorgehalt vorzutäuschen.

Eine Legierung mit 5 Proz. Phosphor und etwa 8 Proz. Zinn hat das Aussehen eines Phosphorkupfers mit wenigstens 10 Proz. Phosphor.

Kupfer und Silicium.

Die Konstitution der Silicium-Kupferlegierungen wurde von *Rudolfi*[1] untersucht: Von 0 bis 4,5 Proz. Silicium (siehe Fig. 118) bestehen feste Lösungen, bei 12,8 Proz. Si tritt die Verbindung Cu_3Si auf, zwischen 4,5 und 12,8 Proz. finden in den Krystallkonglomeraten Reaktionen statt, die noch

[1] Zft. f. anorg. Chem. 1907, **53**, 216.

nicht klargestellt sind. Zwischen 12,8 und 17,6 Proz. Si bestehen die Legierungen aus der Verbindung Cu_3Si und dem Eutektikum (Cu_3Si + Si), von 17,6 Proz. an aus primär ausgeschiedenem Silicium und dem Eutektikum.

Die Legierung mit 2,5 Proz. Si ist etwas heller als das reine Kupfer, mit 5 Proz. hellgelb, mit 10 bis 12 Proz. schön goldgelb, beim Hämmern treten Kantenrisse auf; mit 20 bis 30 Proz. wird die Legierung grau, spröde und sehr hart; mit 50 Proz. stahlhart, sie zerspringt beim schwächsten Hammerschlag. Der glänzende frische Bruch der Legierungen läuft unter Farbenänderung an der feuchten Luft sehr schnell an infolge Bildung eines hochbasischen Kupferoxydulsilicates. Die Legierungen bis 5 Proz. Si können noch zu Draht verarbeitet werden, jedoch muß mit steigendem Siliciumgehalt ein immer häufigeres Ausglühen stattfinden, damit die zum Ziehen nötige Geschmeidigkeit nicht verloren geht, über 5 Proz. Si erhöhen merkbar die Härte, diese steigt bis 10 Proz. Si sehr stark, von 10 bis 60 Proz. langsam, so daß sie von 60 Proz. an ungefähr gleich der des reinen Siliciums ist. Die abgeschreckten Legierungen zeigen nahezu den gleichen Härtegrad wie die langsam abgekühlten.

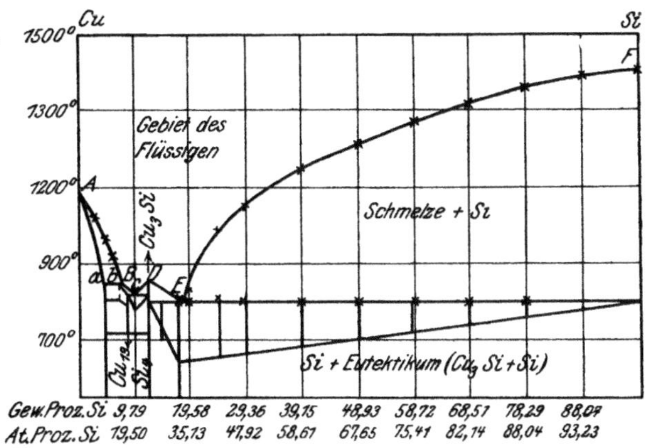

Fig. 118. System: Kupfer-Silicium.

Der Einfluß des Siliciums auf die Eigenschaften des Kupfers geht aus folgenden Zahlen hervor (Tab. 79 u. 80):

Tabelle 79.

Zusammensetzung Draht	Festigkeit kg/qmm	Leitungswiderstand eines Drahtes 1 qmm Ø bei 1 m Länge in Ohm	Relative Leitfähigkeit	Spez. Gewicht
Reines Kupfer	34,4	0,01567	100	8,95
0,526 Proz. Si	50,0	0,055746	28,11	8,87
3,472 „ „	95,3	0,23954	6,5	8,47
0,02 bis 0,5 Proz. Si	45		98	

Tabelle 80.

Zusammensetzung Gußmaterial	Festigkeit kg/qmm	Dehnung Proz.	Querschnittsverminderung Proz.	Elastizitätsgrenze kg/qmm	Tetmayersche Qualitätszahl
98,9 Proz. Cu 1,1 Proz. Si	31	40	49,33	7	124
	31	43	46,91	7	133,3
96,8 „ „ 3,2 „ „	27	4,6	7,06	11	12,42
	30	6,8	9,21	10	20,4

Zur Herstellung des Silicium-Kupfers mischten *Feld* und *Knorre* (D. R. P. 47 201 u. 48 029) ein Gemenge von 30 Tln. entwässerten Kupferchlorids, 8 Tle. Kieselsäure und 3 Tle. Kohle mit einem Gemenge von 150 Tln. Kupfer, 25 Tln. Kieselsäure und 20 Tln. Kohle oder Teer. Die ganze Beschikkung wird solange auf Rotglut erhitzt, als in den entweichenden Gasen noch Chlor bemerkbar ist, alsdann wird die Temperatur auf Weißglut gesteigert, um das gebildete Silicium-Kupfer zusammenzuschmelzen.

Heußler (D. R. P. 36 607) schmilzt Ferrosilicium oder siliciumhaltiges Roheisen mit Kupfer bei starkem Koksfeuer zusammen. Es bilden sich hierbei vier Schichten, zu unterst Siliciumkupfer, dann eisenhaltiges Siliciumkupfer, dann siliciumkupferhaltiges Eisen, zuletzt reines Eisen.

Neuerdings wird das Siliciumkupfer in großer Reinheit im elektrischen Ofen dargestellt, indem man ein Gemenge von Kupfer, Kieselsäure und Holzkohle bei Luftabschluß sehr hoch erhitzt. Im Handel kommen verschiedene Sorten „Cupro-Silicium" mit 10, 15, 20, 35 und 50 Proz. Silicium vor.

Die Legierung findet Verwendung als Desoxydationsmittel bei der Herstellung von Guß- und Walzkupfer und der Kupferlegierungen: Siliciumbronze (siehe S. 290) und Siliciummessing (siehe S. 352). Im Vergleich zu dem für diesen Zweck häufiger benutzten Phosphorkupfer bietet das Siliciumkupfer den Vorteil, daß es nicht so rasch wie dieses oxydiert, man kann deshalb mit geringeren Verbrennungsverlusten rechnen und erreicht deshalb mit kleineren Zusätzen den gleichen Erfolg. Ein irrtümlich zugesetzter Überschuß des Desoxydationsmittels macht sich bei dem Cuprosilicium weniger bemerkbar, da ein geringer Siliciumgehalt einen weniger schädlichen Einfluß als ein entsprechender Phosphorgehalt ausübt.

Zu einem Vergleichsversuch schmolz Verfasser 10,5 k Bronze mit 60 g Siliciumkupfer und zweitens 10,5 k Bronze mit 300 g Phosphorkupfer ein, es wurden folgende Werte festgestellt:

Tabelle 81.

Chemische Zusammensetzung	Festigkeit kg/qmm	Dehnung Proz.
89,5 Proz. Cu 10,0 Proz. Sn	30	5,1
89,1 „ „ 10,6 „ „ P in Spuren	37	22,8
88,9 „ „ 10,7 „ „ Si „ „	34	20,2

Man kann also mit sog. Siliciumbronze ungefähr die gleichen guten Werte wie mit sog. Phosphorbronze erreichen; es ist für die Gußtechnik lediglich eine Kostenfrage, welches Material vorzuziehen ist.

(D. R. P. 366 188.) Bäumert & Co., Leipzig: Legierung, welche zum Zwecke der Desoxydation, Härtung usw. zu gießenden Metallen und Legierungen zugesetzt wird, bestehend aus phosphorhaltigem Siliciumkupfer. (Vom 22. 9. 1921 ab.)

Kupfer und Wismut.

Aus den Untersuchungen von *Portevin*[1] und *Jeriomin*[2] geht hervor, daß Kupfer und Wismut im flüssigen Zustande völlig löslich, im erstarrten Zustande praktisch unlöslich sind, die Legierungen bestehen alsdann aus primär ausgeschiedenen Kupferkrystallen, umgeben von sekundär erstarrtem Wismut. Ein geringer Wismutgehalt macht deshalb das Kupfer außerordentlich brüchig. *Jeriomin* konnte auf der Schlifffläche einer Legierung mit 0,25 Proz. Wismut dieses nicht mehr auffinden, es besteht deshalb immerhin die Möglichkeit, daß unter geeigneten Abkühlungsverhältnissen das Kupfer einen geringen Wismutgehalt in fester Lösung aufzunehmen vermag. Wenn dies zutrifft, muß es möglich sein (worauf *Guertler* in „Metallographie" hinweist), Kupfer mit nicht zu hohem Wismutgehalt durch geeignetes Anlassen in seinen Qualitäten erheblich zu verbessern.

Nach *Hampes* (siehe oben) Feststellungen erzeugt Wismut in Mengen

von 0,02 Proz.	beim Ausplatten in der Glühhitze kleine Kantenrisse,
„ 0,05	deutlich Kaltbruch und sehr starken Rotbruch,
„ 0,1	starken Kaltbruch; in der Rotglühhitze zerbröckelt das Metall.

Baucke (siehe oben) fand bei Schlagproben ein ähnliches Ergebnis. Kupfer mit mehr als 0,025 Proz. Wismut zerbröckelte heiß unter dem Hammer zu einem roten Pulver oder wurde durchaus rissig.

Durch einen gleichzeitigen geringen Arsengehalt (siehe S. 215) kann die verderbliche Wirkung des Wismuts teilweise aufgehoben werden.

Lawrie[3] stellte fest, daß für Zwecke der Drahtzieherei ein Kupfer nur brauchbar ist, wenn sein Wismutgehalt unter 0,005 Proz. liegt; 0,02 Proz. macht Kupfer kaltbrüchig, 0,05 Proz. warmbrüchig. Die Zerreißfestigkeit wird jedoch durch Gehalt von 0,18 Proz. erhöht; dies hatte auch schon *Hampe* gefunden in dem Falle, daß das Kupfer nicht den grobkörnigen, starkglänzenden Bruch, sondern ausnahmsweise feinkörnigen zeigt. Es hängt dies vermutlich mit der oben angedeuteten Möglichkeit der Mischkrystallbildung zusammen.

Die elektrische Leitfähigkeit des Kupfers wird schon durch sehr geringe Mengen Wismut bedeutend vermindert.

(D. R. P. 325 685.) Meißner, Essen: Verfahren, wismuthaltiges Kupfer für technische Gebrauchszwecke verwendbar zu machen, dadurch gekennzeichnet, daß man ihm in geringen Mengen Alkalimetall, Erdalkalimetall oder Metalle der seltenen Erden zusetzt. 2. dadurch gekennzeichnet, daß man demselben einen Zusatz von Mangan oder Nickel nicht unter 3% gibt. (Vom 6. 3. 1921 ab.)

Kupfer und Arsen.

Die Konstitution der Arsen-Kupferlegierungen ist trotz zahlreicher Untersuchungen von *Friedrich*[4], *Hiorns, Bengouhg*[5] und *Hill*[6] noch nicht

[1] Rev. de Mét. 1907, 1077.
[2] Zft. f. anorg. Chem. 1907, **55**, 412.
[3] Transcat. Am. Inst. Min. Eng. **40**, 604.
[4] Metallurgie 1908, 529.
[5] Journ. Soc. Chem. Ind. 1909, **28**, 451.
[6] Eng. 1910, **89**, 83.

sicher aufgeklärt. Wahrscheinlich besteht bis zu einem Gehalt von etwa 3 Proz. Arsen feste Lösung von Arsen in Kupfer, bei höherem Gehalt tritt die Verbindung Cu_5As_2 und wahrscheinlich Cu_3As auf.

Auch über die nützliche oder schädliche Einwirkung eines geringen Arsengehaltes auf die Eigenschaften des Kupfers herrschen noch immer Meinungsverschiedenheiten. Es rührt dies davon her, daß bei den betreffenden Versuchen nicht auf die Frage Rücksicht genommen wurde, in welcher Form (ob als Arsenid oder als arsenige Säure) das Arsen in dem Untersuchungsmaterial vorhanden ist, und welche Rolle gleichzeitig vorhandene andere Verunreinigungen spielen.

Nach *Hampe*[1] wird das Kupfer durch 0,1 bis 0,5 Proz. As sehr zähe und sehr weich, auch bei Rotglut ist es noch nicht brüchig, erst bei 1 Proz. As tritt schwacher Rotbruch ein, in der Kälte ist es selbst bei diesem Gehalt noch sehr dehnbar. Bei gleichzeitgem Sauerstoffgehalt hat das Kupfer bei 0,1 Proz. As und 0,08 Proz. O die Eigenschaften eines guten Raffinades, bei 0,55 Proz. As und 0,42 Proz. O wird das Metall sehr hart und so kaltbrüchig, daß es für eine technische Verwendung unbrauchbar wird. In diesem Fall ist das Arsen als arsenigsaures Kupferoxydul eingelagert und bringt eine mechanische Lockerung in dem Zusammenhang der einzelnen Kupferkryställchen hervor.

Die Festigkeit und Härte werden erhöht, wie folgende Zahlen zeigen:

Reines Kupfer	= 34,6 kg/qmm	Reines Kupfer	= 7° (Skleroskop)
+ 0,2161 Proz. As	= 41,6 „	+ 0,05 Proz. As	= 8°
+ 0,351 „ „	= 51,1 „	+ 0,382 „ „	= 9°
+ 0,808 „ „	= 48,89 „	+ 1,395 „ „	= 10°
		+ 2,581 „ „	= 11°

Die elektrische Leitfähigkeit geht schon durch geringe Arsengehalte außerordentlich zurück, aus den zahlreichen Bestimmungen seien folgende ausgewählt:

Tabelle 82.

Arsengehalt Proz.	Widerstand in Ohm	Leitfähigkeit	Arsengehalt Proz.	Widerstand in Ohm	Leitfähigkeit
0	0,0770	100	0,471	0,1807	42,7
0,050	0,0970	79,4	0,580	0,1933	39,8
0,098	0,1108	69,5	0,701	0,2321	33,2
0,182	0,1201	64,1	1,040	0,2761	27,9
0,220	0,1295	59,5	1,395	0,3854	20,0
0,360	0,1572	49,0	1,740	0,4665	16,5
0,382	0,1613	47,7	2,214	0,5744	13,5
0,417	0,1679	45,9	2,581	0,6110	12,6

Daß ein geringer Arsengehalt die durch andere Beimengungen hervorgerufene Verschlechterung des Kupfers wieder verbessern kann, zeigen folgende Versuche von *Lewis*[2]:

[1] Chem.-Ztg. 1892, 728.
[2] Eng. Min. 1904, S. 285.

Tabelle 83.

Zusammensetzung	Walzprobe	Biegeprobe (ausgeglüht)
0,1 Proz. Pb	Ergab Kantenrisse	Läßt sich ziemlich gut biegen, aber längs des Buges entstehen Risse
0,1 „ Bi	Ergab sehr große Kantenrisse	Läßt sich nicht biegen und bricht kurz ab
0,1 „ Sb	Ergab Kantenrisse	Läßt sich ziemlich gut biegen, aber längs des Buges entstehen Risse
0,1 „ Zn	Ergab Kantenrisse	Läßt sich nur schwach biegen
0,1 „ S	Ergab großeKantenrisse	Ist schlecht biegsam
0,6 „ As u. 0,1 Proz. Pb	Ergab geringe Kantenrisse	Läßt sich gut biegen ohne Risse
0,6 „ As u. 0,1 „ Bi	Ergab Kantenrisse, aber nicht so weitgehend wie ohne Arsen	Läßt sich ziemlich gut biegen
0,6 „ As u. 0,05 „ Bi	Ohne Anstand	Läßt sich gut biegen
0,6 „ As u. 0,1 „ Sb	Ergab Kantenrisse	Läßt sich gut biegen
0,6 „ As u. 0,1 „ Zn	Ohne Anstand	Mäßig biegsam
0,6 „ As u. 0,1 „ S	Ohne Anstand	Mäßig biegsam

Siehe auch *Ruhrmann*[1].

Ein Arsengehalt im feurigflüssigen Kupferbad verhindert die Gasabsorption.

In England wird für Kupfer zu Feuerbüchsen ein Gehalt von 0,15 bis 0,45 Proz. As zur Bedingung gemacht. Während nämlich ein reines Kupferblech beim Erhitzen auf 300° zwei Drittel seiner Festigkeit verlor, ging ein arsenhaltiges nur um 10 Proz. zurück.

Unter dem Namen: Weißer Tombak, Argent haché, Chinesisch Pétong fand sich vor der Erfindung des Neusilbers eine Legierung im Handel, die durch Zusammenschmelzen von Kupfer mit arseniger Säure oder arsenigsaurem Calcium unter einer Decke von Borax, Kohlenstaub, Glaspulver hergestellt wurde. Sie hatte ungefähr die Zusammensetzung: 70 Proz. Kupfer, 30 Proz. Arsen und zeichnete sich durch eine schöne weiße Farbe und große Härte aus.

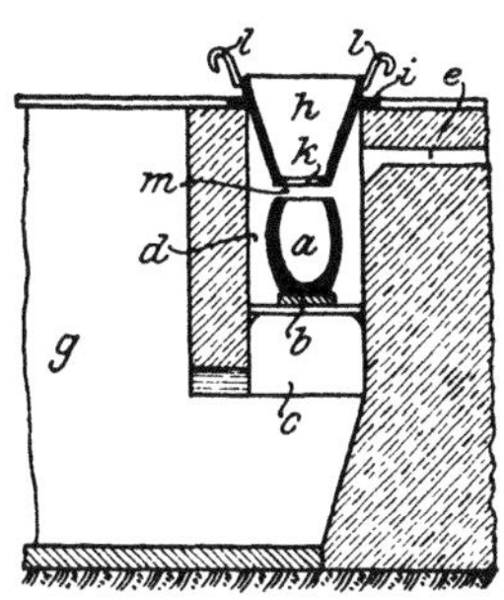

Fig. 119.

Es wurden zuweilen Legierungen mit noch höherem (37 bis 54 Proz.) Arsengehalt gewonnen, die außerordentlich glänzend und politurfähig waren, aber an der Luft bald anliefen. Die Herstellung ist wegen der entweichenden Arsenikdämpfe sehr gesundheitsschädlich.

Für derartige Schmelzen empfiehlt es sich, einen Tiegelofen nach *Minck* (D. R. P. 103119) anzuwenden (siehe Fig. 119). Der Tiegel *a* wird, mit Schmelzgut gefüllt, mit einem Deckel verschlossen und in den Feuerraum *d*

[1] Metall u. Erz 1925. 22. 339.

eingesetzt. Ist das Schmelzgut in den flüssigen Zustand übergegangen und soll jetzt legiert werden, so wird der Tiegeldeckel abgehoben und die neue Schutzvorrichtung *h* eingehängt. Sie hat die Form eines Trichters und schließt durch den Rand *i* den Feuerungsraum nach außen ab. Die entstehenden Dämpfe entweichen durch den Kanal in den Schornstein (siehe auch D. R. P. 46214) (S. 292).

Kupfer, das für Legierungszwecke gebraucht werden soll, muß arsenfrei sein, ein Messing z. B. mit 0,04 bis 0,05 Proz. Arsen ergibt bereits beim Walzen und Ziehen ein hartes und sprödes Material.

Kupfer und Blei.

Aus den Untersuchungen von *Heycock* und *Neville*[1], *Friedrich* und *Leroux*[2], *Giolitti* und *Marantonio*[3], *Friedrich*[4] geht hervor, daß Kupfer und Blei im geschmolzenen Zustande teilweise ineinander löslich sind, es besteht eine Mischungslücke zwischen 46 und 81 Proz. Blei. Im erstarrten Zustande bilden die Legierungen ein heterogenes Gemenge von Kupfer- und Bleikrystallen. Das Kupfer vermag nur sehr geringe Mengen Blei in fester Lösung aufzunehmen (die Grenze steht noch nicht fest), der Überschuß umgibt als feine Haut die primär ausgeschiedenen Kupferkrystalle und stört so deren Zusammenhang. Hierauf beruht die schädliche Wirkung des im technischen Kupfer häufig vorkommenden Bleigehaltes, der sich besonders beim Erwärmen bemerkbar machen muß. Die Bleihäutchen schmelzen bereits bei 326°, wodurch der Zusammenhalt der einzelnen Kupferkörner völlig verloren geht und die ganze Legierung brüchig wird. Bei gleichzeitiger Anwesenheit anderer Beimengungen, wie Arsen (vielleicht Sauerstoff), kann die schädliche Wirkung aufgehoben werden (*Jolibois* und *Thomas*[5]), weil die Arsen-Kupferlegierung im Gegensatz zum Reinkupfer das Blei in fester Lösung enthält (siehe S. 213 u. 215). Verschiedene Widersprüche in den Literaturangaben über die Schädlichkeitsgrenze eines Bleigehaltes sind auf die Nichtbeachtung dieser Erscheinung zurückzuführen.

Nach *Hampe* (siehe oben) hat 0,15 Proz. Blei noch keinen Einfluß, 0,3 Proz. erzeugt schwachen Rotbruch, 0,4 Proz. schon sehr starken Rotbruch.

Ein desoxydiertes Kupfer läßt sich schon bei einem Gehalt von 0,05 Proz. Blei heiß nicht mehr bearbeiten, andernfalls konnte der Bleigehalt bis 0,2 Proz. gehen.

Broughton fand bei einer Untersuchung an 11 Feuerbüchsenblechen, daß die mit guten Eigenschaften im Mittel 0,08 Proz. Blei und 0,54 Proz. Arsen enthielten, die schlechten aber 0,23 Proz. Blei und 0,08 Proz. Arsen.

Platten, die zu dünnen Blechen ausgewalzt werden sollen, erhalten vorteilhaft 0,10 Proz. Bleizusatz.

---

[1] Phil. Trans. 189 (1897), A. 42.
[2] Metallurgie 4 (1907), 299.
[3] Gazz. chim. ital. 40 (1910), I 51.
[4] Metall u. Erz 1913, 575.
[5] Rev. de Mét. 1913, 1264.

Unter dem Namen „Allens Metal" wird in den Vereinigten Staaten eine Kupfer-Bleilegierung zur Herstellung von Kolbenringen, Lagern u. dgl. benutzt von der Zusammensetzung:

55,3 Proz. Kupfer, 44,6 Proz. Blei, 0,1 Proz. Zinn.

(D. R. P. 132 070.) Hewitt, Newark: Verfahren zur Herstellung einer aus annähernd gleichen Mengen bestehenden Blei-Kupferlegierung, dadurch gekennzeichnet, daß das Kupfer mit einem aus Salpeter, Weinstein und kohlensaurem Kalk bestehenden Flußmittel eingeschmolzen wird und vor Aufgeben des Bleies einen kleinen Zusatz von Phosphorzinn erhält.

(D. R. P. 176 279.) Dannert, Berlin: Verfahren zur Herstellung von Metallegierungen, dadurch gekennzeichnet, daß man in Metall- odet Legierungsflüsse Schmelzen von Metalloxyden mit Glas oder mit Metalloxyd oder Metalloxyden überfülltes Glas einsetzt. (Vom 6. 5. 1905 ab.)

(Zus. P. D. R. P. 186 316.) 1. Verfahren zur Herstellung von Metallegierungen nach D. R. P. 176 279), dadurch gekennzeichnet, daß man Mischungen von Oxyden der einzuführenden Metalle und Glaspulver ohne vorherige Frittung unmittelbar in den Grundmetallfluß einsetzt. **2.** Verfahren nach 1., dadurch gekennzeichnet, daß man den Grundmetallfluß zuerst allein mit der entsprechenden Glas- oder Quarzmenge versieht und dann die genügend gepulverten Metalloxyde bei entsprechender Flußtemperatur einsetzt.

(D. R. P. 355 336.) Mathesius, Charlottenburg: Verfahren zur Herstellung von Legierungen aus Kupfer und Blei. Der Kupfer-Bleimischung werden so viel Erdalkalimetalle zugesetzt, daß das Kupfer vollständig in der Verbindungsform Cu_4Ca abgebunden ist. Das Metall Calcium kann hierbei ganz oder teilweise durch die Metalle Strontium oder Barium ersetzt werden. (Vom 7. 6. 1921 ab.)

(U. S. P. 1 066 403.) Gleason und The Plastic Metal Co.: Kupfer-Bleilegierung. Um das Ausseigern von Blei aus Kupfer-Bleilegierungen zu vermeiden, wird anstelle von reinem Kupfer borhaltiges Kupfer angewandt. Es soll sich auf diese Weise eine Legierung mit 80 Proz. Blei, $19^3/_4$ Proz. Borkupfer, $^1/_4$ Proz. Antimon herstellen lassen, die bei etwa 480° schmilzt und eine Zähigkeit und Härte wie „Babbittmetall" aufweist.

Die Herstellung des Borkupfers ist geschützt im

(D. R. P. 277 294.) Gleason, Brooklyn: Borkupfer. 1. Verfahren zur Herstellung von Borkupfer bzw. Borkupfer enthaltenden Metallmischungen, dadurch gekennzeichnet, daß man Fluorbor auf geschmolzenes Kupfer einwirken läßt. **2.** Ausführungsform, dadurch gekennzeichnet, daß man Fluorbor auf Kupfer bei einer Temperatur von 1400° und höher einwirken läßt. **3.** Ausführungsform, dadurch gekennzeichnet, daß man Fluorcalcium und glasige Borsäure zusammenschmilzt und dieser Mischung das Kupfer zusetzt. (Vom 18. 4. 1913 ab.)

Blei - Kupfer - Antimonlegierungen wurden von *Charpy*[1] als Lagermetalle empfohlen, das Schliffbild läßt große weiße Antimonkrystalle und hellgraue Nadeln der Verbindung Cu_2Sb in Blei eingelagert erkennen. Die Legierungen neigen leicht zum Entmischen, sie enthalten 15 bis 25 Proz. Antimon und bis zu 10 Proz. Kupfer. Es bewährten sich:

für Lokomotiv- und Tenderachsen	65 Proz. Pb	25 Proz. Sb	10 Proz. Cu
für Bekleidung der Exzenter	70 „ „	20 „ „	10 „ „

siehe auch S. 458.

[1] Bull. de la Soc. d'Encouragement 1898, 670.

Kupfer und Antimon.

Die Konstitution der Antimon-Kupferlegierungen wurde von *Baykow*[1], *Hiorns*[2], *Parravano* und *Viviani*[3] und *Carpenter*[4] festgestellt. Bis gegen 0,4 Proz. Antimon bestehen feste Lösungen, es treten zwei Verbindungen auf: Cu_3Sb und Cu_2Sb, welche miteinander bzw. mit den beiden Komponenten Mischkrystalle bilden.

Über den Einfluß geringer Antimonmengen auf die Eigenschaften des Kupfers liegt eine größere Anzahl von Untersuchungen vor, die wichtigsten sind folgende:

Nach *Hampes*[5] Versuchen ist die Wirkung des Antimons ähnlich der des Arsens, es liefert bei sehr niedrigen Gehalten etwas zähere und dehnbarere Legierungen, die jedoch etwas härter sind. Bei 0,5 Proz. Antimon treten beim Ausplatten bereits kleine Kantenrisse auf, bei 1 Proz. starker Rotbruch.

0,260 Proz. Sb ergeben eine Festigkeit von 52 kg/qmm, 68,07 relative Leitfähigkeit
0,529 „ „ „ „ „ „ 54,87 „ 56,5 „ „

Wie *Hiorns*[6] zeigt, ist die Härtesteigerung durch Antimon wesentlich schwächer als die durch Arsen (siehe S. 214), er fand:

Reines Kupfer = 7° am Skleroskop
+ 1 Proz. Sb = 8° „ „
+ 3 „ „ = 9° „ „

Die Wirkung auf die elektrische Leitfähigkeit geht aus folgenden Zahlen hervor:

Tabelle 84.

Antimongehalt Proz.	Widerstand in Ohm	Leitfähigkeit
0	0,0770	100
0,098	0,1015	76
0,203	0,1100	70
0,280	0,1125	68,5
0,392	0,1320	58,4
0,461	0,1575	48,9
0,605	0,1818	42,4

(D. R. P. 54 846). **Held: Verfahren zur Herstellung einer goldähnlichen Legierung,** darin bestehend, daß zu 100 Gewtln. Kupfer 6 Tle. Antimon zugegeben werden und nach dem Schmelzen des letzteren ein Zuschlag von Holzkohlenasche, Magnesium und Kalkspat gegeben wird, welcher bewirkt, daß die der Legierung sonst anhaftende Porosität schwindet und eine besonders dichte Komposition erzielt wird. Diese ist goldfarbig, walz- und hämmerbar.

[1] Bull. Soc. d'Encour. 1903, I, 626.
[2] Journ. Soc. Chem. Ind. 1906, **25**, 25.
[3] Att. R. Accad. dei Lincei 1910 (5) **19**, 835.
[4] Intern. Zft. f. Metallogr. 1913, **4**, 300.
[5] Chem.-Ztg. 1892, 728.
[6] Journ. Soc. Chem. Ind. 1906, **25**, 25.

„Venusmetall“ ist eine violettfarbige Legierung aus gleichen Teilen Kupfer und Antimon, die sich sehr gut polieren läßt, aber außerordentlich spröde ist.

Kupfer-Antimonlegierungen fanden nur eine unwesentliche Verwendung zur Herstellung falscher Schmucksachen.

Von großer Bedeutung sind dagegen die ternären Kupfer-Antimon-Zinnlegierungen als Lagermetalle (siehe S. 464).

Die Nickel-Kupferlegierungen.

Aus den Untersuchungen von *Tafel*[1], *Guertler* und *Tammann*[2], *Kurnakow* und *Zemeczuzny*[3] geht hervor, daß Nickel und Kupfer beim Erstarren eine lückenlose Reihe von Mischkrystallen bilden (siehe Fig. 120). Der Schmelzpunkt

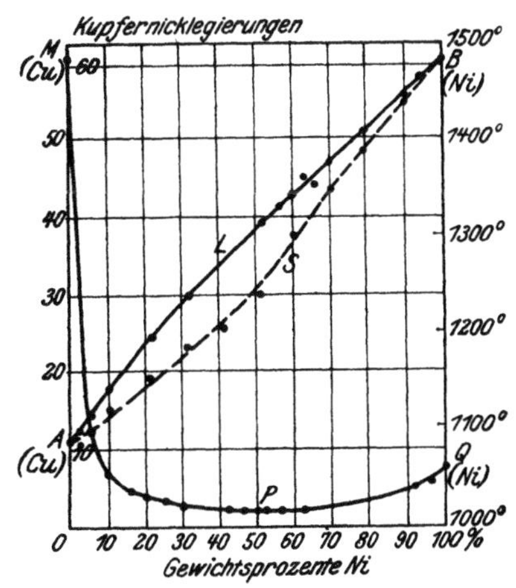

Fig. 120. System: Nickel-Kupfer.

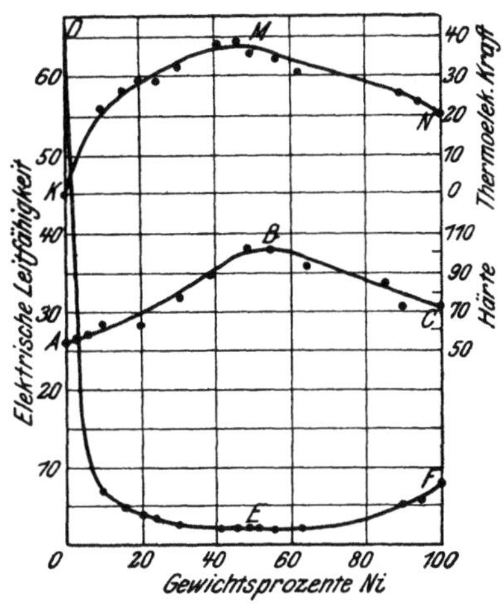

Fig. 122. Härte, Leitfähigkeit, Thermokraft des Systems: Nickel-Kupfer.

des Nickels wird von 1484° kontinuierlich bis zum Schmelzpunkt des Kupfers erniedrigt. Linie *L* bezeichnet die beginnende, *S* die beendete Erstarrung.

Der Schliff Fig. 121 (Taf. 11) zeigt eine vollkommen einheitliche Masse, die aus polygonalen Körpern besteht.

Das Nickel besitzt bei 320° einen Umwandlungspunkt, bei welchem es seine magnetische Permeabilität fast vollständig verliert, die Temperatur dieser Umwandlung wird durch einen Kupferzusatz erniedrigt und liegt bei einer Legierung mit 60 Proz. Nickel etwa bei 30°.

Die Legierung mit 40 Proz. Nickel wirkt nur noch ganz schwach auf die Kompaßnadel, mit noch geringerem Gehalt ist sie ohne Wirkung.

Die elektrische Leitfähigkeit des Kupfers fällt schon bei einem geringen Nickelzusatz außerordentlich rasch und erreicht bei etwa 50 Proz. Ni ein Minimum (Fig. 120, Kurve *MPQ*) (Fig. 122, Kurve *DEF*).

---

[1] Metallurgie 1908, 343.

[2] Zft. f. anorg. Chem. 1907, **52**, 25.

[3] Zft. f. anorg. Chem. 1907, **54**, 151; 1908, **60**, 1; 1914, **87**, 269.

Die Härte des Kupfers wird durch einen Nickelzusatz erheblich gesteigert, aber auch das an sich schon harte Nickel nimmt beim Hinzulegieren des weichen Kupfers noch an Härte zu, um bei etwa 50 Proz. ein Maximum zu erreichen (Fig. 122, Kurve *ABC*).

(Die Bildung von Mischkrystallen ist allgemein von einer allmählichen Härtesteigerung beider Komponenten begleitet).

Die thermoelektrische Kraft zeigt eine ähnliche Zunahme und erreicht ihr Maximum in demselben Konzentrationsbereich (Fig. 122, Kurve *KMN*).

Die rote Farbe des Kupfers verschwindet bereits bei verhältnismäßig geringen Nickelzusätzen, bis zu 20 Proz. Ni sind die Legierungen rosa, bei über 20 Proz. Ni weiß.

Die mechanischen Eigenschaften der Legierungen werden durch folgende von *Guillet*[1] gefundenen Werte gekennzeichnet (Tab. 85). Auffallend sind die Zahlen für die Elastizitätsgrenze: im kaltgehärteten Zustande sind sie für die niedrigen Nickelgehalte sehr niedrig, im geglühten Material gehen sie bis 15 Proz. Ni sogar auf 2 bis 3 kg herab. Die Dehnung und Stoßfestigkeit nehmen wesentlich ab, sobald der Nickelgehalt über 15 Proz. steigt.

Tabelle 85.

Zustand	Kupfergehalt Proz.	Festigkeit kg/qmm	Elastizität kg/qmm	Dehnung Proz.	Stoßfestigkeit (Frémont)	Kontraktion Proz.	Härte (Brinell)
Kalt gewalzt	94,91	19,8	16,5	27	22	51,8	63
	90,70	19,1	16,3	14	20	46,8	61
	85,66	31,0	30,8	2	7	11,0	73
	80,60	32,3	32,3	3	6	10,2	73
	70,15	32	30,5	6	3	19,0	88
Ausgeglüht bei 750°	94,91	16,5	3,3	44	32	49,8	53
	90,70	16,3	2,7	40	34	57,1	53
	85,66	15,1	2,1	19	10	25,2	57
	80,60	23,7	19,7	15	8	16,4	60
	73,95	24,4	19,3	9	7	16,4	65
	70,27	25,3	22,4	9	4	18,8	71

Tabelle 86.

Material	Bruchfestigkeit kg/qmm	Dehnung Proz.	Biegezahl um 90° und zurück	Elektrischer Leitungswiderstand
Harter Probedraht	65,85	4,4	12	0,06893
Weicher „	46,61	30,9	17,5	0,06582
Bei 400° 1 Stunde geglüht und				
a) in der Luft abgekühlt . .	64,93	8,5	14,0	0,06485
b) in Wasser abgeschreckt . .	62,23	10,0	13,0	0,06355
Bei 600° geglüht a)	55,31	10,8	20,0	0,06642
b)	57,08	11,65	18,0	0,06859
Bei 800° geglüht a)	43,99	30,8	19,0	0,06713
b)	44,13	32,0	19,0	0,06729

[1] Etude ind. des All., 1098.

Um die Wirkung des Ausglühens festzustellen, untersuchte *Weidig*[1] einen Draht aus:

57,33 Proz. Kupfer und 42,43 Proz. Nickel,

er stellte die in Tab. 86 wiedergegebenen Werte fest. Man sieht, daß eine wesentliche Verbesserung der Dehnung erst durch Glühen über 600° erzielt wird, erst bei 800° werden brauchbare Werte erreicht.

Die Dauer des Glühens ist ohne merklichen Einfluß, wie folgende Werte des bei 700° geglühten und an der Luft langsam gekühlten Materials zeigen (Tab. 87).

Wegen der großen Neigung des Nickels zur Gasabsorption im geschmolzenen Zustande ruft es in der Gießereitechnik gewisse Schwierigkeiten hervor. So ist es nicht leicht, bei Kupfer, das nur einige Zehntelprozent Nickel enthält, einen lunkerfreien Guß zu erzielen, dagegen ist die Zähigkeit eines derartigen Kupfers sehr groß. Die Gießbarkeit kann durch einen geringen Arsengehalt wesentlich verbessert werden. *Bauke*[2] erhielt bei Kerbschlagbiegeproben folgende Werte (Tab. 88):

Tabelle 87.

Glühdauer	Festigkeit	Dehnung
1/2 Stunde	46,53	31,7
1 „	46,32	31,7
2 Stunden	45,40	31,5
3 „	45,54	31,2

Tabelle 88.

Material	Bruch-arbeit in kg
Cu mit 0,17 Proz. Ni heiß geschmiedet	20,1
„ „ 0,31 „ „ „ „	22,8
„ „ 1,16 „ „ und 0,12 Proz. Fe	15,8
„ „ 1,52 „ „	28,6
„ „ 0,15 „ „ und 0,25 Proz. As	26,1

Mansfelder Kupfer[3] mit einigen Zehntelprozenten Nickel ergab folgende Werte:

22 bis 23 kg Festigkeit, 39,5 bis 46 Proz. Dehnung, 50,5 bis 67 Proz. Kontraktion; dasselbe mit 0,30 bis 0,35 Proz. Arsen:

22 bis 23,4 kg Festigkeit, 33 bis 44 Proz. Dehnung, 42 bis 62 Proz. Kontraktion; steigt der Arsengehalt jedoch etwas höher, so zeigt das Kupfer nur noch:

23,8 bis 25 kg Festigkeit, 26 bis 36 Proz. Dehnung, 26 bis 27 Poz. Kontraktion.

Das Material machte im Walzbetrieb Schwierigkeiten, da es wegen der nicht ausreichenden Dehnung und Kontraktion beim Auswalzen rissig wurde. *Heckmann*[4] gibt für Kupferraffinat mit einigen Zehntelprozenten Nickel und Arsen folgende Durchschnittswerte an:

Plattenkupfer, Längsrichtung:
22 bis 23,5 kg Festigkeit, 42 bis 44 Proz. Dehnung, 56 bis 58 Proz. Kontraktion
Plattenkupfer, Querrichtung:
23 bis 23,5 kg Festigkeit, 40 bis 42 Proz. Dehnung, 53 bis 55 Proz. Kontraktion

[1] Metallurgische u. technologische Studien 1912.
[2] Metallurgische u. technologische Studien 1912.
[3] Intern. Zft. f. Metallogr. 1912, **3**, 199.
[4] Metallurgie 1909, S. 610, 760; 1910, S. 10.

Rundkupfer:

24 bis 25 kg Festigkeit, 42 bis 44 Proz. Dehnung, 66 bis 69 Proz. Kontraktion Siehe auch *Stahl*: Metall u. Erz 1915, **12**, 179 und *Ruhrmann*, Metall u. Erz 1925 **23**, 339.

Die wichtigste Anwendung der Nickel-Kupferlegierungen ist die als Münzenlegierung. Die deutschen Zehn- und Fünfpfennigstücke bestanden nach dem Münzgesetz vom 9. Juli 1873 aus 75 Proz. Kupfer und 25 Proz. Nickel. Die gleiche Legierung hat Belgien 1861 eingeführt, während die Vereinigten Staaten seit 1857 die Eincentstücke aus einer Legierung mit 12 Proz. Nickel herstellen. Der hohe Kupfergehalt erleichtert die Bearbeitung der Legierung, sie ist leichtflüssiger und gibt dichtere Gußstücke — kleine in der Gußmasse verteilte Poren verschwinden beim Walzen und Prägen —, außerdem erhalten die Münzen eine für den Verkehr bequemere Größe. (Die deutschen 25 Pfennigstücke bestanden nach dem Gesetz vom 19 Mai 1908 aus Reinnickel, das sich als sehr widerstandsfähig gegen Abnutzung und chemische Einflüsse erwiesen hat.) Eine baktrische Münze aus dem 2. Jahrhundert nach Chr. enthielt: 77,6 Proz. Cu, 20 Proz. Ni, 1 Proz. Fe. Zur Herstellung der Legierung wird wegen des hohen Schmelzpunktes des Nickels zuerst das Kupfer geschmolzen und dann die nötige Menge Nickel im Kupferbad aufgelöst, oder kleine Stücke beider Metalle werden in abwechselnden Lagen in den Tiegel eingesetzt und unter einer Kohlendecke niedergeschmolzen. Um dichte Güsse zu erzielen, empfiehlt sich der Zusatz geringer Mengen Aluminium, Magnesium oder Phosphorkupfer, die Anwendung eiserner Formen und einer niedrigen Gießtemperatur. Das Schwindmaß s. S. 51.

Wegen ihres hohen Leitungswiderstandes wurde die Legierung: 60 Proz. Kupfer, 40 Proz. Nickel (siehe Fig. 120) von der Firma Basse & Selve unter dem Namen „Konstantan" als Material für elektrische Widerstände vorgeschlagen.

„Benedict-Nickel" ist eine Legierung von 80 bis 86 Proz. Kupfer und 20 bis 14 Proz. Nickel.

„Nickelin" besteht aus 68 Proz. Kupfer und 32 Proz. Nickel (s. S. 235).

Monelmetall.

Unter dem Namen „Monelmetall" wird eine durch den Schmelzprozeß direkt aus dem Erze gewonnene Nickelkupferlegierung der Oxford Copper Co. in den Handel gebracht. Die durchschnittliche Zusammensetzung ist: 70,0 Proz. Nickel, 28,9 Proz. Kupfer, 1 Proz. Eisen. Schmelzp. 1360°.

Das Metall ist sehr widerstandsfähig gegen saure Flüssigkeiten und Alkalien, es läßt sich ziehen, walzen, drücken, stanzen, schmieden und soll folgende Werte ergeben:

gegossen	= 65 kg/qmm Festigkeit,	30 kg/qmm Elastizitätsgrenze,	45 Proz. Dehnung
warm gewalzt	= 68,5 „ „	46,3 „ „	40 „ „

Beim Erhitzen auf 550° geht die Elastizitätsgrenze nur auf 37 kg herab.

Die Firma C. Heckmann A.-G., welche den Vertrieb der Legierung für Deutschland übernommen hat, gibt folgende Qualitätsziffern an:

Festigkeit	40 bis 95 kg/qmm	je nach Marke bzw. Härte
Dehnung	6 „ 36 Proz.	
Kontraktion	50 „ 60 „	
Elastizitätsgrenze . . .	15 „ 25 kg/qmm	

Die Legierung findet Verwendung im Lokomotiv-, Schiff-, Turbinen- und Pumpenbau. Wegen ihrer besonderen Säurebeständigkeit werden neuerdings daraus feine Drahtgeflechte hergestellt, die in der Papierfabrikation und bei der Erzeugung künstlicher Seide benutzt werden.

Das Beizen von Monel-Metallteilen geschieht mittels Salpeter- und Schwefelsäure, und zwar nimmt man am besten $^2/_3$ Salpeter- und $^1/_3$ Schwefelsäure.

Ist ein Ausglühen erforderlich, so erfolgt dies in einer Muffel unter Holzkohlenpulver bei Luftabschluß etwa zwei Stunden lang bei 800 bis 900°.

Zum Hartlöten (im Feuer) verwendet man Neusilberlot (10 Tle. Neusilberblechabfälle mit 1 Tl. Messing und $1^1/_2$ Tl. Zink).

Das Schmieden — auch im Gesenk — geschieht in hellrotwarmem Zustande bei 800 bis 900°. *Sperry*[1] macht darauf aufmerksam, daß der hohe Schmelzpunkt der Legierung beim Schmelzen häufig Schwierigkeiten verursacht, und empfiehlt deshalb die Anwendung eines Flußmittels, besonders geeignet ist Borax oder ein Gemenge von Flußspat und Kalk. In den Vereinigten Staaten ist das Monel-Metall in die Liste der „Standard-Legierungen" aufgenommen, es sind dafür folgende Normen aufgestellt:

Chemische Zusammensetzung 60 Proz. Nickel, ungefähr 40 Proz. Kupfer (andere Beimengungen nur in ganz geringen Mengen):

Für Stäbe, Röhren u. dgl. mindestens 56,3 kg Festigkeit, 35 kg Elastizität, 10 Proz. Dehnung,
für Gußstücke mindestens 41 kg Festigkeit, 24,5 kg Elastizität.

Die Marineverwaltung der Vereinigten Staaten schreibt für Monelmetallgüsse folgende Mindestwerte vor:

Festigkeit = 47,6 kg/qmm Elastizitätsgrenze = 22,5 kg/qmm Dehnung = 25 Proz.

Von 25 Gußproben wurden folgende Mittelwerte erhalten:

Festigkeit = 51,2 kg/qmm Elastizitätsgrenze = 27,7 kg/qmm Dehnung = 28 Proz.
Querschnittsverminderung = 35,6 Proz.

Ein Eisengehalt erhöht die Festigkeit der Legierung, macht sie jedoch spröder; in der Kriegsmarine der Vereinigten Staaten soll ein stärker eisenhaltiges Monelmetall zur Anfertigung der Schiffsschrauben dienen[2].

Die Isolations A.-G., Mannheim[3]) verwendet eine „Naturlegierung" von der Zusammensetzung: 67 Proz. Ni, 28 Proz. Cu, 5 Proz. Mn und Fe. Es werden folgende Werte angegeben:

[1] Brass-World 435.
[2] Eng. 1912, 690.
[3] Z. d. V. d. I. 1922, 594.

Tabelle 89.

Zustand	Streckgrenze kg/qmm	Festigkeit kg/qmm	Dehnung Proz.
Weich geglüht. . .	25	58	40
Warm gewalzt. . .	38	62	33
Etwas gezogen . .	54	64	28
Normal gezogen . .	57	66	24
Hart gezogen . . .	72	73	12

Das spez. Gew. beträgt 8,87 bis 8,97, die Legierung ist sehr widerstandsfähig gegenüber Seewasser, Salzlösungen, verdünnten Säuren und Alkalien. S. a. Zft. f. Met. 1923, 15, S. 289.

Einen Oxydüberzug von Nickelkupferlegierungen entfernt Thompson (U. S. P. 947 067) durch Behandlung mit einer Ferrisulfatlösung.

Außer für die bereits genannten Verwendungsgebiete finden die Nickelkupferlegierungen nach Angaben *Diegels*[1] Anwendung:

1. Bei einer Zusammensetzung von 15 bis 20 Proz. Nickel, 85 bis 80 Proz. Kupfer zu Geschoßmänteln oder zum gleichen Zweck auf Stahlblech aufgeschweißt.

2. Bei einer Zusammensetzung von 12 bis 16 Proz. Nickel, 88 bis 84 Proz. Kupfer als feine Drähte, welche zu Filigranarbeiten (Achselstücke, Schärpen, Portepees für Offiziere) dienen. Hierzu werden warm geschmiedete und ausgewalzte Stangen zunächst versilbert oder vergoldet und dann zu Draht von genügender Feinheit ausgezogen.

Große Mengen der Legierung werden auch zu Blechen ausgewalzt, welche als Material für Treib-, Druck-, Stanzarbeiten dienen.

Das oben genannte „Benedict-Nickel" dient wegen seiner größeren Seewasserbeständigkeit als Ersatz für Kupfer zu Rohrleitungen in Schiffen.

Schließlich werden vielfach Nickel-Kupferlegierungen an Stelle des Reinnickels zu Plattierungszwecken benutzt.

Folgende Verfahren zur Wiedergewinnung des Plattierungsmetalles werden angegeben:

(D. R. P. 67 178.) Heltmann, Vollme: Verfahren zur Ablösung von Nickel bzw. Nickelkupferschichten von plattierten Eisenblechen durch Glühen, Zusatz von Schwefel und nochmaliges Glühen in einer luftdicht verschlossenen Retorte, worauf die Ablösung durch Hämmern erfolgt.

Der Schwefel soll sich zunächst mit dem Eisen verbinden, so daß die aufgewalzte Nickelkupferschicht abspringt.

(D. R. P. 100 975.) Röder, Berlin: Verfahren zur elektrolytischen Ablösung des Kupfers oder Nickels oder ihrer Legierungen von Eisen- und Stahlabfällen, welche mit diesen Metallen oder Legierungen plattiert oder galvanisiert sind, durch elektrochemische Zersetzung der Metallauflage in einer Lösung von Natronsalpeter.

Die Abfälle bilden die Anode, eine Kohlenplatte dient als Kathode. Die Metallauflagen werden durch den elektrischen Strom zersetzt in Metallnitrate, welche durch das gleichzeitig gebildete Ätznatron sofort in Hydroxyde verwandelt werden.

---

[1] Verhandl. d. Ver. z. Förd. d. Gewerbefl. 1903, 93.

(D. R. P. 102 646.) von der Linde, Crefeld: Verfahren zur Entfernung der Plattierung aus Nickel, Kupfer oder Nickelkupfer von Eisengegenständen zum Zweck, das zurückbleibende Eisen in der Stahlfabrikation usw. verwendbar zu machen, dadurch gekennzeichnet, daß die plattierten Gegenstände als Anode in einem Bad von Ammoniumcarbonat der Wirkung des elektrischen Stromes unterworfen werden, wobei das plattierende Metall gelöst und der Stromspannung entsprechend auf der Kathode niedergeschlagen wird, während das Eisen unangegriffen bleibt.

Sonderlegierungen.

Diegel[1] prüfte folgende Legierungen der Firma Basse & Selve:

Tabelle 90.

Bezeichn. Nummer	Zusammensetzung Proz. Cu	Proz. Ni	Proz. Fe	Proz. Al	Spez. Gew.	Streckgrenze kg/qmm	Bruchfestigkeit kg/qmm	Dehnung Proz.
1	56,8	42,3	0,4	—	8,85	19	48	34
2	78,9	18,9	0,9	0,9	8,39	26	48	20
3	79,7	19,0	—	1,2	8,76	26	49	21
4	77,3	20,3	2,4	—	8,84	25	49	29
5	75,8	18,3	—	5,6	8,25	86	100	11,7
6	80,2	14,5	—	4,9	8,196	75	92	10

Die Proben befanden sich im ausgeschmiedeten Zustand. Die beiden ersten Legierungen schmiedeten sich sehr gut, Nr. 3 und 4 schmiedeten sich gut, Nr. 5 ließ sich nur bei Dunkelrotglut bearbeiten, sie wird bei niederer Temperatur brüchig, Nr. 6 konnte bei 800 bis 900° ausgeschmiedet werden. Die Legierungen 1 und 4 wurden auf ihre Korrosionsfähigkeit in Seewasser geprüft, sie verhielten sich ziemlich gleich und können als gut seewasserbeständig bezeichnet werden; sie korrodieren weniger, wenn sie in Verbindung mit anderen Metallen angewendet werden, namentlich wirkt das Eisen außerordentlich schützend. Andere Kupferlegierungen werden, wenn sie in Verbindung mit Nickelkupfer dem Seewasser ausgesetzt sind, verhältnismäßig stark angegriffen.

„Lecherne" ist eine Legierung aus: 89,8 Proz. Kupfer, 10 Proz. Nickel, 0,16 Proz. Aluminium, sie soll sich durch Gleichförmigkeit, Geschmeidigkeit und Zähigkeit auszeichnen.

Die Zeitschrift „Technologiste"[2] schlug als Neusilberersatz eine Legierung vor aus:

70 Tln. Kupfer, 23 Tln. Nickel, 7 Tln. Aluminium.

(U. S. P. 981 542.) Driver: Legierungen aus Kupfer, Nickel und Mangan für elektrische Widerstandsdrähte. Sie unterscheiden sich von ähnlichen Legierungen durch den größeren Mangan- und Nickelgehalt.

Die Patentschrift führt folgende Zahlen an:

[1] a. a. O.
[2] 1873, Nr. 395.

Tabelle 91.

Proz. Cu	Proz. Mn	Proz. Ni	Spez. Widerstand	Proz. Cu	Proz. Mn	Proz. Ni	Spez. Widerstand
60	10	30	65	55	25	20	95
45	10	45	68	55	30	15	113
75	15	10	53	50	30	20	123
65	15	20	61	50	35	15	124
70	20	10	68	40	40	20	150
60	20	20	75	Neusilber 18 Proz.			18
50	20	30	88	Manganin			24
40	20	40	98	Neusilber 30 Proz.			28
65	25	10	85	Konstantan			28
60	25	15	93				

An Metalle für Regulierwiderstände müssen folgende Anforderungen gestellt werden: Hoher spez. Widerstand, hoher Schmelzpunkt, große Korrosionsfestigkeit. *Gray*[1] fand als bestes Material folgende Legierungen:

Tabelle 92.

Name	Spez. Widerstand Mikrohm/ccm	Temperaturkoeffizient pro ° C	Höchste Gebrauchstemperatur ° C
Neusilber . .	33,3	0,0031	260
Ferro-Nickel .	28,2	0,0027	260
Climax . . .	87,2	0,0005	540
Ni-Chrom . .	95,3	0,00043	1200
Kruppnickel .	85,15	0,0027	260

An ein Material für Präzisionswiderstände müssen folgende Anforderungen gestellt werden: Hoher spez. Widerstand, verschwindender Temperaturkoeffizient, kleine Thermokraft gegen Kupfer. *Gray*[1] fand folgende Werte:

Tabelle 93.

Name	Zusammensetzung	Spez. Widerstand Mikrohm/ccm	Temperaturkoeffizient pro ° C
Advance . . .	Cu + Ni	48,8	0,000018
Konstantan .	60 Cu + 40 Ni	50,0	0,000005
I a I a . . .	Cu + Ni	47,1	0,000005
Manganin . .	83 Cu + 5 Ni + 12 Mn	42,4	0,000011

Mit Ausnahme des Manganins besitzen die aufgeführten Legierungen eine erhebliche Thermokraft als Fehlerquelle. Auf Grund systematischer Versuche kommt *Gray* zu dem Schluß, daß die geeignetste Legierung ist:

48 Proz. Kupfer, 39 Proz. Nickel, 13 Proz. Mangan,

sie hat einen spez. Widerstand von etwa 70 Mikrohm/ccm, der Temperaturkoeffizient bei 20° ist gleich Null.

[1] Ferrum 1916, **13**, 879.

Guillet[1] stellte in systematischen Versuchen den Einfluß wachsender Aluminiumzusätze auf Nickel-Kupferlegierungen fest. Er erhielt mit gegossenen Proben in drei Serien mit 60 Proz. bzw. 83 Proz. und 90 Proz. Kupfer folgende Werte:

Tabelle 94.

Zusammensetzung			Bruchfestigkeit	Elastizitätsgrenze	Dehnung	Härte (Brinell)	Stoßfestigkeit (Frémont)
Proz. Cu	Proz. Ni	Proz. Al	kg/qmm	kg/qmm	Proz.		
60,0	39,58	0	11,6	9,6	2,5	73	3,1
60,87	38,41	0,48	19,2	10,5	9,0	73	4,6
60,30	38,24	1,09	22,0	11,0	14,0	78	6,2
60,54	37,01	2,05	27,0	24,6	2,0	144	3,7
59,70	36,50	3,00	50,0	40,0	2,0	212	3,7
59,70	34,89	4,80	65,0	—	0	229	3,7
59,53	32,82	6,80	74,0	—	2,0	230	3,4
59,88	29,56	9,67	61,3	—	1,0	235	3,1
82 02	17 72	0	10,0	—	8,0	47	4,0
83,03	16,34	0,35	27,0	7,0	31,5	62	17,5
82,75	15,76	0,93	49,0	34,0	6,0	162	7,2
82,58	14,92	1,90	44,3	—	1,5	184	7,2
82,71	13,95	3,01	59,6	—	3,5	189	4,3
82,28	10,61	7,08	32,3	—	1,0	157	3,7
82,47	7,07	9,87	30,0	—	3,5	112	3,5
82,91	5,00	4,54	46,3	—	1,0	215	2,6
89,75	10,07	0	12,5	4,0	10,0	46	4,3
89,95	9,32	0,43	23,0	—	31,5	55	8,7
90,17	8,66	0,87	41,3	—	11,0	123	8,1
89,70	8,01	2,00	53,0	—	4,0	182	5,6
89,99	6,72	3,14	37,6	—	4,0	154	4,3
89,53	5,01	4,87	20,3	9,0	24	60	18,9
89,53	3,07	6,85	20,3	10,0	27,0	53	25,6
89,73	Spur	9,71	25,0	—	—	110	3,6

Sehr geringe Mengen Aluminium verbessern deutlich die mechanischen Eigenschaften der Legierung, wahrscheinlich spielen sie nur die Rolle eines Desoxydationsmittels. Festigkeit und Härte wachsen sehr rasch mit steigendem Aluminiumgehalt, während gleichzeitig die Dehnung unzulässig niedrig wird. Die Legierungen mit bis 5 Proz. Al bilden feste Lösungen, bei 7 Proz. Al erscheint in der Struktur ein Sonderbestandteil, dessen Menge mit weitersteigendem Aluminiumgehalt wächst. Durch Ausglühen wird das Gefüge sehr homogen. Ausschmieden verbessert die Festigkeitseigenschaften, wie die Werte einer Legierung: 82,2 Proz. Kupfer, 14,98 Proz. Nickel, 2,5 Proz. Aluminium zeigen.

Es betrug:

	Bruchfestigkeit	Dehnung	Querschnittsverminderung	Härte	Stoßfestigkeit
gegossen	58,6 kg/qmm	5 Proz.	7,3 Proz.	191	6,0
geschmiedet und ausgeglüht . .	77,8 „	11 „	20,7 „	250	6,0

[1] C. r. 1914, **158**, 704.

Wie *Irmann*[1] fand, wird durch einen Wolframzusatz die Säurebeständigkeit der Nickel-Kupferlegierungen bedeutend gesteigert. Besonders beständig sind solche Legierungen mit 2 Proz. W bei 20 Proz. Cu, 5 Proz. W bei 45 Proz. Cu und 10 Proz. W bei 15 Proz. Cu. Der elektrische Widerstand ist sehr hoch, höher als der des Konstantans, die Festigkeit steigt bis zu 47 kg/qmm, die Legierungen lassen sich gut durch Walzen bearbeiten. Ein geringer Eisenzusatz verbessert die Bearbeitbarkeit, man kann deshalb zur Herstellung Ferrowolfram statt Wolframmetall anwenden.

(U. S. P. 1 069 113.) Coop: Unangreifbare Legierung. — 69,13 Proz. Kupfer, 14,81 Proz. Nickel, 8,64 Proz. Zink, 3,7 Proz. Aluminium, 3,08 Proz. Phosphorzinn, 0,58 Proz. Blei, 0,06 Proz. Eisen.

Man schmilzt Kupfer und Nickel zusammen, erniedrigt die Temperatur, rührt dann Zink und das Blei ein und setzt schließlich Phosphorzinn hinzu.

Die Legierung soll als Material für Musikinstrumente dienen.

Auch als D. R. P. 273 978 vom 30. 8. 1913 geschützt.

(D. R. P. 123 750.) Ekker, Erzsébetfalva und Krajecsics, Budapest: Herstellung einer nickelfarbigen Metallegierung unter schichtenweiser Anordnung der einzelnen Bestandteile im Schmelztiegel, gekennzeichnet dadurch, daß in nachstehender Reihenfolge etwa: 375 Gewtle. Kupfer, 2 Phosphorbronze, 700 Nickel, 8 pulverisiertes Magnesium, 375 Kupfer, 2 Aluminium, 800 Zink, 15 Cadmium, 2 Zinkasche, 750 Kupfer übereinander geschichtet und nach dem Schmelzen mit ungefähr 2 Gewtln. Salmiakpulver innig vermengt werden.

Die Legierung ist nickelfarbig, oxydiert nicht an der Luft, verliert bei 100° ihren Glanz nicht und soll vollkommen säurebeständig sein. (Vom 25. 9. 1900 ab.)

(D. R. P. 123 919.) Dieselben: Herstellung einer silberfarbigen Metallegierung unter schichtenweiser Anordnung der einzelnen Bestandteile in dem Schmelztiegel, dadurch gekennzeichnet, daß etwa 600 Gewtle. Nickel, 2000 Kupfer, 400 Zink, 10 pulverisiertes Magnesium, 30 Cadmium, 2 Zinkasche, 1 Aluminium geschmolzen und sodann mit 1 Gewtl. Salmiakpulver innig vermengt werden.

Die silberfarbige Legierung wird an der Luft nicht oxydiert, verliert auch bei einer Temperatur von 100° ihren Glanz nicht und soll außerdem vollkommen säurebeständig sein. (Vom 10. 9. 1901 ab.)

Parr[2] fand durch systematische Versuche, daß eine Legierung aus:

70 bis 75 Proz. Nickel, 10 bis 5 Proz. Kupfer, 20 Proz. Chrom

sehr beständig gegen 25 Proz. Salpetersäure ist; es werden in 24 Stunden nur 0,013 bis 0,023 Proz. gelöst. Die Legierung liefert jedoch keine blasenfreien Güsse, durch weitere Zusätze läßt sich aber diese unangenehme Eigenschaft beheben, am besten bewährte sich die Zusammensetzung:

66,6 Proz. Nickel, 8,5 Proz. Kupfer, 18 Proz. Chrom, 3,3 Proz. Wolfram, 2 Proz. Aluminium, 1 Proz. Mangan.

Die Legierung ist sehr widerstandsfähig gegen vierfach normale Salpetersäure, Schwefelsäure, Salzsäure.

Eine silberähnliche Legierung von *Pirsch-Baudoin* besteht aus:

70 Proz. Kupfer, 16,5 Proz. Nickel, 7 Proz. Zink, 2,5 Proz. Zinn, 1,75 Proz. Kobalt, 1,25 Proz. Eisen.

---

[1] Metall u. Erz 1917, **14**, 21, 37.

[2] Journ. of Ind. Engin. Chem. 1912, **4**, 844.

„Lutecin“ oder „Parisermetall“ ist zusammengesetzt aus:

80 Proz. Kupfer, 16 Proz. Nickel, 0,5 Proz. Zink, 2 Proz. Zinn, 1 Proz. Kobalt, 0,5 Proz. Eisen.

„Ambrac Metall“ aus: 75 Proz. Kupfer, 20 Proz. Nickel, 5 Proz. Zink ist sehr korrosionsbeständig.

Eisen-Kupferlegierungen.

Auf Grund der Untersuchungen von *Sahmen*[1] ist anzunehmen, daß die Eisen-Kupferlegierungen bis zu etwa 3,5 Proz. Kupfer aus eisenreichen, zwischen 97,25 Proz. und 100 Proz. Kupfer aus kupferreichen Mischkrystallen und zwischen 3,5 und 97,25 Proz. aus einem Gemenge von α-Eisen und dem kupferreichen Mischkrystall bestehen. Im flüssigen Zustand besteht, wie *Ruer* und *Fick*[2] zeigten, eine Mischungslücke zwischen den Konzentrationen von 74 bis 29 Proz. Eisen, es tritt jedoch keine Schichtenbildung ein, da die geschmolzenen Legierungen eine starke Neigung zur Emulsionsbildung besitzen. Ein Kohlenstoffgehalt des Eisens setzt die Lösungsfähigkeit für Kupfer außerordentlich herab.

Die Farbe der Schliffflächen geht mit zunehmendem Eisengehalt von der Kupferfarbe allmählich in die des Eisens über, bei 10 Proz. Eisen ist sie noch rot, bei 20 Proz. nimmt sie einen grauen Ton an, bei 50 Proz. ist sie schon fast ganz eisenfarbig.

Die Umwandlung des γ- in β-Eisen wird von 875° bis auf 810° erniedrigt (durch 4 Proz. Cu) und bleibt alsdann bei weiterem Kupferzusatz konstant. Das Verschwinden des Magnetismus beim Erhitzen und Wiederauftreten beim Abkühlen ist bei 5 Proz. Eisen noch deutlich bemerkbar.

Zur Feststellung der physikalischen Eigenschaften wurden von *Burgess* und *Aston*[3] sehr eingehende Versuche unternommen, sie stellten folgende Werte fest: Tab. 95 unausgeglüht, Tab. 96 bei 900° geglüht:

Tabelle 95.

Kupfergehalt Proz.	Elastizität kg/qmm	Festigkeit kg/qmm	Dehnung Proz.	Kontraktion Proz.	Kupfergehalt Proz.	Elastizität kg/qmm	Festigkeit kg/qmm	Dehnung Proz.	Kontraktion Proz.
0,1	37,0	43,0	28,5	69,2	2,0	53,9	61,1	20,2	57,0
0,2	37,1	43,1	28,7	67,2	2,5	56,8	61,6	18,7	53,8
0,4	40,7	46,9	26,2	70,7	3,0	60,9	70,0	16,7	53,8
0,45	37,9	42,6	25,5	57,4	3,5	52,8	57,8	16,0	72,7
0,6	39,5	46,2	27,5	72,1	4,0	70,5	76,1	13,5	45,6
0,8	38,4	46,5	26,2	72,1	4,5	78,5	85,4	10,8	25,1
1,0	43,0	50,1	25,8	70,3	5,0	81,6	85,5	14,3	49,2
1,2	44,1	51,5	26,5	66,6	5,5	76,0	80,0	15,2	49,7
1,4	47,5	54,5	20,5	67,2	6,0	79,5	86,1	6,5	20,3
1,5	51,8	54,3	23,5	66,9	7,0	86,0	92,8	4,0	7,3
1,6	52,0	56,8	25,0	66,4	8,0	98,2	104,0	0	0
1,8	55,6	62,1	25,5	64,0					

[1] Zft. f. anorg. Chem. 1908, **57**, 9.
[2] Ferrum 1913, **11**, 39.
[3] Iron Age **84**, Nr. 20 (Metallurgie 1910, 191).

Tabelle 96.

Kupfergehalt Proz.	Elastizität kg/qmm	Festigkeit kg/qmm	Dehnung Proz.	Kontraktion Proz.	Kupfergehalt Proz.	Elastizität kg/qmm	Festigkeit kg/qmm	Dehnung Proz.	Kontraktion Proz.
0,1	26,2	37,9	31,5	60,2	2,5	39,3	51,5	23,0	47,3
0,2	23,6	37,9	34,1	65,6	3,0	35,6	43,6	26,9	61,7
0,4	24,8	37,4	35,7	70,7	4,0	37,6	46,6	24,8	54,2
0,45	29,3	45,9	25,5	49,8	4,5	38,2	47,9	24,2	50,3
0,6	27,3	39,7	34,2	68,9	5,5	38,4	48,6	25,0	60,4
0,8	28,8	41,0	33,0	64,9	6,0	38,3	45,4	20,8	49,9
1,0	34,3	43,7	32,6	66,8	6,45	38,7	48,6	21,0	39,3
1,5	36,2	46,0	29,2	63,1	7,0	39,9	48,6	17,0	31,2
2,0	36,3	44,3	29,5	64,4	7,5	42,2	55,5	16,5	34,2

Die Legierungen mit einem Kupfergehalt bis zu 2 Proz. ließen sich gut bei niedriger Temperatur schmieden; solche mit 2 bis 7 Proz. waren bei niedrigen Wärmegraden nicht und bei Weißglut nur schlecht schmiedbar. Aus den Festigkeitswerten sieht man, daß namentlich die Legierung mit etwa 1,5 Proz. Cu ein sehr beachtenswertes Material darstellt; es ist aber zu bedenken, daß die Metalle von besonderer Reinheit waren und die Schmelzen in Magnesittiegeln vorgenommen wurden, um eine Kohlenstoffaufnahme zu verhindern; der Kohlenstoffgehalt blieb auch unter 0,1 Proz. Es ist deshalb nicht sicher, daß gleiche Legierungen, unter normalen Betriebsverhältnissen dargestellt, gleich gute Ergebnisse liefern.

Die Untersuchung[1] der elektrischen Leitfähigkeit ergab, daß durch einen Zusatz von Kupfer der Widerstand erst bei dem Material mit 95 Proz. Cu wesentlich verändert wird. Die magnetischen Eigenschaften des reinen Eisens werden durch einen Kupferzusatz wenig geändert.

Um Kupfer zu härten, schmilzt man es in einem Graphittiegel mit einem Flußmittel und setzt dann ungefähr 2 Proz. fein pulverisiertes gelbes Blutlaugensalz hinzu. Unter mehrmaligem Umrühren läßt man das Salz etwa 10 Minuten lang einwirken und vergießt dann das Metall. Es ist sehr flüssig und füllt die Formen gut aus. Nach dem Erkalten zeigt das Kupfer eine sehr große Härte und schönen Klang; wie *Sperry*[2] feststellte, rührte dies von einer Aufnahme von 0,73 bis 0,95 Proz. Eisen her.

Zur Herstellung von Kupfer-Eisenlegierungen empfiehlt *Darling* (U. S. P. 755461), das eine Metall einzuschmelzen und eine Mischung des Oxydes des anderen Metalles mit Calciumcarbid zuzuschlagen.

(D. R. P. 192 735.) Dannert, Berlin: Verfahren zur Herstellung von Legierungen von Kupfer und Eisen, dadurch gekennzeichnet, daß man die Vereinigung beider Metalle durch Aluminium bewirkt.

Am besten geht die Vereinigung von Kupfer und Eisen vor sich, wenn man beide herunterschmilzt und dem Fluß Aluminium zusetzt. Es entsteht eine homogene Legierung, die hohe Feinkörnigkeit bei hoher Druck- und Zugfestigkeit zeigen soll. Die günstigsten Verhältnisse liegen zwischen 40 bis 60 Proz. Kupfer mit 60 bis 40 Proz. Eisen und einem Aluminiumzusatz von 8 bis 20 Proz. (Vom 16. 9. 1906 ab.)

[1] Met. and chem. Eng. 1910, Nr. 2, 79; siehe auch *Ruer* u. *Fick*: Ferrum 1913, 39.

[2] The Brass World 1907, Dez.

(D. R. P. 337 847.) Plausons Forschungsinstitut, Hamburg: Rostfreie Eisenlegierung und ihre Verwendung für Geschoßführungsringe, Kugelmäntel, Kleinmünzen u. dgl. Die Legierungen bestehen aus elektrolytischem, kohlenstofffreiem Eisen und 3 bis 10 Proz. Kupfer oder einer Kupferlegierung. Sie sollen gegen Luft und Feuchtigkeit sehr beständig sein, sich gießen, walzen, ziehen lassen. Bei nickelähnlichem Aussehen besitzen sie eine sehr gleichmäßige Struktur. (Vom 21. 7. 1918 ab.)

Clamer stellt Eisen-Nickel-Kupferlegierungen her, indem er zunächst Eisen mit Nickel und Kupfer mit Nickel zusammenschmilzt und alsdann beide Legierungen gemeinsam einschmilzt. Das Material mit 65 Proz. Eisen, 25 Proz. Nickel, 10 Proz. Kupfer soll ergeben:

67,5 kg/qmm Festigkeit, 36,3 kg/qmm Elastizitätsgrenze, 42 Proz. Dehnung, 53,7 Proz. Querschnittsverminderung.

(Fr. P. 429 758.) Rübel: Legierung für elektrotechnische Apparate (Dynamos). Eine Eisen-Kupferlegierung mit max. 3 Proz. Kupfer, das Eisen darf nur 0,5 Proz. Verunreinigungen enthalten, die aber nicht Phosphor, Silicium oder Mangan sein dürfen.

(D. R. P. 247 735.) Duke, Manchester: 1. Legierung aus Eisen, Kupfer, Nickel, in welcher Eisen der Hauptbestandteil ist, dadurch gekennzeichnet, daß das Eisen im Gewichtsverhältnis von zwischen 40 und 52 Proz. verwendet wird, und daß Aluminium oder ein anderes Desoxydationsmittel im Gewichtsverhältnis von weniger als 2 Proz. zugesetzt wird. **2.** Legierung gemäß Anspruch 1, dadurch gekennzeichnet, daß auf etwa 3 Raumteile Eisen 1 Raumteil Nickel vorhanden ist. **3.** Legierung gemäß Anspruch 1, gekennzeichnet dadurch, daß dieselbe zusammengesetzt ist aus 12 Raumteilen Eisen, 6 Raumteilen Kupfer, 4 Raumteilen Nickel, 1 Raumteil Aluminium mit oder ohne Hinzufügung von 1 bis 2 Proz. Zinn.

Die Legierung besitzt die Vorzüge von Neusilber und ähnlichen Legierungen ohne die unangenehmen Eigenschaften, welche auf deren Zinkgehalt beruhen. (Vom 12. 5. 1911 ab.)

Die Mangan-Kupferlegierungen.

Die Mangan-Kupferlegierungen bilden, wie die Arbeiten von *Sahmen*[1] und *Zemczuzny*[2] lehren, eine lückenlose Reihe von Mischkrystallen. Die Schmelzpunktskurve zeigt (Fig. 123) bei etwa 30 Proz. Mangan ein Minimum bei 868°.

Um den Einfluß geringer Manganmengen auf die mechanischen E i g e n s c h a f t e n des Kupfers festzustellen, wurden sytematische Versuche von *Münzer*[3] angestellt (siehe Tab. 97).

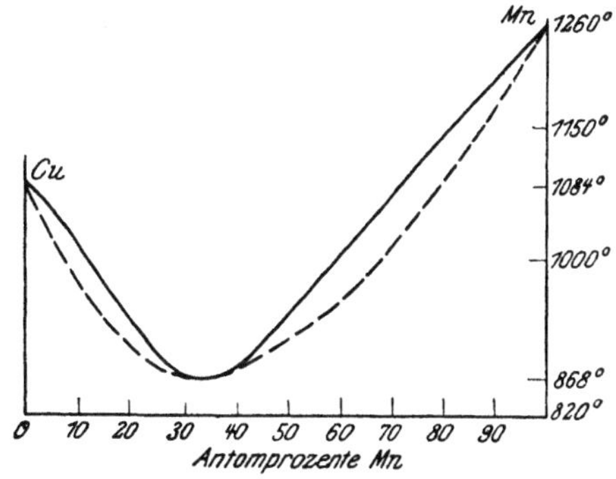

Fig. 123. System: Mangan-Kupfer.

[1] Zft. f. anorg. Chem. 1908, **57**, 23.
[2] Zft. f. anorg. Chem. 1908, **57**, 253.
[3] Metallurgie 1912, 185.

Tabelle 97.

Material	Ungeglüht Kalt gewalzt			Geglüht bei 500° In Wasser abgeschreckt			Geglüht bei 500° Langsam abgekühlt		
	Festigkeit kg/qmm	Dehnung Proz.	Härte (Brinell)	Festigkeit kg/qmm	Dehnung Proz.	Härte (Brinell)	Festigkeit kg/qmm	Dehnung Proz.	Härte (Brinell)
Reines Kupfer	36,78	4,24	94	23,96	46,07	74	22,83	46,64	63
0,04 Proz. Mn	36,83	4,14	94	24,05	45,13	77	22,94	45,69	74
0,07 „ „	37,44	3,97	96	24,19	44,44	77	23,35	44,72	74
0,12 „ „	37,92	3,94	96	24,10	44,22	77	23,80	44,52	74
0,19 „ „	38,34	3,94	98	24,34	44,06	77	23,53	44,15	74
0,29 „ „	38,90	3,97	99	24,49	43,97	77	24,28	44,43	77
0,40 „ „	39,45	4,02	99	24,92	43,98	77	24,41	44,31	77
0,61 „ „	39,64	3,99	99	25,19	43,22	81	24,57	44,38	81
0,98 „ „	41,05	4,09	106	26,43	42,94	84	25,82	44,41	84
1,34 „ „	44,38	3,98	112	28,13	40,59	88	27,04	42,58	84
1,49 „ „	45,29	4,12	118	28,60	39,93	94	27,40	40,56	88

Die Zerreißfestigkeit steigt langsam mit dem Mangangehalt, bei den ungeglühten Proben etwas schneller als bei den geglühten. Von letzteren zeigen die langsamen abgekühlten eine geringere Festigkeit als die abgeschreckten, ebenso wie das reine Kupfer.

Die Dehnung verhält sich je nach dem Materialzustand verschieden; die ungeglühten Legierungen werden fast gar nicht beeinflußt, bei den geglühten Proben dagegen ist die Wirkung schon bei den geringsten Zusätzen recht deutlich.

Die Härte erfährt in jedem Fall eine Steigerung, der elektrische Widerstand wächst in beinahe linearem Verhältnis zu der zugesetzten Manganmenge, durch Ausglühen kann die Leitfähigkeit erhöht werden.

Guillet[1] erhielt bei einem sehr reinen Material folgende Werte (Tab. 97a):

Tabelle 97a.

Cu Proz.	Mn Proz.	Festigkeit kg/qmm	Elastizität kg/qmm	Dehnung Proz.	Kontraktion Proz.	Stoßfestigkeit (Frémont)	Härte (Brinell)
96,95	2,94	22	10	45	80,8	34	83
95,40	4,40	24	11,5	42	79,3	33	95
93,98	6,56	27,5	13,3	33,5	81,0	32	101

Festigkeit, Elastizität, Härte wachsen mit steigendem Mangangehalt, während die Dehnung zurückgeht. Die Werte beziehen sich auf ein völlig ausgeglühtes Material, kalt gewalzt ergab es folgende Festigkeit: 2,94 Proz. Mn = 38 kg; 4,40 Proz. Mn = 42 kg; 6,56 Proz. Mn = 50 kg, während die Dehnung auf 12 bis 15 Proz. fällt.

Lewis[2] untersuchte auch Legierungen mit höherem Mangangehalt und gibt folgende Zahlen an:

[1] Alliages mét. 757.

[2] Journ. Soc. Chem. Ind. **21**, 842.

Tabelle 98.

Zusammensetzung		Festigkeit	Dehnung	Spez. Gew.
Proz. Cu	Proz. Mn	kg/qmm	Proz.	Bei 15,5°
100	0	22,0	49	—
99	1	25,1	41	8,935
95,2	4,8	30,2	43	8,757
92,45	7,55	32,0	30	—
84,20	15,80	39,0	28	8,102
78,76	21,24	45,2	23,5	8,284
73,76	26,24	47,5	12	—
67,86	32,14	42,4	3	—

Von besonderer Wichtigkeit ist die von *Heusler* beobachtete Erscheinung, daß die Mangankupferlegierungen bei 200° die gleiche Festigkeit wie bei Zimmertemperatur zeigen. Solche von der Isabellenhütte in Dillenburg als „reine Manganbronzen“ in den Handel gebrachten Legierungen mit 5 bis 6 Proz. Mangan ergaben bei einem Vergleichsversuch mit Kupfer folgende Werte[1]:

Tabelle 99.

	Kupfer					Reine Manganbronze				
	15°	100°	200°	300°	400°	15°	100°	200°	300°	400°
Festigkeit . . . kg/qmm	23,7	21,0	17,5	15,7	9,7	35,9	35,6	35,7	33,5	25,9
Dehnung . . . Proz.	41,6	45,2	44,8	40,1	28,4	40,0	32,4	36,5	37,1	23,7
Kontraktion . . „	67,0	68,5	69,0	52,7	30,0	72,7	60,2	52,4	51,9	—

Das Mangankupfer hat deshalb z. B. als Stehbolzenmaterial der Lokomotiven ausgedehnte Anwendung gefunden, da das früher hierzu verwendete Rundkupfer besonders seit Einführung hoher Dampfspannungen zu zahllosen Reparaturen Veranlassung gab.

Noch höhere Werte liefern die unter dem Namen „Resistin“ ebenfalls von der Isabellenhütte eingeführten Legierungen mit 12 und mehr Proz. Mangan.

Tabelle 100.

	Geschmiedet	Gewalzt und ausgeglüht	Gewalzt und gezogen
Festigkeit . . . kg/qmm	44,4	47,5	50,4
Elastizitätsgrenze „	29,0	28,0	42,7
Dehnung . . . . Proz.	24,4	25,0	19,2

Die Festigkeit des gewalzten oder geschmiedeten „Resistins“ nimmt erst oberhalb 300° in nennenswerter Weise ab, wie folgende Versuche der genannten Firma zeigen:

[1] *Rudeloff:* Mitt. a. d. Kgl. techn. Versuchsanstalten 1895, 29.

Tabelle 101.

Temperatur	Elastizitätsgrenze kg/qmm	Festigkeit kg/qmm	Dehnung Proz.
250°	23,9	48,2	32,2
300°	22,8	45,0	37,5
350°	18,8	37,7	49,2
400°	15,1	30,5	67,7

Die Legierung eignet sich deshalb in hervorragendem Maße als Konstruktionsmaterial für Dampfturbinen, Heißdampfmaschinen, Gasmotore.

Die Herstellung der Mangan-Kupferlegierungen erfolgte früher durch Reduktion eines Manganoxydes in Gegenwart von Kupfer. Schon 1840 stellte *von Gersdorff* und etwas später *Schrötter* Legierungen mit 20 Proz. Mangan her durch Reduktion eines Gemenges von Kupferhammerschlag mit Braunstein durch Kohle. *Allen*[1] schmolz ein Gemenge von Kupferoxyd, Kohle und Manganoxyd, das aus Manganchlorür von Chlordarstellung oder aus Mangancarbonat gewonnen war, im Flammofen, wobei eine Legierung von 5 bis 30 Proz. Mangan entstand. *Parkes* erhitzte Manganerz mit Kupferoxyd und Anthrazit im Tiegel auf Weißglut.

Dick (D. R. P. 30 295) schmolz Ferromangan mit Kupfer bei Gegenwart von Silicium zusammen, wobei sich nach dem Ausgießen der Schmelze Mangankupfer von Ferrosilicium abscheiden soll.

Die so hergestellten Legierungen wiesen stets einen hohen Kohlenstoff- oder Eisengehalt auf, im ersteren Fall hat man bei dem Weiterlegieren mit einem erheblichen Verlust zu kämpfen, da der Kohlenstoff die Legierungsfähigkeit erheblich herabsetzt, während das Eisen die Dehnbarkeit und Feuerbeständigkeit der Legierung wesentlich vermindert. Man ist deshalb dazu übergegangen, reines Manganmetall mit Elektrolytkupfer zusammenzuschmelzen, wobei der höhere Preis durch die Gleichmäßigkeit und Güte der Güsse aufgewogen wird.

Zur Herstellung der hochprozentigen Legierungen wird zunächst das Kupfer heruntergeschmolzen und mit einer Schicht Borax bedeckt, alsdann setzt man das auf dunkle Rotglut vorgewärmte Mangan portionsweise hinzu und rührt es mit einem dicken Eisenstabe unter. Nach seiner vollständigen Auflösung gießt man die Legierung in Formen, wobei die Schlacke sich auf den Blöcken sammelt und nach dem Erkalten leicht durch einige Hammerschläge entfernt werden kann. Bei gutem Koksfeuer kann man in etwa zwei Stunden 200 kg Mangankupfer herstellen, für 100 kg der Legierung verwendet man 70 kg Kupfer und 32 kg Mangan sowie etwa $^1/_2$ kg Borax. Der Abbrand beträgt etwa 1 bis 2 Proz.[2] Die Schlacke kann gepulvert werden und mit Borax vermischt als Zuschlag bei einer neuen Charge Verwendung finden.

[1] D. R. P. 95 443.
[2] Nach Angabe der Th. Goldschmidt, A.-G., Essen.

Im Handel finden sich ,,Cupro-Mangane" mit 20 bis 60 Proz. Mangan, die reinen Marken enthalten als Verunreinigungen nur 0,4 Proz. Eisen und 0,3 Proz Silicium; in der Regel verwendet man die Legierung mit 30 Proz. Mangan. Das Anwendungsgebiet dieser hochprozentigen Legierungen ist ein dreifaches:

Man verscmhilzt sie mit Kupfer zur Herstellung von Legierungen mit niedrigerem Mangangehalt, die als Ersatz von Bronze dienen, wo es nicht besonders auf die Härte des Materials ankommt. Diese Legierungen verursachen keine Schwierigkeiten beim Guß und keine Blasenbildung, sie füllen die Formen vollständig aus, sie zeichnen sich ganz besonders durch ihre Widerstandsfähigkeit gegen die Einwirkung der Wärme aus (siehe oben).

Weiter dient das Mangankupfer als wertvolles Desoxydationsmittel der Metallbäder. Es genügt hierfür im allgemeinen ein Zusatz von etwa $^1/_4$ Proz. Mangan; vor den sonst gebräuchlichen Mitteln dieser Art, namentlich dem Phosphor gegenüber, bietet es den großen Vorteil, daß die Verwendung einer überschüssigen Menge nicht schädigend, sondern verbessernd auf das Bad einwirkt durch die Vermehrung der Härte und Festigkeit, während die Sprödigkeit nur langsam zunimmt — eine Ausnahme bilden die zinnreichen Bronzen —. Da die Manganoxydulschlacken sehr leichtflüssig sind und ein niedriges spez. Gewicht besitzen, scheiden sie sich innerhalb einer verhältnismäßig kurzen Ruhezeit der Bäder aus denselben aus.

Schließlich bietet das Mangankupfer ein bequemes Mittel, um Mangan in Bronze, Messing, Neusilber als Sonderbestandteil einzuführen.

Sonderlegierungen.

Als Widerstandsmaterial für elektrische Meßinstrumente wird auf Veranlassung der Physikalisch-technischen Reichsanstalt das ,,Manganin" von der Isabellenhütte in Dillenburg seit dem Jahre 1889 hergestellt. Es hat die Zusammensetzung:

82,12 Proz. Kupfer, 15,02 Proz. Mangan, 2,29 Proz. Nickel, 0,57 Proz. Eisen.

Tabelle 102.

Material	Spez. Widerstand (ϱ)	Temperaturkoeffizient $\Delta\,\varrho$	Thermokraft gegen Kupfer in Millivolt bei folgenden Temperaturen der Lötstellen			Spez. Gewicht
			0 : 18°	0 : 50°	0 : 100°	
Neusilber . .	0,15 bis 0,51	+ 0,00022 bis + 0,0007	—	—	—	—
Nickelin . . .	0,43	+ 0,00022	0,30	1,04	2,18	8,7
Patentnickel. .	0,335	+ 0,0002	—	—	—	—
Konstantan . .	0,50 bis 0,52	± 0,0001	0,56	1,91	4,28	8,92
Manganin . . .	0,43	± 0,00001	0,02	0,05	0,10	8,3

Vor anderen, dem gleichen Zwecke dienenden Legierungen hat es den Vorzug, daß es seinen Widerstand mit der Temperatur nur sehr wenig ändert.

Tab. 102 gibt eine Übersicht[1] der für Meßinstrumente benutzten Widerstandsmaterialien.

Dem gleichen Zweck dient das „Manganwiderstandsmetall“.
85 bis 86 Proz. Kupfer, 11 bis 13 Proz. Mangan, 2 bis 3 Proz. Eisen.

Manganaluminiumkupfer siehe S. 141.

(D. R. P. 303 864.) Isabellenhütte, G. m. b. H., Dillenburg: Eisenhaltige Mangan-Kupferlegierung, 1. gekennzeichnet durch einen Gehalt von Silicium und gegebenenfalls von anderen Metallen, wie Zink, Zinn, Aluminium, 2. dadurch gekennzeichnet, daß man Si als Ferrosilicium zusetzt.

Die Legierungen werden durch den Siliciumzusatz dünnflüssiger und es bilden sich keine eisenreichen Ausscheidungen. (Vom 4. 2. 1917 ab.)

Chrom-Kupferlegierungen.

Chrom und Kupfer sind, wie *Hindrichs*[2] zeigte, im flüssigen Zustande nur in sehr geringem Maße mischbar, das geschmolzene Kupfer nimmt etwa 0,5 Proz. Chrom auf. Ebenso gering ist die Löslichkeit des Chroms im festen Kupfer und andererseits des Kupfers im festen Chrom. Trotz des erheblichen Unterschiedes im spez. Gew. (Cu = 8,9; Cr = 6,5) trennen sich die geschmolzenen Metalle nicht in zwei scharf begrenzten Schichten, sie bilden vielmehr eine Emulsion, in der bei der Abkühlung zuerst die Chromtröpfchen und dann die Kupfertröpfchen krystallisieren.

Hamilton und *Smith*[3] erhielten durch Reduktion von Chromoxyd mit Kohle und Kupfer im elektrischen Ofen eine graurote, sehr harte Legierung aus 88,2 Proz. Kupfer, 3,2 Proz. Chrom (8,6 Proz. Verunreinigungen).

Goldschmidt[4] gewann nach seinem aluminothermischen Verfahren durch Reduktion von Chromoxyd und Kupferoxyd durch Aluminium eine Legierung mit 10 Proz. Chrom, sie hat eine graurote Farbe, die Härte ist größer als die des reinen Kupfers.

Im Handel sind derartige „Cuprochrome“ mit 5 und 10 Proz. Chrom, sie sollen für Maschinenlagerteile Verwendung finden und die Einführung von Chrom in Kupferlegierungen erleichtern.

Wie *Escard*[5] angibt, wird eine „Chrombronze“ besonders für Telegraphen- und Telephondrähte hergestellt, indem man Chromsilicid $SiCr_2$ mit Kupferoxyd behandelt und dem Gemisch metallisches Kupfer und Kalk (zur Abscheidung der gebildeteten Kieselsäure) hinzufügt.

„Chrom-Manganin“ ist eine Legierung der Th. Goldschmidt A.-G., gewonnen durch Zusammenschmelzen von Kupfer mit Chrom-Mangan (70 Proz. Mn und 30 Proz. Cr).

Die Société La Néo-Métallurgie stellt Cuprochrome mit bis 80 Proz. Chrom her, wie *Guillet* in seinem Werk „Alliages Métalliques“ anführt.

---

[1] Nach Angabe der Isabellenhütte.
[2] Zft. f. anorg. Chem. 1908, **59**, 420.
[3] Journ. Am. Chem. Soc. **23**, 151.
[4] Lieb. Ann. 1898, **301**, 25.
[5] Génie Civ. 1909, **55**, 85.

Die Herstellung der Chromkupferlegierungen war seiner Zeit geschützt worden durch

(D. R. P. 33 102.) Mouchal, Paris: Verfahren zur Überführung des Kupfers und seiner Legierungen in ein sehr duktiles bzw. sehr hartes Metall durch Zusatz von Chrom. 1. Das Verfahren, den Härtegrad des Kupfers und seiner Legierungen durch Zusatz von Chrom zu ändern, entweder indem man reines Chrom oder Verbindungen desselben mit reinem Kupfer oder Legierungen des letzteren zusammenschmilzt, oder indem Verbindungen von Chrom und von Kupfer in Gegenwart von Kohle oder einem anderen Reduktionsmittel einer reduzierenden Flamme ausgesetzt werden. 2. Die nach dem unter 1. angegebenen Verfahren dargestellten Legierungen.

Kobalt-Kupferlegierungen.

Kobalt und Kupfer sind im gschmolzenen Zustand in allen Verhältnissen mischbar, im festen Zustand bestehen, wie die thermische und mikroskopische Untersuchung von *Konstantinow*[1] und *Sahmen*[2] lehrt, von 0 bis 10 Proz. Kupfer feste Lösungen von Kupfer in α-Kobalt; andererseits ist das Kobalt bis zu 4,5 Proz. in Kupfer löslich, zwischen 10 und 95,5 Proz. Kupfer bilden die Legierungen ein heterogenes Gemenge der beiden Mischkrystalle.

Die Bruchfläche der Legierung mit 15 Proz. (und mehr) Kupfer ist rot, weil beim Bruch nicht die kobaltreichen Krystalle, sondern die weniger widerstandsfähigen kupferreichen Krystalle, welche die ersteren umhüllen, zerrissen werden. Die Schliffläche dagegen ist noch bei höherem Kupfergehalt grau, erst der Schliff mit 40 Proz. Kupfer ist schwach rötlich, mit weiter zunehmendem Gehalt an diesem Metall geht die Farbe in die des reinen Kupfers allmählich über.

Reichardt[3] bestimmte die elektrische Leitfähigkeit der Kobalt-Kupferlegierungen, aus seinen Angaben ermittelte *Guertler*[4] die Konzentration des gesättigten Mischkrystalles zu etwa 95 Proz. Kupfer, was mit der oben angegebenen Grenze von 95,5 Proz. gut übereinstimmt. Die Härte der kobaltreichen Mischkrystalle liegt bei 4 der *Mohs*schen Härteskala, diejenige der kupferreichen Mischkrystalle bei 3.

Wie *Guillemin*[5] fand, ist das Kupfer bei einem Gehalt von 1 bis 6 Proz. Kobalt noch sehr dehnbar, es läßt sich ziehen und hämmern, die Festigkeit steigt bis 40 kg/qmm, er erhielt durch Zusammenschmelzen von Kupfer und Kobalt unter Zusatz von Borsäure und Holzkohle eine Legierung aus 50,3 Proz. Kupfer, 48,3 Proz. Kobalt, 1 Proz. Nickel, 0,4 Proz. Eisen. Das Kobaltkupfer kann dazu dienen, Kobalt in Bronze und andere Legierungen (ausgenommen Stahl) einzuführen, wo es nach Ansicht *Guillets* etwa die vierfache Wirkung wie die gleiche Gewichtsmenge Nickel zeigt. Allerdings ist der hohe Preis des Kobaltmetalles einer ausgedehnten Anwendung hinderlich.

---

[1] Journ. Russ. Phys.-Chem. Ges. 1907, **39**, 771.
[2] Zft. f. anorg. Chem. 1908, **57**, 1.
[3] Drudes Ann. Phys. 1901, **6**, 832.
[4] Zft. f. anorg. Chem. 1906, **51**, 397.
[5] C. r. **101**, 433.

Die von *Wiggin*[1] gefertigte „Kobaltbronze“ bestand lediglich aus Kobalt und Kupfer, sie ließ sich bei wiederholtem Anwärmen unter dem Hammer bearbeiten.

(D. R. P. 386 915.) Canzler, Düren: Zusatzdraht zum Schweißen von Kupfer mit einem Reduktionsmittel, dadurch gekennzeichnet, daß der Zusatz aus Kupfer und Kobalt besteht. Die Verwendung von bis zu 6 Proz. Kobalt übt dieselbe Wirkung aus, wie die bekannte Mitverwendung geringer Mengen von Gold oder Silber.
(Vom 19. 9. 1922 ab.)

Die Zinn-Kupferlegierungen.

Die Frage nach der Konstitution der Zinn-Kupferlegierungen hat — leicht erklärlich durch die Wichtigkeit der Bronzen für die Gießereitechnik — schon seit der Mitte des vorigen Jahrhunderts zahlreiche Forscher beschäftigt. Die Ergebnisse ihrer Arbeiten standen jedoch häufig unter sich oder mit der praktischen Erfahrung im Widerspruch, weil man übersah, daß gerade bei den technisch-wertvollsten Konzentrationen die Wärmebehandlung eine ausschlaggebende Rolle spielt. Erst in neuerer Zeit sind von *Heycock* und *Neville*[2], *Shepherd* und *Blough*[3], *Giolitti* und *Tavanti*[4] und neuerdings von *Bauer* und *Vollenbruck*[5] die verwickelten Verhältnisse klargestellt worden.

Aus dem Schmelzdiagramm der letzteren ist folgendes zu entnehmen (Fig. 124):

Im flüssigen Zustand besteht vollkommene Mischbarkeit.

Im festen Zustande bilden die Legierungen von 0 bis 13,9 Proz. Zinn feste Lösungen von Zinn in Kupfer (α-Krystalle). Bei rascher Abkühlung scheiden sich zuerst kupferreichere Mischkrystalle aus, die ihre Zusammensetzung mit der Schmelze nur langsam durch Dissoziation ausgleichen. Man findet deshalb in gegossenem Material meist kupferreiche weiche Dendriten, die von einer zinnreichen Füllmasse umgeben sind; erst durch ein längeres Anlassen wird das Gefüge homogen. (Fig. 125 u. 126, Taf. 12, nach *Heycock* u. *Neville*).

Die technischen Kupfer-Zinnbronzen mit weniger als 14 Proz. Zinn liegen demnach nach dem Guß meist in einem instabilen Gefügegleichgewicht vor. Die bekannte Tatsache, daß man durch Anlassen die mechanischen Eigenschaften dieser Bronzen verändern kann, beruht auf der allmählichen Einstellung des Gefügegleichgewichts. Ist letzteres erreicht, so ist eine weitere Beeinflussung der Festigkeitseigenschaften durch irgendeine Wärmebehandlung nicht mehr anzunehmen.

Aus den Legierungen mit 13,9 bis etwa 23 Proz. Zinn scheiden sich bei der Abkühlung zunächst α-Krystalle aus, bei 800° erstarrt alsdann die Schmelze zu β-Krystallen, so daß von 800° an ein heterogenes Gemenge von α- + β-Krystallen vorliegt. Die β-Krystalle sind jedoch nur in dem Temperaturintervall

---

[1] Berg- u. Hüttenm. Zg. 1885, 128.
[2] Phil. Trans. 1904, **202** A.
[3] Journ. Phys. Chem. 1906, **10**, 630.
[4] Gazz. chim. ital. 1908, **38** II, 209.
[5] Zft. f. Metallkunde 1923, **15**, 195.

800 bis 500° beständig, wenn die Legierung sich über diese Temperaturgrenze hinaus abkühlt, zerfallen die β-Krystalle in ein Gemisch von α- + δ-Krystallen, so daß die Legierungen bei gewöhnlicher Temperatur aus einem Gemenge von α- + δ-Krystallen bestehen. Durch Abschrecken oberhalb 500° kann man diese Umwandlung mehr oder weniger hintanhalten; da die β- und δ-Krystalle sich sowohl in ihrem äußeren Aufbau als auch in ihren Eigenschaften

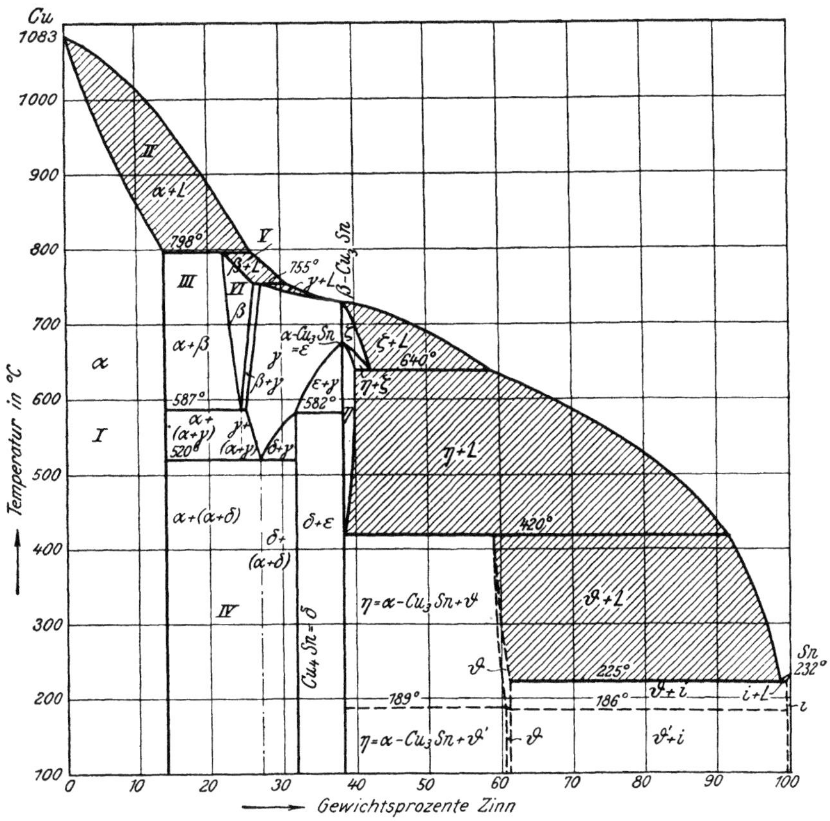

Fig. 124.

voneinander unterscheiden, so müssen auch die Bronzen je nach der thermischen Vorbehandlung wesentliche Unterschiede aufweisen. Darin, daß man in früheren Jahren diese Umwandlung im festen Zustande nicht erkannt hat, sind die vielfachen Widersprüche in den Angaben verschiedener Autoren über die Eigenschaften vieler technischer Bronzen begründet.

Fig. 127 (Taf. 12) gibt einen Schliff der Bronze mit 15,6 Proz. Zinn, oberhalb des Umwandlungspunktes abgeschreckt, wieder; der β-Krystall ist durch Eisenchlorid stärker geätzt und dunkel gefärbt, die α-Krystalle sind hell geblieben.

Fig. 128 und 129 (Taf. 12) zeigen dieselbe Legierung erst bei 470° abgeschreckt in 18 bzw. 280facher Vergrößerung, die β-Krystalle sind bereits in α- + δ-Krystalle umgewandelt. Durch längeres Ätzen ist der α-Bestandteil dunkel gefärbt, während der δ-Bestandteil hellglänzend bleibt. In der stärkeren Vergrößerung erkennt man, daß die hellen Krystalle aus 2 Tln. bestehen, der Rand wird aus δ, das Innere aus dem Gemenge α + δ aufgebaut.

In Fig. 130 (Taf. 13) ist eine Legierung mit 22,5 Proz. Zinn also nahe der Grenzkonzentration wiedergegeben, das Gefüge (bei 775° abgeschreckt) ist nahezu homogen: β-Krystalle; (erst bei 560° abgeschreckt) in Fig. 131 (Taf. 13) tritt der α-Bestandteil hinzu. Ein ähnliches Aussehen, nur die Mengenverhältnisse sind geändert, zeigt Fig. 132 (Taf. 13), eine Legierung mit 23,3 Proz. Zinn.

Die δ-Krystalle, das bei langsamer Abkühlung stets auftretende Umwandlungsprodukt, wurden früher als eine Verbindung Cu_4Sn angesprochen, sie stellen jedoch vermutlich eine feste Lösung dar.

Die Legierungen von 23 bis 32 Proz. Zinn bestehen bei Wärmegraden über 500° aus β- + γ-Krystallen bzw. (von 26 Proz. an) nur aus letzteren, auch diese wandeln sich bei 500° in δ-Krystalle um.

In den Legierungen mit mehr als 32 Proz. Zinn tritt die wohldefinierte Verbindung Cu_3Sn (mit 38,3 Proz. Sn) auf, sie bildet große harte Krystalle, die durch das Ätzmittel gefärbt werden.

In Fig. 133 (Taf. 13) ist die Legierung mit 33,1 Proz. Zinn wiedergegeben: weiße δ-Krystalle und schwarze der Verbindung Cu_3Sn.

Die Legierung mit 38 Proz. Zinn besteht lediglich aus dieser Verbindung. Aus den Schmelzen mit 38 bis 98 Proz. Zinn scheidet sich zunächst die Verbindung Cu_3Sn ab; bei 400° zerfällt sie alsdann bis 65 Proz. Zinn nur teilweise, so daß die erstarrte Legierung aus einem Gemenge von Cu_3Sn und ε-Krystallen besteht (letztere werden vielfach für eine Verbindung CuSn gehalten), über 65 Proz. vollständig.

Die Legierung mit 98 Proz. Zinn schmilzt bei 225°, sie stellt ein Eutektikum dar von Zinn + ε-Krystallen.

Die Legierungen schließlich von 98 bis 100 Proz. Zinn bestehen aus Zinnkrystallen, die von dem Eutektikum umgeben sind.

Zur Verdeutlichung der Verhältnisse diene folgende Übersicht:

Nach langsamer Abkühlung bestehen

Bei Proz. Zinn		
0 bis 13,9[1]	α-Krystalle:	Feste Lösung, isomorph mit Kupfer.
13,9 „ 26	α- + δ- „	Gemenge zweier fester Lösungen.
26 „ 32	δ- „	Feste Lösung.
32 „ 38	δ- „	+ Cu_3Sn: Gemenge einer festen Lösung und einer Verbindung.
38	Cu_3Sn	Verbindung.
38 bis 65	Cu_3Sn + ε- „	Gemenge einer festen Lösung mit einer Verbindung (oder vielleicht zweier Verbindungen).
65	ε- „	Fest Lösung (oder Verbindung CuSn).
65 „ 98	ε- „	+ Eutektikum (ε + Sn).
98	Eutektikum (ε + Sn).	
98 „ 100	Reines Zinn + Eutektikum.	

[1] Die Grenzkonzentration von 13 Proz. wurde von *Shepherd* und *Blongh* nach langdauerndem Anlassen der Legierung beobachtet, *Heycok* und *Neville* fanden als Sättigungsgrenzen 9 Proz., *Giolitti* bei normaler Abkühlung 7,5 Proz.

Der Einfluß geringer Zinnmengen auf die **mechanischen Eigenschaften** des Kupfers wurde durch systematische Versuche von *Münker*[1] festgestellt (Tab. 103):

Tabelle 103.

Material	Ungeglüht Kalt gewalzt			Geglüht bei 500° In Wasser abgeschreckt			Geglüht bei 500° Langsam abgekühlt		
	Festigkeit kg/qmm	Dehnung Proz.	Härte Brinell	Festigkeit kg/qmm	Dehnung Proz.	Härte Brinell	Festigkeit kg/qmm	Dehnung Proz.	Härte Brinell
Reines Kupfer	36,78	4,24	94	23,96	46,07	74	22,83	46,64	63
0,13 Proz. Sn	39,54	3,02	106	25,74	43,24	81	24,70	43,97	79
0,24 „ „	40,14	3,03	106	26,23	43,01	81	25,28	43,22	81
0,32 „ „	42,20	2,91	106	27,11	42,81	81	25,57	43,05	81
0,40 „ „	43,79	2,99	118	26,88	42,37	84	25,45	43,08	84
0,53 „ „	44,08	3,09	118	27,17	42,24	84	25,99	42,68	84
0,62 „ „	44,68	2,95	118	28,19	42,14	90	26,88	42,32	86
0,88 „ „	45,55	2,89	125	28,45	41,94	92	26,79	42,10	86
1,15 „ „	46,54	2,90	130	28,52	41,75	96	27,62	42,39	88
1,24 „ „	47,50	2,84	136	30,11	41,73	96	28,76	42,26	92
1,46 „ „	48,89	2,67	145	31,43	40,97	101	29,31	41,35	96

Die Festigkeit steigt bei allen Materialzuständen andauernd und gleichmäßig von den geringsten Gehalten an, ebenso in beträchtlicher Weise die Härte.

Die Dehnung fällt bei dem geglühten Material in gleichem Maße, während sie bei den ungeglühten Proben von 0,13 Proz. Zinn an nahezu konstant bleibt.

Ein geringer Zinngehalt ist also insofern günstig, als er die Festigkeit des Kupfers steigert bei fast gleichbleibender Dehnung.

Das Abschrecken bewirkt eine Steigerung der Festigkeit und eine geringe Verminderung der Dehnung wie bei dem reinen Kupfer (siehe S. 252).

Die Farbe der Zinn-Kupferlegierungen ist bis zu einem Gehalt von 5 Proz. Zinn rot wie die des Kupfers, bei wachsendem Zinngehalt macht sich die außerordentliche Färbekraft dieses Metalles geltend, so daß die Legierungen von 5 bis 10 Proz. Sn bereits goldgelb werden. Über 10 Proz. Sn bis zu 25 Proz. wird die Farbe reingelb, um dann in Weiß überzugehen, von 40 bis 65 Proz. Sn sind die Legierungen graublau, über 65 Proz. zeigen sie die rein graue Farbe des Zinns.

Die Härte der Zinn-Kupferlegierungen wurde von *Martens* auf sklerometrischem Wege, von *Calvert* und *Johnson* nach der Eindringungsmethode ermittelt (siehe Tab. 104):

Die Zahlenwerte wurden von *Kurnakow* und *Zemczuzny*[2] in einer Kurve wiedergegeben. Fig. 134, Kurve *ABCD*. Durch Zusatz des weichen Zinns

[1] Metallurgie 1912, 185.
[2] Zft. f. anorg. Chem. 1908, **60**, 7.

Tabelle 104.

Gewichtsprozente Zinn	Härte		Gewichtsprozente Zinn	Härte	
	Martens	*Calvert* u. *J.* Gußeisen = 1000		*Martens*	*Calvert* u. *J.* Gußeisen = 1000
0	398	301,0	65,02	652	hart u. spröde
6,83	675	602,08	78,79	487[1] / 218	135,42
8,51	816	639,58			
10,03	780	772,92	84,79	446[1] / 300	104,17
15,68	825	916,66			
28,10	1000	hart u. spröde	88,14	378	95,81
31,73	1020	desgl.	90,27	364	83,33
38,21	1100	desgl.	100	282	27,0
51,82	830	desgl.			

nimmt die Härte des Kupfers sehr rasch zu (feste Lösung), bis bei etwa 10 Proz. Sn ein Knick auftritt (Grenze der δ-Krystalle); bei *C* ein sehr deutliches Maximum 38 Proz. Sn (Hinweis auf die Verbindung Cu_3Sn), siehe auch S. 25.

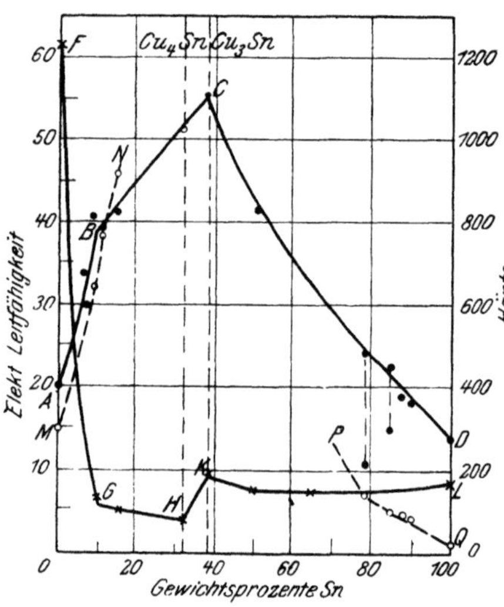

Fig. 134. Leitfähigkeit und Härte des Systems: Zinn-Kupfer.

Das Härtediagramm steht im vollen Einklang mit der Kurve der elektrischen Leitfähigkeit der Zinn-Kupferlegierungen (siehe Fig. 134 Kurve *FGHKL*[2]). Die starke Erniedrigung der Leitfähigkeit auf dem Zweige *FG* scharakterisiert die Bildung einer festen Lösung mit einer Grenzkonzentration von etwa 10 Proz. Zinn. Das Maximum *K* entspricht auch hier der Verbindung Cu_3Sn, der Knickpunkt *H* (32 Proz. Sn) dem Auftauchen der Verbindung Cu_3Sn im Gemenge mit δ-Krystallen (wie oben schon angedeutet wurde, wird dieser Punkt zuweilen auf eine Verbindung Cu_4Sn zurückgeführt). Das spez. Gewicht der Zinn-Kupferlegierungen wurde von *Riche* und *Maey*[3] festgestellt (siehe Tab. 105 u. Fig. 37, S. 25).

Tabelle 105.

Proz. Sn	Spez. Gew.	Proz. Sn	Spez. Gew.	Proz. Sn	Spez. Gew.	Proz. Sn	Spez. Gew.
3,8	8,79	12,3	8,81	39,2	8,908	70,3	7,972
5,6	8,78	13,8	8,87	42,0	8,791	78,4	7,726
7,4	8,76	25,0	8,83	56,0	8,357	80,0	7,735
9,0	8,76	28,0	8,903	59,0	8,210	100	7,284
10,7	8,87						

[1] Die Doppelzahlen drücken die Härte zweier verschiedener Strukturelemente des Schliffes aus.

[2] *Guertler*: Zft. f. anorg. Chem. 1906, **51**, 417. [3] Zft. f. Phys. Chem. **38**, 291.

Es bleibt bei geringen Zinngehalten zunächst nahezu konstant, um dann anzusteigen und bei etwa 39 Proz. (Cu_3Sn) ein Maximum zu erreichen.

Über die mechanischen Eigenschaften der Bronzen werden in der Literatur vielfach Zahlenwerte angeführt, die sich teilweise widersprechen, teilweise nicht miteinander vergleichbar sind, weil sich keine Angaben über die vorausgegangene Wärmebehandlung finden. Die Vorbehandlung (siehe unten) ist jedoch in der Regel von größerem Einfluß als ein geringer Wechsel in der chemischen Zusammensetzung.

In Tab. 106 sind Mittelwerte aus der großen Zahl von Einzelversuchen wiedergegeben, die *Shepherd* und *Upton*[1] mit besonderer Sorgfalt ausführten; um ein homogenes Material zu erzielen, wurde das Ausglühen in jedem einzelnen Fall auf eine Woche ausgedehnt.

Von Wichtigkeit sind auch die von *Guillet*[2] (Tab. 107) angeführten Werte, da sie einen Maßstab abgeben für die Eigenschaften der von demselben Forscher untersuchten Sonderbronzen und so den Einfluß eines Zusatzes erkennen lassen (siehe S. 289 ff.).

Tabelle 106.

Material	Probe Nach dem Guß		Auf 400° erhitzt Im Ofen abgekühlt		Auf 500° erhitzt In Wasser abgeschreckt		Bei Rotglut (etwa 650°) In Wasser abgeschreckt	
Proz. Kupfer	Festigkeit kg/qmm	Dehnung Proz.	Festigkeit kg/qmm	Dehnung Proz.	Festigkeit kg/qmm	Dehnung Proz.	Festigkeit kg/qmm	Dehnung Proz.
100	14,3	17,2	—	—	16,7	23,0	18,8	28,3
98	20,2	21,3	—	—	22,3	21,0	—	24,3
96	21,9	20,5	—	—	25,1	23,0	22,6	18,5
94	22,5	14,3	—	—	25,0	21,7	23,4	20,5
92	28,2	11,5	29,6	22,7	27,6	25,3	25,9	20,5
90	30,2	12,9	29,7	16,2	30,4	36,0	31,4	21,0
87	27,3	5,3	30,4	2,0	31,6	32,5	34,4	8,0
84	27,8	1,5	31,6	0,4	37,8	21,2	41,4	9,5
81	37,7	2,0	27,0	0,5	38,1	—	44,4	6,3
78	31,2	0,35	26,1	—	39,1	—	44,1	5,3
75	28,1	—	11,1	—	17,6	—	40,4	0,7
70	11,1	—	2,6	—	—	—	22,5	—

Tabelle 107.

Zusammensetzung		Festigkeit	Elastizitätsgrenze	Dehnung	Stoßfestigkeit (n. Frémont)	Härte (n. Brinell)
Proz. Cu	Proz. Sn	kg/qmm	kg/qmm	Proz.		
95	5	19,2	?	20	9	65
91	9	25,4	10,3	19,5	7	76
89	11	26,3	12,7	16,0	5	88
87	13	25,4	13,7	3	3	95
84	16	25	17	1,4	0	117
79	21	20,0	20	0	0	140

[1] Journ. of Phys. Chim. **9**, 441.

[2] Alliages mét. S. 489.

Die Festigkeit der gegossenen Bronzen steigt mit wachsendem Zinngehalt, bis dieser etwa 20 Proz. erreicht hat, alsdann nimmt sie bis zu etwa 25 Proz. Zinn ab, um dann (sobald die α-Krystalle verschwinden) sehr rasch zu fallen.

Die Dehnung der Bronzen nimmt mit wachsendem Zinngehalt langsam ab, bei 13 Proz. Zinn (Auftreten der δ-Krystalle) wird sie außerordentlich gering. Über den Einfluß höherer Wärmegrade auf die Festigkeitseigenschaften vgl. S. 294.

Die Elastizitätsgrenze steigt mit wachsendem Zinngehalt sehr rasch, schneller als die Festigkeit, so daß bei 20 Proz. Zinn beide gleich werden: die Dehnung ist alsdann gleich Null. Schmiedbarkeit in der Kälte besteht bis zu 6 Proz. Zinn, bei diesem Gehalt lassen sich die Bronzen zu Draht ausziehen und walzen (wenn sie frei von Kupferoxydul sind), von 6 bis 15 Proz. Zinn sind sie bei Rotglut schmiedbar. Bronzen mit 18 bis 22 Proz. Zinn lassen sich bei Braunrotglut schmieden, aber weder bei höherer noch bei niederer Temperatur. Nach *Bauer* u. *Vollenbruck*[1] ist die Bronze mit 20 Proz. Zinn in den Grenzen von 587 bis 798° (im Gebiet der (α- + β)-Krystalle) gut schmiedbar und knetbar.

Die zinnreichen Legierungen werden bei 90 Proz. Zinn wieder schmiedbar, sie zeigen jedoch eine sehr geringe Festigkeit.

Das Seigerungsvermögen der Bronzen ist ein erhebliches; es scheidet sich zunächst eine kupferreichere, rötlich gefärbte Legierung aus, alsdann im Innern des Gußstückes eine hellere zinnreiche Bronze (sog. Zinnflecken). *Riche*[2] fand folgende Verhältnisse (Tab. 108):

Bei der Untersuchung eines Geschützrohres durch denselben Forscher wurden folgende Zahlenwerte erhalten (Tab. 108a):

Tabelle 108.

Mittlere Zusammensetzung		Proz. Zinn	
Proz. Cu	Proz. Sn	oben	unten
9,73	90,27	87,87	92,9
15,21	84,79	83,15	78,9
21,21	78,79	74,97	77,4
34,99	65,01	55,97	80,4
61,79	38,21	37,29	37,66
68,28	31,72	30,44	30,83
72,91	27,09	27,15	26,78
76,31	23,69	23,37	23,69
79,02	20,98	21,00	21,32
81,15	18,85	18,88	18,56
84,33	15,67	15,18	15,18

Tabelle 108a.

Abstand vom Bodenstück m	Innere Wandlung Proz. Sn	Äußere Wandlung Proz. Sn
0,4	8,965	9,662
0,6	9,014	9,282
0,8	9,014	9,454
1,0	8,726	9,676
1,2	9,046	9,581
1,4	8,732	9,550
1,6	8,762	9,314
1,8	8,999	9,534
Durchschnitt	8,907	9,507

Die Entmischung ist um so größer, je langsamer die Abkühlung stattfindet, man muß deshalb dafür Sorge tragen, den Erstarrungsvorgang nach Möglich-

[1] Zft. f. Metallkunde 1925, **17**, 60.

[2] Dingl. Polyt. Journ. **213**, 154.

keit zu beschleunigen. Wenn man eiserne Formen verwenden kann, die eine schnelle Abkühlung herbeiführen, wählt man als Gußtemperatur 1500 bis1600°, während man bei Sandguß, also langsamer Abkühlung in der Form, die Schmelze im Tiegel oder in der Gießpfanne zunächst auf 1300 bis 1400° abkühlen läßt. Kleine Gußstücke löscht man auch häufig in Wasser ab.

Durch einen Zinkzusatz wird das Seigerungsvermögen der Bronzen herabgesetzt, während ein Eisen-, Mangan-, Nickel- und besonders ein Bleigehalt das Entmischen befördert. Die grauen und gelben Flecken auf dem frischen Bruch, die oben genannten „Zinnflecken", rühren nicht immer von Seigerungen her. Nach *Heyn* und *Bauer* sind sie häufig bedingt durch die gröbere Ausbildung der Krystallkörner bei einer langsamen Erstarrung der Bronze. Bei rascher Abkühlung sind die Kryställchen so klein und innig gemischt, daß der Bruch eine ganz gleichmäßige Farbe zeigt (siehe unten).

Das Schwinden der Bronzen wurde experimentell von *Wüst*[1] untersucht. Während der Krystallisation der Mischkrystalle findet eine Ausdehnung statt, welche so lange anhält, bis die Erstarrung beendet ist, erst dann schwindet die Legierung in normaler Weise. Das Maximum der Ausdehnung und der Beginn der Schwindung fällt praktisch mit dem Ende des Erstarrungsvorganges zusammen.

Tabelle 109.

Zusammensetzung		Beginn der Ausdehnung	Proz. der Ausdehnung	Beginn der Schwindung	Proz. der Schwindung
Proz. Cu	Proz. Sn				
94,70	5,08	1032°	0,085	786°	1,66
89,65	10,23	980°	0,122	706°	1,44
80,66	19,08	835°	0,01	752°	1,52

Während der Schwindungskoeffizient des reinen Kupfers 1,4 beträgt, derjenige des reinen Zinns 0,4, besitzen die Legierungen beider einen höheren Schwindungskoeffizienten, durch Hinzulegieren von größeren Mengen (10 Proz.) Zink wird das Schwinden der Bronzen wesentlich herabgesetzt (siehe S. 293).

Infolge des starken Schwindens bietet der Bronzeguß — namentlich bei der Herstellung von Gußstücken in großen Abmessungen — gewisse Schwierigkeiten, wenn es nötig ist, das Auftreten von Einsenkungen oder inneren Hohlräumen zu vermeiden. Es kommt auch vor, daß sich an Stelle eines großen Lunkers eine Unzahl mikroskopisch kleiner, durch das ganze Gußstück verteilte Poren bilden, wodurch dieses z. B. zur Herstellung von Ventilen oder Zylindern, die unter Wasser- oder Gasdruck stehen, unbrauchbar wird.

Bei dieser Gelegenheit sei darauf aufmerksam gemacht, daß außer den Schwindungsporen auch solche infolge von Gußfehlern vorkommen. Bei der miskroskopischen Betrachtung deuten (nach Primrose) scharfabgegrenzte Hohlräume mit glatten Wänden auf zu große Feuchtigkeit der Form hin, während tiefer liegende, zackige Poren auf Gasbildung aus dem Metall selbst schließen lassen (siehe auch S. 253).

[1] Metallurgie 1909, 786.

Curry[1] prüfte die Korrosionsfähigkeit der Bronzen mit einem Kupfergehalt von 95 bis 5 Proz., nachdem er die Legierungen zur Erreichung eines Gleichgewichtszustandes nach dem Schmelzen längere Zeit bei höherer Temperatur angelassen und dann rasch abgekühlt hatte. Er untersuchte sowohl die elektrolytische Korrosion, indem er die Proben als Anoden in die Lösungen verschiedener Salze einhängte, als auch die rein chemische Korrosion der Bronzen in Salzlösungen unter Durchleiten von Luft. In Natriumsulfatlösung werden die Legierungen mit 95 bis 75 Proz. Kupfer in beiden Fällen beträchtlich angegriffen, und zwar um so stärker, je höher der Kupfergehalt ist, dabei geht jedoch nur das Kupfer in Lösung. Von 70 bis 40 Proz. Kupfer werden die Legierungen sehr wenig angegriffen, die kupferärmeren etwas stärker, jetzt jedoch vornehmlich unter Auflösung von Zinn. Die Kurve, welche den Proz.-Gehalt der Legierung als Abszisse, die Stromausbeute als Ordinate enthält, besteht aus vier deutlichen Ästen, entsprechend dem Konstitutionsdiagramm Fig. 124. Der ε-, δ- und Cu_3Sn-Bestandteil sind praktisch unangreifbar, sie werden passiv. Ähnliche Ergebnisse wurden in allen sauerstoffhaltigen Elektrolyten erhalten, der ε-Konstituent ist stets am widerstandsfähigsten.

Ähnliche Untersuchungen wurden von *Rowland*[2] und *Lincoln*[2] angestellt.

Von Wichtigkeit für die Technik sind Korrosionsversuche von *Giolitti* und *Ceccarelli*[3]. Sie setzten Proben der beiden technisch besonders wertvollen Haupttypen mit 4 bzw. 10 Proz. Zinn der Einwirkung einer 0,1 n-Salzsäurelösung + 2 Proz. Eisenchlorid aus, wobei sich zeigte, daß die Korrosionsfähigkeit weniger von der chemischen als von der Strukturverschiedenheit beeinflußt wird. Die beiden Bronzen bestehen nach normaler Abkühlung aus primär ausgeschiedenen kupferreichen Mischkrystallen, eingebettet in einer zinnreicheren festen Lösung bzw. aus mehr oder weniger in $\alpha + \delta$ zerfallenem β-Bestandteil. Die verschiedenen festen Lösungen haben auch ein verschiedenes Potential gegen das Korrosionsmittel, ihre Gegenwart beschleunigt also die Korrosion. Diese wird deshalb am geringsten sein, wenn die Abkühlung des Gusses ganz langsam erfolgt (die festen Lösungen sind dann nahezu homogen) bzw. so rasch, daß die β-Umwandlung unterdrückt wird. Wie aus den Versuchen hervorgeht (siehe Tab. 110), verlieren die zinnreichen Bronzen mehr als die zinnarmen, aber der Unterschied ist nicht sehr erheblich, am wenigsten werden die am schnellsten abgekühlten Bronzen angegriffen.

Ein Bleigehalt scheint die Korrodierbarkeit der Bronze zu erhöhen. So fand *Bayley*[4], daß durch siedendes Wasser bereits eine Bronze mit:

86 Proz. Kupfer, 6 Proz. Zinn, 5 Proz. Zink, 3 Proz. Blei merklich angegriffen wurde, während eine Bronze aus:

85 Proz. Kupfer, 10 Proz. Zinn, 5 Proz. Zink, — Proz. Blei unversehrt blieb.

---

[1] Journ. of Phys. Chem. 1906, **10**, 484.
[2] Electrochem. and Metallurg. Ind. 1908, **6**, 240.
[3] Gazz. chim. ital. **39** II, 557.
[4] Journ. Soc. Chem. Ind. 1902, **21**, 591.

Tabelle 110.

Zinngehalt Proz.	Temperatur der Kokille bei Einguß der Bronze	Dauer der Korrosion in Stunden	Gewichtsverlust Proz.
9,3	300°	329	29,83
9,2	400°	329	38,23
3,8	0°	329	32,82
3,9	200°	329	33,10
3,8	300°	329	33,45
3,7	400°	329	40,84
8,9	100°	120	8,9
9,3	200°	120	9,1
9,3	300°	120	9,5
9,2	400°	120	10,64
3,7	100°	120	8,80
3,8	300°	120	9,60
3,7	400°	120	10,40

Der Wasserdampf wirkt wahrscheinlich mechanisch auf die Oberfläche der Legierung ein, ihre Widerstandskraft hängt deshalb wesentlich von der Gleichmäßigkeit und Dichte der äußeren Schicht ab, zu deren Prüfung an erster Stelle das Mikroskop geeignet ist.

Die Analyse antiker Bronzen zeigt, daß bei der langsamen Oxydation im Erdboden das Kupfer stärker als das Zinn angegriffen wird.

Ulrich[1] konnte durch Versuche feststellen, daß die sauren Abwässer der Zuckerfabriken unter gleichen Bedingungen für 1 Mk. Bronze und für 21 Mk. Eisen zerstören, es empfiehlt sich deshalb hier, Maschinenteile und Rohrleitungen aus Bronze anzuwenden.

Nach Erfahrungen, welche man in Amerika[2] mit Bronzeleitungen im Freien gemacht hat, bleiben diese 15 bis 18 Jahre lang brauchbar; in der Nähe von chemischen Fabriken halten sie sich jedoch nur $3^1/_2$ Jahre und in der Ölgegend von Beaumont infolge des Einflusses von schwefliger Säure nur 2 Jahre, doch konnten sie mit Hilfe von Bleiummantelungen viel dauerhafter gemacht werden. Die Lebensdauer von Eisendrähten in derselben Gegend betrug nur etwa 1 Jahr.

Das Abschrecken der Bronze.

Wie schon erwähnt wurde, ist die Art der Abkühlung von einschneidender Bedeutung für den Gefügeaufbau und damit für die mechanischen Eigenschaften der Bronzen. Oberhalb 500° bestehen bei den zinnarmen Legierungen kupferreiche Mischkrystalle, die bei rascher Abkühlung keine Zeit haben, sich mit der zinnreichen Umhüllung durch Diffusion auszugleichen, bei den zinnreichen Bronzen scheiden sich zunächst die weichen, schmiedbaren β-Krystalle aus, die bei 500° in die harten, spröden δ-Krystalle übergehen. Schon

[1] Chem.-Ztg. 1912, 1059.
[2] The Electrician 1905, 969.

1814 fand *d'Arcet*[1], daß diese Bronzen durch Erhitzen auf dunkle Rotglut und Ablöschen in Wasser ihre Härte und Sprödigkeit verlieren. Da durch dieses Abschrecken das gleiche Ergebnis erzielt wird wie beim Stahl durch Anlassen, nennt man es in der Praxis fälschlicherweise das „Anlassen der Bronze". Zahlenmäßig drückt sich die Wirkung des Abschreckens durch die deutliche Zunahme der Festigkeit und Dehnung aus, siehe die Versuche von *Shepherd* und *Upton* (Tab. 106) und von *Guillet* (Tab. 113 u. 121).

Bei den Bronzen mit höchstens 9 Proz. Zinn ist die Wirkung undeutlich, für die höher zinnhaltigen scheint das Höchstmaß an Festigkeit durch Abschrecken bei ungefähr 600° erreicht zu werden, während die günstigste Ablöschtemperatur für die Steigerung der Dehnung sich mit der Zusammensetzung der Legierung ändert: sie scheint mit wachsendem Zinngehalt zuzunehmen.

Auch auf die Kugeldruckhärte ist die Abschreckwirkung nur bei den höher zinnhaltigen Bronzen deutlich festzustellen, diese werden weicher; zinnarme Legierungen dagegen nehmen an Härte zu, wenn sie von hohen Wärmegraden rasch abgekühlt werden.

Portevin[2] fand folgende Eindruckdurchmesser (10-mm-Kugel bei 1000 kg Druck):

	Unbearbeitet	Bei 600° ausgeglüht	Bei 600° abgeschreckt
Bronze mit 10 Proz. Zinn . .	4,10	4,40	4,40
„ „ 20 „ „ . .	3,00	3,10	3,27

Die Wirkung des Abschreckens gegenüber dem Ausglühen wächst mit dem Zinngehalt, d. h. mit der Menge der δ-Krystalle.

Interessant, aber noch weiterer Klärung bedürftig sind Versuche von *Grenet*[3] über die Wirkung des Wiederausglühens der abgeschreckten Bronzen (siehe Tab. 111).

Tabelle 111.

Behandlung des Metalls	Bronze mit 10 Proz. Sn	Bronze mit 20 Proz. Sn
Unbehandelt	130	Zersprang
Bei 750° in Wasser abgeschreckt	110	172
„ 750° „ „ „ und bei 100° ausgeglüht	108	172
„ 750° „ „ „ „ „ 200° „	220	238
„ 750° „ „ „ „ „ 250° „	146	228
„ 750° „ „ „ „ „ 400° „	118	186
Bei 750° ausgeglüht, im Ofen abgekühlt	104	172

Aus der praktischen Erfahrung heraus weiß man, daß es gelingt, der durch Abschrecken weich gemachten Bronze ihre Härte wiederzugeben, indem man das Gußstück nochmals auf Rotglut erhitzt und dann langsam abkühlen läßt.

Aus *Grenets* Versuchen scheint jedoch hervorzugehen, daß unter Umständen eine wesentliche Härtesteigerung nur durch Anwärmen auf niedere Wärme-

[1] Bull de la Soc. d'Encouragement 1814, 289.
[2] Rev. de Mét. 1909, 814.
[3] C. r. 1910, **151**, 870.

grade erreicht wird, während ein Wiederausglühen bei höheren Temperaturen ohne Erfolg bleibt. Vermutlich sind hier die Abmessungen, namentlich die Wandstärken des einzelnen Stückes, von ausschlaggebendem Einfluß. Auch durch die dem Abschrecken gewöhnlich folgende Kaltbearbeitung wird die Bronze wieder härter.

Da bei der Bildung einer festen Lösung die Leitfähigkeit für den elektrischen Strom abnimmt, so müßte, wie *Portevin*[1] ausführt, bei den zinnreichen Bronzen nach der Abschreckung der Leitungswiderstand größer sein als nach der langsamen Abkühlung. Sein Versuch bestätigt dies (siehe Tab. 112).

Tabelle 112.

Zinngehalt Proz.	Spez. Widerstand in mikrom. ccm Langsam abgekühlt	Spez. Widerstand in mikrom. ccm Bei 650° abgeschreckt
5,08	10,5	10,5
10,02	15,8	16,6
14,42	20,2	21,2
19,62	25,9	27

Eine Stimmgabel aus abgeschreckter Bronze gibt einen tieferen Ton als eine solche aus der langsam erstarrten Legierung.

Tabelle 113[2].

Wärmebehandlung	Festigkeit kg/qmm	Elastizitätsgrenze kg/qmm	Dehnung Proz.
95 Proz. Kupfer + 5 Proz. Zinn			
nicht abgeschreckt	19,2	?	20
bei 300° „	24,0	10,3	27,5
„ 450° „	24,6	11,1	27
„ 550° „	23,4	6,8	28
„ 600° „	21,0	?	27
„ 650° „	19,3	6,1	25
„ 700° „	19,3	4,8	20
„ 750° „	19,2	7,5	22
„ 800° „	6,7	?	3
91 Proz. Kupfer + 9 Proz. Zinn			
nicht abgeschreckt	25,4	10,3	16,5
bei 400° „	18,4	10,5	14
„ 500° „	18,4	10,5	11,5
„ 600° „	25	9,2	23,5
„ 700° „	25	10,5	23,5
„ 800° „	20,7	7,1	30
„ 900° „	3,9	3,9	2

Wärmebehandlung	Festigkeit kg/qmm	Elastizitätsgrenze kg/qmm	Dehnung Proz.
87 Proz. Kupfer + 13 Proz. Zinn			
nicht abgeschreckt	24,1	13,7	3
bei 500° „	21,7	14,0	3
„ 550° „	23,7	?	5
„ 600° „	28,0	10,5	10
„ 650° „	28,0	8,4	9
„ 700° „	28,0	10,4	13
„ 750° „	30,5	?	19
„ 800° „	25,4	8,4	9
84 Proz. Kupfer + 16 Proz. Zinn			
nicht abgeschreckt	25	4,7	1,4
bei 300° „	22	?	0
„ 400° „	24,4	?	0
„ 500° „	19,4	5,6	1,4
„ 550° „	40,1	10,1	5,9
„ 600° „	42,6	?	3,6
„ 650° „	36,3	?	1,4
„ 700° „	34,4	?	2,9
750°	29 6	?	5

[1] C. r. **155**, 459.
[2] Alliages mét. 494.

Tabelle 113 (Fortsetzung).

Wärmebehandlung	Festigkeit kg/qmm	Elastizitätsgrenze kg/qmm	Dehnung Proz.
79 Proz. Kupfer + 21 Proz. Zinn			
nicht abgeschreckt	20,0	5,5	0
bei 550° „	38,6	12,2	2,8
„ 650° „	38,3	11,1	0,7
„ 700° „	35,8	21,2	2,9
„ 750° „	35,2	23,2	1,5

Die Herstellung der Bronzen erfolgt durch Zusammenschmelzen der Bestandteile im Tiegel- oder, wenn es sich um sehr große Gußmengen handelt, im Flammofen. Man schmilzt zuerst das Kupfer ein und setzt dann das angewärmte Zinn hinzu. Durch wiederholtes Umrühren sucht man die geschmolzene Legierung möglichst gleichmäßig zu gestalten. Wegen der Kostspieligkeit des Zinns ist man genötigt, Bronzeabfälle aller Art wieder einzuschmelzen; früher geschah dies sogar mit Vorliebe, weil man annahm, daß durch oftmaliges Umschmelzen eine Bronze mit besonders guten Eigenschaften erhalten würde. Wenn es sich um die Herstellung kleiner Gußmengen handelt, ist es allerdings praktisch, Altmaterial von der geforderten Zusammensetzung umzuschmelzen, da es bei kleinen Mengen sonst schwierig ist, die vorgeschriebene Legierung zu erzielen. Durch ein wiederholtes Umschmelzen wird das Material auch gleichmäßiger; es ist jedoch zu bedenken, daß es trotz aller Vorsichtsmaßregeln doch ständig Sauerstoff aus der Luft aufnimmt und, wenn es nicht desoxydiert wird, allmählich immer dickflüssiger wird und daß die Festigkeitswerte, besonders die Dehnung, sehr rasch zurückgehen.

Wie *Heyn* und *Bauer*[1] zeigten, vollzieht sich bei der Schmelzhitze der Bronze zwischen Kupferoxydul und Zinn eine chemische Umsetzung nach der Gleichung

$$2\,Cu_2O + Sn = 4\,Cu + SnO_2.$$

Deshalb tritt der Sauerstoff in der Bronze in Form von Zinnsäurekrystallen auf, die in der flüssigen Schmelze unlöslich sind und in ihr in der Schwebe gehalten werden. Die Krystalle verkümmern häufig zu dünnen Häuten, die immer in dem zuletzt erstarrenden zinnreichen Gefügebestandteil eingeschlossen liegen.

Fig. 135 (Taf. 13) zeigt in 365facher Vergrößerung einen Bronzeschliff mit hautförmiger Zinnsäureeinlagerung. Das Einschmelzen der Metalle auch unter einer Holzkohlendecke schützt die Bronze nicht notwendigerweise gegen einen Zinnsäuregehalt.

Während das Kupferoxydul in der flüssigen Kupferschmelze gelöst ist und deshalb durch die Einwirkung der Holzkohle oder durch Umrühren mit einem Holzstab reduzirt werden kann, ist dies bei den in der Schmelze unlöslichen Zinnsäureausscheidungen nicht möglich. Hier kann eine Desoxydation nur

[1] Mitt. a. d. Mat.-Prüf.-Amt 1904, 137.

durch chemisch reaktionsfähigere Mittel, wie Magnesium, Calcium (siehe S. 142) oder Phosphor (siehe S. 210), Silicium oder Mangan (siehe S. 235), erzielt werden.

Um den Abbrand möglichst niedrig zu halten, beschleunigt man das Einschmelzen nach Möglichkeit: man setzt deshalb den Tiegel in einen Tiegelofen ein, der einen kräftigen Windzug besitzt. Der Tiegel wird mit Holzkohlenpulver, zerkleinertem Anthrazit, Koks oder Graphit bedeckt, man drängt hierdurch die Oxydation der Schmelze zurück und verhindert die Aufnahme von Gasen, die sonst in dem Gußstück Veranlassung zum Entstehen von Hohlräumen geben.

Guillemin und *Delachanal*[1] fanden in Bronzegüssen folgende Verhältnisse (Tab. 114).

Tabelle 114.

Material	Verhältnis: $\frac{\text{Gasvolumen}}{\text{Metallvolumen}}$	Zusammensetzung der Gase in Proz.				
		CO_2	H	CH_4	CO	N u. verschiedene Gase
Bronze	7,30	16,20	59,9	7,2	16,4	0,3
Phosphorbronze	0,78	86,70	13,0	—	—	0,3
„	0,28	58,0	40,8	—	—	1,2

Phosphorbronze zeigt demzufolge nur ein geringes Lösungsvermögen für Gase.

Das Gießen der Bronze findet in Lehm oder fetten Sand oder in angewärmte Messing- oder Eisenformen statt, die mit einem Anstrich aus Terpentinöl und Kienruß versehen sind. Die Gußtemperatur richtet sich nach der Größe und dem Zweck des Gegenstandes; sehr große Gußmassen (wie Statuen oder Glocken) werden heiß vergossen, damit die Form gut ausgefüllt wird, die absorbierten Gase Zeit zum Entweichen haben und die Verunreinigungen nach oben steigen können.

Den Guß für kleine Gegenstände läßt man erst abstehen und vergießt ihn, wenn die Gase größtenteils entwichen sind; auch Bronze, die gestreckt oder gehämmert werden soll, darf nicht zu heiß gegossen werden, weil sie sonst ein grobkrystallinisches Gefüge erhält, das eine geringe Dehnbarkeit hervorruft.

Den Einfluß der Gußtemperatur auf die Seigerung siehe S. 244.

Von erheblichem Einfluß ist die größere oder geringere Geschwindigkeit mit der der Guß sich abkühlt.

Wie *Heyn* und *Bauer*[2] bewiesen, besitzt eine schnell abgekühlte Bronze eine wesentlich größere Härte als eine Bronze von gleicher chemischer Zusammensetzung, die langsam abgekühlt worden ist. Man kann so ohne Erhöhung des Zinngehaltes, also unter Ersparung unnötiger Kosten, durch Beschleunigung der Abkühlung nach dem Guß (z. B. durch Anwendung von Kokillen an Stelle von Sandformen) eine für viele Zwecke wünschenswerte Erhöhung der Härte herbeiführen.

---

[1] C. r. 1910, **151**, 881.
[2] Mitt. a. d. Mat.-Prüf.-Amt 1910, 344.

Wenn eine Bronze von der Zusammensetzung: 93,1 Proz. Kupfer, 6,5 Proz. Zinn ihr Erstarrungsintervall (1030 bis 850°), siehe S. 238, rasch durchläuft, besitzt sie das Gefüge *A*, Fig. 136 (Taf. 14) — kupferreiche *α*-Krystalle, umgeben von der später erstarrten zinnreichen Schmelze —, bei langsamer Abkühlung wird das Gefüge *B* homogen, Fig. 136a (Taf. 14). Durch Ausglühen bei 950 bis 750° kann *A* in *B* verwandelt werden.

Es zeigten nun die Güsse:

Gefüge A	7,5 bis 7,8 Ritzhärte
„ B	5,6 „ 6,6 „

Heyn und *Bauer*[1] untersuchten weiter den Einfluß der Abkühlungsgeschwindigkeit (der Art des Gusses und der Querschnittsabmessungen der Gußstücke) auf die Eigenschaften einer Lagerbronze von der Zusammensetzung: 84,5 Proz. Kupfer, 15,1 Proz. Zinn, 0,2 Proz. Zink. Die Legierung besaß ein Erstarrungsintervall 939 bis 782°. Aus dem großen Zahlenmaterial seien folgende Werte wiedergegeben: K = Kokillenguß, S = Sandguß (Tab. 115).

Tabelle 115.

Querschnitt	Spez. Gew.	Kugeldruckhärte (*Martens* u. *Heyn*)	Querschnitt	Spez. Gew.	Kugeldruckhärte (*Martens* u. *Heyn*)
30 mm K . .	8,89	154	20 mm K . .	8,705	173
30 „ S . .	8,48	84	20 „ S . .	8,145	80
25 „ K . .	8,81	154	15 „ K . .	8,815	173
25 „ S . .	8,40	88	15 „ S . .	8,69	117

Heyn und *Bauer* ziehen aus ihren Versuchsergebnissen folgende Schlüsse:

1. Durch Regelung der Abkühlungsgeschwindigkeit kann man wesentlichen Einfluß auf die mechanischen Eigenschaften (Härte, Stauch- und Druckfestigkeit) der Bronze ausüben. Durch geschickte Regelung dieser Abkühlungsgeschwindigkeit kann man mit zinnärmeren, also billigeren Lagerbronzen ähnliche Wirkungen erzielen wie mit zinnreicheren, teuren Bronzen, deren Abkühlungsverhältnisse nicht derartig waren, daß sie ihre besten Eigenschaften entwickeln konnten.

2. Raschere Abkühlung von Wärmegraden oberhalb 782° erhöht im allgemeinen die Härte, die Stauch- und Druckfestigkeit. Deswegen zeigen die Kokillengüsse bei den gewählten Querschnittsabmessungen der Güsse durchweg höhere Härte, Stauch- und Druckfestigkeit als die Sandgüsse. Da bei größerem Querschnitt des Gußstückes das Metall in der Form langsamer abkühlt als bei kleineren, so muß auch die Größe des Gußquerschnittes Einfluß auf die mechanischen Eigenschaften ausüben. Dies zeigt sich deutlich bei den Sandgüssen, bei denen im allgemeinen die kleineren Querschnitte höhere Werte zeigen als die größeren. Bei den Kokillengüssen ist der Einfluß der Querschnittsabmessungen innerhalb der gewählten Grenzen weniger deutlich ausgeprägt, weil er durch den Einfluß der rascheren Abkühlung in der Metallform überdeckt wird.

[1] Mitt. a. d. Mat.-Prüf.-Amt 1911, 63.

3. Die Sandgüsse erwiesen sich wesentlich poröser als die Kokillengüsse, ihr spez. Gewicht ist durchgehend niedriger.

4. Durch wiederholtes Umschmelzen der Bronze werden die Härte und Druckfestigkeit des Materials nur unwesentlich beeinflußt. Die Zerreißfestigkeit und Dehnung sowie die Widerstandsfähigkeit gegen Stoß werden vermindert.

Heyn und *Bauer*[1] zeigten weiter, daß die Sprödigkeit, welche die zur Herstellung der Scheidemünzen dienenden Zaine (95 Proz. Cu, 4 Proz. Sn, 1 Proz. Zn), siehe S. 260, zuweilen im gegossenen wie im ausgewalzten Zustande besitzen, auf eine zu langsame Abkühlung zurückzuführen ist. Die Gußtemperatur war entweder zu hoch oder die Form zu heiß. Die Bronze weist in diesem Fall auch eine reichliche Porenbildung und oxydische Einschlüsse auf, weil sie während der langsamen Abkühlung Zeit zur Luftsauerstoffaufnahme hatte. Die Sprödigkeit läßt sich durch Biege- und Schlagbiegeproben auch zahlenmäßig nachweisen. Durch Ausschmieden bei Zimmerwärme mit nachfolgendem Ausglühen bei niedrigen Wärmegraden (etwa $^1/_2$ Stunde bei 600°) zur Entfernung der durch das Kaltschmieden hervorgerufenen Reckspannungen läßt sich in der Regel die Sprödigkeit wieder aufheben.

Um ein Festbacken des Gusses an der Form zu verhindern, wird ein etwas kostspieliges Mittel empfohlen in:

(D. R. P. 149 552.) Lieussou, Paris: Verfahren, Bronze zum Gießen in Metallformen geeignet zu machen, dadurch gekennzeichnet, daß eine Legierung von Zinn und Natrium in die auf etwa 700 bis 800° erhitzte Kupfermasse eingebracht wird, wobei sich das Natrium beim Guß der Bronze durch Verdampfung an der ganzen Oberfläche des Gußstückes ausscheidet und ein Festsetzen desselben an der Metallform verhindert.

Die Abgüsse lassen sich leicht aus der Form nehmen und geben in vorzüglichster Weise die Einzelheiten der Form wieder. (Vom 26. 2. 1903 ab.)

Natrium wird auch (überflüssigerweise) als Überträger benutzt in:

(D. R. P. 240 452.) Sand- und Steinzeugwerke Großpeter G. m. b. H., Groß-Königsdorf: 1. Verfahren zur Herstellung von zinnhaltigen Legierungen von Kupfer oder Eisen mit Natrium oder Kalium, dadurch gekennzeichnet, daß das Alkalimetall in bekannter Weise an Zinn gebunden und dann das Eisen oder Kupfer in dieser Legierung aufgelöst wird. **2.** Ausführungsart: in die flüssige Zinn-Alkalimetallegierung wird flüssiges Eisen oder Kupfer in dünnem Strahle eingegossen.

Bei der Legierung mit Eisen ist das Zinn zur Hauptsache lediglich Überträger des Natriums oder Kaliums. Bei der Legierung mit Kupfer ist der Vorgang etwas anders, da sich hier das Zinn auch vollständig mit dem Kupfer legiert.

(Vom 27. 7. 1910 ab.)

Infolge des Alkalimetallgehaltes wird die erzielte Legierung vermutlich sehr wenig luftbeständig sein.

Die Abfälle der Bronzegießerreien werden in der Regel wieder eingeschmolzen. Für die elektrolytische Kupfergewinnung aus Bronzeabfällen ist eine Verbesserung geschützt in:

---

[1] Mitt. a. d. Mat.-Prüf.-Amt 1913, 158.

(D. R. P. 189 875.) Thirot, Bourges, und Nouguier, Verdun: Verfahren zur Regenerierung des Elektrolyten bei der elektrolytischen Gewinnung von Kupfer aus alten Bronzen, dadurch gekennzeichnet, daß man sowohl den Schwefelsäuregehalt wie den Kupfergehalt des Elektrolyten andauernd konstant erhält durch Ergänzen der durch Bildung beständiger Sulfate verbrauchten Schwefelsäure und Zusatz von so viel Kupferoxyd, als dieser Säuremenge und der durch Hydrolyse der unbeständigen Sulfate gebildeten Schwefelsäure entspricht.

Die in der Bronze enthaltenen anderen Metalle haben die Folge, daß bei bewöhnlicher Elektrolyse der Elektrolyt dauernd an Kupfersulfat ärmer, dagegen an freier Schwefelsäure reicher werden würde. Infolge der ziemlich großen Menge dieser anderen Metalle würde daher die Zusammensetzung des Elektrolyten stark schwanken, und man würde kein vollständig reines und zusammenhängendes Kupfer erhalten. Dies soll durch vorliegendes Verfahren vermieden werden. (Vom 4. 4. 1906 ab.)

Auf die Wiedergewinnung des Zinns bezieht sich das

(D. R. P. 245 682.) Reinders, Delft: Verfahren zur Wiedergewinnung von Zinn aus Legierungen, plattierten Waren, Abfällen u. dgl. durch Elektrolyse unter Benutzung des zinnahltigen Materials als Anode, dadurch gekennzeichnet, daß die Elektrolyse in bekannter Weise in einem Bad ohne Diaphragmen vorgenommen wird, wobei aber der Elektrolyt, zwecks Konstanterhaltung seines Zinngehaltes durch den Anodenraum eines Verstärkungsbades mit Diaphragmen zirkuliert, in welchem von den Abfällen, die als Anode dienen, Zinn gelöst wird, während im zinnfreien Kathodenraum Wasserstoff entwickelt wird.

Bei Einhaltung einer bestimmten Stromdichte ist es unter diesen Umständen möglich, dauernd einen schwammfreien Niederschlag zu erhalten. (Vom 12. 7. 1910 ab.)

Bergsoë gewinnt Zinn aus zinnhaltigen Legierungen nach dem dänischen Pat. 3968. Das Metall wird durch eine wässerige Lösung eines Zinnsalzes, z. B. Stannichlorid, ausgelaugt, wodurch das Stannichlorid in Stannochlorid übergeht. Die Lösung wird alsdann durch einen schwachen Strom elektrolysiert, wodurch Zinn ausfällt und wieder Stannichlorid entsteht nach den Formeln:

$$1.\ Sn + SnR_4 = 2SnR_2$$
$$2.\ 2\,SnR_2 = Sn + SnR_4\,.$$

Als Anode müssen indifferente Stoffe, wie Kohle, verwendet werden.

Zur Rückgewinnung von Bronze aus Schlacken werden diese zunächst trocken in Kugelmühlen zu einem feinen Pulver vermahlen und dann in einer Krätzewäsche mit viel Wasser gewaschen. Durch Schlämmen in Setzmaschinen, Schüttelherden oder in Trommeln wird der Sand entfernt, die zurückbleibenden Metallkörner werden nach dem Trockenen umgeschmolzen.

(D. R. P. 267 718.) Kremann, Graz: 1. Verfahren zur elektrolytischen Abscheidung von Bronze aus wässerigen Lösungen, gekennzeichnet durch die Verwendung eines Bades, welches Zinnchlorid und Kupfersulfat (oder -chlorid) neben Cyankalium und Natronlauge enthält. **2.** Ausführungsform, dadurch gekennzeichnet, daß das Cyankalium durch Weinsäure oder Seignettesalz ersetzt wird.

Nachstehende Bäder enthalten in 1 l:

I.	0,1	Mol.	$CuSO_4$	II.	0,017	Mol.	$CuSO_4$
	0,1	„	$SnCl_4$		0,038	„	$SnCl_4$
	0,25	„	Weinsäure		0,056	„	KCN
	2,4	„	NaOH		0,038	„	NaOH.

Bad I liefert bei etwa 1,5 bis 2 Volt Badspannung und einer Stromdichte von etwa 0,3 Amp. eine Bronze mit etwa 92 Proz. Cu und 8 Proz. Sn; zinnreichere Bronzen werden besser mit cyankalischen Bädern erhalten, so liefert II einen Niederschlag aus etwa 65 Proz. Cu und 35 Proz. Sn. (Vom 7. 12. 1912 ab.)

Pfanhauser (Die Elektrolytischen Metallniederschläge. 1910) gibt nachstehende Vorschrift für ein galvanisches Bronzebad: Man läßt zunächst gegossene Bronzeanoden sich etwa 10 Stunden lang in folgenden Bad auflösen: 1 l Wasser, 20 g pyrophosphorsaures Natron, 20 g citronensaures Natron, 6 g Cyankalium, und bringt alsdann das zu bronzierende Metall hinein. Badspannung bei 15 cm Elektrodenentfernung 2,5 Volt, Änderung der Badspannung für je 5 cm Änderung der Entfernung 0,6 Volt Stromdichte 0,25 Amp., Badtemperatur 15 bis 20°, Konzentration $3^1/_2$° Bé, spez. Widerstand 4,8 Ohm, Temperaturkoeffizient 0,028, Stromausbeute $47^1/_2$ Proz., Niederschlagsstärke in 1 Stunde bei 78 Proz. Kupfer, 22 Proz. Zinn 0,00196 mm.

(D. R. P. 290 090.) Treadwell, Charlottenbrug, und Beekh, Nürnberg: Verfahren zur Erzeugung von elektrolytischen Bronzeniederschlägen aus alkali- und cyankalihaltigen Lösungen von Kupfer und Zinn, gekennzeichnet durch den Zusatz von Alkalisulfiden oder -oxalaten zu den elektrolytischen Bädern. (Vom 4. 12. 1913 ab.)

Der Einfluß der Kaltbearbeitung auf die Eigenschaften der Bronze.

Goerens und *Dumont*[1] untersuchten den Einfluß der Kaltbearbeitung auf eine Bronze der Zusammensetzung: 94 Proz. Kupfer, 6 Proz. Zinn. Als Maß für die Bearbeitung der kalt gezogenen Bronze wurde die Querschnittsverminderung des Drahtes, bezogen auf Prozente des ursprünglichen Querschnitts, angesehen (Tab. 116):

Tabelle 116.

Maß der Bearbeitung Proz.	Fließgrenze kg/qmm	Zugfestigkeit kg/qmm	Dehnung Proz.
36	53,7	53,7	3,1
43,7	60,3	60,3	2,0
64	79,5	79,7	1,8
68,4	83,5	83,5	1,1
78,7	94,2	94,2	1,0
84,1	?	100,8	0,8
92,1	?	105,5	0,4

Die Fließgrenze liegt bei dem kalt bearbeiteten Material auf der gleichen Höhe wie die Zugfestigkeit. Diese nimmt ungefähr proportional dem Bearbeitungsmaß zu, während die Dehnung in gleicher Weise zurückgeht.

Eine „Kaltbearbeitung" findet auch statt, wenn sich ein härterer Zapfen in einem weicheren Lager reibt, deshalb sollen hier die Ergebnisse von Untersuchungen über die Abnutzung von Lagerbronzen erwähnt werden. *Portevin* und *Nusbaumer*[2] stellten zunächst die Härte solcher Bronzen fest:

[1] Ferrum 1912, 21.
[2] Rev. de Mét. 1912, 61.

Tabelle 117.

D	Zusammensetzung				Härte	
	Proz. Cu	Proz. Sn	Proz. P	Proz. Zn	Brinell: Durchmesser des Kugeleindrucks	Shore: Skleroskop
1	91,12	5,73	—	2,68	43,25	21,25
2	88,31	8,78	—	2,40	39	26
3	84,45	13,89	—	1,22	36,5	32
4	80,22	19,16	—	0,43	29,25	50
5	94,80	5,08	0,011	—	41	22,75
6	89,54	10,02	0,012	0,21	39	27,50
7	85,45	14,42	0,015	—	34,5	37,25
8	80,11	19,79	0,020	—	29	57,75

Bei der Prüfung dieser Bronzen auf Reibung in der „Derihon-Maschine" zeigte sich folgendes:

Die Abnutzung ist proportional dem Gehalt an Zinn oder allgemeiner ausgedrückt dem Gehalt an dem Bestandteil δ. Die Einführung des Phosphors erzeugt eine Bronze, die weniger Abnutzung als die nicht phosphorhaltige von höherem Zinngehalt und mehr Abnutzung als die nicht phosphorhaltige von niedrigerem Zinngehalt zeigt. Wenn eine Bronze sich auf poliertem Stahl reibt, selbst bei ausreichender Schmierung, so bildet sich auf der Oberfläche eine harte Haut, die sich nur wenig abnutzt, mit ihrem Verschwinden jedoch tritt eine sehr rasche Abnutzung des Lagers ein.

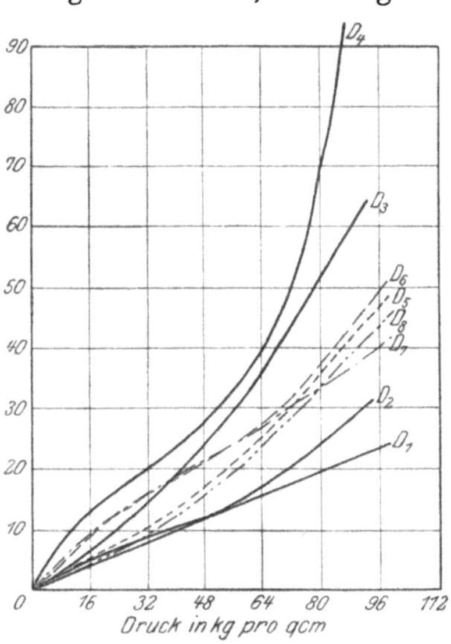

Fig. 137.

Die Ergebnisse der Untersuchungen sind in Fig. 137 graphisch zusammengestellt. Die einzelnen Schaulinien drücken die Abnutzung aus, welcher die Versuchsstäbe infolge des ausgeübten Druckes pro 1 qcm unterlagen. Die Kurven lassen sich in drei Gruppen teilen: 1. Kurven D_1, D_2; 2. Kurven D_5, D_6, D_7, D_8; 3. D_3, D_4.

Der höhere Zinngehalt bewirkt eine stärkere Abnutzung; solange der Gehalt 10 Proz. nicht überschreitet, ist die Abnutzung nur gering, bei einem höheren Gehalt wächst sie erheblich, besonders deutlich, wenn der Druck verstärkt wird.

Die Phosphorbronzen nehmen, wie schon gesagt wurde, eine mittlere Stellung ein, relativ bedeutende Veränderungen im Zinngehalt erhöhen jedoch die Abnützung nur sehr wenig (siehe auch S. 267).

Sehr interessant ist das Ergebnis der mikrographischen Untersuchung (siehe Fig. 138 bis 142 (Taf. 14), 200fache Vergrößerung der mit Eisenchlorid geätzten Schliffe). Fig. 138 gibt das Gefüge der durch die Reibung gehärteten Oberflächenschicht wieder, wird die Bronze während 30 Minuten bei 600° geglüht, so wird die Struktur grobkrystallinisch (Fig. 139). Diese harte Schicht ist aber nur von einer außerordentlich geringen Dicke, denn wenn die Probe nochmals abgeschliffen wird, ist das Krystallgefüge verschwunden (Fig. 140). Zum Beweise dafür, daß diese Neigung, schon bei verhältnismäßig niedrigen Wärmegraden ein grobkrystallinisches Gefüge anzunehmen, lediglich auf die vorausgegangene „Kalthärtung" zurückzuführen ist, wurde von einem Stück der Bronze D_7 die abgeschnittene Hälfte kalt gehämmert. Beide Teile zeigten unter dem Mikroskop das gleiche Bild, als beide Teile nunmehr während 30 Minuten auf 600° erhitzt wurden, nahm die gehämmerte Hälfte das grobkrystallinische Gefüge an (Fig. 141), während die unbearbeitete Probe sich in der Struktur nicht geändert hatte (Fig. 142). Das Auftreten der gehärteten Schicht, welche eine weitere Abnutzung während der Reibung nahezu verhindert, läßt sich mit Hilfe des Skleroskops deutlich nachweisen: in diesem Stadium ergab die Probe D_1 an Stelle der in Tab. 117 angegebenen Zahl 21 den Wert 35.

Der Einfluß der Wärmebehandlung auf die Festigkeitseigenschaften gezogener Bronzen.

Die Wirkung der Kaltbearbeitung kann durch geeignetes Ausglühen wieder aufgehoben werden (siehe S. 248); das Metall kehrt wieder in seinen ursprünglichen Zustand zurück, der sich durch herabgesetzte Festigkeit bei erhöhter Dehnung auszeichnet.

Über die Eigenschaften einiger hartgezogener Bronzen vor und nach dem Ausglühen macht *Thursten*[1] folgende Angaben (Tab. 118):

Tabelle 118.

Festigkeit in kg/qmm		Dehnung in Proz.
Ungeglüht	Geglüht	Nach dem Glühen
72,3	34,7	37,5
85,1	33,6	34,1
85,2	37,5	42,4
97,7	42,8	44,9
112,2	41,7	46,6
106,3	45,4	42,8

Durch systematische Wärmebehandlung von Bronzedrähten (Zusammensetzung: 94 Proz. Kupfer, 6 Proz. Zinn), deren mechanische Vorbehandlung genau bekannt war, suchten *Goerens* und *Dumont*[2] (vgl. S. 255) festzustellen,

[1] A Treatise of Bronzes.
[2] Ferrum 1912, 21.

in welcher Weise die Rückkehr aus dem Zustande der mechanischen Härtung in den gewöhnlichen Zustand vor sich geht. Aus dem umfangreichen Zahlenmaterial seien die Werte wiedergegeben, die bei dem am schwächsten und am stärksten kalt bearbeiteten Drahte erzielt wurden (Tab. 119 u. 120).

Es lassen sich bezüglich der Glühtemperatur vier Zonen unterscheiden, deren Wirkungen besonders charakteristisch sind.

I. Zone von 0 bis 315°. Die Festigkeit nimmt wenig ab, die Dehnung wird um einen geringen Betrag erhöht. Die Wirkung der Kaltbearbeitung kann auch durch länger fortgesetztes Glühen nicht vollständig entfernt werden.

II. Zone von 315 bis 400°. Die Festigkeit nimmt rasch ab, die Dehnung wächst sehr stark. Die Wirkungen der Kaltbearbeitung sind nach einer Glühdauer von wenigen Minuten vollständig verschwunden.

III. Zone von 400 bis 750°. Bei nur wenig verminderter Festigkeit nimmt die Dehnung weiter zu und erreicht ihren Maximalwert bei etwa 750°.

IV. Zone oberhalb 750°. Festigkeit und Dehnung nehmen beide erst langsam, dann sehr rasch ab. Das Material ist überhitzt.

Tabelle 119.
Einfluß der Glühtemperatur auf gezogenen Bronzedraht.
Bearbeitungsmaß = 36 Proz. (s. S. 255).

Temperatur °C	Fließgrenze kg/qmm	Zugfestigkeit kg/qmm	Dehnung Proz.
—	53,7	53,7	3,1
70	54,1	54,1	3,5
105	53,0	53,0	3,5
165	51,1	52,2	6,4
205	52,0	54,1	11,2
260	46,4	46,9	12,5
290	41,7	47,8	12,7
315	41,4	49,2	13,9
340	37,9	46,7	16,0
345	36,0	45,6	13,3
355	32,3	43,9	15,2
380	18,1	36,8	34,5
420	17,7	36,3	38,0
500	17,2	35,3	38,1
650	16,7	32,3	47,8
750	11,7	30,6	45,9
820	13,0	30,1	46,0

Tabelle 120.
Einfluß der Glühtemperatur auf gezogenen Bronzedraht
Bearbeitungsmaß = 92,1 Proz.

Temperatur °C	Fließgrenze kg/qmm	Zugfestigkeit kg/qmm	Dehnung Proz.
—	?	105,49	0,40
70	?	105,49	0,16
109	?	109,29	0,40
165	?	108,30	0,50
205	?	95,79	0,50
260	?	83,14	0,67
290	64,97	64,97	3,00
315	42,62	48,21	9,19
340	37,04	45,41	17,19
345	34,24	45,41	21,19
355	32,84	45,41	25,36
380	27,95	42,62	29,94
420	23,05	41,92	32,31
500	16,07	39,82	34,49
650	13,37	35,63	34,21
750	10,48	33,53	39,03
820	11,87	26,55	26,56

Der Einfluß der Glühdauer ist nur in Zone I, also unterhalb 315°, bemerkbar. Bei den höheren Glühtemperaturen wird die in den ersten Minuten erreichte Wirkung durch länger ausgedehntes Glühen nicht mehr wesentlich verändert.

Die Abkühlungsgeschwindigkeit ist ohne Einfluß auf die Wirkungen des Ausglühens. Wenn die angegebenen Zahlenwerte genau genommen nur für eine Bronze der Zusammensetzung 94 Proz. Kupfer, 6 Proz. Zinn Geltung haben, so ist doch anzunehmen, daß die Bronzen ähnlicher Zusammensetzung durchaus gleichartige Werte liefern werden.

Will man also aus einer Bronze die Folgen der Kaltbearbeitung wieder entfernen, so genügt es, das Material auf 300 bis 400° während einiger Minuten zu erhitzen. Bei einer längeren Glühdauer wird unnötigerweise die Oxydation durch die umgebende Atmosphäre verstärkt, wodurch das auszuglühende Material sich mit einer Oxydschicht bedeckt, die durch späteres Beizen entfernt werden muß. Ferner begünstigt ein andauerndes Glühen die Entstehung einer grobkrystallinischen Struktur, welche gewisse Eigenschaften der Legierungen, insbesondere die Zähigkeit und Biegefähigkeit, sehr ungünstig beeinflußt.

Weidig[1] untersuchte die Wirkung des Glühens auf einen hart gezogenen Draht der Zusammensetzung: 91,22 Proz. Kupfer, 8,39 Proz. Zinn (Blei und Eisen in Spuren), siehe Tab. 121.

Tabelle 114.

Material	Bruchfestigkeit kg/qmm	Dehnung Proz.	Biegezahl	Elektrischer Leitungswiderstand[2]
„Harter" Probedraht	61,61	11,3	16,0	0,02062
bei 400° geglüht, an der Luft abgekühlt	58,14	22,3	16,5	0,01807
„ 400° „ in Wasser abgeschreckt	55,59	22,0	17,0	0,01781
„ 600° „ an der Luft abgekühlt	42,86	56,5	22,0	0,01813
„ 600° „ in Wasser abgeschreckt	42,16	54,5	20,0	0,01933
„ 800° „ an der Luft abgekühlt	34,02	57,8	17,0	0,01864
„ 800° „ in Wasser abgeschreckt	32,81	56,5	16,0	0,01879
„Weicher" Probedraht	42,44	56,5	17,5	0,01865

Die Bronze zeigt bei ungefähr 600° eine gute Ausglühwirkung, der als „weich" gelieferte Probedraht dürfte annähernd dieser Temperatur ausgesetzt gewesen sein. Wesentliche Unterschiede zwischen den an der Luft abgekühlten bzw. in Wasser abgeschreckten Proben sind nicht zu bemerken, die oben besprochene Wirkung des Abschreckens machte sich vermutlich wegen des geringen Zinngehaltes nicht geltend.

Der Gewichtsverlust der Drähte infolge Oxydation beim Ausglühen, der Abbrand, betrug in Prozenten des Anfangsgewichtes angegeben:

bei 400° 1. Stunde geglüht, in Wasser abgeschreckt = 0,101 Proz.
„ 600° 1 „ „ „ „ „ = 0,256 „
„ 800° 1 „ „ „ „ „ = 6,316 „

Mit Recht betont *Weidig*, daß die Beachtung dieser bedeutsamen Verlustquelle dazu drängen muß, die Anzahl der Glühungen, denen ein Metall während seiner Verarbeitung unterworfen werden soll, so weit als möglich einzuschrän-

[1] Metallurgische und technologische Studien 1912.
[2] Angegeben in Ohm für je 1 m Länge der Drähte von 3 mm Durchmesser.

ken, falls nicht das Glühverfahren durch verständnisvolle Führung des Prozesses und Anwendung geeigneter Glühöfen die Abbrandbildung ausschließt.

Nach ihrem Verwendungszweck können die Bronzen eingeteilt werden in:

1. Walzbare Bronzen für Münzen und Medaillen	mit	4	bis	10	Proz.	Zinn
2. Geschütz- und Maschinenbronze mit 9 bis 12 bez.	„	9	„	20	„	„
3. Glockenbronze	„	20	„	30	„	„
4. Spiegelbronze	„	19	„	32	„	„
5. Kunstbronze	„	3	„	10	„	„
6. Vergoldbronze	„	1	„	16	„	„

In der Mehrzahl der Fälle verwendet man in der Praxis jedoch keine reinen Zinn-Kupferlegierungen, sondern entweder mit Phosphor, Mangan usw. desoxydierte Bronzen oder, um eine leichtere Gießbarkeit, bessere Bearbeitungsfähigkeit usw. zu erzielen, „Sonderbronzen", welche außer Kupfer und Zinn noch einen oder mehrere andere Bestandteile enthalten.

[Um Wiederholungen zu vermeiden, sollen zuerst die Bronzen nach ihrem Verwendungszweck besprochen werden, während in dem folgenden Abschnitt „Sonderbronzen" die Eigenschaften dieser ternären und quaternären Legierungen behandelt sind.]

Münzen- und Medaillenbronze.

Scheidemünzen aus reinem Kupfer würden wegen ihrer Weichheit schon nach einer kurzen Umlaufszeit eine starke Abnützung zeigen und ihr Gepräge verlieren. Schon die ältesten griechischen und römischen Kupfermünzen sind zinnhaltig, sie sind aber noch bleifrei; erst um 500 v. Chr. tauchen Bleigehalte bis 25 Proz. auf, bis gegen Ende der Republik hält diese erhebliche Verschlechterung der Legierung an, um erst in der Kaiserzeit zurückzugehen. *Mommsen* bezeichnet die Verschlechterung der Bronze mit solchen Beimengen als spezifisch römisch. Mit Beginn der Kaiserzeit finden sich in den Münzen Zinkgehalte bis nahezu 20 Proz., man sah aber den Zinkzusatz als Verbesserung an, um 250 bis 350 n. Chr. verschwindet er wieder langsam.

Vom Jahre 1850 an führen alle Kulturstaaten Bronzescheidemünzen ein, die Zusammensetzung ist in der Regel:

95 Proz. Kupfer, 4 Proz. Zinn, 1 Proz. Zink.

Dänemark wendet 90 Proz. Kupfer, 5 Proz. Zinn, 5 Proz. Zink, Italien 96 Proz. Kupfer, 4 Proz. Zinn an.

Erfahrungsgemäß genügt dieser Zinngehalt, um der Legierung die nötige Härte zu verleihen, während ein höherer Gehalt durch Herabsetzung der Geschmeidigkeit das Prägen erschweren würde. Das Zink macht die Bronze leichtflüssig und erleichtert dadurch die zunächst erforderliche Herstellung dünner gegossener Platten, aus welchen die Münzplättchen gestanzt werden, um dann durch die Prägung die endgültige Form zu erhalten.

Giolitti und *Pannani*[1] beschreiben die Veränderungen, welche die Struktur der Münzen während der Bearbeitung erleidet. Die Platten werden unter abwechselndem Erhitzen und Abschrecken von 7 bis 8 mm auf 1,5, 1 und 0,7 mm herabwalzte, dabei werden die von einer zinnreicheren Legierung umgebenen α-Krystalle immer kleiner, bis sie zuletzt zertrümmert sind und ein feinkrystallinisches Korn entstanden ist. Die Brüchigkeit mancher Medaillenbronzen wird in vielen Fällen durch eine zu große Abkühlungsgeschwindigkeit hervorgerufen (?) (siehe dagegen *Heyn* und *Bauer*, S. 252). In der Münze zu Bukarest erhalten nach *Barth*[2] die Münzplättchen, welche beim Beizen mit Schwefelsäure einen rötlichen, kupferähnlichen Ton angenommen haben, dadurch eine goldähnliche Farbe, daß sie in Mengen von 10 kg in eisernen Töpfen zwischen Holzkohlenpulver 2 bis $2^1/_2$ Stunden bei Rotglut erhitzt und nach der Abkühlung in einer Scheuertrommel mit einer Lösung von 50 g Weinsäure in 14 l Wasser 15 Minuten lang behandelt werden. Hierauf folgt ein Waschen mit Wasser und Trocknen zwischen Sägespänen.

Zur Reinigung und Konservierung antiker Kupfermünzen wendet man bei den Staatlichen Museen in Berlin nach Angabe von *Rathgen*[3] ein Reduktionsverfahren mittels Zink an. Dünnes Zinkblech mit metallisch glänzender Oberfläche wird mittels einer Ahle so durchbohrt, daß ungefähr 50 bis 60 Löcher von 2 bis 5 mm Durchmesser auf 1 qdm kommen. Ein so präpariertes Blech wird auf eine Reihe von Glasringen von etwa 20 mm Höhe gelegt, welche sich auf dem Boden eines größeren Glaskastens befinden, und zwar so, daß die entstandenen scharfen Lochränder nach oben gerichtet sind. Auf das Blech werden die Münzen bei etwa 20 mm Durchmesser so gelegt, daß 7 bis 8 auf 1 qdm kommen, von größeren Münzen entsprechend weniger. Darüber wird ein zweites durchlochtes Blech gelegt, darauf Münzen usw., zu oberst ein Blech, dessen Lochränder nach unten gerichtet sind. Das Ganze wird in geeigneter Weise beschwert, um eine möglichst innige Berührung des Zinks mit den Münzen zu erzielen. Wird das Gefäß nun mit 4 proz. Natronlauge gefüllt, so vollzieht sich unter Gasentwicklung die Reduktion in 15 bis 18 Stunden. Danach müssen die Münzen sorgfältig ausgelaugt werden, zu welchem Zweck sie vier Tage lang mit viermal täglich gewechseltem heißen Wasser behandelt werden. Die mit einem Tuch abgetrockneten Münzen werden bei etwa 100° völlig getrocknet und vor einem Ventilator mit einer Borstenbürste von auflagerndem Metallstaub gereinigt. So behandelt zeigen sie ein helles bis dunkles Braun.

Die Medaillenbronze, aus der Schau- und Preismünzen gefertigt werden, besitzt in der Regel einen etwas höheren Zinngehalt als die Münzenbronze; in Frankreich wendet man 5 bis 8 Proz., in England 8 bis 10 Proz. Zinn an.

[1] Atti R. Acad. dei Lincei 1908 (5), **17** II, 668.

[2] Österr. Zft. 1882, 335.

[3] Dingl. Polyt. Journ. 1896, **301**, 45.

Die größere Härte erschwert allerdings die Prägung, dies kommt jedoch weniger in Betracht, da es sich meist nur um eine beschränkte Anzahl von Medaillen handeln wird, während das harte Material das Herausarbeiten größerer Feinheiten des Reliefs gestattet. Zunächst gießt man die rohen Metallscheiben in feuchtem Sand und bedient sich zweckmäßig (nach *Puymaurin*) als Modell einer verzinnten Medaille, deren Zinnüberzug die Größe des Schwindens ausgleicht. Zu heißer Guß erzeugt eine blasige Oberfläche, zu kalter stumpfe Kanten. Die Gußstücke werden noch glühend in Wasser abgelöscht und dadurch weich und geschmeidig. Nach je drei Stößen des Prägewerkes wird die Platte wieder geglüht, abgelöscht und geprägt, bis die Prägung tief genug ist. Eine eigentümlich blaßrot gefärbte, sehr geschmeidige Medaillenbronze erzielt man aus 97 Proz. Kupfer, 2 Proz. Zinn, 1 Proz. Zink.

Um die bekannte mattglänzende, dunkelbraune Farbe hervorzurufen, erzeugt man auf der Oberfläche der Prägestücke eine dünne Schicht von Kupferoxydul.

Von bewährten Verfahren sind folgende die einfachsten (*G. Buchner:* Die Metallfärbung).

1. In eine Auflösung von: 4 Gewtln. Chlorammonium, 1 Tl. Kleesalz und 200 Tln. Essig taucht man eine Bürste und reibt damit die Stücke so lange, bis sie trocken sind; das Abreiben wird so oft wiederholt, bis der gewünschte Farbenton erreicht ist.

2. 2 Tl. Chlorammonium, 1 Tl. Kochsalz, 1 Tl. Salpeter, 96 Tle. Essig werden durch Erwärmen gelöst, mit dieser noch heißen Lösung werden die Medaillen bestrichen und nach dem Trocknen abgebürstet.

3. Man erhitzt eine klare Lösung von: 2 Tln. essigsaurem Kupfer, 1 Tl. Salmiak, 6 Tln. Essig, 60 Tln. Wasser zum Kochen und gießt sie auf die Medaillen, welche man so in ein irdenes Geschirr oder kupfernen Kessel getan hat, daß sie sich nicht gegenseitig berühren können, und erhält dann im Kochen. Wenn die Stücke die gewünschte Farbe zeigen, nimmt man sie heraus, spült mit Wasser ab und trocknet sie. Ein langes Kochen ist zu vermeiden.

4 In der Münze zu Paris ist folgendes Verfahren üblich: 32 Tl. essigsaures Kupfer, 30 Tl. Chlorammonium werden mit Essig zu einem Brei angerührt, welchen man so lange stehen läßt, bis er zu einer festen Masse erhärtet ist. Von dieser Masse nimmt man 50 g und kocht sie mit 2 l Wasser. Die Lösung wird filtriert und in einen kupfernen Kessel gegossen, in welchem auf Unterlagen von Holz die Medaillen so ausgebreitet liegen, daß sie weder sich untereinander, noch die Kesselwandungen berühren können. Dann kocht man behutsam $^1/_4$ Stunde lang, nimmt die Medaillen heraus, spült sie ab und trocknet.

In Tab. 122 ist eine Zusammenstellung antiker Münzen nach *Muspratt* (Theoretisch-prakt. Chemie, 4. Aufl.) und gelegentlichen Literaturangaben, darunter auch altrömische, die hochzinkhaltig sind und kein Zinn enthalten, also eigentlich Messingmünzen sind, wiedergegeben.

Tabelle 122.

			Proz. Cu	Proz. Sn	Proz. Pb	Proz. Fe	Proz. Zn	Proz. Ag
Griechische Münzen:								
altattisch	nach	*Ullich*	87,9	11,6	—	0,3	—	—
„	„	*Mitscherlich*	88,46	10,04	1,50	—	—	—
attisch	„	*Heldt*	88,8	9,6	—	1,2	—	—
macedonische	„	*Monse*	88	11,4	—	—	—	—
Alexand. d. Gr. 335 v. Chr.	„	*Schmid*	96	3,2	0,8	—	—	—
	„	*Wagner*	86,8	10,3	2,3	—	—	—
	„	*Phillips*	86,8	13	—	—	—	—
Hiero I. v. Syrakus 478 v. Chr.	„	„	94,2	5,5	—	0,3	—	—
athenische	„	„	88,3	10,0	0,6	0,3	—	—
„	„	*Wagner*	83,6	10,9	5,5	—	—	—
athenische a. d. röm. Zeit	„	*Mitscherlich*	76,41	7,05	16,54	—	—	—
Philipps III. 323 v. Chr.	„	*Phillips*	90,3	9,4	—	—	—	—
Philipps V. 300 v. Chr.	„	„	85,1	11,1	2,8	0,4	—	—
Römische Münzen:								
Aes eisengrau 500 v. Chr.	nach	*Phillips*	69,7	7,2	21,8	0,5	—	—
Aes	„	*Commaille*	69,65	5,98	24,37	—	—	—
Quadrans 500 v. Chr.	„	*Phillips*	94,1	5,5	—	0,4	—	—
6 Münzen a. d. Kaiserzeit	„	*Girardin*	85—89	11,5—8,0	0,8—4,6	—	—	—
Domitian 81 n. Chr.	„	*Commaille*	98,92	1,08	—	—	—	—
Trajan 98 n. Chr.	„	„	88,6	1,8	2,2	0,3	7,6	—
Commodus 180 n. Chr.	„	„	88,10	4,7	7,2	—	—	—
Antonius Pius 138 n. Chr.	„	„	84,32	6,18	9,5	—	—	—
Diocletian 284 n. Chr.	„	„	95,8	2,2	1,9	—	—	—
Heliogabalus 218 n. Chr.	„	„	87,42	6,37	6,21	—	—	—
Gordian 235 n. Chr.	„	„	80,0	9,1	10,9	—	—	—
Papienus 238 n. Chr.	„	„	88,05	7,23	4,72	—	—	—
Philippus I. 248 n. Chr.	„	„	80,96	8,80	10,24	—	—	—
Nero 54 n. Chr.	„	„	81,1	1,1	—	—	17,8	—
Victorius sen. 260 n. Chr.	„	*Phillips*	95,4	3,0	—	—	—	1,6
Tetricus sen. 267 n. Chr.	„	„	98,5	0,4	—	0,5	—	0,8
Claudius gothic. 268 n. Chr.	„	„	81,6	7,4	8,1	—	—	1,8
Tacitus 275 n. Chr.	„	„	86,1	3,6	4,8	—	—	4,4
Titus Claudius	„	„	81,4	18,6	—	—	—	—
Probus 275 n. Chr.	„	„	90,7	2,0	2,3	0,6	—	2,2
„ 275 n. Chr.	„	*Commaille*	94,0	3,75	2,25	—	—	—
Caesar Nerva	„	„	85,1	11,5	3,40	—	—	—
Aurelian 270 n. Chr.	„	„	91,9	5,68	2,42	—	—	—
GaleriusMaxim. 285 n. Chr.	„	„	98,87	—	1,03	—	—	—
Diocletain 285 n. Chr.	„	„	95,84	2,23	1,93	—	—	—
Constantinus I. 305 n. Chr.	„	„	94,64	1,56	3,80	—	—	—
Maxentius 312 n. Chr.	„	„	88,72	5,85	5,43	—	—	—
Theodosius 379 n. Chr.	„	„	98,30	—	1,70	—	—	—
Posthumus 253 n. Chr.	„	„	82,62	—	—	—	—	17,38
Pompeius 53 v. Chr.	„	*Phillips*	74,2	8,5	16,1	0,2	—	—
Fam. d. Attilier 45 v. Chr.	„	„	68,7	4,8	25,4	0,1	—	—
Tiberius 14 n. Chr.	„	*Göbel*	72,2	—	—	—	27,7	—
Claudius 41 n. Chr.	„	*Klapproth*	77,8	—	—	—	22	—
Augustus 31 n. Chr.	„	„	79,3	—	—	—	20,7	—

Tabelle 122 (Fortsetzung).

	Proz. Cu	Proz. Sn	Proz. Pb	Proz. Fe	Proz. Zn	Proz. Ag
Hadrian 117 n. Chr. nach *Pöpplein*	88,6	1,8	2,2	0,3	7,6	—
Titus „ „	96,1	—	—	0,85	2,7	—
Ägyptische Münzen:						
Ptolemäus IX. 70 v. Chr. nach *Phillips*	84,2	15,6	—	—	—	—
Altrussische Münzen:						
aus Amiza . . . . . . nach *Skinder*	88,8	10,3	0,8	0,1	—	—
„ Olivia . . . . „ „	97,2	1,1	—	0,5	(1,2S)	—

Die Bronze mit 4,5 bis 7 Proz. Zinn läßt sich bei Rotglut gut auswalzen; da derartige Bronzebleche gegenüber der Einwirkung des Seewassers widerstandsfähiger als reines Kupfer sind, finden sie an Stelle von Kupferblechen Verwendung zum Beschlagen der Seeschiffe.

Geschützbronze.

Die ersten Bronzerohre sollen um 1130 die Araber gefertigt haben, die ältesten deutschen Bronzegeschütze stammen aus dem Jahre 1372, sie wurden von *Aarau* in Nürnberg gegossen. Die Anforderungen, die man in mechanischer Beziehung an die Legierung stellen mußte, waren außerordentlich hohe: das fertige Rohr sollte eine möglichst große Härte aufweisen, um der starken Reibung des hindurchgehenden Geschosses widerstehen zu können, Bruchfestigkeit, Zähigkeit und Elastizität mußten gleichzeitig möglichst günstig liegen, damit das Rohr den über 2000 Atm. betragenden Druck der Pulvergase, ohne zu springen, aushalten konnte, schließlich sollte das Material dem chemischen Einfluß der hocherhitzten Pulvergase widerstehen können. Da diese Forderungen sich zum Teil widersprechen — eine Steigerung der Härte z. B., welche durch die Erhöhung des Zinngehaltes bis zu 38 Proz. zu erreichen wäre, ist mit einem raschen Zurückgehen der Zähigkeit verbunden —, war man in allen Kulturstaaten gezwungen, unter Aufwendung bedeutender Mittel unzählige Versuche anzustellen, bis man dazu gelangte, wenigstens mit einiger Sicherheit das Material von den geforderten Eigenschaften im regelmäßigen Gießereibetrieb herstellen zu können. Diese intensive Versuchstätigkeit wirkte befruchtend nicht nur auf die Bronzegießerei, sie kam vielmehr der gesamten Legierungskunst zugute. Man erkannte, daß die Güte eines Materials nicht nur von der chemischen Zusammensetzung, sondern auch von dem ganzen Schmelzprozeß und dem Gießverfahren abhängig ist. So entdeckten z. B. *de Ruolz* und *de Fontenay* in der französischen Geschützgießerei und *Künzel* in Deutschland die desoxydierende Wirkung eines Phosphorzusatzes, während *Wever* die Wichtigkeit der richtigen Gießtemperatur erkannte und als erster regelmäßige Wärmemessungen vor dem Abstich einführte.

Aus der jahrelangen Erfahrung hat sich als günstigste Legierung eine Bronze mit 91 bis 88 Proz. Kupfer und 9 bis 12 Proz. Zinn hergeleitet. Man verwendet nur ganz reine Metalle, da Verunreinigungen schon in sehr geringen Mengen (namentlich Arsen, Wismut, Antimon, Schwefel) die Sprödigkeit in gefährlicher Weise steigern; höchstens kann ein Zinkgehalt bis zu 2 Proz. zugelassen werden, der die Leichtflüssigkeit der Bronze erhöht. Das Einschmelzen erfolgt im Flammofen mit Holzfeuerung, da bei Verwendung von Steinkohlen das geschmolzene Kupfer aus den Verbrennungsgasen Schwefel aufnehmen würde. Zuerst wird das Kupfer, allein oder in Mischung mit Altbronze, eingeschmolzen und dann die erforderliche Menge Zinn hinzugesetzt, wobei man mit einem Abbrand von etwa 3 Proz. dieses Metalles zu rechnen hat, als Desoxydationsmittel wendet man in der Regel Phosphorkupfer an. Die günstigste Gußtemperatur scheint bei 1550° zu liegen; die Erstarrung soll möglichst rasch erfolgen, damit Seigerungserscheinungen hintangehalten werden, andererseits dürfen natürlich nicht durch eine zu rasche Abkühlung im Innern des Materials Spannungen entstehen. Eine allgemeine Einigung über das zweckdienlichste Gießverfahren ist nicht erreicht worden; einzelne Gießereien wandten Sand-, andere Kokillenguß an, einzelne gossen über einen Kern, der mitunter noch durch innere Wasserzirkulation gekühlt wurde, andere gossen Vollrohre und ließen dann die innere Höhlung ausbohren. Weitere Einzelheiten findet man in

Künzel: Über Bronzelegierungen, 1876.
Muspratts Theoretisch-praktische Chemie usw., 4. Aufl., Bd. 4.

In letzterem Werk ist folgende Zusammenstellung der wichtigsten Legierungen aufgeführt:

Tabelle 123.

	Proz. Cu	Proz. Sn	Proz Zn	Proz. Pb	Proz. Fe
Franz. Normallegierung, 100 Kupfer und 11 Zinn	90,09	9,9	—	—	—
Englische Geschütze 100 „ „ 12 „	89,3	10,7	—	—	—
Kanonen von Gebr. Keller (Frankreich 1700), 100 Kupfer, 9 Zinn und 6 Messing mit 25 Proz. Zn	91,5	7,8	0,7	—	—
Kanonen derselben Zeit, nach *Bucher*, 100 Kupfer, 15 Zinn, 20 Messing	86	11,1	2,9	—	—
Bückeburger Kanonen von 1775 100 Kupfer, 5 Zinn, 25 Messing	—	—	—	—	—
Turiner Kanonen von 1771 100 Kupfer, 12 Zinn, 6 Messing	—	—	—	—	—
Französische Kanonen von 1780 100 Kupfer, — Zinn, 61 Messing (schlecht) . .	—	—	—	—	—
Russische Kanonen von 1819	88,61	10,7	—	—	0,69
„ „ moderne	90,8	9,2	—	—	—
Türkische „ von 1464 (nach *Abel*) . . .	89—95	10—4,7	—	—	—
„ „ moderne	90,9	8,8	—	—	0,3
Persische „ von 1677	86,1	4,6	—	9,1	—
Chinesische „ hellfarbig	61,2	1,3	33,5	1,3	0,4
„ „ schwarz	95,8	0,2	1,7	0,7	1,5 Sb
„ „ moderne	93,0	5,5	—	—	1,5 Fe

Für die amerikanische Kanonenbronze fand Karr[1]) folgende Durchschnittswerte:

Legierung	Proportionalitätsgrenze kg/qmm	Zugfestigkeit kg/qmm	Dehnung Proz.	Querschnittsverminderung Proz.
88 Proz. Cu, 10 Proz. Sn, 2 Proz. Zn	8,5 ± 1,1	27 ± 3,7	25,3 ± 5,9	21,0 ± 4,7
88 Proz. Cu, 8 Proz. Sn, 4 Proz. Zn	7,7 ± 1,2	27,5 ± 3	32,0 ± 7,0	25,0 ± 4,6

Ein Ersatz von Zink oder Zinn durch mehr als 1,5 Proz. Blei oder von Zinn durch mehr als 2 Proz. Zink verschlechtert die Güsse.

Nach einem besonderen Verfahren wurde in Österreich die von *v. Uchatius* eingeführte Uchatius- oder Stahlbronze hergestellt. Dieser goß auf Anregung *Künzels* Phosphorbronze mit 8 bis 12 Proz. Zinn in einer gußeisernen Kokille, nachdem zur raschen Ableitung der Wärme als Kern eine massive Kupferstange oder (nach dem Vorgang von *Rodmann* 1862) ein wassergekühltes Eisenrohr eingesetzt war. In anderen Gießereien wurden die Geschützrohre in der Regel in Vollguß hergestellt (zuerst 1744 von *Maritz* in der Gießerei der französischen Marine versucht), und dann ausgebohrt. Um einen möglichst dichten Guß zu erzielen, wandte *Uchatius* an Stelle des sonst üblichen „verlorenen Kopfes" das von *Whitworth* 1865 erfundene Verfahren an: Druck eines hydraulisch angetriebenen Preßstempels auf das erstarrende Metall.

Die innere Bohrung wurde alsdann durch sechs vorn kegelförmig gestaltete Stahlzylinder von immer größerem Umfang, die mit Hilfe hydraulischer Pressen durch das Rohr getrieben wurden, auf den erforderlichen Durchmesser gebracht. Diese mechanische Bearbeitung steigerte wesentlich die Härte und Festigkeit der inneren Seelenwand, während das äußere Material seine Zähigkeit behielt.

Maschinenbronze.

Die Bronze findet eine ausgedehnte Anwendung zur Herstellung gegossener Maschinenteile der verschiedensten Art. Je nach dem Verwendungszweck wechseln die Anforderungen, die man an das Material stellt, und dementsprechend auch die chemische Zusammensetzung. Teile, die einer rollenden oder gleitenden Reibung ausgesetzt werden sollen, müssen einen möglichst kleinen Reibungskoeffizienten aufweisen, aber eine ausreichende Festigkeit und Härte besitzen, um möglichst wenig abgenutzt zu werden. Die Härte z. B. einer Lagerschale oder eines Kolbenringes muß um ein geringes kleiner sein als diejenige einer gußeisernen oder stählernen Welle, deren Zapfen in den Lagerschalen laufen, oder als die des Dampfzylinders, in dem sich der Kolbenring bewegt. Bei der schließlich doch eintretenden Abnützung ist es natürlich viel billiger, die bronzene Lagerschale oder den Kolbenring auszuwechseln, als die Welle oder den Dampfzylinder zu erneuern. Zahnräder

[1] Chem. Met. Eng. 1919, **21**, 555.

sollen eine möglichst hohe Festigkeit und Härte, Ventile und Pumpenkolben einen dichten, porenfreien Guß, andere Teile wieder eine hohe Widerstandsfähigkeit gegenüber chemischen Einflüssen aufweisen.

Die Lagerbronzen bestanden ursprünglich aus der reinen Kupfer-Zinnlegierung, *Hopkins* überzog die Lagerschalen, um die Reibung zu vermindern, mit einer Bleischicht; dieses Verfahren bewährte sich jedoch nicht, und man führte, um ein plastisches Material zu erhalten, das Blei direkt in die Legierung ein bei einem Zinngehalt von höchstens 15 Proz. Die harte Bronze zeigt zwar einen kleinen Reibungskoeffizienten, sie verursacht aber, wie *Auscher*[1] fand, Erwärmung, wenn Druck und Geschwindigkeit eine gewisse Grenze erreichen. Die Bleibronzen geben eine bessere Adjustierung und halten sich bei nicht zu hohem Druck und mittlerer Geschwindigkeit gut.

Charpy[2] prüfte das Verhalten der Lagerbronzen, wenn sie einem starken Druck ausgesetzt werden (siehe Tab. 124). Der Druckwiderstand der vorwiegend reinen Kupfer-Zinnbronzen vergrößert sich sehr regelmäßig mit dem Wachsen des Zinngehaltes. Ein Phosphorzusatz scheint auf diese Eigenschaft keinen ausgesprochenen Einfluß auszuüben.

Tabelle 124.

Zusammensetzung						Belastung bei einer Zusammendrückung von 0,2 mm	Zusammendrückung bei einer Belastung von 5000 kg
Proz. Cu	Proz. Sn	Proz. Pb	Proz. Sb	Proz. P	Proz. Zn	kg	mm
89,45	9,05	0,68	0,25	0,107	0,44	1925	3,7
88,55	10,32	0,25	0,13	0,223	0,40	2100	3,1
86,79	11,20	0,44	0,31	0,11	1,17	2350	3,2
85,70	12,15	0,51	0,12	0,385	0,84	3000	2,5
84,83	13,41	0,38	0,13	0,46	0,59	3100	2,1
84,30	14,60	0,40	0,10	0,215	0,56	3600	1,9
80,65	19,18	0,04	0,21	0,03	—	5000	1,4
83,35	6,60	8,44	0,16	—	0,10	1500	4,8
80,55	2,25	10,86	2,67	0,21	0,60	1500	4,8
84,70	10,05	4,00	0,14	0,11	0,46	2000	3,2
82,30	8,98	7,27	0,14	0,39	0,10	2700	2,4

Dudley[3] stellte durch den praktischen Versuch den Gewichtsverlust an Lagern verschiedener Zusammensetzung auf derselben Wagenachse nach einer bestimmten Dienstzeit fest. Ein Phosphor- oder Arsenzusatz scheint nicht von bemerkenswerter Wirkung auf die Abnutzung zu sein (siehe Tab. 125). Legierung B mit dem höchsten Bleigehalt verhielt sich am besten, es scheint, als ob diejenige Legierung sich am wenigsten abnutzt, welche die größte Formänderung vor dem Bruch ertragen kann, d. h. welche die größte Dehnung aufweist. (Legierung B = 11 Proz.)

[1] Stahl u Eisen 1911, 1592.
[2] Bull. de la Soc. d'Encouragement 1898, 670.
[3] Berg- u. Hüttenm.-Ztg. 1891, 95.

Tabelle 125.

	Zusammensetzung					Verhältnismäßige Abnutzung
	Proz. Cu	Proz. Sn	Proz. Pb	Proz. P	Proz. As	
Phosphorbleibronze . . .	79,70	10,0	9,60	0,80	—	1,00
Gewöhnliche Bronze . . .	87,50	12,5	—	—	—	1,49
Arsenbronze A	89,20	10,0	—	—	0,80	1,42
„ B	82,20	10,0	7,0	—	0,80	1,15
„ C.	79,70	10,0	9,5	—	0,80	1,01
Damaskusbronze	77,0	10,5	12,5	—	—	0,92
Legierung B	77,0	8,0	15,0	—	—	0,86

Sehr sorgfältige Vergleichsversuche führte *Clamer*[1] auf einer Carpentermaschine aus: Kleine Bronzeachsen rieben sich auf Stahl mit einer Geschwindigkeit von 525 Umdrehungen in der Minute, nach 100 000 Umdrehungen wurde der Gewichtsverlust bestimmt, während des Versuchs die Erwärmung der Lager und die Reibung bei einem Druck von 0,703 kg/qmm gemessen. *Clamer* erhielt folgende Werte:

Tabelle 126.

Zusammensetzung			Reibung	Erwärmung	Abnutzung
Proz. Cu	Proz. Sn	Proz. Pb	Engl. Pfd.	° C	g
85,76	14,90	—	13	50	0,185
90,67	9,45	—	13	51	0,113
95,01	4,95	—	16	52	0,0504
90,82	4,62	4,82	14	53	0,042
85,12	4,64	10,64	18,5	56	0,025
81,27	5,17	14,14	18,5	58	0,021
75	5	20	18,5	58	0,018
68,71	5,24	26,67	18	58	0,013
64,34	4,70	31,22	18	64	0,008

Wie man sieht, nimmt die Abnutzung mit Verminderung des Zinngehaltes (vgl. S. 256) deutlich ab, außerordentlich stark wird sie aber durch einen steigenden Bleizusatz zurückgedrängt. Die zuletzt genannte Legierung hat mit einem geringen Nickelgehalt zur Verhinderung der Bleiausseigerung unter dem Namen „Plastic - Bronze" eine außerordentliche Verbreitung gefunden, ihre Zusammensetzung ist:

64 Proz. Kupfer, 5 Proz. Zinn, 30 Proz. Blei, 1 Proz. Nickel.

Wie *Clamer* weiter zeigte, ist ein Zinkzusatz zur Bleibronze nicht zu empfehlen, da hierdurch die Abnutzung wieder erhöht wird (Tab. 127). Es läßt sich mithin das günstigste Ergebnis erzielen, wenn man unter Vermeidung eines Zinkgehaltes auf etwa 5 Proz. Zinn heruntergeht — diese Menge ist erforderlich, um das Blei in der Legierung zu halten — und den Zusatz an letzterem Metall möglichst erhöht. Die Reibung steigt allerdings etwas

[1] Journ. of the Frankl. Inst. 1903, **156**, 49.

(siehe oben), scheint aber über eine gewisse, erträgliche Grenze nicht hinwegzugehen.

Tabelle 127.

Zusammensetzung				Abnutzung
Proz. Cu	Proz. Sn	Proz. Pb	Proz. Zn	g
85,1	4,6	10,6	0	0,021
82,3	5,3	10,2	2,1	0,027
79,8	4,7	10,3	5,4	0,031
77,4	5,6	11,4	6,5	0,031
74,3	4,7	10,6	11	0,056

In den nachfolgenden Tabellen sind die Bronzen für Maschinenteile aller Art nach *Muspratt* (Theoret.-prakt. Chemie), *Ledebur* (Legierungen), *Guillet* (Alliages Métalliques), *Kaiser* (Zusammensetzung der Metallegierungen) und den Angaben in der neueren Literatur zusammengestellt.

Tabelle 128.

	Proz. Cu	Proz. Sn	Proz. Phosphor-Zinn (5)	Proz. Pb	Proz. Zn
1. Lagermetalle					
a) für Automobile (in den Ver. Staaten viel benutzt[1])					
„Friktion"	90,0	9,0	1	—	—
desgl.	88,0	8,0	1	3,0	—
desgl. für mittlere Beanspruchung	78,0	8,0	1	12,0	1
desgl. für stärkere Beanspruchung	80,0	10,0	2	8,0	—
„Locomotive"	89,0	9,6	—	1,4	—
„Penna RR"	77,0	8,0	—	15	—
„Tough"	77,0	11,5	—	—	11,5
„Engine"	89,4	10,4	—	—	0,2
„Heavy"	84,2	13,2	—	—	2,6
desgl.	84,0	14,5	1,5	—	—
desgl.	82,0	12,5	1,5	4,0	—
„Machinery"	87,5	—	12,5	—	—
„Hard piston ring"	78,0	—	22,0	—	—
„Nickel"	65,0	—	5,0	29,0	1 Proz. Ni
„Copper"	92,0	—	8,0	—	—
b) für Lokomotiven	74,0	10,0	9,0	—	—
nach *Schmidt*	86,0	14,0	—	—	—
nach *Johnson* (sehr hart)	87,5	7,88	5,07	7,0	—
nach *Stephenson*	79,5	7,5	5,0	—	—
Preußische Bahnen	84,0	15	1,0	—	—
Belgische Bahnen	80,0	16,0	—	8,0	2,0 Sb
Französische Bahnen	82,0	10,0	8,0	—	—
Russische Bahnen	77,0	10,2	5,1	2,0	—
Holländische Bahnen	85,25	12,75	2	—	—
Aachen—Mastricht	86	14	—	7,7	—

[1] Nach *Lake:* The Foundry 1907, Okt., 69.

Tabelle 128 (Fortsetzung).

	Proz. Cu	Proz. Sn	Proz. Zn	Proz. Pb	Proz.
1. Lagermetalle (Fortsetzung)					
c) für Eisenbahnwagen	82,0	18,0	—	—	—
desgl.	84,0	16,0	—	—	—
desgl.	75,0	20,0	5,0	—	—
Rheinländische Bahnen	86,0	12,0	2,0	—	—
Eisenbahndirektion Breslau	88,0	10,0	2,0	—	—
Eisenbahndirektion Berlin	90,0	10,0	—	—	—
d) für verschiedene Zwecke					
Nr. 1	83,7	14,2	3,1	—	—
Nr. 2	85,5	12,8	1,7	—	—
Nr. 3	83,7	8,8	7,5	—	—
Nr. 4	74,5	9,5	5,9	7,1	—
Nr. 5	84,0	8,0	—	8,0	—
nach *Stolba*	72,4	4,7	20,9	1,5	—
Manganbronzelager	86,3	6,0	5,0	2,7Mn	—
Nickelbronzelager	50	25	—	25 Ni	—
für kleine Lagerschalen	83	12	5	—	—
für größere Lagerschalen	85	11	4	—	—
Lagerfutter	66,7	14,6	—	18,7	—
Lager für Treibräder (gut zu drehen und zu feilen)	80	18	2	—	—
Lenkstangenlagerfutter	82	16	2	—	—
Wagenradbuchsen	87,7	9,7	2,6	—	—
Zapfenlager von mittlerer Härte	69,6	21,8	5,9	2,7	—
Buchanan[1] empfiehlt folgende in den Ver. Staaten viel benutzte Lagerbronzen:					Phosphor-Kupfer
1.	85	11	—	—	4
2.	80	8	—	8	4
					Mangan-Kupfer
3.	80	10	—	—	10
					Phosphor-Kupfer
4.	80	10	—	7	3
					0,8 As
					Phosphor-Kupfer
Lagerfutter	75	11	—	7	7
2. Verschiedene Maschinenteile					
Vogels Kompositionsfeilen	61,5	30,8	7,7	—	—
desgl.	72,7	18,2	9,1	—	—
desgl.	57,1	28,6	7,1	7,1	—
Genfer Kompositionsfeilen	64,4	17,6	10	8,6	—
Rakel zum Abstreichen der Farbe von den Walzen der Kattundruckmaschinen	80,5	8	10,5	—	—
desgl. (Dresden), sehr elastisch, hart	85,8	4,9	9,8	—	—
desgl. englische	80,5	8	10,5	—	—
desgl. französische	78,8	8,8	12,4	—	—
Lenssens Kompositionsrakel	85,8	9,8	4,4	—	—
Stopfbüchsen, Kolbenstange einer belgischen Lokomotive	90,2	3,5	6,3	—	—
Dampfkolbenschieber für Lokomotiven	88,5	2,6	8,9	—	—

[1] Practical Alloying.

Tabelle 128 (Fortsetzung).

	Proz. Cu	Proz. Sn	Proz. Zn	Proz. Pb	Proz.
2. Maschinenteile (Fortsetzung)					
Dichtungsringe für Dampfkolben	84	2,9	8,4	4,7	—
Exzentrikringe	74,5	9,5	8,9	7,1	—
Pfropfen an Lokomotivfeuerkästen . .	98,0	1,96	—	—	—
Zylinderkolben, Pumpenstiefel	74,1	3,7	22,2	—	—
Pumpenzylinder, Ventilgehäuse, Hähne (gut zu feilen und zu polieren) . . .	88	10	2	—	—
Hähne	86	8	6	—	—
Exzentrikringe	84	14	2	—	—
Schraubenmuttern zu grobem Gewinde	86,2	11,4	2,4	—	—
Dampfschieber	81,9	14,8	3,3	—	—
Stopfbüchsen, Ventilkugeln, Ventilkegel	86,2	10,2	3,6	—	—
Maschinenteile, welche hohe Temperatur aushalten müssen	90,7	2,7	5,3	1,3	—
Dampfpfeifen mit sehr hellem Ton . . .	80	18	2	—	—
Dampfpfeifen mit dumpferem Ton . .	81	17	2	—	—
Schneckenräder	85	11	4	—	—
Schmiergefäße	88	5	7	—	—
Ventile	85	9	6	—	—
Ventilsitze, deutsche	84,3	9,9	5,8	—	—
Ventilsitze, französische	90,2	9,8	—	—	—
Kolbenringmetall (Perking Brass), hart .	76,2	23,8	—	—	—
desgl. weicher	80	19,8	0,2	—	—
Teile, die hart gelötet werden	85	11	4	—	—
Getriebe, in welche Zähne geschnitten werden	88,8	8,5	2,7	—	—
desgl.	87,7	10,5	1,8	—	—
desgl. für Spinnereimaschinen	90	10	—	—	—
Zahnräder	91,3	8,7	—	—	—
Räder für Spinnmaschinen nach *Köchlin*	88,8	11,2	—	—	—
Stempel für Goldarbeiter, scharfe Konturen gebend	83,3	16,7	—	—	—
Flanschenmetall (französisches)	94,4	5,6	—	—	—
Eislers Mischung (auch Hartlot f. Kupfer)	94,1	5,9	—	—	—
Haberlands Komposition	90	10	—	—	—
Einsatzmuttern in Richtmaschinen . . .	88,8	11,2	—	—	—
Meß- und mathematische Instrumente, durch Temperaturdifferenzen wenig verändert	82,1	12,8	5,1	—	—
Feine Gewichte, Reißzeuge, Wagebalken	90	8	2	—	—
Zeugdruckereiwalzen nach *Hauwel* . . .	86	14	2	—	—
Schlagstempel	83	1	16	—	—
„Ajax plastic bronze"	65	5	—	30	—
„Ajax metal"	77	11,5	—	11,5	—
„P-R-R-Waggonmessing"	77	8	—	15	—
„S-bearing metal"	79,7	10	—	9,5	0,8 P
„Delta-Metall' (amerik.) von *Dudley* . .	92,4	2,4	—	5,1	0,1 Fe
„Carmelia-Metall"	70,2	4,3	10,2	14,8	—
„Amax-Metall"	81,28	10,98	0,5 Fe	7,37	0,4 P
„Bilgen Bronze"	97,32	1,89	—	0,24	0,5 Fe
„Carloon Bronze"	75,47	9,72	—	14,75	—

Tabelle 128 (Fortsetzung).

	Proz. Cu	Proz. Sn	Proz. Zn	Proz. Pb	Proz.
2. Maschinenteile (Fortsetzung)					
„Cornish Bronze“	77,83	9,56	—	12,42	—
„Damaskus-Bronze“	76,41	10,6	—	12,5	—
„Gruney Bronze“	75,8	9,2	—	15,0	—
„Hydraulische Bronze“	75	11	14	—	—
„Hydraulisches Metall“	83,1	10,8	6	0,1	—
„Gun metal“	88	11	1	—	—
„Hartgußlegierung“	84,4	15,2	0,4	—	—
„Herkules-Metall“ für Obstmesser	85,5	10,0	2,0	—	2,5 Al
„Dysiot-Lagermetall“	62	10	10	18	—
„Säurefestes Metall“	82	8	2	8	—
„Desoxydierte Bronze“ von *Krupp*	82,67	12,4	3,23	2,14	—
desgl. von *Bridgeport*	82,0	12,5	3,5	2,0	—
„Eisenbronze“	82,5	8,55	4,45	—	3,95 Fe
„Nickelbronze“ für Gezähe	60	8	12	—	20 Ni
desgl.	86	10	—	—	3 Ni
desgl.	47	1	21	—	30,9 Ni
desgl.	50	2	18	18	12 Ni
desgl.	61,5	1,88	10,9	10,1	15,4 Ni
„Sc-Bronze“ der amerikanischen Marine	80,3	4,0	12,8	2,8	—
„M-Bronze“ der amerikanischen Marine	86,9	7,7	3,6	1,2	—
„G-Bronze“ der amerikanischen Marine	87,6	10,4	1,6	0,4	—
„Elefant-Bronze“	95,3	3,9	—	—	0,3 P

Im englischen Eisenbahnmaschinenbau werden nach *Hughes*[1] nebenstehende Anforderungen gestellt (Tab. 129).

Tabelle 129.

Bezeichnung und Verwendungszweck	Zusammensetzung				Zerreiß-festigkeit	Dehnung
	Proz. Cu	Proz. Sn	Proz. Zn	Proz. Pb	kg/qmm	Proz.
Schieberventile (verliert bis 400° nicht an Qualität)	84,5	10	—	5. 0,5P	—	—
Gunmetall für Schiebersitze, Dampfregulatorführungen und weniger beanspruchte Gleitschieber (Guß in oberflächlich getrockneten Formen oder im grünen Sand unter genauer Innehaltung der richtigen Gießtemperatur)	88	10	2	—	24,8	10,1
Injektormetall für Injektoren, Ejektoren, Probierhähne, Kleinguß	84	8,5	5,0	2,5	21,7	11
Phosphorbronze für Zahnräder, Schnekkenräder, Lager (Guß in gut getrockneten Formen)	89,5	10	—	0,5 P	—	—
Telegraphenmetall für Kleinguß	80	5	7,5	7,5	—	—
Achsenlagermetall, Zapfenlager	80	5	—	15	—	—
20-ton-Lagermetall	64	5	—	30	—	—

[1] Inst. of Metals 1911.

Die französische Marineverwaltung schreibt vor (nach *Guillet*[1]):

Zähe Bronze für Ventile, Hähne usw. . .	88 Proz. Cu,	12 Proz. Sn	(bis 2 Proz. Zn)
Sehr zähe Bronze für Exzentriks usw. . .	90 „ „	10 „ „	(„ 2 „ „)
Pfannen und Lager	86 „ „	14 „ „	(„ 2 „ „)
Harte Bronze	84 „ „	16 „ „	(„ 2 „ „)
Sehr harte Bronze	82 „ „	18 „ „	(„ 2 „ „)

Die französische Artillerie benutzt:

Kupfer	90 ± 1 Proz.
Zinn	6 ± 1 „
Zink	4 ± 1 „

Fremde Beimengungen sind bis 1 Proz. gestattet, dabei Blei höchstens 1 Proz.

Die französischen Eisenbahnen schreiben drei Typen vor:

	I	II	III	Toleranz
Kupfer	82 Proz.	84 Proz.	90 Proz.	± 1 Proz.
Zinn	18 „	16 „	10 „	± 1 „

An fremden Beimengungen darf höchstens vorhanden sein:

Silicium.	0,3 Proz.
Zink	0,5 „
Eisen	0,2 „
Arsen + Antimon	0,1 „
Phosphor	0,1 „
Schwefel	0,1 „
Blei	0,4 „
Verschiedene Verunreinigungen . .	0,1 „
Zusammen höchstens	1,5 Proz.

Die „*Society of Automobile Engineers*" in den Vereinigten Staaten verlangt:

„Phosphorbronze" (Bronzelagermetall): 78,5 bis 81,5 Proz. Kupfer, 9 bis 11 Proz. Zinn, 9 bis 11 Proz. Blei, 0,05 bis 0,25 Proz. Phosphor, Eisen oder Zink oder Antimon höchstens 0,75 Proz., mindestens 17,5 kg/qmm Festigkeit, 8,4 kg/qmm Elastizitätsgrenze, 8 Proz. Dehnung (50 mm).

„Gußmetall": 84 bis 86 Proz. Kupfer, 5 Proz. Zinn, 5 Proz. Zink, 5 Proz. Blei. (Ein Schwanken in dem Gehalt der drei letzten Bestandteile ist erlaubt.)

„Hartbronze": 86 bis 88 Proz. Kupfer, 9 bis 11 Proz. Zinn, 1 bis 3 Proz. Zink, Blei max. 0,2 Proz., Eisen 0,06 Proz.; mindestens 23,3 kg/qmm Festigkeit, 10,5 kg/qmm Elastizitätsgrenze, 14 Proz. Dehnung, sie ist besonders geeignet für Beanspruchungen bei großem Druck und hohen Umlaufzahlen (Kegel-Schneckenräder).

„Getriebebronze": 88 bis 90 Proz. Kupfer, 10 bis 12 Proz. Zinn, 0,15 bis 0,3 Proz. Phosphor, Blei, Zink max. 0,5 Proz., mindestens 24,6 kg/qmm Festigkeit, 14,0 kg/qmm Elastizitätsgrenze, 10 Proz. Dehnung, sie dient für schwer beanspruchte Getriebe.

Die Vorschriften der deutschen Reichseisenbahn s. S. 299.

Glockenbronze.

Schon im Altertum verwandten die Ägypter, Babylonier, Hebräer usw. kleine Glocken als Musikinstrumente bei feierlichen Aufzügen und Tänzen.

[1] Alliages mét. 542.

Die erste Kirchenglocke benutzte der Bischof Paulinus in Nola (Campanien); in Frankreich wurde die Kirchenglocke um die Mitte des 6. Jahrhunderts, etwas später auch in England, in Deutschland erst im 11. Jahrhundert eingeführt. Die Blütezeit der Glockengießerei liegt am Ausgang des 15. und zu Anfang des 16. Jahrhunderts.

Erfahrungsgemäß liefert die Bronze mit 20 bis 23 Proz. Zinn eine „Glockenspeise", welche bei großer Härte einen schönen Klang gibt, aber noch genügende Elastizität und Festigkeit besitzt, um durch das dauernde Anschlagen des Klöppels keine Formveränderung oder Sprünge zu bekommen. Fremde Beimengungen sind sorgfältig auszuschließen, da sie lediglich die Sprödigkeit der Legierung erhöhen, ohne die Klangwirkung zu verbessern, wie man das namentlich von einem Silberzusatz früher annahm. Naturgemäß enthalten die alten Glocken noch bemerkenswerte Mengen anderer Metalle, besonders Blei und Zink, da man es noch nicht verstand, das Kupfer und Zinn genügend zu reinigen, häufig wohl auch Altmaterial einschmolz. Den vielgerühmten Silberzusatz findet man in den Analysen selten wieder, die alten Glockengießer trauten vermutlich der günstigen Wirkung des Silbers nicht und benutzten lieber das gespendete Metall für eigene Zwecke.

Die größte Glocke ist wohl die 1653 in Moskau gegossene, Iwan Welicki genannte, sie wog nach Angabe von *Ledebur*[1] bei einem Durchmesser von 7 m 240 t.

Das Schmelzen der Glockenbronze erfolgt im Flammofen bei Holzfeuer, nur kleine Mengen (bis 500 kg) werden im Tiegelofen erschmolzen. Die Öfen sowie das ganze Gießverfahren zeigen vielfach noch altertümliche, aus früheren Jahrhunderten überkommene Einrichtungen. Eine anschauliche Schilderung eines Glockengusses siehe Gießereizeitung 1911, 8, 54 und *Irresberger*, Gießereizeitung 1925, **22**, 388. Das gelungene Schweissen der gesprungenen großen Glocke des Berliner Doms beschreibt *Felix*[2].

Auch in China und Japan steht die Glockengießerei seit alters her in hoher Blüte, die unter dem Namen Tamtam oder Gong bekannten, mit einem Klöppel angeschlagenen, schalenartigen Becken wurden aus China importiert. Sie werden, aus 80 Proz. Kupfer und 20 Proz. Zinn bestehend, aus einer dicken Metallscheibe durch Hämmern geschmiedet; wie oben erwähnt wurde, ist diese Bronze bei 650° geschmeidig, während sie kurz ober- oder unterhalb dieses Wärmegrades spröde und nicht schmiedbar ist. Das Geheimnis ihrer Herstellung wurde von *Riche*[3] aufgefunden.

Billige Geräte dieser Art sowie kleine Glocken und Klingeln werden vielfach in Messing nachgeahmt, besitzen dann aber eine wesentlich geringere Klangfülle.

Nachstehend eine Zusammenstellung der Analysen von Glocken verschiedener Art nach *Muspratt*[4] und zerstreuten Literaturangaben:

---

[1] Lehrbuch d. mech.-met. Technologie, 25 (m. Abbildung).

[2] Gieß.-Ztg. 1922, **19**, 707.

[3] C. r. **70**, 85.

[4] Theoretisch-prakt. Chemie usw.

Tabelle 130.

	Proz. Cu	Proz. Sn	Proz. Pb	Proz. Zn	Proz.
Glocke von Zellenberg i. Els. von 1410 nach *Nölting* und *Bottegius*	81,3	18,7	—	—	—
Glocke von Sillzmatt i. Els. von 1370 nach *Nölting* und *Bottegius*	78,9	21,1	—	—	—
St. Gangelfußglocke in Ottensee von 1518 nach *Reinsch*	75	25	—	—	Spur Fe
Glocke zu Rouen, 12. Jahrh. nach *Girardin*	76,1	22,3	—	1,6	1,6 Ag
Glocke zu Ziegenhain nach *Reichert*	71,48	33,59	4,4	—	—
Glocke zu Darmstadt von 1670 nach *Heyl*	73,94	21,67	1,19	—	2,11 Fe 0,17 Ag
Glocke zu Reichenhall nach *Braunschweiger*	76,0	24,0	—	—	—
desgl. von 1562 nach *Braunschweiger*	80,0	20,0	—	—	—
Glocke zu Rom, 12. Jahrh.	71,0	26,3	—	1,8	1,2 Ag
Glocke zu Willershausen von 1704	74,79	20,29	3,00	1,85	—
desgl.	69,92	25,98	1,45	2,55	—
Glocke zu Wernigerode (gesprungen) nach *Ledebur*	74,5	23,7	1,8	—	—
Glocke zu Wiesbaden (Bergkirche) nach *Fresenius*	77,20	22	0,45	—	0,18 Ni 0,11 Fe
Glocke zu Lincoln von 1610	74,7	23,1	1,16	—	0,6 Ni
Glocke Berliner Dom von 1471 nach *Felix*	75,97	21,41	0,72	—	1,03 Sb 0,54 As 0,19 Ni 0,16 Ag
Schöpfprobe von einem Glockenguß bei *Grosse* (Dresden) nach *Ledebur*	79,4	18,4	1,0	—	—
Glocke von Mézières	76,3	20,9	2,75	—	—
Tamtam	71	23,59	4,04	—	—
desgl.	74,7	21,1	1,16	—	—
desgl.	71,4	26,4	—	2,1	—
Japanische Glocken	60,5	18,5	12,0	6,0	3,0 Fe
Karakane = China-Metall	62,5	25,0	—	9,38	—
desgl.	68,95	17,25	10,35	3,40	—
desgl.	71,42	14,29	14,29	—	—
Pariser Uhrglocken nach *Berthier*	72,0	26,5	—	—	—
Schweizer Uhrglocken (sehr klingend und spröde)	75,2	24,8	—	—	—
Deutsche Uhrglocken	73,0	27,0	—	—	—
desgl.	75,0	25,0	—	—	—
Iserlohner Haustürglocken nach *Bischoff*	71,4	26,4	—	2,1	—
Iserlohner kleine Glocken nach *Bischoff*	60,0	35,0	—	5,0	—
Größere Haustürglocken nach *Lichtenberger*	83,22	16,76	—	—	—
Kleine Klingeln nach *Lichtenberger*	83,09	16,8	—	—	—
Schellen zu Schlittengeläute nach *Lichtenberger*	84,5	15,42	—	—	—
Gewöhnliche gelbe Klingeln nach *Lichtenberger*	79,9	20,0	—	—	—
Türkische Becken nach *Fleck*	78,51	10,27	0,72	—	1,44 Ag

Spiegelbronze.

Wie die Geschützbronze, kann auch die Spiegelbronze heute nur noch ein historisches Interesse beanspruchen. Im Altertum benutzte man auf Hochglanz polierte Bronzescheiben als Spiegel, in neuerer Zeit verwandte man sie ab und zu in großen optischen Instrumenten.

Von einem Spiegelmetall verlangt man in erster Linie neben einer möglichst hellen Farbe eine besonders gute Politurfähigkeit, die in der Regel durch eine besonders große Härte bedingt ist, während die mit dieser verknüpfte Sprödigkeit wenig schädlich ist. Diesen Anforderungen genügt am besten eine sehr zinnreiche Bronze, als günstigste Legierung wurde diejenige mit 30 bis 33 Proz. Zinn angesehen. Es sei daran erinnert, daß in dem Konstitutionsdiagramm der Zinn-Kupferlegierungen bei 32 Proz. Zinn die Verbindung Cu_3Sn auftritt; dieser einheitliche Körper besitzt eine besonders ausgesprochene Politurfähigkeit (in ähnlicher Weise liefern die Magnesium-Aluminiumlegierungen bei dem der Verbindung Al_3Mg_4 entsprechenden Gehalt ein gutes Spiegelmetall).

Durch geringe Zusätze an Arsen, Antimon, Blei oder Nickel versuchte man zuweilen die Härte und damit die Politurfähigkeit noch weiter zu steigern, es tritt dann aber, namentlich bei einem Arsengehalt, die Gefahr ein, daß die Spiegelfläche unter dem Einfluß des Feuchtigkeits- und Schwefelwasserstoffgehaltes der Luft „anläuft", daß sie durch Bildung von Metalloxyden bzw. -sulfiden ihren Glanz verliert. So besaß nach *Bischoff*[1] ein Spiegel mit 66,3 Proz. Kupfer, 32,1 Proz. Zinn, 1,6 Proz. Arsen einen vorzüglichen Glanz und weiße Farbe, lief aber nach einiger Zeit plötzlich an und überzog sich dann allmählich mit grüner Patina. Einige Beispiele der Zusammensetzung älterer und neuerer Bronzespiegel sind folgende:

Tabelle 131.

	Proz. Cu	Proz. Sn	Proz.	Proz.
Altägyptischer Spiegel (*Beck:* Geschichte d. Eisens)	85,0	14,0	1,0 Fe	—
Altrömischer Spiegel nach *Souchay*	63,4	19,0	17,3 Pb	—
Altchinesischer Spiegel nach *Bischoff*	80,8	10,7	8,5 Sb	—
Schöner Spiegel im Polytechnikum zu Braunschweig	65,2	34,8	—	—
Großer Teleskopspiegel des Lord Ross	68,2	31,8	—	—
Legierung nach *Otto*	68,5	31,5	—	—
desgl. nach *Richardson*	65,3	30,0	2,0 Ag	0,7 Zn 2,0 As
desgl. nach *Little*	65,0	30,1	2,2 Zn	1,9 As
desgl. nach *Sollit*	64,0	32,0	4,0 Ni	—
desgl. für Hohlspiegel	66,2	33,1	0,7 As	—

Kunstbronze.

Die Verwendung der „echten Bronze", der reinen Kupfer-Zinnlegierung, als Material des Kunstgusses, zur Herstellung von Statuen, Hausgerät, Schmucksachen, Waffen usw. findet sich bereits bei allen Kulturvölkern des Altertums. Allerdings reicht diese „Bronzezeit" nicht so weit zurück, wie man früher wohl annahm, denn unter den bis auf unsere Tage erhaltenen altägyptischen und altgriechischen Altertümern wurden bei der chemischen Analyse manche als aus Rohkupfer bestehend erkannt, die man ihrer Farbe

[1] Das Kupfer und seine Legierungen.

wegen als Bronzen angesprochen hatte. Bei einer Untersuchung der in den Museen aufbewahrten Altertümer würde sich dieses Ergebnis vermutlich öfters wiederholen.

Welch hohe Stufe die Technik des Bronzegusses im klassischen Altertum bereits erreicht hatte, zeigt ein von *Zenghelis*[1] analysierter Münzprägestempel aus dem Jahre 430 v. Chr. von der Zusammensetzung: 75 Proz. Kupfer, 25 Proz. Zinn (ohne alle Beimengungen). Einmal hatte man also schon richtig erkannt, bis zu welchem Zinngehalt man gehen mußte, um die erforderliche große Härte zu erreichen, und zweitens verstand man es nicht nur, das Kupfer und Zinn von allen Verunreinigungen zu befreien, sondern wußte auch, daß bei dem vorliegenden Verwendungszweck die gewöhnlichen Beimengungen der Ausgangsmaterialien die notwendige Härte herabsetzen oder die Sprödigkeit in unzulässiger Weise steigern würden.

In der Regel enthielten die alten ägyptischen, griechischen, keltischen, germanischen Bronzen kein Blei, dieses erscheint vielmehr in den römischen Bronzen etwa von 450 v. Chr. an. Diese Verschlechterung bezeichnet *Mommsen* als spezifisch römisch. Das Zink findet sich zuerst während des römischen Kaiserreichs, *v. Bibra* spricht deshalb alle auf dem Kontinent gefundenen zinkhaltigen antiken Kupferlegierungen als „römischen Import" an. Für die Altersbestimmung und die Klassifizierung der antiken Bronzen können auch oftmals die darin enthaltenen Verunreinigungen herangezogen werden, z. B. geringe Antimon-, Nickel- oder Schwefelgehalte; sie geben einen Anhalt für die Herkunft der benutzten Erze und für den Stand der Hüttentechnik, vgl. auch

v. Bibra: Die Kultur der Bronzezeit. Die Bronzen und Kupferlegierungen.
Neumann: Chemie und Archäologie in Zft. f. angew. Chem. 1907, **20**, 2019.
Bezzenberger: Analysen vorgeschichtlicher Bronzen.

Oftmals würde auch eine mikrophotographische Untersuchung Aufschluß über das angewandte Gießverfahren und die weitere Bearbeitung geben können und die Echtheit oder Unechtheit des Objektes beweisen. So fand *Giolitti*[2] bei der Untersuchung einer prähistorischen Axt mit 4,12 Proz. Zinn, daß sie in einer Steinform gegossen und einem Härtungsprozeß unterworfen worden war.

Die reine Kupfer-Zinnbronze ist sehr strengflüssig, für einen komplizierten Guß (namentlich Statuenguß) nicht dünnflüssig genug, um alle Feinheiten des Modells scharf wiedergeben zu können; sie liefert infolge des Seigerungsvermögens bei großen Gußstücken leicht ungleichmäßig zusammengesetzte Güsse, sie läßt sich wegen ihrer Härte nur schwer bearbeiten und ist schließlich, wenn es sich um große Metallmengen handelt, sehr teuer. Alle diese Nachteile hebt ein nicht zu hoher Zinkzusatz auf. Diese ternäre Bronze besitzt einen niedrigeren Schmelzpunkt, eine große Dünnflüssigkeit, welche scharfe Abgüsse ermöglicht, nach dem Erstarren ein feines Korn, noch eine gewisse

[1] Chem.-Ztg. 1907, 1116.
[2] Atti della R. Acad. di Torino 46.

Härte und Zähigkeit, so daß sie gut gefeilt und ziseliert werden kann. Ihre Farbe ist ein angenehmes, warmes Rotgold, sie nimmt unter dem Einfluß der Atmosphärilien eine schöne Patina (siehe unten) an.

Zuweilen erhält die Bronze noch einen geringen Bleizusatz, um die Bearbeitungsfähigkeit zu erhöhen.

Altberühmte französische Bronzen weisen z. B. folgende Zusammensetzungen auf:

Keller:	91 Proz. Cu,	2 Proz. Sn,	5,5 Proz. Zn,	1,5 Proz. Pb
Barbédienne:	90 „ „	3,5 „ „	6,5 „ „	— „ „
Thiébaut:	82,5 „ „	4 „ „	10,5 „ „	3 „ „
„	82,5 „ „	6 „ „	8,5 „ „	3 „ „

Ein höherer Bleigehalt ist zu vermeiden, da sonst durch Seigerungen leicht Flecken und eine ungleichmäßige Patina entstehen.

Anderer Art sind die chinesischen und japanischen Bronzen mit einem Bleigehalt von 10 bis 20 Proz., welche durch Glühen oder durch die Einwirkung von Chemikalien eine tiefschwarze Patina erhielten (siehe nachfolgende Tab. 132 unter i).

Morin[1] ahmte sie nach mit einer Zusammensetzung:

83 Proz. Cu, 5 Proz. Sn, 2 Proz. Zn, 10 Proz. Pb.

(Die Bronze darf nicht zu heiß gegossen werden.)

Mit einem Zinkzusatz von etwa 10 Proz. dürfte die Grenze erreicht sein, bei der man die Legierung noch als Bronze bezeichnen darf, bei noch weiterem Anwachsen des Zink- und gleichzeitigem Rückgang des Kupfergehalts (womit natürlich eine wesentliche Verbilligung des Materiales verbunden ist) geht die Legierung in zinnhaltiges Messing, schließlich in gewöhnliches Gußmessing über. Durch künstliche Färbung suchen die Fabrikanten derartiger „Bronzen" die hellgelbe Messingfarbe durch einen bronzeähnlichen Ton zu verdecken und ihren Erzeugnissen durch Phantasienamen einen höheren Wert beizulegen.

So bestehen die sog. Berliner Bronzen[2] aus:

1.	80 Proz. Kupfer,	20 Proz. Zink
2.	67 „ „	33 „ „
3.	60 „ „	40 „ „

und die Wiener Bronzen aus:

1.	63,66 Proz. Kupfer,	2,5 Proz. Zinn,	33,59 Proz. Zink,	0,25 Proz. Blei
2.	72,5 „ „	2 „ „	23 „ „	2,5 „ „

Über den Bronzeguß in alter und neuer Zeit s. *Förster*[3].

Nachstehend folgt eine Zusammenstellung der Analysen antiker Bronzen und bekannter Statuen nach *Muspratt* und zahlreichen gelegentlichen Literaturangaben.

---

[1] C. r. 1874, **78**, 811.

[2] *Bersch:* Lexikon der Metalltechnik.

[3] Stahl u. Eisen 1918, **38**, 675ff.

Tabelle 132.

	Proz. Cu	Proz. Sn	Proz. Pb	Proz. Fe	Proz. Ni
a) Vorgeschichtliche Bronzen					
Nadel von Fühnen	91,33	8,10	—	—	0,57
Beil von Meiersdorf	87,23	13,08	—	Spur	0,63
Armband aus den Pfahlbauten d. Bieler Sees	86,71	8,54	4,37	0,14	0,20
Schwert aus Steier	85,05	14,38	—	Spur	Spur
Axt von Limburg	83,65	15,99	—	Spur	0,63
Schwert aus Irland	83,50	5,15	8,35	3,00	—
Schweizerische Bronzen, z. T. aus Pfahlbauten, nach *Fellenberg*:					
Axt von Morsee im Genfer See	88,25	9,26	—	—	1,85
Messerklinge aus dem Neuenburger See	88,38	9,50	—	—	0,72
Beil aus dem Bieler See	88,48	10,53	0,27	—	0,47
Schwert von Egg in Zürich	89,89	9,35	0,16	—	0,46
Armband von Sitten in Wallis	89,98	7,26	1,22	—	1,43
Kette von Kirchthurnen	83,15	8,20	5,88	—	0,68
Spange von Morsee	81,65	12,42	5,06	—	0,65
Kessel aus einem Tumulus im Grauholze	84,63	15,09	—	—	0,13
Vase von Russicon	85,43	13,48	—	—	0,51
Urne von Rances	88,67	9,80	1,23	—	0,18
Vase gegossen, von Russicon	76,40	21,29	1,18	—	1,08
Haarnadel	88,8	6,5	3,5	—	1,0
Hohler Armring aus Hallstadt	89,1	9,9	0,4	—	0,3
Stecknadel aus Hallstadt	88,0	9,5	1,6	—	0,5
Bronzen aus den Gräbern des Tessin (La-Tène-Zeit) nach *Rupe*	90	10	Spur	Spur	—
Siehe auch unter k					
b) Ägyptische und assyrische Bronzen					
Altägyptisches Messer	97,1	0,24	—	0,4	2,3 As
Dolch nach *Vauquelin*	85	14	—	1	—
Pfeilspitze aus einem Grabe	76,6	22,2	—	—	—
Nagel, altägyptisch	100	—	—	Spur	—
Meißel aus Theben	94	5,9	—	0,1	—
Bronze aus Ninive nach *Fellenberg*	88	0,11	3,28	4,06	3,92 Sb 0,6 As
Figur nach *Kayser* (?)	58,6	5,18	5,08	8,85	22,1 Zn
Figur nach *Kayser*	83,6	2,65	8,97	—	4,8 Zn
Figur nach *Flight*	68,4	0,94	22,76	4,69	0,7 Sb 0,8 Ni
Bronze aus Ninive	86,8	12,7	0,2	—	—
Schwert, altbabylonisch, nach *Helm* u. *Hilprecht*	96,38	—	—	0,24	1,73 Sb 0,22 Ni
Nagel, altbabylonisch, nach *Helm* u. *Hilprecht*	98,27	0,30	—	0,17	0,30 Sb 0,39 Ni
Stilusartiges Instrument nach *Helm* u. *Hilprecht*	80,5	5,45	—	0,35	3,05 Sb 0,55 Ni
Bronze aus Saccarah nach *Berthelot*	87,5	11,5	Spur	—	—
Ägyptische Bronze nach *Flight*	82,2	2,0	15,8	—	—
Verzierung eines Hausgerätes nach *Fellenberg*	86,9	12,3	0,4	—	0,3 Ni
Rundstück einer Schale nach *Fellenberg*	80,8	18,4	0,4	0,16	0,2 Ni
Dreifuß nach *Busch*	83,9	8,2	7,7	0,26	—
Figur nach *Busch*	85,1	5,3	8,5	0,8	—

Tabelle 132 (Fortsetzung).

	Proz. Cu	Proz. Sn	Proz. Pb	Proz. Fe	Proz.
c) Altgriechische Bronzen					
Speerende aus Cypern nach *Flight*	97,2	Spur	0,1	1,3	1,3 As 0,3 Au
desgl.	98,4	—	—	0,7	—
desgl.	99,5	—	—	0,4	—
Dolch aus Cypern nach *Flight*	88,8	8,5	1,5	0,5	0,3 Co
Bronze aus Cypern (Zeit Alexanders d. Gr.) nach *Flight*	81,76	10,9	5,25	0,15	1,22 Co
Schwert aus Mykenae	86,4	13,0	0,11	0,17	—
Helm aus Korfu nach *Davy*	81,5	18,1	—	—	—
Fibula aus Sizilien nach *Klapproth*	88,9	11,0	—	—	—
Gefäß nach *Kayser* (?)	76,11	15,65	—	—	8,23 Zn
Henkel eines Gefäßes aus Mykenae	89,7	10,1	—	—	—
Statue aus Ephesus nach *Natterer*	89,6	6,1	4,9	—	—
Münzprägestempel 430 v. Chr. nach *Zenghelis*	75	25	—	—	—
d) Altrömische Bronzen					
Bronze nach *Flight*	87,15	10,72	2,0	—	—
Britische Bronze nach *Flight*.	78,3	10,0	9,0	0,7	—
Bronze aus der Kaiserzeit	87,6	6,1	6,1	—	—
Elastischer Ring, am Rhein gefunden nach *Klapproth*	91	9	—	—	—
Schwert aus Frankreich nach *d'Arcet*	90	10	—	—	—
Gallisch-römisches Beil nach *Girardin* . . .	69,3	28,8	9,9	—	—
Pferdegebiß nach *Kayser*	44,4	5,2	44,2	—	6,0 Zn
Löffel nach *Kayser*	81,3	1,8	3,2	0,7	13 Zn
Henkel nach *Kayser*	66,9	6,8	10,0	0,3	15,8 Zn
Ring, bei Camburg gefunden nach *Burchardt*	74,6	25,0	—	0,4	—
Meißel aus Peschiera nach *Reyer*	88,1	11,76	—	Spur	—
Ohrring von Euboea	87,1	0,9	0,7	0,4	10,9 Zn
Fibula, bei Königsberg gefunden	82,5	1,5	—	—	16,0 Zn
Plättchen von Seebühl bei Thun	85,3	2,4	5,1	0,8	6,4 Zn
Kurzschwert nach *Kayser*	88,22	3,56	0,1	Spur	8,16 Zn
Bronze, auf der Saalburg gefunden, silberfarbig nach *Henrich* und *Roters*	73,96	2,37	24,17	—	—
desgl., dunkler nach *Henrich* und *Roters* . .	84,87	1,28	13,82	—	—
e) Keltische und germanische Bronzen					
Keltische Pfeilspitze nach *Olivier*	70,3	24,5	5,2	—	—
Keltisches Schwert v. Gießen nach *Fresenius*	91,9	6,7	0,7	0,3	0,3 Ni
Keltisches Schwert v. Rügen nach *Hühnefeldt*	88	12	—	—	—
Keltischer Dolch v. Rügen nach *Hühnefeldt* .	84,8	15,2	—	—	—
Keltischer Ring v. Rügen nach *Hühnefeldt* .	92	8	—	—	—
Keltische Statuette aus dem Oldenburgischen nach *Künzel*	92,6	6,3	—	1,0	—
desgl. nach *Künzel*	85,4	12,2	1,1	0,6	—
Keltische Waffe von Bremen nach *Künzel*	91,9	6,8	—	0,3	—
Keltische Lanzenspitze desgl. nach *Künzel* . .	90,6	8,2	—	0,3	—
Keltische Gefäße und Waffen nach *Clarke* .	88	12	—	—	—
Keltische Axt nach *Hawranek*	92,4	5,2	—	0,4	1,4 As 0,3 S
Beil von Landshut nach *Wimmer*	83,3	16,7	—	—	—
desgl. nach *Wimmer*	75	25	—	—	—

Tabelle 132 (Fortsetzung).

	Proz. Cu	Proz. Sn	Proz. Pb	Proz. Fe	Proz.
Altbritisches Bruchstück von Davris (Engl.) nach *Donovan*	85,2	13,1	1,1	—	—
Albritische Pfeilspitze, desgl. nach *Donovan*	90,9	9,6	—	—	—
Nadeln, in England gefunden nach *Church*	84,27	2,36	—	—	14,7 Zn
desgl. nach *Church*	84,9	1,03	1,07	—	13,0 Zn
Armband, in England gefunden nach *Church*	86,49	6,76	4,41	—	1,44 Zn
desgl. nach *Church*	88,19	3,64	—	—	9,13 Zn
Meißel nach *Boussingault*	95	4,5	0,2	0,3	—
Gallischer Ring aus dem Elsaß nach *Kopp*	89,7	7,8	1,3	0,5	0,4 Ni
desgl. nach *Kopp*	84,7	13,3	1,8	Spur	0,4 Ni
Keltische Bronzen, in Pommern und der Mark Brandenburg, nach *Kaiser:*					
Axt	85,87	12,79	0,85	Spur	0,45 Zn
Axt	86,43	12,85	0,35	Spur	0,38 Zn
Schwert a) Griff	86,52	13,22	0,22	Spur	—
b) Klinge	94,89	4,17	0,85	Spur	0,07 Ni
c) Verzierungen	85,12	14,65	0,20	Spur	—
Bronzen, in Posen und Brandenburg gefunden, nach *Solkowsky*:				Fe + Ni	
Schmuckbehälter	87,9	11,25	Spur	0,32	—
Armring	87,74	11,37	0,10	0,50	—
Bronzeeimer	86,63	12,93	0,16	—	—
Messer	93,66	6,14	Spur	0,40	—
Ampel	89,85	8,15	0,95	0,31	—
Pinzette	84,84	13,8	0,59	0,35	—
Halsring	85,26	13,8	0,39	0,36	—
Kessel	100	0,2	Spur	Spur	—
Bronzen, in Posen u. Brandenburg gefunden, nach *Virchow*:					
Metallklumpen	91,09	8,72	—	0,19	—
desgl.	90,78	4,13	+ Sb	0,72	1,02 Ni 2,85 As 0,48 Ag
Kopfring	94,27	3,72	—	Spur	1,83 As
desgl.	95,60	4,37	+As	0,4	—
Alte Streitsichel, im Herzogtum Anhalt gefunden, nach *Krause*	90	10	—	—	—
Altes Taufbecken aus der Kirche zu Hemmingstädt, nach *Himly*	76,4	25,5	2,0	0,2	—
Armring, in Lojo gefunden, aus der späteren Bronzezeit des Nordens, nach *Montelius*	87,5	10,7	—	—	—
f) Altrussische Bronzen, nach *Skinder*:					
Haarnadel a. d. Elisabethpoler Gouvernement	85,88	10,29	3,85	—	—
Armband, desgl.	96,91	—	2,00	—	1,74 Zn
Armband, desgl.	90,39	4,94	—	4,9	0,44 S
Armband, desgl.	99,60	0,24	—	—	0,15 S
Dolch von Lalajants am Ufer des Gontschasees	90,04	6,55	—	2,53	—
Ring, desgl.	98,62	—	—	0,68	0,7 S
Blech, desgl.	87,82	10,10	—	1,94	0,14 S
Dolch, desgl.	87,43	8,39	—	4,07	0,11 S
Halbring, desgl.	86,89	9,63	—	2,19	1,27 Sb
Bracelet	89,01	7,57	—	3,23	0,2 S

Die Dolchklingen scheinen eine Härtung erfahren zu haben, während an dem Blech der entgegengesetzte Prozeß ausgeübt ist.

Tabelle 132 (Fortsetzung).

	Proz. Cu	Proz. Sn	Proz. Pb	Proz. Fe	Proz.
g) In Ungarn gefundene Bronzen nach *Loczka*:				Fe + Ni	
Schwert	91,40	8,20	0,16	0,51	—
Schwertgriff	90,64	9,29	0,42	0,41	—
Gerades Schwert	88,92	10,23	0,69	Spur	—
Lanze	86,57	6,56	5,10	0,59	0,66 Sb 0,33 Ag
Fragment mit Henkel	89,45	9,38	0,35	0,35	—
Säge	87,69	12,17	0,07	0,25	—
Lanze	92,14	2,16	Spur	0,36	2,96 Sb 0,75 Ag
Klapperndes Anhängsel	81,54	17,99	0,55	0,70	—
Säge	93,72	6,04	0,31	0,39	—
Gegossener Meißel	71,44	5,74	23,04	0,17	—
Schmuckgehänge	82,30	17,03	0,15	0,45	—
desgl.	86,31	12,98	0,20	0,47	—
Scheibenartige Platte	88,44	10,48	—	0,33	—
Rohes Material	93,83	6,31	0,24	0,44	—
Halbmondförmiges Anhängsel	78,23	21,16	0,27	0,34	—
h) Bronzen aus dem Böhmischen Museum, nach *Stolba*:					
Paalstab	94,5	4,7	—	0,1	0,7 Ag
Ring	94,6	8,6	0,5	0,4	—
Schwert	90,0	11,2	—	0,3	—
Ring	88,1	7,7	—	—	—
Schwert	91,8	8,4	1,5	1,1	—
Ring	88,7	11,5	2,4	0,2	—
Ring	86,0	10,6	3,6	0,4	3,6 Ag
Ring	75,5	10,7	5,5	0,2	—

		Proz. Cu	Proz. Sn	Proz. Pb	Proz. Fe	Proz. Zn	Proz.
i) Japanische und chinesische Bronzen							
Buddhastatue nach *Rein*		98,06	1,68	—	—	—	0,21 Hg 0,05 Au
Bronzen aus japanischen Tempeln nach *Maumen:*	1.	86,38	1,94	5,68	0,67	3,36	1,61 Sb
	2.	80,91	7,55	5,33	1,34	3,08	0,44 Sb
	3.	88,70	2,58	3,54	1,07	3,71	0,10 Sb
	4.	92,07	1,04	—	3,64	2,65	—
desgl. nach *Marquard* (Platten mit sehr schöner Metallfärbung)	1.	79,4	—	0,8	—	20,7	—
	2.	72,6	4,0	11,7	0,2	11,5	—
	3.	75,4	3,2	15,1	0,5	5,6	—
	4.	82,2	3,9	13,3	0,2	0,3	—
desgl. nach *Morin* (die Bronzen sind durch eine sehr schöne mattschwarze Patina ausgezeichnet	1.	82,7	4,4	9,9	0,6	1,9	—
	2.	82,9	2,6	10,5	0,6	2,7	—
	3.	81,3	3,3	11,1	0,7	3,3	—
	4.	83,1	3,2	11,5	0,2	0,5	—
	5.	72,1	5,5	20,3	1,7	0,7	—
	6.	72,3	7,3	14,6	0,3	6,0	—
	7.	71,5	6,0	16,3	0,3	5,1	—

Tabelle 132 (Fortsetzung).

	Proz. Cu	Proz. Sn	Proz. Pb	Proz. Fe	Proz. Zn	Proz.
k) Verschiedene Bronzen						
Sarg aus einem Tschudengrab am Altai, nach *Göbel*	80,27	19,66	—	—	—	—
desgl. nach *Göbel*	73,3	26,7	—	—	—	—
Kleine Statuette, desgl., nach *Göbel*	87,97	9,83	2,5	—	—	—
desgl. nach *Göbel*	91,5	6,75	1,75	—	—	—
Peruanische Axt aus der Inkaperiode, nach *Foote*	88	12	—	—	—	—
Bolivianische Bronzen aus der Nähe des Titicacasees nach *Loeb*	91—96	4,5—8,9	—	Spur	—	S Spur
Prähistorische Bronzen der Charente, in einer Höhle bei Maison-Blanche gefunden nach *Chesneau*[1]					Ni	Sb S
1. Kupferregulus	99,1	—	0,05	0,06	Spur	0,09 0,7
2. Speerstück	88,6	7,6	1,33	0,11	Spur	0,06 0,1
3. Axt	87,1	10,7	1,41	0,06	Spur	0,09 0,2
4. Axt	87,2	11,7	0,14	0,60	0,4	— —
Der übereinstimmende Gehalt in den Beimengungen der 3 ersten Stücke beweist, daß das zu den Bronzen 2 u. 3 verarbeitete Kupfer gleichen Ursprungs ist wie der Regulus; die Ansicht scheint sich zu bestätigen, daß die Höhle die eines Schmelzers gewesen ist. Der Nickelgehalt der Axt 4 deutet darauf hin, daß das Kupfer, welches zu ihrer Herstellung diente, anderen Ursprungs ist oder aus einer anderen Periode stammt.						

		Proz. Cu	Proz. Sn	Proz. Pb	Proz. Fe	Proz.
Beil aus Mid-Lothian in Schottland	vermutlich prähistorische Bronzen	88,0	11,1	0,78	—	—
Lanzenspitze aus Irland		86,3	12,7	0,1	0,3	0,1 Ni
Säge aus Renders Amt in Dänemark		93,0	6,0	—	0,5	0,4 Ag
Kästchen vom Sandkrug in Mecklenburg		86,5	13,0	—	0,2	0,3 Ni
Schwert aus Böhmen		92,9	6,7	—	0,2	—
Spange aus Böhmen		79,6	9,3	7,7	2,9	—
Altindische Trommeln mit schöner Patina, nach *Arche* und *Hassack*		67,0	12,0	17,3	1,0	1,28 Sb; 1,5 S
desgl.		73,4	5,1	14,8	0,3	3,33 Sb; 2,28 S
Flickmaterial dazu		72,0	7,2	18,4	0,89	1,55 S
Altperuvianischer Meißel aus von den Inkas betriebenem Silberbergwerk, nach *Charlon*		94	6	. . geringer Si-Gehalt		

[1] C. r. **137**, 653, 930.

Die Analysen zahlreicher in Rumänien gefundener prähistorischer Bronzefabrikate bringen nach *Otin*[1] den Nachweis, daß sämtliche Gegenstände zwei großen metallurgischen Mittelpunkten angehören, die deutlich voneinander zu unterscheiden sind; der eine in Oltenia zu Baia-de-Aramä, gekennzeichnet durch gänzliches Fehlen von Silber und Blei, der andere in Siebenbürgen, gekennzeichnet durch Anwesenheit von Silber und Blei.

Auf den antiken Bronzen, die im Erdboden gelegen haben, finden sich meist Ausblühungen, die bei der Aufbewahrung der Stücke einen allmählichen Zerfall herbeiführen. *Rathgen*[2] wies bei den Untersuchungen zahlreicher solcher Bronzen in der sog. „wilden Patina" stets einen Chlorgehalt nach und erklärte das Weiterwachsen und die zerstörende Wirkung derselben auf folgende Weise. Das Chlor gelangt aus dem Boden in Form von NaCl, $MgCl_2$ usw. in die Bronze. Infolge der wechselnden Luftfeuchtigkeit und der Wärmeschwankungen fällt die Kohlensäure der Atmosphäre aus dem auf der Metallfläche entstandenen Kupferchlorid Kupfercarbonat aus, und die frei werdende Salzsäure greift die Bronze von neuem an. Durch Erhitzen der Stücke auf 120 bis 150° wird die Feuchtigkeit aus der Patina ausgetrieben und die Bildung der Chloride unmöglich gemacht. Die Bronze zeigt dann keine Neubildung von Ausblühungen.

Um den wenig schönen rötlichgelben Farbenton der natürlichen Bronze zu vermeiden, erzeugt man auf der Kunst- und Statuenbronze einen äußerst dünnen Überzug von Kupfercarbonat auf Kupferoxydul, die durch alle Farben von Dunkelgrün bis Gelbbraun hindurchgehende „Patina". In besonders schöner Weise findet sich diese auf den antiken Bronzen, wo sie durch jahrhundertelange Einwirkung der Luft, der Bodenfeuchtigkeit und der Humussäuren entstanden ist. Die modernen Statuen nehmen leider sehr bald eine unschöne, mattschwarze Färbung an infolge der Verunreinigung der Stadtluft durch Schwefelwasserstoff, schweflige Säure und Ruß; es empfiehlt sich deshalb, bei der Aufstellung von Statuen in großen Städten schon von vornherein eine künstliche Patinabildung hervorzurufen. Die schwarze Färbung kann durch Abwaschen mit verdünnter Kalilauge, wässeriger Ammoniumcarbonatlösung und Abreiben mit Öl entfernt werden.

Die Patinabildung ist erheblich von der Zusammensetzung der Bronze abhängig, systematische Versuche von *v. Miller*[3] ergaben, daß geringe Zusätze von Blei, Antimon, Mangan ohne Einfluß sind, Aluminiumbronze nimmt sehr geringe Patina an, ebenso Zinkbronze, welche einen bedeutend helleren Farbenton als die reine Zinn-Kupferlegierung liefert. Eisen- und Nickelbronzen färben sich dunkel mit bläulichem Ton, Kobaltbronze nimmt sehr rasch Patina an und wird deshalb dunkler.

Nach Angaben von *Elster*[4] zeigen die Bronzen mit wenig Zinn und bis 10 Proz. Zink eine unansehnliche, stumpfe, schwarze Oxydation ohne eigentlichen Bronzecharakter, zinkreichere Legierungen nehmen einen grünlich-

[1] Bull. de l'Acad. Roum. 1913, **1**, 297.
[2] Dingl. Polyt. Journ. 1896, **301**, 44.
[3] Metallurgie 1912, 63.
[4] Dingl. Polyt. Journ. **212**, 156.

Tabelle 133.

	Proz. Cu	Proz. Zn	Proz. Sn	Proz. Pb	Proz. Fe	Proz. Ni
Reiterstatue Ludwigs XIV., 1699 von *Keller* gegossen, 6,6 m hoch, nach *d'Arcet* . .	91,4	5,35	1,70	1,37	—	—
Statue Henrys IV. auf dem Pont neuf in Paris, nach *d'Arcet*	89,6	4,20	5,70	0,48	—	—
Reiterstatue Ludwigs XV. von *Gor*, 5,23 m hoch, 30 000 kg schwer, nach *d'Arcet* .	82,4	10,3	4,10	3,15	—	—
Minervastatue in Paris	83	14	2	1	—	—
Napoleonstatue in Paris	75	20	2	2	—	—
AlteVendome-Säule aus eroberten Kanonen	89,2	0,5	10,2	0,1	—	—
Lessingstatue in Braunschweig, von *Howald* gegossen	84,2	11,5	3,55	0,75	—	—
Löwe auf dem Burgplatz in Braunschweig	81,0	10,0	6,5	2,5	—	—
Statue von Melanchthon in Wittenberg und von Friedrich Wilhelm IV. in Köln, von *Gladenbeck* (30 Tle. Cu, $2^1/_2$ Tle. Zn., 1 Tl. Sn)	89,5	7,46	2,99	—	—	—
Statue vom Graf von Brandenburg, Thaer und vom Löwenkämpfer vor dem Museum in Berlin, von *Gladenbeck* (32 Tle. Cu, $3^1/_2$ Tle. Zn, $^1/_2$ Tl. Sn)	88,8	9,72	1,4	—	—	—
Blücherstatue in Berlin, gegossen von *Lequene* (68 Tle. Cu, 4 Tle. Zn, $3^1/_2$ Tle. Sn)	90,1	5,3	4,6	—	—	—
Amazone in Berlin von *Fischer*	90	6	4	1	—	—
Friedrich der Große in Berlin von *Friebel*, 33 300 kg schwer	88,3	9,5	1,4	0,7	—	—
Chinesische Bildsäulen	74	10	1	15	—	—
Schäfer nach *Thorwaldsen* am Teiche beim Neuen Palais (Potsdam), 1825 gegossen	88,6	1,28	9,2	0,77	—	—
Bacchus im Sizilianischen Garten (Sanssouci), zwischen 1830 und 1835 in Rom von *Hofgartner* gegossen, nach *Ziurek*	89,3	1,63	7,5	1,21	0,18	—
Germanicus in Charlottenhof (Potsdam), in Rom 1820 gegossen, nach *Tieftrunk* .	89,8	2,35	6,16	1,33	—	0,27
Großer Kurfürst in Berlin, 1703 aufgestellt (Pferd), nach *Finkener*	89,1	1,64	5,8	2,6	0,13	0,11
desgl. (Sklave am Postament), nach *Finkener*	88,9	0,48	7,54	1,1	0,06	0,21
Diana im Hofgarten zu München, 1600 gegossen, nach *Hampe*	76,9	19,7	0,64	2,68	0,17	0,10
Figur auf dem Residenzhofe in München, 1600, nach *Hampe*	91,8	—	5,64	2,46	0,08	0,12
Mars u. Venus in München, 1585, nach *Weber*	94,1	0,3	4,77	0,67	—	0,48
Rossebändiger vor dem Berliner Schloß .	84,5	15,63	0,14	0,16	—	—
Statue des Kurfürsten Johann Wilhelm in Düsseldorf	71,7	25,6	2,37	0,91	—	—
Statue von Albrecht Dürer in Nürnberg .	88,6	0,1	5,2	4,5	0,6	0,8 As
Statue von Hans Sachs in Nürnberg . .	88,9	2,6	2,4	4,8	0,7	0,7 As
Bavaria in München	91,6	1,7	5,5	1,3	—	—

blauen Farbenton an. Die geeignete Zusammensetzung der für öffentliche Denkmäler und ähnliche Zwecke benutzten Kunstbronzen ist nach *Elster*:

$86^2/_3$ Proz. Kupfer, $6^2/_3$ Proz. Zinn, $3^1/_3$ Proz. Blei, $3^1/_3$ Proz. Zink.

Die Untersuchung der einzelnen Oxydationsschichten kann Anhaltspunkte zur Beurteilung des Alters und der Herkunft antiker Bronzen abgeben, der Nachweis organischer Säuren kann als sicheres Kennzeichen für die künstliche Erzeugung einer Patina gelten[1]. Vgl. auch *Hausding*[2] und *Neumann*[3].

Um auf Kunstbronze eine braune Färbung zu erzeugen, bringt man nach *G. Buchner*[4] den Gegenstand in eine Lösung aus: 50 g Kupferacetat, 2 l Wasser, 200 g Essigsäure (50 Proz.), welche mit Ammoniak bis zum Vorwalten des letzteren versetzt wurde. Man erhitzt dann zum Sieden; je nach der Dauer des Ansiedens erhält man hell- bis dunkelbraune Töne. Man kann auch die Gegenstände mit der heißen Lösung anpinseln und erhält dann ein schönes Hellbraun.

Die braune Färbung der „Bronze Barbedienne" erzielt man mit einer heißen Lösung von 5 g Kaliumpermanganat und 20 g Kupfersulfat in 1 l Wasser. Zuerst erscheinen Anlauffarben, dann goldgelbe bis braune Töne.

Eine stahlgraue Farbe läßt sich (*G. Buchner*) mit einer warmen Lösung aus 2 g Kupfervitriol, 0,6 g seleniger Säure, 100 g Wasser, 10 Tropfen Salpetersäure (1,185) hervorrufen. Schwarze Färbungen erzeugt man auf Bronzen durch Bestreichen mit heißer Schwefelleberlösung oder mit 5 Proz. Platinchloridlösung.

Die mattschwarze Patina der japanischen Bronzen ist auf ihren hohen Bleigehalt zurückzuführen; beim bloßen Erhitzen im Muffelofen tritt die Färbung durch Bildung von Bleioxyd ein.

Weitere Vorschriften siehe S. 344.

Bei der Nachahmung der natürlichen Patina auf Bronzen kann man entweder eine „künstliche" oder eine „imitierte" erzeugen; im ersteren Fall handelt es sich um das Hervorrufen eines Überzuges von basischem kohlensauren Kupfer, im zweiten Fall um die Grünfärbung durch beliebige Kupfersalze (basische Chloride, Nitrate, Acetate usw.). Die gereinigten Bronzen werden in einem Raum von mittlerer Temperatur aufgestellt, in dem sich Kohlensäure entwickelt, indem man auf Schalen Marmorstückchen auslegt und diese öfters mit verdünnter Salzsäure begießt. Die zu patinierenden Gegenstände werden öfters am Tage mit verdünnter Essigsäure (100 g Essigsäure, 1,04 in 5 l Wasser) benetzt. Nach einigen Tagen entsteht ein Überzug von essigsaurem Kupfer, der sich in 8 bis 14 Tagen in der kohlensäurereichen Luft in festhaftendes basisch-kohlensaures Kupfer umwandelt.

Für die Erzeugung der imitierten Patina gibt es eine große Zahl von Vorschriften, siehe *G. Buchner*: Die Metallfärbung, 5. Auflage.

R. Kayser empfiehlt folgendes Verfahren. Man löst 10 g salpetersaures Kupfer, 2 g Kochsalz in $^1/_2$ l Wasser, mischt hierzu eine Lösung von Ammoniumacetat, welche man erhält, wenn man 10 g Ammoniak mit Essigsäure bis zur sauren Reaktion versetzt und dann mit Wasser auf $^1/_2$ l bringt. Mit dieser Lösung benetzt man die Bronzegegenstände gleichmäßig, läßt trocknen,

---

[1] *Vanino* und *Seitter*: Die Patina.
[2] Verh. d. Ver. z. Förd. d. Gewerbefl. 1891, 241.
[3] Zft. f. angew. Chem. 1907, 2025.
[4] Die Metallfärbung 1924.

bürstet ab und wiederholt diese Operation, bis die Patina die gewünschte Stärke ereicht hat.

Für zinkhaltigen Bronzeguß wird empfohlen: 20 g salpetersaures Kupfer, 30 g Quecksilberchlorid, 30 g schwefelsaures Zink, 920 g Wasser.

Eine Patinierung mit dunklem Grund erhält man nach *G. Buchner* durch Eintauchen in nachstehende Lösung und Eintrocknenlassen:

20 g salpetersaures Kupfer, 20 g Chlorzink, 60 g Wasser.

(**D. R. P. 93 543.) Lismann, München: Elektrolytische Herstellung eines festhaftenden Überzuges (Edelrost) auf Kupfer und Kupferlegierungen,** welche als Anode in Flüssigkeiten gebracht werden, die kohlensaure Verbindungen oder solche Verbindungen enthalten, bei denen durch Elektrolyse Kohlensäure entsteht.

Vergoldbronze.

Der Kunstbronze nahe verwandt ist die meist sehr zinkreiche Vergoldbronze, welche wegen ihrer gelben Farbe schon für sich oder auch mit einem leichten Goldüberzug versehen ausgedehnte Anwendung findet zur Herstellung unechter Schmuckwaren, Statuetten, von Leuchtern, Tintenfässern und anderen Gebrauchsgegenständen. Durch mannigfache Beizen und Metalllacke, durch Glasuren und Emailüberzüge lassen sich die verschiedenartigsten Farbwirkungen erzielen.

Nachstehende Tabelle enthält eine Zusammenstellung der gebräuchlichsten Legierungen nach *Muspratt*, Theoretische und praktische Chemie und gelegentlichen Literaturangaben.

Tabelle 134.

	Proz. Cu	Proz. Sn	Proz. Zn	Proz. Pb	Proz. Ni
Bronze für Statuetten (zur Vergoldung)	73	4	23	—	—
Bronze für Statuetten (zur Vergoldung)	72,4	1,9	22,8	2,9	—
Bronze für Statuetten (zur Vergoldung)	65	3	32	—	—
Bronze für Bijouteriewaren	58	16,7	25,3	—	—
Kells Bronze für Schmucksachen	91	2	6	1	—
Baths Bronze für kleinere Artikel (sehr dünnflüssig)	94,1	5,9	—	—	—
Goldfarbige Bronze	90,5	6,5	3	—	—
Goldfarbige Bronze „Chrysokalk"	95	5	—	—	—
Goldfarbige Bronze „Similor" oder „Mannheimer Gold"	83,7	7,0	9,3	—	—
Goldfarbige Bronze „Similor" oder „Mannheimer Gold"	89,4	0,6	9,9	—	—
Talmi	86,4	1,1	12,2	—	—
Oreide	80,5	4,9	14,5	—	—
Französische Fahnenstangen für Feuervergoldung	82	1 bis 3	Rest	—	1,5 bis 3
Bayerische Felddienstzeichen aus dem Jahre 1866	84,2	2,7	10,6	2,6	—

Sonderbronzen.

Wie schon bemerkt wurde, verwendet man in der Technik verhältnismäßig selten die reinen Zinn-Kupferlegierungen, man zieht vielmehr solche Bronzen vor, denen durch die Einwirkung von Phosphor, Silicium oder Mangan der schädliche Sauerstoffgehalt entzogen wurde, oder denen durch Hinzulegieren von Zink, Blei, Nickel usw. eine für den besonderen Zweck günstigere Eigenschaft (Leichtflüssigkeit, leichtere Bearbeitbarkeit, Widerstandsfähigkeit gegen chemische Einflüsse, geringeres Schwinden usw.) verliehen wurde.

Phosphorbronze.

De Ruolz und *de Fontenay* benutzten bereits seit dem Jahre 1854 in der französischen Geschützgießerei den Phosphor zur Verbesserung der Bronze; sie setzten während des Schmelzens größere Mengen Phosphor zu, um durch die entweichenden Phosphordämpfe den Luftsauerstoff fernzuhalten. Das Verfahren wurde jedoch geheim gehalten und erst 1871 veröffentlicht. *Parker* nahm 1858 ein Patent auf den Zusatz von Phosphor zu Kupfer und Kupferlegierungen für Röhren, Schiffsbeschläge usw.

Künzel stellte seit 1869 umfassende Versuche über die Einwirkung des Phosphors auf die Kanonenbronze an; eine allgemeine Anerkennung fand das Verfahren, als seine mit *Montefiore-Levy* im praktischen Gießereibetrieb erzielten Erfolge bekannt wurden, und als seine vorzügliche Schrift: *K. Künzel*, Über Bronzelegierungen, Dresden 1875, erschien. Von ihm stammt auch die Bezeichnung „Phosphorbronze", ein Name, der nicht ganz glücklich gewählt ist, da die beste Bronze diejenige ist, die keinen oder nur noch Spuren Phosphor enthält. Durch den Phosphorzusatz soll der in der Bronze als Zinnsäure vorhandene Sauerstoff (siehe oben) als phosphorsaures Salz in die Schlacke übergeführt werden, aber Phosphor soll nicht, wie der Name vermuten lassen könnte, ein wesentlicher Bestandteil der Phosphorbronze sein.

Wie *Hudsen* und *Law*[1] fanden, kann Kupfer neben Zinn geringe Mengen Phosphor in fester Lösung halten, die schmiedbaren Bronzen mit nicht mehr als 6 Proz. Zinn und 0,3 Proz. Phosphor stellen feste Lösungen dar. Bei höherem Phosphorgehalt und weniger als 4,5 Proz. Zinn ist der Phosphor in Form kleiner Teilchen der Verbindung Cu_3P vorhanden, bei mehr als 4,5 Proz. Zinn tritt ein ternäres Eutektikum von Cu, Cu_3P und Cu_4Sn auf. (Zusammensetzung: 81 Proz. Cu, 14,2 Proz. Sn, 4,8 Proz. P, Schmelzp. 620°.) In Gußbronzen mit mehr als 12 Proz. Zinn und 1,5 Proz. Phosphor ist das ternäre Eutektikum der wesentliche Bestandteil.

Die Phosphorbronze zeigt wegen der Entfernung des schädlichen Sauerstoffes wesentlich bessere Eigenschaften als die gewöhnliche. Ihre Festigkeit und Zähigkeit ist gestiegen, ebenso die Dünnflüssigkeit, weshalb sie sich besonders zur Herstellung dünnwandiger Gußstücke eignet. Phosphorbronze enthält nur wenig eingeschlossene Gase (siehe S. 251), die vorwiegend aus CO_2 bestehen, der Phosphor scheint die Löslichkeit der Gase im Metallbad zu vermindern.

Wie die mechanischen Eigenschaften der Bronze durch die Desoxydation mittels Phosphor verbessert werden, während das „Polen" (Durchrühren der Schmelze mit grünem Holz), das bei der Reinigung eines Kupfer-

[1] Inst. of Metals, Januar 1910; siehe auch *Levi Malvano* und *Orofino:* Gazz. chim. ital. 1911, **41** II, 297.

bades genügen würde, ohne wesentlichen Einfluß bleibt, zeigen folgende Zahlen *Künzels* (Tab. 135).

Tabelle 135.

Material	Elastizitätsgrenze kg/qmm	Festigkeit kg/qmm	Dehnung Proz.
Gewöhnliche Bronze	12	16,1	2
Dieselbe gepolt	12,4	17,2	2,8
Dieselbe mit Phosphor behandelt	13,5	25,8	6,8

Guillet[1] untersuchte den Einfluß wechselnder Phosphormengen auf die Eigenschaften einer Bronze aus 90 Proz. Kupfer, 10 Proz. Zinn (Spuren Zink). Tab. 136.

Tabelle 136.

Zusammensetzung			Festigkeit	Elastizitätsgrenze	Dehnung	Querschnittsverminderung	Stoßfestigkeit	Härte
Proz. Cu	Proz. Sn	Proz. P	kg/qmm	kg/qmm	Proz.	Proz.		Brinell
90,93	9,03	0	24,6	9,3	23	43,7	5	63
90,85	8,92	Spuren	26,5	11,3	30	52,1	5	71
89,18	9,60	0,47	21,4	9,3	6	8,4	3	60
89,07	9,78	0,91	18,7	9,3	4	2,8	2	65
88,83	9,18	0,92	17,3	10,3	3,5	1,4	2	63
88,90	9,32	1,17	18,7	8,6	2,5	1,4	1	64

Aus den Zahlenwerten ersieht man, daß die Bronze durch die Sauerstoffentziehung in bezug auf ihre Festigkeit, Elastizitätsgrenze, Dehnung, Querschnittsverminderung und Härte verbessert wird; sobald jedoch der in dem Metall zurückbleibende Phosphorgehalt wächst, gehen die Eigenschaften wieder zurück, Dehnung und Querschnittsverminderung fallen sofort so stark, daß das Material für viele Verwendungszwecke unbrauchbar wird. Man soll sich deshalb bei der Herstellung der Bronze davor hüten, einen höheren Phosphorzusatz einzuführen, als zur Sauerstoffentziehung gerade nötig ist. Gegen diese Regel wird noch vielfach verstoßen, wie z. B. folgende Zahlen erkennen lassen, die *Philip*[2] bei der Analyse von 99 aus dem Handel bezogenen englischen Phosphorbronzen erhielt:

	Kupfer	Zinn	Phosphor
1. Bronzen zum Schmieden und Ziehen (Barren, Blech, Draht) mindestens . .	94 Proz.	5,6 bis 5,89 Proz.	0,11 bis 0,44 Proz.
2. Gußbronzen	82,9 „	16,8 „ 16,4 „	0,3 „ 0,7
3. Lagerbronzen	84,5 bis 91 „	15 „ 8 „	0,37 „ 0,85
4. Maschinenbronzen . .	87 „ 92 „	13 „ 7 „	0,15 „ 0,73
5. Zahnräder, Schrauben .	88,5 „ 95,5 „	11,5 .. 4,5 „	0,07 „ 1,56

Pealing[3] fand, daß die sehr harte Phosphorbronze, wie sie gewöhnlich aus der Fabrik kommt, eine anormale Veränderlichkeit des Härtekoeffi-

[1] Alliages mét.
[2] Iron Mongers Chronicle 1908, 25.
[3] Philos. Magazine 1913, **55** (6), 418.

zienten zeigt, indem die Härte bei geringer Beanspruchung viel kleiner als bei großer ist. Diese Verschiedenheit ist am größten für dünne Streifen, sehr klein für dicke Streifen und fehlt den Phosphorbronzedrähten gänzlich. Durch Ausglühen verschwindet diese Verschiedenheit ganz, durch Strecken und Biegen teilweise. Die Erklärung liegt wohl darin, daß die Phosphorbronzestreifen in der Fabrik in ihrer Oberfläche durch starke Beanspruchung etwas verändert worden sind.

Als Lagermetall ist die Phosphorbronze wegen ihrer geringeren Abnutzung der gewöhnlichen Bronze überlegen (siehe S. 256); auch ihre Widerstandsfähigkeit gegenüber chemischen Einflüssen ist eine wesentlich günstigere, da sie infolge ihrer größeren Dichtigkeit und der Abwesenheit von Zinnsäureeinschlüssen eine kleinere Angriffsfläche bietet.

Die Herstellung der Phosphorbronze geschieht in der Weise, daß man die Bestandteile unter Zusatz von etwa 0,6 bis 2 Proz. Phosphorkupfer oder Phosphorzinn im Tiegel unter einer Holzkohlendecke einschmilzt. Ist man gezwungen, zur Erschmelzung großer Metallmengen den Flammofen anzuwenden, so setzt man das Phosphormetall erst zu, wenn die Bronze bereits geschmolzen ist, da sonst ein großer Teil des Phosphors unter dem Einfluß der oxydierenden Flammengase nutzlos verbrennen würde, auch greift das geschmolzene Phosphorkupfer die Ofenwandung stark an. Nach dem Zusatz rührt man gut um und wartet noch kurze Zeit, bis man zum Gusse schreitet; es kann sonst der Fall eintreten, daß das Gußstück trotz eines Phosphorgehaltes von 0,05 Proz. doch noch 0,5 Proz. Zinnsäure enthält. Das Schwindmaß siehe S. 52.

Zur Anwendung kommt die Phosphorbronze wegen ihrer leichteren Gießbarkeit und günstigen Festigkeitseigenschaften vorwiegend beim Guß von Maschinenteilen der verschiedensten Art und wegen ihrer Widerstandsfähigkeit gegenüber chemischen Einwirkungen als Material für Gegenstände, die derartigen Einflüssen ausgesetzt sind, wie Schiffsbleche, Hochofenformen, Säurepumpen, Grubenseile.

Die britische Marine schreibt vor: 90 Proz. Kupfer, 9,7 Proz. Zinn 0,3 Proz. Phosphor.

Versuche von *Philip*[1] führten zu der Forderung, daß sich die Zusammensetzung nicht über folgende Grenzen hinaus bewegen darf:

Kupfer 90 bis 92 Proz., Zinn 9,7 bis 9,4 Proz., Phosphor 0,3 bis 0,6 Proz.

Die Phosphorbronze soll kein Zink enthalten, da schon ein Gehalt von 0,01 bis 0,02 Proz. einen schädlichen Einfluß beim Guß geltend macht.

Phosphorbronzedraht für Telephonleitungen hat zwar eine wesentlich geringere Leitfähigkeit als die phosphorfreie Bronze, aber eine Festigkeit bis zu 90 kg/qmm.

Siliciumbronze.

Weiller stellte im Jahre 1881 nach D. R. P. 27 570 und 20 667 durch Zusammenschmelzen von Bronze mit Natrium und Kieselfluorkalium „Sili-

[1] Brass World 1910, **6**, 77.

ciumbronzen" her, die in der Elektrotechnik Aufsehen erregten, weil die daraus gefertigten Drähte bei sehr hohen Festigkeitswerten eine günstigere Leitfähigkeit als Phosphorbronze zeigten. Aus den Analysen *Hampes* ging jedoch hervor, daß die Legierungen nur Spuren Silicium enthielten, und daß ihre Vorzüge lediglich auf die Abwesenheit aller Oxyde zurückzuführen sei. *Heußler* wandte 1887 (D. R. P. 36 607) Siliciumkupfer an zur: „Raffination des Kupfers, Herstellung einer reinen, nur aus Silicium und Kupfer bestehenden Siliciumbronze in verschiedenen Mischungsverhältnissen, Herstellung von Silicium-Manganbronzen durch Zusatz in verschiedenen Verhältnissen zur reinen, nur aus Kupfer und Mangan bestehenden Manganbronze sowie zur gewöhnlichen, aus Kupfer, Zinn, Zink und Mangan bestehenden Manganbronze, Herstellung von siliciumhaltiger Kupfer-Zinnbronze, Kupfer-Zinn-Zinkbronze, Rotguß, Silicium-Messing und Silicium-Neusilber".

Alle diese Legierungen sollen durch den Siliciumzusatz eine größere Festigkeit und Dehnbarkeit, namentlich aber durch das Absorptionsvermögen des Siliciums für freien Sauerstoff und die dadurch erzielte Entfernung desselben und der Oxyde eine erhöhte Gußfähigkeit erhalten, welche sich durch einen porenfreien, dichten Guß bekundet.

Bei Besprechung des Silicium-Kupfers (siehe S. 212) wurde schon darauf hingewiesen, daß dieses Desoxydationsmittel vor dem häufiger benutzten Phosphorkupfer den Vorteil bietet, daß es nicht so rasch wie dieses oxydiert; man kann deshalb mit geringeren Verbrennungsverlusten rechnen und erreicht schon mit kleineren Zusätzen eine vollständige Desoxydation. (Daselbst sind auch die Zahlen eines Vergleichsversuches zwischen Phosphor- und Siliciumbronze aufgeführt.)

Arsenbronze.

Da das Kupfer häufig arsenhaltig ist, findet man in Bronzen vielfach einen geringen Arsengehalt; im allgemeinen herrscht die Ansicht vor, daß schon Arsenspuren die Bronze spröde und für viele Verwendungszwecke untauglich machen. Deshalb ist eine umfangreiche Untersuchung von *Heyn* und *Bauer*[1] über den Einfluß des steigenden Arsengehaltes auf Gefüge und Festigkeit einer Bronze aus 85 Proz. Kupfer und 15 Proz. Zinn von Wichtigkeit. Aus dem umfangreichen Zahlenmaterial seien folgende Mittelwerte wiedergegeben (Tab. 137). Es wurde stets ein Sandguß (S) und Kokillenguß (K) gegenübergestellt. Unter „Kugeldruckhärte" wird der Druck in Kilogramm verstanden, der zur Erzeugung einer Eindrucktiefe von 0,05 mm erforderlich ist. „Druckfestigkeit" ist die Höhenverminderung in Prozent nach der Höchstspannung (12 500 kg/qcm), „Stauchfestigkeit" die Höhenverminderung, wenn diejenige der arsenärmsten Probe = 100 gesetzt wird.

Das Metall ließ sich in allen Fällen gut gießen und füllte die Form gut aus. Unterschiede zwischen den Schmelzen mit hohem Arsengehalt und den Schmelzen mit niedrigem Arsengehalt waren nicht vorhanden.

[1] Mitt. a. d. Mat.-Prüf.-Amt 1911, 92.

Tabelle 137.

Arsengehalt	Kugeldruckhärte kg	Proportionalitätsgrenze kg/qmm	Streckgrenze kg/qmm	Bruchgrenze kg/qmm	Dehnung Proz.	Druckfestigkeit Proz.	Stauchfestigkeit Proz.
0,18 Proz. S	74	3,1	11,3	12,2	0	44,8	—
0,18 „ K	131	11,7	18,5	31,3	3	30,4	100
0,21 „ S	54	2,6	11,4	12,5	0,1	43,8	—
0,21 „ K	137	11,7	19,6	29,9	2	30,7	101
0,30 „ S	73	4,2	12,4	13,8	1	44	—
0,30 „ K	125	11,7	19,2	31,3	3	30,6	100,5
0,65 „ S	93	4,8	13,9	14,7	0	41,2	—
0,65 „ K	143	12,2	20,9	30,4	2	28,8	92
0,88 „ S	99	5,2	14,4	14,0	2	39,7	—
0,88 „ K	145	12,6	21,8	28,3	2	27,7	92
1,52 „ S	95	4,8	13,3	13,7	0	Bruch	—
1,52 „ K	160	12,2	23,9	28,9	2	„	88

Aus ihren Untersuchungsergebnissen ziehen *Heyn* und *Bauer* folgende Schlüsse:

1. Der Einfluß des Arsengehaltes auf die Temperaturen der Krystallausscheidungen und Umwandlungen kommt erst bei höheren Arsengehalten merkbar zum Ausdruck. Diese Temperaturen werden durch den Arsengehalt etwas tiefer gerückt.

2. Arsengehalte bis zu 1,52 Proz. haben auf die Gießbarkeit keinen nachteiligen Einfluß.

3. Das Kleingefüge wird ebenfalls nicht merkbar geändert.

4. Die Kugeldruckhärte wird durch den Arsengehalt gesteigert[1].

5. Die Bruchgrenze wird durch Arsen ein wenig erniedrigt, die Streckgrenze wird entschieden gehoben, die Dehnung wird durch Arsengehalt nach Überschreiten eines Gehaltes von 0,3 Proz. wesentlich vermindert.

6. Der Widerstand gegen Höhenverminderung beim Stauchen wächst mit steigendem Arsengehalt; der Einfluß tritt aber erst von 0,65 Proz. Arsen aufwärts deutlich zutage.

7. Die Quetschgrenze wird durch den Arsengehalt erhöht; die Erhöhung kommt aber erst bei den höheren Arsengehalten deutlich zum Ausdruck. Die Höhenverminderung beim Druckversuch sinkt mit wachsendem Arsengehalt.

8. Die Kokillengüsse zeigen eine wesentlich höhere Härte als die Sandgüsse, diese sind häufig porös. Auch Bruch- und Streckgrenze sind bei ersteren erheblich höher, ebenso die Bruchdehnung, nur bei den hohen Arsengehalten kommen die Dehnungen beider Gußarten einander nahe.

Die Darstellung der Arsenbronze war geschützt im

(D. R. P. 46 214.) Bülles: Metallegierung. In reines geschmolzenes Kupfer oder Zinn werden etwa 16 Proz. Arsen eingeführt; dasselbe wird passend in Kupferhülsen ge-

---

[1] Die Folgerungen 4 bis 7 beziehen sich nur auf die Kokillengüsse, da der Einfluß des Arsens in den Sandgüssen durch Porenbildung überdeckt werden kann.

füllt eingetragen. Die Legierung wird nach tüchtigem Umrühren durch Eingießen in Wasser zum Granulieren gebracht, die so gewonnenen Granalien nochmals umgeschmolzen und alsdann als Zusatz zur Herstellung von Bronze und anderen Legierungen verwandt, wodurch eine bedeutend größere Elastizität, Festigkeit und Dehnung der Bronze oder der betreffenden Metallegierung erzielt werden soll, als die bekannte Phosphorbronze solche besitzt.

Zinkbronze.

Da das Zink in bezug auf Färbevermögen und Härtesteigerung einen ähnlichen, allerdings weit geringeren Einfluß auf Kupfer wie das Zinn ausübt, dabei aber nur etwa ein Viertel von letzterem kostet, so lag von jeher die Versuchung nahe, in den Bronzen einen Teil des Zinns durch Zink zu ersetzen. Geringe Zinkzusätze steigern die Festigkeitseigenschaften der Zinn-Kupferlegierungen, gleichzeitig wird deren Schmelzpunkt wesentlich herabgesetzt; das Metall gibt einen dünnflüssigen, scharfen, blasenfreien Guß, der sich leicht und schön ziselieren läßt. Ausgeschlossen ist die Möglichkeit der Zinkbeimischung da, wo es auf die Härte des Materials ankommt, weil die hierzu erforderliche Zinkmenge zugleich die Zähigkeit wesentlich herabmindern würde.

Die Bronzen mit einem je nach dem Verwendungszweck bis zu etwa 10 Proz. anwachsendem Zinkgehalt (häufig auch noch mit geringem Bleizusatz) führen den Namen „Rotguß".

Den Einfluß des Zinkzusatzes auf die mechanischen Eigenschaften der Bronze untersuchten *Guillet*[1] (Tab. 138) und *v. Miller*[2] (Tab. 139); siehe auch Tab. 143 bis 146 sowie 147.

Tabelle 138.

Zusammensetzung			Festigkeit	Elastizitätsgrenze	Dehnung	Querschnittsverminderung	Stoßfestigkeit	Härte
Proz. Cu	Proz. Sn	Proz. Zn	kg/qmm	kg/qmm	Proz.	Proz.	(n. Frémont)	(n. Brinell)
91	9	0	25,4	10,3	19,5	—	7	76
90,34	9,62	0,04	27,4	11,6	24,5	36,3	6	58
90,45	8,93	0,62	28,4	12,5	23,5	26,6	6	53
90,24	6,90	2,86	22,7	10,0	27,5	36,4	6	54
91,36	4,52	4,12	16,4	6,5	16,5	17,8	6	49
90,47	2,90	6,63	18,0	6,0	23	24,3	4	49
90,35	0	9,65	10,0	5,2	13	21,0	12	39

Wie man sieht, erhöht ein geringer Zinkgehalt die Festigkeit, Elastizität und Dehnung der Bronze, vermutlich durch Reduktion der Zinnsäureeinschlüsse, 2 Proz. Zink vermindern die Festigkeit bereits merklich.

Obwohl der Schwindungskoeffizient des Zinks (1,4 Proz.) dem der Bronze nahe liegt, macht sich doch ein Zinkzusatz auf die Schwindungsverhältnisse der Bronze deutlich bemerkbar. Wenn das Zinn allmählich durch Zink ersetzt wird, so nimmt die Schwindung rasch zu, bei großem Zinngehalt (10 Proz.) dagegen verringert sich die Schwindung, wenn das Zink an die Stelle des Kupfers tritt.

[1] Alliages mét. 546.
[2] Metallurgie 1912, 63.

Tabelle 139.

Legierung			Analyse		Ausdehnung im Augenblick der Erstarrung	Schwindungs-koeffizient	Festigkeit	Bearbeitung
Proz. Cu	Proz. Sn	Proz. Zn	Proz. Sn	Proz. Zn	Proz.	Proz.	kg/qmm	
92	8	—	—	—	0,050	1,500	23,50	gut
90	8	2	8,15	2,68	0,059	1,535	17,51	„
90	6	4	6,07	4,59	0,045	1,605	18,0	„
90	4	6	4,17	6,32	0,042	1,625	14,87	„
88	10	2	10,3	2,19	0,041	1,497	21,59	ziemlich gut
86	10	4	9,81	4,43	0,030	1,457	20,50	mittel
84	10	6	9,77	6,30	0,030	1,405	12,33	schlecht
82	10	8	10,09	8,16	0,033	1,372	11,96	„
80	10	10	—	10,18	0,028	1,335	10,60	mittel
80	8	12	8,25	11,94	0,040	1,445	17,80	„
80	6	14	5,92	14,12	0,032	1,505	14,13	„

Ähnliche Werte erhielt *Wüst*[1] bei Schwindungsversuchen (siehe Tab. 140):

Tabelle 140.

Zusammensetzung			Beginn der Ausdehnung	Proz. der Ausdehnung	Beginn der Schwindung	Proz. der Schwindung
Proz. Cu	Proz. Sn	Proz. Zn				
81,06	17,5	1,53	854°	0,024	756°	1,50
88,75	9,65	1,60	955°	0,058	726°	1,47

Siehe auch S. 52.

Während der Erstarrung erfolgt zunächst eine Ausdehnung, alsdann setzt die Schwindung ein.

Da die zinkhaltigen Bronzen mit Vorliebe als Konstruktionsmaterial für Maschinenteile benutzt werden, sind Versuche von *Bach*[2] über den Einfluß höherer Wärmegrade auf die Festigkeitseigenschaften dieser Bronzen von besonderer Wichtigkeit (Tab. 141).

Tabelle 141.
Zusammensetzung: 91,35 Proz. Kupfer, 5,45 Proz. Zinn, 2,87 Proz. Zink.

	Bei gewöhnl. Temp.	100°	200°	300°	400°	500°
Festigkeit . . . . . . kg/qmm	23,95	24,24	22,45	13,68	6,25	4,41
Dehnung . . . . Proz.	36,3	35,4	34,7	11,5	0	0
Querschnittsverminderung „	52,1	47,4	48,2	16,2	0	0

Festigkeit und Dehnung sind bei 100° nur wenig verändert, bei 200° haben sie bereits um 6 bzw. 4 Proz. abgenommen, bei 300° ist das Material schon vollständig verändert. Die Bronze, die nach ihren Eigenschaften bei gewöhnlicher Temperatur als eine sehr gute bezeichnet werden muß, kann für Ventilgehäuse, Rohrstücke usw. bei Dampf von 200° noch verwendet werden, jedoch keinesfalls bei solchem von 300°, als Material bei Rohrleitungen für stark überhitzten Dampf ist sie unbedingt auszuschließen.

[1] Metallurgie 1909, 788.
[2] Zft. d. Ver. deutsch. Ing. 1900, 1745; 1901, 1477.

Tabelle 142.

Zusammensetzung: 87,0 Proz. Kupfer, 8,7 Proz. Zinn, 4,3 Proz. Zink.

	Bei gew. Temp.	100°	200°	250°	300°	350°	400°	450°	500°
Festigkeit . . kg/qmm	24,91	24,77	23,81	20,31	16,10	11,58	11,13	8,31	6,93
Dehnung . . . Proz.	17,4	20,1	17,9	12,1	6,8	2,0	1,5	0,5	0,3
Querschnittsverminderung „	21,3	20,0	19,1	14,1	8,8	1,5	1,0	0	0

Die Festigkeit hat bei 250° bereits um 18 Proz. abgenommen; auch dieses Material, das sonst als eine gute Bronze angesehen werden muß, ist bei Wärmegraden über 250° nicht mehr zu verwenden.

Le Chatelier[1] untersuchte in gleicher Weise eine Bronze mit 10 Proz. Zinn und 3 Proz. Zink (Tab. 143).

Tabelle 143.

	Bei gew. Temp.	140°	230°	250°	300°	350°	415°
Festigkeit . . . . . kg/qmm	15,9	16,6	14,4	13,2	12,0	11,0	6,4
Dehnung . . . . . Proz.	5,7	7,1	3,9	4,2	2,0	1,4	1,4

Charpy[2] prüfte eine Bronze der Zusammensetzung: 88,11 Proz. Kupfer, 13,05 Proz. Zinn, 1,62 Proz. Zink (Tab. 144).

Tabelle 144.

	Bei gew. Temp.	100°	150°	200°	225°	250°
Festigkeit . . . . kg/qmm	22,7	20,7	20,1	18,1	17,4	16
Dehnung . . . . Proz.	4,5	6,3	13,1	5,8	4,0	3,3

Weidig[3] untersuchte die Wirkung des Ausglühens auf einen hartgezogenen Draht der Zusammensetzung: 89,8 Proz. Kupfer, 6,07 Proz. Zinn, 3,96 Proz. Zink (0,08 Proz. Blei). (Siehe Tab. 145.)

Tabelle 145.

Material	Zugfestigkeit kg/qmm	Dehnung Proz.	Biegezahl	Elektrischer Leitungswiderstand[4]
Harter Probedraht	57,25	9,5	17,5	0,01689
bei 400° ausgeglüht, an der Luft abgekühlt .	53,05	17,3	20,0	0,01498
„ 400° „ in Wasser abgeschreckt .	52,34	22,0	21,0	0,01498
„ 600° „ an der Luft abgekühlt .	38,41	51,75	24,0	0,01564
„ 600° „ in Wasser abgeschreckt .	39,33	51,3	21,5	0,01593
„ 800° „ an der Luft abgekühlt .	32,68	51,23	21,0	0,01520
„ 800° „ in Wasser abgeschreckt .	33,95	57,0	22,0	0,01540
Weicher Probedraht	38,90	55,5	21,5	0,01545

[1] Baumaterialienkunde 1901, 197.
[2] Bull. de la Soc. d'Encour. 1896; 1899.
[3] Metallurgische Studien 1912.
[4] Angegeben in Ohm für je 1 m Länge der Drähte von 3 mm Durchmesser.

Die Bronze zeigt bei ungefähr 600° eine gute Ausglühwirkung, das als „weich“ gelieferte Probematerial dürfte annähernd dieser Temperatur ausgesetzt gewesen sein. Der Abbrand betrug 0,051 bis 1,25 Proz., während er bei einer entsprechend zusammengesetzten reinen Zinnbronze unter gleichen Versuchsbedingungen wesentlich höher lag (siehe S. 259).

S. Primrose und *G. Primrose*[1] fanden, daß für die Geschützbronze mit 2 Proz. Zink besonders wirksam ein Ausglühen bei 700° während etwa 30 Minuten ist. Zwei Probestäbe ergaben folgende Werte:

1. ungeglüht	= 22,32 kg/qmm	Festigkeit	bei	5	Proz.	Dehnung
geglüht	= 27,90 „	„	„	25	„	„
2. ungeglüht	= 17,0 „	„	„	8	„	„
geglüht	= 23,25 „	„	„	26	„	„

Andererseits soll diese Bronze gegen das Abschrecken bei hohen Wärmegraden empfindlich sein, sie verliert in diesem Fall ihre große Widerstandsfähigkeit gegen hydraulischen Druck und einen Teil ihrer Festigkeit und Dehnung.

Nach Angabe von *Hubertz*[2] würden sich gewisse Zinkbronzen wegen ihrer Widerstandsfähigkeit gegenüber starken Säuren besonders als Konstruktionsmaterial in chemischen Fabriken eignen. Er fand, daß eine Bronze von der Zusammensetzung:

86 Proz. Kupfer, 9 Proz. Zinn, 5 Proz. Zink

von konzentrierter Salzsäure oder Salpetersäure nur wenig, eine Bronze:

77 Proz. Kupfer, 14 Proz. Zinn, 8 Proz. Zink

von Schwefelsäure gar nicht angegriffen wurde.

Guillet und *Revillon*[3] versuchten durch Schätzung des Kupfergehaltes im mikroskopischen Bild des Schliffes den Gleichwertigkeitskoeffizienten zwischen Zink und Zinn in der Bronze zu bestimmen. Untersucht man nämlich unter dem Mikroskop Bronzen, in welche man steigende Mengen Zink eingeführt hat bei konstantem Kupfergehalt, so kann man bemerken, daß der Bestandteil δ auch noch unterhalb der Grenze existiert, die als Löslichkeitsgrenze von Zinn in Kupfer festgesetzt ist (siehe S. 238); ferner bemerkt

Tabelle 146.

Chemische Analyse			Mikrographische Schätzung		Berechneter Gleichwertigkeitskoeffizient
Proz. Cu	Proz. Sn	Proz. Zn	Proz. Cu	Proz. Sn	
84,6	13,7	1,7	86	14	0,048
84,4	13,1	2,5	86,5	13,5	0,027
84,9	11,7	3,4	88	12	0,033
84,9	9,6	5,5	90	10	0,030
85,9	7,5	6,6	91,5	8,5	0,085
85,2	4,6	10,2	94	6	0,083

[1] Foundry Tr. J. 1913, 223.
[2] Zft. d. Ver. deutsch. Ing. 1885, 331.
[3] Rev. de Mét. 1910, 7, 429; Metallurgie 1911, 582.

man immer, daß das Aussehen der Legierung einen höheren Zinngehalt angibt, als die Analyse liefert.

Die mikroskopische Beobachtung der langsam abgekühlten und vor der Untersuchung ausgeglühten Legierung liefert durch Schätzung der von dem Bestandteil δ eingenommenen Flächen den scheinbaren Kupfergehalt, die Analyse den wirklichen Kupfer- und Zinkgehalt, alsdann ist der gesuchte Gleichgwertikeitskoeffizient t:

$$t = 1 + \frac{(A - A')\,100}{A'q}.$$

In der Formel bedeutet: A den wirklichen Kupfergehalt,
A' „ scheinbaren Kupfergehalt,
q „ wirklichen Zinkgehalt.

In Tabelle 147 sind die Untersuchungsergebnisse einer Legierungsreihe mit steigendem Zinkgehalt angeführt. Der Gleichwertigkeitskoeffizient wechselt von +0,085 bis —0,033, das Mittel ist +0,03; d. h. es liegt praktisch in der Nähe von Null. Das Zink löst sich in dem Kupfer, ohne daß es merklich die Löslichkeitsgrenze von Zinn verändert, der Bestandteil α, der Zinn und Zink gelöst hat, wird dieselben Eigenschaften beibehalten.

Bei einem Vergleich der beiden Schliffe (Fig. 143 und 144 [Taf. 15]) von Bronzen, welche übereinstimmend je 85 Proz. Kupfer enthalten, würde *Guillet* den Kupfergehalt der Zinkbronze auf etwa 90 Proz. schätzen, s. auch S. 350.

Die in Tab. 147 wiedergegebenen Zahlen *Guillets* lassen den schon besprochenen Einfluß des Zinks auf die mechanischen Werte der Bronze erkennen.

Tabelle 147,

Zusammensetzung			Festigkeit	Elastizitätsgrenze	Dehnung	Kontraktion	Schlagfestigkeit	Härte
Proz. Cu	Proz. Sn	Proz. Zn	kg/qmm	kg/qmm	Proz.	Proz.	(n. Frémont)	(n. Brinell)
91,2	7,1	1,7	22,5	11,5	31	?	13	69
91,7	6,0	2,3	21,8	9,75	39	?	24	69
92,0	4,9	3,1	21,8	9,1	26,5	?	25	71
91,45	3,3	5,25	21,6	9	31,5	?	15,5	60
92,0	0,4	7,6	21,7	7,6	35,5	?	18,5	52
84,6	13,7	1,7	19,5	7,05	2,5 ?	5,6 ?	2,5	101
84,6	13,1	2,5	21,6	13,3	7,5 ?	10,1 ?	3	92
84,9	11,7	3,4	18,7	9,2	8	9,8	3,5	85
84,9	9,6	5,5	20,1	5,7	14	13,4	4,5	76
85,9	7,5	6,6	16,9	9,9	15	15,2	6,5	73
85,2	4,6	10,2	21,8	9,1	30	25	10,5	56
78,8	1,8	19,4	18,4	5,3	40	42,8	16	41
79,1	5,3	15,6	11,8	4,8	21	24,7	12	45,5
89,0	2,1	8,9	20	4,7	33	33,9	24	52
88,3	7,4	4,3	10,15	6,9	6	8,3	51	57
69,7	1,7	28,6	16,9	7,4	24	?	6	38
70,2	4,8	25,0	14,2	6,1	2	?	—	—
70,5	3,8	25,7	3	3	1	—	—	—
69,09	0,74	30,2	21,3	—	47	37,2	11	33
69,65	1,75	28,6	4,8	4,8	7,5	—	4	49
71,0	2,8	26,2	12,3	6,1	17	—	6	44

Verwendung finden die Zinkbronzen als Konstruktionsmaterial für Maschinenteile und als Statuenbronze (siehe S. 266 u. 285). Für letzteren Zweck erhalten sie häufig noch einen geringen Bleigehalt. Die Schwindungsverhältnisse derartiger Zink-Blei-Bronzen untersuchte *Wüst*[1], er fand (Tab. 148):

Tabelle 148.

Zusammensetzung				Beginn der Ausdehnung	Proz. der Ausdehnung	Beginn der Schwindung	Proz. der Schwindung
Proz. Cu	Proz. Sn	Proz. Zn	Proz. Pb				
87,10	2,68	8,05	2,28	973°	0,025	840°	1,76
86,65	9,84	2,00	1,44	944°	0,075	750°	1,47

Die Legierungen zeigen bei der Abkühlung vier Haltepunkte; während der Erstarrung erleiden sie eine geringe Ausdehnung, mit Beendigung der Erstarrung setzt die normale Schwindung ein.

Über die Wirkung der im technischen Rotguß, namentlich beim Wiedereinschmelzen von Altmaterial vorkommenden Verunreinigungen führte *Czochralski* eingehende systematische Untersuchungen aus: Ein Bleigehalt[2] bis zu 6 Proz. ist ohne nachteiligen Einfluß auf die mechanischen Eigenschaften, die Bearbeitbarkeit wird wesentlich verbessert,der Schmelzpunkt wird herabgesetzt, Gießbarkeit und Dünnflüssigkeit nehmen erheblich zu. Ein Antimongehalt[3] bis etwa 0,3 Proz. ist ohne wesentlichen Einfluß auf die mechanischen und gießtechnischen Eigenschaften des Rotgusses; auch bei gleichzeitigem Bleigehalt bis 5 Proz. ist Antimon bis 0,3 Proz. unschädlich. Ein Arsengehalt[4] unter 0,3 Proz. auch im bleireichen Rotguß übt keine schädliche Wirkung auf die Legierung aus. Ein Wismutgehalt[5] bis 0,1 Proz. übt keinen Einfluß auf die mechanischen Eigenschaften des Rotgußes aus, die Legierung wird dagegen dünnflüssig und füllt die Form gut aus.

Zink-Blei-Bronzen mit hohem Bleigehalt siehe unter Lagermetalle S. 476.

Eine wolframhaltige Zinkbronze ist geschützt in:

(D. R. P. 187 416.) Wheatley, Barnsburg: Verfahren zur Herstellung einer homogenen Legierung von Wolfram mit Kupfer-Zink-Zinn unter Zusatz des Wolframs in Form von Phosphorwolfram, dadurch gekennzeichnet, daß zur Förderung der Legierungsfähigkeit des Wolframs Arsen als Desoxydationsmittel hinzugefügt wird.

Die Legierung enthält etwa 87 Proz. Kupfer, 6 bis 8 Proz. Zink, 6 bis 4 Proz. Zinn, 0,5 bis 1 Proz. Wolfram. Es wird zunächst Phosphor-Zinn und Zink, jedes für sich, mit einer etwa doppelt so großen Menge Kupfer legiert, alsdann der Rest des Kupfers geschmolzen und etwa $^3/_4$ bis $1^1/_4$ Proz. (der zu erzeugenden Legierung) beigegeben. Mit der Wolframverbindung oder sogleich hinterher wird ein Teil des Arsens, alsdann die Zinnlegierung, zuletzt die Zinklegierung und der Rest des Arsens zugesetzt. Die Arsenmenge beträgt etwa 2 Proz. der Legierung, sie reduziert die Oxyde der übrigen Metalle

[1] Metallurgie 1909, 788.
[2] Zft. f. Metallkunde 1921, **13**, 171.
[3] Zft. f. Metallkunde 1921, **13**, 276.
[4] Zft. f. Metallkunde 1921, **13**, 380.
[5] Zft. f. Metallkunde 1922, **14**, 70.

und verflüchtigt sich bis auf einen sehr kleinen Rest, der in der Legierung verbleibt. Die Legierung soll sehr gleichförmig und geschmeidig sein. (Vom 7. 11. 1905 ab.) (Die Desoxydationswirkung des Arsens ist sehr zweifelhaft [vgl. S. 214].)

Die deutsche Reichsbahn schreibt 1921 folgende Zusammensetzung für Rotguß vor: Für Einheitsrotguß aus Neumetallen: 85 Proz. Cu; 9 Proz. Sn; 6 Proz. Zn. Die Abweichungen können für Kupfer, Zinn und Zink je 0,5 Proz. betragen. Der Bleigehalt, der zur Hälfte auf Zinn und Zink zu verrechnen ist, darf nicht höher als 0,5 Proz., der Eisengehalt höchstens 0,2 Proz. und der Antimongehalt höchstens 0,1 Proz. betragen.

Als Fehlergrenzen der Schiedsanalysen sind für Kupfer, Zinn und Zink je 0,3 Proz. für Blei und Antimon je 0,1 Proz. zulässig.

Es ergeben sich die Grenzen:

Kupfer = 84,2 bis 85,8 Proz. Zinn = 7,9 bis 9,8 Proz. Zink = 4,9 bis 6,8 Proz.

Der durchschnittliche Gehalt Kupfer + Zinn soll 94 Proz. betragen.

Für Einheitsrotguß aus Altrotguß oder aus Feinmischspänen sind zulässig:

Kupfer = 84,2 bis 85,8 Proz. Zinn = 7,1 bis 9,8 Proz. Zink = 4,1 bis 6,8 Proz.

Der durchschnittliche Gehalt Kupfer + Zinn soll 93 Proz. betragen, der Bleigehalt soll 2,1 Proz., Antimon 0,4 Proz., Eisen 0,2 Proz. Mangan 0,5 Proz. nicht übersteigen.

Bleibronze.

Schon ein geringer Bleizusatz macht die Bronze leichter gießbar, dichter, hämmerbarer und leichter zu ziselieren und zu feilen, indem die kurzen Späne nicht am Werkzeuge haften bleiben. Aber schon bei einem Gehalt von 0,5 Proz. Blei beginnt dieses auszuseigern und macht die Legierung ungleichmäßig, bei 1 Proz. sinkt bereits die Festigkeit. Ein gleichzeitiger Nickelzusatz setzt das Seigerungsvermögen wesentlich herab und ist deshalb sehr zu empfehlen (siehe unten).

Die Konstitution der Bleibronzen wurde von *Giolitti* und *Marantonio*[1] untersucht: Das Blei findet sich in Form kleiner Körner in der festen Lösung oder in dem Netzwerk von fester Lösung und Eutektikum eingebettet. In Legierungen mit weniger als 14 Proz. Zinn sind Bleizusätze auf die Härte von geringem Einfluß, wenn sie weniger als 10 Proz. betragen; ist der Zinngehalt jedoch höher als 14 Proz., so erniedrigen 5 bis 6 Proz. Blei die Härte schon sehr stark.

Hiorns[2] fand in Bleibronzen häufig kleine Bläschen, die von kleinen Bleikrystallen umsäumt waren. Die Bläschen sind vielleicht auf eine teilweise Verflüchtigung des Bleies zurückzuführen, es empfiehlt sich daher, diese Bronzen bei möglichst niedriger Temperatur zu gießen. Die gleiche Beobachtung machte *Charpy*[3].

---

[1] Gazz. chim. ital. 1910, **40** I, 51.

[2] Foundry 1910, 26.

[3] Contribution a l'étude des All. mét. 236.

Die Schwindung ist nach den Versuchen von *v. Miller*[1] bei 1 und 2 Proz. Blei ungefähr dieselbe wie bei der Normalbronze, aber bei 3 Proz. bedeutend stärker.

Tabelle 149.

Legierung			Analyse	Ausdehnung im Augenblick der Erstarrung	Schwindungskoeffizient	Festigkeit	Bearbeitung
Proz. Cu	Proz. Sn	Proz. Pb	Proz. Pb	Proz.	Proz.	kg/qmm	
92	8	—	—	0,050	1,500	23,50	gut
92	7	1	0,92	0,055	1,517	15,82	sehr gut
92	6	2	2,14	0,052	1,512	16,05	,, ,,
92	5	3	2,90	0,047	1,687	11,43	,, ,,

Guillet[2] untersuchte den Einfluß eines wachsenden Bleigehalts auf die mechanischen Eigenschaften einer Bronze mit 90 Proz. Kupfer, 10 Proz. Zinn (Spuren Zink).

Tabelle 150.

Zusammensetzung			Festigkeit	Elastizitätsgrenze	Dehnung	Querschnittsverminderung	Stoßfestigkeit	Härte
Proz. Cu	Proz. Sn	Proz. Pb	kg/qmm	kg/qmm	Proz.	Proz.	(n. Frémont)	(n. Brinell)
90,34	9,62	0	27,4	11,6	24,5	36,3	6	58
89,98	9,32	0,51	20,6	11,3	18	21,8	6	65
89,02	9,19	1,31	20,6	10,7	21	21,2	7	58
87,56	10,07	2,38	22,0	10,7	20	30,0	7	54
87,00	10,28	2,68	16,9	7,8	16	9,8	6	53
86,09	8,52	4,57	14,3	8,1	12,5	9,9	3	50
84,03	9,19	6,18	15,1	8,1	12,3	9,9	3	49

Solange der Bleigehalt unter etwa 2,5 Proz. bleibt, ist der Einfluß nur unbedeutend, oberhalb dieser Grenze nehmen Festigkeit, Elastizitätsgrenze, Dehnung und Querschnittsverminderung wesentlich ab.

Wie der Nickelzusatz die Entmischung zurückdrängt, ist aus folgendem Versuch *Guillets* zu ersehen. Er fand bei der Herstellung einer Bronze von der Zusammensetzung:

64 Proz. Kupfer, 5 Proz. Zinn, 30 Proz. Blei, 1 Proz. Nickel

(wie sie als Lagermetall von *Hendrickson* und *Clamer* zuerst in den Vereinigten Staaten eingeführt wurde):

Tabelle 151.

Probenahme	Mit Nickel		Ohne Nickel	
	Proz. Cu	Proz. Pb	Proz. Cu	Proz. Pb
In der Mitte, unten . .	65,30	28,06	65,41	29,12
In der Mitte, oben . .	65,40	28,39	66,01	28,21
Außenrand, unten . .	65,64	28,42	64,01	31,05
Außenrand, oben . . .	65,34	28,28	64,46	30,25

[1] Metallurgie 1912, 303.

[2] Alliages mét. 549.

Allans Bronze Nr. 2 soll hervorragende Festigkeitseigenschaften aufweisen, sie besteht aus: 66 Proz. Kupfer, 9 Proz. Zinn, 25 Proz. Blei.

Eine phosphor- bzw. antimonhaltige Bleibronze ist beschrieben in:

(D. R. P. 14 422.) Lawroff, St. Petersburg: Verfahren zur Herstellung einer Phosphor-Bleibronze von der Zusammensetzung: Kupfer 70 bis 90 Proz., Zinn 13 bis 4 Proz., Phosphor 1 bis 0,5 Proz., Blei 16 bis 5,5 Proz., durch Zusatz von geschmolzenem Blei zu einer aus den angegebenen Bestandteilen in dem genannten Mischungsverhältnis zusammengesetzten Phosphorbronze.

(D. R. P. 33 104.) Reitz, Bockenheim: Säurefeste Bronze, welche aus 15 Tln. Kupfer, 2,34 Tln. Zinn, 1,82 Tln. Blei und 1 Tl. Antimon besteht.

Unter der Bezeichnung ,,Hydraulische Nickelbronze"[1] soll in den Vereinigten Staaten für Güsse, die einen hohen hydraulischen Druck auszuhalten haben, eine Bronze vielfache Anwendung finden von der Zusammensetzung:

83 Proz. Kupfer, 5 Proz. Zinn 5 Proz. Blei, 5 Proz. Zink, 2 Proz. Nickel,

Die Gußstücke halten 210 kg/qcm Wasserdruck aus, die guten Eigenschaften werden dem Nickelzusatz zugeschrieben. Zunächst wird das Nickel mit etwas Kupfer im Tiegel unter einer Holzkohlendecke eingeschmolzen, alsdann gibt man das übrige Kupfer und erst, wenn dieses geschmolzen ist, das Zinn, Zink und Blei hinzu. Es ist darauf zu achten, daß die einzelnen Bestandteile sich gut miteinander vermischen.

(U. S. P. 12 880/1908.) Clamer und Hendrickson: Legierung für Antifriktionszwecke. Die bisher verwendeten Bleibronzen seigern bei hohem Bleigehalt leichter aus. Dieser Übelstand soll vermieden werden durch Verwendung einer Legierung, welche weniger als 9 Proz. Zinn (vom Kupfergehalt der Masse) und Blei über 20 Proz. enthält.

Das Ausseigern wird im (U. S. P. 1066428) von *Gleason* und *The Plastic Metal Co.* vermieden durch Verwendung borhaltigen Kupfers an Stelle des reinen Kupfers.

Hague[2] empfiehlt, die bleihaltigen Bronzen, um eine homogene Legierung zu erzielen, bei verhältnismäßig hohen Wärmegraden in kalte Formen zu gießen, damit das Blei keine Zeit zum Ausseigern hat.

Die hoch bleihaltigen Bronzen finden Verwendung als Lagermetalle; namentlich im Automobilbau sind sie neuerdings sehr in Aufnahme gekommen, sie nehmen eine gute Politur an und widerstehen der Abnutzung. Sie eignen sich weniger für Lager, die einer hohen Belastung oder häufigen Stößen, z. B. in Gasmaschinen, ausgesetzt sind, doch sollen sie sich bis zu einem Druck von 4500 kg/qcm noch gut bewähren.

Über Abnutzungsversuche mit bleihaltigen Lagerbronzen vgl. S. 268, bewährte Zusammensetzungen solcher Legierungen siehe S. 269.

Sehr auffallend ist das Ergebnis, das *Dewrance*[3] bei Versuchen über die Festigkeit bleihaltiger Bronzen bei höheren Wärmegraden erhielt. Es zeigte

[1] Brass World 1912, 424.
[2] Engg. 1910, 826.
[3] Journ. Inst. of Metals 1914, **11**, 151.

sich, daß durch einen geringen Bleizusatz die Festigkeit noch bis über 300° hohe Beträge beibehielt, eine Verstärkung des Bleigehaltes ergab keine Verstärkung der Wirkung, immerhin war zu beobachten, daß eine Probe mit 16 Proz. Blei bei 260° noch höhere Festigkeit als die bleifreie lieferte (siehe folgende Zahlenwerte).

Tabelle 152.

Zusammensetzung				Zugfestigkeit	Dehnung	Temperatur
Proz. Cu	Proz. Sn	Proz. Zn	Proz. Pb	kg/qmm	Proz.	in °C
88	10	2	—	25,5	11	gew. Temp.
				14,8	1	200
				10,9	0,25	370
87,5	10	2	0,5	25,8	12,5	gew. Temp.
				25,7	8	gew. Temp.
				23,6	14	260
				24,8	18	290
				12,9	2	370
Unter Glas geschmolzen				23,6	9	gew. Temp.
				21,7	10,5	260
Ohne Schutz gegen Oxydation zweimal geschmolzen				24,9	8	gew. Temp.
				25,8	14	260
72	10	2	16	19,5	—	260

Entsprechende Versuche mit bleifreier Bronze wurden S. 297 erwähnt.

Eisenbronze.

Ein Eisengehalt von 1 bis 1,5 Proz. soll beim Guß kleiner Gegenstände von günstigem Einfluß sein, indem er blasenfreie und härtere (aber weniger zähe) Güsse liefert. Die Schwindung ist bedeutend größer als bei der reinen Zinnbronze, der Farbenton ins Graue spielend, weshalb, wie *Plinius* angibt, die alten Künstler eisenhaltige Bronze anwandten, um die Todesblässe darzustellen Die Legierung nimmt stark dunkle, ins Blaue gehende Patina an.

v. Miller[1] fand bei seinen Vergleichsversuchen folgende Werte:

Tabelle 153.

Legierung			Analyse	Ausdehnung im Augenblick der Erstarrung	Schwindungskoeffizient	Festigkeit	Bearbeitung
Proz. Cu	Proz. Sn	Proz. Fe	Proz. Fe	Proz.	Proz.	kg/qmm	
92	8	—	—	0,050	1,500	23,50	gut
92	7	1	0,78	0,032	1,695	23,27	ziemlich gut
92	6	2	1,90	0,040	1,615	21,20	schmierig

Es ist versucht worden, die eisenhaltige Bronze als Lagermetall zu verwenden, wie es scheint, ohne besonderen Erfolg.

Ein etwas abenteuerliches Verfahren zur Darstellung einer zink- und eisenhaltigen Bronze ist beschrieben im

[1] Metallurgie 1912, 63.

(D. R. P. 105 060.) Marcus: Herstellung einer in der Hitze bearbeitbaren, bronzeähnlichen Legierung.

Auf Schmiedeeisen wird durch Behandlung mit Ammoniumcarbonat, Harnstoff und Kohlensäure unter Luftabschluß eine dünne Schicht von stickstoffhaltigem Eisencarbid in feiner Verteilung erzeugt. Das Carbid wird in der dreifachen Menge einer Legierung aus 97 Proz. Zinn und 3 Proz. Zink gelöst und die entstandene Zinn-Zink-Eisenlegierung in schmelzendes Kupfer eingetragen, so daß auf 50 bis 80 Tle. Kupfer 50 bis 20 Tle. der Legierung kommen. Die nach dem Abkühlen der Schmelze erhaltenen Bronzen sind je nach den Mengenverhältnissen in Farbton und physikalischen Eigenschaften verschieden, sie sollen aber sämtlich in der Hitze zu bearbeiten sein, sie können heiß gestreckt, geschmiedet usw. werden.

Manganbronze.

Unter „Manganbronze“ ist hier die manganhaltige oder mit Mangan desoxydierte Bronze verstanden, während in der Gießereitechnik diesen Namen auch häufig das manganhaltige Messing *Parsons* (siehe S. 372) und die Mangan-Kupferlegierungen *Heußlers* (siehe S. 233) führen.

In gleicher Weise wie der Phosphor kann das metallische Mangan oder Mangan-Kupfer zur Desoxydation der flüssigen Bronze dienen, es bildet sich hierbei eine sehr dünnflüssige Schlacke, zum größten Teil aus Manganoxydul bestehend, die infolge ihres niedrigen spezifischen Gewichtes verhältnismäßig schnell an die Oberfläche des Metallbades steigt. In der Regel genügt ein Zusatz von $^1/_4$ bis $^1/_2$ Proz. Mangan oder 3 bis 4 Proz. Mangan-Kupfer vom Gewicht des Einsatzes. Es bleiben dann in der fertigen Bronze nur sehr geringe Mengen Mangan zurück, die eine unwesentliche Steigerung der Festigkeit und Härte hervorrufen, ohne gleichzeitig die Sprödigkeit der Legirung zu erhöhen. Es empfiehlt sich, ein möglichst kohlenstoff- und eisenfreies Mangan zu verwenden, da man sonst mit einem größeren Abbrand zu rechnen hat.

Wie *Guillet*[1] festellte, befindet sich das Mangan als feste Lösung in den α-Krystallen. Derselbe untersuchte den Einfluß wachsender Manganmengen auf die mechanischen Eigenschaften einer Bronze von 91 Proz. Kupfer, 9 Proz. Zinn (siehe Tab. 154):

Tabelle 154.

Zusammensetzung				Festigkeit	Elastizitätsgrenze	Dehnung	Kontraktion	Stoßfestigkeit	Härte
Proz. Cu	Proz. Sn	Proz. Mn	Proz. Zn	kg/qmm	kg/qmm	Proz.	Proz.	(n. Frémont)	(n. Brinell)
90,93	8,82	0	0,25	24,6	9,3	23	43,7	5	63
90,12	9,20	Spur	0,68	26,9	9,1	28	41,3	4	54
87,64	10,41	1,67	0,28	21,5	10,1	20	12,0	3	51
89,38	8,61	0,69	1,33	16,4	9,8	7,5	15,2	4	60
85,87	8,76	3,10	2,27	11,8	11,8	0	2,8	2	71

Wie man sieht, verbessert die Behandlung mit Mangan die mechanischen Werte, aber schon ein zurückbleibender Gehalt von 1,67 Proz. Mangan wirkt im entgegengesetzten Sinne, und bei 3,1 Proz. wird die Dehnung gleich Null.

---

[1] Alliages mét. 567.

v. Miller[1] fand, daß die Schwindung der Bronze durch einen Mangangehalt noch etwas erhöht wird und die Bearbeitbarkeit durch die vermehrte Härte leidet (siehe Tab. 155).

Tabelle 155.

Legierung			Analyse	Ausdehnung im Augenblick der Erstarrung	Schwindungskoeffizient	Festigkeit	Bearbeitung
Proz. Cu	Proz. Sn	Proz. Mn	Proz. Mn	Proz.	Proz.	kg/qmm	
92	8	—	—	0,050	1,500	23,50	gut
92	5	3	2,96	0,030	1,540	22,90	mittel
92	3	5	4,53	0,025	1,520	24,70	schlecht

Schließlich seien noch folgende Werte *Künzels*[2] angeführt:

Tabelle 156.

Zusammensetzung			Festigkeit	Elastizitätsgrenze	Dehnung
Proz. Cu	Proz. Sn	Proz. Mn	kg/qmm	kg/qmm	Proz.
90	5	5	13,60	10,33	1,8
85	10	5	19,95	14,02	1,7
80	10	10	22,40	19,75	0,6

Aluminiumbronze.

Unter „Aluminiumbronze" ist hier die aluminiumhaltige Bronze verstanden, die häufig mit dem gleichen Namen bezeichneten Aluminium-Kupferlegierungen siehe S. 124.

Die Konstitution der Aluminium-Zinn-Kupferlegierungen wurde von *Andrew* und *Edwards*[3] untersucht; von den Phasen des Systems Zinn-Kupfer nehmen α- und β-Krystalle etwas Aluminium in fester Lösung auf, die δ-Krystalle bilden mit Cu_3Al Mischkrystalle, bei mehr als 12 Proz. Aluminium treten nur die Phasen des binären Systems Aluminium-Kupfer auf, sowie Zinn, welches zuletzt krystallisiert. Ternäre Verbindungen wurden nicht beobachtet. Schon ein Zusatz geringer Mengen Aluminium erhöht den Schmelzpunkt der Legierungen bedeutend, so steigt durch 0,5 Proz. Al der Schmelzpunkt einer Legierung aus 80 Proz. Zinn und 20 Proz. Kupfer von 530° auf 730°.

Setzt man der Bronze nur sehr geringe Mengen Aluminium hinzu, so daß es lediglich als Desoxydationsmittel wirkt, so werden die mechanischen Eigenschaften der Legierung verbessert; *Guillemin*[4] fand in einer Bronze von der Zusammensetzung:

89 Proz. Kupfer, 9 Proz. Zinn, 1,5 Proz. Zink, 0,5 Proz. Blei, Aluminium, in Spuren

die Festigkeit = 31 kg/qmm, Elastizitätsgrenze = 15 kg/qmm, Dehnung = 43 Proz.

[1] Metallurgie 1912, 63.
[2] Über Bronzelegierungen. 1875.
[3] Proc. R. Soc. London 1909, A **82**, 568.
[4] Commission des méthodes d'essais 1894.

Guillet[1] untersuchte den Einfluß wachsender Aluminiummengen, indem er in einer Bronze: 90 Proz. Kupfer, 10 Proz. Zinn das letztere allmählich durch Aluminium ersetzte (siehe Tab. 157).

Tabelle 157.

Zusammensetzung			Festigkeit	Elastizitätsgrenze	Dehnung	Querschnittsverminderung	Stoßfestigkeit (n. Frémont)	Härte (n. Brinell)
Proz. Cu	Proz. Sn	Proz. Al	kg/qmm	kg/qmm	Proz.	Proz.		
90,34	9,62	0	27,4	11,6	24,5	36,3	6	58
90,93	9,00	0,07	23,5	11,8	26,2	34,0	5	50
89,66	9,87	0,47	15,8	9,2	2	1,4	3	57
89,54	9,70	0,76	12,9	7,7	2	0	3	61
89,05	8,74	2,21	12,9	7,7	2	2,8	2	63
90,71	5,18	4,11	10,0	6,5	5	12,5	3	65
89,10	3,59	7,31	17,1	12,5	3	13	3	63

Wie man sieht, zeigt die Härte eine geringe Steigerung, während die übrigen Festigkeitswerte schon bei einem Gehalt von 0,47 Proz. Aluminium sehr rasch fallen; das Aluminium ist deshalb in der Bronze als eine unbedingt schädliche Beimischung anzusehen.

Obwohl das Aluminium eines der wenigen Metalle ist, die bei der Erstarrung eine Volumvermehrung zeigen, vergrößert es doch noch die Schwindung der Bronze, wie *v. Miller*[2] feststellte.

Tabelle 158.

Legierung			Analyse	Ausdehnung im Augenblick der Erstarrung	Schwindungskoeffizient	Festigkeit	Bearbeitung
Proz. Cu	Proz. Sn	Proz. Al	Proz. Al	Proz.	Proz.	kg/qmm	
92	8	—	—	0,050	1,500	23,50	gut
92	4	4	3,94	0,045	1,85	19,50	„

Die Gießbarkeit der Legierung leidet unter deren Zähflüssigkeit, die Patinierbarkeit ist gering.

Nickelbronze.

Ein Nickelzusatz verleiht nach den Versuchen *Künzels*[3] der Kanonenbronze eine größere Härte, ohne ihre sonstigen Eigenschaften zu verbessern, er fand folgende Werte:

Tabelle 159.

Zusammensetzung			Elastizitätsgrenze	Festigkeit	Dehnung	Querschnittsverminderung
Proz. Cu	Proz. Sn	Proz. Ni	kg/qmm	kg/qmm	Proz.	Proz.
90	10	—	13,56	23,84	6,8	6,7
80	10	10	15,6	20,3	1,1	1,5
85	10	5	12,6	16,2	1,0	3,3
90	5	5	11,2	19,7	7,2	21,5
85	5	10	13,3	26,7	9,7	15,1
75	5	20	14,4	22,2	3,8	10,1

[1] Alliages mét. 571. [2] Metallurgie 1912, 63. [3] Über Bronzelegierungen. 1875.

Aus den Versuchen *v. Millers*[1] geht hervor, daß die Härte derart ansteigt, daß die Bronze schon bei etwa 4 Proz. Nickel nicht mehr zu bearbeiten ist, die Schwindung ist bedeutend, die Patinierung ist etwas dunkler als bei der Normalbronze und zeigt wie bei Eisenzusatz einen bläulichen Farbenton. *v. Miller* erhielt folgende Werte:

Tabelle 160.

Legierung			Analyse	Ausdehnung im Augenblick der Erstarrung	Schwindungs-koeffizient	Festigkeit	Bearbeitung
Proz. Cu	Proz. Sn	Proz Ni	Proz. Ni	Proz.	Proz.	kg/qmm	
92	8	—	—	0,050	1,500	23,5	gut
92	5	3	2,64	0,035	1,710	21,4	schlecht
92	4	4	3,67	0,037	1,730	24,4	hart

Eine Nickelbronze für „Gezähe“ empfiehlt *Sperry*[2]; er legiert 39 kg Kupfer mit 4,6 kg Zinn und 1,4 kg Nickel unter Zusatz von 0,45 kg Phosphorzinn (5 Proz.) Die Legierung würde entsprechen:

86 Proz. Kupfer, 11 Proz. Zinn, 3 Proz. Nickel.

Die Nickel-Blei-Bronzen wurden schon S. 301 erwähnt.

(D. R. P. 388 846.) Allgemeines Deutsches Metallwerk G. m. b. H., Berlin-Oberschöneweide: Bronzen, welche aus mindestens 87 Tln. Kupfer, 4,5 bis 10 Tln. Zinn, 1 bis 5 Tln. Nickel und nicht mehr als 5 Tln. Zink zusammengesetzt sind. Man schmilzt zuerst Kupfer und Nickel zusammen, fügt dann das Zinn und zuletzt das Zink hinzu.

Die Legierungen eignen sich zur Herstellung von Geräten, die mit überhitztem Dampf in Berührung kommen, sowie von Drähten für elektrische Leitungen, Federn.

(Vom 21. 9. 1921 ab.)

Kobaltbronze.

Der Einfluß des Kobalts auf die Eigenschaften der Bronze wurde von *v. Miller*[3] untersucht. Bei genügend langem Erhitzen legiert sich das Kobalt sehr gut, das durch Wasserstoff reduzierte Metall zeigt jedoch die unangenehme Eigenschaft, beim Erstarren Gase freizugeben, wodurch ein Aufblähen und Poröswerden der Gußstücke verursacht wird. Man muß deshalb die Legierung ziemlich lange flüssig halten und kräftig umrühren. Die Ausdehnung der Bronze wird durch einen Kobaltzusatz wenig verändert, die Schwindung nimmt jedoch zu, Festigkeit, Zähigkeit und Härte werden erhöht, für die Bearbeitbarkeit scheint ein Gehalt von etwa 4 Proz. Kobalt am günstigsten zu sein.

Barth[4] hatte gefunden, daß von den Legierungen des Zinns mit Kobalt diejenige mit 40 Proz. Kobalt und 60 Proz. Zinn hervorragend beständig gegen Salpetersäure jeder Konzentration war, sie zeigten jedoch eine solche Härte

[1] Metallurgie 1912, 63.
[2] Brass World 1908.
[3] Metallurgie 1912, 66.
[4] Metallurgie 1912, 262.

Tabelle 161.

Legierung			Analyse	Ausdehnung im Augenblick der Erstarrung	Schwindungs-koeffizient	Festigkeit	Bearbeitung
Proz. Cu	Proz Sn	Proz. Co	Proz. Co	Proz.	Proz.	kg/qmm	
92	8	—	—	0,050	1,50	23,50	gut
90	8	2	1,72	0,050	1,63	14,25	„
90	6	4	3,80	0,050	1,58	19,89	seht gut
90	4	6	5,63	0,030	1,70	21,04	gut
90	2	8	7,44	0,045	1,69	25,20	„
90	—	10	9,45	0,050	—	21,18	„

und Sprödigkeit, daß sie sich mechanisch nicht mehr bearbeiten ließen; er versuchte deshalb durch Hinzulegieren von Kupfer die mechanischen Eigenschaften des Materials zu verbessern.

Zusätze bis zu 20 Proz. Kupfer waren fast wirkungslos; die Struktur blieb grobkrystallinisch, die Legierung hart und spröde. Dagegen erzeugten Kupfergehalte bis zu 50 Proz. ein äußerst feines Korn, die Legierungen verloren ihre Sprödigkeit und ließen sich mit harten Feilen bearbeiten, gleichzeitig trat eine Änderung der Farbe ein, das Metall wird speisgelb. Noch weitere Zusätze von Kupfer, 70 und 90 Proz., bewirkten Legierungen, die sich vorzüglich bearbeiten ließen und in ihren Eigenschaften an die Bronzen erinnerten. Sie ließen sich kalt hämmern und schmieden und ohne zu reißen um 90° biegen, die Farbe war bei 70 Proz. Kupfer messinggelb, bei 80 bis 90 Proz. goldfarbig. Am säurebeständigsten erwies sich die Legierung mit 90 Proz. Kupfer. Diese Kobaltbronzen sind geschützt durch

(D. R. P. 243 663.) Borchers, Aachen, und Barth, Oker: Verfahren zur Verbesserung des Kupfers durch Legieren desselben mit Kobalt und Zinn in solchen Mengen, daß Legierungen innerhalb der Grenzen 80 Proz. Kupfer, 8 Proz. Kobalt, 12 Proz. Zinn und 95 Proz. Kupfer, 2 Proz. Kobalt, 3 Proz. Zinn entstehen.

Die Bronze ist so säurebeständig, daß zur Auflösung einer Schicht von 1 mm Dicke in verdünnter Salpetersäure eine Zeit von 5 bis 7 Jahren erforderlich sein würde.

(Vom 22. 7. 1911 ab.)

Verschiedene Sonderbronzen.

Browne[1] führte geringe Kobaltmengen in Form des Kupfer-Kobalts (mit 10 Proz. Co) in eine Bronze: 88 Proz. Kupfer, 10 Proz. Zinn, 2 Proz. Zink ein und erhielt folgende verbesserte Werte:

Tabelle 162.

Drahtdurchmesser mm	Co-Gehalt Proz.	Festigkeit kg/qmm	Elastizitätsgrenze kg/qmm	Dehnung Proz.	Kontraktion Proz.
14	0	27,5	8,1	18,5	20,6
14	0,5	30,9	10,9	23,0	21,3
15	0	24,6	7,5	15,6	12,6
15	0,5	24,4	8,7	15,5	18,8

[1] Metal Industry 1914 (12), 502.

v. Miller[1] untersuchte den Einfluß des Antimons, Wismuts und Wolframs auf die Eigenschaften der Bronze (siehe Tab. 163).

Tabelle 163.

Legierung			Analyse	Ausdehnung im Augenblick der Erstarrung	Schwindungskoeffizient	Festigkeit	Bearbeitung
Proz. Cu	Proz. Sn	Proz.	Proz.	Proz.	Proz.	kg/qmm	
92	8	—	—	0,050	1,500	23,50	gut
92	7	1 Sb	0,80 Sb	0,047	1,56	12,29	sehr gut
92	6	2 „	1,90 „	0,040	1,50	13,43	„ „
92	5	3 „	3,06 „	0,025	1,44	20,40	gut
92	7	1 Bi	0,89 Bi	0,055	1,435	16,41	gut
92	7,5	0,5 „	0,25 „	0,055	1,445	15,47	spröde
92	8	0,12 W	0,12 W	0,042	1,505	21,10	ziemlich gut
92	8	0,15 „	0,15 „	0,023	1,510	22,00	„ „

Ein Antimonzusatz ruft ein grobkrystallinisches Gefüge hervor, er vermindert die Ausdehnung und bei 3 Proz. auch die Schwindung, ein höherer Gehalt macht die Bronze zu hart und spröde. Die Festigkeit ist bei 3 Proz. Sb bedeutend höher als bei 1 Proz.

Ein geringerer Wismutgehalt verringert die Schwindung und wirkt in diesem Sinne günstig auf die Bronze ein, die Festigkeit geht jedoch erheblich zurück.

(D. R. P. 29 020.) Webster, Solihull: Wismutbronze. Sie wird hergestellt, indem zuerst eine Wismut-Zinn- oder Wismut-Zinn-Aluminiumlegierung erschmolzen wird und dann ein Bruchteil dieser Legierung mit Kupfer, Zink und Nickel weiterlegiert wird.

Die Wolframbronze *Biermanns* aus 95,39 Proz. Kupfer, 3,04 Proz. Zinn, 1,57 Proz. Wolfram bestehend, soll sehr fest, zäh und hämmerbar sein. *v. Miller* gelang es jedoch nicht, mehr als 0,15 Proz. Wolfram in die Legierung hineinzubringen. Bei diesem geringen Gehalt entspricht die Wolframbronze ganz der Normalbronze.

Guillet[2] erwähnt eine Wolframbronze der Zusammensetzung: 82,35 Proz. Kupfer, 15 Proz. Zinn, 1,5 Proz. Wolfram, 0,5 Proz. Zink (Phosphor in Spuren), und eine Chrombronze aus: 84,25 Proz. Kupfer, 14 Proz. Zinn, 1,75 Proz. Chrom (Zink und Phosphor in Spuren). Beide Legierungen sollten als Lagerbronzen Verwendung finden, sie bewährten sich jedoch nicht.

Eine Vanadiumbronze empfiehlt *Baxérès*[3] (ohne jedoch die Zusammensetzung anzugeben); sie soll 71 kg Festigkeit bei 12 Proz. Dehnung zeigen.

Norris[4] gibt an, daß Vanadiumbronze, mit Cuprovanadium (mit 3 Proz. Vanadium) hergestellt, eine sehr hohe Elastizitätsgrenze und Festigkeit bei normaler Dehnung besitzt.

[1] Metallurgie 1912, 63.
[2] Alliages mét. 572.
[3] Revue minières et mét. des Ing. 1901.
[4] Brass World 1911, 244.

Der *Normenausschuß der Deutschen Industrie* schlägt für Bronze und Rotguß das Normblatt DIN 1705 vor:

Tabelle 164.

Gruppe	Benennung	Kurzzeichen	Ungefähre Zusammensetzung				Eigenschaften und Verwendungsbeispiele
			Proz. Cu	Proz. Sn	Proz. Zn	Proz. Pb	
Zinnbronzen (Phosphorbronzen)	Gußbronze 20 (Glockenbronze)	GBz 20	80	20	—	—	Sehr hartes und sprödes Metall für Teile mit starkem Reibungsdruck, wie Spurlager, Verschleißplatten, Schieberspiegel, sowie Glocken.
	Gußbronze 14	GBz 14	86	14	—	—	Harte Legierung für Teile mit starkem Verschleiß; hochbeanspruchte Lagerschalen, Räder, hydraulische Apparate für Hochdruck.
	Gußbronze 10	GBz 10	90	10	—	—	Zähharte Legierung für allgemeine Verwendung im Maschinen-, Armaturen-, Apparatebau.
	Walzbronze 6	WBz 6	94	6	—	—	Zähharte Legierung für Drähte, Bleche, Bänder.
Rotguß	Rotguß 10 (Maschinenbronze)	Rg 10	86	10	4	—	Zähharte Legierung für allgemeine Verwendung im Maschinen-, Armaturen- und Apparatebau, für Rohrleitungsteile, Steuerschrauben und Muttern.
	Rotguß 9	Rg 9	85	9	6	—	Weichere Legierung für Eisenbahnzwecke, Armaturen.
	Rotguß 4 (Flanschenbronze)	Rg 4	93	4	3	—	Rohrflanschen und andere hart zu lötende Teile.
	Rotguß 8	Rg 8	82	8	zusammen 10		Zähharte Legierung } für Maschinen-, Armaturen-, Gußteile, die blank bearbeitet werden.
	Rotguß 5	Rg 5	85	5	zusammen 10		Weiche Legierung }
Sonderbronzen	Bleizinnbronze 10	Bl-Bz 10	86	10	—	4	Lager für Dynamos, Motoren, Pleuel- und Kuppelstangen, Warmwalzwerke
	Bleizinnbronze 8	Bl-Bz 8	79	8	—	13	Lager mit sehr hohem Flächendruck (Kaltwalzwerke)
	Aluminiumbronze	Al-Bz	90—95	—	—	Al 10—5	Bleche, Stangen, Drähte, Schmiedestücke, Teile in Berührung mit Seewasser

Die Zink-Kupferlegierungen.

Die Frage nach der Konstitution der Zink-Kupferlegierungen ist durch die Arbeiten *Shepherds*[1] und *Tafels*[2] bis auf einige Punkte von untergeordneter Bedeutung beantwortet worden: Die Legierungen mit einem Kupfergehalt von 100 bis 64 Proz. (Punkt A bis b_3 in Fig. 145) bestehen nach langsamer Abkühlung lediglich aus α-Krystallen, einer festen Lösung von Zink in Kupfer. Sie zeigen eine polygonale Struktur, je nach dem Zinkgehalt, kupferrot bis hellgelb. Zwischen 71 und 64 Proz. Kupfer (b_2 bis b_3) scheiden sich beim Erstarren auf AB zunächst α-Krystalle aus, bei 890° tritt ein Teil derselben mit der noch vorhandenen Schmelze in Reaktion unter Bildung von β-Krystallen. Schreckt man jetzt die Legierung ab, so bleiben die β-Krystalle erhalten, bei langsamer Abkühlung (auf der Linie b_2—b_3) wandeln sie sich sonst in α-Krystalle um. Die gleiche Umwandlung tritt ein, wenn man die abgeschreckte Legierung auf 400° anläßt.

Fig. 146 (Taf. 15) zeigt eine rasch abgekühlte Legierung, die noch heterogenen Dentriden gleichen außerordentlich den α-Krystallen der Bronzen (siehe Fig. 125). Bei langsamer Abkühlung oder durch Anlassen werden die Krystalle durch Diffusion homogen (Fig. 147 [Taf. 15]).

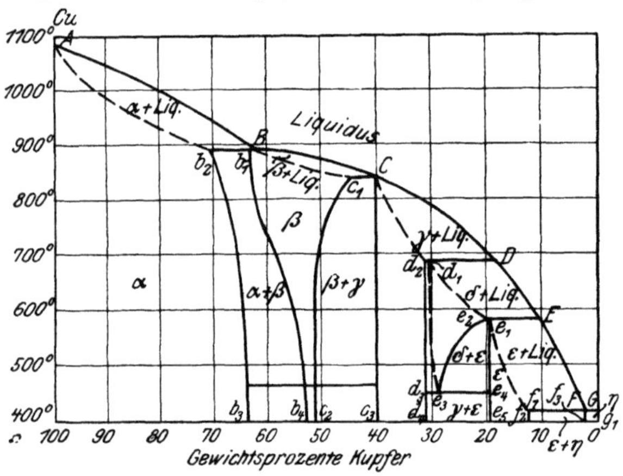

Fig. 145. System: Zink-Kupfer.

Zwischen b_3 und B (64 bis 63 Proz. Cu) bestehen α- + β-Krystalle.

Auf dem Ast BC (63 bis 40 Proz. Cu) scheiden sich primär die roten β-Krystalle aus, wenn diese in der Konzentration $B\,c_1$ (63 bis 45 Proz. Cu) oberhalb 800° abgeschreckt werden, so bleiben sie erhalten, bei langsamer Abkühlung wandeln sie sich auf der Linie $b_1\,b_4$ (bis 53,5 Proz. Cu) teilweise in α-Krystalle, dagegen auf der Linie $c_1\,c_2$ (45 bis 45 Proz. Cu) teilweise in die weißen, durch große Härte und Sprödigkeit ausgezeichneten γ-Krystalle um.

Nur in dem kleinen Intervall $b_4\,c_2$ (53,5 bis 51 Proz. Cu) besteht die Legierung lediglich aus β-Krystallen.

In Fig. 148 (Taf. 15) erscheinen die α-Krystalle (Ätzung mit Kupferoxydammoniak) hell, die β-Krystalle dunkelrot.

Fig. 149 (Taf. 15) zeigt die homogene, lediglich aus β-Krystallen bestehende Konzentration. Dieser Konstituent wird von einigen Forschern als die Verbindung CuZn (50,6 Proz. Cu) angesprochen.

---

[1] Journ. of Phys. Chem. 1904, 8, 421.

[2] Metallurgie 1908, 343.

Wegen des Gehaltes an den harten und spröden γ-Krystallen sind die Legierungen mit mehr als 49 Proz. Zink für die Gießereitechnik ohne Wert.

In den Konzentrationen mit weniger als 40 Proz. Kupfer treten außer den β-Krystallen noch drei andere feste Lösungen: δ-, ε- und η-Krystalle auf, die ebenfalls thermische Umwandlungen erfahren und ineinander übergehen.

Tafel hält das Vorhandensein einer Verbindung Cu_2Zn_3 (aus welcher die γ-Krystalle hervorgehen würden) für sehr wahrscheinlich, sie hat einen Schmelzpunkt von etwa 830° und zeichnet sich durch Homogenität, bedeutende Härte und Sprödigkeit, durch ihre silberweiße Farbe und Widerstandsfähigkeit gegenüber chemischen Reagenzien aus.

Zur Verdeutlichung der Verhältnisse diene folgende Übersicht:

Nach langsamer Abkühlung bestehen die Zink-Kupferlegierungen bei einem Gehalt

von	0	bis	36	Proz.	Zink	aus	α-Krystallen
„	36	„	47	„	„	„	α- + β-Krystallen
„	47	„	49	„	„	„	β-Krystallen[1]
„	49	„	60	„	„	„	β- + γ-Krystallen
„	60	„	69	„	„	„	γ-Krystallen
„	69	„	81	„	„	„	γ- + ε-Krystallen
„	81	„	87	„	„	„	ε-Krystallen
„	87	„	97,5	„	„	„	ε- + η-Krystallen
„	97,5	„	100	„	„	„	η-Krystallen

Neuerdings zeigten *Carpenter* und *Edwards*[2], daß die Legierungen von 36 bis 60 Proz. Zink bei etwa 463° einen Umwandlungspunkt zeigen, der auf dem Zerfall der β-Krystalle in α- + γ-Krystalle beruht. Vermutlich sind in diesem Zerfallen die plötzlich eintretenden Korrosionserscheinungen begründet und das Brüchigwerden von Messingfabrikaten, das zuweilen beobachtet worden ist. (Die γ-Krystalle sind, wie schon oben bemerkt wurde, hart und spröde.) Der Zerfall tritt nicht ein, wenn die Messingprobe lediglich aus β-Krystallen besteht, sind aber auch nur in geringster Menge schon α- oder γ-Krystalle vorhanden, so bilden diese Impfkerne; durch längeres Anlassen auf nur 445° tritt allmählich eine vollständige Umformung ein, die Legierung zeigt alsdann — schon mit bloßem Auge sichtbar — große blaßgoldgelbe α-Krystelle neben blaßbläulichgrauen γ-Krystallen.

Im Gegensatz hierzu konnte *Masing*[3] durch Erhitzen von Preßlingen aus α- und γ-Spänen auf 400° die Bildung von β-Messing oder eines Umwandlungsproduktes desselben beobachten.

Die Farbe der Zink-Kupferlegierungen wird durch die leichte Oxydierbarkeit der Bruchflächen erheblich beeinflußt; wie *Shepherd*[4] fand, zeigt die frischgefeilte Fläche die Farbe am richtigsten, doch macht sich bei den Legierungen mit 60 bis 45 Proz. Kupfer ein Unterschied zwischen den gefeilten und

[1] Guillet fand homogene β-Krystalle in den Legierungen von 45,25 bis 49,5 Proz. Zink.

[2] Intern. Zft. f. Metallogr. 1912, 129.

[3] Wissenschaftl. Veröffentl. aus dem Siemenskonzern 1923, **3**, 240.

[4] Metallurgie 1904, 468.

gebrochenen Oberflächen bemerkbar und besonders auch bei den angelassenen Legierungen zwischen 50 Proz. und 43 Proz. Kupfer. Diese Verschiedenheit kommt daher, daß der Bruch den Krystallflächen entlang erfolgt, diese Flächen aber sind bedeckt mit weißen γ-Krystallen, sie erscheinen also heller als die durch Feilen oder Schleifen erhaltenen Flächen. Bei den Legierungen zwischen 54 und 60 Proz. Kupfer kann man einen ähnlichen Farbenunterschied beobachten, hier sind die roten β-Krystalle bedeckt mit gelben α-Krystallen. Tab. 165 gibt eine Übersicht nach *Shepherd* (siehe auch Tab. 169).

Tabelle 165.

Zusammensetzung Proz. Cu	Krystalle der gegossenen Legierung	Farbe	Farbe der Bruchfläche
100 bis 63	α bzw. $\alpha + \beta$	rot bis sattgelb	gelb
63 „ 54	$\beta + \alpha$	rötlichgelb	gelblichrot
54 „ 51	β	„	„
51 „ 43	$\beta + \gamma$	„	„
42 „ 40	$\gamma + \beta$	gelblichrot	silberig mit rosa Ton
40 „ 30	γ	silberig	silberig stark glänzend
30 „ 20	$\gamma + \varepsilon + \delta$	silber bis blaugrau	silbergrau
20 „ 13	ε	blaugrau	blaugrau
13 „ 2,5	$\varepsilon + \eta$	blaugrau (heller)	zinkgrau
2,5 „ 0	η	zinkgrau	„

Die Härte des Kupfers wird durch einen Zinkzusatz gesteigert, jedoch in viel geringerem Maße als durch einen entsprechenden Zinngehalt. Bei 50 Proz. Zink (Auftreten des γ-Bestandteiles) wird die Legierung so hart und spröde, daß die Legierung nicht mehr bearbeitet werden kann; erst bei sehr hohem Zinkgehalt geht die Härte wieder zurück. Von den technisch wichtigen Legierungen sind vielfach Härtebestimmungen ausgeführt worden, in Tab. 166 sind die neuesten Untersuchungen von *Kurdjumow*[1] aufgeführt (siehe auch Tab. 171).

Tabelle 166.

Zinkgehalt	Härte nach Brinell		Zinkgehalt	Härte nach Brinell	
Proz.	gegossen	bei 690° geglüht	Proz.	gegossen	bei 690° geglüht
0	51	42	25,60	72	46
5,22	54	49	30,36	71	51
10,29	61	—	35,56	80	49
15,61	58	—	40,62	118	74
20,43	71	52	45,20	151	107

Kurnakow und *Zemczuzny* stellten aus diesen Werten die Härtekurve (siehe Fig. 150) graphisch dar. Man sieht, daß diese bei gegossenen Legierungen mit 0 bis 45 Proz. Zink (Linie *ABC*) aus zwei Zweigen *AB* und *BC* besteht,

[1] Zft. f. anorg. Chem. 1908, **60**, 5.

die sich im Punkte *B* bei etwa 35 Proz. Zink schneiden. Es ist dies die Grenzkonzentration der α-Krystalle, das Auftreten des β-Bestandteiles ist mit einer erheblichen Härtesteigerung verknüpft. $A_1B_1C_1$ ist die entsprechende Kurve für die bei 690° geglühten Gußlegierungen. *ADN* ist nach den älteren Versuchen von *Johnson* und *Calvert* aufgenommen, eine mit *ABC* identische Kurve (*PQS*) ist aus den von *Charpy*[1] ermittelten Werten für den Eindringungswiderstand der Messinglegierungen nach dem Glühen bei 700° entstanden. Dieser Widerstand kann als Härte betrachtet werden, die durch Messen der Eindringungstiefe eines Stahlmessers bis zu 2 mm in das Metall bestimmt wurde.

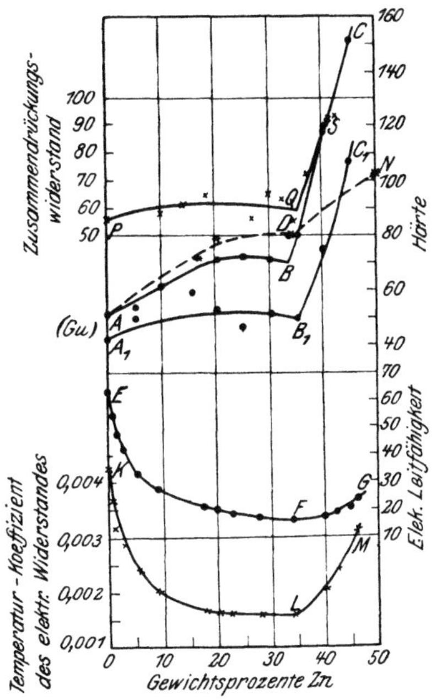

Fig. 150. Härte und Leitfähigkeit des Systems: Zink-Kupfer.

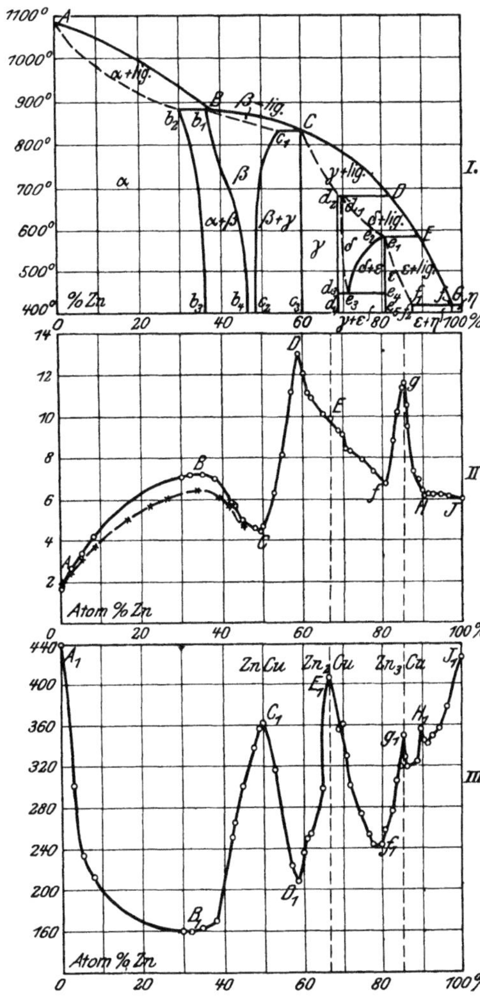

Fig. 151. Leitfähigkeit und Temperaturkoeffizient des Systems: Zink-Kupfer.

Auch die Leitfähigkeitskurve (*EFG*) und diejenige des Temperaturkoeffizienten des spezifischen elektrischen Widerstandes (*KLM*) der Zink-Kupferlegierungen, nach den Beobachtungen von *Haas*[2] gezeichnet, zeigen bei den gleichen Konzentrationen einen deutlich ausgebildeten Knick.

[1] Contribution a l'étude des all. 18.

[2] Wiedem. Ann. 1894, **52**, 673.

Die Untersuchung des elektrischen Widerstandes der ganzen Legierungsreihe und seines Temperaturkoeffizienten durch *Puschin* und *Rjaschsky*[1] lieferte ein Ergebnis, das nahezu vollständig mit dem Konstitutionsdiagramm von *Shepherd* übereinstimmt. (Fig. 151 *I* = Konstitution, *II* = Widerstand, *III* = Temperaturkoeffizient.)

Die Kurven bestehen aus sieben scharf differenzierten Zweigen, die den einzelnen thermisch und mikroskopisch festgestellten Konstituenten entsprechen; im Gegensatz zu *Shepherd* müßte allerdings die feste Lösung β (47 bis 49 Proz. Zn) als eine bei gewöhnlicher Temperatur schwach dissoziierte Verbindung ZnCu angesehen werden.

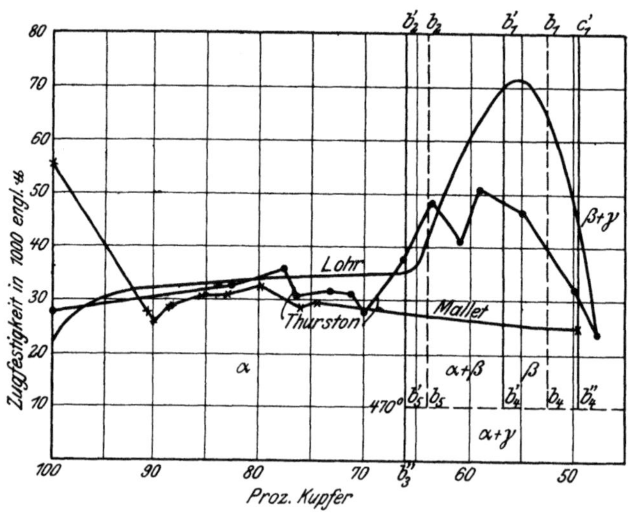

Fig. 152. Zugfestigkeit des Systems: Zink-Kupfer.

Ein Zusatz von Kupfer zu reinem Zink in Mengen bis zu 9 Proz. ist von verhältnismäßig geringem Einfluß auf den Widerstand des Zinks. Dagegen wird der Widerstand von reinem Kupfer durch Zusatz von Zink bedeutend vergrößert; den größten Widerstand besitzen die Legierungen, die etwa 59 Proz. Zink enthalten.

Das spezifische Gewicht der Zink-Kupferlegierungen ist nach älteren Versuchen von *Mallet*[2] in Tab. 167 und nach den sehr sorgfältigen Untersuchungen von *Maey*[3] in Tab. 168 aufgeführt.

Tabelle 167.

Proz. Zn	Spez. Gew.	Proz. Zn	Spez. Gew.	Proz. Zn	Spez. Gew.	Proz. Zn	Spez. Gew.
0	8,667	11,4	8,633	[17,0	8,415]	33,8	8,299
9,3	8,605	12,7	8,587	20,4	8,448	[50,5	8,230]
10,2	8,607	14,6	8,591	25,4	8,397		

[1] Zft. f. anorg. Chem. 1913, **82**, 50.
[2] Philos. Mag. 1842.
[3] Zft. f. physik. Chem. 1901, **38**, 291.

Tabelle 168.

Proz. Zn	Spez. Gew.	Proz. Zn	Spez. Gew.	Proz. Zn	Spez. Gew.	Proz. Zn	Spez. Gew.
0	8,862	61,4	7,976	67,8	7,878	87,6	7,481
19,8	8,459	63,7	7,951	68,4	7,833	94,1	7,311
52,4	8,149	65,4	7,904	76,4	7,714	100	7,087
53,5	8,143	67,1	7,873	85,0	7,515		

Die aus den Werten abgeleitete Kurve oder besser die der spezifischen Volumina deutet nach Maey durch einen Knick bei 67,8 Proz. Zink auf das mögliche Auftreten einer Verbindung $CuZn_2$ hin.

Weitere Angaben der spez. Gewichte sind in Tab. 169 (S. 316) enthalten.

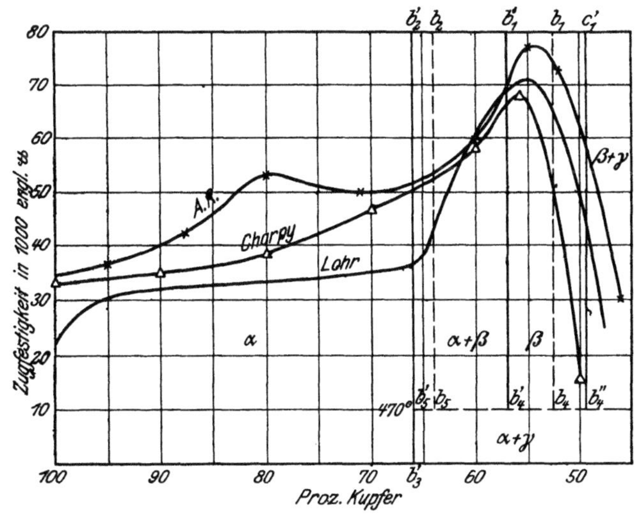

Fig. 153. Zugfestigkeit des Systems: Zink-Kupfer.

Die mechanischen Eigenschaften der Zink-Kupferlegierungen sind nicht nur von der chemischen Zusammensetzung, sondern in gleicher Weise von der vorausgehenden Kaltbearbeitung oder der Wärmebehandlung abhänhängig. Eine Reihe von systematischen Untersuchungen sind von *Bancroft* und *Lohr*[1] in den Diagrammen Fig. 152 bis 154 wiedergegeben, in welche die Konzentrationsgrenzen der einzelnen Konstituenten nach *Shepherd* eingetragen sind.

Die Angaben von *Lohr* beziehen sich auf gegossene Legierungen von großer Reinheit, diejenigen von *Charpy* auf ausgeglühtes, die der *Legierungs-Kommission* (A. R.) auf kalt bearbeitetes Material. Bei *Mallet* fehlen Angaben in dem Feld β und $\alpha + \beta$, *Thurston* benutzte Handelslegierungen, in welchen β vermutlich schon mehr oder weniger in $\alpha + \gamma$ zerfallen war.

Die Untersuchungen der *Legierungs-Kommision* (of the United States Board) sind — soweit sie sich auf analysierte Proben beziehen — in neben-

[1] Intern. Kongr. f. angew. Chem. 1912.

stehender Tab. 169 ausführlich wiedergegeben, diejenigen von *Charpy*[1]) in Tab. 170.

Charpys Versuche beziehen sich auf Proben, die kalt bearbeitet und dann vollständig ausgeglüht waren, die allmähliche Einwirkung der wachsenden Glühtemperatur wird später ausführlich zu besprechen sein. Die Legierungen umfassen drei Reihen, von denen die erste aus Elektrolytkupfer und destilliertem Zink bestand (Verunreinigung etwa 0,2 Proz. Blei), die zweite und dritte Reihe waren aus den besten Handelsmarken gegossen und zu Platten ausgewalzt, sie enthielten etwa 0,4 Proz. Beimengungen.

Geht man vom Reinkupfer aus, so wächst die Zugfestigkeit stetig, zunächst langsam, dann von ungefähr 35 Proz. Zink (Auftreten der β-Mischkrystalle) an rasch bis zu einem Maximum der Legierung von etwa 45 Proz.; von diesem Gehalt an fällt sie außerordentlich.

Tabelle 169.

Zusammensetzung		Spez. Gew.	Farbe	Bruch	Zugfestigkeit	Relative Dehnbarkeit
Proz. Cu	Proz. Zn				kg/qcm	
100	—	8,874	rot	faserig	1954	30,8
97,8	1,8	8,791	gelbrot	blasig	1915	118,9
92,3	7,6	8,746	„	„	—	—
90,5	9,4	8,773	„	„	—	169,1
73,2	26,4	8,465	gelb	erdig	2220	88,7
71,2	28,5	8,444	„	„	2145	77,8
69,7	30,0	8,384	„	„	1977	48,1
66,2	33,5	8,371	rotgelb	„	2657	72,8
63,4	36,3	8,411	„	„	3394	60,6
60,9	38,6	8,405	„	„	2887	49,0
58,5	41,1	8,363	„	„	3547	12,1
55,1	44,1	8,283	„	„	3113	19,5
54,8	44,7	8,301	„	grobkörnig	3263	7,4
49,6	50,1	8,291	„	„	2179	3,1
48,9	50,8	8,216	rosagrau	„	1831	0,36
47,5	52,2	—	„	„	1698	0,26
43,3	56,2	8,035	„	feinkörnig	683	0,02
41,3	58,1	8,061	silberweiß	glasig	262	0,01
38,3	61,0	7,982	„	muschlig	217	0,02
36,6	62,7	7,974	„	„	187	0,006
35,6	63,7	7,966	„	„	169	0,11
32,9	66,2	7,811	„	„	125	0,005
29,2	70,8	7,766	hellgrau	glasig	450	0,009
22,1	77,4	7,416	blaugrau	feinkörnig	492	0,004
20,8	77,6	7,418	„	„	633	0,002
17,4	81,6	7,225	„	„	376	0,003
14,1	85,7	7,163	„	„	598	0,004
12,1	86,6	7,238	„	„	873	0,009
10,3	88,8	7,253	„	„	1016	0,1
7,2	92,0	7,131	„	„	749	8,04
4,3	94,5	7,108	„	„	1270	0,84

[1] Bull. de la Soc. d'Encouragement 1896, 188.

Tabelle 170.

	Zinkgehalt Proz.	Zugfestigkeit kg/qmm	Dehnung Proz.	Querschnitts-verminderung Verhältnis der Querschnitte
1. Reihe	14,3	24,0	43,8	—
	20,2	27,2	47,2	—
	29,0	27,8	53,7	—
2. Reihe	0	21,8	31,6	0,66
	10,1	24,1	36,0	0,56
	18,4	26,8	41,4	0,53
	30,2	28,9	56,7	0,57
	40,4	38,4	35,2	0,58
	49,7	10,0	2,0	0,97
3. Reihe	27,1	32,4	57,5	0,52
	32,3	32,1	55,7	0,54
	34,7	31,7	52,1	0,54
	37,6	37,0	48,0	0,52
	41,7	42,4	33,9	0,60
	44,7	48,0	18,3	0,87

Die Dehnung wächst in gleicher Weise, bis der Zinkgehalt etwa 30 Proz. beträgt, um alsdann abzunehmen, besonders rasch mit dem Erscheinen der β-Krystalle.

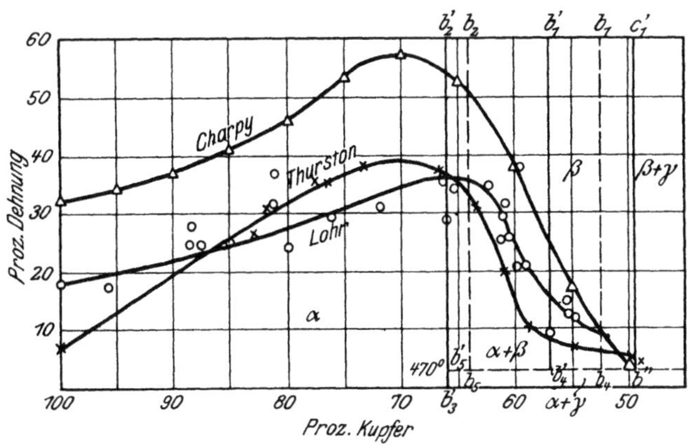

Fig. 154. Dehnung des Systems: Zink-Kupfer.

Legierungen mit 60 und 80 Proz. Zink hielten das Walzen nicht aus, namentlich die erstere (γ-Krystalle) war außerordentlich hart und spröde.

Bei Druckversuchen mit Belastungen bis 5500 kg verminderte sich der Widerstand in dem Maße, als der Zinkgehalt steigt, bei etwa 30 Proz. Zink erreichte er ein Minimum und stieg alsdann sehr rasch an.

In nachstehender Tab. 171 sind die Ergebnisse aufgeführt, die *Guillet*[1] bei der Untersuchung gegossener Legierungen von den technisch wichtigen

[1] Rev. de Mét. 1906, 248.

Zusammensetzungen erhielt. Die Metalle waren sehr rein, so daß an Verunreinigungen höchstens 0,2 Proz. Blei nachgewiesen werden konnten. Wenn auch die absoluten Werte von denen *Charpys* (ausgeglühtes Messing) geringe Abweichungen zeigen, so ist doch die gleiche relative Abhängigkeit von der chemischen Zusammensetzung erkennbar.

Tabelle 171.

Kupfergehalt Proz.	Konstitution	Bruchfestigkeit kg/qmm	Elastizitätsgrenze kg/qmm	Dehnung Proz.	Querschnittsverminderung Proz.	Stoßfestigkeit (Frémont)	Härte (Brinell)
66,80	α	19,3	3,5	51	53,8	15	32
64,70	α	21,4	4,0	55	53,8	17	39
62,37	α + Spuren β	23,7	6,6	55	51,5	16	45
62,20	,,	25,1	6,6	55	53,8	17	53
59,72	$\alpha + \beta$	32,3	6,5	48	41	17	61
59,54	,,	36,6	6,8	44	40,1	12	57
57,96	,,	35,6	6,6	44	49,9	13	73
56,40	β + wenig α	31,8	6,6	26	35,9	10	73
56,27	,,	31,6	6,6	23	30,8	12	76
54,84	β + Spuren α	29,1	6,9	23	21,0	6	88
54,69	β	34,3	7,5	22	26,4	11	83
54,49	,,	33,5	3,3	22	24,0	11	85
54,08	,,	32,7	?	21	32,0	7	85
52,92	,,	27,1	4,0	16	11,0	7	85
52,15	,,	24,4	?	13	13,7	9	81
51,23	,,	20,3	2,6 ?	9	11,0	6	85
50,78	β + Spuren γ	17,8	?	8,5	15,3	7	85
50,39	β + wenig γ	10,1	?	2,5	14	3	85
48,82	$\beta + \gamma$	5,2	?	2	4,2	0	95

Die Festigkeit wächst mit abnehmendem Kupfergehalt, bei 58 Proz. ungefähr (hier finden sich α- und β-Bestandteil in ziemlich gleichen Mengen wird ein Maximum von 35 bis 37 kg/qmm erreicht; alsdann fällt die Festigkeit wieder langsam, bis sie beim Auftreten des γ-Bestandteils außerordentlich niedrig wird.

Die Elastizitätsgrenze ist in allen Legierungen sehr niedrig, was für die praktische Verwendung des Messinggusses von Wichtigkeit ist. Durch Zusätze (siehe Sondermessinge) kann man sie wesentlich verbessern.

Dehnung und Querschnittsverminderung bleiben konstant, solange die Legierung wesentlich aus dem a-Bestandteil gebildet wird, bei Hinzutritt der β-Krystalle nehmen sie rasch ab, bei Erscheinen der γ-Krystalle werden sie auffallend niedrig. Die Stoßfestigkeit folgt dem gleichen Gesetz, die Härte wächst mit zunehmendem Zinkgehalt.

Smalley[1] gibt für besonders reine Legierungen im gegossenen und geschmiedeten Zustand folgende Werte an:

[1] Zft. f. Metallkunde 1923, **15**, 48.

Tabelle 172.

Kupfer Proz.	Zink Proz.	Bearbeitung	Bruchfestigkeit kg/qmm	Fließgrenze kg/qmm	Querschnittsverminderung Proz.	Dehnung Proz.	Schlagprobe Schlagzahl	Härte Brinell	Härte Shore
70	30	Gegossen	25,8	10,0	57	58	79	55	15
		Geschmiedet und geglüht	33,4	12,4	65	68	85	57	15
59	41	Gegossen	38,6	13,6	49,7	45	79	90	14
		Geschmiedet	40,0	13,9	62	47	87	90	14
		Geschmiedet und 1 St. bei 650° gegl.	37,2	10,8	55	49	—	79	12
53,3	46,7	Gegossen	46,0	13,9	21,5	24	34	108	18
		Geschmiedet	50,8	15,0	30,6	28	49	114	18
		Geschmiedet und 1 St. bei 650° gegl.	45,1	11,6	31,6	22,5	—	108	18
51,2	48,8	Gegossen	41,7	11,1	21,5	19	27	108	18
		Geschmiedet	51,7	14,2	33,5	37	36	114	18
		Geschmiedet und 1 St. bei 650° gegl.	44,9	8,2	27	25	—	108	18
50,19	49,81	Gegossen	13,6	9,3	1	1	1	108	18
		Geschmiedet	24,4	3,5	5,5	5	9	117	19

Schon eine geringe Steigerung des Zinkgehaltes über 49 Proz. verschlechtert die mechanischen Werte außerordentlich.

Nachstehend aufgeführte Versuche von *Charpy*[1] zeigen den Einfluß der Wärme auf die Eigenschaften des Gußmessings, zugleich lassen sie die Wirkung einer verschiedenen Gußtemperatur erkennen. Die deutliche Abnahme der Zugfestigkeit schon bei verhältnismäßig niedrigen Wärmegraden macht das Messing ungeeignet als Konstruktionsmaterial für Teile, die dem Einfluß überhitzten Dampfes ausgesetzt sind, wesentlich günstiger verhalten sich in diesem Fall die „Sondermessinge“ (siehe S. 367).

Die Zugfestigkeit nimmt mit wachsender Temperatur stark ab, während die Dehnung höher wird, bei dem heiß gegossenen Material ist die Zugfestigkeit bei gewöhnlicher Temperatur bei annähernd gleicher Zusammensetzung nicht wesentlich verschieden von der des kalt gegossenen, bei wachsender Temperatur nimmt sie jedoch stärker ab, so daß sie schon von 150° an von der Festigkeit des kalt gegossenen Metalls sichtlich übertroffen wird. Die Bruchdehnung des heißgegossenen Materials ist bei gewöhnlicher Temperatur erheblich größer als die des kalt gegossenen, mit wachsender Temperatur tritt Ausgleich ein, und von 200° ab erscheint die Dehnung des letzteren größer. Ein geringer Zinngehalt scheint die Dehnung des kalt gegossenen Messings ungünstig zu beeinflussen.

---

[1] Bull. de la Soc. d'Encour. 1895; 1899. (*Rudeloff:* Dingl. Polyt. J. 1909, 596.)

Tabelle 173.

Zusammensetzung				Versuchstemperatur				
Proz. Cu	Proz. Zn	Proz. Sn	Proz. Pb	15—20°	150°	200°	225°	250°
				Heiß gegossen				
				Zugfestigkeit kg/qmm				
57,1	42,2	Spur	0,17	39,5	30,8	26,8	23,5	21,4
57,6	41,5	0,10	0,19	36,4	30,0	24,8	24,8	20,5
59,0	40,3	0,31	0,17	38,6	30,8	27,8	24,0	21,4
58,9	40,5	0,34	0,22	38,7	—	28,7	24,6	21,8
				Dehnung Proz.				
57,1	42,2	Spur	0,17	25,0	30,0	42,0	37,3	37,5
57,6	41,5	0,10	0,19	26,0	41,0	48,4	52,0	52,8
59,0	40,3	0,31	0,17	42,0	43,0	52,4	46,0	41,5
58,9	40,5	0,34	0,22	32,3	—	40,0	31,0	26,0
				Möglichst kalt gegossen				
				Zugfestigkeit kg/qmm				
58,97	40,4	0,05	0,18	35,9	34,1	30,8	28,1	26,7
56,2	43,0	0,11	0,13	38,5	37,4	29,4	27,4	25,4
58,0	40,1	0,32	0,07	44,0	36,4	34,0	32,1	28,7
				Dehnung Proz.				
58,9	40,4	0,05	0,18	15,0	34,7	47,5	46,5	55,0
56,2	43,0	0,11	0,13	8,4	29,0	44,0	40,8	65,2
58,0	40,1	0,32	0,07	16,2	19,7	40,0	40,2	45,2

Weitere Versuche *Charpys*[1] betreffen ein Messing von der Zusammensetzung: 67 Proz. Kupfer, 33 Proz. Zink. Es wurden folgende Werte erzielt:

Tabelle 174.

Wärmegrade	Elastizitätsgrenze kg/qmm	Zugfestigkeit kg/qmm	Dehnung Proz.	Querschnittsverminderung $\frac{S}{s}$
15°	9,3	32,7	66	0,42
150°	10,3	28,7	39,6	0,63
200°	10,7	28,7	33	0,63
225°	9,3	22,7	20,5	0,78
250°	9,3	20	15	0,81

Die Abnahme der Festigkeit beginnt schon bei niederen Wärmegraden, während die Elastizitätsgrenze bis zu 250° unverändert bleibt, hierdurch wird der Zwischenraum zwischen den beiden Werten immer kleiner (was vermutlich bei höherer Temperatur noch erheblich mehr der Fall sein wird), das Messing der vorliegenden Zusammensetzung verträgt deshalb keine Formänderung im erhitzten Zustand.

[1] Baumaterialienkunde 1902, 13.

Le Chatelier[1] prüfte ein gewalztes Messing: 70 Proz. Kupfer, 30 Proz. Zink. Es ergab folgende Werte:

Tabelle 175.

Wärmegrad	Zugfestigkeit kg/qmm	Dehnung Proz.	Querschnitts-verminderung $\frac{S}{s}$
15°	32,6	46,4	0,448
80°	31,9	45,5	0,531
160°	30,9	42,8	0,567
230°	28,06	17,8	0,786
330°	22,11	5,7	0,897
330°	18,09	2,8	0,931

Festigkeit, Dehnung und Querschnittsverminderung nehmen bis 230° ziemlich gleichmäßig ab, von 300° an erfolgt der Rückgang der Werte sehr rasch, und hier scheint die Dauer der Erwärmung eine Rolle zu spielen.

Im Gegensatz zu dem gewöhnlichen Messing betrug nach Versuchen der französischen Marine bei sog. „Romabronze“, „Bull-Bronze“ und „Stone-Bronze“ (mit Phosphor oder Mangan desoxydierte, manganhaltige Sondermessinge) bei 200° die Festigkeit noch zwischen 70 und 85 Proz. derjenigen bei 15°, bei 250° betrug sie noch über 60 Proz. Die Elastizitätsgrenze war bei 250° die gleiche wie bei 15°, bei 200° lag sie sogar noch höher; die Dehnung nahm im allgemeinen bis 200° zu.

Die französische Marine stellte bei der Abnahme folgende Anforderungen:

bei 15°	Elastizitätsgrenze = 12 kg/qmm,	Festigkeit = 85 kg/qmm,	Dehnung = 18 Proz.
„ 215°	„ = 15 „	„ = 25 „	„ = 20 „

Nach dem Grade ihrer Bearbeitungsfähigkeit durch Walzen, Schmieden, Ziehen, Pressen usw. können die technischen Zink-Kupferlegierungen in drei Klassen eingeteilt werden.

1. Lediglich in der Kälte zu bearbeiten sind die Legierungen mit einem Zinkgehalt bis zu 35 Proz., die also nur aus α-Krystallen bestehen. Die Wirkung dieser Kaltbearbeitung auf die mechanischen Eigenschaften wird später zu besprechen sein.

2. In der Kälte und Wärme zu verarbeiten sind die Legierungen mit 35 bis 42 Proz. Zink.

3. Bei Rotglut gut zu bearbeiten sind die Legierungen mit 42 bis 48 Proz. Zink, also die aus α- + β-Krystallen bestehenden Konzentrationen. Am schwierigsten zu walzen oder pressen ist ein Messing mit 33—34 Proz. Zink.

Die angegebenen Grenzen beziehen sich auf ganz reine Zink-Kupferlegierungen, die in den technischen Metallen stets vorhandenen Verunreinigungen verschieben das Bereich der Schmied- und Walzbarkeit; ein geringer Zusatz von Eisen oder Mangan erhöht die Bearbeitungsfähigkeit bei Rotglut (siehe Sondermessing), während bereits 0,5 Proz. Blei die Walzbarkeit außerordentlich verschlechtert (siehe unten).

[1] Baumaterialienkunde 1902, 13.

In der Regel verwendet man für die mechanische Verarbeitung ein Messing mit höchstens 42 Proz. Zink, als Gußmaterial ein solches mit einem noch etwa geringeren Zinkgehalt wegen der Lunker- und Schwindungserscheinungen.

Andererseits sind die im Zink[1] als Verunreinigungen vorkommenden geringen Mengen Kupfer von 0,02 bis 0,03 Proz. ohne Einfluß auf die Walzbarkeit oder das äußere Ansehen dieses Metalls; ein Gehalt von 0,07 Proz. Cu macht sich durch Auszackung der Seiten des gewalzten Bleches bemerkbar, bei 0,08 Proz. Cu wird das Zink brüchig, dieser Gehalt ist allerdings ein viel höherer als derjenige des Handelszinks. Bei 0,19 Proz. wird die Bearbeitung unmöglich.

Die Schwindung der Zink-Kupferlegierungen wurde von *Wüst*[2] untersucht:

Tabelle 176.

Zusammensetzung		Beginn der Ausdehnung	Proz. der Ausdehnung	Beginn der Schwindung	Proz. der Schwindung
Proz. Cu	Proz. Zn				
83,45	16,24	1000°	0,3	973°	2,17
66,60	21,90	904°	0,03	870°	1,973
63,10	36,24	928°	0,03	877°	1,97
63,93	35,25	990°	0,033	879°	1,9

Die Legierungen weisen während der Erstarrung zuerst eine geringe Ausdehnung auf, dann setzt erst das Schwinden ein, das Ende der Ausdehnung fällt mit dem Ende der Erstarrung zusammen. Der Schwindungskoeffizient ist größer als der der Komponenten. Nach *Ledebur* wächst das Schwindmaß der zinkhaltigen Bronzen und Zink-Kupferlegierungen mit dem Zinkgehalt, Messing mit 30 Proz. Zink hat ein solches zu 1,61 Proz.

Turner und *Murray*[3] stellten fest, daß die Schwindung bei den Legierungen mit 100 bis 70 Proz. Cu, mit 60 Proz. Cu und mit 40 bis 10 Proz. Cu die gleich starke ist, gleichgültig ob die Gußstücke dick oder dünn sind, daß dagegen das Messing mit 65 Proz. und 50 Proz. Cu weniger in dünnen als in dicken Stäben schwindet. Zweifellos ist dieses den wechselnden Mengen des β-Bestandteiles zuzuschreiben, die bei rascher oder langsamer Abkühlung erhalten werden (siehe auch S. 51).

Die Herstellung der Zink-Kupferlegierungen erfolgt durch Einschmelzen der Metalle im Tiegel. Bei der leichten Oxydierbarkeit und Flüchtigkeit des Zinks würde die Anwendung eines Flammofens oder Schachtofens zu große Verluste an Zink veranlassen. Man bringt die beiden Metalle, meist mit Zusatz von Altmessing, in abwechselnden Lagen in den Tiegel ein, bedeckt sie mit Koks oder Holzkohlenpulver und schmilzt den Tiegelinhalt in 2 bis 4 Stunden herunter. Man kann auch zunächst das Kupfer und Altmessing einschmelzen, den Tiegel aus dem Ofen heben und dann erst das angewärmte Zink einrühren.

---

[1] *Trost* und *van de Gasteele:* Metall u. Erz 1913, 727.
[2] Metallurgie 1910, 275.
[3] Metallurgie 1909, 785.

Der Zusatz von Altmetall (besonders in Brikettform) hat keinerlei schädigende Wirkung auf das erschmolzene Metall, wenn die geeignete Schmelz- und Gießtemperatur innegehalten wird, s. *Obermüller*[1].

Elliott (U. S. P. 927843) empfiehlt zuerst das Zink einzuschmelzen, dann die berechnete Menge Kupfer hinzuzusetzen und darauf die Temperatur auf den Schmelzpunkt der herzustellenden Legierung zu bringen, welcher sowohl unterhalb des Siedepunktes des Zinks wie des Schmelzpunktes des Kupfers liegt.

Um Zinkverluste und den Tiegelverbrauch zu vermeiden, schmilzt *Addicks* (U. S. P. 1041940) eine große Menge Kupfer im Flammofen ein, sticht etwa 2 bis 3 t in eine ausgekleidete fahrbare Pfanne ab, rührt das Zink ein und vergießt. Der Zinkverlust beträgt auch bei vorsichtigem Arbeiten durchschnittlich 2,5 Proz. vom Gewicht der Legierung, er würde nach Versuchen von *Bensel*[2] beim Schmelzen im elektrischen Ofen auf nur 0,87 Proz. herabgehen; die Schmelzkosten stellen sich alsdann auf 64 oder nach Abzug des geringen Zinkverlustes auf 40 Pfg. für 100 kg. Dazu käme noch der Aufwand für Elektrodenkohle in Höhe von etwa 22,5 Pfg. für 100 kg Messing.

Die elektrischen Schmelzöfen für Metalle bespricht ausführlich *Ruß*[3] sowie *Gillet* und *Mack*[4].

In Amerika wird nach Angaben von *Sperry*[5] für Messingschmelzöfen fast ausschließlich Anthrazit verwendet, doch beginnt sich die Ölfeuerung einzubürgern. Das Kupfer wird mit etwas Altmessing zuerst eingeschmolzen, dann werden noch 25 bis 50 Proz. Altmessing hinzugesetzt, eine Handvoll Kochsalz in den Tiegel geworfen und das Metall mit Holzkohle bedeckt. Bei der Ölfeuerung soll der Ölverbrauch 8 l für 50 kg Messing betragen, bei vorsichtiger Behandlung halten die Graphittiegel im Durchschnitt 43 Schmelzungen aus, der Metallverlust beträgt durchschnittlich 2 Proz.

Um das entweichende Zinkoxyd aufzufangen, will *Allen* (U. S. P. 910982) die Gase aus dem Schmelzofen durch ein Rohr leiten, in welchem Schwefelsäure herabträupfelt, die Ofen- und Schwefelsäuregase gelangen alsdann in eine Kühlkammer, in welcher aus einer Brause Wasser herabrieselt; unten wird die erzeugte Zinksulfatlösung abgezogen.

Als gutes Flußmittel zum Schmelzen von Messingabfällen empfiehlt *Hill*[6] eine Mischung von 3 Tln. Kalk und 1 Tl. Flußspat. Eine abgewogene Menge Kalk wird gelöscht und in teigigem Zustand mit der entsprechenden Menge Flußspat gehörig durchgemischt und getrocknet. Je nach dem Gehalt an Flußspat erhält die Schlacke eine größere oder geringere Flüssigkeit. Die

[1] Zft. f. Metallkunde 1924, **16**, 70.
[2] Metallurgie 1912, 523.
[3] Metall u. Erz 1922, **19**, 333; Gieß.-Ztg. 1925, **23**, 385.
[4] Stahl u. Eisen 1924, **44**, 226.
[5] Brass World 1911, 3; 1909, 391.
[6] Brass World 1905, 66.

Messingofenpraxis in den Vereinigten Staaten behandelt ausführlich *Gillet* (Bureau of Mines Bull. 1915, **73**; Min. Techn. **14**).

Trotz der schützenden Kohlenschicht nimmt die flüssige Schmelze aus der Luft Sauerstoff auf, infolgedessen finden sich in dem Gußstück Zinkoxydeinschlüsse in feinster Verteilung, welche die Festigkeitswerte erheblich herabsetzen.

Es empfiehlt sich deshalb, stets den Guß durch Zusatz eines Desoxydationsmittels von seinem Zinkoxydgehalt zu befreien. Man benutzt hierzu Phosphor (auf 100 kg Einsatz 50 bis 100 g Phosphorkupfer 15 proz.), Magnesium, Magnesiumkupfer, Aluminium, Mangan, Mangankupfer usw. Bei Anwendung des Phosphors und Magnesiums ist die Vorsicht geboten, daß man keinen Überschuß des Mittels zusetzt, da schon ein geringer Gehalt an Phosphor oder Magnesium im Gußstück große Härte und Sprödigkeit hervorruft, während ein Zusatz von Aluminium oder Mangan die Festigkeit erhöht (siehe Sondermessinge). Jedenfalls darf der Phosphorgehalt die Grenze von 0,05 Proz. nicht überschreiten, s. *Portevin*[1]. Die Schädlichkeit steigt noch bei einem gleichzeitigen Eisengehalt.

(D. R. P. 344 645.) Leiser, Berlin-Schöneberg: Verfahren zur Veredelung von Kupfer-Zinklegierungen, welche infolge der Art und Menge der sie bildenden Metallbestandteile zu spröde sind, 1. dadurch gekennzeichnet, daß diese Legierungen bei Fernhaltung von Sn und Sb unter Zusatz von unlegiertem, reinem Na erschmolzen werden. — 2. dadurch gekennzeichnet, daß Zn mit weniger als 55 Proz. Cu und mit 3 bis 10 Proz. Mn und mehr als 15 Proz. Fe unter Zusatz von Na geschmolzen werden. — 3. dadurch gekennzeichnet, daß Abfälle von Cu-Zn-Legierungen zur Beseitigung der schädlichen Wirkungen von Verunreinigungen, wie Lötzinn, unter Zusatz von Na geschmolzen werden. — Es werden Legierungen von sehr hoher Festigkeit, Dehnbarkeit und Bearbeitungsfähigkeit erhalten.

(Vom 9. 3. 1919 ab.)

Wie schon S. 203 erwähnt wurde, kann es auch unter Umständen vorteilhaft sein, durch Zusatz eines Oxydationsmittels dem Einfluß reduzierender Verbrennungsgase entgegenzuwirken.

Guillemin und *Delachanal*[2] untersuchten die Zusammensetzung der in einigen Messinggußstücken eingeschlossenen Gase. Ihre Legierungen hatten folgenden Gehalt:

Tabelle 177.

Bezeichnung	Proz. Cu	Proz. Zn	Proz. Sn	Proz. Pb	Proz. Fe	Proz. Mn	Proz. Al
Spezialmessing A[3]	58,50	39,18	0,92	0,55	0,49	Spur	Spur
„ B	59,10	39,01	0,76	0,47	0,54	„	„
„ C	57,90	39,08	1,25	0,59	0,70	„	„
Aluminiummessing D . .	56,2	36,74	Spur	Spur	1,42	2,98	2,54
Spezialmessing E	55,84	41,35	1,02	„	1,49	Spur	—
Schmiedbares Messing F .	59,1	39,5	0,9	0,8	Spur	—	—
„ „ G .	60,3	38,1	0,69	0,58	„	—	—

[1] Rev. de Mét. 1923, **20**, 155.
[2] C. r. 1910, **151**, 881; Metallurgie 1911, 338.
[3] Siehe Sondermessinge.

Es enthielten:

Tabelle 178.

Probe	Verhältnis: Gasvolumen / Metallvolumen	Zusammensetzung der Gase in Proz.				
		CO_2	H	CH_4	CO	N und verschiedene
A	1,12	1,90	91,53	2,38	3,56	0,62
B	0,84	0,30	79,10	1,40	17,90	1,30
C	26,0	8,7	59,90	1,30	29,50	0,60
D	24,2	2,06	95,84	0,60	0,90	0,60
E	71,0	1,00	99,00	—	—	—
F	2,30	2,30	92,60	2,30	0,20	2,60
G	0,43	3,20	93,30	1,20	1,10	1,20

Schlußfolgerungen: 1. Die schmiedbaren Spezialmessingsorten enthalten große Volumina eingeschlossener Gase (von 1 bis zu 30 Vol.), die besonders aus Wasserstoff, Kohlensäure und Kohlenoxyd bestehen. 2. In den „gesunden“ Legierungen findet man nahezu ausschließlich Wasserstoff (mehr als 90 Proz.). 3. In den gegossenen „kranken“ Legierungen treten neben Wasserstoff große Mengen Kohlenoxyd und wenig Kohlensäure auf. 4. Die warm gestauchten Stäbe enthalten weniger Gase als die gegossenen Stücke. 5. In den „gesunden“ Stücken scheint der eingeschlossene Wasserstoff keinen nachteiligen Einfluß auf die mechanischen Eigenschaften der schmiedbaren Messingarten auszuüben, selbst wenn er in großen Mengen vorhanden sein sollte (siehe Tab. 179).

Tabelle 179.

Material	Volumen des eingeschlossenen Wasserstoffs	Zugversuch		
		Zugfestigkeit kg/qmm	Elastizitätsgrenze kg/qmm	Dehnung Proz.
Gegossenes Messingstück . .	> 1	42	19	25
„ „ . .	> 20	50	18	28
„ „ . .	> 20	60	30	16
Gezogenes Messing	> 2	45	22	26

Die Legierungen zeigten den Vorgang des „Steigens“ nicht, wenn sie keine Blasen und keinerlei Schmutz aufwiesen. Die eingeschlossenen Gase konnten nur dann daraus entfernt werden, wenn die Legierungen auf Schmelztemperatur im Vakuum oder in sehr verdünnter Atmosphäre erhitzt wurden.

Der Guß des Messings soll nicht zu heiß vorgenommen werden, man wartet so lange, bis keine Zinkdämpfe mehr auftreten, denn wenn aus der Form noch Zinkdämpfe entweichen, findet man häufig das erstarrte Gußstück von zahlreichen Bläschen durchsetzt. Die besten mechanischen Werte sollen bei einem Guß etwa 200° oberhalb des Schmelzpunktes erzielt werden (siehe auch S. 199).

Bei den schmiedbaren Sondermessingen (siehe unten) werden die Formstücke nicht durch Gießen in der Form, sondern durch Schmieden im Gesenk hergestellt.

Auch einzelne Warmpreßverfahren werden mit Erfolg ausgeführt. So empfiehlt *Hilpert*[1] die Verarbeitung des Messings nach dem Verfahren von *Dick*, wobei das Metall bei Kirschrotglut aus einem Preßzylinder unter hydraulischem Druck von 2000 bis 5000 kg/qcm aus Matrizen in Stangenform herausgepreßt und dann zerschnitten wird. Er erhielt bei Vergleichsversuchen folgende Werte:

	Gewalzt		Gepreßt	Gepreßt	
Messing mit 60 Proz. Cu	= 34,4 kg/qmm	Festigkeit	37,2 kg/qmm	49 Proz.	Dehnung
„ „ 58 „ „	= 40,5 „	„	42,5 „	41 „	„
„ „ 55 „ „	= 47,9 „	„	52,3 „	32 „	„

Deltametall I	gegossen	= 63 kg/qmm	Festigkeit	17 Proz. Dehnung
„	gepreßt	= 72 „	„	20 „ „
„ IV	gegossen	= 35 „	„	50 „ „
„	gepreßt	= 45 „	„	35 „ „

The Doehler Casting Comp.[2] in Brooklin preßt das Messing, während es sich noch in halbflüssigem, plastischem Zustand befindet, unter hohem Druck in sauber gearbeitete Eisenformen. Das Metall ist außerordentlich homogen und frei von allen Gußfehlern, es füllt die Form genau aus und gibt alle Feinheiten derselben genau wieder, so daß eine weitere Bearbeitung nicht nötig ist. Es zeigt 38,7 kg/qmm Festigkeit, 15,5 kg/qmm Elastizitätsgrenze, 20 Proz. Dehnung.

Das Verfahren hat während des Krieges eine weite Verbreitung gefunden, es wird vielfach zur Herstellung von Armaturen, Bau- und Möbelbeschlägen, kleineren Konstruktionsteilen im Maschinenbau usw. verwendet. Am letzten Ende der Preßstange treten häufig unganze Stellen auf, ein Fehler, der nach Schweißgut[3] nicht auf Lunker, sondern auf das Hineinpressen der äußeren Oxydschicht, der Gußhaut in die Stange zurückzuführen ist. Schweißgut empfiehlt folgendes Verfahren: Für dünnere Stangen bis 30 mm, die auf automatischen Drehbänken weiter bearbeitet werden und aus denen Teile mit zentraler Bohrung erzeugt werden, kommt der unsaubere Kern von selbst in Fortfall. Für Teile, die Zapfen aufweisen, wo der Kern also den Zapfen bildet, für Drähte von 7 mm, die später auf geringere Stärke durch Ziehen verarbeitet werden und für stärkere Stangen bis 50 mm, die in der Warmpreßerei weiter verarbeitet werden, ist nur einwandfreies Material zu verwenden. Hierzu brauchen die Blöcke von dem Lunker nicht abgeschopft zu werden, wenn man einen Rückstand im Aufnehmer läßt, dessen Länge gleich dem Durchmesser des Aufnehmers + 3 cm ist. Das Abschopfen der Blöcke allein würde nicht genügen, um einwandfreie Stangen zu erzielen, es müßte jedenfalls noch ein Rückstand von der Länge des Durchmessers des Aufnehmers belassen werden.

---

[1] Zft. d. Ver. deutsch. Ing. 1903, 47, 818.
[2] Brass World 1913, 13; Gieß.-Ztg. 1913, 232.
[3] Zft. d. Ver. deutsch. Ing. 1918, 281.

Beim Verpressen der Blöcke ist stets die Lunkerseite zur Vorlegescheibe hin, also nicht nach der Seite der Matrize zu legen.

Eine weitere Ausbildung erfuhr das Preßverfahren während der Kriegszeit, als es nötig wurde, kleine Konstruktionsteile von ganz genauen Abmessungen in sehr großer Zahl möglichst rasch herzustellen. Das flüssige Metall wird maschinell in die aufklappbare Form eingespritzt (Fertigguß, Spritzguß Matrizenguß) s. *Kaufmann*[1]. Für das Verfahren sind besonders die niedrig schmelzenden Zink- (siehe S. 477, Zinn- (siehe S. 468), Blei- (siehe S. 456) und Aluminiumlegierungen geeignet, siehe Pack[2]. *Frommer*[3] erörtert die an Spritzgutmetalle zu stellende Anforderungen und geeignete Prüfverfahren, *Ehrmann*[4] die Herstellung und Verwendung von Spritzgußteilen.

(D. R. P. 105 445.) **Bockenstein, Berlin: Verfahren zur Herstellung von Gegenständen aus einer messingartigen Legierung durch Pressen.** Das aus Messing mit 40 bis 50 Proz. Zinkgehalt bestehende Werkstück wird auf mäßige Rotglut erwärmt und dann durch Schlag oder Druck in Formen in die fertige Gestalt von Zahnrädern, Lagerschalen u. dgl. übergeführt.

Ein besonderes Gußverfahren ist beschrieben in

(D. R. P. 146 960.) **Prym: Verfahren zum Gießen von zur Weiterverarbeitung bestimmten Kupferlegierungen, besonders Messing,** unter Benutzung einer zum Teil aus Masse, zum Teil aus gekühltem Metall bestehenden Form, dadurch gekennzeichnet, daß das Metall in die stehende Form, ohne mit der gekühlten Metallplatte in Berührung zu kommen, eingegossen wird, aber sobald es den Querschnitt der Form ausfüllend die gekühlte Platte berührt, durchgehend erstarrt. Die Form ist nach der aus der Masse gebildeten Wand zu in der Weise geneigt, daß das auf der Massewand einfließende Metall, ohne die Metallplatte zu berühren, sich von dem Boden der Form aus ansammelt und dann an der Metallwand erstarrt.

Die Herstellung galvanischer Messingüberzüge von bestimmter Zusammensetzung und bestimmter Färbung bietet, wie bereits S. 108 erörtert wurde, erhebliche Schwierigkeiten. Folgende Bäder werden empfohlen (siehe *Pfanhauser:* Die elektrolytischen Metallniederschläge).

Messingbad nach *Roseleur*.

In 1 l Wasser werden gelöst: 10 g Natriumcarbonat (calciniert), 14 g Natriumbisulfit, 14 g Kupferacetat, 14 g Zinkchlorid (geschmolzen, säurefrei), 100 g Kaliumcyanid (100 proz.), 2 g Ammoniumchlorid. Badspannung bei 15 cm Elektrodenentfernung auf Eisen 2,7 Volt, auf Zink 3,2 Volt. Änderung der Badspannung für je 5 cm Änderung der Elektrodenentfernung 0,2 Volt. Stromdichte 0,3 Amp. Badtemperatur 15 bis 20°. Konzentration $7^1/_2$° Bé. Spez. Badwiderstand 1,36 Ohm. Temperaturkoeffizient 0,0205. Stromausbeute 65 Proz. Niederschlagstärke in 1 Stunde 0,00409 mm.

Messingbad nach *Pfanhauser sen.*

In 1 l Wasser: 14 g Natriumcarbonat, 20 g Natriumsulfat, 20 g Natriumbisulfit, 20 g Kaliumkupfercyanid, 20 g Zinkkaliumcyanid, 1 g Kaliumcyanid,

---

[1] Zft. f. Metallkunde 1922, **14**, 8; s. auch Gieß.-Zg. 1923, **20**, 39, 265.
[2] Zft. f. Metallkunde 1921, **13**, 185.
[3] Zft. f. Metallkunde 1925, **17**, 245.
[4] Zft. f. Metallkunde 1925, **17**, 329.

2 g Ammoniumchlorid. Badspannung bei 15 cm Elektrodenentfernung auf Eisen 2,7 Volt, auf Zink u. dgl. 3,2 Volt. Änderung der Badspannung für je 5 cm Änderung der Elektrodenentfernung 0,23 Volt. Stromdichte 0,3 Amp. Badtemperatur 15 bis 20°. Konzentration 9° Bé. Spez. Widerstand 1,5 Ohm. Temperaturkoeffizient 0,019. Stromausbeute 73 Proz. Niederschlagstärke in 1 Stunde 0,00467 mm.

Als Anoden verwendet man gegossene Messinganoden aus 70 Proz. reinstem Kupfer und 30 Proz. reinstem Zink.

Bronzefarbe erzielt man mit folgendem Bad:

Man löst in 1 l Wasser: 10 g Natriumcarbonat, 20 g Natriumbisulfit, 65 g Kaliumkupfercyanid, 15 g Kaliumzinkcyanid, 5 g Kaliumcyanid, 2 g Ammoniumchlorid. Badspannung bei 15 cm Elektrodenentfernung auf Eisen 2,85 Volt, auf Zink 2,56 Volt. Änderung der Badspannung für je 5 cm Änderung der Elektrodenentfernung 0,08 Volt. Stromdichte 0,13 Amp. Badtemperatur 15 bis 20°. Konzentration 10° Bé. Spez. Widerstand 1,21 Ohm. Temperaturkoeffizient 0,0202. Stromausbeute 70,5 Proz. Stärke des Niederschlages für 1 Stunde 0,0025 mm. Als Anoden sind Tombakanoden zu verwenden.

Tombakbad nach *Hess*.

Man löst zunächst Tombak in einem Bade aus: 1 l Wasser, 42 g Natriumcarbonat, $27^1/_2$ g Ammoniak, unter Anwendung von Eisenblechkathoden bei einer Badspannung von 3 bis 3,5 Volt auf.

(D. R. P. 128 319.) Elektro-Metallurgie G. m. b. H., Berlin: Verfahren zur Herstellung von Kupfer-, Zink-, Messing-, Bronzeniederschlägen unter Benutzung von Aluminium- oder Magnesiumkontakten, gekennzeichnet durch die Verwendung eines Bades, welches neben dem oder den zu zersetzenden Metallsalzen die gerade zur Reinerhaltung des Kontaktes erforderliche Menge eines Cyanalkalis, ferner Alkali und erforderlichenfalls einen geringen Anteil an Alkaliphosphat oder Pyrophosphat enthält.

Das Messingbad hat die Zusammensetzung: Wasser = 100 l, Kupfersulfat = 0,4 kg, Zinksulfat = 1 kg, Cyankalium = 1,25 kg, Natriumhydrat = 1,5 kg. Das Cyankali verhütet eine Metallabscheidung an den Kontakten, seine Menge darf über das angegebene Gewicht hinaus nicht erhöht werden, weil sonst der Metallniederschlag durch Flockenbildung und Ungleichmäßigkeit der Struktur leidet.

Ein stark glänzender Messingüberzug kann erhalten werden, wenn man dem Bad Nickelcarbonat[1] in Form einer frischgefällten Paste oder als Auflösung im Cyankalium zusetzt. Bei einem großen Überschuß tritt eine örtliche Färbung des Niederschlages auf.

Die Elektro-Chemical Rubber Co. erzeugt nach (D. R. P. 265 551) und (272 763) vom 21. 5. 1911 eine Schicht von antimonhaltigem Messing der Zusammensetzung 52 Proz. Kupfer, 45 Proz. Zink, 3 Proz. Antimon, um ein festes Haften von Kautschuk auf Metallen zu erzielen. Das Bad wird durch Lösung der Metallsalze hergestellt oder durch Auflösen der Metalle in Salzsäure, Neutralisieren mit Ammoniak und Zugabe von Cyankalium.

[1] Brass World and Platers Guide 1914, **10**, 22.

Der Einfluß der Kaltbearbeitung auf die Eigenschaften des Messings.

Das Messing findet eine außerordentlich ausgedehnte Anwendung, nachdem es durch Kaltbearbeitung in die endgültige Form gebracht worden ist, sei es, daß es zu Blech gewalzt wird, sei es, daß es zu Röhren, Patronenhülsen, Draht usw. gezogen wird. Deshalb sind die systematischen Versuche von *Grard*[1] mit französischem Patronenmessing (67 Proz. Kupfer, 33 Proz. Zink) und Messing (90 Proz. Kupfer, 10 Proz. Zink) von größter Wichtigkeit. *Grard* ging von vollständig ausgeglühten Blechen aus, die Kalthärtung erfolgte durch Walzen, ihre Größe wird definiert durch die Querschnittsverminderung pro Quadratmillimeter.

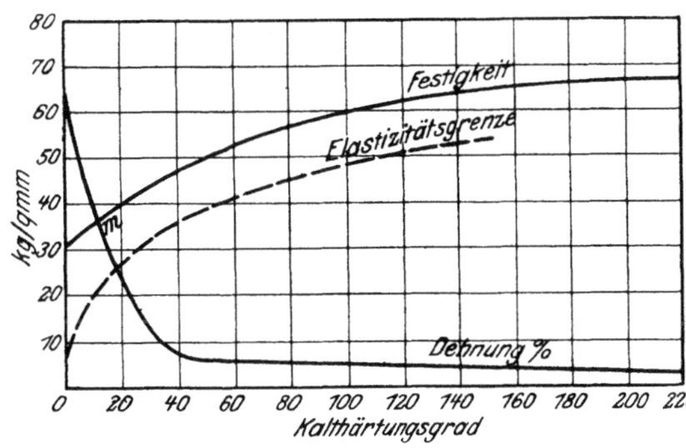

Fig. 155. Wirkung der Kaltbearbeitung auf die Festigkeitseigenschaften des Messings.

Das Gesetz, nach welchem die mechanischen Eigenschaften sich mit der Kalthärtung verändern, ist in Fig. 155 dargestellt. Die Ordinaten stellen Festigkeit und Elastizitätsgrenze in kg/qmm und die Dehnung in Proz. dar, die Abszisse gibt den Wert für die Kalthärtung wieder. Aus den Kurven geht hervor, daß, wenn man von dem Werte der Kalthärtung gleich Null bis zu demjenigen von 40 Proz. übergeht, die Dehnung von 64 bis 8 Proz. sinkt, während die Festigkeit von 32 bis 48 kg steigt, die Dehnbarkeit des Messings ist hier also schon vollständig zerstört. Durch weitere Kalthärtung bis zu 200 Proz. sinken die Werte für die Dehnung bis auf 3 Proz., die Festigkeit steigt bis zu 69 kg/qmm; bei noch weiter gesteigerter Bearbeitung ändern sich die Werte nicht mehr, doch liegt die Gefahr vor, daß das Material zersplittert wird. Von Vorteil ist es, sich bei der Verarbeitung des Messings der oberen Grenze für die Kalthärtung zu nähern, denn bei dem nachher folgenden vollständigen Ausglühen erhält das Material um so bessere Werte, je stärker es vorher kalt bearbeitet war (siehe unten).

Durch den Vorgang der Kaltbearbeitung wird das Gefüge des Messings vollständig verändert. Nach dem Ausglühen zeigt die Legierung charakteristische oktaedrische Krystalle (Fig. 156 [Taf. 16]), durch die Bearbeitung werden diese Krystalle gebrochen; erfolgt sie durch Walzen, so kann man die Wirkung der Kalthärtung von 35 bis 50 Proz. daran erkennen, daß die einzelnen Krystalle in der Richtung des Walzens eine Verlängerung erfahren (Fig. 157 [Taf. 16]). Hierauf werden die Krystalle immer flacher und verwandeln sich von 100 Proz. ab in lange dünne Streifen (Fig. 158 [Taf. 16]); bei sehr energischer Kalthärtung werden die Krystalle ganz zertrümmert, die Streifen lösen sich in feine Punkte auf (Fig. 159 [Taf. 16]).

[1] Rev. de Mét. 1909, 1069; Metallurgie 1910, 651.

In außerordentlich schöner Weise zeigt *von Moellendorff*[1] den Einfluß der Kaltstreckung auf die Struktur eines Stangenmessings (siehe Fig. 160 bis 162 [Taf. 17]). In Fig. 161 ist das Messing um 20 Proz., in Fig. 162 um 45 Proz. mehr gestreckt als in Fig. 160; jedes einzelne Korn erfährt zunächst eine Verlängerung, ohne seine Größe zu ändern, die Struktur wird dadurch faserig, aber trotz der starken Streckung sind die Körner noch nicht zerrissen — ein Beweis für die große Zähigkeit der Legierung.

Die Kugeldruckhärte (Brinell) wächst nach *von Moellendorff* annähernd proportinal der Streckung, und zwar um so rascher, je kupferreicher die Legierung ist.

Ebenso wächst die Löslichkeit in 5 proz. Salpetersäure (und damit die Korrosionsfähigkeit) mit der Kaltstreckung, was auf die Formänderung der einzelnen Krystalle, d. h. auf den Zuwachs der dem Ätzmittel zugänglichen Krystalloberflächen zurückzuführen ist.

Da die durch Kaltbearbeitung, auch verhältnismäßig geringen Grades, hervorgerufenen Reckspannungen besonders für Messing gefährlich sind (siehe S. 80) und häufig erst nach längerer Zeit während der praktischen Verwendung zur Auslösung kommen, sollte man grundsätzlich Messingfabrikate, die eine Kaltstreckung irgendwelcher Art erlitten haben, erst nach einem gelinden Ausglühen in Benutzung nehmen. Nach Angabe des *Königlichen Material-Prüfungsamtes* genügt in der Mehrzahl der Fälle ein kurzes Erwärmen auf 250°, um die gefährlichsten Spannungen zu beseitigen.

Ein vorzügliches Mittel, in einfachster Weise die Sprödigkeit des kalt gereckten Messings nachzuweisen, ist die Bestimmung der „Biegezahl" (siehe S. 70), wie folgendes Beispiel aus der Praxis zeigt.

Ein durch gelindes Hämmern mit einem Holzhammer am oberen Ende gerade gerichtetes Messingrohr zeigte bei der praktischen Verwendung an diesem Ende Kantenrisse; als Biegezahl wurde vom Verf. am unteren Ende $= 6^1/_2$, am oberen $= 4^1/_2$ gefunden. Nach dem Glühen betrug die Biegezahl:

Glühtemperatur:	—	400°	500°	550°	600°	650°	800°
oben:	$4^1/_2$	6	7	7	7	$6^1/_2$	7
unten:	$6^1/_2$	$6^1/_2$	$7^1/_2$	7	7	—	—

Man ersieht aus diesem Beispiel, daß schon durch ganz schwaches Hämmern eine gefährliche Sprödigkeit erzeugt und diese durch gelindes Ausglühen wieder beseitigt werden kann.

Nachweisen kann man gefährliche Reckspannungen in Messinggeräten, indem man diese der Einwirkung von Ammoniakdämpfen oder einer 1 proz. Quecksilberchloridlösung oder 1 Proz. Quecksilbernitrat + 1 Proz. Salpetersäure in Wasser während einiger Stunden aussetzt. Durch diese Ätzmittel wird eine Querschnittsverminderung des Bleches herbeigeführt, die schließlich so weit geht, daß das geschwächte Metall die Spannungen nicht mehr ertragen kann und aufreißt. Solche Ätzungen können auch unbeabsichtigterweise durch

[1] Zft. d. Ver. deutsch. Ing. 1911, 23.

den Einfluß der Luftfeuchtigkeit und -kohlensäure eintreten oder durch einen Zinnober-Firnisanstrich, wenn Feuchtigkeit hinzukommen kann (vgl. S. 81). siehe hierzu auch *Masing*[1].

Festigkeitswerte des kaltgezogenen Messings im Vergleich zu den entsprechenden Werten der geglühten Legierung siehe S. 332 bis 337.

Stribeck[2] zeigte an einer Blechprobe (72,9 Proz. Kupfer, 26,9 Proz. Zink), daß während des Kaltwalzens die Streckgrenze derart parallel der Härte ansteigt, daß die Formel gilt:

$$\text{Härte} = 47 + 2{,}1 \ \text{Streckgrenze},$$

man kann deshalb aus der leicht zu bestimmenden Härtezahl die Streckgrenze berechnen. Es ist dabei allerdings Vorbedingung, daß die zu prüfenden Proben keine Nebenbestandteile in schwankenden Mengen enthalten, welche die Härte beeinflussen.

Die Wirkung der Wärmebehandlung auf die Eigenschaften kaltbearbeiteten Messings.

Um die Wirkung einer nachfolgenden Wärmebehandlung auf die Festigkeitseigenschaften kaltbearbeiteten Messings klarzustellen, sind zahlreiche systematische Versuche ausgeführt worden. Aus der großen, an 18 verschiedenen Legierungen durchgeführten Versuchsreihe *Charpys*[3] sollen die Ergebnisse nachstehend besprochen werden.

Der Einfluß der Glühtemperatur auf die Bruchfestigkeit der Legierung mit 30 Proz. Zink ist in Tab. 180 wiedergegeben. Durch allmählich zunehmendes Erhitzen tritt eine Verringerung der Festigkeit und des Bruchquerschnittes, eine Steigerung der Dehnung ein. Die Änderungen sind um so deutlicher, je höher die Temperatur gesteigert wird, bis man einen dem Schmelzpunkt benachbarten Wärmegrad erreicht, bei welchem Festigkeit und Dehnung zugleich fallen, das Metall ist „verbrannt".

Tabelle 180.

Glühtemperatur	Festigkeit kg/qmm	Glühtemperatur	Festigkeit kg/qmm
0°	49,5	650°	27,5
200°	51,2	730°	29,3
280°	46,5	780°	28,7
420°	34,0	800°	28,7
500°	34,0	850°	27,5
560°	30,0	900°	—
600°	27,5	940°	—

Charpy teilt die Glühtemperatur nach ihrer Wirkung in vier Zonen ein.

1. Geht man von der gewöhnlichen Temperatur aus, so bleibt das Ausglühen zunächst ohne Einwirkung, erst bei Überschreitung einer bestimmten

[1] Zft. f. Metallkunde 1924, **16**, 257, 301; 1925, **17**, 17.
[2] Zft. d. Ver. deutsch. Ing. 1909, 244.
[3] Bull. de la Soc. d'Encour. 1896, 188.

Grenze tritt der erwartete Erfolg ein. Die Lage dieses Grenzpunktes ist lediglich von dem Grade der vorausgegangenen Kaltbearbeitung abhängig, nicht von der chemischen Zusammensetzung des Messings. Allerdings hat die gleiche mechanische Behandlung einen um so stärker ausgeprägten Zustand des „Kaltbearbeitetseins" zur Folge, je höher der Gehalt an Zink ist.

2. Sobald die untere Temperaturgrenze (in Tab. 180 etwa 250°) überschritten ist, folgt eine Zone, bei welcher mit jeder Temperaturerhöhung auch eine deutliche Verstärkung der Ausglühwirkung verknüpft ist.

3. In der dritten Zone bleibt die Wirkung des Ausglühens konstant, die Eigenschaften der Legierung ändern sich nicht weiter, bei welchem Wärmegrad auch das Glühen erfolgt; das Messing zeigt jetzt die größte Hämmerbar-

Tabelle 181.

Ausglühtemperatur	Sehr schwache Härtung		Mittlere Härtung		Starke Härtung	
	Festigkeit kg/qmm	Dehnung Proz.	Festigkeit kg/qmm	Dehnung Proz.	Festigkeit kg/qmm	Dehnung Proz.
Messingdraht der Zusammensetzung: 67 Proz. Cu + 33 Proz. Zn.						
nicht geglüht	50,0	12	57,2	5	70,5	2,5
bei 100° „	50,5	11,5	56,8	5,5	71,2	3,0
„ 200° „	49,7	12,5	57,3	6,5	70,8	3,0
„ 250° „	48,5	12	56,8	6	68,4	4,5
„ 300° „	47,7	18	47,9	10	58,6	8,5
„ 350° „	46,0	18	47,2	19	46,0	30
„ 400° „	47,3	28	45,6	28	44,7	32,5
„ 450° „	38,5	38	47,3	28	41,8	32
„ 500° „	40,2	38,5	38,5	38	45,5	30,5
„ 550° „	40,0	36	42,1	38	43,3	33,5
„ 600° „	35,0	45	39,4	43,5	44,1	34
„ 650° „	36,7	45,5	—	—	40,8	42
„ 700° „	34,8	55	34,8	48	41,0	43,5
„ 750° „	33,5	48,5	36,5	50	39,5	44,5
„ 800° „	33,9	50,5	32,9	48	37,3	44,0
Messingdraht der Zusammensetzung: 60 Proz. Cu + 40 Proz. Zn.						
nicht ausgeglüht . . .	53,7	16	62,1	5,5	72,8	2,5
bei 100° „ . . .	51,5	16	62,7	6	70,9	3,0
„ 200° „ . . .	53,3	15	62,5	6,5	69,5	2,5
„ 250° „ . . .	51,8	17	61,3	6	69,3	6
„ 300° „ . . .	52,5	23	58,7	10	59,5	16
„ 350° „ . . .	51,1	24	50,2	25	48,0	28
„ 400° „ . . .	50,2	26	47,1	24	48,2	29
„ 450° „ . . .	50,3	25	44,8	29,5	45,4	29
„ 500° „ . . .	46,5	25	43,0	32	45,8	29
„ 550° . . .	45,3	36	43,4	35	44,7	33,5
„ 600° „ . . .	45,2	31	45,0	30,5	46,0	29,5
„ 650° „ . . .	49,4	30	45,2	30	36,3	45,5
„ 700° „ . . .	49,6	30	45,7	32,5	46,5	30,5
„ 750° „ . . .	50,3	30	45,8	30,5	45,6	30
„ 800° „ . . .	44,6	25	44,2	29	42,8	33

keit, die Wirkung der Kaltbearbeitung ist völlig aufgehoben. Die Anfangstemperatur des vollkommenen Ausglühens liegt um so niedriger, je geringer der Zinkgehalt ist.

4. Bei noch höherem Ausglühen nimmt die Zugfestigkeit noch weiter ab, ebenso aber auch die Dehnung, die bis zu dieser Grenze stetig zugenommen hatte, die Legierung ist „verbrannt". Der Wärmegrad, bei dem das Verbrennen eintritt, scheint vom Betrag der Verunreinigungen, insbesondere der leicht schmelzbaren Metalle wie Blei und Zinn, abzuhängen; deshalb tritt diese Zone auch bei den zinkreichen Messingen früher ein.

Guillet[1] prüfte das Verhalten zweier hart gezogener Drähte mit 67 Proz. (siehe unten die Versuche *Grards*) und 60 Proz. Kupfer in drei verschiedenen Härtungsstufen (Tab. 181). Der deutliche Wechsel in den Dehnungswerten bei 350 bis 400° bezeichnet die Wärmegrenze, bei welcher die Wirkung der Kaltbearbeitung verlorengeht. Die stärker gehärteten Proben scheinen die höhere Festigkeit längere Zeit zu bewahren.

Weidig[2] untersuchte die Wirkung des Glühens auf einen hart gezogenen Draht der Zusammensetzung: 71,83 Proz. Kupfer, 28,10 Proz. Zink (siehe Tab. 182).

Tabelle 182.

Material	Zugfestigkeit kg/qmm	Dehnung Proz.	Biegezahl[3]	Elektrischer Leitungswiderstand[4]
Harter Probedraht	55,67	7,8	20	0,00982
bei 400° geglüht, an der Luft abgekühlt	40,10	42,0	27,0	0,00879
„ 400° „ in Wasser abgeschreckt	39,61	43,8	27,5	0,00892
„ 600° „ an der Luft abgekühlt	38,27	45,0	31,0	0,00886
„ 600° „ in Wasser abgeschreckt	37,98	45,5	30,0	0,00932
„ 800° „ an der Luft abgekühlt	26,81	37,5	16,5	0,00940
„ 800° „ in Wasser abgeschreckt	27,72	38,5	17,0	0,00936
Weicher Probedraht.	37,91	43,5	31,0	0,00889

Wie man sieht, ist bereits bei 400° eine weitgehende Erhöhung der Dehnung eingetreten, die bis 600° noch etwas zunimmt; der „weiche" Probedraht ist augenscheinlich bei etwa 600° geglüht worden; ein Ausglühen bei 800° verschlechtert die Eigenschaften des Drahtes.

Grard[5] prüfte den Einfluß steigender Glühtemperaturen auf das, S. 329 erwähnte, kalt gewalzte Patronenmessing (67 Proz. Kupfer, 33 Proz. Zink). Das Ausglühen fand bei Wärmegraden zwischen 200 und 650° in einem mit Gas geheizten, aus gleichen Teilen Kaliumnitrat und Natriumnitrat bestehenden Bade, oberhalb 650° in einem Muffelofen statt.

[1] Rev. de Mét. 1913, 665.

[2] Metallurgische u. technol. Studien 1912.

[3] Biegezahl = Zahl der vollen Umbiegungen (um 90° und zurück über einen Radius von 5 mm) bis zu beginnendem Bruch.

[4] Angegeben in Ohm für je 1 m Länge der Drähte von 3 mm Durchmesser.

[5] Rev. de Mét. 1909, 1069; Metallurgie 1910, 652.

In Fig. 163 ist die Wirkung der steigenden Anlaßtemperatur auf die Dehnung, Festigkeit und Elastizitätsgrenze des Messings graphisch dargestellt. Das Diagramm läßt 5 Zonen unterscheiden (vgl. die vorstehende Untersuchung von *Charpy*):

Festigkeit		Dehnung	
Kalthärtungsgrad	300 Proz.	Kalthärtungsgrad	50 Proz.
,,	125 ,,	,,	125 ,,
,,	50 ,,	,,	300 ,,
,,	15 ,,		

1. Von 0 bis 275° ist der Einfluß der Wärme unbedeutend, nur in dem Material vom stärksten Kalthärtungsgrad (300 Proz.) ist eine geringe Änderung der Eigenschaften zu bemerken.

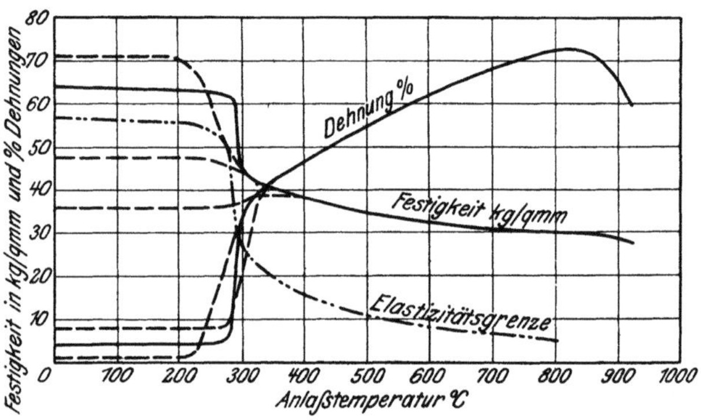

Fig. 163. Wirkung des Glühens auf die Festigkeitswerte des Messings.

2. Die zweite Zone von 275 bis 350° ist eine Übergangszone, die *Grard* als „Entspannungszone" bezeichnet. In diesem kleinen Temperaturintervall verändern sich die mechanischen Eigenschaften der Legierung von Grund auf. Die Dehnungen steigen rasch bis auf 40 Proz., während die Festigkeiten auf etwa 40 kg/qmm sinken; einen den Festigkeiten ähnlichen Verlauf .zeigt die Elastizitätsgrenze, welche von 50 bis etwa 20 kg sinkt.

3. In der dritten Zone von 350 bis 750° nimmt die Dehnung langsam von 40 bis etwa 72 Proz. zu, während die Festigkeit von 40 bis 30 kg sinkt. Die Elastizitätsgrenze geht von 20 bis auf 5 kg zurück. Dieses ist die normale Zone, in welcher das Messing in den vollständig ausgeglühten Zustand übergeht.

4. Die vierte Zone von 750 bis 830° ist diejenige, innerhalb welcher das vollständige Ausglühen erreicht ist, in diesem Zustand besitzt die Legierung das Maximum der Dehnbarkeit.

5. In der fünften Zone, in der „Überhitzungszone", von 830 bis 900°, verändert sich das Patronenmessing; die Festigkeit und Dehnung nehmen beide ab, die Elastizitätsgrenze sinkt auf Null herab, die Legierung ist „verbrannt".

Mikrographisch lassen sich die einzelnen Zonen nach dem Aussehen des Gefüges unterscheiden. Durch Ausglühen bis 275° wird die Struktur der durch Kalthärtung gebrochenen Krystalle (siehe S. 330) nicht wieder hergestellt. Die Zone der „Entspannung" zwischen 275 und 350° (Fig. 164 [Taf. 17]) charakterisiert sich mikrographisch durch das Verschwinden der deformierten und das Auftreten sehr kleiner wohlgruppierter Krystalle, welche dicht aneinander liegen. In der „Anlaßzone" zwischen 350 und 750° nimmt die Zahl der Einzelkrystalle (Fig. 165 [Taf. 18]), deren Umgrenzungslinien sich immer schärfer auszeichnen, nach und nach zu. Von 675° ab besitzen sie außerordentlich große Abmessungen; ein einziger Krystall vermag ein ganzes Lichtbild auszufüllen (Fig. 166 und 167 [Taf. 18]). Die „Überhitzungszone" ist durch das Auftreten kleiner Gasbläschen charakterisiert (Fig. 168 [Taf. 18]).

In Übereinstimmung mit *Charpy* gilt der Satz, daß, je mehr das Messing kalt gehärtet war, um so höher diejenige Temperatur liegt, welche zuerst eine Veränderung der mechanischen Eigenschaften hervorruft. Von 300° an sind die Unterschiede der Kalthärtung verschiedener Stärke ausgeglichen (siehe Fig. 163).

Grard stellte auch Versuche an, um den Einfluß der Glühdauer auf die Probestäbe von verschiedener Stärke kennenzulernen; es zeigte sich, daß der Kalthärtungsgrad von wenig Einfluß auf die nötige Glühdauer ist, diese ist vielmehr von der verschiedenen Dicke des Bleches abhängig. (Unter Glühdauer ist die Gesamtzeit gemeint, während welcher die Probe sich im Ofen befand, nicht die Zeit, während der sie dem angegebenen Wärmegrad ausgesetzt war).

Die zum vollständigen Ausglühen notwendige Dauer betrug bei 650° und darüber:

Stärke der Probe .	1	3	6	8	10	12 mm
Glühdauer	10	10	15	25	25	30 Minuten

Für Bleche von 12 mm Dicke stellt also die Zeit von 30 Minuten das erforderliche Mindestmaß an Glühdauer dar. Bei 500° beträgt die Glühdauer der Bleche von 6 mm Stärke 60 Minuten, diejenige für Bleche von 3 mm nur 30 Minuten.

Versuche, durch Abschrecken der geglühten Probe (67 Proz. Kupfer, 33 Proz. Zink) Änderungen in den mechanischen Werten herbeizuführen, hatten das in Tab. 183 zusammengestellte Ergebnis.

Tabelle 183.

Behandlung	Festigkeit kg/qmm	Dehnung Proz.
Erhitzt auf 650° und in Wasser abgeschreckt	31,4	70
„ „ 700° „ „ „ „	31,3	71
„ „ 750° „ „ „ „	30,2	76
„ „ 650° „ „ Öl „	30,8	65
„ „ 700° „ „ „ „	30,3	68
„ „ 750° „ „ „ „	30	73
„ „ 650° „ rasch an der Luft abgekühlt . .	31,6	65
„ „ 700° „ „ „ „ „ „ „ . .	30,9	67
„ „ 750° „ „ „ „ „ „ „ . .	30	72

Aus den erreichten Werten geht hervor, daß die mechanischen Eigenschaften nach dem Abschrecken ungefähr die gleichen sind wie vorher; auch die mikroskopische Untersuchung ließ keine wesentlichen Unterschiede erkennen.

Wenn man sich vergegenwärtigt, daß das Messing mit 67 Proz. Kupfer, falls es nicht oberhalb etwa 850° abgeschreckt wurde, lediglich aus α-Mischkrystallen besteht (siehe S.311), so war auch kein anderes Ergebnis zu erwarten.

Weitere Versuche *Grards* bezogen sich auf ein abermaliges Kalthärten des bei hohen Wärmegraden ausgeglühten Messings; aus seinen Ergebnissen kann man den Schluß ziehen, daß ein überhitztes, verbranntes Messing durch nochmalige Kalthärtung und folgendes Ausglühen bei 650° regeneriert werden kann.

Die Härte der geglühten Legierung (nach *Brinell*) und die Druckfestigkeit (gemessen durch die Verkürzung, die ein Zylinder von 11 mm Durchmesser und 14 mm Höhe unter einem Druck von 5600 kg erleidet) blieben bis zu 200° unverändert, fielen bis 450° rasch und gingen dann proportional der weiteren Erhitzung zurück.

Bei sog. Kugelmessing (90 Proz. Kupfer, 10 Proz. Zink) stellte *Grard* die gleichen Veränderungen der mechanischen und mikrographischen Eigenschaften in Abhängigkeit von den Glühtemperaturen fest. Es ließen sich die gleichen Zonen unterscheiden:

1.	Unveränderte Kalthärtung . . .	von	0	bis	300°
2.	Entspannung	„	300	„	400°
3.	Anlassen	„	400	„	700°
4.	Vollständiges Ausglühen . . .	„	700	„	800°
5.	Überhitzen	„	800°	„	zum Schmelzen.

Als praktisches Ergebnis folgt aus den Versuchen, daß man ein kaltbearbeitetes Messing, wie auch schon früher empfohlen wurde, technisch in der Regel nicht verwenden soll, solange es sich in dem Übergangszustand der Zone 1 befindet. Da aber auch die Zone 2 noch keinen endgültigen Zustand darstellt, ist je nach den gewünschten Festigkeitswerten Zone 3 oder 4 vorzuziehen, man sollte aber beim Ausglühen stets unterhalb 800° bleiben.

In ähnlicher Weise stellten *Bengough* und *Hudson*[1] bei Messingproben mit 70 Proz. Kupfer und 30 Proz. Zink fest, daß durch Glühen bei 600 bis 700° eine gute Dehnung bei ausreichender Festigkeit erzielt wird; die Dauer des Glühens scheint hier mehr Einfluß auf die mechanischen Eigenschaften zu haben als die Wärmesteigerung. Schon geringe Mengen an Verunreinigungen erhöhen die Neigung zu verbrennen. Ob das Ausglühen unter Zutritt des Luftsauerstoffs oder in reduzierenden Gasen vorgenommen wird, soll keinen erheblichen Unterschied machen. Ein Verlust an Zink durch Verflüchtigen ist bemerkbar, beschränkt sich jedoch nur auf die Oberfläche der Legierung.

Weitere Versuche von *Bengough* und *Hudson*[2] behandeln das sog. Muntzmetall, ein Messing mit 60 Proz. Kupfer und 40 Proz. Zink (siehe Tab. 184).

---

[1] Engineering 1910, 447.

[2] Journ. Soc. Chem. Ind. 1908, 1.

Tabelle 184.

Glühtemperatur	Glühdauer	Abkühlung	Festigkeit	Dehnung	Glühtemperatur	Glühdauer	Abkühlung	Festigkeit	Dehnung
gegossen	—	langsam	37,3	17,1	650°	$^1/_2$ Std.	langs. im Ofen	40,0	48,0
gewalzt	—	„	47,4	37,7	685°	7 „	„ „ „	37,4	53,5
310°	7 Std.	langs. im Ofen	44,9	43,0	685°	$^1/_2$ „	abgeschreckt	41,7	14
335°	7 Tage	„ „ „	43,7	45,1	690°	4 „	„	37,9	10
400°	4 Std.	„ „ „	44,8	46,3	690°	7 „	„	42,3	14
410°	7 „	„ „ „	43,7	48	690°	7 „	„	41,4	15
450°	2 Tage	abgeschreckt	39,5	45,5	690°	$^1/_2$ „	langs. im Ofen	42,2	54,9
470°	$^1/_2$ Std.	langs. im Ofen	44,6	44,4	765°	4 „	„ „ „	41,1	56,5
490°	7 „	„ „ „	41,6	56	795°	7 „	„ „ „	37,3	44
540°	7 „	„ „ „	38,9	57,7	795°	4 „	„ „ „	38,3	55,7
590°	7 „	abgeschreckt	42,5	45,7	820°	$^1/_2$ „	„ „ „	38,5	52,0
590°	7 „	langs. im Ofen	37,9	52,5	840°	$^1/_2$ „	abgeschreckt	40,5	12
605°	7 „	„ „ „	37,1	53,3					

Durch Glühen bei 600° ist die Wirkung der Kaltbearbeitung vollständig ausgeglichen, die Höhe der Temperatur kann auch durch die Dauer des Glühens ersetzt werden, aber bei 335° genügt noch nicht eine Woche, um einen vollständigen Ausgleich herbeizuführen. Je höher die Legierung erhitzt wird, desto mehr vergrößert sich die Menge der β-Krystalle (siehe S. 311); bei 720° ist der α-Krystall vollständig verschwunden, deshalb führt ein Abschrecken bei 685° und darüber eine geringe Erhöhung der Festigkeit und eine sehr ererhebliche Herabminderung der Dehnung herbei, indem die β-Krystalle an dem Zerfall verhindert werden. Der β-Bestandteil walzt sich deshalb sehr schwierig, ein Überschuß desselben wird durch Kokillenguß und umgekehrt durch Wiedererhitzen auf hohe Wärmegrade erzeugt.

Da eine feste Lösung einen größeren elektrischen Leitungswiderstand als ihre Komponenten zeigt (siehe S. 31), so konnte *Portevin*[1] bei einem Messing von 50,1 Proz. Kupfer, 48,8 Proz. Zink Unterschiede in der Leitfähigkeit feststellen, je nachdem die Legierung abgeschreckt oder langsam abgekühlt war, in ersterem Fall bleiben die β-Mischkrystalle erhalten, in letzterem waren sie teilweise in β- + γ-Krystalle zerfallen. *Portevin* erhielt folgende Widerstände in Mikroohm / Kubikzentimeter:

Legierung, gegossen . . . . = 4,6
„ bei 550° abgeschreckt . . . . = 5,2
„ „ 650° ausgeglüht . . . . = 5,0
„ „ 750° abgeschreckt . . . . = 5,8

Die Korrosion der Zink-Kupferlegierungen.

Sackur[2] untersuchte zum Zweck der Konstitutionsbestimmung die Angreifbarkeit der Zink-Kupferlegierungen durch verdünnte Schwefelsäure, Essigsäure, Milchsäure, Salzsäure und Ammoniak bei Gegenwart des Luftsauerstoffs. Besonders charakteristisch sind die Ergebnisse in $^1/_{20}$ n-Schwefelsäure

[1] C. r. 1912, **155**, 459.
[2] Ber. d. deutsch. chem. Ges. 1905, 2186.

(siehe Fig. 169). Die Ordinaten geben die in 4 und 18 Stunden gelösten Milligramm Zink bzw. Kupfer an. Die Legierungen mit weniger als 45 Proz. Cu geben gar kein Kupfer ab, dessen Lösung beginnt erst bei der Konzentration, in welcher α-Krystalle in erheblicherer Menge vorhanden sind; die Löslichkeit steigt rasch bis zu etwa 62 Proz. Cu, wenn die Legierung aus homogenen α-Krystallen besteht, sie bleibt alsdann konstant. Umgekehrt wird die Löslichkeit des Zinks erst bei weniger als 45 Proz. Cu, also beim Auftreten größerer Mengen γ-Krystalle, sehr stark. Aus diesem Ergebnis kann man wohl schließen, daß mit dem Auftrten der β- und γ-Krystalle starke Veränderungen der Legierungen einhergehen, wie es bei Besprechung der Eigenschaften der Zink-Kupferlegierungen wiederholt hervorgehoben wurde; es liegt jedoch kein Grund vor, deshalb diese Krystallarten, wie *Sackur* es tut, als chemische Verbindungen anzusprechen. Derartige Versuche bedingen immer eine gewisse Unsicherheit, weil die Möglichkeit besteht, daß einzelne Krystalle durch das Herauslösen des sie umgebenden Materials gelockert werden und zu Boden fallen.

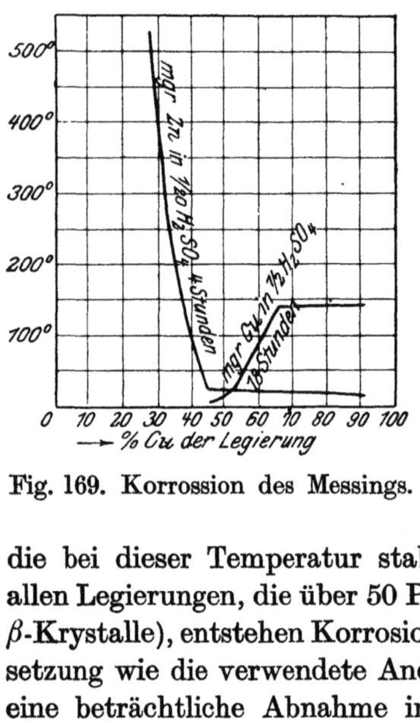

Fig. 169. Korrossion des Messings.

Lincoln, Klein und *Howe*[1] prüften die elektrolytische Korrosion der Zink-Kupferlegierungen durch Elektrolyse von Salzlösungen (Natriumchlorid, -sulfat, -nitrat, -acetat, -carbonat, Ammoniumnitrat und -oxalat) mit den Legierungen als Anode und Platindraht als Kathode. Die Legierungen wurden vorher zwei Wochen lang bei 400° ausgeglüht, damit man sicher war, daß nur die bei dieser Temperatur stabilen Formen zur Untersuchung kamen. Bei allen Legierungen, die über 50 Proz. Cu enthielten (das sind die α-, $\alpha + \beta$- oder β-Krystalle), entstehen Korrosionsprodukte von ungefähr ferselben Zusammensetzung wie die verwendete Anode. Die Gegenwart von γ-Krystallen bewirkt eine beträchtliche Abnahme in der Stärke der Korrosion, bei $\gamma + \varepsilon$- und $\varepsilon + \eta$-Krystallen wird nur praktisch reines Zink herausgelöst. In Natriumsulfatlösung ist der Betrag der Korrosion für alle untersuchten Legierungen derselbe, in allen anderen Lösungen dagegen werden sie um so mehr korrodiert, je weniger Kupfer sie enthalten. Einige Legierungen, welche außer Kupfer und Zink noch 0,7 bis 1 Proz. Zinn enthielten, lieferten die gleichen Ergebnisse.

Bei Korrosionsversuchen nach dem gleichen Verfahren in synthetischem Meerwasser nahm die Menge des Korrosionsproduktes mit sinkendem Kupfergehalt ab, bis 53 Proz. Cu erreicht waren, der Kupfergehalt des Korrosionsproduktes ist derselbe wie in der angewandten Legierung; von 53 Proz. Cu ab bleibt die Menge des aus reinem Zink bestehenden Produktes konstant (s. auch ähnliche Versuche von *Desch*[2]).

[1] Journ. of Phys. Chem. 1907, **11**, 501; 1908, **12**, 550.
[2] Journ. Soc. Chem. Ind. 1915, **34**, 258.

Diegel[1] untersuchte das Verhalten technischer Messingsorten in Verbindung mit Kupfer und kupferreichen Legierungen im natürlichen Seewasser. Das Messing mit 24 Proz. Zn wird vorwiegend von außen angefressen, indem Kupfer und Zink mehr oder weniger gleichmäßig in Lösung gehen. Bei 28 Proz. Zn und mehr wird die Korrosion erheblich größer; infolge Auslaugens des Zinks geht die Festigkeit des Materials rasch herunter, die Verwendung von Messingsorten in Verbindung mit anderen Kupferlegierungen unter Einwirkung des Seewassers ist deshalb sehr bedenklich. Ein Zusatz von 15 Proz. Nickel erhöht dagegen die Beständigkeit erheblich, selbst bei einem Zinkgehalt von 40 Proz. wird in diesem Fall das Auslaugen des Zinks auf ein Minimum herabgedrückt (siehe Neusilber, S. 390).

Berthelot[2] stellte fest, daß Messingstreifen, die zwei Jahre lang in einer lose verschlossenen Flasche in einer verdünnten Kochsalzlösung aufbewahrt waren, zum Teil in rotes Kupferoxydul sich verwandelt hatten, daneben war Atakamit ($CuCl_2 + 3\,Cu(OH)_2$) entstanden, während sich die übrigen Metalle in Lösung befanden. Der Versuch beweist, daß antike Geräte, die vollständig aus Kupferoxydul bestehen, während die Formen erhalten geblieben sind, durch Korrosion im Erdboden bei Gegenwart geringer Mengen Chlornatrium aus Messinglegierungen hervorgegangen sein können.

Das Korrodieren von Messingröhren ist namentlich bei Konstruktionsteilen im Schiffbau, besonders von Kondensatorröhren, eine bedenkliche Erscheinung, das *Institute of Metals* stellte deshalb in dieser Frage 1911 umfangreiche Vergleichsversuche an; als wichtigste Ergebnisse berichtet *Brühl*[3] folgendes:

Da die Erscheinung des „Einformens" zeigt, daß die kleinen Krystalle in die größeren übergehen, das große Krystallkorn oder ein grobkrystallinisches Gefüge also den stabileren Zustand darstellt, so ist zu erwarten, daß ein feinkrystallinisches Messing rascher korrodiert als ein grobkrystallinisches derselben Zusammensetzung. Sechs Platten aus dem gleichen hartgewalzten Messing (70 Proz. Cu, 30 Proz. Zn) wurden teils 10 Minuten, teils 3 Minuten lang bei 700° ausgeglüht, wodurch die gewünschte Strukturverschiedenheit erzielt wurde, und alsdann in künstlich hergestelltes Seewasser getaucht. Der Gewichtsverlust in g für 400 qcm Oberfläche betrug alsdann:

Tabelle 185.

	Zeit in Wochen					
	0—1	0—3	0—6	0—9	0—12	0—15
1. Platte mit feiner Krystallstruktur	0,0493	0,0751	0,1711	0,2893	0,4893	0,5839
2. „ „ „ „	0,0512	0,0800	0,1714	0,2918	0,4905	0,5600
3. „ „ „ „	0,0520	0,0795	0,1776	0,3186	0,4991	0,5653
1. „ „ grober „	0,0518	0,0853	0,1710	0,3168	0,5203	0,6253
2. „ „ „ „	0,0456	0,0542	0,1663	0,2996	0,5307	0,6518
3. „ „ „ „	0,0445	0,0694	0,1622	0,2873	0,4996	0,5994

[1] Verhandl. d. Ver. z. Förd. d. Gewerbefl. 1903, 93.
[2] Ann. Chim. Phys. 1901 [7], **22**, 457.
[3] Engineering. 1911, **92**, 433; Metallurgie 1912, 168.

Während der ersten sechs Wochen neigt die feinkrystallinische Struktur zur schnelleren Korrosion, nach zwölf Wochen jedoch nehmen diese Proben langsamer an Gewicht ab als die grobkrystallinischen Platten. Die Korrosion nimmt mit der Ausglühtemperatur zu (siehe Tab. 186). Es ist deshalb zu

Tabelle 186.

Zeit in Wochen	Verlust in g		
	Probe 1	Probe 2	Probe 3
0 bis 1	0,0270	0,0315	0,0341
0 „ 2	0,0528	0,0602	0,0643
0 „ 5	0,0732	0,0772	0,0935
0 „ 9	0,0968	0,1014	0,1306

vermeiden, bei der Herstellung von Kondensatorröhren das Schlußglühen übermäßig lange auszudehnen.

Probe 1 wurde $^1/_2$ Stunde bei 330° geglüht
„ 2 „ $^1/_2$ „ „ 470° „
„ 3 „ $^1/_2$ „ „ 600° „

Ein Abschrecken vergrößert die Korrosionsgeschwindigkeit, wie folgende Zahlen zeigen:

Probe Q_1 (bei Rotglut abgeschreckt) verlor = 0,0479 g
„ Q_2 („ „ „) „ = 0,0445 „
„ Nr. 1 (langsam abgekühlt) „ = 0,0203 „
„ Nr. 2 („ „) „ = 0,0207 „

Die gleiche Beobachtung machten *Desch* und *Whyte*[1], sie vergleichen die Korrosionszahlen nach $^3/_4$ und 1 Stunde:

Messing mit 47,05 Proz. Zink.
langsam gekühlt: 42,93 nach 45 Min., 58,52 nach 60 Min.
abgeschreckt: 58,96 „ 45 „ 69,97 „ 60 „

Durch Walzen wird das Messing elektropositiver und deshalb der Korrosion mehr ausgesetzt als das weiche Metall; die Korrosionsgeschwindigkeit nimmt mit der Dauer der Bearbeitung zu.

Aus Untersuchungen von *Maaß* und *Liebreich*[2] geht hervor, daß für Kondensatorrohre zweckmäßig ein zinkreiches Messing von mehr als 30 Proz. Zink angewendet wird und, wenn angängig, die inneren Flächen der Rohre poliert werden.

Besonders wertvoll sind die Ergebnisse *Brühls* über die Wirkung der Verunreinigungen im Messing (siehe Tab. 187).

Die Legierungen waren ausgewalzt und 10 Minuten lang bei 600° geglüht worden, nach der Reinigung wurden sie gewogen, in Seewasser getaucht und von Zeit zu Zeit wieder gewogen. Die erhaltenen Zahlen lehren, daß im Anfang die Widerstandfähigkeit gegen Korrosion durch Zusatz von 1 und 2 Proz.

[1] Inst. of Metals 1913; Intern. Zft. f. Metallogr. 1914, **5**, 175.
[2] Zft. d. Ver. deutsch. Ing. 1924, **68**, 880.

Tabelle 187.

Zusammensetzung			Gewichtsverlust in g für 0,45 qcm Oberfläche in		
Proz. Cu	Proz. Zn	Proz.	0—1 Wochen	0—3 Wochen	0—6 Wochen
74,5	25,5	—	0,0018	0,0058	0,0126
74,97	24,09	0,94 Pb	0,0016	0,0056	0,0119
75,20	23,82	0,98 Sn	0,0014	0,0061	0,0113
74,12	24,90	0,98 Ni	0,0032	0,0079	0,0129
75,34	23,78	0,91 Al	0,0019	0,0070	0,0112
74,35	23,95	1,70 Pb	0,0014	0,0045	0,0053
74,85	23,28	1,87 Sn	0,0028	0,0035	0,0034
75,21	23,87	1,92 Ni	0,0036	0,0077	0,0133
73,95	24,13	1,92 Al	0,0005	+ 0,0017	+ 0,0012

Blei, 1 Proz. Zinn, 1 und 2 Proz. Aluminium erhöht wird, während sie durch einen Nickelzusatz vermindert wird. Ein kleiner Bleigehalt soll nachteilig wirken. (Den Einfluß eines hohen Nickelzusatzes siehe oben.)

Nachfolgende Tab. 188 gibt einen Vergleich des Verhaltens gut angelassenen Messings in verschiedenen Flüssigkeiten wieder[1]:

Tabelle 188.

Zeitdauer in Wochen	Stagnierendes Seewasser bei gewöhnlicher Temperatur	Dasselbe bei 40°	Seewasser mit durchperlender Luft	Seewasser mit $^1/_2$ Proz. NH_3	Seewasser mit $^1/_2$ Proz. HCl	Seewasser mit $^1/_2$ Proz. KOH
1	0,00207	0,00181	0,00172	0,0054	0,0237	—
3	0,00384	0,00438	0,00653	0,0062	0,0556	0,00083
6	0,00643	0,00737	0,00886	0,0087	0,1263	0,00063
9	0,00771	0,00930	0,00860	0,1501	—	—

Jones[2] führte vergleichende Korrosionsversuche von Messinglegierungen und Bronze in sehr saurem Minenwasser aus (Tab. 189).

Tabelle 189.

Legierung	Zusammensetzung					Gewichtsverlust
	Proz. Cu	Proz. Zn	Proz. Sn	Proz. Fe	Proz.	Proz.
„Manganbronze", gegossen . .	57,2	40,14	1,18	1,3	0,03 Mn	6,37
„ abgeschreckt	57,2	40,14	1,18	1,3	0,03 „	3,37
„ gewalzt. . .	62,45	36,0	0,63	0,84	0,02 „	4,36
Bronze	82,3	—	11,7	—	—	2,00
„Muntzmetall", gewalzt . . .	57,6	41,0	1,49	0,38	0,56 Pb	1,03
„Rotmessing"	80,75	1,73	8,73	—	8,74 „	0,70
„Hydraulisches Metall". . . .	83,05	6,0	10,81	—	0,1 „	0,58

Aus den Versuchen geht hervor, daß im Gegensatz zu den oben gemachten Ausführungen die abgeschreckte „Manganbronze" mit feinkörnigerem Gefüge

---

[1] Intern. Zft. f. Metallographie 1912, 2, 121.
[2] Metal Industry III, 171.

sich widerstandsfähiger gezeigt hat als die gegossene Probe. Ein höherer Zinngehalt ist jedenfalls von günstigem Einfluß, während ein gleichzeitiger Bleigehalt ohne wesentliche Wirkung zu sein scheint.

Siehe auch die Berichte des Korrions - Ausschusses des Institute of Metals[1].

Die Zink-Kupferlegierungen finden entsprechend der Vielseitigkeit ihrer Eigenschaften (abhängig von der Zusammensetzung) eine außerordentlich mannigfaltige Verwendung.

Die kupferreichen Legierungen mit einem Zinkgehalt bis etwa 18 Proz., aus α-Krystallen bestehend, werden wegen ihrer rötlichgelben, dem Golde ähnlichen Farbe und wegen ihrer großen Dehnbarkeit, die eine Verarbeitung durch Pressen, Drücken, Prägen gestattet, zur Anfertigung unechter Schmucksachen (Tombak, Talmi) benutzt. Die Anwesenheit größerer Mengen anderer Metalle, namentlich von Blei oder Zinn, welche die Dehnbarkeit verringern würden, ist auszuschließen. Häufig werden die Tombakwaren galvanisch mit einem dünnen Goldüberzug versehen. Das sog. unechte Blattgold ist ein zu ganz dünnen Blättchen ausgeschlagener Tombak. Folgende Analysen werden angegeben:

	Proz. Cu	Proz. Zn		Proz. Cu	Proz. Zn
Tombak (zu Güssen)	87	13	Nürnberger Blattgold . . .	84,6	15,4
Englischer Tombak.	86,4	13,6	Wiener Blattgold	78	22
Französischer Tombak . . .	85,2	14,7	Pinchbeak für Beschläge .	93,6	6,4
Pariser Tombak, rot	92	8	Pinchbeak	88,8	11,2
Wiener Tombak	97,8	2,2	Prinz-Metall *Tournays* Met.	83	17
Tombak zum Vergolden . .	86	14	Talmigold, 1 Proz. Au . . .	90	9
Tombak, goldähnlich	90	10	Knopfblech	84,2	15,8

Das Schwindmaß s. S. 51.

Die Verwendung der Zink-Kupferlegierungen zu Lötzwecken siehe S. 349 u. 329.

Dem Tombak ähnliche Legierungen werden auch als Gußmaterial zur Anfertigung von Maschinenteilen, wie Lagerfutter, Ventile, Hähne, benutzt; da man in diesem Fall von dem Metall keine Geschmeidigkeit, sondern vielmehr eine größere Festigkeit und Härte verlangt, so gibt man in der Regel der Legierung einen geringen Blei- oder Zinnzusatz. Man erhält so den „Rotguß", ein den Zinkbronzen (siehe S. 293) sehr ähnliches Metall, das sich von diesen nur durch einen höheren Zinkgehalt unterscheidet, ohne daß sich jedoch eine scharfe Grenze ziehen ließe. Aus dem Rotguß werden auch billigere Kunstgegenstände, zuweilen auch Denkmäler, gegossen, die aber wegen des Zinkgehaltes keine schöne Patina annehmen, auch weniger luftbeständig sind.

Als Beispiele für die Legierungsverhältnisse folgende Zusammenstellung:

[1] Zft. f. Metallkunde 1924, **16**, 444; 1925, **17**, 344.

Tabelle 190.

	Proz. Cu	Proz. Zn	Proz. Sn	Proz. Pb	Proz. As
Achsenlager einer englischen Lokomotive . .	73,6	9,0	9,4	7,1	—
Lagermetall einer belgischen Lokomotive . .	89,0	7,8	2,5	—	—
Stopfbüchsen einer belgischen Lokomotive .	90,2	6,4	3,6	—	—
Rotguß von Seraing	89	9	2	—	—
Armaturenguß	83	8	7	2	—
,, ...	80	12	5	3	—
,, ...	78	12	5	5	—
Flanschenmetall, deutsch	92,4	5,5	2,1	—	—
Amerikanischer Rotguß	86,7	9,8	2,0	1,4	—
Französischer Kunstguß	84	11	5	—	—
, , ...	78	18	4	—	—
,, ,, ...	65	32	4	—	—
Mannheimer Gold (Similor)	89,5	9,9	0,6	—	—
Tissiers Metall	97	2	—	—	1
Gewehrbeschläge	80	17	3	—	—
Tür-, Fensterbeschläge	84	14	1	1	—
,, ,, ...	80	16	3	1	—

Die Zink-Kupferlegierungen mit einem Zinkgehalt über 19 Proz. bis zu etwa 40 Proz. stellen das eigentliche Messing, den Gelbguß, dar. Sie eignen sich gut zu Gußwaren, weil sie dünnflüssig sind, die Form gut ausfüllen, eine gewisse Härte und Steifigkeit besitzen. Wenn das Messing zu Blech oder Draht verarbeitet werden soll, darf der Zinkgehalt nicht über 35 Proz. hinausgehen, man muß die reinsten Metalle einschmelzen, die möglichst frei von Wismut, Antimon, Arsen, Zinn, Blei, Eisen sind, da diese Beimengungen die Geschmeidigkeit beeinträchtigen. Die Legierung, die unter dem Hammer zum dünnsten Blech, z. B. für Musikinstrumente, verarbeitet werden soll, enthält 19 bis 21 Proz. Zink, ein etwas dickeres aber für die meisten Verwendungszwecke noch taugliches Blech 22 bis 30 Proz. Zink und Blech für Spielwaren oder für einfach zu formende Gegenstände 30 bis 40 Proz. Zink. Das Drahtmessing hat einen Zinkgehalt von 28 bis 35 Proz. Für die Herstellung dieser Messingsorten empfiehlt es sich, von dem Einschmelzen von Altmaterial abzusehen, da dieses meist noch Spuren von Lötzinn enthält und ein geringer Zinngehalt hier schädlich ist.

Das Gußmessing, das zur Herstellung von Ornamenten, Beschlägen, Maschinenteilen, kunstgewerblichen Arbeiten dient, kann mehr Zink (zuweilen bis 45 Proz.) aufweisen, geringe Zusätze von Zinn oder Blei sind oft vorteilhaft, da sie die Zähigkeit herabsetzen und dadurch eine leichtere Bearbeitung erzielen. Auch diese Legierungen, namentlich die des Kunstgusses, wurden unter den verschiedensten Phantasienamen in den Handel eingeführt (siehe unten).

Für zahnärtzliche Zwecke wird Messing mit 68 Proz. Kupfer unter der Bezeichnung Wiegold-Metall, Randolf-Metall, Goldal, Chrysit als Goldersatz verwendet. Die Legierungen sind jedoch wegen ihrer geringen Korrosionsfestigkeit für diesen Zweck nicht zu empfehlen[1].

[1] Dtsch. Zahnärztl. Wochschr. 1925, **28**, 1, 54, 68.

Tabelle 191.

	Proz. Cu	Proz. Zn
Arkometall = Rohmessing		
Armaturenmessing der Marine:		
Messing B	70	30
Messing C	$66^2/_3$	$33^1/_3$
Desgl. der französischen Eisenbahnen	90—63	10—37
Messing für Tamtams	78	22
Helmets Metall	72,3	27,7
Patronenmessing		
der meisten Staaten	72	28
belgisches	68	32
französisches	67	33
Chrysorin (für Beschläge, Feinguß)	72	28
Desgl.	66,7	33,3
Hamiltons Metall = Chysorin		
Bristolmessing (für Kunstguß, Uhrgehäuse, Tür- u. Fensterbeschläge)	75,7	24,3
Desgl.	67	33
Desgl.	61	39
Oreide (f. Schmucksachen)	68	32
Mosaikgold, Mosaisches Gold oder Musivgold (für Schmucksachen)	65	35
Desgl.	63	37
Bobierres Metall (f. Schiffsbeschläge)	66	34
Yellowmetall (f. Schiffsbeschläge)	60	40
Machts Yellowmetall (f. Schiffsbeschläge)	57	43
Cuivrepoli (Glanzmessing)	60	40
Neumessing	66,4	33,6
Feingußmessing	65	35
Bathmetall (für Tischgeräte)	55	45
Platine (Knopfmetall)	46,5	53,5
Desgl.	20,3	79,4
Guettiers Knopfmetall	56	44
Berliner Bronze (s. S. 278)	80—60	20—40
Forbes Metall (für Kunstguß)	46,5	53,5

Die bisher genannten Messingsorten vertragen eine mechanische Bearbeitung auf Grund ihrer Geschmeidigkeit nur im kalten Zustand, während sie in der Hitze gar nicht oder nur mit großer Vorsicht hämmerbar sind. Das schmiedbare Messing dagegen mit einem Zinkgehalt von 35 bis 48 Proz. läßt sich bei Rotglut sehr leicht verarbeiten; das Muntzmetall, von Muntz 1832 erfunden, fand im Schiffsbau eine vielseitige Verwendung, es bestand aus 60 Proz. Kupfer, 40 Proz. Zink. Neuerdings sind dafür die später zu besprechenden Sondermessinge in Aufnahme gekommen, bei denen man durch geringe Zusätze von Mangan, Eisen, Nickel usw. die Festigkeit erheblich steigert.

Bei noch höherem Zinkgehalt (von 50 Proz. an) geht die gelbe Farbe allmählich in weiß über, man erhält das Weißmessing, das wegen seiner Härte und Sprödigkeit nur als Gußmaterial Verwendung finden kann.
Siehe auch das Normenblatt S. 282.

Vorstehend (Tab. 191) eine Zusammenstellung verschiedener Messingsorten, die unter einer bestimmten Bezeichnung bekannt sind; diejenigen, welche den absichtlichen Zusatz eines weiteren Bestandteiles enthalten, werden später unter den „Sondermessingen“ aufgeführt.

Verschönerungsarbeiten.

Die Kupferlegierungen oxydieren sich unter dem Einfluß der Luft, Feuchtigkeit und Kohlensäure namentlich bei jedem Glühprozeß; um die Oxydschicht zu entfernen, werden die Metallgegenstände gebeizt (siehe *G. Buchner:*

Die Metallfärbung). Zweckmäßig wendet man zuerst die sog. „Vorbrenne" an, ein Säuregemisch aus 200 Gewtln. Salpetersäure 1,33 und 20 Gewtln. konzentrierter Salzsäure, und dann die „Gelbbrenne", ein erkaltetes Gemisch aus 100 Gewtln. konzentrierter Schwefelsäure 1,84 und 75 Gewtln. konzentrierter Salpetersäure 1,40. Um die Reaktion durch die Bildung von Stickoxyden zu beschleunigen, werden häufig 1 bis 2 Tle. Ruß zugesetzt. Die Gegenstände werden rasch in die Säuremischung eingetaucht, 1 bis 2 Sekunden darin bewegt und dann mit viel Wasser abgespült. Wenn die Beize viel gebraucht ist oder der Gegenstand etwas zu lange gebeizt wurde, entstehen häufig dunkle Flecken, die durch Eintauchen in eine heiße Chlorzinklösung entfernt werden können.

Soll eine glänzende Oberfläche erzielt werden, so wendet man die „Glanzbrenne" an, eine erkaltete Mischung aus: 1,5 kg Salpetersäure 1,40, 2 kg konzentrierter Schwefelsäure, 10 g Kochsalz. Um die metallisch blanke Oberfläche zu erhalten und ein Anlaufen zu verhindern, taucht man die genügend in Wasser gespülten Gegenstände alsdann in eine Lösung von 5 g Weinstein in 1 l Wasser.

Um Messing, Tombak, Rotguß, Neusilber, Arsenkupfer, Arsenbronze, Phosphor- und Siliciumbronze schwarz zu färben, empfiehlt die Physikalisch-technische Reichsanstalt[1] folgende „Schwarzbeize": 600 g salpetersaures Kupfer werden in 200 ccm destilliertem Wasser gelöst und dieser Lösung eine solche von 2,5 g salpetersaurem Silber in 10 ccm destilliertem Wasser zugesetzt. Die zu färbenden, entfetteten Gegenstände werden, an Messingdraht befestigt, zunächst 5 bis 10 Minuten in 2 Tln. konzentrierter Schwefelsäure und 7 Tln. Wasser vorgebeizt und dann eine Minute lang in die auf 40 bis 45° erwärmte Schwarzbeize gebracht. Nach dem Herausnehmen aus der Beize läßt man abtropfen und trocknet den Gegenstand langsam über einer Flamme oder im Trockenofen. Zunächst stellt sich ein hellgrüner, gleichmäßig stumpfer Überzug her, alsdann führt man das Metall tiefer in die Flamme ein, worauf die grüne Farbe nach und nach in ein tiefes Schwarz übergeht. Nach dem Erkalten reibt man mit einer nicht zu harten Bürste. Soll ein stumpfes Schwarz erzeugt werden, so empfiehlt es sich, die schwarz gebeizten Gegenstände noch mit einem stumpfschwarzen Lampenrußlack zu überziehen.

Eine grauschwarze Beize für Messing, Bronze, Rotguß, Neusilber, Arsen- und Phosphorbronze ist die Arsenbeize. Die Physikalisch-technische Reichsanstalt gibt folgende Vorschrift: Man fügt 60 g arsenige Säure (feinstes Pulver), 30 g Antimonchlorür, 150 g Eisenhammerschlag zu 1000 g rohe Salzsäure, erwärmt das Gemisch eine Stunde unter öfterem Umrühren auf 70 bis 80°. Meist genügt es, die zu färbenden Gegenstände zweimal (je höchstens 15 Sekunden) einzutauchen. Vor dem zweiten Eintauchen muß mit Wasser gespült und mit Leinwand abgetrocknet werden, da jeder Tropfen einen Fleck erzeugt.

Sollen die Messinggegenstände eine feinkörnige Mattierung erhalten, so legt man sie (siehe *Buchner*: Die Metallfärbung) 10 Minuten in eine Lösung, welche im Liter 100 g doppeltchromsaures Kali und 100 g Schwefelsäure enthält.

[1] Zft. f. Instrumentenkunde 1890.

Um Messing durch einen Überzug von Britanniametall (Zinn-Antimon) zu färben, löst *Puscher* 45 g gepulverten Weinstein, 4 g Brechweinstein in 1 l heißem Wasser auf und setzt dieser Lösung 50 g Salzsäure, 125 g gepulvertes Zinn, 30 g gepulvertes Antimon zu. Man erhitzt das Ganze in einem emaillierten Gefäß zum Kochen und taucht die Gegenstände hinein, nach halbstündigem Kochen sind sie mit einem schönen, glänzenden Überzug versehen, der härter und dauerhafter als ein gewöhnlicher Zinnüberzug ist.

Um Messing das Aussehen alter Bronze zu geben, legt man dasselbe in eine Lösung von 1 Tl. Eisenchlorid in 2 Tln. Wasser oder kocht mit einer Kupfervitriollösung.

Durch Änderung der Zusammensetzung an der Oberfläche des Gußstückes kann man hochgelbe bis weißlichgelbe Färbungen erzielen, indem man durch Abreiben mit Ammoniak etwas Kupfer entzieht, oder rötliche Farbtöne durch Weglösen des Zinkes, z. B. durch Abreiben mit konzentrierter Salzsäure.

Hellgelb gebeizter Messingguß führt den Namen „Cuivre repoussé“ und „Cuivre poli“.

Eine goldähnliche Färbung des Messings erhält man nach *Kayser* auf folgende Weise: Es werden 15 g unterschwefligsaures Natron in 30 g Wasser gelöst und 10 g Chlorantimonlösung zugesetzt; man erhitzt einige Zeit zum Kochen, filtriert den gebildeten rotgefärbten Niederschlag ab, wäscht ihn auf dem Filter einige Male aus und suspendiert ihn dann in 2 bis 3 l heißem Wasser, worauf man erwärmt und so viel konzentrierte Natronlauge zusetzt, bis die Auflösung erfolgt ist. In die heiße Lösung taucht man die gut entfetteten und dekapierten Messingwaren ein, bis die gewünschte Färbung erzielt ist; bleiben sie zu lange im Bade, so werden sie grau.

Eine braune, „Bronze Barbédienne“ genannte Färbung läßt sich nach *Langbein* durch folgendes Verfahren herstellen: Frisch gefälltes Arsentrisulfid oder Auripigment wird durch tüchtiges Schütteln in einer Flasche in Ammoniak gelöst und die Lösung so lange mit Schwefelammonium versetzt, bis sich eine leichte, bleibende Trübung zeigt und die Flüssigkeit hochgelb geworden ist. In diese auf 35° erwärmte Lösung hängt man die Messingwaren ein, sie färben sich erst goldgelb, dann braun; da die Waren mit dunkelschmutzigem Tone aus dem Bade kommen, muß man sie einige Male durchkratzen, um die Farbe herauszuarbeiten. Greift die Beize nach einigem Gebrauch nicht mehr an, so setzt man etwas Schwefelammonium zu, wegen ihrer raschen Zersetzung empfiehlt sich eine frische Bereitung vor jedesmaliger Verwendung.

Für eine Blau-Schwarzbeize gibt die Physikalisch-technische Reichsanstalt (Deutsche Mechanikerzeitung 1908) folgende Vorschrift: 30 g gefälltes Kupfercarbonat werden bei Zimmertemperatur in 1 l Salmiakgeist (mit 10 Proz. Ammoniak) durch Schütteln in einer Stöpselflasche gelöst. Die blaue Lösung ist in geschlossener Stöpselflasche aufzubewahren; bei dem Gebrauch befindet sie sich im offenen Gefäß. Die gut gereinigten und oxydfreien Arbeitsstücke werden an einem Messingdraht bei Zimmertemperatur in die Beizflüssigkeit eingetaucht und darin zwei Minuten lang hin und her geführt, darauf schnell mit Wasser abgespült und mit einem weichen Tuch getrocknet. Das Eintauchverfahren ist in gleicher Weise noch einmal zu wiederholen.

Dunkelgrün wird Messing (besonders in Japan häufig angewandt), indem man es in einer aus Kupfervitriol, Alaun und Grünspan bestehenden Lösung, welche einige Zeit zum Sieden erhitzt wird, verweilen läßt. Je nach der Konzentration und der Einwirkungsdauer entstehen auch braune bis schwarze Farbentöne.

Eine grüne Patina läßt sich nach folgender Vorschrift erzeugen: In einem Glasgefäß löst man 8 Tle. Kupferspäne in 16 Tln. reiner Salpetersäure (1,25 spez. Gew.), fügt dann 160 Tle. Essig, 3 Tle. Chlorammonium und 6 Tle. Salmiakgeist hinzu. Mit der klaren Flüssigkeit streicht man die Messinggegenstände an und läßt in der Wärme trocknen. Dann trägt man eine dünne Schicht Leinöl auf und läßt wieder trocknen.

Eine grüne Patina mit dunkelm Grund erhält man nach *G. Buchner*, wenn man eine Lösung von 20 g salpetersaurem Kupfer, 20 g Chlorzink, 60 g Wasser aufträgt und eintrocknen läßt.

Eine braunrote bis dunkelrote Färbung entsteht auf Messing beim Eintauchen in eine Lösung von 5 g Kupfervitriol und 6,7 g übermangansaurem Kali in 500 g kochendem Wasser. Das Eintauchen wird fortgesetzt, bis die gewünschte Farbe erscheint, dann mit Sägespänen getrocknet und gebürstet. (Nach *Taucher*).

Für eine Versilberung oder Vergoldung gibt *Bentel*[1] folgende Vorschriften:

Silbersud: In 1 l Wasser werden 12 g gelbes Blutlaugensalz, 12 g Kochsalz, 12 g kohlensaures Kali gelöst, man fügt 1 g Ammoniak, 6 g Chlorsilber hinzu. Die Ware wird durch die Gelbbrenne gezogen, gründlich abgespült und an einem Zinkdraht in den fast siedenden Sud gehängt. Die Versilberung ist in wenigen Augenblicken beendet, worauf man das Stück abspült, trocknet und zaponiert.

Goldsud: Man löst in 1 l Wasser 10 g Cyankali, 4 g phosphorsaures Natron, 4 g Natriumhydrat und 2 g Chlorgold auf. Der gut gebeizte Gegenstand wird an einem Zinkdraht eingehängt.

Einen unechten goldfarbenen Überzug auf Messing oder Tombak erzeugt *Dittrich* nach D. R. P. 49283, indem er die im Silbersud versilberten Gegenstände in ein Bad bringt, das in 3 l Wasser 0,3 kg Natriumthiosulfat und 0,1 kg Bleizucker enthält. Der Bleizucker wird für sich im Wasser vorher aufgelöst und die gesättigte Lösung desselben der ersten Lösung zugesetzt; in das auf 60 bis 75° erwärmte Gemisch werden die Gegenstände 2 bis 3 Minuten eingetaucht.

(D. R. P. 393 537.) Fertigguß, G. m. b. H., Berlin: Veredlung der Außenfläche von metallischen Gegenständen aus einer einen geringen Gehalt an Kupfer oder Nickel bzw. beiden Metallen enthaltenden Zink- oder Zinkaluminiumlegierung mit mindestens 80 Proz. Zink. Die Oberfläche der nach dem Spritz- oder Preßgußverfahren her-

[1] Bewährte Arbeitsweisen der Metallfärbung. 1913.

gestellten Gegenstände wird mit solchen Säuren, wie Salzsäure oder Schwefelsäure, behandelt, die Zink und Aluminium auflösen, dagegen Kupfer und Nickel, solange Zink oder Aluminium vorhanden sind, nicht angreifen. Es hinterbleibt eine festhaftende glatte Schutzschicht aus Kupfer oder Kupfernickel von tiefschwarzer Farbe. (Vom 3. 11. 1921 ab.)

Die mustergültige Einrichtung der Metallbeizerei im Kabelwerk Oberspree bei Berlin beschreibt *Adler*[1], hier ist bei voller Betriebssicherheit ein unbedingter Schutz der Bedienungsmannschaft gegen Verspritzen der Säure und die Einwirkung nitroser Dämpfe gewährleistet.

(D. R. P. 214 812.) Göpfert, Wocklum: Verfahren und Vorrichtung zum Entkupfern von Ablaugen der Metallbeizereien durch metallisches Eisen in terrassenförmig aufgestellten Fallgefäßen.

Die den neuesten Erfahrungen entsprechende Metallbeizerei für Massengegenstände der Siemens-Schuckertwerke, Berlin, bei welcher aus den Beizabwässern das Kupfer zurückgewonnen wird, beschreibt *Perls*[2].

Messingwaren, die durch Hartlöten verbunden werden sollen, werden mit Messingschlaglot gelötet. Bei der großen Verschiedenheit in der Zusammensetzung und den Schmelztemperaturen von Tombak, Blech- und Gußmessing ist es nicht angängig, ein bestimmtes Lot für alle Legierungen anzuwenden. Am sichersten[3] stellt man sich das Lot her, indem man Messingabfälle von derselben Messingsorte, welche gelötet werden soll, mit einer bestimmten Menge Zink zusammenschmilzt; man hat dann die Gewißheit, daß das Lot die richtige Schmelztemperatur besitzt, und daß man bei seiner Anwendung nicht den zu lötenden Gegenstand verbrennt.

Der Normenausschuß der Deutschen Industrie schlägt für Schlaglot (Hartlot) das Normblatt DIN. 1711 vor:

Tabelle 192.

Benennung	Zusammensetzung		Schmelzpunkt	Verwendung
	Proz. Cu	Proz. Zn	°C	
Schlaglot 42	42	Rest	820	Lötung von Messing mit mehr als 60 Proz. Cu
Schlaglot 45	45	Rest	835	2. und 3. Lötung an einem und demselben Stück bei Messing mit mehr als 67 Proz. Cu
Schlaglot 51	51	Rest	850	Lötung von Kupferlegierungen mit mehr als 68 Proz. Cu
Schlaglot 54	54	Rest	875	Wie 51 und für Kupfer. Rotguß, Bronze, Eisen, Bandsägen.

Die *Physikalisch-technische Reichsanstalt* empfiehlt folgende Hartlote:

Nr. I	gutflüssig	50 Proz. Kupfer,	46 Proz. Zink,	4 Proz. Silber
Nr. II	leichtflüssig	43 „ „	48 „ „	9 „ „
Nr. III	schnellflüssig	36 „ „	52 „ „	12 „ „

[1] Zft. d. Ver. deutsch. Ing. 1910, 1279.
[2] Elektrochem. Zft. 1914, **21**, 235.
[3] Wüst: Legier- und Lötkunst.

Nr. II dient für die Arbeiten mechanischer Werkstätten und ähnlicher Betriebe, Nr. I soll nur für erste Lötungen, Nr. III für dritte Lötungen dienen.

Die silberhaltigen Legierungen ergeben eine sehr geschmeidige Lötnaht, bei ihrer Herstellung darf nur reines Zink verwendet werden, da besonders ein Bleigehalt die Geschmeidigkeit aufhebt, weiteres siehe S. 378.

Sondermessinge.

Die Sondermessinge umfassen drei verschiedene Klassen von ternären und komplexen Zink-Kupferlegierungen, die zum Teil eine große technische Bedeutung erlangt haben. Erstens enthalten viele Messingsorten geringe Mengen von Verunreinigungen, die aus dem Rohkupfer oder Rohzink oder aus dem wiedereingeschmolzenen Altmessing stammen und die mechanischen Eigenschaften der Legierung zuweilen ungünstig beeinflussen. Ein Sauerstoffgehalt findet sich zuweilen im zinnhaltigen Messing und übt durch die Bildung der Zinnsäurehäutchen einen sehr schädlichen Einfluß aus. Ein Schwefelgehalt muß besonders in den kupferreichen Messingen vermieden werden. Phosphor macht in Mengen von mehr als 0,15 Proz. das Messing blasig und unbrauchbar. Zweitens versucht man in gleicher Weise wie bei den Bronzen durch Zusatz eines Desoxydationsmittels zu der Schmelze die schädliche Wirkung des Luftsauerstoffs (Bildung von Zinkoxyd) zu verhindern. Man benutzt hierzu Phosphor, Silicium, Aluminium, Magnesium, Mangan, meist in Form der Kupferlegierung. Drittens verbessert man durch Hinzufügen eines oder mehrerer Metalle die mechanischen und technischen Eigenchaften des Messings; besonders werden Härte, Bruchfestigkeit und Elastizitätsgrenze vergrößert, die Korrosionsfähigkeit vermindert, Walz- und Schmiedbarkeit vermehrt. Die Kenntnis der Konstitution und der Eigenschaften der meisten Sondermessinge verdanken wir in erster Linie *Guillet*[1], der eine große Zahl von systematischen Untersuchungen ausgeführt hat. Aus dem Gefügebild des geätzten Schliffes berechnete er den „Gleichwertigkeitskoeffizienten" des Sonderbestandteiles, d. h. er stellte fest, wie viele Teile Zink durch einen Teil des betreffenden Metalles ersetzt werden.

Eine Legierung z. B. aus:

67,73 Proz. Kupfer, 32,2 Proz. Zink

besteht lediglich aus dem α-Bestandteil. Ersetzt man 1,64 Proz. Zink durch Aluminium, so daß man ein Aluminium-Messing aus:

67,73 Proz. Kupfer, 30,56 Proz. Zink, 1,64 Proz. Aluminium

erhält, so wird das Gefüge aus $\alpha + \beta$ gebildet, als ob eine Legierung mit wesentlich geringerem Kupfergehalt vorliegen würde. Die Struktur gleicht etwa derjenigen einer Zusammensetzung:

58 Proz. Kupfer, 42 Proz. Zink.

Guillet berechnet den Gleichwertigkeitskoeffizienten des Alluminiums zu 6.

[1] Rev. de Mét. 1905, 97; 1906, 243.

Das obengenannte Aluminium-Messing besteht scheinbar aus:

67,73 Tln. Kupfer, 30,56 + 6 × 1,64 Tln. Zink

oder in Proz.:

$$117{,}2 \times \frac{67{,}73}{100} = 57{,}8 \text{ Proz. Kupfer und } 42{,}2 \text{ Proz. Zink.}$$

Vergleicht man die Festigkeitseigenschaften der drei Legierungen:

I 67,73 Proz. Kupfer, 30,56 Proz. Zink, 1,64 Proz. Aluminium
II 58 „ „ 42 „ „
III 65 „ „ 35 „ „

Tabelle 193.

Legierung	Festigkeit kg/qmm	Dehnung Proz.	Stoßfestigkeit	Härte
I	36	38	10	69
II	35,6	44	13	73
III	21,45	55	17	39

so sieht man, daß das Aluminium-Messing der Legierung II, mit der sie in dem scheinbaren Kupfergehalt des Gefüges übereinstimmt, viel ähnlicher ist als der Legierung III, der sie in ihrer wirklichen Zusammensetzung (auf Grund der Analyse) sehr nahekommt.

Guillet fand folgende Gleichwertigkeitskoeffizienten:

für Silicium = 10	für Aluminium = 6	für Zinn = 2
„ Magnesium = 2	„ Eisen = 0,9	„ Blei = 1
„ Mangan = 0,5	„ Nickel = — 1,1 bis — 1,7	

Aus diesen Zahlen kann man im voraus berechnen, welcherart das Gefüge eines bestimmten Sondermessings sein wird, und welche mechanischen Eigenschaften es ungefähr aufweisen wird. (Es scheint zweifelhaft zu sein, ob der Koeffizient in allen Verhältnissen eine unveränderliche Größe besitzt siehe auch besonders die Erwägungen von *Guertler*[1], der mit Recht vor einer Übertreibung dieser Rechenkunststücke warnt). Fügt man zu einer Zink-Kupferlegierung wachsende Mengen eines weiteren Metalles, so löst sich dieses zunächst in dem α- oder β-Bestandteil; haben diese ihren Sättigungsgrad erreicht, so bleiben weitere Zusätze ungelöst in freier Form oder als feste Lösung mit Kupfer oder als Kupferverbindung, je nachdem, wie das Metall bei der betreffenden Konzentration in seiner binären Kupferlegierung auftreten würde. Sobald sich in dem Gefüge derartige Sonderbestandteile zeigen, gehen die mechanischen Werte außerordentlich rasch zurück, die Legierung hat für die Technik keinen praktischen Wert mehr.

Als man seinerzeit beim Auftreten des Delta- und Duranametalles die wertvollen Eigenschaften der Sondermessinge schätzen lernte, betätigten sich sofort zahlreiche Erfinder auf diesem Gebiete der Legierungstechnik. Unter klangvollen Phantasienamen wurden häufig angeblich neue Metallkomposi-

[1] Zft. f. Metallkunde 1921, **13**, 128.

tionen, die weder in bezug auf ihre Zusammensetzung noch in ihrer Herstellungsweise etwas Eigenartiges zeigten, angeboten; die ihnen nachgerühmten Vorzüge bestanden meist lediglich in der Einbildung ihrer Fabrikanten, das einzig Bemerkenswerte an ihnen war nur — der hohe Preis.

Die erste Herstellung von Sondermessingen liegt schon weit zurück, bereits im Jahre 1779 ließ sich *Keir* in Birmingham ein englisches Patent auf die sowohl in Rotwärme wie in der Kälte gut schmiedbare Legierung: 54 Proz. Kupfer, 40,5 Proz. Zink, 5 Proz. Eisen erteilen. Das Verfahren geriet jedoch wieder in Vergessenheit, 1860 erfand *Aich* das Aichmetall, bestehend aus: 60 Proz. Kupfer, 38,2 Proz. Zink, 1,8 Proz. Eisen und das höher eisenhaltige Sterrometall. Er löste Eisen in dem geschmolzenen Messing auf, es gelang jedoch nicht, in dieser Weise gleichmäßig zusammengesetzte Legierungen zu erhalten; einen wesentlichen Fortschritt bedeutete das Verfahen von *Dick:* er stellte nach D. R. P. 22 620 und 28 546 Sondermessinge (Deltametall) her, indem er mit Eisen gesättigtes Zink im Messing löste unter Zusatz von Phosphorkupfer als Desoxydationsmittel und Mangan als Ferro- oder Cupromangan einführte.

Manganhaltiges Messing hatten zuerst *Sterling* und *Parkes* dargestellt, indem sie Braunstein durch Kohle in Gegenwart von Kupfer reduzierten und dann Zink hinzufügten; 1876 empfahl *Parson* hierzu das Ferromangan. In der Neuzeit benutzt man mit Vorliebe das Mangan-Aluminium-Kupfer und Mangan-Eisen-Aluminium-Kupfer, die sich leicht legieren und in gleichmäßiger Zusammensetzung im Handel sind.

Ein neues Verfahren ist geschützt in

(D. R. P. 228 017.) Landenberger, Berlin: 1. Verfahren zur Herstellung von Metalllegierungen der Eisengruppe mit Zink, dadurch gekennzeichnet, daß das Zink mit entsprechenden Mengen der Chloride der Metalle der Eisengruppe zusammengeschmolzen wird. **2.** Verfahren zur Herstellung von Kupfer-Zinklegierungen mit Metallen der Eisengruppe, dadurch gekennzeichnet, daß zunächst das Kupfer geschmolzen und dann das entsprechende Chlorid der Metalle der Eisengruppe hinzugefügt, schließlich das Zink zugesetzt wird. **3.** Eine Abänderung des Verfahrens nach Ansprüchen 1 und 2, dadurch gekennzeichnet, daß bei der Herstellung der Legierungen noch geringe Mengen Aluminium zugesetzt werden.

An Stelle der schwer schmelzbaren Metalle der Eisengruppe, wie Chrom, Mangan, Eisen, Wolfram, Vanadium usw., benutzt man als Ausgangsmaterial deren Chloride, die im geschmolzenen Zustand von Zink reduziert werden und sich in statu nascendi mit dem überschüssig vorhandenen Zink legieren. Das so gewonnene Zink wird dann mit der entsprechenden Menge Kupfer verschmolzen. Um z. B. eine 1 proz. Legierung zu erzielen, schmilzt man 3,2 kg Chromchlorid mit 40 kg Zink zusammen und setzt nach $^1/_2$ Stunde 2 kg Aluminium hinzu, alsdann gießt man die Schmelze in Blöcke und setzt 57 kg geschmolzenes Kupfer zu. Anstatt 3,2 kg Chromchlorid kann man auch 2,5 kg Manganchlorid anwenden. Die Legierungen sind gut zu bearbeiten, feinkörnig und liefern dichte Güsse. (Vom 28. 11. 1908 ab.)

Zur Anwendung kommen die Sondermessinge in allen den Fällen, in welchen eine größere Härte und Festigkeit oder bessere Schmiedbarkeit angestrebt wird, als sie die reinen Zink-Kupferlegierungen zeigen, wenn also das Gußstück einer weiteren Bearbeitung durch Drehen, Bohren, Feilen, Polieren,

Gravieren usw. unterworfen werden muß, in welchem Falle das reine Messing durch Kleben am Werkzeug (das Schmieren) die Bearbeitung erschwert, ferner, wenn die Legierung als Konstruktionsmaterial von erheblicher Festigkeit Verwendung finden soll, und schließlich, wenn die beträchtliche Korrosionsfähigkeit des Reinmessings (namentlich dem Seewasser gegenüber) verringert werden soll.

Die Sondermessinge kommen dagegen in der Regel nicht zur Anwendung, wenn die Legierung durch Walzen oder Ziehen bei gewöhnlicher Temperatur weiter bearbeitet werden soll, wenn sie also eine größere Geschmeidigkeit besitzen muß.

Siliciummessing.

Wie *Guillets*[1] Versuche zeigen, vermag der α-Bestandteil der Zink-Kupferlegierungen um so mehr Silicium aufzunehmen, je geringer der Zinkgehalt ist: 63 Proz. Kupfer etwa 1,4 Proz. Silicium, 90 Proz. Kupfer etwa 2 Proz. Silicium. Der β-Bestandteil löst etwa 1,4 Proz. Bei höherem Siliciumgehalt bildet sich ein Sonderbestandteil, wahrscheinlich eine Silicium-Kupferverbindung.

Die mechanischen Eigenschaften des Messings werden durch einen geringen Si-Gehalt wenig beeinflußt, mit dem Auftreten des Sonderbestandteiles jedoch gehen die Werte sofort erheblich zurück (siehe Tab. 194).

Tabelle 194.

Zusammensetzung		Konstitution	Bruchfestigkeit	Elastizitätsgrenze	Dehnung	Querschnittsvermind.	Stoßfestigkeit (Frémont)	Härte (Brinell)
Proz. Cu	Proz. Si		kg/qmm	kg/qmm	Proz.	Proz.		
69,15	0,35	α	21,4	?	63	32	18	32
68,84	0,81	α	21,7	?	55	40	20	40
68,26	1,41	Spuren eines Sonderbestandteiles	21,7	?	13	8,7	4	—
64,03	0,96	Ähnlich einem Cu-Gehalt von 59 Proz.	38,4	13	49,5	32,1	13	69
64,30	1,77	Sonderbestandteil	41,4	21,5	5,5	15,0	4	90
63,61	2,55	Desgl.	20,2	20,2	0	0	1	—
65,62	4,15	Ähnlich einem Cu-Gehalt von 58,5 Proz.	nicht zu bearbeiten					
59,99	0,20	Desgl.	37,5	7,9	39	34	16	67
59,83	0,30	Desgl.	40,7	8,8	31	35,6	13	—
59,69	0,81	Desgl.	47,4	26,7	20	12,8	10	—
59,41	1,37	Desgl.	46,1	21,2	15	9,4	5	—
59,12	2,50							
60,05	4,51	Sonderbestandteil						
57,56	0,35	Ähnlich einem Cu-Gehalt von 56,5 Proz.	45,0	17,4	21	23,9	9	57
57,81	0,86	Desgl. von 50 bis 54 Proz.	51,0	24,7	9,5	15	8	114
57,09	1,96	Sonderbestandteil	sehr spröde, nicht zu bearbeiten					

[1] Rev. de Mét. 1909, 252.

Frei[1] untersuchte den Einfluß geringer Si-gehalte auf gegossenes α-Messing, ein Zusatz bis 0,7 Proz. erhöht die Festigkeit und Streckgrenze.

Tabelle 195.

Zusammensetzung			Festigkeit	Streckgrenze	Dehnung
Proz. Cu	Proz. Zn	Proz. Si	kg/qmm	kg/qmm	Proz.
58,45	41,55	—	39,5	15,5	28
58,56	41,09	0,35	42,4	19,5	24
59,08	40,36	0,56	46	26	14,5
59,05	40,02	0,93	50,5	36	8,3
68,65	31,35	—	21,5	6,1	50,8
67,96	31,54	0,50	25	10	40,5
67,35	31,41	1,24	26,5	18	15,5
78,8	21,2	—	20	6,1	52,2
78,3	21,11	0,65	24,3	7,6	56
77,5	21,16	1,3	16,9	9,6	17,9

Die Herstellung des Siliciummessings erfolgt durch Zusatz von Siliciumkupfer (vgl. S. 212) zur Schmelze kurz vor dem Guß. Bereits im (D. R. P. 36607) führt *Heusler* aus: „Rotguß, Messing und Neusilber erhalten durch den Si-Zusatz eine größere Festigkeit und Dehnbarkeit, namentlich aber durch das Absorptionsvermögen des Siliciums für freien Sauerstoff und die dadurch erzielte Entfernung desselben und der Oxyde eine erhöhte Gußfähigkeit, welche sich durch einen porenfreien dichten Guß bekundet."

Um dem gefährlichen Auftreten des Sonderbestandteiles zu entgehen, empfiehlt es sich, nur so viel Siliciumkupfer anzuwenden, als zur Desoxydation erforderlich ist. Das nach dem genannten Patent hergestellte Siliciummessing der Isabellenhütte enthielt:

71,30 Proz. Kupfer, 26,65 Proz. Zink, 0,14 Proz. Silicium.

(D. R. P. 257 915.) Schmid, Zürich: 1. Kupfer-Zinklegierung (Messing) mit 56 bis 62 Proz. Kupfer, dadurch gekennzeichnet, daß sie Silicium und Zinn als einzige absichtliche Zusätze enthält. **2.** Legierung nach 1., gekennzeichnet durch einen Gehalt an Kupfer von 56 bis 62 Proz., an Zink von 43,3 bis 35 Proz., an Silicium von 0,2 bis 1,5 Proz. und an Zinn von 0,5 bis 1,5 Proz.

Die Legierungen sollen in roh gegossenem Zustande Streckgrenzen von 20 bis 30 kg/qmm, Zugfestigkeiten von 48 bis 55 kg/qmm, Dehnungen von 25 bis 35 Proz. und bei der Kerbschlagbiegeprobe eine spezifische Schlagarbeit von 8 bis 12 kg/qcm ergeben. Eine „harte" Legierung mit 56 bis 58 Proz. Cu hat eine Elastizitätsgrenze von 25 bis 30 kg/qmm, die „weiche" Legierung mit 58 bis 60 Proz. Cu eine solche von 18 bis 25 kg/qmm. Das Sondermessing soll beim Erstarren nur wenig lunkern und auch in massiven Gußstücken keine Seigerungen enthalten, trotz seiner hohen Zähigkeit läßt es sich leicht hobeln, feilen, drehen usw., bei Rotglut leicht schmieden, walzen, pressen, bei gewöhnlicher Temperatur ziehen, walzen, hämmern. In Säuren, Salzlösungen und Alkalien ist es sehr beständig. (Vom **11. 4. 1911** ab.)

[1] Zft. f. Metallkunde 1923, **15**, 225.

Aluminiummessing.

Die Konstitution der Aliminium-Zink-Kupferlegierungen wurde von *Levi Malvano* und *Marantonio*[1] und von *Carpenter* und *Edwards*[2] untersucht. Die Legierungsreihen setzen sich zusammen aus den Systemen Cu : Zn — Cu_3Al und Al : Zn — Cu_3Al, die Sondermessinge mit Al-Gehalt gehören dem ersten System an. Es finden sich verschiedene Arten von ternären Mischkrystallen, aber keine ternären Verbindungen, auch kein ternäres Eutektikum.

Guillet[3] stellte systematische Versuche mit wachsenden Aluminiumgehalten bei zwei Messingsorten an mit 70 Proz. Cu, 30 Proz. Zn und 60 Proz. Cu, 40 Proz. Zn. Bis zu etwa 10 Proz. löst sich das Aluminium in dem α- und β-Bestandteil, und zwar ersetzt 1 Tl. Aluminium 6 Tle. Zink, so daß das Gefügebild einen scheinbar viel höheren Zinkgehalt vortäuscht (siehe S. 350). Bei höherem Al-Gehalt tritt ein Sonderbestandteil, wahrscheinlich Cu_3Al auf. Ein reines Messing mit 70 Proz. Cu besteht nur aus dem α-Bestandteil und läßt sich deshalb nur kalt walzen, durch den Zusatz von 2 bis 3 Proz. Al tritt der β-Bestandteil auf, die Legierung ist heiß schmied- und walzbar, die Festigkeit steigt. Ein Messing mit 58 Proz. Kupfer besteht nach dem Al-Zusatz von 2 bis 3 Proz. aus dem β-Bestandteil mit geringen Mengen γ und wird dadurch so hart und spröte, daß es keine technische Verwendung finden kann.

Die von *Guillet* festgestellten mechanischen Werte von gegossenem Material sind in Tab. 196 und 198 wiedergegeben. Ein Al-Zusatz erhöht die

Tabelle 196.

Zusammensetzung		Bruchfestigkeit	Elastizitätsgrenze	Dehnung	Querschnittsverminderung	Stoßfestigkeit	Härte
Proz. Cu	Proz. Al	kg/qmm	kg/qmm	Proz.	Proz.	(Frémont)	(Brinell)
68,73	7,14	36,8	28,9	1,5	0	6	140
69,02	0,40	20,3	4,7	59	?	13	33,6
70,01	0,90	22,7	6,6	67	?	13	33,8
70,53	3,1	33,9	13,5	50	?	7	65
69,58	4,95	40,1	15,0	11	11,5	8	104
70,10	5,2	50,8	7,4	11	15,3	5	107
68,47	4,50	44,8	23,8	24,5	28,4	11	88
68,49	5,60	54,4	47,6	1	1,4	5	148
69,16	6,59	51,0	51,0	1,5	1,4	3	153
70,11	9,75	sehr spröde					
64,73	1,64	36,0	?	38	40,7	10	69
66,40	3,00	33,5		39,5	40,7	5	65
59,61	0,36	32,3	?	51,5	44,5	19	51
59,88	1,17	33,5		30,5	35,4	10	67
59,92	0,83	30,9	9,5	45	40,7	14	52
59,61	2,62	46,0	?	14	15,3	9	101
59,06	1,88	37,4	37,4	11	15,3	5	101
59,03	3,16	46,9	40,8	12,5	15,3	5	107

[1] Gazz. chim. ital. 1911, **41** II, 282.
[2] Intern. Zft. f. Metallogr. 1912, II, 209.
[3] Rev. de Mét. 1909, 252.

Bruchfestigkeit und die Elastizitätsgrenze, die Dehnung wird zunächst etwas erhöht, um dann sehr rasch herabzugehen. Die Stoßfestigkeit erfährt durch einen geringen Al-Zusatz eine deutliche Verbesserung, die Härte wird durch kleine Zusätze wenig, durch größere Zusätze außerordentlich erhöht.

Ähnliche Vergleichsversuche stellte *Tetmajer*[1] an, seine Materialien waren nur technisch rein, so daß sich einzelne Abweichungen von den vorgenannten Wertangaben wohl durch einen teilweisen Einfluß der Verunreinigungen erklären (siehe Tab. 197).

Tabelle 197.

Zusammensetzung				Streckgrenze	Bruchgrenze	Dehnung	Querschnitts-verminderung
Proz. Cu	Proz. Zn	Proz. Al	Proz. Si	kg/qmm	kg/qmm	Proz.	Proz.
59,93	39,80	0	0	13,5	32,2	14,8	22,5
66,44	31,96	1,02	0,22	14,3	40,7	46,9	39,6
65,37	32,82	1,02	0,42	14,7	40,3	45,2	42,0
64,96	32,61	1,20	1,02	22,3	51,6	19,3	19,3
65,00	33,18	1,30	0,32	16,3	44,0	36,1	36,8
66,03	31,26	1,80	0,49	17,7	45,9	25,5	27,8
63,23	32,80	2,78	0,63	32,2	63,3	6,6	10,5
63,06	32,36	3,25	0,55	21,7	58,1	6,5	11,9
60,72	34,60	3,37	0,79	26,6	67,6	6,0	9,7
64,11	31,16	3,42	0,75	29,7	66,0	5,8	9,9
63,42	29,97	5,65	0,41	15,7	57,4	10,4	15,3
59,24	39,73	0,49	0,17	15,1	42,6	26,7	31,2
58,90	39,66	0,73	0,17	17,0	55,0	17,4	21,3
57,98	40,15	1,10	0,26	29,3	61,0	21,4	24,4
57,26	39,92	1,35	1,09	24,0	64,2	20,5	22,2
58,03	39,55	1,86	0,35	25,8	60,6	16,6	18,3
57,86	39,60	1,90	0,13	18,5	49,2	23,3	25,3
55,42	39,82	3,45	0,86	33,2	48,3	1,5	2,4

Tabelle 198.

Zusammensetzung			Bruch-festigkeit	Elastizitäts-grenze	Dehnung	Querschnitts-verminderung	Stoß-festigkei	Härte
Proz, Cu	Proz. Al	Proz. Si	kg/qmm	kg/qmm	Proz.	Proz.	(Frémont)	(Brinell)
63,49	3,00	1,62	46,8	38	1	0	3	134
62,16	1,38	1,88	27,6	27,6	1	5,8	2	140
62,73	1,53	3,02	9,25	9,25	1	0	0	218
60,34	1,74	4,51	—	—	—	—	—	—

Tetmajers Versuche lehren, daß bei dem gegossenen Material, die Festigkeit mit wachsendem Aluminiumgehalt zuerst steigt und dann fällt, ihr Maximum wird bei „weichem" Messing mit etwa 3,4 Proz. Al, bei „hartem" Messing bereits mit etwa 1,4 Proz. Al erreicht. Die Dehnung fällt mit steigendem Al-Gehalt, sie wird schon bei mehr als 2 Proz. Al unzulässig gering.

Bei dem gewalzten und ausgeglühten Material erhielt *Guillet*[2] folgende Werte (Tab. 199):

[1] Mitt. d. Mat.-Prüf.-Amt Zürich, Heft 9.

[2] Rev. de Mét. 1905, 97.

Tabelle 199.

Zusammensetzung		Bruch-festigkeit	Elastizitäts-grenze	Dehnung	Querschnitts-verminderung	Stoß-festigkeit	Härte
Proz. Cu	Proz. Al	kg/qmm	kg/qmm	Proz.	Proz.	Frémont	Brinell
61,4	0,7	35,2	10,1	45	57,7	17	52
60,3	1,1	38,1	11,3	36	43,2	16	59
61,0	1,4	36,7	12,3	43,5	53,6	16	65
59,9	2,0	39,1	18,1	17	19,6	9	123
59,8	2,7	44,5	17,7	16	12,6	7	123
60,0	3,9	48,1	18,3	13	13,9	5	148

Wenn im Messing (60 Proz. Cu, 40 Proz. Zn) das Zink durch Aluminium ersetzt wird, nehmen also Bruchfestigkeit und Elastizitätsgrenze zu, die Härte wird von einem Al-Gehalt von 2 Proz. an sehr erheblich gesteigert, die Dehnung geht bei diesem Gehalt sehr erheblich zurück.

Smalley[1] prüfte ebenfalls die Wirkung wachsender Aluminiumzusätze auf 70/30- und 59/41-Messing. Die Versuchsergebnisse siehe Tab. 200. (Die Werte der aluminiumfreien Legierungen siehe S. 319.)

Tabelle 200.

Kupfer	Zink	Aluminium	Bearbeitung	Bruch-festigkeit	Fließ-grenze	Dehnung	Quer-schnitts-vermind.	Schlag-probe	Härte
Proz.	Proz.	Proz.		kg/qmm	kg/qmm	Proz.	Proz.	Schlag-zahl	Brinell
69,79	26,67	3,54	Gegossen	45,4	21,0	26	27,6	101	104
			Geschmiedet	57,5	36,2	34	41,9	91	143
69,13	26,32	4,55	Gegossen	49,2	27,2	8	11,7	33	134
			Geschmiedet	59,8	31,4	17	20,0	51	143
69,42	24,68	5,90	Gegossen	58,9	43,5	3	1,5	13	185
			Geschmiedet	65,5	50,3	6	8,4	25	193
59,48	39,52	1,00	Gegossen	49,6	22,9	30	33,5	46	114
			Geschmiedet	48,5	17,2	41	44,6	67	104
58,35	40,11	1,54	Gegossen	54,5	25,4	17	18,5	23	129
58,26	38,56	2,18	Gegossen	56,4	24,8	16	21,5	25	138
			Geschmiedet	57,9	18,1	27	33,5	39	143
59,85	37,13	3,02	Gegossen	65,0	34,5	18,5	21,5	27	159
			Geschmiedet	62,8	29,4	24,5	30,6	41	154

Durch Zusatz von 2 Proz. Mangan zum Aluminiummessing wird im geschmiedeten Material die Geschmeidigkeit erhöht durch Verschieben der β-Struktur in die $\alpha + \beta$-Form. Bei der Verarbeitung sind Wärmegrade über 750° unbedingt zu vermeiden, ebenso eine zu rasche Abkühlung. Durch falsche Wärmebehandlung verdorbenes Messing kann durch Glühen bei 650 bis 700° mit nachfolgender zumindest über 1 Stunde sich erstreckende allmähliche Abkühlung auf 500° wieder hergestellt werden.

Die Aluminium-Industrie A.-G., Neuhausen, stellt folgende Regeln auf: Das Messing wird durch einen Aluminiumzusatz verbessert, die Festigkeit

[1] Zft. f. Metallkunde 1923, **15**, 49.

steigt, die Dehnung vermindert sich jedoch um so mehr, je höher der Zinkgehalt ist. Je größer dieser also ist, um so weniger Aluminium darf man zusetzen, dadie Legierung sonst für eine technische Verwendung zu hart und zu spröde wird. Bei 40 Proz. Zink ist die zulässige Grenze mit 2 Proz. Aluminium, bei 33 Proz. Zink mit 3,5 Proz. Aluminium erreicht; es empfiehlt sich, im Aluminiummessing grundsätzlich im Zinkgehalt nicht über 33 Proz. hinauszugehen, wenn von der Legierung noch eine ausreichende Dehnung verlangt wird.

Das Aluminiummessing läßt sich bei höheren Wärmegraden gut bearbeiten, wenn der Al-Gehalt nicht zu niedrig ist: bei 0,5 Proz. kann die Legierung nur kalt bearbeitet werden, bei 1 Proz. handwarm, bei 2 Proz. in Dunkelrotglut, bei noch höherem Gehalt sogar bei Kirschrotglut. Legierungen mit 40 Proz. Zink lassen sich, ohne Rücksicht auf die Höhe des Al-Gehaltes, dunkelrotwarm schmieden, diejenigen mit 33 Proz. Zink nur dann, wenn der Al-Gehalt 2 bis 3,5 Proz. beträgt. Das Aluminiummessing darf nicht durch Abschrecken gekühlt werden, weil es dadurch brüchig wird. Dagegen befördert ein langsames Abkühlen Dehnung und Festigkeit.

Das aluminiumhaltige β-Messing ist nur zwischen 620° und 700° schmiedbar.

Zur Herstellung des Aluminiummessings setzt man dem geschmolzenen Messing das Aluminium in Stückenform nach dem Abschäumen zu, taucht es mit einer Zange unter, bis es sich gelöst hat, rührt mit einem eisernen Löffel oder Stab gut um, läßt noch einige Zeit stehen und vergießt die Legierung. Statt des metallischen Aluminiums kann man auch ein hochprozentiges Aluminiumkupfer anwenden, das man mit dem Kupfer zusammen niederschmilzt.

Vorbedingung ist stets die Verwendung eines metallisch blanken Aluminiums, das unbedingt frei von jedem Oxydgehalt ist.

Nach Angabe des folgenden Patentes sollen die Eigenschaften der Legierung je nach dem Herstellungsverfahren wechseln.

(E. P. 10 608/93.) Sugy: Kupfer-Zink-Aluminiumlegierung mit 2,5 Proz. Al, während Kupfer und Zink in verschiedenem Verhältnis stehen können. Wünscht man eine „harte" Legierung, so wird zunächst das Kupfer mit dem Aluminium legiert und dann das Zink zugesetzt; wird eine „weiche" Legierung gewünscht, so vereinigt man zunächst das Zink mit dem Aluminium und fügt dann das Kupfer hinzu.

Zur Anwendung kommt das Aluminiummessing wegen seiner erhöhten Festigkeit als Konstruktionsmaterial im Maschinenbau und wegen seiner erheblichen Widerstandsfähigkeit gegenüber dem dauernden Einfluß des Seewassers im Schiffsbau. Man benutzt gewöhnlich eine Legierung:

70 bis 64 Proz. Kupfer, 33 bis 27 Proz. Zink, 1 bis 3 Proz. Aluminium.

In „Brass World" 1907 wird eine billige Legierung zur Herstellung von Namenschildern empfohlen, sie besteht aus gleichen Teilen Kupfer und Zink mit 1,25 Proz. Aluminium vom Gesamtgewicht, sie zeigt eine sehr schöne

Orangefarbe, liefert blasenfreie Güsse und läßt sich gut bohren, aber nicht biegen.

Bauke[1] prüfte eine Kupfer-Zink-Aluminiumlegierung mit einem Gehalt von:

48 Proz. Kupfer, 50 Proz. Zink, 2 Proz. Aluminium

auf ihre Geeignetheit als Lagermetall. Die Legierung wurde teils in einem kalten eisernen Kern (K) teils in einem glühenden Tonkern (H) gegossen. Beide Stücke zeigten beim Ätzen bläulichgraue Tupfen auf einem gelben Grunde. (γ- in β-Bestandteil.) Die Härte und Festigkeit der Legierung verhinderte zwar bei dem Reibungsversuch die Abnutzung, nicht aber das Warmwerden. Es wurde gefunden:

Flächendruck auf die senkrechte Projektion kg/qcm		0,3	0,4	0,6	1,2	3	7,5
Erwärmung für die Minute in Grad	Probe K	0,60	0,84	0,96	4,60	5,86	8,70
	Probe H	0,60	0,80	0,80	2,74	3,94	7,00

Wichtig für die Herstellung des Aluminiummessings ist die Verwendung eines möglichst siliciumarmen Metalles. Bei gleichzeitigem Eintritt von Aluminium und Silicium in das Messing zeigt sich alsbald der beim Siliciummessing erwähnte Sonderbestandteil, die Legierung wird dann sehr spröde (siehe Tab. 198).

„Montana - Gold" mit: 89,03 Proz. Kupfer, 10,35 Proz. Zink, 0,55 Proz. Aluminium diente zur Herstellung für Löffel und ähnliche Geräte; „Goldbronze" aus: 45 Proz. Kupfer, 54,9 Proz. Zink, 0,1 Proz. Aluminium zur Anfertigung von Ornamenten.

„Promethium" oder „Titan - Metall" nach (E. P. 8861/92) von *Hengst* wird erhalten durch Zusammenschmelzen von 60 Proz. Kupfer, 38 Proz. Zink, 2 Proz. Aluminium unter Einrühren von Natrium. Das Natrium soll die Zähigkeit der Legierung und ihre Widerstandsfähigkeit gegen Luft und Seewasser erhöhen (?).

Bleimessing.

Da die meisten Sorten Handelszink einen geringen Bleigehalt aufweisen, kann man fast in allen Messingproben Blei finden.

Guillet[2] untersuchte den Einfluß wachsender Bleizusätze auf zwei Messingsorten mit 70 bzw. 60 Proz. Kupfer. Bis zu einem Gehalt von etwa 0,9 Proz. löst sich das Metall in dem α- oder β-Bestandteil und hat in diesem Fall keinen wesentlichen Einfluß auf die mechanischen Eigenschaften der Legierung. Wird diese Grenze jedoch überschritten, so tritt das Blei im Gefüge in freier Form auf, in Gestalt kleiner Pünktchen, und erniedrigt alsdann Bruchfestigkeit, Dehnung und Stoßfestigkeit in bedenklicher Weise. Bei langsamem Erstarren der Legierung seigert das über 0,9 Proz. betragende Blei in dem unteren Teil des Gußstückes aus und macht die Oberfläche dadurch fleckig.

Guillet erhielt mit gegossenem Material folgende Werte (Tab. 201 und Tab. 203):

[1] Baumaterialienkunde 1899, 96.

[2] Rev. de Mét. 1906, 273.

Tabelle 201.

Zusammensetzung		Bruch-festigkeit	Elastizitäts-grenze	Dehnung	Querschnitts-verminderung	Stoß-festigkeit (Frémont)	Härte (Brinell)
Proz. Cu	Proz. Pb	kg/qmm	kg/qmm	Proz.	Proz.		
60,0	0	31,9	8,1	47	59,6	12	56
59,5	0,5	32,1	8,3	33,5	33	7	57
59,0	1,2	27,9	8,3	14,9	18,5	6	52
60,1	2,1	30,2	8,1	12,5	16	6	59
59,9	3,0	29,2	9,8	12,5	10	5	69
70,4	0	13,7	5,7	68	50	11	30,6
69,1	0,7	16,4	5,8	42	42	8	32
67,9	1,3	18,9	4,8	51	51	9	31,5
69,3	2,6	20,6	6,0	54	54	5	31
67,2	3,2	13,5	4,0	52	32	6	32

Mit dem gewalzten und ausgeglühten Messing erhielt *Guillet* nachstehende Zahlen (Tab. 202):

Tabelle 202.

Zusammensetzung		Bruch-festigkeit	Elastizitäts-grenze	Dehnung	Querschnitts-verminderung	Stoß-festigkeit (Frémont)	Härte (Brinell)
Proz. Cu	Proz. Pb	kg/qmm	kg/qmm	Proz.	Proz.		
59,50	0,85	29,9	12,1	45,5	56,8	8	60
58,45	1,90	27,3	11,5	43,4	41,2	7	68
57,85	3,05	22,2	10,8	41,1	38,3	4	62
56,15	4,02	20,3	9,7	31,9	37,0	3	60
54,85	5,15	20,0	9,8	30,2	35,2	3	60

Tabelle 203.

Zusammensetzung		Bruch-festigkeit	Elastizitäts-grenze	Dehnung	Querschnitts-verminderung	Stoß-festigkeit (Frémont)	Härte (Brinell)
Proz. Cu	Proz. Pb	kg/qmm	kg/qmm	Proz.	Proz.		
64,38	0,03	22,5	4,3	55	52,7	17	45
64,76	0,35	23,0	4,7	54	53,8	17	39
63,92	0,92	22,9	4,8	50	53,8	16	39
64,55	1,15	19,5	4,1	32	35,9	13	32
59,45	0,57	36,9	6,9	48	40,0	12	61
59,33	0,86	36,7	6,5	47	42,3	13	57
59,28	1,03	35,4	6,6	44	35,9	10	61
58,98	1,32	29,2	4,7	23	24,0	6	53
59,74	1,46	24,4	—	31	36,4	—	—
59,94	1,13	23,7	—	37	35,0	—	—
59,22	2,27	23,6	—	35,5	36,4	—	—
59,75	3,23	20,0	—	30	30,5	—	—
59,34	5,05	19,2	—	31	28,5	—	—
58,41	3,21	14,7	—	9	13,9	—	—
64,43	2,97	11,0	—	39	34,8	—	—
64,64	4,55	10,0	—	38	30,5	—	—

Wie man sieht, ist ein Bleigehalt von ungünstigem Einfluß auf die mechanischen Eigenschaften der untersuchten Messingsorten, nur die Härte wird etwas gesteigert; handelt es sich deshalb um ein Material, an dessen Festigkeitseigenschaften erhebliche Anforderungen gestellt werden, so empfiehlt es sich, von möglichst bleifreiem Rohmetallen auszugehen. Im Gußmessing dagegen erleichtert die geringere Zähigkeit die Bearbeitung durch Abdrehen, Teilen usw., man setzt deshalb in diesem Fall der Legierung bis zu 1 Proz. Blei zu (s. S. 76).

Die Korrosion des Bleimessings siehe S. 341.

Folgende Patente sind erwähnenswert.

(Österr. P. 53 796.) Allgemeines deutsches Metallwerk G. m. b. H., Oberschöneweide: Kupfer-Zinklegierung mit hohem Zinkgehalt. Die Legierung, welche mindestens 47 Proz. Zink, höchstens 3 Proz. Blei, höchstens 0,5 Aluminium, Rest Kupfer enthält, besitzt eine hohe Festigkeit, ist wenig spröde und wegen des kleineren Kupfergehaltes billig. Die Legierung z. B.:

52 Proz. Kupfer, 47 Proz. Zink, 0,5 Proz. Blei, 0,5 Proz. Aluminium

soll 67,7 kg Bruchfestigkeit bei 21,5 Proz. Dehnung aufweisen, die Legierung:

50 Proz. Kupfer, 48 Proz. Zink, 1,6 Proz. Blei, 0,5 Proz. Aluminium

63,6 kg Bruchfestigkeit bei 27 Proz. Dehnung.

(D. R. P. A. A. 22 576.) A. G. „Weser", Bremen: Verwendung von Legierungen aus Kupfer, Zink, geringen Mengen Eisen und mit einem Zusatz von 0,5 bis 2,5 Proz. Blei zu Gegenständen bzw. solchen Teilen derselben, deren Oberflächen mit Laugen in Berührung kommen.

Während gewöhnliches Messing sich gegenüber den Einwirkungen von heißen Laugen, besonders heißer Natronlauge, auf die Dauer wenig widerstandsfähig erweist, ließen die genannten Legierungen nach 80- bis 100stündigem Kochen mit starker Lauge nur eine sehr geringe Gewichtsabnahme erkennen, bei Kochtemperaturen bis 250° zeigten sich erst ganz geringe Trübungen oder Färbungen der Lauge. (Vom 7. 8. 1912 ab.)

(D. R. P. 314 345.) Vereinigte Hüttenwerke Burbach-Eich-Düdelingen A. G., Düdelingen: Kupfer-Zink-Bleilegierung, bestehend aus Kupfer und Zink, etwa im Messingverhältnis (etwa 15 bis 45 Proz. Zn auf 85 bis 55 Proz. Cu), welches Gemisch mit Blei abgesättigt und außerdem überschüssiges, homogenisiertes Blei bis höchstens 60 Proz. bezogen auf die fertige Legierung, enthält.

Das überschüssige, ungelöste Blei soll die Elastizität erhöhen. Zur Verminderung des Benetzungsvermögens des Bleis und zur gleichzeitigen Steigerung der Härte können geringe Zusätze von Aluminium oder anderen Metallen gemacht werden. Die Homogenisierung erfolgt nach D. R. P. 314 346, s. S. 461. (Vom 7. 3. 1918 ab.)

Manganmessing.

Mangan und Kupfer bilden eine lückenlose Reihe von Mischkrystallen, setzt man Mangan dem Messing zu, so löst es sich in dem α- oder β-Bestandteil, erst bei einem Gehalt von 8 Proz. Mn tritt in einem Messing mit 60 Proz. Kupfer, wie *Guillet*[1] zeigte, ein Sonderbestandteil auf, in Messing mit höherem Kupfergehalt sogar erst bei 10 Proz. Mn.

Das Mangan ist ein kräftiges Desoxydationsmittel; wenn man es an Stelle des Phosphors anwendet, braucht man allerdings etwa die vierfache Menge, was das Verfahren erheblich verteuert. Während aber ein geringer Überschuß des Phosphors in der Legierung deren mechanische Eigenschaften außerordentlich verschlechtert, wirkt das Mangan als integrierender Bestandteil auf die mechanischen und technischen Werte des Messings günstig ein, indem es den Werkstoff zäher und härter macht und die Warmbearbeitung erleichtert. *Guillet*[1] untersuchte die Wirkung wachsender Manganmengen auf zwei Messinge

[1] Rev. de Mét. 1906, 258.

Tabelle 204.

Zusammensetzung Proz. Cu	Zusammensetzung Proz. Mn	Bruchfestigkeit kg/qmm	Elastizitätsgrenze kg/qmm	Dehnung Proz.	Stoßfestigkeit (Frémont)	Härte (Brinell)
60	0	31,9	8,1	47	12	50
60,1	0,3	34,4	8,9	48	13	54
59,4	0,8	34,9	8,9	49	13	54
59,7	1,9	35,5	9,8	49	12	56
60,3	3,0	34,2	11,8	45	11	57
60,8	4,7	38,6	13,5	37	8	64
59,6	6,2	35,5	13,1	18	7	83
70,4	0	13,7	5,7	50	11	32
70,6	0,4	20,3	4,7	57	11	32,8
70,3	0,9	19,7	6,5	45	11	36,5
69,7	2,1	20,6	5,5	47	11	38
70,8	2,9	20,3	7,4	34	11	38
70,5	4,2	23,7	12,7	44	9	43
68,9	6,1	19,6	10,1	17	10	50
70,2	9,3	30,5	12,9	32	9	54

Tabelle 205.

Zusammensetzung Proz. Cu	Zusammensetzung Proz. Mn	Bruchfestigkeit kg/qmm	Elastizitätsgrenze kg/qmm	Dehnung Proz.	Querschnittsverminderung Proz.	Stoßfestigkeit (Frémont)	Härte (Brinell)
62,09	2,37	25,8	13,6	57	60,1	16	50
60,41	0,72	27,8	10,8	48	60,1	15	56
59,38	1,99	35,1	8,5	42	36,5	12	114
59,17	2,10	38,4	8,3	49	52,5	15	71
58,92	2,51	36,5	?	39	41,3	12	63
58,90	3,52	35,6	13,2	36	41,5	8	81
58,85	2,60	38,7	13,3	35	?	18	65
58,76	6,11	38,9	12,9	34	36,0	10	85
57,92	8,18	32,8	9,7	25	26,5	5	78
57,5	2,6	35,3	14,2	42,5	73,1	14	57
57,4	3,04	37,2	14,5	39	51,9	14	57
57,3	1,60	36,3	15,8	35	36,4	12	73
57,07	2,66	35,6	13,2	36	41,5	18	81
55,70	1,30	39,6	15,8	25	26,3	14	88
54,81	5,71	50,1	18,3	18	24,3	8	114
54,80	6,00	49,8	18,8	29	34,4	12	60
54,63	0,51	35,6	9,9	26	24	10	90
54,60	4,38	48,1	16,7	30,5	36,8	13	64
54,19	1,21	43,5	11,5	20	41,5	10	92
54,30	5,57	47,4	17,3	31	35,5	12	72
53,69	0,84	43,4	8	22	32,9	13	101
53,55	10,64	33,5	16,5	2	0	3	54
50,30	14,02	11,0	8	0	0	1	150
52,67	0,21	31,9	12	16	26,3	12	85
52,34	0,56	39,6	9,2	22,5	36,4	13	73
52,3	6,98	49,1	20,7	17,0	19,2	9	76
51,58	0,14	30,7	8	16	86,4	8	88
50,80	9,15	54,3	19,3	21	21,9	7	83
50,20	9,39	55,1	21,7	20	18,5	5	96

mit 60 bzw. 70 Proz. Cu im gegossenen Zustande (Tab. 204) sowie das gewalzte und ausgeglühte Material (Tab. 205).

Ein Manganzusatz erhöht deutlich die Bruchfestigkeit und die Elastizitätsgrenze, auch die Dehnung des gegossenen Messings nimmt zunächst zu, geht bei einem höheren Mangangehalt jedoch wieder zurück. Die Härte wächst langsam, ein Zusatz von mehr als 4 Proz. Mn ist jedoch in der Regel zu vermeiden, da die Legierung sonst eine ungenügende Stoßfestigkeit zeigt. Viel benutzt werden die Manganmessinge der Zusammensetzung:

59 bis 60 Proz. Kupfer, 41 bis 40 Proz. Zink, Mangan in Spuren und
58 bis 59 Proz. Kupfer, 38 bis 40 Proz. Zink, 1 bis 3 Proz. Mangan,

namentlich die letztere Legierung läßt sich warm besonders gut schmieden.

Zur Herstellung des Manganmessings verwendet man das kohlenstoff- und eisenfreie Manganmetall oder besser das hochprozentige Mangankupfer, man schmilzt 50 bis 58 Tle. Kupfer mit 2 bis 10 Tln. Mangankupfer heiß ein, setzt 40 Tle. Zink nach und gießt nicht zu heiß. Um den Zutritt der Luft möglichst abzuschließen, empfiehlt es sich, auf die Oberfläche des Metallbades in den Tiegel eine kleine Menge Borax zu geben, der dann eine zähflüssige Schlacke bildet.

Die Gußtemperatur ist von Einfluß auf die mechanischen Werte des Gußstückes, wie *Guillemin*[1] an einem in Sand gegossenen „weichen" Manganmessing fand:

Tabelle 206.

Gußtemperatur	Bruchfestigkeit kg/qmm	Elastizitätsgrenze kg/qmm	Dehnung Proz.
kalt (etwa 1200°) . . .	36	14	30
warm (etwa 1250°) . .	34	13	35
heiß (etwa 1300°) . .	31	12	45
sehr heiß (etwa 1400°) .	24	9	13

Zur Verwendung kommt das Manganmessing im Maschinenbau und wegen seiner großen Widerstandsfähigkeit gegenüber der Einwirkung des Seewassers vielfach im Schiffsbau, besonders zur Herstellung der Schiffsschrauben, Hintersteven, hydraulischen Zylinder usw.

Französische Fabrikanten garantieren nach *Guillet*[2] folgende Werte.

Tabelle 207.

	Festigkeit kg/qmm	Elastizitätsgrenze kg/qmm	Dehnung Proz.
Gußstücke	35 bis 40	15 bis 20	15 bis 25
Gezogene Stangen . .	40 „ 50	20 „ 30	15 „ 25
Schmiedestücke . . .	40 „ 45	20 „ 25	20 „ 30
Gewalztes Blech . . .	38 „ 45	15 „ 20	18 „ 25
Draht	„ 105	85	—
Nahtlose Rohre . . .	45 „ 60	20 bis 40	15 bis 25

[1] Commission des méthodes d'Essais 1894.
[2] Alliages mét. 674.

Eine noch weit häufigere Verwendung in der Technik als das reine Manganmessing haben die Sondermessinge gefunden, die neben Mangan noch einen Bestandteil oder mehrere weitere Zusätze, wie Eisen, Aluminium, Nickel, Zinn erhielten, wie Deltametall, Manganbronze, Duranametall, Rübelbronze usw. Von ihnen wird später die Rede sein.

Während das Reinmessing durch die mechanische Bearbeitung eine gute Festigkeit erreicht, die Dehnung jedoch erheblich zurückgeht, zeigen diese komplexen Sondermessinge meist schon im gegossenen Zustande hohe Festigkeitswerte bei günstiger Dehnung. Durch Schmieden kann alsdann die Festigkeit noch erheblich gesteigert werden, ohne daß eine Verminderung der Dehnung eintritt.

Nickelmessing.

Aus den Untersuchungen *Guillets*[1] geht hervor, daß beim Zusatz von Nickel zum technischen Messing, auch in erheblichen Mengen, das Metall sich im α- oder β-Bestandteil löst und sein „Gleichwertigkeitskoeffizient" (siehe S. 350) etwa gleich — 1,3 ist. Dadurch kommt es, daß das nickelhaltige Messing in bezug auf sein Gefügeaussehen, mechanische und technische Eigenschaften ganz einem Reinmessing mit wesentlich höherem Kupfergehalt gleicht. Eine Legierung mit 55,9 Proz. Cu und 2 Proz. Ni (Fig. 170 [Taf. 19]) hat das Gefüge eines Messings mit etwa 58 Proz. Cu, eine solche mit 53,8 Proz. Cu und 5,1 Proz. Ni (Fig. 171 [Taf. 19]) zeigt das Aussehen eines Messings mit 59 bis 60 Proz. Cu.

Folgende Werte stellte *Guillet* an dem gegossenem Material fest.

Tabelle 208.

Chemische Zusammensetzung		Bruchfestigkeit	Dehnung	Härte	Stoßfestigkeit
Proz. Cu	Proz. Ni	kg/qmm	Proz.	(Brinell)	(Mesnager)
		Kokillenguß.			
55,10	0,59	41,3	14,0	113	11,2
55,14	1,02	26,0	6,0	139	9,4
55,59	2,03	32,8	12,0	113	11,2
55,41	5,02	35,6	27,0	90	13,5
54,62	10,57	29,1	37,0	79	8,1 bis 14,3
49,46	0,50	18,6	1,5	151	1,8 „ 2,5
49,17	1,00	18,3	3,0	129	2,5 „ 5,0
49,47	2,02	39,1	12,5	143	5,0 „ 6,8
49,48	5,02	42,3	10,0	153	7,5 „ 9,3
49,24	9,81	38,6	23,5	112	14,3 „ 15,0
		Sandguß.			
55,17	Spur	34,6	13,0	126 (?)	10,0 bis 14,3
54,37	0,61	41,1	17,0	140 (?)	10,6 „ 16,2
54,19	1,23	38,8	13,0	140	10,6 „ 13,1
54,37	2,31	40,3	19,0	119	8,7 „ 12,5
53,85	5,14	38,5	46,5	94	10,6 „ 14,3
49,08	0,62	14,0	1,5	151 (?)	1,8 „ 2,5
49,23	1,16	16,6	2,5	138	2,5 „ 3,7
49,52	2,28	33,0	11,0	148	5,0 „ 10,0
49,41	5,15	39,6	9,0	143	8,7 „ 12,5
49,13	10,07	35,5	42,0	89	15,6 „ 19,3

[1] Rev. de Mét. 1913, 1130.

Sehr günstig liegen die Werte, die mit der weiter behandelten Legierung erhalten wurden; ein Messing von der Zusammensetzung:

56,7 Proz. Cu, 39,74 Proz. Zn, 3,35 Proz. Ni, 0,12 Proz. Fe, 0.05 Proz. Mn

ergab:

kalt bearbeitet =	53,3 kg/qmm	Festigkeit,
	35,3 „	Elastizitätsgrenze,
	33,3 Proz.	Dehnung,
	50,7 „	Querschnittsverminderung,
	14,8	Stoßfestigkeit,
	144	Härte;
bei 750° geglüht =	47,2 kg/qmm	Festigkeit,
	15,3 „	Elastizitätsgrenze,
	43 Proz.	Dehnung,
	51,7 „	Querschnittsverminderung
	18,1	Stoßfestigkeit,
	97	Härte.

Eine weitere Probe von der Zusammensetzung:

55,15 Proz. Cu, 42,30 Proz. Zn, 2,44 Proz. Ni, 0,09 Proz. Fe

ergab:

kalt bearbeitet =	50,9 kg/qmm	Festigkeit,
	26,4 „	Elastizitätsgrenze,
	29 Proz.	Dehnung,
	9,3	Stoßfestigkeit,
	151	Härte;
bei 750° geglüht =	45,5 kg/qmm	Festigkeit,
	14,2 „	Elastizitätsgrenze,
	33 Proz.	Dehnung,
	12,9	Stoßfestigkeit,
	116	Härte.

Pearson und *Prott* ließen sich bereits 1891 durch das (E. P. 8137) ein Messing schützen aus $59^1/_2$ bis 40 Proz. Kupfer, 40 bis 50 Proz. Zink, $^1/_2$ bis 10 Proz. Nickel.

Mit bis 2 Proz. Nickel wird ein gutes Messing erhalten, mit 3 bis 6 Proz. ein solches von großer Härte, mit 7 bis 10 Proz. ein sehr hartes, das als Ersatz von Neusilber dienen kann. Durch Zusatz von $^1/_4$ bis 1 Proz. Aluminium soll die Festigkeit erhöht werden.

Neusilber siehe S. 383.

Durch Hinzulegieren von 0,5 bis 2 Proz. Nickel zu „Deltametall“ (siehe S. 367) wird ein gut schmiedbares Messing von 50 bis 60 kg/qmm Festigkeit und besonderer Widerstandsfähigkeit gegen Korrosion erzielt (vgl. auch „Rübelbronze“ S. 374).

Das „Albatametall“ besteht aus:

40 Proz. Kupfer, 32 Proz. Zink, 8 Proz. Nickel.

Browne[1] führte einen geringen Kobaltgehalt in Form des Kupfer-Kobalts mit 10 Proz. Co in Messing (80 Proz. Cu + 20 Proz. Zn) ein und erreichte eine erhebliche Festigkeitssteigerung. (Siehe Tab. 209.)

[1] Metal Industry 1914, **12**, 509.

Tabelle 209.

Drahtdurchmesser mm	Kobaltgehalt Proz.	Festigkeit kg/qmm	Steigerung der Festigkeit in Proz.
0,7	—	26,1	
0,5	—	16,9	
0,7	0,12	28,0	9,2
0,5	0,13	17,2	1,8
0,7	0,21	29,9	14,6
0,5	0,24	19,4	14,8
0,7	0,50	31,2	19,6
0,5	0,40	20,0	18,3

Eisenmessing.

Ein Eisengehalt bis zu 0,35 Proz. scheint nach *Smalley*[1] in fester Lösung in die α-Krystalle einzutreten. Ein höherer Gehalt bleibt ungelöst und erstarrt bei der Abkühlung der Schmelze zu äußerst feinen Teilchen, deren jedes als Keim zur Bildung eines feinsten Krystallkornes wirkt. Das Gefüge wird dadurch feiner und gleichmäßiger. Als Ätzmittel des Metallschliffes empfiehlt *Guertler*[2] Ferrichlorid, das die Eiseneinschlüsse schwarz färbt und dadurch deutlich hervortreten läßt.

Guillet[3] fand für Eisenmessinge mit niedrigem Eisengehalt folgende Werte:

Tabelle 210.

Zusammensetzung		Bruch-festigkeit	Elastizitäts-grenze	Dehnung	Querschnitts-verminderung	Stoß-festigkeit (Frémont)	Härte (Brinell)
Proz. Cu	Proz. Fe	kg/qmm	kg/qmm	Proz.	Proz.		
60	0	37,9	8,1	47	59,6	12	56
61,14	0,53	28,4	?	55	43,1	18	57
58,94	1,27	31,7	6,8	54	53,6	18	61
58,35	1,49	32,4	6,7	48	38,7	11	63
58,47	1,66	32	5,8	48	45,6	14	69

Wie man sieht, ist in dem gegossenen Material ein Eisengehalt in den angegebenen Grenzen ohne wesentlichen Einfluß, lediglich Dehnung und Härte werden etwas erhöht.

Smalley[4] prüfte den Einfluß geringer Eisengehalte auf 70/30 - (α-) Messing, 59/41 - (α + β-) Messing und 53,3/46,7 - (β-) Messing. Tab. 211. (Die Werte der entsprechenden eisenfreien Legierungen siehe S. 319.)

Bruchfestigkeit, Fließgrenze und Härte erfahren eine Steigerung, ohne daß die Geschmeidigleit verlorengeht, auch die Schmiedbarkeit wird bis zu einem Eisengehalt von 1 Proz. nicht beeinträchtigt.

Die Herstellung des Sondermessings kann erfolgen, indem man entweder die Eisenzinklegierung (wie sie sich in den Verzinkereien in Form großer Krystalle

[1] Metal Industry 1920, **17**, 421.
[2] Zft. f. Metallkunde 1921, **13**, 242.
[3] Rev. de Mét. 1913, 262.
[4] Zft. f. Metallkunde 1923, **15**, 51.

Tabelle 211.

Zusammensetzung			Behandlung	Bruchfestigkeit	Fließgrenze	Dehnung	Querschnittsvermind.	Schlagprobe Schlagzahl	Härte (Brinell)
Proz. Cu	Proz. Zn	Proz. Fe		kg/qmm	kg/qmm	Proz.	Proz.		
69,6	29,8	0,5	Gegossen	30,0	13,4	58	47	61	64
			Kalt gewalzt und bei 775° geglüht	35,3	14,7	69	67	—	54
69,4	29,6	1,0	Gegossen	37,9	16,5	50	59	80	76
			Kalt gewalzt und bei 700° geglüht	41,8	21,7	47	62	—	92
			Kalt gewalzt und bei 825° geglüht	41,0	17,0	54	67	—	76
59,4	39,7	0,9	Gegossen	41,5	14,5	44	45	95	90
			Geschmiedet	44,6	21,5	44	64	81	107
59,0	38,9	1,6	Gegossen	41,5	17,0	33	31	31	85
			Geschmiedet	42,7	21,0	43	59	40	98
59,1	38,4	2,5	Gegossen	41,0	15,5	46	50	71	92
			Geschmiedet	43,8	24,4	39	55	70	110
51,7	47,2	1,0	Gegossen	47,9	12,0	16	15	9	114
			Geschmiedet	51,1	14,8	38	34	30	114
50,8	47,0	2,2	Gegossen	51,1	17,2	17	15	9	114
			Geschmiedet	47,4	13,3	43	45	85	114

bildet) mit Messing zusammenschmilzt oder zunächst Kupfer und Eisen legiert (diese Legierungen haben einen sehr hohen Schmelzpunkt und lösen sich schwer auf) und dann Kupfer und Zink hinzusetzt. Es ist sehr schwierig, nach beiden Verfahren gleichmäßig zusammengesetzte Legierungen zu erhalten.

Wie schon erwähnt wurde, stellte *Aich* das Aichmetall her von der Zusammensetzung:

60,2 Proz. Kupfer, 38,1 Proz. Zink, 1,6 Proz. Eisen.

Der Eisengehalt konnte zwischen 0,5 und 3 Proz. schwanken, der Zinkgehalt bis 42 Proz. steigen. Dem Aichmetall verwandt ist das Sterrometall (aus der Fabrik von Rosthorn in Niederösterreich), das einen höheren Eisengehalt hat, z. B.:

55,3 Proz. Kupfer, 41,8 Proz. Zink, 2,7 Proz. Eisen.

Die Legierung ergab:

Gegossen . . . . . = 42,5 kg/qmm Festigkeit
Geschmiedet . . . . = 53,5 „ „
Kalt gezogen . . . = 59,5 „ „

Die Eisenmessinge sind bei Rotglut gut schmiedbar, werden aber beim Schmieden in höheren Wärmegraden leicht brüchig. Ein gleichzeitiger Bleigehalt von 0,5 Proz. wirkt schädlich. Sie fanden im Schiffsbau vielfache Anwendung.

Eine sog. „Eisenbronze“ von der Zusammensetzung:

56 Proz. Kupfer, 42 Proz. Zink, 1,2 Proz. Eisen

hielt sich nach Versuchen *Diegels*[1] im warm geschmiedeten Zustande gegenüber dem Einfluß der Atmosphärilien während zwei Jahre unverändert, während die hart gezogene oder sonstwie kalt verdichtete Probe weniger widerstandsfähig war. Vermutlichlich machen sich in diesem Falle ungleichmäßige Materialspannungen bemerkbar.

Von größerer Bedeutung für die Technik als die bisher genannten einfachen Sondermessinge sind die schon erwähnten komplexen, mangan- und eisenhaltigen Legierungen.

Deltametall.

Das Deltametall, von dem Erfinder *Dick* nach dem Anfangsbuchstaben seines Namens benannt, wird von der Deutschen Delta-Metall-Gesellschaft in Düsseldorf in den Handel gebracht.

Hampe[2] gibt folgende Analysen an:

Tabelle 212.

	Proz. Kupfer	Proz. Zink	Proz. Eisen	Proz. Mangan	Proz. Blei	Proz. Phosphor
Gegossen	55,94	41,61	0,87	0,81	0,72	0,013
Geschmiedet. . .	55,80	40,07	1,28	0,96	1,82	0,011
Gewalzt.	55,82	41,41	0,86	1,38	0,76	Spur
Heiß gestanzt . .	54,22	42,25	0,99	1,09	1,10	0,02
Nach Ledebur[3] .	55,10	43,47	1,08	Spur	0,37	0,01

Im Handel kommen verschiedene Deltametalle vor, die je nach dem Verwendungszweck geringe Abweichungen in der Zusammensetzung zeigen.

Rudeloff[4] stellte bei Warmzerreißversuchen an der gegossenen und an der gewalzten Legierung folgende Werte fest:

Tabelle 213.

Versuchstemperatur °C	Dehnung Proz.	Bruchfestigkeit kg/qmm	Streckgrenze kg/qmm	Proportionalitätsgrenze kg/qmm	Querschnittsverminderung Proz.	
15	21,9	32,9	9,7	4,7	24,8	gegossen
97	27,9	32,8	9,4	6,4	24,2	
218	29,3	27,0	11,5	7,6	29,3	
291	59,3	20,3	7,8	—	43,9	
393	32,3	6,3	1,7	—	24,8	
15,8	41,5	42,5	14,8	8,9	37,5	gewalzt
96	45,7	39,6	16,6	12,3	37,6	
217	69,0	30,6	16,2	7,6	55,7	
285	65,0	21,2	11,1	—	56,4	
400	81,6	6,8	1,3	—	55,4	

[1] Verh. d. Ver. z. Förd. d. Gewerbefl. 1899, 313.
[2] Chem.-Ztg. 1888, 893.
[3] Die Legierungen.
[4] Mitt. a. d. Kgl. techn. Versuchsanstalten 1893, 311.

Im gewalzten Material steigt die Porportionalitätsgrenze mit der Erwärmung auf 100°, die Streckgrenze steigt bis 200° etwas an, um dann zu fallen, die Bruchfestigkeit nimmt mit steigender Wärme beständig, von 200° an proportional der Wärmezunahme ab. Die Dehnung nimmt mit der Erwärmung erheblich zu, nur zwischen 200° und 300° ist ein geringer Rückgang zu beobachten, die Querschnittsverminderung nimmt von 100 bis 200° stark zu und bleibt alsdann konstant. Im gegossenen Material sind nahezu die gleichen Beobachtungen zu machen, Dehnung und Querschnittsverminderung nehmen bis 200° wenig, dann aber bis 300° in erheblichem Maße zu, bei weiterer Wärmesteigerung nehmen sie schnell ab.

Die Delta-Metall-Gesellschaft gibt folgende von der Kgl. mechanisch-technischen Versuchsanstalt ermittelten Durchschnittswerte an:

Deltametall Nr. 1 für Material von großer Festigkeit und Härte (Preßzylinder, Ventilsitze, Kegel, Triebräder):

in Sand gegossen: 60,2 kg/qmm Festigkeit, 29,5 kg/qmm Streckgrenze, 13,2 kg/qmm Proport.-Grenze, 12,2 Proz. Dehnung, Brinellhärte 150 bis 151;
gepreßt: 68,8 kg/qmm Festigkeit, 31,8 kg/qmm Streckgrenze, 21,8 Proz. Dehnung, Brinellhärte 175.

Deltametall Nr. 2 für Material von hoher Festigkeit und Dehnung (gibt dichte, porenfreie Gußstücke, bei Rotglut durch Schmieden, Stanzen, Walzen, Pressen gut zu bearbeiten):

in Sand gegossen: 46,5 kg/qmm Festigkeit, 23,7 kg/qmm Streckgrenze, 20,5 Proz. Dehnung, Brinellhärte 130;
gepreßt: 59,7 kg/qmm Festigkeit, 27,4 kg/qmm Streckgrenze, 19,0 Proz. Dehnung, Brinellhärte 150.

Deltametall Nr. 4 für Guß- und Schmiedestücke von hoher Dehnung (für allgemeinen Maschinenbau, Schiffsbau, Bergbau, Hydraulik):

in Sand gegossen: 38,1 kg/qmm Festigkeit, 12,9 kg/qmm Streckgrenze, 36,4 Proz. Dehnung, Brinellhärte 90;
geschmiedet: 44,3 kg/qmm Festigkeit, 16,9 kg/qmm Streckgrenze, 36,2 Proz. Dehnung, Brinellhärte 100;
gepreßt: 45,0 kg/qmm Festigkeit, 16,5 kg/qmm Streckgrenze, 31,4 Proz. Dehnung, Brinellhärte 100.

Das Schwindmaß des Deltametalles ist etwa 1 Proz., der Schmelzpunkt der verschiedenen Legierungen liegt zwischen 900 und 1000°; das spez. Gew. ist 8,0 bis 8,6.

Für die Herstellung des Deltametalles bildete die Grundlage:

(D. R. P. 22 620.) Dick, London: Verfahren zur Herstellung von Kupfer-Zinn- und Kupfer-Zinklegierungen mit oder ohne Zusatz von Blei, welche bestimmte Mengen Eisen oder Mangan enthalten, in dem **1.** das Eisen im Zink bis zur vollkommenen Sättigung aufgelöst und dieses sodann mit oder ohne Zusatz von reinem Zink dem Kupfer oder Kupfer und Zink zugesetzt wird; **2.** die Anwendung eines Zusatzes von Mangan-Kupfer bei der Herstellung der Kupfer-Eisen-Zink- und Kupfer-Eisen-Zinnlegierung, um die in dieser Legierung enthaltenen Oxyde zu desoxydieren, unter eventueller Benutzung eines Überschusses von diesem Zusatz, um eine bestimmte Quantität Mangan in die Legierung hineinzubringen, **3.** der Zusatz von 1 bis 10 Proz. Blei zu den angeführten eisen- und manganhaltigen Kupferlegierungen.

(Zus. P. 28 546.) Dick & Co., Düsseldorf: Verfahren zur Herstellung von Kupfer-Zink- und Kupfer-Zink-Zinnlegierungen, welche ganz bestimmte Quantitäten von Eisen und Mangan enthalten, indem Ferromangan oder Spiegeleisen entweder a) in Zink bis zur Sättigung aufgelöst und dieses sodann mit oder ohne Zusatz von reinem Zink dem Kupfer oder Kupfer-Zinn hinzugesetzt wird, oder b) in Kupfer entsprechend dem Mangangehalt des letzteren aufgelöst und dann dieses mit oder ohne reines Kupfer mit Zink zusammengeschmolzen wird.

Der wichtige Fortschritt des Verfahrens liegt in der Anwendung des Mangans, das ein gleichmäßiges Legieren des Eisens ermöglicht, und in dem bewußten Zusatz eines Überschusses an Mangan, das somit nicht nur als Desoxydierungsmittel wirkt, sondern auch durch seine Gegenwart (bis etwa 3 Proz.) eine wesentliche Erhöhung der Festigkeit namentlich der geschmiedeten Legierung hervorruft.

Die Deltametalle zeigen die technisch außerordentlich wichtige Eigenschaft, daß durch das Schmieden nicht nur die Festigkeit, sondern auch die Dehnung erhöht wird. So hatte ein Stab beim Herabschmieden

von 60 mm auf 36 mm = 40 kg/qmm Festigkeit und 17 Proz. Dehnung
„ 60 „ „ 30 „ = 40 „ „ „ 22 „ „
„ 60 „ „ 17 „ = 46 „ „ „ 32 „ „

Die geschmiedete Legierung ist höheren Glühtemperaturen (oberhalb 600°) gegenüber sehr empfindlich, es tritt bei mittleren Wärmegraden bereits eine deutliche Vergrößerung des Kornes ein (siehe Fig. 172 bis 174 [Taf. 19]); mit der Gefügeänderung ist ein rasches Fallen der Festigkeitswerte verbunden,

Fig. 172 = 2 Stunden bei 600° geglüht:
60 kg/qmm Festigkeit, 19,5 Proz. Dehnung.
Fig. 173 = 2 Stunden bei 700° geglüht:
40 kg/qmm Festigkeit, 3,2 Proz. Dehnung.
Fig. 174 = 2 Stunden bei 800° geglüht:
34 kg/qmm Festigkeit, 4,7 Proz. Dehnung.

Es empfiehlt sich deshalb, ein nachträgliches Glühen des warmgeschmiedeten Materials zu vermeiden. Die Herstellung der Deltametalle erfolgt zweckmäßig in der Weise, daß man das Kupfer mit dem kohlenstofffreien, eisenhaltigen Manganaluminiumkupfer unter einer Holzkohlendecke einschmilzt; nach erfolgtem Schmelzen wird der Tiegel aus dem Ofen gehoben und nach einigem Abkühlen das Zink zugesetzt.

Duranametall.

Dem Deltametall nahe verwandt ist das von den Dürener Metallwerken A.-G. hergestellte Duranametall. Nach älteren Analysen von *v. Knorre*[1] besteht es aus:

64,8 Proz. Kupfer, 29,5 Proz. Zink, 1,7 Proz. Eisen, 1,7 Proz. Aluminium, 2,2 Proz. Zinn (+ Antimon).

Die von *Stribeck*[2] untersuchte Legierung (siehe unten) hatte die Zusammensetzung:

58,65 Proz. Kupfer, 39,61 Proz. Zink, 0,34 Proz. Eisen, 0,42 Proz. Blei, 0,97 Proz. Zinn.

[1] Zft. f. angew. Chem. 1894, 238.
[2] Zft. d. Ver. deutsch. Ing. 1904, 891.

Das Duranametall liefert saubere, durchaus dichte Gußstücke von verhältnismäßig hoher Festigkeit bei guter Dehnung, es ist innerhalb weiter Temperaturgrenzen schmiedbar, läßt sich im warmen Zustande zu Blech, Stangen und Drähten auswalzen, pressen, im Gesenk schmieden.

Stribeck[1] fand mit gegossenen Stäben bei Warmzerreißversuchen folgende Werte:

Tabelle 214.

Versuchstemperatur °C	Streckgrenze kg/qmm	Zugfestigkeit kg/qmm	Dehnung Proz.	Querschnittsverminderung Proz.	Dauer des Zugversuchs Stunden	Minuten
24	18,0	40,8	31,8	35,7	2	15
63	17,4	37,0	26,5	33,0	4	30
95	17,2	34,5	27,2	33,1	3	40
127	17,2	32,5	37,5	45,7	8	54
144	17,0	31,4	43,8	48,6	8	15
170	16,4	28,0	49,6	50,7	43	37
214	12,5	18,0	61,6	52,1	67	15
267	7,3	10,5	63,3	54,2	17	45
319	4,5	6,5	60,7	53,4	6	—
371	2,8	3,8	54,7	50,0	6	—
420	1,6	2,0	39,3	40,2	—	48
478	0,5	0,7	29,0	33,1	—	50
542	—	0,5	30,1	41,8	1	2
		Kurze Versuchsdauer.				
22	17,8	40,8	31,8	35,7	—	—
62	17,3	39,0	28,0	32,0	—	—
93	16,0	37,2	29,0	33,0	—	—
124	17,5	35,9	?	39,5	—	—
130	16,5	36,5	33,3	39,6	—	—
174	16,7	33,0	37,5	45,7	—	—
207	17,2	31,0	41,8	48	—	—
259	15,6	27,8	46,5	50	—	—
311	13,8	18,7	53,9	50,1	—	—
363	9,5	12,7	58,0	57,4	—	—
414	6,5	7,5	57,2	52,2	—	—
470	2,5	2,8	52,9	49,5	—	—
529	1,4	2,1	63,9	59,0	—	—

Bei langer Versuchsdauer ist die Streckgrenze zwischen 20 und 160° fast unverändert und beträgt etwa 17 kg/qmm; die Festigkeit nimmt fast gleichmäßig von 41 bis zu 30 kg/qmm ab. In diesem Wärmebereich stehen die Festigkeitseigenschaften denen eines zähen Stahlgusses nicht viel nach; oberhalb 160° nehmen Streckgrenze und Festigkeit mit steigender Temperatur ziemlich rasch ab, so daß bei 250° die erstere noch 8,5 und die letztere 12,3 betragen. Dagegen erreicht die Dehnung gegen 300° ein sehr hoch gelegenes Maximum und ebenso die Einschnürung, erst zwischen 400 und 500° findet sich ein Minimum. Das Duranametall kann deshalb als Konstruktionsmaterial

[1] Zft. d. Ver. deutsch. Ing. 1904, 891.

für höhere Wärmegrade Anwendung finden. Ähnliche Ergebnisse erhielt *Rudeloff*[1].

Die Dürener Metallwerke A.-G. garantieren für ihre Gußstücke folgende Werte:

Tabelle 215.

Legierung	Streckgrenze kg/qmm	Bruchfestigkeit kg/qmm	Dehnung Proz.	Kontraktion Proz.	Schmelzpunkt
B 1	18	41,5	33,8	38,6	950°
B 2	20	52	25	26	—
B 3	35	70	20	—	—
Duranamanganbronze	18 bis 61	37 bis 63	39 bis 8	78 bis 70	1045°
Duranaphosphorbronze	40	44,5	32,5	75,5	1056°

Dürre[2] gibt aus einer größeren Versuchsreihe folgende Mittelwerte wieder:

Tabelle 216.

Material	Bruchfestigkeit kg/qmm	Streckgrenze kg/qmm	Dehnung Proz.
Geschmiedete Probe	67,9	63,3	6
„ „	67,3	50,3	18
„ „	37,4	11,1	58
Gußprobe	58,3	30	12,5
„	59,2	22,5	26
Blech	43,6 bis 45,4	30,7 bis 32,7	bis 32
Gestanzt	41,7 „ 42	11,7 „ 13,2	58,5

Das Schwindmaß s. S. 52.

Guillet[3] führt folgende von dem Marinelaboratorium geprüfte Legierungen an, die dem Delta- und Duranametall gleichen:

Tabelle 217.

Bezeichnung	Zusammensetzung in Proz.						Bruchfestigkeit	Elastizitätsgrenze	Dehnung
	Cu	Zn	Fe	Al	Sn	Pb	kg/qmm	kg/qmm	Proz.
Roma	58,58	40,67	0,03	0,20	—	0,39	41	12	30
Froges	69,10	24,61	1,73	4,23	—	0,32	50	20	28
Stone	56,09	40,60	1,67	—	1,05	0,47	48	16	15
Bull	57,23	40,22	0,30	0,15	1,49	0,34	34	16	6

Diese Legierungen sowie das Duranametall zeichnen sich durch große Widerstandsfähigkeit gegenüber der Einwirkung des Seewassers und Chemikalien aus, sie finden besonders Anwendung im Schiffs-, Dampfmaschinen-, Lokomotiv- und Motorenbau für stark beanspruchte, hohen Temperaturen und dem Einfluß des Seewassers usw. ausgesetzte Konstruktionsteile.

[1] Mitt. a. d. Mat.-Prüf.-Amt 1900, 308.
[2] Dingl. Polyt. J. 1894, 18.
[3] Alliages mét. 697.

Erwähnung mögen noch folgende Legierungen finden (nach *Kaiser*[1]):

Tabelle 218.

	Proz. Cu	Proz. Zn	Proz. Fe	Proz. Mn	Proz. Sn	Proz.
Eisenbronze NAF	57,53	39,49	1,32	Spur	0,98	0,19 Al
Gedges Legierung	60	38,17	1,5	—	—	—
Harlington-Bronze	55,73	42,67	0,58	—	0,97	—
Turbinenschaufelmetall (deutsch)	72,23	27,36	0,24	—	0,12	—
„ (englisch)	67,35	32,02	0,38	—	—	—
Turbinenfüllstückmetall	57,65	41,34	0,28	—	—	—
Schmiedbares russisches Messing	53,5	42,0	4,5	—	—	—
Mangan-Hartmessing	54,2	38,2	2,4	4,4	—	0,5 Ni
„	60,1	34,76	1,19	2,34	0,94	0,23 Al

Guillet[2] untersuchte den Einfluß eines gleichzeitigen hohen Mangan- und Aluminiumgehaltes bzw. Mangan- und Zinngehaltes auf die mechanischen Eigenschaften des Messings (Tab. 219).

Tabelle 219.

Zusammensetzung			Bruchfestigkeit	Elastizitätsgrenze	Dehnung	Querschnittsverminderung	Stoßfestigkeit (Frémont)	Härte (Brinell)
Proz. Cu	Proz. Mn	Proz.	kg/qmm	kg/qmm	Proz.	Proz.		
63,18	7,92	3,48 Al	57,5	42,2	6	?	5	117
63,20	8,30	2.81 „	60	36,2	11	4,2	6	140
63,19	8,20	2,99 „	37,9	22,8	8	?	5	140
62,84	8,30	1,90 „	33,5	14,7	8,5	?	6	140
53,94	8,59	3,64	53,6	48,5	2	0	3	140
65,17	2,79	0,32 „	15,4	6,04	27	?	12	35,7
65,33	5,35	0,23 „	22,1	8,28	31	?	17	46,5
63,08	8,21	1,14 Sn	17,05	12,08	4,5	5,6	3	75
57,45	4,48	1,96	37,8	22,4	10	68,7	5	88
56,76	5,63	1,38 „	39,7	18,9	9,5	29,2	8	88
55,77	7,84	1,14 „	32,6	19	3,5	5,6	3	95

Diese Legierungen finden jedoch keine praktische Anwendung.

Parsons Manganbronze.

Dem Duranametall nahe verwandt ist die 1876 von *Parson* erfundene, in England und den Vereinigten Staaten sehr verbreitete Legierung: „Parsons Manganbronze".

Nach Angabe von *Buchanan*[3] soll sie ursprünglich enthalten:

58 Proz. Kupfer, 40 Proz. Zink, 1 Proz. Mangan, 1 Proz. Aluminium und im Gußstück 51 bis 53 kg/qmm Festigkeit bei 20 bis 22 Proz. Dehnung aufweisen.

[1] Zusammensetzung der Metallegierungen.
[2] Rev. de Mét. 1906, 283.
[3] Pract. Alloying 100.

Folgende Analysen zeigen die gebräuchlichen Zusammensetzungen:

Tabelle 220.

	Kupfer Proz.	Zink Proz.	Zinn Proz.	Eisen Proz.	Aluminium Proz.	Mangan Proz.
Gußlegierung (*Buchanan*[1]) .	56,1	41,3	0,75	1,3	0,47	Spur
Blech (*Buchanan*).	60,3	37,6	0,75	1,4	—	0,1
(*Buchanan*)	61,7	34,2	1,3	—	—	2,8
(*Jones*[2])	56,6	40,5	1,21	1,5	—	0,07
(*Escher*[3])	58	38,5	1	1	1	0,5
(*Delachanal*[4])	60,1	34,8	0,94	1,2	0,23	2,34

Die „*Am. Soc. for Testing Materials*“ schreibt für „Manganbronzeguß“ folgende Grenzwerte vor:

Kupfer 55 bis 60 Proz., Zink 39 bis 45 Proz., Eisen nicht über 2 Proz., Zinn nicht über 2 Proz., Mangan nicht über 0,5 Proz., Aluminium nicht über 0,5 Proz.

Nach Angabe von *Jones*[5] soll nur die Gußlegierung einen geringen Aluminiumgehalt aufweisen, während das Walzmetarial davon frei ist. Zur Herstellung dürfen nur reinste Metalle verwendet werden, da schon die geringsten Verunreinigungen, besonders ein Blei- oder Kadmiumgehalt, die Festigkeitseigenschaften ungünstig beeinflussen. Die Manganbronze läßt sich in Rotglut leicht schmieden, walzen oder ziehen, doch ist hierbei die Endtemperatur von Wichtigkeit; tritt eine vorzeitge Abkühlung ein, so wird die Oberfläche hart bis glashart und erhält leicht feine Haarrisse. Die Gußhaut der Blöcke muß vor dem Schmieden oder Walzen abgeschruppt werden.

Die Legierung ist außerordentlich seewasserbeständig und findet deshalb im Schiffsbau vielfache Anwendung, besonders für Schiffmaschinenrahmen und Propeller, sie wird auch besonders empfohlen[3] für Turbinen- und Zentrifugalpumpenräder, welche im sandigen oder säurehaltigen Wasser sonst einer starken Korrosion unterworfen sind.

Zur Prüfung auf Säurebeständigkeit behandelte *Escher*[3] Stücke aus Manganbronze vier Wochen lang gleichzeitig mit anderen Legierungen mit 10proz. Salzsäure; während Bronzeproben 2 bis 3 Proz. an Gewicht verloren, zeigte die Manganbronze keine merkliche Gewichtsabnahme. Um die Widerstandsfähigkeit gegen Korrosion festzustellen, wurden weiter Plättchen aus verschiedenen Konstruktionsmaterialien im rotierenden Sandstrahlgebläse 50 Stunden lang geblasen. Die Manganbronze zeigte alsdann die geringste Gewichtsabnahme. Mehr als diese hatten abgenommen:

Bronze (86 Cu, 14 Sn) . .	um 55 Proz.	Gußeisen	um 64 Proz.
„ (88 „ 12 „) . .	„ 26 „	Stahlblech	„ 79 „

[1] Pract. Alloying 100.
[2] Metal Ind. 1911, 253.
[3] Metallurgie 1908, 566.
[4] C. r. 1908, **147**, 1309.
[5] Stahl u. Eisen 1916, 616.

Zur Herstellung der Legierung löste *Parson* Mangan-Eisen-Kupfer in Messing, *Escher*[1] trägt in das geschmolzene Kupfer und Mangankupfer reine weiche Eisenspäne (nicht Gußspäne) ein, nach erfolgter Lösung werden die übrigen Metalle hinzugegeben, sobald die Legierung zu rauchen beginnt, gießt man in Barren oder, wenn auf große Festigkeit kein Gewicht gelegt wird, in die Formen. Durch wiederholtes Umschmelzen wird die Elastizitätsgrenze und Härte vermindert.

Über die in der russischen Marine viel benutzte „Manganbronze" macht *Ensslen*[2] Mitteilung, er erhielt an Gußstücken für Schiffschrauben und Maschinenteilen für Unterseeboote folgende Werte:

Tabelle 221.

Zusammensetzung						Fließgrenze	Bruch-festigkeit	Dehnung
Proz. Sn	Proz. Fe	Proz. Al	Proz. Mn	Proz. Zn	Proz. Cu	kg/qmm	kg/qmm	Proz.
0,56	0,93	0 69	0,22	41,8	55,5	30,6	59,2	20
0,68	1,68	0,34	0,25	40,3	56,7	30,7	47,3	13
1,18	1,00	0,60	0,25	40,7	56,2	30,4	50,5	15
1,45	0,90	0,70	0,30	39,1	57,6	30,3	49	22
1,60	1,47	1,17	0,39	39,5	55,0	30,7	53,5	33
1,38	0,81	1,26	0,26	42,3	53,9	33,3	54,2	30

Der Schmelzpunkt der Legierung liegt bei 900°, die Gußtemperatur betrug 950°, die beste Schmiedetemperatur ist 800°. Das Anwärmen der Schmiedestücke muß langsam vor sich gehen, da sonst leicht Risse auftreten.

Die amerikanischen Legierungen „Superbronze" enthalten: 56,8 Proz. Kupfer, 1,2 Proz. Aluminium, 1,3 Proz. Eisen, 3,2 Proz. Mangan, Rest Zink, bzw. 68,9 Proz. Kupfer, 5,1 Proz. Aluminium, 2,0 Proz. Eisen, 3,0 Proz. Mangan und „Tensilite" = 64 Proz. Kupfer, 3,1 Proz. Aluminium, 1,2 Proz. Eisen, 2,5 Proz. Mangan, Rest Zink bzw. 67 Proz. Kupfer, 4,4 Proz. Aluminium, 3,8 Proz. Mangan, Rest Zink.

Browne[3] führte einen geringen Kobaltgehalt (in Form des Kupfer-Kobalts mit 10 Proz. Co) in Manganbronze ein, die Festigkeit und Elastizitätsgrenze gingen herab, während die Dehnung erheblich gesteigert wurde:

	Festigkeit	Elastizitätsgrenze	Dehnung	Kontraktion
Ohne Co	= 52,0	24,6	28	26,13
0,5 Proz. Co	= 46,1	21,9	41	35,17

Rübelbronze.

Unter dem Namen „Rübelbronze" (nach dem Erfinder benannt) sind Sondermessinge im Handel, die neben Mangan meist noch Eisen, Aluminium

[1] Metallurgie 1908, 566.
[2] Zft. f. Metallkunde 1923, **15**, 213.
[3] Metal Ind. 1914, **12**, 509.

und Nickel enthalten, sie werden nach einem besonderen Verfahren hergestellt, dem folgende Patente zugrunde liegen.

(D. R. P. 166 893.) Jacobsen, Hamburg: 1. Verfahren zur Herstellung einer Kupferlegierung nach Maßgabe der Atomgewichte der zu legierenden Metalle, dadurch gekennzeichnet, daß mit je zwei Atomgewichten Kupfer und Eisen, sowie je einem Atomgewicht Nickel und Aluminium entsprechende Mengen der genannten Metalle zusammengeschmolzen werden. **2.** Verfahren zur Veredlung von Kupfer-Zinklegierung, dadurch gekennzeichnet, daß 54 Gewichtsteile Kupfer und 40 Gewichtsteile Zink mit 6 Gewichtsteilen der Kupferlegierung nach Anspruch 1 verschmolzen werden.

Zur Herstellung der Vorlegierung wird eine der Formel Cu_2Fe_2NiAl entsprechende Menge möglichst kohlenstoffarmen Eisens und Würfelnickel in einem bedeckten Tiegel auf Weißglut erhitzt, nach dem Abkühlen setzt man $^1/_{10}$ der anzuwendenden Aluminiummenge zu, erhitzt zum Schmelzen und fügt unter ständigem Umrühren das Kupfer in möglichst kleinen Stücken und schließlich den Rest des Aluminiums hinzu. Das Ganze wird noch 10 Minuten im Feuer belassen und vor dem Vergießen mit einem Graphitstab gut durchgerührt. Zur Herstellung des Sondermessings schmilzt man 6 Tle. der Nickel-Aluminium-Eisen-Kupferlegierung und fügt 54 Tle. Kupfer hinzu. Hierbei ist jedoch zu beachten, daß die Vorlegierung, welche schwerer als Kupfer schmilzt und auf diesem schwimmt, auch wirklich geschmolzen ist, was man daran erkennt, daß die Schmelze weiß und dickflüssig ist. Wenn eine gleichmäßige Schmelze erzielt ist, gibt man 40 Tle. Zink in kleinen Stücken und sehr vorsichtig zu. Die fertige Legierung wird nach gutem Umrühren in Barren gegossen und zum Gießen in Formen nochmals umgeschmolzen.

(Vom 1. 3. 1904 ab.)

(Zus. P. D. R. P. 184 717.) Weitere Ausbildung des Verfahrens nach D. R. P. 166 893, dadurch gekennzeichnet, daß auf je zwei Atomgewichte Kupfer und Eisen und ein Atomgewicht Aluminium bis zu drei Atomgewichten Nickel angewandt werden.

Bei Zusatz dieser höher nickelhaltigen Vorlegierung zu Legierungen aus Kupfer und Zink soll man eine vollständig dichte, feinkörnige, hervorragend gußfähige Legierung erhalten, die unmittelbar zu Ventilen u. dgl. Gegenständen vergossen werden kann und eine allen praktischen Ansprüchen genügende Festigkeit besitzt.

(Vom 7. 3. 1905 ab.)

(Zus. P. D. R. P. 188 068.) Verfahren zur Veredlung von Kupfer-Zinklegierungen nach Anspruch 2 des D. R. P. 166 893, dadurch gekennzeichnet, daß ein Teil des Kupfers durch Eisenmangan ersetzt wird.

Die im Hauptpatent beschriebene Legierung bleibt verhältnismäßig weich und eignet sich nicht für Maschinenteile, welche hohem Druck oder großen Reibungsbeanspruchungen ausgesetzt sind. Wenn man jedoch für 5 Proz. Kupfer 5 Proz. Eisenmangan (mit etwa 80 Proz. Mn) anwendet, so wird das Messing bedeutend härter und erhält bei gleichbleibender Dehnung eine erheblich größere Festigkeit. Die Legierung aus 49 Proz. Kupfer, 40 Proz. Zink, 5 Proz. Eisenmangan und 6 Proz. Kupfereisenaluminiumnickel soll bei 46,5 kg/qmm Festigkeit 32,5 Proz. Dehnung besitzen. Bei Anwendung von 10 Proz. Eisenmangan steigt die Festigkeit auf 53 kg/qmm bei 25 Proz. Dehnung; bei 15 Proz. Eisenmangan fällt die Dehnung auf 1 Proz., die Legierung wird sehr hart und spröde.

(Vom 23. 11. 1904 ab.)

Der Erfinder glaubt, daß die Anwendung einer Vorlegierung, welche die einzelnen Bestandteile im Atomgewichtsverhältnis enthält, bei der Herstellung der „Rübelbronzen" eine stete Gleichmäßigkeit in der Zusammensetzung des Endproduktes verbürgt, wie sie bei anderen Sondermessingen nicht gewährleistet werden könnte.

Das Allgemeine Deutsche Metallwerk, G. m. b. H., Berlin-Oberschöneweide, welches die Legierungen im großen darstellt, garantiert folgende Festigkeitswerte:

Tabelle 222.

Marke	Herstellungsart	Bruchfestigkeit kg/qmm	Elastizitätsgrenze kg/qmm	Dehnung kg/qmm	Härte (Brinell)
B	Gegossen	45 bis 50	16	30 bis 35	—
B	Gezogen	50 „ 55	24	20 „ 25	—
C	Gegossen	60 „ 65	32	20 „ 22	176
D	„	50 „ 55	24	25 „ 30	136
H	Geschmiedet, weich	60 „ 65	32	12 „ 18	—
H	Geschmiedet, hart	65 „ 70	42	10 „ 12	—

Sehr günstig sind die bei Warmzerreißversuchen des Reichs-Marineamts festgestellten Werte, es betrug bei dauerndem Thermometerstand von:

Tabelle 223.

Temperatur ° C	Festigkeit kg/qmm	Elastizitätsgrenze kg/qmm	Dehnung Proz.
190	38,5	17,2	44,5
290	34,19	18	43,5
380	30,2	15,7	31,1
485	20,44	13,7	11,9

Die „Rübelbronzen" zeichnen sich durch eine große Widerstandsfähigkeit gegenüber chemischen Agenzien aus. Sie werden vorteilhaft für Hohlkörper verwandt, welche besonders hohe Festigkeit bei Erhitzung aufweisen sollen, namentlich auch für Heißdampf führende Teile, sie haben im Maschinen- und Schiffsbau vielfache Anwendung gefunden.

Eine wolframhaltige Legierung ähnlicher Zusammensetzung ist geschützt im

(D. R. P. 131 514.) Wheatley, London: Kupfer-Zinklegierung von goldähnlichem Aussehen, gekennzeichnet durch einen Gehalt von 59,63 Proz. Kupfer, 33,97 Proz. Zink, 2,8 Proz. Aluminium, 2 Proz. Wolfram, 0,75 Proz. Nickel, 0,7 Proz. Mangan und 0,15 Proz. Zinn.

Der goldähnliche Glanz soll sehr widerstandsfähig gegen atmosphärische Einflüsse sein und nur sehr schwer oxydiert oder matt werden. (Vom 25. 4. 1901 ab.)

(D. R. P. 343 739.) Pouchain, Turin: Manganmessing. Bei der Herstellung von Legierungen mit Cu, Zn und Mn als Grundmetallen, wird das Cu in Mengen zwischen 56 und 63 Proz. und das Zn in weniger als 33 Proz. verwendet, wobei der Rest von Mn (von 5 bis 18 Proz.) mit einem Zusatz von Fe und wenigstens einem der folgenden Metalle ausgefüllt wird: Al, Ni, Mg, Ti. Diese Metalle und das Fe dürfen aber zusammen den Gehalt an Mn nicht übersteigen. Beispielsweise wird folgende Zusammensetzung empfohlen: 61 Proz. Cu, 10,7 Proz. Mn, 2,3 Proz. Fe, 0,37 Proz. Ni, 3,6 Proz. Al, 0,5 Proz. Ti, 21,53 Proz. Zn.

Die Legierungen besitzen höherwertige mechanische Eigenschaften als die bekannten derartigen Legierungen mit geringerem Gehalt an Mn und zeichnen sich außerdem durch große Widerstandsfähigkeit gegen Säuren aus. (Vom 28. 5. 1920 ab.)

(D. R. P. 340 379.) Lange, Rautenkranz, Sachsen: Chrom-, Mangan-, Nickelbronze, welche sich zur Herstellung von Preßzylindern, hydraulischen Pressen und Achsenlagern eignet, dadurch gekennzeichnet, daß sie aus 74 Proz. Cu, 16,75 Proz. Zn, 2 Proz. Al, 1,5 Proz. Mn, 3,35 Proz. Fe, 0,90 Proz. Cr und 1, 5 Proz. Ni besteht. Die Legierung zeigt die physikalischen Eigenschaften einer guten Phosphorbronze, welche sie an Festigkeit und Dehnung übertrifft, unterscheidet sich aber von ihr durch einen geringeren Cu-Gehalt und gänzliche Abwesenheit von Sn. (Vom 19.5. 1920.)

Magnesium-Antimon-Cadmiummessing.

Wie *Guillet*[1] zeigt, löst sich das Magnesium nur in sehr geringen Mengen (höchstens 0,2 bis 0,3 Proz.) im Messing, sein Gleichwertigkeitskoeffizient ist = 2. Bei 0,3 Proz. Mg tritt bereits ein Sonderbestandteil auf, mit dessen Erscheinen die Festigkeitswerte stark zurückgehen (siehe Tab. 224). Die Legierung wird alsbald sehr spröde; wenn man das Magnesium als Desoxydationsmittel anwendet (siehe S. 199), so empfiehlt es sich, nur so viel davon zuzusetzen, daß höchstens Spuren davon in dem fertigen Messing zurückbleiben.

Tabelle 224.

Zusammensetzung		Konstitution	Bruchfestigkeit	Elastizitätsgrenze	Dehnung	Querschnittsvermind.	Stoßfestigkeit	Härte (Brinell)
Proz. Cu	Proz.		kg/qmm	kg/qmm	Proz.	Proz.	(Frémont)	
60,21	0,25 Mg	α	16,5	?	35	—	19	26
60,19	0,30 „	Sonderbestandteil	11,9	?	20,5	—	8	39,5
60,02	0,42 „	Desgl.	10,6	?	9	—	3	34,4
69,89	0,22 „	Ähnlich einem Cu-Gehalt = 59 Proz.	34,5	6,3	47	—	19	54
69,97	0,26 „	Sonderbestandteil	29,6	7,8	16	—	5	58
69,94	0,35 „	Desgl.	16,5	8,8	4	—	5	58
60,72	0,46 Sb	Sonderbestandteil	22,7	8,8	2	26,7	2	28
60,01	1,6 „	Desgl.	6	?	0	0	2	30,6
60,13	1,79 „	Desgl.	3	3	0	0	3	31
70,23	0,70 „	Desgl.	18,4	—	6	8,2	2	40
70,30	0,11 „	Desgl.	22,0	—	8	0	3	54
70,04	1,78 „	Desgl.	18,6	—	4	0	3	61
58,18	0,90 Cd	Spuren von freiem Cd	31,8	11,5	15	35,0	8	61
57,78	1,52 „	Wenig freies Cd	34,7	18,7	15	4,2	5	76
59,64	2,69 „	Desgl.	23,7	8,15	7	29,2	4	65

Das Antimon spielt eine ähnliche Rolle wie das Magnesium, nur sehr geringe Mengen gehen in Lösung, der Rest bildet einen Sonderbestandteil, der sehr schädlich ist (siehe Tab. 224). Nach Angaben von *Sperry* läßt sich Messing mit 0,006 Proz. Antimon noch befriedigend verwalzen, das würde einem Kupfer mit 0,01 Proz. Sb entsprechen. Da Elektrolytkupfer häufig bis 0,08 Proz. Sb enthält, soll es für Walzmessingfabrikate unbeliebt sein.

Die Wirkung eines Cadmiumgehaltes ist ähnlich dem eines Bleizusatzes: wenn er 0,9 Proz. erreicht, tritt im Gefüge freies Cadmium auf, die mechanischen Werte gehen alsdann erheblich zurück.

[1] Rev. de Mét. 1906, 280.

Sperry[1] fand, daß das Cadmium in den Mengen, in welchen es im Rohzink in der Regel vorkommt, auf das daraus hergestellte Messing ohne nachteiligen Einfluß ist. Als er es einem Messing (60 Proz. Cu, 40 Proz. Zn), das sich eben noch kalt walzen ließ, in Mengen von 0,05 Proz. bis zu 1 Proz. zusetzte, wurde die Legierung zwar härter, behielt aber ihre Streckbarkeit und ließ sich noch walzen.

Arsenmessing.

Sperry[2] führte Versuche aus, um die Wirkung des Arsens auf Messing festzustellen, und erhielt dabei folgende Ergebnisse:

1. Die Anwesenheit von mehr als 0,02 Proz. Arsen im Messing ist schädlich und verursacht Risse beim Walzen. 2. Arsen verleiht geschmolzenem Messing große Flüssigkeit. 3. Arsenhaltiges Messing liefert reinere Güsse. 4. In Mengen von nicht über 0,02 Proz. verleiht das Arsen dem Messing große Dehnbarkeit, wahrscheinlich durch die Reduktion des Kupferoxyduls, welche beim Schmelzen eintritt. [Zweifelhaft.]

Silbermessing.

Das silberhaltige Messing, das Silberschlaglot, ist ein zum Löten der verschiedensten Metalle und Legierungen sehr beliebtes Mittel. Die *Physikalisch-technische Reichsanstalt*[3] empfiehlt besonders folgende Zusammensetzungen:

	Kupfer	Zink	Silber
Für strengflüssige Metalle	53 Proz.	43 Proz.	4 Proz.
„ mittelstrengflüssige Metalle	48 „	48 „	4 „
„ zahlreiche Verwendungen geeignet	42 „	52 „	6 „
„ zweite Lötungen	43 „	48 „	9 „
Ersatz für zinnhaltige, schnellflüssige Lote .	38 „	50 „	12 „

Man schmilzt das Zink ohne starke Überhitzung in Graphittiegeln, löst das feingekörnte, mit dem Drittel seines Rauminhalts Salmiak vermischte Kupfer allmählich im Zink auf und setzt das in dünne Blechstückchen zerschnittene Silber hinzu. Nach weiterer Zugabe von etwas Salmiak wird die Legierung gut umgerührt und, um gekörnt zu werden, in Wasser ausgegossen, das durch einen Reisigbesen in Bewegung erhalten wird. Siehe auch S. 253.

Der Normenausschuß der Deutschen Industrie schlägt für Silberlot das Normblatt DIN 1710 vor:

Tabelle 225.

Form	Benennung	Zusammensetzung			Schmelzpunkt	Verwendungsbeispiele
		Proz. Cu	Proz. Zn	Proz. Ag	°C	
Körner	Silberlot 4	50	46	4	855	Lötung von Messing mit 58 Proz. und mehr Cu für feinere Arbeiten, wenn eine saubere Lötstelle ohne viel Nacharbeit erreicht werden soll, sowie von Kupfer- und Bronzestücken
	Silberlot 9	43	48	9	820	
	Silberlot 12	36	52	12	785	
Streifen (Stecklot)	Silberlot 8	50	42	8	830	
	Silberlot 25	40	35	25	765	
	Silberlot 45	30	25	45	720	

[1] Brass World 1907.
[2] Brass World 1906, 163.
[3] Dingl. Polyt. J. **293**, 64, 89.

Zinnmessing.

Aus den Untersuchungen *Guillets*[1] über den Einfluß eines Zinnzusatzes auf die Eigenschaften des technischen Messings geht folgendes hervor:

Im kupferreichen Messing lösen sich geringe Zinnmengen im α-Bestandteil, die Löslichkeit ist abhängig von der Konzentration desselben, je weniger Zink er enthält, desto mehr Zinn kann er aufnehmen. Das Zinn ruft dann eine geringe Steigerung der Festigkeit und Elastizitätsgrenze hervor, während Dehnung, Stoßfestigkeit und Härte nahezu unverändert bleiben. Tritt das Zinn in ein weniger kupferreiches Messing ein, das also aus $\alpha + \beta$-Bestandteil gebildet wird, so löst α ungefähr 0,7 Proz. Zinn und β ebensoviel, der β-Bestandteil verschwindet jedoch allmählich, und es tritt ein Sonderbestandteil auf, damit vermindern sich Festigkeit und Dehnung, während die Härte wächst. Der harte Sonderbestandteil findet sich auch in den kupferreichen Legierungen, wenn α mit Zink gesättigt ist oder der Zinngehalt 1,7 Proz. überschreitet (siehe Tab. 228).

Auf dem Verschwinden des von Chemikalien leicht angreifbaren β-Bestandteiles beruht die große Widerstandsfähigkeit des Zinnmessings gegenüber dem Einfluß des Seewassers.

Schon ein geringer Zinnzusatz macht das Messing dichter und dünnflüssiger, die Politurfähigkeit und der Klang werden verbessert, die Walzbarkeit wird allerdings bei einem Gehalt von mehr als 1 Proz. Sn beeinträchtigt, die Farbe der Legierung wird etwas gelber und dem Golde ähnlicher, man gibt deshalb dem zum Vergolden bestimmten Messing häufig einen geringen Zinnzusatz.

Die von *Guillet* an kaltgehärteten und dann ausgeglühten Legierungen festgestellten Werte sind in Tab. 226, diejenigen des gegossenen Materiales in Tab. 228 aufgeführt.

Tabelle 226.

Zusammensetzung		Bruchfestigkeit	Elastizitätsgrenze	Dehnung	Querschnittsverminderung	Stoßfestigkeit	Härte
Proz. Cu	Proz. Sn	kg/qmm	kg/qmm	Proz.	Proz.	(Frèmont)	(Brinell)
59,42	0,72	34,0	11,3	40	49,5	13	67
59,35	1,29	34,3	12,5	35	39,2	7	74
60,03	2,22	35,9	14,2	13	12,7	0	77

Tabelle 227.

Zusammensetzung			Behandlung	Bruchfestigkeit	Fließgrenze	Dehnung	Querschnittsvermind.	Schlagprobe Schlagzahl	Härte (Brinell)
Proz. Cu	Proz. Zn	Proz. Sn		kg/qmm	kg/qmm	Proz.	Proz.		
59,9	39,4	0,5	Gegossen	40,6	17	44	42	77	87
			Geschmiedet	44,6	24	38	60	113	107
58,9	40,1	1,0	Gegossen	41,3	14,8	32	33,5	47	98
			Geschmiedet	44,3	21	38	44,6	107	107
58,8	38,7	2,1	Gegossen	40,4	18,2	13	15	5	114
59,1	37,6	3,0	Gegossen	32,9	25,4	1,5	3,2	1	137

[1] Alliages mét. 666; Rev. de Mét. 1906, 264.

Tabelle 228.

Zusammensetzung Proz. Cu	Proz. Sn	Konstitution	Bruchfestigkeit kg/qmm	Elastizitätsgrenze kg/qmm	Dehnung Proz.	Querschnittsvermind. Proz.	Stoßfestigkeit Frémont	Härte Brinell
56,99	1,80	Sonderbestandteil	33,4	23,3	3,5	2,8	4	95
57,52	2,20	desgl.	36,1	23,3	2	2,8	2	101
59,78	2,31	desgl.	30,2	25,3	1	2,8	2	114
59,69	0,61	$\alpha + \beta$	31,7	29,7	2,5	7,4	5	117
55,71	0,77	Auftreten d. Sonderbest.	12,0	12,0	0	0	2	134
50,53	0,97	Sonderbestandteil	10,2	10,2	0	0	3	117
70,63	0,34	α	20,6	4,8	54	—	19	32
69,58	0,62	α	20,3	?	54	—	18	23
69,05	0,74	α	21,3	?	47	37,2	11	33
69,70	1,72	Spuren des Sonderbestandt.	16,9	7,4	23	—	6	38
69,65	1,74	Sonderbestandteil	4,8	4,8	7,5	—	4	49
70,97	2,78	Spuren des Sonderbestandt.	12,3	6,1	17	—	6	43
70,20	4,82	Große Mengen des Sonderb.	14,2	6,1	2	—	—	—
70,53	3,84	desgl.	3	3	1	—	—	—
64,48	0,58	Spuren des Sonderbestandt.	12,9	?	21	—	6	49
64,58	3,09	Große Mengen des Sonderb.	11,8	11,8	0,5	—	3	54
60,71	0,01	$\alpha + \beta$	32,7	6,0	45	—	14	—
59,63	0,06	$\alpha + \beta$	32,5	5,9	48	—	18	—
59,73	0,70	Spuren d. Sonderbest. in β	27,9	5,9	24,5	36,4	9	67
60,19	2,03	β verschwunden	28,5	10,8	6	—	3	—
59,22	1,37	wenig β	29,1	9,7	5	—	2	—
60,47	2,98	β verschwunden	25,0	11,5	1	—	2	—
59,53	3,57	desgl.	11,9	7,0	1	—	3	104
60,05	5,07	desgl.	Schlecht gerissen				0	—
60,21	5,50	desgl.	13,7	13,7	0	—	3	129
59,49	7,17	desgl.	nicht zu bearbeiten				0	144
59,68	9,36	desgl.	desgl.				0	193
59,34	14,35	desgl.	desgl.				0	261
78,78	1,80	α	18,4	5,3	40	42,8	16	41
79,04	5,26	Spuren des Sonderbestandt.	11,8	4,8	21	24,7	12	46,5
89,03	2,10	α	20,0	4,7	33	33,9	24	52
88,31	7,44	Spuren des Sonderbestandt.	10,15	6,9	6	8,3	15	57

Smalley[1] gibt für die Wirkung geringer Zinnzusätze auf 59/41 - Messing folgende Werte an: siehe Tab. 227. (Die entsprechenden Werte der zinnfreien Legierungen siehe S. 319.)

Bei gleichzeitiger Anwesenheit geringer Mengen Zinn und Blei im Messing (mit 33 Proz. Zn) bildet, wie *Johson*[2] fand, das Zinn harte, in netzförmigen Massen ausgebreitete, heterogene Beimengungen, das Blei dunklere, an einzelnen Stellen konzentrierte Einsprenglinge; beide sind voneinander unabhängig zu erkennen. Über die Wirkung eines gleichzeitigen Blei- und Zinngehaltes auf das Messing 60/40 gibt *Hanser*[3] an: Für Werkstoff mit hoher Festigkeit bei mittleren Ansprüchen an Dehnung darf man höchstens bis 1 Proz.

[1] Zft. f. Metallkunde 1923, **15**, 50.
[2] Intern. Zft. f. Metallogr. 1912, II, 273.
[3] Zft. f. Metallkunde 1924, **16**, 93.

Zinn und 0,5 Proz. Blei gehen. Werkstoff von hoher Festigkeit, gut bearbeitbar, mit geringen Ansprüchen an Dehnung verträgt bis 2 Proz. Blei, Zinn nicht über 0,5 Proz. Für sehr zähen Werkstoff (gut walz- und ziehbar) ist der Zinngehalt möglichst niedrig zu halten, Blei nicht über 1 Proz.

Die Eisen-Manganmessinge erhalten zuweilen einen geringen Zinngehalt, siehe Duranametall; es empfieht sich jedoch, den Zusatz nicht wesentlich über 1,5 Proz. zu steigern, da die Legierung sonst zu spröde wird.

Auch dem Messing, das als Lot dienen soll, gibt man zuweilen einen geringen Zinnzusatz, der die Schmelztemperatur erniedrigt und die Dünnflüssigkeit steigert. Zugleich wird jedoch die Geschmeidigkeit vermindert, so daß bei einem größerem Zinngehalt die Lötfuge nicht mehr hämmerbar ist.

Erwähnung verdienen die durch nachstehende Patente geschützten Sondermessinge.

(D. R. P. 254 660.) Rübel, Westend b. Berlin: Verfahren zur Herstellung einer Zusatzlegierung zur Verbesserung von Kupfer-Zinklegierungen, dadurch gekennzeichnet, daß **Vanadium** mit Kupfer, Aluminium und Eisen oder Nickel oder Mangan oder mit beliebigen Mischungen der letztgenannten drei Elemente so legiert wird, daß auf 1 Gewichtsteil Vanadium mindestens 2 Gewichtsteile von Eisen, Nickel, Mangan einzeln oder 2 Gewichtsteile einer beliebigen Mischung dieser Elemente kommen. 40 Gewichtsteile Zink, 45 bis 57 Gewichtsteile Kupfer werden mit 3 bis 15 Gewichtsteilen der obigen Legierung verschmolzen.

Zuerst wird das erforderliche Eisen und Vanadium in den Tiegel eingesetzt und geschmolzen und dann die nötige Menge Aluminium und Kupfer hinzugegeben, oder man schmilzt das Kupfer-Aluminium für sich und gießt es in das geschmolzene Ferrovanadium ein. Man rührt mit einem Eisenstab gut um und gießt die Legierung in kleine Blöckchen. Zur Herstellung der Endlegierung wird dann die erforderliche Kupfermenge geschmolzen und die in einem kleinen Tiegel für sich geschmolzene Zusatzlegierung hineingegossen. Hierauf setzt man das erforderliche Zink zu und gießt die fertige Legierung nach gutem Umrühren in Barren oder in die Form. (Vom 20. 9. 1910 ab.)

(U. S. P. 887 540.) Stribeck: Herstellung von Gelbmessing. Da alle auf den Markt gebrachten Gelbmessingsorten bei 300 bis 505° mehr oder weniger spröde sind, so daß sie sich für zahlreiche Zwecke, z. B. für Leitungsröhren für überhitzten Dampf, nicht eignen, soll diese Sprödigkeit durch Beimengung von **Phosphor** (0,03 bis 0,10 Proz.) beseitigt werden.

(U. S. P. 998 777.) Jones und Westinghouse Electric. Co.: Sondermessing. Eine Legierung von Kupfer und Zink soll besondere Festigkeit erlangen durch Zusatz von **Wolframstahl** und **Ferromangan,** die man zuerst mit Kupfer einschmilzt, z. B. 51 bis 64 Proz. Kupfer, 35 bis 45 Proz. Zink, $^1/_6$ bis 15 Proz. Ferromangan und Wolframstahl (außerdem noch Zinn oder Aluminium).

Besondere Vorzüge werden der „Chromaxbronze", einem chrom-, nickel- und aluminiumhaltigen Messing nachgerühmt. Sie hat die Zusammensetzung:

66,66 Proz. Kupfer, 12,13 Proz. Zink, 15,15 Proz. Nickel, 3,03 Proz. Chrom, 3,03 Proz. Aluminium.

Das *Bureau der Vereinigten-Staaten-Marine-Ingenieure* setzt folgende Grenzen fest:

Handelsmessing: 64 bis 68 Proz. Cu, 32 bis 34 Proz. Zn, Eisen höchstens 2 Proz., Blei höchstens 3 Proz.

Muntzmetall: 59 bis 62 Proz. Cu, 39 bis 41 Proz. Zn, Blei höchstens 0,6 Proz.

Manganbronze: 57 bis 60 Proz. Cu, 37 bis 40 Proz. Zn, 0,75 Proz. Sn, Eisen höchstens 1 Proz., Aluminium höchstens 0,5 Proz., Mangan höchstens 0,3 Proz.

Gegossenes Schiffsmessing: 59 bis 63 Proz. Cu, 35,5 bis 40,5 Proz. Zn, 0,5 bis 1,5 Proz. Sn, Eisen höchstens 0,06 Proz., Blei höchstens 0,6 Proz.

Admiralitätsmetall: 70 Proz. Cu, 29 Proz. Zn, 1 Proz. Sn, Eisen höchstens 0,06 Proz., Blei höchstens 0,07 Proz.

Der Normenausschuß der Deutschen Industrie schlägt für Messing das Normblatt DIN 1709 vor:

Tabelle 229.

Benennung	Kurzzeichen	Zusammensetzung			Behandlung	Verwendungsbeispiele
		Proz. Cu	Zusätze	Proz. Zn		
Guß-messing 63	GMs 63	63	<3 Proz. Pb	Rest	Bearbeiten mit spanabhebenden Werkzeugen	Gehäuse, Armaturen usw.
Guß-messing 67	GMs 67	67	<3 Proz. Pb	Rest	Bearbeiten mit spanabhebenden Werkzeugen, Hartlöten	Federn, Gehäuse, Armaturen usw.
Sondermessing gegossen	So-GMs	55-60	Mn + Al + Fe + Sn bis zu 7,5 Proz. nach Wahl	Rest	Bearbeiten mit spanabhebenden Werkzeugen	Schiffsschrauben, kleine Lager, Überwurfmuttern, Grundringe, Beschlagteile, Schiffsfenster. Guß von hoher Festigkeit
Hartmessing (Schraubenmessing)	Ms 58	58	2 Proz. Pb	Rest	Warmpressen, Schmieden, Bearbeiten mit spanabhebenden Werkzeugen	Stangen für Schrauben, Drehteile, Profile für Elektrotechnik, Instrumente, Schaufenster und sonstige Bauteile, Warmpreßstücke (Armaturen, Beschläge, Ersatz für Guß) zu den mannigfachsten Arbeiten, Bleche für Uhren, Harmonikas, Taschenmesser, Schloßteile
Schmiedmessing (Muntzmetall)	Ms 60	60	—	Rest	Warmpressen, Schmieden, Bearbeiten mit spanabhebenden Werkzeugen, mäßiges Biegen und Prägen	Stangen, Drähte, Bleche und Rohre für mannigfaltige Zwecke, besonders für den Schiffsbau zu Kondensatorrohrplatten, Beschläge, Vorwärmer- und Kühlerrohre
Druckmessing	Ms 63	63	—	Rest	Ziehen, Drücken, Prägen, Hartlöten mit leichtflüssigem Schlaglot oder Silberlot	Stangen, Bleche, Bänder, Drähte, Rohre im Schiffbau, Profile für Metallwarenherstellung

Tabelle 299 (Fortsetzung).

Benennung	Kurzzeichen	Zusammensetzung Proz. Cu	Zusätze	Proz. Zn	Behandlung	Verwendungsbeispiele
Halbtombak (Lötmessing)	Ms 67	67	—	Rest	Ziehen, Drücken (Kaltbearbeiten), Hartlöten bei hohen Anforderungen	Stangen, Profile, Rohre, Bleche (u. a. für Musikinstrumente), Drähte, Holzschrauben, Federn, Patronenhülsen
Gelbtombak (Schaufelmessing)	Ms 72	72	—	Rest	Ziehen, Drücken, Prägen (Kaltbearbeiten) bei höchsten Anforderungen an Dehn- und Haltbarkeit	Drähte, Bleche, Profile für Turbinenschaufeln
Hellrottombak	Ms 80	80	—	Rest	Kaltbearbeitung, Kunstgewerbe	Bleche, Metalltücher, Metallwaren
Mittelrottombak	Ms 85	85	—	Rest	Desgl.	Desgl.
Rottombak	Ms 90	90	—	Rest	Desgl.	Desgl.
Sondermessing gewalzt	So-Ms	55-60	Mn + Al + Fe + Sn bis zu 7,5 Proz. nach Wahl	Rest	Warmpressen, Schmieden	Kolbenstangen, Verschraubungen, Stangen zu Ventilspindeln, Profile, Bleche, Dampfturbinenschaufeln, Warmpreßteile von hoher Festigkeit, Rohre

Die Neusilberlegierungen.

Die hochnickelhaltigen Messinge finden unter dem Namen Neusilber, Argentan, Alfenide usw. (vgl. S. 197 u. *Simmich*[1]) in der Technik vielfache Anwendung.

Die Konstitution des ternären Systems Kupfer-Zink-Nickel wurde eingehend von *Tafel*[2] untersucht, es findet sich kein Maximum, das auf eine ternäre Verbindung hindeuten würde, noch ein Mimimum eines ternären Eutektikums. Die technisch wichtigen Legierungen bilden unverändert erstarrende Mischkrystalle.

In Fig. 175 (Taf. 20) ist die Legierung:

52,9 Proz. Cu, 20,3 Proz. Zn, 26,8 Proz. Ni

und in Fig. 176 (Taf. 20) diejenige aus:

53,4 Proz. Cu, 25,1 Proz. Zn, 21,5 Proz. Ni

nach 30″ langem elektrolytischen Ätzen durch Einhängen des Regulus als positiver Pol in ein Bad von verdünnter Salpetersäure wiedergegeben.

[1] Zft. f. angew. Chem. 1925, **38**, 1181.

[2] Metallurgie 1908, 414.

Hudson[1] fand, daß die Mischkrystalle erst nach stundenlangem Ausglühen homogen werden, sie besitzen dann die charakteristische „kornartige" Struktur. Durch das sehr lange Ausglühen, durch welches aus den zahlreichen kleinen Körnern wenige große entstehen, wird die Walzbarkeit nicht ungünstig beeinflußt, selbst ein Ausglühen bei 1000° soll nichts schaden. Härteproben zeigten, daß durch das verlängerte Ausglühen die Härteabnahme nicht größer wird als durch normales Ausglühen.

In Fig. 177 bis 179 (Taf. 21) ist das Gefüge der von *Weidig* (siehe unten) untersuchten Legierung: 59,89 Proz. Kupfer, 20,15 Proz. Nickel, 19,90 Proz. Zink wiedergegeben.

Der Nickelgehalt (meist zwischen 12 und 26 Proz.) erzeugt die weiße Farbe, die der einer Silberlegierung ähnlich ist, erhöht die Widerstandsfähigkeit gegen Korrosion, macht die Legierung jedoch strengflüssiger und geneigter zum Blasigwerden. Der Kupfergehalt (gewöhnlich 50 bis 60 Proz.) erhöht die Dehnbarkeit, man wählt deshalb einen größeren Kupferzusatz, wenn die Legierung durch Walzen, Pressen usw. mechanisch bearbeitet werden soll; allerdings wird sie dann mehr gelblich gefärbt und schließlich bräunlich. Der Zinkgehalt (15 bis 40 Proz.) erniedrigt die Schmelztemperatur, macht die Legierung dünnflüssiger und billiger, vermindert die Gasentwicklung beim Gießen, die Gußlegierungen besitzen deshalb den höchsten Zinkgehalt, sie werden dadurch allerdings wesentlich spröder und verlieren die Korrosionsfestigkeit.

Außer den üblichen Legierungen, die also enthalten:

60 bis 50 Proz. Cu, 40 bis 15 Proz. Zn, 26 bis 12 Proz. Ni

empfiehlt *Tafel* auf Grund seiner Untersuchungen eine solche mit:

80 bis 73 Proz. Cu, 7 Proz. Zn, 20 bis 15,3 Proz. Ni

wegen ihrer täuschenden Ähnlichkeit im polierten Zustand mit Silber sowohl bezüglich ihrer Farbe als auch wegen ihrer Duktilität, zweitens eine solche mit:

20 bis 7 Proz. Cu, 52 bis 40 Proz. Zn, 40 bis 33 Proz. Ni

wegen ihrer auffallenden Härte und Zähigkeit. Letztere bietet allerdings bei der Herstellung erheblichere Schwierigkeiten durch ein lästiges Spritzen beim Einschmelzen.

Eine Legierung[2]: 80 Proz. Cu, 2 Proz. Zn, 18 Proz. Ni ist im Aussehen dem Reinnickel sehr ähnlich, sie wird unter einer Holzkohlendecke erschmolzen unter Zusatz von 185 g Mangankupfer auf 100 kg, vor dem Vergießen werden 250 g Magnesiumkupfer eingerührt.

Aus den von *Tafel* festgestellten Schmelz- bzw. Erstarrungspunkten seien folgende angeführt (Tab. 230), siehe auch *Wüst* (Tab. 232).

Der Schmelzpunkt der von Weidig (siehe unten) untersuchten Legierung lag bei 1123°, das spez. Gewicht betrug 8,451.

[1] Inst. of Metals 1913.
[2] Metallbörse 1922, 447.

Tabelle 230.

Zusammensetzung			Erstarrung	
Proz. Cu	Proz. Zn	Proz. Ni	Beginn	Ende
61,9	23,8	14,3	988°	928°
60,3	13,9	25,8	1112°	1041°
60,4	25,1	14,5	1043°	980°
60,4	32,2	6,7	962°	893°
53,4	25,1	21,5	1076°	990°
53,7	32,2	14,1	1005°	917°
46,9	32,6	21,3	1042°	945°

Die Festigkeit des Neusilbers ist größer als die des Messings und beträgt z. B. für hartgezogene Drähte durchschnittlich 75 kg/qmm, für geglühte Drähte 52 kg/qmm. *Diegel*[1] fand folgende Werte:

Tabelle 231.

Zusammensetzung				Streckgrenze	Festigkeit	Dehnung	Querschnittsverminderung
Proz. Cu	Proz. Zn	Proz Ni		kg/qmm	kg/qmm	Proz.	Proz.
60	24	15	(Hartgezogener Draht)	61	77	2	55
45,5	38	15	(Gußprobe)	9,7	23,5	16	29

Wüst[2] untersuchte die Schwindung des Neusilbers; die Abkühlungskurve zeigt, daß der Erstarrungsvorgang sich auf ein größeres Temperaturintervall erstreckt, während aus den Schwindungskurven hervorgeht, daß diese Erstarrung unter Volumvermehrung erfolgt. Aus den beobachteten Werten (siehe Tab. 232) ergeben sich folgende Gesetze. Die Erstarrung der Legierungen von der angegebenen Zusammensetzung beginnt bei um so höherer Temperatur, je höher der Nickelgehalt ist, die Krystallisation erstreckt sich über ein größeres Intervall, in dem die erstarrenden Mischkrystalle eine Ausdehnung bis 0,045 Proz. Maximum erfahren. Die Schwindung und damit der normale Verlauf der thermischen Kontraktion beginnt etwa zwischen 920 und 1000°, bei einer Temperatur, die ebenfalls von der Zusammensetzung abhängig ist. Die Schwindungskoeffizienten sind alle sehr hoch und liegen in der Nähe von 2 Proz.

Tabelle 232.

Zusammensetzung			1. Haltepunkt	2. Haltepunkt	Beginn der Ausdehnung	Proz. der Ausdehnung	Beginn der Schwindung	Proz. der Schwindung
Proz. Cu	Proz. Zn	Proz. Ni						
61,57	22,16	16,10	1020°	955°	1068°	0,045	917°	2,025
56,20	23,36	20,40	1060°	1025°	1049°	0,039	924°	2,05
51,40	22,30	26,22	1087°	800°	1080°	0,027	949°	2,03
46,10	18,00	35,80	1085°	—	1090°	0,032	1010°	1,935

[1] Verh. d. Ver. z. Bef. d. Gewerbefl. 1903, 93.

[2] Metallographie 1909, 787.

Tabelle 233.

Namen	Zusammensetzung					Spez. Widerstand
	Proz. Cu	Proz. Zn	Proz. Ni	Proz. Fe	Proz. Mn	
Kupfer	100	—	—	—	—	1,6
Nickel	—	—	100	—	—	12,6
Neusilber	60,1	25,4	14	0,3	—	30,0
Rheotan	50,4	16,9	25,3	4,5	—	52,5
Nickelin I von *Obermaier* .	61,6	19,7	18,5	0,2	0,18	33,2
„ II „ „	54,6	20,4	24,5	0,6	0,27	44,8

Siehe auch S. 226.

Wegen ihres hohen Leitungswiderstandes finden die Neusilberlegierungen Verwendung zur Anfertigung elektrischer Widerstände. *Feußner* und *Lindeck*[1] beobachteten vorstehende spezifischen Widerstände. (Siehe Tab. 233.)

Weidig[2] untersuchte die Wirkung des Glühens auf einen hartgezogenen Draht der Zusammensetzung:

59,89 Proz. Kupfer, 19,9 Proz. Zink, 20,15 Proz. Nickel,

siehe Tab. 234.

Tabelle 234.

Material	Zugfestigkeit kg/qmm	Dehnung Proz.	Biegezahl[3]	Elektrischer Widerstand[4]
Harter Probedraht	62,95	4,9	14,0	0,04763
Bei 400° geglüht, an der Luft abgekühlt	60,26	10,8	14,0	0,04444
„ 400° „ in Wasser abgeschreckt	58,28	10,8	14,5	0,04392
„ 600° „ an der Luft abgekühlt	44,56	34,25	16,0	0,04386
„ 600° „ in Wasser abgeschreckt	43,85	31,85	15,0	0,04411
„ 800° „ an der Luft abgekühlt	39,32	36,5	10,0	0,04565
„ 800° „ in Wasser abgeschreckt	39,60	36,0	10,5	0,04387
Weicher Probedraht	43,41	33,8	15,5	0,04465

Die günstigsten Werte liefert ein Ausglühen bei 600 bis 700°.

Die Herstellung des Neusilbers erfolgt nach verschiedenen Verfahren, die sich im wesentlichen in der Reihenfolge unterscheiden, in der man die einzelnen Bestandteile einschmilzt. Wegen der hohen Schmelztemperatur des Nickels und Kupfers hat man mit erheblichen Zinkverlusten zu rechnen, wodurch das Innehalten der vorgeschriebenen Zusammensetzung erschwert wird. *Karr*[5] unterscheidet in einem auf der Hauptversammlung des American Institute of Metals 1912 vorgelegten Bericht folgende Verfahren:

[1] Zft. f. Instrumentenkunde 1889, 233.

[2] Metallurgische Studien 1912.

[3] Biegezahl = Zahl der vollen Umbiegungen (um 90° und zurück über einen Radius von 5 mm) bis zu beginnendem Bruch.

[4] Angegeben in Ohm für je 1 m Länge des Drahtes von 3 mm Durchmesser.

[5] Metall u. Erz 1912, I, 154.

1. Nach der „deutschen" Methode werden Kupfer, Zink und Nickel sorgfältig abgewogen, schichtenweise in vorstehender Reihenfolge in einen Graphittiegel eingetragen und unter einer Holzkohlendecke geschmolzen. Von dem Zink und Nickel wird ein Drittel zurückbehalten, um erst nach und nach zugegeben zu werden, nachdem die erste Beschickung vollkommen geschmolzen und gehörig durchgerührt ist. Ist die Masse auf Gießtemperatur erhitzt, so wird noch etwas Zink zugesetzt, um den Verlust infolge Verdampfung auszugleichen.

2. Nach dem „englischen" Verfahren wird alles Nickel, Kupfer und Zink unter einer Kohlengrusdecke auf einmal verschmolzen. Der geschmolzenen Masse wird eine kleine Menge einer vorbereiteten Legierung aus zwei Teilen Zink und einem Teil Kupfer und schließlich noch $^1/_4$ der anfänglichen Beschickungsmenge von Zink zugesetzt.

3. Die „amerikanische" Methode besteht darin, eine vorbereitete Kupfernickellegierung unter Holzkohle zu schmelzen und das Zink stückweise nach Vorwärmung oder in flüssigem Zustand einzutragen. Man benutzt auch das Monelmetall (siehe S. 222) als Basis unter Zusatz entsprechender Mengen von Kupfer und Zink.

In einzelnen englischen Fabriken schmilzt man das Zink mit der Hälfte des Kupfers ein und gießt die gut mit einem Eisenstab durchgerührte Legierung zu dünnen Platten aus, welche zu kleinen Stücken zerschlagen werden. In einer zweiten Schmelze legiert man den Rest des Kupfers mit allem Nickel und setzt zur Schmelze nach und nach die Stücke der zuerst gebildeten Kupferzinklegierung.

Wegen der lästigen Neigung der meisten Nickellegierungen, im Schmelzfluß Gase zu absorbieren, muß man stets unter einer Schutzdecke einschmelzen und Desoxydationsmittel anwenden. *Karr*[1] hält die Benutzung einer Holzkohlendecke allein nicht für ausreichend, sondern empfiehlt zerkleinertes Glas in Verbindung mit einer geringen Menge von calcin. Soda oder Borax. Die Zugabe einer kleinen Menge von trockenem Chlorzink unmittelbar nach dem Abschäumen vor dem Gießen ist ratsam.

Über den Einfluß der Gießtemperatur siehe S. 199.

Als Desoxydationsmittel wendet man Phosphorkupfer an, neuerdings auch mit gutem Erfolg das kohlenstofffreie Mangan. Es genügt hiervon ein Zusatz von $^1/_4$ bis $^1/_2$ Proz., das Neusilber erhält dadurch eine hellere, silberähnliche Färbung, eine größere Dichtigkeit und einen besseren Klang. Die Chemische Fabrik Griesheim-Elektron empfiehlt als besonders reaktionsfähigen Körper das Magnesium in Form von Reinmagnesium oder als Magnesiumkupfer oder -nickel. Das Metall setzt sich mit den in der Schmelze gelösten Gasen und Oxyden um und scheidet sich als unlösliche Magnesiumschlacke ab, die infolge ihres geringen spez. Gewichtes an die Oberfläche des Metallbades steigt und beim Abschäumen leicht entfernt werden kann. Der günstige Einfluß der Behandlung mit Magnesium auf die mechanischen Werte des Neusilbers ist aus Tab. 73 (S. 202) zu ersehen. Zur Desoxydation genügt von dem Metall bereits

[1] A. a. O.

0,1 Proz. des Einsatzes, es wird mit einem Kupferdraht an eine mit Borax überzogene Eisenstange gebunden und in die flüssige Schmelze bis auf den Tiegelboden eingetaucht. Bei größerem Bedarf in Neusilberguß empfiehlt es sich, aus den Gußüberschüssen, Eingüssen, Steigern usw. eine 2 Proz. enthaltende Magnesiumvorlegierung zu erstellen, die in Barren vergossen wird. Diese Barren (5 kg auf 100 kg Einsatz) trägt man in vorgewärmtem Zustande vor dem völligen Herunterschmelzen der Legierung in das Metallbad ein.

Beim Gießen des Neusilbers ist darauf zu achten, daß das Metall in einem ununterbrochenen Strahle in die Form vergossen und der Eingußtrichter stets vollgehalten wird. Bei Anordnung der Eingüsse ist auf die starke Schwindung (siehe oben) Rücksicht zu nehmen, der Einguß muß mindestens so stark sein wie die stärkste Wandung des Abgusses, und die Steiger werden noch beträchtlich stärker bemessen. *Sperry*[1] wandte als Desoxydationsmittel Aluminium an, er erhielt mit:

50 Proz. Kupfer, 34,9 Proz. Zink, 15 Proz. Nickel, 0,1 Proz. Aluminium

eine sehr brauchbare Legierung, die auch gegen Korrosion einen bedeutenden Widerstand zeigte. Da bei dieser Zusammensetzung ein erheblicher Anteil des sonst üblichen Kupfergehaltes durch das billige Zink ersetzt ist, würde das Metall zu einem niedrigen Preise herzustellen sein.

Zur Erniedrigung des Schmelzpunktes empfiehlt *Hudson*[2] den Zusatz kleiner Mengen Aluminium-Zink oder Calcium-Zink. Das erstere ist wirksamer, beeinträchtigt aber die Dichte der Abgüsse.

(D. R. P. 210 550.) Elektrostahl G. m. b. H., Remscheid: Verfahren zur Herstellung von Neusilber oder anderen Kupfer und Nickel enthaltenden Legierungen aus einer eisenhaltigen Metallmischung, dadurch gekennzeichnet, daß die eisenhaltige Legierung im elektrischen Ofen geschmolzen oder in geschmolzenem Zustand in ihn eingebracht und dann das Eisen oder das Eisen und das Kobalt, gegebenenfalls unter Zusatz eines Schlackenbildungsmittels, durch Einblasen oxydierender Gase oxydiert wird, worauf die geschmolzene zurückbleibende Kupfer-Nickellegierung mit den nötigen Metallzusätzen versehen wird. (Vom 6. 9. 1907 ab.)

(Zus.-P. 211 215.) Dasselbe, dadurch gekennzeichnet, daß die Oxydation des Eisens nicht durch oxydierende Gase, sondern durch die Oxyde der zurückbleibenden Legierungsmetalle bewirkt und dabei Metall aus den Oxyden reduziert wird. (Vom 6. 9. 1907 ab.)

Ein schmiedbares Neusilber ist geschützt im

(D. R. P. 296 624.) Dürener Metallwerke A.-G., Düren: Verfahren zur Herstellung von Walz-, Preß- und Schmiedefabrikaten aus unedlem Metall von silberweißer Farbe, dadurch gekennzeichnet, daß man Neusilberlegierungen, deren Gehalt an Zink 40 bis 50 Proz. beträgt, und deren Gehalt an Nickel oder Nickel und sonstigen weißfärbenden Metallen, außer Zink, auf 10 Proz. (mit einer Abweichungsgrenze von + 5 Proz.) beschränkt ist, bei Rotglut bearbeitet.

Der Wert der Erfindung beruht darauf, daß man in der Lage ist, bei Anwendung eines niedrigen Nickelgehaltes in Verbindung mit einem niedrigen Kupfergehalt eine Legierung zu erzeugen, die das gleiche silberweiße Aussehen wie Neusilber mit hohem Nickel- und Kupfergehalt besitzt, und ferner darauf, daß diese Legierung im Gegen-

[1] Zft. f. angew. Chem. 1906, 244.

[2] Inst. of Metals 1913.

satz zu den üblichen Neusilberlegierungen mit hohem Nickel- und Kupfergehalt sich bei Rotglut verarbeiten läßt. Die Legierung soll eine bemerkenswerte Festigkeit besitzen. (Vom 18. 12. 1913 ab.)

Durch Elektrolyse soll Neusilber hergestellt werden nach:

(D. R. P. 117 054.) Kugel, Berlin: Verfahren zur elektrolytischen Herstellung von zähem, walzfähigem Nickel oder verwandten Metallen sowie den Legierungen dieser Metalle. Der Elektrolyt, aus den betreffenden Metallsalzen bestehend, muß auf 30° erwärmt werden und erhält einen Zusatz von 2 bis 20 Proz. einer starken, durch den Strom nicht veränderlichen Mineralsäure (insbesondere Überchlorsäure, Überbromsäure, Schwefelsäure). Als Anode wendet man entweder Neusilberplatten oder Streifen der in Betracht kommenden Metalle an, denen man einzeln den Strom in solcher Stärke zuführt, wie dies für die konstante Zusammensetzung des Bades erforderlich ist.

Als Bad zum galvanischen Verneusilbern anderer Metalle wird folgende Vorschrift angegeben (*Pfanhauser*: Galvanotechnik): Man löst Neusilber in Salpetersäure und setzt so lange Cyankali zu, bis alles Metall als Cyanür gefällt ist; man filtriert dann den Niederschlag ab, wäscht ihn und löst ihn in überschüssigem Cyankali auf, die Lösung wird noch mit Wasser verdünnt.

Zur praktischen Verwendung kommt das Neusilber seltener als Gußmaterial, weil es schwierig ist, ganz porenfreie Güsse zu erzielen. Man benutzt, wie schon erwähnt wurde, Neusilberdraht zur Anfertigung elektrischer Widerstände und besonders Neusilberbleche zur Herstellung der mannigfaltigsten Gebrauchsgegenstände durch Prägen, Stanzen, Treiben usw. Es werden zunächst in Sand- oder Eisenformen Platten gegossen, die nach dem Ausglühen kalt zu Blechtafeln gewalzt werden, während der weiteren Verarbeitung muß die Legierung häufig geglüht werden. Da es bei langsamer Erstarrung leichter ist, ein von Gasblasen freies Metall zu erzielen, so gießt man das Neusilber auch in Blöcke und zersägt diese alsdann zu dünnen Platten.

Zum Löten benutzt man Neusilber, dessen Schmelzpunkt durch Zusatz von Zink erheblich herabgesetzt ist.

Schlosser empfiehlt als leichtflüssiges Lot eine Legierung aus 5 Tln. Neusilber und 4 Tln. Zink entsprechend:

35 Proz. Kupfer, 56,5 Proz. Zink, 8,5 Proz. Nickel,

und als strengflüssiges Lot:

38 Proz. Kupfer, 50 Proz. Zink, 12 Proz. Nickel.

Wüst[1] führt als gute Neusilberschlaglote an:

10 Tle. Neusilberblechabfälle zusammengeschmolzen	mit 1 Tl. Messing,	1 Tl. Zink
oder	„ $1^1/_2$ „ „	2 „ „
oder	„ 2 „ „	3 „ „

Sterner Rainer[2] gibt folgende Lote von großer Festigkeit und günstigen Schmelzpunkten an:

66,6 Proz. Cu	12 Proz. Zn	22,4 Proz. Mn	eisengrau
64 „ „	20 „ „	16 „ „	gelbgrau
58 „ „	29 „ „	13 „ „	gelblichgrau
61,4 „ „	32 „ „	6,6 „ „	blaßgelb

[1] Legier- und Lötkunst.

[2] Zft. f. Metallkunde 1921, **13**, 377.

Wegen seiner weißen Farbe eignet sich das Neusilber besonders gut zur Versilberung, es führt dann den Namen Alfenide, Chinasilber, Christoflemetall.

Mac William und *Barclay*[1] untersuchten den Einfluß des Nickelgehaltes auf die Haltbarkeit der Versilberung an Gebrauchsgegenständen aus Neusilber. Sie stellten Legierungen mit gleichem Kupfergehalt her, und zwar in folgenden Verhältnissen:

Tabelle 235.

Nr.	Proz. Ni	Proz. Cu	Proz. Zn
1	20	57	23
2	18	57	25
3	16	57	27
4	14	57	29
5	12	57	31
6	10	57	33
7	8	57	35

Die Proben wurden elektrolytisch versilbert, so daß sie etwa 0,08 g Silber auf den Quadratzentimeter enthielten, entsprechend den besseren Handelssorten, und bis zum beginnenden Bruch hin und her gebogen. Hierbei haftete der Silberüberzug bei den Proben 5 bis 7, also bei 12 Proz. Nickel als Höchstgehalt, sehr fest, während er bei den anderen abblätterte. Auch die Erzeugung einer Zwischenschicht von Kupfer, indem die Proben erst verkupfert und dann versilbert wurden, ergab keine bessere Haltbarkeit. Es empfiehlt sich daher, bei Neusilber, das elektroplattiert werden soll, über einen Nickelgehalt von 12 Proz. nicht hinauszugehen.

Die Neusilberlegierungen zeichnen sich vor dem Messing durch eine bedeutende Korrosionsfestigkeit aus, ihre Widerstandsfähigkeit kann noch erhöht werden[2], wenn man den betreffenden Gegenstand nach sorgfältiger Reinigung in eine aus gleichen Teilen Wasser und Salpetersäure bestehende Lösung eintaucht, worauf das Metall sofort herausgenommen und getrocknet wird. Kupfer und Zink sind dabei an der Oberfläche aufgelöst worden, während das passive Nickel zurückgeblieben ist. Die Oberfläche hat ein mattes Aussehen erhalten und darf nicht poliert werden, da sonst die Säurewirkung wieder aufgehoben wird.

Die Zusammensetzung der gebräuchlichen Neusilberlegierungen schwankt innerhalb ziemlich weiter Grenzen (siehe oben).

Es empfiehlt sich, zum Einschmelzen nur möglichst reine Metalle anzuwenden, da schon geringe Mengen Verunreinigungen die Geschmeidigkeit der Legierung sehr vermindern.

In Tab. 236 sind die in der Literatur angegebenen Neusilbersorten zusammengestellt.

---

[1] Inst. of Metals 1911.

[2] Brass World and Platers Guide 1906, 2, März.

Tabelle 236.

	Proz. Cu	Proz. Zn	Proz. Ni
Auffallend warme Silberfarbe, leicht zu bearbeiten, duktil (*Tafel*)	81,2	5,6	13,2
„ „ „ „ „ „ „ („)	73,6	7,0	19,4
Für Löffel	79,7	7,2	13
Französischer unechter Silberdraht	70	15	15
Chilenische Scheidemünze	70	10	20
Französisches Maillechort . . . . (*Levoir*)	65	20	15
„ „ . . . . („)	60	20	20
„ „ . . . . („)	60	15	25
Birminghamer Neusilber zu Tischgeräten . . . . . (*Lonyet*)	62,4	22,2	15,1
„ „ „ „ . . . . . („)	63,3	17,0	19,1
„ „ „ „ . . . . . („)	62,6	26,1	10,9
Berliner Fabrikat, tertia	63	31	6
„ „ „	60	25	15
Wiener Fabrikat, walzbar . . . . (*Gersdorff*)	60	20	20
Für Beschläge, gelblichweiß, walzbar . . . . (*Stahl*)	60	30	10
Französisches Neusilber, geringwertig	59,1	30,2	9,7
Berliner Neusilber, sekunda	59	30	11
Alfenide . . . . (*Bolley*)	59	30	10
Für Beschläge, gelblichweiß, walzbar . . . . (*Stahl*)	59	26	15
Für Löffel, Gabeln u. dgl., walzbar, weiß . . . . . (*Ledebur*)	57,1	19,1	23,8
Sheffielder Fabrikat, sehr elastisch . . . . (*Lonyet*)	57,4	25,0	17,6
Russisches Fabrikat . . . . (*Kaiser*)	56,2	23,4	20,4
Wiener Fabrikat zu Messer und Gabeln . . . . . (*Gersdorff*)	55,6	22,2	22,2
Französisches Fabrikat	55	15	30
Für Kunstgegenstände	55	25	20
Berliner Neusilber, sekunda	55	24	21
Blech für Eßgeräte . . . . (*Stahl*)	55	20	25
Berliner Neusilber, prima	52	22	26
Russisches Neusilber . . . . (*Kaiser*)	51,4	22,3	26,2
Französisches Neusilber . . . . (*d'Arcet*)	50	30	20
Wiener Neusilber, nicht sehr weiß, aber hart, nicht anlaufend	50	25	25
Leicht schmelzbar, aber spröde	48,8	39,0	12,2
Russisches Neusilber . . . . (*Kaiser*)	46,1	18,0	35,8
Legierung von *Hiorns*	46	20	34
Chinesisches Tutenag	44	40	16
„ „	45,7	36,9	17,4
„ „	26,3	36,8	36,8

Sonderneusilberlegierungen.

Vielfach wurde versucht, durch besondere Zusätze dem Neusilber bestimmte Eigenschaften zu verleihen, oder wenigsten durch teilweisen Ersatz des Nickels durch ein wohlfeileres Metall die Herstellungskosten herabzusetzen.

Ein Blei- oder Cadmiumzusatz erniedrigt den Schmelzpunkt und macht dadurch die Legierung leichter gießbar, Eisen und Mangan erhöht die weiße Farbe, die Legierung wird jedoch schwerer schmelzbar und wesentlich spröder, ein Zusatz von Zinn macht sie dichter, klingender und vermehrt die Politurfähigkeit. Durch alle diese Zusätze wird die Widerstandsfähigkeit gegen Korrosion (auch durch saure Speisen) erheblich herabgesetzt.

Folgende Patente sind hier zu erwähnen:

(D. R. P. 33 099.) Soc. Anon. Le Ferro-Nickel, Paris: 1. Die mit der Bezeichnung „Ferro-Neusilber“ belegte Art von Metallkompositionen, welche entweder aus der dreiteiligen Legierung (FeNiCu) oder aus einer vierteiligen (FeNiCuZn) zusammengesetzt sind. **2.** Das Verfahren zur Herstellung dieser Metallegierungen, bestehend in der Verschmelzung von Manganoxyd (oder auch metallischem Mangan), von Ferrocyankalium oder von Aluminium mit den Metallen der Legierung, wobei diese Zutaten entweder direkt in die geschmolzene Mischung der Metalle eingebracht oder indirekt zugeführt werden, indem man sie vorher mit dem Nickel oder Eisennickel verschmilzt.

(D. R. P. 44 536.) Schmidt, Wien: Neusilberlegierung, bestehend aus Neusilber unter Zusatz von 1 bis 10 Proz. Zinn, 1 bis 5 Proz. Mangan und 1 bis 5 Proz. Phosphorzinn oder Phosphorkupfer (15 Proz.).

Beim Schmelzen verwendet man möglichst reine Metalle, Kupfer und Nickel werden zuerst geschmolzen, dann erst Mangan, Phosphormetall und endlich Zink und Zinn unter starkem Umrühren zugesetzt. Man wendet eine Kohlen- oder Glasdecke und möglichst große Tiegel an. Die Legierung besteht aus: 52 bis 50 Proz. Kupfer, 22 bis 15 Proz. Zink, 17 bis 18 Proz. Nickel, 5 bis 10 Proz. Zinn, 3 bis 5 Proz. Phosphormetall, 1 bis 5 Proz. Mangan. Sie soll sich zum Guß dünnwandiger Gegenstände und komplizierter Gußstücke eignen.

(D. R. P. 273 978.) Coup u. Allbaugh, Clyde (Ohio): Metallegierung, bestehend aus 69,13 Proz. Kupfer, 14,81 Proz. Nickel, 8,64 Proz. Zink, 0,58 Proz. Blei, 0,06 Proz. Eisen, 3,08 Proz. Phosphorzinn, 3,7 Proz. Aluminium.

Kupfer, Eisen und Nickel werden zuerst in einen Schmelztiegel gebracht und auf etwa 1680° erhitzt, nachdem die Hitze herabgesetzt ist, wird das Zink in kleinen Mengen hinzugefügt und gut umgerührt. Nach weiterer Abkühlung wird das Blei und schließlich das Phosphorzinn zugegeben. Die Schmelze ist mit Holzkohle gut zugedeckt, nach Entfernung des Tiegels aus dem Ofen wird das Gekrätz von der Oberfläche abgeschöpft und das Aluminium als Reduktionsmittel zugesetzt. Die Legierung soll große Festigkeit und Dauerhaftigkeit besitzen, sie wird in trockenen Sandformen vergossen. Für Walzmaterial muß der Zinngehalt herabgesetzt, für Gegenstände, die ausgestanzt oder ausgeschnitten werden sollen, dagegen erhöht werden. (Vom 30. 8. 1913 ab.)

(U. S. P. 939 938.) Ackermann: Neues Weißmetall. 60 Tle. Kupfer, 23 Tle. Zink, 12 Tle. Nickel, 5 Tle. Blei, $1^1/_2$ Tle. Arsenik, $1^1/_2$ Tle. Aluminium. Das Kupfer wird im Tiegel eingeschmolzen, dann $3^1/_2$ Tle. Borax zugegeben, darauf unter Umrühren Arsenik und zuletzt Nickel. Wenn alles geschmolzen ist, wird das Zink, Blei, Aluminium zugesetzt. Die Legierung ist fast silberweiß, sehr hart und korrosionsfest, sie eignet sich deshalb besonders zum Guß von Ventilen und Hähnen.

(D. R. P. 373 678.) Oschatz u. Flechsig, Meerane: Silberähnliche Metallegierung, bestehend aus 53,56 Proz. Kupfer, 2 bis 3 Proz. Kobalt, 2 bis 4 Proz. Mangan, 10 bis 12 Proz. Nickel, 2,5 bis 4 Proz. Eisen, 20 bis 25 Proz. Zink und 2 bis 3,5 Proz. Aluminium.

Die Legierung ist rein weiß, läßt sich gut polieren und soll säure- und luftbeständig sein. (Vom 2. 8. 1921 ab.)

(D. R. P. 406 770.) Allgem. Deutsches Metallwerk, Berlin-Oberschöneweide: Kupfer-Zinklegierung, bestehend aus 48 Proz. Kupfer, 10 Proz. Nickel, 3 Proz. Mangan, 2 Proz. Eisen, 2 Proz. Aluminium und 35 Proz. Zink.

Die Legierungen besitzen ein sehr feines Korn, sind sehr dicht und gegen chemische Einflüsse sehr beständig. (Vom 22. 9. 1921 ab.)

Auch die Sonderneusilberlegierungen führen häufig Phantasienamen, s. folgende Zusammenstellung:

Tabelle 237.

	Proz. Cu	Proz. Zn	Proz. Ni	Proz. Pb	Proz.	Proz.
Neusilber für Gußwaren	48,5	24,3	24,3	2,9	—	—
„ für Gußwaren	54,4	21,8	21,8	1,9	—	—
„ für Gußwaren	58,3	19,4	19,4	2,9	—	—
„ sehr silberähnlich	57,8	27,1	14,3	0,8	—	—
„ für zu lötende Waren (*Gersdorff*)	57	20	20	3	—	—
Amerikanisches Neusilber	59,1	22,7	11,8	4,9	1,8 Al	—
„ „ Aluminium Silver	57	20	20	3 Al		Sn Ag
„ „ (*Haggenacker*) . .	58	21,7	14,5	2,4M	0,6 Fe	1,2 1,2
Sheffielder Neusilber, sehr weiß und spröde	57,1	19,0	19,0	1,9Pb	3 Fe	—
Englisches Neusilber (*Smith*)	60	17,8	18,8	3,4Co	—	—
Parkers Chromlegierung	60	20	10	10 Cr	—	—
						Sn Sb
Toucas Neusilber, hämmerbar, walzbar .	35,7	7,1	28,6	7,1Pb	7,2 Fe	7,2 7,1
Arguzoid, Ersatz für Silber, für Kunstgegenstände	55,8	23,2	13,4	3,5Pb	4,0 Sn	—
Arguzoid (*Pufahl*)	51,1	29,8	18,1	0,6	0,4 Fe	—
Neogen, silberähnlich	58	27	12	2 Sn	0,5 Al	0,5 Bi
Sterline, silberähnlich = Popes Island Metal	68,5	12,8	17,9	0,8Fe	—	—
Victormetall, widerstandsfähig gegen Meerwasser, daher im Schiffsbau benutzt, nicht walzbar	50	34,5	15	0,3Fe	0,1 Al	—
Tumcaillants Metall = Victormetall . . .				Mn	P	
Mangan-Neusilber für Kunstgegenstände .	50 b. 54	25 b. 29	15 b. 19	1 bis 5	bis 0,5	—
Platinoid, Silberersatz	54	20,4	24,8	0,5Fe	0,15Pb	0,15Al

Den Namen Platinoid führt auch eine Legierung von der Zusammensetzung:

60 Proz. Kupfer, 25 Proz. Zink, 14 Proz. Nickel, 1 bis 2 Proz. Wolfram; sie zeichnet sich durch einen hohen elektrischen Widerstand aus, der mit steigender Temperatur sehr wenig abnimmt, er ist 1,5 mal größer als der des Neusilbers und ändert sich zwischen 0 und 100° für je 1° um 0,022 Proz. (Neusilber 0,04 Proz.)

Die Legierung wurde zur Fertigung elektrischer Apparate benutzt.

Jahn[1] versuchte dem Neusilber entsprechende Kupfer-Kobalt-Zinklegierungen herzustellen, die Legierungen besitzen wohl eine schöne silberweiße Farbe, sind aber durchgängig spröde und hart.

[1] Dissertation: Über die Einwirkung von Gasen auf Metalle und Metallegierungen. 1912.

Die Nickellegierungen.

Schon bevor man das reine Nickelmetall gewerblich darstellen konnte, fanden seine Legierungen technische Verwendung. Sie zeichnen sich durch eine große Widerstandsfähigkeit gegenüber mechanischen und chemischen Einflüssen aus, sind witterungsbeständig und bilden häufig einen billigen Ersatz für kostspielige Silberwaren, denen sie in Farbe und Politurfähigkeit nahekommen.

Beim Erschmelzen der Nickellegierungen tritt häufig eine unliebsame Gasentwicklung auf (Ausscheidung des absorbierten Kohlenoxydes beim Abkühlen), dies will verhindern

(D. R. P. 352 470.) Pouchain, Turin: Verfahren zur Herstellung von Nickel enthaltenden Legierungen, 1. dadurch gekennzeichnet, daß das Ni in Form einer Ni-Zn-Legierung zugesetzt wird, 2. dadurch gekennzeichnet, daß zuerst das Ni in einer Masse von Zn-Dämpfen geschmolzen wird.

Die Legierung mit anderen Metallen geht ohne Entwicklung von Gasblasen vor sich. (Vom 28. 5. 1920 ab.)

Die große Zahl der Kupfer-Nickel-, Kupfer-Zink-Nickel-, Nickel-Bronze-Legierungen fand bereits Erwähnung.

Die Nickel-Kohlenstofflegierungen.

Ruff und *Martin*[1] bestimmten die Löslichkeit des Kohlenstoffs im Nickel: Im flüssigen Metall zwischen 1550 und 2500° erreicht die Löslichkeit bei etwa 2100° mit 6,42 Proz. C ein Maximum, die Zusammensetzung der Schmelze entspricht dann ziemlich genau der Formel Ni_3C. Wenn man die Schmelze abschreckt, so findet man im Schliff einen braunen Gefügebestandteil, der als dieses Nickelcarbid gedeutet werden muß. Das Gesamtverhalten der Nickel-Kohlenstofflegierungen beim Erhitzen ist dem der Eisen-Kohlenstofflegierungen überaus ähnlich

Eine praktische Verwertung findet der Kohlenstoffzusatz im

(D. R. P. 221 627.) Wüst, Aachen: Verfahren zur Herstellung von Nickelformguß, dadurch gekennzeichnet, daß dem Nickel im flüssigen Zustande Kohlenstoff zugefügt wird, um die Gießbarkeit durch Verminderung der Schwindung und Gasaufnahme zu erhöhen. (Vom 22. 5. 1909 ab.)

Ein Kohlenstoffgehalt des Nickels erhöht in den Nickel-Kupfer- und Nickel-Silberlegierungen die Brüchigkeit besonders nach dem Glühen.[2]

---

[1] Metallurgie 1912, 143.

[2] Metal Ind. [London] 1922, **21**. 195.

Die Eisen-Nickellegierungen.

Aus den Untersuchungen von *Guertler* und *Tamman*[1] sowie von *Ruer* und *Schütz*[2] geht hervor, daß Eisen und Nickel eine lückenlose Reihe von Mischkrystallen bilden. Auf der Abkühlungskurve *a b c* (Fig. 180), welche mit schwacher Krümmung zwischen den Erstarrungspunkten des reinen Nickels und Eisens 1451 und 1502° verläuft, finden sich keine Intervalle, sondern Haltepunkte; es fallen also bei allen Konzentrationen die Temperaturen der beginnenden und vollendeten Erstarrung zusammen, so daß sich alle Eisen-Nickellegierungen (ein sehr seltener Fall) beim Schmelzen und Erstarren wie einheitliche Stoffe verhalten. Das Minimum liegt bei 70 Proz. Ni und 1435°. Die magnetische Untersuchung zeigte, daß man, je nachdem das Verschwinden des Magnetismus beim Erhitzen und seine Wiederkehr beim Erkalten bei ungefähr der gleichen oder sehr verschiedener Temperatur stattfindet, zwischen den reversibeln (nickelreichen) und irreversiblen (nickelarmen) Legierungen unterscheiden kann. Die Grenze liegt bei ungefähr 29 Proz. Nickel. Punkt *d* (Fig. 180) bei 773° entspricht dem Übergang des unmagnetisierbaren β-Eisens in die magnetisierbare α-Modifikation; Kurve *d e* zeigt die Wärmegrade an, bei denen die Legierungen beim Erwärmen ihre Magnetisierbarkeit verlieren, während *d f* die Temperatur angibt, bei der der Magnetismus beim Erkalten wiederkehrt. Punkt *g* 365° entspricht dem Übergang des unmagnetisierbaren β-Nickels in die magnetisierbare α-Modifikation; Kurve *g h i* kennzeichnet die magnetische Umwandlung der reversibeln Eisen-Nickellegierungen. Das Minimum der Schmelzkurve und das bei 618° liegende Maximum *h* der reversibeln Umwandlung bei der gleichen Konzentration von 70 Proz. Nickel könnte auf das Vorhandensein einer Verbindung $FeNi_2$ (mit 68 Proz. Ni) hindeuten, indessen ergab die Bestimmung des elektrischen Widerstandes der Legierungen keinen Anhalt für die Existenz einer Verbindung.

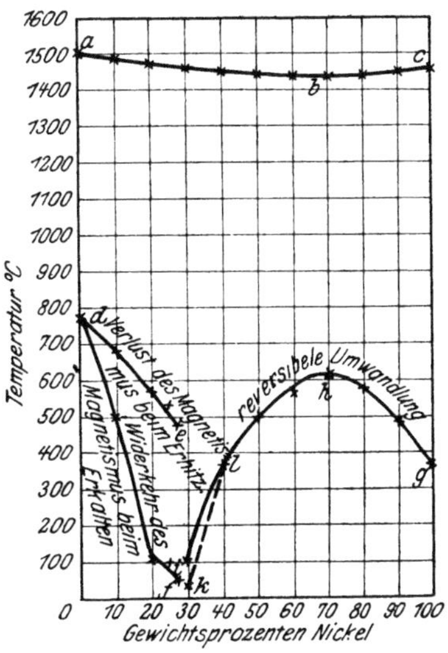

Fig. 180. System: Eisen-Nickel.

Das Meteoreisen ist ein Nickel-Eisen mit 5,5 bis 20 Proz. Nickel (seltener kommt ein Nickelgehalt zwischen 4 bis 5,5 Proz. bzw. 20 bis 26,5 Proz. vor); es enthält zwei verschiedene Krystallarten: „Kamazit" mit 6 Proz. Ni und „Taenit" mit 33 Proz. Ni, während das technische Nickeleisen stets nur aus einer Krystallart besteht. Eine einwandfreie Erklärung dafür, wie die meteorische Struktur entstanden ist, läßt sich noch nicht geben (siehe auch *Pfann*[3]).

[1] Zft. f. anorg. Chem. 1905, **45**, 205.
[2] Metallurgie 1910, 415.
[3] Intern. Zft. f. Metallographie 1917, 65.

Im D. R. P. 28 924 empfiehlt *Fleitmann* die Anwendung von Legierungen des Nickels mit Eisen und Stahl in allen Verhältnissen bis zum Gehalt von 5 Proz. Nickel hinab zum Zweck der Plattierung durch Schweißen.

Ein „Ferronickel" mit 50 Proz. Ni findet zur Herstellung des Nickelstahles Anwendung.

Die Zink-Nickellegierungen.

Tafel[1] und *Vogel*[2] konnten Konstitutionsbestimmungen an Zink-Nickellegierungen nur bei Konzentrationen bis zu etwa 50 Proz. Nickel ausführen, da mit steigendem Nickelgehalt eine Annäherung des Siedepunktes des Zinks an den Schmelzpunkt der Legierung stattfindet. Durch Zusatz geringer Kupfermengen lassen sich indessen Legierungen mit höherem Nickelgehalt erzeugen. Die Zink-Nickellegierungen werden charakterisiert durch die Verbindung $NiZn_3$ mit 23 Proz. Ni (Schmelzp. 876°); die Konzentrationen von 0 bis 14,5 Proz. Nickel bestehen aus Mischkrystallen (Lösung von Zink in der Verbindung $NiZn_3$), umgeben von sekundär erstarrtem Zink, von 14,5 bis 23 Proz. Nickel treten lediglich diese Mischkrystalle auf. Da die Verbindung sich durch eine besondere Sprödigkeit auszeichnet, beanspruchen die Zink-Nickellegierungen kein technisches Interesse — schon ein geringer Nickelzusatz erhöht den Schmelzpunkt und die Sprödigkeit des Zinks bedeutend —, von großer Wichtigkeit sind dagegen die ternären kupferhaltigen Legierungen (siehe Neusilber).

Schoch und *Hirsch*[3] wollen Nickel-Zinklegierungen elektrolytisch abscheiden.

Das feingepulverte Nickelzink mit 10 Proz. Ni wurde in der Malerei als Silberfarbe verwandt.

Die Platin-Nickellegierungen.

Platin und Nickel bilden vermutlich eine Reihe von Mischkrystallen. Einige Legierungen haben praktische Verwendung gefunden.

(D. R. P. 236 713.) Heraeus, Hanau: Haltedrähte für Metallfäden elektrischer Glühlampen. Legierungen von Platin und Nickel mit einem Nickelgehalt von 8 bis 15 Proz. besitzen die Eigenschaft, bei der Erwärmung bis auf 800° nur wenig an Zugfestigkeit, Dehnbarkeit und Elastizität einzubüßen.

Eine Vorschrift für die galvanische Erzeugung von Platin-Nickellegierungen ist im D. R. P. 201666 (siehe S. 95) angegeben. 25 g Platinchlorid mit 40 Proz. Pt werden in 500 g Wasser gelöst, mit 100 g Ammonphosphat (in 500 g Wasser gelöst) gefällt, worauf der Niederschlag mit der überstehenden Flüssigkeit in einer Lösung von 500 g Natriumphosphat in 1000 g Wasser aufgelöst wird. Hierzu gibt man 4000 g einer Auflösung von phosphorsaurem Nickeloxydul in Natriumphosphat, welche im Liter 5 g metallisches Nickel

[1] Metallurgie 1907, S. 781; 1908, 413.
[2] Zft. f. anorg. Chem. 1908, **57**, 67.
[3] Journ. Am. Chem. Soc. 1907, **29**, 314.

enthält, und kocht so lange unter Ersatz des verdampfenden Wassers, bis das Bad schwach sauer ist und kein Ammoniak mehr entbindet.

Um Legierungen mit steigendem Platingehalt zu erzielen, wendet man einen Elektrolyten an, welcher 25 Proz. Platin und 75 Proz. Nickel enthält (0,6 bis 0,8 Amp. auf 1 qdm bei 4 bis 6 Volt), alsdann ein zweites Bad mit 50 Proz. Platin und 50 Proz. Nickel und schließlich ein drittes Bad mit 75 Proz. Platin und 25 Proz. Nickel.

Die Mangan-Nickellegierungen.

Mangan und Nickel liefern nach *Zemczusny*, *Urasow* und *Rykowskow*[1] eine ununterbrochene Reihe von Mischkrystallen, der Schmelzpunkt des Nickels wird durch den Zusatz von Mangan kontinuierlich erniedrigt, die Erstarrungskurve ist der des Systems Mangan-Kupfer außerordentlich ähnlich, das Minimum (1030°) liegt bei 51 bis 60 Atom-Proz. Mangan. Im festen Zustand tritt bei den Legierungen mit 36 bis 51 Proz. Mn ein Haltepunkt bei 790 bis 816° auf, welcher auf eine Reaktion hindeutet, die Art derselben ist jedoch nicht klargestellt.

(D. R. P. 210 910.) Driver, East Orange: Legierungen aus Nickel und Mangan, dadurch gekennzeichnet, daß sie zur Herstellung elektrischer Widerstände aus 70 bis 95 Proz. Nickel und 5 bis 30 Proz. Mangan bestehen.

Die Legierungen (Schmelzp. etwa 1370°) sind luftbeständig und zeichnen sich durch einen sehr großen elektrischen Widerstand aus. (Vom 31. 3. 1907 ab.)

Im (U. S. P. 943066) desselben finden sich folgende Angaben:

Bei Nickel	=	12 Mikrohm
„ 95 Proz. Ni + 5 Proz. Mn	=	25 „
„ 80 „ „ + 20 „ „	=	70 „
„ 70 „ „ + 30 „ „	=	100 „

Je größer der Mangangehalt ist, desto schwerer lassen sich die Legierungen walzen und ziehen, um so größer wird jedoch der Leitungswiderstand, bei einem Zusatz von mehr als 30 Proz. Mangan wird die Legierung zu spröde, um sich noch verarbeiten zu lassen.

Basse und *Selve*[2] stellten eine außerordentlich streckbare und schmiedbare Nickellegierung her, indem sie Nickeloxyd mit 3 bis 4 Proz. Manganoxyd (Pyrolusit) gründlich mischten und das Pulver durch Glühen mit Holzkohle reduzierten.

Nach Angaben von *Wedding* erhöht ein Zusatz von 1,2 Proz. Mangan die Streck- und Bruchgrenze des gegossenen und geschmiedeten Nickels erheblich.

Die Zinn-Nickellegierungen.

Zinn und Nickel sind im flüssigen Zustand miteinander mischbar, nur besteht merkwürdigerweise, wie *Vogel*[3] fand, bei der Konzentration 3,5 bis 18 Proz. Nickel eine Mischungslücke; die Schmelze stellt trotz sorgfältigen

[1] Zft. f. anorg. Chem. 1908, **57**, 261.
[2] Metallurgie 1907, 538.
[3] Zft. f. anorg. Chem. 1908, **57**, 34.

Umrührens hier zwei Schichten dar. Im festen Zustand finden sich von 0 bis 15 Proz. Zinn homogene Mischkrystalle, bei höherem Zinngehalt treten zwei Verbindungen Ni_3Sn und Ni_4Sn auf, *Guillet*[1] nimmt die Verbindung NiSn an. Magnetisierbar bei Zimmertemperatur bleiben die Legierungen mit bis 40 Proz. Zinn, der Verlust der Magnetisierbarkeit beim Erhitzen geht von 350 bis 145° herab.

Die Härte des Nickels wird durch kleine Zusätze von Zinn bedeutend erhöht und ebenso umgekehrt diejenige des Zinns durch geringe Nickelzusätze (siehe *Puschin*[2]).

Von technischer Wichtigkeit dürften die aus Mischkrystallen bestehenden Legierungen mit bis 15 Proz. Zinn sein.

(D. R. P. 49 131.) Reisz, Berkovits und Bichler, Budapest: Verfahren zur Herstellung einer Nickel-Zinnlegierung, darin bestehend, daß man 30 bis 50 Dekagramm Nickel bis zur Rotglut erhitzt, 1 kg bis auf 150° erwärmtes reines Zinn beimengt und, nachdem diese beiden Metalle sich chemisch miteinander verbunden haben, dieselben in eine in besonderem Gefäß bis auf 150° erhitzte reine Zinnmasse im Gewicht von 99 kg hineingießt und die ganze Masse eine Zeitlang umrührt.

Warnes Legierung (für Schmucksachen) bestand aus:

37 Proz. Zinn, 26 Proz. Nickel, 26 Proz. Wismut, 10 Proz. Kobalt.

Die Silber-Nickellegierungen.

Aus den Versuchen von *Petrenko*[3] geht hervor, daß das Nickel bis zu 4 Proz. Silber in fester Lösung aufzunehmen vermag, bei höherem Silbergehalt tritt bereits im flüssigen Zustand Schichtenbildung ein; die erstarrte Legierung besteht alsdann aus zwei Schichten, einer oberen aus Nickel-Silbermischkrystallen und einer unteren von fast reinem Silber.

Auf die magnetischen Eigenschaften des Nickels übt das Silber keinen Einfluß aus. Eine galvanische Nickel-Silberplattierung an Stelle der reinen Versilberung soll nach (U. S. P. 850944) von *Marshall* ausgeführt werden:

Durch Ausfällen von Nickelsulfat mit Cyankalium wird zunächst Cyannickel hergestellt, abfiltriert und ausgewaschen. Gleiche Mengen Cyannickel und Chlorsilber (oder Cyansilber) werden in Cyankalilösung aufgelöst und mit Wasser verdünnt (je 42,5 g Cyannickel und Chlorsilber auf 3,785 kg Wasser). Die Anode besteht aus Silber, der angewandte Strom soll etwas stärker als für die gewöhnliche Versilberung sein. Der erzielte Silber-Nickelniederschlag ist bedeutend härter als ein reiner Silberüberzug, er hat ein sehr weißes Aussehen und verliert seinen Glanz nicht so leicht wie das reine Silber.

(D. R. P. 44 103.) Breden, Wien: Verfahren zur Herstellung eines nickelhaltigen Silberüberzuges auf Gegenständen aus Eisen, Stahl, Kupfer, Messing, Packfong und verwandten Legierungen, darin bestehend, daß man einen auf den Gegenständen hergestellten galvanischen nickelhaltigen Silberniederschlag mit einem aus Zinkchlorid und Boraxpulver bestehenden Brei umhüllt und bei schwacher Rotglut aufschmilzt.

[1] C. r. **144**, 752.
[2] Chem. Centralbl. 1908, I, 109.
[3] Zft. f. anorg. Chem. 1907, **53**, 221.

Die Chrom-Nickellegierungen.

Chrom und Nickel sind, siehe *Voß*[1], im flüssigen Zustand in allen Verhältnissen mischbar, im festen Zustand (Fig. 181) bestehen zwei Reihen von Mischkrystallen: nickelreiche im Gebiet von 100 bis 42 Proz. Nickel und chromreiche von 42 bis 0 Proz. Nickel; bei 42 Proz. scheint eine Mischungslücke vorzuliegen, wenigstens zeigt diese Konzentration ein deutlich eutektisches Gefüge, das Gemenge beider Mischkrystalle.

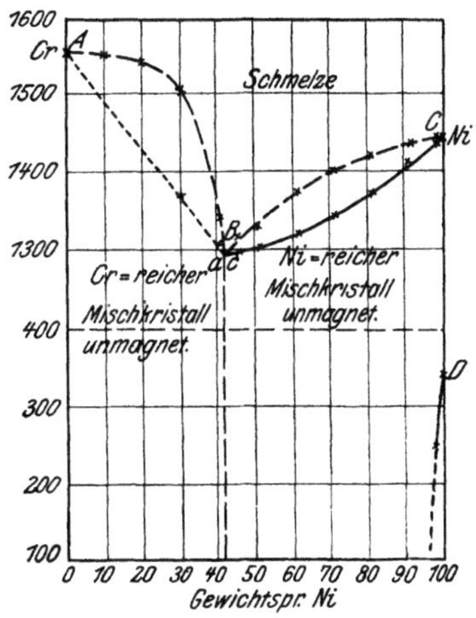

Fig. 181. System: Chrom-Nickel.

Bei der magnetischen Untersuchung der Legierungen erwies es sich, daß schon bei Zusatz von 10 Proz. Chrom die Magnetisierbarkeit des Nickels bei Zimmertemperatur verschwunden ist. 2 Proz. Chrom erniedrigt die Umwandlungstemperatur, bei welcher der Magnetismus verlorengeht, von 355 auf 255°.

Haynes[2] stellte Chrom-Nickellegierungen her durch Reduktion der Oxyde mittels Aluminium und durch Zusammenschmelzen der Metalle. Die Farbe der Legierungen liegt zwischen der des Stahles und Silbers, poliert zeigen sie einen sehr hohen Glanz. Die Legierung mit 25 Proz. Chrom besitzt eine sehr hohe Widerstandsfähigkeit gegen Korrosion, sie läßt sich kalt bearbeiten, bei 500° besitzt sie noch eine erhebliche Festigkeit.

(D. R. P. 78 622.) Ostermann und Lacroix: Nichtmagnetische Chrom-Nickellegierung. Man bringt zunächst Chrom allein oder gemischt mit Borax in den Schmelztiegel, auf welche dann das Nickel und auf dieses etwa zuzusetzende andere Metalle aufgelegt werden, worauf das Ganze in einem Gebläseofen zum Schmelzen gebracht wird. Die Legierungen sollen an Dehnbarkeit, Elastizität und Bearbeitungsfähigkeit dem Stahl gleich sein.

(D. R. P. 222 499.) Vereinigte Deutsche Nickelwerke A. G., Schwerte: Aus einer **Chrom-Nickellegierung** mit einem Chromgehalt bis zu etwa 20 Proz. wird ein Draht, Band oder Blech als Ausgangsmaterial gewonnen für die Fabrikation von **Glühstrumpfhaltern, Schutzkörben** oder sonstigen, einer starken Erhitzung ausgesetzten Teilen von Glühlampen. (Vom 3. 10. 1909 ab.)

Chromnickeldraht wird zur Bewicklung elektrischer Widerstandsöfen empfohlen an Stelle des bald brüchig werdenden Reinnickels.

Das zur Herstellung von elektrischen Widerständen benutzte Material soll einen hohen spez. Widerstand und große Hitzebeständigkeit besitzen. Der Chromnickeldraht[3] besitzt 1,21 spez. Widerstand und eine Festigkeit von 90,7 kg/qmm; eine dünne Oxydschicht, mit welcher sich die Legierung an der Luft bedeckt, schützt vor weiter Oxydation und macht die Legierung haltbar.

---

[1] Zft. f. anorg. Chem. 1908, **57**, 58.
[2] Journ. of Ind. Engin. Chem. 1910, **2**, 397; Metallurgie 1911, 92.
[3] Elektrochem. Z. 1913, 65.

Bei dünnen Widerstandsdrehspiralen, welche bei Stromdurchgang weich werden und sacken, wird durch eine Asbesteinlage eine größere Festigkeit erzielt.

(D. R. P. 215 175.) Hoskins, La Grange: Elektrischer Widerstandskörper aus Nickel oder Kobalt oder einer Legierung dieser mit Chrom, dadurch gekennzeichnet, daß dem Nickel oder Kobalt oder deren Legierung mit Chrom kleine Mengen eines Metalles zugesetzt werden, welches elektropositiver als Nickel ist, und dessen Oxyd bei hoher Temperatur beständig ist und einen Schmelzpunkt von wenigstens 1200° besitzt, z. B. Aluminium. Eine besonders geeignete Legierung besteht aus: 88 Proz. Nickel, 8 Proz. Chrom, 4 Proz. Aluminium. (Vom 4. 5. 1907 ab.)

(D. R. P. 360 005.) Brose & Co., Coburg: Metallegierung für ärztliche und zahnärztliche Zwecke, die hohe chemische Widerstandsfähigkeit mit mechanischer Bearbeitbarkeit verbindet, dadurch gekennzeichnet, daß sie aus etwa 75 Proz. Nickel, 17 Proz. Chrom, 2 Proz. Aluminium, 5 Proz. Kupfer und 1 Proz. Silber besteht.

Die Legierung soll als Ersatz für Goldlegierungen in der Zahnheilkunde und für Prothesen dienen. (Vom 19. 10. 1920 ab.)

(U. S. P. 901 428.) Dempster: Nickellegierung zur Herstellung von elektrischen Widerstandsdrähten, Blech usw. aus

62 Proz. Nickel, 20 Proz. Eisen, 13 Proz. Chrom, 5 Proz. Mangan.

Die Legierung soll sich zu feinen Drähten ziehen und zu dünnen Blechen walzen lassen, ihr elektrischer Widerstand beträgt = 177 Mikrohms für 1 cc, das ist 70 mal so viel wie derjenige von reinem Kupfer. Bei gewöhnlicher Temperatur oxydiert sie sich nicht, bei langandauernder Rotglut tritt nur schwache Oxydation ein, in starken Mineralsäuren ist sie unlöslich.

(U. S. P. 926 980.) Dempster: Nickel-Chrom-Manganlegierung.

Nickel wird in einem Tontiegel mit entkohlenden Zuschlägen geschmolzen und durch Eintragen von Chrom und darauf Mangan mit diesen Metallen legiert. Nach dem Zusatz des Mangans muß die Schmelze so schnell vergossen werden, daß das Mangan nicht Zeit findet, den Tiegel anzugreifen.

Die Ni-Cr-Legierungen finden auch unter der Bezeichnung Nichrom als Werkstoff für Thermoelemente Verwendung.

(D. R. P. 302 452.) Heraeus, Hanau: Unedelmetallthermoelement aus zwei Chrom-Nickellegierungen, dadurch gekennzeichnet, daß ein Schenkel aus einer Legierung von Nickel mit 2 bis 6 Proz. Chrom, der andere aus Nickel mit 5 bis 12 Proz. Chrom besteht, derart, daß neben günstiger Haltbarkeit bei Temperaturen bis 1200° und darüber die Thermokraftkurve mit der des Platin-Platinrhodiumelementes übereinstimmt.

Da die Temperaturabhängigkeit der Thermokraft zwischen Paaren aus Chrom-Nickellegierungen verschiedenen Chromgehaltes nicht linear ist, sondern verschieden stark gekrümmte Kurven ergibt, läßt sich aus diesen Legierungen ein Paar herausfinden, dessen Temperaturkurve sich der des Le Chatelier-Elementes im ganzen Bereich mit sehr guter Übereinstimmung anschmiegt. Diese Bedingung läßt sich am besten mit einer 3,19- gegen eine 7,41 proz. Chrom-Nickellegierung erreichen. Die Übereinstimmung ist bei 950° genau, bei 1150° tritt eine Abweichung um etwa 15° nach oben, zwischen 0° und 900° maximal 15° nach unten ein. (Vom 8. 5. 1917 ab.)

(Zus. P. 306 359.) Unedelmetallegierung für Thermoelemente, die Chrom und Nickel enthalten, gemäß D. R. P. 302 452, 1. dadurch gekennzeichnet, daß bestimmte Werte und Gestalten der Thermokraftkurve durch Zusatz variabler Mengen Kobalt erreicht werden, wodurch man Thermoelemente von linearer oder verschieden stark konvexer oder auch konkaver Thermokraftkurve erhalten kann, wobei gleichzeitig eine bessere Haltbarkeit von durch Oxydation angegriffenen Drähten erzielt wird. 2. Thermoelemente nach 1., dadurch gekennzeichnet, daß beide Drähte aus Legierungen von Nickel und Chrom mit Kobalt in solchen Verhältnissen bestehen, daß eine Thermokraftkurve erzielt wird, die mit der des Platin-Platinrhodiumelementes zwischen 500° und 1300° besser übereinstimmt, als dies durch mit Legierungen von Nickel mit Chrom allein erreicht werden kann. (Vom 17. 6. 1917 ab.)

Nachstehende Legierungen werden in den Vereinigten Staaten für Thermoelemente benutzt.

„Karma" . . .	80 Proz. Ni	20 Proz. Cr	
„Rayo"	85 „ „	15 „ „	
„Calido" . . .	62 „ „	15 „ „	23 Proz. Fe
„Comet"	30 „ „	5 „ „	65 „ „

Parr[1] schlägt als säurebeständiges Material zum Ersatz von Platin bei der Konstruktion einer Calorimeterbombe eine „Illium" genannte Legierung vor aus: 60,6 Proz. Nickel, 21 Proz. Chrom, 6,4 Proz. Kupfer, 4,7 Proz. Molybdän, 2,1 Proz. Wolfram und von Mangan, Silicium, Aluminium, Eisen je 1 Proz. Der Rest besteht aus Bor, Kohlenstoff und Titan. Der Schmelzpunkt liegt bei 1300°, die Schwindung ist erheblich, von 25 prozentiger Salpetersäure wird die Legierung bei 24 stündiger Einwirkung nur sehr wenig angegriffen.

Molybdän-Nickellegierungen mit 50 und 75 Proz. Molybdän finden zur Darstellung des Molybdännickelstahls Verwendung.

Langbein hat zur Hartvernickelung für Galvanos eine Nickel-Kobaltlegierung vorgeschlagen, die man erhält, wenn man in einem Nickelbad das Nickelsalz zum Teil durch das entsprechende Kobaltsalz ersetzt. *Krause*[2] weist auf das Verkobalten an Stelle des Vernickelns von Eisen, Messing, Neusilber usw. hin: 60 g Kobaltoxydammoniumsulfat, 30 g kryst. Borsäure, 1 l Wasser, Stromstärke = 0,4 Amp., Spannung = 2,5 bis 2,75 Volt. Man kann neben Kobaltanoden in Plattenform einige Kohlenanoden einhängen, um an Metall zu sparen.

Nickel-Wolfram siehe S. 508, Nickel-Magnesium siehe S. 190, Nickel-Aluminium siehe S. 173.

Komplexe Nickellegierungen.

Eine Anzahl komplexer Nickellegierungen, die zum Teil unter Patentschutz stehen, sollen besondere Vorzüge aufweisen, sie zeichnen sich durch gute Bearbeitungsfähigkeit und Widerstandsfähigkeit gegenüber chemischen Einflüssen aus.

(D. R. P. 255 919.) W. und R. Borchers, Aachen: Nickellegierung, die hohe chemische Widerstandsfähigkeit mit mechanischer Bearbeitbarkeit verbindet, 1. dadurch gekennzeichnet, daß sie mehr als 25 Proz. Chrom und außerdem ein wenig Silber enthält; 2. dadurch gekennzeichnet, daß sie etwa 30 Proz. Chrom und 1,5 bis 2,5 Proz. Silber enthält.

Nickellegierungen mit Gehalten von 25 Proz. Chrom aufwärts haben zwar eine sehr hohe chemische Widerstandsfähigkeit, leiden aber an dem Mangel, daß sie sich nicht leicht mehr schmieden, walzen oder sonstwie mechanisch bearbeiten lassen. Dies wird in auffallendem Maße durch geringe Silberzusätze erreicht. (Vom 21. 6. 1912 ab.)

(Zus. P. D. R. P. 256 361.) Nickellegierung usw., dadurch gekennzeichnet, daß man in der im Hauptpatent beschriebenen Nickel-Chrom-Silberlegierung das Nickel teil-

[1] Journ. Am. Chem. Soc. 1915, **37**, 2515.

[2] Zft. d. Ver. deutsch. Ing. 1916, 178.

weise durch eine gleiche Gewichtsmenge Kobalt, das Silber ganz oder teilweise durch eine etwas größere, aber höchstens durch die doppelte Gewichtsmenge Kupfer ersetzt.

Die so erhaltenen Legierungen besitzen bei noch guter mechanischer Bearbeitbarkeit eine chemische Widerstandsfähigkeit, welche derjenigen der vorstehend beschriebenen Ni-Cr-Ag-Legierungen mindestens gleich ist. (Vom 20. 8. 1912 ab.)

(D. R. P. 256 123.) Gebr. Borchers, Goslar: Nickellegierung, die hohe chemische Widerstandsfähigkeit mit mechanischer Bearbeitbarkeit verbindet, dadurch gekennzeichnet, daß sie mehr als 50 Proz. Kobalt und außerdem Silber bis zu etwa 1 Proz. enthält.

Nickellegierungen mit über 50 Proz., am besten mit etwa 60 Proz. Co werden durch Zusätze von weniger als 1 Proz. Ag, am besten von etwa 0,4 Proz. Ag, mechanisch gut bearbeitbar und chemisch so widerstandsfähig, daß solche Legierungen von HNO_3, selbst von stark verdünnter HNO_3, sogar bei Anwesenheit von Chloriden kaum mehr angegriffen werden. (Vom 21. 6. 1912 ab.)

(Zus. P. D. R. P. 257 380.) Nickellegierung usw., dadurch gekennzeichnet, daß die mehr als 50 Proz. Kobalt und bis zu 1 Proz. Silber enthaltende Nickellegierung neben dem Silber oder an seiner Stelle eine größere Kupfermenge enthält, deren Gesamtgewicht jedoch 15 Proz. des Gewichts der Nickel-Kobaltlegierung nicht übersteigt.

Es wurde gefunden, daß Kupferzusätze in Mengen bis zu 15 Proz. teils ebenso haltbare, teils noch haltbarere Legierungen liefern, als die vorstehend beschriebenen Ni-Co-Ag-Legierungen. Wesentlich bessere Haltbarkeit weisen besonders die Ni-Legierungen auf, welche mehr als 50 Proz., am besten 60 Proz. Co enthalten und neben wenig oder statt Ag einen Kupferzuschlag erhalten, welcher höchstens 15 Proz., am besten 3 bis 5 Proz. des Gewichts der Nickel-Kobaltlegierung beträgt. (Vom 20. 8. 1912 ab.)

(Zus. P. D. R. P. 265 328.) Nickellegierung usw. In der Legierung nach (D. R. P. 255 919) kann man mit den Silberzusätzen bis unter 0,3 Proz. der Legierung zurückgehen, kann aber die Säurebeständigkeit über den bisherigen Grad wesentlich erhöhen, wenn man das fortgelassene Silber teilweise oder ganz durch Molybdän von 0,5 bis 5 Proz. der Legierung ersetzt. (Vom 11. 2. 1913 ab.)

(Zus. P. D. R. P. 265 076.) Nickel-Kobaltlegierung usw. In der Legierung nach (D. R. P. 256 361) kann man mit den Silber- und Kupferzusätzen bis unter 0,3 Proz. der Legierung zurückgehen, kann aber die Säurebeständigkeit über den bisherigen Grad wesentlich erhöhen, wenn man das fortgelassene Silber oder Kupfer durch Molybdänmengen von 0,5 bis 5 Proz. der Legierung ersetzt.

Die mechanische Bearbeitungsfähigkeit der ursprünglichen Legierungen erleidet durch diese Änderung in ihrer Zusammensetzung keine Einbuße. (Vom 11. 2. 1913 ab.)

(Zus. P. D. R. P. 278 902.) Nickel-Kobaltlegierung nach D. R. P. 265 076, dadurch gekennzeichnet, daß das Molybdän teilweise oder ganz durch eines oder mehrere der folgenden Metalle ersetzt wird: Gold, Platinmetalle (Platin, Iridium, Osmium, Palladium, Rhodium, Ruthenium) und Wolfram.

Die chemischen und mechanischen Eigenschaften der Legierungen erleiden dadurch keine Einbuße. Es ist dies von praktischer Bedeutung deswegen, weil schon heute Molybdän schwer in großen Mengen käuflich ist und bei zunehmender Anwendung im Preise steigen wird. (Vom 5. 7. 1913 ab.)

(Zus. P. D. R. P. 278 903.) Nickellegierungen nach (D. R. P. 265 328), dadurch gekennzeichnet, daß das Molybdän teilweise oder ganz durch eines oder mehrere der folgenden Metalle ersetzt wird: Gold, Platinmetalle (Platin, Iridium, Osmium, Palladium, Rhodium, Ruthenium) und Wolfram. (Vom 5. 7. 1913 ab.)

(Zus. P. D. R. P. 281 784.) Nickellegierungen nach (D. R. P. 278 903), dadurch gekennzeichnet, daß zwecks Verbesserung der Beständigkeit der Legierungen bei ihrer Beanspruchung auf höhere Temperaturen eine Erhöhung der Zusätze von Gold, insbesondere aber von Platinmetallen, bis zu Mengen von 40 Proz. erfolgt.

Die Legierungen sollen als Blitzableiterspitzen und zu Kontakten bzw. Elektrodenspitzen an solchen Apparaten Verwendung finden, welche elektrische Entladungs-, auch sog. Unterbrechungsfunken erzeugen. (Vom 30. 5. 1914 ab.)

(Zus. P. D. R. P. 268 516.) Nickellegierung nach (D. R. P. 265 328.), dadurch gekennzeichnet, daß das Nickel teilweise durch Eisen ersetzt ist.

Man erhält noch brauchbare Legierungen, wenn bis zu 90 Proz. des Nickels durch Eisen ersetzt werden. Die Erfindung bietet überdies den Vorteil, daß man nicht vollkommen reines Nickel für die Herstellung der Legierung anzuwenden braucht, sondern stark eisenhaltiges Nickel, für die eisenreicheren Legierungen sogar die unter dem Namen Ferronickel bekannten Legierungen. (Vom 12. 6. 1913 ab.)

(D. R. P. 11 801.) Jones und Shepard, Brooklyn: Neuerung in dem Verfahren zum Überzug des Eisens mit Metallen. 1. Eine Legierung von Nickel, Blei, Zinn und Zink. 2. Vorbehandlung des Eisens.

(D. R. P. 376 652.) Riedelbach u. Rau, München: Nickel-Bleilegierung. Zur Herstellung einer Legierung von Nickel oder Kobalt oder von Nickel und Kobalt mit Blei oder mit Bleilegierungen, welche Blei als Hauptbestandteil enthalten, wird zunächst eine Zwischenlegierung von Nickel oder Kobalt oder von Nickel und Kobalt mit Phosphor erzeugt, die dann in angeschmolzenem Zustand in die Schmelze von Blei oder Bleilegierungen eingebracht wird. (Vom 13. 12. 1922 ab.)

(D. R. P. 277 242.) Siemens u. Halske A.G., Siemensstadt b. Berlin: Verfahren zur Verbesserung der mechanischen und chemischen Widerstandsfähigkeit des Nickels, dadurch gekennzeichnet, daß dem Nickel ein Zusatz von **Tantal** beigegeben wird.

Eine Legierung des Nickels mit 5 bis 10 Proz. Tantal zeigt schon hervorragende Eigenschaften, vor allem hinsichtlich der Säurebeständigkeit und Duktilität. Eine Legierung mit 30 Proz. Tantal kann in Königswasser und anderen Säuren beliebig lange gekocht werden, ohne irgendwelche Veränderungen zu erleiden, sie läßt sich leicht walzen, hämmern und ziehen. Ein Draht von etwa $^1/_2$ mm Durchmesser hatte eine Zerreißfestigkeit von über 200 kg/qmm. Die Legierung ist unmagnetisch, bei sehr starker Erhitzung wird sie spröde. (Vom 4. 3. 1913 ab.)

(D. R. P. 282 575.) Siemens und Halske A.G., Berlin: Verfahren zur Herstellung von tantalhaltigen Eisen- und Stahllegierungen. Das Tantal wird dem Eisen oder Stahl in Form einer Nickeltantallegierung zugesetzt. (Vom 4. 3. 1913 ab.)

(D. R. P. 344 172.) Cooper Company, Ohio: Verfahren zur Herstellung einer eisenfreien Hartlegierung aus Nickel bzw. Kobalt, welche mit Stahlhärte eine hohe Widerstandsfähigkeit gegen Säuren und Alkalien, sowie gegen Oxydation bei hoher Temperatur vereinigt und gußfähig ist, 1. dadurch gekennzeichnet, daß Nickel mit Zirkon im Verhältnis von 2 bis 30 Proz. Zr gegenüber 98 bis 70 Proz. Ni legiert wird; 2. daß an Stelle des Ni Kobalt verwendet wird; 3. daß der Nickelanteil der Legierung durch ein Gemisch von Nickel und Kobalt ersetzt wird. (Vom 31. 10. 1917 ab.)

(D. R. P. 355 497.) Cooper, Cleveland: Metallegierung, 1. dadurch gekennzeichnet, daß sie aus Nickel in Verbindung mit Zirkon, Aluminium und Silicium besteht; 2. bestehend aus Nickel, Kobalt, Aluminium, Silicium und $^1/_2$ bis 15 Proz. Zirkon; 3. bestehend aus Nickel mit $^1/_2$ bis 20 Proz. Zirkon, $^1/_2$ bis 12 Proz. Aluminium, $^1/_2$ bis 10 Proz. Silicium; 4. bestehend aus Nickel, Zirkon, Aluminium, Silicium und einem Metall der Chromgruppe; 5. bestehend aus Nickel oder Kobalt mit 1 bis 10 Proz. Silicium, $^1/_2$ bis 20 Proz. Zirkon und 1 bis 25 Proz. Wolfram.

Die Legierungen (Cooperit genannt) sollen als Ersatz für Werkzeugstahl dienen. (Vom 30. 6. 1920 ab.)

Galvanische Niederschläge von Nickellegierungen mit Kupfer und Zinn oder mit Kupfer und Zink in allen Farben von Kupferrot bis zum Goldton lassen sich je nach der Wahl der Stromdichte und nach dem Mischungsverhältnis der Salze erzielen. *Pfannhauser*[1] führt als geeignete Präparate die Metallphosphate, gelöst in pyrophosphorsaurem Natron, an.

[1] Galvanotechnik 1910.

Die Kobaltlegierungen.

Das Kobalt, das in seinen Eigenschaften dem Nickel sehr nahesteht, hat bisher wegen seines verhältnismäßig hohen Preises keine größere Anwendung in der Legierungstechnik gefunden; neuerdings versucht man, dem Werkzeugstahl (Schnelldrehstahl) durch einen Kobaltzusatz besondere Eigenschaften zu verleihen und in den Chromkobaltlegierungen (siehe unten) technisch wertvolle neue Legierungen zu gewinnen.

Der Einfluß des Kobalts auf das Aluminium, Kupfer, Messing und die Bronzen wurde bereits früher besprochen.

Die Eisen-Kobaltlegierungen.

Wie *Ruer* und *Kaneko*[1] feststellten, bilden Eisen und Kobalt eine ununterbrochene Reihe von Mischkrystallen; beim Abkühlen der Schmelzen entstehen in den Konzentrationen von 0 bis 80 Proz. Eisen eisenhaltige β-Kobaltkrystalle und bei einem Gehalt von 80 bis 100 Proz. Eisen kobalthaltige γ-Eisenkrystalle.

Weiß[2] konstruierte einen Elektromagneten, dessen Polstücke an den Spitzen aus Ferrokobalt bestanden; durch Vergleichsversuche wurde festgestellt, daß die damit erhaltenen magnetischen Felder um 5 Proz. stärker sind als diejenigen, die unter gleichen Bedingungen mit Polstücken aus schwedischem Eisen erzielt werden. Diese Verwendung der Legierung ist geschützt im

(D. R. P. 257 470.) Weiß, Zürich: Verfahren zur Herstellung einer für den Bau von elektrischen Apparaten und Maschinen geeigneten Eisenlegierung von einer großen magnetischen Sättigungsintensität. Das Eisen wird mit 25 bis 40 Proz. Kobalt legiert. (Vom 4. 10. 1911 ab.)

de Freudenreich[3] zeigte, daß die Stärke der magnetischen Sättigung erheblich von den im Ferrokobalt vorhandenen Verunreinigungen abhängig ist. Er schmolz sehr reine Materialien in einem elektrischen Kohleofen bei 1800 bis 2000° in Tiegeln aus Magnesit ein, der Zwischenraum zwischen dem Magnesit und der Kohle war durch eine Paste aus Magnesitpulver, Wasser und Wasserglas ausgefüllt. Ein Elektromagnet mit Polschuhen aus dem so erhaltenen Ferrokobalt hatte einen Sättigungsüberschuß von 8,7 Proz.

Knoop (D. R. P. 34 137) verwendete eine Legierung von 100 Tln. Eisen und 10 bis 5 Tln. Kobalt zu Preßglasformen.

---

[1] Ferrum 1913, 33.

[2] C. r. 1913, **156**, 1970.

[3] Arch. Sc. phys. et nat. Genève 1914, (4) **38**, 36.

Die Chrom-Kobaltlegierungen.

Chrom und Kobalt sind, wie *Lewkonja*[1] fetsstellte, im geschmolzenen Zustand in allen Verhältnissen mischbar; im festen Zustand bestehen zwei Reihen von Mischkrystallen, kobaltreiche in der Konzentration 100 bis 47 Proz. Co und chromreiche zwischen 47 und 0 Proz. Co. Zwischen 47 und 50 Proz. scheint eine Mischungslücke aufzutreten, wenigstens gleicht hier die Struktur einem Eutektikum (Gemenge beider Mischkrystalle). In den Legierungen mit 30 bis 100 Proz. Co macht sich im festen Zustand eine bei 1225° mit geringer Wärmeentwicklung verlaufende Reaktion bemerkbar.

Bei Zimmertemperatur magnetisierbar sind nur die Legierungen mit bis 25 Proz. Co, diejenige mit 15 Proz. Co besitzt die größte magnetische Intensität; der Verlust der Magnetisierbarkeit tritt bei diesem Gehalt bereits bei 300° ein (bei reinem Kobalt bei 1056°).

Die Chrom-Kobaltlegierungen mit 10 bis 33 Proz. Co besitzen nach *Tamman*[2] sehr beachtenswerte technische Eigenschaften: sie sind gegen die Wirkung aller Säuren bei gewöhnlicher Temperatur sehr widerstandfähig, zeichnen sich durch hohe Zug, und Druckfestigkeit aus und behalten selbst bei hohen Wärmegraden noch eine genügende Festigkeit. Es ergaben bei 720°

Legierung	Elastizitätsgrenze	Festigkeit	Dehnung	Querschnittsverminderung
75 Proz. Co, 25 Proz. Cr	28,1 kg/qmm	44,9 kg/qmm	21 Proz.	26 Proz.
70 „ „ 30 „ „	45,9 „	65,1 „	8,7 „	22 „

Solche Legierungen sind geschützt in

(D. R. P. 270 750.) Tammann, Göttingen: Kobalt-Chromlegierungen für Maschinenteile, für Dampf- oder Gasturbinen, die bei hoher Temperatur einer hohen mechanischen Beanspruchung ausgesetzt sind, 1. dadurch gekennzeichnet, daß zu ihrer Herstellung 20 bis 33 Proz. Chrom und 80 bis 67 Proz. Kobalt gemischt werden; 2. Kobalt-Chromlegierungen nach 1., gekennzeichnet durch einen Zusatz von bis 25 Proz. von Eisen, Nickel oder einem anderen Metall.

Die Festigkeit der Legierungen erreicht in den angegebenen Grenzen ein Maximum. In diesen Grenzen sind sie im kalten Zustand schmiedbar und behalten diese Eigenschaft bis zu Temperaturen von mindestens 800°, wobei ihre Zähigkeit und Härte mit steigenden Wärmegraden nicht wesentlich abnimmt. Durch Schmieden der heißen Legierung wächst ihre Härte, während durch Abschrecken diese nicht merklich verändert wird. Auch gegenüber chemischen Einwirkungen zeigt die Legierung im kalten und heißen Zustand eine bemerkenswerte Widerstandsfähigkeit.

(Vom 14. 8. 1909 ab.)

Haynes[3] schmolz Chrom und Kobalt zu gleichen Teilen im elektrischen Ofen in mit reiner Magnesia ausgekleideten Tiegeln zusammen, die erzielte Legierung ließ sich warm leicht ausschmieden, bei heller Rotglut bis zu dünnstem Blech. Sie besaß 55,54 kg/qmm Elastizitätsgrenze, 67,49 Festigkeit, 3 Proz. Dehnung, eine außerordentliche Härte. Bei 25 Proz. Cr lag der Schmelzpunkt bei 1650°; die Legierung ist sehr widerstandsfähig gegen Korrosion und

---

[1] Zft. f. anorg. Chem. 1908, **59**, 323.
[2] Lehrbuch d. Metallographie 1914.
[3] Metallurgie 1911, 92.

eignet sich besonders zur Herstellung von Messern, chirurgischen Instrumenten, sowie zu Gewichten und Apparaten in chemischen Labarotorien.

Weiter stellte *Haynes*[1] Legierungen aus Kobalt und Chrom dar mit Zusätzen von Wolfram, Molybdän, Tantal, Zirkon, Thorium, Vanadin, Kohlenstoff, Silicium, Bor (einzeln oder in Mischung mehrerer). 2 bis 3 Proz. W sind von geringem Einfluß, die Legierung wird härter und elastischer, besonders wenn noch geringe Zusätze von Kohlenstoff, Bor oder Silicium gemacht werden. Ein größerer Wolframgehalt erhöht immer mehr die Härte und Elastizität, wenn das Verhältnis von Kobalt: Chrom ungefähr 80 : 20 beträgt. Bleibt der Chromgehalt unter 15 Proz., so ist die Härte proportional dem Wolframgehalt. Ersetzt man das Wolfram durch Molybdän, so erhält man äußerts harte Legierungen, eine solche mit 15 Proz. Chrom und 25 Proz. Molybdän liefert ein vorzügliches Material für die Messerfabrikation.

Haynes ließ sich die Legierungen schützen durch

(U. S. P. 1 057 473 und 1 057 828.) Legierungen von Kobalt und Chrom.
Die neuen Legierungen sind ternäre Legierungen aus Kobalt, Chrom, Wolfram oder Molybdän oder quaternäre aus den angegebenen Bestandteilen. Die Zusätze sollen nicht mehr als 60 Proz. ausmachen. Eine Legierung von 65 Proz. Kobalt, 15 Proz. Chrom, 20 Proz. Wolfram ist schmiedbar, eine solche mit 25 Proz. Chrom und 5 Proz. Wolfram eignet sich für Holzschneideinstrumente, Messer usw., eine solche mit 25 bis 50 Proz. Wolfram und 15 Proz. Chrom für Bohrmeißel, ebenso eine Legierung mit 25 bis 30 Proz. Molybdän oder aus 55 Proz. Kobalt, 15 Proz. Chrom, 25 Proz. Wolfram, 5 Proz. Molybdän. Diese kann auch an Stelle des Schnelldrahtstahles mit Erfolg Verwendung finden.

Diese Legierungen führen den Namen „Stellit“ bzw. „Akrit“, „Caedit“, „Percit“, „Celsit“. *Schulz*[2] untersuchte das Gefüge der Stellite, er gibt als mittlere Zusammensetzung an: 38 Proz. Kobalt, 30 Proz. Chrom, 16 Proz. Wolfram, 10 Proz. Nickel, 4 Proz. Molybdän, 2 bis 5 Proz. Kohlenstoff. (Ein Eisengehalt darf höchstens 10 Proz. betragen). *Drescher*[3] prüfte die Wirtschaftlichkeit der Stellite im Verhältnis zu Werkzeugstahl und Schnellstahl, besonders empfehlenswert ist die Verwendung von Stellitplättchen auf einer S-M-Stahlschaft elektrisch aufgeschweißt.

Bei 800° hat Stellit noch mehr als die Hälfte seiner Härte im kalten Zustand, es ist dadurch als Werkzeugmaterial auch dem besten Schnelldrehstahl überlegen, siehe *Märkle*[4].

Kreitz[5] untersuchte das System Kobalt-Wolfram, auf beiden Seiten des Zustandsdiagrammes treten weitgehend feste Lösungen auf, an Verbindungen finden sich CoW und vielleicht Co_6W. Technisch brauchbar können nur die Konzentrationen mit bis zu etwa 10 Proz. W sein. Als Raffinationsmittel wird Kobalttitanid angewandt. Die Härte und Festigkeit des Kobalts wird durch den Wolframzusatz bedeutend gesteigert, dagegen geht die Seewasser- und Schwefelsäurebeständigkeit zurück.

---

[1] Journ. of Ind. and Engin. Chem. 1913, **5**, 189.
[2] Zft. f. Metallkunde 1924, **16**, 337.
[3] Zft. f. Metallkunde 1924, **16**, 382.
[4] Maschinenbau 1924, **3**, 235.
[5] Metall u. Erz 1922, **19**, 133.

(D. R. P. 387 398.) Doeblin, Mannheim: Säurebeständige Legierung, bestehend 1. aus Kobalt und Silicium, wobei der Gewichtsanteil des Silicium nicht unter 32 Proz. beträgt, 2. dadurch gekennzeichnet, daß der Gewichtsanteil des Silicium nicht unter 58 Proz. und nicht über 97 Proz. beträgt

Die Legierungen sind gegen Salpetersäure, Salzsäure, Schwefelsäure, sowie gegen anodisch entwickeltes Chlor, Brom und Jod sehr beständig. (Vom 26. 6. 1921 ab.)

(Zus. P. 389 189.) Legierung nach (D. R. P. 387 398), dadurch gekennzeichnet, daß an Stelle von Reinsilicium durch Eisen verunreinigtes Si oder Ferrosilicium Verwendung findet, und daß entsprechend der Höhe des Gehaltes an Eisen der Gehalt an Kobalt bis zu 42 Proz. gesteigert wird. Der Zusatz von Kobalt soll die Sprödigkeit herabsetzen.

(Zus. P. 407 017.) Derselbe, Säurebeständige Legierungen nach (D. R. P. 387 398) mit nicht unter 32 Proz. Silicium, 1. dadurch gekennzeichnet, daß ein Teil des Kobalt durch Wolfram, Vanadin, Molybdän, Chrom oder Titan ersetzt wird, 2. dadurch gekennzeichnet, daß bis zu 10 Proz. des Kobalt durch eines oder mehrere der genannten Metalle ersetzt wird.

Die Legierungen sollen eine größere Festigkeit als diejenigen des Hauptpatentes haben. (Vom 16. 5. 1924 ab.)

Die Gold- und Silberlegierungen.

Das Gold und das Silber sind so weiche Metalle, daß aus ihnen gefertigte Gebrauchsgegenstände einer raschen Abnutzung unterliegen würden. Durch Legieren mit anderen Metallen wird die Härte und Festigkeit gesteigert, die Schmelztemperatur herabgesetzt, der Materialpreis wesentlich vermindert. Schon in der vorhistorischen Zeit finden sich Münzen und Gebrauchsgegenstände aus solchen Legierungen, teils zufällig aus einem gemischten Erz erschmolzen, teils fachmännisch durch Legieren hergestellt (siehe unten).

Die Kupfer-Silberlegierungen.

Die Konstitutionsforschung der Kupfer-Silberlegierungen bietet ein gutes Beispiel dafür, wie die einzelnen Untersuchungsverfahren der Metallographie sich gegenseitig ergänzen. Die thermische Analyse von *Heycock* und *Nevill*[1] und *Friedrich* und *Leroux*[2] zeigt, daß die Schmelzpunktskurve (siehe Fig. 182, Kurve $PQRQ_1$) aus zwei Ästen besteht, die sich bei 72 Proz. Silber, Schmelzp. 778° schneiden. Die eutektische Horizontale reicht auf der Silberseite bis etwa 94 Proz., es beweist dies, daß das Silber bis 6 Proz. Kupfer in fester Lösung aufzunehmen vermag (vgl. S. 15).

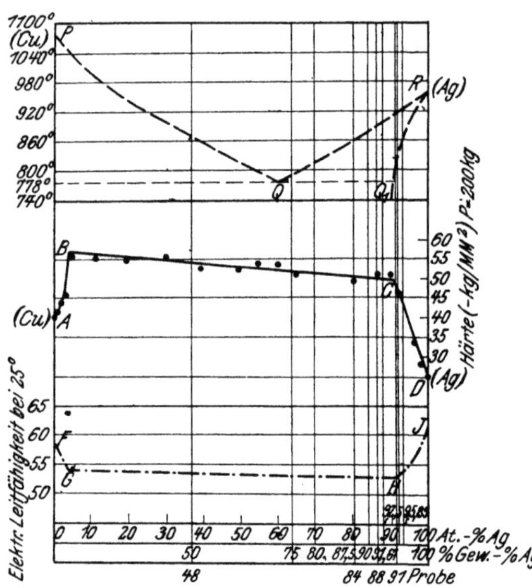

Fig. 182. System: Kupfer-Silber.

Durch die mikroskopische Untersuchung der genügend lange angelassenen Proben wies *v. Lepkowski*[3] nach, daß die Legierungen mit 5,75 Proz. Silber und andererseits mit 95 Proz. Silber völlig homogen werden. Die Kupfer-Silberlegierungen bestehen demnach bis zu etwa 6 Proz. Ag aus festen Lösungen von

[1] Philos. Transact. R. Soc. A. 1897, **189**, 25.
[2] Metallurgie 1907, **4**, 293.
[3] Zft. f. anorg. Chem. 1908, **59**, 289.

Silber in Kupfer, über 95 Proz. Ag aus festen Lösungen von Kupfer in Silber und zwischen diesen Konzentrationen aus einem heterogenen Gemenge der beiden festen Lösungen. Dieses Ergebnis wird durch die Bestimmung der Härte von *Kurnakow, Puschin* und *Senkowsky*[1] (siehe unten) und der elektrischen Leitfähigkeit durch *Matthießen*[2] und *Barus* und *Strouhal*[3] — innerhalb der Versuchsfehlergrenzen — völlig bestätigt.

Die Änderung der Härtezahlen in Abhängigkeit von der Zusammensetzung ist in Fig. 182 durch die Kurve *ABCD* dargestellt, welche aus drei einzelnen Zweigen *AB*, *BC*, *CD* besteht. Man sieht, daß durch die Zugabe des weicheren Silbers (H = 24,8 kg) zu Kupfer (H = 40 kg) dessen Härte bis zu 58 kg im Punkte *B* bei etwa 6,6 Proz. Ag wächst, andererseits wächst die Härte des Silbers bis zum Punkte *C* bei etwa 94 Proz. Ag. Diese Härtezunahme zeigt die Bildung fester Lösungen an (siehe S. 53). In dem Zwischengebiet sind die Härtezahlen auf einer geraden Linie *BC* angeordnet: es liegt ein mechanisches Gemenge der Komponenten vor.

Die Leitfähigkeitskurve in Fig. 182 *FGHI* der geglühten Legierungen[4] ist das genaue Spiegelbild der Härtekurve, das Zurückgehen der Leitfähigkeit bis zu den Knickpunkten *G* und *H*, die fast quantitativ den Punkten *B* und *C* entsprechen, ist ein weiterer Beweis für das Auftreten der festen Lösungen.

Die Härte der einzelnen Kupfer-Silberlegierungen ist in Tab. 238 wiedergegeben.

Auch die Härte derjenigen Legierungen, die eine ausgedehnte praktische Anwendung finden, teils zur Herstellung von Münzen, teils in gesetzlich festgelegter Zusammensetzung für Gebrauchsgegenstände, wurde von *Kurnakow* in Tab 239 zusammengestellt. Die Ordinaten für diese technischen Legierungen sind in Fig. 182 aufgetragen. Aus deren Lage folgt, daß die hochprozentigen

Tabelle 238.

Gewichtsprozente		Brinelleinheiten (H) kg/qmm		Gewichtsprozente		Brinelleinheiten (H) kg/qmm	
Cu	Ag	P = 200 kg	P = 500 kg	Cu	Ag	P = 200 kg	P = 500 kg
100	0	40,0	41,7	32,38	67,62	53,9	57,6
98,3	1,7	41,4	45,2	28,21	71,79	53,4	58,9
96,65	3,35	43,2	—	24,09	75,91	52,0	—
95,01	4,99	45,5	55,3	16,42	83,58	—	59,0
93,4	6,6	58,0	61,7	12,77	87,23	49,1	58,6
91,8	8 2	56 0	—	8,07	91,93	51,6	—
82,07	17,93	55,7	60,4	6,14	93,86	50,0	58,5
70,22	29,78	54,8	—	4,87	95,13	46,0	—
57,90	42,10	55,0	—	2,40	97,60	33,9	38,2
46,92	53,08	52,3	59,1	1,19	98,89	28,0	—
37,08	62,92	53,1	—	0	100	24,8	25,5

[1] Zft. f. anorg. Chem. 1910, **68**, 123.
[2] Poggend. Ann. d. Phys. **110**, 220; **116**, 369; **122**, 19.
[3] Bull. of the U. S. Geological Survey 1885, **14**, 85.
[4] Zft. f. anorg. Chem. 1910, **68**, 123.

Tabelle 239.

Silber-Kupferlegierungen für Gebrauchsgegenstände	Silber Gewichts-Proz.	Härte kg/qmm
In Österreich, Deutschland, Frankreich, Italien . . .	95	46
	90	50
	80	51
	75	51,5
In Rußland 91-Probe . . .	94,79	47,5
„ „ 88- „ . . .	91,67	49,5
„ „ 84- „ . . .	87,50	50
„ England	95,85	43,5
„ „	92,50	49,5

Zusammensetzungen bei dem Punkte C, d. h. bei der Grenzkonzentration der festen Lösung des Kupfers im Silber, liegen. Die Legierungen mit 950 $^0/_{00}$ und besonders die russischen 94-Feingehaltproben sind dieser Konzentration sehr nahe.

Wie aus dem Diagramm Fig. 182 ersichtlich ist, läßt sich auf dem Zweige DC, d. h. in den Grenzen der Konzentrationsänderungen der festen Lösungen von Kupfer in Silber, eine erhebliche Härtezunahme des Metalls beobachten: auf je 1 Gew.-Proz. Cu 4,4 Brinelleinheiten. Eine weitere Zunahme des Kupfergehalts auf der mittleren Strecke BC ist dagegen nur von einer geringen Härtezunahme = 0,09 Brinelleinheiten auf 1 Gew.-Proz. Cu begleitet.

Die langjährige technische Erfahrung zog somit solche Metallkombinationen vor, bei denen eine verhältnismäßig große Härtezunahme sich durch einen geringen Zusatz von Kupfer zum Silber erreichen läßt.

Die Farbe der Silber-Kupferlegierungen ist bis zu einem Kupfergehalt von etwa 50 Proz. weiß, von 50 bis 70 Proz. rötlich, über 70 Proz. rot.

Durch den Kupferzusatz wird außer der Härte auch die Festigkeit und Zähigkeit des Silbers gesteigert, die Legierungen haben einen schönen Klang, sie lassen sich leicht walzen, hämmern, zu Draht ziehen.

Die Herstellung der Legierungen erfolgt durch Zusammenschmelzen der Bestandteile unter einer Holzkohlendecke; wenn man Abfälle und Drehspäne wieder einschmilzt, empfiehlt sich zur Entfernung der Verunreinigungen die Anwendung einer Mischung von Salz, Soda, Kalisulfat und Salpeter als Flußmittel.

Die Neigung des Silbers zum Spratzen[1] (während der Abkühlung entweicht der Sauerstoff, der von der hocherhitzten Schmelze absorbiert wurde) wird durch den Kupfergehalt herabgemindert, aber nicht ganz aufgehoben; deshalb enthalten die Gußstücke zuweilen Bläschen, welche das ganze Stück unbrauchbar machen können; durch einen geringen Zinkzusatz — in der Regel genügen 0,5 bis 1 Proz. — kann man dem Spratzen mit Erfolg entgegenarbeiten Ausgedehnte Anwendung finden die Silber-Kupferlegierungen als Material für die Silbermünzen und Silberwaren, weil das reine Silber für diesen Zweck zu weich sein würde.

[1] Siehe auch *Stahl:* Chem. Ztg. 1915, 885 und Metall u. Erz 1915, **12**, 501.

Schon die altindischen und -persischen Silbermünzen weisen einen Kupfergehalt auf, ebenso ein in Peru gefundener Silberschmuck aus der Inkazeit (siehe unten).

Den Silbergehalt einer Legierung, den „Feingehalt", gibt man in Tausendteilen an, früher in Lot (das Lot zu 18 Grän), wobei das Feinsilber zu 16 Lot angenommen wurde. Ein 12 lötiges Silber enthielt also $^{12}/_{16} = 750$ Tausendteile Silber. Auf Silberwaren muß nach gesetzlicher Bestimmung der Feingehalt in Tausendteilen aufgestempelt sein; Tafelgeräte müssen in Deutschland mindestens 800 ‰ Silber enthalten; „Sterlingsilber" (entsprechend den englischen Silbermünzen) ist sogar 925 ‰ haltig.

Naturgemäß wurden die Münzen im Altertum gegossen, die ersten geprägten Silbermünzen erscheinen im alten Rom 264 v. Chr. Die Silbermünzen, die um 1500 Graf Schlick aus Joachimsthaler Silber schlagen ließ, nannte man Joachimsthaler", später abgekürzt „Thaler". Die neuzeitlichen Münzen weisen meist einen Feingehalt von 900 ‰ auf, bei diesem Gehalt würden die geringwertigen jedoch allzu kleine Abmessungen für eine bequeme Benutzung erhalten müssen (z. B. die früheren deutschen 20-Pfennig-Stücke), deshalb ist in manchen Ländern der Kupfergehalt um so höher, je geringwertiger die Münze ist. Zur Herstellung der Münzen wird die zusammengeschmolzene und analysierte Legierung zu Zainen ausgegossen, auf die erforderliche Dicke ausgewalzt, zu runden Plättchen ausgeschnitten und geprägt. Eine vorzügliche Darstellung des Verfahrens siehe *Ledebur*: Mechanisch-metallurgische Technologie. 3. Aufl., S. 740.

Vor und nach der ersten Reihe von Walzungen wird die Legierung geglüht und an der Luft langsam abgekühlt. *Pannain*[1] untersuchte das Gefüge während der verschiedenen Arbeitsstadien. Die polierte, mit kalter konzentrierter Salpetersäure geätzte Metallfläche läßt große, weiße Kristalle der festen Lösung von Kupfer in Silber, umgeben von dunklen Eutektikum, erkennen. Im Laufe der Behandlung wird die Struktur immer feiner und gleichmäßiger; jedes Walzen verlängert die Kristalle, jedes Erhitzen macht das Gefüge regelmäßiger, das Prägen verkleinert die Kristalle. Da eine geprägte und eine nur gegossene Legierung eine ganz verschiedene Struktur haben, läßt eine mikroskopische Untersuchung Münzfälschungen erkennen.

Das gleiche Verfahren schlugen *Hoitsema* und *Heteren*[2] bei der Münzuntersuchung ein. Die folgenden Mikrophotographien geben das Gefüge einer Legierung von 945 ‰ Reingehalt nach dem Abfeilen, Polieren und Anlassen auf Purpurfarbe wieder. Fig. 183 (Taf. 22) stammt aus dem gegossenen Münzzain (Mischkristalle, von Eutektikum umgeben, ohne bevorzugte Richtung). Fig. 184 (Taf. 22) derselbe Münzzain nach der ersten Streckung, wobei seine Stärke von 8 auf 4 mm abgenommen hat, Fig. 185 und 186 (Taf. 22) nach dem 2. Auswalzen und Glühen. (Die Streckrichtung tritt deutlich hervor. Fig. 187 ein $^{1}/_{10}$ Gulden mit 720 ‰ Feingehalt und Fig. 188 [Taf. 22] ein

[1] Atti R. Accad. dei Lincei Roma 1909 (5), **18** I, 523.

[2] Metallurgie 1906, 128.

25 Cent-Stück 640 ‰ lassen die Walzrichtung erkennen. Fig. 189 und 190 [Taf. 22] sind falschen [gegossenen] Münzen entnommen, das Gefüge ist dem der Fig. 183 ähnlich.)

Kirke Rose[1] untersuchte, welche Zeitdauer und welche Wärmegrade beim Ausglühen erforderlich sind, um die durch das Walzen erzeugte Kalthärtung wieder herabzusetzen.

Je nach der Höhe des Kupfergehaltes beginnt zwischen 250 und 300° zunächst ein langsames, dann über 300° ein rasches Fallen der Härte.

Tabelle 240.

Dauer des Glühens bei 300°	Ag = 924 Cu = 76	Ag = 899,5 Cu = 100,5	Ag = 720 Cu = 280
Vor dem Glühen . . .	56	73	77
1/2 Stunde	51	67	73
70 Stunden	31,5	43,5	58,5
384 „	24,5	27,5	37

Die Härte wurde mit dem Skleroskop von *Shore* bestimmt.

Bei höheren Wärmegraden genügt bereits eine Zeit von 10 Minuten, um die Wirkung des Kalthärtens aufzuheben. In Tabelle 241 finden sich die Angaben für diese Glühdauer. Interessant ist, daß bei genügend langer Zeit schon die gewöhnliche Zimmerwärme genügt, um eine allmähliche Enthärtung herbeizuführen (siehe Tab. 249 auf S. 423).

Tabelle 241.

Glühgrade	Ag = 924 Cu = 76	Ag = 899,5 Cu = 100,5	Ag = 836 Cu = 164	Ag = 799 Cu = 201
Vor dem Glühen	56	73	75	76
320°	56	73	—	76
350°	51	72,5	73	75,5
400°	39	—	—	68,5
450°	34	61	56,5	63,5
500°	27,5	—	—	58
550°	25	45	45,5	51
600°	22	—	—	42,5
700°	21,5	—	—	31,5

Die Härte wurde mit dem Skleroskop von *Shore* bestimmt.

Infolge des Glühens sind die Münzscheiben durch eine oberflächliche Oxydschicht dunkel gefärbt, zu deren Entfernung werden sie in 5 Proz. Schwefelsäure gebeizt, mit Weinstein und Wasser abgewaschen, in rotierenden Kupfertrommeln gescheuert, gewaschen und dann getrocknet. Der Beizabgang beträgt 0,045 bis 0,056 Proz. Durch die Entfernung des Kupfers an der Oberfläche erscheinen die Legierungen silberweiß, die Anreicherung des ober-

[1] Inst. of Metals 1912, 1.

flächlichen Silbergehaltes kann 0,4 bis 1,4 Proz. betragen. Wie *Haagen-Smit*[1] zeigte, wird durch das Beizen erst die dunkle Kupferoxydschicht entfernt, das Metall erscheint zunächst rötlich gefärbt durch das Erscheinen des Kupferoxyduls; dieses spaltet sich dann in CuO + Cu, von denen das erstere leicht, das letztere erst unter dem oxydierenden Einfluß der Luft als Sulfat weggelöst wird. Um die Zeit des „Weißsiedens“ wesentlich abzukürzen, schlägt *Haagen-Smit* deshalb vor, in einer höchstens 10proz. Schwefelsäure bei 30 bis 80° zu beizen und nach etwa 2 Minuten je 30 g Kaliumpermanganat hinzugeben.

Bei der Herstellung der Münzen macht die Neigung der Silber-Kupferlegierung zum Entmischen gewisse Schwierigkeiten. Wie *Levol* schon 1852 fand, steigert am wenigstens die Legierung mit 71,89 Proz. Silber (entsprechend dem Eutektikum, siehe das Schmelzdiagramm in Fig. 182). In den Legierungen mit weniger als 700 ‰ Silber ist der Gehalt im Innern geringer als äußerlich, bei silberreicheren umgekehrt, auch ist er dann an den einzelnen Stellen der Oberfläche etwas verschieden. Je dicker die Patten sind, um so größer ist der Unterschied, der bis zu 10 Tausendstel betragen kann. *Matthey*[2] versuchte in der Königlichen Englischen Münze vergeblich Silberplatten von konstantem Gehalt durch Gießen in heißen Formen oder durch langsames Abkühlen zu erhalten; beim Einguß in kalte Eisenformen vom Boden aus und nachfolgendem Auswalzen zu der Dicke von 1 mm erhielt er eine Platte, welche 3,64 kg wog und an 23 Stellen konstant 925,2 Tausendstel Silber lieferte. Die Herstellung der Silberwaren erfolgt seltener durch Gießen oder Schmieden, sondern meist durch Pressen oder Prägen aus gewalzten Blechen. Das geglühte Silber von 750 ‰ Reingehalt hat in Blech- oder Drahtform die gleiche Härte wie kaltgehämmertes Kupfer, nimmt jedoch durch die weitere mechanische Bearbeitung noch wesentlich an Härte zu.

Infolge des häufigen Ausglühens, das während des Walzens, Pressens usw, nötig wird, überzieht sich die Legierung mit einer Kupferoxydschicht, die durch Beizen entfernt werden muß (siehe oben). Dies kann vermieden werden, wenn das Ausglühen in sauerstofffreier Atmosphäre geschieht. Dabei machen sich zuweilen Blasenbildungen bemerkbar, die auf das durch die Reduktion des Kupferoxyds entstandene Wasser zurückzuführen sind; um den Glühprozeß in befriedigender Weise durchführen zu können, ist es deshalb erforderlich, nicht nur das Eindringen von Sauerstoff, sondern auch das Auftreten reduzierender Gase zu verhindern. Versuche von *Walker*[3] zeigen, daß Wasserstoff, Methan, Acetylen usw. die Blasenbildung sehr begünstigen, während Stickstoff und Kohlensäure vollkommen inaktiv sind. Kohlenoxyd liegt in der Mitte. Für technische Zwecke eignet sich am besten ein Gasgemisch, das gerade genügend reduzierende Gase enthält, um die geringe Menge Sauerstoff, deren Gegenwart bei der Verwendung großer Ofen nicht verhindert werden kann, unschädlich zu machen, und genügend inertes Gas, um das Eindringen der re-

[1] Metallurgie 1904, 185.
[2] Chem.-Ztg. 1904, 202.
[3] Journ. Amer. Chem. Soc. 1907, **29**, 1198.

duzierenden Gase zu verhindern. Ein solches Gasgemisch kann in einem Apparat erzeugt werden, wie er zur Herstellung des Generatorgases benutzt wird. Der Prozeß muß so geleitet werden, daß das Gas ungefähr zu $^2/_3$ aus Kohlensäure und Stickstoff und zu $^1/_3$ aus Kohlenoxyd und etwas Wasserstoff besteht. Das Glühverfahren soll in allen größeren Silberwarenfabriken Amerikas angewendet werden.

(U. S. P. 1 075 642.) Gleason u. Roesler: Sterlingsilber. Um ein härteres Blech für durchbrochene Gegenstände zu gewinnen, wird eine Legierung von 900 bis 925 Tln. Silber und 75 bis 100 Tln. Kupfer verwendet, dem man vorher Bor einverleibt hat.

Nachstehend sind Analysen antiker Silbermünzen und Schmucksachen nach *Ledebur*[1] und gelegentlichen Literaturangaben zusammengestellt.

Eine Verschlechterung der Münzen begann im alten Rom zur Zeit des Kaisers Nero, der Silbergehalt ging von 980 auf 943 Tausendstel zurück, unter Marc Aurel sank er weiter auf 800 bis 700, unter Septimius Severus auf 500 Tausendstel.

Zur Konservierung von Silbermünzen empfiehlt *Rathgen*[2] die Reduktion der durch Chlorsilberüberzüge unleserlich gewordenen Münzen mittels Cyankalium, das in einem kleinen Porzellantiegel geschmolzen wird, oder mittels

Tabelle 242.

	Silber Proz.	Kupfer Proz.	Blei Proz.	Eisen Proz.	Gold Proz.	Ag Cl Proz.
Persische Münzen:						
Münze aus der Zeit von 560 bis 330 v. Chr.	88,4	10,5	0,7	—	0,3	—
Münze des Königs Sapor 380 bis 309 v. Chr.	92,0	6,8	0,2	0,4	0,5	—
Griechische Münzen:						
Athene	97,8	—	2,1	—	0,01	—
Obolus	99,5	0,3	—	0,2	—	—
Semiobolus	97,9	—	2,0	—	—	—
Rhodus	73,9	23,9	1,8	—	0,2	—
Römische Münzen:						
Antonius Triumvir, 31 v. Chr.	92,5	7,1	0,2	—	0,1	—
Augustus Imperator	92,8	1,9	—	3,2	2,1	—
				Zinn		
Septimus Severus, 193 bis 211 n. Chr.	54,9	43,8	0,7	0,2	0,1	—
Gallienus, 260 n. Chr.	17,1	80,9	0,6	0,2	0,2	—
Altindische Münze	89,1	4,3	—	—	1,2	1,3
Hebräische „	97,7	0,6	—	—	0,7	—
Schmuck aus der Inkazeit: Platte	85,2	13,9	—	—	0,15	—
„ „ „ „ Ring	25,5	72,1	—	—	0,25	—
Altindische Buddhafigur	53,7	37,3	—	—	0,5	4,1
Nadel aus Arica in Peru	82,2	16,1	—	—	0,4	1,2
Altperuvianische Skulpturen nach *Terreil:*						Cl
Blech	77	7,1	—	—	0,2	15
Legierung	33,4	60,8	—	—	5,4	—
Blech	17,3	79	—	—	1,4 As	2,3

[1] „Metallverarbeitung", 86.

[2] Chem.-Ztg. 1903, **27**, 897.

eines Gemenges von Cyankalium und kohlensaurem Natron oder Kali. Man taucht hierbei die Münze mit einer Zange in die Schmelze, wäscht mit heißem Wasser ab, alsdann mit Alkohol und trocknet.

Die neuzeitlichen Silbermünzen haben einen Gehalt von:

945	Tausendstel	in	Holland (Scheidemünze 640 T.).
925	„	„	England, Kanada.
916,66	„	„	Portugal, Brasilien.
900	„	„	den Vereinigten Staaten.
900	„	„	Frankreich, Bulgarien, Italien, Rumänien, Schweiz, Spanien (Scheidemünze 835 Z.).
900	„	„	Österreich (Scheidemünze 520,4 T.).
868,056	„	„	Rußland (Scheidemünze 500 T.).
800	„	„	Dänemark.
$502^7/_9$	„	„	Mexiko.

Pannain[1] schlägt als Münzlegierung die Kombination von Silber und Kupfer mit Nickel oder Kobalt vor. Solche ternäre Legierungen machen infolge ihrer schweren Darstellbarkeit die Verfälschungen schwieriger, besitzen wegen ihrer größeren Härte eine bessere Haltbarkeit und sind durch ihre magnetischen Eigenschaften leicht als „echt“ zu erkennen.

Um den Silberwaren die graue bis schwarze Färbung des „Altsilbers“ zu erteilen, „oxydiert“ man sie. Statt „oxydieren“ sollte man richtiger „schwefeln“ sagen, da die dunkle Farbe auf der Bildung von Schwefelsilber beruht.

Man taucht die Ware in eine auf 80° erwärmte Lösung von 5 g Schwefelleber, 10 g kohlensaurem Ammoniak, 1 l Wasser und läßt sie bis zur Erreichung des gewünschten dunklen Tones in dieser Lösung; oder man setzt die befeuchteten Gegenstände der Einwirkung des Schwefelwasserstoffes aus, indem man sie in einen verschlossenen Kasten bringt, in den man Schälchen mit Schwefelleber oder Schwefelammonium gestellt hat.

Eine dem Altsilber ähnliche Tönung erzielt man auch dadurch, daß man die Legierungen mit einer weichen Bürste, die mit ganz verdünnter alkoholischer oder wäßriger Lösung von Platinchlorid befeuchtet wurde, überbürstet.

Eine Rotfärbung erzielt *Sperry*[2] mit einem Bad aus zwei Lösungen: 1. 0,97 g Urannitrat in 113 g Wasser und 2. 0,97 g rotes Blutlaugensalz in 113 g Wasser; beide Lösungen werden gesondert aufbewahrt. Das Bad wird aus je 113 g beider Lösungen, 28,3 g starker Essigsäure und 227 g Wasser gemischt und erwärmt. Die eingetauchten Silberwaren zeigen zunächst eine schwache bräunliche Färbung, die allmählich in Dunkelrot übergeht.

Eine Grünfärbung ruft *Poland*[3] hervor durch Eintauchen der Gegenstände in ein heißes Bad aus 35 g Jod, 35 g Jodakli in 3,5 l Wasser. Durch Bildung von Jodsilber erscheint zuerst eine graue Färbung, die alsdann dunkler wird und in Grün übergeht.

Um Silberwaren ein holzartiges Aussehen zu geben, graviert *Zirner* (D. R. P. 131232) in die Oberfläche des Silbergegenstandes das Holzgefüge

[1] Gazz. chim. ital. 1908, **38** I, 349.
[2] Brass World 1905, **1**, 162.
[3] Brass World 1905, **1**, 39.

ein, überzieht diese Fläche galvanisch mit einer dünnen Kupferschicht und beläßt den Gegenstand in einem Patinierbade, bis der Überzug einen dem dunklen Holze ähnlichen Farbenton angenommen hat.

Das Löten der Silberwaren geschieht mit Silber von 800 Feingehalt oder mit einem der erwähnten Silberschlaglote; am besten verwendet man ein halbweiches Lot aus 11 Tln. Feinsilber, 5 Tln. reinsten Blech- oder Drahtmessings und 1 Tl. Zink (möglichst bleifrei). Dem im Tiegel geschmolzenen Silber setzt man das Messing und Zink zu, rührt gut um und gießt in die Form. Der Block wird zu dünnem Blech ausgewalzt und in Streifen geschnitten. Sehr brauchbare Lote bringt A. Richter - Pforzheim in den Handel, die nach *v. Kulmer*[1] folgende Zusammensetzung haben:

1. für feinste Waren, die nachträglich emailliert werden, also eine hohe Hitze aushalten müssen:
   500 Feinsilber, 400 Messing, 100 Cadmium;
2. für nicht zu emaillierende, hochfeine Waren:
   500 Feinsilber, 350 Messing, 150 Cadmium;
3. für Waren II. Qualität:
   250 Feinsilber, 500 Kupfer, 250 Messing.

(D. R. P. 292 295.) Wachwitz, Nürnberg: Herstellung von leichtflüssigem, hartem und doch dehnbarem Silberlot. Eine aus Silber und Cadmium zusammengesetzte Legierung wird mit einer solchen aus Kupfer und Zink zusammengeschmolzen. (Vom 2. 5. 1915 ab.)

Verschiedene Legierungen.

Waidner und *Burgeß* empfehlen, den Erstarrungspunkt des Kupfer-Silber-Eutektikums (72 Proz. Ag + 28 Proz. Cu) bei 779,2 Proz. als Fixpunkt bei der Eichung von Platin-Widerstandsthermometern zu verwenden.

Die Schweiz verwendet als Scheidemünzen für:

	Proz. Silber	Proz. Kupfer	Proz. Zink	Proz. Nickel
20 Rappen =	15	50	25	10
10 „ =	10	55	25	10
5 „ =	20	60	25	10

Als Legierungen von weißer Farbe, großer Dehnbarkeit und Geschmeidigkeit für Draht und Plattierarbeiten werden empfohlen:

Proz. Silber =	98	95	90	80	66,6	66,6	50
„ Kupfer =	1,5	1,5	1,8	2	2,5	5	5
„ Cadmium =	0,5	3,5	7,2	18	50,9	28,4	45

Fontenay und *Ruolz* stellten als Ersatz für Feinsilber zu Luxusgegenständen Legierungen her:

	Proz. Kupfer	Proz. Silber	Proz. Nickel
für gewalzte und gezogene Arbeiten	37 bis 42	33	25 bis 30
„ mit Edelsteinen zu besetzende Arbeiten .	30 „ 40	40	20 „ 30
„ Gußzwecke	45 „ 55	20	25 „ 35

[1] Handbuch für Gold- und Silberarbeiter.

Derartige Legierungen, auch mit einem Zinkgehalt bis zu 15 Proz., wurden für Tafelgeräte unter den Namen Perusilber, Viertelsilber, Drittelsilber in den Handel gebracht, besitzen aber trotz des höheren Preises dem Neusilber gegenüber keine Vorzüge.

(D. R. P. 352 028.) Brose & Co., Coburg: Legierung für ärztliche und zahnärztliche Zwecke, die hohe chemische Widerstandsfähigkeit mit mechanischer Bearbeitbarkeit verbindet, dadurch gekennzeichnet, daß dieselbe aus 75 Proz. Kupfer, 9 Proz. Nickel, 10 Proz. Silber, 6 Proz. Aluminium besteht. (Vom 19. 10. 1920 ab.)

Die Gold-Silberlegierungen.

Die Konstitution der Gold-Silberlegierungen wurde von *Roberts-Austen* und *Kirke-Rose*[1] festgestellt. Beide Metalle bilden eine ununterbrochene Reihe fester Lösungen, die Schmelzpunktskurve siehe Fig. 191, Kurve *AB* verläuft schwach gekrümmt zwischen den Schmelzpunkten des Silbers (961,5°) und des Goldes (1063,5°). Die Schmelzpunkte der einzelnen Legierungen wurden jedoch, wie *Jänecke*[2] zeigt, etwas zu hoch angegeben, er fand folgende Grade:

Tabelle 243.

Atom-Proz. Ag	Gewichts-Proz. Ag	Erstarrungsintervall
10	5,7	1060 bis 1053°
20	12,1	1054 „ 1042°
30	19,0	1047 „ 1035°
40	26,7	1036 „ 1026°
50	35,4	1031 „ 1018°
60	45,1	1015 , 1003°
70	56,1	1007 „ 997°
80	68,6	993 „ 982°
90	83,1	977 „ 970°

Die Angaben *Jäneckes* werden von *Raydt*[3] bestätigt.

Die Härte der Legierungen wurde von *Kurnakow* und *Zemczuzny*[4] bestimmt, in Fig. 191 sind die Härteänderungen durch die kontinuierliche Kurve *FH* dargestellt, die deutlich zeigt, daß die Bildung der Mischkrystalle von einer Härtezunahme beider Komponenten des Systems begleitet ist. Das Härtemaximum liegt bei 50 Atom-Proz. = 35,4 Gew.-Proz.; der Technik ist längst bekannt, daß sich die Le-

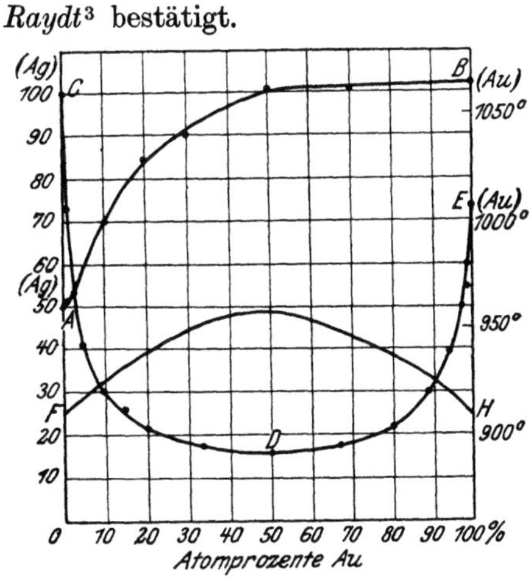

Fig. 191. System: Gold-Silber.

[1] Chem. News 1903, **87**, 2.
[2] Metallurgie 1911, 599.
[3] Zft. f. anorg. Chem. 1912, **75**, 58.
[4] Zft. f. anorg. Chem. 1908, **60**, 16.

gierungen vor den reinen Metallen durch bedeutendere Härte auszeichnen, die größte Härte wurde einer Legierung von 1 Gewtl. Silber auf 3 Gewtle. Gold, also = 33,3 Proz. Ag zugeschrieben.

Die elektrische Leitfähigkeit, nach den Untersuchungen von *Matthießen*[1] in Fig. 191 eingetragen, ergibt die Kurve *CDE*, das Spiegelbild der Härtekurve mit einem Minimum bei *D*.

Das spez. Gewicht der gegossenen Legierungen wurde von *Hoitsema*[2] bestimmt (auf den leeren Raum und 4° red.):

Tabelle 244.

Goldgehalt in ‰	Spez. Gewicht (15°)	Goldgehalt in ‰	Spez. Gewicht (15°)
917	18,08	500	13,60
916	18,041	477	13,432
879	17,54	417	13,00
843	16,96	333	12,38
784	16,354	313	12,257
750	16,03	250	11,78
667	15,07	235	11,76
646	14,87	167	11,28
583	14,24		

Durch den Zusatz von Gold zu Silber wird die Löslichkeit des Sauerstoffs in geschmolzenem Silber herabgesetzt, *Sieverts* und *Krumbhaar*[3] fanden bei 1123° folgende Zahlen:

g Gold zu 100 g Silber zugesetzt .	0	5,8	11,1	25,0	66,7	122,2
g Sauerstoff in 100 g Silber gelöst	0,263	0,222	0,161	0,132	0,061	0,023

Auf diese Erscheinung ist es zurückzuführen, daß beim Zusammenschmelzen von Gold mit Silber beim Umrühren plötzlich ein starkes Aufschäumen eintritt, in dem das zuerst oben schwimmende Silber Sauerstoff absorbiert hat, der beim Zutritt des Goldes entweicht.

Zur Verwendung kommen die Gold-Silberlegierungen zur Fertigung von Geräten und Schmucksachen; schon im Altertum kannte man eine Legierung aus 3 Tln. Gold und 1 Tl. Silber, die wegen ihrer hellgelben, an Bernstein erinnernden Farbe den Namen „Elekrum" führte Aus der Gegenwart oder Abwesenheit geringer Silbermengen in antiken Goldplättchen kann man andererseits das relative Alter derselben ermitteln, da selten silberfreie Golderze vor kamen und man es noch nicht verstand, beide Metalle voneinander zu trennen.

So fanden *Berthelot*[4] und *Gladstone*[5] in Goldfolien ägyptischer Königsgräber nebenstehende Zahlen. (Tab. 245).

---

[1] Pogg. Ann. 1861, **100**, 190.
[2] Zft. f. anorg. Chem. 1904, **41**, 63.
[3] Ber. d. deutsch. chem. Ges. 1910, **43**, 899.
[4] C. r. 1900, **131**, 461.
[5] Chem. News 1901, **83**, 13.

Tabelle 245.

Dynastie	Proz. Gold	Proz. Silber	Proz. Organische Substanz usw.
I	79,7	13,4	6,9
I	84,2	14,3	1,5
I	84,0	13,0	3,0
VI	77,9	18,0	4,1
VI	92,3	16,1	2,2
XII	90,5	4,4	5,1
XVIII	83,5	11,7	4,8
Perserzeit	99,8	—	—

Die Proben der I. Dynastie scheinen aus Golderzen derselben Herkunft gewonnen zu sein, bis zur XVIII. Dynastie (16. Jahrhundert v. Chr.) wurde die natürlich vorkommende Legierung benutzt, im 12 Jahrhundert unterschieden die alten Ägypter verschiedene Sorten Gold, erst zur Perserzeit verstanden sie es, das Silber abzuscheiden.

Ein in Mykenae gefundenes, aus dem 2. Jahrtausend v. Chr. stammendes Gefäß besteht aus: 89,4 Proz. Gold, 8,5 Proz. Silber, 0,6 Proz. Kupfer, 0,2 Proz. Eisen.

Die Gold-Kupferlegierungen.

Die Konstitution der Gold-Kupferlegierungen wurde von *Kurnakow* und *Zemczuzny*[1] klargestellt. Beide Metalle bilden bei rascher Abkühlung eine lückenlose Reihe von Mischkrystallen, die Schmelzpunktskurve fällt rasch von beiden Enden, um bei etwa 60 Atom-Proz. = 83 Gew.-Proz. Gold ein Minimum zu erreichen (siehe Fig. 192, Kurve *AMB*). Bei verlangsamter Abkühlung scheint eine Verbindung AuCu oder vielleicht $AuCu_3$[2] zu entstehen.

Die ermittelten Schmelzpunkte sind in Tab. 246 wiedergegeben.

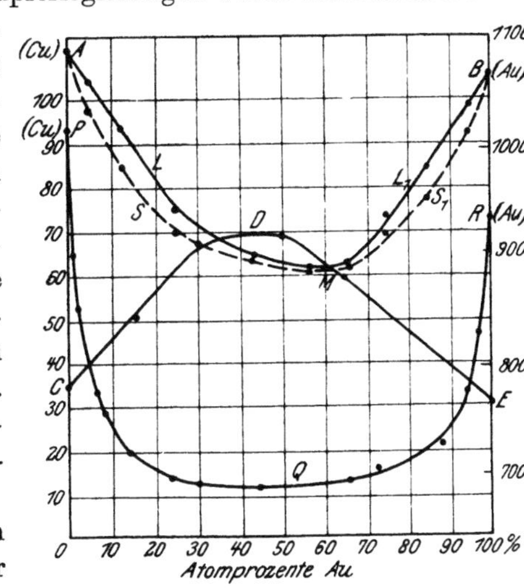

Fig. 192. System: Gold-Kupfer.

Die Härte der Legierungen nimmt, wie es bei Metallen stets der Fall ist, die eine ununterbrochene Reihe fester Lösungen bilden, von beiden Endpunkten an rasch zu; sie zeigt bei etwa 50 Atom-Proz. Gold = 75,6 Gew.-Proz. ein Maximum (siehe Fig. 192, Kurve *CDE*).

[1] Zft. anorg. Chem. 1907, **54**, 164; 1908, **60**, 18.

[2] Zft. f. Metallkunde 1925, **17**, 31.

Tabelle 246.

Gewichtsprozente		Erstarrungstemperatur in Grad		Gewichtsprozente		Erstarrungstemperatur in Grad	
Au	Cu	Beginn	Ende	Au	Cu	Beginn	Ende
100	0	1063	—	80,0	20,0	886	884
98,33	1,67	1034	1011	69,9	30,1	900	894
94,42	5,38	978	949	50,87	49,13	942	920
90,29	9,71	934	916	30,0	70,0	1018	980
86,0	14,0	890	887	14,02	85,97	1056	1030
82,0	18,0	884	883	0	100	1084	—

Das umgekehrte Bild liefert die Kurve der elektrischen Leitfähigkeit (siehe Fig. 192, Kurve *PQR*), die nach den Angaben von *Matthießen*[1] aufgetragen wurde; ihr Minimum liegt bei der gleichen Konzentration.

Das spez. Gewicht wurde an goldreichen Legierungen in geprägten Platten von *Roberts*[2] bestimmt:

Tabelle 247.

Zusammensetzung		Spez. Gewicht		Zusammensetzung		Spez. Gewicht	
Proz. Au	Proz. Cu	Gefunden	Berechnet	Proz. Au	Proz. Cu	Gefunden	Berechnet
100	—	19,3203	—	93,20	6,80	17,7911	17,7956
98,1	1,99	18,8385	18,8355	92,28	7,72	17,5680	17,6087
96,88	3,12	18,5805	18,5804	90,05	9,95	17,1653	17,1750
95,83	4,17	18,3562	18,3605	88,05	11,95	16,8062	16,8047
94,84	5,16	18,1173	18,1378	86,14	13,86	16,4832	16,4630
93,85	6,15	17,9340	17,9301	—	100	8,725	—

Danach ist der Unterschied zwischen dem gefundenen und dem berechneten Werte so gering, daß man wenigstens bis zu einem Gehalt von 86 Proz. Gold den Reingehalt aus dem spez. Gewicht berechnen kann.

Für gegossene Legierungen ermittelte *Hoitsema*[3] folgende Werte (auf den leeren Raum und 4° reduziert):

Tabelle 248.

Goldgehalt ‰	Spez. Gewicht (15°)	Goldgehalt ‰	Spez. Gewicht (15°)
1000	19,26	583	12,69
917	17,35	250	10,035
833	15,86	0	8,7
750	14,74		

[1] Poggend. Ann. 1861, **110**, 217.
[2] Proc. of Royal Söc. 1875, **23**, 481.
[3] Zft. f. anorg. Chem. 1904, **41**, 63.

Die Festigkeit des Goldes wird durch Hinzulegieren des Kupfers erhöht, eine weitere Steigerung tritt ein, wenn zu der Legierung noch Silber zugesetzt wird. *Karmasch*[1] gibt an:

	Hart gezogener Draht	Geglüht
Gold fein	20,3 bis 33,2 kg/qmm	17,1 bis 18,8 kg/qmm
90 Proz. Au + 10 Proz. Cu	45,8 „	—
12 Proz. Ag + 58,3 Proz. Au + 29,7 Cu	92,9 bis 115,5 „	68,8 bis 79,8 „

Die Farbe der Legierungen ist je nach dem Goldgehalt rot bis hochgelb, man darf jedoch nicht aus der Farbe auf den Feingehalt schließen, da die verschiedene Behandlung der Oberfläche z. B. bei den Goldmünzen eine goldgelbe oder rötlichgelbe Färbung hervorruft. Manche Münzwerkstätten behandeln die Münzplättchen vor dem Prägen mit Seifenwasser, um ihnen eine blanke Oberfläche zu geben, andere beizen mit verdünnter Schwefelsäure, wodurch an der Oberfläche etwas Kupfer aufgelöst und eine reine Goldfarbe erzielt wird, während erstere rötlich erscheinen. Eine Grünfärbung auf Goldmünzen oder -barren ist auf einen geringen Silbergehalt zurückzuführen, wie *Leach*[2] feststellte. Wenn durch das Glühen und Beizen aus der Oberflächenschicht das Kupfer entfernt ist, genügt schon ein Silbergehalt von 0,5 Proz. der Legierung. um einen deutlichen grünen Schein hervorzurufen.

Die Konstitution der ternären

Gold-Silber-Kupferlegierungen.

wurde von *Jänecke*[3] untersucht, die drei Metalle sind im flüssigen Zustand in allen Verhältnissen löslich; da im festen Zustand Gold mit Kupfer und Silber lückenlose Mischkrystallreihen bildet, da sich aber im System Silber-Kupfer eine große Mischungslücke zeigt, so sind in den ternären Legierungen zwei Gruppen zu unterscheiden, solche, die aus homogenen, und solche, die aus zwei gesättigten kupfer- bzw. silberreichen ternären Mischkrystallen bestehen.

Zur Verwendung kommen die ternären Legierungen zur Anfertigung von Schmucksachen, da eine Verschiedenheit in der Zusammensetzung einen mannigfachen Wechsel in der Färbung gestattet, während die Gold-Kupferlegierungen zur Herstellung der Goldmünzen dienen.

Der Goldgehalt der Legierung, der „Feingehalt“, wird in Tausendstel des Gewichtes angegeben, während man früher nach Karat rechnete, wobei das reine Gold = 24 Karat angesetzt wurde; 12 karätiges Gold würde also einem Feingehalt von 500 entsprechen.

Der Gehalt der Goldmünzen beträgt in Deutschland, Frankreich, Belgien, Spanien, Italien, Rußland, Vereinigten Staaten = 900; Portugal, England, Türkei = 916,66; Mexiko = 875.

Bei den deutschen Goldmünzen bestand im Feingehalt eine Toleranz von ± 0,2 Proz., im Gewicht (7,965 bzw. 3,982 g) von ± 0,25 Proz.

---

[1] Mechanische Technologie I.
[2] Metallurgie 1907, 834.
[3] Metallurgie 1911, 597.

Zur Herstellung der Goldlegierungen schmilzt man zuerst das Gold in Graphittiegeln ein und setzt die anderen Metalle in kleinen Stücken zu. Es empfiehlt sich, nur möglichst reine Metalle anzuwenden, da schon ein geringer Gehalt an Blei, Antimon, Arsen, Wismut, Zinn, Zink die Legierung sehr spröde macht. Alte Goldsachen müssen wegen des häufigen Vorkommens von Lötstellen durch Raffination von dem Lötmetall befreit werden, mit Vorliebe wendet man Goldmünzen, deren Feingehalt bekannt ist, zum Legieren an. Die Schmelze wird mit Graphitstäben umgerührt und in Eisenformen zu Barren gegossen, diese müssen nach *Sterner-Rainer*[1] noch in dunkel glühendem Zustand, also bei etwa 500°, in kaltem Wasser abgeschreckt werden, damit nicht durch Entstehen der Verbindung AuCu (s. oben) eine unliebsame Sprödigkeit hervorgerufen wird, die das Auswalzen verhindert. Die Barren werden kalt unter häufigem Glühen ausgewalzt; für die Münzzaine genügt ein ganz kurzes Glühen bei 600°, aber schon bei gewöhnlichen Wärmegraden geht die Härte der Goldmünzen in längeren Zeiträumen deutlich zurück, wie Tab. 249 von *Kirke-Rose*[2] zeigt. Goldwaren werden in der Regel aus Blech oder Draht hergestellt, Siegelringe und Medaillen werden in feinem Sand oder in feingepulvertem und geschlämmtem Sepiapulver gegossen.

Der Feingehalt muß auf den Goldwaren durch Stempeleindruck angegeben sein, er beträgt in Deutschland in der Regel 585, 666 oder 750 Tausendteile, doch besitzen billige Schmucksachen, die meist eine schwache Vergoldung erhalten, einen weit geringeren Gehalt, in welchem Fall sie nicht gestempelt sind.

Nach *Tammann*[3] ist bereits die Legierung mit 535 Tausendteilen gegen schwefelhaltige Chemikalien unempfindlich.

Die Gold-Kupferlegierungen nennt man rote, die Gold-Silberlegierungen weiße und die ternären Legierungen gemischte Karatierung, letztere benutzt man wegen der reizvollen Farbenunterschiede zur Anfertigung von Schmucksachen. Es liefern:

	Gold	Silber	Kupfer
grünes Gold . . .	750	250	—
rotes „ . . .	750	—	250
rosa „ . . .	750	200	50
gelbes „ . . .	750	125	125
weißes „ . . .	750	150	100

Verschiedenartige Färbungen können auch durch kürzeres oder längeres Beizen erzielt werden. Beim Ausglühen bedecken sich die Goldwaren mit einer Kupferoxydschicht, die durch Einbringen des Gegenstandes in sehr verdünnte Schwefel- oder Salpetersäure entfernt wird. Letztere Säure löst bei längerer Einwirkung aus der Oberfläche mehr oder weniger Kupfer, so daß die reine Goldfarbe zum Vorschein kommt.

„Nürnberger Gold" aus 89 Proz. Kupfer, 5,5 Proz. Gold, 5,5 Proz. Silber bestehend, dient zur Anfertigung geringwertiger Schmucksachen.

[1] Zft. f. Metallkunde 1925, **17**, 162.
[2] Inst. of Metals 1912, 1.
[3] Zft. f. Metallkunde 1921, **13**, 409.

„Shakdo“ ist eine aus Japan eingeführte bläulichschwarze Gold-Kupferlegierung mit 1 bis 10 Proz. Gold, als Beize dient eine wässerige Lösung von Kupfervitriol, Alaun und Grünspan, mit der gleichen Beize graugrün gefärbt ist die Silber-Kupferlegierung „Shibuishi“ mit 30 bis 50 Proz. Silber.

Tabelle 249.

	Jahr der Herstellung	Zusammensetzung in Proz.			Dicke in mm	Härte[1]
Feingold	1477	993,5 Au	5,15 Ag	1,35 Cu	3,2	10
„	1477	993,5 „	5,15 „	1,35 „	0,92	17
„	1560	994,3 „	5,7 „	—	1,64	8
„	1605	990,3 „	8,3 „	1,4 Cu	1,02	23,2
„	1605	990,3 „	8,3 „	1,4 „	0,82	24,6
„	1873	1000 „	—	—	0,78	27
„	1901	1000 „	—	—	0,58	29
„	1912	1000 „	—	—	1,02	35
Münzgold	1527	915,5 „	78,3 „	6,2 Cu	1,68	14,2
„	1560	913,7 „	60,8 „	25,7 „	1,3	20,3
„	1660	912,9 „	53,3 „	33,8 „	—	25,2
„	1707	917,4 „	59,5 „	23,4 „	0,73	24,3
„	1728	916,1 „	50,4 „	33,5 „	0,75	27,7
„	1829	915,3 „	37,6 „	46,5 „	0,97	35
„	1912	916,7 „	83,3 „	—	0,7	40,3
„	1912	916,7 „	83,3 „	—	1	74
Münzsilber	1477	923,5 Ag	76,5 Cu	—	5	24
„	1477	923,5 „	76,5 „	—	2,5	34,6
„	1560	930,2 „	69,8 „	—	1,75	29,4
„	1688	922 „	78 „	—	—	38,2
„	1813	924,96 „	75,04 „	—	1,95	61,3
„	1912	925 „	75 „	—	1	68

Goldlegierungen können auch galvanisch erzeugt werden: Bei der „Rotvergoldung“ wird nach dem Gold etwas Kupfer ausgeschieden, man setzt zu diesem Zweck dem Goldbad etwas Cyankupferkalium zu, im Liter etwa die 0,1 bis 0,15 g metallischem Kupfer entsprechende Menge. Bei der „Grünvergoldung“ wird dem Goldbad etwas Silber zugesetzt, entweder Silberbad oder eine sehr verdünnte Lösung von Silbernitrat, oder man versilbert den Gegenstand zuerst und vergoldet ihn dann.

(D. R. P. 103 155.) v. Masrimmen, Berlin: Elektrolyt zum Vergolden von Metallen. Der Elektrolyt wird in folgender Weise hergestellt: Ein lösliches Kupfersalz, z. B. Kupfercyanür, und ein lösliches Goldsalz, z. B. Goldcyanür, werden in einer wässerigen Cyankalilösung gelöst. Dieser Lösung wird entweder ein in Wasser lösliches und mit Alkalien oder Cyankali neutralisiertes Erdalkalisalz (Barium-, Magnesium-, Strontium- oder Calciumsalz) oder ein Erdmetallsalz sowie Salpetersäure zugesetzt.

Zum Löten des Goldes benutzte man früher eine Gold-Silber-Kupferlegierung mit etwas niedrigerem Feingehalt, als ihn der zu lötende Gegenstand aufweist, damit das Lot einen niedrigeren Schmelzpunkt hatte. Falls gesetzliche Bestimmungen diesem Herabgehen des Feingehaltes entgegenstehen, empfiehlt es sich, einen Teil des Kupfers durch Cadmium zu ersetzen, das den Schmelzpunkt kräftiger erniedrigt. *v. Kulmer*[1] gibt folgende Zusammensetzungen an:

1. für 500 Feingehalt:
   500 Tle. Gold, 200 Tle. Silber, 200 Tle. Kupfer, 100 Tle. Cadmium;
2. für 550 Feingehalt:
   550 Tle. Gold, 150 Tle. Silber, 180 Tle. Kupfer, 120 Tle. Cadmium;
3. für 585 Feingehalt:
   585 Tle. Gold, 115 Tle. Silber, 184 Tle. Kupfer, 116 Tle. Cadmium;
4. für 750 Feingehalt:
   750 Tle. Gold, 30 Tle. Silber, 100 Tle. Kupfer, 120 Tle. Cadmium.

Wüst[2] empfiehlt folgende bewährte Goldlote:

1. Färbelot (d. h. für Gegenstände, welche gefärbt werden sollen):
   423 Tle. Gold, 400 Tle. Silber, 164 Tle. Kupfer, 13 Tle. Zink.
2. Goldhartlot:
   506 Tle. Gold, 240 Tle. Silber, 186 Tle. Kupfer, 66 Tle. Messing.
3. Emaillierlot (für Gegenstände, welche emailliert werden sollen, also einer großen Hitze ausgesetzt werden):
   37 Tle. Gold, 9 Tle. Silber,
   oder: 205 Tle. Gold, 450 Tle. Silber, 250 Tle. Kupfer, 55 Tle. Messing.
4. Ausschwemmlot (zum Verstärken dünner Gegenstände):
   62 Tle. Gold, 762 Tle. Silber, 144 Tle. Kupfer, 32 Tle. Messing.

(D. R. P. 216 537.) Richter, Pforzheim: Goldlot von roter Farbe, dadurch gekennzeichnet, daß das Lot außer den üblichen Bestandteilen des Rotgoldes (Gold, Silber, Kupfer) Zinn enthält.

Es sind Goldlote mit Zink bekannt, setzt man aber so viel Zink hinzu, daß eine niedrige Schmelztemperatur erreicht wird, so wird das zu lötende Gold angegriffen. Wenn man aber weniger Kupfer und dafür mehr Silber zusetzt, so kann man zwar den Zinkgehalt so weit verringern, daß das Lot nicht mehr „frißt" und doch leicht schmilzt, die Farbe ist dann aber nicht mehr rot oder gelb, sondern grün.

Verschiedene Goldlegierungen.

Dittmar empfiehlt eine Legierung aus 91 Proz. Silber, 7 Proz. Gold, 2 Proz. Nickel zur Anfertigung von Tiegeln für schemiche Laboratorien, sie eignen sich zum Schmelzen von Kalihydrat.

Ein Cadmiumzusatz färbt die Goldlegierungen grün, ein Eisengehalt grau.

(D. R. P. 373 725.) Guertler, Charlottenburg: Chemisch widerstandsfähige Legierungen, dadurch gekennzeichnet, daß die Legierungen bestehen aus: Bor, Silicium, Titan, Zirkon, Vanadium oder Tantal in Beträgen bis zu je 10 Proz., zusammen nicht über

[1] Handbuch für Gold- und Silberarbeiter.
[2] Legier- und Lötkunst.

20 Proz., Gold, Silber oder den Edelmetallen der Platingruppe einzeln oder gemeinsam in Mengen bis zu 60 Proz., und Chrom, Mangan, Eisen, Kobalt, Nickel, Kupfer einzeln oder gemeinsam als Rest zu 100 Proz. (Vom 20, 12. 1919 ab.)

(D. R. P. 267 299.) Richter & Co., Pforzheim: 1. Goldlegierungen bzw. Kupfer-Goldlegierungen von weißer Farbe mit überwiegendem Goldgehalt, dadurch gekennzeichnet, daß die zur Erzielung dieser Farbe bekannten Zusätze von Edelmetallen (Pt, Pd) in mehr oder minder weitgehendem Maße durch Zusätze von Metallen der Eisen-Nickelgruppe (Ni, Co, Fe) ersetzt werden. **2.** Goldlegierungen nach Anspruch 1, dadurch gekennzeichnet, daß der Zusatz zum Gold sich aus 0,5 bis 20 Atomproz. Edelmetall (Pt, Pd), 70 bis 94 Atomproz. Nickel und 4 bis 30 Atomproz. Kupfer zusammensetzt.

Man kann in dieser Weise Legierungen erhalten, deren Herstellung nicht wesentlich teurer ist als die der gewöhnlichen Goldlegierungen, während andererseits die Sprödigkeit, welche man bei reinem Nickelzusatz erhält, durch die Kombination von Nickel mit dem Edelmetall vollkommen aufgehoben wird. Anstatt von reinem Golde kann man auch von Kupfer-Goldlegierungen ausgehen. Dabei darf aber der Kupfergehalt eine gewisse Grenze nicht überschreiten, damit die gewünschte weiße Farbe nicht in eine rötliche übergeht. (Vom 12. 9. 1912 ab.)

Für amerikanische Goldfedern wird eine Legierung empfohlen:

58,8 Proz. Gold, 14,7 Proz. Silber, 22,8 Proz. Kupfer, 3,7 Proz. Zink.

Das Gold, Silber und Kupfer werden zunächst miteinander verschmolzen und dann das Zink zugesetzt.

(D. R. P. 335 886.) Belais, New York: Weißgoldlegierung, 1. dadurch gekennzeichnet, daß sie aus Gold, Nickel und Zink besteht, 2. dadurch gekennzeichnet, daß der Gehalt an Gold denjenigen an Nickel und Zink überwiegt, 3. dadurch gekennzeichnet, daß der Gehalt an Nickel denjenigen an Zink überwiegt, 4. dadurch gekennzeichnet, daß sie 75 bis 85 Proz. Gold, 8 bis 18 Proz. Nickel und 4 bis 14 Proz. Zink enthält.

Die Legierung ist duktil, schmiedbar und besitzt das Aussehen von Platin, das es bei Juwelierarbeiten ersetzen soll. (Vom 31. 1. 1920 ab.)

(D. R. P. 364 615.) Belais, New York: Weißgoldlegierung, welche zum größten Teile aus Gold und im übrigen aus Nickel, Zink und geringen Mengen Platin besteht. (Vom 14. 9. 1920 ab.)

(D. R. P. 375 243.) Deutsche Gold- u. Silberscheide-Anstalt, Frankfurt a. M.: Goldlegierungen von weißer Farbe, welche außer Gold mindestens noch Kupfer und Zink und gegebenenfalls noch ein oder mehrere andere für die Herstellung weißfarbiger Goldlegierungen in Betracht kommende Metalle enthält. (Vom 15. 5. 1921 ab.)

(D. R. P. 304 551.) Fuchs, Berlin: Verfahren zur Herstellung von Legierungen des Wolframs mit Edelmetallen, dadurch gekennzeichnet, daß von den beiden zu legierenden Metallen, wenigstens das eine in Form einer Zwischenlegierung mit Nickel, Eisen oder auch Aluminium verwendet wird. **2.** Eine Wolfram-Goldlegierung, bestehend aus 750 Tln. Gold, etwa 100 bis 150 Tln. Wolfram und 100 bis 150 Tln. Nickel. **3.** Eine Wolfram-Silberlegierung, bestehend aus 800 Tln. Feinsilber, etwa 100 bis 150 Tln. Nickel und etwa 100 bis 150 Tln. Wolfram.

Die Legierung nach Anspruch **2** soll als Ersatz des Platins in Geschmeiden wie auch zu gewerblichen Zwecken dienen. Sie läßt sich vergießen, schmieden, walzen, polieren, wobei sie hohen Glanz annimmt. Die Legierung nach Anspruch **3** zeigt neben dem höheren spez. Gewicht auch größere Festigkeit, sie ist den atmosphärischen Einflüssen gegenüber widerstandsfähiger als Silber und behält im polierten Zustande daher auch weit besseren Glanz. Mit Rücksicht auf ihre Säurefestigkeit sollen die Legierunen auch für technische Zwecke verwendbar sein. (Vom 29. 2. 1916 ab.)

Die Zinn-Silberlegierungen.

Aus den Untersuchungen von *Petrenko*[1] geht hervor, daß Silber und Zinn Mischkrystalle bis zu einem Gehalt von 19 Proz. Zinn bilden, alsdann tritt die Verbindung Ag_3Sn auf, so daß die höheren Konzentrationen aus einem Gemenge der Verbindung mit den Mischkrystallen bzw. mit Zinn bestehen. Dieses selbst löst kein Silber.

Eine Anwendung fand die Legierung im

(D. R. P. 37 950.) Brandt, Berlin: Verfahren, Eisenwaren mit einer widerstandsfähigen Schicht von Silber-Zinnlegierungen zu versehen, dadurch gekennzeichnet, daß man die gereinigten Eisenwaren durch Eintauchen in ein Bad von geschmolzenem Zinn mit 10 bis 20 Proz. Silbergehalt und darauffolgendes Ablöschen und hierauf in gleicher Weise noch mit einer leichter schmelzenden Zinnschicht von 5 bis 10 Proz. Silbergehalt überzieht.

(D. R. P. 375 242.) Jühling & Co., Coburg: Metallegierung, dadurch gekennzeichnet, daß dieselbe aus 90 Tln. Silber, 9 Tln. Zinn und 1 Tl. Platin besteht.

Die Legierung soll als Ersatz für Goldlegierungen in der Zahnheilkunde dienen.

(Vom 31. 1. 1922 ab.)

(Zus. P. 381 526.) An Stelle des Platins tritt Gold.

Die Schicht ist glänzend, silberweiß, oxydationsfrei und widerstandfähig.

Die Zink-Silberlegierungen.

Carpenter und *Whiteley*[2] zeigten, daß die Konstitution der Zink-Silberlegierungen bis zu einem Gehalt von 60 Atomproz. Silber derjenigen der Zink-Kupferlegierungen außerordentlich ähnlich ist. Das Silber nimmt bis 37 Atomproz. (25 Gew.-Proz.) Zink in fester Lösung auf, während das Maximum der Löslichkeit von Silber in Zink bei 1 Proz. liegt. Es tritt die Verbindung Ag_2Zn_3 und wahrscheinlich Ag_2Zn_5 auf.

Die nahezu gleichen Verhältnisse bestehen in dem Konstitutionsdiagramm der Cadmium-Silberlegierungen. Siehe auch *Schreiner*[3].

Die galvanische Herstellung derartiger Legierungen ist beschrieben im

(D. R. P. 62 555.) The London Metallurgical Co. und Cowper Coles, London: Metallgegenstände mit galvanischem Überzug von Silberlegierungen und Verfahren zu ihrer Herstellung. 1. Metallgegenstände, welche auf galvanischem Wege mit einer Legierung aus Silber und Zink oder Silber und Cadmium oder Silber, Zink und Cadmium überzogen sind. 2. Das Verfahren dazu, dadurch, daß man als Bad eine Lösung von Cyankaliumzink, Cyankaliumcadmium oder Cyankaliumzinkcadmium versetzt mit Cyankaliumsilber und als Anode Legierungen von Silberzink, Silbercadmium oder Silberzinkcadmium anwendet.

Eine Cadmiumsilberlegierung mit wenig Silber empfiehlt *Cowper Coles*[4] zum Überziehen von Maschinenteilen, eine Legierung mit 7,5 Proz. Cadmium für Hausgeräte, da sie besser den Atmosphärilien als reines Silber und Silber mit 7,5 Proz. Kupfer widersteht. Gute Niederschläge werden erzielt bei Stromdichten von 60 bis 100 Amp. auf 1 qm.

---

[1] Zft. f. anorg. Chem. 1907, **53**, 200.
[2] Intern. Zft. f. Metallogr. 1912, III, 145.
[3] Zft. f. anorg. Chem. 1922, **125**, 173.
[4] Elektrochem. Zft. 1904, **3**, 582.

(D. R. P. 361 430.) Isabellenhütte, Dillenburg: Silberlegierung, gekennzeichnet durch einen Gehalt an Mangan oder Aluminium oder Mangan und Silicium. 2. Legierung nach 1, welche gleichzeitig Kupfer oder weitere Metalle, wie Zink, Zinn, Blei, Cadmium, enthält. Die Legierung, welche Mangan und Aluminium oder Mangan, Kupfer und Aluminium enthält, erfährt durch Erhitzen auf 200 eine Härtesteigerung. Eine Legierung von 80 Proz. Silber mit 7 bis 9 Proz. Aluminium, 13 bis 11 Proz. Mangan, Kupfer hat eine Festigkeit von 46 kg/qmm, 16 Proz. Dehnung, 112 bis 132 Brinellhärte. Durch Erhitzen auf 200 steigt die Härte auf 235 bis 250. Die Legierungen sind schwach magnetisch. (Vom 14. 9. 1920 ab.)

(D. R. P. 379 149.) Deutsche Gold- u. Silberscheide-Anstalt, Frankfurt a. M.: Goldlegierung, welche auch nach dem Erhitzen (Gießen, Löten usw.) noch federnde Härte zeigt, dadurch gekennzeichnet, daß sie aus Gold, Kupfer, Silber, Zinn, Zink, Nickel und Wismut besteht. 2. Legierung nach 1, dadurch gekennzeichnet, daß man das Nickel ganz oder teilweise durch Kobalt, Mangan, Eisen oder Mischungen dieser Metalle miteinander ersetzt. 3. Fortfall des Wismuts. 4. Fortfall des Silbers, z. B. 580 bis 900 Tle. Gold, 50 bis 300 Kupfer, 20 bis 300 Silber, 10 bis 200 Zinn, 10 bis 200 Zink, 10 bis 100 Nickel, 1 bis 20 Wismut. (Vom 25. 11. 1921 ab.)

Die Platinlegierungen.

Das Platin stellt wegen seines hohen Schmelzpunktes von 1780° und wegen seiner großen Widerstansfähigkeit gegenüber chemischen Einflüssen ein außerordentlich wichtiges Material dar zur Anfertigung von Geräten und Apparaten für chemische Laboratorien und Fabriken. Das reine Platinmetall ist jedoch so weich, daß es beim praktischen Gebrauch einer raschen Abnutzung unterworfen sein würde; man verwendet es deshalb meist in Form von Legierungen, die sich durch eine gesteigerte Härte und Festigkeit auszeichnen, ohne daß ihre Unlöslichkeit in Säuren eine Herabminderung erfährt.

Das gleiche gilt von den übrigen Metallen der Platingruppe, sie alle legieren sich leicht miteinander und mit den meisten anderen Metallen, die technisch wichtigen Legierungen bilden ausgedehnte Mischkrystallreihen.

Mylius u. *Hüttner*[1] fanden, daß schwefelkohlenstoffhaltiges Leuchtgas und ebenso die leuchtende Flamme das technische Platinblech schon bei 600° zerstörend angreifen. Von besonders großem Einfluß ist hierbei ein Eisen- und Rhodiumgehalt, bei letzterem Metall nimmt die Reaktion schon bei 100° ihren Anfang.

Versuche von *Burgess, Sale* u. *Waltenberg*[2] über die Verflüchtigung des Platins bzw. die Gewichtsabnahme von Platintiegeln bei höheren Wärmegraden hatten folgendes Ergebnis:

Tabelle 250.

Temperatur in °	Platin			
	rein	1 Proz. Ir	2,5 Proz. Ir	8 Proz. Rh
900 oder weniger	0	0	0	0
1000	0,08	0,30	0,57	0,07
1200	0,81	1,2	2,5	0,54

Die Gold-Platinlegierungen.

Die Konstitution der Gold-Platinlegierungen wurde von *Doerinckel*[3] untersucht: Durch den Platinzusatz wird der Goldschmelzpunkt stets erhöht (siehe Fig. 193), bis zu einem Platingehalt von 60 Proz. besteht eine lückenlose Reihe von Mischkrystallen. Die Untersuchung konnte wegen der zu hohen Schmelzpunkte nur bis zu diesem Platingehalt durchgeführt werden, doch ist nach dem

[1] Zft. f. anorg. Chem. 1916, **95**, 257.
[2] Journ. Washington Acad. of Science 1915, **5**, 378; 1916, **6**, 365.
[3] Zft. f. anorg. Chem. 1907, **54**, 345.

Verlauf der Kurven wahrscheinlich, daß die Mischkrystallreihe bis zum reinen Platin reicht, wie auf dem Diagramm durch die punktierte Linie angedeutet ist.

Die Farbe des Goldes verschwindet auf Platinzusatz ziemlich rasch, schon die Legierung mit 10 Proz. Pt ist viel heller als Gold, bei 30 Proz. Pt ist nur noch ein schwacher hellgelber Schein zu erkennen, Legierungen mit 40 und mehr Prozent Platin haben völlig die Farbe dieses Metalles. In der Härte steht die Legierung mit 10 Proz. Pt dem Golde noch ziemlich nahe, bei 20 und 30 Proz. Pt ist die Härte etwa der des Platins gleich und übertrifft diese bei höherem Platingehalt, bei 50 Proz. Pt wird die Härte des Kalkspats erreicht. Die Zugfestigkeit der Legierungen wurde von *Geibel*[1] bestimmt, sie beträgt in Kilogramm für 1-mm-Draht:

100 Proz. Au = 21,5, 90 Au + 10 Pt = 32, 80 Au + 20 Pt = 52,
70 Au + 30 Pt = 58, 60 Au + 40 Pt = 69, 100 Pt = 24.

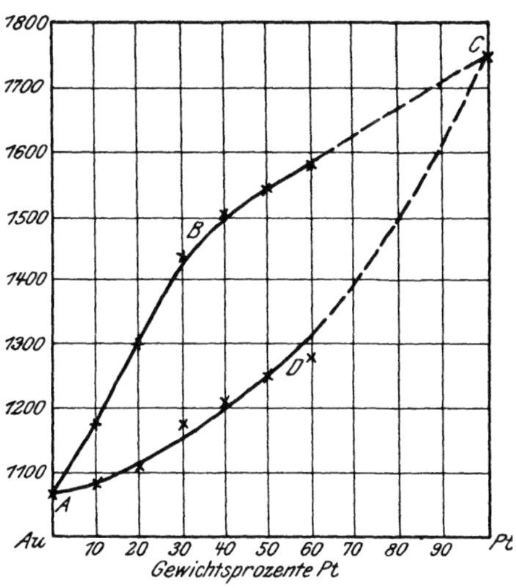

Fig. 193. System: Gold-Platin.

Bis zu einem Gehalt von 20 Proz. Pt sind die Legierungen leicht, bis zu 40 Proz. Pt schwer, darüber hinaus nicht mehr zu verarbeiten.

Zur Verwendung kommt die Legierung mit 5 und 10 Proz. Pt zur Anfertigung von Schmucksachen und bei der Herstellung künstlicher Gebisse, die Legierung mit 10 Proz. Platin wird von der Firma Heraeus-Hanau an Stelle des teureren Reinplatins zu Laboratoriumsschalen und -tiegeln verarbeitet, welche jedoch wegen des niedrigen Schmelzpunktes (1079°) nur bei Wärmegraden bis höchstens 1000° Verwendung finden dürften. Zu ihrer Herstellung wird geschmolzenes Gold auf den bis 1100° erhitzten Platinbarren gegossen und das Ganze alsdann ausgewalzt. Bei der Verwendung der Gold-Platinkessel in der Schwefelsäurekonzentration soll die Gewichtsabnahme 20 bis 40 mal geringer als bei der Benutzung von Platinkesseln sein. Die Legierung widersteht auch der Einwirkung von Alkalien besser als das Reinplatin.

Als Platinersatz wird die Legierung „Platino" aus 80 Proz. Gold und 11 11 Proz. Platin empfohlen.

Die Silber-Platinlegierungen.

Das Zustandsdiagramm der Silber-Platinlegierungen wurde von *Doerinckel*[2] auf Grund der thermischen und mikrographischen Analyse aufgestellt. Die Abkühlungskurven konnten nur bis zu 89 Proz. Platin wegen der hohen

[1] Zft. f. anorg. Chem. 1911, **70**, 251.
[2] Zft. f. angew. Chem. 1907, **54**, 338.

Schmelzpunkte der Legierungen aufgenommen werden. Diese bestehen bis zu 48 Proz. Pt aus Mischkrystallen (das Endglied entspricht sehr nahe der Formel $PtAg_2$), die Legierungen zwischen 88 und 100 Proz. Pt stellen vermutlich eine feste Lösung von Silber in Platin dar und die Konzentrationen zwischen 48 und 88 Proz. Pt ein Gemenge der beiden Mischkrystalle. Die weiße Farbe des Silbers geht durch den Platinzusatz alsbald in Grau über, die Härte steigt merklich erst von 40 Proz. Pt an und übertrifft bei 70 Proz. die des Kalkspats, die Zugfestigkeit nimmt erheblich zu. Auffallend ist hier die Erscheinung, daß, wie *Geibel*[1] fand, die Festigkeit der kalt gezogenen Drähte beim Ausglühen nicht gleichmäßig abnimmt, sondern zunächst ansteigt, um bei einer Glühtemperatur von 400° ein Maximum zu erreichen. In dem Gebiet von 400 bis 700° erfolgt dann eine sehr rasche Abnahme (siehe Fig. 194). Gut zu verarbeiten sind die Legierungen mit bis zu 33 Proz. Pt, sie finden in der Bijouterie, in der zahnärztlichen Praxis und wegen ihres niedrigen Temperaturkoeffizienten für elektrische Meßeinrichtungen praktische Anwendung.

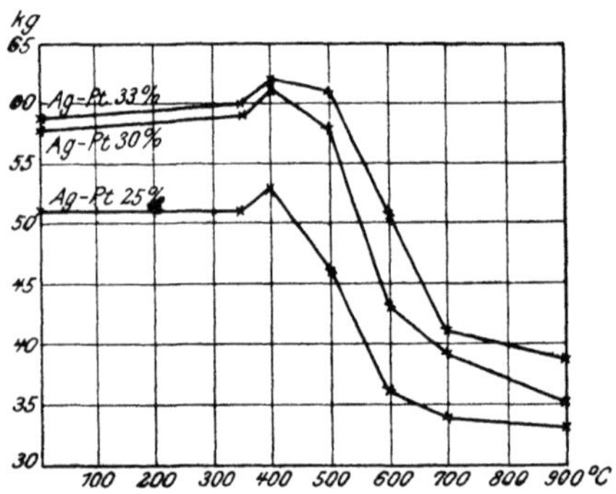

Fig. 194. Wirkung des Glühens auf die Festigkeit des Silber-Platins.

Der elektrische Widerstand der Legierungen nimmt nach Messungen von *Thompson* und *Miller*[2] mit steigendem Platingehalt ziemlich regelmäßig zu, ebenso das spez. Gewicht und die Zähigkeit, diese erreicht bei 57 Proz. Pt einen sehr hohen Wert. Bei der Behandlung der Legierungen mit Salpetersäure geht nicht nur das Silber, sondern auch ein Teil des Platins in Lösung, es ist dies vermutlich das in den silberreichen Mischkrystallen gelöste Platin, während die Platinkrystalle selbst unlöslich sind.

Die Legierung 82,5 Proz. Silber, 17,5 Proz. Platin, meist noch mit 2 bis 3 Proz. Kupfer versetzt, wird als Lot für Platinlegierungen benutzt.

Platin-Gold-Silberlegierungen finden in der zahnärztlichen Praxis in Form dünner Drähte oder Bleche Verwendung; man schmilzt zuerst das Silber und Gold und setzt dann das Platin hinzu; folgende Legierungsverhältnisse werden empfohlen:

Platin = 4	2	9	6	14
Gold = 1	1	2	2	4
Silber = 1	1	1	1	6

Die Kupfer-Platinlegierungen.

Kupfer und Platin bilden, wie *Doerinckel*[3] zeigte, eine lückenlose Reihe von Mischkrystallen, die Schmelzpunktskurve (siehe Fig. 195) läuft in sehr

[1] Zft. f. angew. Chem. 1911, **70**, 254.
[2] Journ. Amer. Chem. Soc. 1906, **28**, 1115.
[3] Zft. f. anorg. Chem. 1907, **54**, 335.

engem Intervall kontinuierlich vom Schmelzpunkt des Kupfers zu dem des Platins, allerdings konnte sie wegen der hohen Schmelztemperatur nur bis zu einem Gehalt von 70 Proz. Pt aufgenommen werden.

Die Farbe des Kupfers geht bereits bei einem Zusatz von 4 Proz. Pt in Rosa über, wird bei einem höheren Zusatz goldgelb und schon bei 40 Proz. Pt rein weiß. Die Legierungen sind weich, aber außerordentlich zähe, ihre Härte liegt zwischen 3 und 4, sie sind alle etwas härter als ihre Komponenten. Bis zu 50 Proz. Pt wirkt Salpetersäure noch auf die Legierungen ein, oberhalb dieser Konzentration greift sie nicht mehr an.

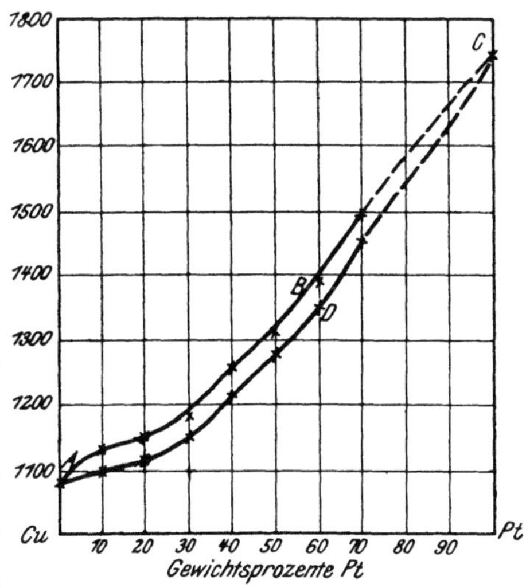

Fig. 195. System: Kupfer-Platin.

Die Legierung mit 25 Proz. Pt wurde zu Schmucksachen, diejenige mit 50 Proz. Pt zur Fassung von Teleskoplinsen verwandt.

Cooper benutzte eine Legierung von: 54 Proz. Platin, 32 Proz. Silber, 14 Proz. Kupfer zur Herstellung von Schreibfedern, die von Tinte nicht angegriffen werden, sowie für die Gehäuse und Räder der Taschenuhren.

Um die Gießbarkeit zu erhöhen, gab *Cooper* den Legierungen noch einen Zinkzusatz, er wandte an: 29 Proz. Platin, 67 Proz. Kupfer, 4 Proz. Zink und 67 Proz. Platin, 29 Proz. Kupfer, 4 Proz. Zink; sie dienten zur Fertigung von Schmucksachen.

(D. R. P. 400 509.) Deutsche Gold- u. Silberscheideanstalt vorm. Rößler, Frankfurt: Legierungen von Metallen der Platingruppe zu technischen Zwecken, bei welchen die Legierungen chemischen Einflüssen ausgesetzt sind, dadurch gekennzeichnet, daß Platin-Kupferlegierungen mit einem Gehalt von Metallen der Platingruppe von nicht weniger als 59 Proz. verwendet werden, insbesondere solche mit einem Gehalt von 61 bis 75 Proz.

Die Legierungen sollen besonders zur Herstellung von Gefäßen geeignet sein, in denen aktiven Sauerstoff enthaltende Stoffe erzeugt werden. (Vom 27. 2. 1921 ab.)

Nickel-Platinlegierungen siehe S. 396.

Verschiedene Platinlegierungen.

Nach U. S. P. 1 096 655 stellt *Weintraub* eine schmiedbare Legierung von 20 bis 60 Proz. Platin und 80 bis 40 Proz. Wolfram her, indem er dünne Metalldrähte beider Metalle zusammendreht und im Quecksilberbogen bis zum Schmelzen erhitzt. Die Legierung soll luftbeständiger und widerstandsfähiger als Platin sein, sie dient für Kontakte, Schmucksachen, wissenschaftliche Instrumente.

Unter der Bezeichnung „Platinbronze“ stellte *Hélouis* folgende Legierungen her:

	Nickel	Platin	Zinn	Silber
für Fernrohre aus	71	14,5	14,5	—
„ Bestecke aus	90	1	9	—
„ Luxusartikel aus	81,5	0,8	16	1,7

Die Legierungen nehmen eine hohe Politur an, sie sind sehr luftbeständig und behalten ihren Glanz lange Zeit.

(D. R. P. 409 505.) Heräus-Hanau: Verfahren zur Herstellung von harten, säurebeständigen Legierungen für Goldfederspitzen, dadurch gekennzeichnet, daß eine Legierung von Wolfram mit 10 bis 15 Proz. Platin und einem Kohlenstoffgehalt bis zu höchstens 1,5 Proz. durch Schmelzen im Lichtbogen hergestellt wird. (Vom 11. 9. 1923 ab.)

(Zus. P. 412 135.) Der Kohlenstoff wird durch 1—3 Proz. Iridium, Ruthenium oder Osmium ersetzt.

Die goldfarbige Legierung „Platinor“ besteht aus:

18 Proz. Platin, 10 Proz. Silber, 57 Proz. Kupfer, 9 Proz. Nickel, 6 Proz. Zink.

Nach D. R. P. 44 473 stellte *Prip* Metallegierungen her für Teile von Taschenuhren, aus Platin, Nickel, Kupfer, Cadmium bestehend; z. B. 62,75 Proz. Platin, 18 Proz. Kupfer, 18 Proz. Nickel, 1,25 Proz. Cadmium.

Tantal-Platinlegierungen sind im (Franz. Pat. 477 270 [1914]) geschützt. Die Legierungen mit 0,5 bis 20 Proz. Ta sollen in hohen Grade die Eigenschaften von Platin-Iridium besitzen; für die Erzielung der gleichen Widerstandsfähigkeit und Härte verhalten sich die in den Legierungen enthaltenen Mengen von Tantal und Iridium wie 1 : 5.

(D. R. P. 360 006.) Siemens u. Halske A. G., Berlin: Verfahren zur Herstellung einer harten und dem Ausglühen widerstehenden Legierung, dadurch gekennzeichnet, daß Platin mit Tantal, Wolfram, Molybdän oder anderen hochschmelzenden Metallen der 5. und 6. Gruppe des periodischen Systems der Elemente legiert wird. Es genügen 5 bis 6 Proz. Tantal. (Vom 1. 4. 1919 ab.)

(D. R. P. 343 416.) Baker & Co., Newark: Platinlegierung, 1. welche aus 5 bis 15 Proz. Gold, 0,5 bis 5 Proz. Silber, 0,5 bis 5 Proz. Palladium und Rest Platin besteht. 2. Legierung nach 1., die besonders für Magnetkontakte geeignet ist, enthaltend 12,3 Proz. Gold, 1,8 Proz. Silber, 1,3 Proz. Palladium, 84,6 Proz. Platin. (Vom 20. 1. 1920 ab.)

Die Legierungen der Platinmetalle.

Die Konstitution der paarweisen Legierungen aus der Gruppe der Platinmetalle ist wegen ihrer hohen Schmelzpunkte noch nicht untersucht worden, indessen lassen die Messungen ihrer elektrischen Leitfähigkeit auf das Vorhandensein ausgedehnter fester Lösungen schließen. Nach der Regel *Tammanns* (siehe S. 20) besitzen die Elemente einer natürlichen Gruppe des periodischen Systems die Fähigkeit, miteinander Mischkrystalle zu bilden.

Das sog. technisch reine Platin des Handels enthält 0,1 bis 1 Proz. Iridium; dieses macht das Platin härter, aber auch schwerer zu verarbeiten, so daß bei einem Iridiumzusatz von 40 Proz. die Grenze für die praktische Verwendbarkeit der Legierungen erreicht wird; bei Benutzung reiner Metalle wird die Legierung nicht spröde.

Versuche von *Geibel*[1] zeigen (siehe Fig. 196), daß bis zu einem Gehalt von 35 Proz. Ir elektrische Leitfähigkeit und Temperaturkoeffizient eine regelmäßige Abnahme, die Zugfestigkeit ein ebenso regelmäßiges Ansteigen aufweisen. Der gleichmäßige Verlauf der Kurven läßt hier deutlich auf Mischkrystallbildung schließen. Die Zugfestigkeit eines 1-mm-Drahtes steigt von 24 auf 126 kg. Die Thermokraft der Legierungen, die positiv gegen Platin ist, erreicht schon bei ziemlich niedrigen Iridiumgehalten ihr Maximum. Wegen ihrer fast linearen Abhängigkeit von der Temperatur kann man Drähte aus Platin-Iridium für pyrometrische Zwecke praktisch verwenden, doch zeigen diese Elemente gegenüber dem *Le Chatelier*-Element aus Platin-Rhodium den Nachteil, bei sehr hohen Wärmegraden wegen des Verdampfens von Iridium veränderlich zu sein (siehe Platin-Rhodium).

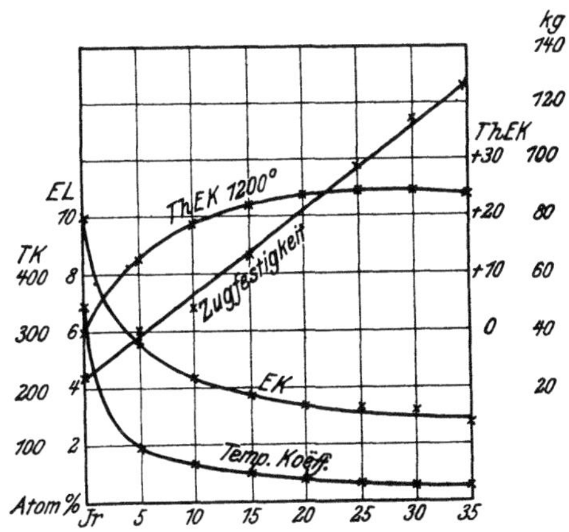

Fig. 196. System: Iridium-Platin.

Geibel fand bei diesen Legierungen die gleiche auffallende Wirkung des Ausglühens auf die Zugfestigkeit der hart gezogenen Drähte wie bei den Platin-Silberlegierungen (siehe oben). Während reiner Platindraht mit ansteigender Glühtemperatur gleichmäßig weicher wird und ebenso die Legierungen mit bis zu 10 Proz. Iridium, tritt bei den höherprozentigen Legierungen zunächst ein Ansteigen der Festigkeit ein (siehe Fig. 197). Bei 750° zeigen die Kurven für 20 und 25 Proz. Ir scharfe Spitzen, über 750° erfolgt dann eine sehr rasche Abnahme der Zugfestigkeit.

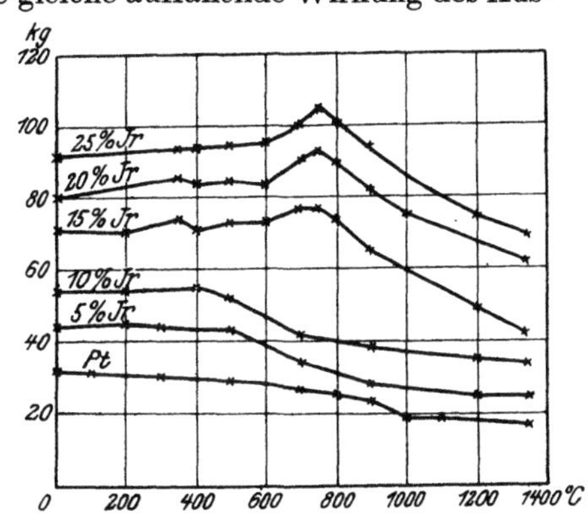

Fig. 197. Wirkung des Glühens auf die Festigkeit des Iridium-Platins.

Die Dehnung der Legierungen wächst durch das Ausglühen stark, und zwar um so mehr, je geringer ihr Iridiumgehalt ist; der 5-Proz.-Draht erreicht mit 37 Proz. Dehnung, der 20-Proz.-Draht mit 27 Proz. Dehnung bei 1200° das Maximum.

Heraeus behandelte reines Platin (mit 0,01 Proz. Ir) und die Legierungen mit 5 und 10 Proz. Ir während 40 Tage mit kochender konzentrierter Schwefel-

[1] Zft. f. anorg. Chem. 1911, **70**, 246.

säure; setzt man die Gewichtsabnahme des reinen Metalles = 100, so ergibt die 5 proz. Legierung = 73, die 10 proz. Legierung = 58. Danach würde sich diese Legierung für Schwefelsäurekonzentrationsapparate besser als Reinplatin eignen. Von anderer Seite wurde allerdings beobachtet, daß die Legierung dabei mit der Zeit mürbe und brüchig wird.

Die Legierungen verwandte man früher in Rußland zur Herstellung von Münzen, 1874 erschmolz *Deville*[1] einen 250 kg schweren Block mit 10 Proz. Ir, der zur Anfertigung der französischen Normalmeterstäbe diente. *Denso*[2] empfiehlt Platin-Iridium-Anoden für die Alkalichloridelektrolyse, vielfach werden Präzisionsinstrumente und Geräte für chemische Laboratorien aus der 10 proz. Legierung hergestell.

Ein Ersatz ist geschützt im

(D. R. P. 239 704.) W. C. Heraeus, Hanau: Harte und elastische Platinlegierung für die Herstellung wissenschaftlicher und technischer Gebrauchsgegenstände, gekennzeichnet durch einen Gehalt von 1 bis 20 Proz. **Osmium.**

Es ist bekannt, für verschiedene Verwendungszwecke mit dem Platin Iridium zu legieren, um dem Platin eine größere Härte zu verleihen. Der Prozentgehalt solcher Legierungen an Iridium ist je nach dem beabsichtigten Härtegrad verschieden und geht bis zu 30 Proz. Es wurde nun gefunden, daß in weit höherem Grade als Iridium das Osmium die Eigenschaft hat, dem Platin größere Härte zu verleihen. Ferner stellte sich heraus, daß Osmium-Platinlegierungen bei gleicher Härte eine erheblich größere Elastizität besitzen als Iridium-Platinlegierungen, und daß in der Wirkung 1 Tl. Osmium etwa $2^1/_2$ Tln. Iridium äquivalent ist, soweit die Härte der Legierung in Betracht kommt, während hinsichtlich der Elastizität das Übergewicht des Osmiums noch größer ist. Da das Osmium höchst oxydierbar ist und dann noch beim Verbrennen giftige Gase entwickelt, so ist bei der Herstellung der Legierung hierauf Rücksicht zu nehmen. (Vom 5. 3. 1910 ab.)

Nach Angabe von *Zimmermann* (U. S. P. 1 055 119) ist die Legierung mit bis 10 Proz. Osmium gut verarbeitbar, Platin mit 2 Proz. Os eignet sich für Schmucksachen, solches mit 6 bis 10 Proz. an Stelle von Platin mit 15 bis 25 Proz. Ir für elektrische Kontakte.

(D. R. P. 350 703.) W. C. Heraeus G. m. b. H., Hanau a. M.: Osmiumlegierungen, 1. gekennzeichnet durch einen Gehalt von wenigstens 70 Proz. Os unter Zusatz eines anderen Pt-Metalls, insbesondere Ir, Pt oder Pd. 2. gekennzeichnet durch einen weiteren Zusatz von 1 bis 10 Proz. eines dritten Pt-Metalles, insbesondere Rh oder Ra.

Die sehr harten Legierungen sind gegen alle chemischen Einflüsse vollkommen widerstandsfähig und eignen sich daher besonders zur Herstellung von Spitzen von Goldfedern, Kompasse, Prismen u. dgl. (Vom 22. 6. 1919 ab.)

(D. R. P. 394 045.) Norske Molybdänprodukter A/S, Kristiania: Edelmetallegierungen, dadurch gekennzeichnet, daß zu den Platinmetallen (Palladium, Rhodium, Osmium, Iridium, Ruthenium) oder ihren Legierungen bis zu 25 Proz. Molybdän oder Tantal einzeln oder gemeinsam als Elemente oder Verbindungen zugesetzt werden. Molybdän und Tantal werden von den Platinmetallen gelöst. Sie können deshalb als Streckungsmittel der letzteren dienen. Gegen Säuren sind die neuen Legierungen annähernd ebenso beständig wie die Platinmetalle selbst. (Vom 29. 4. 1922 ab.)

---

[1] C. r. **78**, 1502.

[2] Zft. f. Elektrochem. 1902, 147.

(D. R. P. 374 046.) W. C. Heraeus, Hanau: Harte, säurebeständige Legierungen, welche besonders zur Herstellung von Spitzen für Goldfedern geeignet sind, werden durch Verschmelzen von 10 bis 30 Proz. Si enthaltendem Ferrosilicium mit 1 bis 30 Proz. eines oder mehrerer Metalle der Platingruppe dargestellt.
(Vom 14. 2. 1922 ab.)

(D. R. P. 174 221.) Deutsche Glühlicht A. G., Berlin: 1. Lichtkörper für elektrische Glühlampen, dadurch gekennzeichnet, daß derselbe aus Legierungen des **Osmiums** mit den Metallen der **Chromgruppe,** Chrom, Molybdän, Wolfram bzw. mehrerer derselben besteht. **2.** Verfahren zur Herstellung nach Anspruch 1, dadurch gekennzeichnet, daß eine Paste, welche das Osmium als fein verteiltes Metall, die übrigen Metalle dagegen als Oxyde und daneben Kohlenstoff und ein organisches Bindemittel enthalten, zu Fäden geformt wird, die nach dem Trocknen durch den elektrischen Strom im Vakuum erhitzt werden, um die Oxyde zu reduzieren und die Osmiumlegierung zu bilden. (Vom 14. 4. 1905 ab.)

Das Platin-Rhodium findet ausgedehnte Anwendung in dem Thermoelement von *Le Chatelier,* der eine Schenkel besteht aus reinem Platin, der andere aus Platin, mit 10 Proz. Rhodium legiert. Wie schon erwähnt wurde, hat es vor dem Iridiumelement den Vorzug, daß es auch bei längerer Benutzung bei 1600° unveränderlich bleibt. Platin mit 30 Proz. Rhodium soll noch gut zu bearbeiten sein und von Königswasser nicht angegriffen werden, nach Heraeus läßt sich die Legierung von reinem Platin mit bis 50 Proz. Rhodium zu Draht verarbeiten.

Thermoelemente, deren Drähte aus reinem Iridium und andererseits aus Iridium-Ruthenium bestehen, werden zu Temperaturmessungen benutzt, für welche die genannten Platinelemente nicht mehr ausreichen, also für Wärmegrade von etwa 1600 bis etwa 2200°.

Die Platin-Palladiumlegierungen wurden bereits früher erwähnt (siehe S. 65).

Die Herstellung der Platinlegierungen erfolgt in Kalkschalen, die mit einem Deckel aus demselben Material bedeckt sind, im Knallgasgebläse oder im elektrischen Ofen, indem zuerst das Platin geschmolzen wird und dann erst die andern Metalle zugesetzt werden. Je nachdem man die Legierungen zu Blech auswalzen oder zu Draht ziehen will, wendet man flache oder zylindrische Formen aus Kalk an.

Die Palladiumlegierungen.

Das Palladium bildet, wie aus den Untersuchungen von *Ruer*[1] hervorgeht, mit Kupfer, Silber, Gold lückenlose Reihen von Mischkrystallen. In Fig. 198 ist die Schmelzkurve der Palladium-Goldlegierungen wiedergegeben, das Krystallisationsintervall ist ein sehr kleines, bei 80 und 90 Proz. Palladium verschwindet es ganz, die Form der Kurve ist hier die eines reinen Stoffes.

Die Kupferlegierung mit 10 Proz. Pd ist blaßrot, von 20 Proz. an bereits weiß, die Härte der Legierungen ist etwas größer als diejenige ihrer Komponenten. Die Goldlegierung ist bei 10 Proz. Pd schon fast weiß, die Härte steigt zunächst mit wachsendem Palladiumgehalt und erreicht bei etwa 70 Proz. Pd

[1] Zft. f. anorg. Chem. 1906, **51**, 223, 315, 391.

ein Maximum. Die Gold- und die Silberlegierungen lassen sich zu Draht ziehen, *Geibel*[1] untersuchte die Zugfestigkeit, die elektrische Leitfähigkeit und die tehrmoelektrische Kraft. Auffallend ist es, daß die Thermokraft des Palladiums gegen Platin durch einen Goldzusatz zunächst außerordentlich stark vergrößert wird, das Maximum liegt bei 60 proz. Au. Bei weiterem Goldzusatz folgt ein rasches Sinken der negativen Werte, die Legierung mit 90 Proz. Au ist schon ganz schwach positiv, während reines Gold stark positive Werte gegen Platin gibt. Da die Thermokraft der 60 Proz. Legierung gegen Platin 4 mal, gegen Gold 6 mal so groß als die des Platin-Platinrhodiumelementes ist, könnte die Legierung für Wärmemessungen in Frage kommen, leider sind die Palladiumlegierungen hierzu nicht geeignet, da sie durch Gasaufnahme zu stark beeinflußt werden. Silberzusätze erhöhen die Löslichkeit des Wasserstoffs in Palladium sehr beträchtlich[2].

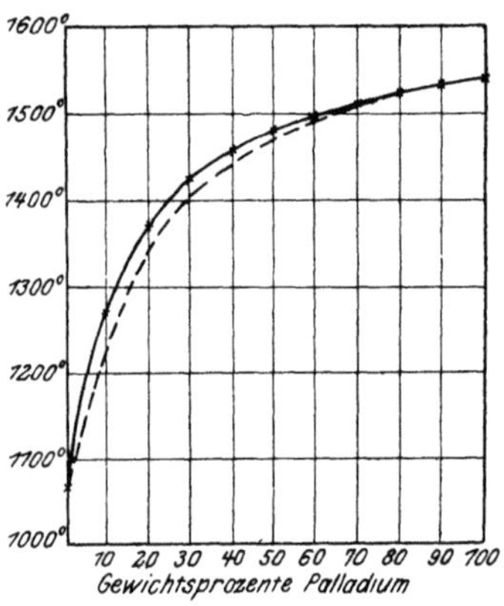

Fig. 198. System: Palladium-Gold.

Zur Anwendung kamen die Palladiumlegierungen in der zahnärztlichen Praxis, besonders eine Legierung:

90 Proz. Palladium, 10 Proz. Silber

und bei der Herstellung künstlicher Gebisse:

10 Tle. Platin, 9 Tle. Gold, 8 Tle. Palladium.

Sie dienten auch als Material für einzelne Teile in wissenschaftlichen Präzisionsinstrumenten.

Fahrenwald[3] schlägt „Rhotanium" genannte Legierungen von Palladium mit 60 bis 90 Proz. Gold als Platinersatz für elektrische Zwecke, in der Zahnheilkunde und zu Juwelierarbeiten vor. Sie sind sehr widerstandsfähig gegenüber Salzsäure, Flußsäure, konz. Schwefelsäure, geschmolzenes Natron, walz- und schweißbar.

Sehr harte, unmagnetische, nicht rostende Legierungen für Räder, Zapfen usw. in Taschenuhren waren geschützt im

(D. R. P. 38 445.) Paillard, Genf: Metallegierung, die in der Hauptsache aus Palladium, Kupfer und Silber oder aus Palladium, Kupfer und Nickel besteht.

Als Beispiele werden aufgeführt: 72 Proz. Palladium, 1 Proz. Rhodium, 0,5 Proz. Platin, 1,5 Proz. Gold, 6,5 Proz. Silber, 18,5 Proz. Kupfer oder 65 Proz. Palladium, 1 Proz. Gold, 5 Proz. Silber, 25 Proz. Kupfer, 4 Proz. Nickel.

Man schmilzt die Hälfte des Palladiums mit den anderen Metallen zusammen im Tontiegel ein und fügt dann den Rest des Palladiums hinzu.

[1] Zft. f. anorg. Chem. 1911, **69**, 43; **70**, 240.
[2] *Sieverts:* Zft. f. anorg. Chem. 1915, **92**, 329.
[3] Journ. of Ind. Engin. Chem. 1917, **9**, 590.

Die Bleilegierungen.

Geringe Mengen Blei werden häufig anderen Legierungen zugesetzt (vgl. die Bleibronzen, Bleimessinge), um durch Herabminderung der Zähigkeit eine leichtere Bearbeitung des Materials zu ermöglichen (siehe S. 76). Dagegen ist die Zahl der Legierungen, die Blei als Hauptmetall enthalten, nur sehr beschränkt; wegen des geringen Preises dieses Metalles verteuert ein jeder Zusatz eines zweiten Metalles die Herstellung, die leichte Gießbarkeit wird erschwert. Lediglich um die geringe Härte des Bleis zu steigern, gibt man ihm einen oder mehrere Zusätze, besonders kommen hierfür Antimon, Zinn oder Arsen in Frage.

In den Bleipfannen zur Schwefelsäurekonzentration erhöht nach *French*[1] ein Wismutgehalt die Angreifbarkeit bei niederen Wärmegraden.

Jones prüfte das in der Schwefelsäureindustrie verwendete Walzblei, er fand, daß ein Antimongehalt von 0,01 Proz. bereits deutlich schädlich ist, Kupfer und Zink setzen die Temperaturgrenze, bei der das Blei von Schwefelsäure angegriffen wird, erheblich herab, bei einem Quecksilbergehalt bildet sich bereits bei 170° reichlich Bleisulfat. Zinn hat wenig Einfluß, dagegen Wismut um so mehr, ein gleichzeitiger Kupfergehalt hebt die Wirkung des letzteren wieder auf.

Nach *Keller*[2] befördert auch ein sehr geringer Kupfer- oder Zinkgehalt im Blei der Schwefelsäurekammern das Anfressen.

Die Blei-Antimonlegierungen.

Die Konstitution der Blei-Antimonlegierungen („Hartblei" genannt im Gegensatz zum „Weichblei", dem reinen Blei) wurde bereits S. 13 ausführlich erörtert. Beide Metalle sind im flüssigen Zustand völlig löslich ineinander, im festen Zustand dagegen unlöslich. Das Eutektikum mit 13 Proz. Antimon erstarrt bei 247°, Legierungen mit geringerem Antimongehalt bestehen nach dem Abkühlen aus dem Eutektikum, umgeben von dunklen, primär ausgeschiedenen Bleikrystallen, Legierungen mit höherem Gehalt aus dem Eutektikum, umgeben von glänzenden Antimonkrystallen (siehe Fig. 22 bis 24). Die Härte des Bleis wird durch einen Antimonzusatz erheblich gesteigert, *Ssaposhnikow* und *Kaniewski*[3] fanden fol-

---

[1] Metal Ind. (London) 1922, **21**, 196.
[2] Journ. Soc. Chem. Ind. 1921, **40**, 137.
[3] Journ. Russ. Phys. Chem. Ges. 1907, **99**, 901.

gende Brinellzahlen mit einer Kugel von 10 mm Durchmesser bei 100 kg Druck:

Proz. Antimon . .	0	2	4	6	8,3	10,4	12	13
Härte	4,31	6,36	8,0	10,6	12,0	13,25	15,9	17,7
Proz. Antimon . .	14	17	20	45	74,3	82,3	100	
Härte	18,9	13,25	15,9	18,75	21,2	27,6	39,8	

Die eutektische Legierung weist ein relatives Maximum auf nach Untersuchungen von *Charpy*[1] zeigt sie auch ein relatives Maximum des Kompressionswiderstandes. Genauere Versuche von *Heyn*[2] liefern ein etwas anderes Ergebnis, danach steigt die Härte des Bleis sehr rasch bis zur Konzentration der eutektischen Legierung und von hier sehr langsam bis zur Härte des Antimons. Das spez. Gewicht der Legierungen beträgt nach *Calvert* und *Johnson*:

Proz. Antimon	11,08	13,48	17,30	23,68	38,39	55,47	65,14	71,36	75,69
Spez. Gewicht .	10,556	10,387	10,136	9,723	8,953	8,330	7,830	7,525	7,432

Matthießen führt folgende Werte an:

Proz. Antimon .	0	2,3	5,5	10,5	16,4	22,7	37,1	54,1	100
Spez. Gewicht .	11,376	11,194	10,930	10,586	10,144	9,811	8,989	8,201	6,713

Goebel[3] gibt für die Härte und das spez. Gewicht der abgeschreckten Legierungen folgende Werte an (4 mm Kugel, 20 kg Druck):

Proz. Antimon .	0	2,5	7,5	13	17,5	30
Spez. Gewicht. .	11,340	11,175	10,810	10,411	10,112	9,367
Brinellhärte . .	4,1	8,5	13,0	16,5	16,5	18,8
Proz. Antimon .	40	60	70	90	100	
Spez. Gewicht. .	8,777	7,929	7,601	6,961	6,676	
Brinellhärte . .	19,7	21,8	25,0	31,0	25,9	

Das Schwinden der Legierungen ist geringer als das der beiden Komponenten, die eutektische Legierung schwindet am wenigsten, *Wüst*[4] erhielt folgende Zahlen:

Gießtemperatur	Proz. Pb	Proz. Sb	Gesamtschwindung
750°	80,6	19,2	0,54 Proz.
650°	80,6	19,2	0,54 ,,
500°	85,2	14,68	0,56 ,,
450°	85,2	14,68	0,56 ,,

Die antimonreichen Legierungen seigern stark, durch rasche Abkühlung kann man dieser Erscheinung entgegenarbeiten.

Bis zur Konzentration des Eutektikums bleiben die Legierungen plastisch und walzbar, mit dem Auftreten der primär erstarrenden Antimonkrystalle nimmt die Sprödigkeit zu, so daß bei 25 Proz. Antimon die Walzbarkeit verschwindet.

---

[1] Bull. Soc. d'Encour. 1898, 670.
[2] Materialienkunde 328.
[3] Zft. f. Metallkunde 1922, **14**, 359.
[4] Metallurgie 1909, 784.

Die Herstellung der Legierungen erfolgt entweder hüttenmännisch aus Blei-Antimonerzen oder durch Zusammenschmelzen der beiden Metalle in gußeisernen Schmelzkesseln. Als Flußmittel[1] wird empfohlen eine Mischung aus 4 Tln. Salmiak, 2 Tln. Schwefel, 1 Tln. gepulverter Holzkohle, 1 Tl. Harz. Das Gemenge wird vermahlen auf das geschmolzene Metall gestreut und eingerührt.

Zur Verwendung kommt das Hartblei hauptsächlich zur Anfertigung von Akkumulatorenplatten, als Lager- und Letternmetall, seltener als Gußmaterial für einfachere Formen.

Als Lötmetall finden die Legierungen mit 7 bis 13 Proz. Antimon und 2 Proz. Zinn Anwendung.

Für diebessichere Bleiplomben, die sich ohne Bruch nicht öffnen lassen, schlagen *Kühnel* u. *Marzahn*[2] Bleiplomben mit 2 bis 8 Proz. Antimon vor.

Zu Akkumulatoren benutzt man eine Legierung mit 5 bis 8 Proz. Antimon in Blech- oder Bandform, weil in diesem Fall das reine Blei zu weich sein würde. Als Lagermetall eignet sich nach *Charpy*[3] nur die Legierung mit 15 bis 25 Proz. Antimon, eine bleireichere ist zu weich und neigt deshalb zum Fressen, eine antimonreichere ist spröde und dem Zerbrechen bei etwas höherer Belastung ausgesetzt. Um die Sprödigkeit und die Neigung zum Seigern herabzumindern und doch die erforderliche Härte und Druckfestigkeit zu erzielen, ersetzt man das Antimon teilweise durch Zinn (siehe unten).

Das gleiche trifft auf das Lettern- oder Schriftgießermetall zu, für welches man in der Regel Legierungen mit 16 bis 23 Proz. Antimon verwendet (siehe unten).

Lacroix[4] empfiehlt den Zusatz von Natrium zu Bleilegierungen, wodurch dessen Qualität für Walzzwecke verbessert werden soll. Eine Legierung von 100 Tln. Blei, 1,5 Tln. Antimon, 0,1 Tln. Natrium kann zu dünnstem Blech gewalzt und zu feinstem Draht ausgezogen werden. Die Legierung war geschützt im

(D. R. P. 160 994.) La Société Routin und Mouraille, Lyon: 1. Bleiantimonlegierung, gekennzeichnet durch einen Gehalt an Natrium zwecks Verminderung der Sprödigkeit. **2.** Bleiantimonlegierung nach Anspruch 1, bestehend aus 100 Tln. Blei, 1,5 bis 5 Tln. Antimon und 0,1 bis 0,5 Tl. Natrium.

Die Legierung kann wie gewöhnliches Blei verarbeitet werden, ist aber gegen mechanische Beanspruchungen widerstandsfähiger. Man kann unter gleichen Verhältnissen die Stärke um etwa 25 bis 40 Proz. geringer wählen. Die Legierung lötet sich besser als Blei und widersteht ebenso wie dieses der Einwirkung von starken Säuren, Ätznatronlösungen usw. (Vom 1:. 12. 1903 ab.)

(D. R. P. 367 978.) Doeblin, Mannheim: Legierung, insbesondere für die Herstellung von Lagermetallen, bestehend aus Blei, Zink und Antimon mit überwiegendem Bleigehalt, dadurch gekennzeichnet, daß der Bleigehalt nicht unter 80 und nicht über 95 Proz. der Gesamtmischung beträgt, während der Rest aus den Komponenten Zink und Antimon im Verhältnis der Atomgewichte besteht.
(Vom 5. 7. 1921 ab.)

[1] Brass World 1911, 100.
[2] Zft. f. Metallkunde 1924, **16**, 278.
[3] Bull. de la Soc. d'Encour. 1898, 670.
[4] Metallurgie 1906, 600.

(Zus. P. 382 545.) Der Bleigehalt wird in den Grenzen von 60 bis 95 Proz. gehalten, während der Rest durch die Verbindung $Zn_3 Sb_2$ oder ein Gemisch aus den Verbindungen $Zn_3 Sb_2$ und ZnSb (?) gebildet wird.

Das „Thermitlagermetall" ist geschützt im

(D. R. P. 408 229.) Goldschmidt A. G., Essen: Lagermetalle, welche bestehen aus 70 bis 75 Proz. Blei, 15 bis 25 Proz. Antimon, 3 bis 6 Proz. Zinn, 1 bis 3 Proz. Nickel oder Kobalt oder beiden und 0,6 bis 1,5 Proz. Kupfer. Letzteres kann in Form von Phosphorbronze (0,8 bis 2,2 Proz.) in die Legierung eingeführt werden. (Vom 2. 10. 1920 ab.)

(Zus. P. 408 254.) Diess. Das Nickel kann ganz oder teilweise durch Kobalt ersetzt werden. (Vom 26. 11. 1920 ab.)

(D. R. P. 417 166.) Diess. Hochbleihaltige Lagermetallegierung gekennzeichnet durch einen Zusatz von Phosphor sowie von Eisen in geringen Mengen. Der Zusatz von Phosphor soll die Härte und die Betriebssicherheit der Lager, der von Eisen die Zähigkeit erhöhen. (Vom 21. 4. 1920 ab.)

(D. R. P. 417 337.) Diess, Legierung nach (D. R. P. 408 229) gekennzeichnet durch einen mit dem Kupfer erfolgenden Zusatz von Arsen oder von Arsen und Phosphor. Arsen soll dieselbe Wirkung wie der Phosphor ausüben. (Vom 18. 6. 1921 ab.)

(E. P. 174 610.) Diess. Den Legierungen, welche gegebenenfalls eine kleine Menge Arsen oder Phosphor enthalten, setzt man noch eine kleine Menge Eisen, Mangan oder Chrom zu, z. B. 70 Proz. Blei, 20 Proz. Antimon, 5 Proz. Zinn, 2 Proz. Nickel, 1 Proz. Kupfer, 0,7 Proz. Eisen, 0,3 Proz. Mangan, 0,5 Proz. Phosphor und 0,5 Proz. Arsen. (Vom 29. 1. 1921 ab.)

(D. R. P. 354 978.) Soc. Thoumyre Fils, Paris: Bleiantimonlegierungen mit einem Zusatz einer Eisenlegierung, wie Ferromangan, -aluminium, -nickel, -vanadin, -wolfram u. a., werden hergestellt, indem man die Eisenlegierung in Form feinen Staubes in einem Tiegel mit Antimon bis zum Schmelzen desselben unter Umrühren erhitzt und diese Schmelze reinem, geschmolzenem Blei hinzufügt.

Die Legierungen sollen sich durch Widerstandsfähigkeit gegen Säuren, sowie eine der des Eisens vergleichbare Härte auszeichnen und sich daher für Säurepumpen, -heber, -ventile eignen. (Vom 19. 6. 1921 ab.)

(D. R. P. 315 074.) A. G. der Dillinger Hüttenwerke, Dillingen: Metallegierung für rostschützende Überzüge von Eisen- und Stahlblechen und -drähten, dadurch gekennzeichnet, daß sie aus einer Mischung von 0,50 Tln. Aluminium, 1 Tl. Antimon, 1 Tl. Zinn und 97,5 Tln. Weichblei besteht.

Man kann an Stelle von Antimon auch Hartblei verwenden. Es wird zuerst das Aluminium erwärmt, in dieses wird das Hartblei gegossen, dann das Zinn und zuletzt das Weichblei. (Vom 26. 10. 1918 ab.)

Ersatz des Antimons s. S. 444.

Die Blei-Zinnlegierungen.

Die Konsttiution und die Schmelzpunktskurve der Blei-Zinnlegierungen wurde bereits S. 17 und 46 besprochen. Das Blei vermag bis zu 18 Proz. Zinn in fester Lösung aufzunehmen, das Zinn dagegen nur bis zu 0,37 Proz. Blei. Das Eutektikum mit 62 Proz. Zinn erstarrt bei 181°, so daß die Legierungen nach dem Abkühlen bestehen: bei Gehalten zwischen 0, und 18 Proz. Zinn aus einheitlichen Mischkrystallen, bei Gehalten zwischen 18 und 62 Proz. Zinn aus dem Eutektikum, umgeben von diesen Mischkrystallen, bei Gehalten zwischen 62 und 100 Proz. Zinn aus dem Gemenge von Eutektikum und Zinnkrsytallen (mit bis 0,37 Proz. Pb).

Das spez. Gewicht der Legierungen wurde von *Long* bestimmt zu:

Proz. Sn . . .	0	8,5	12,2	21,8	35,8	52,7	69,0	77,0	100
Spez. Gewicht .	11,376	10,815	10,590	10,080	9,460	8,779	8,188	7,927	7,294

Calvert und *Johnson* geben an:

Proz. Sn. . . .	10,20	12,43	15,91	22,11	36,22	53,18	63,01	69,43	73,97
Spez. Gewicht .	10,751	10,587	10,421	10,105	9,458	8,774	8,418	8,196	8,093

Für die Härte fand *Ssaposhnikow*[1] folgende Brinellzahlen:

Proz. Sn	0	10	20	30	40	50	60
Härte	3,90	10,10	12,16	14,46	15,76	14,90	14,58
Proz. Sn	66	67	68	70	80	90	100
Härte	16,66	15,4	14,58	15,84	15,20	13,25	4,14

Die eutektische Legierung weist ein Maximum auf.

Nach Versuchen von *Stenquist*[2] wächst die Härte vom reinen Blei allmählich bis zu einem Maximum bei 50 bis 55 Proz. Zinn und nimmt dann wieder ab bis zum reinen Zinn, eine Legierung mit 7 Proz. Zinn hat die gleiche Härte wie reines Zinn. Versuche von *Heyn* und *Bauer*[3] führten zu einem Maximum bei etwa 64 Proz. Zinn, die Kugeldruckhärte des Zinns wird durch geringe Zusätze von Blei kräftiger gesteigert als die Kugeldruckhärte des Bleis durch geringe Zinnzusätze.

Goebel[4] gibt für das spez. Gewicht und die Härte der langsam abgekühlten Legierungen folgende Werte an: [4-mm-Kugel, 20 kg Druck].

Proz. Zinn	0	2,5	7,5	12,5	18	25	40
Spez. Gew. .	11,340	11,174	10,649	10,331	9,978	9,605	9,336
Härte . . .	4,0	6,0	8,1	8,7	7,8	8,4	10,0
Proz. Zinn	50	60	70	80	90	100	
Spez. Gew. .	8,911	8,531	8,170	7,858	7,600	7,306	
Härte . . .	10,1	13,0	13,1	13,0	12,0	5,0	

Die rasch abgekühlten Legierungen zeigen (mit Ausnahme des Eutektikums) eine erheblich höhere Härte, die jedoch bei der Lagerung allmählich abklingt und nach etwa 3 Monaten dieselbe Größe wie bei der langsamen Abkühlung erreicht. Dieses Zäherwerden ist von Wichtigkeit für die Verwendung der Legierungen als Lötmetall.

Nach *Capua* u. *Arnone*[5] müssen die Legierungen 385 Stunden lang auf 150° erhitzt werden, um homogen zu werden.

Wie *Sperry*[6] fand, lassen sich sämtliche Legierungen walzen, die größte Festigkeit besitzen die Legierungen mit 72,5 Proz. Zinn, dem Zusammendrücken widersteht am besten diejenige mit 71 Proz. Zinn, bei 90 Proz. Zinn ist die größte Biegsamkeit erreicht, bei 5 Proz. die größte Kontraktion, zwischen 34 und 15 Proz. Zinn sind die Legierungen plastisch.

[1] Journ. Russ. Phys. Chem. Ges. 1908, **40**, 92.
[2] Zft. f. Phys. Chem. 1910, **70**, 536.
[3] Untersuchungen über Lagermetalle 1914.
[4] Zft. f. Metallkunde 1922, **14**, 363.
[5] Atti R. Accad. dei Lincei 33 (5), I, 293.
[6] Journ. Soc. Chem. Ind. 1899, 113.

Wüst[1] erhielt bei Schwindungsversuchen folgende Werte:

Gießtemperatur	Zusammensetzung		Gesamtschwindung
650°	80,82 Proz. Pb	18,27 Proz. Sn	0,56 Proz.
550°	29,10 „ „	70,01 „ „	0,44 „
550°	18,39 „ „	80,90 „ „	0,50 „

Die Legierungen schwinden um so weniger, je näher ihre Zusammensetzung dem Eutektikum kommt.

Sackur[2] untersuchte die Löslichkeit der Blei-Zinnlegierungen in verdünnter Essigsäure; das Blei besitzt in Legierungen von über 10 Proz. Pb dieselbe Lösungstension wie das reine Metall, in bleiärmeren Legierungen nimmt die Lösungstension beständig und langsam mit dem sinkenden Bleigehalt ab.

Die Umwandlung des Zinns in der Kälte (die Erscheinung der „Zinnpest") wurde von *Erdmann* auch in einer Legierung mit 4 Proz. Blei und von *Cohen*[3] an Orgelpfeifen festgestellt, die aus 50 Proz. Zinn und 50 Proz. Blei bestanden; schon nach einem Gebrauch von 7 Jahren wiesen sie große Löcher auf.

Die Anwendung der Blei-Zinnlegierungen ist eine sehr vielseitige.

Haus- und Tafelgeräte wurden namentlich in früherer Zeit aus der Legierung angefertigt, der Bleizusatz befördert die Walzbarkeit des Zinns und verringert den Materialpreis. Wegen der leichten Löslicbkeit und großen Giftigkeit des Bleis dürfen Geräte, die mit Speisen oder Getränken in Berührung kommen, in Deutschland höchstens 10 Proz., in Frankreich 18 Proz. Blei enthalten.

Spielwaren und Sargbeschläge zeigen einen Bleigehalt bis zu 50 Proz., Bleisoldaten bestehen aus 96 Proz. Zinn und 4 Proz. Blei, die gleiche Zusammensetzung haben in der Regel die Orgelpfeifen. Wegen ihres starken Glanzes eignet sich die Legierung 60 Proz. Zinn, 40 Proz. Blei zur Anfertigung der Zinnbrillanten (Fahluner Diamanten) für Theater- und Maskenschmuck und Weihnachtsbaumzierat.

In folgenden Verhältnissen werden die Legierungen als Metallbad zum Anlassen des Stahles angewendet.

Tabelle 251.

Blei	Zinn	Schmelzpunkt	Anlauffarbe
7 Tle.	4 Tle.	220°	kaum blaßgelb
8 „	4 „	228°	blaßgelb bis hochgelb
$8^1/_2$ „	4 „	232°	strohgelb
14 „	4 „	254°	braun
19 „	4 „	265°	purpurfarbig
48 „	4 „	284°	hellblau
50 „	4 „	293°	dunkelblau

[1] Metallurgie 1909, 782.
[2] Zft. f. Elektrochem. 1904, 522.
[3] Zft. f. Phys. Chem. 1908, **63**, 631.

Von großer Wichtigkeit sind die schon früher erwähnten (siehe S. 29) Schnell- oder Weichlote, Blei-Zinnlegierungen in den verschiedensten Verhältnissen je nach dem gewünschten Schmelzpunkt.

Die sog. starken Schnellote mit einem Zinngehalt bis zu 60 Proz. schmelzen oberhalb 200°, die leichter schmelzigen, schwachen Schnellote mit 60 bis 80 Proz. Zinn unterhalb 200°. Den niedrigsten Schmelzpunkt hat naturgemäß die eutektische Legierung mit 62 Proz. Zinn bei 181°, man nennt sie „Sickerlot", weil man sie früher durch Aussickernlassen aus der im Erstarren begriffenen Legierung aus gleichen Teilen beider Metalle herstellte.

Der Normenausschuß der Deutschen Industrie schlägt für Weichlot (Lötzinn) das Normenblatt DIN. 1707 vor:

Tabelle 252.

Bezeichnung abgekürzt	Zusammensetzung		Verwendung
	Proz. Sn	Proz. Pb	
L 25	25	75	Flammenlötung, nicht geeignet für Kolbenlötung
L 30	30	70	Bau- und gröbere Klempnerarbeiten, Zinkbleche und verzinkte Bleche
L 33	33	67	
L 40	40	60	Messing- und Weißblechlötung
L 50	50	50	Messing- und Weißblechlötung für Elektrizitäts- und Gasmesser und Konservendosenindustrie
L 60	60	40	Lötung leicht schmelzender Metallgegenstände und feine Lötungen, z. B. in der Elektrizitätsindustrie
L 90	90	10	Besondere, durch gesundheitliche Rücksichten bedingte Anwendungen

Die höchstzulässige Abweichung im Zinngehalt darf ± 0,5 Proz. betragen. Antimongehalt: Als Vorlegierung zur Herstellung von Lötzinn wird in der Regel „Mischzinn" verwendet, das 54,5 Proz. Zinn und 3,6 Proz. Antimon enthält. Daher darf in Lötzinn Antimon zu Zinn höchstens im Verhältnis von 3,6 : 54,5 enthalten sein. Verunreinigung: Das Lötzinn soll technisch frei von fremden schädlichen Bestandteilen, insbesondere von Zink, Eisen und Arsen sein.

Reinboth[1] benutzt das durch einfache Wasserverdrängung bestimmte spez. Gewicht, um im Lötzinn den Zinngehalt zu bestimmen; er gibt folgende Zahlen an:

Tabelle 253.

Proz. Zinn	Proz. Blei	Spez. Gew.	Proz. Zinn	Proz. Blei	Spez. Gew.	Proz. Zinn	Proz. Blei	Spez. Gew
0	100	11,25	50	50	8,78	100	0	7,2
10	90	10,65	60	40	8,41	33$^1/_3$	66$^2/_3$	9,6
20	80	10,11	70	30	8,07	35	65	9,4
30	70	9,63	80	20	7,76	45	55	8,97
40	60	9,19	90	10	7,47	66$^2/_3$	33$^1/_3$	8,18

[1] Metalltechnik 1913, **39**, 340.

In einer beliebigen Legierung berechnet sich der Zinngehalt nach der Formel:

$$\mathrm{Sn} = 177{,}77\left(\frac{11{,}25}{s} - 1\right),$$

wobei *s* das gefundene spez. Gewicht ist.

Zur Ersparnis an Zinn kann man dieses mehr oder weniger durch Cadmium ersetzen, so liefert ein sehr brauchbares Lot die Zusammensetzung:

80 Proz. Blei, 10 Proz. Zinn, 10 Proz. Cadmium.

Hills[1] gibt folgende Schmelzpunkte an:

Schmelzbereich		Zusammensetzung	
212 bis 253	84,4 Proz. Pb	7,6 Proz. Cd	5,0 Proz. Sn
237 „ 267	90,6 „ „	7,9 „ „	1,5 „ „
235 „ 368	87,5 „ „	7,5 „ „	5,0 „ „

Für viele Lötzwecke kann man das Zinn sogar ganz entbehren: Eine Blei-Cadmiumlegierung mit etwa 7 Proz. Cd dient zum Löten der Bleirohre, mit 15 Proz. Cd ist sie für die meisten Zwecke brauchbar, mit 17 Proz. Cd wird sie sehr dünnflüssig.

Das Blei nimmt bis 5 Proz. Cadmium in fester Lösung auf, siehe *Barlow*[2].

(D. R. P. 306 892.) Stockmeyer, Minden, und Hanemann, Charlottenburg: 1. Blei-Zinnlegierung, gekennzeichnet durch einen Zusatz von Natrium oder Magnesium oder von beiden Metallen. — 2. Legierung nach 1, gekennzeichnet durch einen weiteren Zusatz von Kupfer.

Es ist bekannt, daß Blei durch Zusatz von geringen Mengen Natrium oder Magnesium erheblich härter als Weichblei wird. Setzt man diesen Blei-Natrium- oder Blei-Magnesiumlegierungen Zinn zu, so wird die Sprödigkeit der Legierungen etwas gemindert; außerdem erhöht sich wesentlich ihre chemische Widerstandsfähigkeit. Die Härteeigenschaften der Legierungen werden durch geringe Kupfergehalte noch verbessert. Der Gehalt an Natrium oder Magnesium beträgt unter 4 Proz., an Kupfer und Zinn bis 5 Proz. (Vom 14. 9. 1915 ab.)

Verschiedene Bleilegierungen.

Blei und Arsen sind nach den Versuchen von *Friedrich*[3] und *Heike*[4] im festen Zustande unlöslich ineinander, Verbindungen treten nicht auf, der eutektische Punkt liegt bei 288° und 3,3 Proz. Arsen.

Ein Arsengehalt erhöht die Dünnflüssigkeit des Bleis sowie dessen Härte und Sprödigkeit. *Goebel*[5] gibt für das spez. Gew. und die Härte (4 mm-Kugel, 20 kg Druck) folgende Werte an:

Proz. Arsen	0	1,5	5,0	10,0
Spez. Gewicht	11,340	11,180	10,816	10,293
Brinellhärte	4,1	10,6	10,8	13,2

[1] Met. Ind. 1918, **16**, 412.
[2] Zft. f. anorg. Chem. 1911, **70**, 178.
[3] Metallurgie 1906, 2.
[4] Intern. Zft. f. Metallogr. 1914, VI, 49.
[5] Zft. f. Metallkunde 1922, **14**, 362.

(D. R. P. 405 148.) Allgem. Elektr.-Ges., Berlin: Bleilegierung für Kabelmäntel, dadurch gekennzeichnet, daß dem Blei zwecks Erhöhung seiner Festigkeit und Härte ein Zusatz von 0,2 bis 1 Proz. Cadmium zugefügt ist. Gegenüber reinem Blei sollen die Festigkeits- und Härtewerte um 90 bis 100 Proz. gesteigert sein. (Vom 15. 6. 1923 ab.)

(D. R. P. 316 369.) Schlötter, Berlin: Legierung zum Hintergießen von Galvanos und zur Herstellung von Stereotyp- und Letternmetall, dadurch gekennzeichnet, daß in einer Blei-Antimon-Zinnlegierung das bisher verwendete Zinn ganz oder teilweise durch Quecksilber ersetzt wird. 2. Legierung nach 1., dadurch gekennzeichnet, daß das in ihr enthaltene Antimon ganz oder teilweise durch eine entsprechend geringere Menge Arsen ersetzt wird.

Man soll mit einer Legierung, welche aus 99,4 Proz. Blei, 0,4 Proz. Arsen, 0,2 Proz. Quecksilber besteht, die gleiche Anzahl von Abzügen auf Rotations- und anderen Druckmaschinen erzielen, wie mit einer Legierung, welche aus 75 Proz. Blei, 18 Proz. Antimon, 7 Proz. Zinn besteht. (Vom 27. 8. 1916 ab.)

(D. R. P. 299 769.) Zimmer, Gießen: Legierung, die als Ersatz für Antimon in Hartblei u. dgl. Metallen dient, gekennzeichnet durch einen Gehalt von Arsen und Zinn, zweckmäßig zu etwa gleichen Teilen. (Vom 9. 4. 1919 ab.)

(D. R. P. 306 382.) Zimmer, Gießen: Legierung als Zinn- bzw. Antimonersatz, 1. gekennzeichnet durch einen Gehalt von Arsen und Cadmium. 2. Der Gehalt an beiden Komponenten ist ein annähernd gleicher. Die Legierung kann mit Kupfer und seinen Legierungen sowie mit Blei und seinen Legierungen weiter legiert werden. (Vom 21. 10. 1917 ab.)

Die Legierung erstarrt zu runden Tropfen, während zinnhaltiges Blei längliche oder eiförmige Tropfen bildet. Hierauf beruht die Verwendung des Arsen-Bleis zu Schrotkugeln; der Arsengehalt wird um so höher gewählt, je größer das Korn werden soll, das feinste Schrot darf nur bis 0,2 Proz. Arsen, das mittelfeine 0,3, das grobe 0,35 bis 0,5 Proz. enthalten.

Nach privater Mitteilung des Arsenik-Berg- und Hüttenwerks Reicher Trost[1] haben sich Blei-Arsenlegierungen mit Gehalten von höchstens 3 bis 4 Proz. Arsen als gegossenes und gepreßtes Material, z. B. für Rohre, bewährt, sie scheinen dem Antimon-Hartblei an Säurebeständigkeit überlegen zu sein. Bei höherem Gehalt tritt Entmischung ein. Da die härtende Wirkung des Arsens größer als die des Antimons ist, kann eine Ersparnis im Gesamtzusatz erzielt werden. So kann ein 8 Proz.-Antimon-Blei ersetzt werden durch ein Arsen-Antimon-Blei mit 2,5 bis 3 Proz. As, 3 Proz. Sb. Um beim Legieren das Entweichen von Arsenikdämpfen zu verhindern, taucht man das Arsenmetall in durchlöcherten Eisenbüchsen in das Bleibad ein. S. a. S. 215.

(U. S. P. 897 431.) Touceda: Blei-Cadmiumlegierung als Lagermetall. Durch den Cadmiumzusatz soll ein feinkörniges Blei von der gewünschten Härte erzielt werden:

	Proz. Blei	Proz. Cadmium
für Lager bei leichter Belastung	97,25	2,75
„ Lager für gewöhnliche Belastung . .	92,0	8,0
„ Lager, die Stößen ausgesetzt sind . .	89,0	11,0
„ Getriebe von Armaturen	86,0	14,0
„ außergewöhnlich schwere Belastung .	82,0	18,0

(U. S. P. 933 139) schützt ein Lagermetall, bestehend vorwiegend aus **Blei** mit Zusatz von geringen Mengen **Cadmium** und noch geringeren Mengen **Magnesium.**

[1] Reichenstein (Schlesien).

(D. R. P. 296 781.) Maschinenbau-Anstalt Humboldt, Cöln-Kalk: Blei-Cadmiumlegierung, gekennzeichnet durch einen Gehalt von 8 bis 10 Proz. Cadmium und der gleichen Menge Mangan oder Ferromangan.

Als Ersatz für die Zinnweißmetalle soll als Lagermetall von großer Härte und Festigkeit eine Bleilegierung Verwendung finden, die man erhält, indem man Blei mit etwa 8 bis 10 Proz. Cadmium zusammenschmilzt und etwa 8 bis 10 Proz. an geschmolzenem, reinem Mangan oder hochprozentigem Ferromangan unter kräftigem Umrühren hinzufügt. In letzterem Fall soll eine Ausscheidung des Kohlenstoffs nicht oder nur in geringem Maße stattfinden, die Mangancarbide werden vielmehr ebenso wie das metallische Mangan in der Legierung gelöst (?) und bringen ihren Einfluß lediglich durch eine Härtesteigerung zur Geltung. (Vom 13. 3. 1915 ab.)

Im **(U. S. P. 897 953)** beschreibt **Aller** eine **Blei-Zinklegierung** aus 99,25 bis 95 Proz. Blei und 0,75 bis 5 Proz. Zink; sie ist für die Herstellung von Bleiröhren bestimmt, welche durch den Zusatz von Zink eine größere Festigkeit erhalten sollen.

Als während des Weltkrieges die Notwendigkeit eintrat, an Stelle des Antimons zur Härtung des Bleis andere Zusätze anzuwenden, fand man, daß durch Hinzulegieren schon ganz geringer Mengen von Natrium, Magnesium, Quecksilber, Kalcium, Barium die Härte des Metalles sehr erheblich gesteigert werden kann.

Eine Blei-Natriumlegierung: 98,5 Proz. Blei, 1,5 Proz. Natrium war unter dem Namen „Noheetmetal“ oder „Tempered-lead“ bekannt. Das Blei nimmt nach *Mathewson*[1] und *Goebel*[2] bis 0,8 Proz. Natrium in fester Lösung auf, bei weiterer Steigerung des Natriumgehaltes tritt alsdann die Verbindung Na_2Pb_5 auf. *Goebel* gibt folgende Brinellhärten an: (4 mm-Kugel, 20 kg Druck).

Tabelle 254.

Zusammensetzung Proz. Na.	Härte nach dem Erstaren	nach 24 St.	nach 48 St.	nach 72 St.	nach 168 St.
0,11	6,4	6,3	6,4	6,3	6,4
0,80	24,8	27,1	29,5	31,2	33,9
0,97	24,7	26,5	27,6	28,7	31,0
1,08	22,8	25,3	27,9	28,4	30,8

Das Eutektikum hat die größte Härte; bei der Lagerung findet eine erhebliche Nachhärtung (siehe S. 62) statt. Durch kurzes Glühen bei 300° geht die Härte auf ihren ursprünglichen Grad zurück, es setzt alsdann die Nachhärtung wieder ein.

In die Technik wurden die Blei-Natriumlegierungen von *Hanemann* eingeführt, s. u. Patente.

Blei und *Barium* bilden nach *Czochralski* und *Rassow*[3] ein Gemenge aus Blei und der Verbindung Pb_3Ba, der eutektische Punkt liegt bei 4,5 Proz. Ba, Schmelzp. 282°. Ein gleichzeitiger geringer Natriumgehalt bildet mit dem

[1] Zft. f. anorg. Chem. 1906, **50**, 121.
[2] Zft. f. Metallkunde 1922, **14**, 426.
[3] Zft. f. Metallkunde 1920, **12**, 336.

Blei feste Lösungen. Die Legierung fand unter der Bezeichnung „Lurgimetall" vielfache Verwendung als Lagermetall. Die Härte beträgt 17 bis 32, Elastizitätsgrenzen = 6 bis 12 kg/qmm, die Stauchfähigkeit bis zum Auftreten von Rissen = 8 bis 63 Proz., die Druckfestigkeit = 20 bis 40 kg/qmm. Über die technologische Bewertung des Lurgimetalles siehe *Czochralski*[1] und *Kessner*[2] Die Herstellung und Verwendung des Lurgimetalles ist durch zahlreiche Patente geschützt, s. u.

Den Blei-Bariumlegierungen nahe verwandt sind die entsprechenden Calciumlegierungen. Das „Calcium-Lagermetall" mit 2,5 Proz. Ca und geringen Mengen Zinn, Kupfer, Natrium wurde von *Mathesius* angegeben, seine technologische Bewertung siehe *Czochralski*[2] und *Kessner*[2].

(D. R. P. 301 721.) Stockmeyer, Minden, und Hanemann, Charlottenburg: Hartbleiersatz für säurebeständige Gegenstände, dadurch gekennzeichnet, daß er aus einer Blei-Natriumlegierung mit einem Natriumgehalt unter 0,5 Proz. besteht.

Versuche haben gezeigt, daß z. B. eine Legierung mit 0,25 Proz. Natrium unter dem Angriff von Wasser und auch Schwefelsäure ebenso beständig ist wie Hartblei. (Vom 9. 3. 1916 ab.)

(Zus. P. 305 611.) Der Natriumgehalt kann auch zwischen 0,5 und 1 Proz. liegen.

Dieser Hartbleiersatz soll zu Gefäßen für Gerbsäure und auch konz. Salpetersäure geeignet sein. (Vom 21. 6. 1917 ab.)

(D. R. P. 304 405.) Dieselben: Verfahren zur Herstellung von Gegenständen aus Blei-Natriumlegierungen.

Gußstücke aus Blei-Natriumlegierungen zeigen bei einigermaßen erheblichem Zusatz von Natrium eine außerordentliche Sprödigkeit, so daß sie mit Hammerschlägen zertrümmert werden können. Diese Sprödigkeit kann vermieden werden, wenn man den Guß schnell abkühlt. Dafür genügen besonders bei kleineren und dünnwandigen Gegenständen Herausnehmen aus der Form, bald nachdem das Metall erstarrt ist, und Anwendung von Kokillen. Bei größeren und dickwandigen Gußstücken ist es jedoch nötig, mit Wasser oder einem anderen Kühlmittel für schnelle Abführung der Wärme zu sorgen. Gußstücke, die infolge langsamer Abkühlung spröde geworden sind, können vergütet werden, indem sie auf über 100° erhitzt und dann schnell abgekühlt werden. (Vom 14. 3. 1916 ab.)

(D. R. P. 309 758.) Dieselben: Blei-Natriumlegierung mit einem Natriumgehalt unter 1,5 Proz. und einem Magnesiumgehalt unter 1 Proz.

Durch den geringen Zusatz von Magnesium soll die Härte der Legierung erheblich gesteigert werden. (Vom 11. 4. 1916 ab.)

(D. R. P. 339 640.) Dieselben: Legierung von Blei mit Leichtmetall, dadurch gekennzeichnet, daß gleichzeitig zwei oder mehrere Leichtmetalle verwendet werden, unter denen mindestens je ein Alkalimetall, wie Na oder K, und ein Erdalkalimetall, wie Ca, Ba, Sr oder Mg ist. — 2. dadurch gekennzeichnet, daß außerdem noch ein Zusatz von einem oder mehreren Schwermetallen, wie Sn, Sb, Cu, Zn gemacht ist. Die Eigenschaften der Legierungen, insbesondere Härte und Luftbeständigkeit, werden verbessert. (Vom 5. 10. 1915 ab.)

(D. R. P. 352 471.) Dieselben: Bleileichtmetallegierung mit einem Zusatz von Cadmium. Legierungen von Pb mit einem Leichtmetall, z. B. Na, Mg, Ca werden unter Zusatz kleiner Mengen von Cd hergestellt. — Die Sprödigkeit der Legierungen wird vermindert, ohne daß die chemische Widerstandsfähigkeit nachteilig beeinflußt wird. Der Gehalt an Cd braucht 5 Proz. nicht zu übersteigen. — Ein geringer Zusatz von Cu verbessert die Härteeigenschaften. (Vom 8. 2. 1916 ab.)

---

[1] Zft. f. Metallkunde 1920, **12**, 371.

[2] Ausnutzung und Veredlung deutscher Rohstoffe, Berlin 1921, 142.

(Oe. P. 83 169.) Dieselben: Legierung von Blei mit Natrium, Magnesium oder anderen Leichtmetallen, welche durch einen gewissen Gehalt an Quecksilber ausgezeichnet ist.

Durch den Zusatz des Hg soll einerseits die Zähigkeit, andererseits die Luftbeständigkeit der Legierung erhöht werden. Außerdem ist die Herstellung der Blei-Alkalilegierungen unter Verwendung von Alkaliamalgam in vielen Fällen leichter. Diese Legierungen, denen auch noch Zinn, Cadmium oder Kupfer zugesetzt werden können, eignen sich besonders für reibende Maschinenteile, wie Lager u. dgl., sowie auch als Schriftmetall, Stereotypmetall. (Vom 23. 11. 1916 ab.)

(D. R. P. 301 380.) Metallbank u. Metallurgische Ges., Frankfurt a. M.: Bleilegierung, welche aus Weichblei und einem 10 Proz. nicht übersteigenden Zusatz von Barium (oder Strontium) besteht.

Diese Legierungen werden in bezug auf Schmelzbarkeit, Gießbarkeit, Zähigkeit usw. durch den Zusatz eines oder mehrerer der anderen Leichtmetalle, wie Calcium oder Natrium, verbessert, wobei der Gesamtgehalt dieser Metalle einschließlich Ba ebenfalls 10 Proz. nicht übersteigen soll. Die Legierungen sollen zur Herstellung von Lagern, Geschoßkugeln, Akkumulatorenplatten, Bleikabelmänteln u. dgl. dienen.
(Vom 19. 1. 1917 ab.)

(Zus. P. 359 812.) Bleilegierung nach D. R. P. 301 380, 1. dadurch gekennzeichnet, daß diese aus Blei mit einem Zusatz von Barium bestehende Legierungen als Lötmittel benutzt wird 2. Die Verwendung von Legierungen des Bleis mit Barium und anderen, den Schmelzpunkt des Bleis erniedrigenden Metallen, wie Cadmium, Wismut, Zink, Quecksilber als Lötmittel.

Das Barium wirkt lösend auf die Oxyde ein, welche auf den zu verbindenden Metallflächen haften. Ferner wird die Festigkeit und Härte des Lötmittels erheblich gesteigert.
(Vom 15. 11. 1917 ab.)

(Zus. P. 366 189.) Bleilegierung gemäß 301 380, gekennzeichnet durch einen 3 Proz. nicht übersteigenden Gehalt an Zink oder Wismut oder an beiden Metallen zusammen.

Die Fließgrenze der durch das Hauptpatent geschützten Blei-Bariumlegierung wird erhöht, und es kann das wertvolle Ba zum Teil durch das billige Zn ersetzt werden.
(Vom 2. 12. 1917 ab.)

(D. R. P. 363 125.) Metallbank u. Metallurg. Ges. A. G., Frankfurt a. M.: Blei-Calciumlegierung, 1. dadurch gekennzeichnet, daß sie neben Calcium noch Magnesium und Zink enthält. 2. gekennzeichnet durch einen Zusatz von Aluminium.
(Vom 14. 9. 1916 ab.)

(Zus. P. 363 126.) Dieselbe: Legierung nach 363 125, gekennzeichnet durch einen Zinkgehalt bis zu 6 Proz. unter Wegfall des Magnesiums.

(Zus. P. 363 127.) Dieselbe: Legierung nach 363 125, welche außer Barium, Magnesium und Zink enthält und der gegebenenfalls auch Aluminium zugesetzt wird.

Durch den Ersatz des Calciums durch Barium wird eine Legierung mit erheblich günstigeren Festigkeitseigenschaften erzielt, insbesondere werden die Fließgrenze, Härte und Stauchfähigkeit sowie die Luftbeständigkeit erhöht.

(D. R. P. 323 852.) United Lead Co., New York: Bleilegierung, 1. dadurch gekennzeichn, daß sie außer Blei weniger als 2 Proz. mehrerer Metalle der alkalischen Erden enthält. 2. dadurch gekennzeichnet, daß sie außerdem eine geringe Menge Kupfer enthält. (Vom 10. 2. 1917 ab.)

(D. R. P. 323 853.) Dieselbe: Bleilegierung, die außer Strontium eine geringe Menge Kupfer enthält.

Die Legierung dient als Schriftmetall, das sich beim Erhärten nicht zusammenzieht, sondern etwas ausdehnt. (Vom 10. 2. 1917 ab.)

(D. R. P. 323 854.) Dieselbe: Bleilegierung, die außer Barium eine geringe Menge Kupfer enthält.

Durch den Kupferzusatz soll die Legierung zäher und feiner im Bruch werden und keine Sprödigkeit wie das mit Antimon legierte Hartblei besitzen. (Vom 10. 2. 1917 ab.)

(D. R. P. 323 855.) Dieselbe: Bleilegierung, die außer Magnesium eine geringe Menge Kupfer enthält.

Die Legierung soll durch den Kupferzusatz sehr zähe werden. (Vom 10. 2. 1917 ab.)

(D. R. P. 323 856.) Dieselbe: Bleilegierung, die 1. außer Calcium eine geringe Menge Aluminium enthält. 2. außer Calcium eine geringe Menge Kupfer enthält.

Eine Legierung aus 96,5 Proz. Blei, 3 Proz. Antimon, 0,3 Proz. Calcium, 0,2 Proz. Kupfer hat hohe Dichte, ist hart und zähe und zieht sich beim Erstarren nicht zusammen, sondern dehnt sich etwas aus. (Vom 10. 2. 1917 ab.)

(D. R. P. 363 129.) United Lead Co., New York: Bleilegierungen, die Magnesium, Calcium, Strontium, Natrium, Kalium oder Lithium neben Blei enthalten, werden durch Zusatz einer geringen Menge Quecksilber gehärtet. (Vom 9. 5. 1920 ab.)

(D. R. P. 378 402.) United Lead Co., New York: Hartbleilegierung, bestehend aus Blei, Barium und Calcium, wobei der Gehalt an Barium das Zweifache des Gehaltes an Calcium beträgt. Der Bariumgehalt beträgt zweckmäßig 3 bis 0,75 Proz.

Durch das Verhältnis von Ba : Ca soll der niedrigere Schmelzpunkt des Eutektikums ausgenützt werden. (Vom 27. 2. 1920 ab.)

(D. R. P. 355 429.) Mathesius, Charlottenburg: Herstellung von Bleilegierungen mit Erdalkalimetallen. Die Herstellung erfolgt auf dem Wege der Elektrolyse der geschmolzenen Salzmischungen mit Bleikathode, und zwar in der Weise, daß die geschmolzene Salzmischung zunächst elektrolysiert wird, bis ein Gleichgewichtszustand in bezug auf ihre Zusammensetzung eingetreten ist, und daß sodann das der vorher bestimmten gewollten Legierungszusammensetzung entsprechend zusammengesetzte Salzgemisch in kleinen Mengen eingetragen wird. (Vom 24. 12. 1920 ab.)

(D. R. P. 387 726.) Mathesius, Charlottenburg: Lagermetall, bestehend aus Blei mit etwa 3 Proz. Calcium und 1 bis 2 Proz. Barium, oder 1 Proz. Strontium und 1 Proz. Barium. An Stelle von Barium und Strontium kann man auch 1 bis 3 Proz. Cadmium oder Wismut oder beide Metalle gemeinsam verwenden. Schmelzp. = 450 bis 500°. (Vom 8. 1. 1920 ab.)

Das Can-Metall der Fa. Schäfer u. Schael, Breslau, für Eisenbahnlager enthält: 94,9 Proz. Blei; 1,75 Proz. Calcium; 1,0 Proz. Strontium; 1,0 Proz. Barium; 1,35 Proz. Kupfer.

(D. R. P. 381 577.) Metallbank u. Metallurgische Ges., Frankfurt a. M.: Verfahren zur Herstellung von Blei-Calciumlegierungen, dadurch gekennzeichnet, daß man Blei mit Calciumcarbid oder Calciumcyanamid erhitzt. Der abgeschiedene Kohlenstoff muß durch Zusatz eines Flußmittels von der Legierung getrennt werden. (Vom 3. 12. 1916 ab.)

(Zus. P. 386 602.) Verfahren zur Herstellung der Legierung des Bariums und Strontiums mit Blei, dadurch gekennzeichnet, daß man Blei mit Bariumcarbid und bez. oder Strontiumcarbid erhitzt.

Die Blei-Aluminiumlegierungen siehe S. 180, die Blei-Kupferlegierungen S. 216.

Komplexe Bleilegierungen.

Die Blei-Antimon-Zinnlegierungen.

Wie schon erwähnt wurde, ersetzt man häufig im Hartblei einen Teil des Antimons durch Zinn, um die Härte und Festigkeit der Legierung zu steigern, ohne die Sprödigkeit zu vermehren.

Die Konstitution der ternären Legierung wurde von *Loebe*[1], *Campbell*[2] und *Heyn* und *Bauer*[3] untersucht. In Fig. 199 ist das Diagramm von *Campbell* wiedergegeben, als Projektion einer abgestumpften, dreiseitigen Pyramide (siehe S. 20). Bei *A* beginnt die Konzentration des Antimons, bei *B* die des Bleis, bei *C* die des Zinns. Der eutektische Punkt für Blei und Antimon liegt bei *r* (13 Proz. Sb, 247°,) das Blei-Zinn-Eutektikum (vgl. S. 17) ist mit *y* (62 Proz. Sn, 182°) bezeichnet. Auf *AC* entspricht (vgl. S. 462) *g* der Verbindung SbSn, *f* dem Haltepunkt 422°, *d* dem Haltepunkt 244° und e dem mit 10 Proz. Sb gesättigten Zinn-Mischkrystall. Der ternäre Reaktionspunkt *O* bei 245° kommt der Legierung: 80 Proz. Pb, 10 Proz. Sn, 10 Proz. Sb zu, der untere Haltepunkt *P* 189° der Legierung: 40 Proz. Pb, 57,5 Proz. Sn, 2,5 Proz. Sb. Man muß sich *rOPq* als ein tief eingeschnittenes Tal vorstellen. [Die Zahlen entsprechen den Zusammensetzungen der technisch wichtigen Legierungen in den später aufgeführten Zusammenstellungen. Wie man sieht, gruppieren sie sich vorwiegend um den Punkt *O*.] Eine Legierung im Gebiete *ArOf* scheidet beim Erstarren zuerst Antimon (mit wenig Zinn in fester Lösung) aus, im Gebiete *BrOPq* zuerst Blei, im Gebiete *fOPd* zuerst die Verbindung SbSn, endlich in dem Gebiete *CdPq* Zinn mit wenig Antimon in fester Lösung. Die Linie *rO*, 247 bis 245°, die Grenze zwischen dem Antimon- und dem Bleifeld, gibt an, wo aus der übriggebliebenen Schmelze Blei und Antimon gleichzeitig erstarren, ebenso *OP*, 245 bis 189°, die Grenze und gleichzeitige Erstarrung von Blei und Verbindung SbSn, und schließlich *Pq*, 189 bis 182°, Grenze und Erstarrung von Blei und Zinn. Alle diese Erstarrungsprodukte besitzen Strukturen wie wirkliche Eutektika. Die Linien *fO* und *dP* sind die entsprechenden Umwandlungslinien des Antimon-Zinndiagramms, bei welchen die Verbindung SbSn entsteht bzw. zerfällt.

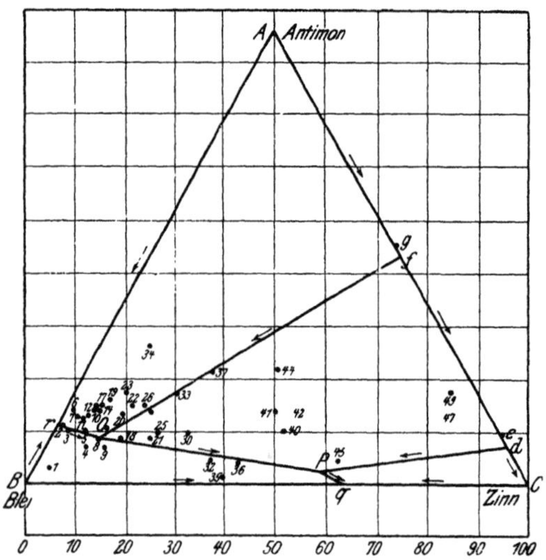

Fig. 199. System: Blei-Antimon-Zinn.

Eine Legierung des Feldes *AOr* z. B. 82 Proz. Pb, 2 Proz. Sn, 16 Proz. Sb (Nr. 6 in Fig. 199) beginnt bei 275° zu erstarren, es scheiden sich zunächst (siehe Fig. 200[4] [Taf. 23]), Antimonkrystalle (mit Zinn in fester Lösung) ab,

[1] Metallurgie 1911, 7.
[2] School of Mines Quaterly 1911, 244; Metallurgie 1912, 422.
[3] Untersuchungen über Lagermetalle 1914, 21.
[4] Nach *Campbell:* Metallurgie 1912, 424.

wenn bei weiterer Abkühlung 247° — *rO* — erreicht ist, erstarrt die Schmelze zu dem Eutektikum (Pb + Sb).

Ebenso krystallisiert in einer Legierung des Feldes *AOf* zuerst Antimon aus, bis die Konzentration der Linie *fO* erreicht ist, hier bildet sich die Verbindung SbSn, die sich ausscheidet, bis Punkt *O* erreicht ist, hier erstarrt das Eutektikum (Pb + SbSn).

In einer Legierung des Feldes *fOP*, z. B. 78 Proz. Pb, 11 Proz. Sn, 11 Proz. Sb (etwa Nr. 18 in Fig. 199) treten zuerst die weißen Würfel der Verbindung SbSn (siehe Fig. 201 [Taf. 23]), auf, bis die Konzentration der Linie *OP* erreicht ist, hier erstarrt das Eutektikum (SbSn + Pb) und von der Konzentration *P* der Rest der Schmelze auf *Pq* als zweites Eutektikum (Pb + Sn).

Die Legierungen des Feldes *fOPd* neigen stark zum Seigern, die charakteristischen Würfel steigen an die Oberfläche, so daß bei langsamer Erstarrung der untere Teil der genannten Legierung aus dem spezifisch schwereren bleihaltigen Eutektikum *OP* besteht (siehe Fig. 202 [Taf. 23]). Die gleiche Entmischung tritt in dem folgenden Beispiel ein.

Aus einer Legierung des Feldes *fPd* scheiden sich zunächst die Würfel der Verbindung SbSn aus, welche bei genügend langdauernder Erstarrung nach oben streben, auf der Linie *dP* erleidet die Schmelze eine Umwandlung, es bildet sich ein Zinnmischkrystall (mit höchstens 10 Proz. Antimon in fester Lösung), der Rest der Mutterlauge erstarrt auf *Pq* als Eutektikum (Pb + Sn). Fig. 203 (Taf. 23) zeigt diese Gefüge einer Legierung 5 Proz. Blei, 23 Proz. Antimon, 72 Proz. Zinn (etwa Nr. 49 auf Fig. 199). Der untere Teil derselben Legierung ist in Fig. 204 (Taf. 23) wiedergegeben (20 Proz. Blei, 10 Proz. Antimon, 70 Proz. Zinn), die Menge der Würfel hat erheblich abgenommen, der größte Teil der Fläche wird von Zinndendriten eingenommen, dazwischen das Eutektikum.

Im Feld *BrO* krystallisiert zuerst Blei aus, alsdann auf *rO* das Eutektikum (Pb + Sb), im Feld *BOP* Blei auf *OP* das Eutektikum (Pb + SbSn) und auf *Pq* der Rest (Pb + Sn), im Feld *BPq* Blei und auf *Pq* (Pb + Sn).

Im Feld *CdPq* scheidet sich Zinn (mit Antimon in fester Lösung) aus, bis die Schmelze die Konzentration *Pq* erreicht hat, alsdann das genannte Eutektikum. Die ternären Blei-Zinn-Antimonlegierungen enthalten die gleichen Bestandteile wie die Zinn-Antimonlegierungen, das Blei spielt darin lediglich die Rolle eines Lösungsmittels.

Die Härte und Stauchfestigkeit der Legierungen wurde von *Heyn* und *Bauer*[1] untersucht. Danach erreicht die Härte bei einem Gehalt von 10 Proz. Blei, 30 Proz. Zinn, 60 Proz. Antimon einen ausgesprochenen Höchstwert, bei den als Lagermetalle in Betracht kommenden Legierungen mit weniger als 25 Proz. Antimon erhöhen bereits geringe Zinnzusätze zu den Blei-Antimonlegierungen und ebenso geringe Bleizusätze zu den Zinn-Antimonlegierungen die Härte beträchtlich. Bei den zinnreichen Legierungen (30 Proz. und mehr) tritt durch nachträgliches Anlassen der schnell abgekühlten

[1] Untersuchungen über Lagermetalle.

Schmelzen eine Erhöhung der Härte ein. Während im allgemeinen mit steigender Härte die Sprödigkeit der Legierungen rasch wächst, bilden die zinnreichen Legierungen mit weniger als 25 Proz. Antimon hiervon eine Ausnahme; diese Legierungen zeigen selbst bei verhältnismäßig hohen Härtegraden keine Anzeichen von Sprödigkeit unter stoßweiser Beanspruchung, sie erhalten dadurch als Lagermetalle eine besondere praktische Wichtigkeit (siehe auch Lagermetalle S. 465).

Die Schwindung wurde von *Wüst*[1] an einer Legierung: 58,84 Proz. Pb, 19,8 Proz. Sn, 21,4 Proz. Sb, zu 0,49 Proz. festgestellt, durch ein besonders geringes Schwinden zeichnet sich die Legierung: 80 Proz. Pb, 10 Proz. Sn, 10 Proz. Sb aus.

Das starke Seigern bestimmter Konzentrationen (siehe oben) läßt sich nach Versuchen von *Heyn* und *Bauer* durch einen geringen Kupferzusatz (etwa 3 bis 4 Proz.) zurückhalten, dieser macht sich im Gefüge der Legierungen durch Hinzutritt nadelförmiger, kupferreicher Krystalle (vermutlich von Cu_3Sn) bemerkbar, die das Aufsteigen der SbSn-Würfel verhindern. Durch den Kupferzusatz wird die Kugeldruckhärte der Legierungen erheblich gesteigert, gleichzeitig aber auch die Sprödigkeit. Die Temperatur des Beginns der Erstarrung (also die sog. Schmelztemperatur) erfährt eine Erhöhung, während die übrigen Haltepunkte, insbesondere die Temperatur des Endes der Erstarrung, fast unverändert bleiben. Durch rasche Abkühlung während der Erstarrung (innerhalb des Erstarrungsintervalles) wird das schädliche Seigern der Blei-Zinn-Antimonlegierungen vermieden, bei den kupferhaltigen Legierungen wird die Härte gegenüber der der langsam abgekühlten Legierungen wesentlich erhöht, meist gleichzeitig die Sprödigkeit vermindert. Wichtig ist auch die Beobachtung von *Heyn* und *Bauer*, daß in den antimonreicheren Legierungen, die zum Einschmelzen eine höhere Temperatur erfordern, zuweilen als besonderer Gefügebestandteil Zinnsäurekrystalle auftreten, und zwar um so zahlreicher und gröber ausgebildet, je höher die Temperatur ist, bis zu welcher die flüssige Legierung erhitzt wird, und je länger diese hohe Temperatur erhalten bleibt. Auf dieses Auftreten von Zinnsäure ist vermutlich die in der Praxis beobachtete Verschlechterung der Eigenschaften mancher Lagermetalle zurückzuführen, die beim Einschmelzen überhitzt wurden.

Zur Verwendung kommen die Blei-Zinn-Antimonlegierungen in ausgeehntem Maße als Schriftmetall, in der Literatur finden sich folgende Zusammensetzungen angegeben:

	Proz. Blei	Proz. Zinn	Proz. Antimon	
Englische Legierung für Galvanotypie	93	3	4	(C 1)[2]
„ „ Linotypie.	85	3	12	(C 3)
„ „ Stereotypie	82	6	12	(C 5)
„ „ „	82	3,2	14,8	(C 7)
Letternmetall	78	6	16	(C 13)

[1] Metallurgie 1909, 700.

[2] Die Zahlen geben die Lage der betreffenden Legierung in dem Diagramm von *Campbell* (Fig. 199) an.

	Proz. B	Proz. Zinn	Proz. Antimon	
Mackenzie-Metall	70	13	17	(C 22)
Legierung für Stereotypie	67	17	16	(C 27)
„ „ Notendruck	60	35	5	(C 32)
„ „ „	60	10	30	(C 34)
Letternmetall (dauerhaft)	60	15	25	—
Französisches Letternmetall	55	22	23	—
Legierung für Notendruck	55,5	40	4,5	(C 36)
Französisches Letternmetall	55	15	30	—
Gutes Letternmetall	50	25	25	(C 37)
Stereotypmetall	35	60	5	(C 45)

Meyer und *Schuster*[1] untersuchten eine Anzahl von Schriftmetallen, um den Grund häufig beobachteter Oxydationserscheinungen auf Buchdruckerlettern festzustellen. Diese zeigten an der Oberfläche einen dunkelgrauen Anflug, der vielfach in die Tiefe ging und eine allmähliche Zerstörung der Lettern zur Folge hatte. (In Druckerkreisen schiebt man die Schuld auf einen Arsengehalt.) Es wurden folgende Zusammensetzungen gefunden:

Tabelle 255.

Zustand des Materiales	gut	stark oxydiert	gut	stark korrodiert	gut 60 Jahr alt	gut 75 Jahr alt	gut 75 Jahr alt	gut	gut	gut 40 Jahr alt
Proz. Pb	70,18	78,56	69,49	77,02	79,41	81,60	82,79	72,70	71,92	76,77
„ Sb	22,87	19,97	23,29	22,79	18,76	17,93	16,71	21,55	22,01	22,43
„ Sn	6,00	0,12	6,04	—	0,65	—	—	5,55	6,28	0,80
„ As	0,23	0,48	0,14	0,13	0,20	0,09	0,08	0,13	0,16	0,20

Die Oxydierbarkeit der Lettern ist nicht durch die chemische Zusammensetzung bedingt, sondern, wie aus der mikroskopischen Untersuchung hervorging, durch die Art des Gießens und die Behandlung der Lettern beim Reinigen und Aufbewahren. Blasiger, poröser Guß begünstigt das Eindringen von Feuchtigkeit und damit die Oxydation, ebenso feuchte Lagerung.

Zinbery[2] fand, daß die Haltbarkeit des Schriftmetalls um so größer ist, je geringer der Bleigehalt ist, da das Blei durch die Luftfeuchtigkeit rasch oxydiert wird.

Über das Gießen der Buchdruckerplatten siehe *Munday* und *Cartland*[3].

Nachstehend die Zusammensetzung einiger alter Druckplatten aus dem bayerischen Gewerbemuseum nach *Kayser*.

Nicolaus[4] zeigte, daß die Widerstandsfähigkeit des Metalles bei steigender Erwärmung außerordentlich schnell abnimmt, und zwar um so mehr je geringer der Antimongehalt ist.

[1] Zft. f. angew. Chem. 1914, 121.
[2] Zft. f. angew. Chem. 1914, 436.
[3] Zft. f. Metallkunde 1924, **16**, 67.
[4] Zft. f. Metallkunde 1925, **17**, 389.

Tabelle 256.

	Proz. Zinn	Proz. Blei	Proz. Arsen	Proz. Kupfer	Proz. Eisen
Von 1699 v. Kitzing	81,5	14,2	3,4	0,6	0,2
„ 1699 „	79,2	16,4	2,8	1,1	0,3
„ 1700 GR.	79,7	16,0	3,0	0,8	0,2
„ 1701 Rambach	78,3	18,0	2,9	1,2	0,3
„ 1697 Joseph Has	82,6	13,9	1,7	0,9	0,6
„ GR.	78,7	15,6	3,5	1,4	0,4
„ 1701 Rambach	76,4	19,2	2,6	0,8	0,7

Ausgedehnteste Verwendung finden ferner die Blei-Zinn-Antimonlegierungen als Lagermetalle unter dem Namen Weißmetall, Weißgußmetall. In nachfolgender Tab. 257 ist eine Zusammenstellung von *Heyn* und *Bauer*[1] der in der Literatur erwähnten Legierungen wiedergegeben; diese sind in 3 Gruppen mit niedrigem, mittlerem und hohem Zinngehalt eingeteilt und innerhalb jeder Gruppe nach steigender Kugeldruckhärte geordnet. *Heyn* und *Bauer* haben von jeder Legierung außer der Härte, Beginn und Ende der Erstarrung, das Verhalten beim Stauch- und beim Druckversuch bestimmt. Der Beginn der Erstarrung ist derjenige Wärmegrad, der in der Technik in der Regel als „Schmelzpunkt" der Legierungen bezeichnet wird. Das Ende der Erstarrung, zusammenfallend mit dem Beginn des Schmelzens, stellt die oberste Grenze dar, bis zu der die betreffende Legierung erhitzt werden darf, ohne daß Teile derselben bereits in den flüssigen Zustand übergehen. Die Kugeldruckhärte wurde mit dem Härteprüfer von *Martens-Heyn* (siehe S. 58) festgestellt, sie gibt den Druck in Kilogramm an, der zur Erzeugung einer Eindrucktiefe von 0,05 mm erforderlich ist. Der Stauchversuch wurde auf einem kleinen Fallwerk ausgeführt, in der Tabelle ist die spez. Schlagarbeit bis zum Beginn der Rißbildung angegeben. Bei dem Druckversuch wurde die Probe zwischen den ebenen Platten einer 5-t-Presse gedrückt, bis eine Rißildung eintrat, in der Tabelle ist der Betrag der hierbei entstehenden Höhenverminderung in Prozent angegeben. Stauch- und Druckversuch liefern einen Maßstab für die Sprödigkeit der Legierung, ersterer zeigt, wie sich die Legierung einer stoßweisen Beanspruchung gegenüber verhält; je kleiner die angeführten Zahlen sind, desto spröder ist die Legierung. Während im allgemeinen mit steigender Härte die Sprödigkeit rasch wächst, bilden die zinnreichen Legierungen mit weniger als 25 Proz. Antimon eine Ausnahme, sie zeigen selbst bei verhältnismäßig hohen Härtegraden keine Anzeichen von Sprödigkeit (siehe auch Lagermetalle S. 486).

Häufig gibt man den Blei-Zinn-Antimonlegierungen noch einen Kupferzusatz, indem 1 bis 7 Proz. Antimon durch Kupfer ersetzt werden; die günstige Wirkung dieses Zusatzes wurde bereits oben besprochen. Zuweilen findet sich auch ein geringer Wismut- oder Zinkgehalt. In Tab. 258 sind die in der Literatur beschriebenen Legierungen aufgeführt nach der Zusammenstellung von *Heyn* und *Bauer* (a. a. O.). Ein eisenhaltiges Lagermetall ist geschützt in

[1] Untersuchungen über Lagermetalle, 1914.

Tabelle 257.

Zusammensetzung			Erstarrungs-		Kugeldruckhärte	Stauchversuch	Druckversuch	Bezeichnung oder Verwendung	Autor[1]
Proz. Pb	Proz. Sn	Proz. Sb	Beginn C°	Ende C°	kg	cmkg/ccm	Proz.		
90	2	18	268	242	15	>800	>35	Russ. Eisenbahnwagen	*Lake*
87	6	7	268	242	15	>600	>35	f. schwer belastete Lager	*Lake*
72	21	7	246	184	17	>700	>35	f. schwere Schiffsmaschinenlager bewährt	*Kern*
85	5	10	250	242	18	700	>35	Jakoby-Metall	*Lake*
62	27	10	243	184	18	800	30	—	*Campbell* 30
82	2	16	275	242	19	500	>45	—	*Campbell* 6
80	12	8	252	184	20	>600	35	Metallpackungen. franz. Osteisenbahn	*Charpy* 9
70	20	10	234	184	20	700	>35	Ausfütter. v. Exzenterbügeln. Franz. Ostbahn	*Charpy* 21
83,3	8,3	8,3	255	184	20	>600	>35	—	*Campbell* 4
80	4	16	275	242	21	500	≥45	f. Tunnellager v. Schiffen	*Buchanan* 10
80,5	4,5	14,5	266	242	21	500	>45	Lager wie „Glyco"	*Campbell* 11
76	14	10	239	184	22	700	35	Metallp. u. Fütterungen Franz. Orleansbahn	*Charpy* 18
80	5	15	269	242	22	500	>45	Gutes Lagermetall	*Sperry*
78	6	16	275	242	22	500	45	Wie Magnolia	*Campbell* 12
78,3	3,9	17,8	287	242	22	450	42,5	Magnolia	*Stanley*
80	10	10	242	242	22,5	600	35	Magnolia	*Lake* 8
70	17	13	245	184	23	500	35	f. Metallpackungen	*Hughes*
77,7	5,9	16,8	279	242	24	500	37,5	Tandem	*Law* 13
70	15	15	261	184	26	450	30	f. Schiffsmaschinenlager weniger bewährt	*Kern*
71	5	24	325	242	26	300	30	Normales Weißmetall	*Lake*
76	7	17	278	242	26	450	35	—	*Campbell* 17
73	12	15	262	242	27	450	30	Metallpack. f. Kolbenstangen. Franz. Ostbahn	*Charpy* 20
68	15	17	273	242	27	400	30	Graphitmetall	*Dudley* 26
75	10	15	265	242	27	450	30	Eisenbahnlager	*Lake*
60	20	20	297	184	28	200	25	Desgl.	*Ledebur* 33
73,5	8	18,5	286	242	28	400	30	Lager f. amerik. Eisenbahnen	*Campbell* 19
70	10	20	289	242	31	300	27,5	Lager P. L. M.	*Guillet* 23
65	10	25	325	242	31	200	15	Graphitmetall	*Lake*
56	36	8	231	184	14	>800	32,5	f. Metallpackungen	*Buchanan*
50	40	10	241	184	15	800	32,5	—	*Sperry*
46	42	12	255	184	16,5	700	35	f. Ausfütterungen	*Buchanan*
42	46	12	255	184	17	800	40	Hoyles Metall	*Hiorns* 40
44	44	12	255	184	17	800	37,5	f. Schiffslager	*Buchanan*
42	42	16	275	184	20	500	30	Achslager d. französ. Staatsbahn	*Ledebur* 41
40	45	15	271	184	20	600	35	Desgl.	*Ledebur* 42
50	35	15	271	184	20	450	25	Gutes Lagermetall	*Sperry*
37	38	25	321	184	30	300	15	Ital. Eisenbahnen	*Thurston* 44
10	75	15	279	184	26	>1000	30	Lagermetall	*Campbell* 47
5	75	20	309	184	28	>1000	25	f. kleine Güsse	*Campbell* 49

[1] Die Zahl hinter dem Autornamen bezieht sich auf die Lage der Legierung in dem Diagramm (Fig. 199).

(D. R. P. 148 929.) The Francis Eyre Co., Newyork: 1. Verfahren zur Herstellung von Antifriktionsmetallen aus Kupfer, Zinn, Blei und Antimon unter Zusatz von Eisen behufs Erhöhung der Härte und Zähigkeit, dadurch gekennzeichnet, daß das **Eisen** in Form von Guß- und Schmiedeeisen nebeneinander zugeführt wird. **2.** Ausführungsform des Verfahrens nach Anspruch 1, darin bestehend, daß man etwa 75 Proz. Blei, 15 Proz. Antimon, 6 Proz. Zinn, 3 Proz. Kupfer, 0,5 Proz. Gußeisen und 0,5 Proz. Schmiedeeisen zur Anwendung bringt oder 60 Proz. Blei, 19 Proz. Zinn, 12 Proz. Antimon, 8 Proz. Kupfer, 0,5 Proz. Gußeisen und 0,5 Proz. Schmiedeeisen. **3.** Ausführungsform, darin bestehend, daß man zuvor das Schmiedeeisen in dem geschmolzenen Kupfer und Gußeisen auflöst und sodann das Zinn, Blei und Antimon im geschmolzenen Zustande der Reihe nach hinzufügt.

Der Zusatz des Gußeisens allein würde die Masse zu hart machen. Die höher bleihaltige Legierung soll als Lagermetall, die zweite zum Bekleiden der Arbeitsflächen an Ventilen usw. dienen. (Vom 10. 7. 1902 ab.)

(D. R. P. 388 600.) Rempen, Hannover: Lagermetall, 1. bestehend aus Antimonialblei, Zinn, Kupfer und Nickel, gekennzeichnet durch einen geringen Zusatz von Molybdän. 2. dadurch gekennzeichnet, daß es aus etwa 75 Proz. Antimonialblei, etwa 20,5 Proz. Zinn, 2,5 Proz. Kupfer, 1 Proz. Nickel und 1 Proz. Molybdän besteht. (Vom 31. 5. 1922 ab.)

(D. R. P. 297 290.) Hassler, Aalen, Württ.: Verfahren zur Herstellung siliciumhaltiger Lagerweißmetalle aus Blei, Antimon, Kupfer und Zinn, dadurch gekennzeichnet, daß zuerst eine Hilfslegierung H aus 56 bis 62 Tln. Antimon, 40 bis 32 Tln. Kupfer und 4 bis 6 Tln. 30proz. Siliciumkupfer hergestellt wird, dann eine Vorlegierung V aus 15 bis 35 Tln. der Hilfslegierung H und dem Rest an 100 zu gleichen Teilen Antimon und Zinn, und daß endlich die Gesamtlegierung erzeugt wird durch Zusammenschmelzen von Gewichtsteilen im Rahmen von 85 Blei + 15 V bis 65 Blei + 35 V.

Die praktischen Härtegrenzen liegen zwischen 24 und 35 Brinell. Der Kupfergehalt beseitigt die starke Neigung zum Seigern, verursacht aber eine gewisse Sprödigkeit. Durch den Zusatz von Silicium soll der Kupfergehalt erhöht und dennoch die Zähigkeit der Legierung gesteigert werden können. (Vom 2. 2. 1916 ab.)

(Zus. P. 310 507.) Verfahren zur Herstellung siliciumhaltiger Lagermetalle nach D. R. P. 297 290, dadurch gekennzeichnet, daß die Hilfslegierung in Wegfall kommt, und Mischmetalle (Hartblei mit 13 bis 25 Proz. Antimon, Mischzinn mit 20 bis 80 Proz. Zinn, Rest Blei) an Stelle von Antimon und Reinzinn verwendet werden. (Vom 20. 7. 1917 ab.)

(Zus. P. 312 335.) An Stelle des Hartbleis wird Letternmetall, enthaltend 55 bis 90 Proz. Blei, 10 bis 30 Proz. Antimon und 0 bis 20 Proz. Zinn verwendet. (Vom 29. 11. 1917 ab.)

(D. R. P. 297 291.) Hassler, Aalen, Württ.: 1. Verfahren zur Herstellung von Lagerweißmetallen aus Zink, Zinn, Kupfer, Antimon und mehr als 17 Proz. Blei unter Anwendung von Vorlegierungen, dadurch gekennzeichnet, daß zur Herstellung der Vorlegierung V_1 Bruchteile der Vorlegierung V_2 verwendet werden. **2.** Die Vorlegierung V_1 wird gewonnen durch Zusammenschmelzen von 7 bis 12 Tln. der Vorlegierung V_2 und 55 bis 65 Tln. Blei und 23 bis 33 Tln. einer Zinnlegierung, welche 84 bis 80 Tle. Zinn, 11 bis 12 Tle. Antimon und 5 bis 8 Tle. Kupfer enthält. **3.** Die Vorlegierung V_2 wird gewonnen durch Zusammenschmelzen von 18 bis 24 Tln. der unter 2 genannten Zinnlegierung mit 70 bis 80 Tln. Zink und 2 bis 6 Tln. Kupfer.

Die Herstellung der Endlegierung geschieht durch Zusammenschmelzen von Bruchteilen aus V_1 und V_2 nach Maßgabe der zu erzielenden Härte. (Vom 14. 3. 1916 ab.)

Für einige besondere Verwendungszwecke werden noch folgende Legierungen empfohlen:

Für Akkumulatorenplatten wendet die Western Electric Co. nach (U. S. P. 1 078 661) an: 95 Proz. Blei, 4,5 Proz. Antimon, 0,5 Proz. Zinn in dünnen Streifen.

Als Modellmetall eignet sich wegen ihrer geringen Schwindung die Legierung:

80 Proz. Blei, 10 Proz. Antimon, 10 Proz. Zinn.

Wegen der Seewasserbeständigkeit wurden Schiffsnägel gefertigt aus:

33 Proz. Blei, 50 Proz. Zinn, 17 Proz. Antimon.

Für Spritzguß (siehe S. 327) sind folgende Bleilegierungen geeignet:

Tabelle 258.

Proz. Pb	Proz. Sn	Proz. Sb	Proz. Cu
83	0	17	0
90	0	10	0
80	10	10	0
80	5	15	0
70	15	13	2
55	30	13	2

Die Legierung: 60 Proz. Blei, 39 Proz. Zinn, 1 Proz. Antimon, wird als Weichlot benutzt. Dem gleichen Zweck dienen die Legierungen nach

(D. R. P. 137 897.) Küppers, Aachen: Blei-Antimon-Zinnlot und Verfahren zur Herstellung desselben. Das Lot enthält neben dem Hauptbestandteil Blei 0,1 bis 14 Proz. Antimon und bis 45 Proz. Zinn, wobei der Gehalt an Zinn je nach Bedarf größer oder kleiner sein kann als der Antimongehalt. Um das Lot in Stangen von durchaus gleichartiger Beschaffenheit zu erhalten, wird die in bekannter Weise granulierte Legierung in einer geeigneten Form bis nahe zu ihrem Schmelzpunkt erhitzt, ohne aber zum Schmelzen gebracht zu werden, worauf man die plastisch gewordenen Granalien durch Druck zu einem Ganzen vereinigt.

(Zus. P. 143 811.) Blei-Antimon-Zinnlot, dadurch gekennzeichnet, daß das Lot einen geringen Zusatz von **Zink** (etwa 0,05 bis 0,15 Proz.) erhält, um es im geschmolzenen Zustand länger weich und streichfähig zu erhalten und nach dem Erstarren seine Härte zu erhöhen.

Es wurden vorwiegend folgende Zusammensetzungen benutzt:

Proz. Pb	88,8	83,3	78,0
„ Sn	3,7	6,9	15,0
„ Sb	7,5	9,8	7,0

Die 1. Legierung hat den höchsten Schmelzpunkt und muß mit heißer Flamme gelötet werden, die 2. kann mit dem Lötkolben aufgetragen werden, die 3. eignet sich besonders zum Löten von Weißblech, Messing Kupfer.

Seit 1918 wird in Deutschland für Güterwagenachslager und leicht beanspruchte Lokomotiven ein Einheitsmetall verwendet: 80 Proz. Pb ($\pm$ 2 Proz.), 5,0 Proz. Sn ($\pm$ 2 Proz.) 15 Proz. Sb.

Tabelle 259.

Zusammensetzung					Bezeichnung oder Verwendung	Autor
Proz. Pb	Proz. Sn	Proz. Sb	Proz. Cu	Proz. Bi		
78,28	1,25	20,12	0,7	0,28	—	*Buchanan*
80,65	11,4	7,53	0,42	—	Weiches Lagermetall	*Fairlie*
78	5	15	2	0,25	Für Exzenterausfütterung	*Buchanan*
72	11,5	13,5	3	—	Lokomotivlager; widersteht gut dem Druck, aber nicht dem Hämmern bei Bewegungsumkehr	*Hughes*
77	10	12,5	0,5	—	—	*Campbell*
77	8	14	1	—	Lager wie „Coleco"	„
60	32	3	5	—	Kolbenstangenpackung	*Charpy*
44,25	34,74	17,1	3,92	—	—	*Buchanan*
33	53	11	3	—	—	„
38	42	17	3	—	Für Metallpackungen	„
48	40	10	2	—	Lager unter Wasser	„
44	34	16	6	—	Hauptlager	„
44	35	17	4	—	Schiffsbronze Nr. 4	„
34	54	11	1	—	Lokomotivlager, härtere Legierung als oben	*Hughes*
48	40	10	2	—	—	*Campbell*
46	36,5	16,5	1	—	Amerikanische Eisenbahnen	„
33	53	10,6	2,4	1 Zn	—	*Roberts-Austen*
6,25	84	2,15	7	—	—	*Kern*
17	76	5	3	—	—	*Buchanan*
10,5	70	15	4,25	0,25 Bi	Plastisches Metall I	„
17	77	3	3	—	Für Marinemaschinen	„
13,5	74,2	6,6	3,6	1,8 Zn	Achsbuchsen	„
10	80	1	8	1 Bi	Plastisches Metall	„
17	77	7	6	—	—	„
10	80	2	7	1	Plastisches Metall	„
10	75	12	3	—	—	*Campbell*

Ein Kupfergehalt bis zu 2,2 Proz. ist zur Erhöhung der Härte auf Kosten von Pb zugestanden. Als Stopfbüchsenmetall wird verwendet in:

Preußen	85 Proz. Pb	15 Proz. Sb	— Proz. Sn
Sachsen	65 „ „	15 „ „	10 „ „
Bayern	76 „ „	10 „ „	14 „ „

Das ternäre Schmelzdiagramm der Blei - Zinn - Wismutlegierungen nach den Versuchen von *Charpy* wurde bereits S. 20 besprochen, im flüssigen Zustande herrscht vollständige Mischbarkeit, im festen vollständige Unlöslichkeit der Metalle ineinander, das Eutektikum 32 Proz. Blei, 15,5 Proz. Zinn, 52,5 Proz. Wismut schmilzt bei 96°. Indessen scheint aus einer Untersuchung von *Shepherd*[1] hervorzugehen, daß nur das Zinn in reiner Form auskrystallisiert, während Blei und Wismut 2 Reihen fester Lösungen mit bis zu 10 Proz. des fremden Metalles bilden. Die Wismutlegierungen zeichnen sich durch eine sehr geringe Schwindung aus, so fand *Wüst*[2] aus der Schwindungs-

[1] Journ. of Phys. Chem. 1902, **6**, 519; 1903, **7**, 15.
[2] Metallurgie 1903, 784.

kurve einer Legierung 32,47 Proz. Blei, 17,38 Proz. Zinn, 49,88 Proz. Wismut, daß die Abkühlung zunächst unter Kontraktion vor sich geht, auf welche jedoch eine so starke Ausdehnung folgt, daß die endgültigen Abmessungen der Probe größer sind als diejenigen der Form. Die genannte Legierung besitzt also einen negativen Schwindungskoeffizienten.

Die Umwandlungspunkte wurden von *Bux*[1] bestimmt.

Verwendung finden die Legierungen zum Löten dünner Arbeiten aus bleihaltigem Zinn, die Lötstelle wird durch den Wismutgehalt sehr spröde. Wie man ein Lot von bestimmtem Schmelzpunkt auffinden kann, wurde S. 29 gezeigt.

Als Kitt zum Verkitten von Glas, Porzellan, Steingut wird empfohlen:

3 Tle. Blei,	2 Tle. Zinn,	2,5 Tle. Wismut	bei 100°	schmelzend
10 „ „	5 „ „	3 „ „	„ 170°	„

Zur Herstellung von Abgüssen in besonders feingeschnittenen Formen eignen sich nach *Krupp*[2] nachstehende Legierungen, weil sie sich beim Erkalten (siehe oben) stark ausdehnen und infolgedessen die feinsten Vertiefungen und Erhöhungen der Form deutlich wiedergeben:

Wismut . . .	6	oder	5	oder	2[3]	oder	8
Zinn	3		2		1		3
Blei	13		3		1		5

Durch Zusatz von Cadmium wird der Schmelzpunkt dieser Legierungen noch weiter herabgesetzt, es entstehen so die „leichtflüssigen Legierungen", das Wood-, Lipowitz-, Newtonmetall. Die Zusammensetzung und der Schmelzpunkt derselben wird in der älteren Literatur sehr verschieden angegeben, vgl. *Heine*[4]; sorgfältige Untersuchungen wurden zur Konstitutionsbestimmung von *Parravano* und *Sirovich*[5] ausgeführt. Den niedrigsten Schmelzpunkt zeigt naturgemäß das quaternäre Eutektikum, nämlich 70°, die Zusammensetzung:

27,27 Proz. Blei, 13,13 Proz. Zinn, 49,5 Proz. Wismut, 10,10 Proz. Cadmium

entspricht ziemlich genau dem Wood- oder Lipowitzmetall.

Waehlert[6] gibt folgende Zusammenstellung der niedrig schmelzenden Legierungen, siehe Tab. 261. Durch Zusatz von Quecksilber konnte *Wählert* den Erstarrungspunkt dieser Legierungen noch weiter herabdrücken. Siehe Tab. 260.

Tabelle 260.

Blei	36 Proz.	32 Proz.	28 Proz.
Wismut	46,8 „	41,6 „	36,4 „
Cadmium	7,2 „	6,4 „	5,6 „
Quecksilber	10 „	20 „	30 „
Erstarrunginterval . .	64 bis 61°	59 bis 56°	57 bis 39°

[1] Zft. f. Physik 1923, **14**, 316.
[2] Die Legierungen.
[3] Roses Metall auch Darcet-Legierung bei 93° schmelzend.
[4] Chem.-Ztg. **1906**, 1139.
[5] Gaizz. chim. ital. 1912, **42** I, 630.
[6] Zft. d. Ver. deutsch. Ing. 1918, **62**, 518.

Tabelle 261.

Punkt (Eutektikum) °C	Schmelz-Intervall °C	Chemische Zusammensetzung Gewichtsprozente Pb	Sn	Bi	Cd	Punkt (Eutektikum) °C	Schmelz-Intervall °C	Chemische Zusammensetzung Gewichtsprozente Pb	Sn	Bi	Cd
70		26,3	13,3	50	10	136,5		—	42	58	—
	75 bis 70	24	14	48	13		140 bis 136,5	—	44	56	—
	75 „ 70	32	13	45	10		145 „ 136,5	—	46	54	—
	80 „ 70	35	13	42	10		160 „ 136,5	—	51	49	—
	85 „ 70	37	13	40	10	145		32	50	—	18
	100 „ 70	35	20	35	10		150 „ 145	35,5	46,5	—	18
91,5		40	—	52	8		155 „ 145	39	43	—	18
	95 „ 91,5	42	—	50	8		160 „ 145	42	40	—	18
	100 „ 91,5	44	—	48	8		165 „ 145	45,5	36,5	—	18
	110 „ 91,5	48	—	44	8		170 „ 145	52,3	29,5	—	18
96		32	16	52	—	149		—	—	62	58
	100 „ 96	34	16	50	—		155 „ 149	—	—	61	39
	105 „ 96	36	16	48	—		160 „ 149	—	—	60	40
	110 „ 96	38	16	46	—		165 „ 149	—	—	58,5	41,5
	115 „ 96	40	16	44	—	178		—	68	—	32
							185 „ 178	—	64	—	36
	120 „ 96	42	16	42	—		190 „ 178	—	60	—	40
103		—	26	53	21		195 „ 178	—	56,5	—	45,5
	110 „ 103	—	29,5	49,5	21		200 „ 178	—	53	—	47
	115 „ 103	—	32	47	21	181		36	64	—	—
	120 „ 103	—	34,5	44,5	21		185 „ 181	37,5	62,5	—	—
125		44	—	56	—		190 „ 181	39	61	—	—
	130 „ 125	46	—	54	—		195 „ 181	40,5	59,5	—	—
	135 „ 125	48	—	52	—		200 „ 181	42	58	—	—
	140 „ 125	50	—	50	—	198		—	89	11 Zn	—
	145 „ 125	52,5	—	47,5	—				(Eutektikum)		
	160 „ 125	55	—	45	—						

(D. R. P. 297 210.) Maschinenbau-Anstalt Humboldt, Cöln-Kalk: Verfahren zur Herstellung eines Weißgußlagermetalles, dadurch gekennzeichnet, daß in geschmolzenem Blei durch Untertauchen etwa 3 Proz. Calcium aufgelöst und dieser Legierung geringe Prozentsätze (je etwa 1 bis 3 Proz.) Cadmium und Wismut hinzugefügt werden.

Die Legierung soll den Zinnweißmetallen ebenbürtig sein, ein Ausseigern von leichter schmelzbaren Bestandteilen soll auch bei stärkster Beanspruchung nicht stattfinden. (Vom 10. 10. 1915 ab.)

(D. R. P. 309 243.) Hunger, Mülheim: Legierung, zur Verwendung als Lagermetall mit Blei als Grundlage, gekennzeichnet durch einen gleichzeitigen Zusatz von Magnesium und Zink. 2. Legierungen nach 1, dadurch gekennzeichnet, daß der Zusatz etwa doppelt so viel Zink wie Magnesium enthält. 3. Legierung nach 1, dadurch gekennzeichnet, daß der Zusatz von Mg + Zn etwa 5 Proz. beträgt.

Die Legierung soll geringe Abnutzung, geringen Reibungswiderstand und hohe Schmierfähigkeit zeigen. (Vom 6. 1. 1918 ab.)

(D. R. P. 305 087.) Hannemann, Charlottenburg, u. Stockmeyer, Minden: 1. Hartbleiersatz, bestehend in einer Bleimagnesiumlegierung mit einem Magnesiumgehalt unter 4 Proz. an Stelle der üblichen Antimonbleilegierung. — 2. Bleimagnesiumlegierung nach 1, gekennzeichnet durch einen geringen Zusatz von Aluminium.

Schon ein Zusatz von 0,5 Proz. Magnesium bewirkt dieselbe Härtesteigerung, wie der Zusatz von 10 Proz. Antimon, 1 Proz. Mg eine größere Härte als 14 Proz. Sb. Das Magnesiumhartblei soll eine größere Zähigkeit als das Antimonhartblei besitzen, luft- und wasserbeständig sein. Durch einen geringen Aluminiumzusatz läßt sich die Härte noch steigern. (Vom 27. 2. 1915 ab.)

(D. R. P. 314 346.) Vereinigte Hüttenwerke Burbach-Eich-Düdelingen A. G., Düdelingen: Verfahren zur Herstellung bleireicher Legierungen, insbesondere von Kupfer, Zink, Blei oder Kupfer, Zink, Zinn, Blei, dadurch gekennzeichnet, daß das Gemisch durch Erhitzen im elektrischen Induktionsofen emulgiert wird.

Der schnell wechselnde Stromdurchgang bringt das Blei bei jedem Überschuß in eine derartige feine Emulsion, daß die Entmischung einer längeren Zeit bedarf. Je nach dem Emulsionsgrad ist dieser Zeitraum größer als die Erstarrungszeit, es wird so die Herstellung übersättigter Legierungen ermöglicht. (Vom 15. 11. 1918 ab.)

(D. R. P. 367 301.) de Wolf-Muligan-London: Leicht schmelzbare Legierung von erheblicher Widerstandsfähigkeit, guter Leitfähigkeit und Unempfindlichkeit gegen schwache Säuren und Alkalien mit einem Schmelzpunkt zwischen 68,5 und 160°.

Die Legierung besteht aus: 0,8 bis 2,5 Proz. Antimon, 12 bis 29,8 Proz. Zinn, 12 bis 61 Proz. Blei, 6,6 bis 18 Proz. Cadmium, 3 bis 50 Proz. Wismut. Der Antimongehalt darf nicht mehr als ein Zwölftel des Zinngehaltes betragen. (Vom 5. 11. 1921 ab.)

Zum Verbleien von Stahldraht und eisernen Gegenständen wird ein Blei mit 15 Proz. Zinn angewandt, eine Herabsetzung des Zinngehaltes ergibt nach *Kröhnke*[1] Betriebsschwierigkeiten. Auch Blei mit 1 Proz. Zink, 1 Proz. Zinn, 0,5 Proz. Quecksilber oder das Zabametall (Blei mit 1 Proz. Zinn, 1 Proz. Antimon, 0,5 Proz. Aluminium) oder die Legierung von *Schlötter* (Blei mit 1,1 bis 1,3 Proz. Zinn, 0,6 bis 1 Proz. Arsen) findet zum Verbleien mit gutem Erfolg Verwendung.

---

[1] Das Gas- und Wasserfach 1926, **69**, 22.

Die Zinnlegierungen.

Das Zinn findet wegen seiner schönen weißen Farbe, seiner leichten Bearbeitbarkeit und Widerstandsfähigkeit gegenüber den Einwirkungen der Atmosphärilien, des Wassers, der Nahrungs- und Genußmittel eine umfangreiche Verwendung. Infolge seiner geringen Härte und Festigkeit wird es jedoch meist in legiertem Zustande verarbeitet, dazu kommt der verhältnismäßig hohe Preis des Metalles, der durch Zusatz billigerer Beimischungen wesentlich herabgesetzt werden kann. Man legiert das Zinn in der Regel mit Blei oder Antimon und fügt auch zu noch weiterer Härtesteigerung als drittes Metall geringe Mengen Kupfer hinzu.

Die Blei-Zinnlegierungen wurden bereits S. 440 besprochen.

Die Antimon-Zinnlegierungen.

Die Konstitution der Antimon-Zinnlegierungen ist mehrfach untersucht worden, die neuesten Arbeiten wurden von *Williams*[1], *Loebe*[2], *Heyn* und *Bauer*[3] ausgeführt. Das Schmelzdiagramm von *Williams* ist in Fig. 205 wiedergegeben. Im flüssigen Zustand besteht vollkommene Mischbarkeit beider Metalle, im festen Zustand finden sich 3 Reihen von Mischkrystallen: das Zinn vermag bis zu 8 Proz. Antimon, das Antimon bis zu 10 Proz. Zinn in fester Lösung aufzunehmen, es tritt eine Verbindung SbSn auf, die mit überschüssigem Antimon Mischkrystalle bildet. Die Legierungen mit 0 bis 8 Proz. Antimon bestehen aus homogenen, dem Zinn isomorphen Mischkrystallen, aus den Konzentrationen von 8 bis 50 Proz. Antimon scheiden sich beim Erstarren zunächst würfelförmige Krystalle von großer Härte aus, die Verbindung SbSn, bei 243°

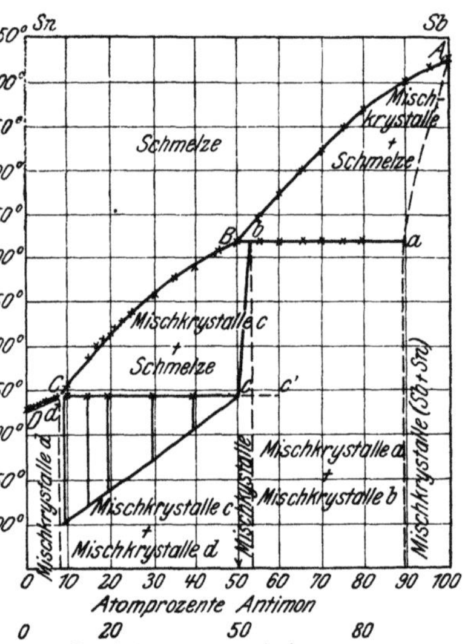

Fig. 205. System: Antimon-Zinn.

[1] Zft. f. anorg. Chem. 1907, **55**, 12.

[2] Metallurgie 1911, 9.

[3] Untersuchungen über Lagermetalle, 1914.

erleiden sie eine Umwandlung, indem sie teilweise in den zinnreichen Mischkrystall übergehen. Die Legierungen der genannten Konzentration bestehen deshalb nach dem Erkalten aus den zinnreichen Mischkrystallen, in welchen die Würfel der Verbindung SbSn eingelagert sind. Das Gefügebild ist hier außerordentlich von der Geschwindigkeit der Abkühlung abhängig; die Fig. 206 und 207 (Taf. 24) (von *Heyn* und *Bauer* a. a. O. aufgenommen) geben bei gleicher Vergrößerung das Gefüge einer Legierung mit 20 Proz. Antimon, 80 Proz. Zinn wirder, Fig. 206 bei langsamer ,Fig. 207 bei beschleunigter Abkühlung während des Erstarrungsintervalles. In letzterem Falle sind die Würfel (β-Krystalle) ganz erheblich kleiner. Die Konzentrationen von 50 bis 90 Proz. Antimon scheiden bei der Erstarrung primär zinnhaltige Antimonkrystalle aus, bei 420° tritt eine Umwandlung ein, bei der die Mischkrystalle teilweise in die Verbindung SbSn übergehen, so daß diese Legierungen nach dem Erkalten aus einem Gemenge beider Krystallarten bestehen. Nur in dem engen Intervall von 49,8 bis 52,8 Proz. tritt kein Gemenge, sondern eine einheitliche Krystallart auf, Würfel der Verbindung SbSn, welche überschüssiges Antimon in fester Lösung enthalten. Die Konzentrationen schließlich von 90 bis 100 Proz. Antimon bestehen aus einheitlichen Mischkrystallen, isomorph dem Antimon, mit bis 10 Proz. Zinn in fester Lösung.

Das spez. Gewicht der Legierungen wurde von *Long* bestimmt:

Proz. Sb . . . . =	0	1,0	2,1	5,0	9,5	17,4	26,0
„ Sn . . . . =	100	99,0	97,9	95,0	90,5	82,6	74,0
Spez. Gew. . . . =	7,294	7,284	7,279	7,276	7,208	7,140	7,10
Proz. Sb . . . . =	34,5	51,4	67,7	88,1	89,2	92,6	100
„ Sn . . . . =	65,5	48,6	32,3	11,9	10,8	7,4	0
Spez. Gew. . . . =	7,023	6,929	6,844	6,781	6,747	6,739	6,713

Die Härte der Legierungen wurde von *Heyn* und *Bauer* (a. a. O.) durch die Kugeldruckprobe bestimmt, der Druck in Kilogramm, der zur Erzeugung eines Eindrucks von 0,05 mm Tiefe erforderlich war, betrug:

Proz. Sb . =	0	5	20	40	51,5	60	80	95	100
„ Sn . =	100	95	80	60	48,5	40	20	5	0
Härte . . =	8,5	15,7	25,7	42,5	58,3	67,8	66,4	51,3	36,3

Die Härte des Zinns wird durch Antimonzusatz und ebenso diejenige des Antimons durch Zinnzusatz beträchtlich gesteigert. Der Höchstwert der Kugeldruckhärte liegt zwischen 60 und 80 Proz. Antimon.

Die Legierungen sind bis zu einem Gehalt von 20 Proz. Antimon in der Kälte gut walzbar, die Bleche lassen sich hämmern, pressen, drücken; mit Vorsicht lassen sich sogar noch die Legierungen mit bis zu 30 Proz. Antimon walzen.

Eine praktische Verwendung fanden die Zinn-Antimonlegierungen namentlich bis zum Ende des vorigen Jahrhunderts unter dem Namen „Britannia" oder „Englisch Zinn" zur Herstellung von Gefäßen und Tafelgerät der mannigfachsten Art. Man benutzte hierzu die Konzentrationen 94 Proz. Zinn, 6 Proz. Antimon bis 91 Proz. Zinn, 9 Proz. Antimon, die aus dem zinnreichen Mischkrystall aufgebaut sind. Die Legierungen mit höherem Antimongehalt, aus der harten Verbindung SbSn und dem weicheren Mischkrystall bestehend, finden in zahlreichen Variationen Anwendung als Lagermetalle. Meist gibt man noch zur Steigerung der Härte, ohne die Sprödigkeit zu vermehren, einen geringen Zusatz von Blei oder Zink, Wismut, Nickel und besonders von Kupfer, wodurch allerdings die glänzendweiße Farbe beeinträchtigt wird. Die Legierungen werden wie die Zinnbleilegierungen als „Weißmetalle" oder als „Babbitt-Metall" oder unter Phantasienamen im Handel geführt.

Die Zinn-Antimon-Kupferlegierungen bestehen aus dem zinnreichen Mischkrystall, in welchem würfelförmige Krystalle der Verbindung SnSb und kupferhaltige Nadeln, vermutlich die Verbindung Cu_3Sn, eingebettet sind. In Fig. 208 (Taf. 24) ist das Gefüge einer Legierung: 83,1 Proz. Zinn, 11,1 Proz. Antimon, 5,4 Proz. Kupfer, wie sie als Lagermetall bei den preußischen Eisenbahnen im Gebrauch ist, nach rascher Abkühlung und in Fig. 209 (Taf. 24) nach langsamer Abkühlung aus einer Untersuchung von *Heyn* und *Bauer*[1] wiedergegeben. Diese kommen auf Grund ihrer Versuche zu folgendem Ergebnis: Die schnellere Abkühlung erzeugt ein feines Bruchkorn, steigert die Härte, Stauch- und Druckfestigkeit. Deshalb ist bei der Herstellung der Lager das Hauptaugenmerk auf nicht zu hohe Gießhitze und genügend schnelle Abkühlung zu richten. Ein wiederholtes Umschmelzen führt zwar zu einer geringen Verminderung des Zinn- und Antimongehaltes, ist aber in der Art des Gefüges und in den Eigenschaften der Legierung nicht deutlich erkennbar. Aus dem Kleingefüge läßt sich mit ziemlicher Sicherheit ein Schluß auf die Art des Gießens ziehen. Es entsprechen nämlich kleine dünne Nadeln und kleine Würfel einer niedrigen Gießtemperatur (etwa 400°) und schneller Abkühlung, kleine dicke Nadeln in sternförmiger Gruppierung und große Würfel einer niedrigen Gießtemperatur und kangsamer Abkühlung, kettenförmig angeordnete Nadeln und kleine Würfel einer hohen Gießtemperatur (etwa 700°) und schneller Abkühlung, kettenförmige Nadeln und große Würfel einer hohen Gießtemperatur und langsamer Abkühlung. Zur Herstellung des Weißmetalles schmilzt man zunächst Kupfer und Antimon mit einem Teil des Zinns zusammen und fügt zur Schmelze unter gutem Umrühren den Rest des Zinns hinzu. Die oben genannte, gut bewährte Legierung wird z. B. in der Weise gewonnen, daß man 1 Tl. Kupfer, 2 Tle. Antimon und 6 Tle. Zinn zusammenschmilzt und in Platten gießt, schließlich werden gleiche Teile dieser Vorlegierung und Zinn zusammengeschmolzen. Man kann auch gleiche Mengen Kupfer und Zinn legieren und nach gründlichem Umrühren in eisernen Schalen zu kleinen Masseln vergießen, die nach dem Erkalten zerbrochen und mit dem erforderlichen Antimon wieder eingeschmolzen werden, zum Schluß wird das noch fehlende Zinn hinuzgegeben. In Tab. 262 sind die in der Literatur aufgeführten Zusammensetzungen des Britanniametalles und verwandter Legierungen zusammengestellt, wie sie seit den vierziger Jahren bis gegen Ende des vorigen Jahrhunderts namentlich in England für Haus- und Tafelgerät der mannigfaltigsten Art benutzt wurden. Zum Löten der Britanniawaren dienen die aus Zinn und Blei bestehenden Schnellote.

[1] Mitt. d. Mat.-Prüf.-Amtes 1911, 29.

Als Versilberungsbad wird eine Lösung von 50 g Cyansilber und 150 g Cyankalium in 1 l Wasser empfohlen.

„Alboid“ ist eine versilberte Britannia, „Similor“ eine solche mit einem Tombaküberzug.

Zinnlegierungen sollen durch Erhitzen in der Nähe des Schmelzpunktes klingend gemacht werden; *Silliman* wandte dieses Verfahren bei Britannia und Weißmetallen an, indem er die Gegenstände in einem Ölbad auf etwa 230°, jedenfalls bis etwa 3° unterhalb des Schmelzpunktes erhitzte. Für kleine Stücke genügt eine Zeit von 15 bis 20 Sekunden, bei größeren und schwereren Gegenständen muß man eine Erhitzungsdauer von einer Minute und mehr anwenden.

Dem Britanniametall verwandte Legierungen finden eine ausgedehnte Anwendung als Lagermetalle, sie führen wie die früher besprochenen Blei-Zinnlegierungen die Bezeichnung Weißmetall oder Antifriktionsmetall. Viel

Tabelle 262.

Bezeichnung	Proz. Sn	Proz. Sb	Proz. Cu	Proz.
Métal argentin	97,3	2	—	0,7 Bi
Bechmann-Bronze	96,9	2,9	0,2	—
Algerisches Metall	94,5	0,5	5,0	—
Métal argentin	94,5	5,0	0,5	—
Britannia	94	5	1	—
„ (Blech)	93,7	3,8	2,5	—
Kaiserzinn	93	5,4	1,6	—
Britannia	92,5	4,5	3	—
„ (Blech)	92	6	2	—
Deutsches Tutania	91,4	—	0,7	7,6 Pb
Britannia (englisch)	90,6	7,8	1,5	—
„ „	90,6	0,2	9,2	—
Pewter	90,1	6,3	3,1	0,5 Zn
Britannia amélioré	90,1	7,4	2,3	0,2 Mn
Pewter	90	6	2	2 Bi
„	90	7	3	—
„	89,3	7	1,8	—
Engesterium (Königinmetall)	88,5	7,1	3,5	0,9 Zn
Britannia (Gußmetall)	88,4	8,7	2,9	—
„ (spröde)	85,6	9,6	0,8 As 0,8	3,0 Zn
„ (englisch)	85,5	9,6	1,8	3,1 „
„	85,5	5	5,5 Bi 3,5	1,5 Mn
„ (deutsche)	84	9	2	5 Zn
„ (Gußmetall)	81,9	16,2	1,8	—
„ (englisch)	81,2	5,7	1,6	11,5 Pb
„ „	80	10	9	1 „
Englische Tutania	80	16	2,7	1,3 Zn
Ashberry-Metall	80	14	2 Ni 2	1 „
„	79	15	1 „ 3	2 „
Britannia	75	8,5	8,0 Bi	8,5 Pb
„	72	24	4	—
Minofor	68,5	18,2	3,3	—
Britannia (Gußmetall)	20	64	10	6 Zn

benutzt wird das von *Babbitt* 1839 in den Vereinigten Staaten eingeführte Babbittmetall, dessen ursprünglische Zusammensetzung:

88,9 Proz. Zinn, 7,4 Proz. Antimon, 3,7 Proz. Kupfer

war. Zahlreiche Nacherfinder brachten häufig unter Phantasienamen ähnliche Legierungen in den Handel, die jedoch keine besonderen Vorzüge aufweisen. In Tab. 263 sind die in der Literatur aufgeführten Lagermetalle zusammengestellt, die sich bewährt haben sollen. (Vgl. auch S. 485.)

Durch teilweisen Ersatz des Zinns durch Blei oder Zink sucht man zuweilen den Materialpreis dieser Legierungen herabzumindern, zugleich verringert sich jedoch auch ihre Plastizität. Die Zusammensetzung nähert sich

Tabelle 263.

Verwendung oder Bezeichnung	Proz. Sn	Proz. Sb	Proz. Cu
Türkische Eisenbahnen	91	6	3
Österreichische Staatsbahn	90	7	3
Bayerische, russische Eisenbahn	90	8	2
Ass'n Automobile Mfrs. Nr. 1	89	7	4
U. S. Government friction	88,8	7,5	3,7
Lager für Dynamos	88	8	3,5 0,5 Bi
Nickelweißmetall	87,9	6,4	Spur Ni 4,5
Lager nach *Karmarsch*	87,5	1,2 Pb —	12,5
Custans Lagermetall	87,5	1,0	11,5
Hannoversche Eisenbahn	86,8	7,6	5,6
Spanische Eisenbahn	86	9	3
Babbittmetall	86	12	2 Zn 4
Jacobys Lagermetall	85	10	5
Gemma (für große Belastung)	84	7,7	2,7 Pb 5,6
Motorbronze	84	7,5	1 Bi 7,5
Babbittmetall	84	9	7
Admirality special	83	9	8
Preußische Eisenbahn	83	11	6
Französische Nordbahn	83	10,5	6,5
Österreichische Nordwestbahn	82,4	8,2	4,1 Zn 5,3
Holländische Eisenbahn	82	9	9
Französische Nordbahn	82	10	8
Lagermetall nach *Bolley*	81,3	12,5	6,2
Lagermetall, sehr hart	81	14	5
Kolbenring für Lokomotiven	81	12,5	6,5
Dänische Eisenbahn	80	11	9
Schweizer Eisenbahn, Babbitt hart	80	10	10
Französische Kolonialbahn	80	13	7
Russische Eisenbahn	78,5	11,5	10
Englisches Lagermetall	76,7	15,5	7,8
Natkes Lagermetall für Schraubenwellen	72,7	18,2	9,1
Englisches Lagermetall	72	26	2
Französische Eisenbahn	71	24	5
Lager nach *Thurston*	70,7	19,5	9,8
Italienische, englische Eisenbahn	66,7	22,2	11,1
Lager nach *Dewiance*	33,3	44,5	22,2
Lagermetall (sehr hart)	14	82	4

dann allmählich den in Tab. 251 aufgeführten Bleilegierungen bzw. den später zu besprechenden Zinklagermetallen.

Beispiele dieser Weißgußmetalle sind in Tab. 264 aufgeführt.

Tabelle 264.

Bezeichnung	Proz. Sn	Proz. Sb	Proz. Cu	Proz. Pb	Proz. Zn
Lagermetall des *Norddeutschen Lloyd*	84,5	1	4,8	9	1,2
Säurefeste Bronze	78,8	Spur	3,7	14,7	—
Navy Bronce 1	78,5	11,8	3,8	6	—
Richards Lagermetall	76	12,7	8,5	2,8	—
Husmanns Lagermetall	73,9	11,3	4,3	10	0,4
Französische Westbahn	73	12	8	7	—
White brass	65	30	2,5	2,5	—
„ „	65	—	5	—	30
Hammonia-Lagermetall	64,5	—	3,2	—	32,3

Für Spritzguß (siehe S. 327) sind folgende Legierungen geeignet; sie müssen aluminiumfrei sein, da sie sonst zu Zersehnungserscheinungen neigen[1].

Tabelle 265.

Proz. Sn	Proz. Cu	Proz. Pb	Proz. Sb
90	4,5	0	5,5
86	6	0	8
84	7	0	9
80	0	10	10
61,5	3	25	10,5
80	5	0	15
76	4	0	20
60	3	25	12
50	3	30	17
49	3	36	12

Verschiedene Zinnlegierungen.

Die Konstitution der Zinn-Cadmiumlegierungen ist mehrfach untersucht worden (vgl. *Lorenz* und *Plumbridge*[2]), Zinn vermag in festem Zustand bis etwa 2,5 Proz. Cadmium in fester Lösung aufzunehmen, das Cadmium bis 3 Proz. Zinn[3], die eutektische Legierung mit 70,6 Atom-Proz. Zinn erstarrt bei 177°. Die Eigenschaften verschiedener Konzentrationen wurden auf Veranlassung der *Brass World*[4] geprüft. 90 Proz. Cd + 10 Proz. Sn sind etwas härter als reines Cadmium, von gleicher Farbe, sehr weich, die Legierung läßt sich zu Blechwalzen, gut in Metallformen gießen; 80 Proz. Cd + 20 Proz. Sn etwas härter, von nahezu gleicher Farbe wie Cadmium, gut gießbar und zu Blech

[1] Zft. f. Metallkunde 1922, **14**, 21.
[2] Zft. f. anorg. Chem. 1913, **83**, 234; 1914, **85**, 435.
[3] *Bucher*, Zft. f. anorg. Chem. 1916, **98**, 97.
[4] Metallurgie 1909, 26.

walzbar; 70 Proz. Cd + 30 Proz. Sn härter als die vorstehenden Legierungen, sehr gut gießbar, liefert scharfe Güsse, ohne Schwierigkeiten walzbar, die Farbe ist etwas weißer als die des Cadmiums; 60 Proz. Cd + 40 Proz. Sn sehr weiß, noch heller als Zinn, gut zu Blech walzbar, ziemlich hart; 50 Proz Cd + 50 Proz. Sn den vorstehenden Konzentrationen ähnlich, doch nicht ganz so weiß, die Härte ist die des Britanniametalles; 40 Proz. Cd + 60 Proz. Sn der vorhergehenden Legierung sehr ähnlich; 30 Proz. Cd + 70 Proz. Sn weicher als die genannten Konzentrationen, sehr leicht walzbar; 20 Proz. Cd + 80 Proz. Sn etwas härter und weißer als Zinn, ohne Schwierigkeit walzbar; 10 Proz. Cd + 90 Proz. Sn von gleicher Farbe wie Zinn, ein wenig härter, sonst dem Zinn sehr ähnlich.

Silberähnliche Legierungen sind:

„Trabukmetall“	87,5 Proz. Zinn,	5,5 Proz. Nickel,	5 Proz. Antimon,	2 Proz. Wismut
„Warnemetall“	37 „ „	26 „ „	26 „ Wismut,	11 „ Kobalt

Weiße, harte, gegen chemische Einflüsse widerstandsfähige Legierungen sind von *Vigoureux* angegeben:

für Hahnkörper	78,5 Proz. Zinn,	19,5 Proz. Antimon,	2 Proz. Nickel
„ Hahnschlüssel	80,7 „ „	17,5 „ „	1,5 „ „
„ Schlüsselhülle	71,5 „ „	21,5 „ „	7 „ „

Das Stanniol ist ein Zinn mit bis zu 4 Proz. Blei, eine gute Sorte enthielt:

96,2 Proz. Zinn, 2,4 Proz. Blei, 0,95 Proz. Kupfer, 0,3 Proz. Nickel.

Von amerikanischen Zahnärzten wurden viel die „Blandy“ genannten Legierungen benutzt.

91,6 Proz. Zinn, 4,4 Proz. Kupfer, 3,8 Proz. Silber

und

36,8 Proz. Zinn, 48 Proz. Silber, 14,7 Proz. Gold.

(D. R. P. 184 476.) Hannoversche Industriegesellschaft, Hannover: Lagermetall mit etwa 83 Proz. Zinn und etwa 6,25 Proz. chemisch reinem Wolframmetall, gekennzeichnet durch einen Gehalt von etwa 10,4 Proz. Nickel.

Die Legierung soll durch den Nickelzusatz einen hohen Grad von Festigkeit und Zähigkeit erhalten, wodurch sie als Lagermetall für schnellaufende Wellen verwendbar wird. Infolge des hohen Schmelzpunktes soll ein Auslaufen des Lagers beim Heißwerden der Welle vermieden werden. (Vom 22. 11. 1905 ab.)

(D. R. P. 166 194.) Wagner, Wiesbaden: Verfahren zur Herstellung einer Legierung, welche an der Oberfläche, im besonderen nach dem Polieren, eine Musterung aufweist, dadurch gekennzeichnet, daß man 65 bis 76 Tle. Zinn mit 20 bis 25 Tln. Antimon zusammenschmilzt und zur Rotglut erhitzt, worauf man 4 bis 10 Tle. Arsen unter die Oberfläche der Masse einbringt und das Ganze möglichst langsam abkühlen läßt.

Die Musterung entsteht, wenn man die Legierung mit einer feinen Säge durchschneidet, mit Carborund weiter bearbeitet und die Schnittfläche in derselben Weise poliert wie Granit. Die Musterung erinnert teils an krystallinisches Aussehen, teils erweckt sie den Anschein, als sei das Metall durch Bedrucken oder Ziselieren mit Zeichnungen versehen worden. (Vom 15. 4. 1904 ab.)

Nach **(D. R. P. 16 348)** wendet **de Villiers** eine Legierung von 80 Proz. Zinn, 18 Proz. Blei, 2 Proz. Silber oder 90 Proz. Zinn, 9 Proz. Blei, 1 Proz. Silber als schwer oxydierbaren Überzug für Stahl oder andere Metalle an.

Zinn-Phosphorlegierungen werden in der gleichen Weise dargestellt und verwendet wie die Phosphor-Kupferlegierungen (siehe S. 210) zur Desoxydation der Bronze. Sie sind sehr hart und spröde, da sie vermutlich eine Zinn-Phosphorverbindung enthalten. Im Handel kommen Legierungen mit 5 Proz. und mit 8 bis 10 Proz. Phosphor vor.

Dem gleichen Zweck dient eine Zinn-Siliciumlegierung mit etwa 33 Proz. Silicium.

Aus Altmaterialien lassen sich Abfälle von Britannia- oder Weißmetall infolge ihres niedrigen Schmelzpunktes durch Ausschmelzen leicht absondern, das Gekrätz, das häufig einen erheblichen Zinnsäuregehalt aufweist, wird auf Zinn verhütet.

Folgende D. R. P. zur Wiedergewinnung der Metalle seien hier erwähnt:

(D. R. P. 195 792.) Richter, Emmerich a. Rh.: Verfahren zum Entkupfern von Kupfer-Zinn-Antimon-Bleilegierungen, dadurch gekennzeichnet, daß die Legierungen oxydiert werden und daß die erhaltenen Oxyde hierauf mit Essigsäure behandelt werden.

Bei dem vorliegenden Verfahren werden ausschließlich Metalloxyde mit Essigsäure behandelt und nicht, wie bei älteren Verfahren, Metalle. Die zu verarbeitenden Legierungen enthalten etwa: 30 bis 70 Proz. Zinn, 15 bis 40 Proz. Kupfer, Spur bis 3 Proz. Eisen, 10 bis 25 Proz. Antimon, 5 bis 45 Proz. Blei, sie werden auf einem Treibherd oxydiert, gemahlen und mit heißer, 50 Proz.-haltiger Essigsäure behandelt, wobei alles Kupfer oder Blei in Lösung geht. (Vom 24. 12. 1905 ab.)

(D. R. P. 224 283.) Spitz, Brünn: Verfahren zur Trennung von Metallen, die in Alkali löslich sind, von solche Metalle enthaltenden Abfällen, Legierungen u. dgl. durch Behandeln dieser Materialien in geschlossenen Gefäßen unter Druck mit hocherhitzten wässerigen Alkalilösungen mit oder ohne Zusatz von Oxydationsmitteln, dadurch gekennzeichnet, daß die zu verwendende Lauge ein spez. Gewicht von 1,06 bis 1,20 besitzt und freies Alkali in großem Überschuß über die theoretisch erforderliche Menge enthält.

Nach dem Verfahren wird Zinn und Blei glatt gelöst und das Blei aus der Lösung durch Einführen von metallischem Zinn quantitativ ausgeschieden. (Vom 18. 12. 1908 ab.)

Schulte[1] gewann elektrolytisch das Antimon aus Abfällen von Britanniametall wieder, indem er eine Lösung von Natriumsulfantimoniat als Elektrolyten anwandte. Die Verfahren von *Bergsoe* und *Reinders* zur Wiedergewinnung von Zinn aus Legierungen siehe S. 254.

Zinn und Arsen sind nach *Marsuri*[2] in jedem Verhältnis legierbar, an Verbindungen wurden Sn_3As_2 und Sn As nachgewiesen. Das System Sn As ist dem System SnP sehr ähnlich.

(D. R. P. 319 384.) Siemens & Halske A. G., Berlin: Verfahren zur elektrolytischen Raffination zinnhaltiger Legierungen, dadurch gekennzeichnet, daß dem Elektrolyten ein Kolloid zugesetzt wird, das bei der Elektrolyse zur Anode wandert.

Man verhindert so die Abscheidung der schleimigen, gallertartigen Zinnsäuremodifikation. Geeignete Kolloide sind: Tannin, Indigo, Alizarin, Salep. (Vom 27. 3. 1917 ab.)

Die Zinn-Kupferlegierungen siehe Bronzen, die Zinn-Nickellegierungen siehe S. 397, die Zinn-Silberlegierungen siehe S. 426, die Zinn-Zinklegierungen siehe S. 475.

---

[1] Metallurgie 1909, 219.

[2] Journ. Chem. Soc. London 1923 (**123**), 214.

Die Zinklegierungen.

Da das Zink nach dem Eisen und Blei das billigste unserer Metalle ist, würde durch das Hinzulegieren jedes anderen Metalles der Materialpreis erhöht werden, andererseits wird die an und für sich nur geringe Geschmeidigkeit des Zinks durch den Zusatz anderer Metalle noch weiter vermindert. Deshalb sind Legierungen, in denen Zink den Hauptbestandteil bildet, verhältnismäßig selten; ein Kupferzusatz erhöht die Härte, einige Prozente Zinn verringern die Schwindung, was für den Zinkguß von Wert ist, häufiger wendet man wegen ihrer Billigkeit Zink-Kupfer-Antimonlegierungen mit oder ohne einen Zusatz von Zinn und Blei als Lagermetalle an.

Das Rohzink enthält meist in bemerkenswerten Mengen Blei, Eisen, Cadmium, daneben in Spuren Arsen, Antimon, Kupfer und Zinn. Durch den Raffinationsprozeß, der im wesentlichen aus einem Ausseigernlassen der Verunreinigungen bei etwa 500° besteht, kann namentlich der Blei- und Eisengehalt herabgemindert werden. *Arnemann*[1] führt folgende Analysen von Roh- und Raffinadzink an:

Tabelle 266.

Bezugsquelle	Proz. Zn	Proz. Pb	Proz. Fe	Proz. Cd	Proz. As	Proz. Sb	Proz. Sn
Campredon	98,57	1,370	0,029	0,053	—	—	0,024
,, ...	96,249	3,610	0,064	0,077	—	—	Spur
Schneider u. *Peterson* . .	Rest	1,448	0,028	0,025	—	—	—
Vielle Montagne	,,	0,540	0,049	Spur	—	—	—
Stollberg Münsterbusch .	,,	1,055	0,016	0,004	0,004	—	—
,, ,, .	,,	1,117	0,007	0,008	0,008	0,001	0,002 Bi
,, ,, .	,,	2,632	0,028	0,078	0,078	0,001	0,001 Cu
,, ,, .	,,	1,698	0,063	—	—	0,002	—
,, ,, .	,,	1,079	0,012	0,004	0,004	0,001	0,002

Prost und *van de Gasteele*[2] untersuchten den Einfluß dieser Verunreinigungen auf die Walzbarkeit des Zinks und kamen dabei zu folgenden Ergebnissen:

Die Praxis lehrt, daß ein Prozentgehalt von einigen Zehnteln bis 1 Proz. oder selbst bis 1,25 Proz. Blei beim Walzen von Zink nicht schadet, sondern die Operation erleichtert, es genügt jedoch, diesen Gehalt nur ein klein wenig zu erhöhen, und das Metall verliert an Geschmeidigleit. Mit der Brüchigkeit des Zinks tritt auch zugleich ein Ausseigern des überschüssigen, vom Zink

[1] Metallurgie 1910, 201.
[2] Bull. Soc. Chim. Belg. 1913, 175; Metallurgie 1912/13, 729.

nicht gelösten Bleies ein, indem es dann in Form zahlreicher Flecken auf der Oberfläche des gewalzten Bleches zum Vorschein kommt.

Das Eisen übt einen sehr ungünstigen Einfluß auf Walzzink aus, 0,12 Proz. Fe verändert die Qualität des Metalles sehr deutlich, und über diesen Gehalt hinaus nimmt die Härte schnell zu. Eisen und Zink bilden die sehr harte Verbindung $FeZn_7$, welche den Zusammenhang des Gefüges stört und dadurch das mangelhafte Verhalten des Walzmateriales bedingt. In Fig. 210 (Taf. 24) ist von *Arnemann* (a. a. O.) ein Zinkeisen mit 0,12 Proz. Fe wiedergegeben, man erkennt die hellen Krystalle der Verbindung, aber auch noch bei 0,06 Proz. Fe in Fig. 211 (Taf. 24) sind die Einlagerungen bemerkbar.

Eine schädliche Wirkung des Cadmiums zeigt sich im Walzzink erst bei einem Gehalt von über 0,25 Proz., eine Menge, die in der Praxis nie erreicht wird. 0,3 Proz. Cd macht das Metall rissig; das Blech zeigt nach dem Walzen Flecke auf der Oberfläche. Bei 0,5 Proz. ist ein Bearbeiten des Barrens unmöglich (siehe indessen die Untersuchungsergebnisse von *Novak* S. 474).

Bei einem Arsengehalt zeigt sich eine Härtezunahme bereits bei 0,02 Proz. As; bei 0,03 Proz. wird das Metall brüchig beim Biegen. Andererseits ist es selbst bei einem Gehalt von 0,09 Proz. As noch möglich, das verunreinigte Zink zu bearbeiten und zu walzen, ohne daß das Metall rissig wird.

Ein Antimongehalt scheint auf die Geschmeidigkeit des Zinks weniger ungünstig zu wirken als ein entsprechender Arsengehalt; bei 0,02 bis 0,07 Proz. Sb zeigt sich eine Einwirkung vor allem durch Auszackungen an den Rändern des gewalzten Bleches sowie durch Fleckenerscheinungen auf der Oberfläche des fertigen Bleches. Der Biegeversuch ergibt noch bei 0,07 Proz. Sb normale Werte.

Zinn beeinflußt die Geschmeidigkeit des Zinks in einer sehr ungünstigen Weise, übersteigt der Gehalt 0,01 Proz., so macht sich die schädliche Wirkung schnell bemerkbar; mit 0,03 Proz. Sn ist eine Bearbeitung nicht mehr möglich.

Das Kupfer ändert die Walzbarkeit des Zinks weniger stark als Arsen und Antimon, bis zu einem Gehalt von 0,06 bis 0,07 Proz. zeigt sich sein Einfluß nur durch eine ausgesprochene Auszackung der Seiten des bearbeiteten Bleches; von 0,08 Proz. ab erscheint der brüchige Charakter, bei 0,19 Proz. Cu wird die Bearbeitung unmöglich.

Bei einem gleichzeitigen Gehalt von Zinn und Kupfer sind die schädlichen Wirkungen beider Elemente additiv.

Durch einen geringen Zusatz von Nickel wird die Sprödigkeit und der Schmelzpunkt des Zinks nach *Tafel*[1] bedeutend erhöht.

Die Wirkung des Aluminiums bzw. Wismuts auf Zink, das zum Verzinken dient, siehe S. 169.

Prost[2] untersuchte die Korrosion von Zinkblech in 5 proz. Kochsalzlösung und in verdünnten Säuren, er fand hierbei, daß, wenn Blei, Cadmium und Eisen in größeren Mengen vorhanden sind, als es bei gut durchgeführter Raffination der Fall ist, die Korrosionsfähigkeit ganz erheblich gesteigert

[1] Metallurgie 1907, 785.
[2] Bull. Soc. Chim. Belg. 1914, 94.

wird. Treten zu diesen stets vorhandenen Verunreinigungen noch Arsen, Antimon, Kupfer oder Zinn auch nur in sehr kleinen Mengen hinzu, so wird die Korrosion noch wesentlich verstärkt, besonders bei Arsen und Antimon.

Rigg und *Morse*[1] prüften die Wirkung der häufigsten Verunreinigungen auf den Zinkstürzguß. Den stärksten Einfluß hat das Cadmium, schon bei einem Gehalt von 0,05 Proz. konnten brauchbare Abgüsse nicht mehr gewonnen werden, sie waren rotbrüchig. Blei verringert die Festigkeit, ein Gehalt unter 0,2 Proz. ist noch unschädlich. Ein steigender Eisengehalt vermehrt die Klebrigkeit, das Haften des Metalles an den Formwänden; ähnlich wirkt das Arsen. Günstig ist ein Aluminiumzusatz von 5 bis 5,5 Proz., die Schmelze wird klar und dünnflüssig und gibt daher alle Feinheiten des Modelles wieder; die Gußstärke sind nur witterungsbeständig, wenn Feinzink zur Verwendung kommt.

Über den Einfluß der Verunreinigungen auf die Eignung des Zinks zur Messingfabrikation vgl. „Sondermessinge."

Die durch geringe Zusätze hervorgerufene Härtesteigerung ist ausgenutzt in dem

(D. R. P. 240 630.) Sänger, Frankfurt a. M.: Verfahren zur Herstellung von Zinkanoden in Platten, Stangen und anderen Formaten, gekennzeichnet durch Verwendung folgender Legierungen:

	Proz. Zn	Proz. Pb	Proz. Fe	Proz.	Proz.	Proz.
1.	98,5 bis 99,5	0,5 bis 1,25	0,1 bis 0,2	0,01 bis 0,1 Cu	—	—
2.	97 „ 99,5	0,1 „ 1,5	0,1 „ 0,5	0,5 „ 2.0 Sn	—	—
3.	97 „ 99,5	0,1 „ 1,5	0,1 „ 0,5	0,1 „ 2,0 „	0,1 bis 0,5 C	—
4.	96 „ 99,5	0,1 „ 1,5	0,1 „ 0,5	0,01 „ 2,0 „	0,1 „ 0,5 „	0,05 bis 0,5 Al

Die Anoden kommen für galvanische Verzinkung von Eisen und anderen Metallen in Betracht. Man hat hierzu bisher meistens Anoden als Walzzink verwendet, welches sich durch große Reinheit auszeichnete. Durch praktische Versuche mit Anoden aus gewalztem Zink wie aus den oben bezeichneten Legierungen wurde indessen festgestellt, daß letztere infolge ihrer Zusammensetzung einen größeren Halt besitzen und demnach bei der Elektrolyse viel weiter abgenutzt werden können, ehe sie zerfallen. Sie können bis zu Papierstärke verbraucht werden. (Vom 10. 11. 1911 ab.)

(Ö. P. 84 124.) Berndorfer Metallwarenfabrik Arthur Krupp A. G., Berndorf (N.-Ö.), Münzlegierung, bestehend aus Zn mit einem Cu-Gehalt von 0,5 bis 1,5 Proz., vorzugsweise 1,5 Proz.

Die Legierung zeichnet sich außer durch große Härte, durch eine hervorragende Polierfähigkeit, schöne weiße Farbe, große Prägefähigkeit und weitgehende Beständigkeit gegen Einwirkung von Luft, Feuchtigkeit und Salzen aus. (Vom 8. 10. 1919 ab.)

(D. R. P. 374 323.) Ringel, Berlin: Zinklegierung für Spritz- und Kokillenguß, besonders geeignet mit hohem Zinkgehalt, 1. dadurch gekennzeichnet, daß sie neben Kupfer einen geringen Nickelgehalt besitzt. 2. dadurch gekennzeichnet, daß man dem für sich geschmolzenen Zink eine für sich geschmolzene Kupfer-Nickellegierung, z. B. Neusilber in der erforderlichen Menge zusetzt. Es sollen sich Kupfer-Nickelmischkrystalle bilden, die sich bei der beim Spritz- und Kokillenguß eintretenden schnellen Abkühlung der Außenfläche der gegossenen Stücke an jener anhäufen, indem diese Krystalle zuerst erstarren (?). Hierdurch sollen die gegossenen Stücke eine Außenfläche erhalten, die chemischen und atmosphärischen Einflüssen besser widerstehen. (Vom 26. 6. 1921 ab.)

[1] Stahleisen 1916, 638.

(Zus. P. 391 563.) Fertigguß G. m. b. H., Berlin: Zinklegierung nach (374 323), dadurch gekennzeichnet, daß sie neben Kupfer und Nickel noch Zinn oder Antimon oder beide Metalle enthält.

Die Legierungen setzen sich bei der Verwendung für Spritzgußzwecke am Kolben der Preßpumpe nicht an, sie springen und reißen nicht nach dem Gießen.

(D. R. P. 414 211.) Fertigguß- u. Metallwerk-A. G. Berlin-Tempelhof: Spritz- und Kokillengußlegierung mit über 85 Proz. Zink, dadurch gekennzeichnet, daß sie einen geringen Gehalt an Silber enthält, der etwa 2 Proz. nicht übersteigt. Im Gegensatz zu Zinkkupferaluminiumlegierungen sollen hierdurch keine Abnahme der Festigkeit, Dehnung, keine Volumveränderung auftreten.
(Vom 9. 2. 1924 ab.)

Zur Veredlung des Gußzinks schlägt *Schulz*[1] einen Zusatz von etwa 6 Proz. Kupfer und 3 Proz. Aluminium vor. Die Legierung besitzt 18 kg/qmm Festigkeit, Brinellhärte = 100. Im Gegensatz zu anderen zinkreichen Legierungen lunkert sie nicht, der Guß soll mit Anwendung eines großen, verlorenen Kopfes, gutem Legieren (Vorlegierung), langsamem Gießen bei nicht zu hoher Temperatur erfolgen.

Für Preßzink und Walzzink empfiehlt *Schulz* einen Zusatz von 1 Proz. Kupfer; er erhielt folgende Werte:

	Preßzink		Walzzink	
	ohne Cu	1 Proz. Cu	ohne Cu	1 Proz. Cu
Zerreißfestigkeit kg/qmm	16—18	23	14—15	20
Dehnung . . . . Proz.	20—60	43	20—35	31
Härte (Brinell)	40—50	72	44—52	62
Kerbzähigkeit . . mkg/qcm	0,55—0,85	0,73	0,60—0,70	0,60

Weitere Zink-Kupfer-Aluminiumlegierungen siehe S. 167.

Derartige Legierungen wurden während des Krieges in ungeheuren Mengen als Werkstoff für Geschoßzünder verwandt, „Spandauer Legierung". Nach Kriegsende mußten die Bestände zur Verwendung des Zinks für andere Gebrauchszwecke von dem Aluminiumgehalt befreit werden, vergl. *Guertler*[1]. Ein Verfahren ist geschützt im

(D. R. P. 342 366.) Bornemann und Schmidt, Breslau: Verfahren zur Entfernung des Aluminiums aus aluminiumhaltigen Zinklegierungen, dadurch gekennzeichnet, daß man der eingeschmolzenen aluminiumhaltigen Zn-Legierung Metalle der Fe-Gruppe zusetzt und die sich bildenden, im festen Zustande an die Oberfläche kommenden Verbindungen des Al mit diesen Metallen mechanisch in an sich bekannter Weise von der zurückbleibenden aluminiumfreien fl. Metallmasse trennt.

Die Höhe des Zusatzes wird vorteilhaft bemessen, daß Fe und Al zueinander etwa im Verhältnis der Verbindung $FeAl_3$ stehen. — Das Verfahren ist wesentlich einfacher als die bisher üblichen Oxydationsmethoden. (Vom 3. 8. 1920 ab.)

(D. R. P. 358 833.) Bornemann und Schmidt, Breslau: Verfahren zur Enteisenung von eisenhaltigem Hartzink, dadurch gekennzeichnet, daß man Hartzink einschmilzt, ihm bei hinreichender Temperatur Aluminium oder eine geeignete Aluminiumlegierung zusetzt und die sich bildenden Eisen-Aluminiumkrystalle von der aluminiumfreien flüssigen Metallmasse mechanisch trennt. (Vom 3. 8. 1920 ab.)

(D. R. P. 358 834.) Dieselben: Die zu verarbeitenden Zink, Aluminium und Eisen enthaltenden Materialien werden schon im kalten Zustande ganz oder teilweise in geeignetem Verhältnis gemischt, das Gemisch zum Schmelzen gebracht und die entstandene Eisen-Aluminiumverbindung entfernt. (Vom 12. 4. 1921 ab.)

[1] Metall u. Erz 1916, 283.

Bauer[1] benutzt den Nachweis eines Eisen- und Bleigehaltes im Zink zur Bestimmung der Art und Stärke der Verzinkung eiserner Gegenstände. Durch eine 2 proz. Schwefelsäure, die 2 g arsenige Säure im Liter enthält, wird nämlich nur die Zinkschicht gelöst; enthält dann die Lösung Eisen und Blei, so liegt eine Feuerverzinkung vor, da bei der elektrolytischen Verzinkung der Zinküberzug eisen- und bleifrei ist.

Die Cadmium-Zinklegierungen.

Cadmium und Zink sind im flüssigen Zustand in allen Verhältnissen mischbar, im festen Zustand krystallisieren beide Metalle nebeneinander aus, sie bilden weder Mischkrystalle noch Verbindungen, die eutektische Legierung (83 Proz. Cd + 17 Proz. Zn) erstarrt bei 263°. Höchstens finden sich Andeutungen, daß Cadmium geringe Mengen Zink, etwa bis 3 Proz., in fester Lösung aufzunehmen vermmag. Vgl. *Arnemann*[2] sowie *Lorenz* und *Plumbridge*[3].

Ssaposhnikow und *Sacharow*[4] untersuchten die Härte (Brinellzahl mit Stahlkugel von 10 mm bei 500 kg Druck) und die Elastizitätsgrenze der Legierungen und stellten folgende Werte fest:

Proz. Zn	0	10	12,5	17,2	17,6	20	24,4	30	40
Härte	13,9	31,5	33	36,8	38,8	34,5	32,2	27,2	31,2
Elastizitätsgrenze	245	747	—	840	—	866	—	742	—
Proz. Zn	50	60	70	79	80	81	82,2	90	100
Härte	35	34	34,5	43	52	46	39	39	35
Elastizitätsgrenze	778	750	775	—	745	—	—	698	750

Die eutektische Legierung zeigt ein deutliches Maximum der Härte und ebenso der Elastizitätsgrenze.

Das Zink oder vielmehr das bleihaltige Raffinad mit 0,8 Proz. Blei findet ausgedehnte Anwendung in der graphischen Industrie in Form gewalzter Bleche zur Herstellung von Druckklischees. Die günstigste Walztemperatur für das Raffinad und dessen Legierungen mit 0 bis 0,5 Proz. Cadmium liegt bei 120 bis 130°. Legierungen mit höherem Cadmiumgehalt (bis 1 Proz.) zeigen sich, wie *Novak*[5] fand, bei diesen Wärmegraden ziemlich spröde, besser lassen sie sich bei 110° walzen. Eine weitere Erhöhung des Cadmiumgehaltes steigert die Sprödigkeit in solchem Maße, daß das Walzen nicht mehr durchführbar ist. Ein geringer Cadmiumgehalt (0,25 Proz.) bewirkt, daß das Zinkblech nach dem Walzen und starken Erhitzen eine feinkörnigere Struktur bei der Rekrystallisation annimmt als das cadmiumfreie Zink. Bei dem gleichen Gehalt wird die Härte des Zinks und seine Zugfestigkeit erhöht, dagegen seine Sprödigkeit vermindert, ein höherer Gehalt (über 0,5 Proz. Cd) macht aber das Zinkblech wieder weicher, spröder und weniger fest, als das ursprüngliche Material war, er beeinflußt daher die Qualität des Zinks ungünstig.

[1] Mitt. d. Mat.-Prüf.-Amt 1915, **32**, 148.
[2] Metallurgie 1910, 201.
[3] Zft. f. anorg. Chem. 1913, **83**, 228.
[4] Journ. Russ. Phys. Ges. 1907, **39**, 904.
[5] Zft. f. anorg. Chem. 1905, **47**, 421.

Bei den chemigraphischen Ätzprozessen auf Zink wird eine 5 proz. Salpetersäure angewandt, ein Cadmiumgehalt bewirkt hier eine Erhöhung der Reaktionsgeschwindigkeit; die ausgewalzte Probe zeigt eine geringere Reaktionsgeschwindigkeit als das durch Erhitzen auf 270° rekrystallisierte Zinkblech.

Desley[1] empfiehlt eine Zink-Cadmiumlegierung mit 87,3 Proz. Cd als vorzügliches Lot mit 13 kg/pmm Schubfestigkeit.

Eine Cadmium Zink-Antimonlegierung ist geschützt im

(D. R. P. 176 886.) Siemens u. Halske A. G., Berlin: Lagermetall, bestehend aus annähernd gleichen Teilen Cadmium und Zink mit einem geringen Zusatz von Antimon.

Vor den gebräuchlichen Weißmetallen hat die Legierung den Vorzug, daß sie leicht bearbeitet und ebenso auch leicht gedreht werden kann, daß sie beim Guß die Form vollkommen ausfüllt, daß sie eine verhältnismäßig große Härte und einen äußerst geringen Reibungskoeffizienten besitzt. Sie wird gewonnen durch Zusammenschmelzen von annähernd gleichen Teilen Cadmium und Zink mit einem Zusatz von einigen Prozenten Antimon, z. B. 45 bis 50 Proz. Cd, 45 bis 50 Proz. Zn, 10 Proz. Sb. Der Antimonzusatz wird am besten nicht über 10 Proz. erhöht, da sonst die Legierung zu spröde wird. Sehr günstig ist ein Gehalt von 5 Proz. Antimon, wird das angegebene Verhältnis von Cadmium und Zink erheblich geändert, so vergrößert sich der Reibungskoeffizient, auch die anderen guten Eigenschaften werden beeinträchtigt.

Die Zinn-Zinklegierungen.

Zinn und Zink sind im flüssigen Zustande in allen Verhältnissen mischbar, im festen Zustande sind sie ineinander unlöslich, eine Mischkrystallbildung ließ sich nicht nachweisen; die eutektische Legierung mit 13,3 Proz. Zink erstarrt bei 199°, vgl. *Lorenz* und *Plumbridge*[2]. *Maey*[3] bestimmte das spez. Gewicht der Legierungen:

Proz. Zink . . .	0	25	50	75	100
(15°) spez. Gew. .	7,284	7,233	7,190	7,110	7,087

Wüst[4] untersuchte die Schwindungsverhältnisse und fand die Schwindung um so niedriger, je näher die Konzentration der eutektischen Zusammensetzung liegt, bei den kupfer- und bleihaltigen Legierungen wächst der Schwindungskoeffizient mit dem Zinkgehalt.

Tabelle 267.

Gießtemperatur	Proz. Zn	Proz. Sn	Proz. Cu	Proz. Pb	Proz. Schwindung
550	49,04	50,83	—	—	0,50
500°	14,52	85,40	—	—	0,46
500°	4,81	95,10	—	—	0,49
500°	79,44	14,48	4,35	1,66	0,99
550°	79,44	14,48	4,35	1,66	1,09
500°	51,22	45,84	1,90	0,94	0,72
550°	51,22	45,84	1,90	0,94	0,74

[1] Zft. f. Metallkunde 1925 **17**, 407.
[2] Zft. f. anorg. Chem. 1913, **83**, 228.
[3] Zft. f. Phys. Chem. 1901, **38**, 291.
[4] Metallurgie 1909, 783.

Das Zink findet eine ausgedehnte Anwendung als Gußmaterial zur Herstellung von Kunstgegenständen, Hausgeräten, Ornamenten usw. Um die Schwierigkeiten zu vermeiden, die hierbei durch sein starkes Schwinden (Schw.-Koeffizient 0,7 Proz.) entstehen, gibt man ihm meist einen Zusatz von 1 bis 5 Proz. Zinn.

Tabelle 268.

Verwendung und Bezeichnung	Proz. Zn	Proz. Sn	Proz. Cu	Proz. Pb	Proz. Sb	Proz. Cd
Letternmetall nach *Ehrhardt*	89—93	9—6	2—4	2—4	—	—
Lagermetall	90	1,5	7	—	1,5	—
„	88	2	8	—	2	—
Sulzer Antifriktionsmetall	83,6	9,9	4,0	1,2	—	—
Pierrots Lagermetall	83,3	7,6	2,3	3,0	3,8	—
Englisches Lagermetall	80	14,5	5,5	—	—	—
Kattundruckwalzen	78,3	15,8	5,6	—	—	—
Englisches Lagermetall	76,1	17,5	5,6	—	—	—
Glievormetall	73,5	6,9	4,3	4,9	8,9	1,4
Metall für Pumpenhähne	72	21	7	—	—	—
Englisches Babbittmetall	69	19	4	5	3	—
Lagermetall von *Dunlevic*	52	46	1,6	—	0,4	—
Lager für Transportwagen	50	25	—	25	—	—
Wagners Zapfenlager	47	38	1	4	6	—
Kniess' Lagermetall	40	15	3	42	—	—
Germania-Bronze	80,4	9,6	4,4	4,7	0,8 Fe	—
Ehrhardts „	84,4	0,2	10,9	1,2	2,5 Al	—
Saxonia- „	84,8	5,3	6	3	0,2 Al	—
Tandem- „	66	21,5	7	4,8	0,4 Al	—
Glykometall	85,5	5	2,4	4,7	2 Al	—

Die Zinn-Zinklegierungen werden auch unter dem Namen „Weißmetall" als billige Lagermetalle verwendet, zur Steigerung der Härte erhalten sie meist einen geringen Kupfer- und Antimonzusatz, zuweilen auch einen Bleigehalt. In Tab. 268 sind die in der Literatur empfohlenen Zusammensetzungen aufgeführt. Zur Herstellung des Weißmetalls schmilzt man in einem Tiegel das Kupfer, Antimon und $^1/_7$ des Zinns ein, in einem zweiten Tiegel das Zink mit dem Rest des Zinns und setzt dann dieser Legierung die erste zu. Unter Umrühren wird dann das Ganze zum Schmelzen erhitzt.

Für Spritzguß (siehe S. 327) sind folgende Zinklegierungen geeignet, sie müssen möglichst blei- und eisenfrei sein, als Desoxydationsmittel darf höchstens 1 Proz. Aluminium angewandt werden:

Tabelle 269.

Proz. Zn	Proz. Sn	Proz. Cu	
95	5	0	
90	10	0	
80	20	0	
87,5	8,0	4,0	0,5 Al
Rest	0	4—6	6—4 Al

Die Eisen-Zinklegierungen.

Wie aus den Untersuchungen von *Arnemann*[1], *v. Vegesack*[2] und *Raydt* und *Tammann*[3] hervorgeht, bestehen die Eisen-Zinklegierungen von 0 bis 7,3 Proz. Eisen aus einem Gemenge von Zink und der Verbindung $FeZn_7$ (oder Zink und Mischkrystallen von Zink in der Verbindung $FeZn_7$ gelöst). Schon bei einem Gehalt von 0,06 Proz. Eisen läßt sich im Bild des Schliffes die Verbindung erkennen (siehe oben). Die Legierungen von 7,3 bis 11 Proz. Eisen werden aus den genannten Mischkrystallen gebildet, von 11 bis 22 Proz. Eisen aus einem Gemenge der Verbindungen $FeZn_7$ und $FeZn_3$. Von 80 bis 100 Proz. Eisen findet sich eine Reihe fester Lösungen von Zink in Eisen und zwischen 22 und 80 Proz. ein Gemenge dieser Mischkrystalle und der Verbindung $FeZn_3$. Unter gewöhnlichen Luftdruck lassen sich Legierungen nur mit einem Eisengehalt von 24 Proz. darstellen, weil bei hohen Schmelzpunkt der eisenreicheren Legierungen das Zink siedet und abdestilliert. Infolge Auftretens der Verbindungen sind die Legierungen von 0,7 Proz. Eisen an sehr hart und spröde, der Regulus mit 8 Proz. zerfällt unter leichtem Druck zu einem feinen Pulver. Die Wirkung der Legierungen auf die Magnetnadel nimmt mit sinkendem Eisengehalt ab, so daß die Konzentrationen von 22 bis 11 Proz. Fe nur noch von äußerst schwacher Einwirkung sind.

Legierungen mit 4 bis 8 Proz. Eisen finden sich in den gußeisernen Raffinationsbehältern für Rohzink als Ansätze und in den Rückständen der Verzinkereien nach dem Verzinken der Eisenbleche. Sie werden als „Hartzink" verwendet zur Einführung von Eisen in Messing (siehe Deltametall).

Eine weitere Anwendung ist geschützt im

(D. R. P. 251 414.) Burgess, Madison V. St. A.: 1. Verfahren zur Herstellung von Metallüberzügen durch Aufreiben, gekennzeichnet durch die Anwendung einer erhitzten Eisen-Zinklegierung, zweckmäßig von der Zusammensetzung $FeZn_{10}$. **2.** Verfahren zur Herstellung einer für das Verfahren nach 1 verwertbaren Eisen-Zinklegierung, dadurch gekennzeichnet, daß dem Abfallprodukt des heißen Galvanisierverfahrens (Hartzink) Eisenstücke zugesetzt werden.

Die Erfindung besteht in der Herstellung von Schutz- und Zierüberzügen auf Metallen, besonders auf Wasserleitungs-, Gasrohren, Formstücken aus Eisen und Stahl, sowie auf metallischen Gegenständen mittels einer Zink-Eisenlegierung. Da diese gegenüber Eisen nur ein schwaches elektrisches Potential besitzt, so ist die Abnutzung der Überzüge durch galvanische Korrosion sehr gering. Das Überziehen kann ferner bei einer viel höheren Temperatur, also bedeutend schneller als bei Anwendung von Zinkstaub erfolgen. (Vom 16. 3. 1911 ab.)

(Zus. P. 252 664.) 1. Verfahren zur Herstellung einer körnigen Zink-Eisenlegierung zur Verwendung bei dem Verfahren gemäß D. R. P. 251 414, dadurch gekennzeichnet, daß zinkhaltiges Material, besonders galvanischer Zinkabfall, mit Eisen in einer umlaufenden Trommel unter Erhitzung auf höhere Temperatur, zweckmäßig Rotglut, durchgemischt wird. **2.** Verfahren nach 1, dadurch gekennzeichnet, daß der Zink-Eisenlegierung noch Blei zugesetzt wird. **3.** Verfahren nach 1 und 2, dadurch gekennzeichnet, daß in der Zink-Eisenlegierung noch überschüssiges Zink gleichmäßig verteilt wird.

---

[1] Metallurgie 1910, 203.
[2] Zft. f. anorg. Chem. 1907, **52**, 34.
[3] Zft. f. anorg. Chem. 1913, **83**, 257.

Besonders geeignet für die Herstellung eines Schutzüberzuges auf Eisenartikeln ist ein körniges Material. Die feinen Teilchen desselben kommen während der Operation in innige Berührung mit dem Eisen, während die größeren Teilchen als Mahl- und Scheuermittel zur Glättung der Eisenoberfläche und des Überzuges während seiner Erzeugung dienen. (Vom 25. 6. 1911 ab.)

(**D. R. P. 296 780.**) **Maschinenbau-Anstalt Humboldt, Cöln-Kalk: Zinklegierung,** bestehend aus Zink mit je 8 bis 10 Proz. der Metalle Eisen und Mangan.

Es war bisher nicht möglich, Zink-Eisenlegierungen, die lästigen Abfallprodukte der Verzinkereien, in ein vergießbares Metall umzuwandeln. Dies gelingt dadurch, daß man der geschmolzenen Hartzinklegierung unter kräftigem Umrühren geschmolzenes Mangan oder geschmolzenes hochprozentiges Ferromangan in Mengen von etwa 8 bis 10 oder mehr Prozent beifügt. Hierbei soll, wenn geschmolzenes Ferromangan zur Verwendung gelangt, eine Ausscheidung des Kohlenstoffs nicht oder nur in geringem Maße stattfinden, die Mangancarbide werden vielmehr ebenso wie das metallische Mangan in der Legierung gelöst (?) und rufen lediglich eine größere Härte hervor, als wenn kohlenfreies Mangan verwendet wird. Die Legierung soll das sog. veredelte Messing ersetzen. (Vom 13. 3. 1915 ab.)

(**D. R. P. 297 191.**) **Dieselbe: 1. Zinklegierung nach D. R. P. 296 780,** dadurch gekennzeichnet, daß zu geschmolzenem Hartzink etwa 10 Proz. einer ebenfalls geschmolzenen Vorlegierung hinzugefügt werden, welche aus Mn, Al, Mg und Ferrosilicium besteht. **2.** Die Vorlegierung ist in nachstehendem Verhältnis zusammengesetzt. Mn etwa 50 Proz., FeSi (75 proz.) etwa 20 Proz., Al 25 Proz., Mg 5 Proz. **3.** Der Hauptschmelze werden zum Schluß geringe Bruchteile von metallischem Calcium und Magnesium hinzugefügt.

Zunächst wird das Hartzink eingeschmolzen und alsdann bei einer Temperatur etwas unter dem Siedepunkt des Zinks unter kräftigem Umrühren die in einem besonderen Gefäß oder Ofen geschmolzene Vorlegierung hinzugesetzt. Bei Mangel an Hartzink wird zur Herstellung der Vorlegierung niedrigprozentiges Ferrosilicium mit verwendet, um die erforderliche Menge Eisen zuzuführen. Durch die Zusätze soll die Festigkeit der Zinklegierung des Hauptpatentes verbessert werden. Um Legierungen mit einem möglichst feinkörnigen Bruchgefüge zu erhalten, setzt man der Hauptlegierung noch 1 bis 2 Proz. metallisches Calcium und Magnesium zu; das Calcium soll durch Bildung von Calciumcarbid, das in die Schlacke übergeht, den Kohlenstoff der Hauptlegierung vermindern. (Vom 10. 10. 1915 ab.)

Guertler[1] untersuchte die Struktur des verzinkten Eisens; bei der Feuerverzinkung, dem Sherardieren und der galvanischen Verzinkung bildet sich zwischen der Zinkhaut und dem Eisenkern eine Zwischenschicht von der Zusammensetzung $FeZn_3$. Diese Zwischenschicht ist am stärksten ausgebildet bei den beiden ersteren Verfahren, während sie bei der galvanischen Verzinkung nur minimal ist. Bei allen drei Verfahren zeigt sich im Mikroskop die Zinkoberhaut porös und rissig, so daß keinem der drei Prozesse ein deutlicher Vorzug gegeben werden kann. Die chemisch-analytische Unterscheidung des angewandten Verfahrens siehe *Bauer* S. 474.

Die Blei-Zinklegierungen.

Blei und Zink legieren sich nur in sehr beschränktem Maße, siehe *Arnemann*[2]: Zink löst bis zu 0,5 Proz. Blei und das Blei bis etwa 3 Proz. Zink, so daß zwischen 0,5 und 97 Proz. Blei eine Mischungslücke besteht. Wenn

[1] Intern. Zft. f. Metallogr. 1911, I, 353.

[2] Metallurgie 1910, 204.

man die geschmolzenen Metalle der Ruhe überläßt, so scheiden sie sich in zwei deutlich erkennbare Schichten.

(D. R. P. 248 665.) The Lohmann Co., Newyork: Verfahren zum Überziehen von Gegenständen aus Eisen und Stahl mit einer Legierung von Zink und Blei mit oder ohne Zusatz eines anderen leicht schmelzenden Metalles, dadurch gekennzeichnet, daß man den zu überziehenden Gegenstand mit der Lösung eines Quecksilbersalzes behandelt, worauf man denselben erhitzt, um das Quecksilbersalz zu zersetzen und als metallisches Quecksilber auf dem Gegenstand niederzuschlagen, und schließlich in dem erhitzten Zustand in das Metallbad der geschmolzenen Legierung eintaucht. (Vom 30. 3. 1911 ab.)

(D. R. P. 300 111.) Falkenberg, Wietze (Hann.): Zink-Bleilegierung aus 94,9 Tln. Zink und 3,5 Tln. Blei, gekennzeichnet durch einen Eisengehalt von 1,6 Tln.

In Graphittiegeln werden $48^1/_4$ Tle. Rohzink und $48^1/_4$ Tle. Hartzink mit 3,2 Proz. Eisen verschmolzen, bei 450° gut verrührt und nach dem Abziehen der Krätze $3^1/_2$ Tle. geschmolzenes Weichblei zugesetzt und verrührt. Durch den Eisengehalt soll eine Druckfestigkeit von 1470 kg/qcm erreicht werden, die Legierung soll als Lagermetall dienen. Bei höherem Eisengehalt wird die Legierung spröde und seigert, bei niederem wächst das Schwindmaß. (Vom 18. 12. 1915 ab.)

(Zus. P. D. R. P. 309 695.) Zink-Bleilegierung nach P. 300 111, gekennzeichnet durch einen Eisengehalt von 3 Proz.

Nach dem Hauptpatent wird eine besonders als Lagermetall geeignete Legierung mit einer Druckfestigkeit von 1470 kg/qcm erhalten, durch Steigerung der Schmelztemperatur von 450° auf 1000° und Erhöhung des Eisengehaltes auf 3 Proz. soll die Druckfestigkeit auf 1620 kg/qcm gesteigert werden. (Vom 28. 5. 1916 ab.)

(Zus. P. 309 955.) Zink-Bleilegierung nach D. R. P. 300 111, gekennzeichnet durch einen Eisengehalt von mehr als 1,6 Proz. bis zu weniger als 3 Proz. Bei allmählicher Steigerung der Schmelztemperatur und des Eisengehaltes erhöht sich die Druckfestigkeit. (Vom 26. 8. 1916 ab.)

(Zus. P. 311 839.) Zink-Bleilegierung nach D. R. P. 300 111, gekennzeichnet durch einen Eisengehalt von 1 Proz. bis weniger als 1,6 Proz. Die Herstellung erfolgt so, daß in einem Graphittiegel eine Zink-Eisenlegierung geschmolzen wird, und nachdem dann die Krätze abgezogen ist, fügt man Blei hinzu, rührt gehörig um, gießt die Legierung in Kokillen und läßt die gebrauchsfertige Legierung erstarren. Der Bleigehalt kann zwischen 1 bis 5 Proz. schwanken. (Vom 18. 10. 1916 ab.)

(Zus. P. 322 960) gekennzeichnet durch einen Eisengehalt bis zu 5 Proz. und durch einen gleichzeitigen Zusatz von etwa 2 Proz. Aluminium und etwa 1,5 Proz. Kupfer.

Verschiedene Zinklegierungen.

Das Biddery - Metall, aus Ostindien stammend, von der Zusammensetzung:

93 bis 84 Proz. Zink, 3,5 bis 11,4 Proz. Kupfer, 3 Proz. Blei,
1,4 Proz. Zinn

dient zu Kunstgüssen. Durch Behandlung mit einer Kupfervitriollösung erhält es eine samtschwarze Farbe, es wird durch Einlagen von Gold- und Silberdraht verziert.

Die Konstitution der Mangan - Zinklegierungen ist nach Untersuchungen von *Parravano*[1] derjenigen der Eisen-Zinklegierungen sehr ähnlich, die Metalle bilden Verbindungen $MnZn_7$ und $MnZn_3$. Die Legierung 80 Proz.

[1] Gazz. chim. ital. 1915, **45** I, 1.

Zink, 20 Proz. Mangan, mit aluminothermisch gewonnenem Mangan hergestellt, wird zur Darstellung des Manganmessings benutzt.

(D. R. P. 301 784.) Goldschmidt, A. G., Essen: Zink-Manganlegierung, 1. dadurch gekennzeichnet, daß der Gehalt an Mangan etwa 4 Proz. nicht überschreitet. 2. Eine Legierung nach 1, die außer Mangan noch geringe Mengen Aluminium, Silicium, Chrom, Nickel enthält.

Die Härte der Zink-Manganlegierung soll etwa doppelt so groß wie die des Zinks sein, die Schlagbiegefestigkeit um 50 Proz. höher. Im Gegensatz zu der bekannten Zinklegierung ist diese nach schwacher Anwärmung schmiedbar, sie läßt sich schmieden und walzen. (Vom 28. 5. 1916 ab.)

(D. R. P. 308 527.) Kammere, Pforzheim: Herstellung einer Zinklegierung. Kupfer und Mangan werden in einer Menge von 2,6 Proz. zu 94 bis 98 Proz. Zink zugesetzt.

Diese Zinklegierung soll einen besonders hohen (?) Schmelzpunkt aufweisen, geringe (?) Härte bei bedeutender Zähigkeit und Druckfestigkeit besitzen und sich leicht walzen lassen. (Vom 9. 12. 1917 ab.)

Als Modellmetall empfiehlt *Buchanan* die Legierungen:

90 Proz. Zink,	5 Proz. Antimon,	5 Proz. Aluminium,			
85 „ „	10 „	Kupfer	2 „	„	3 Proz. Zinn,
90 „ „	4 „	„	6 „	„	(siehe Leddelmetall S. 166).

Fentons Antifriktionsmetall besteht aus:

80 Proz. Zink, 14,5 Proz. Antimon, 5,5 Proz. Kupfer,

Sorels Legierung für billigen Kunstguß, der in der Regel bronziert wird. besteht aus:

98 Proz. Zink, 1 Proz. Kupfer, 1 Proz. Eisen

oder

80 Proz. Zink, 10 Proz. Kupfer, 10 Proz. Eisen.

(D. R. P. 260 484.) Bayliss, Warwick und Clark, London: Legierung aus Zink, Aluminium und Blei, dadurch gekennzeichnet, daß die Bestandteile in Mengenverhältnissen zwischen 99,1 bis 99,9 Proz. Zink, 0,001 bis 0,9 Proz. Aluminium und 0,01 bis 0,9 Proz. Blei vorhanden sind.

Zink und Blei werden in einem geschlossenen Tiegel oder Ofen geschmolzen, darauf die Temperatur auf 350 bis 450° gesteigert und auf dieser Höhe gehalten. Darauf wird das Aluminium in festem oder geschmolzenem Zustande rein oder als Legierung zugesetzt. Ist alles im Flusse und gut gemischt, so wird Ammoniumchlorid oder ein anderes Flußmittel zugesetzt, abgestrichen und die Legierung in Formen gegossen, so daß zum Walzen geeignete Barren entstehen. Nach Abkühlung auf 150 bis 200° werden die Barren zum ersten Male gewalzt. Die erhaltenen Bleche werden dann in einem Ofen bei 200 bis 250° ausgeglüht. Darauf kann man die Bleche in gewünschter Weise auswalzen und nochmals ausglühen. Das erhaltene Metall ist sehr zähe und fest, hämmerbar und zum Pressen usw. geeignet. Besonders bewährt hat sich eine Legierung aus:

99,85 Proz. Zink, 0,1 Proz. Aluminium und 0,05 Proz. Blei.

(Vom 12. 5. 1912 ab.)

(D. R. P. 295 786.) Allgemeine Deutsche Metallwerke, Berlin-Oberschöneweide: Zinklegierung, dadurch gekennzeichnet, daß dem Zink neben 2 Proz. Metallen der Eisengruppe, wie Wolfram, Kobalt oder Nickel, 1 bis 8 Proz. Aluminium zugesetzt werden.

Die Zusätze werden mit dem Zink in der angegebenen Menge gleichzeitig in den Tiegel gegeben und unter das Zink gelegt. Hierauf wird der Tiegel in einem Muffelofen auf die Schmelztemperatur des Zinks gebracht und die Temperatur allmählich auf bis

950° gesteigert. Dabei bleibt das Zink längere Zeit in geschmolzenem Zustand und löst die Zusätze auf. Die Legierung soll sich gut gießen lassen, bei feinkörnigem Gefüge eine glänzende weiße Farbe haben, chemisch widerstandsfähiger als reines Zink sein, sich warm pressen, schneiden, walzen lassen und eine Festigkeit bis zu 41 kg bei 20 Proz. Dehnung aufweisen. (Vom 22. 11. 1914 ab.)

(D. R. P. 343 740.) Pouchain, Turin: Zinklegierung. Die Legierung enthält außer Zn (bis zu 85 Proz.), Cu, Fe, Cd, Ni, Al und Zr. Die Mengen der verschiedenen Bestandteile können je nach den besonderen Eigenschaften, welche die Legierungen besitzen sollen, innerhalb folgender Grenzen schwanken: 85 bis 96 Proz. Zn, 0,3 bis 0,7 Proz. Cd, 0,5 bis 8 Proz. Ni, 0,5 bis 1,9 Proz. Fe, 2,5 bis 7,1 Proz. Al, 1,2 bis 2,5 Proz. Zr, 0,3 bis 0,9 Proz. Mn, 2,0 bis 8,0 Proz. Cu. Von diesen Bestandteilen können das Cd, Zr, Ni und Al fehlen, jedoch nicht alle gleichzeitig.

Diese Legierungen besitzen eine feinkörnige Struktur und eignen sich besonders gut zur Bearbeitung auf der Drehbank, Fräsmaschine, sowie für metallurgische Bearbeitung, wie Stanzen, Pressen, Drücken usw. — Gegen chemische Einflüsse sollen sie sehr widerstandsfähig sein. (Vom 28. 5. 1920 ab.)

(D. R. P. 350 704.) Zufall, Gießen: Zinklegierung, dadurch gekennzeichnet, daß sie aus 84,1 Proz. Zn, 1,8 Proz. Cu, 1,0 Proz. Al, 4,9 Proz. Sn und 8,2 Proz. Pb besteht.

Man stellt zunächst eine Cu-Zn-Legierung aus 11 Gewichtsteilen Zn und 3 Gewichtsteilen Cu her, sodann eine Al-Zn-Legierung aus 8 Gewichtsteilen Zn und 2 Gewichtsteilen Al. Hierauf werden von der Cu-Zn-Legierung 1 Gewichtsteil und von der Zn-Al-Legierung 0,6 Gewichtsteile mit 9 Gewichtsteilen Zn, 0,6 Gewichtsteilen reinem Sn und 1 Gewichtsteil Pb zusammengeschmolzen. Die Legierung läßt sich in jeder Weise bearbeiten und ist besonders als Lagermetall und für die Herstellung von Schmuckgegenständen verwendbar. (Vom 4. 4. 1919 ab.)

(D. R. P. 375 244.) Metallbank u. Metallurgische Ges. A. G., Frankfurt: Zinklegierungen, gekennzeichnet durch einen Gehalt an Lithium oder Beryllium oder Natrium oder Kalium oder Strontium oder Calcium oder Barium oder mehreren dieser Metalle, die zum Zweck einer Veredlung nach an sich bekanntem Verfahren Temperaturen oberhalb 50° ausgesetzt und dann langsam abgekühlt oder abgeschreckt wurden, worauf nötigenfalls nach Wiederholung dieser Behandlung die Legierungen einem Alterungsprozeß unterworfen wurden. (Vom 31. 8. 1920 ab.)

Die Zink-Silberlegierungen siehe S. 426; Zink-Blei siehe S. 478; Zink-Nickel siehe S. 396; Zink-Aluminium siehe S. 160.

Die Lagermetalle.

In den vorausgehenden Abschnitten wurden zahlreiche Legierungen erwähnt, die als Lagermetalle in der Technik Verwendung finden; die Anforderungen, die an ein brauchbares Lagermetall gestellt werden müssen, sind sehr verschiedener, zum Teil sich widersprechender Natur.

Nach Versuchen von *Rennie* über die Reibung, welche zwischen zwei Körpern entsteht, die mit allmählich wachsendem Druck aufeinander gepreßt werden, ist bei schwacher Belastung der Reibungskoeffizient nahezu konstant, die Reibung wächst ziemlich proportional mit dem Druck (gemäß dem Gesetz von *Coulomb*). Steigt jedoch die Belastung über eine bestimmte obere Grenze, so wächst plötzlich der Reibungskoeffizient sehr schnell; die Belastungsgrenze, bei welcher dieses Anwachsen und damit ein gegenseitiges Abschleifen der sich aufeinander reibenden Körper beginnt, liegt um so niedriger, je weicher das Material ist. Man wählte deshalb als Metall für Lagerschalen, auf welchen sich eine Achse reibt, stets eine harte Legierung. Zunächst kamen hierfür die Kupfer - Zinnbronzen in Frage. Vgl. S. 269. Diese haben einen sehr kleinen Reibungskoeffizient, verursachen aber ein Heißlaufen, wenn die Geschwindigkeit eine gewisse Grenze überschreitet, weil das Aufliegen der Achse auf dem Lager nie ein vollkommenes, sondern meist ein örtliches sein wird, zumal wenn die Achse auf mehreren Lagern ruht. Man ging deshalb von den harten zu den plastischen Lagermetallen über, zu Legierungen, die bei einer erheblichen Härte doch eine gewisse Nachgiebigkeit besitzen, damit sie einem einseitigen Drucke nachgeben können und eine möglichst vollkommene Anpassung der Berührungsflächen von Lager und Zapfen gewährleisten. Nach *Künzel* muß das Lager aus einem zähen Metall- oder Legierungsskelett bestehen, dessen Härte fast der Härte der Achse gleich ist, und das irgendwelchem praktisch möglichen Druck oder Stoß widersteht, ohne seine Form zu verändern; die Zwischenräume, die Poren des Skelettes, müssen mit einem möglichst weichen Metall oder einer solchen Legierung ausgefüllt sein. Zu Lagermetallen eignen sich somit nur diejenigen Legierungen, deren mikroskopisches Gefüge aus harten Krystallkörnern in einer plastischen Grundmasse aufgebaut ist, *Pecorano* empfiehlt als günstigstes Verhältnis 20 Proz. des harten auf 80 Proz. des weichen Bestandteiles.

Um die harten Bronzen plastisch zu machen, überzog *Hopkins* die Lagerschalen mit einer dünnen Bleischicht, das Verfahren bewährte sich jedoch nicht, weshalb man das Blei schon der Legierung zusetzte und so zu Bleibronzen gelangte (siehe S. 267, 299). Ein geringer Nickelgehalt verhindert das Ausseigern des Bleies.

Andererseits machte ein Zinkzusatz die Bronze dünnflüssiger und billiger, es entstanden die Zinkbronzen und Zink-Bleibronzen in der mannigfaltigsten Zusammensetzung (siehe S. 293, 343). Die Lagerbronzen sind hier aufgebaut aus den harten δ-Krystallen, die in weiche α-Mischkrystalle eingelagert sind.

Eine 2. Reihe von Lagermetallen stellen die Antimon-Bleilegierungen dar, es kommen hier jedoch nur die Konzentrationen mit mehr als 13 Proz. Sb in Frage, deren Gefüge aus harten Antimonkrystallen, eingelagert in das weiche Eutektikum, besteht (siehe S. 437). Bei hohem Antimongehalt werden die Legierungen sehr spröde und neigen stark zum Seigern, man sucht dieser Eigenschaft durch einen Zinnzusatz entgegenzuwirken. Diese Zinn-Antimon-Bleilegierungen (siehe S. 454) sind aus harten Körnern der Verbindung SbSn, umgeben vom Eutektikum, aufgebaut, zuweilen wird ein Teil des Antimons durch Kupfer ersetzt. Dadurch nähern sie sich in ihren Eigenschaften den Kupfer-Antimon-Bleilegierungen, die aus harten Antimonkrystallen oder solchen der Verbindung $SbCu_2$, in Blei eingelagert, bestehen.

Die verbreitetsten Lagermetalle sind 3. die von *Babbitt* in die Technik eingeführten Kupfer-Antimon-Zinnlegierungen (siehe S. 466), sie bestehen aus harten Körnern der Verbindungen SbSn und $SbCu_2$, eingelagert in das zinnreiche Eutektikum. Diese Legierungen zeichnen sich durch eine hohe Druckfestigkeit aus, sind aber wegen des hohen Zinngehaltes in der Herstellung teuer. Zuweilen wird ein Teil des Zinns durch Blei ersetzt.

Die billigsten Lagermetalle sind diejenigen, die sich auf einer Zinkgrundlage aufbauen: 4. die Zinn-Antimon-Zinklegierungen (siehe S. 476); durch den Zinnzusatz wird die große Sprödigkeit der Antimon-Zinklegierungen vermindert. Außer diesen vier Reihen werden noch einige Sonderlegierungen als Material für Lagermetalle genannt, so die aluminiumhaltigen der (D. R. P. 230095) und (257868), die cadmiumhaltige des (D. R. P. 176886) und die wolframhaltige des (D. R. P. 184476).

(D. R. P. 300 508.) Hassler, Aalen: Verfahren zur Herstellung antimonfreier Lagerweißmetalle, bestehend aus Zink, Zinn, Kupfer und mehr als 17 Proz. Blei, dadurch gekennzeichnet, daß a) Blei, Zinn und Kupfer in den Gewichtsverhältnissen: 70 Blei + 26 Zinn + 4 Kupfer bis 69 Blei + 26 Zinn + 5 Kupfer zu einer Vorlegierung V, und b) Zink, Zinn und Kupfer in den Gewichtsverhältnissen von 76 Zink + 20 Zinn + 4 Kupfer zu einer Vorlegierung V_2 und c) von den Vorlegierungen $V_1 + V_2$ zur Herstellung der fertigen Legierung Gewichtsteile im Rahmen von $25\,V_1 + 75\,V_2$ bis $80\,V_1 + 20\,V_2$ zusammengeschmolzen werden.

Während sonst bei Anwendung von Vorlegierungen der Zweck der ist, die Erstarrungstemperatur des Gemischen zu erniedrigen, soll hier durch Bildung einer chemischen Verbindung Cu_3Sn der Schmelzpunkt des Systems Pb-Sn von 260° auf 320° erhöht werden. (Vom 2. 12. 1915 ab.)

(D. R. P. 300 917.) Hassler, Aalen: 1. Verfahren zur Herstellung antimonfreier Lagerweißmetalle, bestehend aus Zink, Zinn, Kupfer und mehr als 17 Proz. Blei nach D. R. P. 300 508, dadurch gekennzeichnet, daß zur Herstellung der Vorlegierung V_1 Bruchteile der Vorlegierung V_2 verwendet werden. **2.** Verfahren nach 1, dadurch gekennzeichnet, daß die Vorlegierung gewonnen wird durch Zusammenschmelzen von 8 bis 10 Tln. der Vorlegierung V_2 mit 61 bis 63 Tln. Blei, 25 Tln. Zinn und 4 Tln. Kupfer.

Die Herstellung der fertigen Legierung geschieht durch Zusammenschmelzen der Vorlegierungen V_1 und V_2 nach Maßgabe der zu erzielenden Kugeldruckhärte von 28 bis 38 Brinellgraden. In Betracht kommen als Gewichtsverhältnisse der beiden Vorlegierungen die Werte von $20\,V_1 + 80\,V_2$ bis $80\,V_1 + 20\,V_2$. (Vom 2. 2. 1916 ab.)

Ein gutes Lagermetall muß eine erhebliche Härte besitzen (Kugeldruckprobe), damit der Reibungskoeffizient möglichst niedrig liegt (siehe oben); dabei darf jedoch die Sprödigkeit nicht übermäßig wachsen, da das Lager sonst bei der unvermeidlichen stoßweisen Beanspruchung leicht bricht. (Stauch versuch.) Für die nötige Plastizität gibt der Druckversuch einen Zahlenwert, indem hier wie bei dem Stauchversuch die bleibende Formänderung in Abhängigkeit von der dazu notwendigen Belastung gemessen wird. Die Abnutzung im Vergleich mit der angewandten Umdrehungsgeschwindigkeit oder mit der Versuchsdauer wird auf der Maschine von *Derihon* (siehe S. 73) oder auf einer einfacheren von *Sempell*[1] festgestellt. Bei der Herstellung der Lagermetalle ist in der Regel eine möglichst rasche Abkühlung von Vorteil, weil hierdurch eine Entmischung verhindert und eine meist erhebliche Härtesteigerung erzielt wird.

Für die Erkenntnis der Konstitution und der Eigenschaften der wichtigsten Lagermetalle waren von besonderem Wert die Untersuchungen von *Charpy*[2], *Behrens* und *Bauke*[3], *Clamer*[4] und *Heyn* und *Bauer*[5], sie wurden bereits bei den einzelnen Legierungen erwähnt.

Der Verschleiß verschiedener Lagermetalle im praktischen Gebrauch der Eisenbahnen wurde von *Nursey*[6] festgestellt:

Tabelle 270.

Material	Zusammensetzung Proz.	Durchlaufene Strecke für einen Verschleiß von 1 kg Metall in km	Verschleiß für 100 km von 4 Lagern in g	Kosten des Verschleißes für den Wagen mit 4 Lagern auf 100 kg in Mk.
Bronze . . .	83 Cu 17 Sn	90 390	11,60	0,301
Bronze . . .	82 Cu 18 Sn	99 900	10,01	0,260
Weißmetall .	3 Cu 90 Sn 7 Sb	78 280	14,64	0,395
Weißmetall .	5 Cu 85 Sn 10 Sb	88 145	11,35	0,331
Hartblei . .	84 Pb 16 Sb	81 280	12,30	0,145
Phosphorbronze . .	—	429 200	2,33	0,081
Bronze . . .	82 Cu 18 Sn	9 134	109,48	2,844
Phosphorbronze . .	—	107 410	9,31	0,325

Die sechs ersten Versuche beziehen sich auf Wagen ohne Bremse, die beiden letzten auf Wagen mit Bremse.

[1] Metallurgie 1907, 669.
[2] Bull. de la Soc. d'Encour. 1898, 670.
[3] Baumaterialienkunde 1899, 96.
[4] Journ. of Franklin Inst. 1898, 138; 1903, 49, 297.
[5] Untersuchungen über Lagermetalle 1914.
[6] Scientific Amer. Suppl. 1884, 420.

Hughes[1] teilt Beobachtungen mit Lagermetallen auf englischen Bahnen mit:

Tabelle 271.

Legierung	Nr. 1	Nr. 2	Nr. 3	Nr. 4
Zahl der beobachteten Lagerschalen . . .	29	32	35	58
1. Zahl der infolge Abnutzung unbrauchbar gewordenen Schalen	10	9	17	16
2. Zahl der infolge Heißlaufens unbrauchbar gewordenen Schalen	6	—	3	3
3. Zahl der infolge Bruch unbrauchbar gewordenen Schalen	2	22	12	18
4. noch laufende Schalen	11	1	3	21
Durchschnittl. Lebensdauer der Schalen 1.	295 Tage	193 Tage	263 Tage	241 Tage
„ „ „ „ 2.	159 „	—	141 „	257 „
„ „ „ „ 3.	286 „	191 Tage	281 „	215 „
Die Schalen 4. laufen durchschnittlich . .	409 „	447 „	280 „	406 „
Durchschnittl. Laufzeit sämtlicher Schalen	318 „	189 „	259 „	299 „
Prozentsatz der heißgelaufenen Schalen . .	20,7 Proz.	—	8,5 Proz.	5,1 Proz.

Die Zusammensetzung der benutzten Lagermetalle war folgende:

Legierung	Nr. 1	Nr. 2	Nr. 3	Nr. 4
Zinn	10 Proz.	51 Proz.	85 Proz.	82 Proz.
Antimon	—	11 „	7 „	14 „
Kupfer	88 Proz.	1 „	8 „	4 „
Blei	—	34 „	—	—
Zink	2 Proz.	—	—	—

Die Tragfähigkeit der Legierungen hängt weniger von ihrer absoluten Zusammensetzung ab als davon, wie sich die harten Körner in der weichen Grundmasse verteilen.

Tabelle 272.

Zusammensetzung	0,2 mm Stauchung Belastung in kg	7,5 mm Stauchung Belastung in kg
100 Pb	100	500
82,5 Pb 17,5 Sb	650	1450
83 Sn 17 Sb	1000	2650
83,3 Sn 11,1 Sb 5,6 Cu	1330	2750
88 Sn 8 Sb 4 Cu	1000	2475
75 Sn 8 Sb 17 Cu	2075	gebrochen
80 Pb 10 Sn 10 Sb	800	1775
60 Pb 20 Sn 20 Sb	1050	1700
40 Pb 40 Sn 20 Sb	1150	1825
20 Pb 60 Sn 20 Sb	1350	2200
10 Pb 80 Sn 10 Sb	1000	2700
67 Pb 20 Sb 13 Cu	1120	1325
80 Zn 10 Sb 10 Sn	1350	4150
70 Zn 15 Sb 15 Sn	1800	5200

[1] Stahl u. Eisen 1911, 1980.

Hague[1] untersuchte die Plastizität zahlreicher Legierungen, indem er die Belastung feststellte, die erforderlich war, um eine bleibende Stauchung von 0,2 und 7,5 mm herbeizuführen (siehe Tab. 272).

Schäfer[2] untersuchte eine Anzahl Lagermetalle, die Versuchsergebnisse sind in Tab. 273 zusammengestellt.

Tabelle 273.

Legierung	Nr. 1	Nr. 2	Nr. 3	Nr. 4	Nr. 5	Nr. 6	Nr. 7
Zinn	19,0	81,92	49,96	4,5	79,0	14,19	1,65
Antimon	15,34	8,43	14,59	10,5	6,5	15,29	—
Blei	63,55	1,11	32,31	85,0	10,5	68,61	—
Kupfer	1,57	8,44	3,21	—	4,0	—	5,82
Zink	0,37	—	—	—	—	—	—
Nickel	—	—	—	—	—	1,52	—
Aluminium	—	—	—	—	—	—	91,68
Eisen	—	—	—	—	—	—	0,90
Spez. Gewicht	9,31	7,49	8,15	—	—	9,52	2,98
Fließgrenze (kg/qmm)	4700	5000	4300	3600	1500	2700	5000
Druckfestigkeit (kg/qmm)	11,7	12,9	11,0	5,5	9,0	12,0	12,5
Proportionalitätsgrenze (kg/qmm)	7,5	10,3	8,0	3,7	7,0	9,1	12,5
Härtezahl (Brinell)	25	34,7	25,2	15,0	30	31,5	72

Von den Legierungen zeigen 1, 2, 3, und 7 günstige Werte, die letztere zeichnet sich dabei durch ihr geringes spez. Gewicht aus, 6 würde nur dort in Frage kommen, wo die niedrigen Materialkosten von Bedeutung sind, 4 und 5 sind wegen ihrer geringen Druckfestigkeit zu beanstanden.

Einen praktischen Prüfapparat beschreibt *v. Hanffstengel*[3] (siehe Fig. 68).

Um dem Wirrwarr im Handel und in der Verwendung der Lagermetalle, der im Laufe der letzten 10 oder 15 Jahre eingerissen ist, einigermaßen zu steuern, hat die „*American Society for Testing Materials*“[4] vorgeschlagen, in Zukunft nur folgende fünf Legierungen zu verwenden, die den verschiedensten Ansprüchen in technischer und wirtschaftlicher Hinsicht entsprechen:

Nr. 1 = 83,33 Proz. Zinn	8,33 Proz. Antimon	8,33 Proz. Kupfer
„ 2 = 89 „ „	7 „ „	4 „ „
„ 3 = 50 „ „	15 „ „	33 „ Blei
„ 4 = 5 „ „	15 „ „	80 „ „
„ 5 = 10 „ Antimon	90 „ Blei	

Nr. 1 ist die härteste Legierung und für die größte Geschwindigkeiten bei gleichzeitig hohem Lagerdruck vorzüglich geeignet. Nr. 2 dient gleichen Zwekken, ist aber etwas weicher. Nr. 3 ist noch weicher und soll bei großen Geschwindigkeiten, aber bei geringem Lagerdruck, Nr. 4 bei Hängelagern und Klein-

[1] Engineering. 1910, **89** II, 826.
[2] Zft. f. prakt. Maschinenbau 1913, Nr. 3.
[3] Maschinenbau 1923, **5** B, 134.
[4] Irresberger: Stahl u. Eisen 1913, **48**, 1986.

maschinenteilen Verwendung finden. Die zwar sehr billige, aber weiche Nr. 5 kann nur für ganz langsam laufende und wenig gebrauchte Lager benutzt werden.

Die Westinghouse Electric and Mfg. Co. stellt auf Grund eingehender Festigkeits-, Schlag-, Härte- und Gefügeuntersuchungen folgende Leitsätze auf:

1. Es empfiehlt sich, nur je eine Zinn- und Bleilegierung zu verwenden, um die Möglichkeit zu erlangen, jede ihrem Verwendungszweck entsprechend gründlichst zu vervollkommnen. (Für hochbeanspruchte Lager etwa Nr. 1 oder 2 der obigen Zusammenstellung und [?] Nr. 5.) 2. Von größter Wichtigkeit bei Herstellung eines jeden Lagermetalles ist die sorgfältigste Prüfung und Auswahl der Rohmetalle; es soll nur möglichst reines Metall verwendet werden. 3. Wichtiger als die genau ausgeklügelte Zusammensetzung eine Lagermetalles ist seine gute Behandlung beim Legieren, Schmelzen und Ausgießen. Das Legieren soll möglichst weit unter dem Schmelzpunkte des am schwersten schmelzbaren Bestandteiles geschehen. Eine Temperatur von 500° und noch weniger ist zur Legierung guten Lagermetalles durchaus ausreichend. Das schmelzende und geschmolzene Metall soll bis zum völligen Erstarren ununterbrochen unter einer Decke von Holzkohle gehalten werden. 4. Die beste Vergießtemperatur liegt zwischen 450 bis 470°. Kälteres Vergießen bewirkt grobkörnigeres Gefüge, heißeres macht das Metall weicher. 5. Erwärmung des Lagers vor dem Ausgießen auf 100 bis 150° sichert gleichmäßigen, blasenfreien Guß und läßt das Metall fest an den Lagerwandungen haften, die dann teilweise mit ihm schwinden. 6. Während und nach dem Ausgießen bis zum völligen Erstarren des eingegossenen Metalles ist das Lager vor Stößen oder anderen Erschütterungen zu bewahren. 7. Die harten Krystalle der Legierung sollen in möglichst großer Menge auftreten, dürfen aber einander nicht berühren, die weichere Grundmasse muß stark genug sein, die harten Krystalle sicher zusammenzuhalten. 8. Die beste Zinnlegierung hat eine Härte von 30 Brinell, die beste Bleilegierung von 23,5 Brinell.

Die Westinghouse Co.[1] stellte Versuche mit stark bleihaltigen Lagermetallen an. Von den drei Legierungen A, B und C waren bei 35° Legierung A und C gleich hart, bei höherer Temperatur war C härter, B war von A nicht sehr verschieden. Bei Druckversuchen und in der praktischen Verwendung war die bleireiche Legierung C den anderen überlegen.

Legierung	Proz. Sb	Proz. Cu	Proz. Pb	Proz. Sn
A	8	2	0	90
B	$8^1/_3$	$8^1/_3$	0	$83^1/_3$
C	14	0	78	8

Für die Lagerweißmetalle schlägt der Normenausschuß der Deutschen Industrie Normblatt E 1703 vor.

---

[1] Iron Age 1918, **22**, 8.

Tabelle 274.

Benennung	Kurzzeichen		Zusammensetzung in Proz.				Zulässige Abweichung in Proz.			
			Sn	Sb	Cu	Pb	Sn	Sb	Cu	Pb
Lagerweißmetall	80 F	LW 80 F[1]	80	10	10	—	±1	±1	±1	±1
„	80	LW 80	80	12	6	2	±1	±1	±1	±1
„	70	LW 70	70	13	5	12	±1	±1	±1	±1
„	50	LW 50[2]	50	14	3	33	±1	±1	±0,5	±1
„	42	LW 42	42	14	3	41	±1	±1	±0,5	±1
„	20	LW 20	20	14	2	64	±1	±1	±0,5	±1
„	10	LW 10	10	15	1,5	73,5	±0,5	±1	±0,5	±1
„	5	LW 5	5	15	1,5	78,5	±0,5	±1	±0,5	±1

Höchstzulässige Verunreinigung: Fe = 0,05 Proz; Zn = 0,05 Proz.; Al = 0,05 Proz.

Für die Verwendung von Zinklegierungen mit 3 Proz. Aluminium und 0 bis 8 Proz. Kupfer als Lagermetalle stellen *Schlesinger* und *Kurrein*[3] folgende Grundsätze auf: Zinklegierungen mit geringem Kupfergehalt sollen mit Sandkern gegossen werden. Vollständiger Mangel an Kupfer ist zu vermeiden. Höherer Kupfergehalt bedingt nicht das bessere Lagermetall. Zinklegierungen können für mäßig beanspruchte Lager bei guter Ölschmierung verwendet werden. Bei Schmierung mit minderwertigem Öl tritt leicht örtliches Fressen ein. Bei der Konstruktion derartiger Lager ist die größere Wärmeausdehnung der Zn-Legierungen zu beachten und dementsprechend Längsspiel zu geben. Der Reibungskoeffizient der Zn-Legierungen ist bei Schmierung mit Einheitsöl bedeutend höher als bei den sonst üblichen Verhältnissen. *Hanemann* zeigt, daß diese Legierungen wegen ihres grobkörnigen Gefüges mit innerer Rißbildung als Lagermetalle nicht zu empfehlen sind.

[1] LW 80 F soll nur verwendet werden, wenn Bleifreiheit unerläßlich ist, im übrigen ist es möglichst durch LW 80 zu ersetzen.

[2] LW 50 ist möglichst durch LW 42 zu ersetzen.

[3] Maschinenbau 1923, 5 B, 142.

Die Eisenlegierungen.

Die große Zahl der Eisenkohlenstofflegierungen, die Produkte der Eisen- und Stahlindustrie, soll entsprechend ihrer Wichtigkeit den zweiten Teil dieses Werkes bilden; hier können nur die binären Eisenlegierungen, welche als Reinigungsmittel des Stahlbades zur Entfernung von Sauerstoff, Schwefel, Stickstoff benutzt werden, oder welche als Hilfslegierung zur Erzeugung der Sonder- oder Spezialstähle dienen, Erwähnung finden. Früher war man gezwungen, diese Legierungen durch Reduktion ihrer Erze im Hochofen herzustellen, und gelangte so zu einem stark kohlenstoffhaltigem Material, erst die Vervollkommnung der elektrischen Öfen und die Erfindung der aluminothermischen Verfahren (siehe S. 96) ermöglichte es, ganz oder nahezu kohlenstofffreie Legierungen zu billigem Preise in den Handel zu bringen.

Ein verwandtes Verfahren ist geschützt im:

(Zus.P. D. R. P. 302 862.) Stahlwerk Lindenberg A.-G., Remscheid: Verfahren zur Herstellung von kohlenstoffarmen Ferrolegierungen nach D. R P. 302 675, dadurch gekennzeichnet, daß statt Chromoxyd technisch reine Oxyde des Wolframs, Molybdäns, Vanadiums, Titans, Kobalts und Bors unter Zusatz von Kalk auf ein Bad erhitzten Ferrosiliciums aufgebracht werden.

Bei einigen der genannten Metalle stellen sich die Ausbeuten an Metall noch günstiger als bei Chrom. Während z. B. bei diesem 1 kg Silicium theoretisch 2,45 kg Chrom reduziert, werden von 1 kg Silicium 4,33 kg Wolfram reduziert, wodurch die Gestehungskosten sehr günstig beeinflußt werden. (Vom 5. 2. 1916 ab.)

Die Erzeugung von Eisenlegierungen im elektrischen Ofen siehe *Keeneg*: Bureau of Mines, Bull. 77 (1914), S. 102.

Die Silicium-Eisenlegierungen.

Die Konstitution der Silicium-Eisenlegierungen ist vielfach untersucht worden, namentlich aus Rückstandsanalysen schloß man auf das Vorhandensein zahlreicher intermetallischer Verbindungen. Indessen konnten *Guertler* und *Tammann*[1] zeigen, daß mit Sicherheit höchstens 2 Verbindungen auftreten, Fe_2Si mit 33 Atom-Proz. = 20,1 Gew.-Proz. Si und FeSi mit 50 Atom-Proz. = 33,7 Gew.-Proz. Si. Hierbei ist es noch zweifelhaft, ob die Krystalle mit etwa 20 Proz. Si wirklich eine Verbindung darstellen oder einen gesättigten Mischkrystall, dessen Grenzkonzentration zufällig der Zusammensetzung

[1] Zft. f. anorg. Chem. 1905, **47**, 163.

$FeSi_2$ entspricht. Das von *Murakami*[1] auf Grund systematischer magnetischer Messungen aufgestellte Schmelzdiagramm ist in Fig. 212 wiedergegeben.

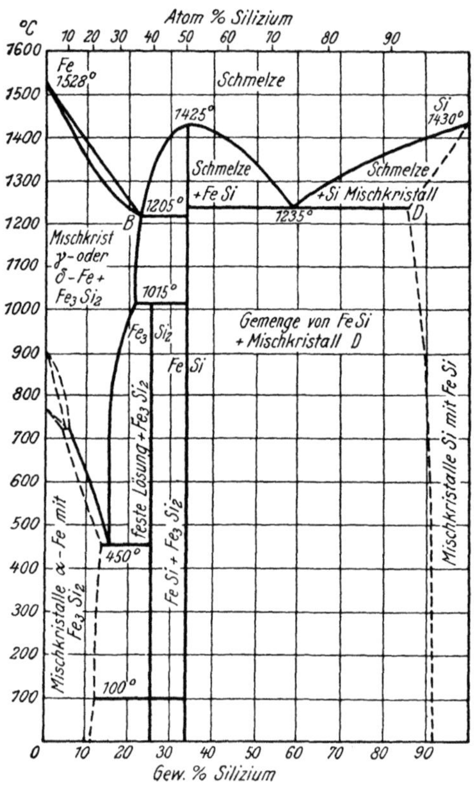

Fig. 212. System: Silicium-Eisen.

Neuere Untersuchungen von *Karnakow* und *Urasow*[2] sowie von *Bamberger*, *Einerl* und *Nußbaum*[3] machen im technischen Ferrosilicium das Auftreten der Verbindung $FeSi_2$ wahrscheinlich.

Die verschiedenen Krystallarten lassen sich durch ihr chemisches Verhalten unter scheiden: Silicium wird von heißer Kalilauge schnell an gegriffen, die Verbindung FeSi viel langsamer, kaum merklich $FeSi_2$ und Eisen. Umgekehrt wird von Salzsäure Eisen schnell, Fe_2Si langsamer, FeSi und Silicium nicht merklich angegriffen.

Der Umwandlungspunkt des α-Eisens in β-Eisen (760°) wird durch die Gegenwart des Siliciums nicht erheblich beeinflußt.

Das spez. Gewicht der Legierungen wurde von *Rothe*[4] genau bestimmt, er fand (auf die Luftleere und Wasser von 4° bezogen):

Proz. Si	11,58	15,81	22,83	23,47	24,26	29,04	32,05	47,25	77,29
Spez. Gew.	6,96	6,88	6,51	6,51	6,48	6,40	6,18	4,55	2,93
Ermittelt bei °C	20,3	20,7	17,3	19,5	17,2	19,9	16,7	21,6	19,6

Da das technische Eisensilicium, das „Ferrosilicium", mit mehr als 25 Proz. Si in Deutschland zollfrei ist, würde für die zolltechnische Praxis eine Bestimmung des spez. Gewichtes genügen; ein Produkt mit einem spez. Gew. unter 6,42 würde dem Eingangszoll nicht unterliegen. Zu diesem Zweck empfiehlt *v. Schwarz*[5] seine Wage, mit der eine Dichtebestimmung in weniger als 2 Minuten ausgeführt werden kann. Er erhielt mit dieser bzw. mit dem Pyknometer folgende Mittelwerte:

Proz. Si	0,2	2,0	7,5	15,0	20,0	21,9	24,8	27,2	29,3
Wage	—	7,82	7,38	6,88	6,74	6,60	6,54	6,29	6,28
Pyknometer	5,883	7,784	7,352	7,032	6,696	6,546	6,432	6,248	6,198

[1] Stahl u. Eisen 1922, **667**.
[2] Zft. f. anorg. Chem. 1922, **123**, 89.
[3] Stahl u. Eisen 1925, 143.
[4] Mitt. d. Mat.-Prüf.-Amtes 1907, **25**, 51.
[5] Ferrum 1913, 80.

Proz. Si	40,2	46,8	51,8	65,9	79,4	93,4	95,0	100
Wage	5,44	4,85	4,39	3,30	2,69	2,38	2,32	—
Pyknometer . . .	3,378	4,876	4,406	3,367	2,787	2,363	2,322	2,309

Für die Härte der Legierungen fand *v. Schwarz*[1] mit dem Skleroskop folgende Werte:

Proz. Si	0,01	2,0	7,5	15,0	16,0
Härte	14	31	50	35	33

Die Härte der höherprozentigen Ferrosiliciumsorten scheint sehr von den Abkühlungsbedingungen abzuhängen, die ganz hochprozentige Legierung ist härter als diejenige mit 60 bzw. 80 Proz.

Die elektrische Leitfähigkeit bestimmte *v. Schwarz*[1] an den Legierungen in Stabform, der spez. Widerstand betrug in Ohm $\times 10^4$:

Proz. Si	2,0	7,5	15,0	20,0	21,9	24,8	27,2	29,3	40,2
Mittelwert	0,41	0,95	1,02	1,48	2,73	3,15	5,34	8,17	14,8

Jouve[2] untersuchte mit Hilfe eines Elektromagneten von konstanter Stärke den Magnetismus der Eisen-Siliciumlegierungen bis zu einem Gehalt von 36 Proz. Si. Gleiche Mengen der verschiedenen Legierungen (25 g) wurden fein gepulvert in eine Hülse eingeschlossen und an den Magneten gebracht. Zieht man eine Kurve mit dem Siliciumgehalt als Abszisse und dem Gewicht, welches zugefügt werden muß, um der Einwirkung des Magneten das Gleichgewicht zu halten, als Ordinate, so fällt die Linie im allgemeinen proportional dem wachsenden Siliciumgehalt aus, zeigt aber zwei Knickpunkte, bei 20 Proz. und 30 Si (entsprechend Fe_2Si und FeSi). Das magnetische Verhalten einer Ferrosiliciumlegierung kann zur Feststellung ihrer Zusammensetzung dienen.

Die Herstellung des technischen Ferrosiliciums wurde 1872 von *Valton* durch Reduktion von Eisenoxyd und Quarz durch Kohle im Tiegel versucht, die Fabrikation im großen nahm 1875 das Hüttenwerk in Terre noire auf. Im Hochofen wird nur ein Ferrosilicium mit 10 bis 14 Proz. Si gewonnen, die höherprozentigen Legierungen werden im elektrischen Ofen erzeugt; entweder wird ein Gemenge von Eisenerz und Kieselsäure durch Kohle reduziert, oder man reduziert nur die Kieselsäure und fügt Eisen hinzu, das sich mit dem freigemachten Silicium legiert. Die höchstprozentigen Legierungen (bis 98 Proz. Si) wurden zuerst 1899 von der Wilson Aluminium Co. fabrikmäßig dargestellt. Nach *Guillet*[3] verwendet man drei Ofensysteme: 1. Öfen mit nur einer Elektrode und einer aus Metallplatten bestehenden leitenden Bodenzuführung; 2. Öfen mit zwei Elektroden ohne Stromzuführung durch den Boden; 3. Öfen mit drei Elektroden, die mit Wechselstrom bzw. Drehstrom betrieben werden. Die Öfen bestehen aus Gußeisengehäusen, die mit Quarzsteinen gefüttert sind. Die Ofengröße wird entsprechend dem Siliciumgehalte des Produktes gewählt, z. B. hat ein 250-KW-Ofen für 50 proz. Ferrosilicium einen Schmelzraum von 2×2 m, für 90 proz. Produkt nur $1{,}5 \times 1{,}5$ m.

[1] Ferrum 1913, 80.
[2] C. r. 1902, **134**, 1577.
[3] Stahl u. Eisen 1912, **32**, 1078.

Man baut Öfen von 400 bis 2000 KW. Kohlenstoff muß in ziemlich großem Überschuß genommen werden, die Siliciumverluste durch Verflüchtigung betragen bis zu 15 Proz. Die Zusammensetzung der Beschickung ist für verschiedene Produkte folgende:

Ferrosilicium mit Siliciumgehalt von . . .	Proz.	25	50	80	90
Quarz	kg	68	68	68	70
Anthrazit (mit 10 Proz. Asche)	„	35	35	35	30
Eisen (als Zuschlag oder Schlacke)	„	60	15	0	0

Die Elektrodenbelastung schwankt zwischen 7 bis 10 Amp. für den Quadratzentimeter. Ein 750-KW-Ofen leistet:

4000 kg	25 proz.	Ferrosilicium	mit	5 Proz.	Siliciumverlust.
2000 „	50 „	„	„	10 „	„
1000 „	75 „	„	„	15 „	„
800 „	90 „	„	„	20 „	„

Vgl. auch *Conrad*[1] und *Pick*: Über Ferrosilicium 1906 und *Pick* und *Conrad* desgl. 1909. Eine Abart des Herstellungsverfahrens ist geschützt im

(D. R. P. 213 721.) Elektrochemische Werke, Bitterfeld: Verfahren zur Verhüttung von schwefel- und eisenhaltigen Erzen oder schwefelhaltigen Eisenverbindungen auf Ferrosilicium, dadurch gekennzeichnet, daß dieselben entweder roh oder geröstet mit Kieselsäure oder kieselsäurehaltigen Stoffen und Kohle oder kohlehaltigen Stoffen unter Zuhilfenahme von elektrischer Erhitzung zu Ferrosilicium reduziert werden, wobei die Kieselsäuremenge so zu bemessen ist, daß das gebildete Silicium hinreicht, um aus dem Schwefeleisen den Schwefel vollkommen auszutreiben.

Es genügt, dem Rohstoff so viel Kieselsäure zuzusetzen, daß das gewonnene Ferrosilicium 20 Proz. Si enthält; nimmt man eine geringere Menge, so steigt der Schwefelgehalt fast in demselben Grade, in dem der Siliciumgehalt des gebildeten Ferrosiliciums heruntergeht. (Vom 4. 3. 1908 ab.)

Die Zusammensetzung des technischen Ferrosiliciums, sowohl des niedrigprozentigen, im Hochofen gewonnenen, als auch des hochprozentigen, im elektrischen Ofen erzeugten, geht aus folgenden Beispielen hervor (siehe *Venator*)[2]:

Tabelle 275.

	Proz.	Proz.	Proz.	Proz.	Proz.	Proz.	Proz.	Proz.	Proz.	Proz.
Si	8,10	10,55	13,10	17,0	25,89	32,70	48,70	53,75	75,67	94,8
C	1,75	2,36	1,61	0,9	0,52	0,27	0,03	0,11	0,31	—
P	0,056	0,04	0,11	0,08	0,04	0,05	0,04	0,041	0,04	0,01
S	0,045	0,03	0,016	0,04	0,03	0,04	0,03	0,005	0,01	0,02
Mn	2,20	3,86	1,12	1,50	0,42	0,31	0,13	0,11	0,26	0,08
Al	—	—	—	—	—	0,13	0,12	0,6	—	0,10

Zur Verwendung kommt das Ferrosilicium in der Stahlgießerei (seltener beim Eisenguß), es reinigt das Stahlbad vom Schwefel und Sauerstoff, ver-

[1] Stahl u. Eisen 1908, 793.
[2] Stahl u. Eisen 1908, 48.

mindert die Blasenbildung, erzeugt eine höhere Temperatur und liefert schließlich den gewünschten Siliciumgehalt im Endprodukt.

Neumann[1] schlägt die Legierung als Reduktionsmittel vor an Stelle des Siliciums in der Aluminothermie (siehe S. 102).

Jouve stellte aus dem hochprozentigen Ferrosilicium Abdampfgefäße her als Platinersatz, sie widerstehen praktisch außer Flußsäure jedem Säureangriff, allerdings ist ihre große Sprödigkeit und Zerbrechlichkeit hierbei hinderlich. *Jouve* nannte das Material „Métillure".

Unter dem Namen „Acidur" bringt die Maschinenbau A.-G. Golzern in Grimma aus der gleichen Legierung Gußstücke für die Sprengstoff- und Säureindustrie in den Handel, die gegenüber Schwefelsäure, Salpetersäure, Milchsäure, Essigsäure außerordentlich widerstandsfähig sein sollen. Das gleiche gilt für die amerikanischen Legierungen „Duriron" und „Tantiron" mit 15 Proz. Si. Eine Verbesserung der Eigenschaften wird angestrebt im D. R. P. 277 855 und 340 067, siehe S. 504 u. 505.

Ein besonderer Verwendungszweck ist geschützt im

(D. R. P. 195 518.) Krause, Rixdorf: Verwendung von Anoden aus Ferrosilicium mit 80 bis 95 Proz. Siliciumgehalt zur Elektrolyse von Kupfer- und Zinksulfatlösungen. Es hat sich herausgestellt, daß Anoden aus Ferrosilicium mit bis zu etwa 40 Proz. Silicium zerstört werden, und daß ferner bei solchen bis zu 80 Proz. Silicium die Eisenoxydbildung noch so groß ist, daß dadurch die Badspannung und damit der Stromverbrauch zu hoch wird. Dagegen ist der Stromverbrauch bei Anoden mit 80 bis 95 Proz. Silicium normal, wogegen die Haltbarkeit dieser Ferrosiliciumanode eine weit größere als die der Blei- und Kohleanode ist. (Vom 2. 2. 1907 ab.)

Als man seit 1900 etwa das hochprozentige, im elektrischen Ofen erzeugte Ferrosilicium in immer steigendem Maße in der Stahlindustrie verwandte, kamen beim Transport des Materials mehrfach Explosionen und Vergiftungen vor, welche auf die aus der Legierung entweichenden Gase zurückzuführen waren. Versuche von *Cronquist*[2] zeigten, daß lediglich durch Zerreiben des Ferrosiliciums erhebliche Mengen Phosphorwasserstoff in Freiheit gesetzt werden können. Es betrug nämlich das Volumen des Phosphorwasserstoffes in Liter für die Tonne bei:

Proz. Si =	48,80	50,48	49,23	51,31	49,02	57,08	64,26	73,38	79,24
„ P =	0,057	0,026	0,041	0,036	0,037	0,009	0,020	0,025	0,022
l Gas =	66	109	211	100	181	23	22	55	60

Zuweilen zerfallen schon ohne einen äußeren Anlaß Proben der Legierung zu einem sandigen Pulver, diese Erscheinung beruht vermutlich auf einem Gehalt von Calciumcarbid.

Da die giftigen, mechanisch eingeschlossenen Gase aus demjenigen Material am leichtesten entweichen werden, welches auf dem Transport am schnellsten zerfällt, so ist das Ferrosilicium mit weniger als 30 Proz. Si am ungefährlichsten, weil es ziemlich hart und fest ist; den Gegensatz bilden die spröden Legierungen mit 30 bis 45 Proz. Si.

---

[1] Zft. Elektrochem. 1908, **14**, 169.
[2] Stahl u, Eisen 1910, 463.

Lebeau[1] prüfte den Einfluß feuchter Luft auf die verschiedenen Sorten Ferrosilicium, es gelang ihm dabei, nachstehende Gasmengen in Freiheit zu setzen (in Liter für die Tonne. Siehe Tabelle 276).

Aus den erhaltenen Zahlen geht hervor, daß die durch feuchte Luft zersetzbaren Verunreinigungen (Phosphorcalcium und Arsencalcium) in dem Material sehr ungleichmäßig verteilt sind; der Gehalt an Phosphorwasserstoff in dem Gase scheint mit steigendem Siliciumgehalt abzunehmen, Arsenwasserstoff tritt nur bei dem 50 proz. Ferrosilicium auf. Ähnliche Versuche führte *Hinrichsen*[2] aus, vgl. auch *Göpner*[3].

Tabelle 276.

Si-Gehalt Proz.	Nummer der Probe	Volumen des Gases l	Zusammensetzung des Gases		
			Wasserstoff Proz.	Phosphorwasserstoff Proz.	Arsenwasserstoff Proz.
50	1	375,0	56,80	41,57	2,43
	2	340,0	48,60	47,80	3,60
50	1	47,4	9,47	72,98	17,55
	2	52,0	1,0	72,90	27,10
50	1	53,7	94,57	5,43	—
	2	47,4	91,80	8,20	—
50	1	53,9	15,26	29,87	54,87
70	1	181,0	100	—	—
	2	266,0	95,50	4,50	—
75	1	140,0	93,90	6,10	—
	2	112,0	72,80	27,20	—
75	1	416,0	94,0	6,0	—
	2	260,0	95,30	4,70	—
	3	737,0	80,10	19,90	—
	4	554,0	93,0	7,0	—
80	1	223,7	87,50	12,5	—
	2	374,0	87,76	12,24	—
90	1	80,0	92,10	7,8	—
	2	140,0	92,70	7,3	—

Das gefährlichste Ferrosilicium ist dasjenige mit etwa 50 Proz., deshalb wird in England nur Material mit weniger als 30 Proz. Si und mehr als 70 Proz. Si zum Transport zugelassen, in Frankreich solches mit weniger als 30 Proz., mit 40 bis 47 Proz. und über 65 Proz. Si.

Dagegen kommt *Pellew*[4] zu dem Schluß, daß die Legierungen mit 30 bis 70 Proz. Si nicht notwendigerweise gefährlich sein müssen, da die Verunreinigungen des Rohmaterials, welche die giftigen Gase erzeugen (Phosphor, Arsen und besonders Calcium), vermieden werden können.

Vgl. auch *Kurnakow* u. *Urasow*[5].

[1] Rev. de Mét. 1909, 907.
[2] Mitt. d. Mat.-Prüf.-Amtes 1910, 283.
[3] Chem. Ind. 1911, **34**, 31.
[4] Journ. Soc. Chem. Ind. 1914, **33**, 774.
[5] Zft. f. angew. Chem. 1916, II, 458.

(A. P. 1 376 113.) Chemische Fabrik Griesheim-Elektron, Frankfurt: Verfahren zur Herstellung einer Eisen-Silicium-Magnesiumlegierung.

Die Legierung, welche als Desoyxdationsmittel für Eisen- und Stahlguß Verwendung finden soll, wird hergestellt, indem man Ferrosilicium durch Schmelzen in einen halbflüssigen Zustand überführt und der Masse dann das Magnesium zusetzt.

(Vom 11. 11. 1916 ab.)

Die Mangan-Eisenlegierungen.

Mangan und Eisen bilden, wie *Levin* und *Tammann*[1] zeigten, eine lückenlose Reihe von Mischkrystallen, die Schmelzkurve siehe Fig. 213. Auf der Schliffflläche finden sich nach schneller Abkühlung scheinbar zwei verschiedene Strukturelemente: ein eisenreicher Mischkrystall von einem manganreichen umgeben. Durch verlangsamte Abkühlung oder Ausglühen wird indessen das Gefüge vollkommen homogen.

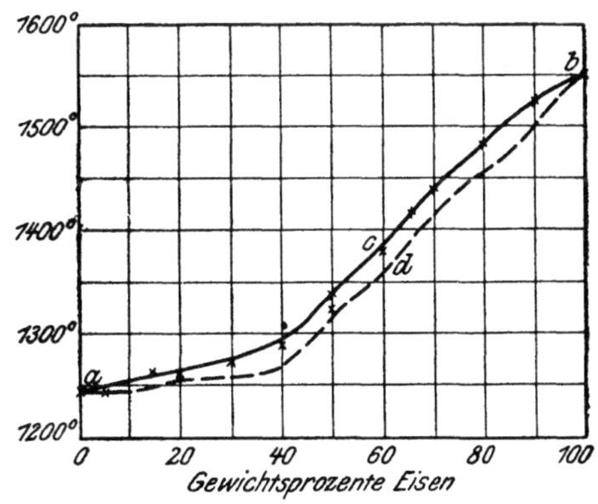

Fig. 213. System: Mangan-Eisen.

Eine sehr empfindliche Magnetnadel wird durch alle Konzentrationen (auch durch reines Mangan) abgelenkt, eine weniger empfindliche Nadel nur durch die Legierungen bis zu etwa 20 Proz. Mangan. Die Abkühlungsgeschwindigkeit übt wahrscheinlich auch auf diese Eigenschaft einen Einfluß aus. Man kann so mit Hilfe eines Magneten bei den technischen Legierungen die Grenzlinie zwischen Spiegeleisen mit weniger als 25 Proz. Mangan und Ferromangan mit mehr als 25 Proz. Mangan leicht festlegen. Die magnetische Permeabilität verschwindet und kehrt wieder bei folgenden Wärmegraden:

Proz. Fe	100	90	80
Verschwindet	950°	820°	750°
Kehrt wieder	750°	715°	720°

Festigkeit und Härte der Legierungen nehmen mit wachsendem Mangangehalt zunächst zu, die Dehnung vermindert sich.

Die Dauer des Haltepunktes Ar_3 des Eisens, entsprechend der γ-β-Umwandlung, nimmt nach Versuchen von *Rümelin* und *Fick*[2] mit wachsendem Mangangehalt stetig ab; der Umwandlungspunkt wird durch einen geringen Manganzusatz stark heruntergedrückt, während ein weiterer Manganzusatz keine Änderung mehr bewirkt. Die 2. Umwandlung Ar_2 sinkt stetig von 767° bei reinem Eisen bis 711° bei 50 Proz. Mn.

[1] Zft. f. anorg. Chem. 1905, **47**, 136.

[2] Ferrum 1915, **12**, 41.

Die magnetische Umwandlungstemperatur des reinen Mangans 1146° wird durch Zusatz von 5 Proz. Eisen auf 1141° erniedrigt, die an sich schon geringe Wärmetönung war bei Zusatz von 10 Proz. Eisen nicht mehr auffindbar.

Unter dem Einfluß der Atmosphärilien zerfällt das hochprozentige Ferromangan beim Lagern im Freien zu Pulver, vgl. *Dubois*[1]. *Naske* und *Westermann*[2] konnten zeigen, daß durch Einwirkung von Wasser auf die manganreichen Legierungen in der Kälte langsam, mit steigender Temperatur lebhafter, ein Gasgemenge entwickelt wird, das aus Kohlenwasserstoffen und Stickstoff besteht; diese sind als Zersetzungsprodukte von in der Legierung gelöstem Mangancarbid und -nitrid anzusehen. Es ist deshalb zu empfehlen, das Ferromangan stets in trocknen Räumen aufzubewahren, wo es nicht den Witterungseinflüssen ausgesetzt ist.

Die Herstellung des Spiegeleisens und des Ferromangans erfolgt durch Reduktion manganhaltiger Eisenerze bzw. hochprozentiger Manganerze im Hochofen. Vgl. *Wittmann*[3], *Jakobi*[4], *Venator*[5].

Man erhält so stets Legierungen mit einem Kohlenstoffgehalt von 5 bis 8 Proz.; Versuche von *Wraight*[6], den Kohlenstoff durch Oxydationsmittel zu entfernen, hatten keinen Erfolg. Dem gleichen Zweck dient das Verfahren nach

(D. R. P. 138 808.) Hopkins, Berlin: Verfahren zur Darstellung möglichst kohlenstofffreier Metalle, Metalloide oder deren Verbindungen auf schmelzflüssigem Wege, dadurch gekennzeichnet, daß man die hocherhitzten Metalle oder Metalloide eine gleichfalls erhitzte Schicht eines Oxydes bzw. von Oxyden der Metalle, welche im Endprodukt enthalten sein sollen, durchstreichen läßt, wobei der in ihnen enthaltene Kohlenstoff durch den Sauerstoff des Oxydes bzw. der Oxyde oxydiert wird. (Vom 11. 11. 1900 ab.)

Die Herstellung mit Hilfe des elektrischen Ofens ist beschrieben in

(D. R. P. 147 311.) Gin, Paris: Verfahren zur Herstellung von Ferromangan unter gleichzeitiger Gewinnung von Oxyden der Alkalien oder Erdalkalien, dadurch gekennzeichnet, daß zunächst Mangan- und Eisenoxyd enthaltendes Manganerz durch unmittelbare Wirkung des Schwefelkalis oder mittels des entsprechenden Sulfates und Kohle verschlackt wird. In einem zweiten Arbeitsgang, der sich im elektrischen Ofen vollzieht, reduziert man die erhaltene Schmelze in Gegenwart von nur so viel Kohle, daß diese zur Reduktion des Mangans und Eisens hinreicht, aber nicht genügt, um das Alkali- oder Erdalkalimetall freizumachen. (Vom 8. 3. 1902 ab.)

(D. R. P. 131 414.) Simon, Bordeaux: Verfahren zur elektrolytischen Darstellung von Eisen, Mangan oder Ferromangan, dadurch gekennzeichnet, daß in geschmolzenem Fluorcalcium gelöste Oxyde des Eisens oder Mangans oder deren Gemische als Elektrolyt dienen, wobei als Nebenwirkungen des Lösungsmittels der im Erz enthaltene Phosphor teilweise entfernt und die Zersetzungstemperatur erniedrigt wird, so daß die Verluste durch Verflüchtigung des Metalls auf das geringste Maß beschränkt werden. (Vom 4. 12. 1900 ab.)

---

[1] Stahl u. Eisen 1902, 989.
[2] Stahl u. Eisen 1903, 243.
[3] Stahl u. Eisen 1904, 14.
[4] Stahl u. Eisen 1909, 1119.
[5] Stahl u. Eisen 1908, 43.
[6] Metallurgie 1909, 393.

Die Verarbeitung sonst unbrauchbarer, phosphorreicherer Erze ist ermöglicht im

(D. R. P. 252 166.) Lang, Kattowitz: Verfahren zur Herstellung von phosphorarmem Ferromangan aus phosphorhaltigen Manganerzen bzw. aus phosphorhaltigem Ferromangan, dadurch gekennzeichnet, daß das phosphorhaltige Metall bei einer Temperatur von etwa 1200° einem Oxydationsprozesse ausgesetzt wird, bei dem der Phosphor ohne namhafte Manganverluste verbrennt. (Vom 7. 2. 1911 ab.)

Ein kohlenstofffreies Ferromangan kann nach dem aluminothermischen Verfahren hergestellt werden.

Das Ferromangan dient zur Desoxydation, Entschwefelung und Rückkohlung des Stahlbades.

Als Zwischenglied zwischen dem Ferromangan und dem Ferrosilicium steht das „Ferromangansilicium" oder „Silicospiegel". Die Legierung wird hergestellt durch Vermischen der beiden geschmolzenen Komponenten in einer geteerten Pfanne. Das Silicium bringt hierbei den größten Teil des im Ferromangan enthaltenen Kohlenstoffs als Graphit zur Ausscheidung, so daß die Legierung um so kohlenstoffärmer ausfällt, je höher der Siliciumgehalt liegt. Namentlich das im elektrischen Ofen erzeugte Material zeichnet sich durch große Reinheit aus. *Venator*[1] gibt folgende Analysen an:

	Proz. Mn	Proz. Si	Proz. C	Proz. P	Proz. S
Weil und *Reinhardt*, Qual. I . . .	50/55	20/25	1,0	0,06	0,03
„ „ „ „ II . . .	68/75	20/25	0,8	0,05	0,02
„ „ „ „ III . . .	50/55	30/35	0,65	0,04	0,03
Im elektrischen Ofen hergestellt . . .	74,5	24,7	0,3	0,02	0,01

Die Aluminium-Eisenlegierungen.

Aluminium und Eisen sind, wie aus den Versuchen von *Gwyer*[2] und *Kurnakow*[3] folgt, im flüssigen Zustand in allen Verhältnissen ineinander löslich; im festen Zustand nimmt Eisen bis zu 34 Proz. Aluminium in fester Lösung auf. Auf der aluminiumreichen Seite bestehen die Legierungen von 0 bis 48 Proz. Eisen aus Krystallen der Verbindung Al_3Fe, eingebettet in überschüssigem Aluminium, während in den Konzentrationen von 48 bis 66 Proz. Eisen die Konstitution noch nicht aufgeklärt ist.

Die eisenreichen Mischkrystalle sind stark magnetisierbar, die Legierungen mit 30 Proz. und mehr Aluminium wirken dagegen auf eine empfindliche Magnetnadel nicht mehr ein.

Die Herstellung der technischen Aluminium-Eisenlegierungen, des „Ferroaluminiums", geschieht entweder im elektrischen Ofen durch Reduktion eines Gemisches von Tonerde mit Eisen oder durch Auflösen des Aluminiums in geschmolzenem Eisen oder auf aluminothermischem Wege.

Der Aluminiumgehalt beträgt in der Regel 10 bis 20 Proz., die Legierung wird als Ersatz des Aluminiums zur Reinigung des Stahlbades angewandt.

---

[1] Stahl u. Eisen 1908, 84.
[2] Zft. f. anorg. Chem. 1908, **57**, 126.
[3] Zft. f. anorg. Chem. 1922, **125**, 207.

Dem gleichen Zweck dient eine Aluminium-Silicium-Eisenlegierung, *Venator*[1] gibt dafür folgende Zusammensetzung an:

45,5 Proz. Si, 44,15 Proz. Fe, 9,45 Proz. Al
0,55 Proz. C, 0,01 Proz. S, 0,027 Proz. P.

(**D. R. P. 383 892.**) **Reissmann, Großröhrsdorf: Nichtrostende, hitzebeständige Eisen-Aluminium-Nickellegierung,** gekennzeichnet durch einen Gehalt von ungefähr 10 Proz. Aluminium und ungefähr 5 Proz. Nickel. (Vom 23. 7. 1921 ab.)

Unter dem Namen „Albidur" wird nach *Venator* eine Eisen-Aluminiumlegierung im Automobilbau verwendet, sie hat ein spez. Gwe. von 2,9 bis 3 und besitzt 18 kg/qmm Festigkeit bei 5 Proz. Dehnung.

Versuche von *Schirmeister*[2] zeigen, daß die Schwindung und Lunkerung des Aluminiums durch einen Eisenzusatz erheblich verringert werden: bei 4 Proz. Fe ist kaum noch ein Nachsaugen, bei 7 Proz. Fe bereits ein deutliches Treiben zu beobachten. Für Aluminium-Formguß würde deshalb ein Eisengehalt bis zu 4 Proz. von Nutzen sein. Auch die Wetterbeständigkeit dieser Legierung ist eine gute. In der Wärme sind die Legierungen bis höchstens 12 Proz. Fe leidlich walzbar, ihre Zugfestigkeit wird bis zu einem Gehalt von 4 Proz. Fe etwas verbessert, um bei einem höheren Gehalt wieder zurückzugehen, die Härte zeigt eine dauernde, fast kontinuierliche Zunahme, die Dehnung eine ebensolche Abnahme.

Schirmeister erhielt bei den zwischen 450 und 500° langsam gewalzten Legierungen nachstehende Werte:

Tabelle 277.

Eisengehalt Proz.	Zugfestigkeit kg/qmm	Dehnung Proz.	Härte (Brinell)	Eisengehalt Proz.	Zugfestigkeit kg/qmm	Dehnung Proz.	Härte (Brinell)
0,0	10,5	34	29	5,0	12,5	25	—
1,3	10,9	36	—	6,8	12,4	18	38
1,8	11,5	33	33	8,8	12,0	12	—
2,7	12,3	31	—	11,1	11,7	8	44
3,7	12,6	29	37	12,5	11,4	7	—

Im Gegensatz hierzu fand *Zeerleder*[3], daß ein Eisengehalt sowohl auf die Festigkeit als auch auf die Beständigkeit des Aluminiums gegen Seewasser und Salpetersäuren einen schädlichen Einfluß ausübt; der Eisengehalt der Legierungen muß daher stets möglichst tief gehalten werden. Ein Zusatz von Wolfram bis zu 1,2 Proz. wirkt bessernd, während ein teilweiser Ersatz des Eisens durch Nickel oder Kobalt noch weiter schädigend wirkt.

Auch nach Untersuchungen von *Guillet* und *Portevin*[4] ist der Einfluß eines Eisenzusatzes auf die Eigenschaften des gegossenen Aluminiums ein ungünstiger, die Härte nimmt zu, die Zähigkeit ab, so daß bei einem Gehalt von 4 Proz. Fe

[1] Stahl u. Eisen 1908, 150.
[2] Stahl u. Eisen 1915, 874.
[3] Metall u. Erz 1917, **14**, 325.
[4] Rev. de Mét. 1920, **17**, 735.

die Legierung nur eine sehr schwache plastische Deformation verträgt und brüchig wird.

(D. R. P. 359 610.) Oberschlesische Eisenind. A. G., Gleiwitz: Widerstandsmaterial aus einer Eisen-Aluminium-Siliciumlegierung, dadurch gekennzeichnet, daß dem Eisen Aluminium und Silicium, zusammen bis höchstens 7 Proz., worin mindestens 1 Proz. Silicium enthalten sein muß, hinzulegiert werden.

Die Legierung soll eine so hohe Temperaturbeständigkeit besitzen, daß sie bei Überlastung keine Oxydation erleidet. (Vom 1. 11. 1918 ab.)

(Zus. P. 378 641), dadurch gekennzeichnet, daß der Legierung nach (359 610) unter gleichzeitiger Verminderung des Aluminiumgehaltes 8 bis 12 Proz. Nickel hinzugesetzt werden. Das Erzeugnis ist beständiger gegen Rost, besitzt einen größeren spez. Widerstand und einen kleineren Temperaturkoeffizienten.

Die Titan-Eisenlegierungen.

Lamort[1] stellte die Schmelzkurve der Titan-Eisenlegierungen mit bis zu 22 Proz. Titan auf (siehe Fig. 214). Das Eisen vermag 6 Proz. Titan in fester Lösung aufzunehmen; längs des Astes *AB* der Schmelzkurve scheiden sich aus der Schmelze primär diese Mischkrystalle ab, längs *EB* eine Krystallart, deren Zusammensetzung noch unbekannt ist, vermutlich die Verbindung Fe_3Ti. Im Punkte *B* (bei 1298° und 13,2 Proz. Ti) krystallisiert das Eutektikum beider Krystallarten. *Lamort* bestimmte die Kugeldruckhärte der Legierungen bei einer Belastung mit 500 kg, er fand folgende Brinellzahlen:

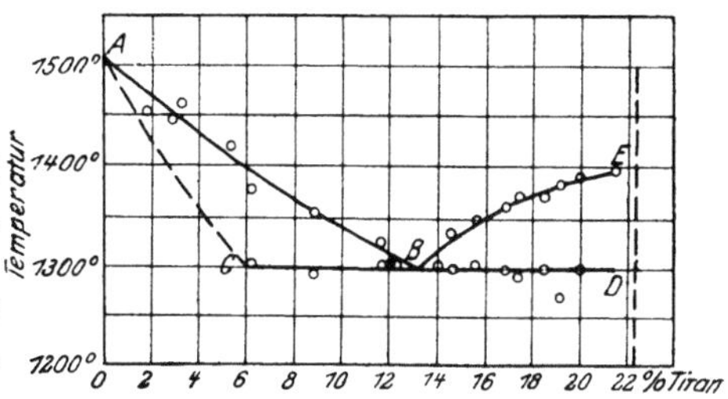

Fig. 214. System: Titan-Eisen.

Proz. Ti . . .	0	0,75	3,33	4,50	7,30	8,92	11,73	14,51	15,56	19,42	19,90	21,50
Härtezahl . . .	96	144	214	242	312	373	327	350	360	405	472	484

Die Magnetisierbarkeit des Eisens nimmt bei einem Titanzusatz oberhalb von etwa 14 Proz. schnell ab, eine Probe mit 21,5 Proz. Ti ist nur noch schwach magnetisierbar. Die Temperatur der magnetischen Umwandlung des Eisens wird ebenfalls durch den Hinzutritt des Titans erniedrigt, und zwar in einer nahezu geradlinig verlaufenden Kurve von 780° bei 0 Proz. Ti bis 690° bei 21 Proz. Ti.

Die Titan-Eisenlegierungen nehmen bei hohen Wärmegraden aus der atmosphärischen Luft erhebliche Mengen Stickstoff auf unter Bildung von Titannitrid und Cyanstickstofftitan; deshalb kann es geschehen, wie *Lamort* feststellte, daß bei den technischen Legierungen, den „Ferrotitanen", der gesamte Titangehalt als Nitrid in Form gelblicher Krystalle auftritt. Hierauf sind die Ergebnisse zurückzuführen, die *Guillet*[2] bei der mikroskopischen Untersuchung

[1] Ferrum 1914, 255.
[2] Rev. de Mét. 1904, 506.

der Titan-Eisenlegierungen erhielt, und die von den Angaben *Lamorts* erheblich abweichen.

Die Herstellung des Ferrotitans geschieht durch Reduktion titanhaltiger Eisenerze durch Kohle im Hochofen oder im elektrischen Ofen.

Moissan reduzierte (D. R. P. 82282) Titansäure mit Kohle in Gegenwart eines Eisenbades. *Huppertz*[1] versuchte die gleichzeitige Reduktion von Titansäure und Eisenoxyd durch Calciumcarbid und die Elektrolyse von Eisentitanat.

Rossi gewinnt Ferrotitane mit 10 bis 75 Proz. Ti durch Einwirkung von Aluminium auf Titansäure und Zusammenschmelzen der erzielten Legierung mit Eisenoxyd im elektrischen Ofen.

Aluminothermisch werden Ferrotitane mit 20 bis 25 Proz. Ti hergestellt.

Venator[2] gibt folgende Analysen dreier Sorten französischer Herkunft an:

	Proz. C	Proz. Ti	Proz. Al	Proz. Mg	Proz. Si	Proz. S	Proz. P
I	3,20	52,0	0,31	0,29	1,21	0,03	0,02
II	0,47	56,17	0,25	0,19	0,87	0,02	0,03
III	3,28	53,0	0,30	—	1,21	0,08	0,02

Zur Verwendung kommt das Ferrotitan bei der Herstellung des Titanstahls und in großem Umfang als Reinigungs- und Desoxydationsmittel der verschiedensten Eisen- und Stahlsorten. Die Ansichten über die Wirksamkeit der Legierung gingen sehr auseinander, weil man häufig Ferrotitane benutzte, die, wie schon erwähnt wurde, ihr Absorptionsvermögen für Stickstoff durch den Gehalt an Titannitrid und Cyanstickstofftitan eingebüßt hatten. Eine umfassende Zusammenstellung der bezüglichen Untersuchungen gibt *Stoughton*[3].

Die Phosphor-Eisenlegierungen.

Die Konstitution der Phosphor-Eisenlegierungen mit einem Gehalt bis zu 24,5 Proz. Phosphor wurde von *Stead*[4] und von *Saklatwalla*[5] untersucht. Das Eisen vermag bis zu 1,7 Proz. Phosphor in fester Lösung aufzunehmen, alsdann tritt die Verbindung Fe_3P und bei 21,6 Proz. P die Verbindung Fe_2P auf. Die Mischkrystalle bilden mit Fe_3P ein Eutektikum mit 10,2 Proz. P und beide Verbindungen ein solches mit 16,2 Proz. P.

Die Härte der Legierungen steigt von 3,5 des reinen Eisens nach der *Mohr*schen Skala schon bei dem geringsten Phosphorzusatz auf 5 bis 5,5; die höchsten Härtegrade zeigen die beiden Eutektika.

Ein Herstellungsverfahren ist geschützt im

(D. R. P. 156 087.) Gin, Paris: Verfahren zur Darstellung von Ferrophosphor aus Kalkphosphat, durch Reduktion der Kalkphosphate im geschlossenen elektrischen Ofen unter Zusatz von Eisen und in Gegenwart von Kieselsäure als Verschlackungsmittel, dadurch gekennzeichnet, daß an Stelle der bisher als Reduktionsmittel benutzten Kohle dem Reaktionsgemisch Pyrit zu gleichem Zwecke beigegeben wird, wodurch ein Teil des zur Bildung des Ferrophosphors erforderlichen Eisens entbehrlich wird. (Vom 25. 5. 1902 ab.)

[1] Metallurgie 1904, 417, 503.
[2] Stahl u. Eisen 1908, 259.
[3] Ferrum 1913, **11**, 15.
[4] Journ. of the Iron and Steel Inst. 1900 (Sept.).
[5] Metallurgie 1908, 331.

Im Handel kommt das Ferrophosphor mit 25 Proz. P vor; *Turner* empfahl seinen Zusatz zu Gußeisen, das dadurch außerordentlich dünnflüssig wird; dieses eignet sich dann zu dünnwandigen Güssen sowie zu Kunstguß, bei dem die Einzelheiten klar hervortreten müssen.

Zwei Legierungen[1] wurden angewandt, um die Schlacke beim Thomasverfahren anzureichern und das Auswalzen des Stahles zu befördern, indem die für die Fabrikation von Feinblech hinderliche Weichheit und leichte Schweißbarkeit verringert wird.

	Proz. P	Proz. Fe	Proz. Si	Proz. Mn
I	24	73,3	2,47	0,1
II	17,5	76,2	0,42	5,75

Die Vanadin-Eisenlegierungen.

Die Konstitution der Vanadin-Eisenlegierungen, der „Ferrovanadine", ist noch nicht klargestellt. Man gewinnt die Legierungen auf aluminothermischem Wege, oder indem man Vanadinsäure und Eisenoxyd mit Kohle mischt, zu Würfeln formt und diese in einem mit Kohle ausgefütterten Tiegel glüht, oder durch Reduktion von Vanadinsäure im elektrischen Ofen durch Kohle in Gegenwart von Eisen.

Gin löst Vanadinfluoride in Fluorcalcium und elektrolysiert die Schmelze unter Anwendung einer Kathode, die aus einem Bade von flüssigem Eisen besteht, und einer Anode aus Vanadinsäure und Kohlenstoff.

Venator[2] gibt folgende Zusammensetzung einiger Handelsmarken an:

	Proz. V	Proz. C	Proz. Si	Proz. Mn	Proz. Cu	Proz. S	Proz. P
I	49,5	1,07	0,09	0,07	0,10	0,009	—
II	52,8	1,04	0,09	—	—	0,025	0,02
III	34,1	1,42	0,12	—	—	0,03	0,009

Die aluminothermische Legierung enthält 25 bzw. 35 Proz. Vd und als Verunreinigungen geringe Mengen Silicium und Aluminium.

Das Ferrovanadin dient zur Desoxydation des Stahlbades und zur Herstellung des Vanadinstahles.

Die Chrom-Eisenlegierungen.

Die von *Treitschke* und *Tammann*[3] aufgestellte Erstarrungskurve der Chrom-Eisenlegierungen ist in Fig. 215 wiedergegeben. Neben der primären Erstarrung tritt bei allen Legierungen noch ein thermischer Effekt im festen Zustand, bei einzelnen Legierungen sogar noch ein zweiter auf, die wahrscheinlich auf eine Verbindung von Chrom mit Eisen zurückzuführen sind. Die Struktur der Legierungen ist durchaus verschieden, je nachdem, ob diese durch Zusammenschmelzen der Komponenten oder aluminothermisch, also bei sehr hohen Wärmegraden, erhalten worden sind. Erstere bestehen aus

[1] Metallurgie 1907, 128.
[2] Stahl u. Eisen 1908, 259.
[3] Zft. f. anorg. Chem. 1907, **55**, 402.

2 bis 3 verschiedenen Strukturelementen, letztere aus einer einzigen homogenen Krystallart.

Monnartz[1] fand bei den aluminothermisch hergestellten Legierungen auf der Erstarrungskurve ein Maximum bei etwa 66 Proz. Chrom, entsprechend einer Verbindung Cr_2Fe.

Jänecke[2] glaubt, daß die Ergebnisse der vorgenannten Untersuchungen durch einen geringen Aluminiumgehalt des verwendeten Chroms beeinflußt sind, und daß die Eisen-Chromlegierungen als ein System mit Eutektikum aufzufassen sind, bei dem in weiten Umfange Mischkrystalle auftreten.

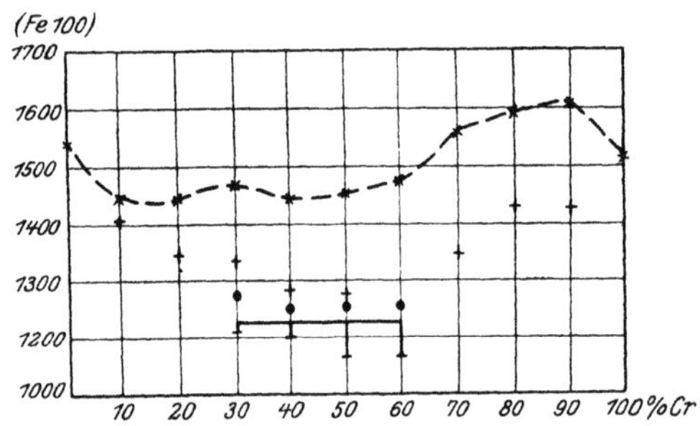

Fig. 215. System: Chrom-Eisen.

Die kohlenstofffreien Legierungen sind bis zu einem Chromgehalt von 70 bis 75 Proz. noch leicht zu bohren und zu drehen, jedoch sind bei den Konzentrationen über 20 Proz. Chrom nur schwer blasenfreie Güsse zu erzielen.

Wichtig sind die Untersuchungen von *Monnartz* über die Säurebeständigkeit der kohlefreien Chrom-Eisenlegierungen:

Ein Zusatz von Chrom erhöht die Löslichkeit in Salz- und Schwefelsäure, im Verhalten gegenüber verdünnter Salpetersäure lassen sich 5 Klassen der Legierungen unterscheiden:

1. Legierungen mit bis 4 Proz. Chrom, die Beständigkeit gegen verdünnte Salpetersäure nimmt ab mit steigendem Chromgehalt, indessen wächst die Beständigkeit gegen konzentrierte Salpetersäure.

2. Legierungen mit 4 bis 14 Proz. Chrom, die Beständigkeit gegen die verdünnte Säure nimmt mit dem wachsenden Chromgehalt außerordentlich rasch zu.

3. Legierungen mit 14 bis 20 Proz. Chrom, die Beständigkeit wächst langsam, ungefähr proportional mit dem Chromgehalt.

4. Legierungen mit 20 bis 40 Proz. Chrom, die Beständigkeit gegen Salpetersäure ist der des Chroms gleich. Die Legierungen lösen sich indessen schon in der Kälte in stark verdünnter Salpetersäure, die etwa 5 Proz. Kochsalz enthält.

5. Legierungen mit 40 bis 100 Proz. Chrom, sie sind nicht nur gegen reine Salpetersäure beständig, sondern widerstehen auch dem Salpetersäure-Kochsalzgemisch mehr oder weniger lange in der Siedehitze. Bei 65 Proz. Chrom scheint ein Maximum der Passivierbarkeit zu liegen. Die Legierungen mit über 40 Proz. Chrom zeichnen sich aus durch ihre vorzügliche Widerstandsfähigkeit gegenüber den Atmosphärilien, auch Flußwasser, die höchstprozentigen Legierungen auch gegenüber Seewasser.

Als weitere Zusätze zu den Chrom-Eisenlegierungen erhöhen geringe Mengen Titan, Vanadin, Molybdän, Wolfram die Beständigkeit beträchtlich,

[1] Metallurgie 1911, 161, 193.
[2] Zft. f. Elektrochem. 1917, **23**, 49.

ohne die mechanischen Eigenschaften erheblich zu schädigen, im Gegenteil verfeinern sie teilweise das Gefüge und steigern dadurch die Festigkeit. Am stärksten tritt der Einfluß bei Wolfram und Molybdän auf; sehr widerstandsfähig ist z. B. eine Legierung 58 Proz. Chrom, 39 Proz. Eisen, 2 Proz. Wolfram, 1 Proz. Mangan.

Die Legierungen sind geschützt durch

(D. R. P. 246 035.) Borchers und Monnartz, Aachen: Eisenlegierungen, die hohe chemische Widerstandsfähigkeit mit mechanischer Bearbeitbarkeit verbinden, dadurch gekennzeichnet, daß sie mehr als 10 Proz. Chrom und außerdem Molybdän enthalten. Das Molybdän kann durch Vanadin oder Titan ersetzt werden. Eine andere Eisenlegierung ist dadurch gekennzeichnet, daß sie etwa 60 Proz. Chrom und 2 bis 3 Proz. Molybdän enthält.

Eine solche Legierung blieb bei einer Festigkeit und Bearbeitbarkeit guten Gußeisens nicht nur in verdünnter Salpetersäure auch bei Gegenwart von viel Alkalichlorid, sondern sogar in siedendem Königswasser vollständig unlöslich. (Vom 22. 1. 1910 ab.)

Die Herstellung der technischen Eisen-Chromlegierungen, des „Ferrochroms", erfolgt durch Reduktion des Chromeisensteins bei hoher Temperatur im Hochofen oder elektrischen Ofen. Das feingemahlene Erzpulver wird mit 6 bis 8 Proz. Holzkohle oder Anthrazit innig gemischt und unter Verwendung geeigneter Flußmittel (Kalk, Borax, Fluoride, Glas usw.) eingeschmolzen (siehe *Venator*[1]). Die so im Hochofen, zuweilen auch im Tiegel gewonnene Legierung enthält immer 3 bis 12 Proz. Kohlenstoff; leichter geht die Reduktion des Erzes im elektrischen Ofen vor sich, aber auch hier nimmt die Legierung 3 bis 8 Proz. Kohlenstoff auf. Durch Raffination kann der Kohlenstoffgehalt auf 0,5 Proz. und weniger herabgedrückt werden. Zu diesem Zweck wird das Ferrochrom in einem Gemisch von Chromeisenstein und Kalk im elektrischen Ofen behandelt; nach *Venator* werden 100 kg der in Stücke zerschlagenen Legierung mit 14 kg gepulvertem Chromeisenstein und 2 kg Kalk geschmolzen; der Ofen darf keine Kohle enthalten und der Lichtbogen zwischen den beiden Elektroden außerhalb des Gemisches übergehen.

Ein kohlenstofffreies Ferrochrom mit geringem Aluminium- und Siliciumgehalt wird nach dem aluminothermischen Verfahren gewonnen (siehe S. 101).

Eine Verbesserung des Verfahrens ist geschützt im

(D. R. P. 283 636.) Goldschmidt A.-G., Essen: Verfahren zur Erhöhung der Ausbeute an Chrom bei der aluminothermischen Herstellung von kohlefreiem Ferrochrom aus Chromeisenstein, dadurch gekennzeichnet, daß man der gewöhnlichen Mischung von Chromeisenstein und reduzierenden Metallen noch Chromoxyd zufügt und diese Masse der aluminothermischen Reaktion unterwirft.

Hierdurch gelingt es, die Ausbeute an Chrom aus dem Chromeisenstein bis um etwa 15 bis 20 Proz. zu erhöhen und gleichzeitig stets Ferrochrom von gleichmäßiger Zusammensetzung zu gewinnen. Der Zusatz an Chromoxyd kann je nach dem gewünschten Chromgehalt gewählt werden. Besonders gute und gleichmäßige Ausbeuten erhält man, wenn man die Mischung vor der aluminothermischen Reaktion einer Erwärmung, etwa bis auf Rotglut, unterwirft. (Vom 6. 7. 1912 ab.)

(Zus. P. 285 423.) An Stelle des Chromoxyds können andere Metalloxyde, wie z. B. diejenigen des Kobalts, Nickels, Wolframs, Molybdäns, Vanadiums, angewandt werden.

---

[1] Stahl u. Eisen 1908, 151.

Setzt man z. B. einem aus Chromeisenstein und Aluminium bestehenden aluminothermischen Gemisch etwas Kobaltoxyd hinzu und entzündet die Mischung, so zeigt sich, daß in der entstehenden Legierung, die natürlicherweise auch Kobalt enthält, ein höherer Prozentsatz an Chrom enthalten ist, als ohne diesen Zusatz von Kobaltoxyd. Das Verfahren hat besondere Bedeutung für die Herstellung von binären oder ternären Legierungen, deren eine Komponente Chrom ist. Da auf diesem Wege die Ausbeute an Chrom ziemlich erheblich gesteigert werden kann, so stellen sich diese für die Stahlindustrie wichtigen Legierungen wesentlich billiger, als wenn man die einzelnen Metalle für sich herstellen und später erst mischen würde. (Vom 19. 2. 1913 ab.)

(D. R. P. 302 675.) Stahlwerk Lindenberg A.-G., Remscheid: Verfahren zur Herstellung von sehr kohlenstoffarmem Ferrochrom, dadurch gekennzeichnet, daß hochprozentiges Ferrosilicium in einem elektrischen Ofen, in dem eine reduzierende Atmosphäre aufrecht erhalten werden kann, eingeschmolzen und dann mit einer Mischung von technisch reinem Chromoxyd und Kalk überdeckt wird.

Unter dem Einfluß der Wärme erfolgt die Umsetzung zu Ferrochrom und kieselsaurem Kalk, und zwar um so schneller, je heißer das Ferrochrom eingeschmolzen wird, und je weniger Mischung von Chromoxyd und Kalk auf einmal zugegeben wird. Das Verfahren soll gestatten, 98 Proz. des zugesetzten Chroms zu gewinnen, was selbst bei dem aluminothermischen Verfahren wegen der Menge der entstehenden Tonerde kaum übertroffen werden dürfte, die Gestehungskosten stellen sich erheblich niedriger. (Etwa 12 Mk. für 1 kg Chrom in Ferrochrom gegen 20 Mk. für 1 kg Chrom in dem 95 proz. Chrom von *Goldschmidt*.) (Vom 5. 2. 1916 ab.)

Die Zusammensetzung des raffinierten Ferrochroms ergibt sich aus nachstehenden Analysen, von *Venator* (a. a. O.) zusammengestellt:

Tabelle 278.

	Proz. Cr	Proz. Fe	Proz. C	Proz. P	Proz. S	Proz. Si	Proz. O
Legierung I nach *Steinhart* . .	62,45	36,7	0,56	0,03	0,009	0,12	0,14
„ II „ *Steinhart* . .	68,14	29,9	1,27	0,01	0,009	0,12	0,20
„ I „ *Weil* u. *Reinhardt*	67,50	32,1	0,60	0,01	0,01	0,23	—
„ II „ *Weil* u. *Reinhardt*	67,92	29,8	1,90	0,01	0,01	0,12	0,02 Mn
„ I „ *Houghton* . .	63,59	—	0,65	0,01	0,03	0,14	—
„ II „ *Houghton* . .	69,30	—	1,47	0,01	0,04	0,35	—
„ nach *Dujardin*	66,12	32,9	0,53	0,01	0,01	0,25	—

Zur Verwendung kommt das Ferrochrom bei der Herstellung der verschiedenen Chromstahle; die kohlenstofffreie Legierung zeichnet sich durch einen niedrigeren Schmelzpunkt und größere Legierungsfähigkeit vor der kohlenstoffhaltigen aus, sie erleidet einen wesentlich geringeren Abbrand.

Eine Chrom-Eisen-Nickellegierung wird ebenfalls im elektrischen Ofen hergestellt, sie dient zur gleichzeitigen Einführung von Nickel und Chrom in den Stahl. *Venator* führt folgende Zusammensetzungen an:

	Proz. Cr	Proz. Ni	Proz. Fe	Proz. C
Legierung I	51 bis 52	17 bis 19	29 bis 30	0,25 bis 0,75
„ II	50 „ 51	17 „ 19	28 „ 29	1,30 „ 1,80

Eine Chrom-Eisen-Siliciumlegierung ist geschützt im

(D. R. P. 277 855.) Grohmann & Co., G. m. b. H., Wesseling: Eisen und Silicium enthaltende Legierung zur Herstellung von säure- und temperaturbeständigen Gegenständen, dadurch gekennzeichnet, daß sie neben einem Gehalt an Silicium bis zu höchstens 18 Proz. noch Chrom bis zu höchstens 70 Proz. enthält.

Durch den Chromzusatz sollen die aus Eisen und Silicium bestehenden Legierungen eine ausgezeichnete Bearbeitungsfähigkeit erhalten, ohne daß ihre Säurebeständigkeit geschädigt wird. Legierungen, die bis zu 18 Proz. Silicium und bis zu 70 Proz. Chrom enthalten, lassen sich wie Stahl verarbeiten und sind auch gegen Schwefelsäure beständig. (Vom 22. 11. 1911 ab.)

(D. R. P. 340 067.) Walter, Düsseldorf: Legierung zur Herstellung chemisch und mechanisch hochbeanspruchter Gegenstände, 1. dadurch gekennzeichnet, daß in den bekannten Legierungen der Fe- und Cr-Gruppe, wie Fe-Ni- oder Co-Cr-Legierungen, Ni oder Co gänzlich oder teilweise durch Si ersetzt wird. — 2. dadurch gekennzeichnet, daß unter teilweisem Ersatz von Ni oder Co der Si-Gehalt 0,20 bis 8 Proz. bei einem Cr-Gehalt von 3 bis 35 Proz. beträgt. — 3. dadurch gekennzeichnet, daß bei gänzlichem Fortfall von Ni oder Co der Si-Gehalt von $^1/_2$ bis 15 Proz. beträgt, bei gleichem Cr-Gehalt wie unter 2. — 4. dadurch gekennzeichnet, daß sie zur Erhöhung der mechanischen Festigkeit Zusätze von W, Mo, Mn, Vd oder Ti enthält.

Es werden besonders gegen verdünnte Säuren widerstandsfähige und gut bearbeitbare Legierungen erhalten. (Vom 2. 5. 1918 ab.)

Die Hoskins Manf. Co. verwendet eine Chromon genannte Legierung aus 75 Proz. Eisen und 25 Proz. Chrom zum Schutze der Thermoelemente bei Wärmemessungen in geschmolzenen Messing- und Bronzemischungen.

In den Vereinigten Staaten soll für Tellerventile eine von *Thomson*[1] angegebene „Silcrome" genannte Silicium-Chromlegierung verwandt werden, sie hat einen Ausdehnungskoeffizienten = 0,000007033 für 1°, Brinellhärte = 265, Festigkeit = 120 kg, Streckgrenze = 91 kg/qmm und soll bis 820° hitzebeständig sein.

Die Molybdän-Eisenlegierungen.

Lautsch und *Tammann*[2] versuchten die Erstarrungskurve der Molybdän-Eisenlegierungen aufzustellen, sie fanden für den Beginn der Erstarrung folgende Wärmegrade:

Proz. Fe =	0	1	2,5	5	10	12,5	14	15	17,5
°C . . =	1525	1484	1514	1497	1485	1467	1460	1456	1445
Proz. Fe =	20	25	30	35	40	42,5	46	53	60
°C . . =	1444	1423	1407	1383	1385	1354	1413	1458	1487

Die Erstarrungskurve fällt bis zu einem Gehalt von etwa 42 Proz. Fe, um dann wieder anzusteigen. Aus dem Strukturbild schließen *Lautsch* und *Tammann*, daß die Legierungen aus eisen- bzw. molybdänreichen Mischkrystallen und einer Eisen-Molybdänverbindung von noch unbekannter Zusammensetzung bestehen. Die aluminothermisch, also bei hohen Wärmegraden, erzeugten Legierungen zeigen diese Verbindung in erhöhtem Maße.

Vigouroux[3] will durch Rückstandsanalysen eine ganze Anzahl Verbindungen isoliert haben. Je höher der Molybdängehalt seiner Legierungen war, desto größer wurde ihre Widerstandsfähigkeit gegenüber Salzsäure, verdünnter Schwefelsäure und besonders Flußsäure.

---

[1] Automotive ind. 1922, 932.

[2] Zft. f. anorg. Chem. 1907, **55**, 386.

[3] C. r. 1906, **142**, 889, 928.

Die Umwandlungspunkte des reinen Eisens verschwinden bereits bei einem Molybdängehalt von wenigen Prozenten; die Legierungen von 0 bis 50 Proz. Molybdän zeigen starken Magnetismus, der von 50 bis 65 Proz. schnell sinkt und von 70 Proz. an nicht mehr nachzuweisen ist.

Die technische Legierung, das „Ferromolybdän", wird auf aluminothermischen Wege hergestellt oder im elektrischen Ofen durch Reduktion von Molybdänsäure oder Molybdänblende bei Gegenwart von Eisen.

Venator[1] gibt für raffiniertes Ferromolybdän folgende Zusammensetzung an:

	Proz. Mo	Proz. C	Proz. Si	Proz. S	Proz. P	Proz. Cr
I	52	0,34	0,09	0,01	0,009	—
II	75,8	unter 2	—	—	—	—
III	80	0,3	0,12	0,05	0,01	0,73

Die aluminothermisch hergestellte Legierung enthält etwa 80 Proz. Mo, Si und Al in Spuren. Das Ferromolybdän dient zur Herstellung des Molybdänstahles.

Die Wolfram-Eisenlegierungen.

Harkort[2] versuchte das Schmelzdiagramm der Wolfram-Eisenlegierungen aufzustellen; bis zu einem Gehalt von etwa 5 Proz. Wolfram scheint eine geringe Erhöhung des Schmelzpunktes (1525°) des reinen Eisens einzutreten, von da bis etwa 15 Proz. Wolfram (oder auch noch über diesen Gehalt hinaus) eine geringe Erniedrigung. *Harkorts* Versuche erstreckten sich bis zu einem Gehalt von 19,6 Proz. Wolfram. Der Verlauf der Erstarrungskurve und das mikroskopische Schliffbild deuten auf die Bildung homogener Mischkrystalle in dem angegebenen Konzentrationsintervall hin.

Die Umwandlung des α-β-Eisens bleibt durch den Hinzutritt des Wolframs unbeeinflußt, die β-γ-Umwandlung dagegen wird erhöht. Dieser Umwandlungspunkt bei 871° für reines Eisen steigt bei der Legierung mit 10 Proz. Wolfram auf 933°.

Vigouroux[3] gibt für die aluminothermisch gewonnenen Legierungen an, daß sie weich, wenig brüchig, körnig oder blättrig sind um und so weniger magnetisch, je höher der Wolframgehalt liegt. Durch Rückstandsanalysen glaubte er eine Verbindung Fe_3W_2 abgeschieden zu haben, während *Carnot* und *Goutal*[4] durch das gleiche Verfahren Krystalle von der Formel Fe_3W erhielten.

Die Herstellung der technischen Wolfram-Eisenlegierungen, des „Ferrowolframs", wurde zuerst von *Biermann*-Hannover versucht; er reduzierte feingemahlenen Scheelit oder Wolframit, gemischt mit der erforderlichen Menge Eisenoxyd, durch 10 bis 18 Proz. Holzkohle unter einer Decke von 5 Proz. Glas und 10 bis 12 Proz. gemahlenem Quarz.

Borchers reduzierte in Graphittiegeln Wolframsäure oder Erz mit Eisenabfällen, Kolophonium und Holzkohle unter einer Decke von Glas und Quarz

[1] Stahl u. Eisen 1908, 257.
[2] Metallurgie 1907, 617.
[3] C. r. 1906, **142**, 1197.
[4] Contrib. à l'étude des alliages 1901, 513.

im Regenerativofen, auf 1 t Erz kommen 120 bis 150 kg Kohle und 56 kg Kolophonium.

In den Vereinigten Staaten wendet man den elektrischen Ofen an und als Reduktionsmittel Calciumcarbid oder Silicium. Ein anderes Verfahren ist geschützt im

(D. R. P. 237 285.) Ampère-Ges., Berlin, und Müller, Stuttgart: Verfahren zur Herstellung von Ferrowolfram aus Scheelit ($CaWO_4$) im elektrischen Ofen, dadurch gekennzeichnet, daß Schwefeleisen als eisenhaltiger und gleichzeitig den Kalk bindender Zusatz verwendet wird.

Es findet ein Zusatz von Kohle und Kalk statt. (Vom 26. 9. 1907 ab.)

Das kohlenstoffhaltige Ferrowolfram wird durch Zusammenschmelzen mit reinem Wolframit oder Wolframsäure entkohlt.

Die kohlenstofffreie Legierung wird auf aluminothermischem Wege gewonnen, eine Verbesserung des Verfahrens ist beschrieben im

(F. P. 427 774.) Th. Goldschmidt, Essen: Verfahren zur Herstellung von Wolframlegierungen mit einem hohen Wolframgehalt, namentlich Ferrowolfram. Aus einem Gemisch von Wolframsäure, Eisenoxyd und Aluminium lassen sich auf aluminothermischem Wege wegen der Schwerschmelzbarkeit des Wolframs nur geringe Mengen von regulinischen Legierungen gewinnen. Werden hingegen diesem Gemisch noch indifferente Körper, wie Kalk oder andere Erden hinzugefügt, so erhält man ein Ferrowolfram mit hohem Wolframgehalt. Statt Wolframsäure und Kalk kann auch Scheelit ($CaWO_4$) benutzt werden. Auf gleichem Wege läßt sich auch Wolfram mit Chrom, Molybdän usw. legieren.

Ein kohlenstofffreies Ferrowolfram mit 56 Proz. W wird im elektrischen Induktionsofen gewonnen durch Einschmelzen von Scheelit mit Ferrosilicium nach der Formel:

$$3\,CaWO_4 + 4\,Fe_2Si = 2\,WFe_3 + WFe_3 + 3\,CaSiO_3 + FeSiO_3\,.$$

Venator[1] gibt nachstehende Beispiele für die Zusammensetzung der technischen Lagierungen an:

Nach *Weil* und *Reinhardt:*

	Proz. W	Proz. C	Proz. Si	Proz. Mn	Proz. S	Proz. P
Legierung I	70 bis 75	—	0,3	0,8	0,01	0,02
„ II	83,3	0,52	0,13	—	0,01	0,01
Nach Guillet	87,4	0,38	0,13	—	0,07	0,009
Eine pulverförmige Leg.[2] .	85	0,30	0,45	0,45	0,01	0,25 (Al, Cu)

Das Ferrowolfram dient zur Herstellung des wolframhaltigen Stahles.

Eine Ferrozirkonlegierung wird gewonnen nach:

(D. R. P. 335 887.) Rare Metals Reduktions Co., Baltimore: Verfahren zur Herstellung einer Legierung aus Zirkonium und Eisen. Die Legierung besteht im wesentlichen aus 40 bis 90 Proz. Zr und Fe und enthält außerdem zweckmäßig geringe Mengen Titan oder Aluminium.

Das Verfahren zur Herstellung der Legierungen besteht in der Reduktion von Verbindungen, die Zirkon und Eisen enthalten, eventuell im Beisein einer eisenhaltigen Titanlegierung bzw. Aluminiumpulver. Die Legierungen sollen vorzugsweise zur Herstellung von Glühfäden für elektrische Lampen dienen. (Vom 15. 1. 1920 ab.)

[1] Stahl u. Eisen 1908, 256.

[2] Stahl u. Eisen 1909, 444.

Die Wolframlegierungen.

Das Wolfram ist durch ein außerordentlich hohes spez. Gew. (19,1) und eine sehr große Härte ausgezeichnet, diese beiden Eigenschaften finden sich auch in seinen Legierungen wider.

(D. R. P. 343 738.) Metal u. Thermit Corporation, New York: Verfahren zur Herstellung von Wolframlegierungen, 1. dadurch gekennzeichnet, daß man Wolframpulver zu dichten, zusammenhängenden Körpern, beispielsweise Tafeln, zusammenpreßt und diese Tafeln dem zu legierenden Metall oder den Metallen hinzufügt. — 2. dadurch gekennzeichnet, daß man die dichten Wolframpulverkörper dem geschmolzenen Metallbade hinzusetzt.

Ein Verlust an Wolfram durch Oxydation oder Übergang in die Schlacke wird vermieden. (Vom 21. 4. 1920 ab).

Die Herstellung von Wolframlegierungen durch Zusammenschmelzen der Bestandteile ist wegen des hohen Schmelzpunktes des reinen Wolframs (gegen 3000°) nur schwierig auszuführen, leichter gelingt das aluminothermische Verfahren (siehe S. 96, 507). Hierbei fanden *Stavenhagen* und *Schuchardt*[1], daß bei der Anwendung schwer reduzierbarer Oxyde ein besonders inniges Gemisch der Bestandteile erforderlich ist, dieses wird erzielt durch Anwendung eines Gemisches von Aluminiumpulver mit -grieß. Wenn dann das zweite Metalloxyd leicht reduzierbar ist (z. B. Blei), so verläuft die Reaktion explosionsartig; in diesem Fall muß man ein geeignetes Flußmittel wie Flußspat hinzumischen.

Vgl. auch D. R. P. 149 440 und 170 119 S. 88, 194348 und 251 262 S. 90, 274 137 S. 107.

Mannigfach variiert werden kann das Verfahren von *Börricke*, nach (Am. P. 959 048) fällt er Natriumwolframat mit Kupfersulfat und reduziert den erhaltenen Niederschlag von Kupferwolframat durch Wasserstoff zu Metall.

Den oben genannten Herstellungsverfahren nahe verwandt sind die der beiden nachfolgenden Patente. Im (D. R. P. 186 980) stellt *Kuzel* zunächst durch Peptisation eine kolloidale Wolframlösung her. Solche peptisierte kolloidale Metalle haben in konzentrierter Form ein hohes Bindevermögen für trockene Pulver, z. B. Metallpulver, sie können mit kolloidalem Blei oder Bleipulver zu plastischen Massen verbunden werden, die, in entsprechende Formen gepreßt und durch Glühen in krystallinische Metalle zurückverwandelt, ein hohes spez. Gewicht und große Zähigkeit besitzen sollen.

---

[1] Ber. d. Deutsch. chem. Ges. 1902, **35**, 909.

(D. R. P. 204 496.) Kuzel, Baden b. Wien: Verfahren zur Herstellung von Legierungen mit genau zu bestimmender Zusammensetzung . . ., dadurch gekennzeichnet, daß ein oder mehrere der Bestandteile der Legierungen in Form von kolloidalen Metallen, die übrigen aber in Form von krystalloidalen Metallverbindungen verwendet werden, welch letztere entweder durch Fällungsmittel, wie Salze, Säuren, Basen, oder auch durch bloßen Kontakt von Lösungen der Metallverbindungen mit den Kolloiden in gleichförmiger Verteilung durch Adsorption vereinigt werden, wodurch nach Fällung der Kolloide plastische Massen entstehen, welche auf bekannte Weise in Legierungen von gewöhnlichem metallischen Zustand umgewandelt werden. (Vom 8. 1. 1907 ab.)

Die Nickel-Wolframlegierungen.

Irmann[1] stellte durch Einschmelzen im elektrischen Tiegelofen Legierungen mit bis zu 50 Proz. Wolfram dar. Die Schmelzkurve der Nickel-Wolframlegierungen zeigt zwei deutliche Maxima mit 6 und 14,3 Atom-Proz. Wolfram, das letztere entsprechend der Verbindung Ni_6W.

Die Kurve der elektrischen Leitfähigkeit hat einen sehr gleichmäßigen Verlauf, bis zu 23 Proz. W steigt der Widerstand fast proportional dem Wolframgehalt.

Die Kugeldruckstärke zeigt bei 15 Proz. W ein starkes Minimum, die Zugfestigkeit nimmt mit steigendem Wolframgehalt erheblich ab, um bei 25 Proz. W ein Minimum zu erreichen und alsdann ebenso stark wieder anzusteigen. Bis zu 18 Proz. W lassen sich die Legierungen warm (etwa 1270°) zu Blechen auswalzen.

Irmann erhielt folgende Werte:

Tabelle 279.

Zusammensetzung Proz. W	Elektrischer Widerstand des Zentimeterwürfels $\sigma \times 10^4$	Härte (Brinell)	Festigkeit kg/qmm
0	0,110	—	—
5	—	144	—
6	0,367	—	45,8
8	—	125	—
11	—	107	43,4
18	0,748	108	36,1
23	0,960	148	21,1
32	1,063	288	49,2

Die Legierungen zeigen eine sehr bemerkenswerte chemische Widerstandsfähigkeit; die schon an sich beträchtliche Beständigkeit des Reinnickels gegenüber 65 proz. Schwefelsäure wird durch den Zusatz von 5 Proz. W auf das Vierfache, von 10 Proz. W auf das Zwölffache, von 18 Proz. W auf das Vierzigfache gesteigert.

Nach Angabe von *Leiser*[2] ist besonders säurebeständig die Legierung mit 35 Proz. W, auch die Legierungen mit hohem Wolframgehalt sind noch sehr duktil, so daß sie sich noch mit 90 Proz. W zu dünnen Drähten ausziehen lassen.

[1] Metall u. Erz 1915, 358.
[2] Wolfram, Halle 1910; vgl. auch *Mennicke*: Die Metallurgie des Wolframs, Berlin 1911.

Von großer Wichtigkeit wurde das Wolframmetall als Ersatz des Kohlefadens in den elektrischen Glühlampen; da man es aber zunächst nicht verstand, das Metall selbst in eine geschmeidige, ziehbare Form überzuführen, war man genötigt, Wolframlegierungen anzuwenden.

Von ganz besonderem Wert für die Industrie der Metallfaden-Glühlampen wurde die Nickel-Wolframlegierung mit 20 Proz. Ni. Nach der (durch Einspruch zurückgewiesenen) Patentanmeldung der Firma Siemens & Halske[1] werden Wolfram und Nickel von großer Reinheit miteinander gemischt und mit Hilfe eines Bindemittels zu Stäbchen von 20 bis 30 mm Länge und 1 bis 2 mm Durchmesser gepreßt. Durch Glühen im elektrischen Ofen bei einer Temperatur über 1400° erhält man eine Legierung von silberweißem Aussehen, die sich walzen und zu Fäden von 0,03 mm ausziehen läßt. Wenn die Fäden im Vakuum durch den elektrischen Strom auf etwa 2600° erhitzt werden, verdampft das Nickel, so daß auf dem Gestell der reine Wolframfaden zurückbleibt (siehe auch D. R. P. 239 702).

Zum gleichen Zweck sind andere, indessen weniger geeignete Legierungen geschützt in

(D. R. P. 201 283.) Siemens & Halske A.-G., Berlin: 1. Verfahren zur Herstellung von Glühkörpern aus Wolframmetall, dadurch gekennzeichnet, daß das Wolframat eines leichter als Wolfram flüchtigen Metalles einer Reduktion plötzlich unterworfen, hierauf durch Hindurchleiten eines elektrischen Stromes in einem Vakuum bis zur Vertreibung des leichter flüchtigen Metalles erhitzt und dann als Glühkörper verwendet wird. **2.** usw. **4.** Ausführung nach Anspruch **1**, dadurch gekennzeichnet, daß Silberwolframat als Ausgangsmaterial verwendet wird. **5.** daß dem Wolframat zum Zweck der Herstellung von Legierungen dauernd in dem Faden verbleibende Metalle (Thorium oder Tantal in Metallpulverform oder in Form reduzierbarer Verbindungen) zugesetzt werden.

Ist die erhaltene Legierung duktil, wie z. B. die mit Kupferwolframat, Silber- und Aluminiumwolframat erhaltene, so wird sie vor dem Vertreiben des flüchtigen Metalles durch einen Ziehprozeß in die Form des fertigen Glühfadens gebracht, ist die Legierung dagegen spröde, wie die mit Eisenwolframat erhaltene, so wird das unreduzierte Metallwolframat mit oder ohne Zusatz eines geeigneten plastisch machenden Mittels in die Form des Glühfadens gebracht und erst dann reduziert. (Vom 20. 5. 1906 ab.)

Auf andere Weise wurde die Ziehbarkeit erreicht im

(D. R. P. 194 682.) Siemens & Halske A.-G., Berlin: Verfahren zur Herstellung von Körpern aus Wolframmetall oder Legierungen desselben durch Ziehen oder Walzen, dadurch gekennzeichnet, daß das Wolframmetall bzw. dessen Legierungen zunächst in bekannter Weise in eine Hülle von duktilen Metallen gebracht und dann mit dieser Hülle zusammen in stark erhitztem Zustande gezogen oder gewalzt werden.

(D. R. P. 204 616.) Siemens & Halske A.-G., Berlin: 1. Verfahren zur Herstellung von Glühfäden für elektrisches Licht aus pulverförmigem Wolframmetall nach Patent 197 382, dadurch gekennzeichnet, daß als Ausgangsmaterial eine Mischung von Wolframmetall mit einem anderen sehr duktilen Metall von relativ geringem Verdampfungspunkt verwendet wird usw. Als solche Metalle werden Silber, Kupfer, Nickel, Gold und Platin aufgezählt, der Zusatz beträgt 10 bis 15 Proz. (Vom 12. 12. 1907 ab.)

[1] *Leiser* in Chem.-Ztg. 1911, 685.

Auch bei dem sog. „Spritzverfahren“ war man gezwungen, an Stelle des spröden Wolframs dessen leichter zu verarbeitende Legierungen in Fadenform überzuführen und dann das Legierungsmetall zu verflüchtigen.

(D. R. P. 207 395.) **Allgemeine Elektrizitätsgesellschaft, Berlin: 1. Verfahren zur Herstellung von Glühkörpern aus Molybdän oder Wolfram und anderen höchst hitzebeständigen Stoffen oder mehreren solchen,** dadurch gekennzeichnet, daß zunächst eine innige Mischung oder Legierung des oder der hitzebeständigen Stoffe (Molybdän, Wolfram) mit Kupfer oder einem noch leichter schmelzenden Metall oder einer solchen Legierung hergestellt wird, und dann durch Walzen, Ziehen oder Pressen durch Düsen zu Fäden verarbeitet wird, worauf die Fäden im Vakuum oder in einer sie nicht angreifenden Atmosphäre zwecks Verflüchtigung der weniger hitzebeständigen Bestandteile erhitzt werden. **2.** Ausführungsform, gekennzeichnet durch: Verwendung einer Cadmiumlegierung, z. B. mit Wismut, oder eines Amalgames, z. B. Cadmiumamalgam. **3.** Ausführungsform, dadurch gekennzeichnet, daß feinverteiltes Wolfram usw. unter Erwärmung mit der Cadmiumlegierung oder dem Amalgam verrieben werden.

Andererseits kann ein kleiner Zusatz anderer hitzebeständiger Metalle dem Wolframfaden bessere mechanische Eigenschaften verleihen. (Vom 9. 5. 1906 ab.)

(D. R. P. 200 300.) **Wolframlampen-A.-G., Augsburg: 1. Glühfaden für elektrische Lampen,** dadurch gekennzeichnet, daß er aus einem gesinterten Gemenge von metallischem Wolfram mit einem kleinen Zusatz von die Sinterung desselben bewirkenden Metallen, wie Chrom, Vanadin, Niob, Tantal, Osmium, Iridium und Thorium, besteht, um ihm eine genügende Festigkeit und Elastizität zu verleihen. (Vom 6. 8. 1905 ab.)

(D. R. P. 239 587.) **Siemens & Halske A.-G., Berlin: Verfahren zur Erhöhung der Ziehbarkeit von Nickel-Wolframlegierungen,** dadurch gekennzeichnet, daß außer dem Nickel noch geringe Mengen Eisen, Kobalt oder Kupfer zugesetzt werden.

Dem Wolframmetall wird durch Zusatz von Nickel eine Reihe technisch wertvoller Arbeitseigenschaften erteilt. Hier handelt es sich insbesondere um die Ziehbarkeit des Wolframmetalls. (Vom 10. 12. 1907 ab.)

Die wichtige Nickel-Wolframlegierung kann auch erhalten werden nach

(D. R. P. 211 804.) **Siemens & Halske A.-G., Berlin: Verfahren zur Herstellung von Glühkörpern aus Wolframmetall,** dadurch gekennzeichnet, daß Nickelwolframat als Ausgangsmaterial verwendet wird. Diesem wird noch Wolfram oder ein reduzierbares Oxyd desselben, z. B. Wolframsäure, in solchem Verhältnis zugemischt, daß eine leicht ziehbare Legierung entsteht. Zur Herstellung der Glühkörper kann das Nickelwolframat mit einer plastischen Masse aus kolloidalen Wolframverbindungen vermengt, in die Form eines Stäbchens oder Fadens gebracht und nach der Reduktion mittels Wasserstoff einem Zieh- oder Walzprozeß unterworfen und durch nachfolgendes Erhitzen von dem Nickel befreit werden. (Vom 27. 9. 1911 ab.)

Die Entfernung des Nickels kann auch durch Überführung desselben in eine flüchtige Verbindung, z. B. durch Glühen in Kohlenoxydgas, erfolgen (D. R. P. 232 260).

In den nachstehenden Patenten derselben Firma wird das Verfahren noch weiter ausgebildet.

(D. R. P. 233 723.) **Verfahren zur Herstellung von Glühfäden aus Verbindungen eines schwer schmelzbaren Metalls mit einem wieder zu verflüchtigenden Hilfsmetall,** dadurch gekennzeichnet, daß als Hilfsmetall Eisen, Kupfer, Silber oder Gold mit einem Zusatz von Nickel verwendet wird zu dem Zweck, die Menge des Hilfsmetalls vermindern zu können oder höhere Duktilität zu erzielen.

Es ist z. B. möglich, mit einem Zusatz von etwa 5 bis 10 Proz. Eisen eine gut ziehbare Legierung von Wolfram zu erhalten, wenn gleichzeitig etwa 5 Proz. Nickel zugesetzt werden. (Vom 8. 7. 1908 ab.)

(**D. R. P. 233 843.**) **Verfahren usw.**, dadurch gekennzeichnet, daß dem Metall außer dem leichter flüchtigen Hilfsmetall noch eine geringe Menge eines anderen, sehr schwer flüchtigen Metalles, z. B. Molybdän, zugesetzt wird.

Es genügt z. B. ein Zusatz von Molybdän bis zu etwa $^1/_4$ Proz., um die Austreibung des Nickels zu erleichtern und zu beschleunigen. (Vom 2. 7. 1909 ab.)

(**D. R. P. 233 885.**) **Verfahren zur Herstellung von Glühfäden für elektrische Glühlampen aus Wolframmetall oder Legierungen desselben,** durch mechanische Verarbeitung einer Verbindung des schwer schmelzbaren Metalls mit einem nach der Verarbeitung wieder auszutreibenden Hilfsmetall, dadurch gekennzeichnet, daß Nickel als Hilfsmetall verwendet wird. (Vom 27. 9. 1907 ab.)

(**D. R. P. 250 113.**) **Verfahren usw.**, dadurch gekennzeichnet, daß die einzelnen Teilchen des spröden Metalles mit Teilchen des duktilen Metalles in bekannter Weise auf galvanischem oder chemischem Wege ganz oder teilweise überzogen werden, worauf sie durch Druck zu einer Masse vereinigt werden.

So kann man Wolframpulver leicht versilbern, vergolden, vernickeln, verkupfern, verplatinieren. Das so erhaltene Metallpulver läßt sich unter hohem Druck zu festen, zusammenhängenden Massen vereinigen. (Vom 12. 12. 1907 ab.)

Ein Lötmittel ist geschützt im

(**D. R. P. 238 811.**) **Siemens & Halske A.-G., Berlin: Lötmittel (Flußmittel) für Wolfram und Wolframlegierungen,** bestehend aus einem leicht schmelzenden Wolframat.

Der Vorteil des Wolframats als Flußmittel besteht neben seiner leichten Schmelzbarkeit darin, daß es nicht bläht, Wolframoxyd auflöst und die Lötstelle schützt. (Vom 6. 7. 1910 ab.)

(**D. R. P. 181 050.**) **Siemens & Halske A.-G., Berlin: Glühkörper für elektrisches Licht,** auf dessen Metallseele ein Metall niedergeschlagen wurde, dadurch gekennzeichnet, daß als Seele ein gezogener Draht aus Tantalmetall verwendet wird, welcher sich nicht verflüchtigt, dagegen gegebenenfalls bei hoher Temperatur sich mit dem Metallniederschlag legiert.

Als zweites Metall wird Osmium oder Wolfram und Molybdän etwa durch Elektrolyse der verdampften Metallverbindung (Wolframoxychlorid) aufpräpariert. (Vom 16. 11. 1904 ab.)

(**D. R. P. 307 764.**) **Fuchs & Kopietz, Berlin: Metallegierung von großer Härte für Werkzeuge, bes. Ziehsteine,** 1. bestehend aus etwa 40 bis 55 Proz. Wolfram, 30 bis 40 Proz. Eisen, 4 bis 6 Proz. Titan, 2 bis 4 Proz. Kohlenstoff. 2. Legierung nach 1, die außerdem noch etwa 2 Proz. Cer enthält. (Vom 31. 8. 1917 ab.)

(**Zus. P. 310 041.**) Der Gehalt an Wolfram wird bis etwa 60 Proz. erhöht, z. B. 57 Proz. Wolfram, 33 Proz. Eisen, 5 Proz. Titan, 3 Proz. Kohlenstoff, 2 Proz. Cer.

(**D. R. P. 401 600.**) **Ges. für Wolframindustrie, Traunstein: Metallegierung von sehr großer Härte gemäß 310 041,** 1. dadurch gekennzeichnet, daß der Eisengehalt erheblich verringert, der an Titan, seltenen Erden und Wolfram erhöht wird. 2. Legierung, bestehend aus 10 bis 15 Proz. Titan, 2 bis 5 Proz. seltenen Erden, wie Zirkon, Thorium, Cer, 75 bis 84 Proz. Wolfram, 3 bis 5 Proz. Eisen, 2 bis 4 Proz. Kohlenstoff. Zur Herstellung wird Titancarbid mit Wolframpulver und den Carbiden oder Oxyden der übrigen Metalle gemischt und die Mischung im elektrischen Ofen geschmolzen. (Vom 14. 5. 1922 ab.)

v. Grotthuß[1] fand, daß Wolfram mit höchstens 1 Proz. Thorium eine duktile Legierung ergibt, die in Fadenform sich biegen, kneifen, knicken und hämmern

[1] Metall u. Erz 1913, 844.

läßt. 100 g reinste Wolframsäure werden mit 1,05 g Thoriumchlorid $ThCl_4$, in absolutem Alkohol gelöst, vermengt und nach dem Verdunsten des Alkohols getrocknet, bei niederer Temperatur durch Wasserstoff reduziert, mit Hilfe von Tragant oder Celloidin in Fadenform gebracht und schließlich in Ammoniakgas durch einen Strom von 250 Volt und 5 bis 7 Amp. auf Weißglut erhitzt.

Wolfram und Tantal sind in jedem Verhältnis legierungsfähig, bei einem Gehalt von mehr als 5 Proz. Wolfram werden die Legierungen sehr hart, spröde und brüchig, während sie mit niederem Gehalt geschmeidig bleiben und sich zu Draht von 0,1 mm ausziehen lassen.

Wolfram und Molybdän bilden eine lückenlose Reihe von Mischkrystallen. (*Geiß* u. *van Liempt*[1]).

Von wolframhaltigen Legierungen wurden erwähnt:

Wolframbronze S. 308; Wolframmessing S. 298, 376, 381; Wolframneusilber (Platinoid) S. 393; Aluminiumlegierungen (Wolframium) S. 146, (Partinium) S. 148; Kobaltlegierungen S. 406; Platinlegierungen S. 431; Eisenlegierungen S. 506; Lagermetall S. 468.

[1] Zft. f. anorg. Chem. 1923, **128**, 355.

Die Molybdänlegierungen.

Systematische Untersuchungen von *Guertler*[1] ergaben, daß für Legierungen mit Molybdän als Hauptbestandteil an Zusätzen in Betracht kommen: Kohlenstoff, Silicium, Titan, Zirkon, Wolfram, Tantal und die hochschmelzenden Metalle der Eisengruppe einschl. Vanadium. Als Zusatz kommt Molybdän nur für solche Legierungen in Betracht, in denen Eisen, Kobalt, Nickel oder Wolfram, Tantal, Platin Palladium Hauptbestandteil sind. Für alle anderen Metalle und Legierungen, insbesondere für niedrig schmelzende Weißmetalle, Silber, Gold, für Alkali- und Erd-Alkalimetalle, Magnesium und Messing kommt Molybdän als Zusatz nicht in Frage.

Die Nickel-Molybdänlegierungen sind gegen Säuren und Alkalien sehr korrosionsfest, ebenso die Kobalt-Molybdän-Nickel- und Nickel-Molybdän-Kupferlegierungen gegenüber Säuren.

(D. R. P. 367 208.) Norske Molybden Prod. A. G., Kristiania: Molybdänlegierung, dadurch gekennzeichnet, daß der Legierung unter ganz oder teilweisem Fortfall von Chrom Gemische oder Legierungen des Mangans mit Metallen der Eisengruppe zugesetzt werden. 2. Legierung nach 1, dadurch gekennzeichnet, daß an Stelle der Manganlegierung ein oder mehrere Eisenmetalle rein oder in Messing oder in Legierung oder Silicium verwendet wird. (Vom 27. 3. 1921 ab.)

(Zus. P. 368 600.) Es werden bis 60 Proz. Kupfer zugesetzt, welche sich in Gegenwart anderer hochschmelzender Metalle mit Molybdän legieren. Zur Erhöhung der Härte und Festigkeit werden noch Aluminium oder Cer oder andere seltene Erdmetalle bis zu 10 Proz. zugesetzt.

Nickel-Molybdän s. S. 401, 402; Chrom-Molybdän s. S. 406; Ferromolybdän s. S. 505.

[1] Zft. f. Metallkunde 1923, **15**, 151, 251.

Die Quecksilberlegierungen.

Die Konstitution der meisten Quecksilberlegierungen, der Amalgame, ist noch nicht einwandfrei festgestellt; der außerordentliche Unterschied in den Schmelzpunkten des Quecksilbers und der übrigen Metalle macht es unmöglich, die thermische Analyse in ausgedehnten Konzentrationsgebieten auszuführen. Der Siedepunkt des Quecksilbers (357°) liegt häufig schon niedriger als der zu erwartende Schmelzpunkt der Legierung, in diesem Fall tritt ein Schmelzen überhaupt nicht mehr ein, die Legierung geht aus dem krystallinischen Zustand direkt in den dampfförmigen über.

Eine Reihe von Amalgamen zeigt die Eigenschaft, durch Kneten bei Zimmertemperatur oder geringer Erwärmung wachsartig weich und plastisch zu werden, um nach kurzer Zeit wieder zu härten. Diese Legierungen stellen deshalb ein sehr geeignetes Material für Metallkitte und besonders für Zahnplomben dar. Das Plastischwerden durch Kneten kann auf verschiedene Ursachen zurückgeführt werden. Die Amalgame besitzen häufig (namentlich die quecksilberreichen) einen sehr niedrigen Schmelzpunkt und dabei ein außerordentlich enges Schmelzintervall, so daß nur eine ganz geringe Wärmesteigerung erforderlich ist, um die Legierung aus dem festen in den plastischen Zustand überzuführen. Es kann auch vorkommen, daß durch die Reibung beim Kneten größere, mit flüssigem Amalgam vollgesaugte Krystalle zertrümmert werden, oder daß Umwandlungen eintreten. So erhärtet beim Anreiben mit Quecksilber bei Zimmerwärme eine Silber-Zinnlegierung nach *Joyner*[1], indem Ag_3Sn in Ag_2Hg_4 übergeht, unter Freiwerden des Zinns.

Die Herstellung der Amalgame erfolgt durch Verreiben von Quecksilber mit dem möglichst fein verteilten Metallpulver, durch Behandeln des Metalls mit der wässerigen Lösung eines Quecksilbersalzes oder durch elektrolytische Abscheidung des Metalles an seiner Quecksilberkathode[2], seltener durch Einwirkung von Quecksilberdampf auf das zu legierende Metall.

Mallet[3] stellte Versuche darüber an, ob bei der Behandlung von Legierungen mit Quecksilber Amalgamation eintritt. Bei den Zinn-Platinlegierungen verhinderte der Platingehalt die Amalgamation des Zinns, bei Silber-Platin-

---

[1] Journ. Chem. Soc. 1911, **99**, 195; 1913, **103**, 2247.

[2] *Kerp* und *Böttcher* in Ztg. f. anorg. Chem. 1900, **25**, 1; *Smith* und *Bennett* in Journ. Amer. Chem. Soc. 1909, **31**, 799.

[3] Proc. of the Royal Soc. 1908, 83.

legierungen wurde das Platin durch das Quecksilber gelöst, während bei Kupfer-Zinnlegierungen beide Metalle gelöst wurden, jedoch bedeutend langsamer, als wenn die Metalle einzeln mit Quecksilber behandelt wurden.

Die Cadmiumamalgame.

Aus den Versuchen von *Bijl*[1] und *Puschin*[2] geht hervor, daß Cadmium und Quecksilber im flüssigen Zustand mischbar sind und im festen Zustand zwei Reihen von Mischkrystallen bilden, quecksilberreiche von 0 bis 75 Atom-Proz. Cd (Beginn der Erstarrung — 38,8 bis 188°) und cadmiumreiche von 77 Atom-Proz. bis 100 Proz. Cd (Beginn der Erstarrung 188 bis 320,8°). Zwischen 75 und 77 Proz. besteht eine Mischungslücke. Dagegen deuten Bestimmungen der elektromotorischen Kraft durch *Hildebrand*[3] auf das Auftreten der Verbindung CdHg hin. Das Amalgam wird hergestellt durch Verreiben des fein verteilten Metalles mit Quecksilber in der Kälte und Abpressen des überschüssigen Quecksilbers durch Leder oder durch Eintragen des Cadmiums in Blechform in das erhitzte Quecksilber. Das Amalgam, aus gleichen Teilen beider Metalle bestehend oder aus 74 bis 78 Proz. Quecksilber und 22 bis 26 Proz. Cadmium, ist bei geringer Erwärmung wachsartig weich und wird erst nach einiger Zeit krystallinisch; es erlangt eine sehr erhebliche Festigkeit und bewahrt seine silberweiße Farbe. Es findet Verwendung zur Anfertigung von Zahnplomben und Metallkitten, durch Zusatz von Zinn oder Wismut wird die Bildsamkeit in der Wärme noch erhöht. Eine besondere Anwendung siehe (D. R. P. 207 395) S. 511.

Die Zinkamalgame.

Nach Untersuchungen von *Puschin*[2] bilden Zink und Quecksilber weder Mischkrystalle noch Verbindungen. Das Zink löst sich in dem erhitzten Quecksilber, das Amalgam zeichnet sich durch Widerstandsfähigkeit gegenüber chemischen Einflüssen, besonders verdünnten Säuren, aus. Durch Zusammenreiben von 1 Tl. Zinkfeile und 4 Tln. Quecksilberchlorid mit 2 Tln. Wasser und einigen Tropfen Quecksilber oder durch Vermischen von 2 Tln. geschmolzenen Zinks mit 1 Tl. Quecksilber erhält man eine sehr spröde Legierung, die, feingepulvert und mit Talg angerieben, statt des *Kienmayer*schen Amalgams (siehe unten) als Überzug für die Reibkissen der Elektrisiermaschinen dient. Die Zinkzylinder der galvanischen Elemente liefern einen Strom von größerer Gleichmäßigkeit und längerer Dauer, wenn sie oberflächlich amalgamiert sind; zu diesem Zweck beizt man sie mit verdünnter Schwefelsäure und reibt alsdann Quecksilber mittels einer in Schwefelsäure getauchten Metalldrahtkratzbürste auf.

---

[1] Zft. f. physik. Chem. 1902, **41**, 641.
[2] Zft. f. anorg. Chem. 1903, **36**, 201.
[3] Journ. Amer. Chem. Soc. 1913, **35**, 501.

Die Zinnamalgame.

Puschin[1] und *van Heteren*[2] untersuchten die Konstitution der Zinn-Quecksilberlegierungen; bis zu 15 Atom-Proz. Quecksilber scheiden sich Krystalle aus, die entweder reines Zinn oder Mischkrystalle mit geringem Quecksilbergehalt darstellen, alsdann tritt eine Verbindung, wahrscheinlich Hg_3Sn auf, so daß die Konzentrationen von 15 bis 75 Atom-Proz. Quecksilber aus einem Gemisch der Zinnkrystalle und der Verbindung, über 75 Atom-Proz. aus Quecksilber und der Verbindung bestehen.

In früherer Zeit, bevor man es gelernt hatte, Silberspiegel fabrikmäßig herzustellen, fand das Zinnamalgam ausgebreitete Verwendung als Spiegelmetall. Ein besonderes Verfahren ist geschützt im

(D. R. P. 186 830.) Chemische Fabrik von Heyden A.-G.: Verfahren zum Verspiegeln durchsichtiger Gegenstände nach D. R. P. 178 520 (Verwendung einer Verspiegelungspaste, welche durch Reduktion der Quecksilbersalze bei alkalischer Reaktion in Gegenwart von Eiweißsubstanzen oder ähnlichen Kolloiden hergestellt ist), dahin abgeändert, daß man die Gegenstände mit Pasten von äußerst fein verteilten Quecksilberamalgamen überzieht. (Vom 3. 7. 1906 ab.)

(Zus. P. 186 831.) Verfahren zur Herstellung von Amalgamen in äußerst fein verteilter, zum Verspiegeln durchsichtiger Gegenstände gemäß D. R. P. 186 830 geeigneter Form, dadurch gekennzeichnet, daß man fein verteiltes, durch Reduktion von Quecksilberverbindungen auf nassem Wege erhaltenes Quecksilber mit solchen Metallen, Metallgemischen, Legierungen, Amalgamen mischt, welche von Quecksilber gelöst werden.

Das in feinverteilter Form erhaltene Quecksilber ist befähigt, Metall aufzunehmen, ohne seine Form feinster Verteilung dabei zu verlieren, wobei sich Amalgam in äußerst fein verteiltem Zustande bildet. Geeignete Metalle sind Zinn, Silber, Blei, Zink, Magnesium, Wismut usw. Z. B. 200 Tle. einer durch Reduktion von Quecksilbersalzen auf nassem Wege erhaltenen Paste verrührt man mit 75 bis 100 Tln. Zinn. Nach einigen Stunden preßt man die erhaltene Zinnamalgampaste durch ein Filter von Seidengaze, um ungelöste Zinnreste zu entfernen. (Vom 3. 7. 1906 ab.)

Zum Plombieren der Zähne dient das Amalgam von *Varrentrapp* aus 1 Tl. Cadmium und 2 Tln. Zinn in überschüssigem Quecksilber gelöst, oder eine Legierung aus 61 Proz. Zinn und 39 Proz. Silber, die man mit wenig Quecksilber in einem kleinen Porzellantiegel erwärmt. Das überschüssige Quecksilber wird durch Auspressen durch Leder entfernt. Durch Zusatz von Gold entsteht *Robertsons* Zahnkitt.

Als Amalgam für die Reibkissen der Elektrisiermaschine empfiehlt *Kienmayer* 2 Tle. Quecksilber mit 1 Tl. Zinn und 1 Tl. Zink zu legieren. Das feinverteilte Zinn und Zink wird mit Quecksilber in einem Mörser zusammengerieben.

Verschiedene Amalgame.

Kupfer nimmt geringe Mengen Quecksilber in fester Lösung auf, bei höherer Konzentration bildet sich eine Verbindung, wahrscheinlich Cu_3Hg_2.

[1] Zft. f. anorg. Chem. 1903, **36**, 207.
[2] Zft. f. anorg. Chem. 1904, **42**, 129.

Das Kupferamalgam mit 25 bis 33 Proz. Cu wurde früher als Zahnkitt verwendet, da es aber allmählich schwarz anläuft, wurde es durch die oben genannten Zinn- und Cadmiumamalgame verdrängt. Die Legierung mit 31 Proz. Cu ist als Metallkitt sehr brauchbar. 3 Tle. des feinen Kupferpulvers (100 Tle. Kupfervitriol werden in 500 Tln. Wasser unter Zusatz von 300 Tln. reiner Salzsäure von 25 Proz. gelöst und mittels Zink ausgefällt) werden nach dem Waschen mit salzsäurehaltigem, reinem Wasser und Alkohol und schnellem Trocknen mit Quecksilberoxydulnitrat befeuchtet und nach Zusatz von heißem Wasser mit 7 Tln. Quecksilber innig verrieben. Die anfangs pulvrige Masse wird wachsartig weich, sie erstarrt erst nach einigen Stunden zu einem rötlichen, sehr harten, politurfähigen Kitt.

Das Goldamalgam wurde in früherer Zeit in großen Mengen gewonnen, als man das Gold aus den goldführenden Sanden durch Behandeln mit Quecksilber herauslöste; durch Erhitzen in eisernen Retorten wurde alsdann das Quecksilber abgetrieben. Praktische Anwendung fand das Amalgam bei der Feuervergoldung. Hierbei wurde der zu vergoldende Gegenstand zunächst gebeizt und mit einer hauchförmigen Quecksilberschicht durch Bepinseln mit einer Quecksilbernitratlösung überzogen, alsdann trug man das Amalgam auf (erhalten durch Auflösen von dünnem Goldblech in hocherhitztem Quecksilber), und rauchte das Quecksilber auf glühenden Kohlen ab. Das Verfahren wurde durch die galvanische Vergoldung verdrängt. Das gleiche gilt von der Feuerversilberung, die man mit Hilfe des Silberamalgams ausführte. Man gewann dieses entweder durch Auflösen von feinem Silberpulver in hoch erhitztem Quecksilber oder durch Vermischen einer konzentrierten Lösung von Silbernitrat mit der vierfachen Menge Quecksilber, wobei das ausgeschiedene Silber sich sofort mit dem überschüssigen Quecksilber legierte.

Natrium und Quecksilber bilden nach *Schüller*[1] die Verbindung $NaHg_2$, das Amalgam wird hergestellt, indem man Natrium unter Petroleum schmilzt und Quecksilber zusetzt. Es dient zur Hydrierung organischer Verbindungen, als Zusatz bei der Goldamalgamation, da ein natriumhaltiges Quecksilber das Gold aus dem Sande erheblich schneller löst. Zuweilen benutzt man das Natriumamalgam zur Gewinnung anderer Amalgame, die sich auf direktem Wege schwer herstellen lassen. Bei der Einwirkung des Amalgams auf eine Metallchloridlösung scheidet sich nämlich in der Regel das Metall aus unter sofortiger Legierung mit dem Quecksilber, während das Natrium in Lösung geht. Eisen, das vergoldet werden soll, amalgamiert man zunächst durch Abreiben mit Natriumamalgam.

Das Kaliumamalgam dient den gleichen Zwecken wie das Natriumamalgam, es enthält die Verbindung KHg_2 und wahrscheinlich noch drei quecksilberreichere Verbindungen (siehe *Jänecke*[2]).

Nach (U. S. P. 782893) gewinnen *Baker* und *Barwell* Alkalimetalle, indem sie Alkaliverbindungen mit einer Quecksilberkathode elektrolysieren und das gebildete Amalgam in Gegenwart von Wasserstoff erhitzen. Während Queck-

[1] Metallurgie 1904, **1**, 201.
[2] Zft. f. physik. Chem. 1907, **58**, 245.

silber frei wird und durch Kondensation wiedergewonnen wird, entsteht das Hydrid des Alkalimetalles.

Das Wismutamalgam, durch Eintragen von Quecksilber in geschmolzenes Wismut erhalten, zeichnet sich durch große Dünnflüssigkeit aus; es dient zum Ausspritzen von Geweben bei der Darstellung anatomischer Präparate.

Ein Weichlot, bestehend aus Blei mit einem geringen Zusatz von Quecksilber, ist im (D. R. P. **306118**) *Höveler* und *Dieckhaus* geschützt.

Eine Legierung aus gleichen Teilen Wismut, Zinn, Blei mit der neunfachen Menge Quecksilber wird zur Herstellung gekrümmter Spiegel benutzt, indem man das erwärmte Glas mit der Legierung ausschwenkt und die Belegung allmählich festwerden läßt.

Metallschreibstifte bestehen aus: 70 Tln. Blei, 90 Tln. Wismut, 8 Tln. Quecksilber.

Wenn man zu 90 Proz. der bei 93° schmelzenden Legierung von *Darcet* (50 Proz. Wismut, 25 Proz. Blei, 25 Proz. Zinn) 10 Proz. Quecksilber zusetzt, erhält man ein bei 40° schmelzendes Amalgam, es dient als Ersatz des genannten Wismutamalgams.

(D. R. P. 401 133.) Schwezer & Fehrenbach, Baden-Baden: Herstellung von amalgamierten Legierungen, 1. dadurch gekennzeichnet, daß als Grundstoffe Mischungen aus Legierungen dienen, die eine möglichst verschiedenartige chemische und (oder) physikalische Beschaffenheit aufweisen. 2. dadurch gekennzeichnet, daß die Bestandteile der Mischungen bei gleicher chemischer Zusammensetzung vor dem Zusammenmischen verschiedenartigen thermischen oder mechanischen Behandlungsweisen unterworfen werden. Zum Beispiel werden zwei Legierungen verwendet, welche neben gleichen Teilen Silber und Zinn 2 Proz. Wismut bzw. Blei enthalten. Die Mischungen werden mit Quecksilber angerührt und dienen zur Zahnfüllung.

(Vom 2. 6. 1923 ab.)

Die pyrophoren Legierungen.

Viele harte und spröde Metalle liefern bei geeigneter mechanischer Beanspruchung (Feilen, Sägen, Stoß, Schlag) wie der Stahl Funken, wenn nämlich die abgerissenen Partikel durch die bei ihrer Abtrennung erzeugte Reibungswärme bis auf ihre Entzündungstemperatur erhitzt werden. Besonders geeignet zur Funkenbildung sind die Legierungen der Cererden, da hier die Entzündungstemperatur bereits bei 150 bis 200° liegt.

Schon 1875 erkannten *Hillebrand* und *Norton*, daß das Cer beim Ritzen mit harten und scharfen Körpern an der Luft selbstentzündliche Spänchen abgibt.

Als es sich darum handelte, die bei der Fabrikation der Glühstrümpfe abfallenden ungeheuren Mengen von Ceriterden nutzbringend zu verwerten, fand 1903 *Auer von Welsbach*, daß in ganz besonderem Maße die Cer-Eisenlegierungen zum Funkengeben befähigt sind. Körper, welche mit einer sehr kleinen Menge mechanischer Arbeit Funken liefern, die technisch anwendbare Körper entzünden, nannte er „pyrophor". Sein Verdienst ist es, die pyrophoren Zünder aus „Auermetall" für Taschenfeuerzeuge, Gaszünder, Grubensicherheitslampen usw. eingeführt zu haben.

Auer war der Ansicht, daß die reinen Cermetalle keine pyrophoren Eigenschaften besitzen, sondern daß diese nur den Legierungen mit Schwermetallen, (siehe D. R. P. 154807), bzw. den durch geringe Beimengungen verunreinigten Erdmetallen zukommen. Andererseits glaubte *Fattinger*[1], daß die Bildung oberflächlicher Schichten von niederen Oxyden das wirksame Agens darstellte, und daß lediglich diese Oxydulverbindungen die eigentlichen Träger oder Erreger der Pyrophorität sind (siehe D. R. P. 231595). Mit *Samter*[2] und *Böhm*[3] ist jedoch anzunehmen, daß die Legierungen und die durch Oxydation rauhgewordenen Oberflächenschichten lediglich einen besonders günstigen Grad von Sprödigkeit besitzen, so daß die abgerissenen Partikel sehr klein ausfallen, dabei aber noch ein solches Maß von Zähigkeit aufweisen, daß zum Abreißen der Partikel immerhin noch eine gewisse Arbeit nötig ist, die ihrerseits die zur Initialzündung erforderliche Reibungswärme erzeugt. *Hirsch*[4] macht darauf

---

[1] Chem.-Ztg. 1909, 1113; 1910, 469.

[2] Chem.-Ztg. 1910, 52.

[3] Chem.-Ztg. 1910, 361, 377.

[4] Journ. Ind. Eng. Chem. 1912, **3**, 880.

aufmerksam, daß das günstige Verhalten der Cer-Eisenlegierungen auf die sehr harte und spröde intermetallische Cer-Eisenverbindung, die in dem weichen Cermetall eingebettet liegt, zurückzuführen ist. Hiermit stimmt überein, daß nach Versuchen von *Vogel*[1] auch die Cer-Zinnlegierungen mit Ausnahme der zinnreichsten (mit über 80 Proz. Sn) pyrophor sind, besonders diejenigen Konzentrationen, welche die Verbindung Ce_2Sn (0 bis 50 Proz. Sn) enthalten. Diese zeichneten sich auch bei der Härtebestimmung durch einen ganz besonderen Grad von Härte und Sprödigkeit aus.

Vogel[2] konnte neuerdings im System Cer-Eisen in der Tat die Verbindungen Ce_2Fe_5 und $CeFe_2$ mit 50 bez. 55 Proz. Cer nachweisen.

Hanamann[3] fand, daß die an sich nur geringe Pyrophorität der Cer-Kupferlegierungen durch Abschrecken gehoben werden kann, wahrscheinlich infolge des hierdurch feinkrystallinisch gewordenen Gefüges derjenigen Phasen, die für die Pyrophorität Wichtigkeit besitzen (siehe D. R. P. 260843).

Das metallische Cer wird durch Schmelzflußelektrolyse des Chlorides hergestellt, die Legierungen angeblich durch Eintragen des fein verteilten Schwermetalles unter Stromschluß in das in der Zersetzungszelle befindliche Cer. Nach *Kellermann*[4] kann dieses Verfahren jedoch wegen der Schwierigkeit, das abgeschiedene Cermetall flüssig zu erhalten, nicht in Frage kommen: man bringt vielmehr das Eisen im Graphittiegel unter einer Decke von Chlorkalium-Chlornatrium zum Schmelzen und trägt das angewärmte Cer in Stücken ein. Unter häufigem Umrühren wird während 1 bis 2 Stunden auf helle Rotglut erhitzt.

Moldenhauer[5] stellte durch Reduktion von Cerfluorid mit Calcium unter Anwendung von 10 Proz. Überschuß an Calcium nach Art des aluminothermischen Verfahrens (siehe S. 97) eine Legierung von 86 Proz. Cer, 12 Proz. Calcium mit guten pyrophoren Eigenschaften her, die Ausbeute bleibt jedoch gering, wenn man nicht unter einer Schutzdecke von Flußspat arbeitet. Durch Reduktion eines Gemenges von Eisenoxyd und Cerfluorid durch Aluminium wurde in 60 proz. Ausbeute eine Legierung von 62,5 Proz. Eisen, 25,3 Proz. Cer, 10,2 Proz. Aluminium, 1,2 Proz. Silicium erhalten, die ähnliche Eigenschaften wie das Auermetall zeigt.

Die pyrophoren Legierungen sind, wenn sie von der Herstellung Carbide eingeschlossen enthalten, nicht sehr luftbeständig; sie werden beim Lagern durch Einfetten mit Öl oder Petroleum oder durch einen lackartigen Überzug gegen die Einwirkung der Luftfeuchtigkeit geschützt. Im feuchten Zustand kann sogar Selbstentzündung eintreten.

Nachstehend sind die deutschen Reichspatente zur Herstellung und Verbesserung der pyrophoren Legierungen zusammengestellt.

---

[1] Zft. f. anorg. Chem. 1911, **72**, 327.
[2] Zft. f. anorg. Chem. 1917, **94**, 25.
[3] Intern. Zft. f. Metallogr. 1915, VII, 211.
[4] Die Ceritmetalle, 1912.
[5] Chem.-Ztg. 1914, 147.

(D. R. P. 154 807.) Auer von Welsbach, Wien: 1. Pyrophore Metallegierungen, bestehend aus einem oder mehreren der Metalle der Edelerden mit einem Zusatz eines Schwermetalles, besonders von Eisen, Kobalt und Nickel, einzeln oder zusammen, wodurch sie so pyrophorisch werden, daß sie durch Reiben, Schlag oder Stoß Funken von großer Intensität erzeugen, die zu Leuchtzwecken, vorzugsweise aber zum Zünden von Gas und Gasgemischen dienen können. **2.** Verfahren zur Herstellung der Metallegierungen nach Anspruch 1, dadurch gekennzeichnet, daß dem elektrolytisch abgeschiedenen, noch in der Zersetzungszelle befindlichen geschmolzenen Erdmetall ein Metall oder eine Metallmischung in fein verteilter Form unter Stromschluß zugesetzt wird.

[Durch Entscheidung des Reichsgerichts vom 8. 5. 1911 wurde Anspruch 2 gestrichen und Anspruch 1 erhielt folgende Fassung: Verwendung von pyrophoren Metalllegierungen, bestehend aus einem oder mehreren der Metalle der Edelerden mit einem Zusatz von etwa 30 Proz. eines Schwermetalles, besonders von Eisen, Kobalt und Nickel, einzeln oder zusammen, zum Zünden von Gasen oder Gasgemischen.]

Die Metalle der Edelerden nehmen bei ihrer Legierung mit Eisen die Eigenschaft an, beim Berühren mit dem Reibstahl mehr oder weniger leuchtende Funken zu geben, während die reinen Metalle der Edelerden diese Eigenschaft nicht besitzen sollen. Ein Zusatz von 30 Proz. Eisen ergibt das Maximum der pyrophoren Kraft; während beim Lanthan die Lichtwirkung am intensivsten ist, sind beim Cer die Wärmewirkungen am stärksten. (Vom 31. 7. 1903 ab.)

(D. R. P. 231 595.) Treibacher Chemische Werke G. m. b. H., Treibach: 1. Pyrophore Masse, bestehend aus seltenen Erdmetallen, insbesondere Cer enthaltenden Legierungen und geringen Mengen von Suboxyden oder von Suboxyden und Nitriden der seltenen Erdmetalle. **2.** Verfahren zur Herstellung von pyrophoren Massen gemäß Anspruch 1, dadurch gekennzeichnet, daß Legierungen seltener Erdmetalle in zerkleinertem Zustande (z. B. als Pulver oder in Form von Spänen) gepreßt und die erhaltenen Formstücke bei Gegenwart von gasförmigen Oxydationsmitteln (z. B. Luft) bis zur beginnenden Rotglut erhitzt werden, so daß die einzelnen Teilchen zusammenfritten.

Mit der Bildung suboxydischer Schichten soll die pyrophore Kraft aller Erdmetalllegierungen sich erhöhen. Da der die suboxydische Schicht bildende Körper ziemlich luftbeständig ist, so werden Legierungen hergestellt, die schon in der Masse jene suboxydischen Beimengungen besitzen. (Vom 6. 4. 1909 ab.)

(Zus. P. 237 173.) Dieselbe: 1. Pyrophore Masse. Abänderung des durch (D. R. P. 231 595) geschützten Verfahrens, dadurch gekennzeichnet, daß kleinstückige, teilweise oxydierte seltene Erdmetalle einzeln, untereinander oder mit anderen Metallen legiert gepreßt werden. **2.** Ausführungsform, dadurch gekennzeichnet, daß die Formstücke noch einer Erhitzung bis zur beginnenden Rotglut bei Luftabschluß oder in Gegenwart einer geringen Luftmenge ausgesetzt werden. **3.** Ausführungsform, dadurch gekennzeichnet, daß zerkleinerte seltene Erdmetalle oder deren Legierungen und sauerstoffabgebende Oxyde gemischt und die Mischung vor und nach dem Pressen oder nur nach dem Pressen bis zur beginnenden Rotglut bei Luftabschluß oder in Gegenwart einer geringen Luftmenge erhitzt werden. **4.** Ausführungsform, dadurch gekennzeichnet, daß vor dem Pressen zerkleinerte Metalle zugesetzt werden, um Änderungen des Licht- und Zündeffektes, der Haltbarkeit, des spez. Gewichtes und der Härte zu erzielen.

Zusätze: für besondere Licht- und Zündeffekte: Calcium, Magnesium, Aluminium, Barium, Strontium.

„ für Änderung der Härte und des spez. Gewichtes: Antimon, Beryllium, Blei, Cadmium, Silber, Chrom, Eisen, Kobalt, Kupfer, Mangan, Molybdän, Quecksilber, Nickel, Platin, Silicium, Titan, Uran, Vanadium, Wismut, Wolfram, Zink, Zinn, Zirkon.

„ für leichtere Oxydation: Schwermetalle, Oxyde der seltenen Erdmetalle, Oxyde von Schwermetallen, sauerstoffreiche Salze.

Ungünstig wirken (in bezug auf Haltbarkeit) Alkalimetalle, Kohlenstoff, Schwefel, Phosphor, Arsen, (Sulfide, weiter Salze, z. B. Chloride. Durch Eintauchen in oder Bestreichen mit Benzin, Petroleum, Harz- oder Kautschuklösungen und ähnlichen Stoffen, Überziehen mit Metallen, kann man die Legierungen vor dem Einflusse der Luftfeuchtigkeit schützen. (Vom 17. 8. 1909 ab.)

(D. R. P. 237 683.) Luciumwerk G. m. b. H., Berlin: Verfahren zur Herstellung pyrophorer Massen für Zünd- und Leuchtzwecke mit Hilfe von Edelerdmetallen, dadurch gekennzeichnet, daß diese Metalle mit Silicium oder Bor in der für die Herstellung der Legierungen üblichen Weise vereinigt werden.

Die pyrophoren Massen aus Edelerdmetallen und Schwermetallen beseitigen zwar die große Weichheit und leichte Oxydierbarkeit der Edelerdmetalle, bleiben jedoch leicht zersetzlich und weisen einen niederen Entflammungspunkt auf. Durch Zusatz von Silicium oder Bor werden sie widerstandsfähiger, härter und erhalten einen höheren Entflammungspunkt.

An Stelle des ungültig erklärten Patentes wird in

(D. R. P. 237 683 a) das Verfahren auf den Zusatz von Bor beschränkt.

Das Bor wird noch in der Zersetzungszelle in das elektrolytisch abgeschiedene Metall der Edelerden eingetragen, oder man schmilzt letzteres unter luftabhaltenden Schmelzflüssen oder in indifferenten Gasen und rührt das Bor ein. (Vom 30. 9. 1908 ab.)

(D. R. P. 254 512.) Luciumwerk G. m. b. H., Berlin: Pyrophore Masse zur Entzündung brennbarer gasförmiger und flüssiger Körper, gekennzeichnet durch Verwendung von Cer-Silicium.

Während die Edelerdlegierungen sonst eine gegenüber den reinen Edelerden geringere Verbrennungswärme aufweisen, hat das Cer-Silicium eine höhere Verbrennungswärme, weil es aus den Komponenten endotherm gebildet ist, und weil das Silicium selbst eine sehr hohe Verbrennungswärme aufweist. Es gelingt so, unter Anwendung von Cer-Silicium auch solche Brennstoffe zur Entzündung zu bringen, welche durch andere pyrophore Massen nicht entzündet werden können, z. B. Alkohol. Je nach der gewünschten Härte schwankt der Siliciumgehalt zwischen 2 bis 12 Proz. und beträgt im Durchschnitt 4 bis 7 Proz. (Vom 30. 9. 1908 ab.)

Nach (Oe P. 92401) werden Cer-Silicium-Calciumlegierungen mit hohem Ce-Gehalt für pyrophore Zwecke hergestellt.

(D. R. P. 223 451.) Beck, Oberhausen: Pyrophore Metallegierung aus den seltenen Erdmetallen und Quecksilber, gekennzeichnet 1. durch einen zwischen 40 Proz. und 80 Proz. schwankenden Gehalt an seltenen Erdmetallen, 2. Verfahren zur Herstellung, dadurch gekennzeichnet, daß das Erdmetall in fein verteilter Form, z. B. als feine Späne, unter Luftabschluß im Quecksilberdampf auf 500 bis 600° erhitzt wird. (Vom 6. 2. 1909 ab.)

(Zus. P. D. R. P. 224 091.) Weiterentwicklung des D. R. P. 223 451, 1. dadurch gekennzeichnet, daß die selteneren Erdmetalle oder deren Legierungen teilweise durch ein oder mehrere andere Metalle, nämlich Calcium, Magnesium, Zink, Cadmium, Aluminium, Blei, Zinn, Wismut, Kupfer, Mangan, Chrom, Molybdän, Wolfram, Uran, Eisen, Nickel, Kobalt ersetzt werden. 2. Abänderung der Legierung unter 1, dadurch gekennzeichnet, daß der Legierung geeignete Zusätze von beliebigen Füllstoffen, wie Kieselgur, Sand, Ton u. dgl., beigefügt werden. (Vom 2. 6. 1909 ab.)

(D. R. P. 238 127.) Kuhnheim & Co., Berlin: Verfahren, den Metallen der Edelerden pyrophore Eigenschaften zu verleihen, dadurch gekennzeichnet, daß die Metalle in zerkleinertem Zustande für sich oder mit geeigneten Zusätzen, die infolge ihrer Härte beim Reiben Wärme erzeugen oder mit den abgetrennten Metallteilchen chemisch reagieren, durch hohen Druck verdichtet werden.

Durch das dichter gestaltete Gefüge wird bedingt, daß bei Abtrennung kleiner Teilchen von den gepreßten Massen ein höherer Wärmegrad erzielt wird, welcher ausreicht, um die Teilchen zur Entzündung zu bringen. Als Härtungsmittel können zugesetzt werden: Carborundum, Bor, Silicium, Metalle in pulverigem Zustand, oder als Stoffe, die infolge der durch die Reibung erzeugten Wärme mit den abgetrennten Edelmetallteilchen unter gesteigerter Wärmeerzeugung chemisch reagieren: Oxyde, Superoxyde, Salze, Phosphor, Schwefel, Arsen, Antimon. (Vom 19. 7. 1908 ab.)

(D. R. P. 238 128.) Kuhnheim & Co., Berlin: 1. Verfahren zur Herstellung luftbeständiger hochpyrophorer Metallmassen, dadurch gekennzeichnet, daß die Hydrüre der Edelerdmetalle, einzeln oder in Mischung miteinander, mit anderen Metallen — insbesondere Magnesium, Calcium, Aluminium — oder deren Hydrüren zusammengeschmolzen und gegebenenfalls mit Wasserdampf nachbehandelt werden. **2.** Herstellungsverfahren, dadurch gekennzeichnet, daß Metalle der Edelerden, einzeln oder in Mischung miteinander, mit den Zusatzmetallen legiert und die so erhaltenen Legierungen im Wasserstoffstrom so lange bei geeigneter Temperatur erhitzt werden, bis sie die gewünschte Pyrophorität und Luftbeständigkeit besitzen.

Die Hydrüre der Edelerden oxydieren sich an der Luft ohne äußeren Anstoß unter Feuererscheinung, sogar unter Explosion, durch die vorgeschlagenen Zusätze werden sie luftbeständig. Am besten wird eine Legierung aus Cer-Mischmetall mit 15 Proz. Magnesium in Stangen- oder Plattenform in einer Schamottemuffel auf 550° erhitzt und Wasserstoff so lange eingeleitet, als eine Absorption erfolgt; hierauf läßt man im Gasstrom erkalten. (Vom 26. 1. 1909 ab.)

(D. R. P. 238 440.) Dittrich, Heidelberg: Verfahren zur Entfernung leicht zersetzlicher Teile aus funkengebenden Zündmassen, dadurch gekennzeichnet, daß man diese Massen einige Zeit mit Wasser oder Wasserdampf behandelt und dadurch die leichter zersetzlichen Teile zum raschen Zerfall bringt, wobei nur die festeren Teile zurückbleiben.

Von den im Handel befindlichen Zündmassen aus Cer und anderen Metallen in Stäbchenform zerfallen einzelne allmählich ganz oder teilweise zu Pulver, während andere sich längere Zeit gut halten. Die bei der Fabrikation sonst nicht ganz zu beseitigenden Verunreinigungen sollen durch das Verfahren entfernt werden.

(Vom 21. 12. 1910 ab.)

(D. R. P. 260 843.) Dreymann, Düsseldorf: Verfahren zum Härten von Cer und Cerlegierungen für pyrophore Zwecke, dadurch gekennzeichnet, daß das Metall in einer indifferenten oder reduzierenden Atmosphäre oder in einem indifferenten Körper eingebettet, erhitzt und dann mehr oder weniger rasch abgekühlt wird.

Es soll so eine dem Stahlhärten analoge Härtung stattfinden.

(Vom 20. 12. 1911 ab.)

Von der Verwendung von Cerlegierungen bei der Herstellung pyrophorer Körper wird abgesehen in den folgenden Patenten:

(D. R. P. 215 695.) Krieger, Berlin: Verwendung von Legierungen des Antimons und Eisens mit oder ohne Zusatz von Leichtmetallen als Pyrophore, dadurch gekennzeichnet, daß diese Legierungen in Verbindung mit stumpfwinkligen oder stumpfwinklig gestellten Reibern verwandt werden.

Der Eisengehalt darf 50 Proz. nicht übersteigen, die Zündkörper dürfen nicht mit scharfen, sondern müssen mit stumpfen Reibern gestrichen werden.

(Vom 22. 12. 1908 ab.)

(D. R. P. 224 231.) Krieger, Berlin: Pyrophore Massen, bestehend aus Legierungen von Mangan und Antimon, welche über 10 Proz. Antimon enthalten, mit oder ohne Zusätzen anderer Metalle.

Die Funkenbildung soll im Gegensatz zum Cereisen vorteilhafter sein, insofern, als anstatt eines Funkenbündels beim Reiben oder Kratzen außer Funken eine Art längerer

Stichflamme entsteht, wodurch es ermöglicht wird, anstatt wie beim Cereisen Reiber und Flamme unmittelbar aneinander anordnen zu müssen, eine genügend große Entfernung zwischen den beiden herstellen zu können, so daß die gehärteten Reiber geschont werden. (Vom 3. 9. 1909 ab.)

(D. R. P. 357 819.) Sembner & Hammer, Wien: Verfahren zur Herstellung einer Masse für Zündsteine von Feuerzeugen u. dgl., dadurch gekennzeichnet, daß Manganeisen in halbgeschmolzenem Zustande mit Kohlenstoff und Carborundum ausgewalzt, in Steine geschnitten und noch glühend in Blutlaugensalzlösung abgeschreckt wird. (Vom 1. 4. 1920 ab.)

(Zus. P. 397 384.), dadurch gekennzeichnet, daß die Masse außer den im Hauptpatent genannten Komponenten auch mit Metallen der Edelerden, Antimon, Silicium usw. imprägniert wird.

Auch die sehr harte Legierung: 12 Proz. Titan, 20 Proz. Chrom, 7 Proz. Mangan, Rest Eisen soll pyrophor sein.

Verschiedene Legierungen.

Außer den schon früher genannten Manganlegierungen finden noch folgende zuweilen eine technische Verwendung.

Das aluminothermisch gewonnene Titan legiert sich leicht mit dem kohlenstofffreien Mangan. Im Handel ist ein Mangan-Titan mit 30 bis 35 Proz. Titan, es dient zur Desoxydation des Kupfers. Zum gleichen Zweck wird auch ein Mangan-Bor mit 20 Proz. Bor hergestellt.

Da beim Legieren von Kupfer mit Chrom dieses leicht ausseigert, benutzt man zur Einführung des Chroms mit Vorteil ein Mangan-Chrom mit 30 Proz. Chrom, das sog. Chrom-Mangan in (siehe S. 236).

Den Heußlerbronzen (siehe S. 40 u. 142) nahe verwandt sind die magnetisierbaren Manganlegierungen, sie sind geschützt im

(D. R. P. 144 584.) Isabellen-Hütte, Dillenburg: 1. Verfahren zur Darstellung magnetisierbarer Manganlegierungen, dadurch gekennzeichnet, daß in Manganmetall oder in Manganlegierungen, besonders Mangankupfer, die Elemente Aluminium, Zinn, Arsen, Antimon, Wismut oder Bor eingeführt werden, und zwar in der Art, daß die Legierung mindestens 3 Proz. der genannten Elemente und in der Regel nicht weniger als 9 Proz. Mangan enthalten. **2.** Ausführungsform: Die erhaltenen Legierungen werden zur Erhöhung ihrer magnetischen Eigenschaften auf eine Temperatur erhitzt, die niedriger als diejenige Temperatur zu wählen ist, bei welcher die betreffende Legierung anfängt, unmagnetisch zu werden. **3.** Zur Erniedrigung der Umwandlungsprodukte oder zur Erzielung günstiger mechanischer, elektrischer oder magnetischer Eigenschaften werden noch weitere Metalle, besonders Blei, zugesetzt. (Vom 2. 7. 1902 ab.)

Von dem bei der Herstellung von Legierungen (siehe S. 105) angegebenen Kunstgriff der Anwendung eines Hilfsmetalles wird in dem folgenden Verfahren Gebrauch gemacht.

(D. R. P. 146 503.) Siemens & Halske A. G., Berlin: 1. Herstellung von metallisch reinem Thorium oder Yttrium oder Legierungen dieser Metalle, dadurch gekennzeichnet, das daß verunreinigte Metall oder eine Legierung desselben durch Legierung mit einem anderen Metall von den nicht metallischen Verunreinigungen getrennt wird, worauf letzteres durch Lösungsmittel entfernt wird. **2.** Ausführungsform: Das zur Legierung des rein darzustellenden Metalles oder der Metallegierung bestimmte Metall wird in Gestalt einer reduzierbaren Metallverbindung den Verbindungen von Thorium, Yttrium oder den der herzustellenden Legierungen entsprechenden Mischungen von Metallverbindungen beigemengt und mit diesen zusammen einem gemeinsamen Reduktionsverfahren unterworfen, derart, daß die hierbei reduzierten Metalle sich im Entstehungszustande zu einer Legierung vereinigen, aus welcher das nur zur Legierung bestimmte Metall durch Lösungsmittel beseitigt wird.

Es eignen sich gut Gemische von Thoriumsalzen mit Blei-, Antimon-, Kupfer-, Aluminium-, Zinn-, Zink- u. dgl. Verbindungen. (Vom 20. 11. 1900 ab.)

(Pat.-Anm. W. 42 995.) Wolframlampen-A.-G., Augsburg: Verfahren zur Herstellung hoch schmelzbarer Legierungen mit duktilen Eigenschaften aus den Metallen Chrom, Vanadium, Niob, Tantal, Osmium, Ruthenium, Zirkonium, Thorium oder Wolfram unter Verwendung eines der genannten Metalle als Zusatz zu einem anderen Metall als Grundstoff, dadurch gekennzeichnet, daß die Sinterung der unter Druck geformten Mischkörper nach verhältnismäßig geringem Zusatz eines zweiten Zusatzmetalles erfolgt, welches das Eintreten der Legierung, d. h. festen Lösung erleichtert. Als zweites Zusatzmetall wird ein Metall der Platingruppe verwendet.

Es genügt bereits ein Zusatz von 0,05 Proz. Platin, um den Eintritt einer Legierung von Wolfram mit 1 Proz. Thorium bei verhältnismäßig niedriger Temperatur zu veranlassen. Der Zusatz geschieht am vorteilhaftesten zusammen mit dem Hauptzusatz in Form einer wässerigen Lösung eines Salzes der Metalle. Derartig hergestellte hoch schmelzbare Legierungen mit duktilen Eigenschaften lassen sich zu Glühkörpern für elektrische Glühlampen oder zu Werkzeugen und Instrumenten oder deren Teilen verwenden. (Vom 19. 8. 1913 ab.)

(Zus.-Pat.-Anm. 44 736) gekennzeichnet durch die Verwendung der Metalle Gold oder Silber als zweites Zusatzmetall.

Diese Metalle, besonders das Silber, sind wesentlich billiger und gestatten durch die Mannigfaltigkeit ihrer wasserlöslichen Salze die Auswahl besonders günstiger Bedingungen für die Einbringung. (Vom 23. 3. 1914 ab.)

Tantallegierungen sind geschützt im

(D. R. P. 284 241.) Siemens & Halske A.-G., Siemensstadt: Verfahren zur Herstellung einer goldähnlichen Legierung von hohem spez. Gewicht und hoher mechanischer und chemischer Widerstandsfähigkeit, dadurch gekennzeichnet, daß Gold oder Kupfer oder beide Metalle mit Tantal legiert werden.

Die Metalle werden in Pulverform innig gemischt, unter hohem Druck zu zusammenhängenden Körpern gepreßt und im Tiegel oder in einem Quarzrohr in einer indifferenten Atmosphäre oder noch besser im Vakuum auf hohe Weißglut erhitzt. Die Legierungen verhalten sich wie ein Edelmetall und können für viele Zwecke an Stelle des Goldes verwendet werden, vor diesem haben sie den Vorzug sehr viel größerer Härte und Elastizität. (Vom 4. 3. 1913 ab.)

Tantal-Nickel siehe S. 403; Tantal-Wolfram s. S. 513; Tantal-Platin s. S. 432.

Von Uranlegierungen wird Ferro-Uran zur Herstellung des Uranstahles benutzt. Uran-Nickel und Uran-Aluminium gewann *Heller*[1].

Die Herstellung von Natriumlegierungen ist geschützt im

(D. R. P. 275 205.) The British Cyanides Co., London: Verfahren zur Herstellung von Natriumlegierungen, dadurch gekennzeichnet, daß das bei der Erhitzung von Ätznatron mit Kohlenstoff oder einer kohlenstoffabgebenden Verbindung in bekannter Weise entstehende metallische Natrium während oder unmittelbar nach der Entstehung mit dem betreffenden geschmolzenen Legierungsmetall, z. B. Blei, durchgerührt wird.

Die erforderliche Temperatur liegt während des ganzen Prozesses niemals über 750°. (Vom 15. 2. 1913 ab.)

(D. R. P. 308 851.) Skaupy, Berlin: Elektrische Gaslampe. Es werden als dampfbildende Kathodenmetalle Legierungen von Alkalimetallen mit Schwermetallen von solcher Zusammensetzung verwendet, daß die ursprüngliche Weichheit und Leicht-

---

[1] Metall u. Erz 1922, **19**, 366.

flüssigkeit in genügendem Maße erhalten bleibt, während die Reaktionsfähigkeit gegenüber den Gefäßwänden vermindert ist. Besonders brauchbar sind Legierungen aus Natrium und Thallium oder Natrium und Blei.
(Vom 17. 5. 1913 ab.)

(D. R. P. 349 425.) Schuen, Großpeter, Groß-Königsdorf, Bez. Köln, und Kemper, Olpe i. Westf., Verfahren zur Herstellung von Legierungen des Natriums mit Eisen, Mangan oder Silicium oder mit mehreren dieser Stoffe, dadurch gekennzeichnet, daß man die weitgehend zerkleinerten, mit dem Na zu legierenden Stoffe erhitzt und dann mit Na zusammenbringt.

Vorteilhaft werden die zerkleinerten Metalle in einem bedeckten Tiegel auf Rotglut erhitzt, worauf der Deckel gelüftet, das Na eingetragen und der Deckel sofort wieder geschlossen wird. — Es werden gegen atmosphärische Einflüsse unempfindliche Legierungen erhalten. (Vom 20. 2. 1917 ab.)

(D. R. P. 382 077.) Metallbank u. Metallurgische Ges., Frankfurt a. M.: Verfahren zur Herstellung von Legierungen eines oder mehrerer Erdalkalimetalle (einschließlich Magnesium und Beryllium) mit anderen Metallen und zur Herstellung von Legierungen eines oder mehrerer Alkalimetalle mit anderen Metallen, dadurch gekennzeichnet, daß die Halogenverbindungen der zu legierenden Erdalkali- oder Alkalimetalle auf Legierungen der anderen Metalle mit Erdalkalimetallen zur Einwirkung gebracht werden. (Vom 19. 12. 1918 ab.)

(D. R. P. 396 377.) Ehrhardt, Frankfurt a. M.: Verfahren zur Verbesserung der mechanischen Eigenschaften und besonders zur Erhöhung der Härte der **Platinmetalle** (Platin, Palladium, Iridium, Rhodium, Osmium, Ruthenium), **der Metalle der Goldreihe** (Gold, Silber, Kupfer) und **der Metalle der Eisenreihe** (Nickel, Kobalt, Eisen, Mangan), dadurch gekennzeichnet, daß den Metallen Lithium in kleinen Mengen zulegiert wird. (Vom 22. 9. 1922 ab.)

Natrium-Blei siehe S. 439, Natriumamalgam siehe S. 518.

Die hohe Thermokraft einer Verbindung (s. S. 41) ist praktisch ausgenutzt in

(D. R. P. 291 521.) Altenkirch und Gehlhoff, Fredersdorf: Thermosäule.

Als positives Material wird die Antimon-Tellurlegierung von der ungefähren Zusammensetzung Sb_2Te_3 verwendet. (Vom 4. 3. 1915 ab.)

(D. R. P. 391 636.) Fenchel, Düsseldorf: Legierungen von Kupfer, Silber, Gold, Aluminium, Eisen, Nickel, Zink oder Zinn, bestehend aus einem oder einer Legierung mehrerer jener Metalle in Mengen von 80 oder mehr Prozenten und 20 oder weniger Prozenten **Tellur.** Die Legierungen sollen stahlähnliche Härte und hohe Widerstandsfähigkeit gegen chemische Einflüsse besitzen. (Vom 31. 5. 1923 ab.)

(D. R. P. 381 049 und Zus.-P. 399 399.) Kroll, Frankfurt a. M.: Verfahren zur Herstellung von Metallegierungen mit einem Gehalt von Erdalkalimetall (einschl. Magnesium und Beryllium durch Umsetzung von Halogenverbindungen der Erdalkalimetalle im Schmelzfluß mit einer Legierung des anderen Metalles mit einem Alkalimetall, dadurch gekennzeichnet, daß von vornherein und während des Verlaufes der Umsetzungsreaktion die Zusammensetzung der Salzschmelze so eingestellt wird, daß sie dauernd dünnflüssig und reaktionsfähig bleibt. Es wird z. B. eine Bleinatriumlegierung mit einem geschmolzenen Gemisch von Barium-Calciumchlorid zusammengeschmolzen, wodurch das Natrium gegen Barium und Calcium ausgetauscht wird.
(Vom 3. 1. 1920 ab.)

Sachregister.

Register der Deutschen Reichspatente.

Druckfehler-Berichtigung.

Auf Seite 62, 5. Zeile von unten muß es heißen: S. 446 statt 442.
„ „ 81, 7. Zeile von oben muß es heißen: S. 340 statt 160.
„ „ 106, 22. Zeile von oben muß es heißen: S. 461 statt 441.
„ „ 167, 7. Zeile von unten muß es heißen: S. 473 statt 471.
„ „ 194, 20. Zeile von unten muß es heißen: D.R.P. 209 919 statt 209 914.
„ „ 251, 2. Zeile von oben muß es heißen: S. 183 statt 142.
„ „ 298, 13. Zeile von unten muß es heißen: S. 483 statt 476.
„ „ 302, nach Tabelle 152 muß es heißen: S. 294 statt 297.
„ „ 342, 13. Zeile von unten muß es heißen: S. 378 statt 329.
„ „ 399, 18. Zeile von unten muß es heißen: D.R.P. 48 622 statt 78 622.
„ „ 401, 18. Zeile von unten muß es heißen: S. 509 und 194 statt 508 und 190.
„ „ 467, 1. Zeile von oben muß es heißen: Tab. 259 statt 251.
In Tafel 18 Fig. 168 muß es heißen: S. 335 statt 338.

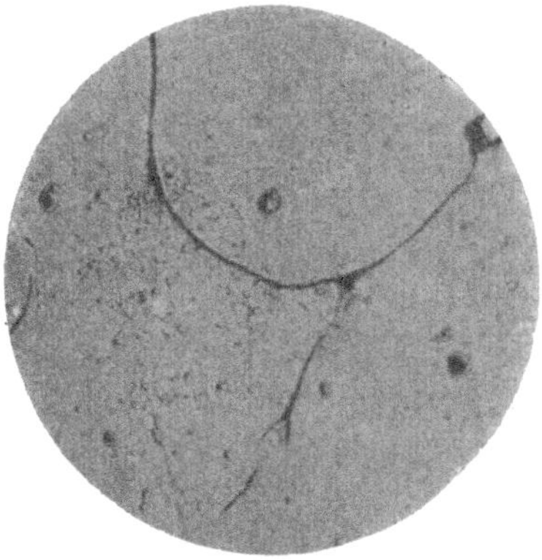

Fig. 1. Kupfer-Zinnbronze poliert, ungeätzt. Vergrößerung 365 fach. (Zu Seite 4.)

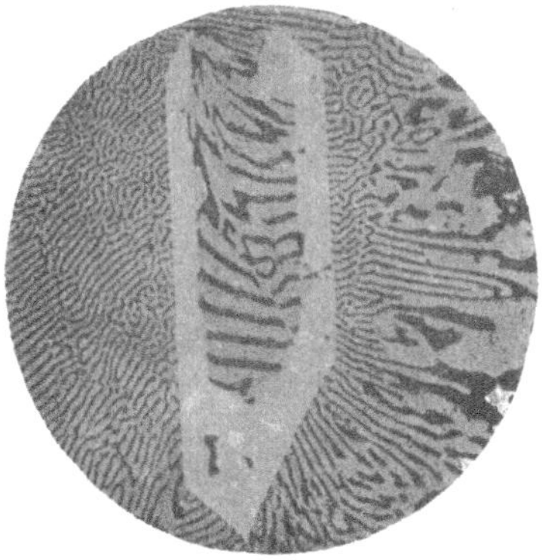

Fig. 2. Krystall der Verbindung Cu_3Sn. (Zu Seite 5.)

Fig. 3. Antimon-Krystall. (Zu Seite 5.)

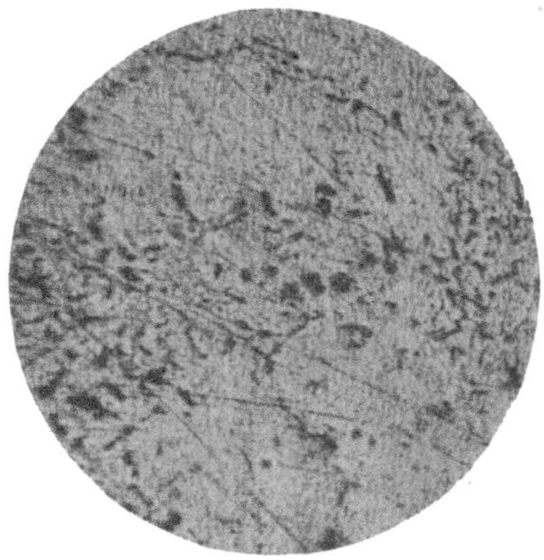

Fig. 8. 90% Mg + 10% Pb. Vergrößerung 120 fach. (Zu Seite 8.)

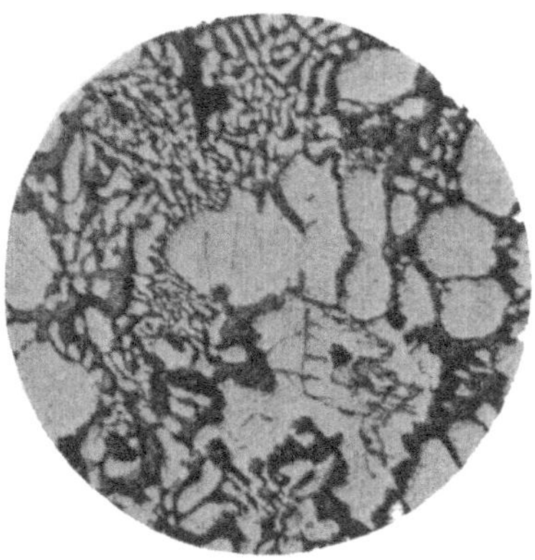

Fig. 9. 45% Mg + 55% Pb. Vergrößerung 120 fach. (Zu Seite 8.)

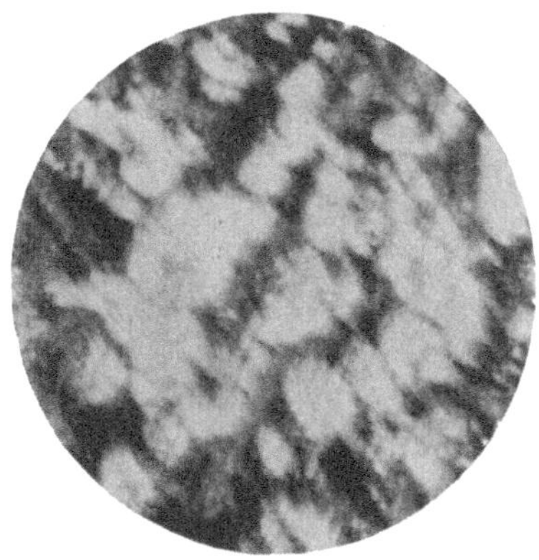

Fig. 10. 10% Mg + 90% Pb. Vergrößerung 47 fach. (Zu Seite 8.)

Verlag von Otto Spamer in Leipzig.

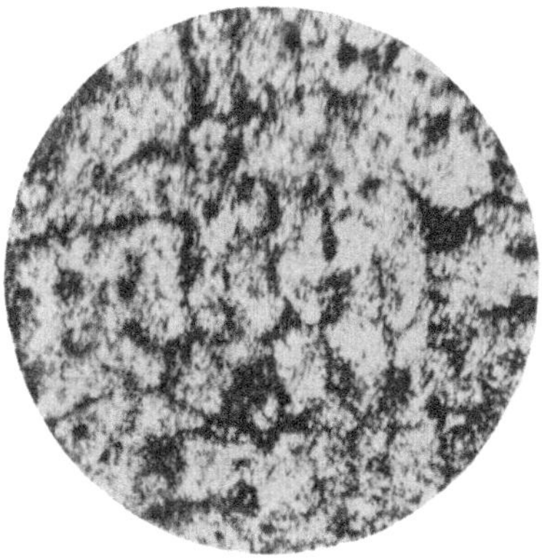

Fig. 11. 1% Mg + 99% Pb.
Vergrößerung 110fach. (Zu Seite 8.)

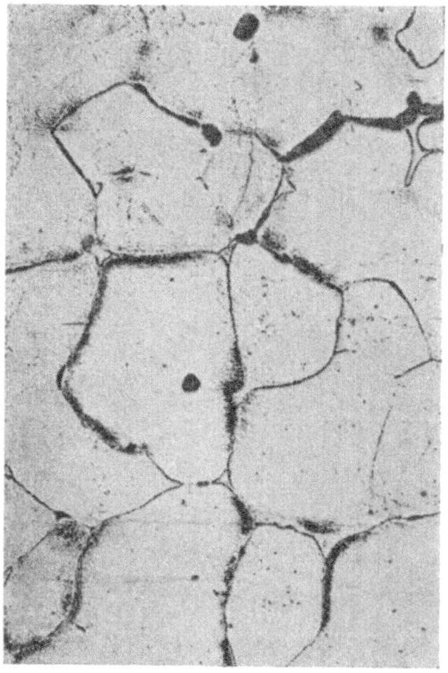

Fig. 15. 100% Ni.
Vergrößerung 55fach. (Zu Seite 11.)

Fig. 16. 80% Ni + 20% Co.
Vergrößerung 55fach. (Zu Seite 11.)

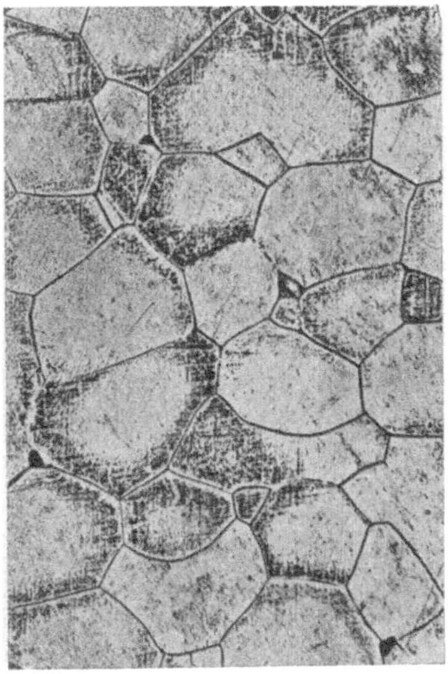

Fig. 17. 60% Ni + 40% Co.
Vergrößerung 55fach. (Zu Seite 11.)

Verlag von Otto Spamer in Leipzig.

Fig. 19. 70 % Cu + 30 % Ni. Langsam erstarrt. Vergrößerung 65 fach. (Zu Seite 12.)

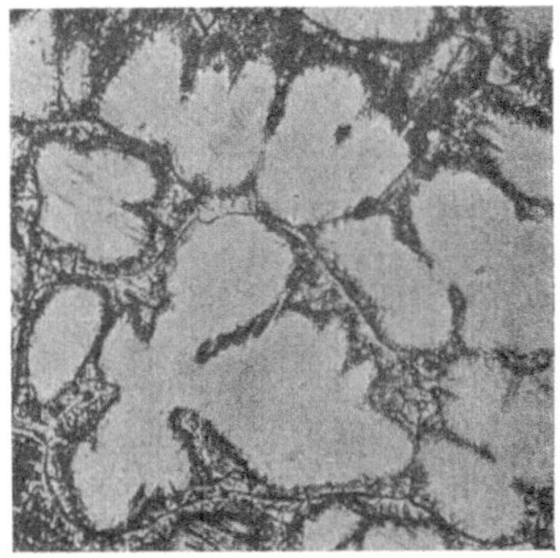

Fig. 20. 70 % Cu + 30 % Ni. Schnell erstarrt. Vergrößerung 65 fach. (Zu Seite 12.)

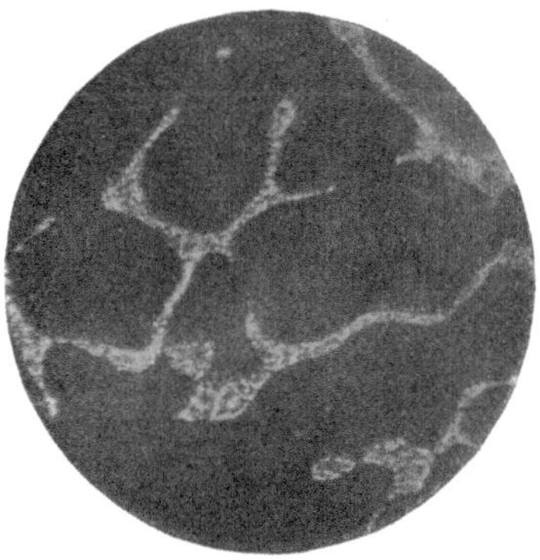

Fig. 22. 96 % Pb + 4 % Sb. Vergrößerung 150 fach. (Zu Seite 14.)

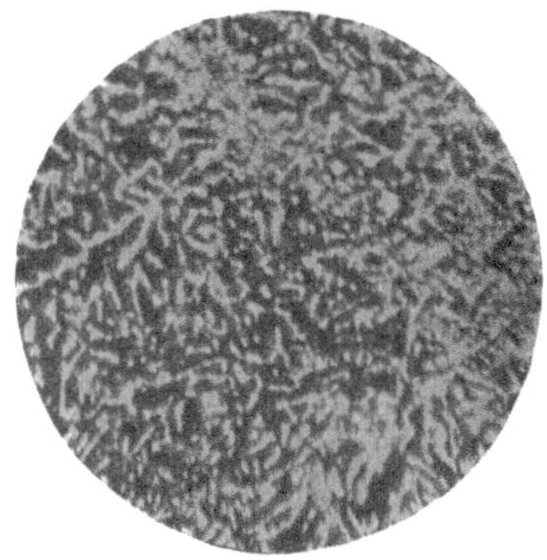

Fig. 23. 87 % Pb + 13 % Sb. Vergrößerung 150 fach. (Zu Seite 14.)

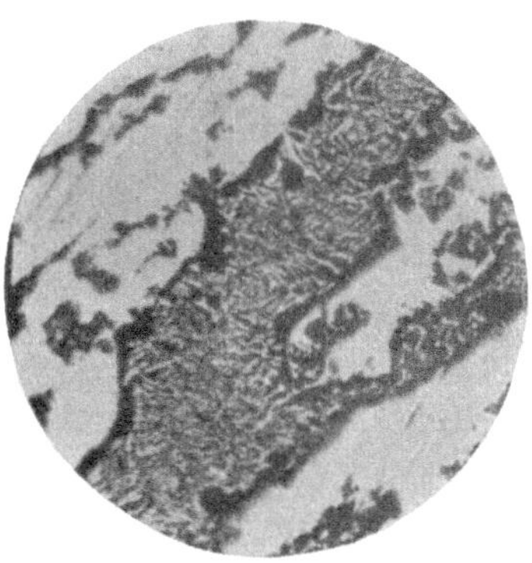

Fig. 24. 60 % Pb + 40 % Sb. Vergrößerung 150 fach. (Zu Seite 14.)

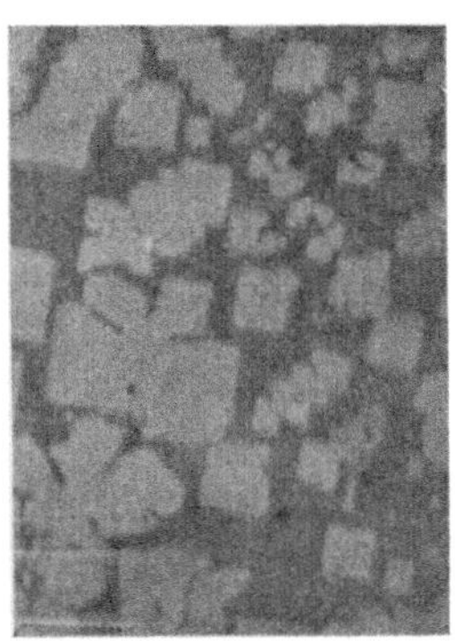

Fig. 28. 72 At % Cu + 28 At % Mg. Vergrößerung 68 fach. (Zu Seite 17.)

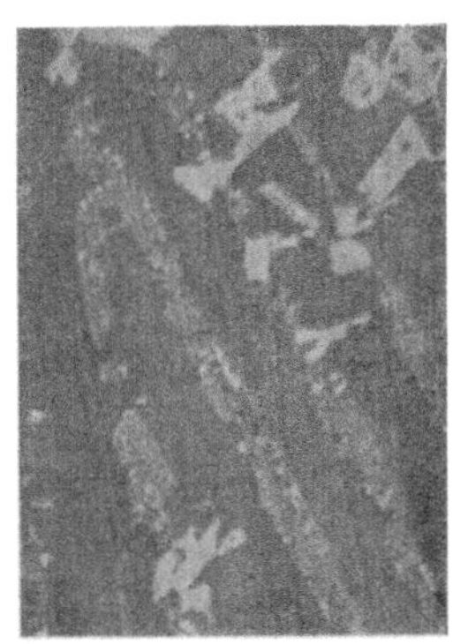

Fig. 29. 38 At % Cu + 62 At % M. Vergrößerung 68 fach. (Zu Seite 17.)

Verlag von Otto Spamer in Leipzig.

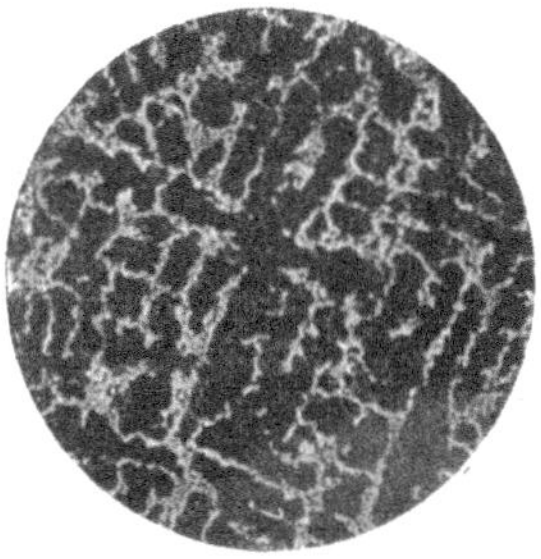

Fig. 31. 56 % Pb + 44 % Sn. Bei 170° abgeschreckt. Vergrößerung 85 fach. (Zu Seite 18.)

Fig. 32. 56 % Pb + 44 % Sn. Langsam abgekühlt. Vergrößerung 85 fach. (Zu Seite 18.)

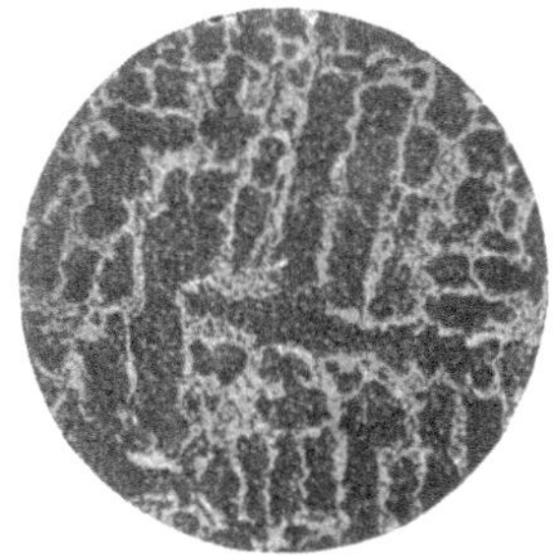

Fig. 33. Probe von Fig. 31, nochmals bei 135° geglüht. Vergrößerung 85 fach. (Zu Seite 18.)

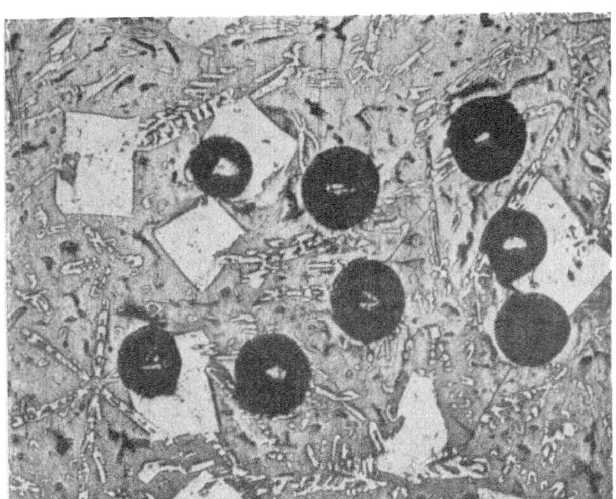

Fig. 53. Kugeleindrücke in einer Zinn-Antimon-Kupferlegierung. Vergrößerung 50 fach. (Zu Seite 57.)

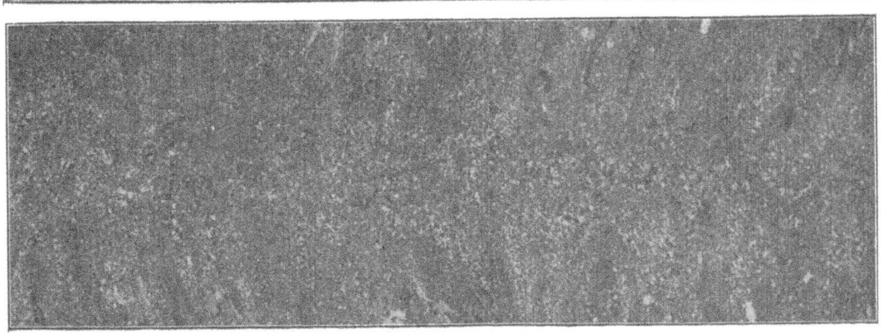

Fig. 75. Aluminiumbronze. Gußgefüge. Vergrößerung $^4/_5$. (Zu Seite 84.)
Fig. 76. Aluminiumbronze. Kaltgereckt. Vergrößerung $^4/_5$. (Zu Seite 84.)
Fig. 77. Aluminiumbronze. Kaltgereckt und geglüht. Vergrößerung $^4/_5$. (Zu Seite 84.)
Fig. 78. Aluminiumbronze. Schwach gewalzt und geglüht. Vergrößerung $^4/_5$. (Zu Seite 84.)

Verlag von Otto Spamer in Leipzig.

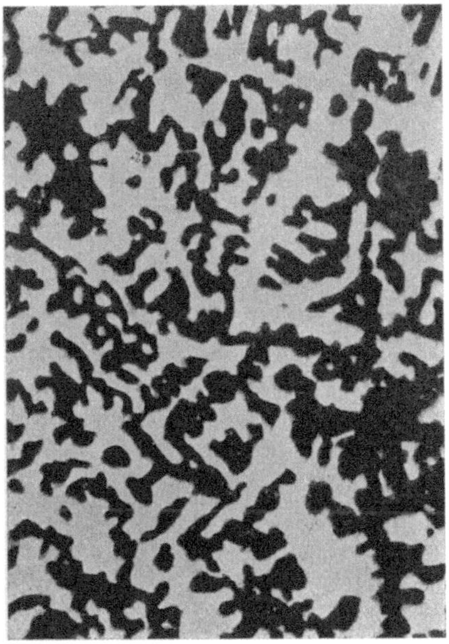

Fig. 79. Poröses Blei. Vergrößerung 50fach. (Zu Seite 92.)

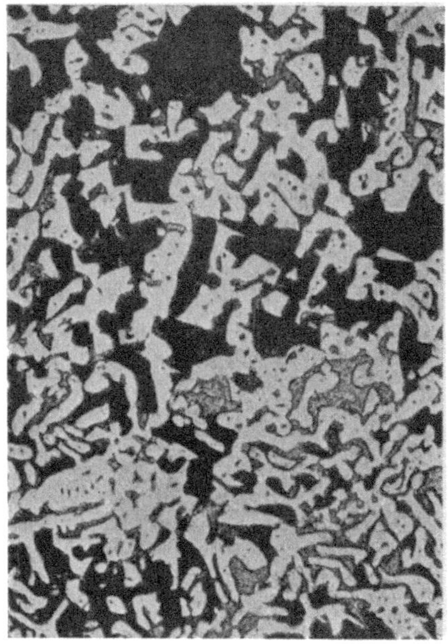

Fig. 80. Poröses Hartblei. Vergrößerung 50fach. (Zu Seite 92.)

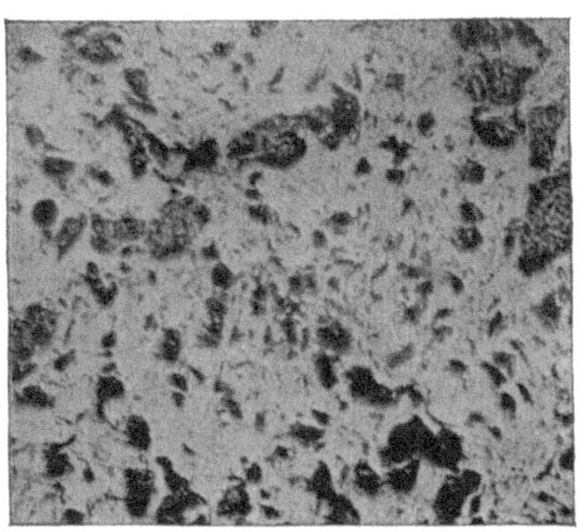

Fig. 81. 82% Cd + 18% Zn. Zusammengepreßt. Vergrößerung 70fach. (Zu Seite 93.)

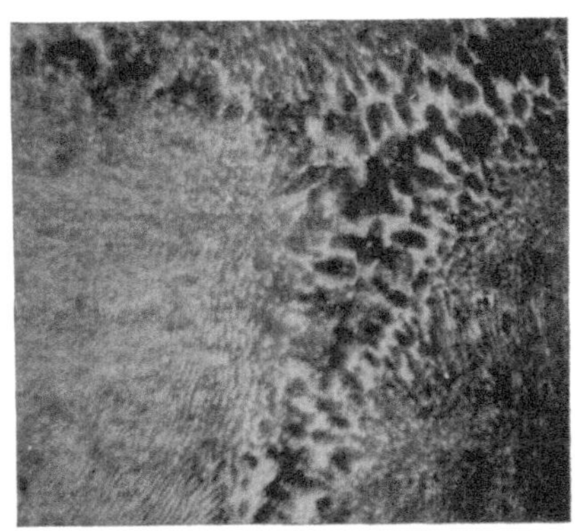

Fig. 82. 82% Cd + 18% Zn. Zusammengepreßt. Vergrößerung 280fach. (Zu Seite 93.)

Verlag von Otto Spamer in Leipzig.

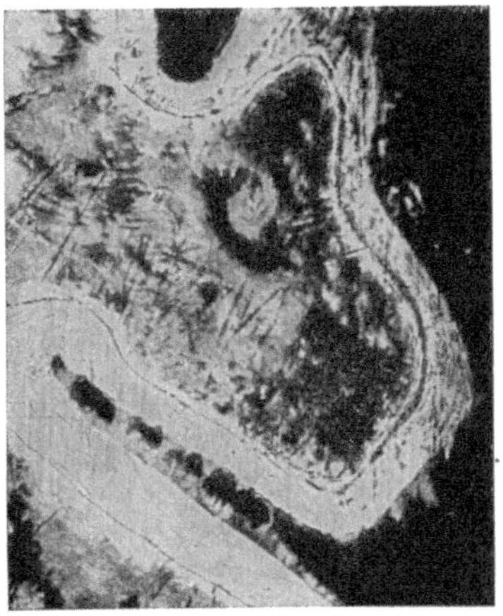

Fig. 83. 50% Cu + 50% Zn. Zusammengepreßt. Vergrößerung 120 fach. (Zu Seite 93.)

Fig. 84. 50% Cu + 50% Zn. Zusammengepreßt u. auf 400° erhitzt. Vergrößerung 120 fach. (Zu Seite 93.)

Fig. 87. 97% Cu + 3% Al. Vergrößerung 200 fach. (Zu Seite 124.)

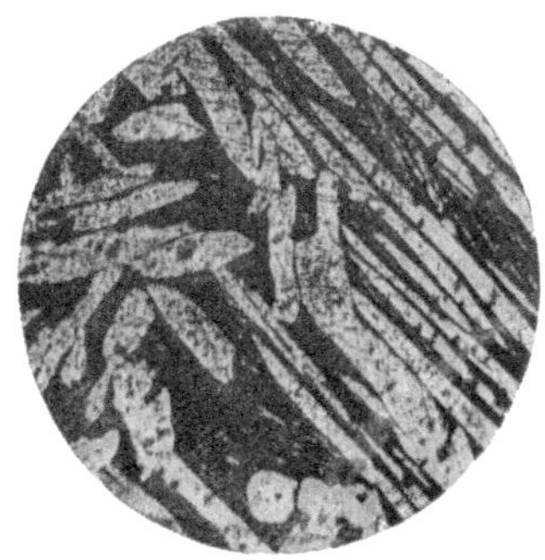

Fig. 88. 89,5% Cu + 10,5% Al. Vergrößerung 200 fach. (Zu Seite 124.)

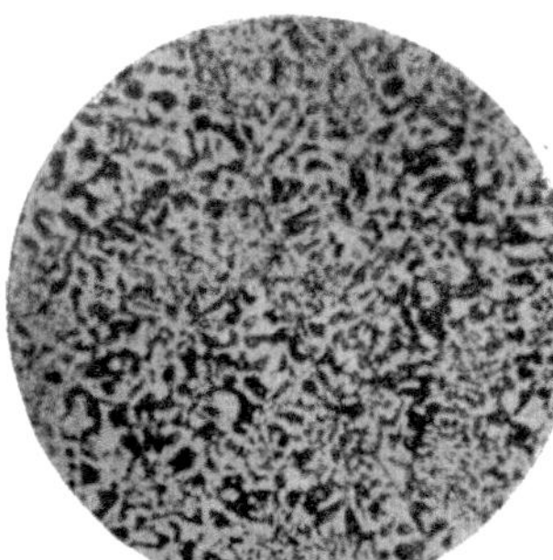

Fig. 89. 32,5% Cu + 67,5% Al. Vergrößerung 68 fach. (Zu Seite 124.)

Fig. 90. 10% Cu + 90% Al. Vergrößerung 68 fach. (Zu Seite 124.)

Verlag von Otto Spamer in Leipzig.

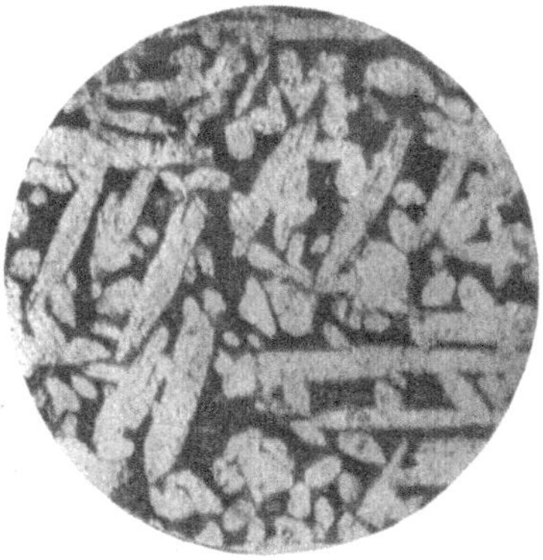

Fig. 91. 90% Cu + 10% Al. Langsam abgekühlt. Vergrößerung 100fach. (Zu Seite 124.)

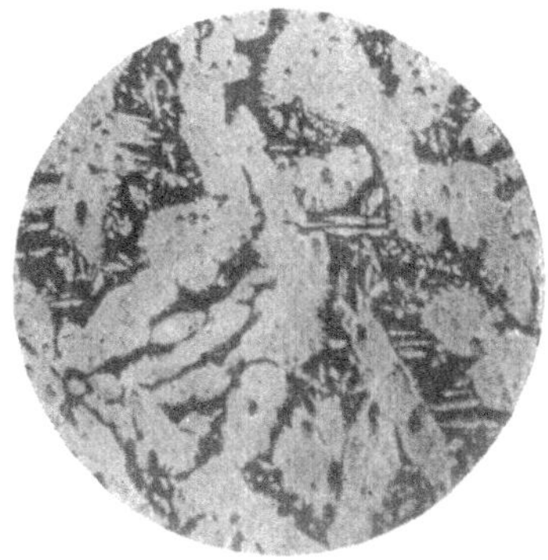

Fig. 92. 90% Cu + 10% Al. Bei 600° abgeschreckt. Vergrößerung 50fach. (Zu Seite 124.)

Fig. 93. 90% Cu + 10% Al. Bei 750° abgeschreckt. Vergrößerung 50fach. (Zu Seite 124.)

Fig. 94. 90% Cu + 10% Al. Bei 900° abgeschreckt. Vergrößerung 50fach. (Zu Seite 124.)

Fig. 95. 90% Cu + 10% Al. Bei 950° abgeschreckt. Vergrößerung 50fach. (Zu Seite 124.)

Fig. 96. 90% Cu + 10% Al. Bei 950° abgeschreckt. Vergrößerung 50fach. (Zu Seite 124.)

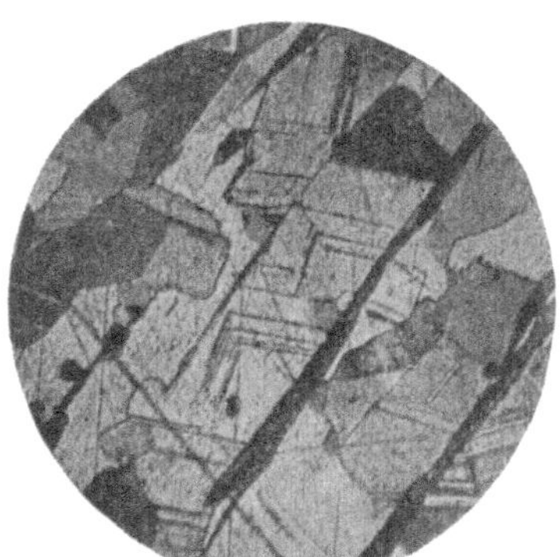

Fig. 97. 90% Cu + 10% Al. Bei 900° abgeschreckt. Vergrößerung 150fach. (Zu Seite 124.)

Verlag von Otto Spamer in Leipzig.

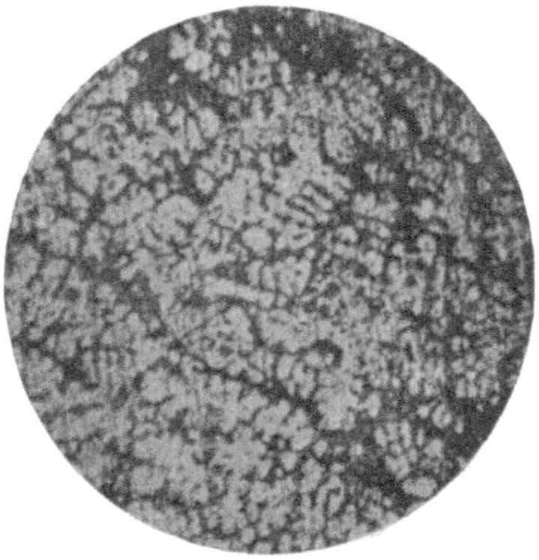

Fig. 98. 80% Al + 20% Mg.
Vergrößerung 40fach. (Zu Seite 150.)

Fig. 99. 70% Al + 30% Mg.
Vergrößerung 40fach. (Zu Seite 150.)

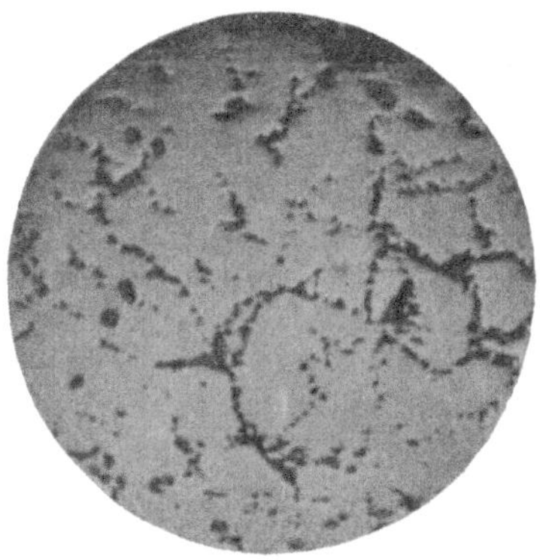

Fig. 100. 47% Al + 53% Mg.
Vergrößerung 40fach. (Zu Seite 150.)

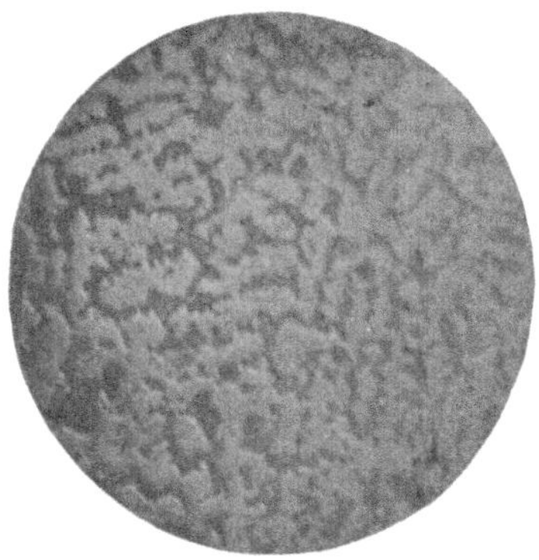

Fig. 101. 40% Al + 60% Mg.
Vergrößerung 40fach. (Zu Seite 150.)

Fig. 102. 30% Al + 70% Mg.
Vergrößerung 40fach. (Zu Seite 150.)

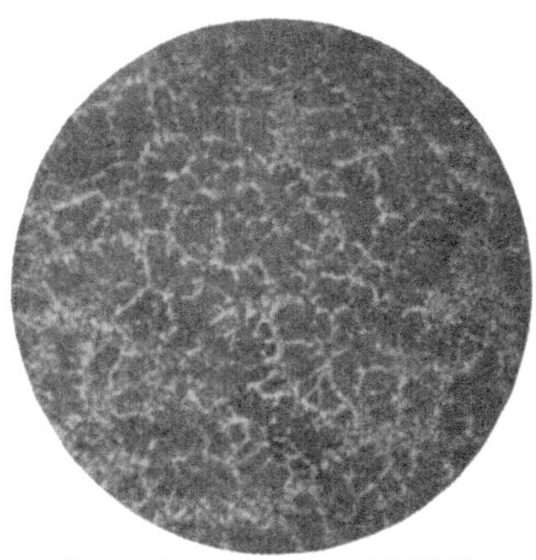

Fig. 103. 20% Al + 80% Mg.
Vergrößerung 40fach. (Zu Seite 150.)

Verlag von Otto Spamer in Leipzig.

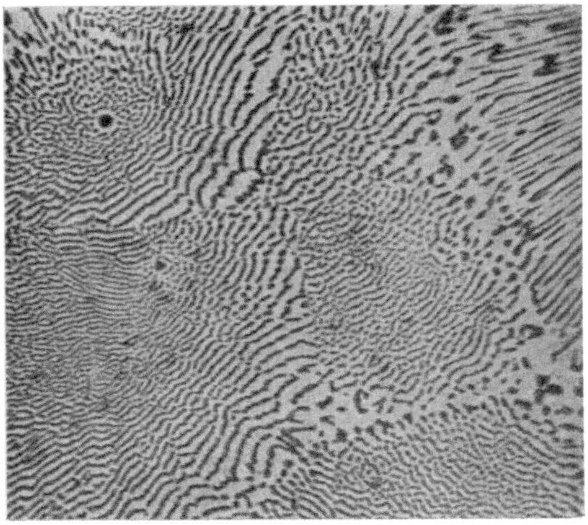

Fig. 108. 95% Zn + 5% Al (Eutektikum). (Zu Seite 161.)

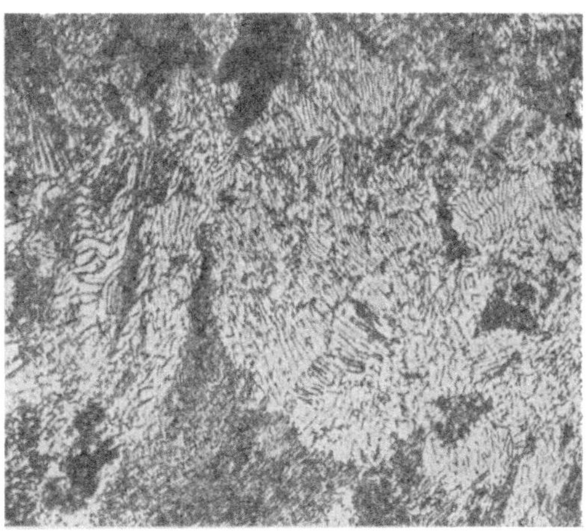

Fig. 109. 77% Zn + 23% Al Perlitartige Zerfallstruktur. (Zu Seite 161.)

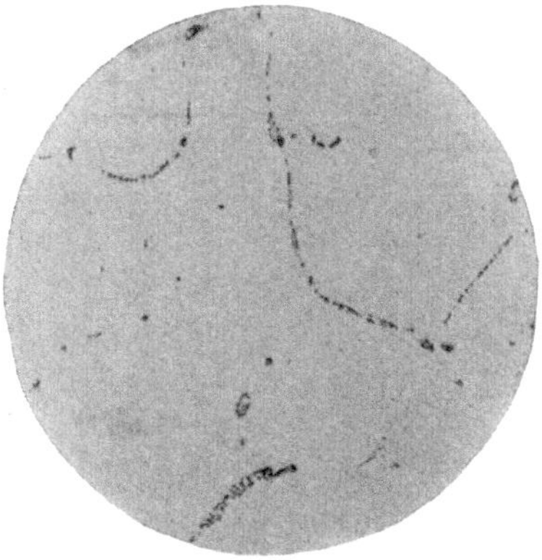

Fig. 111. Kupfer mit 0,08 % Cu_2O.
Vergrößerung 123fach. (Zu Seite 205.)

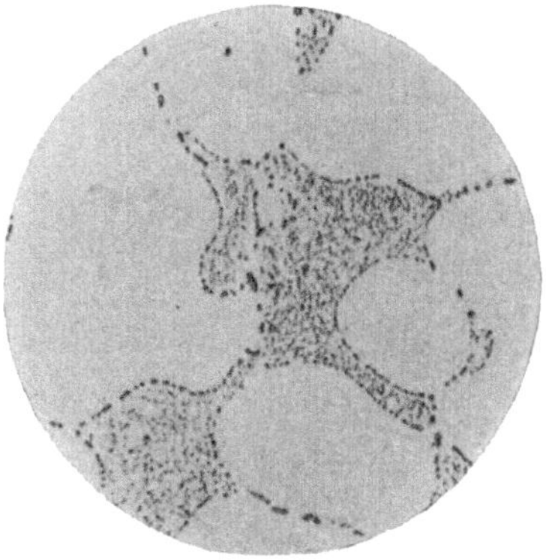

Fig. 112. Kupfer mit 1,1 % Cu_2O.
Vergrößerung 123fach. (Zu Seite 205.)

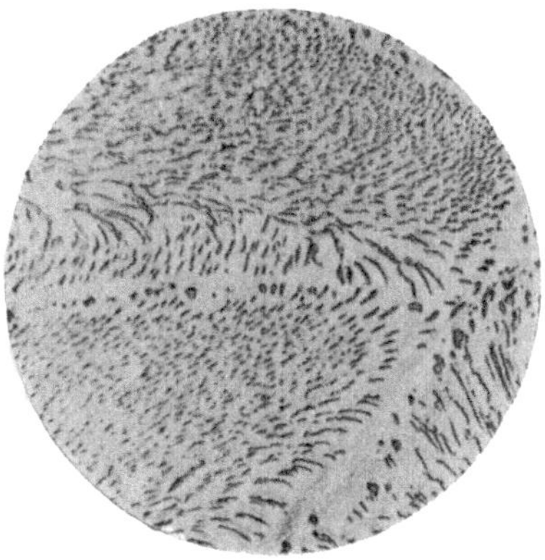

Fig. 113. Kupfer mit 3,4 % Cu_2O.
Vergrößerung 123fach. (Zu Seite 205.)

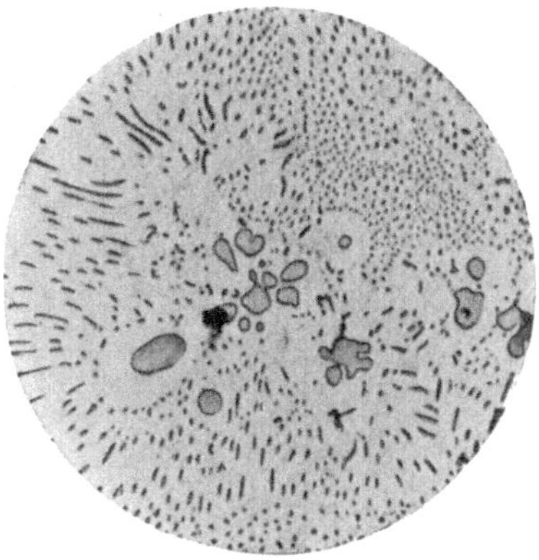

Fig. 114. Kupfer mit 4,7 % Cu_2O.
Vergrößerung 123fach. (Zu Seite 205.)

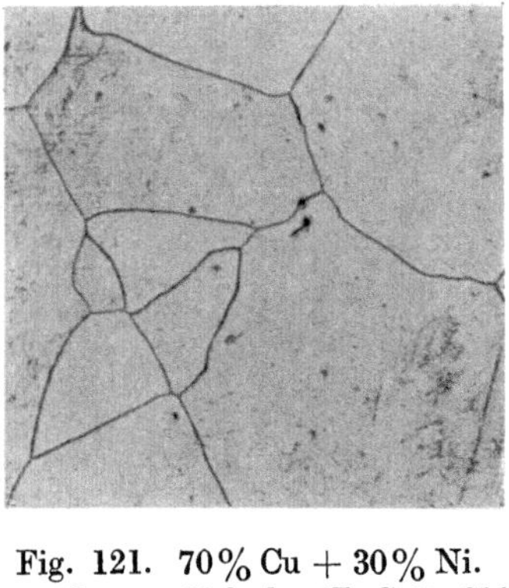

Fig. 121. 70 % Cu + 30 % Ni.
Vergrößerung 60 fach. (Zu Seite 219.)

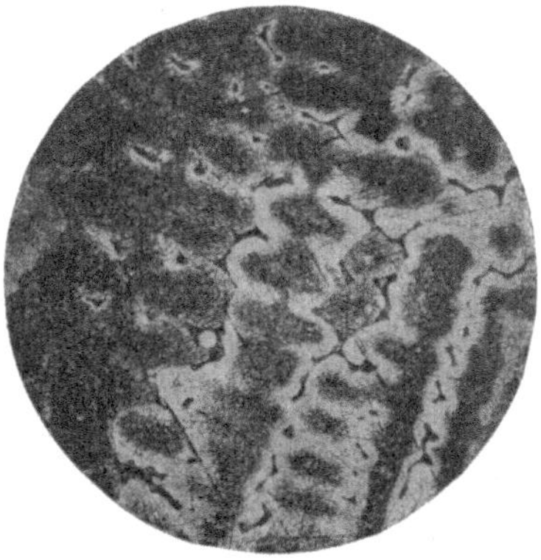

Fig. 125. 93% Cu + 7% Sn abgeschreckt. Vergrößerung 18fach. (Zu Seite 238.)

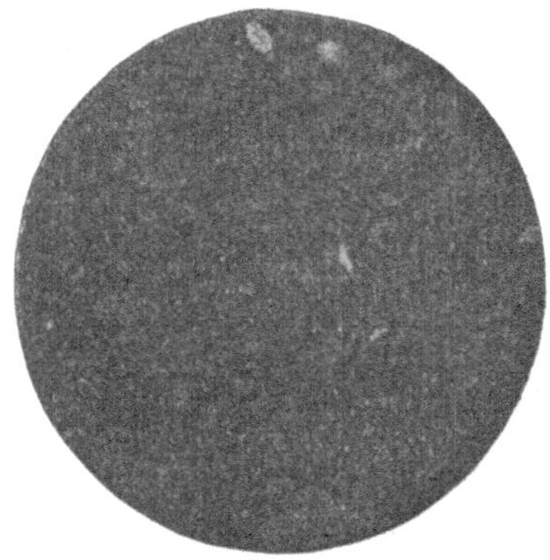

Fig. 126. 93% Cu + 7% Sn ausgeglüht. Vergrößerung 45fach. (Zu Seite 238.)

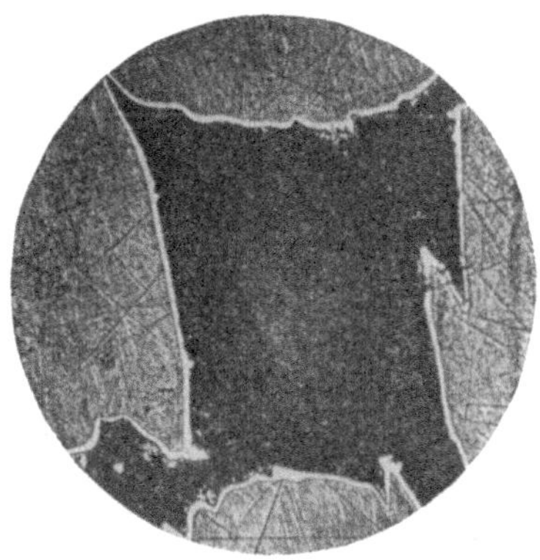

Fig. 127. 84% Cu + 16% Sn oberhalb 500° abgeschreckt. Vergrößerung 280fach. (Zu Seite 239.)

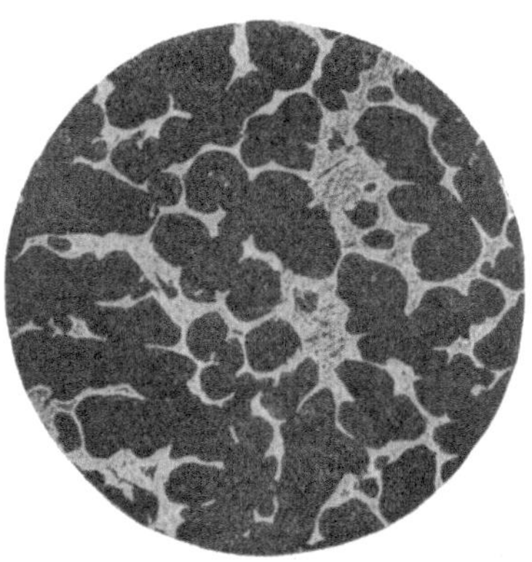

Fig. 128. 84% Cu + 16% Sn bei 470° abgeschreckt. Vergrößerung 18 fach. (Zu Seite 239.)

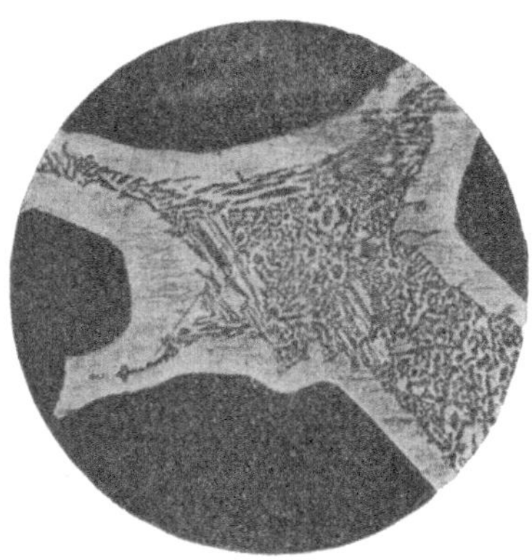

Fig. 129. Die gleiche Probe wie Fig. 128. Vergrößerung 280fach.

Verlag von Otto Spamer in Leipzig.

Fig. 130. 77 % Cu + 23 % Sn bei 775° abgeschreckt. Vergrößerung 18 fach. (Zu Seite 240.)

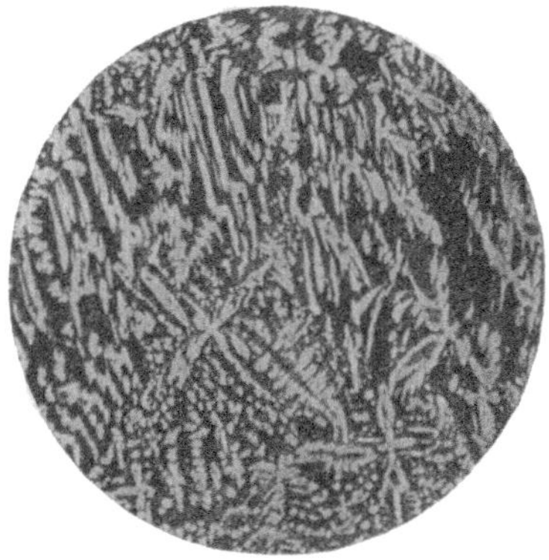

Fig. 131. 77 % Cu + 23 % Sn bei 560° abgeschreckt. Vergrößerung 18 fach. (Zu Seite 240.)

Fig. 132. 77 % Cu + 23 % Sn bei 530° abgeschreckt. Vergrößerung 18 fach. (Zu Seite 240.)

Fig. 133. 67 % Cu + 33 % Sn. Vergrößerung 48 fach. (Zu Seite 240.)

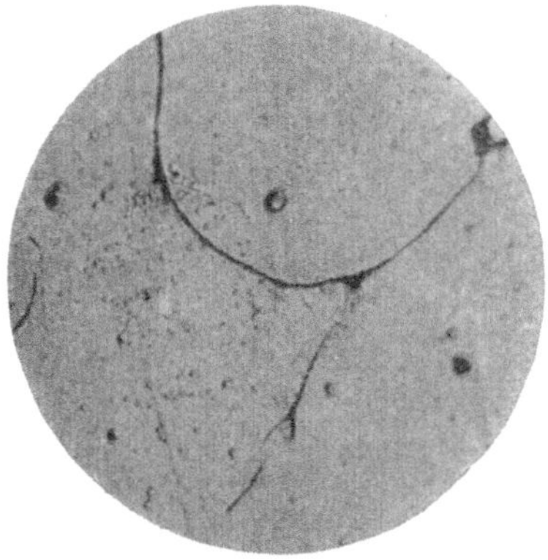

Fig. 135. Kupfer-Zinnbronze poliert, ungeätzt. Vergrößerung 365 fach. (Zu Seite 250.)

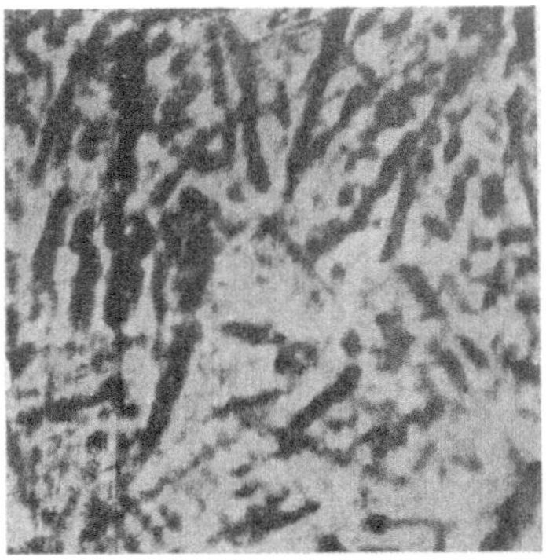

Fig. 136. 93% Cu + 7% Sn rasch abgekühlt. Vergrößerung 35fach. (Zu Seite 252.)

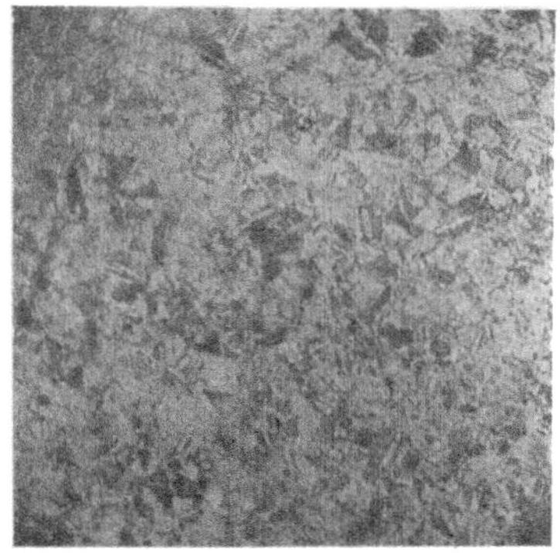

Fig. 136a. 93% Cu + 7% Sn langsam abgekühlt. Vergrößerung 35fach. (Zu Seite 252.)

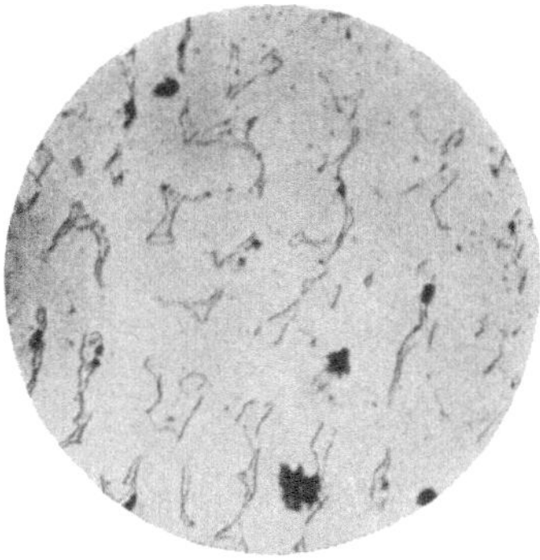

Fig. 138. Bronze durch Reibung gehärtet. Vergrößerung 200fach. (Zu Seite 257.)

Fig. 139. Bronze durch Reibung gehärtet und geglüht. Vergrößerung 200fach. (Zu Seite 257.)

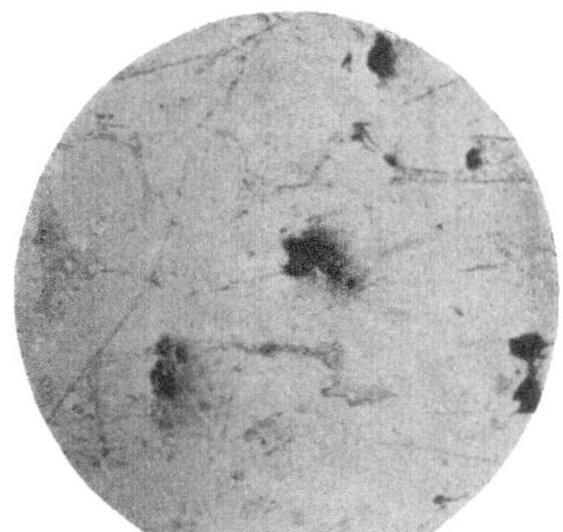

Fig. 140. Normales Gefüge der Bronze nach Wegnahme der gehärteten Oberfläche. Vergrößerung 200fach. (Zu Seite 257.)

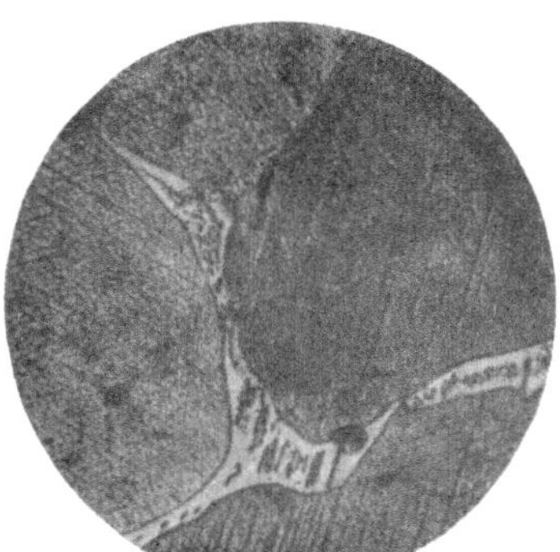

Fig. 141. Kalt gehämmerte Bronze ausgeglüht. Vergrößerung 200fach. (Zu Seite 257.)

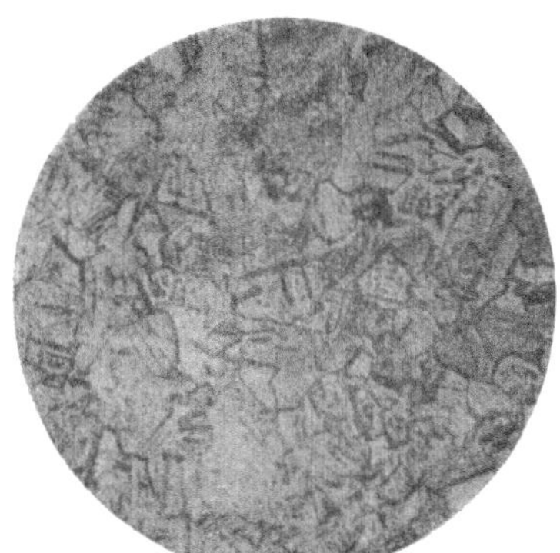

Fig. 142. Unbearbeitete Bronze ausgeglüht. Vergrößerung 200fach. (Zu Seite 257.)

Verlag von Otto Spamer in Leipzig.

Fig. 143. 85% Cu + 15% Sn. Vergrößerung 200 fach. (Zu Seite 297.)

Fig. 144. 85% Cu + 9,5% Sn + 5,5% Zn. Vergrößerung 200 fach. (Zu Seite 297.)

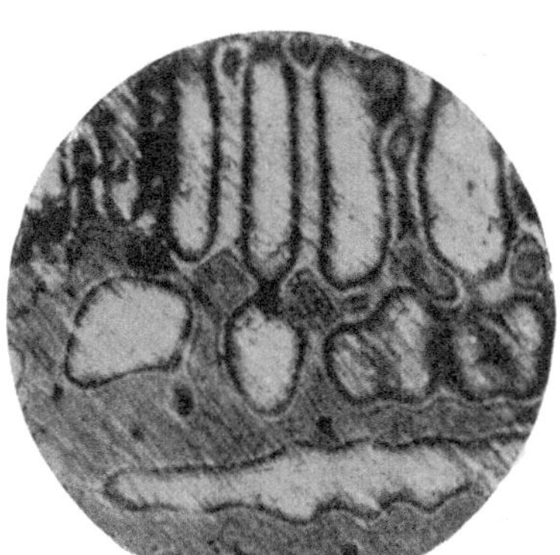

Fig. 146. 92% Cu + 8% Zn. Rasch abgekühlt. Vergrößerung 200 fach. (Zu Seite 310.)

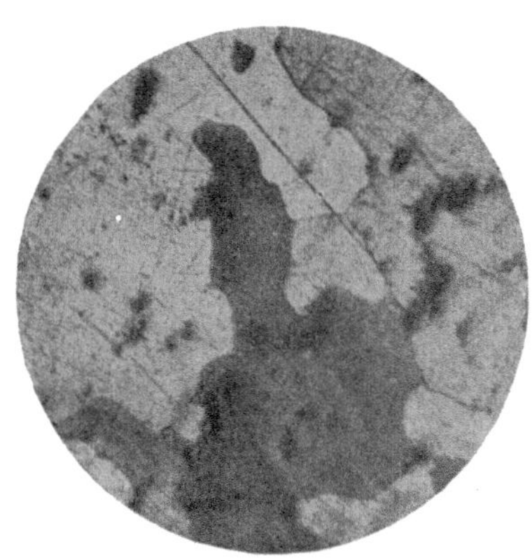

Fig. 147. 67% Cu + 33% Zn. Langsam abgekühlt. Vergrößerung 200 fach. (Zu Seite 310.)

Fig. 148. 59% Cu + 41% Zn. Vergrößerung 200 fach. (Zu Seite 310.)

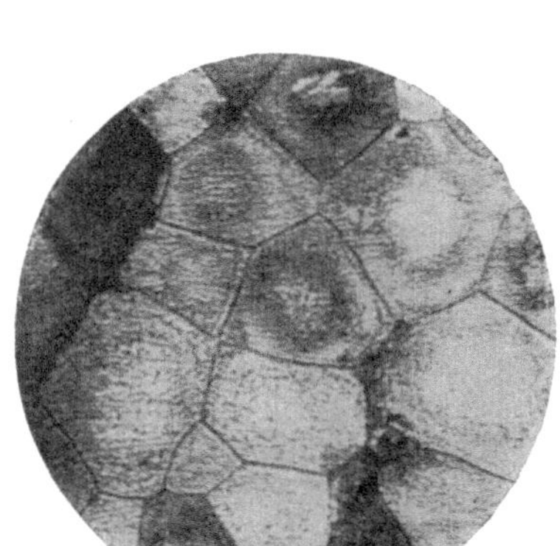

Fig. 149. 52% Cu + 48% Zn. Vergrößerung 200 fach. (Zu Seite 310.)

Verlag von Otto Spamer in Leipzig.

Fig. 156. Gefüge des ausgeglühten Messings. Vergrößerung 85 fach. (Zu Seite 329.)

Fig. 157. Gefüge des schwach gewalzten Messings. Vergrößerung 85 fach. (Zu Seite 329.)

Fig. 158. Gefüge des stark gewalzten Messings. Vergrößerung 85 fach. (Zu Seite 329.)

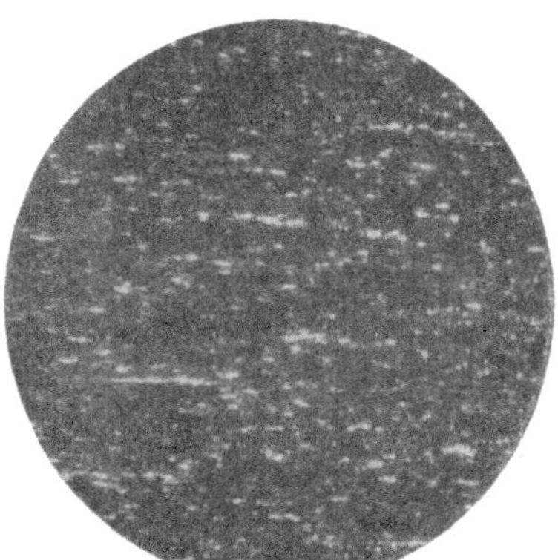

Fig. 159. Gefüge des sehr stark gewalzten Messings. Vergrößerung 85 fach. (Zu Seite 329.)

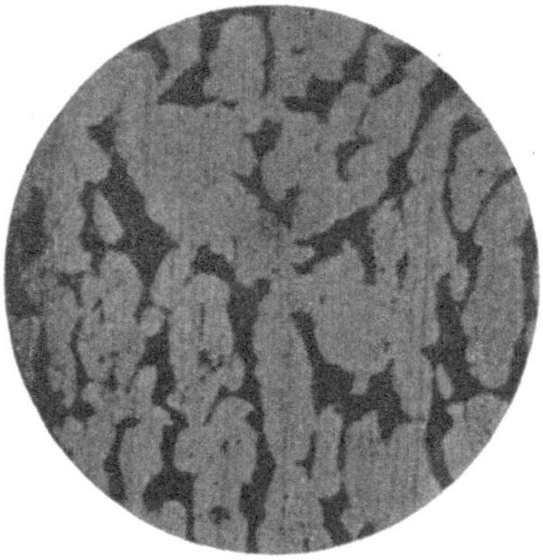

Fig. 160. Stangenmessing. Vergrößerung 130fach. (Zu Seite 330.)

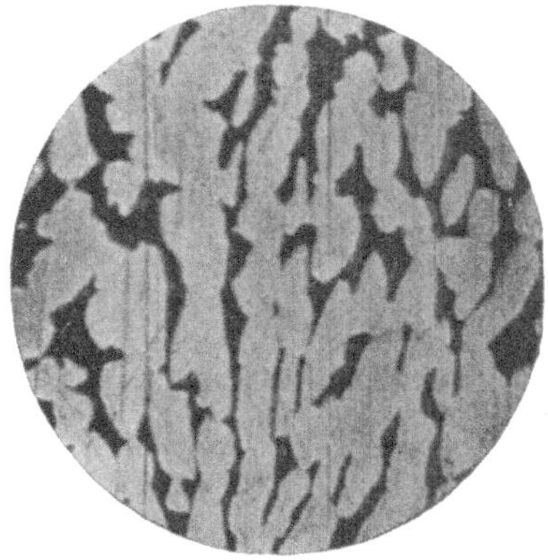

Fig. 161. Probe von Fig. 160, um 20% mehr gestreckt. Vergrößerung 130fach. (Zu Seite 330.)

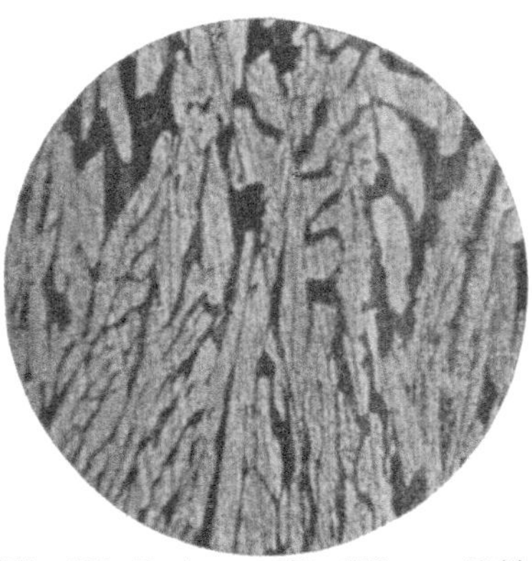

Fig. 162. Probe von Fig. 160, um 45% mehr gestreckt. Vergrößerung 130fach. (Zu Seite 330.)

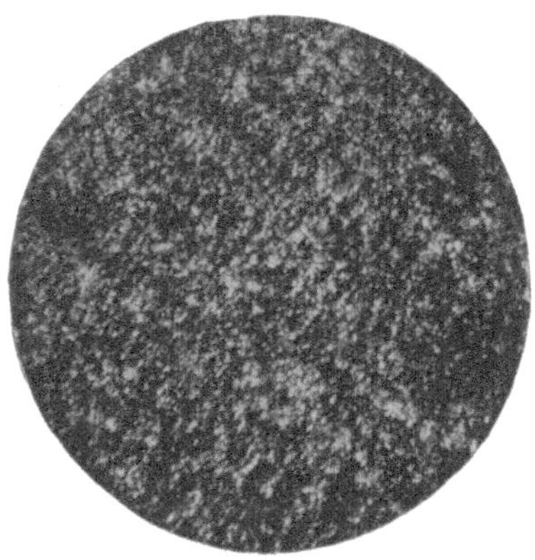

Fig. 164. Gefüge des bei 275° geglühten Messings. Vergrößerung 85fach. (Zu Seite 335.)

Fig. 165. Gefüge des bei 600° geglühten Messings. Vergrößerung 85 fach. (Zu Seite 335.)

Fig. 166. Gefüge des bei 725° geglühten Messings. Vergrößerung 85 fach. (Zu Seite 335.)

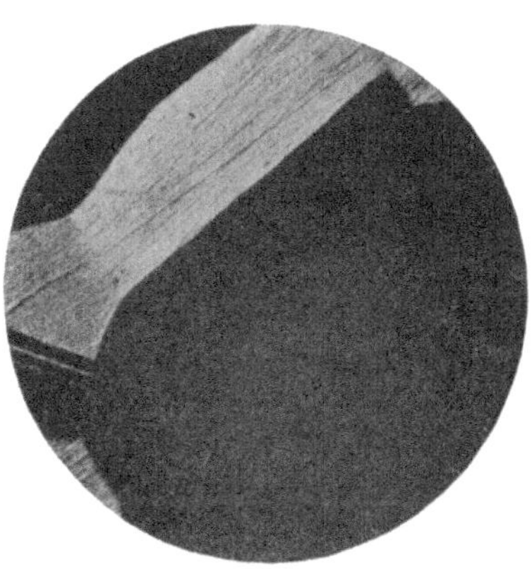

Fig. 167. Gefüge des bei 825° geglühten Messings. Vergrößerung 85 fach. (Zu Seite 335.)

Fig. 168. Gefüge des bei 850° geglühten Messings. Vergrößerung 85 fach. (Zu Seite 338.)

Verlag von Otto Spamer in Leipzig.

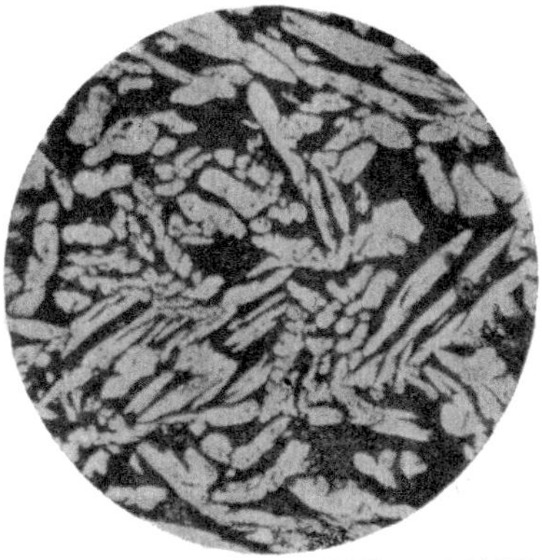

Fig. 170. 56 % Cu + 42 % Zn + 2 % Ni. In Kokille gegossen. Vergrößerung 57 fach. (Zu Seite 363.)

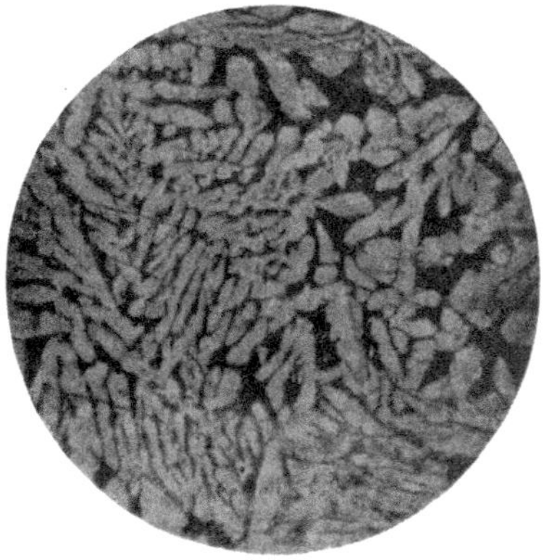

Fig. 171. 54 % Cu + 41 % Zn + 5 % Ni. In Sand gegossen. Vergrößerung 30 fach. (Zu Seite 363.)

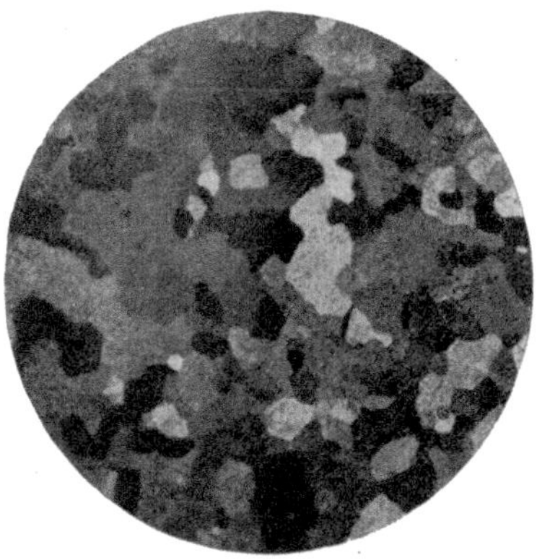

Fig. 172. Deltametall bei 600° geglüht. Vergrößerung 35 fach. (Zu Seite 369.)

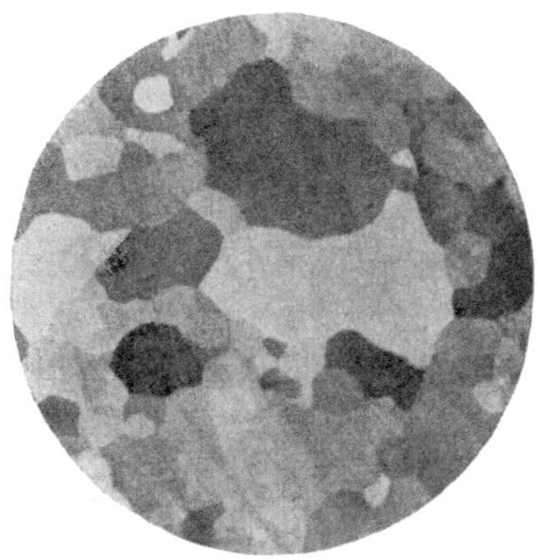

Fig. 173. Deltametall bei 700° geglüht. Vergrößerung 135 fach. (Zu Seite 369.)

Fig. 174. Deltametall bei 800° geglüht. Vergrößerung 35 fach. (Zu Seite 369.)

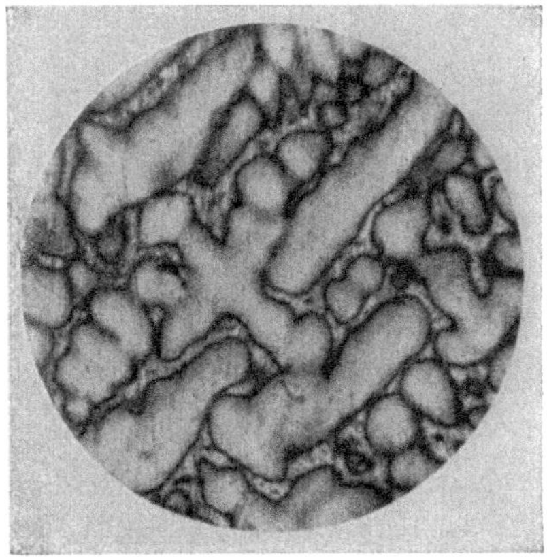

Fig. 175. 53% Cu + 20% Zn + 27% Ni.
Langsam abgekühlt. Vergrößerung 85fach.
(Zu Seite 383.)

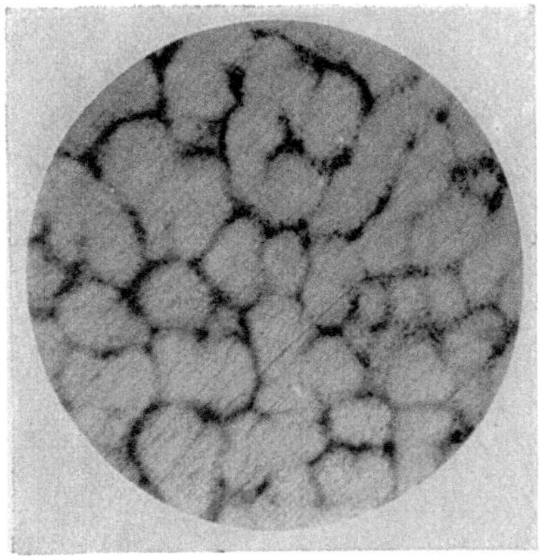

Fig. 176. 53% Cu + 25% Zn + 22% Ni.
Langsam abgekühlt. Vergrößerung 85fach.
(Zu Seite 383.)

Verlag von Otto Spamer in Leipzig.

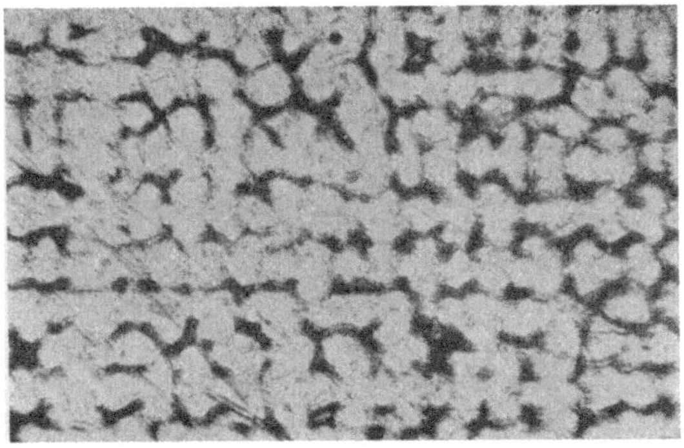

Fig. 177. 60 % Cu + 20 % Zn + 20 % Ni. Langsam abgekühlt. Vergrößerung 70fach. (Zu Seite 384.)

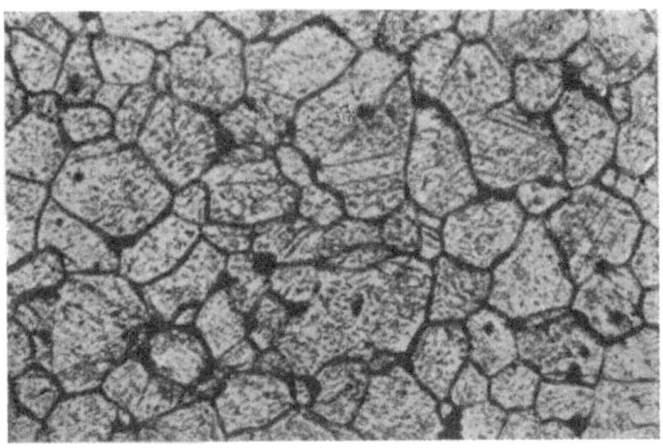

Fig. 178. 60 % Cu + 20 % Zn + 20 % Ni. Bei 400° geglüht. Vergrößerung 300fach. (Zu Seite 384.)

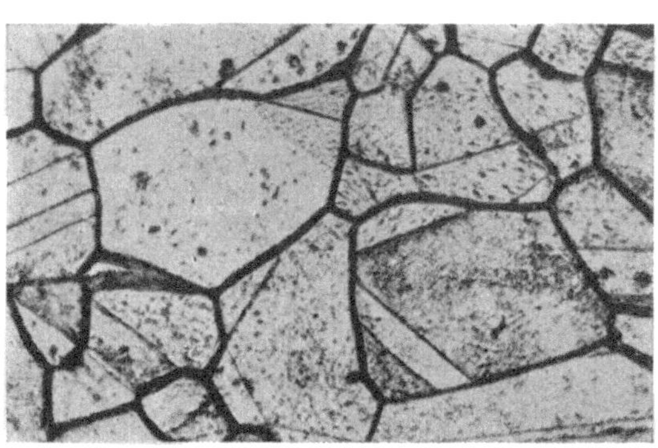

Fig. 179. 60 % Cu + 20 % Zn + 20 % Ni. Bei 800° geglüht. Vergrößerung 300fach. (Zu Seite 384.)

Verlag von Otto Spamer in Leipzig.

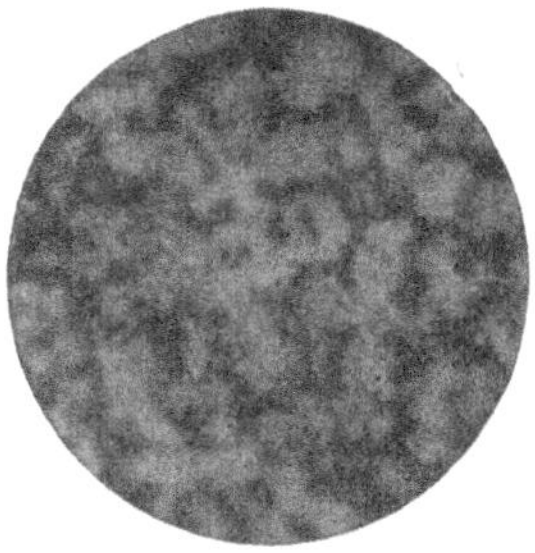

Fig. 183.
Münzsilber, gegossen. Vergrößerung 190 fach.
(Zu Seite 411.)

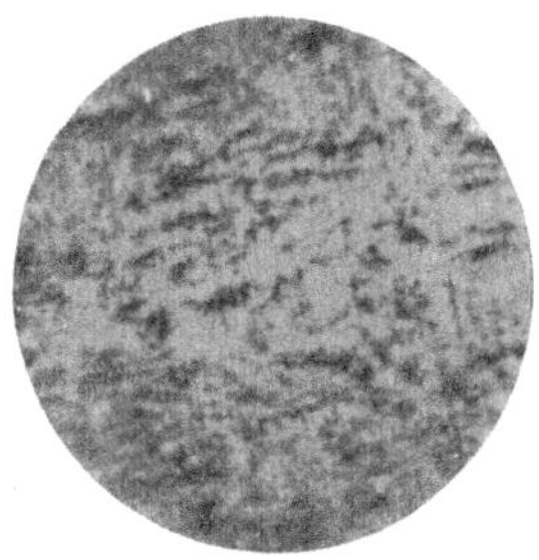

Fig. 184.
Münzsilber, einmal ausgewalzt. Vergrößerung 24 fach.
(Zu Seite 411.)

Fig. 185.
Münzsilber, zweimal ausgewalzt. Vergrößerung 24 fach.
(Zu Seite 411.)

Fig. 186.
Münzsilber, zweimal ausgewalzt, geglüht. Vergrößerung 24 fach. (Zu Seite 411.)

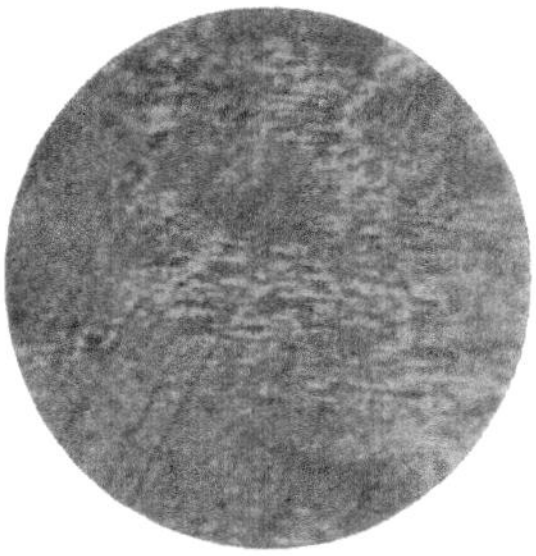

Fig. 187.
Holländischer Gulden. Vergrößerung 190 fach.
(Zu Seite 411.)

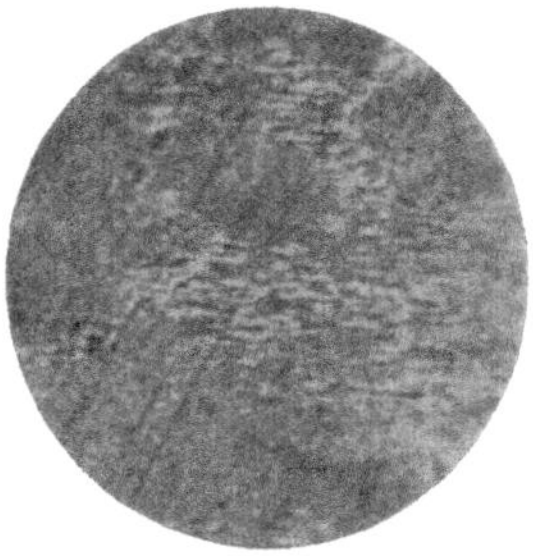

Fig. 188.
Holländisch. 25-Cent-Stück.
Vergrößerung 24 fach.
(Zu Seite 411.)

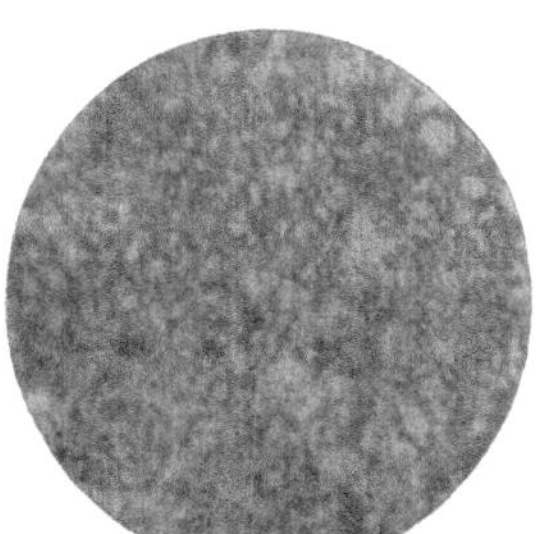

Fig. 189.
Falsche Münze, gegossen.
Vergrößerung 190 fach.
(Zu Seite 412.)

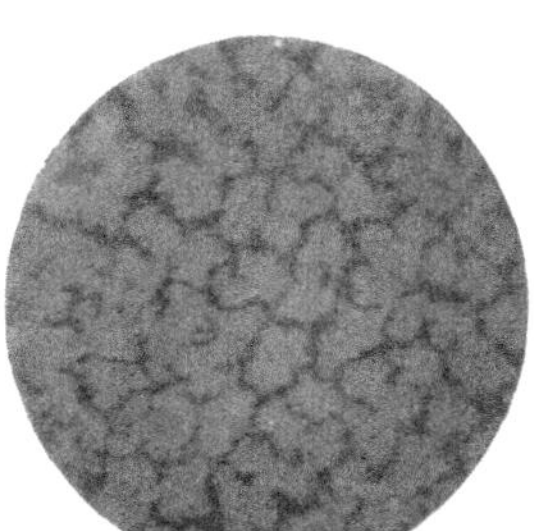

Fig. 190.
Falsche Münze, gegossen.
Vergrößerung 190 fach.
(Zu Seite 412.)

Verlag von Otto Spamer in Leipzig.

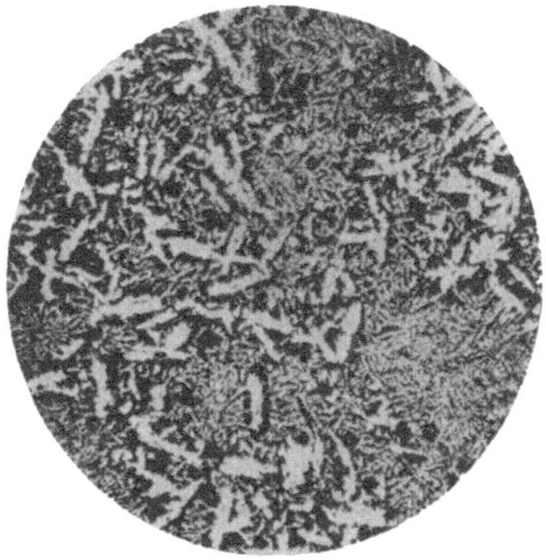

Fig. 200. 80 % Pb + 18 % Sb + 2 % Sn.
Vergrößerung 45 fach.
(Zu Seite 450.)

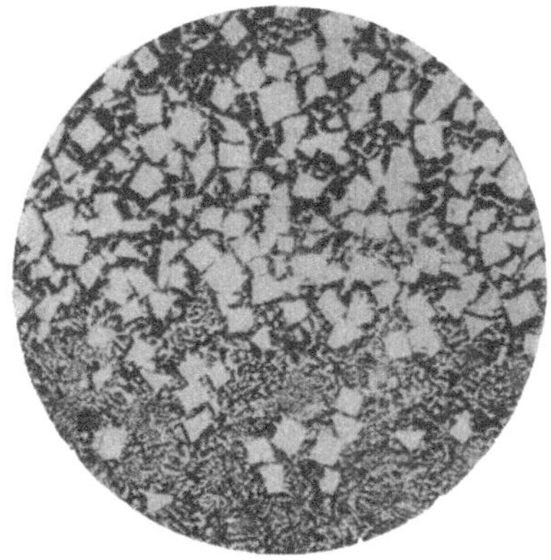

Fig. 201. 78 % Pb + 11% Sb + 11% Sn.
Oberfläche. Vergrößerung 60 fach.
(Zu Seite 451.)

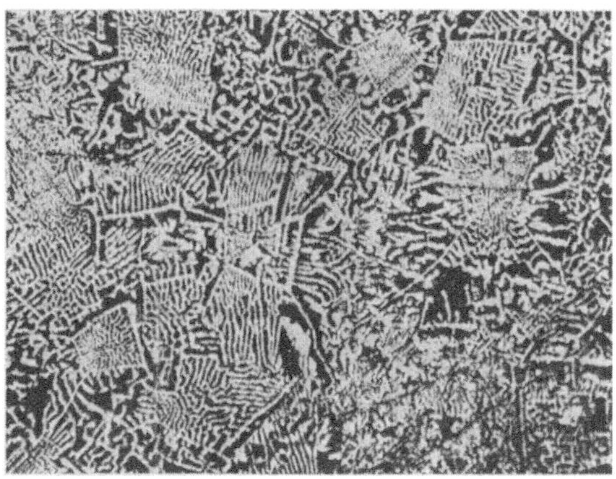

Fig. 202. 78 % Pb + 11 % Sb + 11 % Sn.
Mitte. Vergrößerung 90 fach. (Zu Seite 451.)

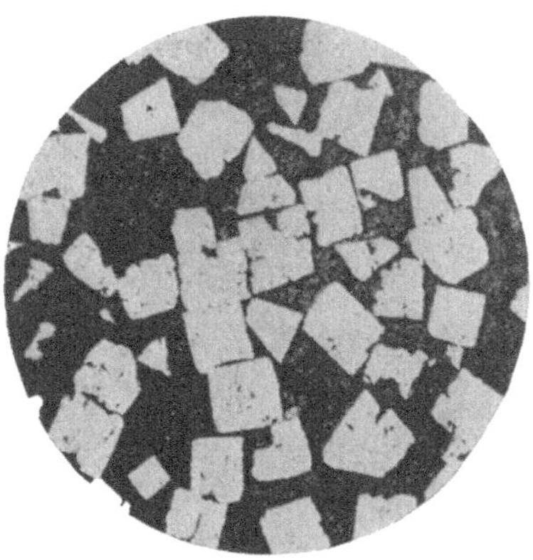

Fig. 203. 5 % Pb + 23 % Sb + 72 % Sn.
Oben. Vergrößerung 45 fach.
(Zu Seite 451.)

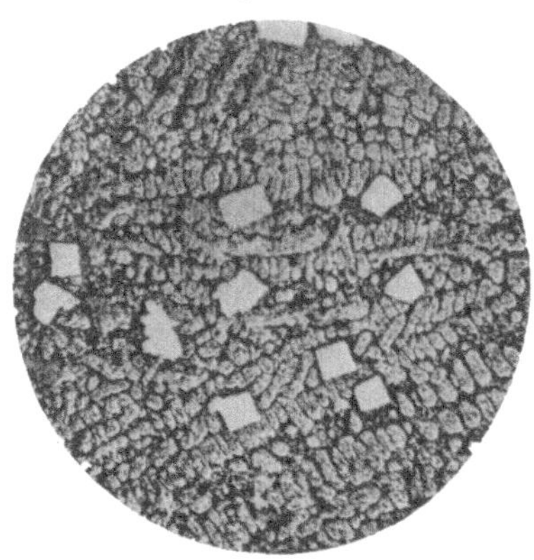

Fig. 204. 20 % Pb + 10% Sb + 70% Sn.
Unten. Vergrößerung 45 fach.
(Zu Seite 451.)

Verlag von Otto Spamer in Leipzig.

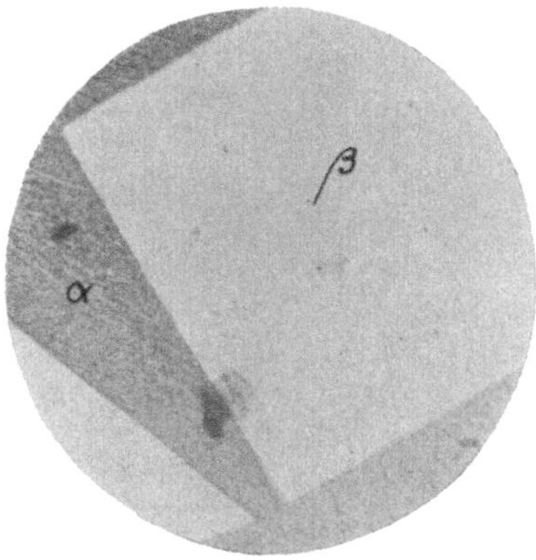

Fig. 206. 80% Sn + 20% Sb. Langsam abgekühlt. Vergrößerung 110fach. (Zu Seite 463.)

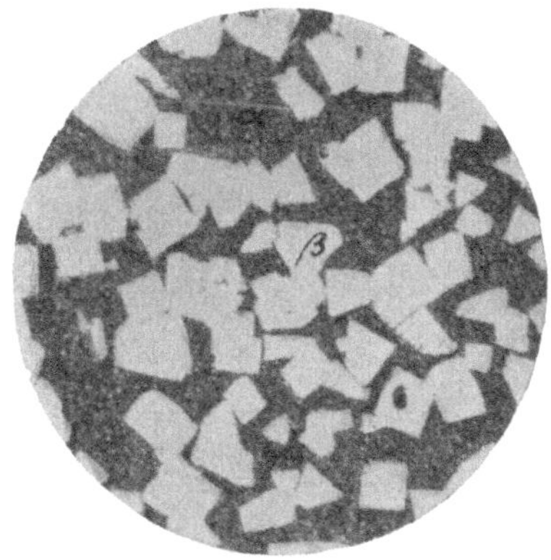

Fig. 207. 80% Sn + 20% Sb. Rasch abgekühlt. Vergrößerung 110fach. (Zu Seite 463.)

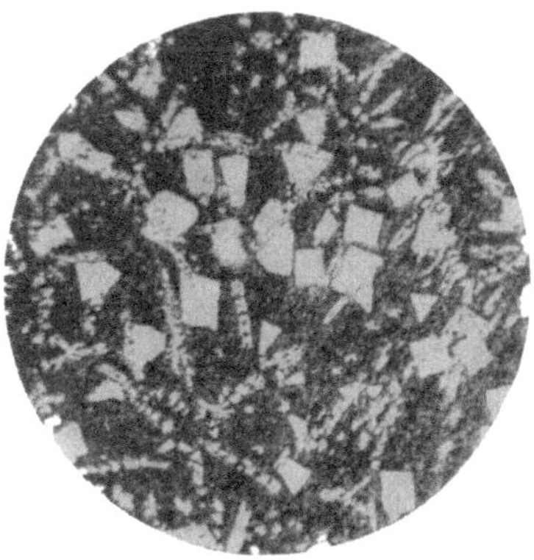

Fig. 208. 83% Sn + 11% Sb + 6% Cu. Rasch abgekühlt. Vergrößerung 117fach. (Zu Seite 464.)

Fig. 209. 83% Sn + 11% Sb + 6% Cu. Langsam abgekühlt. Vergrößerung 117fach. (Zu Seite 464.)

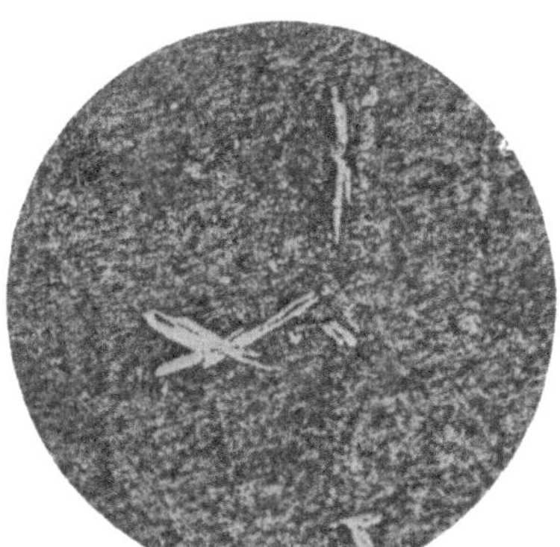

Fig. 210. Zink mit 0,12% Fe. Vergrößerung 160fach. (Zu Seite 471.)

Fig. 211. Zink mit 0,06% Fe. Vergrößerung 160fach. (Zu Seite 471.)

Verlag von Otto Spamer in Leipzig.

GPSR Compliance

The European Union's (EU) General Product Safety Regulation (GPSR) is a set of rules that requires consumer products to be safe and our obligations to ensure this.

If you have any concerns about our products, you can contact us on ProductSafety@springernature.com

In case Publisher is established outside the EU, the EU authorized representative is:

Springer Nature Customer Service Center GmbH
Europaplatz 3
69115 Heidelberg, Germany

Batch number: 10683525

Printed by Printforce, the Netherlands